中国科学技术大学研究生教育创新计划项目经费支持

一流规划教材

研究生系列教材

工程类

高等工程热力学

ADVANCED ENGINEERING THERMODYNAMICS

第3版

陈则韶　编著

中国科学技术大学出版社

内 容 简 介

本书是高等院校工科研究生的重点课程教材,首版被列为普通高等教育"十一五"国家级规划教材。全书共分6篇:热力学基础,流体工质的热力性质,多组分系统的热力学基础,特殊系统的热力学基础,热力循环,非平衡态热力学基础。基础篇浓缩了热力学的经典理论,强化了能量品位概念;物性篇不仅介绍了工质性质的理论关系,更增加了实验、计算和推算的研究性内容;多组分和特殊系统篇拓展了热力学研究领域,涉及多组分系、磁介质系、化学燃烧系和热辐射系;热力循环篇介绍了结合实际的蒸汽动力循环、燃气循环、压缩式制冷、吸收式制冷和气体压缩循环及等价热力变换分析法;非平衡态热力学篇补充了最新的研究内容,简单介绍了熵产率、炽耗散率、有效能消耗率、有限时间分析法等理论以及应用实例。本书融会了国内外有关教材的精华,吸纳了科研新成果,并在多年教学实践的基础上进行了修改。书末有习题、附表和附录。

本书可作为能源与动力工程、能源与环境系统工程、热能工程、新能源科学与工程、动力机械及工程、制冷及低温工程、工程热物理、化工过程机械等专业的研究生教材,也可供有关工程技术人员参考。

图书在版编目(CIP)数据

高等工程热力学/陈则韶编著.—3 版.—合肥:中国科学技术大学出版社,2022.9
(中国科学技术大学一流规划教材)
ISBN 978-7-312-05438-9

Ⅰ. 高… Ⅱ. 陈… Ⅲ. 工程热力学—高等学校—教材 Ⅳ. TK123

中国版本图书馆 CIP 数据核字(2022)第 147414 号

高等工程热力学

GAODENG GONGCHENG RELIXUE

出版	中国科学技术大学出版社
	安徽省合肥市金寨路 96 号,230026
	http://press.ustc.edu.cn
	http://zgkxjsdxcbs.tmall.com
印刷	合肥市宏基印刷有限公司
发行	中国科学技术大学出版社
开本	787 mm×1092 mm 1/16
印张	37.5
字数	959 千
版次	2008 年 6 月第 1 版 2022 年 9 月第 3 版
印次	2022 年 9 月第 3 次印刷
定价	99.00 元

第 3 版前言

《高等工程热力学》作为普通高等教育"十一五"国家级规划教材,自2008年首版、2014年2版,至今已经历了13个年头,许多高等院校将此书选作动力工程及工程热物理学科的研究生教材。承蒙读者的厚爱,第2版教材即将售罄,中国科学技术大学出版社建议出第3版,因此借机作些修订。

由于保护环境和可持续发展的需要,节能减排、绿色能源、碳达峰和碳中和已经成为国策和刚性任务,能源领域将迎来更大发展。与此相适应,培养更多从事能源领域工作的优秀工程师和科技工作者更为迫切。作为能源动力工程及工程热物理专业研究生的教材之一的《高等工程热力学》的修订再版恰逢其时。

"高等工程热力学"课程是大学本科课程"工程热力学"的提高和延伸版,旨在培养研究生的探索、综合、创新和与实践结合的能力。本书的修订原则,除传授知识外,更提倡培养研究生的探索研究和创新精神,因此教材的理论深度与新度、内容的广度与实用性都有所加强。工质热物性的测试和推算,是研究生参与实验科研的启蒙;不可逆过程的热力学提供的工程系统简化的热力分析方法和系统优化范例,是研究生参与实战工作前的训练;非平衡辐射热力学、燃料电池等内容,旨在开拓研究生的视野。本版主要改写了第4章"有效能和有用功",重在建立有效能函数和有效能的计算式,给出了复杂系统能量分流和串流过程的有效能消耗率方程,为热力学与传热学相结合求解实际问题提供了方法和思路。

本书许多内容是作者和研究生的共同研究成果,大胆放在书中,仅提供一个探索范例,难免有不完善和疏漏之处,敬请读者批评指正。由于笔者年事已高,精力不济,本版修订承蒙中国科学技术大学胡芃教授鼎力相助,在此特表感谢。最后把笔者的希望写成两首藏头小诗,赠予读者。

七绝·热力学书

热情洋溢去冲关,

力士攻坚不怕难。

学海无涯勤作渡,

书山有路智登攀。

七律·高等工程热力学真

高峰峻岭奋登攀，

等式模型解百难。

工劲多凭机械动，

程通更借热流传。

热功转换称能术，

力势趋平誉理观。

学问精深无止境，

真奇宇宙道循环。

陈则韶

2022 年 2 月 7 日

第 2 版前言

《高等工程热力学》作为普通高等教育"十一五"国家级规划教材,自 2008 年出版以来已经历了 5 个年头,曾被许多高等院校选作研究生教材。这 5 年,中国发展速度空前,能源消耗量巨大,为了能够可持续发展,节能和科学用能已提到相当高度,作为国策,需要长期坚持执行。与此同时,工程热物理学科也得到空前发展,每年工程热物理年会发表的论文和参会的年轻人越来越多,研究生培养的规模越来越大,呈现一派兴旺发达的景象。《高等工程热力学》是工程热物理学科研究生的重要教材,为了能与"十二五"时期的发展步伐相适应,有必要对第 1 版《高等工程热力学》进行修订。

第 2 版《高等工程热力学》的任务有三:纠错、完善和发展。纠错,是对第 1 版中排版、打印和内容的错误之处进行修订。数千条公式的脚注,要一一认真审核,实在不容易,发现其错误不仅要有高的学术水平,而且要有一丝不苟的认真精神。这项工作是中国科学技术大学的胡芃副教授在 5 年的教学中,通过逐条记录而完成的,在此特表感谢。完善,是对第 1 版已有的内容进行文字或局部取舍,基本保持原貌。发展,是第 2 版的核心。

需要发展的理由如下:首先是社会对热力/制冷设备的节能性能提出了更高的要求,要求高校能够培养出更高水平的能源科技工作者,能熟练掌握和应用热力学第二定律,透彻剖析热力系统各环节的不可逆损失,改进和优化系统;其次是学术发展的需求,在 2010 年由中国科协主办、中国工程热物理学会和清华大学承办的以"热学新理论及其应用"为主题的第 38 期新观点新学说沙龙会上,全国 30 多位工程热物理、制冷等领域的专家参加了讨论,沙龙会上聚焦了 3 个热物理共性问题:能量的品质或能量品位如何表征? 不可逆过程的不可逆度如何表征? 是熵产率理论,还是㶲耗散理论适用? 传热学和热力学同属热学学科,可二者在发展途中分离了,传热学研究传热速率而没有传热效率的概念,而热力学却在没有时间变量和能量变换速率的前提下研究效率,二者渐行渐远,然而实际的热力/制冷系统中二者却是紧密联系的,现实呼唤建立热力学和传热学的共性理论,协同科学解决实际的能量输运和能量转换问题。3 个问题令我印象深刻,魂牵梦绕,我觉得有责任对这些问题进行探索和研究,从此日夜苦苦思索。探索创新的路上充满了艰辛,哪怕是在原有的基础上做出一点点突破,都要付出大量时间和精力。所幸,我琐事不多,天道酬勤,在与同行的切磋中,在团队成员程文龙、胡芃、胡汉平的配合下,稍有所得。于是,本人将最新成果整理并添加在第 2 版中,使第 1 版预留发展的第 6 篇内容得到充实,其他章节也有所更新。

增添的主要内容有:① 第 4 章有效能和有用功中的 4.1 节热力学势能和能势、4.2 节有效能和无效能和 4.6 节能量的品位,用有效势能的概念导出各种热力系的相对和绝对的有效能函数,用所论能量的有效能与绝对势能的比值定义了能量品位;② 第 21 章制冷和热泵循环中的 21.3 节等价热力变换分析法,把实际不可逆循环的热力/制冷/热泵系统等价变换为简单的正/逆卡诺循环系统进行分析,增添吸收式制冷内容,对 LiBr 水溶液的比焓-浓度关系进行了探讨;③ 第 23 章不可逆过程热力学基础新添的 23.6～23.17 节,简单介绍了最小熵产率原理、㶲耗散极值原理和有效能消耗率最小原理,提出的过程不可逆度新概念和定义式,实际是定义了不可逆过程功耗系数或不可逆过程的效率,其中 23.14 节定态等价有限时间热力分析法,使有限时间热力分析法能够进入课堂和便于实际应用,使系统的传热循环的分析和优化能有机统一;④ 第 24 章非平衡态辐射热力学基础,为科学利用太阳能提供了理论支持。新添内容多已在《中国科学》《工程热物理》等杂志或会议发表,特别感谢我国工程热物理热力学和传热学著名专家施明恒教授对此部分内容进行的认真审改,他提出的许多高水平的宝贵意见为保证创新内容的准确性和科学性起到至关重要的作用。

这样一来,本书在内容上既包含了传统经典的内容,又增添了许多新内容,这对选择此书为教材的老师是挑战,对学生更是有难度。本人曾收到许多学校老师和学生的电子邮件,问我此书该如何教,如何学。在此,根据我的教学经验谈点体会,谨供读者参考。本课程可分基本、局部中等和个别高等 3 个层次施教。基本层次的教学,要求熟练掌握和应用热力学第一、第二定律分析和解决问题,强调能应用有效能分析法;局部中等层次的教学,是根据每个学校培养方向的不同,选择对口章节,重点学习,不求每个章节都教;个别高等层次的教学,是针对硕士生、博士生和导师的研究或将来工作的方向,选择个别章节进行重点研讨。关于教学方法,基本要点由老师提示和讲解,老师授课时间不超过 2/3,其他时间由老师安排学生小组轮流讲解不同章节,锻炼学生自学、组织和演讲能力,对感兴趣的问题可组织集体讨论。学生成绩由考试和平常考查相结合,考试可采用半开卷或开卷方式,题目不应太难,以学习到真本领为目的。旨在通过此教材的引导,做到教学相长,教学与科研相互促进。本书作为研究生的教材,除传授知识外,更为重要的是要从书中挖掘出研究之道,学会提出问题以及培养分析和解决问题的独立科研能力。若能如此,益莫大焉。

此教材从筹划至今,经历了 15 个年头,攻坚克难,苦乐同行。所幸,第 2 版终于赶在我 70 周岁之前如愿完稿,能对国家和工程热物理学科的发展贡献微薄力量,自感欣慰。在此,感谢全国同行的支持,还要特别感谢我的妻子陈美英女士,几十年来她为了让我能有充裕的时间集中精力工作,独自承担了全部家务,任劳任怨,不图享受,只默默奉献,尽显中华女性的美德。

陈则韶

2013 年 10 月 19 日

合肥中国科大花园

前　言

　　科教兴国战略促进了研究生教育的发展,近几年研究生的人数急剧增加。高等工程热力学是动力机械、制冷与低温工程、工程热物理、化工等与能源有关专业研究生的重点基础课程,其理论对高效利用能源、节约能源以及开发新能源有重要指导意义。由于研究生的教育灵活有余,规范不足,全国不仅缺乏统编教材,甚至参考教材也很少。笔者执教本课程十多年,头几年还能买到杨思文教授主编的《高等工程热力学》(高等教育出版社出版),后来就买不到了。教材的缺乏令执教者头痛,更让学生犯难。为了教学两便,笔者只好鼓起勇气自编高等工程热力学教材了。本教材试用了多年,不断纠错并逐渐得到完善,特别是有目的地针对教材不足开展了相应科研,所喜略有所得,终于对教材有所补充,得以完稿自慰。本教材虽然有不尽如人意之处,但承蒙同行厚爱,被推选为普通高等教育"十一五"国家级规划教材。

　　《高等工程热力学》的书名决定了本书的内容、性质和深度。首先,本书的主题是热力学,即揭示热与功的转换规律,研究热功转换的方法,寻求热转为功的最大化,追求最省功的制热制冷原理。其次,本书的内容应当体现工程特点,内容要与实际相结合,与成熟的最新技术相结合。最后,本书的内容在深度和广度上应高于和宽于大学本科工程热力学教材,适度体现"高等"的含义。

　　基于上述观点,全书共6篇22章。第1篇热力学基础篇(第1～4章),简要阐述基本概念和热力学第一、第二定律,重点在于"熵"和"有效能"。第2篇工质的热力性质(第5～9章),展示了4个方面的内容。首先,建立起热力函数的一般关系,为利用可测的热力参数、导出不能直接测量的热力函数奠定了理论基础;其次,介绍了热力学参数 p-v-T 的典型测试方法,为学生提供了一些基本的热力学实验知识;再次,介绍了若干常用的实际状态方程,以及应用状态方程计算热力参数的方法;最后,鉴于因流体工质种类繁多、测试工作繁重所产生的流体工质热力性质的精确推算的重要性,笔者根据多年研究的成果增写了第9章工质热力性质的推算。第3篇多组分系统的热力学基础(第10～11章),讲述了多组分系统的热力学函数及其关系的特点、表征方法,引出了逸度、活度、偏摩尔参数等概念,讨论了多组分多相平衡的热力学问题,为研究当今活跃的混合工质的动力循环和制冷循环奠定了基础。第4篇特殊系统的热力学基础(第12～17章),是气体工质膨胀做功系统的拓展,其拓展表现在系统的工质和功的表达式不同。本书介绍的特殊系统有简单弹性力系统、表面薄层系统、简单磁介质系统、化学反应与燃烧系统、燃料电池系统、辐射光子气系统。已有的辐射光子气系统的理论,揭示了不同频率光子的能量大小的热力学第一定律属性,没有确定其能量品位高低的热力学第二定律属性,讨论方法局限于与辐射源的热平衡态,与实际应用有差距。作者凝聚了约两年时间的研究心得,找到了表征光谱有效能函数和光子熵常数,写出了第 17 章辐射热力学基础,希望对太阳能的开发利用,特别是充分利用太阳能的有效能有一定指导作用。当然,有关光谱辐射能热力性质及其热力学的研究还在继续,也有不同意见,本书给出的内容仅为作者研究结果,供读者参考。第 5 篇热力循环(第 18~21 章)是应用篇,这一篇对蒸汽动力机、内燃机、喷气发动机、火箭、压缩式制冷机和热泵、空气低温液化和分离流程等循环进行了热力分析,保留了本科教材的基本内容,但是注重与现代先进装置的结合,增强了工程实用性,在不断更新发展的各类循环中体现了热力学第一、第二定律的活的灵魂。这一篇的内容有浅有深,构筑了理论与实际联系的桥梁,浅者可检验 T-s 图与装置流程的相互变换的能力,深者可对现代工业动力循环做进一步探讨,各得其所。第 6 篇其他篇(第 22 章),这是本书的未了篇和发展篇,吸收了热力学进展的新研究成果。因时间紧迫和对热力学新研究成果研究不深,本版仅在第 22 章介绍了不可逆热力学基础,其目的是试图引导读者把热力学与传热学有机地结合起来,探索有时间尺度的热力学关系的新特点。书末附有习题和附录。

本书内容较多,全部讲授的可能性不大,只能根据具体情况适当选用,或讲授其框架与精髓,相当部分可留给学生自学,特别是动力循环篇。

本书是在对中国科学技术大学能源工程和热科学系研究生多年教学的经验基础上,参考了国内外多本参考教材,吸纳了笔者和其他教授的研究成果写成的。书稿写成后,高等教育出版社委托西安交通大学何雅玲教授和东南大学施明恒教授对书稿进行了审阅。笔者十分感谢两位教授在百忙之中花费许多宝贵时间对全书进行了认真评审,并提出宝贵意见。笔者根据审稿人的意见,对书稿进行了修订。虽然笔者尽了努力,但由于时间仓促,精力和水平有限,错误和不足之处在所难免,敬请读者指正,以便再版时更正。

陈则韶

2007 年 10 月 5 日

主要符号表

拉 丁 字 母

A	面积，m^2	e_p	比势能，kJ/kg
B	磁感应强度，T[特斯拉]/N/(A·m)	e_k	比动能，kJ/kg
C_m	摩尔热容，kJ/(mol·K)	e_m	比传质能，kJ/kg
c	比热容，kJ/(kg·K)	e_u	比有效能，kJ/kg
c_p	比定压热容，kJ/(kg·K)	e_n	比无效能，kJ/kg
c_v	比定容热容，kJ/(kg·K)	$e_{u,H}$	开口系比有效能，kJ/kg
D	蒸汽流量，kg/h	$e_{u,U}$	闭口系比有效能，kJ/kg
d	耗汽率，kg/(kW·h)	$e_{u,T}$	热源热量比有效能，kJ/kg
E	系统储存能量，kJ	$e_{u,Tc}$	冷源热量比有效能，kJ/kg
E	辐射力，W/m^2	$\widetilde{e}_{u,T}$	变温源热量比有效能，kJ/kg
E_λ	光谱辐射力，$W/(m·m^2)$	F	亥姆霍兹自由能，kJ；力，N，kgf
$E_{b\lambda}$	黑体光谱辐射力，$W/(m·m^2)$	$F_{u,b,(0-\lambda),T}$	黑体的光谱积分有效能率
E_p	势能，kJ	f	比自由能，kJ/kg；逸度，Pa
$E_{p,H}$	开口系势能，kJ	G	吉布斯自由能(自由焓)，kJ；照射辐射
$E_{p,U}$	闭口系有效能，kJ		强度，W/m^2
E_k	宏观动能，kJ	G_u	照射辐射有效能强度，W/m^2
E_m	传质能，kJ	G_0	太阳辐射常数，W/m^2
E_u	有效能，kJ	g	比自由能，kJ/kg；重力加速度，m^2/s
E_n	无效能，kJ	ΔG_f^0	标准生成自由焓，kJ/mol
$E_{u,H}$	开口系有效能，kJ	H	焓，kJ
$E_{u,U}$	闭口系有效能，kJ	H_m	摩尔焓，kJ/mol
$\dot{E}_{u,ir}$	有效能消耗率	H_L	燃料低热值，kJ/kg
$\dot{E}_{n,ir}$	无效能增加率	$\hat{H}$	磁场强度，A/m
E_h	炽，kJ·K	h	比焓，kJ/kg
$\dot{E}_{h,\varphi}$	炽耗散率	h_c	临界点比焓，kJ/kg
E_φ	炽耗散数	h'	饱和液体比焓，kJ/kg
e	系统比能，kJ/kg	$h'_{r,c-b}$	对比态饱和液体比焓

h_b'	标准沸点饱和液体比焓,kJ/kg	R_g	气体常数,kJ/(kg·K)
h''	饱和蒸汽比焓,kJ/kg	r_w	功比
h_b''	标准沸点饱和蒸汽比焓,kJ/kg	S	熵,kJ/K
$h_{r,c-b}''$	对应态饱和蒸汽比焓	s	比熵,kJ/(kg·K)
Δh	蒸发潜热,kJ/kg	s_λ	光量子熵,J/K
Δh_b	标准沸点蒸发潜热,kJ/kg	s_g°	熵产(熵增)因子,1/K
$\Delta h_{r,b}$	对应态蒸发潜热	$s_{b,\lambda,T}'$	黑体光谱辐射力的熵函数,J/K
ΔH_f^0	标准生成焓,kJ/mol	S_m	摩尔熵,J/(mol·K)
$\Delta \dot{S}_g$	熵产率	ΔS	熵变,kJ/K
i	电流,A	ΔS_g	熵增,kJ/K
I	磁矩,(A/m)·m³	Δs_g	比熵增,kJ/(kg·K)
J_s	熵流,kJ/(s·K)	T	热力学温度,K
K_C	以浓度表示的化学平衡常数	T_G	照射辐射能的特征温度,K
K_p	分压力表示的化学平衡常数	T_R	等效热力温度,K
k	绝热指数	$\hat{T}$	当量照射辐射温度
L	长度,m	$\hat{T}_s$	当量太阳照射辐射温度
L_{ii}	自唯象系数	t	摄氏温度,℃
L_{ij}	互唯象系数	t_F	华氏温度,℉
M	摩尔质量,kg/kmol;磁化强度(比容积磁矩),A/m	T_λ	光谱特征温度,K
M_a	马赫数	T_s	饱和温度,℃
m	质量,kg	T_c	临界温度,℃
$\dot{m}$	质量流量(质量流率),kg/s	T_r	对临界温度的对应态温度
N	功率,kW	$T_{r,c-b}$	对应态温度
N_s	熵产数	$\hat{T}_{sr}$	对饱和温度的对比温度
n	物质的量,mol	U	热力学能,kJ
P	对比态物性方程焓差比例变换数	U_m	摩尔热力学能,kJ/mol
p	绝对压力,Pa;输出功率,W	u	比热力学能,kJ/kg
p_i	分压力,Pa	u'	辐射密度,kg/m³
p_s	饱和压力,Pa	V	体积,m³
p'	辐射压力,Pa/m²	V_m	摩尔体积,m³/kmol
P^*	$P^* = P/(K_1 T_H)$ 热机无量纲输出功率	v	比体积,m³/kg
P_{max}^*	内可逆卡诺循环的最大输出功率	W	体积变化功,循环净功,kJ
P_γ^*	$P_\gamma^* = P^*/P_{max}^*$ 无量纲的输出功率	W_{net}	净功,kJ
$P_{\gamma,a}^*$	优选的无量纲的输出功率	W_c	闭口系循环净功,kJ
Q	热量,kJ	W_o	开口系循环净功,kJ
q	比热流量,W/kg	W_f	流动功,kJ
q_m	质量流量(质量流率),kg/s	W_t	技术功,kJ
R	摩尔气体常数,J/(mol·K)	W_u	有用功,kJ
		W_n	无用功,kJ

W_{ir}	不可逆损失功,kJ	w_L	比损失功,kJ/kg
W_L	损失功,kJ	w_i	质量分数
w	比净功,kJ/kg	x	干度
w_{net}	比净功,kJ/kg	x_i	摩尔分数
w_c	闭口系的比循环净功,kJ/kg	$\bar{Y}$	偏摩尔参数表示法
w_o	开口系的比循环净功,kJ/kg	Z	压缩因子
w_f	比流动功,kJ/kg	Z_r	对临界点对应态压缩因子
w_t	比技术功,kJ/kg	$\hat{Z}_r$	对应态压缩因子差
w_u	比有用功,kJ/kg	$\hat{Z}_{s,r}$	对应饱和态压缩因子差
w_n	比无用功,kJ/kg		
w_{ir}	比不可逆损失功,kJ/kg		

希 腊 字 母

α	离解度,抽气率	π	压力比
α	活度(相对逸度)	ρ	密度,kg/m^3
α_v	体积膨胀系数,1/K	$\rho'_{r,b-c}$	对应态饱和液体密度
β	比应力系数,N/(m·K)	σ	表面张力,N/m;应力,N/m^2;
γ	活度系数,1/mol;绝热指数		熵源强度,kJ/(s·K·m^3)
η	热效率	$\sigma_{u,ir}$	有效能消耗源强度,W/m^3
η_C	卡诺机效率;压缩机效率	Φ	热流量,W
η_{CA}	输出最大功率时的卡诺热机效率	Ψ_u	开口系绝对有效能函数,kJ
$\eta_{\gamma,a}$	优选的热机无量纲输出效率	$\Psi_{u,U}$	闭口系绝对有效能函数,kJ
η_T	透平机效率	ψ_u	开口系绝对比有效能函数,kJ/kg
η_N	喷嘴效率	$\psi_{u,U}$	闭口系绝对比有效能函数,kJ/kg
η_{the}	循环净效率	φ_S	偏离熵函数(更换脚注可得偏离焓、偏离自由能函数)
η_{th0}	理论效率		
η_{max}	高、低热源温度限定的卡诺热机效率	φ	逸度系数,1/mol
η_u	有效能利用效率(热力完善度)	ξ	光谱有效能率
$\eta_{u,ir}$	过程不可逆度	ω	偏心因子,照射衰减系数
η_q	辐射能的热转换效率	ε	制冷系数,化学反应度,应变,传热有效度
μ	化学势,kJ/kg;磁导率,H/m		
μ_0	真空磁导率,H/m 或 Wb/(A·m)	τ	对比温度
μ_J	焦耳-汤姆逊系数,K/Pa		
μ_s	等熵膨胀温度变化系数		

下 角 标 符 号

i	序号	in	进口
j	序号	out	出口

b	标准沸点,黑体	min	最小值
c	闭口系	max	最大值
o	开口系	λ	光谱
B	锅炉	u	有效能
C	临界点,压缩机	0	基准环境参数
P	泵,生成系	R	反应系
C	压缩机	r	对应态
T	透平机	s	饱和态
N	喷嘴	ir	不可逆

上角标符号

′	饱和液	″	干饱和蒸汽

目　　录

第 1 篇　热力学基础

第 3 篇　多组分系统的热力学基础

第 4 篇　特殊系统的热力学基础

第 5 篇　热 力 循 环

第6篇　非平衡态热力学基础

绪　　论

　　能量是人类一切活动的基础,人类一刻也离不开能量。能量是物质运动的度量。由于物质运动的形式不同,能量有不同形式:宏观物体包括定向流动流体运动的能量,称为机械能;分子运动的能量,称为热能;自由电子有序定向运动的能量,称为电能;约束在分子内形成化学键的电子运动的能量,称为化学能,化学能只有通过化学反应,发生化学键的重整、原子最外层电子运动状态的改变和原子能级的变化,才能与外界发生能量交换;约束在原子核内质子运动的能量,称为核能或原子能,核能只有在原子核的核结构发生变化,例如重核(如铀、钍等)的裂变和轻核(如氘、氚等)的聚变时才释放其巨大的能量;光子和辐射粒子运动的能量,称为辐射能;等等。不受约束的物质运动的能量,称为自由系能量,是直接能量;受约束的物质运动的能量,称为保守系能量,是潜在能量,保守系潜在能量需要激发才能利用。热能、气体体积能是系统的热力学能,热力学能是自由系的能量;电能、磁能、地球引力能,都是外场力作用产生的能,也是自由系能量;场作用力产生的能量,如电能、磁场能、引力能,可以相互等价转换。

　　在人类所利用的热能、功能(机械能)、电能、光能、磁能等各种形式的能源中最离不开的是热能,因为许多种能,例如矿物、植物燃料中的化学能,原子核燃料的核能,目前主要是通过热能才能转化为其他形式的能来利用,而各种形式的能在利用之后都要转为热能,热能是能源利用的基础和归宿。人类利用热能有两个方面:一个是热能的直接利用;另一个是要把热能转化为机械能(功能)、电能等。机械能是人类改造自然直接作动力用的能量,电能是输运最方便和转化最容易的能量。因此,人类追求把各种可转为热能的能量再转化为电能或功能。

　　物质的运动受力驱动并受力约束,运动的物质也产生力,物质受力和出力过程进行了能量交换;力的能量存储在力场中,并通过力场对物质作用;功量和热量是能量的过程量,在可逆过程,功量和热量是热力系与外界作用的度量。

　　为了掌握热能与其他形式能相互转化的规律,使热能转化为功能、电能的效率更高,诞生了热力学。因此,热力学的基本任务是研究能量转换以及与转换有关的热物性之间的相互关系。

　　热功互换要通过设备来实现,这种设备常称为动力设备。把热能转换为功能的设备通称为热力设备,典型的有锅炉-蒸汽轮机、燃气轮机或其混合动力设备;以消耗功能来获取其他能量的设备称为耗功装置,典型的有压缩机、风机、泵、制冷机和热泵;通过工质流体来实现能量转换的设备又统称为流体机械。以研究这类设备工作过程、热功转换为目的的热力学称为工程热力学。

所有热功转换的设备都要通过在设备内的工质状态变化来实现。因此,工程热力学用极大的篇幅去研究工质的性质。离开工质性质的研究,热力学就失去了存在的基础。一般来说,热功转换所用的工质应是受热易膨胀的物质,通常选用气体;循环使用的工质可以在气体和液体之间转换。热功转换设备的性能与所用的工质有极大的关系,性能优良的工质可以提高热功转换效率。制冷技术的进步与制冷工质的研究进展以及新工质的开发是同步的。工程热力学基础理论在研究热功转换规律时,是以理想气体为工质进行演绎的,但实际气体性质与理想气体有很大差别。因此,如何架设理想气体与实际气体之间的桥梁,把以理想气体为工质的研究成果顺利地应用于以实际气体为工质的情况,是高等工程热力学的一项重要研究任务。

热力学是物理学的一个分支,它最初是对大量宏观热功转换的实践经验的总结。焦耳用下落重锤搅拌水的功转换为热的实验,为能量守恒的普遍定律奠定了坚实基础。当人们用能量守恒定律考察热机工作过程中热量与功量的交换和工质状态变化时,总结出了在热力分析中使用更方便的热力学第一定律。人们在设法把热量尽可能多地转化为功的各种努力实践中认识到,无法在单一热源条件下把海水的热量转换为功,也认识到即使有两个热源也无法使热量全部转化为功量的客观规律,由此总结出热力学第二定律。热力学第二定律是能量守恒定律的深化和发展,它揭示了热能转换为功能的限度、条件以及热量传递的方向性,提出了能量不能只是用量来度量,还应用其品质来度量的问题。热力学第一和第二定律的诞生,是热力学对物理学乃至整个科学的重大贡献,具有极为重要的意义。

热力学作为一门学科,它不能只停留在人类实践经验的认识上,所以需要把感性经验上升为抽象的概念,总结出规律,而后对研究的对象定义描述的术语和度量的参数,在能反映热力过程主流规律的假定下,借助有关的数学知识进行严密的逻辑推理,导出对热功转化的实践有指导意义的结论。这就是人们熟悉的经典热力学的一般研究方法。经典热力学是在假定所研究热力系处于平衡态和变化过程可逆的条件下,建立热力学的基本定律和研究方法及通过逻辑推导得出系统的结论,经大量实践证明其具有高度的普遍性和可靠性。爱因斯坦(A. Einstein)说:"经典热力学给我以十分深刻的印象,它是仅有的具有普遍意义的物理理论。我确信在其基本概念所适用的范围内,它是决不会被推翻的。"值得注意的是,在研究时建立正确的基本概念是不容易的,而学习时对基本概念的正确理解又是十分重要的。正确的概念使认识得到飞跃升华,可以导出有指导实践意义的结论,而错误概念则会阻碍认识的进展。从"热质说"到认识"热"是一种运动的表现,从感知冷热到建立温度的概念,经历了漫长的过程。记住:实践是检验真理的唯一标准,鉴别所建立的概念是否正确以及是否有改进的地方,应当由实践决定。

在庆贺热力学为科学做出贡献的同时,注意不能把热力学从有限领域研究中得到的规律作为宇宙普遍规律来夸大应用。例如,据热力学第二定律推出宇宙在运动过程中最终都成为热的"热寂论"是片面的、不正确的。因为宇宙中还存在着许多人类尚未认识的现象和规律,例如,地下矿产的煤、石油为何能从分散、无序到集中而有序? 深海的甲烷冰如何聚起高密度的能量? 机械能、热能能转换为化学能和原子能吗? 能量守恒定律和热力学第二定律是否还值得补充? 许多问题还有待研究。

随着人类实践活动的深入和发展,热力学的理论和研究方法也应当与时俱进,有所发展。例如,不可逆过程热力学、传热过程与热力过程的结合、多种能量转换过程耦合等都是当前热力学研究的新动向。传统工程热力学较多地集中于对气体工质的热能转为机械能的热力学的研究,且多以单成分工质的热机为主。现在,由于环保的需要,已出现采用混合工质的制冷技术;另外,在整个热功转换的系统工程中,燃烧过程、热源与工质的热交换过程都对系统的性能影响极大;再者,燃料电池问世和深冷技术的发展,使热力学研究的工质不再只局限于气体工质,热力过程得到的功可以是气体膨胀功以外的功,如电功、磁功等。因此,有关多组分混合工质、化学反应过程、广义功等内容将补充到高等工程热力学中。太阳能是最洁净、最丰富、最永久的能源,开发利用太阳能,从太阳能中大量获取廉价的电能、氢能,是人类社会可持续发展所必需的,也是环境保护所必需的。太阳能是辐射能,它与热能、功能的性质有何异同,辐射能的品质如何表征,它转化为电能、热能、化学能和不同频率的辐射能的规律如何,值得人们研究。

经典热力学把工作介质视为连续体,以宏观物理量描述物质的行为,用宏观的唯象方法进行研究,并取得了与宏观实际十分一致的效果。但是,经典热力学对于工质的性质,例如比热容等,不能提供直接计算的理论。作为经典热力学的补充,统计热力学却把工作介质视为大量分子的集合体,各分子运动受集体分子的影响,特别是相邻分子的影响,工质热力学能的改变是大量分子综合作用的结果。因此,它借助微观粒子运动的力学定律和统计概率理论来描述热现象,较好地解释了物质的比热容等,还可以导出热力学的基本定律。但是,统计热力学所作的物质结构的假定与实际情况有较大偏差,对多组分工质更难建模描述,考察分子数量也有限,所以统计热力学的结果往往与实际不符。

学以致用,为了培养有研究和创新能力的科学家型热能工程师,高等工程热力学有必要让学生在深刻理解热力学基本概念和基本定律的基础上,能够进行热力系统的流程设计和热力计算,能用有效能分析法对热力系统进行评价和性能改进,能开展工质热力性质的研究,能掌握用不可逆过程热力学分析法对简单的热力系统或制冷系统进行优化。因此,有效能分析法的理论、若干具体循环分析、工质 $p\text{-}v\text{-}T$ 实验、工质性质的演算和推算理论、不可逆过程热力学分析法,也都构成高等工程热力学内容的一部分。

第1篇　热力学基础

要学好高等工程热力学,需要对热力学的基本概念、基本定律有透彻的理解。为此,本篇简要汇总了大学本科阶段已学过的工程热力学基础知识,希望通过复习和深化以前学的内容,为学习后面的高等工程热力学新内容奠定基础。

第1章　基本概念

热力学在建立研究体系时,首先,要对热现象和热力过程进行抽象,提出研究对象的时空域;其次,要建立能描述研究对象的必要的基本参数及其相关量的概念;最后,要约定可以反映事物本质主流特征的研究方法,继而可以利用现有的数学知识相对简明地导出基本参数间的相互变化关系。在研究过程中,产生了许多热力学基本概念与术语。正确掌握这些基本概念,对于学好用好热力学是有帮助的。

1.1　热力系·边界·外界

1. 热力系

热力学中,把研究的对象用某种边界包围起来,边界内的特定物质称为热力学系统,简称热力系或系统。热力系可以是定量的一种物质或几种物质的组合体,也可以是空间一定区域内的物质。取一定量物质集合体为讨论对象的热力系称为封闭系或闭口系,例如,以气缸和活塞为封闭边界的气缸内气体为讨论对象的热力系。取一定体积内的物质集合体为讨论对象的热力系称为开口系,例如,以汽轮机进出口内的气体为讨论对象的热力系。与外界无任何热交换的热力系称为绝热系。与外界无任何交换的热力系称为孤立系,这是虚拟的系统。

2. 边界

包围热力系的控制面,称为边界。边界以方便研究的原则进行划定。边界可以是真实的,也可以是假想的;可以是固定的,也可以是移动的。封闭系的边界上不能有工质流入流出,而开口系的边界上允许工质流入流出;封闭系边界和开口系边界都可允许系统与外界有热能交换和功能交换;绝热边界只允许系统与外界有功能交换;透热边界只允许热能交换。

3. 外界

边界以外的一切物质和空间称为外界。

图 1.1(a)为系统、边界和外界示意图。图 1.1(b)和图 1.1(c)分别为闭口系和开口系示意图。

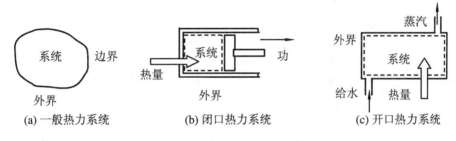

图 1.1 系统、边界和外界示意图

闭口系或开口系内的物质通常称为工质。研究热力系的物质状态变化及其与外界的热和功的作用,是热力学的研究任务。

1.2 状态·状态参数

1. 状态

热力系在某一瞬间的宏观物理状况称为系统的热力状态,简称状态。构成热力系的物质集合体一般以凝聚态的形式存在,可细分为气态、液态和固态,其中气态和液态统称流体态。

2. 状态参数

描述热力系的物理状况的量,称为状态参数。依据状态参数的功能性质来区分,描述系统状态的物理量可分为强度量和尺度量(又称广延量)两类。凡与物质质量无关的物理量称为强度量,如压力 p、温度 T 和化学势 μ;与物质质量成比例的物理量称为尺度量,如体积 V、热力学能 U、焓 H 和熵 S 等。单位质量的尺度量也可看作强度量,这类强度量是在尺度量前面冠以"比"或"比摩尔",并用相应的小写字母表示,如比体积 v、比热力学能 u、比焓 h 和比熵 s 等。冠以"比"的参数是 1 kg 质量的相应参数值,冠以"比摩尔"的参数是相当于 1 mol 质量的参数值。强度量又可称为势强度量或力强度量,如压力 p、温度 T 和化学势 μ;势强度量或力强度量,都是相对量,都有参考基准值,通常参考基准值选在某热力平衡点。除以质量后成为强度量的量可以称为比强度量或流强度量,是绝对量。比强度量都是物性,但与势强度量有关。在系统处于平衡态时,系统各部分的强度量是相等的。

状态参数是系统状态的单值函数或点函数,即状态参数的变化只取决于系统给定的起始和最终状态,而与系统变化过程中所经历的一切中间过程无关。这一性质是判断一个物理量是否可作为状态参数的判据。状态参数在无限接近的相邻状态之间的无限小变化,数学上表示为一个全微分。它在两个给定状态之间的积分值与所经历的路径无关。

一些可以用仪器直接测定的参数,例如压力 p、温度 T 和比体积 v,称为基本状态参数;另一些状态参数,如热力学能 U、焓 H 和熵 S,则要利用可测参数计算得到。

(1)压力

将单位面积边界上所受的热力系物质的垂直作用力称为压力,用符号 p 表示,单位为 Pa,$1\,\text{Pa}=1\,\text{N/m}^2$。压力定义式为 $p=F/A$,其中 F 表示力,A 表示面积。压力是热力系的内部属性,是与功交换有关的势强度量状态参数。在热力系内,物质的比体积为无穷大时,压力为零。微观上,压力与单位面积上的分子作用数和分子对壁的作用强度成正比。

(2)比体积和密度

将单位质量的物质所占的体积称为比体积,也称为质量体积,用符号 v 表示,单位为 m^3/kg。比体积的倒数称为密度,用符号 ρ 表示,单位为 kg/m^3。实际气体的比体积 v 或密度 ρ 与理想气体有差别,特别是在饱和态和临界点附近。所以,研究实际气体工质的 v 或 ρ 与压力 p、温度 T 的关系是极重要而艰巨的任务。

(3)温度

温度可以理解为物质分子热运动激烈程度的度量,用符号 T 表示,单位为 K。温度是确定一个系统与其他系统是否处于热平衡的共同特性函数,它对于相互处于热平衡的所有系统都具有相同的数值。温度是热力系的内部属性,是与热交换有关的势强度量。

对于温度概念的认识至今还有争论,通常将其理解为物体冷热程度的标志。冷热乃是人体的一种感觉,实际上它与热流的流出与流入有关。有人做过实验:一个人先把左手和右手分别插在两盆冷水和热水中数分钟,而后把两只手同时放在一盆温水中,此人左手感到暖,而右手感到凉,但盆温水的温度是相同的,我们既不能据左手感觉说这盆温水温度高,也不能据右手感觉说这盆温水温度低。因此,物体冷热程度是和物体与比较基准间的温差有关的。由此得出以下几点认识:

① 温度是要有基准的相对量;

② 温度是与热量传递有关的量,热量会从高温物体传向低温物体;

③ 温度是热力学意义上冷热强度的标志;

④ 两导热物体接触而在宏观上不显示热量迁移时,称两物体处于热平衡态,则温度相等。

对于热力学体系来说,需要给温度以更科学的定义,解决其测量方法,给定温度基准与温标。

1.3 热力学第零定律 · 温度测定与温度计 · 温标

1. 热力学第零定律

取三个热力系 A、B、C,把 A 和 B 隔开,但它们同时与 C 热接触。一定时间后,C 与 A、C 与 B 都达到热平衡。这时,如使 A 与 B 热接触,会发现它们也处于热平衡中。由此可得出结论:若两个热力系分别与第三个热力系热平衡,那么这两个热力系彼此也处于热平衡。这是热力学中的一个基本实验结果,称为热力学第零定律,简称第零定律。热力学第零定律是条公理,它给出了比较温度的方法,成为测量温度的理论依据。

2. 温度测定与温度计

依据热力学第零定律,可以用某一热力系为温度计使其与待测温度热力系接触并达到热平衡,测定温度计热力系中与温度相关的某物理量的变化量,求出待测温度热力系的温度。被选作温度计的热力系,其热容相对待测温度热力系的热容而言要充分小;另外,要有与温度明显相关的可测的物理量,最好是单值线性明显相关的物理量。通常,温度计热力系中与温度相关的物理量的变化,例如体积膨胀、压力变化、电阻变化、热电势变化、辐射量变化和颜色变化等特性都可用于温度测定。这些在温度计热力系中被选作测温的物理量叫测温参数,例如体积、压力、电阻、热电势、辐射量等。用相应原理研制出来的温度计有水银温度计、酒精温度计、气体温度计、铂电阻温度计、热敏电阻温度计、铜-康铜和铂铑-铂热电偶温度计、双色辐射温度计等。

3. 经验温标

将表示温度数值的标准称为温标。决定温标的原则最早是由牛顿提出的。他考虑到温标应当具有可复制性,于是提出了以一种(或两种)单纯物质的两个相变点之间的温差作为1。基于这种思想,以在 1 标准大气压下纯水的凝固点定为 0 ℃,沸点定为 100 ℃,建立了摄氏温标(Celsius Degree),用符号 t 表示,单位为℃。温度计系可选用水银(汞),利用其体积与温度呈线性关系,可在两固定点之间进行均匀分度,以确定 0~100 ℃ 之间的其他温度,并外推到 0~100 ℃ 以外的范围。在度量人们周围环境的温度时,欧美国家还习惯使用一种以氯化氨(NH_4Cl)和冰的混合物的温度为 0 ℉,以人体正常体温为 100 ℉ 的华氏温度,用符号 t_F 表示,单位为℉。两种温标℃与℉的换算关系为

$$t(℃) = \frac{5}{9}\left[t_F(℉) - 32\right] \tag{1.1a}$$

$$t_F(℉) = \frac{9}{5}t(℃) + 32 \tag{1.1b}$$

应当指出,在假定了一种物质的某一性质与温度呈线性关系后,其他物质的这一性质或者同一物质的其他性质就不一定也和温度呈线性关系。例如,若我们规定了汞的体积与温度呈线性关系(实际不是真正的线性关系),那么酒精的体积就不一定与温度呈线性关系。如果仍利用线性关系来制作酒精温度计,那么使用这两种温度计测量同一温度时,除固定点以外,在其他点将测得不同的温度。

更一般地说,可以任选一个单变量线性温度函数

$$\theta(X) = aX$$

式中,X 为测温参数,$\theta(X)$ 为单变量 X 的温度函数,a 是比例常数。于是标准系统的某固定点 d 的温度为 $\theta(X_d) = aX_d$,任意某一温度 $\theta(X)$ 对固定点 d 的温度 $\theta(X_d)$ 的比为

$$\frac{\theta(X)}{\theta(X_d)} = \frac{X}{X_d} \tag{1.2}$$

于是只要定义一个标准系统的固定点的温度,就可以根据上式进行温度标定。作为标准系统,要求定义的标准固定点应稳定并有良好的复现性。从 1954 年起,国际约定将水的三相点作为定义点,其温度规定为 273.16 K。

由于标准系统和温度函数的选择具有随意性,所以按照上述方法测定温度时,所测得的温度会随测温物质的不同而有差异。这种要依据式(1.2)和选择某种物质为测温系,并假定其所选测温物理量的变化是与温度呈线性关系所建立的温标称为经验温标。用经验温标测

定的温度,叫经验温度。

4. 理想气体温标

在定容条件下,理想气体的温度与压力呈线性关系。因此,式(1.2)的 X 对应压力为 p, 温度函数改用 $T(p)$ 表示,$\theta(X_d) = 273.16$ K,X_d 则对应于水的三相点的理想气体压力(用 p_{tp} 表示)。于是,理想气体温标的定义式为

$$T(p) = 273.16\,(\text{K}) \cdot \frac{p}{p_{tp}} \tag{1.3a}$$

理想气体温标不依赖于任何气体的性质。图 1.2 为定容气体温度计示意图。测量温度时把感温泡 B 置于测温区,通过调节水银容器的高度使 U 形压力计 M 左边管的水银柱保持恒定高度,以保证测量不同温度时气体体积不变。对应温度的气体压力由 U 形压力计 M 的左右两边管的水银柱高度差 h 读出。

需要指出,实际气体只有在其极为稀薄,也就是压力 $p \to 0$ 时,才算接近于理想气体。当气体密度较大时,若使用不同气体的温度计测定同一热力系同一温度,其测定值还是会有差别的。因此,用实际气体当作理想气体时的温标依然是经验温标,但可算作是基本的经验温标。图 1.3 为分别用 He、H_2、N_2 作为测温物质的气体温度计在不同气体密度时测定在标准大气压下水的凝结温度时的测试结果。图中的横坐标 p_{tp} 是不同气体密度的气体温度计测量水的三相点时的实际压力值。任何气体温度计均不能在极稀薄而几乎没有压力下测定压力,但可以采用逐渐减少气体温度计的气体密度做出有限点的测量同一温度的测量值(测量值是压力),而后做出测量同一温度时所获得的测量值随气体密度下降的关系,将实验点连线延长至密度无穷小,即 $p_{tp} = 0$ 点。根据式(1.3a),具体实验测量时,每抽掉一点感温包内的气体后气体温度计都要测定一次基准点的平衡压力和一次待测温度的平衡压力,例如基准点水三相点的压力 $p_{tp,i}$ 和待测水沸点的压力 p_i,i 为测量点的序号,而后由式(1.3a)计算得该次测得的水沸点的温度测量值 T_i,并把测试结果 $p_{tp,i}$ 和 T_i 表示在 $p_{tp,i}$-T_i 图上,测试若干点后,再在图 1.3 上把若干实验点 $(p_{tp,i}, T_i)$ 的连线延长至 $p_{tp,i} = 0$ 点,即得到用理想气体温度计测的结果。不同气体温度计测得的实验连线的斜率虽然不同,但是由图 1.3 可知,不同气体在 $p_{tp,i} \to 0$ 时测得的在标准大气压下水的沸点(凝结温度)都是 373.16 K。于是得到理想气体温标的温度

$$p_{tp} \to 0, \quad T = 273.16 \lim \frac{p}{p_{tp}} \tag{1.3b}$$

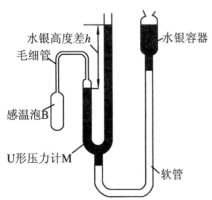

图 1.2　理想气体温度计示意图

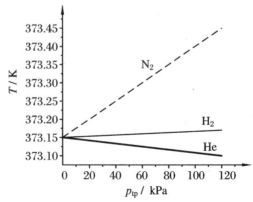

图 1.3　不同气体温度计测得的结果

用 ^{3}He 作测温物质所能测量的最低温度为 0.5 K。所以,在理想气体温标中低于 0.5 K 的温度还没能实际测定。

5. 热力学温标

在对热力学第二定律有一定认识的基础上,1848 年开尔文(Kelvin)考察了在高温热源 θ_H 和低温热源 θ_L 间工作的卡诺循环机 C 及在两热源间介入一个温度为 θ_m 的热源,并用两个分别在热源 θ_H 与 θ_m 和热源 θ_m 与 θ_L 间工作的卡诺热机 C_1 和 C_2 代替,如图 1.4 所示,导出了完全不依赖测温物质性质的热力学温标。

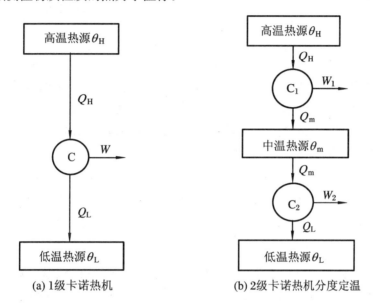

(a) 1 级卡诺热机   (b) 2 级卡诺热机分度定温

图 1.4 热力学温标导入过程示意图

图 1.4(a)所示的可逆热机的效率为

$$\eta_C = \frac{W}{Q} = 1 - \frac{Q_L}{Q_H}$$

对于温度为 θ_H 和 θ_L 的两热源间的可逆机 C,根据卡诺定理有如下关系:

$$\frac{Q_L}{Q_H} = F(\theta_H, \theta_L) \tag{1.4a}$$

式中,F 是未知函数,其形式与温标选取形式有关。同样,对于图 1.4(b)所示的工作于热源 θ_H 与 θ_m 和热源 θ_m 与 θ_L 间的可逆机 C_1 和 C_2,当可逆机 C_1 排给热源 θ_m 的热量 Q_m 也正好等于可逆机 C_2 从热源 θ_m 吸收的热量时,有如下关系:

$$\frac{Q_m}{Q_H} = F(\theta_H, \theta_m) \tag{1.4b}$$

$$\frac{Q_L}{Q_m} = F(\theta_m, \theta_L) \tag{1.4c}$$

由式(1.4a)、(1.4b)和(1.4c),得

$$F(\theta_H, \theta_L) = \frac{Q_L}{Q_H} = \frac{Q_m}{Q_H} \frac{Q_L}{Q_m} = F(\theta_H, \theta_m) F(\theta_m, \theta_L) \tag{1.4d}$$

上式最左边的项中不出现 θ_m,而 θ_m 又是在 θ_H 和 θ_L 之间的任意温度,那么在上式最右边的项中 θ_m 被消去的普适函数 $F(\theta_H, \theta_L)$ 的可能形式是 $F(\theta_H, \theta_L) = f(\theta_H)/f(\theta_L)$。于是,式

(1.4a)可以改写为

$$\frac{Q_L}{Q_H} = \frac{f(\theta_L)}{f(\theta_H)} \tag{1.4e}$$

此处,f 为经验温度 θ 的任意函数。然而最简单而又合适的选择是,定义一个温度 τ 并令它与 $f(\theta)$ 成比例。于是,式(1.4e)可写为

$$\frac{Q_L}{Q_H} = \frac{\tau_L}{\tau_H} \tag{1.4f}$$

当取一个固定热源温度为 τ_d,另一个热源温度为任意值并去掉下角标后,得到的热力学温标定义式为

$$\frac{Q}{Q_d} = \frac{\tau}{\tau_d} \tag{1.4g}$$

式(1.4g)和式(1.2)的差别在于,式(1.4g)的温标的比例因子与测温物质无关,只跟卡诺机与两个热源交换的热量 Q 和 Q_d 的比值有关,所以这种温标称为热力学温标。显然,由于式(1.4g)中的 τ 为任意温度,因此由式(1.4g)定义的热力学温标是一种固定比例线性分度法,设比例值为 b,$b = \tau_d/Q_d$,所以有

$$\tau = bQ$$

当选定固定的热量,并选取固定点温度 τ_d 为水的三相点温度 273.16 K,记此点 Q_d 为 Q_{tp},则得

$$\tau = 273.16 \,(\mathrm{K}) \cdot \frac{Q}{Q_{tp}} \tag{1.5}$$

方程式(1.4g)建立了绝对零度的概念。由方程式(1.5)可知,低温热源温度越低,卡诺热机传给低温热源的热量越少。在传给低温热源的热量趋于零时,它的温度趋于一个极限值,此极限温度就是绝对零度。绝对零度点意味着所有热力系都处于热平衡状态,没有任何的热交换。显然,绝对零度点是达不到的。但绝对零度点又是所有热力系都将处于热平衡的唯一极限点,方程(1.5)的温度取绝对零度为温度计量起始点,使本来要用相对概念表示的温度变成可用绝对温度表示。为纪念开尔文提出热力学温标,将热力学温度单位记作 K。

实际上,热力学温标难以用来测定温度,因为卡诺循环难以实现,热量也很难测量,但是却可以准确地测定理想气体的温标。

物理学已证明,由理想气体温标系所确定的两个热源 T_H 和 T_L 之间工作的、以理想气体为工质的卡诺循环的效率为

$$\eta_C = 1 - \frac{Q_L}{Q_H} = 1 - \frac{T_L}{T_H}$$

即有

$$\frac{Q_L}{Q_H} = \frac{T_L}{T_H} \tag{1.6}$$

比较上式与式(1.4g),在取相同基准温度后有

$$\tau = T$$

的关系成立。所以,式(1.6)为热力学温标的定义式。在实际测量中,是用理想气体的温标体现热力学温标的。

6. 国际实用温标

尽管有如此严格科学定义的温标,但是使用理想气体温度计进行温度测量仍然是一项

十分精密而复杂的工作,因此实际上常采用国际实用温标,它与热力学温标很接近。国际实用温标采用在不同的温度区域规定若干易于复现的固定点温度,两固定温度间的分度采用线性插值法,并规定其间选用与气体温标有较好线性关系的测温物质的温度计。国际实用温标经过几次修订,最新的标准是 ITS—90,已于 1990 年 1 月 1 日开始实施,取代了 1968 年国际实用温标(IPTS—68)和 1976 年暂定的温标(表 1.1)。它与 IPTS—68 的主要区别在于:

① 把最低温度延伸到 0.65 K;

② 废止了用热电偶做标准温度计;

③ 把铂金电阻温度计的使用温度上限提高到 960 ℃;

④ 把辐射标准温度计的下限降低到 960 ℃。

ITS—90 国际温标与国际摄氏温标(符号为℃)的单位换算关系是

$$t = T - 273.15 \text{ K} \tag{1.7}$$

表 1.1 1990 年国际温标制定的基准点(ITS—90)

序　号	温　度	物　质	状　态	备　注
1	3～5 K	氦(He)	沸点	含有自然氦的同位素
2	13.803 3 K	平衡态氢(e-H$_2$)	三相点	$p = 3\,330.6\,\text{N} \cdot \text{m}^{-2}$
3	约 17 K	平衡态氢(e-H$_2$)	低压沸点	
		氦(He)	气体温度计点	
4	约 20.3 K	平衡态氢(e-H$_2$)	沸点	
		氦(He)	气体温度计点	
5	24.556 1 K	氖(Ne)	三相点	
6	54.358 4 K	氧(O$_2$)	三相点	
7	83.805 8 K	氩(Ar)	三相点	
8	234.315 6 K	汞(Hg)	三相点	
9	273.16 K	水(H$_2$O)	三相点	
10	29.764 6 ℃	镓(Ga)	熔解点	
11	156.598 5 ℃	铟(In)	凝固点	
12	231.928 ℃	锡(Sn)	凝固点	
13	419.527 ℃	锌(Zn)	凝固点	
14	660.323 ℃	铝(Al)	凝固点	
15	961.78 ℃	银(Ag)	凝固点	
16	1064.18 ℃	金(Au)	凝固点	
17	1084.62 ℃	铜(Cu)	凝固点	

国际实用温标使温度测量能迅速而准确地推广,用以校准科学及工业温度计,但其标准仍用理想气体的温标进行标定。

温标的制定和温度的测量是热力学的重要贡献。因为它是描述热能的势强度,是从可逆卡诺定理对应的有一个相同固定温度热源和另一个不固定温度热源的卡诺热机循环中推导出来的,所以它给热力状态研究带来了方便;但是,在用热力学温度关联物性时,会遇到麻烦和困扰,不能用它表示太阳能中光谱辐射能的势强度,因为它是热能平均状态的势参数。

1.4 相·组分·相律

相和组分是热力系的构成因素。

1. 相

热力系中具有相同强度状态的一切均匀部分的总体叫作相,如气相、液相和固相。在某些情况下,相与凝聚态基本一致,只不过凝聚态的定义比较宽松,相的定义要严格些,如在水结成冰的固体内,可能含有很多结晶而构造不同的相。因此,在势强度量相同的情况下,可以用比强度状态是否相同来更细微地区分相。只有一个相的系统称为一相系或单相系。含有两个相的系统称为二相系,如在蒸发和凝结现象中气相和液相共存。含有两个以上相的系统称多相系。多相系必定是非均相系。但有时只考察系统的宏观性质,为使问题简化,往往可以把一种凝聚态微观上的多相系处理为这种态的均相系。

2. 组分

热力系的物质集合体以化学性质区分的组成种类称组分。组分以原子或分子的种类来区分。由一种原子或一种分子组成的系统称一组分系或单组分系。一种原子或一种分子的物质称纯种物质。含有两个或两个以上组分的系统称多组分系。在化学反应中,热力系的组分会发生改变。各组分在热力系中的含量用其所占的物质的量来表示。

3. 相律

相律是确定一个有 γ 组分 φ 相的多组分体系需要多少个独立变量来描述的计算式。在 γ 组分 φ 相的多组分体系中,在无化学反应时因为组分的总浓度 $\sum x_i = 1$,所以描述组分的变量数为 $\gamma - 1$ 个,每个组分有 φ 相,因此有 $(\gamma - 1)\varphi$ 个变量;考虑到系统处于平衡时的温度和压力,需增加温度和压力这两个强度参数的变量,因此 γ 组分 φ 相的多组分体系共有变量数为 $(\gamma - 1)\varphi + 2$。另外,由于在平衡系统中每个组分的各相的化学势必须相等,因此对每个组分可以建立 $\varphi - 1$ 个方程,γ 组分 φ 相的多组分体系则可建立 $\gamma(\varphi - 1)$ 个方程,于是 γ 组分 φ 相的多组分体系的自由度 f 为

$$f = [(\gamma - 1)\varphi + 2] - \gamma(\varphi - 1) = \gamma - \varphi + 2 \tag{1.8}$$

式(1.8)即是相律关系式。对于单组分单相系,其自由度 $f = 2$,单组分二相系的自由度为 1。

1.5 平衡态·稳定平衡态·状态方程

平衡态是热力系可进行描述的前提。

1. 平衡态

在不受外界影响的条件下,系统宏观性质不随时间改变的状态称为平衡态。这种平衡

态,必须是系统内部各部分间的平衡和系统与外界的平衡,也称稳定平衡态,其特征是系统的强度参数处处相同且可长时间维持不变。热力学中所用的状态参数都是平衡态的参数。系统整体处于稳定平衡态的成立条件是:系统内部的各处、系统与外界之间都处于力平衡、热平衡和化学平衡。化学平衡包括同组分的浓度平衡和同组分各相的化学势相等,以及各组分化学系数与各组分化学势乘积之总和为零。

一般来说,平衡还可根据受到小扰动后恢复的状况分为稳定平衡、随遇平衡、亚稳态平衡和不稳定平衡四种。图1.5用一颗刚性钢珠在重力场中的平衡状态形象地说明了这四种平衡。图1.5(a)中的钢珠在受到瞬时扰动之后,会恢复到原先的平衡位置,它所处的状态称为稳定平衡态。稳定平衡态有足够的时间观察和测量其状态参数,是热力学选用的研究状态。图1.5(b)中的钢珠处于随遇平衡态,钢珠在受到扰动后将停到新位置平衡,热力学上把如图1.5(b)所示的随遇平衡也归入稳定平衡态,因为热力学状态参数的描述对这二者没有区别。图1.5(c)中的钢珠处于亚稳态平衡态。亚稳态平衡在微小的扰动下系统是稳定的,但当扰动超过一定限度后,系统就会失去原先的稳定态而转移到一个新的稳定平衡热力学位置上去。热力系中静止的纯水,温度降至$-6 \sim -5\ ℃$还可以保持液态,但微小的振动便会使水开始结冰,并恢复至$0\ ℃$水冰两相的稳定平衡态。这种水结冰前的过冷态、蒸汽凝结前的过冷平衡态和水蒸发前的过热平衡态等都属于亚稳态。研究亚稳态的存在及其向稳态平衡转化的条件也是热力学的任务之一。图1.5(d)所示的是一种不稳定平衡态。不稳定平衡受到微小扰动就不复存在,瞬间出现,随即消逝,难以捕捉到观察和测量的时机。经典热力学不研究不稳定平衡态。

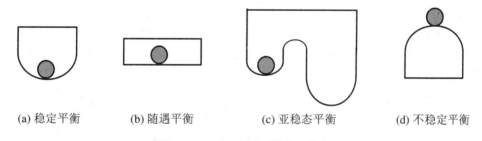

(a) 稳定平衡　　　(b) 随遇平衡　　　　(c) 亚稳态平衡　　　(d) 不稳定平衡

图1.5　四种不同类型的静平衡态

在上述分析的基础上,可以概括出稳定平衡定律,并将其表述为:一个约束系统,当只容许经历在外界不留下任何净影响的过程时,从一个给定的初始容许态能够达到唯一的一个稳定态。稳定平衡态是一种宏观的平均态,也是统计热力学的最可几状态。经典热力学的各种唯象规律都是建立在对热力系统稳定平衡态描述的基础上的。因此,在应用这些定律及定理的时候,必须判断研究对象是否处于稳定态。

2. 稳定动平衡态

在生活中和热力学中都会遇到另外一类平衡,即在受外界稳定影响的条件下,运动系统的宏观性质处于不随时间改变的状态,称为稳定动平衡态。它与稳定平衡态不同的是,系统各微元系的强度参数可以不相同,且其平衡状态随外界影响而定,不是唯一的。动平衡态的特点是:只要外界的影响不改变,系统内部的各子系统总会找到一个合适的状态,并且长时间保持不变。尽管系统处于动平衡态时,各子系统的强度参数可能不同,但整个系统对外界表现的宏观性质并不随时间改变。动平衡态与稳定平衡态相比有更积极的意义,社会有动平衡才能进步,热机有动平衡才能做功。许多用静止观点看来不能实现的事,在动平衡中就能创造出奇迹。

动平衡态的实例有很多,例如旋转杯子中的水面,稳态导热体内的温度分布,透平膨胀机内气流通道上的气体压力和流速分布等,如图1.6所示。

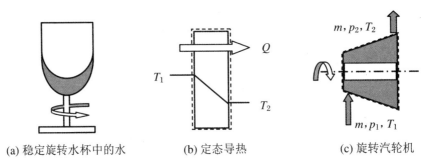

(a) 稳定旋转水杯中的水 　　　(b) 定态导热 　　　(c) 旋转汽轮机

图1.6　动平衡态的几个实例

显然图1.6(a)所示的杯中水位的高度是不等的,它的高低与离轴心不同处水的旋转速度的大小有关,虽然不同点的状态参数不同,但若只从能量大小考察,不同点的水的势能与动能之和将是相同的。图1.6(b)所示为在等温边界条件下的固体传热。显然,在以虚线框为边界的系统内,热流传递途中不同处的温度是不相等的,但是在稳定动平衡态中各处的热流密度是相等的。图1.6(c)中的工质是气体,在透平膨胀机的高速旋转中,以虚线框为边界的热力系在同一时刻各处强度参数都不相等,沿轴向微元系统的比焓在减少,在垂直于轴的某一截面上离轴心半径不同处的微元系统的压力、速度、温度都将不相同。关于动平衡态的例子还有很多,例如天空中飞的飞机、漩涡管气流制冷器和逆流换热器的流体等。

动态平衡实际是非平衡态中的定态。研究处于动平衡态时系统内部各微元系统之间的状态参数关系,以及这种关系对系统与外界的功能、热量、质量交换的影响,因研究的侧重点或采用方法的不同,可分为三支:以流动状态为主要研究对象的分支为流体力学;以传热为主要研究对象的分支为传热学;以系统与外界的作用为主要研究对象的分支为热力学。平衡态热力学在处理稳定动平衡态时,并不去考察边界内各微元系的状态,而把焦点聚集在边界上和过程的始终,进而定义系统未与外界作用(能量交换)的状态为初态,与外界作用结束的状态为终态,把初态和终态都按稳定平衡态来处理。不可逆过程热力学可以包括传热学,进行系统优化。

3. 状态方程

描述平衡态热力系特性所用的状态参数多于由相律决定的独立变量数,例如单种气体热力系所用的状态参数有压力 p、温度 T、比体积 v 以及比熵 s,这四个状态参数中比熵 s 不能通过直接测量得到;而另外三个状态参数压力 p、温度 T 和比体积 v 是可以的,但彼此不独立而有一定的约束关系。这种把比独立变量数多一个的几个可测量的状态参数结合在一起的关系式称为状态方程。例如,单种气体热力系状态方程可以有如下几种形式:

$$F(p,v,T)=0, \quad p=p(v,T), \quad T=T(p,v), \quad v=v(p,T)$$

对于理想气体,其状态方程有比较简单的形式:

$$pv = R_{\mathrm{g}}T \tag{1.9}$$

实际气体的状态方程形式很复杂,寻求各种热力工质的状态方程是工程热力学与传热学(简称热工)科技工作者长期而重要的工作。有关实际气体的状态方程的研究工作及其成果将在本书后续章节中介绍。

参 考 文 献

［1］ 伊藤猛宏.熱力学の基礎：上［M］.東京：コロナ社,1996.

［2］ 曾丹苓,敖越,朱克雄,等.工程热力学［M］.3 版.北京：高等教育出版社,1988.

［3］ 刘桂玉,刘志刚,阴建民,等.工程热力学［M］.北京：高等教育出版社,1998.

［4］ 曾丹苓,敖越,张新铭,等.工程热力学［M］.3 版.北京：高等教育出版社,2002.

［5］ 朱明善,刘颖,林兆庄,等.工程热力学［M］.3 版.北京：清华大学出版社,1995.

第2章 热力学第一定律

在划定边界,提出系统和外界等概念之后,热力学就要集中力量研究系统与外界的互相作用的问题了,即系统与外界能量交换关系。

2.1 作用·功·热量·传质能·传递势

1. 作用

热力学中所讨论的"作用",是指发生在热力系与外界之间,会造成系统状态变化的相互作用。这种相互作用的本质是能量交换。这种作用有两层含义:一是作用的结果导致系统内状态参数发生改变;二是作用发生在边界上,对作用的考察只能在边界上进行。作用发生的条件是:热力系与外界的势强度参数不相等。可以发生能量交换的基本形式有三种:做功、传热和传质。运动是物质存在的形式,能量是物质运动的度量,因此一切物质都有能量,质量传递也必然伴有能量的迁移。

2. 功

功是系统与外界交换的一种有序能,公式中用符号 W 表示,单位为 J。有序能即有序运动的能量,如宏观物体(固体和流体)整体运动的动能,潜在宏观运动的位能,电子有序流动的电能及磁力能等。

功的概念最初来源于机械功,它等于力乘以在力的方向上所发生的位移。后来,功的概念又扩大到其他形式。例如,在体系对抗外压而体积胀大时,就做了膨胀功,简单压缩系通常讨论的就是膨胀功;当克服液体表面张力而使表面积发生改变时,就对体系做了表面功;当电池的电动势大于外加的对抗电压时,则电池放电做出了电功等。

一般说来,各种形式的功通常都可以看成是由两个参数,即强度参数和广延参数组成的。功带有方向性。功的方向由系统与外界的强度量之差决定,当系统对外界的作用力大于外界的抵抗力时,系统克服外界力而对外界做功。热力学把这种系统对外界做的功,称作正功,取正号;反之,称作负功。功的大小则由系统与外界两方的较小强度量的标值与广度量的变化量的乘积决定,而功的正号或负号就随广度量的变化量增大或减小而自然取定。

通常体系抵抗外力所做的功表示为

$$\delta W = \sum X_i \mathrm{d}x_i \quad (i \geqslant 1)$$

式中，δ是表示过程量的微小变化量，用以区别全微分符号"d"；W 为功，单位为 J；X_i 为某种力（或势），统称广义力；x_i 为系统在 X_i 广义力作用下发生相应变化的某种热力学的广延参数，统称为广义位移量。表 2.1 中列出了几种功的表达式。

表 2.1　几种功的表达式

功的种类	强度参数	广延参数	功的表达式
机械功	F（力）	dl（位移量）	$\delta W = Fdl$
电功	E（外加电位差）	dQ（电流量）	$\delta W = EdQ$
反引力功	mg（地引力）	dh（高度改变量）	$\delta W = mgdh$
体积功	p（外压力）	dV（体积改变量）	$\delta W = pdV$
表面功	σ（表面张力）	dA（面积改变量）	$\delta W = \sigma dA$

简单压缩系统抵抗外力所做的功主要是体积功，也称膨胀功（或压缩功）。微元体积功为

$$\delta W = pdV \tag{2.1}$$

在应用式（2.1）时应当注意：在系统的压力与外界的压力二者不相等时，式中的 p 取其中的小值，如在系统压力 p_s 大于外界压力 p_e 时，取 $p = p_e$。此时系统体积增量 $dV > 0$，微元膨胀功是正功。p_e 为零，即带压气体的系统在真空中自由膨胀时，系统对外界做功为零。实际上，外界的压力还有恒定压力和变压力等种种情况。若外界压力时时与系统十分接近，二者之间只有一个很小的差值。如活塞式内燃机的气体膨胀，因为曲轴连杆带着的负荷使活塞产生的抗力与气缸内气体压力只有很小的差值。假设这个很小的压力差值为 dp，则式（2.1）可改写为

$$\delta W = p_e dV = (p_s - dp)dV$$

忽略高阶小量 $dp \cdot dV$，则式（2.1）中的压力可取系统的力强度量作为计算量。

系统气体由 V_1 状态膨胀到 V_2 状态时有如图 2.1 所示的几种典型过程。图 2.1(a)所示为整个气体膨胀过程，维持外压恒等于 p_2；图 2.1(b)所示为分 2 级外压膨胀；图 2.1(c)外压与内压始终只相差一个很小的量。图中虚曲线表示气体内压 p_i 变化线，而气体对外界做功的大小用图中阴影面积表示。图 2.1(d)、(e)和(f)所示的则是对应的压缩情况，图中阴影面积表示外力消耗的功。由图 2.1 可以看出，系统从 1 状态变化到 2 状态，采用不同的膨胀方式和压缩方式，外界得到的功和所付出的功是不同的。系统经历如图 2.1(c)所示的过程，外界得到的功最多；而经历如图 2.1(f)所示的过程，外界付出的功最少。所以，系统与外界作用所交换的功不仅与系统初始状态改变有关，还与过程有关。功，不是状态函数，也不是体系的性质。

对于如图 2.1(c)和(d)所示的情况，$p_s = p_e$，系统的体积功可用积分方法，由式（2.1）算出：

$$W = \int_{V_1}^{V_2} pdV \tag{2.2}$$

此时，式中，W 是简单压缩系统中最重要形式的功；pdV 项为体积功，p 可用系统的压力代替，单位为 Pa，1 Pa = 1 N/m^2 = $1.019\,7 \times 10^{-5}$ kgf/cm^2 = $0.986\,9 \times 10^{-5}$ atm；V 为系统气体的体积，单位为 m^3。假若系统的工质为理想气体，且温度恒定，则 $p = nRT/V$。式（2.2）积分为

$$W = \int_{V_1}^{V_2} \frac{nRT}{V} \mathrm{d}V = nRT\ln\frac{V_2}{V_1} \tag{2.3}$$

对于如图 2.1(a) 和 (d)、(b) 和 (e) 所示的情况,$p_s > p_e$,系统消耗的功大于外界得到的功,系统损失的功将变为热能或留于系统或传给外界物质。

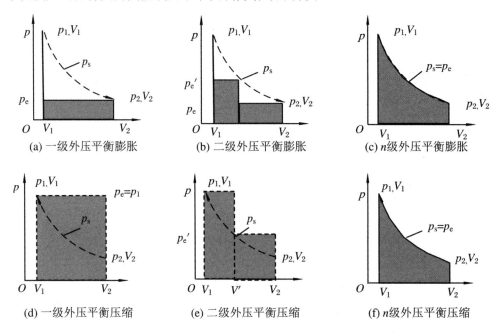

图 2.1　各种过程的体积功

3. 热量

热量是一种过程量,是系统以分子无规则运动的热力学能的形式与外界交换的能量,是一种无序热能,符号习惯用 Q 表示,单位为 J。因此和功能一样,热量也可以看成是由两个参数,即强度参数和广延参数组成的量。传递热量的强度参数是温度,因为只有温差的存在热量传递才能进行。热量的大小也可由系统与外界两方的较小强度量的标值与广度量变化量的乘积决定。热量也带有方向性。热量的方向由系统与外界的温度差决定,当外界的温度高于系统的温度时,外界对系统传热。在热力学中习惯把这种外界对系统的传热,即系统吸收外界的热量取正值;反之,系统对外界放热取负值。热力学中把与热量相关的广延参数取名为"熵",用符号 S 表示。对于可逆过程,即外界热源温度时时都与系统温度相等,则系统与外界交换的微小热量可以表示为

$$\delta Q = T\mathrm{d}S \tag{2.4}$$

式中,T 是系统的温度。比照式(2.1),S 与 V 一样,是系统的一个状态参数,单位为 J/K。系统的熵值 S 会在系统与外界的温差作用下发生改变,如同系统的体积 V 会在系统与外界的压差作用下发生改变一样。熵的意义将在讲述热力学第二定律的章节中更进一步地揭示。系统吸收外界热量,熵值增大。系统从 1 状态可逆变化到 2 状态时对外界交换的热量为

$$Q = \int_1^2 \delta Q = \int_{S_1}^{S_2} T\mathrm{d}S \tag{2.5}$$

等温过程中为

$$Q = T\Delta S = T(S_2 - S_1) \tag{2.6}$$

4. 传质能

传质能是系统与外界进行质量交换过程中所伴随交换的能量。这种系统与外界的质量交换可以在单组分的开放系中遇到,例如浓的溴化锂水溶液对外界水蒸气的吸附,硅胶和分子筛对水蒸气的吸附;也可以在组成发生变化的封闭系中遇到,例如氢气与氧气反应生成水;还可以在同一组分而不同相的体系中遇到,例如蒸发器中液体工质蒸发为气体。这些过程都伴随有能量的传递,这种因系统质量交换而传递的能量暂且称为传质能,符号记作 E_m,单位为 J。

如同功和热量一样,传质能 E_m 也可以看成是由两个参数,即强度参数和广延参数组成的量。其广度量即系统中某组分物质的量,一般用 n_i 表示,n 代表摩尔数,单位为 mol;或用 m_i 表示,m 代表单位质量,通常量纲为 kg,下角标 i 是组分的序号代表。而其强度量,在单组分系内是比能 e,单位为 J/mol 或 J/kg,在开口系中比能一般使用比焓 h 表示;在多组分系内是化学势,用符号 μ_i 表示,单位为 J/mol。热力学中把系统吸收外界的物质使系统总能增加的传质能取正号;反之取负号。

在可逆过程中,开口系的传质能 E_m 的变化,也可表示为

$$\Delta E_m = h_{in}\Delta m_{in} - h_{out}\Delta m_{out} \tag{2.7}$$

如果体系为有 k 种物质的多组分系,则体系总传质能的变化可以表示为

$$\delta E_m = \sum_{i=1}^{k} \delta E_{m,i} = \sum_{i=1}^{k} \mu_i \mathrm{d}n_i \tag{2.8}$$

多组分系统从 1 状态变化到 2 状态时,总传质能的变化为

$$\Delta E_m = \sum_{i=1}^{k} \mu_i \Delta n_i = \sum_{i=1}^{k} \mu_i (n_{i,2} - n_{i,1}) \tag{2.9}$$

5. 传递势

热力系的状态参数中有三个是传递能量的强度参数——压力 p、温度 T、化学势 μ。压力 p 是做功的势强度参数;温度 T 是传热的势强度参数;化学势 μ 是改变组分量的传质势强度参数。第 1 章已提到势强度参数均为相对量,压力 p 和温度 T 的相对基准是环境的气压 p_0 和温度 T_0,化学势 μ 的基准视所讨论热力系的平衡态而定,一般可以取 p_0 和 T_0 所对应的所论系的化学势 μ_0。传递势的高低,决定了热力系的能量转换能力的强弱,也是热力系所拥有能量品位高低的标志参数。

2.2　过程·准静态过程·可逆过程

1. 过程

将热力系的状态随时间发生变化的过程称为热力过程,简称过程。热力系发生变化的原因有二:其一,当系统本身未达到平衡态时,系统就会发生由不平衡态趋向于平衡态的状态变化;其二,当系统本身已处在平衡态时,系统受到外界的影响与外界发生相互作用而逐渐趋于一个新的平衡,这时系统状态也要发生变化。总之,系统状态要发生变化,必须破坏

其原有的平衡,才能到达另一平衡态。从一个平衡态过渡到另一平衡态可以有许多过程,而每一过程均存在着一系列的非平衡态。经历不同过程时系统与外界的功、热交换将不相同。热力学要研究热力系与外界的功、热交换,就必定要研究过程,而经典热力学不能描写非平衡态,因此只能定义出一些理想的过程,例如准静态过程和可逆过程,以便于描述在过程始末的系统状态。

2. 准静态过程

定义由一系列连续的无限接近于平衡态的状态所组成的过程为准静态过程。由有限势差和有限平衡的状态组成的过程不是准静态过程。图2.1(c)所示为气体膨胀的一种准静态过程。

准静态过程是理想过程。从时间上看,它从一个平衡态变化到另一个平衡态,要用无限长时间才能实现;从系统内部来看,因每一变化用了无限长时间,所以系统内没有速度梯度和温度梯度,也就不引起能量的耗散;从外界来看,外界要有配合系统进行准静态转变的平衡条件。准静态过程不在于它能否实现,其实用意义有以下三点:

(1)性质的计算。因为准静态过程各点均是平衡态,系统参数可知,所以准静态过程的性质能计算。

(2)现实过程的评价。首先,实验测定实际的而不是准静态过程的系统与外界的功热交换的效果;其次,计算与现实过程相同初终态的准静态过程的效果;最后,通过对现实过程效果和准静态过程效果的比较,可以对现实过程进行评价。由此,产生了过程效率的概念。

(3)现实过程的预测。这与上述(2)互为表里关系。首先,计算等同于现实过程初终态的准静态过程的效果;而后,利用前人提供的过程效率或系数,对计算的理论结果进行修正,预测现实过程的效果。事实上,由于热力系统恢复平衡的速度很快,用准静态过程分析结果加适当经验修正,能够相当准确地预测实际过程的效果。

3. 可逆过程

系统在状态变化时,将能使系统和外界能都完全复原而不留下任何变化的过程称为可逆过程。

实际过程的不可逆因素主要有两方面:一是与系统状态有关的非平衡不可逆损失,例如传热过程中存在的温差、膨胀过程中存在的压力差、传质过程中的化学势差等;二是与系统物性有关的耗散损失,例如黏性、电阻、磁阻等会使相应的有序能耗散为无序的热能。

准静态过程可以认为没有非平衡不可逆损失,但可以有耗散损失,因此,准静态过程不一定是可逆过程;而可逆过程两类不可逆损失都没有,因此,可逆过程必是准静态过程。

2.3 热力学第一定律

1. 热力学第一定律的一般表述

热力学第一定律是能量守恒和转换定律在具有热现象的能量转换中的具体应用定律。热力学中的能量转换关系主要是考察热力系在与外界进行能量交换时系统总能的变化情况,第一定律就是描述这种转换的量守恒关系。热力学第一定律的表述是:热力系与外界交换的能量——功 W、热量 Q 和传质能 ΔE_m 之和等于系统总能变化量。其表达式为

$$\Delta E = Q - W + \Delta E_m \tag{2.10a}$$

表述系统每单位质量的热力学第一定律时用小写字母,即

$$\Delta e = q - w + \Delta e_m \tag{2.10b}$$

式中,W 和 w 分别为系统对外界做的功、比功,W 也称外部功(External Work);Q 和 q 分别为系统与外界热源交换的热量、比热量;E 为系统总能,它包括系统的热力学能 U、系统的宏观势能 E_p 和系统的宏观动能 E_k(动能是由系统宏观运动速度产生的,表示速度的标记各种书本各不相同,有的记作 c,有的记作 w,这两个符号都会与热力学中重要参数比热和功的符号相同,为了区别,本书特将工质的流动速度用 ω 表示),e 为比总能。系统总能 E 表示为

$$E = U + E_\omega + E_z = m(u + e_\omega + e_z) = m\left(u + \frac{1}{2}\omega^2 + gz\right) \tag{2.11a}$$

$$e = u + e_\omega + e_z = u + \frac{1}{2}\omega^2 + gz \tag{2.11b}$$

式中,g 为重力加速度;z 为控制体内工质重心对基准面的高度;ω 为控制体内工质的平均速度;m 为控制体内工质的质量。

$$\begin{aligned} \Delta E &= E_2 - E_1 \\ &= \left(u + \frac{1}{2}\omega^2 + gz\right)_2 m_2 - \left(u + \frac{1}{2}\omega^2 + gz\right)_1 m_1 \end{aligned} \tag{2.12a}$$

或

$$\Delta E = \Delta U + \Delta E_k + \Delta E_p \tag{2.12b}$$

式中,ΔU 为系统的热力学能的变化量;ΔE_k 为系统宏观动能的变化量;ΔE_p 为系统宏观势能的变化量。热力学第一定律中取 Δ 符号表示系统在两种不同状态时的能量的差值。功和热量都是过程量,一般不用加 Δ 表示,只在讨论两种做功差值时才使用差值符号"Δ"。式(2.11a)在控制体积系统内有质量变化时使用较方便,式(2.11b)在讨论控制质量系统时比较方便。

ΔE_m 为外界与系统交换质量的传质能。传质能交换由两种原因引起,用数学式表示为

$$\Delta E_m = \Delta E_{m,f} + \Delta E_{m,n} \tag{2.13a}$$

$$= \Delta e_f m_f + \sum \mu_i \mathrm{d}n_i \tag{2.13b}$$

式(2.13a)中右边的两项是传质能交换的两个部分。$\Delta E_{m,f}$是由组分不变的进出边界的物质流所引起的,如开口系的物流进出能差就属于这一种:

$$\Delta E_{m,f} = \Delta e_f m_f = (e_f m_f)_{进口} - (e_f m_f)_{出口}$$

式中,e_f 为流体所携带的比总能;m_f 为系统与外界交换的工质质量;$\Delta E_{m,n}$表示系统的组分与外界的组分存在化学势差引起的系统组分发生变化时所发生的系统能量的改变值。组成 $E_{m,n}$ 的强度参数是该组分的化学势 μ_i,其广延参数是改变的组分量 n_i。

热力学第一定律的微分表达式为

$$\mathrm{d}E = \delta Q - \delta W + \delta E_m \tag{2.14a}$$

或

$$\delta Q = \mathrm{d}E + \delta W - \delta E_m \tag{2.14b}$$

　　热力学在表示微分量时,用"δ"表示过程量的微小增量,用"d"表示系统热力函数的微分量。

2. 闭口系的热力学第一定律

　　在闭口系的单组分单相系或多组分的均相系,例如活塞式蒸汽机、内燃机、活塞压缩机,因没有物质交换,也没有宏观动能和宏观位能的变化,故其热力学第一定律写为

$$\Delta U = Q - W_c \tag{2.15a}$$

或

$$Q = \Delta U + W_c \tag{2.15b}$$

式中,功符号 W 所加下角标"c"表示与闭口系相关,它取自于英文单词 close 的第一个字母,W_c 和 w_c 分别表示闭口系对外界的做功和比功,其目的是与开口系有功量的区别。闭口系的热力学第一定律微分表达式为

$$\delta Q = dU + \delta W_c \tag{2.16}$$

　　由于热力系的总质量不变,所以对闭口系而言采用讨论单位质量的系统更加方便。于是,闭口系单位质量的热力学第一定律表达式为

$$q = \Delta u + w_c \tag{2.17}$$

　　闭口系单位质量的热力学第一定律微分表达式为

$$\delta q = du + \delta w_c \tag{2.18}$$

　　闭口系对外界做功的典型例子是气体在气缸内膨胀推动活塞移动而做功,就像气球膨胀一样对外界做功。因此,闭口系对外界做的是体积膨胀功,也称气体的绝对功(Absolute Work)。闭口系对外界做功的计算式为

$$\delta W_c = p_e dV \tag{2.19a}$$

闭口系内单位质量的工质对外界做功的计算式为

$$\delta w_c = p_e dv \tag{2.19b}$$

式中,p_e 为外界压力。当闭口系从 1 状态可逆变化到 2 状态,其对外界做的总功为

$$W_{c,12} = \int_1^2 p dV \tag{2.20}$$

　　在非可逆过程,有

$$W_{c,12} < \int_1^2 p dV \tag{2.21}$$

　　应当注意的是,闭口系对外界做的总功 $W_{c,12}$ 不等于获得的净功 W_{net},而是包括了净功 W_{net} 和推移膨胀气体等量的环境气体的挤压功 W_j,W_j 的计算式为

$$W_j = p_0(V_2 - V_1) \tag{2.22}$$

在活塞式热力机的循环中,吸气和排气过程的正负挤压功 W_j 互相抵消。

3. 开口系的热力学第一定律

　　常见的蒸汽涡轮机、燃气涡轮机、涡轮压缩机都属开口系的热力设备。开口系与闭口系的热力学表达的区别主要是开口系与外界交换的功不是简单的体积膨胀功。它有流体的进出,进出流体与外界就有能量的交换,这种能量包括了进出物质的热力学能、流动能、地球引力势能等。

　　(1)开口系的模型

　　一般开口系采用控制体积的系统,例如图 2.2 所示的由边界 B 所包围的开口系统。在

δt 的微元时间内有与控制体积内相同组分的物质 δm_{in} 流进和 δm_{out} 流出。如果控制体积内
的组成不变,则式(2.13a)的 $\Delta E_{m,n}$ 项为
零。但是当 $\delta m_{in} \neq \delta m_{out}$ 时,控制体积内
的物质量也会发生改变,且进出质量各自
携进和带出的能量也各不相同。在 δt 时
间内,开口系的控制体与外界交换的功为
δW_s;外部进入边界的热量为 δQ;质量为
δm_{in} 的流体进入边界所包围的系统,进入
物质的压力为 p_{in},比体积为 v_{in},比热力
学能为 e_{in}。同时有质量为 δm_{out} 的流体

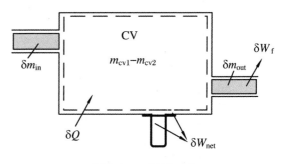

图 2.2　一般开口系

流出边界所包围的系统,流出的物质的压力为 p_{out},比容积为 v_{out},比热力学能为 e_{out}。控制
体积初始状态为 1,质量为 m_{cv1},比总能为 e_1;终状态为 2,质量为 m_{cv2},比总能为 e_2。

(2) 质量方程

控制体积内的系统在 δt 内质量变化为 δm,有

$$\delta m = m_{cv2} - m_{cv1} = \delta m_{in} - \delta m_{out} \tag{2.23}$$

(3) 能量方程

控制系统能量方程的微分式为

$$dE_{cv} = \delta Q - \delta W_b + \delta E_m \tag{2.24}$$

式中,dE_{cv} 为控制体积内原有质量 m_{cv} 在状态 2 与状态 1 之间的总能差,也即控制体积系统
总能差:

$$dE_{cv} = e_2 m_{cv2} - e_1 m_{cv1} \tag{2.25}$$

dE_{cv} 不仅与外界的作用有关,也与控制体积内物质是否发生化学反应有很大关系,例如
有燃烧发生时在控制体积内进、出口的总能差就很大。δE_m 为因控制体积内质量变动使控
制系统总能变化的份额,有

$$\delta E_m = e_{in} \delta m_{in} - e_{out} \delta m_{out} \tag{2.26}$$

如果把流进、流出和控制体的三部分质量视作一个系统,则其总能变化为

$$
\begin{aligned}
dE &= dE_{cv} - \delta E_m \\
&= (e_2 m_{cv2} - e_1 m_{cv1}) - (e_{in} \delta m_1 - e_{out} \delta m_2) \\
&= (e_2 m_{cv2} + e_{out} \delta m_{out}) - (e_1 m_{cv1} + e_{in} \delta m_{in}) \\
&= E_2 - E_1
\end{aligned}
\tag{2.27}
$$

(4) 功方程

控制体积系与外界的交换功量 W 包括净功 W_{net} 和流动功 W_f 两部分,即

$$
\begin{aligned}
\delta w &= \delta w_{net} + \delta w_f \\
&= \delta W_{net} + p_{out} v_{out} \delta m_{out} - p_{in} v_{in} \delta m_{in}
\end{aligned}
\tag{2.28}
$$

流动功 W_f 是系统在出口将 δm_{out} 的物质推出外界做的功与系统在进口因外界将 δm_{in}
的物质推入系统所获得的功的差值,即

$$\delta W_f = p_{out} v_{out} \delta m_{out} - p_{in} v_{in} \delta m_{in} \tag{2.29}$$

净功 W_{net} 为开口系对外界做的有用功,它包括轴功以及除了在进、出口边界的流动功以
外的在其他运动边界上完成的功。净功是系统对外界做的实实在在的有用功。

将式(2.25)、式(2.26)和式(2.28)代入式(2.24),得到的在系统无组分变化时开口系的

热力学第一定律表达式为

$$\delta Q = \mathrm{d}E + \delta W - \delta E_m$$

$$= (e_2 m_{cv2} + e_{out}\delta m_{out}) - (e_1 m_{cv1} + e_{in}\delta m_{in}) + \delta W_{net} + p_{out}v_{out}\delta m_{out} - p_{in}v_{in}\delta m_{in}$$

$$= (e_2 m_{cv2} - e_1 m_{cv1}) + (e_{out} + p_{out}v_{out})\delta m_{out} - (e_{in} + p_{in}v_{in})\delta m_{in} + \delta W_{net} \qquad (2.30)$$

（5）焓 H

注意到式(2.30)中表示流动项的能流中有 $e + pv$ 项,在比总能 e 中包含热力学能 u , u 是热力状态参数,而 pv 也为热力状态参数,为了方便,就把 u 和 pv 组合在一起使用,并用一个新状态参数表示。这个新状态参数称作焓,符号记作 H ,或比焓,符号记作 h 。比焓和焓的定义式分别为

$$h \equiv u + pv \qquad (2.31)$$

$$H \equiv U + pV \qquad (2.32)$$

又由式(2.11b)知,比总能 $e = u + \frac{1}{2}\omega^2 + gz$,结合比焓 h 的定义式,则式(2.30)可改为用比焓表示的开口系的热力学第一定律表达式:

$$\delta Q = \mathrm{d}E_{cv} + \left(h + \frac{\omega^2}{2} + gz\right)_{out}\delta m_{out} - \left(h + \frac{\omega^2}{2} + gz\right)_m \delta m_{in} + \delta W_{net}$$

$$= (e_2 m_{cv2} - e_1 m_{cv1}) + \left(h + \frac{\omega^2}{2} + gz\right)_{out}\delta m_{out} - \left(h + \frac{\omega^2}{2} + gz\right)_{in}\delta m_{in} + \delta W_{net}$$

$$(2.33)$$

4. 稳定开口系的热力学第一定律

稳定流动系是开口系中一种最基本、最常见的热力系统,稳定流动系因在进、出口截面的参数不随时间变化,控制体积与外界进行的热量、功和物质交换不随时间变化,且进、出口的质量流量相等,即 $\delta m_{in} = \delta m_{out} = \delta m$, $m_{cv1} = m_{cv2}$,于是式(2.33)简化为

$$\delta Q = \left[(h_2 - h_1) + \frac{1}{2}(\omega_2^2 - \omega_1^2) + g(z_2 - z_1)\right]\delta m + \delta W_{net}$$

$$= \left(\Delta h + \frac{1}{2}\Delta\omega^2 + g\Delta z\right)\delta m + \delta W_{net} \qquad (2.34)$$

对于单位质量的稳定开口系,热力学第一定律表达式为

$$q = \Delta h + \frac{1}{2}\Delta\omega^2 + g\Delta z + w_{net} \qquad (2.35)$$

如果控制体积的进、出口断面选取得很近,使进、出口的状态只有微量的变化,那么上式中的 Δh 和 $\Delta\omega^2$ 的"Δ"可改为微分号"d"表示,即

$$\delta q = \mathrm{d}h + \frac{1}{2}\mathrm{d}\omega^2 + g\mathrm{d}z + \delta w_{net} \qquad (2.36)$$

另外,如果用工程上习惯的单位时间流体的质量 $\dot{m}$ 表示时,稳定开口系的热力学第一定律方程又可表示为

$$\dot{m}\left(h_1 + \frac{\omega_1^2}{2} + gz_1\right) + \dot{Q} = \dot{m}\left(h_2 + \frac{\omega_2^2}{2} + gz_2\right) + \dot{W}_{net} \qquad (2.37)$$

或

$$\dot{Q} = \dot{m}\left(\Delta h + \frac{\Delta\omega^2}{2} + g\Delta z\right) + \dot{W}_{net} \qquad (2.38)$$

式中, $\dot{Q}$ 为除进、出口外单位时间从外部进入的热量; $\dot{W}_{net}$ 为开口系在单位时间对外界做的

净功;下角标"1""2"分别表示进、出口状态。

5. 开口系的技术功 W_t

式(2.18)是单位质量闭口系的能量微分方程

$$\delta q = \mathrm{d}u + \delta w_c$$

当闭口系和开口系吸收的 δq 相同时,由式(2.18)和式(2.36),得

$$\mathrm{d}u + \delta w_c = \mathrm{d}h + \frac{1}{2}\mathrm{d}\omega^2 + g\Delta z + \delta w_{net} \tag{2.39}$$

据比焓的定义式,有比焓的微分式:

$$\mathrm{d}h = \mathrm{d}u + p\mathrm{d}v + v\mathrm{d}p$$

又因为 $\delta w_c = p\mathrm{d}v$,代入式(2.39),得到

$$\frac{1}{2}\mathrm{d}\omega^2 + g\Delta z + \delta w_{net} = -v\mathrm{d}p \tag{2.40}$$

上式左边三项都是功,只是前两项还未变成轴功,但可用于喷射流做功。因此,把上式左边三项的功合并在一起,称为技术功。技术功用符号 W_t 表示,比技术功用符号 w_t 表示。W_t 和 w_t 分别定义为

$$W_t \equiv \frac{1}{2}m\Delta\omega^2 + mg\Delta z + W_{net} \tag{2.41}$$

$$w_t \equiv \frac{1}{2}\Delta\omega^2 + g\Delta z + w_{net} \tag{2.42}$$

可以把技术功认为是开口系可对外界做的功,或开口系所具有的有用功。由式(2.42)对 w_t 的微分关系式和式(2.40),得

$$\delta w_t = -v\mathrm{d}p \tag{2.43}$$

在可逆条件下,技术功可由式(2.43)积分得到

$$W_{t,12} = \int_2^1 v\mathrm{d}p = 面积\,a12b$$

而膨胀功为

$$W_{c,12} = \int_1^2 p\mathrm{d}v = 面积\,12dc$$

所以,技术功 w_t 与膨胀功 w_c 有如图 2.3 所示的关系,即技术功等于膨胀功减去流动功。

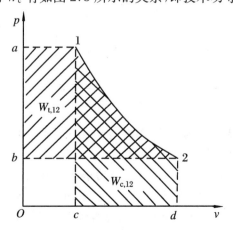

图 2.3　膨胀功 W_c 和技术功 W_t

6. 开口系的能量方程

在可逆条件下,可把式(2.34)改写为

$$\delta q = \mathrm{d}h - v\mathrm{d}p = \mathrm{d}h + \delta w_t \tag{2.44}$$

由式(2.44),又可导出

$$q = \Delta h + w_t \tag{2.45}$$

$$\delta Q = \mathrm{d}H + \Delta W_t \tag{2.46}$$

$$Q = \Delta H + W_t \tag{2.47}$$

式(2.45)~式(2.47)为开口系的能量方程。

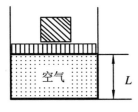

图 2.4 气缸工作原理图

例 2.1 图 2.4 所示的气缸中充有空气,气缸的截面积 $A = 100 \text{ cm}^2$,活塞距离底面高 $L = 10 \text{ cm}$,活塞及其上负载的总质量 $m_1 = 195 \text{ kg}$,当地的大气压 $p_0 = 1.028 \times 10^5 \text{ Pa}$,环境温度 $t_0 = 27\,^\circ\text{C}$,气缸内的气体恰与外界处于热力平衡。如果把活塞上的负载减去 100 kg,活塞将突然上升,最后重新达到热力平衡。设活塞和气缸壁之间无摩擦,气体可通过气缸壁和外界换热,求活塞上升的距离和气体的换热量。

解

$$p_1 = p_0 + \frac{G_1}{A} = 1.028 \times 10^5 \text{ Pa} + \frac{195 \text{ kg} \times 9.8 \text{ m/s}^2}{100 \times 10^{-4} \text{ m}^2} = 2.939 \times 10^5 \text{ Pa}$$

$$p_2 = p_0 + \frac{G_2}{A} = 1.028 \times 10^5 \text{ Pa} + \frac{95 \text{ kg} \times 9.8 \text{ m/s}^2}{100 \times 10^{-4} \text{ m}^2} = 1.959 \times 10^5 \text{ Pa}$$

因为 $t_1 = t_0 = t_2$,所以

$$V_2 = \frac{p_1 V_1}{p_2} = \frac{2.939 \times 10^5 \text{ Pa} \times 100 \times 10^{-4} \text{ m}^2 \times 10 \times 10^{-2} \text{m}}{1.959 \times 10^5 \text{ Pa}} = 1.5 \times 10^{-3} \text{ m}^3$$

$$\Delta L = \frac{V_2 - V_1}{A} = \frac{1.5 \times 10^{-3} \text{ m}^3 - 100 \times 10 \times 10^{-6} \text{ m}^3}{100 \times 10^{-4} \text{ m}^2} = 0.05 \text{ m}$$

取空气为系统,由于 $t_1 = t_2$,内能不变。因此,根据热力学第一定律,得

$$Q = W = p_2 A \Delta L = 1.959 \times 10^5 \text{ Pa} \times 100 \times 10^{-4} \text{ m}^2 \times 0.05 \text{ m}$$
$$= 97.95 \text{ J}$$

说明 (1) 不少读者很可能采取下述方法计算 W:

$$W = \int p \mathrm{d}V = \int \frac{p_1 V_1}{V} = p_1 V_1 \ln \frac{V_2}{V_1} = 119.17 \text{ J}$$

这种做法是错误的,因为气缸内空气经历的不是准静态过程,所以不能用 $\int p \mathrm{d}V$ 计算膨胀功,这一点请读者留意。

(2) 若本题中气缸和活塞是绝热的,而两者间仍无摩擦,此时活塞上升的距离是多少? 气缸内空气的终温是多少? 请读者自行求解。

例 2.2 有一橡皮气球,当它内部气体的压力和大气压力相同,为 0.1 MPa 时,气球处于自由状态,其体积为 0.3 m^3。当气球受到太阳照射而气体受热时,其体积膨胀 1 倍而压力上升为 0.15 MPa。设气体压力的增加和体积的增加成正比,求:(1)该过程中气体做的功;(2) 用于克服橡皮气球弹力做的功。

解法 1 取气球内气体为系统。按题意,系统中 p 与 V 的函数关系为

$$p = p_1 + \left(\frac{p_2 - p_1}{V_2 - V_1}\right)(V - V_1)$$

$$= 0.1 \times 10^6 \text{ Pa} + \frac{10^6 \times (0.15 \text{ Pa} - 0.1 \text{ Pa})}{2 \times 0.3 \text{ m}^3 - 0.3 \text{ m}^3}(V - 0.3) \text{ m}^3$$

$$= 5 \times 10^4 \text{ Pa} + \frac{5}{3} \times 10^5 \text{ Pa/m}^3 \times V$$

气体做的功为

$$W = \int_1^2 p \mathrm{d}V = \int_1^2 \left(5 \times 10^4 \text{ Pa} + \frac{5}{3} \times 10^5 \text{ Pa/m}^3 \times V\right)\mathrm{d}V$$

$$= 5 \times 10^4 \text{ Pa} \times 0.3 \text{ m}^3 + \frac{5}{3} \times 10^5 \text{ Pa/m}^3 \times \frac{1}{2} \times (0.6^2 - 0.3^2) \text{ m}^6$$

$$= 37.5 \times 10^3 \text{ J}$$

解法 2　根据题意 $\mathrm{d}p = c\mathrm{d}V$，所以

$$c = \frac{\mathrm{d}p}{\mathrm{d}V} = \frac{10^6 \times (0.15 - 0.1) \text{ Pa}}{2 \times 0.3 \text{ m}^3 - 0.3 \text{ m}^3} = \frac{5}{3} \times 10^5 \text{ Pa/m}^3$$

或

$$\mathrm{d}V = \frac{\mathrm{d}p}{c} = \frac{3}{5} \times 10^{-5} \text{ m}^3/\text{Pa} \, \mathrm{d}p$$

气体做的功为

$$W = \int_1^2 p \mathrm{d}V = \int_1^2 p \times \left(\frac{5}{3} \times 10^{-5}\right)\mathrm{d}p$$

$$= \frac{5}{3} \times 10^{-5} \text{ m}^3/\text{Pa} \times \frac{1}{2}\left[(0.15 \times 10^6)^2 - (0.1 \times 10^6)^2\right] \text{ Pa}^2$$

$$= 37.5 \times 10^3 \text{ J}$$

因为

气体做的功 W = 气体克服大气阻力做功 W_1 + 气体克服气球弹力做功 W_2

所以气体克服橡皮弹力所做的功为

$$W_2 = W - W_1 = W - p_0 \Delta V$$

$$= 37.5 \times 10^3 \text{ J} - 0.1 \times 10^6 \text{ Pa} \times (2 \times 0.3 - 0.3) \text{ m}^3$$

$$= 7.5 \times 10^3 \text{ J}$$

例 2.3　利用储气罐(体积为 2 m^3)中的压缩空气,在温度不变的情况下给气球充气,开始时气球内完全没有气体,呈扁平状态,可忽略它内部气体的体积。设气球弹力也可以忽略不计,若大气压力为 $0.9 \times 10^5 \text{ Pa}$,求气球充气到 2 m^3 时气体做的功。假设充气前储气罐内气体的压力为:(1) $3 \times 10^5 \text{ Pa}$,(2) $1.82 \times 10^5 \text{ Pa}$;(3) $1.5 \times 10^5 \text{ Pa}$。

分析　在充气过程中,气球中气体 p 与 V 的函数关系不好确定,一般从外部效果计算功。忽略气球弹力,气体做的功 $W = p_0 \Delta V$,关键要判断储气罐中的气体在上述三种压力情况下,气球是否都能充到 2 m^3 的体积。

取储气罐内原有气体为系统,充气完毕,系统终态压力 p_2 应该大于或等于大气压力 p_0,极限情况下两者应该相等。由此可以确定,为了将气球充到 2 m^3 的体积,储气罐内原有压力至少为

$$p_1 = \frac{p_2(V_1 + 2 \text{ m}^3)}{V_1} = 1.8 \times 10^5 \text{ Pa}$$

按题设条件,在(1)和(2)这两种情况下,储气罐原有压力大于 1.8×10^5 Pa,气球最后能充到 2 m³。但第(3)种情况不行,这种情况下气球所能达到的最大体积为

$$V = V_2 - 2\ \text{m}^3 = \frac{p_1 V_1}{p_0} - 2\ \text{m}^3 = 1.33\ \text{m}^3$$

至于这三种情况下气体所做的功请读者自行求解。

例2.4 一小瓶温度为 T_A 的氦气放置在一个密封的保温箱内,小瓶由绝热材料制成,设箱内原为真空。由于小瓶漏气,瓶内氦气温度变成 T'_A,箱内氦气温度为 T_B,分析 T_A、T'_A、T_B 中哪个最大?哪个最小?

解 取保温箱作为闭口系统。按题意

$$Q = 0, \quad W = 0$$

故

$$\Delta U = 0$$

氦气可以按理想气体处理,于是

$$m'_A (T'_A - T_A) c_V + m_B (T_B - T_A) c_V = 0$$

或

$$(T_A - T_B) = \frac{m'_A}{m_B}(T'_A - T_A) \tag{a}$$

式中,m_B 为终态时箱中氦气的质量,m'_A 为终态时留在小瓶中氦气的质量。

可以证明,留在小瓶中的氦气经历了可逆绝热过程,所以

$$\frac{T'_A}{T_A} = \left(\frac{p'_A}{p_A}\right)^{\frac{\gamma-1}{\gamma}} \tag{b}$$

漏气后压力下降,即 $p'_A < p_A$,因此 $T'_A < T_A$。又因 m'_A 同 m_B 为正数,所以由式(a)可得出 $T_B > T_A$ 的结论。

综上所述,漏气后箱内氦气温度 T_B 最高,小瓶内的氦气温度 T'_A 最低。

说明 (1)此题用了在放气过程中留在绝热刚性容器中的理想气体经历的是可逆绝热过程的结果。

(2)请读者思考:如果小瓶由导热性能良好的材料制成,则 T_A、T'_A、T_B 三个温度中何者最高?何者最低?

例2.5 有一储气罐,其中装有质量为 m_0、内能为 u_0 的空气,现连接输气管道进行充气。已知输气管内空气状态始终保持稳定,其焓值为 h。经过时间 τ 充气后,储气罐内气体的质量为 m,内能为 u'。如忽略充气过程中气体的流动动能即重力位能的影响,而且管道、储气罐、阀门都是绝热的,求 u' 与 h 的关系式。

解法1 取储气罐为开口系统,因为只有一股流体进入开口系,所以能量方程为

$$\delta Q = \mathrm{d}E_{c.v} - \delta m_{\text{in}}\left(h + \frac{c^2}{2} + gz\right)_{\text{in}} + \delta W_{\text{net}}$$

在充气过程中,$\delta Q = 0$,$\delta W_{\text{net}} = 0$,忽略进入开口系的空气动能即位能变化,而且开口系本身的宏观动能为0,所以

$$\mathrm{d}U_{c.v} - \delta m_{\text{in}} h_{\text{in}} = 0$$

对上式积分得到

$$mu' - m_0 u_0 = (m - m_0)h$$

$$u' = \frac{(m - m_0)h + m_0 u_0}{m}$$

解法2　将终态时储气罐内质量为 m 的空气取为封闭系。初态时,质量为 m_0 的空气在储气罐中,质量为 $m - m_0$ 的空气在充气管中,如图2.5所示。

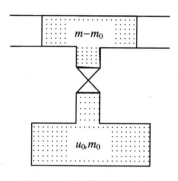

对此系统列能量方程,有

$$\Delta U = mu' - [m_0 u_0 + (m - m_0)u]$$

此封闭系的边界有变形,外界对其做功为

$$W = -(m - m_0)pv$$

此封闭系无热量交换,$Q = 0$,所以能量方程为

$$mu' - [m_0 u_0 + (m - m_0)u] - (m - m_0)pv = 0$$

$$mu' - m_0 u_0 = (m - m_0)h$$

$$u' = \frac{(m - m_0)h + m_0 u_0}{m}$$

图2.5　储气罐充气示意图

解法3　将终态时进入储气罐的质量为 $m - m_0$ 的空气取为封闭系,该系统的初态与终态如图2.6(a)与(b)所示。

对此封闭系写能量方程时要注意:

(1) 此时系统不绝热,因为 AB 面与外界有热量交换。

(2) 系统与外界的功量交换由两部分组成,除了外界对其做功 $W_1 = -(m - m_0)pv$ 外,还有 AB 边界处系统与外界交换的功 W_2。W_2 很容易被忽视,请读者注意。

所以能量方程为

$$Q = [(m - m_0)u' - (m - m_0)u] - (m - m_0)pv + W_2 \qquad (\text{a})$$

选择这样的系统,Q 和 W 很难通过系统本身的变化过程求得。通过分析,不难发现 Q 和 W 都是与质量为 m_0 的那部分空气交换的热量和功量,所以可以将质量为 m_0 的那部分空气取作另一个封闭系,则

$$Q' = m_0 u' - m_0 u_0 + W' \qquad (\text{b})$$

$$Q' - W' = m_0 u' - m_0 u_0$$

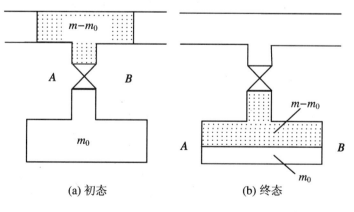

(a) 初态　　　　　　(b) 终态

图2.6　储气罐充气问题解法三示意图

因为

$$Q = -Q', \quad W_2 = -W'$$

所以

$$Q - W_2 = -(Q' - W')$$
$$= m_0 u_0 - m_0 u' \tag{c}$$

将式(c)代入式(a),化简后同样可得

$$u' = \frac{(m - m_0)h + m_0 u_0}{m}$$

说明 (1)通过此例可看出,对同一问题可以选择不同的系统解决。虽然系统的选法不同,但结果是相同的。系统选得巧,解题容易;选得不好,问题较为复杂,如解法 3 中的 Q 和 W_2 不太好求。所以解题时应该尽量选择较为方便的系统。开口系问题有时化为闭口系问题来处理要方便很多。

(2)列闭口系能量方程时,要分析所选的闭口系的每个边界面是否有热交换与功量交换。边界面如有变形,应该考虑相应的功量交换。

(3)若储气罐原为真空,则 u' 与 h 有什么关系?请读者自行分析。

参 考 文 献

[1] 曾丹苓,敖越,朱克雄,等.工程热力学[M].2 版.北京:高等教育出版社,1986.
[2] 刘桂玉,刘志刚,阴建民,等.工程热力学[M].北京:高等教育出版社,1998.
[3] 曾丹苓,敖越,张新铭,等.工程热力学[M].3 版.北京:高等教育出版社,2002.
[4] 朱明善,刘颖,林兆庄,等.工程热力学[M].3 版.北京:清华大学出版社,1995.
[5] 朱明善,刘颖,史琳.工程热力学题型分析[M].3 版.北京:清华大学出版社,2000.
[6] 伊藤猛宏.热力学の基础:上[M].東京:コロナ社,1996.
[7] 伊藤猛宏.热力学の基础・演习[M].東京:コロナ社,1996.
[8] 何雅玲.工程热力学精要分析及典型题精解[M].4 版.西安:西安交通大学出版社,2005.

第3章 热力学第二定律和熵

热力学第一定律阐明了能量转换的守恒关系,指出了不消耗能量而能不断输出功的第一类永动机是不可能制成的。人们在热功当量的实验和无数次实践中认识到机械能、电能等有序功能可全部转化为热能,但是也逐渐认识到无论人们怎么努力都不能把热能全部转为机械能或电能。在 19 世纪初叶,蒸汽机的使用对工业界影响很大。人们总是希望制造性能良好的热机——消耗最少的燃料得到最大的机械功,但当时不知道热机效率的提高是否有一个限度。人们还认识到自然界的许多现象具有自发过程的方向性,逆自发过程的变化外界都要付出代价,就是实际上是用另外更强势的自发过程来弥补人们所需的某种逆自发过程。这些认识的升华诞生了卡诺定理和热力学第二定律,它回答了热力学第一定律不能回答的问题。

3.1 自发过程·能量传递与转换的方向性

1. 自发过程

自发过程是指能够自动、无需外力帮助即可发生变化的过程。在热力系统中常见的自发过程有两类:一类是能量的形态不变,从高势能转向低势能的由势差而引起的自发过程,例如温差传热、浓差扩散传质、压差自由膨胀扩张体积、电压差传输电能、化学势差引发组分迁移等;另一类是能量的形态发生变化,从高品位有序功能向低品位的热能转化的自发过程,例如摩擦过程中功转热,电流输运时因电子碰撞分子使部分电功转为焦耳热,辐射能与物质作用变成热能,气体流动时气体分子碰撞使动能转为热能,磁阻涡流使电磁能转为热能等。第一类自发过程有能量势的消耗;第二类自发过程出现有序能耗散转为无序能。

2. 能量传递与转换的方向性

第一类自发过程表现在能量传递的方向性。

如温差传热,温度不同的两物体接触时,热量只能从高温物体,即粒子热运动强度较高的物体传给低温物体,它的逆过程即热量从低温物体传给高温物体不能自发进行。

浓差扩散,容器内隔板两侧储有不同种类的气体,不论两侧的温度、压力是否相等,当抽去隔板后,两侧气体即互相扩散、混合,最后成为均匀一致、处处状态相同的混合物。其相反的过程,即把混合气体分离,则需要付出很大代价。

压差自由膨胀,刚性绝热容器隔成两室,分别储有同类的高、低压气体。若在隔板上开一个小孔,高压气体会自动流入低压室,直至两室的压力相等。这种在有限压差推动下不做功的膨胀过程称为自由膨胀,是自发过程。其相反的过程是要对其做功的。

化学势差反应,锌片投入硫酸铜溶液会引起置换反应,氢气与氧气混合会燃烧生成水;而其逆反应不会自动进行,必须以消耗另外的能量为代价。

第二类自发过程表现在能量转换的方向性。

机械能、电能都可百分之百地转化为热能,即有序功能与有序功能之间、有序功能转为无序热能时,能量可百分之百地转化;而热能只能部分地转化为机械能、电能。这是因为微观粒子的热运动速度不能为零。可见,功转化为热是自发过程,热量转化为功是非自发过程。

光谱辐射能能够全部转化为热能,而热能不能全部转化为单一光谱的热能。这种能量转换的方向性只发生在自由系能量之间。保守系与自由系之间的能量转换,必须越过保守系能量的势垒后才能进行。

自发过程的共同特征是不可逆过程。自发过程虽然不会自动逆向进行,但并不意味着它们根本不可能倒转,借助外力可使一个自发变化发生后再逆向返回原态。要使希望的不可逆过程发生,则需要寻找更强势的自发过程为所希望逆转的不可逆过程提供动力,这是动力设备设计和创新的指导原则。

3.2 热力学第二定律

1. 热力学第二定律的两种表述

热力学第二定律是反映自发过程具有方向性与不可逆性这一规律的定律,其实质是指出了能量的品质属性。

热力学第二定律有过多种表述方法,常见有以下几种说法。

克劳修斯的说法:不可能把热量从低温物体传到高温物体而不引起其他变化。

开尔文的说法:不可能从单一热源吸取热量使之完全变为功而不引起其他变化。

克劳修斯和开尔文说法都指某一过程是"不可能"的,即指明某种自发过程的逆过程是不能自动进行的。克劳修斯的说法是指明热传导的不可逆性,实质是说明能量传递的方向性,指出了热量传递的必要条件;开尔文的说法是指明摩擦生热(功变热)的过程的不可逆性,实质是说明能量转换的方向性,指出了热能转换为机械能的条件,是能量守恒定律的补充,这两种说法对自发过程的认识实际上是等效的。两种说法在说某个过程的"不可能"时都有一个附加条件:"不引起其他变化",这一点要十分注意。

开尔文的说法还可表述为:第二类永动机是不可能制成的。所谓第二类永动机乃是一种能够从单一热源吸热,并将所吸收的热全部变为功而无其他影响的机器。它不违反能量守恒定律,但却永远造不成。为了区别于违反能量守恒定律的第一类永动机,所以将其称为第二类永动机。

热量如何转变为功的问题,在实际生活中有着十分重要的意义。人们曾设想从海水或大气中吸取热量来变为功,但是没有成功,除非找到另外的低温源。这些失败的第二类永动机有非循环工作的和循环工作的两类。非循环工作的第二类永动机设想一个起始处于稳定态的约束系统,它能够仅仅依靠其内部状态的变化而对外界做出功,除此之外对外界再无别的影响。用反证法(假定结果成立,反向推理,证明初始条件是否矛盾)可证明所假想的非循环工作的第二类永动机是不可能制成的。证明如下:假定非循环工作的第二类永动机可能制成,那么可设想有一个约束系统,在经历了一个假想的非循环过程而从一个初始稳定状态 S_1 变到某个容许状态 S_2 时,对外界最终的全部影响是提升了一个重物,即输出正净功。然后,让重物下落到原来高度的同时,将释放出来的功作用于系统的一个局部上面,如采用搅拌器的办法。这样就会瞬时地导致系统处于非平衡状态。结果,就全过程来说,系统由初始状态达到了某一容许态 S_3,而外界却没有留下净的影响。这是稳定状态的定义所排斥的。所以,前面关于可能制成非循环工作的第二类永动机的设想是不能成立的。

循环工作的第二类永动机设想有热机在一个循环工作中,它从单一热源的约束系统 X 接受热量 Q,向外界输出净功 W_{net},而系统 X 将由初始稳定状态 S_1 变成某个容许态 S_2,如图 3.1 所示。但是,这种永动机也是不能成立的。可用反证法证明:如果上述假想成立,可把系统 X 与第二类永动机组成一个新系统 Y,并将永动机做出的净功 W_{net} 用来提升重物。这样,对永动机的一个完整循环来说,其状态没有净的变化,而系统 Y 经历了一个非循环过程,它的状态变化就等于系统 X 的变化,对外界最终的全部效果是提升了重物。这种情况与热力学第二定律关于非循环过程的说法相矛盾,从而证明了循环工作的永动机是不能成立的。

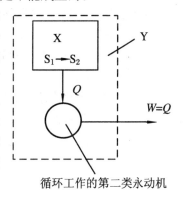

循环工作的第二类永动机

图 3.1　设想的第二类永动机

2. 热力学第二定律推论

(1) 热力学第二定律推论 I

只和单一热源交换热量的热力系统,在其确定的初始与最终平衡状态之间进行的一切可逆过程的输出总功相同;如为不可逆过程,则输出的总功总是小于可逆过程所输出的总功。

热力学第二定律推论 I 指出了一个非常重要的事实:在相同热源条件的两个平衡态之间进行的过程中,不可逆性总是造成输出功的减少;对耗功装置来说,则导致耗功的增加。因此可以说,不可逆性是能量转换过程中功损失的根源。

(2) 热力学第二定律推论 II

只能与单一热源交换热量的热力系统,在完成了一个可逆循环后,所输出的总功以及和热源交换的热量均为零。

热力学中,通常把外界给热机提供热量的系统叫作热源。热力学中不特别说明的热源是这样假设的:热源是我们所研究的热力系统外界的一个约束系统,它与热力系统等别的系统之间只有热的作用,在供热作用期间本身的温度恒定,而且内部只经历稳定平衡状态,所以其中发生的所有过程都是可逆的。

热力学第二定律是建立在无数事实的基础上的,是人类经验的总结,它不能从其他更普遍的定律推导出来。整个热力学的发展过程也令人信服地表明,它的推论都符合客观实际。由此也证明,热力学第二定律真实地反映了客观规律。

3.3 卡诺定理

　　热力学第二定律否定了第二类永动机,效率为1的热机是不可能实现的,那么热机的效率最高可以达到多少呢? 卡诺定理从理论上解决了这一问题。1824年法国工程师卡诺提出了卡诺定理:在相同的高温热源和相同的低温热源间工作的可逆热机的热效率,恒高于不可逆热机的热效率。

　　卡诺定理推论:在相同的高温热源和相同的低温热源间工作的可逆热机有相同的热效率,而与工质无关。

　　卡诺定理先于热力学第二定律被提出,受当时科学发展的限制,卡诺应用了错误的"热质说"来证明卡诺定理。卡诺定理的正确证明,要应用到热力学第二定律。

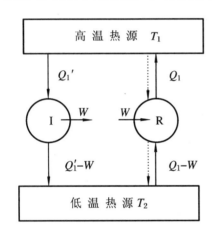

图3.2　卡诺定理证明

　　卡诺定理证明:设在两个温度分别为 T_1 和 T_2 的热源之间,有可逆机R(即卡诺热机)和任意的热机I在工作,如图3.2所示。最简单的卡诺热机循环通常是指由两个等温吸/放热过程和两个绝热压缩/膨胀过程组成的可逆循环的热机。调节两个热机使它们所做的功相等。可逆机R从高温热源吸热 Q_1,做功 W,放热 $Q_1 - W$ 到低温热源(图3.2中的虚线箭头方向),其热机效率为 η_R;另一任意热机I,从高温热源吸热 Q_1',做功 W,放热 $Q_1' - W$ 到低温热源,其效率为 η_I,则

$$\eta_R = \frac{W}{Q_1}, \quad \eta_I = \frac{W}{Q_1'}$$

　　先假设热机I的效率大于可逆机R(这个假设是否合理,要根据从这个假定所得的结论是否合理来检验),即

$$\eta_I > \eta_R \quad \text{或} \quad \frac{W}{Q_1'} > \frac{W}{Q_1}$$

因此得

$$Q_1 > Q_1'$$

　　现若以热机I带动卡诺可逆机R,使R逆向转动,如图3.2所示的实线箭头方向。逆向循环的卡诺热机成为制冷机,所需的功 W 由热机I供给,R从低温热源吸热 $Q_1 - W$,并放热 Q_1 到高温热源,整个复合机循环一周后,在两机中工作的物质均恢复原态,最后除热源有热量交换外,无其他变化。

　　从低温热源吸热

$$(Q_1 - W) - (Q_1' - W) = Q_1 - Q_1' > 0$$

对高温热源放热

$$Q_1 - Q_1'$$

净的结果是热量从低温传到高温而没发生其他变化。这违反了热力学第二定律的克劳修斯说法,所以最初的假设 $\eta_I > \eta_R$ 不能成立。因此应有

$$\eta_I \leqslant \eta_R \tag{3.1}$$

这就证明了卡诺定理。

卡诺定理的推论可以证明如下:假设两个可逆机 R_1 和 R_2 在相同温度的热源和相同温度的冷源间工作。若以 R_1 带动 R_2,使其逆转,则由式(3.1),知

$$\eta_{R1} \leqslant \eta_{R2}$$

反之,若以 R_2 带动 R_1,使其逆转,则有

$$\eta_{R2} \leqslant \eta_{R1}$$

因此,若要同时满足上面两式,则应有

$$\eta_{R1} = \eta_{R2}$$

由此得知,不论参与卡诺循环的工作物质是什么,只要是可逆机,在两个温度相同的低温热源和高温热源之间工作时,热机效率都是相等的。在明确了 η_R 与工作物质的本性无关后,我们就可以引用理想气体卡诺循环的结果了。采用理想气体卡诺循环的热效率为

$$\eta_C = 1 - \frac{T_2}{T_1} \tag{3.2}$$

卡诺定理说明两热源间一切可逆循环的热效率都相等,故上式也是两热源间一切可逆循环的热效率表达式,它与工质、热机形式以及循环组成无关。

卡诺定理经无数实践证明是正确的,它虽然是为回答热机的极限效率而提出来的,但其意义远远超出热机范围,具有更深刻且广泛的理论和实践意义。它在公式中引入了一个不等号。由于所有的不可逆过程是相互关联的,由一个过程的不可逆性可以推断到另一个过程的不可逆性,因而对所有的不可逆过程就都可以找到一个共同的判别准则。由于热/功的交换的不可逆而在公式中所引入的不等号,对于其他过程(包括化学过程)同样可以使用。就是这个不等号,解决了化学反应的方向问题。同时,卡诺定理在原则上也解决了热机效率的极限值的问题。

卡诺定理指明了提高热机效率的方向。第一,要提高卡诺热机的效率,即应提高热源温度 T_1,降低冷源温度 T_2。但是,提高热源温度 T_1 受到材料的耐高温性的限制,降低冷源温度 T_2 受制于环境大气的温度 T_0(或河水、海水的温度)。第二,要降低热机各个过程的不可逆性,例如减少传热温差、流动的摩擦损失等。

据卡诺定理,实际热机在温度为 T 的热源吸收热量 Q,所做的有用功 W_u 或小量有限功 δW_u 为

$$W_u \leqslant Q\left(1 - \frac{T_0}{T}\right) \quad \text{或} \quad \delta W_u \leqslant \delta Q\left(1 - \frac{T_0}{T}\right) \tag{3.3}$$

式中不能转为功而排入大气中的废热量 Q_0 或小量有限 δQ_0 为

$$Q_0 \geqslant \frac{T_0}{T}Q \quad \text{或} \quad \delta Q_0 \geqslant \frac{T_0}{T}\delta Q \tag{3.4}$$

如果实际热机是卡诺机,即能够进行可逆循环时,式(3.3)和式(3.4)取等号。

3.4   熵

在式(2.2)中曾根据可逆过程系统所做的功 W 可用系统与体积功相关的强度参数压力 p 和系统广延参数体积 V 的乘积变化量表示。类推得可逆过程热量 Q 也可以用系统的热量与相关的势强度参数 T 和某种广延参数的乘积变化量表示,这种与热量 Q 有关的广延参数被称为熵,用符号 S 表示。既然体积 V 是状态参数,根据对比关系,S 也一定是状态参数。另外,据卡诺定理,由式(3.4)对卡诺循环可导出如下关系:

$$\left(\frac{\delta Q}{T}\right)_{R} = \left(\frac{\delta Q_0}{T_0}\right)_{R} \tag{3.5}$$

式(3.5)中分子和分母的量纲不一致,有一个带量纲的比例因子被消去了,令其为 dS,则有

$$dS = \left(\frac{\delta Q}{T}\right)_{R} = \frac{dE_n}{T_0} \tag{3.6}$$

式(3.6)给出了状态参数熵 S、温度 T 与可逆过程系统热交换量的关系,也是熵的定义式。它表明,系统在与温度 T 的热源接触时,热源传给系统的热量 δQ 与系统的热力学温度 T 之比等于系统在接收热量前后的两个态之间的熵差 dS,也等于系统的非做功能的变化量 dE_n 与环境的热力学温度 T_0 之比。式(3.6)不但给出了系统在温度为 T 的情况下从热源可逆地得到热量时熵的变化,而且可确定系统所获得热量 δQ 中占有多少非做功能。由式 (3.6),得出

$$dE_n = T_0 dS \tag{3.7}$$

在热力学中有重要意义,熵参数的特殊性由此显现,它能表示系统中非做功能的变化量。

"熵"是状态参数,已由与体积 V 的对比关系和卡诺循环导出的式(3.6)所确认,克劳修斯提出熵参数时也证明了熵是热力学状态函数,因此,熵具有只与系统的初始状态和最终状态有关,而与过程无关的一切状态参数共有的性质。

在热力学上,"熵"具有极其重要的地位和作用,它不仅与其他状态参数一样,可以作为系统与外界功热交换计算之用的参数,又可作为过程不可逆度的判据。熵的双重作用使读者对熵的学习和应用增加了难度,但只要牢牢把握住熵是与热能有关的广延性的状态参数的特点,把可逆过程的熵变和不可逆过程的熵变区分来计算,就不会因为概念的混淆而伤脑筋了。

3.5   热力学第一定律与第二定律结合的表达式

在热力学第一定律的能量守恒表达式中,当把可逆过程中系统与外界交换的热量用系

统的状态参数温度与熵的变化的乘积来表示,把功用系统的状态参数压力与容积变化的乘积来表示时,就得到了热力学第一定律与第二定律结合的表达式,其微元可逆过程的二定律结合的纯状态参数表示的能量守恒式为

$$dU = TdS - pdV \tag{3.8}$$

或

$$TdS = dU + pdV \tag{3.9}$$

式(3.9)是热力学中包括了热力学第一定律与第二定律的极重要的基本方程,简称为 TdS 方程。方程(3.9)虽然是利用可逆过程推导的结果,但所得的结果是用纯粹状态参数表示的能量守恒方程。因此,不论系统在两个无限邻近的确定的平衡状态之间所进行的过程是可逆的,还是不可逆的,只要其状态的变化是一样的,该方程都适用,只不过用在不可逆过程时 TdS 和 pdV 都不代表系统与外界交换的热量和功罢了。这是因为在不可逆过程中有一部分本来可转为功的能量状态量转变为了系统的表示热能的状态量。在不可逆过程中,卡诺定理的式(3.3)和式(3.4)已表明: $TdS > \delta Q_R$,Q_R 表示可逆过程的热量;$pdV < W_R$,W_R 为可逆卡诺热机对外界做的功。

3.6　熵变·熵流·熵增

式(3.9)既然可适用于可逆过程和不可逆过程中,因此需要对过程中引起熵的变化的原因进行分析和计算。

1. 熵变

系统中熵的变化简称为"熵变"。熵是一个状态参数,系统中熵的变化来自两个方面:**"熵流"** 和 **"熵产"**。

(1) 熵流

在系统与外界的热量和质量的交换中纯粹由非做功能的迁移引起的系统熵的变化,称为"熵流",记作 dS_f。由热交换引起的熵流叫"热熵流",记作 $dS_{f,Q}$;由物质迁移引起的熵流叫"质熵流",记作 $dS_{f,m}$。熵流计算式为

$$dS_f = dS_{f,Q} + dS_{f,m} \tag{3.10}$$

(2) 熵产

不可逆过程引起的熵变化,叫"熵产",它是由不可逆过程消耗的功量产生的,在孤立系中熵产即是"熵增",记作 dS_g。

2. 熵方程

系统的"熵变"计算式为

$$dS = dS_g + dS_f = dS_g + dS_{f,Q} + dS_{f,m} \tag{3.11}$$

式(3.11)称为熵方程。

对闭口系而言,只存在热熵流和熵产,故闭口系的熵方程为

$$dS = dS_g + dS_{f,Q} \tag{3.12a}$$

即

$$dS = dS_g + \frac{\delta Q}{T} \tag{3.12b}$$

式(3.12b)表明,闭口系的熵的变化量等于由热量迁移引起的熵流 $\delta Q/T$ 与系统本身的熵产 dS_g 之和,且熵产值恒为正。

对流动系而言,系统可能与多个不同的热源交换热量,有多股工质流,因而在某个微小时间间隔 $\delta \tau$ 内,其熵方程为

$$dS_{CV} = \sum \int \frac{\delta Q}{T_{r,i}} + \sum_{in} \int s_{in,j} \delta m_{in,j} - \sum_{out} \int s_{out,k} \delta m_{out,k} + dS_g \tag{3.13a}$$

式中,$\dfrac{\delta Q}{T_{r,i}}$ 为开口系统与第 i 个热源传热引起的熵流,吸热为正,放热为负;δm_{in} 和 δm_{out} 分别为进、出系统的质量;s_{in} 和 s_{out} 分别表示进、出系统的比熵;下角标"j"和"k"分别表示进、出的分系。

稳定流动系统的熵方程为

$$0 = \frac{\delta Q}{T_r} + \delta m (s_{in} - s_{out}) + dS_g \tag{3.13b}$$

当系统进行不可逆过程时,$dS_g > 0$,故有

$$dS - \frac{\delta Q}{T} > 0$$

即

$$dS > \frac{\delta Q}{T} \tag{3.14}$$

式(3.14)即为著名的克劳修斯不等式。它说明,系统进行不可逆过程时熵的变化大于外界输入的熵流。可逆过程 $dS_g = 0$,则有

$$dS = \frac{\delta Q}{T} \tag{3.15}$$

合并上面两式,则微元过程的克劳修斯不等式也可写为

$$dS \geqslant \frac{\delta Q}{T} \tag{3.16}$$

但一定要记住,上式中 δQ 是可逆过程交换的热量,有时用下角标"R"表示。

已知

$$\eta_I = \frac{Q_1 + Q_2}{Q_1} = 1 + \frac{Q_2}{Q_1}, \quad \eta_R = \eta_C = 1 - \frac{T_2}{T_1}$$

因为 $\eta_I < \eta_R$,所以

$$1 + \frac{Q_2}{Q_1} < 1 - \frac{T_2}{T_1}$$

移项后得

$$\frac{Q_1}{T_1} + \frac{Q_2}{T_2} < 0 \tag{3.17a}$$

对于任意的不可逆循环,假设系统在循环过程中依次与 $1, 2, \cdots, n$ 热源接触,吸取的热量分别为 $Q_1, Q_2, \cdots, Q_n$,式(3.17a)就可推广为

$$\left(\sum_{i=1}^{n} \frac{\delta Q_i}{T_i} \right)_I < 0 \tag{3.17b}$$

式中,下角标"I"代表不可逆。

设有下列循环,如图 3.3 所示,系统经过不可逆过程 $A \to B$,然后经过可逆过程 $B \to A$。因为前一个过程是不可逆的,所以就整个循环来说仍是一个不可逆循环,故根据式(3.17b),有

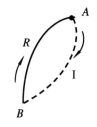

$$\left(\sum_i \frac{\delta Q}{T} \right)_{I, A \to B} + \left(\sum_i \frac{\delta Q}{T} \right)_{R, B \to A} < 0$$

因为

$$\left(\sum_i \frac{\delta Q}{T} \right)_{R, B \to A} = S_A - S_B$$

图 3.3　不可逆循环过程

所以

$$S_B - S_A > \left(\sum_i \frac{\delta Q}{T} \right)_{I, A \to B} \tag{3.18}$$

或

$$\Delta S - \left(\sum_A^B \frac{\delta Q}{T} \right)_I > 0 \tag{3.19}$$

如果过程 $A \to B$ 也是可逆的,则上式赋值于等号。合并可逆循环与不可逆循环,并去掉下角标说明

$$\Delta S_{A \to B} - \sum_A^B \frac{\delta Q}{T} \geqslant 0 \tag{3.20}$$

上式也即所要证明的克劳修斯不等式积分(或总和)表达式。式中,δQ 是实际过程中的热效应;T 是环境的温度。在可逆过程中用等号,此时的环境温度等于体系的温度,δQ 是可逆过程中的热效应。式(3.20)可以用来判别过程的可逆性,也可以作为热力学第二定律的一种数学表达式。

3.7　熵 增 原 理

对于绝热体系中所发生的变化,$\delta Q = 0$,所以

$$dS \geqslant 0 \quad 或 \quad \Delta S \geqslant 0 \tag{3.21}$$

式中,不等号表示不可逆,等号表示可逆。也就是说在绝热体系中,只可能发生 $\Delta S \geqslant 0$ 的变化。此结论对孤立系也适用。在不可逆绝热过程中体系的熵增加,体系不可能发生 $\Delta S < 0$ 的变化。即一个封闭体系从一个平衡态出发,经过绝热过程到达另一个平衡态,它的熵绝不会减少。这个结论是热力学第二定律的一个重要结果。它指在绝热条件下,可以明确地用体系熵函数的增加和不变来判断不可逆过程和可逆过程。换句话说,在绝热条件下,趋向于平衡的自发过程会使体系的熵增加,这就是熵增原理。

3.8 熵变的计算

在计算过程中系统的熵变时,应该注意到熵函数是一个状态参数这个特点。当系统的初始状态和终止状态都给定时,熵变值与变化过程的途径无关。如果所给的过程是不可逆过程,则应该设计从初始状态到终止状态的可逆过程来计算体系的熵变。

熵变是指体系始、终两个状态的熵差值。如果基准状态的熵已知,设为 S_0,体系所处状态的熵可用下面的方程式计算:

$$S - S_0 = \int \frac{\delta Q}{T} \tag{3.22}$$

式中,S_0 通常选在 $0\,^{\circ}\mathrm{C}$。但熵的真正零值点是在热力学温标的 $0\,\mathrm{K}$ 点,这将在以后说明。由上式可知,如果 T 值恒定,即在等温过程,$S - S_0$ 值也即可算出。例如,求等温等压时蒸发过程的熵变,就可利用相变过程的吸热量或蒸发量与蒸发潜热的乘积除以蒸发时液体的热力学温度得到熵变值。一般情况下,式(3.22)中的 δQ 可用可逆条件下的热力学第一定律表达式

$$\mathrm{d}S = \frac{\mathrm{d}U + p\mathrm{d}V}{T} = \frac{\mathrm{d}H - V\mathrm{d}p}{T} \tag{3.23}$$

代入积分算出。

如果 T 在过程中也是变化的,则式(3.23)中的 $\mathrm{d}U$ 和 $\mathrm{d}H$ 需要根据状态方程和热力学参数的一般关系式转为温度的函数,p/T 和 V/T 也应相应转化后再积分。

例3.1 某循环在 $700\,\mathrm{K}$ 的热源及 $400\,\mathrm{K}$ 的冷源之间工作,如图3.4(a)所示。试判断是热机循环还是制冷循环? 是可逆循环还是不可逆循环?

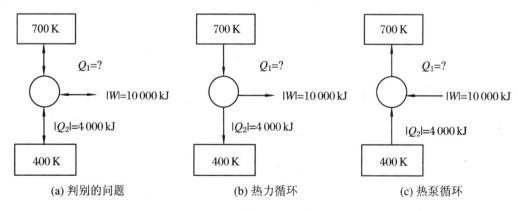

(a) 判别的问题　　　　　　(b) 热力循环　　　　　　(c) 热泵循环

图 3.4 热流方向的判别

解 根据热力学第一定律,无论是热机还是制冷循环,也无论可逆与否,都有

$$\oint \mathrm{d}Q = \oint \mathrm{d}W$$

即

$$Q_1 - Q_2 = W$$

所以

$$Q_1 = 10\ 000\ \text{kJ} + 4\ 000\ \text{kJ} = 14\ 000\ \text{kJ}$$

方法 1 用克劳修斯积分判断。

设为如图 3.4(b) 所示的热机循环,则有

$$\oint \frac{\mathrm{d}Q}{T_r} = \frac{Q_1}{T_1} + \frac{-Q}{T_2} = \frac{14\ 000\ \text{kJ}}{700\ \text{K}} - \frac{4\ 000\ \text{kJ}}{400\ \text{K}} = 10\ \text{kJ} > 0$$

所以热机循环是不可能的。

设如图 3.4(c) 所示的制冷循环,则有

$$\oint \frac{\mathrm{d}Q}{T_r} = \frac{-Q_1}{T_1} + \frac{Q}{T_2} = \frac{-14\ 000\ \text{kJ}}{700\ \text{K}} + \frac{4\ 000\ \text{kJ}}{400\ \text{K}} = -10\ \text{kJ} > 0$$

根据克劳修斯不等式 $\oint \dfrac{\mathrm{d}Q}{T_r} < 0$ 为不可逆循环,所以此循环应该是如图 3.4(c) 所示的制冷循环。

方法 2 用孤立系统熵增原理判断。

取热源、冷源及循环工质为孤立系。设为如图 3.4(b) 所示的热机循环,则

热源熵变

$$\Delta S_H = \frac{-Q_1}{T_1} = -\frac{14\ 000\ \text{kJ}}{700\ \text{K}} = -20\ \text{kJ/K} < 0 \quad (\text{热源放热}, Q_1\ \text{为负值})$$

冷源熵变

$$\Delta S_L = \frac{Q_2}{T_2} = \frac{4\ 000\ \text{kJ}}{400\ \text{K}} = 10\ \text{kJ/K} > 0 \quad (\text{冷源吸热}, Q_2\ \text{为正值})$$

热机工质熵变

$$\Delta S_E = 0 \quad (\text{工质经历循环,回到原来状态,所以熵变为 0})$$

那么,孤立系熵变

$$\Delta S_{iso} = \Delta S_H + \Delta S_L + \Delta S_E = -20\ \text{kJ/K} + 10\ \text{kJ/K} + 0\ \text{kJ/K} = -10\ \text{kJ/K} < 0$$

根据孤立系熵增原理,此热机循环不可能。

设为如图 3.4(c) 所示的制冷循环,则

$$\Delta S_H = \frac{Q_1}{T_1} = \frac{14\ 000\ \text{kJ}}{700\ \text{K}} = 20\ \text{kJ/K}$$

$$\Delta S_L = \frac{-Q_2}{T_2} = \frac{-4\ 000\ \text{kJ}}{400\ \text{K}} = -10\ \text{kJ/K}$$

$$\Delta S_E = 0\ \text{kJ/K}$$

所以

$$\Delta S_{iso} = \Delta S_H + \Delta S_L + \Delta S_E = 20\ \text{kJ/K} - 10\ \text{kJ/K} + 0\ \text{kJ/K} = 10\ \text{kJ/K} > 0$$

因此,此循环为不可逆制冷循环。

说明 (1) 上述方法 1 中利用克劳修斯积分,其系统应该取为循环工质,工质吸收的热量为 "+",放出的热量为 "−",克劳修斯积分中的 $\dfrac{\delta Q}{T_r}$ 在不可逆过程中不是工质熵的变化。

(2) 方法 2 用孤立系熵增原理分析,其对象为孤立系,即组成孤立系的各部分都是对象之一。分别求出各自的熵变,利用熵是广度量,具有可加性,得到孤立系的熵变。因此,其中

的 $\dfrac{Q_1}{T_1}$ 和 $\dfrac{-Q_2}{T_2}$ 分别是热源、冷源的熵变,而热机熵变为 0。

(3) 上述两种方法中,都有 $\dfrac{Q_1}{T_1}$ 和 $\dfrac{Q_2}{T_2}$ 的表达式,数值大小各自相同,符号相反,原因正如说明(1)和(2)中所述,由于对象不同,传热方向不同所致。

(4) 判断方法不仅限于上述两种,例如还可以用卡诺定理进行判断,这里不再赘述,请读者自行解答。

注意 容易出错的地方:

(1) 只用热力学第一定律得出 $Q_1 = 14\,000\,\text{kJ}$ 后,认为热机与制冷机都是可能的。

(2) 机械套用公式,没有根据具体对象弄清热量传递的方向,使结果适得其反。

1. 固体和液体工质的熵变

固体和液体的容积变化可以忽略,即 $\mathrm{d}v \equiv 0$,且比热力学能的变化可用 $\mathrm{d}u = c\mathrm{d}T$ 表示,则固体和液体的熵变值由式(3.23)简化为

$$\mathrm{d}s = c\,\frac{\mathrm{d}T}{T}$$

积分得

$$s = c\ln T + s_0 \tag{3.24}$$

2. 理想气体的比熵和熵变

热力系的工质是理想气体时,式(3.23)有如下几种表达式:

$$\mathrm{d}s = \frac{\mathrm{d}u + p\mathrm{d}v}{T} = c_V\,\frac{\mathrm{d}T}{T} + R_\mathrm{g}\,\frac{\mathrm{d}v}{v}$$

$$= \frac{\mathrm{d}h - v\mathrm{d}p}{T} = c_p\,\frac{\mathrm{d}T}{T} - R_\mathrm{g}\,\frac{\mathrm{d}p}{p}$$

因为理想气体的比定容热容 c_V 和比定压热容 c_p 为定值,所以上式积分得

$$s = c_V\ln T + R_\mathrm{g}\ln v + s_1 \tag{3.25a}$$

$$= c_p\ln T - R_\mathrm{g}\ln p + s_2 \tag{3.25b}$$

$$= c_p\ln v + c_V\ln p + s_3 \tag{3.25c}$$

式中,s_1、s_2 和 s_3 为积分常数。对于理想气体因有 $c_p - c_V = R_\mathrm{g}$ 关系,故三者间有如下关系:

$$s_2 = s_1 + R_\mathrm{g}\ln R_\mathrm{g}$$

$$s_3 = s_1 - c_V\ln R_\mathrm{g}$$

例如,假定 $p_0 = 0.1\,\text{MPa}$,$T_0 = 0\,℃$ 时,$s = 0\,\text{kJ}/(\text{kg}\cdot\text{K})$,则

$$s = c_p\ln\frac{T}{T_0} - R_\mathrm{g}\ln\frac{p}{p_0} = c_p\ln\frac{t + 273.15\,\text{K}}{273.15\,\text{K}} - R_\mathrm{g}\ln(10p)$$

式中,p 的单位为 MPa,s、c_p 和 R_g 的单位都取 $\text{kJ}/(\text{kg}\cdot\text{K})$,温度 T 的单位为 K。

实际气体由于其比热容、比热力能、比焓均是温度的函数,且 $p\text{-}v\text{-}T$ 的关系也比较复杂,一般地说,熵可作为温度和压力两个变量的函数,用如下关系式进行计算:

$$s = \varphi(T) + \psi(p)$$

根据式(3.25a)、式(3.25b)和式(3.25c)可以计算理想气体种种可逆过程的熵变化:

① 等容变化

$$\Delta s = c_V\ln\frac{T_2}{T_1} = c_V\ln\frac{p_2}{p_1} \tag{3.26a}$$

② 等压变化

$$\Delta s = c_p \ln \frac{T_2}{T_1} = c_p \ln \frac{v_2}{v_1} \tag{3.26b}$$

③ 等温变化

$$\Delta s = R_g \ln \frac{v_2}{v_1} = R_g \ln \frac{p_1}{p_2} = \frac{Q_{12}}{T} \tag{3.26c}$$

④ 绝热变化

$$\Delta s = 0 \tag{3.26d}$$

⑤ 多变指数变化

$$\Delta s = c_n \ln \frac{T_2}{T_1} = c_V \frac{n-\gamma}{n-1} \ln \frac{T_2}{T_1} = c_V \frac{n-\gamma}{n} \ln \frac{p_2}{p_1} \tag{3.26e}$$

3. 不可逆过程的熵变计算

不可逆变化过程可以引起体系的熵增。

(1) 摩擦

有摩擦时部分功能将转变为热量,设摩擦消耗的功为 W_r,转为温度为 T 的物体所接收的热量 Q_r,则系统的熵增量为

$$\Delta S = \frac{Q_r}{T} = \frac{W_r}{T} \tag{3.27}$$

(2) 温差传热

有两个温度为 T_1 和 T_2 的物体,$T_1 > T_2$,考虑以高温物体可逆地取出热量 Q,又可逆地传给低温物体,高温物体熵的减少值 $\Delta S_1 = Q/T_1$,低温物体熵的增加值 $\Delta S_2 = Q/T_2$。若把两个物体当成一个系统看,其熵变值为

$$\Delta S = \frac{Q}{T_2} - \frac{Q}{T_1} = Q\left(\frac{1}{T_2} - \frac{1}{T_1}\right) > 0 \tag{3.28}$$

式(3.28)说明温差传热是熵增的不可逆过程。

(3) 变温差传热

若物体的质量是有限的,当它吸收或放出热量时自身的温度是要随之升高或降低的。设物体的比定压热容 c_p 不随过程改变,则物体比熵的变化为

$$\Delta s = \int_{s_1}^{s_2} \mathrm{d}s = \int_{T_1}^{T_2} \frac{c_p \mathrm{d}T}{T} = c_p \ln \frac{T_2}{T_1} \tag{3.29}$$

式中,T_1 和 T_2 分别为初始态和终止态的温度。

例 3.2　有两杯等质量、等比热容、温度分别为 T_1 和 T_2 的液体,$T_1 > T_2$,在绝热器中混合至温度相等,问两个体系的熵变共计多少?

解　设液体比热容为 c_p,混合平均温度 $T_3 = (T_1 + T_2)/2$,则有总熵变为

$$\Delta s = \Delta s_1 + \Delta s_2 = c_p \ln \frac{T_3}{T_1} + c_p \ln \frac{T_3}{T_2} = c_p \ln \frac{T_3^2}{T_1 T_2}$$

(4) 节流

节流是等焓的过程,$h_1 = h_2$,即 $\mathrm{d}h = 0$。根据式(3.23),该过程比熵的变化为

$$\mathrm{d}s = \frac{\mathrm{d}h - v\mathrm{d}p}{T}$$

$$\Delta s = s_2 - s_1 = \int_{p_2}^{p_1} \frac{v}{T} \mathrm{d}p \tag{3.30}$$

因为是节流过程，$p_1 > p_2$，所以是熵增过程。若是理想气体，有

$$\Delta s = R_g \ln \frac{p_1}{p_2}$$

例 3.3 1 mol 理想气体在等温下体积增加 10 倍。试求体系的熵变：(1) 为可逆过程；(2) 为真空膨胀过程。

解 (1) 据热力学第一定律，等温可逆过程体系吸收的热量 Q 等于对外膨胀做的功，所以有

$$\Delta S = \left(\frac{Q}{T}\right)_R = \frac{W_{max}}{T} = \frac{\int_{V_1}^{V_2} p\,dV}{T} = \frac{nRT \ln \frac{V_2}{V_1}}{T} = nR \ln \frac{10}{1} = 19.14 \text{ J/K}$$

虽然体系的熵值增加了，但不能认为它是不可逆过程，因为克劳修斯不等式(3.17a)中还需考虑第二项环境的熵变，它为 -19.14 J/K，所以孤立系的熵变为零，是可逆过程。

(2) 由于熵函数是状态参数，所以在真空膨胀过程中体系的熵变仍然是 19.14 J/K。由于在自由膨胀过程中体系没有吸热，环境无熵变，所以

$$\Delta S_{孤立} = \Delta S_{体系} = 19.14 \text{ J/K}$$

此值大于零，所以过程(2)是不可逆过程，可以自动发生。

(5) 混合

讨论各个压力都为 p 的若干种气体，混合后的压力不变，求混合过程中混合的气体系的熵变。混合气体的熵等于其各组分的熵的总和。在混合气体各组分熵的计算中，混合前用全压 p（独立压力），混合后用各组分的分压 p_i。对于气体系统，所使用的单位采用 mol（摩尔）比用 kg（千克）表示更为方便。为与 kg 单位参数区别，记 kmol 当量的比摩尔参数前都用乘以分子量 M 表示，混合前、后各组分气体熵的总和分别为 Ms' 和 Ms。于是，据式(3.25b)，分别有

$$Ms' = \sum_i r_i (M_i c_{pi} \ln T - R \ln p + M_i s_2)$$

$$Ms = \left(\sum_i r_i M_i c_{pi}\right) \ln T - R \left(\sum_i r_i \ln p_i\right) + Ms_2$$

式中，r_i 为组分 i 的容积比；s_2 为积分常数，由基准点确定；R_g 为气体常数，单位为 J/(kg·K)，R 为摩尔气体常数，也称普适气体常数（Universal Gas Constant），$R = MR_g = 8\,314.3$ J/(kmol·K) = 1.985 8 kcal/(kmol·K)。由上两式得混合后的熵变化为

$$M\Delta s = R \sum_i r_i \ln \frac{p}{p_i} = R \sum_i r_i \ln \frac{1}{r_i} \tag{3.31a}$$

所以

$$\Delta s = R_g \sum_i r_i \ln \frac{1}{r_i} = -R_g \sum_i r_i \ln r_i \tag{3.31b}$$

因各组分的容积比小于 1，Δs 为正。上式称为混合熵。

例 3.4 设在 273 K 等温下，将一个 22.4 dm³ 的盒子用隔板从中间隔开。隔板两端气室分别各为 0.5 mol 的 O_2 和 N_2，抽去隔板后两种气体均匀混合。试求过程中的熵变。

解 因为氧气和氮气在混合气中容积比均为 0.5，所以有

$$\Delta S = (0.5 \text{ mol} + 0.5 \text{ mol}) R \ln 2 > 0$$

(6) 过冷凝固

过冷凝固是一个不可逆过程。其熵变的计算需先设计一个可逆过程。

例 3.5　在标准大气压 p_0 和环境温度为 268.2 K 的条件下,温度也在 268.2 K 的 1 mol 过冷液态苯凝固,放热 9 874 J,求苯凝固过程中的苯的熵变 ΔS、环境的熵变 ΔS_0,并判断过程是否可进行。已知苯的熔点 $T_{fm}=278.7$ K,熔解热 $H_f=9\,916$ J/mol,固体和液体的摩尔定压热容分别为 $c_{p,m,s}=122.61$ J/(K·mol) 和 $c_{p,m,f}=126.80$ J/(K·mol),环境温度为 268.2 K。

解　过冷液体的凝固过程是不可逆过程,所以不能直接从过程的放热量计算熵变,而要先设计一个可逆过程计算其熵变。设计的可逆过程由如图 3.5 所示的可逆加热、可逆凝固和熔化、可逆冷却三个过程组成,三个可逆过程的熵变分别为 ΔS_1、ΔS_2 和 ΔS_3,苯的熵变 ΔS 为 ΔS_1、ΔS_2 和 ΔS_3 之和。

$$\Delta S = \Delta S_1 + \Delta S_2 + \Delta S_3$$
$$= \int_{268.2}^{278.7} 126.8\,\text{J/(K·mol)}\frac{\mathrm{d}T}{T} + \frac{-9\,916\,\text{J/mol}}{278.7\,\text{K}} + \int_{278.7}^{268.2} 122.6\,\text{J/(K·mol)}\frac{\mathrm{d}T}{T}$$
$$= 4.818\,\text{J/K} - 35.58\,\text{J/K} - 4.66\,\text{J/K} = -35.42\,\text{J/K}$$

为了计算环境的熵变,可以设计一个热容很大的热储器,在接收苯的凝固热时放出的热量全部由储热器接收。由于储热器热容很大,可视其温度不变,所以

$$\Delta S_0 = \frac{-\Delta H_s}{T_m} = \frac{9\,874\,\text{J}}{268.2\,\text{K}} = 36.82\,\text{J/K}$$

$$\Delta S_{iso} = \Delta S + \Delta S_0 = -35.42\,\text{J/K} + 36.82\,\text{J/K} = 1.40\,\text{J/K} > 0$$

这个结果说明过冷凝固是可以自动发生的不可逆过程。

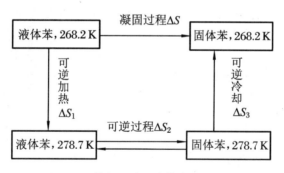

图 3.5　苯凝固过程计算熵变分解图

3.9　*T-s* 图

因为熵函数是状态参数,所以可以选 x 轴表示比熵,y 轴表示另外状态函数的线图来表示物质的状态或状态变化,例如,*T-s* 图和 *h-s* 图,它们都十分有用。

T-s 图上的面积表示热量。卡诺循环在 *T-s* 图上用矩形表示,如图 3.6 所示的矩形 1234,其中面积 $41ab$ 表示等温膨胀的吸热量,面积 $23ba$ 表示等温压缩时放出的热量,面积 1234 表示做功量 W,另外线段 12 与线段 $1a$ 之比表示热效率。图 3.7 中的阴影面积表示一般的可逆变化过程的吸热量,表达式为

$$Q_{12} = \int_1^2 T\mathrm{d}S$$

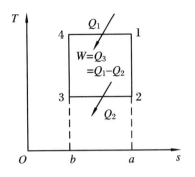 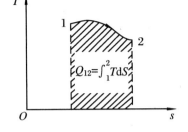

图 3.6　卡诺循环的 T-s 图　　　　图 3.7　T-s 图上面积的意义

若是不可逆过程,在 p-v 线图上因为有

$$\delta W < p\mathrm{d}v, \quad W < \oint p\mathrm{d}v$$

也即不可逆过程所做的功 W 比循环的面积小。因此,在 T-s 图上表现为

$$T\mathrm{d}S > \delta Q, \quad \oint T\mathrm{d}S > Q_1 - Q_2 = W$$

也即 $W < \oint T\mathrm{d}S$。这说明 W 比循环面积小。

　　下面考察绝热过程变化,参考图 3.8,可逆绝热过程熵的变化如图中线段 12 所示,点 1 和点 2 等熵而温度不同;不可逆时,因有 $T\mathrm{d}S > \delta Q = 0$,所以 $\mathrm{d}S > 0$,即 $S_{2'} - S_1 > 0$,用虚线曲线段 12′表示。此时点 2′究竟落在 T-s 线上的哪一点? 根据它与 2 点等温度膨胀,所以它应当落在过点 2 的水平线上的点 2 右方。

　　现在假定不可逆是因摩擦产生的,设摩擦生成热为 $\delta Q_{\mathrm{r}} = \delta W_{\mathrm{r}}$($W_{\mathrm{r}}$ 为摩擦功),此时真正从外界吸热量为 δQ_{a},那么

$$\delta Q = \delta Q_{\mathrm{r}} + \delta Q_{\mathrm{a}} = T\mathrm{d}S$$

这也可看作在可逆过程中从外界吸收 Q_{a} 和 Q_{r} 的结果。但是,在绝热过程中,$\delta Q_{\mathrm{a}} = 0$,则只有 $\delta Q_{\mathrm{r}} = T\mathrm{d}S$,即成为

$$Q_{\mathrm{r}} = \int_1^{2'} T\mathrm{d}S$$

图 3.8 中阴影面积即为摩擦生成热。考察循环,则有

可逆:

$$\delta Q = T\mathrm{d}S, \quad \oint T\mathrm{d}S = Q_1 - Q_2 = Q = W$$

不可逆:

$$\delta Q < T\mathrm{d}S, \quad \oint T\mathrm{d}S > Q_1 - Q_2 = W$$

W 比循环面积小。

循环面积 $= W$(对外做功)$+ W_{\mathrm{r}}$(摩擦功)

　　以下考察因绝热膨胀不可逆的卡诺循环,如图 3.9 所示。12′$a'a$ 的面积＝摩擦生成的热量;$1ab4$ 的面积＝外部供热量(同可逆)。

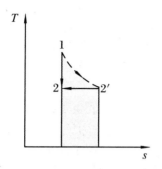

图 3.8　可逆绝热膨胀和
不可逆绝热膨胀

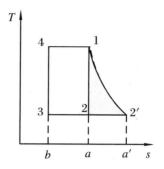

图 3.9　不可逆过程的功损失

从图 3.9 上看,循环的面积比可逆时大,那么做功也应大些。但是事实上不可逆功的阴影面积中包含了摩擦功,真正对外做的功要比可逆过程的少,即

$$W + W_r = \oint T\mathrm{d}S$$

$$
\begin{aligned}
W &= \oint T\mathrm{d}S - W_r \\
&= 12'34 \text{ 的面积} - 12'a'a \text{ 的面积} \\
&= 1234 \text{ 的面积} - 22'a'a \text{ 的面积}
\end{aligned}
$$

此处,$22'a'a$ 的面积是摩擦循环的损失,即 $(T_2, \Delta S)$,它是不可逆过程的功的损失。

利用 T-s 图可以对组织的循环不可逆性和与卡诺循环的偏差进行分析。

例 3.6　5 kW 的发动机受制动阀摩擦 1 h,其摩擦热散入 20 ℃ 的大气中,问熵增加多少?

解　放热量为

$$Q = 5 \times 10^3 \text{ W} \times 3\,600 \text{ s} = 18 \times 10^6 \text{ J} = 18 \times 10^3 \text{ kJ}$$

因环境空间大,忽略环境温升,环境的熵增为

$$\frac{Q}{T_0} = 18 \times 10^3 \text{ kJ}/(20 + 273.15) \text{ K} = 61.4 \text{ kJ/K}$$

3.10　自发过程·平衡和平衡稳定性的判据

1. 平衡判据的数学和物理基础

热力系统的状态可以用状态函数来描述,例如熵函数 S、热力学能函数 U、焓函数 H 以及下面将要提到的亥姆霍兹函数 F 和吉布斯函数 G 等。

从数学的观点来看,若函数 $y = f(x)$ 在区间 (a, b) 内存在有限导数,若在点 $x_0 \in (a, b)$ 处函数有极值,则必有 $f'(x_0) = 0$。$f'(x) = 0$ 是函数 $f(x)$ 有极值的必要条件。若函数 $f(x)$ 在区间 (a, b) 内有二阶导数 $f''(x)$,并在 x_0 处有 $f'(x) = 0$ 及 $f''(x) \neq 0$,则当 $f''(x) < 0$ 或 $\mathrm{d}^2 y < 0$ 时,有极大值;当 $f''(x) > 0$ 或 $\mathrm{d}^2 y > 0$ 时,有极小值。二阶导数的正负是判断函数为极大

值或极小值的充分条件。

从物理的观点来看,系统到达平衡态时一定处于其状态函数的某极值点,对应于函数一阶导数为零的条件,这是必要条件。但是由这种条件确定的平衡态,还不能肯定是稳定平衡态或其他平衡态。经典热力学是在稳定平衡态的基础上来讨论热力学问题的,因此需要进一步明确所述的系统平衡态是否是稳定平衡态。在物理上对于稳定平衡态是可以这样理解的:如果已处于某种平衡的系统受到一个微小的扰动,即某自变量发生了某种微小的变化,从而引起系统的变化只能是与实际自发变化方向相反的变化,简称为反自发变化。这种反自发变化的结果不可停留,当停止微小的扰动后,系统又能恢复到原来的平衡态。例如,抛物形杯底的钢珠处于平衡态,当它受扰动后,钢珠可能产生的移动只能是离开杯底最低处的升高位移,升高位移的能量来自扰动时提供的能量,这与钢珠受重力作用只会朝杯底最低处移动的实际自发规律相反;扰动停止后,钢球自然又会落到杯底最低处。因此,从物理观点上看,当系统受微小扰动时只能发生反自发变化的现象可作为系统是否处在稳定平衡态的判据。对于非稳定平衡态可以这样认为:如果对系统施加微小的扰动后,系统朝着实际自发变化的方向运动,那么系统所处的平衡态则是非稳定平衡态。如果系统受微小的扰动后,描述系统的特征量并不变化,则这种系统所处的平衡态是随遇平衡态。如果对系统施加在一定范围内的微小扰动,系统只发生与实际自发方向相反的变化,而当微小扰动超过某限度后,系统的变化却是同实际自发方向相同,则这种平衡态属亚稳态平衡态。

为了把物理上对系统平衡判别的方式与数学上对函数的极大值和极小值的判别方式相联系,假定系统的状态可用特征函数 y 描述,为简单起见,假定 y 为一个独立变量 x 的函数。系统状态 $y(x)$ 的初始为 $y(x_0)$,假定系统受到微小扰动量 $\delta x = x - x_0$,受扰动后的系统状态用泰勒级数展开为

$$y(x_0 + \delta x) = y(x_0) + \frac{y'(x_0)}{1!}\delta x + \frac{y''(x_0)}{2!}(\delta x)^2 + \cdots$$

系统状态的变化量 $\Delta y(x_0)$ 为

$$\Delta y(x_0) = y(x_0 + \delta x) - y(x_0) = \frac{y'(x_0)}{1!}\delta x + \frac{y''(x_0)}{2!}(\delta x)^2 + \cdots$$
$$= \delta^1 y + \delta^2 y + \cdots \tag{3.32}$$

显然,当 δx 趋于零时,Δy 与 $\delta^1 y$ 之差趋于高阶小量,当忽略三阶以上的高阶小量且在一阶变化量为零时,Δy 的正负将与函数的二阶导数 $y''(x_0)$ 的正负号相同。当一阶变化量为零时,$y(x_0)$ 处于极值点。当系统状态处在稳定平衡态且所选的系统特征函数的反自发变量 $\Delta y > 0$ 时,对应特征函数的二阶导数 $y'' > 0$,那么稳定平衡点为特征函数的极小值点;当所选的系统特征函数的反自发变量 $\Delta y < 0$ 时,对应特征函数的二阶导数 $y'' < 0$,那么稳定平衡点为特征函数的极大值点。因此,系统稳定平衡状态可以采用函数的极小值或极大值的条件来判断,当函数的反自发变化量大于零时,函数的极小值点为稳定平衡态;当函数的反自发变化量小于零时,函数的极大值点为稳定平衡态。

2. 能量系统自发过程及系统稳定平衡态的判据

(1) 孤立系中的熵判据

当一个能量 E 恒定的孤立系用熵函数作为平衡判据时,因为实际情况是任何扰动都遵守熵增原理而有 $dS_{iso} \geq 0$,见式(3.21),而

$$dS_{iso} > 0 \tag{3.33}$$

式(3.33)为孤立系能量转化和传递中的自发过程的熵判据。

反实际自发熵增过程的熵变化量则为

$$\Delta S_{iso} \leqslant 0 \tag{3.34}$$

因此,孤立系的稳定平衡以熵函数为判据时应当是:熵函数的一阶导数为零,二阶导数小于零,也即

$$dS_{iso} = 0 \quad 和 \quad S''_{iso} < 0 \tag{3.35}$$

式(3.35)为孤立系稳定平衡状态时的熵判据,它表明孤立系稳定平衡时系统的熵具有最大值。这与熵增原理一致。

除稳定平衡外的其他几种平衡的一阶判定条件是相同的,即 $dS_{iso} = 0$,而二阶判定条件是有差别的。随遇平衡时,有 $S''_{iso} = 0$;不稳定平衡时,有 $S''_{iso} > 0$;亚稳态平衡时,扰动不超过一定限度时,有 $S''_{iso} < 0$,扰动超过一定限度时,有 $S''_{iso} > 0$。

(2) 一般系统中自发过程和稳定平衡的判据

一般的热力系统是指与环境有功、热交换的系统。假定有一个简单的可压缩封闭系统,它与外界的相互作用是在平衡的条件下进行的,即与环境作用的局部边界有相同的温度和压力,动能与位能可忽略,并认为环境中发生的一切变化都是可逆变化。该系统与环境一起构成孤立系统 ISO。对于这种 ISO 系统,熵函数的变化用下面的式子计算:

$$dS + dS_0 \geqslant 0 \tag{3.36}$$

式中,dS_0 为系统传给环境的熵变量,有

$$dS_0 = -\frac{\delta Q}{T}$$

将上式代入式(3.36),得到

$$dS - \frac{\delta Q}{T} \geqslant 0$$

即

$$TdS \geqslant \delta Q$$

在可逆的变化过程中,热力学的第一定律为

$$\delta Q = dU + W_R \tag{3.37}$$

式中,W_R 为可逆卡诺机对外界做的功。又因为在非可逆过程中,有 $pdV < W_R$,所以

$$TdS \geqslant \delta Q \geqslant dU + pdV$$

移项后得到一般系统自发过程方向和平衡态的函数判据为

$$dU + pdV - TdS \leqslant 0 \tag{3.38}$$

式(3.38)为实际自发过程和平衡态的描述方程。上式小于零是一般系统自发过程的判据。它所表明的物理意义是:当外界不对系统做功时,系统状态的变化总是朝着减小做功能力的方向发展,也可以理解为闭口系的状态的变化总是朝着功函数($\psi_{ua} = U + p_0 V - T_0 S$,见第 4 章)减小的方向发展。

利用 U、H、F 和 G 四个函数之间的关系,由式(3.38)还可以导出包含 H、F 或 G 函数的一般系统自发过程方向和平衡态的函数判据,分别为

$$dH - Vdp - TdS \leqslant 0 \tag{3.39}$$

$$dF + pdV + SdT \leqslant 0 \tag{3.40}$$

$$dG + Vdp + SdT \leqslant 0 \tag{3.41}$$

式(3.38)～式(3.41)四式等于零时都为平衡态。

(3) 特殊条件下的平衡判别函数及平衡稳定性判别

一般系统自发过程方向和平衡态的函数判据式(3.38)～式(3.41)中都包含了三个变量,其中任意两个变量是独立的,另一个则是函数。对某些特定过程,即有一个或两个独立变量不变时,就可以在式(3.38)～式(3.41)中选择合适的判别式加以简化,从而得到相应更简便的判别函数,并可确定其平衡性。例如,对于单组分单相体系在下述特定过程有如下一些判据式:

① 等温等压过程 T 和 p 不变且不做其他功时,由式(3.41)得到判据式

$$\mathrm{d}G_{T,p} \leqslant 0 \tag{3.42}$$

稳定平衡的判据是吉布斯功函数为极小值,也即

$$\mathrm{d}G_{T,p} = 0 \quad \text{和} \quad G''_{T,p} > 0 \quad \text{(极小值)} \tag{3.43}$$

② 当系统的变量中只有一个固定时,系统的平衡稳定性将由两个参数的相互约束关系确定。如当系统为等压条件时,可由式(3.39)得到自发过程和平衡条件为

$$\mathrm{d}H - T\mathrm{d}S \leqslant 0 \tag{3.44}$$

那么,反自发过程的系统状态变化量 $\Delta H - T\delta S > 0$,其稳定平衡的判据式为

$$\mathrm{d}H - T\mathrm{d}S = 0 \quad \text{和} \quad \left(\frac{\partial^2 H}{\partial S^2}\right)_p > 0 \quad \text{(极小值)} \tag{3.45}$$

利用第5章热力函数的普遍关系式(5.23)和比定压热容的定义式(5.40),还可把式(3.45)改写为

$$\frac{C_p}{T} > 0 \tag{3.46}$$

由于式(3.46)只与温度和热容有关,所以一般热力学书上把它们称为热平衡稳定性判据式。

(4) 闭口系单组分系统一般性的平衡稳定性判据

式(3.38)～式(3.40)在等于零时给出了一般平衡的判据式,但并未给出稳定平衡的判据,此后,举例讨论了等压等温和等压两种只有一个或两个变量时稳定平衡的判据式,那么当系统中的变量都不固定时稳定平衡又如何确定呢?

以式(3.38)为例,当稳定平衡态受扰动时,系统出现反自发变化。这种反自发变化的系统状态约束方程为

$$\Delta U + p\delta V - T\delta S > 0$$

在本节的平衡判据的数学和物理基础小节中已证明,反自发变化量的正负与系统量二阶变化量的正负是一致的。那么式(3.38)稳定平衡判据式为

$$\mathrm{d}^2 U > 0 \tag{3.47}$$

由于 U 为变量 V 和 S 的函数,式(3.47)可展开为

$$\left(\frac{\partial^2 U}{\partial S^2}\right)_V (\mathrm{d}S)^2 + 2\frac{\partial^2 U}{\partial S \partial V}\mathrm{d}S\mathrm{d}V + \left(\frac{\partial^2 U}{\partial V^2}\right)_S (\mathrm{d}V)^2 > 0 \tag{3.48}$$

式(3.48)除 $\mathrm{d}S = \mathrm{d}V = 0$ 的情况外,对于所有的反自发变化量均为正,也就是说,式(3.48)为正定的二次式,因此有

$$\left(\frac{\partial^2 U}{\partial S^2}\right)_V > 0 \quad \text{和} \quad \left(\frac{\partial^2 U}{\partial V^2}\right)_S > 0$$

另外,据二次不等式 $ax^2 + bx + c > 0$ 对 x 无特定值的限制,应当满足不等式判别式 $4ac$

$-b^2 > 0$,所以还得出稳定平衡的判别式为

$$\left(\frac{\partial^2 U}{\partial S^2}\right)_V \left(\frac{\partial^2 U}{\partial V^2}\right)_S - 2\left(\frac{\partial^2 U}{\partial S \partial V}\right)^2 > 0 \tag{3.49}$$

由前两式得出稳定平衡的判别式分别是 $\frac{C_V}{T} > 0$ 和 $k_S > 0$,可以证明由式(3.49)可得出

$$-\frac{T}{C_V}\left(\frac{\partial p}{\partial V}\right)_T > 0 \tag{3.50}$$

这说明,一般系统稳定平衡时,热平衡稳定条件和力平衡稳定条件都应得到满足。

(5) 不稳定平衡的判据

上面所列的稳定平衡的判据式只选定了判据函数在一阶导数等于零时的一个极值点,据对称性原理,那么另外的一个极值点就是对应着不稳定平衡。例如,绝热等容过程 U 和 V 不变时,不稳定平衡的判据式是

$$dS_{U,V} = 0 \quad 和 \quad S''_{U,V} > 0 \tag{3.51}$$

(6) 随遇平衡的判据

$$dS_{U,V} = 0 \quad 和 \quad S''_{U,V} = 0 \tag{3.52}$$

(7) 亚稳定平衡的判据

亚稳定平衡具有两面性,当其扰动不超过一定限度时,取稳定平衡的判据;当其扰动超过一定限度时,取不稳定平衡的判据。

例 3.7 设有一个能同时生产冷空气和热空气的装置,参数如图 3.10 所示。判断此装置是否可能,为什么? 如果不可能,在维持各处原物质的量及环境温度 $t_0 = 0\,^\circ\!C$ 不变的情况下,你认为改变哪一个参数就能使之成为可能? 但必须满足同时生产冷、热空气的条件。已知 $C_{p,m} = 7 \times 4.186\,8\,kJ/(kmol \cdot K)$,$R = 8.314\,3\,kJ/(kmol \cdot K)$。

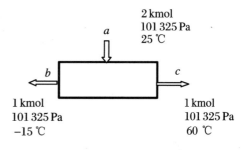

图 3.10 涡流管冷热空气分离分析示意图

解 取装置为体系。

(1) 首先分析能量平衡。

进口 a 及出口 b 和出口 c 处的参数如图 3.10 所示,题中给出与装置有关的外界只有环境,其温度为 $t_0 = 0\,^\circ\!C$。2 kmol 的空气焓的变化为 b 和 c 处总焓与 a 处的总焓之差,且空气为理想气体,其焓只与温度有关,所以有

$$\begin{aligned}
\Delta H &= H_b + H_c - H_a \\
&= n_b C_{p,m}(t_b - t_a) + n_c C_{p,m}(t_c - t_a) \\
&= n_b C_{p,m} t_b + n_c C_{p,m} t_c - n_a C_{p,m} t_a \\
&= 1\,kmol \times 7 \times 4.186\,8\,kJ/(kmol \cdot K) \times (-15 + 273.15)\,K \\
&\quad + 1\,kmol \times 7 \times 4.186\,8\,kJ/(kmol \cdot K) \times (60 + 273.15)\,K \\
&\quad - 2\,kmol \times 7 \times 4.186\,8\,kJ/(kmol \cdot K) \times 25\,K \\
&= -146.538\,kJ
\end{aligned}$$

此体系与外界无功量交换,根据热力学第一定律,有

$$Q = \Delta H = -146.538\,kJ$$

只有向环境放热 146.538 kJ,才能达到能量平衡。

(2) 取装置与环境为孤立系。

装置中工质的熵变为

$$
\begin{aligned}
\Delta S_{\mathrm{E}} &= S_b + S_c - S_a \\
&= n_b(S_b - S_a) + n_c(S_c - S_a) \\
&= n_b\left(C_{p,\mathrm{m}}\ln\frac{T_b}{T} - R\ln\frac{p_b}{p_a}\right) + n_c\left(C_{p,\mathrm{m}}\ln\frac{T_c}{T_a} - R\ln\frac{p_c}{p_a}\right) \\
&= 1\,\mathrm{kmol} \times \left[7 \times 4.186\,8\,\mathrm{kJ/(kmol \cdot K)} \times \ln\frac{(273.15 - 15)\,\mathrm{K}}{(273.15 + 25)\,\mathrm{K}}\right. \\
&\quad \left. - 8.314\,3\,\mathrm{kJ/(kmol \cdot K)} \times \ln\frac{1\,\mathrm{atm}}{1\,\mathrm{atm}}\right] \\
&\quad + 1\,\mathrm{kmol} \times \left[7 \times 4.186\,8\,\mathrm{kJ/(kmol \cdot K)} \times \ln\frac{(273.15 + 60)\,\mathrm{K}}{(273.15 + 25)\,\mathrm{K}}\right. \\
&\quad \left. - 8.3143\,\mathrm{kJ/(kmol \cdot K)} \times \ln\frac{1\,\mathrm{atm}}{1\,\mathrm{atm}}\right] \\
&= -1.096\,89\,\mathrm{kJ/K}
\end{aligned}
$$

因为环境获得的热量为

$$Q_0 = 146.538\,\mathrm{kJ}$$

所以环境熵变为

$$\Delta S_0 = \frac{Q_0}{T_0} = \frac{146.538\,\mathrm{kJ}}{273.15\,\mathrm{K}} = 0.536\,5\,\mathrm{kJ/K}$$

孤立系熵变为

$$\Delta S_{\mathrm{iso}} = \Delta S_{\mathrm{E}} + \Delta S_0 = -0.968\,9\,\mathrm{kJ/K} + 0.536\,5\,\mathrm{kJ/K} = -0.429\,2\,\mathrm{kJ/K} < 0$$

根据孤立系熵增原理,原装置是不可能的。

(3) 根据孤立系熵增原理,若欲使此装置成为可能,必须

$$\Delta S_{\mathrm{iso}} = \Delta S_{\mathrm{E}} + \Delta S_0 > 0$$

其中

$$
\begin{aligned}
\Delta S_{\mathrm{E}} &= \Delta S_b + \Delta S_c - \Delta S_a \\
&= n_b(S_b - S_a) + n_c(S_c - S_a) \\
&= \left(C_{p,\mathrm{m}}\ln\frac{T_b}{T_a} - R\ln\frac{p_b}{p_a}\right) + \left(C_{p,\mathrm{m}}\ln\frac{T_c}{T_a} - R\ln\frac{p_c}{p_a}\right) \\
&= C_{p,\mathrm{m}}\ln\frac{T_b T_c}{T_a^2} - R\ln\frac{p_b p_c}{p_a^2}
\end{aligned}
$$

环境得到热量

$$
\begin{aligned}
Q_0 &= -Q = -\Delta H = 2C_{p,\mathrm{m}}T_a - C_{p,\mathrm{m}}T_b - C_{p,\mathrm{m}}T_c \\
&= C_{p,\mathrm{m}}(2T_a - T_b - T_c)
\end{aligned}
$$

环境熵变

$$\Delta S_0 = \frac{Q_0}{T_0} = \frac{C_{p,\mathrm{m}}(2T_a - T_b - T_c)}{T_0}$$

因此

$$\Delta S_{\mathrm{iso}} = \Delta S_E + \Delta S_0$$

$$= C_{p,\mathrm{m}}\ln\frac{T_b T_c}{T_a^2} - R\ln\frac{p_b p_c}{p_a^2} + \frac{C_{p,\mathrm{m}}(2T_a - T_b - T_c)}{T_0}$$

$$= C_{p,\mathrm{m}}\left[\ln\frac{T_b T_c}{T_a^2} + \frac{(2T_a - T_b - T_c)}{T_0}\right] - R\ln\frac{p_b p_c}{p_a} \geqslant 0$$

由上式可见,改变任一参数都有可能使上式成立,也就是使装置过程成为可能。

下面请读者分析:

(1) 若只能改变 p_b 这一参数,问 p_b 的极限应该等于多少?

(2) 若只能改变 p_c 这一参数,结果又如何?

(3) 若只能改变 p_a 这一参数,结果又如何?

(4) 若不改变压力,能否通过调节 t_a、t_b 或 t_c 中的任一个温度使装置成为可能? 如可能,问 t_a 的极限温度如何? t_b 和 t_c 又如何?

说明　有些读者在求解本题时,往往疏忽了装置与环境间的换热,导致错误的结果。因此,在运用热力学第二定律求解时,同样要应用热力学第一定律进行分析与判断。

例 3.8　刚性绝热容器内有两个无摩擦、导热良好的活塞,开始时被销钉锁定在如图 3.11(a)所示的位置,把容器分隔为三部分,A 与 B 中装有不同的工质,中间为真空,当活塞被解锁后,经过足够长时间达到新的平衡位置。已知解锁前后 A 和 B 两部分参数如表 3.1 所示。

表 3.1　例 3.8 的有关参数

组别		内能 $u/(\mathrm{kJ \cdot kg^{-1}})$	$s/(\mathrm{kJ \cdot kg^{-1} \cdot K^{-1}})$
A	a	1 000	1.5
	b	1 100	1.7
B	c	80	0.65
	d	100	0.73

若上述过程能自发进行的话,则 a 和 b 两组参数中,哪一组是 A 部分的初参数,哪一组是终参数? c 和 d 两组参数中,哪一组是 B 部分的初参数,哪一组是终参数?

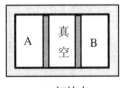
(a) 初始态

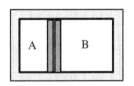
(b) 终止态

图 3.11　两活塞气缸气体膨胀示意图

解　过程结束时活塞位置如图 3.11(b)所示。取整个刚性绝热容器为闭口系统。设 A 和 B 内工质质量分别为 m_A 和 m_B,根据热力学第一定律

$$Q = \Delta U + W$$

因为 $Q = 0$,$W = 0$,所以系统内总内能变化

$$\Delta U = 0$$

即
$$m_A \Delta u_A + m_B \Delta u_B = 0 \tag{a}$$

同时,根据热力学第二定律,自发过程应该满足孤立系(或闭口绝热系)熵增原理。闭口绝热系的总熵变

$$\Delta S > 0$$

即
$$\Delta S = m_A \Delta s_A + m_B \Delta s_B > 0 \tag{b}$$

由式(a)得
$$\frac{m_A}{m_B} = -\frac{\Delta u_B}{\Delta u_A}$$

因为质量不可能为负值,所以质量比 m_A/m_B 一定大于0。

由式(b)得
$$m_B\left(\frac{m_A}{m_B}\Delta s_A + \Delta s_B\right) > 0$$

因为 $m_B > 0$,所以只有 $m_B\left(\dfrac{m_A}{m_B}\Delta s_A + \Delta s_B\right) > 0$ 过程才可能自发进行。

总之,本题的解应该满足

$$\begin{cases} \dfrac{m_A}{m_B} = -\dfrac{\Delta u_B}{\Delta u_A} > 0 \quad (\text{热力学第一定律}) \\[2mm] \dfrac{m_A}{m_B}\Delta s_A + \Delta s_B > 0 \quad (\text{热力学第二定律}) \end{cases} \tag{c}\tag{d}$$

根据题给的条件,A 和 B 的参数有四种可能性,分别列表计算如下(表 3.2)。

所以,能自发进行的过程只有第三种情况。

表 3.2　例 3.8 的计算结果

	第一种情况		第二种情况		第三种情况		第四种情况	
	A	B	A	B	A	B	A	B
初态	a	c	a	d	b	c	b	d
终态	b	d	b	c	a	d	a	c
$\Delta u/(\text{kJ} \cdot \text{kg}^{-1})$	100	20	100	-20	-100	20	-100	-20
$\Delta s/(\text{kJ} \cdot \text{kg}^{-1} \cdot \text{K}^{-1})$	0.2	0.8	0.2	-0.8	-0.2	0.8	-0.2	-0.8
m_A/m_B	$-1/5$		$1/5$		$1/5$		$-1/-5$	
$(m_A/m_B)\Delta s_A + \Delta s_B$	>0		<0		>0		<0	
自发过程可能性	违反热力学第一定律		违反热力学第二定律		既不违反热力学第一定律,也不违反热力学第二定律		违反热力学第一定律	

说明　有些读者容易疏忽本题的解必须同时满足热力学第一定律和热力学第二定律的要求,尤其容易忽视工质质量的限制,或者将工质质量自认为是 1 kg,再或者将比内能、比熵当作了总内能、总熵,似乎以为本题可以有两种可能性,实际上这是一种错误。

3.11　自发过程的速率与催化

1. 自发过程的速率与过程阻力

当我们用热力学函数判断变化的方向性时,没有涉及过程进行的速度问题,实际速度要由外界条件及其对体系所施的阻力如何而定。例如,热量自动从高温物体流向低温物体,温差越大,流动的趋势也越大。但是若用导热性能差的材料使这两个物体隔开,两物体之间热量的传递就变得困难,当绝热隔离时,两物体之间实际不传热。在通常的情况下,氢和氧混合在一起有生成 H_2O 的可能性,而实际上混合的氢和氧却观察不到有水的生成,这就启示我们需要加入催化剂或改变反应的途径。如果在氢气和氧气的混合物中有一个微小的电火花的刺激,就会按照反应方程 $2H_2 + O_2 = 2H_2O$ 进行反应,结果差不多全部的氢与氧立刻转变成水。很明显,在电火花穿过以前,系统看来好像处于稳定状态,而实际上却因有某种内部的限制(有时称为惰性阻力或过程阻力)的影响而保持在亚稳状态。电火花所提供的微小的刺激就是一种催化作用,使系统受到触发,从而摆脱了那种状态。又如,过冷态的水或过冷态的 $Na_2SO_4 \cdot 10H_2O$ 水溶液,受到微小的振动就会恢复到凝固点开始正常的凝固。又如,在汽轮机低压级的喷管中,有时会遇到急剧膨胀蒸汽低于饱和压力而不会立即产生凝结,直至明显低于饱和压力才有液滴形成。但是如果有适当的凝结核心(例如电粒子,或灰尘,或微小液滴)提供必要的催化刺激,凝结就会马上发生。过热液体也有相似的情况。例如,当我们在大气压力下加热洁净光滑玻璃烧杯中的水时,可以观察到使水已达到 100 ℃以上的好几摄氏度时也不会产生显著的沸腾现象。但如果往水中插进一根粗糙的玻璃棒,就可看到在玻璃棒的粗糙表面上一些可形成汽化核心点的周围会明显生成气泡。据此,创造多微孔粗糙表面的沸腾换热器成为强化沸腾换热的一个研究方向。

铂网也可用作一些有机合成的催化剂,它可以促使原先处于亚稳态的系统中的某些化学反应加速,而在整个过程中本身不起变化。

自发过程属于不可逆过程,它涉及时间坐标,不能用经典热力学的可逆的平衡态理论来解释,将在本书的不可逆热力学中作初步探讨。自发过程的速率问题非常重要,它与过程阻力的关系将在有关专门分支领域,例如在传热学、流体力学、化学反应动力学等中讨论。加速自发过程速率的研究十分有用,传热学的强化传热、流体力学的降低阻力、化学中的催化反应,其本质都是一样的。催化的本质在于寻求低阻力通路,克服亚稳态的势垒,使自发过程更易进行;催化也可用一个外力的激化,使其跃过亚稳态的势垒。

2. 催化反应动力学

如果把某种物质(可以是一种到几种)加到化学反应体系中,可以改变反应的速率(即反应趋向平衡的速率),而本身在反应前后没有数量上的变化,同时也没有化学性质的改变,则该种物质称为催化剂。当催化剂的作用是加快反应速率时,称为正催化剂;当催化剂的作用是减缓反应速率时,称为负催化剂(或阻化剂)。通常由于正催化剂用得比较多,所以一般如不特别说明都是指正催化剂。

催化在现代工业中的作用是毋庸赘述的。许多熟知的工业反应,如氮和氢气合成氨、

SO_2 气体氧化制取 SO_3、氨气氧化制取硝酸、合成尿素、合成橡胶、高分子的聚合反应等,都采用了催化剂。在生命现象中也大量存在着催化作用,例如植物对 CO_2 的光合作用、有机体内的新陈代谢、蛋白质和碳水化合物以及脂肪的分解作用、酶的作用等都是催化作用。

化学工业的发展和国民经济上的需要都推动着对催化作用的研究。但是由于涉及的问题比较复杂,催化理论的进展远远落后于实际。

催化反应通常可以分为均相催化和多相催化。前者中催化剂和反应物质处于同一种相,如均为气态或液态;后者则不是处于同一种相,这时反应在两界面上进行。工业上有许多重要的催化反应是多相催化反应,即催化剂是固态物质,反应物是气态或液态。

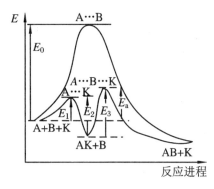

图 3.12 活化能与反应的途径

催化剂之所以能改变反应速率,是由于降低了反应的活化能,改变了反应历程的缘故,如图 3.12 所示。在有催化剂存在的情况下,反应沿着活化能较低的新途径进行。图中的最高点相当于反应过程的中间状态。

设催化剂 K 能加速反应 $A + B \longrightarrow AB$,假设其机理为

$$A + K \longrightarrow AK$$
$$AK + B \longrightarrow AB + K$$

若第一个反应能很快达到平衡,则 $k_1 C_K C_A = k_2 C_{AK}$,总的反应速率为

$$r = k_3 C_{AK} C_B = k C_A C_B$$

上式中,表现速率常数 $k = k_3 \dfrac{k_1}{k_2} C_k$。上述各基元反应的常数可以用阿仑尼乌斯公式表示,所以

$$k = \frac{A_1 A_3}{A_2} C_k \exp\left(-\frac{E_1 + E_3 - E_2}{RT}\right) \tag{3.53}$$

故催化反应的表观活化能 $E_a = E_1 + E_3 - E_2$。能峰值的示意图如图 3.12 所示。非催化反应要克服一个活化能为 E_0 的较高的能峰值,而在催化剂的存在下,反应的途径改变,只需要克服两个较小的能峰值(E_1 和 E_3)。

活化能的降低对于反应速率的影响是很大的。如 HI 的分解(503 K)在没有催化剂时活化能为 184.1 kJ/mol,以 Au 为催化剂时活化能降为 104.6 kJ/mol。假定催化反应和非催化反应的指数前因子 A 相等,则按式(3.53)可算出有催化的反应速率为无催化速率的 1.8×10^8 倍。

也曾经发现有某些催化反应,其活化能降低得不多而反应速率却改变很大;有时也发现,同一反应在不同的催化剂上反应,其活化能相差不大而反应速率却相差很大。这种情况可由活化熵的改变来解释。

综上所述可知:

① 催化剂能加快反应到达平衡的速率,是由于改变了历程,降低了活化能。至于它是怎样降低活化能的,机理又如何,对大部分催化反应来说,了解得还很有限。

② 催化剂在反应前后,其化学性质没有改变,但在反应过程中参与了反应(与反应物生成某种不稳定的中间化合物)。

　　除了上述两个基本特征之外,催化剂还具备如下的几个特征:

　　① 在反应前后,催化剂本身的化学性质虽不变,但常有物理形状的改变。例如块状变为粉状或结晶的大小有了变化等。催化 $KClO_3$ 分解的 MnO_2,作用进行后从块状变为粉状。NH_3 氧化的铂丝网,经过几个星期表面就变得比较粗糙。

　　② 催化剂不影响化学平衡。从热力学的观点来看,催化剂不能改变反应体系的 ΔG。催化剂只能缩短达到平衡的时间而不能移动平衡点。对于既已平衡的反应,不可能借助添加催化剂以增加产物的百分比。催化剂对正、逆两个方向都发生影响,所以对正方向反应的优良催化剂也应为逆反应的催化剂。例如,苯在 Pt 和 Pd 上容易氢化生成环己烷(473~513 K),而在 533~573 K 环己烷也能在上述催化剂上脱氢。同样,在相同条件水合反应的催化剂同时也是脱水反应的催化剂。这个原则很有用。例如,用 CO 和 H_2 为原料合成 CH_3OH 是一个很有经济价值的反应,在常压下寻找甲醇分解反应的催化剂就可作为高压下生成甲醇的催化剂。而直接研究高压反应,实验条件要麻烦得多。

　　催化剂不能实现热力学上不能发生的反应,因此在寻找催化剂时,首先要尽可能根据热力学的原则核算一下某种反应在这种条件下发生的可能性。

　　③ 催化剂有特殊的选择性,某一类的反应只能用某些催化剂来进行催化(例如,环己烷的脱氢作用,只能用 Cu、Co、Ni 等来催化)。某一物质只在某一固定类型的反应中才可以作为催化剂。例如新鲜沉淀的氧化铝,对一般有机化合物的脱水具有催化作用;又如 C_2H_5OH 在不同的催化剂上能得到不同的产品。

　　④ 有些反应,其速率和催化剂的浓度成正比。这可能是由于催化剂参加了反应成为中间化合物。对于气-固相催化反应,若增加催化剂的用量或增加催化剂的比表面,都将增加单位时间内的反应量。

　　⑤ 在催化剂或反应体系内加入少量的杂质常可以强烈地影响催化剂的作用,这些杂质可起到助催化剂或毒物的作用。

参 考 文 献

[1]　杨思文,金六一,孔庆煦,等.高等工程热力学[M].北京:高等教育出版社,1988.

[2]　伊藤猛宏.熱力学の基礎:上[M].東京:コロナ社,1996.

[3]　西川兼康,伊藤猛宏.応用熱力学[M].東京:コロナ社,1983.

[4]　曾丹苓,敖越,朱克雄,等.工程热力学[M].2 版.北京:高等教育出版社,1986.

[5]　傅献彩,沈文霞,姚天扬.物理化学:上册[M].4 版.北京:高等教育出版社,1990.

[6]　刘桂玉,刘志刚,阴建民.工程热力学[M].北京:高等教育出版社,1998.

[7]　曾丹苓,敖越,张新铭,等.工程热力学[M].3 版.北京:高等教育出版社,2002.

[8]　朱明善,刘颖,林兆庄,等.工程热力学[M].3 版.北京:清华大学出版社,1995.

[9]　施明恒,李鹤立,王素美.工程热力学[M].南京:东南大学出版社,2003.

[10]　朱明善,刘颖,史琳.工程热力学题型分析[M].3 版.北京:清华大学出版社,2000.

第4章 有效能和有用功

工程热力学的研究内容是能量相互转换问题，主要研究如何把热能通过热力系尽可能转换为机械能。热力系与外界的交换有物流和能流。能流包含热和功。开口系的物流携带能流；闭口系与外界的热交换由温差推动，功交换是通过工质的膨胀和压缩实现的。热力系通过工质状态变化，又将其"储存能"输出给功源，并留下不能转换为功的残留"储存能"再传递给环境。热力系的工质通常选用流体或液体蒸发产生的气体，因为气体具有良好的流动性、均匀性和胀缩性。工质状态变化由气体的"热力学状态方程" $f(p,v,T)$ 约束。那么，热源热能通过热力系，究竟有多少能转换为机械能做功，有多少残留"储存能"不能转换为功，就值得认真研究。为此引进了有效能和有用功的概念。本章主要介绍有效能的定义，建立有效能函数表达式和有效能计算式，开展热力系统的有效能应用研究，提出系统能量流跟踪有效能消耗法，用有效能消耗平衡方程补充热力学能量方程和量化热力学第二定律，以及提出能量品质定位的算式。

4.1 比有效能、比有用功和比最大有用功

为了便于分析系统热力性能，热力学提出了有效能(㶲)的概念。在周围环境条件下，存储于系统中能够最大限度地转变为有用功的那部分能量称为该能量的有用做功能，通常简称为有效能(Available Energy)，用符号 E_u 表示，单位为 J。南斯拉夫学者朗特许把有效能相同定义的能量称为"Exergy"，1957 年民主德国专家诺·艾勒斯纳来华讲学时首次介绍"Exergy"的概念，当时的南京工学院(今东南大学)动力工程系的老师将其翻译为㶲，并被广泛使用。本书采用有效能的术语，因为它含义明确，而且可避免电脑打印"㶲"字的困难。有效能的另一种表述是，系统通过任意过程达到与环境热力学性质平衡态的最终态时，所能得到的最大有用功称为所论系统有效能。系统中不能转换为有用功的部分能量称为无效能(Unavailable Energy)，有的书上称为"㶲"。

单位质量物质的有效能称为比有效能，记作 e_u；单位质量物质的无效能称为比无效能，记作 e_n；二者之和等于单位质量物质的热力学比总能，记作 e_P，即

$$e_u = e_P - e_n \tag{4.1}$$

式中，e_P 是相对于某基准的势差能，可以是分子热运动的热能，或分子引力和排斥力产生的

体积能,或二者组合的热力学能 u,或还可以再包含有化学势产生组分变化的化学能。如果没有特别指定,热力学各种能的参考基准都是环境,环境平衡态的状态参数和能函数都添加下角标 0 表示。

比有效能的定义为

$$e_u = w_{max} \tag{4.2}$$

式中,w_{max} 为系统从任一平衡态可逆变化到环境平衡态时对功源做的最大有用功。

1. 温度为 T 的热源热量的比有效能 q_u 和比无效能 q_n

温度为 T 的热源热量 q 可做的比最大有用功,记作 w_{max},根据卡诺定律,有

$$q_u = w_{max} = \left(1 - \frac{T_0}{T}\right)q = q - q_n \tag{4.3}$$

式中,q_n 为热量中不能转换为有用功的无用热能,即

$$q_n = \frac{T_0}{T}q \tag{4.4}$$

式(4.3)给出的是卡诺热机吸收的热量可以输出的最大功的表达式,而卡诺定律证明其与工质无关,因此此式(4.3)不能作为热力系的热能有效能的定义式。

2. 温度为 T 的热力系热能的比有效能 $e_{u,T}$ 和比无效能 $e_{n,T}$

工质中的能量是用状态参数构成的能函数来表示的,有效能函数也一定是状态参数的函数。考察热力系吸收的热量的热能 $e_T(e_T = q)$ 的做功过程,热能 e_T 必须通过逐渐释放热量给热机并逐渐到达环境平衡态,即系统的温度和压力与环境的温度和压力一致的热力平衡态,因此可以把工质的热能看作变温热源下放出的热量,则循环过程可由无穷多个微卡诺循环来实现。对于每一个微元卡诺循环,温度为 T 时工质放出的热量为 $-\delta q$(负号是因为热力学规定热力系吸收热量取正号,放出热量取负号),于是热力系的热能在可逆微循环过程做的微功量,记作 δw_{max},有

$$\delta w_{max} = -\left(1 - \frac{T_0}{T}\right)\delta q$$

通常环境温度 T_0 为某一确定值,因此热力系热能 e_T 做出的最大有用功可通过将上式积分求得,即

$$e_{u,T} = w_{max} = -\int_1^2 \left(1 - \frac{T_0}{T}\right)\delta q = -\int_1^2 \delta q + T_0 \int_1^2 \frac{\delta q}{T}$$

$$= -T\int_1^2 ds + T_0 \int_1^2 ds = T(s_1 - s_2) - T_0(s_1 - s_2) = q - q_0 \tag{4.5}$$

上式的变换利用到克劳修斯给出的熵定义式,在可逆过程中,有

$$ds = \frac{\delta q}{T} \quad (可逆) \tag{4.6}$$

式(4.5)中,积分限 1、2 分别表示热力系放热过程的初、终状态,记初始态 1 的 $s_1 = s$,与环境平衡的过程终态 2 的 $s_2 = s_0$,并用 e_T 代替 q,式(4.5)变换为

$$e_{u,T} = w_{max} = T(s - s_0) - T_0(s - s_0) = q - q_0 \tag{4.7a}$$

其中,对应于热量 q 和环境基准位热能 q_0 的热力系热能和热能的无效能表达式分别是

$$e_T = q = T(s - s_0) \tag{4.8}$$

此表达式就是卡诺循环的等温吸热量。

$$e_n = q_0 = T_0(s - s_0) \tag{4.9}$$

此表达式是卡诺循环的等温放热量。

对式(4.7a)同等变换为势差能形式表示,有

$$e_{u,T} = (T - T_0)s - (T - T_0)s_0 = \varphi_{u,T} - \varphi_{n,T} \tag{4.7b}$$

$$e_{u,T} = (T - T_0)(s - s_0) = \Delta T \Delta s \tag{4.7c}$$

式(4.7b)中的 $\varphi_{u,T}$ 和 $\varphi_{n,T}$ 分别表示热力系热能的有效能函数和无效能函数,其定义式分别为

$$\varphi_{u,T} = (T - T_0)s \tag{4.10}$$

$$\varphi_{n,T} = (T - T_0)s_0 \tag{4.11}$$

热量 q、最大有用功 w_{max} 和环境基准位热能 q_0(即无用热能 q_n)的关系如图4.1(a)所示,图中斜线阴影面积 w_{max} 表示最大有用功,斑点面积 q_n 表示无用热能,热量 q 为两个面积之和,即 $q = w_{max} + q_0$。图4.1(b)表示了热能的有效能函数 $\varphi_{u,T}$、环境基准位无效能函数 $\varphi_{n,T}$ 和有效能 $e_{u,T}$ 的关系,图中斜线阴影面积 $e_{u,T}$ 表示有效能,斑点面积 $\varphi_{n,T}$ 表示无用热能,有效能函数 $\varphi_{u,T}$(也称总能函数)为两个面积之和,即 $\varphi_{u,T} = e_{u,T} + \varphi_{n,T}$。注意:有效能函数与有效能是不同概念,有效能函数(总能函数)是任意平衡态的存储有效能表达式,可以根据平衡态的状态参数求出,而有效能 $e_{u,T}$ 是两个平衡态的存储有效能的差值,是转换为最大有用功的过程量。热能有效能计算式(4.7b)为热能有效能函数与无效能函数的差值,而式(4.7c)则用温差 $\Delta T = T - T_0$ 和比熵差 $\Delta s = s - s_0$ 的乘积 $\Delta T \Delta s = e_{u,T}$ 表示。

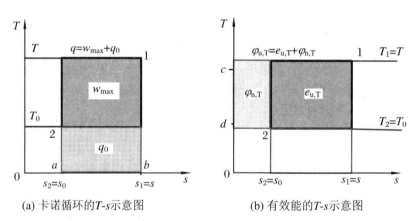

(a) 卡诺循环的T-s示意图   (b) 有效能的T-s示意图

图4.1　卡诺循环和有效能的示意图

热量有效能在热量中占有的份额,或热力系的热能的有效能占总热能的份额,都记作 η,但是两者的表达式形式不同,结果是一致的,分别为

$$\eta = \frac{q_u}{q} = 1 - \frac{T_0}{T} \tag{4.12a}$$

$$\eta = \frac{e_{u,T}}{e_T} = \frac{(T - T_0)(s - s_0)}{T(s - s_0)} = 1 - \frac{T_0}{T} \tag{4.12b}$$

实际上,热能的有效能函数 $\varphi_{u,T}$ 就是热能的以环境为基准的势差能函数,利用 $\varphi_{u,T}$ 可以迅速计算任意两个平衡态1、2的热能势差能,即热能的有效能 $e_{u,T,12}$,对应式(4.7b)和式(4.7c)分别为

$$e_{u,T,12} = \varphi_{u,1} - \varphi_{u,2} = (T_1 - T_2)s_1 - (T_1 - T_2)s_2 \tag{4.13a}$$

$$e_{u,T,12} = (T_1 - T_2)(s_1 - s_2) = \Delta T_{12} \cdot \Delta s_{12} \tag{4.13b}$$

在计算有效能占总热能的份额 η 时,采用温差与熵差乘积表达式(4.13b)计算更方便。

3. 闭口系比体积能 e_v 和比有效能 $e_{u,v}$

如图 4.2 所示,闭口系的比体积能 e_v 等于其膨胀功,从平衡态 1 到平衡态 2 的膨胀功记作 $w_{c,12}$,有

$$e_{v,12} = w_{c,12} = \int_{v1}^{v2} p\mathrm{d}v$$

对于闭口系,因为对外做功时需要克服外界压力 p_2,因此可利用的有用功 $w_{u,12}$ 为

$$w_{u,12} = w_{c,12} - w_{j,12}$$
$$= \int_{v1}^{v2} p\mathrm{d}v - p_2(v_2 - v_1) \qquad (4.14)$$

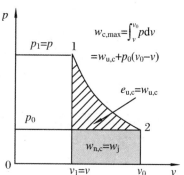

如果初始平衡态不特别限定,下角标 1 可以省略,平衡态 2 是环境平衡态,改下角标 2 为 0,则闭口系体积能在可逆过程获得的最大有用功,记作 $w_{u,max}$,而对应的比体积能的比有效能记作 $e_{u,v}$,有

$$e_{u,v} = w_{u,c} = w_{c,max} - w_j = \int_v^{v_0} p\mathrm{d}v - p_0(v_0 - v)$$

$$(4.15)$$

图 4.2 体积能膨胀功示意图

式中,$p = f(T, v)$,由工质的状态方程确定。但是,在闭口系体积能的无用功,即挤压功是明确的,有

$$w_{n,c} = w_j = p_0(v_0 - v) \qquad (4.16)$$

4. 闭口系的有效能

闭口系的能量称作热力学能,记作 U,比热力学能记作 u,$U = mu$,m 是热力系工质的质量,u 是状态函数。工质的性质有温度、压强、容积、热力学能、焓、熵、定容比热、定压比热、组分($T, p, v, u, h, s, c_v, c_p, \kappa$),而在单一组分工质中只要知道两个独立变量的参数,其他参数的性质则可以根据二元函数关系计算获得,热力学温度 T 根据其定义式(1.6)建立了温度与热量的关系,根据热力学第一、二定律结合式建立了热力学能的特征函数式(3.8),有

$$\mathrm{d}U = T\mathrm{d}S - p\mathrm{d}V, \quad \mathrm{d}u = T\mathrm{d}s - p\mathrm{d}v \quad (\text{独立变量为 } s\text{、}s)$$

参数 T、s、p、v 中,T、p、v 是可以直接测量的量,而熵参数根据定义式(3.6)及其与定容比热和温度,或定压比热和温度的关系求得,参见第 7 章。

闭口系从平衡态 1 可逆过程变化到环境平衡态 2 时,根据热力学第一定律,有

$$W_c = U_1 - U_2 + Q, \quad w_c = u_1 - u_2 + q$$

闭口热力系的热力学能可做的最大有用功,记作 $W_{u,max}$,比最大有用功记作 $w_{u,max}$,最大有用功必须是在可逆过程完成;另外,有用功必须是从总能差值扣除无效热能 $e_n = q_n = T_0(s - s_0)$ 和挤压功 $w_j = p_0(v_0 - v)$,因此有

$$w_{u,max} = u - u_0 - T_0(s - s_0) - p_0(v_0 - v) \qquad (4.17)$$

经形式变换

$$w_{u,max} = (u - T_0 s + p_0 v) - (u_0 - T_0 s_0 + p_0 v) = \varphi_{u,U} - \varphi_{n,U} \qquad (4.18)$$

$\psi_{u,U}$ 为闭口系热力学能的有效能函数,定义式为

$$\psi_{u,U} = \Delta e_{p,U} = u - T_0 s + p_0 v \qquad (4.19)$$

$\psi_{n,U}$ 为闭口系热力学能的无效能函数,定义式为

$$\psi_{n,U} = u_0 - T_0 s_0 + p_0 v_0 \qquad (4.20)$$

根据有效能的定义,式(4.17)和式(4.18)的 $w_{u,max}$ 的表达式,可作为闭口系比有效能,记作 $e_{u,U}$ 的表达式,即

$$e_{u,U} = w_{u,max} = \varphi_{u,U} - \varphi_{n,U} \qquad (4.21)$$

式(4.19)、式(4.20)和式(4.21)的表达式还可以通过闭口系和环境的孤立系能量分析获得,以下是引自伊藤猛宏[1-2]的推导,供参考。

参考如图 4.3(a)所示的闭口系和环境(压力 p_0、温度 T_0)组成的孤立系,在没有与其他热力系热交换的前提下,工质从状态 1 变化到状态 2 对周围做的功 $W_{u,1-2}$,记作 W_c,并可表示为

$$W_{u,1-2} = W_c = U_1' - U_2' = U_1 - U_2 + U_{01} - U_{02} \qquad (4.22)$$

式中,U_1'、U_2' 表示孤立系在工质状态变化前、后的热力学能;U_1、U_2 表示工质状态变化前、后的热力学能;U_{01}、U_{02} 表示周围环境在工质状态变化前、后的热力学能。

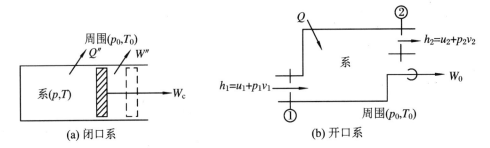

图 4.3 系统输出功能量分析示意图

一般情况下,工质的体积从 V_1 增加到 V_2 时为抵抗周围压力消费的功 W'' 为有限无用功,有

$$W'' = W_j = p_0(V_2 - V_1) \qquad (4.23)$$

式中,W'' 也称为有限挤压功,许多场合也记作 W_j。

另外,把工质传给周围的热量,记作 Q''。根据式(4.10),Q'' 是系统中热能中的无效能,有

$$Q'' = \varphi_{n,T} = (T - T_0)s_0$$

另外,把工质传给周围的热量,记作 Q''。考察周围环境,其热力学能从 U_{01} 增加到 U_{02} 是由 W'' 和 Q'' 提供的。假定周围的变化是可逆的,有下式关系成立:

$$U_{01} - U_{02} = -Q'' - W'' = -T_0\Delta S_0 + p_0(V_1 - V_2) \qquad (4.24)$$

式中,ΔS_0 为周围环境熵的变化量,为工质前、后传给环境的熵之差,即 $\Delta S_0 = S_{02} - S_{01}$。把上式代入式(4.22),得

$$W_{u,1-2} = W_c = U_1 - U_2 - T_0\Delta S_0 + p_0(V_1 - V_2) \qquad (4.25)$$

式(4.25)中的 ΔS_0 应转化为工质的熵的变化量来表示,利用孤立系全体熵增量 ΔS_g 关系,有

$$\Delta S_g = \Delta S_0 + S_2 - S_1 \geqslant 0 \qquad (4.26)$$

式中,S_1 和 S_2 分别为工质变化前后的熵。把式(4.26)代入式(4.25),得到

$$W_{u,1-2} = W_c = U_1 - U_2 - T_0(S_1 - S_2) + p_0(V_1 - V_2) - T_0\Delta S_g \qquad (4.27)$$

当 $\Delta S_g = 0$，即系统可逆变化时做功值最大。把闭口系工质从 1 状态变化到 2 状态的最大做功量称作闭口系的一般最大有用功 $W_{u,max,1-2}$，则有

$$W_{u,max,1-2} = U_1 - U_2 - T_0(S_1 - S_2) + p_0(V_1 - V_2) \tag{4.28}$$

由式（4.28），把状态 2 换作环境状态，可得

$$W_{u,max} = (U - U_0) - T_0(S - S_0) + p_0(V - V_0) \tag{4.29}$$

式中，脚注 0 表示系统变化到周围环境平衡态的对应值，系统初始状态非特定，去掉脚注 1，并改为小写符号表示比参数，式（4.29）转换为比最大有用功的表达式，与式（4.17）相同。继而，得到式（4.19）、式（4.20）和式（4.21）相同的结果。

5. 开口系的有效能

开口系的能量称作焓，记作 H，比焓记作 h，其定义式为 $H = U + pV$，$h = u + pv$。如图 4.3(b)所示的开口系的能流图，在稳定流时开口系的比输出轴功 w_t 可用下式表示：

$$w_t = h_1 - h_2 + Q$$

式中，Q 为环境对系统的传热量，$Q = -T_0 \Delta s_0$，Δs_0 为环境的熵变，系统的熵变为 $s_2 - s_1$，由开口系与环境、轴功输出机械组成的孤立系的熵增 ΔS_g 服从式（4.26）的关系，当系统可逆变化时，$\Delta S_g = 0$，做功值最大。因此，开口系从进口状态 $1(h,T,s)$ 到出口状态 $2(h_0,T_0,s_0)$ 的所能做的最大比有用功，记作 $w_{u,max}$，有

$$w_{u,max} = h - h_0 - T_0(s - s_0) = (h - T_0 s) - (h_0 - T_0 s_0) \tag{4.30}$$

定义开口系的比有效能函数，记作 $\Psi_{u,H}$，简化作 Ψ_u，定义式为

$$\Psi_{u,H} \equiv h - T_0 s = \Psi_u \tag{4.31}$$

开口系的比无效能函数，记作 $\Psi_{n,H}$，简化作 Ψ_n，定义式为

$$\Psi_{n,H} \equiv h_0 - T_0 s_0 = \Psi_n \tag{4.32}$$

记开口系的有效能为 $e_{u,H}$，简化作 e_u，有

$$e_{u,H} = \psi_{u,H} - \psi_{n,H} = e_u \tag{4.33}$$

开口系的有效能函数、有效能表达式也可以用图 4.3(b)所示的模型，用如同闭口系的热分析法获得，读者可自行推导或参考有关参考书。把上述开口系的有效能函数、无效能函数和有效能表达式中符号下角标去掉符号 H，采用简化符号 Ψ_u、Ψ_n、e_u 表示，是因为今后应用中开口系问题更普遍。

6. 冷源冷量 q_c 的比有效能 $q_{u,c}$ 和比无效能 $q_{n,c}$

温度为 T_c 的冷源冷量 q_c 的比有效能，记作 $q_{u,c}$，其比无效能，记作 $q_{n,c}$，$T_c < T_0$，在温度为 T_c 的冷源与环境温度为 T_0 的热源中间接入卡诺热机，卡诺热机所做的功量是正值，如果以环境为热源传输热量 q_0，则卡诺热机输出的最大功为

$$w_{max} = \left(1 - \frac{T_c}{T_0}\right)q_0$$

利用等熵可逆过程，有

$$\frac{T_c}{T_0} = \frac{q_c}{q_0}$$

把上式代入前式，则冷源冷量 q_c 的比有效能表达式为

$$q_{u,c} = \left(\frac{T_0}{T_c} - 1\right)q_c = \frac{q_c}{\varepsilon_c} = \eta_c q_c = q_0 - q_c \quad (T_c < T_0) \tag{4.34a}$$

式中，ε_c 为制冷系数；η_c 为冷源热量 q_c 的有效能系数，范围为 $0 < \eta_c < \infty$。温度越低的冷量

的有效能越大,也就是说,要制取温度低的冷量要付出多的有效能。

热力系冷源的冷量有效能,记作 $e_{u,Tc}$,与热源热能的有效能 $e_{u,T}$ 的表达式有负正号的差别,温度为 T_c 的冷源热量 q_c 的比有效能 $e_{u,Tc}$ 的表达式为

$$e_{u,Tc} = -(T_c - T_0)(s_c - s_0) = (T_0 - T_c)\Delta s = q_0 - q_c \quad (T_c < T_0) \quad (4.34b)$$

冷量 q_c 的无效能,在利用式(4.1)时,根据热力学对进出热力系热流的方向约定,放热为正,吸热为负,冷量在环境源与低温源的卡诺循环中为吸热,而式(4.34a)表示的冷量的有效能是来自环境的"高温热源",所以冷量 q_c 即是无效能 $q_{n,c}$,有的表达式为

$$q_{n,c} = q_c \quad (4.35)$$

7. 变温热源热量的比有效能 $\bar{e}_{u,T}$

变温热源热量的比有效能,记作 $\bar{e}_{u,T}$。有限热容热源从温度 T_1 变化到 T_2 的热量,其每次提供小量热能后温度就下降一点。例如储热水箱的水温会随输出热能而不断降低,此后输出的热能的有效能含量就不断降低。参见式(4.5),微热量的比有效能微分式为

$$de_{u,T} = -dq + dq_0 = -dq + T_0 ds \quad (4.36a)$$

由积分式求出从平衡态 1 到平衡态 2 区间的总平均有效能 $\bar{e}_{u,T}$,即

$$\bar{e}_{u,T} = \int_1^2 de_{u,T} = -\int_1^2 dq + T_0\int_1^2 ds = (q_1 - q_2) - T_0(s_1 - s_2) \quad (4.36b)$$

如果系统的定压比热容不变,$dq = Tds = c_p dT$,$ds = c_p dT/T$,得

$$\bar{e}_{u,T} = (T_1 - T_2)c_p - T_0 c_p \ln(T_1/T_2) = q_{12}\left(1 - \frac{T_0}{T_1 - T_2}\ln\left(\frac{T_1}{T_2}\right)\right) \quad (4.36c)$$

把 T_1 和 T_2 替换为 T 和 T_0,上式改写为

$$\bar{e}_{u,T} = (T - T_0)c_p - T_0 c_p \ln\frac{T}{T_0} = q\left[1 - \frac{T_0}{T - T_0}\ln\frac{T}{T_0}\right] = \eta''_C q \quad (4.36d)$$

式中,η''_C 为温度 T_0 到 T 区间变温热源热量的有效能系数,小于温度为 T 热源热量的卡诺热机效率,即 $\eta''_C < \eta_C$。

例如,当 $T = 400\ \text{K}$,$T_0 = 300\ \text{K}$,计算得 $\bar{e}_{u,T} = 0.137q$,$\eta''_C = 0.137$,而对应温度恒温热源热量的 $\eta_C = 0.25$。

根据上述几种有效能函数和无效能函数的表达式,其规律是:与环境平衡态等势位的基准势能是不能做有用功的,为无效能。掌握了这条规律,用有效能,特别是用势差能,分析热力学和传热学问题就非常容易了。

4.2 定温过程的功函数——亥姆霍兹自由能 F

通常化学反应总是在等温、等温等压或等温等容积的条件下进行的,在这种特定的条件下,可以考虑引进不依赖于环境条件的功函数。亥姆霍兹(Von Helmholtz)和吉布斯(Gibbs)分别定义了两个状态函数:亥姆霍兹自由能 F 和吉布斯自由能 G。这两个自由能的函数都是辅助函数,借助于这两个辅助函数来解决变化中有关热效应的问题会方便得多。

亥姆霍兹自由能是在讨论等温过程 $T_1 = T_2 = T_0$ 条件下引入的一个功函数。据热力学第一定律和熵的定义,有

$$dU = TdS - \delta W$$

$$-\delta W = dU - TdS$$

又因为在体系的最初与最后温度和环境的温度相等时,有 $T_1 = T_2 = T_0$,则上式改写为

$$\delta W = -d(U - TS) \tag{4.37a}$$

因为 $U - TS$ 各项都是状态参数,所以可以合并为新的状态参数 F,并用函数式表示为

$$F \equiv U - TS \tag{4.38}$$

式(4.38)为亥姆霍兹自由能函数的定义式。单位质量的比亥姆霍兹自由能函数为

$$f \equiv u - Ts \tag{4.39}$$

根据亥姆霍兹自由能的函数定义式(4.38),式(4.37a)又可表示为

$$\delta W = -dF \tag{4.37b}$$

对式(4.37a)或式(4.37b)式积分得

$$W = U_1 - U_2 - T(S_1 - S_2) = F_1 - F_2 = -\Delta F = p\int_{V_1}^{V_2} dV \quad (T_1 = T_2 = T_0) \tag{4.40}$$

$$w = f_1 - f_2 = -\Delta f = p\int_{v_1}^{v_2} dv \tag{4.41}$$

　　由上述分析,清楚认识到亥姆霍兹自由能的函数是一个封闭系统在等温过程所能做的最大功,是状态功函数,W 或 w 是在等温可逆变化过程中体系所做的一切功的总和。

　　把系统的 2 平衡态认定为与环境平衡态,改下角标 2 为 0,对初始的平衡态取消下角标 1,则式(4.41)的 w 是膨胀功,在可逆过程的膨胀功是最大总功,改记作 w_{max},w_{max} 减去挤压功 w_j,就是等温条件的有效能,记作 $e_{u,F}$,所以亥姆霍兹自由能的函数与有效能函数的关系为

$$e_{u,F} = w_{max} = f - w_j = w_{max} - p_0(v_0 - v) \tag{4.42}$$

　　亥姆霍兹自由能可以理解为等温条件下体系的做功本领。在等温可逆过程中,体系的亥姆霍兹自由能的减少($-\Delta F$)才等于对外所做的最大功。因为

$$TdS - dU \geqslant -\delta W$$

当等温变化时,有

$$-d(U - TS) \geqslant -\delta W, \quad 即 \quad dF \geqslant -\delta W$$

对于等温等容过程且无其他功的情况下,$\delta W = 0$,此时自发过程有 $dF_{T,v} \leqslant 0$。

4.3　定温定压过程的功函数——吉布斯自由能 G

1. 吉布斯自由能 G 的函数

　　亥姆霍兹自由能的功函数 F 包括一切功能 W。实际上功能又可以分为膨胀功 $W_e = pdV$ 和除膨胀功以外的其他功 W_f 两类,其他功是系统的组分间化学势 μ 与组分量 n 的变动引起的功的组合,有关化学势产生的功将在第 3 篇多组分系统的热力学基础中介绍。非膨胀功能不属于有效做功能,但是对讨论化学反应问题十分有用。

　　在等温条件 $T_1 = T_2 = T_0$ 下,有

$$\delta W_e + \delta W_f = - \mathrm{d}(U - TS)$$

或

$$p\mathrm{d}V + \delta W_f = - \mathrm{d}(U - TS)$$

如果体系始态和终态的压力 p_1 和 p_2 皆等于外压 p_0，即 $p_1 = p_2 = p_0$，可把上式写作

$$\delta W_f = - \mathrm{d}(U + pV - TS)$$

或

$$\delta W_f = - \mathrm{d}(H - TS) \tag{4.43}$$

由于上式括号中 H、T 和 S 都是状态参数，所以也可定义一个新的状态参数，记为 G，用函数式表示为

$$G \equiv H - TS \tag{4.44}$$

式(4.44)为吉布斯自由能 G 的函数定义式，有时亦被称为自由焓函数。单位质量的比吉布斯自由能函数 g 的定义式为

$$g \equiv h - Ts \tag{4.45}$$

于是可把式(4.43)改写为比自由能与非膨胀比功的关系：

$$\delta w_f = - \mathrm{d}g$$

不可逆过程有 $\delta w_f < - \mathrm{d}g$，合并上式得

$$\delta w_f \leqslant - \mathrm{d}g \tag{4.46}$$

式(4.46)的意义是：在等温等压下，一个封闭体系所能做的最大非膨胀功等于吉布斯自由能的减少；如果过程是不可逆的，则所做的非膨胀功的大小小于体系的吉布斯自由能的减少量。

如果体系在等温等压并且除膨胀功外不做其他功的条件下，则

$$- \Delta g \geqslant 0 \quad 或 \quad \Delta g \leqslant 0 \tag{4.47}$$

式(4.47)的等号形式适用于可逆过程，不等号形式适用于自发的不可逆过程。可以利用吉布斯自由能在等温等压条件下判别自发变化的方向，所以吉布斯自由能又叫作等温等压位。一般来说，化学反应多在等温等压条件下进行。所以，式(4.47)十分有用。

在等温等压可逆电化学反应中，非膨胀功即为电功 nEF，故

$$\Delta G = - nEF \tag{4.48}$$

式中，E 为电池的电动势；n 为电池反应中的电子计量系数；F 为法拉第常数，$F = 96\ 485$ C/mol（C 代表库仑）。

有化学反应时，在假定 $T_1 = T_2 = T_0$ 和 $p_1 = p_2 = p_0$ 的条件下，最大有用功也可以写成

$$w_{u,max} = e_{u1} - e_{u2} = [(h_1 - T_1 s_1) - (h_2 - T_2 s_2)]_{T_0, p_0} \tag{4.49}$$

$$w_{u,max} = g_1 - g_2 = g_{R0} - g_{P0} = - \Delta g_0 \tag{4.50}$$

式中，g 为吉布斯比自由焓，其下角标"R"表示反应物，即状态 1；"P"表示生成物，即状态 2；"0"表示处于基准环境态。$\Delta g_0 = g_{P0} - g_{R0}$。上式对封闭系和稳定流动系都适用。对于生产功的装置，化学反应过程应是 Δg_0 为负的过程。

2. 等温物理变化中 ΔG 的计算示例

吉布斯函数 G 是状态函数，在指定的初态和终态之间的 ΔG 是定值，因此，如同熵函数的计算一样，可拟定可逆过程来进行计算。这里，先就等温物理变化中的 ΔG 计算举例说明，化学反应中的 ΔG 以后再讨论。

从定义

$$G = U + pV - TS = F + pV$$

得

$$dG = dF + pdV + Vdp \tag{4.51a}$$

在等温情况下,有

$$dG = -\delta W_R + pdV + Vdp \tag{4.51b}$$

(1) 等温等压下的相变过程。例如,在 373.15 K 及 101.325 kPa 下,水[$H_2O(l)$]蒸发为水蒸气[$H_2O(g)$],因为无其他功,所以 $\delta W_R = pdV$,且 $dp = 0$。因此,由式(4.51b),得

$$dG = 0$$

或

$$\Delta G = 0$$

(2) 如果体系在等温下从 p_1、V_1 改变到 p_2、V_2 且只做体积功,则

$$\delta W_R = pdV$$

代入式(4.51b),得

$$dG = Vdp \tag{4.52}$$

或

$$\Delta G = \int_{p_1}^{p_2} Vdp$$

要对上式积分则需要知道 V 与 P 间的关系,对于理想气体,得

$$\Delta G = nRT\ln\frac{p_2}{p_1} = nRT\ln\frac{V_1}{V_2}$$

例 4.1 在标准压力 p^0 和 373.2 K 时,将 1 mol 的水蒸气可逆压缩为液体,计算每摩尔的 Q_m、W_m、ΔH_m、ΔU_m、ΔG_m、ΔF_m 和 ΔS_m。已知在 373.2 K 和标准压力 p^0 下,水的蒸发潜热为 2 258.1 kJ/kg。

解 $W_m = p\Delta V = p[V_m(l) - V_m(g)] \approx -pV_m(g) = -RT$

$\qquad = -8.314 \, J/(mol \cdot K) \times 373.2 \, K = -3\,103 \, J/mol$

$Q_m = \Delta H_m = -2\,258.1 \, kJ/kg \times 18.02 \times 10^{-3} \, kg/mol$

$\qquad = -40\,691 \, J/mol$

$\Delta U_m = \Delta H_m - p\Delta V_m = -40\,691 \, J/mol + 3\,103 \, J/mol$

$\qquad = -37\,588 \, J/mol$

$\Delta G_m = \int Vdp = 0$

$\Delta F_m = -W_m = 3\,103 \, J/mol$

$\Delta S_m = \dfrac{Q_m}{T} = \dfrac{-40\,691 \, J/mol}{373.2 \, K} = -109 \, J/(mol \cdot K)$

ΔG_m 也可以用下面的公式来计算:

$\qquad \Delta G_m = \Delta H_m - T\Delta S_m$

$\qquad\qquad = -40\,691 \, J/mol - 373.2 \, K \times [-109.0 \, J/(mol \cdot K)] = 0$

例 4.2 300.2 K 的 1 mol 理想气体,压力从 10 倍于标准压力 p^0 等温可逆膨胀到标准压力 p^0,求每摩尔的 Q_m、W_m、ΔH_m、ΔU_m、ΔG_m、ΔF_m 和 ΔS_m。

解 $W_m = RT\ln\dfrac{V_2}{V_1} = RT\ln\dfrac{p_1}{p_2}$

$$= 8.314 \, \text{J/(mol · K)} \times 300.2 \, \text{K} \times \ln 10$$
$$= 5748 \, \text{J/mol}$$

$$\Delta F_m = -W_m = -5748 \, \text{J/mol}$$

$$\Delta U_m = 0, \quad \Delta H_m = 0$$

$$Q_m = W_m = 5748 \, \text{J/mol}$$

$$\Delta S_m = \frac{Q_m}{T} = \frac{5748 \, \text{J/mol}}{300.2 \, \text{K}} = 19.15 \, \text{J/(mol · K)}$$

$$\Delta G = \int_p^{p^0} V_m \mathrm{d}p = RT\ln \frac{p^0}{10 \times p^0} = -5748 \, \text{J/mol}$$

例 4.3 在上题中,若气体向真空的容器中膨胀,直至压力减低到 p^0,求出上述各热力函数。

解 这是一个等温不可逆过程,因为功能没有传递到环境,所以 $W = 0, Q = 0$。此处,ΔF_m 和 ΔG_m 不能直接由做功量来计算。同理,ΔS_m 也不等于 Q_{IR}/T。但是由于这些热力函数都是状态函数,它们的变化值只与起始和终了的状态有关,所以 ΔU_m、ΔG_m、ΔF_m 和 ΔS_m 完全和上题一样。

例 4.4 有容积为 $0.34 \, \text{m}^3$ 的真空罐,罐外侧大气压力为 $0.1 \, \text{MPa}$。求大气徐徐流入罐内直至与大气平衡所做的功。

解 与大气进行热交换的任意开口系,从有效能的交换可写出最大功的方程为

$$\mathrm{d}W_{max} = -\mathrm{d}(U - T_0 S) + (u_1 + p_1 v_1 - T_0 s_1)\mathrm{d}m_1 - (u_2 + p_2 v_2 - T_0 s_2)\mathrm{d}m_2$$

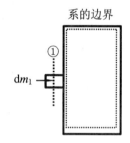

图 4.4 大气流入真空罐

该场合 $\mathrm{d}m_2 = 0$,如图 4.4 所示。忽略一切进入罐内的气体动能,并以入口断面①为边界与 T_0、p_0 的环境大气构成开口系。其入口的质量 $\mathrm{d}m_1$ 的状态可视为与大气的状态相同。[当横切系边界的动能不能忽略时,流入的气体的压力和温度要比 T_0、p_0 低。如果大气静止部分与边界间的流体适合热力学第一定律,即有 $h_0 = h_1 + w_1^2/2$。其结果是断面①处的流体有动能,比焓 $h_1 (< h_0)$ 平均被减少了。]因此,上面的式 $\mathrm{d}W_{max}$ 很容易积分。

$$W_{max} = (U_i - T_0 S_i) + (U_f - T_0 S_f) + (u_0 + p_0 v_0 - T_0 s_0)(m_f - m_i)$$

此处,下角标中的符号 i 和 f 分别表示罐内流体的初态和终态的条件。最初,罐内什么也没有,$U_i = S_i = 0$。因此

$$W_{max} = 0 - (U_f - T_0 S_f) + (u_0 + p_0 v_0 - T_0 s_0)m_f$$
$$= -u_f m_f + T_0 s_f m_f + u_0 m_f + p_0 v_0 m_f - T_0 s_0 m_f$$

罐内终止状态与大气平衡并静止。因此

$$p_f = p_0, \quad T_f = T_0$$

所以

$$u_f = u_0, \quad s_f = s_0, \quad v_f = 0$$

$$W_{max} = p_0 v_0 m_f = p_0 V_{罐} = 0.1 \times 10^6 \, \text{Pa} \times 0.34 \, \text{m}^3 = 34000 \, \text{J}$$

应当注意,这种产生功的机制完全不能被指定,它不能产生轴功。但是,无论用什么装置也无法用上述的系统从大气中获取 34 kJ 以上的功能。

例 4.5　0.25 kg 氮气被封入绝热容器内,氮气初始状态为 0.282 MPa、32 ℃,后来由罐内叶轮机的旋转(罐外电动机带动旋转)使氮气压力升到 0.34 MPa,如图 4.5 所示。周围的大气为 0.1 MPa、32 ℃。求出该过程的不可逆损失。

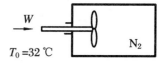

图 4.5　叶轮旋转增压

解　$T_1 = T_0 = (32 + 273.15)$ K,$W_{IR} = T_0 \Delta S_{孤立系} = T_0(\Delta S_系 + \Delta S_{周围})$。对于闭口系的这个绝热过程,周围的熵没有变化,所以

$$W_{IR} = T_0 \Delta S_系 = T_0 m \int_1^2 \mathrm{d}s$$

$$= T_0 m \int_1^2 \left(\frac{\mathrm{d}u}{T} + p\,\frac{\mathrm{d}v}{T}\right) = T_0 m \int_1^2 \frac{c_V \mathrm{d}T}{T} + 0$$

$$= T_0 m c_V \ln \frac{T_2}{T_1} = T_0 m c_V \ln \frac{p_2}{p_1}$$

$$= (32 + 273.15)\,\text{K} \times 0.25\,\text{kg} \times 0.742\,5\,\text{kJ/(kg} \cdot \text{K)} \ln \frac{0.34\,\text{MPa}}{0.28\,\text{MPa}}$$

$$= 11.00\,\text{kJ}$$

上面的解是没有计算 ΔE_u 得到的答案。为了讨论,我们再作如下计算:

$$T_2 = T_1 \frac{p_2}{p_1} = (32 + 278.15)\,\text{K} \frac{0.34\,\text{MPa}}{0.28\,\text{MPa}} = 370.53\,\text{K}$$

$$W_{ua} = W - p_0(V_2 - V_1) = U_1 - U_2 + Q - p(V_2 - V_1)$$

$$= U_1 - U_2 + 0 - 0 = mc_V(T_1 - T_2)$$

$$= 0.25\,\text{kg} \times 0.742\,5\,\text{kJ/(kg} \cdot \text{K)}(305.15 - 370.53)\,\text{K} = -12.14\,\text{kJ}$$

$$\Delta E_u = E_{u.U,2} - E_{u,U,1} = U_2 - U_1 + p_0(V_2 - V_1) - T_0(S_2 - S_1)$$

$$= U_2 - U_1 - T_0(S_2 - S_1)$$

$$= 12.14\,\text{kJ} - 11.00\,\text{kJ} = 1.14\,\text{kJ}$$

那么,现在可以比较了。叶轮机械旋转做功 12.14 kJ,系统与大气的孤立系的有效能仅增加 1.14 kJ。即从状态 2 出发的过程得到的有效功与从状态 1 出发的过程得到的有效功相比,仅增加 1.14 kJ。换言之,消耗了 12.14 kJ 的功,而系统仅增加了 1.14 kJ 的有效能。

为了进一步加深理解有效能的概念,我们对初态和终态的比㶲,即比有效能进行计算。

$$e_{u1} = u_1 - u_0 + p_0(v_1 - v_0) - T_0(s - s_0)$$

$$= c_V(T_1 - T_0) + p_0\left(\frac{R_g T_1}{p_1} - \frac{R_g T_0}{p_0}\right) - T_0\left(c_V \ln \frac{T_1}{T_0} - R_g \ln \frac{p_1}{p_0}\right)$$

$$= 0 + \left(\frac{0.1\,\text{MPa}}{0.28\,\text{MPa}} - 1\right) 0.296\,8\,\text{kJ/(kg} \cdot \text{K)} \times 305.15\,\text{K}$$

$$\quad - 305.15\,\text{K}\left(0 - 0.296\,8\,\text{kJ/(kg} \cdot \text{K)} \times \ln \frac{0.28\,\text{MPa}}{0.1\,\text{MPa}}\right)$$

$$= 35.03\,\text{kJ/kg}\quad(\text{因为 } T_1 = T_0)$$

$$e_{u2} = 39.59\,\text{kJ/kg}$$

所以得到

$$m(e_{u2} - e_{u1}) = 1.14\,\text{kJ/kg}$$

4.4 过程的有效能消耗方程

有效能是能量传输的动力,一切实际能量传输过程都要消耗有效能,或自带有的或外界提供的有效能。有效能的本质是势差能,热能转换功能时只有其拥有的有效能才能转换为有用功能,而且转换过程中也伴随着有效能的损失。因此,建立能量传输和转换过程的有效能消耗方程是非常重要的。以下将根据上述的有效能函数和有效能表达式,讨论若干能量传输和转换过程中的有效能消耗问题,发生在不可逆过程中,有效能消耗变为等量低品位的热能;在热功转换过程中,有效能的减少是转换为功,有效能品质没有降低,不是有效能消耗。

1. 传热过程

设一根外包裹绝热层的导热棒连接在温度分别为 T_1、T_2 的两个热源之间,传输热量为 Q 或传输的热流率为 ϕ,传热过程中的有效能消耗 $\Delta E_{u,ir}$ 和有效能消耗率 $\Delta \dot{E}_{u,ir}$ 方程分别为

$$\Delta E_{u,ir} = E_{u,1} - E_{u,2} = \left(1 - \frac{T_0}{T_1}\right)Q - \left(1 - \frac{T_0}{T_2}\right)Q = \left(\frac{T_0}{T_2} - \frac{T_0}{T_1}\right)Q \qquad (4.53a)$$

$$\Delta \dot{E}_{u,ir} = \dot{E}_{u,1} - \dot{E}_{u,2} = \left(1 - \frac{T_0}{T_1}\right)\phi - \left(1 - \frac{T_0}{T_2}\right)\phi = \left(\frac{T_0}{T_2} - \frac{T_0}{T_1}\right)\phi \qquad (4.53b)$$

式中,符号 E 顶上添加"·"表示能量流率,单位为瓦(W)。

2. 节流过程

据流动系的比有效能函数式为 $e_{u,H} = h - T_0 s$,节流起始和终止的系状态参数分别用下角标 1、2 表示,节流过程为等焓过程 $h_1 = h_2$,所以节流过程的比有效能消耗量 $\Delta e_{u,ir}$ 公式为

$$\Delta e_{u,ir} = e_{u,H,1} - e_{u,H,2} = T_0(s_2 - s_1) \qquad (4.54)$$

式中,s_1、s_2 是工质节流前后的状态参数,可以根据工质节流前后两状态的温度、压力在工质的热物性手册中查到。

3. 真空自由膨胀

真空自由膨胀过程是典型的系统内部不可逆过程。例如,初始状态与环境平衡态的 1 mol 理想气体在环境温度等温 $T = T_0$ 条件下自由膨胀使体积增加 m 倍,$m = V_1/V_2$,这过程的有效能消耗 $\Delta E_{u,ir}$ 等于气体从状态 p_1 变化到 p_2 状态的膨胀量,即

$$\Delta E_{u,ir} = -\Delta E_u = -\int_{p_1}^{p_2} p \mathrm{d}V = -nRT\ln\frac{V_1}{V_2} = 5742\,\text{J} \qquad (4.55)$$

式中,n 为气体的摩尔数;R 为气体常数;当 $n = 1$,$m = V_1/V_2$,$T = T_0 = 300\,\text{K}$ 时,$\Delta E_{u,ir} = 5742\,\text{J}$。

4. 摩擦

设摩擦消耗的功量为 W_{ir},全部转为热量 Q 并被温度 T 的物体接收,环境温度为 T_0,则摩擦过程的有效能消耗方程为

$$\Delta E_{u,ir} = -\Delta E_u = W_{ir} - Q\left(1 - \frac{T_0}{T}\right) = \frac{T_0 W_{ir}}{T} = T_0 S_g > 0 \qquad (4.56)$$

流动气体或液体与流道壁面的摩擦都要消耗有效能。换热器的冷、热流体的流动,动力

机械的蒸汽、燃气和制冷机、热泵的工质循环过程,都有流体流动消耗的有效能。

5. 储热过程

储热在新能源开发利用中极为重要,已经上升为国家重点攻关项目。例如,太阳能光热发电中利用熔盐储热,熔盐经历太阳能加热升温的吸热过程和对水工质放热的降温过程,两个过程都有有效能损失。熔盐加热过程可以看作温度为 T_H 的恒温热源对变温源的传热过程,假定 1 kg 熔盐在加热过程中从温度 T_1 升高到 T_2,熔盐的比热容为定值,参考式 (4.36b),熔盐增加的有效能记作 $\Delta \bar{e}_{u,T}$,有

$$\Delta \bar{e}_{u,T} = q\left(1 - \frac{T_0}{T_2 - T_1}\ln\frac{T_2}{T_1}\right)$$

式中,q 是温度为 T_H 的热源传给熔盐的热量。温度为 T_H 的热源热量 q 的有效能记作 $\Delta e_{u,TH}$,有

$$\Delta e_{u,TH} = q\left[1 - \frac{T_0}{T_H}\right]$$

熔盐加热过程中的有效能消耗记作 $\Delta e_{u,ir,A}$,有

$$\Delta e_{u,ir,A} = \Delta e_{u,TH} - \Delta \bar{e}_{u,T} = \left(\frac{T_0}{T_2 - T_1}\ln\frac{T_2}{T_1} - \frac{T_0}{T_H}\right)q = \zeta_{S,A}\, q \tag{4.57}$$

式中,$\zeta_{S,A}$ 为熔盐储热加热过程中的有效能消耗率。

假定熔盐放热过程为加热过程的逆过程,温度从 T_2 降到 T_1,熔盐释放的有效能量与加热时得到的有效能相同。而冷流体水在被加热过程中以等压蒸发为主,尽管有液体升温和蒸汽过热升温过程,但是可以通过热力学等效温度变化,变换为一个等温过程,设冷水等效温度为 T_L,冷水的有效能记作 $\Delta e_{u,TL}$,熔盐放热过程的有效能消耗记作 $\Delta e_{u,ir,B}$,有

$$\Delta e_{u,ir,B} = \Delta \bar{e}_{u,T} - \Delta e_{u,TL} = \left(\frac{T_0}{T_L} - \frac{T_0}{T_1 - T_2}\ln\frac{T_1}{T_2}\right)q = \zeta_{S,B}\, q \tag{4.58}$$

式中,$\zeta_{S,B}$ 为熔盐储热源放热过程的有效能消耗率。

整个储热循环的有效能损失率为

$$\Delta e_{u,ir} = \Delta e_{u,ir,A} + \Delta e_{u,ir,B} = \left(\frac{T_0}{T_L} - \frac{T_0}{T_H}\right)q = \zeta_S\, q \tag{4.59}$$

式中,ζ_S 定义为熔盐储热的有效能消耗率。定义为熔盐储热的有效能利用率 η_S 为

$$\eta_S = 1 - \zeta_S \tag{4.60}$$

例 4.6　计算两种工况熔盐储热、放热和总过程的有效能消耗率及其有效能利用率。

(1) 已知 $T_H = 800\,K$,$T_1 = 600\,K$,$T_2 = 750\,K$,$T_L = 550\,K$,$T_0 = 300\,K$。

计算得 $\zeta_{S,A} = 0.071$,$\zeta\eta_{S,B} = 0.099$;$\zeta_S = 0.171$。$\eta_S = 0.830$。

(2) $T_H = 850\,K$,$T_1 = 700\,K$,$T_2 = 800\,K$,$T_L = 680\,K$,$T_0 = 300\,K$。

计算得 $\zeta_{S,A} = 0.048$,$\zeta_{S,B} = 0.041$,$\zeta_S = 0.088$。$\eta_S = 0.912$。

算例说明,减少传热温差对减少储热的有效能消耗率有显著效果。

4.5　能量全流程的有效能消耗

1. 有效能消耗的叠加性

能量输运串联过程，能流率不改变，全流程的有效能消耗率记作 $\Delta \dot{E}_{\mathrm{u,ir},n}$，等于 n 个子过程中产生的有效能消耗率之和，用数学式表示为

$$\Delta \dot{E}_{\mathrm{u,ir}} = \sum_{1}^{n} \Delta \dot{E}_{\mathrm{u,ir},i} \quad (i = 1, 2, \cdots, n) \tag{4.61}$$

式中，下角标 i 为过程的序号；$\Delta \dot{E}_{\mathrm{u,ir},i}$ 为第 i 子过程的有效能消耗率；n 为子过程总数。

例如，有热流 φ 从热源 T_1 传热到热源 T_2，再传热到热源 T_3，其有效能损失为

$$\Delta \dot{E}_{\mathrm{u,ir}} = \Delta \dot{E}_{\mathrm{u,ir},1} + \Delta \dot{E}_{\mathrm{u,ir},2} = \varphi\left(\frac{T_0}{T_2} - \frac{T_0}{T_1}\right) + \varphi\left(\frac{T_0}{T_3} - \frac{T_0}{T_2}\right) = \varphi\left(\frac{T_0}{T_3} - \frac{T_0}{T_1}\right) \tag{4.62}$$

能量输运并联过程，全流程的有效能消耗率 $\Delta \dot{E}_{\mathrm{u,ir},m}$ 等于各支流过程产生的有效能消耗率按支流能量份率叠加，用数学式表示为

$$\Delta \dot{E}_{\mathrm{u,ir}} = \sum_{1}^{m} \alpha_j \Delta \dot{E}_{\mathrm{u,ir},j} \quad (j = 1, 2, \cdots, m) \tag{4.63}$$

式中，下角标 j 为分支热流量的序号；α_j 为第 j 支热流的能量份额；m 为支流总数。

$$\alpha_j = \frac{\varphi_j}{\varphi} \quad \text{或} \quad \alpha_j = \frac{q_j}{q} \tag{4.64}$$

并有

$$\sum_{1}^{m} \alpha_j = 1 \quad \text{或} \quad \sum_{1}^{m} \varphi_j = \varphi \tag{4.65}$$

其各支流能量传输中的串联子过程产生的有效能消耗率也有叠加性，$\Delta \dot{E}_{\mathrm{u,ir},j}$ 为第 j 支热流的总有效能消耗率的数学式，即

$$\Delta \dot{E}_{\mathrm{u,ir}} = \left(\sum_{1}^{n} \Delta \dot{E}_{\mathrm{u,ir},i}\right)_j \quad (i = 1, 2, \cdots, n) \tag{4.66}$$

2. 能量全流程有效能消耗方程

系统的总有效能消耗率表达式由合并式(4.61)、式(4.63)得到

$$\Delta E_{\mathrm{u,ir}} = \sum_{1}^{m} \alpha_j \left(\sum_{1}^{n} \Delta \dot{E}_{\mathrm{u,ir},i}\right)_j \quad (j = 1, 2, \cdots, m) \tag{4.67}$$

式(4.67)为通用有效能消耗率方程，复杂系统的有效能消耗率计算可以通过能量流跟踪方法，先计算各支分流和各子过程的有效能消耗率再叠加合成。

4.6　热力学第一、二定律的协同应用

1. 能量守恒的有效能转换方程

热能是分子热运动的能量,不能百分之百转换成整体定向运动的机械能;热能转换成功能,必须通过热能和功能的共同载体,即热力工质,在工质到达平衡态后,输入工质的热量就变为工质的热能和体积能,统称为热力学能。其中体积能可以通过膨胀转换成机械能,在工质状态变化中热能与体积能受状态方程约束,变化相随,最终以热能存在的有效能转换为功能。有效能是势差能,是热源热能和工质系能量中可转换成最大有用功份额的能量,相对应的不能转换为有用功的能量,就称为无效能。利用有效能和无效能的概念,可把热力学第一定律能量方程(2.10a)改造为能量守恒的有效能转换方程:

$$\Delta E_{u} + \Delta E_{n} = E_{u,T} + E_{n,T} - W \tag{4.68a}$$

式(4.68a)是没有包括传质能 ΔE_{m} 的变化的有效能转换方程。其中,ΔE_{u} 和 ΔE_{n} 分别为系统在接受能量过程时的有效能、无效能的变化量,在闭口系有 $\Delta E_{u} = W_{u,1\text{-}2}$,参见式(4.25),在开口系有 $\Delta E_{u} = E_{u,H,1\text{-}2} = E_{u,H,2} - E_{u,H,1} = H_{2} - H_{1} - T_{0}(S_{2} - S_{1})$;$\Delta E_{n} = \Delta E - \Delta E_{u}$;$E_{u,T}$ 和 $E_{n,T}$ 分别为系统吸收热量的有效能和无效能,参见式(4.5)～式(4.13b)。

热能是以温度为能势的内张力势能,有效能是势差能,热能转换成功能的有效能至少需要两个有温差的热源才能发生。在高、低温 T_{1}、T_{2} 两个平衡态之间的可逆过程,有输出(输入)功与高温源的输入(输出)热量 Q_{1} 的比值,等于高低热源的温差 $T_{1} - T_{2}$ 与高温 T_{1} 的比值;或输出功与低温源的输出(输入)热量 Q_{2} 的比值,等于高低热源的温差 $T_{1} - T_{2}$ 与低温 T_{2} 的比值,即逆卡诺循环能量方程,数学式为

$$\frac{W}{Q_{1}} = \frac{T_{1} - T_{2}}{T_{1}} = \eta = \frac{1}{COP} \quad (T_{1} > T_{2}) \tag{4.68b}$$

$$\frac{W}{Q_{2}} = \frac{T_{1} - T_{2}}{T_{2}} = \frac{1}{\varepsilon} = \eta' \quad (T_{1} > T_{2}) \tag{4.68c}$$

式(4.68b)适用于表示卡诺循环热机和逆卡诺循环热泵的性能,η 是卡诺热机效率,即最大有用功量在输入热量中所占的份额,COP 是逆卡诺循环热泵的理想性能系数。式(4.68c)适用于表示卡诺循环热机的放热量和卡诺循环制冷机的吸热量与输出和输入功的关系,η' 是卡诺热机的最大有用功量与无效热量的比值,ε 为逆卡诺循环制冷机的制冷系数。上述两式的推导,应用了开尔文温度定义式和分比定理以及热力学第一定律,即

$$\frac{T_{1}}{T_{2}} = \frac{Q_{1}}{Q_{2}}$$

$$\frac{T_{1} - T_{2}}{T_{2}} = \frac{Q_{1} - Q_{2}}{Q_{2}}$$

$$Q_{1} - Q_{2} = W$$

尽管式(4.68b)和式(4.68c)本质上与卡诺热机效率公式相同,但是从式中更直接看出,功能是热能中的温差能,热能是以温度为能势的势能。

2. 热力学第二定律量化表述

关于热力学第二定律,克劳修斯的说法:不可能把热量从低温物体传到高温物体而不引起其他变化;开尔文的说法:不可能从单一热源吸取热量使之完全变为功而不引起其他变化。为了便于实际应用,把热力学第二定律作了量化表述:热量能够向有效能减小的方向自发进行,并消耗有效能,所消耗的有效能转化为无效能的热量;热量从低势位被输运到高势位时,必须补充热量所增加的有效能。热力学第二定律量化的数学方程为有效能消耗方程,即能量传递和热功转换全过程的总有效能消耗量,等于系统输入的有效能量与输出功量和系统有效能增量的差值。有效能消耗方程为

$$\Delta E_{u,ir} = \Delta E_{u,Q} \mp W - \Delta E_u \geqslant 0 \qquad (4.69a)$$

式中,$\Delta E_{u,ir}$ 为能量流全过程的各子过程的各种不可逆损失的有效能消耗总量;$\Delta E_{u,Q}$ 为过程中输入热量的有效能的变化,输入为正,输出为负,可以由多股热流量的有效能叠加;ΔE_u 为工作系物质在过程中所截留能量的有效能量,$\Delta E_u = E_{u,2} - E_{u,1}$,下角标 1、2 分别表示每过程的起、终状态点;$W$ 为系统对外界功源的做功量,输入为正、输出为负。

当全过程为可逆且稳态过程时,$\Delta E_{u,ir} = 0$,$\Delta E_u = 0$,式(4.69a)简化为

$$\Delta E_{u,Q} \mp W = 0 \qquad (4.69b)$$

当全过程为稳态传热过程时,$W = 0$,$\Delta E_u = 0$,式(4.69a)转化为式(4.53a)

$$\Delta E_{u,ir} = \left(\frac{T_0}{T_2} - \frac{T_0}{T_1} \right) Q$$

当引入时间概念时,单位时间的能流量单位改用 W(瓦)表示,热量改用热流率 ϕ 表示,功量改用功率 P 表示,式(4.69a)中的各参数符号顶上加黑点"·"表示。

有效能消耗率方程为

$$\Delta \dot{E}_{u,ir} = \Delta \dot{E}_{u,\phi} \mp P - \Delta \dot{E}_u \qquad (4.70a)$$

当全过程为可逆稳态过程时,$\Delta \dot{E}_{u,ir} = 0$,$\Delta \dot{E}_u = 0$,式(4.70a)退化为

$$\Delta \dot{E}_{u,\varphi} \mp P = 0 \qquad (4.70b)$$

当全过程为稳态传热过程时,$P = 0$,$\Delta \dot{E}_u = 0$,式(4.70a)退化为式(4.53b)

$$\Delta \dot{E}_{u,ir} = \left(\frac{T_0}{T_2} - \frac{T_0}{T_1} \right) \phi$$

4.7　有效能分析应用示例

1. 热泵过程的补充功能方程

当热量 Q_1 从低温 T_1 被输运到高温 T_2,$T_2 > T_1$,输出的热量为 Q_2,必须补充功能 W 或与功能等量的有效能 $\Delta E_{u,in}$。热泵的能量方程为

$$Q_2 = Q_1 + W \qquad (4.71)$$

热泵的工质循环过程与卡诺热机的相反,因此需要对热力学第一定律补充方程的卡诺循环导出的式(4.68b)和式(4.68c)进行正负号调整,则热泵的补偿功量 W 与在低温 T_1 的吸热量 Q_1 和在高温 T_2 的放热量 Q_2 的关系式如下:

$$W = \left(\frac{T_2 - T_1}{T_1}\right)Q_1 = \left(\frac{T_2}{T_1} - 1\right)Q_1 \tag{4.72a}$$

$$W = \left(\frac{T_2 - T_1}{T_2}\right)Q_2 = \left(1 - \frac{T_1}{T_2}\right)Q_2 \tag{4.72b}$$

以下再根据可逆过程有效能平衡方程推导的补偿功表达式,并利用可逆过程有 $\frac{Q_2}{T_2} = \frac{Q_1}{T_1}$ 的关系进行简化,有

$$W = E_{u,Q_2} - E_{u,Q_1} = \left(1 - \frac{T_0}{T_2}\right)Q_2 - \left(1 - \frac{T_0}{T_1}\right)Q_1 = \left(\frac{T_2}{T_1} - 1\right)Q_1 \quad (T_2 > T_1 > T_0) \tag{4.72c}$$

$$W = E_{u,Q_2} + E_{u,Q_1} = \left(1 - \frac{T_0}{T_2}\right)Q_2 + \left(\frac{T_0}{T_1} - 1\right)Q_1 = \left(1 - \frac{T_1}{T_2}\right)Q_2 \quad (T_2 > T_0 > T_1) \tag{4.72d}$$

使用有效能计算时,低于环境温度的吸热量是要消耗功的,所以在式(4.72d)用到“＋”号。比较以上四式,式(4.72a)在计算制冷或热泵的需要补充理论功量时是最方便的,只要知道吸收的低温热量 Q_1 以及高、低温度,即可求出热泵需要补充的功量,并计算出输出的热量。

在热力分析中,当能量过程有能量功热分流和合并时,采用组对的势差能分析比较方便,可以省去与环境平衡态组对的麻烦;在无热流变化的传热过程中,采用有效能分析比较方便。

式(4.72a)的有效能是以功能形式出现的,如果是以热量的有效能来补充,有

$$E_{u,Q3} = \left(\frac{T_3 - T_2}{T_3}\right)Q_3 \geqslant \left(\frac{T_2}{T_1} - 1\right) \tag{4.72e}$$

式中,Q_3 为补充的热量;E_{u,Q_3} 为 Q_3 的有效能;T_3 为热量 Q_3 的温度。热泵的理论性能系数为

$$COP = \frac{Q_2}{W} = 1 \bigg/ \left(1 - \frac{T_1}{T_2}\right) = \frac{T_2}{T_2 - T_1} \tag{4.73}$$

把低温吸热量 Q_1 当作制冷量,则得制冷系数 ε 为

$$\varepsilon = \frac{Q_1}{W} = 1 \bigg/ \left(\frac{T_2}{T_1} - 1\right) = \frac{T_1}{T_2 - T_1} \tag{4.74}$$

实际的热泵,制冷工质的蒸发器必须在比低温热源更低的温度下蒸发才能吸热,冷凝器必须在比高温热源更高的温度下蒸发才能散热,因此需要补充更多的功能,工质循环的高温增加,而低温降低。实际的热泵工质循环的各热力参数在右上角添加“′”表示,根据热力学第一定律补充方程,则实际热泵补充的功量 W' 为

$$W' = \left(\frac{T_2' - T_1'}{T_1'}\right)Q_1' = \left(\frac{T_2' - T_1'}{T_2'}\right)Q_2' \tag{4.75a}$$

$$W' = E_{u,Q_1}' + E_{u,Q_2}' \tag{4.75b}$$

设蒸发器和冷凝器的传热温差分别是 ΔT_1、ΔT_2,则

$$T_1' = T_1 - \Delta T_1, \quad T_2' = T_2 + \Delta T_2, \quad Q_1' = Q_1, \quad Q_2' = \frac{T_2'}{T_1'}Q_1' = \frac{T_2'}{T_1'}Q_1,$$

$E_{u,Q_1}' = \pm \left(1 - \frac{T_0}{T_1'}\right)Q_1'$($T_1' > T_0$ 取正号,$T_1' < T_0$ 取负号);$E_{u,Q_2}' = \left(1 - \frac{T_0}{T_2'}\right)Q_2'$。

$$COP' = \frac{T_2'}{T_2' - T_1'} \tag{4.76}$$

实际热泵的能量过程的有效能消耗叠加方程(4.61)具体化为

$$\Delta E'_{u,ir} = \Delta E_{u,ir,1} + \Delta E_{u,ir,2} \tag{4.77}$$

其中,等号右边的第一、二项分别为蒸发器吸热、冷凝器放热温差产生的有效能损失,即

$$\Delta E'_{u,ir,1} = \left(\frac{T_0}{T'_1} - \frac{T_0}{T_1}\right)Q'_1$$

$$\Delta E'_{u,ir,2} = \frac{T'_2}{T'_1}\left(\frac{T_0}{T_2} - \frac{T_0}{T'_2}\right)Q'_1$$

如果把蒸发器和冷凝器传热的不可逆损失纳为内不可逆损失来分析,对环境交换的输入和输出的有效能以温度 T_1 和温度 T_2 来计算,则热力学第二定律的量化方程,即有效能消耗的表达式为

$$\Delta E'_{u,ir} = W' \pm E_{u,Q_1} - E_{u,Q'_2} \tag{4.78}$$

式中,$E_{u,Q_1} = \left(\frac{T_0}{T_1} - 1\right)Q_1$,当 $T_1 < T_0$ 时,取负号,当 $T_1 > T_0$ 时,取正号;$E_{u,Q_2} = \left(1 - \frac{T_0}{T_2}\right)Q_2$。

例 4.7 一台热泵,需要从温度为 $T_1 = 285\ \text{K}$ 的热源吸热,把热量提升温度到 $T_2 = 325\ \text{K}$ 输出,为了吸收热量和输出热量,热泵的蒸发器和冷凝器的传热温差假定都是 5 K,$T'_1 = 280\ \text{K}$,$T'_2 = 330\ \text{K}$,环境温度 $T_0 = 285\ \text{K}$,假定吸收热量为 Q_1,如图 4.6 所示。求:

(1) 比较式(4.72a)和式(4.72d)计算的热泵理论输入功;

(2) 计算输出热量;

(3) 热泵理论循环的性能系数;

(4) 比较式(4.75a)和式(4.75b)计算实际有两个换热器传热不可逆损失的热泵的输入功;

(5) 计算实际输出热量;

(6) 计算实际热泵性能系数;

(7) 用有效能消耗量加法计算实际热泵的总不可逆损失的有效能消耗量;

(8) 计算有不可逆传热损失时的输入功增量 $\Delta W'$。

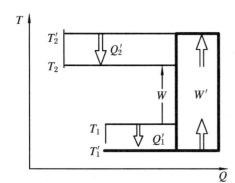

图 4.6 热泵能量传递示意图

解 (1) 据式(4.72a),$W = \left(\frac{325 - 285}{285}\right)Q_1 = 0.140\ Q_1$,据式(4.72d),$W = \frac{325}{285}\left(1 - \frac{285}{325}\right)Q_1 + \left(\frac{285}{285} - 1\right)Q_1 = 0.140\ Q_1$;

(2) $Q_2 = \frac{325}{285}Q_1 = 1.140\ Q_1$;

(3) $COP = \frac{325}{325 - 285} = 8.125$;

(4) 据式(4.75a),$W' = \left(\frac{330 - 280}{280}\right)Q_1 = 0.179Q_1$;据式(4.75b),$W' = E_{u,Q_1} + E_{u,Q_2} = \frac{285 - 280}{280}Q_1 - \frac{330}{280}\left(1 - \frac{285}{330}\right)Q_1 = (0.018 + 0.161)Q_1$

$= 0.179Q_1$;

(5) $Q_2' = \dfrac{330}{280} Q_1 = 1.179 Q_1$;

(6) $COP' = \dfrac{330}{330-280} = 6.60$;

(7) 据式(4.76),蒸发器的不可逆有效能损失为 $\Delta E_{u,ir} = \Delta E_{u,ir,1}' + \Delta E_{u,ir,2}' = 0.034 Q_1$,其中

$$\Delta E_{u,ir,1}' = \Delta E_{p,Q_1} = \left(\frac{285}{280} - 1\right) Q_1' = 0.018 Q_1$$

$$\Delta E_{u,ir,2}' = \Delta E_{p,Q_2} = \frac{330}{280}\left(\frac{285}{325} - \frac{285}{330}\right) Q_1' = 0.016 Q_1$$

(8) $\Delta W' = W' - W = \Delta E_{u,ir,1}' + \Delta E_{u,ir,2}' = 0.034 Q_1$。

该计算式的第一等号方程,是把换热器不可逆损失通过变换高、低热源温度的新内可逆循环求出 W',再通过减去原可逆循环的功量 W 来解决;第二等号的方程是通过计算两个换热器传热过程损失的有效能用累加方式求得。注意热泵输入功大部分转换为输出热量的有效能,这部分有效能并没有消耗,尽管如此,但是存在输出热能中的有效能,没有功能的质量高了。其品质已经被输出热量的温度 T_2 所限。

2. 能量分流过程的有效能方程

热功转换过程一定产生能量分流,典型的热功转换模型包括两个不同温度的热源和一个功源,热量从高温热源向低温热源迁移的过程,输入的热量中的有效能输出给功源,而剩余部分的热量输出给低温热源。低温热源的温度不等于环境温度时,这部分热量也包含有效能。以此模型讨论有效能分流的能量过程。

过程的能量方程,即热力学第一定律的输出功量 W 与输出热量 Q_2 之和等于输入热量 Q_1 的方程,即

$$Q_1 = Q_2 + W$$

式中,下角标 1、2 分别表示过程的起始、终止状态点。在有多级串联的能量过程,可以添加序号 i 的下角标表示第 i 级过程。

可逆过程的有效能方程是:输出功量 W 与输出热量的有效能 E_{u,Q_2} 之和等于输入热量的有效能 E_{u,Q_1},用数学式表示为

$$E_{u,Q_1} = E_{u,Q_2} + W \tag{4.79}$$

$$\left(1 - \frac{T_2}{T_1} W\right) Q_1 = \eta_C Q_1 \tag{4.80}$$

$$E_{u,Q_1} = Q_1\left(1 - \frac{T_0}{T_1}\right) \tag{4.81}$$

$$E_{u,Q_2} = \left(1 - \frac{T_0}{T_2}\right) Q_2 = \left(1 - \frac{T_0}{T_2}\right)(1 - \eta_C) Q_1 \tag{4.82}$$

例 4.8 假设在温度分别为 $T_1 = 760\,\mathrm{K}$ 和 $T_2 = 380\,\mathrm{K}$ 的高温和低温热源之间安装一台卡诺热机,环境温度为 $T_2 = 300\,\mathrm{K}$,从高温热源吸热量为 Q_1,求输出功 W、输出热量和输入、输出热量的有效能量,并验算 $E_{u,Q_1} = E_{u,Q_2} + W$。

解 $W = \left(1 - \dfrac{380}{760}\right) Q_1 = 0.5\, Q_1$;$E_{u,Q_1} = Q_1\left(1 - \dfrac{300}{760}\right) = 0.605 Q_1$;$Q_2 = (1 - 0.5) Q_1 = 0.5 Q_1$;

$$E_{u,Q_2} = \left(1 - \frac{300}{380}\right)(1 - 0.5)Q_1 = 0.105Q_1\text{。} \quad \text{验算：} E_{u,Q_1} = (0.1053 + 0.5)Q_1 =$$

$0.605Q_1\text{。}$

3. 能量流串联和分流叠合过程的有效能消耗率

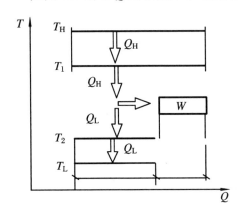

图 4.7 热机能量传递转换示意图

如图 4.7 的 $T\text{-}Q$ 所示的外不可逆内可逆循环热机的能量流过程，是典型的能量流串联和分流叠合过程。图 4.7 中的 T_H、T_L 分别为等效高温、低温热源温度，T_1 和 T_2 分别为热机循环的工质等效高温和低温，Q_H、Q_L 和 W 分别为吸热量、放热量和输出功量，$T_L = T_0$。

如图 4.7 所示的系统，工作过程能量经历了 3 个物系：高温热源、工质和低温热源，3 个子过程：高温热源对工质传热、工质对外界做功、工质对低温热源放热。以工质系统为论，根据式（4.69）的有效能消耗方程，假定为稳定态 $\Delta E_u = 0$，3 个与外界的吸热、做功和放热过程的有效能消耗方程分别为

$$\Delta E_{u,ir,1} = \Delta E_{u,Q,T_H} - \Delta E_{u,Q,T_1} = Q_H \frac{T_0}{T_1}\left(1 - \frac{T_1}{T_H}\right) = Q_H\left(\frac{T_0}{T_1} - \frac{T_0}{T_H}\right) \quad (4.83)$$

$$\Delta E_{u,ir,2} = 0, \quad W = Q_H\left(1 - \frac{T_2}{T_1}\right) \quad (4.84)$$

$$\Delta E_{u,ir,3} = Q_L\left(1 - \frac{T_0}{T_2}\right) = Q_H \frac{T_2}{T_1}\left(1 - \frac{T_0}{T_2}\right) = Q_H \frac{T_2}{T_1}\left(\frac{T_0}{T_L} - \frac{T_0}{T_2}\right) \quad (4.85)$$

$$Q_L = \frac{T_2}{T_1}Q_H \quad (4.86)$$

注意：各系统的放热量取负号，吸热量取正号。由于有效能消耗具有叠加性，则热机的有效能损失量为

$$\Delta E_{u,ir} = \Delta E_{u,ir,1} + 0 + \Delta E_{u,ir,3} = Q_H\left[\frac{T_0}{T_1}\left(1 - \frac{T_1}{T_H}\right) + \frac{T_2}{T_1}\left(1 - \frac{T_0}{T_2}\right)\right] = \left(\frac{T_2}{T_1} - \frac{T_L}{T_H}\right)Q_H$$

$$(4.87)$$

热机效率 η 为

$$\eta = \frac{W}{Q_H} = \left(1 - \frac{T_2}{T_1}\right) \quad (4.88)$$

有效能利用率 η_u 为

$$\eta_u = \frac{W}{E_{u,Q,T_H}} = \frac{1 - \dfrac{T_2}{T_1}}{1 - \dfrac{T_0}{T_H}} = \frac{T_1}{T_H} \cdot \frac{T_1 - T_2}{T_H - T_0} \quad (4.89)$$

外不可逆热机的不可逆度 $\eta_{u,ir}$ 为

$$\eta_{u,ir} = \frac{\Delta E_{u,ir}}{Q_H} = \frac{T_2}{T_1} - \frac{T_L}{T_H} \quad (4.90)$$

例 4.9 假定热机工作的各热工参数为：$T_H = 800\ \text{K}$，$T_1 = 750\ \text{K}$，$T_2 = 380\ \text{K}$，$T_L = T_0$

= 300 K，求热机的热机效率 η、热机的不可逆度 $\eta_{u,ir}$、有效能利用率 η_u。

解　$\eta = 0.494$；$\eta_{u,ir} = 0.132$；$\eta_u = 0.694$。

4.8　能势、势能、有效能和能量的品位的关系

1. 能量的品位

本章的上述内容探讨了热力学能的有效能定义、表达式及其应用。但是，在科学用能中，不仅要能量数量上的充分利用，更需要能量在品质上的对口利用，避免能量贬值使用。能量贬值使用是能量浪费的另一种形式。例如，用电能或燃烧燃气加热生活热水的典型的高品位能量贬值使用的例子，消耗同样电通过热泵制取相同温度的热水量是电直接加热得到的热水量 3 倍多。这样的事实告诉我们，电能是高品质能量，其品质比热水热量的品质要高的多。因此，为了更好指导科学用能，提出了能量品位的概念，并需要建立一个能客观统一评价各种不同形式能量品质的能量品位标准。

能量品位是以能量的功当量来度量的，因此，作为能量品位参数应当有如下特征：① 所论热力系承载的能量能够在与环境组成的能量转换系统中，直接进行热能、功能的转换；② 能够表示所论能量转换为功能的最大能力；③ 应当是无量纲参数；④ 取功能品位为基准品位的单位，即机械能和电能的品位定为 1。

由此，能量品位的定义式为：所论能量的有效能与所论能量的比值，用符号 φ 表示，数学表达式为

$$\varphi = \frac{E_u}{E} = \frac{e_u}{e} \tag{4.91}$$

式中，E_u 为所论能量 E 的有效能，e_u 为所论比能量 e 的比有效能。

几种能量的品位表征式：

温度为 T 热源热量的品位为

$$\varphi_T = \left(1 - \frac{T_0}{T}\right)q/q = 1 - \frac{T_0}{T} \quad (T \geqslant T_0) \tag{4.92}$$

式中，T_0 为环境温度。

温度为 T_c 热源冷量的品位为

$$\varphi_c = \frac{T}{T_0} - 1 \quad (T_0 \leqslant T) \tag{4.93}$$

当 $T_0 \leqslant T/2$ 以后，$\varphi_c \geqslant 1$，这说明此低温冷源与环境组成的热力系统，由环境源热量输入系统的热量产生的功量，超过冷源付出的冷量。换言之，低温冷量的品位是温度越低品位越高，要获得它需要很大代价。

初始温度 T 的有限热容定比热热力系的能量品位为

$$\tilde{\varphi}_T = 1 - \frac{T_0}{T - T_0}\ln\frac{T}{T_0} \quad (T \geqslant T_0) \tag{4.94}$$

闭口系的比热力学能 u 的能量品位为

$$\varphi_u = 1 - \frac{u_0}{u} - \frac{T_0(s - s_0)}{u} - \frac{p_0(v_0 - v)}{u} \tag{4.95}$$

开口系的比焓 h 的能量品位为

$$\varphi_h = 1 - \frac{h_0}{h} - \frac{T_0(s - s_0)}{h} \tag{4.96}$$

另外,系统受外力产生的能量品位都为1,因为导电线切割磁力线产生电能,机械能直接转换为电能了,所以视电能、机械能、磁力能的品位都为1。

2. 能势、势能、势差能

热力学能是一种势能,是集团分子运动产生的内力势能,势能的度量由势强度参数(示强参数)与广延参数(示量参数)的乘积表示。例如,热源的热能 $E_T = TS$,其中温度 T 为热量的势强度参数,S 为热量的广延参数;体积能 $E_v = pV$,其中 p 为体积能的势强度参数,V 为体积能的广延参数。当把热源的热量传递给热力系的工质时,工质获得能量并且状态发生改变,在不考虑化学组分变化时,工质内部能量变化在闭口系用热力学能 U 表示,U 之中包含了热能和体积能,$U = f(TS, pV)$,具体关系受工质状态方程约束,但 T,p 依然是其势强度参数。势强度参数是度量势能高低的参数,也称为能势参数。能势高低,只能判断同种能量转移的方向,不能作为能量品位的度量。

势能的势强度参数需要有参考基准,如果以 0 为基准的势强度参数称为绝对势强度参数,用符号 X 表示,不同形式的能量可用下角标添加1,2,3 等区别,对应的势能称为绝对势能,记作 E_p;与环境平衡态的势强度参数,用符号 X_0 表示,对应环境基准能势的势能称作基准势能,用 E_{p0} 表示;两个能势差之势能差称作势差能,用 $E_{p,12}$ 表示;绝对势能与基准势能的差值,称作相对基准的势差能,用 ΔE_{p0} 表示。

$$\Delta E_{p,12} = E_{p1} - E_{p2} \tag{4.7a}$$

$$\Delta E_{p0} = E_p - E_{p0} \tag{4.97b}$$

势差能的概念用于讨论热量输运和转换不涉及工质状态变化的过程是方便的;相对基准的势差能 ΔE_{p0},在描述热源热量转换为最大功能量时,与有效能计算式的结果和形式一致。但是,因为势差能不涉及过程中的能量的广延参数变化,不涉及与环境外界的能量交换,所以,势差能在热力系统到达环境平衡态的能量转换过程中,必须扣除最终与环境外界的交换能量,才能相当于有效能,参看闭口系和开口系的有效能表达式。

在能量利用价值的评估中,有时也用到能量密度和能量强度参数,例如,太阳能辐照强度、化石燃料的燃烧热值等。能量密度大的能量无疑利用价值高,在无势垒约束的自由能系中,能量密度大小与能势大小具有正相关性。能量密度大小表示高密度能量向低密度能量扩散迁移的能力大小,但是不与其转换成功能量份额直接相关,所以不能作为能量品位的度量标准。

能量的密度与势垒有关,势垒越大,被约束粒子运动范围尺度越小,能密度越大;原子核的势垒很大,分子化学键的势垒次之,导体中的自由电子、磁性材料中的磁子、流体分子、光子的势垒很小;能量转换必须打破势垒的约束才能进行;各种能源最终都要转换为电能才最好利用。能源开发和科学利用的研究,任重而道远。

参 考 文 献

［1］　伊藤猛宏.熱力学の基礎:上［M］.東京:コロナ社,1996.

［2］　西川兼康,伊藤猛宏.応用熱力学［M］.東京:コロナ社,1983.

［3］　杨思文,金六一,孔庆煦,等.高等工程热力学［M］.北京:高等教育出版社,1988.

［4］　曾丹苓,敖越,朱克雄,等.工程热力学［M］.2 版.北京:高等教育出版社,1986.

［5］　刘桂玉,刘志刚,阴建民.工程热力学［M］.北京:高等教育出版社,1998.

［6］　曾丹苓,敖越,张新铭,等.工程热力学［M］.3 版.北京:高等教育出版社,2002.

［7］　施明恒,李鹤立,王素美.工程热力学［M］.南京:东南大学出版社,2003.

［8］　朱明善,刘颖,史琳.工程热力学题型分析［M］.3 版.北京:清华大学出版社,2000.

［9］　苏长荪.高等工程热力学［M］.北京:高等教育出版社,1987.

［10］　王补宣.工程热力学［M］.北京:高等教育出版社,2011.

［11］　陈则韶.能势的表征［M］//中国科协学会编辑部.热学新理论及其应用.北京:中国科学技术出版社,2010.

第 2 篇　流体工质的热力性质

　　在热力系内进行热与功变换的物质称为工质。在不同的热力系统中所用的工质不都是相同的,蒸汽机中用的工质是水蒸气,燃气轮机中用的是烃类气体与空气的混合物,制冷设备用的是氨和各种烃的衍生物,如 R22、R134a 等,且所用的工质还在不断更新。实际用的工质的热力学性质与理想气体有很大区别,尤其在接近临界点和两相交界区,在两相和液相区的性质与理想气体相距更远。只有清楚知道工质的精确热物性,才能准确计算工质与外界的能量交换,因此,研究实际用的工质的热力性质是热力学的重要任务之一。工质的热力性质中只有几个参数可以利用实验法直接测量,其他大部分要通过热力学函数间的关系导出。所以本篇先要建立热力学函数间的关系,而后通过介绍单一物质的 p-v-T 热力学关系,使我们对实际物质的热力学状态有基本的了解,再接着介绍 p-v-T 的测定方法,进而介绍若干个常用的状态方程以及从状态方程求出各种热力函数的算法与算式,重点探讨工质的各种热力性质的推算方法。混合气体和混合液体的热力性质将放在多组分系统内讨论。

第 5 章　热力学函数间的普遍关系式

5.1　热力学函数的分类

　　热力学函数是用以描述热力系统的状态及建立系统与外界热量和功能交换的联系的函数。在 1.2 节中已对至今使用到的热力学函数分类为可测参数和不可测参数函数及强度参数和尺度(广延)参数(或函数)。热力学函数和参数的术语在许多书中混用,并没有严格的区别。本节将把可直接测定的基本的热力学函数称为参数,其余需要由可测函数导出的称为函数。例如,可测的基本参数有温度 T、压力 p 和体积 V。许多热力函数都是为了满足热力学分析的需求而建立的。例如:在描述热力学第二定律时建立了极重要的基本热力学熵函数 S;在应用热力学第一定律时,建立了热力学能函数(也称内能)U 和焓函数 H;为了判断平衡态的方便,又相继建立了辅助热力学函数,即亥姆霍兹自由能函数 F 和吉布斯自由能

函数 G 等。U、F 和 G 都不能直接测定,必须由其他可测函数或已导出函数求得。

热力学参数或函数中有些是与热能密切相关的,称为热相关函数,例如 T 和 S;有些是与功能密切相关的,称为功相关函数,例如 p 和 V;有些是与功能和热能都有关的,称为特征函数或复合函数,如 U、H、F 和 G。F 和 G 也称为复合功相关函数。

热力学函数的普遍关系式是依据热力学第一定律和第二定律建立起的由独立状态参数表示的解析式及其微分关系式。只要系统的状态函数是连续可微的,利用连续可微的性质导出的一般热力学函数之间的关系式,也将适用于状态连续变化的一切系统以及系统的全部状态。这种不涉及系统的特殊情况而导出的一般热力学函数之间的关系式,通常称为热力学普遍关系式。

从数学的可微函数来区分热力学函数,可以分为零阶、一阶、二阶函数。

(1) 零阶函数

零阶函数为特征函数或复合函数,如 U、H、F 和 G。

(2) 一阶导数函数

一阶导数函数为基本参数,都可以用特征函数的一阶偏导数表示,如 T、S、p 和 V。

(3) 二阶导数函数

二阶导数函数可以用特征函数的二阶偏导数表示,是基本参数的偏导数。本节将导出的二阶导数函数有比定压热容 c_p、比定容热容 c_V、热膨胀系数 α_p、定温压缩系数 k_T、定熵压缩系数 k_S、绝热节流系数(焦耳-汤姆逊系数)μ_J。

5.2　建立热力学函数普遍关系式的基础

建立热力学函数普遍关系式有两个目的:① 利用可测热力参数求取不能由实验直接测定的热力学函数;② 利用所建立的关系式指导实验和整理实验数据,检验实验数据的一致性,在有限的实验数据上根据热力学函数普遍关系式合理进行内插和外推,以减少实验次数,节省人力和物力。总之,要为建立工质的完整参数图表服务。

1. 基础之一

热力学函数的普遍关系式是热力学一个状态函数与其他状态函数之间的关系,因此它必须包含完整的独立变量参数,这叫作状态定理或相律的约束。例如,单组分单相气体可压缩系统的热力学函数中一定含有两个独立变量。状态定理或相律是建立热力学函数普遍关系式的基础之一。

2. 基础之二

热力学函数应能包含与热力学第一定律和热力学第二定律相关的信息,作为特征函数(或复合函数),应能够全面而确定地描述热力系统的平衡状态。因此,由热力学第一定律和热力学第二定律相结合而获得的以独立变量熵 S、体积 V 表示的热力学能 $U(S,V)$ 就是一个基本的特征函数,它包含了一个平衡系统所有的热力学性质。$U(S,V)$ 的微分方程已由式(3.10)给出,即

$$dU = TdS - pdV$$

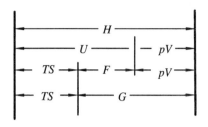

图 5.1 U、H、F 和 G 之间的关系

上式是讨论一切热力学函数普遍关系的基础式。由热力学第一、第二定律还导出了 $H(S,p)$、$F(T,V)$、$G(T,p)$ 这几个含有独立变量的基本热力学特征函数。因此,热力学第一、第二定律是导出热力学函数的基础之二。

据 U、H、F 和 G 的定义式,它们都与 U 有相同的量纲,也都应当归为热力学能函数范畴。所以,把 U、H、F 和 G 总称为热力能函数。各热力能函数之间的关系如图 5.1 所示。

3. 基础之三

由于热力学函数的连续可微性质,因此数学上有关函数的微分和偏导数关系、麦克斯韦(Maxwell)关系式以及勒让德(Legendre)变换和函数行列式的雅可比(Jacob)变换都将是推导热力学函数普遍关系式的重要依据。特征函数的重要作用在于只要对它求偏导数就能导出所有其他的热力学函数和参数,从而使计算大为简化。

4. 函数的偏导数基础

简单可压缩系统具有两个独立变量,如选定 x、y 为独立变量,则任意第三个变量 z 是 x 和 y 的函数,即

$$z = f(x,y)$$

这是简单可压缩系统状态参数间函数关系的一般表达式。常把 z 称为状态函数。例如:

$$u(s,v), \quad h(s,p), \quad f(v,T), \quad g(T,p), \quad s(T,v)$$

（1）全微分条件

若变量 z 是独立变量 x 和 y 的连续函数,它的各偏导数都存在且连续,则其全微分为

$$\mathrm{d}z = \left(\frac{\partial z}{\partial x}\right)_y \mathrm{d}x + \left(\frac{\partial z}{\partial y}\right)_x \mathrm{d}y \tag{5.1a}$$

或

$$\mathrm{d}z = M\mathrm{d}x + N\mathrm{d}y \tag{5.1b}$$

式中,$M = \left(\frac{\partial z}{\partial x}\right)_y$,$N = \left(\frac{\partial z}{\partial y}\right)_x$。

若 M、N 是 x、y 的连续函数,且混合偏导数连续,则混合偏导数与求导的顺序无关,即

$$\frac{\partial^2 z}{\partial x \partial y} = \frac{\partial^2 z}{\partial y \partial x}$$

或

$$\left(\frac{\partial M}{\partial y}\right)_x = \left(\frac{\partial N}{\partial x}\right)_y \tag{5.2}$$

上式为全微分的充分必要条件,也是 z 函数连续可微的充要条件。简单可压缩系统的每个状态参数都必须满足这个条件。式(5.2)为导出麦克斯韦方程的依据。

式(5.1a)中 z 函数可对应于 u、h、f 和 g 等函数,式(5.1b)中 M、N 为一阶的偏导函数。利用式(5.1a)可以导出 $u(s,v)$、$h(s,p)$、$f(v,T)$、$g(T,p)$ 特征函数与其独立变量的关系和八个偏导数,例如:

$$\mathrm{d}u(s,v) = \left(\frac{\partial u}{\partial s}\right)_v \mathrm{d}s + \left(\frac{\partial u}{\partial v}\right)_s \mathrm{d}v = T\mathrm{d}s - p\mathrm{d}v$$

$$\mathrm{d}h(s,p) = \left(\frac{\partial h}{\partial s}\right)_p \mathrm{d}s + \left(\frac{\partial h}{\partial p}\right)_s \mathrm{d}p = T\mathrm{d}s + v\mathrm{d}p$$

$$\mathrm{d}f(v,T) = \left(\frac{\partial f}{\partial v}\right)_T \mathrm{d}v + \left(\frac{\partial f}{\partial T}\right)_v \mathrm{d}T = -p\mathrm{d}v - s\mathrm{d}T$$

$$\mathrm{d}g(T,p) = \left(\frac{\partial g}{\partial T}\right)_p \mathrm{d}T + \left(\frac{\partial g}{\partial p}\right)_T \mathrm{d}T = -s\mathrm{d}T + v\mathrm{d}p$$

(2) 链式关系

$$\left(\frac{\partial z}{\partial y}\right)_x \left(\frac{\partial y}{\partial z}\right)_x = 1 \tag{5.3a}$$

$$\left(\frac{\partial z}{\partial y}\right)_x \left(\frac{\partial y}{\partial \alpha}\right)_x \left(\frac{\partial \alpha}{\partial z}\right)_x = 1 \tag{5.3b}$$

链式关系可运用于要把特征函数(u,f,g,h)对其他变量的偏导,转化为特征函数相对应的独立变量的偏导的场合,例如 $u(s,v)$ 的独立变量为 s 和 v,需把 u 对 p 的偏导转化为对另一个独立变量 s 的偏导时,可用链式关系做下式的变换:

$$\left(\frac{\partial u}{\partial p}\right)_v = \left(\frac{\partial u}{\partial s}\right)_v \left(\frac{\partial s}{\partial p}\right)_v = T\left(\frac{\partial s}{\partial p}\right)_v$$

(3) 循环关系

在保持 z 不变的($\mathrm{d}z = 0$)的条件下,式(5.1a)可写成

$$\left(\frac{\partial z}{\partial x}\right)_y \mathrm{d}x_z + \left(\frac{\partial z}{\partial y}\right)_x \mathrm{d}y_z = 0$$

式中,变量的下角标"x""y""z"都是相对不变的参数。上式两边同时除以 $\mathrm{d}y_z$,并应用式(5.3a)的链式关系,可得如下循环关系式:

$$\left(\frac{\partial x}{\partial y}\right)_z \left(\frac{\partial y}{\partial z}\right)_x \left(\frac{\partial z}{\partial x}\right)_y = -1 \tag{5.4}$$

在热力学分析中常常需要互换给定的变量,或者将其变换为一组新的变量,这就要用到循环关系。具体地说,可以把特征函数某偏导数的下标转入偏导数内,例如:

$$\left(\frac{\partial T}{\partial v}\right)_s = -\frac{1}{\left(\frac{\partial v}{\partial s}\right)_T \left(\frac{\partial s}{\partial T}\right)_v}$$

注意　链式关系与循环关系的区别:前者偏导数的下标是不变的,后者是要把偏导数的下标变为变量。

(4) 偏导数的固定参数对第四状态参数 α 的变化关系

设 $z = f(x,y)$ 中还含有一个参数 α,只是当它是一个不变值时,对 α 的函数全微分式用式(5.1a)可写为

$$\mathrm{d}z_\alpha = \left(\frac{\partial z}{\partial x}\right)_y \mathrm{d}x_\alpha + \left(\frac{\partial z}{\partial y}\right)_x \mathrm{d}y_\alpha$$

用 $\mathrm{d}x_\alpha$ 除上式中的各项,得

$$\left(\frac{\partial z}{\partial x}\right)_\alpha = \left(\frac{\partial z}{\partial x}\right)_y + \left(\frac{\partial z}{\partial y}\right)_x \left(\frac{\partial y}{\partial x}\right)_\alpha \tag{5.5}$$

式中,$\left(\frac{\partial z}{\partial x}\right)_y$ 是函数 $z(x,y)$ 对 x 的偏导数;$\left(\frac{\partial z}{\partial x}\right)_\alpha$ 是以 (x,α) 为独立变量时,函数 $z(x,\alpha)$ 对 x 的偏导数。为便于应用上式,将其称作第四不变参数的链式关系。式(5.5)运用于特征

函数的偏导的下角标不是其相对应的独立变量而是要转化为对应变量的下角标,例如 T 不是特征函数 $u(s,v)$ 的独立变量,利用式(5.5)可以转化成下式偏导的下角标:

$$\left(\frac{\partial u}{\partial v}\right)_T = \left(\frac{\partial u}{\partial v}\right)_s + \left(\frac{\partial u}{\partial s}\right)_v \left(\frac{\partial s}{\partial v}\right)_T$$

$$= -p + T\left(\frac{\partial s}{\partial v}\right)_T$$

(5) 勒让德变换

勒让德变换是用于独立变量与非独立变量之间的变换,它可用于寻求新独立变量的函数。勒让德变换的要点简述如下:

设有函数 $Z = Z(x_1, x_2, \cdots, x_m)$,其中 $x_1, x_2, \cdots, x_m$ 为独立变量,于是有

$$\mathrm{d}Z = X_1 \mathrm{d}x_1 + X_2 \mathrm{d}x_2 + \cdots + X_m \mathrm{d}x_m \tag{5.6}$$

此处,$X_1 = \left(\frac{\partial z}{\partial x_1}\right)_{x_{i\neq1}}$,$X_2 = \left(\frac{\partial z}{\partial x_2}\right)_{x_{i\neq2}}$,$\cdots$,$X_m = \left(\frac{\partial z}{\partial x_m}\right)_{x_{i\neq m}}$。$X_1, X_2, \cdots, X_m$ 均代表非独立变量,相当于式(5.1b)中的 M、N 等。一般说来,在这 m 个偏导数中,每一个都是 $x_1, x_2, \cdots, x_m$ 这些独立变量的函数。

引入新函数 Z_1,有

$$Z_1 = Z - X_1 x_1 \tag{5.7}$$

$$\mathrm{d}Z_1 = \mathrm{d}Z - \mathrm{d}(X_1 x_1) = \mathrm{d}Z - X_1 \mathrm{d}x_1 - x_1 \mathrm{d}X_1 \tag{5.8}$$

将式(5.6)代入上式,则得

$$\mathrm{d}Z_1 = -X_1 \mathrm{d}x_1 + X_2 \mathrm{d}x_2 + \cdots + X_m \mathrm{d}x_m \tag{5.9}$$

函数 Z_1 是以 $X_1, x_2, \cdots, x_m$ 为独立变量构成的新函数,其中在 Z 函数中为独立变量的 x_1 在函数 Z_1 中变为非独立变量。若把式(5.5)和式(5.6)中的下角标"1"改为"i",则有

$$Z_i = Z - \frac{\partial Z}{\partial x_i} x_i = Z - X_i x_i \quad (i = 1, 2, \cdots, m) \tag{5.10}$$

由式(5.10)可知,勒让德变换产生的新函数 Z_i,是由原函数 Z 减去(也可加上)一个勒让德变换新项构成的,勒让德变换新项 $X_i x_i$ 是由原函数 Z 对某变量 x_i 的偏导数 $\frac{\partial Z}{\partial x_i}$ 与该变量 x_i 的乘积项构成的。

由勒让德变换产生的新函数 Z_1 的新函数全微分式为

$$\mathrm{d}Z_i = \mathrm{d}Z - \mathrm{d}(X_i x_i)$$

$$= \mathrm{d}Z(x_1, x_2, \cdots, x_m) - X_i \mathrm{d}x_i - x_i \mathrm{d}X_i \quad (i = 1, 2, \cdots, m) \tag{5.11}$$

由式(5.11)可知,勒让德变换产生的新函数 Z_i 的全微分方程 $\mathrm{d}Z_i$,是由原函数的全微分项 $\mathrm{d}Z$ 减去(也可加上)一个勒让德变换新项的全微分 $\mathrm{d}(X_i x_i)$ 构成的。式(5.11)可称为勒让德微分变换式。

若要变更某函数中的某独立变量 x_i,应用勒让德变换则仅需在原函数中减去或加上独立变量 x_i 与其偏导数 X_i 的乘积就可构成含有 X_i 为新独立变量的新函数。例如,由热力学能函数 $U(S,V)$ 采用勒让德变换,加上变量 V 与原函数 U 对 V 的偏导数 p 的乘积,即构成了新函数 H。亥姆霍兹函数 F 则由热力学能函数 $U(S,V)$ 减去以熵 S 为变量的勒让德变换新项 TS 构成:

$$H = U + pV \tag{5.12a}$$

$$F = U - TS \quad (T_1 = T_2 = T_0) \tag{5.12b}$$

$$G = H - TS \quad (p_1 = p_2 = p_0 \text{ 和 } T_1 = T_2 = T_0) \tag{5.12c}$$

p 和 T 分别为函数 U 对变量 V 和 S 的偏导数；F 包括膨胀功和非膨胀功的一切功；G 只是非膨胀功。

（6）热力学基本微分方程

以勒让德微分变换式(5.11)对热力学能函数全微分方程(3.10)，有

$$dU = TdS - pdV$$

进行勒让德变换，可得

$$dH = dU + d(pV) = TdS - pdV + pdV + Vdp$$

即

$$dH = TdS + Vdp \tag{5.13a}$$

同样有

$$dF = - pdV - SdT \tag{5.13b}$$

$$dG = - SdT + Vdp \tag{5.13c}$$

式(3.10)和上面三式为热力学基本微分方程。虽然这几个微分方程都可以从热力学第一、第二定律的结合方程中导出，但应用数学变换可以通过形式变换推导出新函数。值得注意的是，数学推导的结果一定要回到物理中加以深刻理解。另外，从勒让德变换中可知，函数中有多少个独立变量，则可进行多少种变换。

（7）雅可比变换

雅可比变换实际上是函数行列式的变换。1934 年萧氏(A. N. Shaw)首先将其应用于热力学函数的变换。其关键点是把行列式中的各项按一定的排序法用函数的偏导数代替，而后利用行列式的性质像代数运算一样方便地进行函数的偏导数的变量变换。以下以两个独立变量的函数说明这种变换方法。

设有函数 $A = A(x, y)$，$B = B(x, y)$，其中 x、y 为独立变量。令

$$A'_x = \left(\frac{\partial A}{\partial x}\right)_y, \quad A'_y = \left(\frac{\partial A}{\partial y}\right)_x, \quad B'_x = \left(\frac{\partial B}{\partial x}\right)_y, \quad B'_y = \left(\frac{\partial B}{\partial y}\right)_x$$

定义

$$J = \begin{vmatrix} A'_x & A'_y \\ B'_x & B'_y \end{vmatrix} = A'_x B'_y - B'_x A'_y \tag{5.14a}$$

并用以下符号表示：

$$J = \frac{\partial(A, B)}{\partial(x, y)} \tag{5.14b}$$

由于定义式中的 x、y 并未规定是什么变量，因此对任何偏导数都是适用的。这种函数行列式具有以下性质：

① 反序原理

$$\frac{\partial(A, B)}{\partial(x, y)} = - \frac{\partial(B, A)}{\partial(x, y)} \tag{5.15}$$

② 共有变量原理

$$\frac{\partial(A, y)}{\partial(x, y)} = \left(\frac{\partial(A)}{\partial(x)}\right)_y \tag{5.16}$$

③ 倒数原理

$$\frac{\partial(A,B)}{\partial(x,y)} = \frac{1}{\dfrac{\partial(x,y)}{\partial(A,B)}} \tag{5.17}$$

④ 变量置换原理

$$\frac{\partial(A,B)}{\partial(x,y)} = \frac{\partial(A,B)}{\partial(u,v)}\frac{\partial(u,v)}{\partial(x,y)} \tag{5.18}$$

⑤ 面积特性原理

行列式函数 J 等于在面积趋近于零时以 A 和 B 为直角坐标的 A-B 平面上的面元与以 x 和 y 为直角坐标的 x-y 平面上的对应面元之比的极限值。

例 5.1   试用雅可比变换证明式(5.5)的关系:

$$\left(\frac{\partial z}{\partial x}\right)_\alpha = \left(\frac{\partial z}{\partial x}\right)_y + \left(\frac{\partial z}{\partial y}\right)_x \left(\frac{\partial y}{\partial x}\right)_\alpha$$

解

$$\left(\frac{\partial z}{\partial x}\right)_\alpha = \frac{\partial(z,\alpha)}{\partial(x,\alpha)} = \frac{\partial(z,\alpha)}{\partial(x,y)} \bigg/ \frac{\partial(x,\alpha)}{\partial(x,y)}$$

$$= \left[\left(\frac{\partial z}{\partial x}\right)_y \left(\frac{\partial \alpha}{\partial y}\right)_x - \left(\frac{\partial \alpha}{\partial x}\right)_y \left(\frac{\partial z}{\partial y}\right)_x\right]\left(\frac{\partial y}{\partial \alpha}\right)_x$$

$$= \left(\frac{\partial z}{\partial x}\right)_y - \left(\frac{\partial \alpha}{\partial x}\right)_y \left(\frac{\partial z}{\partial y}\right)_x \left(\frac{\partial y}{\partial \alpha}\right)_x$$

据循环关系式(5.4),有

$$\left(\frac{\partial \alpha}{\partial x}\right)_y \left(\frac{\partial y}{\partial \alpha}\right)_x = -\left(\frac{\partial y}{\partial x}\right)_\alpha$$

代入上式即得式(5.5)。

5.3   热力学基本关系式和麦克斯韦方程

1. 比热力学函数的基本微分方程

为了表述工质热力性质,通常把基本热力学关系式表示为以单位质量(kg)度量的比函数形式,即

比热力能

$$\mathrm{d}u = T\mathrm{d}s - p\mathrm{d}v \tag{5.19}$$

比焓

$$\mathrm{d}h = T\mathrm{d}s + v\mathrm{d}p \tag{5.20}$$

比吉布斯函数

$$\mathrm{d}g = -s\mathrm{d}T + v\mathrm{d}p \tag{5.21}$$

比亥姆霍兹函数

$$\mathrm{d}f = -p\mathrm{d}v - s\mathrm{d}T \tag{5.22}$$

为了便于记忆上述四个基本关系式,可采用图 5.2 所示的行列式运算顺序记忆法。图

5.2 中方框外四角自左上角起顺时针布置着四个热力学能函数 u、h、g 和 f,方框内从左上角起顺时针布置着四个函数的四个变量 T、v、s 和 p。外顶角的函数由正方形内的变量或其微分值按行列式计算原则组合而成,对角线乘积的首位取变量自身,次位取变量的微分值,第二行为首位时为负值。例如,由图 5.2(a),左上角的特征函数为 u,其微分关系式按行列式关系如图箭头顺序,因为约定第二位数即箭头指向的参数是独立变量,独立变量之前带微分号,箭头尾项为函数对箭头所指变量的偏导数,所以得 $\mathrm{d}u = T\mathrm{d}s - p\mathrm{d}v$,$u$ 的独立变量是 s 和 v,其对 s 和 v 的偏导数分别是 T 和 p。又例如,吉布斯函数 g 的独立变量是 T 和 p,而其偏导数则为 s 和 v,按行列式展开的规则,有式(5.22)的关系。因此,用图 5.2 可方便地记忆式(5.19)~式(5.22)四式。

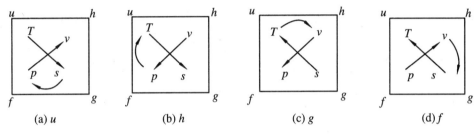

图 5.2 u、h、g 和 f 微分关系速记图

2. 一阶偏导数参数间关系

式(5.19)~式(5.22)的四个特征函数的微分式,包含了八个偏导数,并有如下关系:

$$T = \left(\frac{\partial u}{\partial s}\right)_v = \left(\frac{\partial h}{\partial s}\right)_p \tag{5.23}$$

$$p = -\left(\frac{\partial u}{\partial v}\right)_s = -\left(\frac{\partial f}{\partial v}\right)_T \tag{5.24}$$

$$v = \left(\frac{\partial h}{\partial p}\right)_s = \left(\frac{\partial g}{\partial p}\right)_T \tag{5.25}$$

$$s = -\left(\frac{\partial f}{\partial T}\right)_v = -\left(\frac{\partial g}{\partial T}\right)_p \tag{5.26}$$

由以上关系可知,当相应独立变量确定之后,只要已知基本关系式 $u(s,v)$、$h(s,p)$、$f(T,v)$ 和 $g(T,p)$ 中的一个函数,则其余函数均被确定。例如,当取 T、p 为独立变量,在已知函数 $g(T,p)$ 的情况下,可由式(5.25)给出 v,由式(5.26)给出 s。然后,按照各组含状态函数的定义就可得出比焓 $h = g + Ts$、比热力学能 $u = h - pv$ 和比亥姆霍兹函数 $f = u - Ts$。因此,常称 $u(s,v)$、$h(s,p)$、$f(T,v)$ 和 $g(T,p)$ 等为特征函数。

3. 麦克斯韦方程

麦克斯韦关系是将全微分的充要条件,即式(5.2)应用于上述四个热力学基本关系式得到关于热力学能函数的二阶偏导数的关系式,或者说是可测参数的偏导数与熵偏导数之间的关系,是推导熵、热力能、焓及比热容的热力学一般关系式的基础。这些关系分别为

$$\left(\frac{\partial T}{\partial v}\right)_s = -\left(\frac{\partial p}{\partial s}\right)_v \tag{5.27}$$

$$\left(\frac{\partial T}{\partial p}\right)_s = \left(\frac{\partial v}{\partial s}\right)_p \tag{5.28}$$

$$\left(\frac{\partial s}{\partial v}\right)_T = \left(\frac{\partial p}{\partial T}\right)_v \tag{5.29}$$

$$\left(\frac{\partial s}{\partial p}\right)_T = -\left(\frac{\partial v}{\partial T}\right)_p \tag{5.30}$$

5.4 热 系 数

在麦克斯韦方程中有几项可测参数间的导数是有明确物理意义的,因而可以用来求熵参数。

1. 由状态方程导出的三个热系数

几个常用的热系数分别是:

(1) 体胀系数

$$\alpha_V = \frac{1}{v}\left(\frac{\partial v}{\partial T}\right)_p \tag{5.31}$$

(2) 定温压缩率

$$\kappa_T = -\frac{1}{v}\left(\frac{\partial v}{\partial p}\right)_T \tag{5.32}$$

(3) 定熵压缩率

$$\kappa_S = -\frac{1}{v}\left(\frac{\partial v}{\partial p}\right)_s \tag{5.33}$$

由于体胀系数与定温压缩率的可测性,故它们的重要性显而易见。又因二阶偏导数与求导次序无关,所以它们之间存在以下关系:

$$\left(\frac{\partial \alpha_V}{\partial p}\right)_T = -\left(\frac{\partial \kappa_T}{\partial T}\right)_p \tag{5.34}$$

这说明系数 α_V 与 κ_T 之间不是相互独立的,而且

$$\frac{\alpha_V}{k_T} = -\frac{(\partial v/\partial T)_p}{(\partial v/\partial p)_T} = -\frac{\partial(v,p)}{\partial(T,p)}\bigg/\frac{\partial(v,T)}{\partial(p,T)} = \frac{\partial(v,p)}{\partial(v,T)}$$

即得

$$\frac{\alpha_V}{\kappa_T} = \left(\frac{\partial p}{\partial T}\right)_v \tag{5.35}$$

2. 音速

定熵压缩率 κ_S 是联系定熵过程中容积变化与压力变化的一个偏导数。定熵压缩率与压力波(声波)在物质中的传播速度有关,也相当重要。音速 a 表示为

$$a = \sqrt{\left(\frac{\partial p}{\partial \rho}\right)_s} \tag{5.36}$$

式中,ρ 是物质的密度,即 $\rho = 1/v$。将式(5.33)代入上式,得

$$a = \sqrt{-v^2\left(\frac{\partial p}{\partial v}\right)_s} = \sqrt{\frac{v}{\kappa_S}} \tag{5.37}$$

3. 比热容

在准平衡过程中,物体温度升高 1 K 所吸收的热量称为物体的热容。单位质量物体的热容称为比热容,用 c 表示,单位是 kJ/(kg · K),其定义式为

$$c = \frac{\delta q}{\mathrm{d}T} \tag{5.38}$$

热量是过程量,它与过程进行的途径有关,不同过程的比热容具有不同的数值。定容积过程和定压过程的比热容都特别常用,分别称为比定容热容和比定压热容,用符号 c_V 和 c_p 表示。

在准平衡态的定容积过程中,据热力学第一定律 $\delta q_v = \mathrm{d}u$,因而比定容热容可定义为

$$c_V \equiv \left(\frac{\partial u}{\partial T}\right)_v = T\left(\frac{\partial s}{\partial T}\right)_v \tag{5.39}$$

在准平衡态的定压过程中,据热力学第一定律 $\delta q_p = \mathrm{d}h$,因而比定压热容可定义为

$$c_p \equiv \left(\frac{\partial h}{\partial T}\right)_p = T\left(\frac{\partial s}{\partial T}\right)_p \tag{5.40}$$

笼统地说比热容是状态参数未必妥当。但是,比定压热容 c_p 和比定容热容 c_V 完全取决于状态,所以它们本身也必定是状态参数。

4. 绝热节流系数

焓值不变时温度对压力的偏导数称为绝热节流系数,或称焦耳-汤姆逊系数,用 μ_J 表示:

$$\mu_\mathrm{J} \equiv \left(\frac{\partial T}{\partial p}\right)_h \tag{5.41}$$

绝热节流系数表征绝热节流过程的温度效应,它的数值可以通过焦耳-汤姆逊实验测定。在工质热力性质的研究中,μ_J 也是一个重要的热系数,因为也可以用测出 μ_J 的数据导出工质的状态方程式。

5.5　比热容的普遍关系式

由定义可知,比热容的计算涉及能量,采用热量计测定热量,则在低温或高压条件下很难达到高的精确度。另外,比定容热容 c_V 的测量尤为困难,特别是液体和固体。因此,建立比热容的普遍关系式主要有两个目的:一个是寻求从直接测量的 p,v,T 值所建立的 p-v-T 关系中,间接地计算出比热容;另一个从可测定或已获得的比定压热容 c_p 值计算 c_V 值。c_p 和 c_V 之间的关系以及它们与压力或温度的关系却完全可用 p-v-T 关系确定。这些关系在比热容的测定与计算中很有用处。

1. 绝热指数 κ

在等温条件下,c_V 随比体积变化的关系从定义式出发和用式(5.29)导出如下:

$$\left(\frac{\partial c_V}{\partial v}\right)_T = T\frac{\partial^2 s}{\partial v \partial T} = T\frac{\partial}{\partial T}\left(\frac{\partial s}{\partial v}\right)_T = T\frac{\partial}{\partial T}\left(\frac{\partial p}{\partial T}\right)_v = T\left(\frac{\partial^2 p}{\partial T^2}\right)_v \tag{5.42}$$

在等温条件下,c_p 随着压力变化的关系从定义式出发和利用式(5.30)导出如下:

$$\left(\frac{\partial c_p}{\partial p}\right)_T = T\frac{\partial^2 s}{\partial p \partial T} = T\frac{\partial}{\partial T}\left(\frac{\partial s}{\partial p}\right)_T = -T\frac{\partial}{\partial T}\left(\frac{\partial v}{\partial T}\right)_p = -T\left(\frac{\partial^2 v}{\partial T^2}\right)_p \quad (5.43)$$

比定压热容 c_p 与比定容热容 c_V 的比值通常称为绝热指数 κ，其表示式为

$$\kappa = \frac{c_p}{c_V} \quad (5.44)$$

因为

$$k = \frac{c_p}{c_V} = \frac{(\partial s/\partial T)_p}{(\partial s/\partial T)_v} = \frac{\partial(s,p)}{\partial(T,p)}\frac{\partial(T,v)}{\partial(s,v)} = \frac{\partial(s,p)}{\partial(s,v)}\frac{\partial(T,v)}{\partial(T,p)} = \left(\frac{\partial p}{\partial v}\right)_s\left(\frac{\partial v}{\partial p}\right)_T$$

所以，绝热指数 κ 等于 p-v 图上定熵线的斜率与定温线的斜率之比。代入定熵压缩率及定温压缩率，即得

$$\kappa = \frac{\kappa_T}{\kappa_S} \quad (5.45)$$

2. 比热容差 $(c_p - c_V)$

据比热容定义式，有

$$c_p - c_V = T\left[\left(\frac{\partial s}{\partial T}\right)_p - \left(\frac{\partial s}{\partial T}\right)_v\right]$$

在上式中对于熵函数来说有三个参数，现选定 p 为第四不变参数，利用式(5.5)链式关系，有

$$\left(\frac{\partial s}{\partial T}\right)_p = \left(\frac{\partial s}{\partial T}\right)_v + \left(\frac{\partial s}{\partial v}\right)_T\left(\frac{\partial v}{\partial T}\right)_p$$

代入上式，并根据含 T、v 为独立变量的麦克斯韦关系，有

$$\left(\frac{\partial s}{\partial v}\right)_T = \left(\frac{\partial p}{\partial T}\right)_v$$

得到

$$c_p - c_V = T\left(\frac{\partial p}{\partial T}\right)_v\left(\frac{\partial v}{\partial T}\right)_p \quad (5.46)$$

引入循环关系和体胀系数 α_V、定温压缩率 κ_T，上式变为

$$c_p - c_V = Tv\alpha_V^2/k_T \quad (5.47)$$

当有足够精确的 p、v、T 数据时，可用式(5.46)和式(5.47)进行 c_p 和 c_V 间的相互换算。

3. 比热容与热系数之间的关系

(1) c_V 的关系

比定容热容与热系数之间的关系应用循环关系式(5.4)和麦克斯韦关系式(5.29)及 c_V 的定义式导出。因为

$$\left(\frac{\partial v}{\partial T}\right)_s = -\frac{(\partial s/\partial T)_v}{(\partial s/\partial v)_T} = -\frac{c_V}{T}\left(\frac{\partial T}{\partial p}\right)_v$$

所以有 c_V 与热系数之间的关系为

$$c_V = -T\left(\frac{\partial p}{\partial T}\right)_v\left(\frac{\partial v}{\partial T}\right)_s \quad (5.48)$$

(2) c_p 的关系

应用循环关系式(5.4)和麦克斯韦关系式(5.30)及 c_p 的定义式导出为

$$\left(\frac{\partial p}{\partial T}\right)_s = -\frac{(\partial s/\partial T)_v}{(\partial s/\partial p)_T} = \frac{c_p}{T}\left(\frac{\partial T}{\partial v}\right)_p$$

所以有 c_p 与热系数之间的关系为

$$c_p = T\left(\frac{\partial v}{\partial T}\right)_v \left(\frac{\partial p}{\partial T}\right)_s \tag{5.49}$$

将体胀系数 α_V 代入上式,可得

$$c_p = T\alpha_V v \left(\frac{\partial p}{\partial T}\right)_s \tag{5.50}$$

利用式(5.5)有第四参数为定值时的关系,有

$$\left(\frac{\partial v}{\partial p}\right)_T = \left(\frac{\partial v}{\partial p}\right)_s + \left(\frac{\partial v}{\partial s}\right)_p \left(\frac{\partial s}{\partial p}\right)_T$$

利用麦克斯韦关系式(5.30)可将上式整理成

$$\left(\frac{\partial s}{\partial v}\right)_p = \frac{\left(\frac{\partial v}{\partial T}\right)_p}{\left(\frac{\partial v}{\partial p}\right)_s - \left(\frac{\partial v}{\partial p}\right)_T}$$

又因

$$\left(\frac{\partial s}{\partial v}\right)_p = \left(\frac{\partial T}{\partial v}\right)_p \left(\frac{\partial s}{\partial T}\right)_p = \left(\frac{\partial T}{\partial v}\right)_p \cdot \frac{c_p}{T}$$

联合以上两式,并引入体胀系数 α_V、定熵压缩率 κ_S 及定温压缩率 κ_T,最后可得

$$c_p = \frac{T\alpha_V^2 v}{\kappa_T - \kappa_S} \tag{5.51}$$

式(5.47)~式(5.51)中各个系数都是可以测量的,其中包括定熵条件下的系数,因为它们直接与音速相联系。这些公式是采用非直接法测定比热容的基础。

5.6　比熵 s、比热力学能 u、比焓 h 的普遍关系式

熵函数是一个重要的基本热力学参数,它不能直接测定,只能由可直接测定的 p、v、T 和已获得的比热容值算出,熵的普遍关系式就是熵与这些已选定的独立参数之间的关系式。在 p、v、T 三个独立参数中任选两个作为熵的独立变量,可获得三个熵的普遍关系式。它们都是利用熵的基本微分方程和麦克斯韦关系导出的。以下导出比熵 s、比热力学能 u 和比焓 h 的普遍关系式。

1. 以 T、v 为独立变量

(1) $s(T,v)$

$$\mathrm{d}s = \left(\frac{\partial s}{\partial T}\right)_v \mathrm{d}T + \left(\frac{\partial s}{\partial v}\right)_T \mathrm{d}v$$

据 c_V 的定义式和麦克斯韦关系式(5.29),得到以 T 和 v 为独立变量的第一 $\mathrm{d}s$ 方程为

$$\mathrm{d}s = \frac{c_V}{T}\mathrm{d}T + \left(\frac{\partial p}{\partial T}\right)_v \mathrm{d}v \tag{5.52}$$

(2) $u(T,v)$

$\mathrm{d}u$ 的基本方程为

$$\mathrm{d}u = T\mathrm{d}s - p\mathrm{d}v$$

把式(5.52)代入上式,得到以 T、v 为独立变量的第一 $\mathrm{d}u$ 方程为

$$\mathrm{d}u = c_V \mathrm{d}T - \left[p - T \left(\frac{\partial p}{\partial T} \right)_v \right] \mathrm{d}v \tag{5.53}$$

(3) $h(T, v)$

$\mathrm{d}h$ 的基本方程为

$$\mathrm{d}h = T\mathrm{d}s + v\mathrm{d}p$$

把 $\mathrm{d}s$ 和 $\mathrm{d}p$ 都表示为以 T、v 为独立变量的函数的全微分方程代入上式,即得以 T、v 为独立变量的第一 $\mathrm{d}h$ 方程为

$$\mathrm{d}h = \left[c_V + v \left(\frac{\partial p}{\partial T} \right)_v \right] \mathrm{d}T + \left[T \left(\frac{\partial p}{\partial T} \right)_v + v \left(\frac{\partial p}{\partial v} \right)_T \right] \mathrm{d}v \tag{5.54}$$

2. 以 T、p 为独立变量

(1) $s(T, p)$

$$\mathrm{d}s = \left(\frac{\partial s}{\partial T} \right)_p \mathrm{d}T + \left(\frac{\partial s}{\partial p} \right)_T \mathrm{d}p$$

据 c_p 的定义式(5.40)和麦克斯韦关系式(5.30),得到以 T、p 为独立变量的第二 $\mathrm{d}s$ 方程为

$$\mathrm{d}s = \frac{c_p}{T}\mathrm{d}T - \left(\frac{\partial v}{\partial T} \right)_p \mathrm{d}p$$

$$= \frac{c_p}{T}\mathrm{d}T - v\alpha_V \mathrm{d}p \tag{5.55}$$

(2) $u(T, p)$

$\mathrm{d}u$ 的基本方程中的 $\mathrm{d}s$ 用以 T、p 为独立变量的第二 $\mathrm{d}s$ 方程代替,并把 $\mathrm{d}v$ 按 T、p 作如下展开:

$$\mathrm{d}v = \left(\frac{\partial v}{\partial T} \right)_p \mathrm{d}T + \left(\frac{\partial v}{\partial p} \right)_T \mathrm{d}p$$

即得以 T、p 为独立变量的第二 $\mathrm{d}u$ 方程为

$$\mathrm{d}u = \left[c_p - p \left(\frac{\partial v}{\partial T} \right)_p \right] \mathrm{d}T - \left[T \left(\frac{\partial v}{\partial T} \right)_p + p \left(\frac{\partial v}{\partial p} \right)_T \right] \mathrm{d}p \tag{5.56}$$

(3) $h(T, p)$

$\mathrm{d}h$ 的基本方程中的 $\mathrm{d}s$ 用以 T、p 为独立变量的第二 $\mathrm{d}s$ 方程代替,得到以 T、p 为独立变量的第二 $\mathrm{d}h$ 方程为

$$\mathrm{d}h = c_p \mathrm{d}T + \left[v - T \left(\frac{\partial v}{\partial T} \right)_p \right] \mathrm{d}p \tag{5.57}$$

3. 以 p、v 为独立变量

(1) $s(p, v)$

把 $\mathrm{d}s$ 写为以 p、v 为独立变量的全微分方程

$$\mathrm{d}s = \left(\frac{\partial s}{\partial p} \right)_v \mathrm{d}p + \left(\frac{\partial s}{\partial v} \right)_p \mathrm{d}v$$

$$= \left(\frac{\partial s}{\partial T} \right)_v \left(\frac{\partial T}{\partial p} \right)_v \mathrm{d}p + \left(\frac{\partial s}{\partial T} \right)_p \left(\frac{\partial T}{\partial v} \right)_p \mathrm{d}v$$

于是得到以 p、v 为独立变量的第三 $\mathrm{d}s$ 方程为

$$ds = \frac{c_v}{T}\left(\frac{\partial T}{\partial p}\right)_v dp + \frac{c_p}{T}\left(\frac{\partial T}{\partial v}\right)_p dv \tag{5.58}$$

（2）$u(p,v)$

用上述相同方法得到以 p、v 为独立变量的第三 du 方程为

$$du = c_V\left(\frac{\partial T}{\partial p}\right)_v dp + \left[c_p\left(\frac{\partial T}{\partial v}\right)_p - p\right]dv \tag{5.59}$$

（3）$h(p,v)$

用上述相同方法得到以 p、v 为独立变量的第三 dh 方程为

$$dh = \left[v + c_V\left(\frac{\partial T}{\partial p}\right)_v\right]dp + c_p\left(\frac{\partial T}{\partial v}\right)_p dv \tag{5.60}$$

5.7　绝热节流系数的一般关系式

绝热节流系数与状态方程和其他热系数之间的一般关系式，可直接由式(5.57)的第二 dh 方程导出。在焓值不变($dh = 0$)时，有

$$\mu_J = \left(\frac{\partial T}{\partial p}\right)_h = \frac{1}{c_p}\left[T\left(\frac{\partial v}{\partial T}\right)_p - v\right] \tag{5.61a}$$

引用体胀系数 α_V，可把上式表示为

$$\mu_J = \frac{v}{c_p}(T\alpha_V - 1) \tag{5.61b}$$

依据绝热节流系数的一般关系式，可以由状态方程和比热容计算得到 μ_J；反之，在由实验得到比热容和绝热节流系数后，也可以用积分的方法得出状态方程式。但实际上，目前后一种方法用得很少。

例 5.2　以 U、V 为独立变量的 $S(U,V)$ 函数是否是特征函数？

解　据热力学基本方程，有

$$dS = \frac{dU}{T} + \frac{p}{T}dV$$

而作为状态参数的熵，其全微分式为

$$dS = \left(\frac{\partial S}{\partial U}\right)_V dU + \left(\frac{\partial S}{\partial V}\right)_U dV$$

$$\left(\frac{\partial S}{\partial U}\right)_V = \frac{1}{T}, \quad p = T\left(\frac{\partial S}{\partial V}\right)_U = \frac{\left(\frac{\partial S}{\partial V}\right)_U}{\left(\frac{\partial S}{\partial U}\right)_V}$$

按焓、吉布斯函数和亥姆霍兹函数的定义，分别得

$$H = U + pV = U + \frac{\left(\frac{\partial S}{\partial V}\right)_U}{\left(\frac{\partial S}{\partial U}\right)_V}V$$

$$G = H - TS = U + \frac{\left(\frac{\partial S}{\partial V}\right)_U}{\left(\frac{\partial S}{\partial U}\right)_V} V - \frac{S}{\left(\frac{\partial S}{\partial U}\right)_V}$$

$$F = U - TS = U - \frac{S}{\left(\frac{\partial S}{\partial U}\right)_V}$$

可见，$S(U,V)$ 可确定均匀系的平衡性质，$S(U,V)$ 是特征函数。

例 5.3 试证 $v(T,p)$ 不是特征函数。

证明 状态参数 v 的全微分为

$$\mathrm{d}v = \left(\frac{\partial v}{\partial T}\right)_p \mathrm{d}T + \left(\frac{\partial v}{\partial p}\right)_T \mathrm{d}p \tag{a}$$

由 $\mathrm{d}u$ 的基本方程，改写得

$$\mathrm{d}v = \frac{T}{p}\mathrm{d}s - \frac{1}{p}\mathrm{d}u \tag{b}$$

由式(b)出发，将

$$\mathrm{d}s = \left(\frac{\partial s}{\partial T}\right)_p \mathrm{d}T + \left(\frac{\partial s}{\partial p}\right)_T \mathrm{d}p$$

及

$$\mathrm{d}u = \left(\frac{\partial u}{\partial T}\right)_p \mathrm{d}T + \left(\frac{\partial u}{\partial p}\right)_T \mathrm{d}p$$

代入，则得

$$\left(\frac{\partial v}{\partial T}\right)_p = \frac{T}{p}\left(\frac{\partial s}{\partial T}\right)_p - \frac{1}{p}\left(\frac{\partial u}{\partial T}\right)_p$$

$$\left(\frac{\partial v}{\partial p}\right)_T = \frac{T}{p}\left(\frac{\partial s}{\partial p}\right)_T - \frac{1}{p}\left(\frac{\partial u}{\partial p}\right)_T$$

由以上两式可以发现，单纯由 T、p、v 及其偏导数无法确定诸如 s、u 等参数，故 $v(T,p)$ 不是特征函数。

参 考 文 献

[1] 伊藤猛宏. 熱力学の基础: 上[M]. 東京: コロナ社, 1996.
[2] 曾丹苓, 敖越, 朱克雄. 工程热力学[M]. 2 版. 北京: 高等教育出版社, 1986.
[3] 刘桂玉, 刘志刚, 阴建民, 等. 工程热力学[M]. 北京: 高等教育出版社, 1998.
[4] 曾丹苓, 敖越, 张新铭, 等. 工程热力学[M]. 3 版. 北京: 高等教育出版社, 2002.
[5] 施明恒, 李鹤立, 王素美, 等. 工程热力学[M]. 南京: 东南大学出版社, 2003.

第 6 章 热力性质的实验测定

工程热力学是以实验为基础的科学,它的基本定律是来自实践的经验总结,工质的物性主要来源于实验,掌握热力学基本实验技术是对从事热科学的研究人员和研究生的最低要求。希望本章的内容能有助于读者对热力学实验加深了解,并使他们学会设计热力学实验装置,制订实验方案。

6.1　单一物质的 *p-v-T* 热力学关系图

工质的三个热力参数 p、v、T 是可测定的,因此最为直观的状态方程是 $F(p,v,T)=0$。只要在 p、v、T 三维坐标系中,利用 p、v、T 的测定值,就能够把单一组分工质的热力学状态方程 $F(p,v,T)=0$ 用一个 p-v-T 曲面表示出来。这就是 p-v-T 热力学面,如图 6.1所示。

p-v-T 热力学面清晰地显示出了单一物质的固、液、气三种聚集态,以及它们之间的转变过程。气、液、固三个单相区被三个两相共存区——湿蒸汽(气液两相)区、熔解(固液两相)区和升华(气固两相)区分隔。单相区和两相区的分界线称为饱和曲线或共存曲线。液相和气液两相区的分界线称为饱和液体线或沸腾曲线,气相和气液两相区的分界线称为饱和蒸汽线或凝结曲线。固液两相区与固相区和液相区的分界线分别称为熔解曲线和凝固曲线。固相区与气相区和气固两相区的分界线分别称为升华曲线和凝华曲线。图 6.1 中自左至右的路径 $A{\to}B{\to}C{\to}D{\to}E{\to}F$ 显示出了单一物质经等压加热过程由固态变成气态的一个典型过程。物质在固相区加热($A{\to}B$),体积变化很小;在液相区加热($C{\to}D$),体积略有增大;在气相区加热($E{\to}F$),体积显著增大。液体经加热,在饱和液体线上的 D 点达到饱和液体状态,液体就开始汽化。在定压下继续加热时,温度保持不变并形成越来越多的蒸汽,比体积显著增大,当最后一滴液体在 E 点消失时达到饱和蒸汽状态。在同一条定压线上,处于点 C 和点 D 之间的液体,温度低于饱和液体的温度 T_D,称为过冷液体或未饱和液体;而处于点 E 和点 F 之间的气体,温度高于饱和蒸汽的温度 T_E,称为过热蒸汽。此外,在图的下部还给出了一个从固态直接过渡到气态的典型的升华过程 $G{\to}H{\to}I$。

图 6.1 中的饱和液体线与饱和蒸汽线汇合于一点 C,称为临界点。临界点的压力、温度和比体积分别称为临界压力 p_c、临界温度 T_c 和临界比体积 v_c。临界参数是物质的固有常

数。一些物质的临界参数列于表 6.1 中。

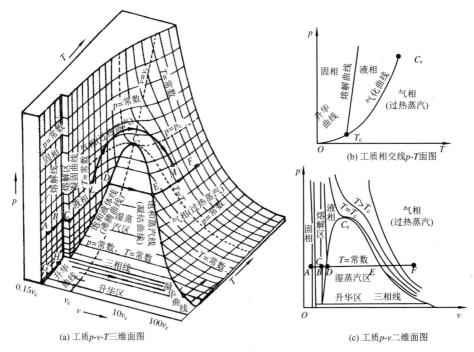

(a) 工质 p-v-T 三维面图

(b) 工质相交线 p-T 面图

(c) 工质 p-v 二维面图

图 6.1　工质热力学面图

表 6.1　几种物质的临界参数

名称	分子式	相对分子质量	T_c/K	p_c/MPa	$v_{m,c}$/(m³·mol⁻¹)	z_c
氩	Ar	39.948	150.8	4.87	74.9×10^{-6}	0.291
氦-4	He₄	4.003	5.19	0.227	57.3×10^{-6}	0.301
氢	H₂	2.016	33.2	1.30	65.0×10^{-6}	0.305
氮	N₂	28.013	126.2	3.39	89.5×10^{-6}	0.290
氧	O₂	31.999	154.6	5.05	73.4×10^{-6}	0.288
空气		28.97	133.0	3.772	82.85×10^{-6}	0.283
一氧化碳	CO	28.010	132.9	3.50	93.1×10^{-6}	0.295
二氧化碳	CO₂	44.010	304.2	7.38	94.0×10^{-6}	0.274
水蒸气	H₂O	18.016	647.14	22.064	55.96×10^{-6}	0.229
氨	NH₃	17.031	405.6	11.28	92.5×10^{-6}	0.242
甲烷	CH₄	16.043	190.6	4.60	99.0×10^{-6}	0.288
氟利昂 12	CCl₂F₂	120.914	385.0	4.12	217×10^{-6}	0.280
氟利昂 13	CClF₃	104.459	302.0	3.92	180×10^{-6}	0.282
氟利昂 22	CHClF₂	86.469	369.2	4.96	165×10^{-6}	0.267

由于定压相变时温度保持不变,即 $T_D = T_E$,所以 p-v-T 面上表示两相区的曲面垂直于 p-T 平面。在 p-v-T 面上,气液曲面与气固曲面有一条交线,显然这条交线也垂直于 p-T 平面。这条交线上所有状态处于固、液、气三相平衡共存状态,故此交线称为三相线(三相态线),交线上的状态称为三相态。这些三相态的物质具有相同的压力和温度,但可以有不同的比体积。水的三相态的温度是 0.01 ℃,压力是 611.7 Pa。水的三相态温度是热力学温标

中最基本的固定基准点。选择三相态温度作为温标的基准点,比选择沸点和熔点的优越之处是它的确定不依赖于压力的测量,只要在没有空气的密闭容器中使水的固、液、气三相达到平衡共存,其温度就是三相态温度。水的三相点温度基准瓶就是根据这个原理制成的。

当物质处于临界压力和临界温度以上的区域时,由于很难区分是液体还是气体,一般可把它统称为流体或超临界流体。无论工质是从液体还是从气体到达此区域,都是一个渐变的过程,不存在相变。另外,由液相点 L 经此区域到气相点 M(图 6.1),也不发生相变。超临界萃取技术就是利用液体的这一特性研究成功的。

如果把 $p\text{-}v\text{-}T$ 曲面投影到 $p\text{-}T$ 平面和 $p\text{-}v$ 平面上,就分别得到 $p\text{-}T$ 图和 $p\text{-}v$ 图,如图 6.1(b)和(c)所示。由图可知,三个两相区在 $p\text{-}T$ 图上收缩为气化曲线、熔解曲线和升华曲线,它们的交点 T 称为三相点,是三相线在 $p\text{-}T$ 平面上的投影。$p\text{-}T$ 图清楚地表示了固、液、气三相间的关系,常称其为相图。在 $p\text{-}T$ 相图上很容易区分单一物质所处的集态。所谓气相,就是在等压条件下降低温度可以凝成液体或凝华为固体的相;而液相是在定温条件下降低压力可以气化的相。

图 6.1 所示的是凝固时体积收缩的物质(例如 CO_2 等)的 $p\text{-}v\text{-}T$ 曲面。对于凝固时体积膨胀的物质(例如水),$p\text{-}v\text{-}T$ 曲面在 $p\text{-}T$ 平面和 $p\text{-}v$ 平面上的投影分别如图6.2(a)和(b)所示。由图 6.2(a)可知,水的凝固线(等同于熔解曲线)的斜率为负,表示当压力升高时冰的熔点降低。

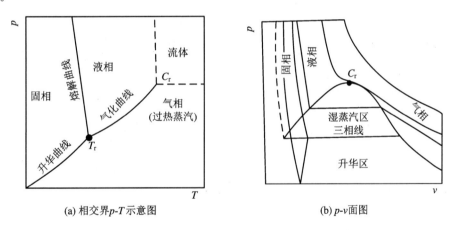

(a) 相交界 $p\text{-}T$ 示意图 (b) $p\text{-}v$ 面图

图 6.2　凝固时体积的膨胀物质 $p\text{-}T$ 和 $p\text{-}v$ 关系示意图

$p\text{-}v\text{-}T$ 面展现了一个如同山包的立体空间。如果将三个坐标换成 g、T、p,f、T、v 或 s、u、v 等,将又是另一番景象。热物性领域的另一半,导热系数、黏度等迁移性质与 T、p 的三维空间也有极为相似的形貌。热物性领域尚有许多未知的特性和规律有待人们去进一步探索、研究,新特性的工质也有待于人们去开拓、发现。

6.2　$p\text{-}v\text{-}T$ 关系的实验测定方法

$p\text{-}v\text{-}T$ 关系是流体最基本的热力学性质,而 $p\text{-}v\text{-}T$ 性质的实验测定是与理论方法相辅相成的,但就目前的理论水平看来,前者甚至可说是建立 p-v-T 关系的最主要手段。

p-v-T 关系的测定与试样的种类、数据的用途、测定的范围以及对测量准确度的要求等众多因素有关,然而其中心则是测量的准确度。p-v-T 测定装置一般都是将一定量的试样(气体或液体)密封在经过精确标定或刻度的容器中,实验时把压力、容积或温度中的一个参数固定,测量另外两个参数之间的函数关系。如保持温度一定,改变容积,测定相应的压力值就获得一条等温线,再改变温度时将测得等温线簇。这种测定方法叫作定温法。假如维持容积一定,改变温度,测定热平衡时的压力就可获得等容积线,再改变实验容器中充灌的试样质量时则可获得不同的等容积线,这种方法叫作定容积法。

在 p、v、T 三个参数的测量中,v 的精确测定是最困难的。因此,建立在 p、T 测量的基础上,尽量避免或减少容积测量的试验方法和试验装置才是有可能达到较高准确度的方法和装置,这就是近年来国内外高准确度实验装置的基本设计思想。当然,要保证实验数据的高质量,对参数 p、v、T 的准确测量只是必须满足的一个方面,而试样的纯度、测试时维持严格的热平衡等也都是极其重要的。

目前,就工程热力学有关工质 p-v-T 实验来说,比较好的装置是按照在定容积法和膨胀法或伯内特(Burnett)法基础上的组合实验法建立的。

1. 定容积法

图 6.3 是定容积法测试装置示意图。待测试样通常装在具有简单几何形状、体积经过严格标定的实验容器 A 中。实验容器与测压系统之间用一个差压传感器 C(一般用弹性膜片)分开。作用于膜片一侧的是试样的压力,另一侧为一与之平衡的氮气压力。差压传感器对隔离试样与测压流体,保持前者的纯度,并通过测压系统的仪表指示膜片的严格复位以保持容积起着一定的作用。高于大气压力时平衡氮气的压力用高精度的活塞式压力计测量;当压力低于大气压力时,则用 U 形管测压计测量。将实验容器、差压传感器以及它们之间的连接管道都浸没在恒温浴的液体中,并用铂电阻温度计测定恒温浴液体的温度。在热力平衡条件下认为,平衡氮气的压力和恒温浴的温度就等于试样的压力和温度。试样的密度可由下式来确定:

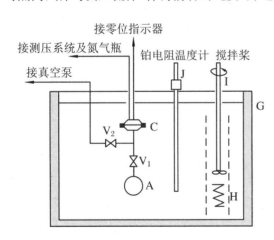

图 6.3　定容积法测试装置示意图

$$\rho = \frac{m}{V(p,T)} \qquad (6.1)$$

式中,m 为实验容器中充注的试样质量,可用精密天平秤称得;$V(p,T)$ 为实验容器的容积。实验容器的容积一般采用已知密度的标准流体(如纯水)灌满容器后,用天平称出灌注液的质量,求得在起始温度、压力下实验容器的容积 $V(p_0,T_0)$。在其他实验温度和压力时的容积 $V(p,T)$ 可应用弹性力学的公式修正获得,条件是容器材料的热膨胀系数、弹性模数以及泊松比与温度的关系必须已知,这也是设计时选定材料的一个先决条件。目前常用的材料有不锈钢、铜等。定容积法的实验步骤比较简单,每充灌一次试样(即一个 m 值)后,就对一系列的恒温浴温度读取相应的压力。尽管这种方法严格来讲应是定质量而不是定容积,但是经过微小修正即可获得等容积线。

2. 定温膨胀法

定容积法虽然看起来简单,但用于低密度工质时由于充灌的工质的量太少,误差也就随之增加。1936 年由美国工程师伯内特(Burnett)提出定温膨胀法(伯内特法)有助于克服此缺点,其测试装置如图 6.4 所示。实验本体由两个容器组成,主容器 A 内容积较大,容积为 V_A,膨胀容器 B 内容积较小,容积为 V_B,V_B 为实验容器容积 A 的 1/10~1/5,两容器间由一阀门连接。主容器 A 还与差压传感器 C 相连。两容器置于恒温槽内。

定温膨胀法的测试原理是:在定温条件下让初始物质的量为 n_0 的试样气体通过多级膨胀,设定各级膨胀倍率相等且每级膨胀前后试样质量不变,测定各级膨胀后气体压力为 p_i,根据压缩因子 Z_i 的定义式 $Z_i = p_i V_A / n_i RT$ 和各级膨胀倍率相等且每级膨胀前后试样质量不变的条件,导出压缩因子的递推关系式。在确定试样初始质量、装置容积常数、温度 T 的情况下,只需测定各级膨胀后的压力 p_i,就可获得试样气体的压缩因子随压力变化的曲线。已知 Z_i 后,工质气体的密度 ρ_i 与压力 p_i、温度 T 的关系也就确定了。

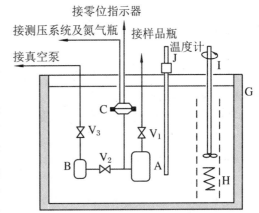

图 6.4　膨胀法测试装置示意图

下面具体推导定温膨胀法测算式。

先将实验本体抽成高真空,然后关闭两容器间的膨胀阀,向主容器 A 充入一定质量的试样。设定一个较高温度 T 为膨胀法的基准温度,当试样压力稳定后测量其压力,记为 p_0,相应的压缩因子 Z_0 为

$$Z_0 = \frac{p_0 V_A}{n_0 RT} \tag{6.2}$$

式中,n_0 为首次充注试样的摩尔数。然后打开阀门 V_2,进行第一次膨胀,当温度、压力平衡后,测量容器中试样的压力 p_1,相应的压缩因子为

$$Z_1 = \frac{p_1 (V_A + V_B)}{n_0 RT} \tag{6.3}$$

关闭阀门 V_2,打开阀门 V_3,对膨胀容器 B 抽高真空,然后关闭 V_3。再打开阀门 V_2,进行第二次膨胀,测量其压力 p_2,相应的压缩因子为

$$Z_2 = \frac{p_2 V_A}{n_1 RT} \tag{6.4}$$

然后重复上述测量过程,直至膨胀压力足够低,这样就得到一条在温度 T 下的等温膨胀线。

根据定温膨胀法的原理,在第 i 次膨胀前后容器内的试样量是相同的,因此有

$$n_{i-1} = \frac{p_{i-1} V_A}{Z_{i-1} RT} = \frac{p_i (V_A + V_B)}{Z_i RT} \tag{6.5}$$

并可由此得到定温膨胀法压缩因子的递推关系式:

$$Z_i = \frac{V_A + V_B}{V_A} \frac{p_i}{p_{i-1}} Z_{i-1} \tag{6.6}$$

若定义装置容积常数为

$$N = \frac{V_A + V_B}{V_A} \tag{6.7}$$

并根据递推关系,可得

$$Z_i = N^i \frac{p_i}{p_0} Z_0 \tag{6.8}$$

在上式中,p_0 和 Z_0 只和初始充气状态有关,因此定义充气常数为

$$A = \frac{Z_0}{p_0} \tag{6.9}$$

在一定温度下,对于特定气体的同一系列膨胀法实验,A 为定值。因此,式(6.6)可写成

$$Z_i = N^i p_i A \tag{6.10}$$

这样只需要知道实验本体的容积常数 N 和每次充装的充气常数 A,就可以根据每次测量的膨胀压力计算得到相应的压缩因子。

容积常数 N 可用已知物性的工质标定,例如氮气。而充气常数 A 可用下面的方法确定。

把维里方程的 Berlin 展开式

$$Z = 1 + Bp + Cp^2 + \cdots$$

代入式(6.10)中,并把充气常数 A 移项,整理得

$$p_i N^i = b_0 + b_1 p_i + b_2 p_i^2 + \cdots \tag{6.11}$$

则充气常数为

$$A = \frac{1}{b_0} \tag{6.12}$$

因此我们可以根据等温膨胀法的实验结果,把 $p_i \sim p_i N^i$ 关系拟合成多项式形式。图 6.5 为用伯内特法在 80.15 K 时实际测定 HFC-227ea 的实验数据拟合得到的 $p_i \sim p_i N^i$ 关系。

当容积常数 N 和充气常数 A 确定后,每次膨胀相应的密度为

$$\rho_i = \frac{p_i}{Z_i R T} = \frac{1}{N^i A R T} \tag{6.13}$$

为了减小因为温度、压力变化而产生的密度微小变化,应对定容积法的密度作容积修正。

当实验本体为圆柱形容器,材料为 1Cr18Ni9Ti 时,由于因温度引起的容积变化远大于因压力引起的容积变化,因此修正时允许仅考虑的温度变化引起的容积变化:

$$\Delta V_T = V \times (T_0) \times 3\alpha_l (T - T_0) \tag{6.14}$$

式中,α_l 为材料的平均线膨胀系数,1Cr18Ni9Ti 的平均线膨胀系数为 16.6×10^6 K^{-1}($20 \sim 100$ ℃)。则定容积法的密度与相应的定温膨胀法的密度之间的关系为

$$\rho_{i,v}(T) = \frac{\rho_i}{1 + 3\alpha_l (T - T_0)} \tag{6.15}$$

伯内特法的优点是不需要测量密度,只需要测量等温线上一系列膨胀压力即可确定

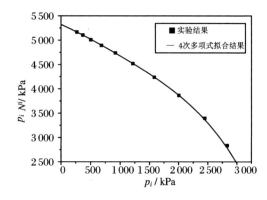

图 6.5　伯内特法的 HFC-227ea 的 $p_i \sim p_i N^i$

压缩因子,推算出气体密度,而不用测定容器容积和气体质量,但其特有的数据处理方法使得压力测量的任何偏差都会随着膨胀次数的增大而被放大,尤其是在低压下,而且试样消耗量大。定容积法虽然不会把压力测量偏差放大,但需要精确测量容器内的容积和气体质量,这是比较困难的。

3. 膨胀定容积法

为了能综合定容积法和伯内特法的优点,1963 年 Burnett 提出了膨胀定容积法,Pope 等、Hall 和 Burnett、清华大学的段远源也都提出了不同的膨胀定容积法实验方案。中国科学技术大学的胡芄也成功采用了类似的膨胀定容积法测试了 HFC-227ea 的 p-V-T 关系。

膨胀定容积法的实验装置与伯内特法一样,如图 6.4 所示。其测试方法与定温膨胀法的不同点在于,当充灌试样后和每一次恒温槽温度恢复到初始温度 T_0 并从容器 A 向容器 B 膨胀后,都按照定容积法的方法降温测量,即温度都分别降到 T_1,T_2,$\cdots$,T_n 至完成一组组数据测量,每一组定容积测试之后都要把恒温槽温度恢复到初始温度,并且每一次降温都要与前一组对应温度相等。这就要求具有极精确的温度控制装置以保持测试装置的恒温,可以保证每次设定的温度都准确一样,长时间温度波动值尽可能小。中国科学技术大学采取改进的 PID 温控法和良好的恒温槽的热设计,率先研制出在 $-38\,℃$ 达 $\pm0.005\,℃$ 的高精度温控装置。中国科学技术大学研制的 p-v-T 测试装置如图 6.6 所示。目前,西安交通大学、清华大学也都有相近控温精度的 p-v-T 测试装置,其精度已达国际先进水平。这组定容积法测量的数据可认为是同一密度下的一系列温度-压力关系。西安交通大学已研制成 $-80\,℃$ 的低温槽。在膨胀定容积法中,为了获得更精确的数据,对其余温度、压力下的密度应进行容器的容积修正。当膨胀法的密度确定后,每次膨胀所对应的定容积法的密度也就确定了。膨胀定容积法是先获得一组组的定容积线,实验完成后又同时获得多组等温线。

6.3　p-v-T 测试系统

p-v-T 测试装置包括恒温槽、温度测量控制系统、压力测量系统、温度测量控制软件、实验本体、真空系统等几个部分,其系统简图如图 6.6 所示。

1. 恒温槽

恒温槽用于为实验本体提供一个稳定的恒温空间。恒温槽据测温要求可分别选用硅油、水、酒精做恒温传热介质。恒温槽内配置有加热器、制冷盘管、搅拌器,由计算机控制加热器和制冷机使槽内流体传热介质快速达到设定温度,并高精度保持恒定。

2. 测温

测温和感温元件共用一根一等精度铂电阻温度计,测量误差小于 ±2 mK,用 HP34970A 型数据采集仪作为温度信号的采集仪表,也可用精密电桥测量。控制软件以增量式数字 PID 算法为基础,并加以改进,对加热器每一采样周期内的加热时间进行动态调节,有效衰减热滞后效应。温控精度在 ±5 mK 以内。

3. 测压

压力测量系统由差压传感器、0.02 级活塞式压力计(YS-60)、油气分离槽、精密水银气

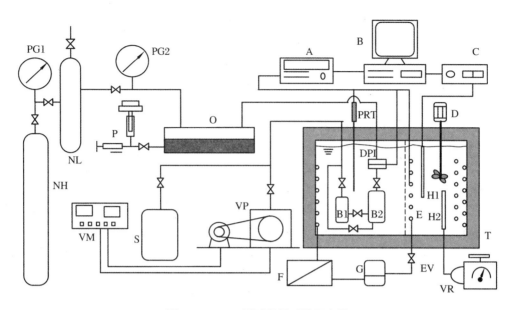

图 6.6　*p-v-T* 测试装置系统示意图

A. HP34970A 数据开关/采集单元；B. 计算机；B1. 实验本体 1；B2. 实验本体 2；C. 开关电路；D. 搅拌器；DPI. 差压传感器；E. 蒸发器；EV. 膨胀阀；F. 冷凝器；G. 压缩机；H1. 辅助加热器；H2. 主加热器；NH. 高压氮气瓶；NL. 稳压瓶；O. 油气分离槽；P. 活塞式压力计；PG1 压力表；PG2. 压力表；PRT. 铂电阻温度计；S. 样品瓶；T. 恒温槽；VM. 复合式真空计；VP. 真空泵；VR. 调压器

压计、高压氮气瓶、压力表及高压管路、阀门等组成。

实验本体内的压力不能直接测量，但可以通过测量平衡氮气的压力间接测量。工质与氮气之间由浸在恒温槽内的差压传感器分开，调节氮气的压力，使活塞式压力计稳定，并使差压传感器两侧压差尽量接近于零，同时通过气压计读取大气压力值，这样大气压力加上活塞式压力计的读数就是平衡氮气的绝对压力，然后再加上差压传感器的读数即可确定工质的压力。

油气分离槽是为了使系统不含水银，并且使用了大面积油槽，可以保证油面在实验过程中的稳定，实验时必须注意调整活塞式压力计的活塞底面与大面积油槽的油面在同一水平面上，避免产生附加压力。

由氮气瓶向系统提供所需压力，压力表可粗略显示系统压力。

最终工质的压力 = 差压压力 + 活塞式压力计压力 + 水银气压计压力

压力测量的最大不确定度小于 1.5 kPa。

6.4　饱和蒸汽压测定

物质的饱和蒸汽压是最基本的热物性数据之一。

饱和液体蒸汽压的测量方法主要有饱和蒸汽法、动态法和静态法，其中静态法最常用。测试时使用带透明窗口可观察内部工质状态的样品容器，如图 6.7 所示。把装有样品的样品容器置于恒温槽的液体内,待温度稳定后测出温度和压力。

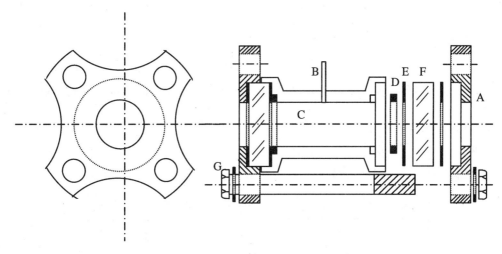

图 6.7　实验本体容器

A. 端盖;B. 接阀门;C. 主体;D. 聚四氟乙烯垫片;E. 铜垫片;F. 石英玻璃;G. 螺栓

6.5　饱和气液密度和临界密度的测定

饱和气液密度和临界密度的测量采用称重法。将精确称重的样品置于有玻璃观察窗的实验本体容器内,并置于恒温槽的液体内,调整恒温槽液体的温度,通过玻璃观察窗直接观察样品气液界面变化情况来确定其所处状态。如果观察到临界乳光现象,即气液界面处出现很强的光的散射,即可判断为临界点。临界乳光是由于临界点的定温压缩率 $\kappa_T = (\partial \rho / \partial p)_T / \rho$ 发散,而使得在极小的重力场梯度下产生较大的密度梯度,并因此产生很强的光的散射。另外,由于临界点处比热发散、热扩散率趋于零,达到热平衡的时间很长,因此在到达临界点附近时应保证实验稳定足够长的时间。

6.6　音速测定·球共鸣声学法测试原理

1. 音速测定

在式(5.51)中曾导得

$$c_p = \frac{T \alpha_V^2 v}{\kappa_T - \kappa_S}$$

式中,α_V 为体胀系数,由等压条件下比容积对温度的偏导数求得;κ_T 为定温压缩率,由等温条件下比容积对压力的偏导数求得;κ_S 为定熵压缩率,如果有准确的 p-v-T 方程,也可以在

等熵条件下用比容积对压力的偏导数求得。κ_S 也可以通过音速的测定求得,由式(5.37),即得

$$\kappa_S = \frac{v}{a^2} \tag{6.16}$$

显然,通过测定音速计算 κ_S 要比从 p-v-T 方程中求定熵压缩率可以提高精度,因而可以提高气体的比定压热容计算精度,也即可提高比熵、比热力学能等的精度。因此,国际上十分重视对工质音速的测定。

2. 球共鸣声学法

气相声速的精确测量通常采用声学共振干涉法,常用的是球共鸣或圆柱共鸣声学法。图 6.8 为球共鸣声学法测量原理图。

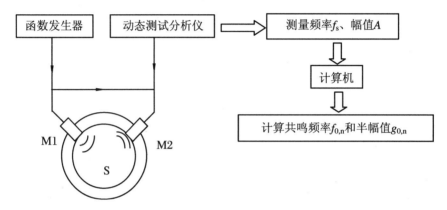

图 6.8　球共鸣声学法测气相声速

球共鸣声学法的测量原理是:球共鸣器 S 中的气体的声学共振频率可由传声器 M1 发出的单频的音频信号通过传声器 M2 探测得到。复数形式表示的共振频率 $F = f + \mathrm{i}g$ 可表示为

$$u(f) + \mathrm{i}v(f) = \frac{a}{g + \mathrm{i}(f_s - F)} + b_1 + \mathrm{i}b_2 \tag{6.17}$$

式中,$u(f) + \mathrm{i}v(f)$ 为接收信号的幅值 A 的复数表示形式;f_s 为发射信号的频率;a 为接收信号和信号源的比例系数;$b_1 + \mathrm{i}b_2$ 表示背景信号的大小。

测量一系列 f_s 和 A 的值,采用线形处理方法就可得到 $F = f + \mathrm{i}g$。

假设球共鸣器是一理想球型腔体,在不考虑气体介质黏滞性、导热性和其他任何损耗过程的情况下,该共振波的速度势 $\Psi(\gamma)$ 满足亥姆霍兹方程:

$$(\nabla^2 + \kappa^2)\Psi(r) = 0 \tag{6.18}$$

其中,$\kappa = \omega / c$,ω 为角频率($\omega = 2\pi f$,f 为声波波动频率)。其边界条件为

$$\left. \frac{\mathrm{d}J_l(\kappa r)}{\mathrm{d}(\kappa r)} \right|_{r=a} = 0 \tag{6.19}$$

其中,$J_l(\kappa r)$ 为 l 阶球贝塞耳函数,l 为任意常数。

求解可得到大量的 $v_{l,s}$,$v_{l,s} = \kappa_{l,s}a$ 为采用 l 阶球贝塞耳函数所对应的第 s 个解,a 为共鸣器内腔半径。此时,球共鸣器中气体介质的声速为

$$C = \frac{\omega_{i,s}}{\kappa_{l,x}} = \frac{2\pi f_{l,s}a}{v_{l,s}} \tag{6.20}$$

当采用 $l = 0$ 值时。另外,气体声速可以表示为

$$c^2 = \left(\frac{\partial p}{\partial \rho}\right)_s$$

$$= \frac{\gamma^0 R_{\mathrm{m}} T}{M_r}\left[1 + \frac{A_1(T)}{RT}p + \frac{A_2(T)}{RT}p^2 + \cdots\right] \tag{6.21}$$

式中，M_r 为分子量；$A_1(T)$，$A_2(T)$，$\cdots$ 分别称为第二、第三……声速维里系数。如果能够测量物质在不同压力下广泛温度范围中的声速数值并按等温线整理为

$$c^2 = c_0 + c_1 p + c_2 p^2 + \cdots \quad (T = \text{常数}) \tag{6.22}$$

式中，$c_0, c_1, c_2, \cdots$ 为拟合系数，则有

$$c_0 = \frac{\gamma^0 R_{\mathrm{m}} T}{M_r} \tag{6.23}$$

其中，$\gamma^0 = 1/(1 - R/c_p^0)$，从而可得到不同温度下的理想气体热容 c_p^0。类似地，也可得到第二声速维里系数。

例 6.1　试在水工质的 $p\text{-}v$ 图、$p\text{-}h$ 图、$T\text{-}s$ 图和 $h\text{-}s$ 图上定性绘出定压、定容、定熵、定焓和定温线的趋势图。

解　如图 6.9(a)、(b)、(c)和(d)所示，在 $p\text{-}v$ 图上，定熵线、定焓线和定温线都随压力下降而向体积增大方向变化，但定熵线的下降速率最大，定焓线次之，定温线最小。这是因为工质在定温条件下压力下降过程会从外界吸热来维持温度恒定，定焓线在压力下降中有熵增但有降温，定熵条件下压力下降中工质温度降低最多。在相同压降条件下，终止温度最低的线陡度最大。

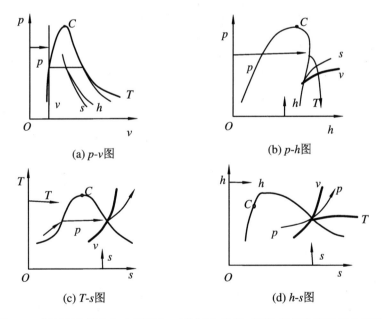

(a) $p\text{-}v$图　　　　　　　(b) $p\text{-}h$图

(c) $T\text{-}s$图　　　　　　　(d) $h\text{-}s$图

图 6.9　在不同变量直角坐标图上工质定压、定容、定熵、定焓和定温线的趋势图

在 $p\text{-}h$ 图中，定容、定熵和定温条件可以由式(5.60)、式(5.20)和式(5.57)分别导得三种条件下的 $p\text{-}h$ 关系

$$\left(\frac{\mathrm{d}h}{\mathrm{d}p}\right)_v = v + c_V\left(\frac{\partial T}{\partial p}\right)_v \tag{a}$$

$$\left(\frac{\mathrm{d}h}{\mathrm{d}p}\right)_s = v \tag{b}$$

$$\left(\frac{\mathrm{d}h}{\mathrm{d}p}\right)_T = v - T\left(\frac{\partial v}{\partial T}\right)_p \tag{c}$$

三种情况的曲线如图 6.9(b)所示。图 6.9(c)和(d)的曲线趋势也可用上述两种方法分析。请读者自己练习。

例 6.2 若过热蒸汽在温度 t 下定温压缩后变成压力为 p_A 的过冷蒸汽,试写出此过冷蒸汽与温度为 t 的饱和水之间的熵差公式。设过冷蒸汽可按理想气体处理。

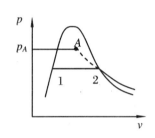

图 6.10 例 6.2 图

解 如图 6.10 所示,过冷蒸汽以图中的 A 点表示,点 1 与点 2 分别代表温度为 t 的饱和水与饱和蒸汽状态。

按题设条件,点 A 与点 2 间为过冷蒸汽区,可按理想气体过程处理。等温可逆过程理想气体的熵变化见式(3.26c),于是

$$s_A - s_2 = -R\ln\frac{p_A}{p_2} = -R\ln\frac{p_A}{p_s(t)} \tag{a}$$

而点 1 与点 2 间的熵差为

$$s_2 - s_1 = \frac{r}{T} \tag{b}$$

于是,温度为 t、压力为 p_A 的过冷蒸汽与温度为 t 的饱和水之间的熵差公式可表示为

$$\Delta s = s_A - s_1 = -R\ln\frac{p_A}{p_s(t)} + \frac{r}{T}$$

式中,R 为水蒸气的气体常数,$p_s(t)$ 为温度为 t 时的饱和蒸汽压。

参 考 文 献

[1] 刘桂玉,刘志刚,阴建民,等.工程热力学[M].北京:高等教育出版社,1998.

[2] 胡芃.制冷工质 PVT 性质的实验和理论研究[D].合肥:中国科学技术大学,2002.

[3] 段远源.三氟碘甲烷和二氟甲烷的热物理性质研究[M].北京:清华大学出版社,1998.

[4] 王怀信,刘方,李海龙,等.碳氢化合物/HFC-227ea 二元系的 $PVTx$ 实验研究[J].工程热物理学报,2002,23(2):147-149.

[5] 吴江涛,刘志刚,黄海华,等.高精度流体 $PVTx$ 实验系统的研究[J].西安交通大学学报,2003,3(1):4-9.

第7章　实际气体的状态方程

7.1　实际气体与理想气体的偏差

确定单一物质处于热力学平衡态的热力学状态需要两个独立状态量,其他热力学函数都可用已选定的这两个独立变量表示。首先,考察可测状态量压力 p、比体积 v、温度 T 之间的关系。对于任意特定流体的 p-v-T 关系,即第 1 章所述的状态方程,通常把靠近液体区的气体称为蒸汽,远离蒸发与凝结发生区的气体仍然称为气体,为便于与蒸汽区分,又称为干气体。但从热力学性质来看,其本质没有差别。理想气体的状态方程为

$$pv = R_g T \tag{7.1}$$

式中,R_g 为气体常数,单位为 J/(kg·K),表示为

$$R_g = \frac{R}{M} \tag{7.2}$$

式中,M 为气体的摩尔质量,单位为 kg/mol;R 为摩尔气体常数,$R = 8\,314.51$ J/(kmol·K)。

实际气体与理想气体的偏差可从图 7.1 中看出。图中绘制了不同温度下的 pv 乘积与 p 的关系曲线,常称为阿玛伽(Amagat)定温线。图中的阴影部分为气液两相区,C 表示临界点。点 C_r 上方的阴影部分边界线为饱和蒸汽线,下方的为饱和液体线。对于理想气体,全部阿玛伽定温线都应该是水平线,但是在图 7.1 中只有对应于玻意耳(Boyle)温度 T_B 的定温线在一定压力范围内才是水平的。玻意耳温度的定义如下式:

$$\left[\frac{\partial(pv)}{\partial p}\right]_{T,p=0} = 0 \tag{7.3}$$

实际上,玻意耳温度是 pv 曲线对 p 变量的极小值点,把本章后面将要表述的维里方程式(7.10)按上式求导,可得

$$\left[\frac{\partial(pv)}{\partial p}\right]_{T,p=0} = R_g T B'$$

式中,B' 为第二维里系数。因此,玻意耳温度是使第二维里系数 B' 为零的温度,它可由 $B'(T_B) = 0$ 确定,也可按以下近似公式推算:

$$\frac{T_B}{T_c} \approx 2.5 \tag{7.4}$$

由图 7.1 可知,当 $T = T_B$ 时,在压力超过一定范围后定温线开始上升;当 $T > T_B$ 时,定温线都是上升的;当 $T < T_B$ 时,定温线表现为先降后升。连接各定温线的最低点,即式(7.3)定义的玻意耳温度点的曲线称为玻意耳曲线,如图 7.1 中的虚线所示。在虚线左方的

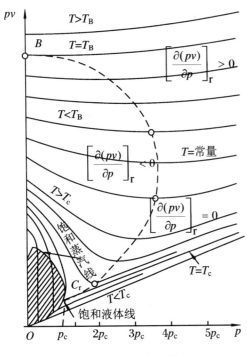

图 7.1 阿玛伽定温线图

区域,实际气体的 pv 与理想气体的相比为负偏差;在虚线右方区域,为正偏差。由图 7.1 还可以看出,当 $T < T_c$ 时,气体的状态已相当接近两相区,因此阿玛伽定温线的弯曲程度非常显著。由此可知,除在压力极低的情况外,不能再用理想气体状态方程来描写实际气体的 p、v、T 关系。

因此,理想气体状态方程对某种气体的适用范围,并不取决于它的温度和压力的绝对值,而是取决于它在图 7.1 中的位置。一般而言,当气体的压力小于其临界压力,温度接近其玻意耳温度时,就与理想气体比较相符,否则将会有较大的偏差。例如,对于比较容易液化的二氧化碳气体,由于其玻意耳温度远远高于室温,所以即使在大气压力和室温的条件下,其比体积与按理想气体求得的比体积相比,偏差超过 2%。偏差的分布规律还可以从通用压缩因子图中清楚地看出。

实际气体与理想气体状态方程的偏差可定性解释如下。引起偏差的原因有两个:第一个原因是分子间的引力。当气体开始被压缩时,随着分子间平均距离的缩短,分子间引力的影响增大,因而气体的体积在分子引力的作用下进一步缩小。此时,气体的体积要比理想气体状态方程所给出的小,在图的虚线左方。第二个原因是分子间的斥力。当气体体积被压缩到分子间的斥力起主导作用时,要进一步压缩气体就更为困难了,此时处在图的虚线右方。在 $T > T_B$ 的高温区,由于分子碰撞频繁,分子所占体积的影响一开始就起主要作用,因此,从 $p = 0$ 起阿玛伽定温线就呈现向上的趋势。例如氢气($T_c = 33.2$ K),在室温 T_0 下即呈现正偏差,就是因为 $T_0 \gg T_B$ 所致。

7.2 建立实际气体状态方程的基本方法

除了干气体外,表示一切可能状态的简单代数方程还没有找到,只能用线图或用 p-v-T 的关系来表示。通过假定液体或蒸汽的微观构造,导出预测性的方程的形式是可能的。即使如此,它也必须依据各种物质的实验测定值确定其未定常数值。预测性的方程式的推算数据与由实验测定值绘制得的线图和表的结果是有差别的。

状态方程本质上是经验式。请不要忘记,它不是从热力学的关系中导出的方程。

利用实验测定的热力学性质可以建立经验的状态方程式。为此,首先应广泛收集基本数据,如气相、液相的 p、v、T 数据和饱和性质以及比定压热容等,然后根据方程的使用范围及要求,对以上数据进行分类和分析,决定取舍。与此同时,还要查取物理常数的最新最准确的值,如相对分子质量、摩尔气体常数 R 等。第二步是选定状态方程的函数形式。由于电子计算机的使用,函数形式可以复杂些,但要适合于编写程序。此外,函数形式要容易微分和积分,以利于由状态方程导出焓、熵等热力参数的解析表示式。状态方程的系数最好要根据对应态原理无量纲化,以便于单位换算。一般说来,状态函数的形式可在维里方程、多参数方程(如 B-W-R 方程或 M-H 方程)、相近物质的经验方程等基础上进行修正。第三步是按最小二乘法确定状态方程的系数。

假如选定状态方程的函数形式为多项式

$$y = \sum_{m=0} a_m f_m(x_1, x_2, \cdots, x_\gamma) \tag{7.5}$$

式中,y 为非独立变量,例如压力 p 或压缩因子 Z;$x_1, x_2, \cdots, x_\gamma$ 为独立变量,例如摩尔容积 V_m、温度 T,或对比参数 p_r、T_r 等;$f_m(x_1, x_2, \cdots, x_r)$ 为 m 次多项式。应用最小二乘法原理,对 n 个数据点写出目标函数:

$$Q = \sum_{i=1}^{n} W_i (y_{i,\text{cal}} - y_{i,\text{exp}})^2 \tag{7.6}$$

其中,$y_{i,\text{cal}}$ 是按式(7.4)求得的计算值;$y_{i,\text{exp}}$ 是实验值;W_i 为权,当所采用的实验值有相同准确度时,可取 $W_i = 1$。目标函数 Q 取极小值时的满足条件是

$$\frac{\partial Q}{\partial a_m} = 0 \quad (m = 0, \cdots, k)$$

由此导出正规方程组。它是以系数 a_m(即 $a_0, \cdots, a_k$)为自变量的线性方程组,一般可采用高斯-约当消去法求解,从而确定式(7.5)的各系数。

最后一步是检验新建立的状态方程式,主要可从两个方面进行:一是将新建立方程的性质与实验值相比较,这种比较如能在各种坐标图(如 p-V,p-T,T-ρ 图,等等)上进行,则可以更直观、全面地弄清楚新方程的特点及适用范围;二是对新方程热力学一致性的检验,主要是对一阶和二阶的导函数的检验。

下面介绍一些状态方程需要满足的热力学条件:

(1) 压力趋于零时,任何真实气体的状态方程都应该趋于理想气体状态方程 $pv = RT$。

这一特点在通用压缩因子图上表现为:压力等于零时所有对比等温线都集中到 $Z = 1$ 的一点,而当温度趋于无穷大时对比等温线趋近于 $Z = 1$ 的直线。

(2) 状态方程预测的临界等温线在临界点处应为一拐点,即满足压力对体积的一阶和二阶偏导数为零。

(3) 状态方程预测的第二维里系数的准确度是检验方程的重要条件,而在 $B = 0$ 时有 $\lim_{p \to 0} (\partial Z/\partial p)_T = 0$,应能预测定出玻意耳温度 T_B。

(4) 在蒸发曲线上应满足气液平衡条件 $g^{(\text{l})} = g^{(\text{v})}$,并能预测出汽化潜热。

(5) 在 p-T 图上,临界等容积线应接近于直线,在临界点其斜率等于蒸发曲线在临界点的斜率,即应有

$$\frac{\mathrm{d}p_s}{\mathrm{d}T} = \left(\frac{\partial p}{\partial T}\right)_{v_c}$$

式中,下角标"s"表示饱和,下角标"v_c"表示临界容积。此外,还可以利用通用压缩因子图或其他实验资料提供的各种信息,例如焦耳-汤姆逊系数、摩尔热容、音速等对状态方程进行验证。不过应当指出,对于一个经验方程要使所有条件统统满足是难做到的,实际上我们往往只能根据使用的目的照顾到一些主要条件。

7.3 范德瓦耳斯方程

最早修正理想气体状态方程获得成功的是范德瓦耳斯。他在 1873 年提出了一个适用于实际气体的状态方程,其具体形式为

$$\left(p + \frac{a}{V_m^2}\right)(V_m - b) = RT \tag{7.7}$$

式中,V_m 为摩尔体积,单位是 m^3/mol;a、b 为范德瓦耳斯常数,随气体不同而异。式(7.7)引进的对理想气体的校正项 a/V_m^2 和 b 都有物理意义。如前所述,实际气体和理想气体的差别可近似归结为分子有一定大小,彼此间存在吸引力这两个方面。范德瓦耳斯方程中的两个校正项就是针对这两个方面引入的。

首先看 a/V_m^2 项,它是考虑分子间有吸引力而引入的对压力 p 的校正项,称为内压。碰撞器壁的分子因受到气体内部分子的吸引力而减小了它施加到壁面上的压力,即气体受到的实际压力要比压力表测出的压力大。分子间的吸引力正比于单位体积内的分子数,单位时间碰撞壁面的粒子数也正比于单位体积里的分子数。因而,由于分子间相互吸引的影响而使气体所受压力增加的数量约略正比于气体密度的平方。这就意味着应当用 $p + a/V_m^2$ 去取代理想气体状态方程中的 p。

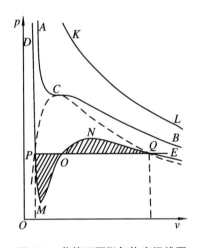

图 7.2 范德瓦耳斯气体定温线图

其次看体积修正项 b。由于气体分子本身占据若干体积使气体分子的自由活动空间有所减少,所以应当用 $V_m - b$ 去取代理想气体中的 V_m。范德瓦耳斯气体的定温线如图 7.2 所示。

范德瓦耳斯定温线($pV_m = 定值$)有三种类型。第一种如图中 KL 曲线所示,形状类似于理想气体的定温线,接近双曲线。这是温度较高的情况。第二种如图中的 ACB 曲线,有一拐点 C。这条曲线相当于临界温度的定温线,C 点就是拐点,也即三重根点。第三种如图中的 $DPMONQE$ 曲线所示,线上有一极小值 M 和极大值 N,而 P、O、Q 三点是方程在某个压力 P 时的三个根的点,点 O 为虚根点。低于临界压力区的不同压力所对应的点 P 连线相当于液体饱和线,点 Q 的连线相当于饱和蒸汽线。这是低于临界温度的情况。当温度升高时,P、Q、M 与 N 都逐渐靠近,温度升高到临界温度 T_c 时,这四点重合为 C。因此,点 C 的温度 T_c 和压力 P_c 应当满足下列条件:

$$\left(\frac{\partial p}{\partial V_m}\right)_{T_c} = 0 \tag{7.8a}$$

$$\left(\frac{\partial^2 p}{\partial V_m^2}\right)_{T_c} = 0 \tag{7.8b}$$

$(\partial p/\partial V_{\mathrm{m}})_{T_{\mathrm{c}}}=0$ 说明 C 点是两极值点 M、N 趋近的极限；$(\partial^2 p/\partial V_{\mathrm{m}}^2)_{T_{\mathrm{c}}}=0$ 说明点 C 是拐点。

在临界温度以下,实际气体存在着相变过程。相变时温度、压力都不变,因此实际的定温线应是 $DPOE$ 曲线。这就反映了范德尔方程与实际气体性质存在很大偏差。不过,在精确实验中还可以观察到定温线 PM 靠近点 P 的一段和 QN 靠近点 Q 的一段。前者的温度超过相同压力下饱和液体的温度,故称过热液体;后者温度低于相同压力下饱和蒸汽的温度,故称过冷蒸汽。稍受扰动,过热液体和过冷蒸汽均会立即消失,变为气液两相混合物。至于定温线上 MN 段则根本不可能存在。

范德瓦耳斯方程中的常数 a、b 随气体性质而异,确定的方法有两种。

一种是根据气体的 p-v-T 实验数据用曲线拟合的方法求 a、b 的值。这种方法确定的常数计算精度较高,但不宜推广到用来拟合数据的范围以外。

另一种是根据临界参数确定。据临界点曲率和斜率均为零,即根据式(7.8a)、式(7.8b),可得

$$\left(\frac{\partial p}{\partial V_{\mathrm{m}}}\right)_{T_{\mathrm{c}}} = -\frac{RT_{\mathrm{c}}}{(V_{\mathrm{m,c}}-b)^2} + \frac{2a}{V_{\mathrm{m,c}}^3} = 0 \tag{7.8c}$$

$$\left(\frac{\partial^2 p}{\partial V_{\mathrm{m}}^2}\right)_{T_{\mathrm{c}}} = \frac{2RT_{\mathrm{c}}}{(V_{\mathrm{m,c}}-b)^2} - \frac{6a}{V_{\mathrm{m,c}}^4} = 0 \tag{7.8d}$$

由原方程式(7.7),可得

$$\left(p_{\mathrm{c}} + \frac{a}{V_{\mathrm{m,c}}^2}\right)(V_{\mathrm{m,c}}-b) = RT_{\mathrm{c}} \tag{7.8e}$$

将式(7.8c)、式(7.8d)、式(7.8e)联立求解,得

$$a = \frac{27R^2 T_{\mathrm{c}}^2}{64 p_{\mathrm{c}}}, \quad b = \frac{RT_{\mathrm{c}}}{8 p_{\mathrm{c}}}, \quad R = \frac{8 p_{\mathrm{c}} V_{\mathrm{m,c}}}{3 T_{\mathrm{c}}} \tag{7.9}$$

或者

$$p_{\mathrm{c}} = \frac{a}{27 b^2}, \quad V_{\mathrm{m,c}} = 3b, \quad T_{\mathrm{c}} = \frac{8a}{27 bR} \tag{7.10}$$

并可算得

$$Z_{\mathrm{c}} = \frac{p_{\mathrm{c}} V_{\mathrm{m,c}}}{RT_{\mathrm{c}}} = 0.375 \tag{7.11}$$

将 Z_{c} 称为临界压缩因子。按照范德瓦耳斯方程 $Z_{\mathrm{c}}=0.375$,即对于所有物质都具有相同的值。事实上,不同气体的临界压缩因子有不同的值,各种气体的临界压缩因子在 $0.23\sim 0.33$ 之间,极性分子水蒸气和氨的临界压缩因子较小,在 0.24 附近,氢气的临界压缩因子在 0.3 左右,大多数制冷工质的临界压缩因子在 0.27 左右。

7.4　维　里　方　程

维里方程是把压缩因子 Z 以密度或压力展开为幂级数的表达式的方程式,即

$$Z = \frac{pV_\mathrm{m}}{RT} = 1 + B\rho + C\rho^2 + D\rho^3 + \cdots \tag{7.12}$$

或

$$Z = \frac{pV_\mathrm{m}}{RT} = 1 + \frac{B}{V_\mathrm{m}} + \frac{C}{V_\mathrm{m}^2} + \frac{D}{V_\mathrm{m}^3} + \cdots \tag{7.13}$$

式中,B,C,D,…分别叫作第二、第三、第四……维里系数。对于单一流体,这些系数都只是温度的函数。"维里"(Virial)来源于拉丁文,意思是"力",上述各个维里系数实际上就是考虑分子间相互作用力所作的修正。1901 年,卡莫凌·昂尼斯(Kammerligh Onnes)首先将维里方程用于拟合 p、v、T 实验数据,以得到解析式。后来发现,在统计力学中维里系数与不同大小集团中分子间的相互作用力有关。例如,第二维里系数与两个分子间的作用有关,第三维里系数与三个分子间的作用有关,等等。气体的密度愈高,维里方程中需要考虑的项数也相应增多。

维里方程因为也是考虑分子间的作用力,所以也可从范德瓦耳斯方程导出,式(7.7)的范氏方程可改写为

$$Z = \frac{pV_\mathrm{m}}{RT} = \frac{1}{1 - b/V_\mathrm{m}} - \frac{a/RT}{V_\mathrm{m}} = 1 + \frac{b - a/RT}{V_\mathrm{m}} - \frac{b^2}{V_\mathrm{m}^2} + \cdots \tag{7.14}$$

在展开上式时考虑了 b/V_m 是个小量,把 $1/(1 - b/V_\mathrm{m})$ 用级数的形式展开。上式是范氏方程的维里方程的形式,其系数为

$$B = b - \frac{a}{RT}, \quad C = b^2, \quad D = b^3, \quad \cdots$$

维里方程也可用压力的幂级数表示为

$$Z = \frac{pV_\mathrm{m}}{RT} = 1 + B'p + C'p^2 + D'p^3 + \cdots \tag{7.15}$$

式中,B',C',D',…也称为维里系数。对于单一流体,范氏方程的 b 和维里方程中的各系数也都是温度的函数。将式(7.12)改写成 $p = p(\rho, T)$ 形式为

$$p = RT\rho + RTB\rho^2 + RTC\rho^3 + \cdots$$

代入式(7.15),可得

$$Z = 1 + B'(RT\rho + RT\rho^2 + \cdots) + C'(RT\rho + RT\rho^2 + \cdots)^2 + \cdots \tag{7.16}$$

将 ρ 的同幂次项合并,并与式(7.12)相比较,可得出密度级数展开式与压力级数展开式中的维里系数之间的关系:

$$B = B'RT, \quad C = R^2 T^2 (B'^2 + C'), \quad \cdots$$

Z 的压力级数展开式对于以压力为独立变量的计算是方便的,适合于对比态原理的应用。在密度级数中,维里系数与分子力直接相关,可由统计力学进行计算。

维里方程展开式仅适用于低密度和中等密度的气体,用于临近液体的密度区时,级数是发散的。压力级数式(7.15)比密度级数式(7.12)或式(7.13)收敛得慢,因而主要用在低压区。所谓低密度或低压区实际上并无绝对的界限,主要决定于所希望方程达到的准确度。反之,当采用维里级数来建立某种气体的状态方程时,方程项数的选定取决于要求达到的准确度和方程应用的温度、密度(或压力)范围。一般说来,当气体温度高于临界温度 100 K 时,略去式(7.12)及式(7.14)中的三阶和更高阶项所导致的误差:在 $1.01\,325 \times 10^5$ Pa 压力下小于 $0.000\,1\%$,在 $1.013\,25 \times 10^6$ Pa 压力下小于 0.1%。

如果有非常精确的低压下 P、V_m、T 实验数据,就可以求得维里系数。将式(7.13)移项

后,可得

$$V_m(Z - 1) = B + \frac{C}{V_m} \tag{7.17}$$

以 $V_m/(Z - 1)$ 对 $1/V_m$ 作等温线,$1/V_m$ 趋于零时的截距与斜率即分别为 B 和 C,如图 7.3 所示。也可在求得 B 后,再以 $V_m[V_m/(z - 1) - B]$ 对 $1/V_m$ 作图,$1/V_m$ 趋于零时的截距就是 C。事实上,这种办法相当于把实验所得的压缩因子数据拟合成式(7.17)那样的以 $1/V_m$ 为独立变量的多项式,它的系数就是相应的维里系数。按此法确定的第二维里系数的不确定性很小(通常小于 1%),但是第三维里系数的不确定度很大。图 7.4(a) 和 (b) 分别为一般气体的第二、三维里系数 B、C 与温度的关系。

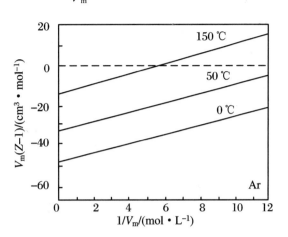

图 7.3 由 p、V、T 求 B 和 C

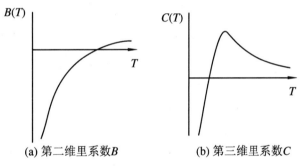

(a) 第二维里系数 B (b) 第三维里系数 C

图 7.4 第二、三维里系数 B、C 与温度的关系示意图

7.5 R-K 方程

R-K(Redlich-Kwong)方程是 1949 年发表的。它是改进范德瓦耳斯方程的压力修正项后得到的,形式如下:

$$p = \frac{RT}{V_m - b} - \frac{a}{T^{0.5}V_m(V_m + b)} \tag{7.18a}$$

利用临界点等温条件

$$\left(\frac{\partial p}{\partial V}\right)_{T_c} = 0, \quad \left(\frac{\partial^2 p}{\partial V^2}\right)_{T_c} = 0$$

可以确定常数

$$a = \Omega_a \frac{R^2 T_c^{2.5}}{p_c} \tag{7.18b}$$

$$b = \Omega_b \frac{RT_c}{P_c} \tag{7.18c}$$

式中，Ω_a 与 Ω_b 为常数，即 $\Omega_a = 0.427\,48$，$\Omega_b = 0.086\,64$。如果有足够的实验数据，并用最小二乘法直接拟合求得常数 Ω_a 和 Ω_b，则方程具有较高准确度。

R-K 方程虽然只用了两个由实验数据拟合的常数，但在相当广的压力范围内对气体的计算都获得了令人满意的结果。R-K 方程在饱和气相密度计算中有较大偏差，用于液相则误差更大，因此不能用它来预测饱和蒸汽压和气液平衡。

7.6 R-K-S 方程

1972 年，索弗(Soave)修正了 R-K 方程，用一个通用的温度函数 $a(T)$ 代替 $a/T^{0.5}$，得到通用 R-K-S 方程，为

$$p = \frac{RT}{V_m - b} - \frac{a(T)}{V_m(V_m + b)} \tag{7.19a}$$

应用临界点等温线拐点条件式可得

$$a = \Omega_a \frac{R^2 T_c^2}{p_c} \tag{7.19b}$$

$$b = \Omega_b \frac{RT_c}{P_c} \tag{7.19c}$$

在其他温度时，令

$$a(T) = a(T_c)\alpha(T)$$

其中，$\alpha(T)$ 是一个无量纲的温度函数，当 $T = T_c$ 时，$\alpha(T_c) = 1$。索弗将几种碳氢化合物的温度及饱和蒸汽压数据代入方程式(7.19)，并与饱和液相和饱和气相平衡时的吉布斯函数相等的条件

$$g^{(l)} = g^{(v)} \tag{7.20}$$

联立，通过试凑法求解，发现 $\alpha^{0.5}$ 对 $T_r^{0.5}$ 作图几乎都是直线，如图 7.5 所示。由于所有直线必定通过同一点 $(T_r = 1, \alpha = 1)$，即可写出

$$\alpha^{0.5} = 1 + m(1 - T_r^{0.5}) \tag{7.21}$$

直线的斜率 m 可以直接与偏心因子 ω 相关联。事实上，偏心因子 ω 是按 $T_r = 0.7$ 时的饱和蒸汽压定义的，即

$$p_r^s \big|_{T_r = 0.7} = 10^{-1-\omega} \tag{7.22}$$

相对于每一对 $T_r = 0.7$ 及 $p_r^s = 10^{-1-\omega}$，可以求得相应的 $\alpha(0.7)$ 及 m 值，于是可拟合出以下关系式：

$$m = 0.480 + 1.574\omega - 0.176\omega^2 \tag{7.23}$$

索弗改进的 R-K-S 式，可精确地预测轻烃类化合物的饱和蒸汽压，并在用于气液平衡计算时有比较好的准确度，加之形式简单，所以很快在烃类工业中广泛应用。

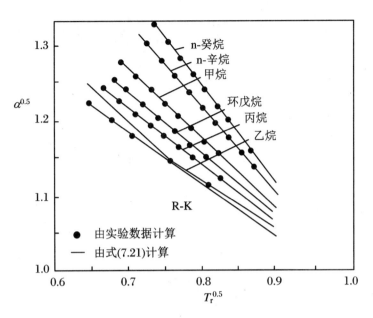

图 7.5 R-K-S 方程的温度函数 α 与 T_r 的关系

例 7.1 用 R-K 及 R-K-S 方程计算 0 ℃ 及 $1.013\,25 \times 10^8$ Pa 时的压缩因子 Z 的数值是 2.068 5。已知氮的临界常数为 $T_c = 126.2$ K，$p_c = 33.94 \times 10^5$ MPa，$V_c = 89.5$ cm³/mol，$\omega = 0.04$。

解 （1）R-K 方程

$$p = \frac{RT}{V_m - b} - \frac{a}{T^{0.5}\, V_m(V_m + b)}$$

先求常数 a 和 b，如下：

$$a = 0.427\,48\,\frac{R^2\, T_c^{2.5}}{p_c}$$

$$= 0.427\,48 \times \frac{8.314\,4^2 [\mathrm{J/(mol \cdot K)}]^2 \times 126.2^{2.5}\,\mathrm{K}^{2.5} \times 10^{12}}{33.94 \times 10^5\,\mathrm{Pa}}$$

$$= 1.557\,8 \times 10^{12}\,\mathrm{cm^6 \cdot Pa \cdot K^{0.5}/mol^2}$$

$$b = 0.086\,64\,\frac{RT_c}{p_c}$$

$$= 0.086\,64 \times \frac{8.314\,4\,\mathrm{J/(mol \cdot K)} \times 126.2\,\mathrm{K} \times 10^6}{33.94 \times 10^5\,\mathrm{Pa}}$$

$$= 26.785\,\mathrm{cm^3/mol}$$

再将 a 和 b 代入式(7.19)，求得

$$1.013\,25 \times 10^8\,\mathrm{Pa} + \frac{1.557\,8 \times 10^{12}\,\mathrm{cm^6 \cdot Pa \cdot K^{0.5}/mol^2}}{273.15^{0.5}\,\mathrm{K^{0.5}} \times V_m(V_m + 26.785\,\mathrm{cm^3/mol})}$$

$$= \frac{8.314\,4\,\mathrm{J/(mol \cdot K)} \times 273.15\,\mathrm{K} \times 10^6\,\mathrm{Pa \cdot cm^3/J}}{V_m - 26.785\,\mathrm{cm^3/mol}}$$

解得

$$V_m = 44\,\mathrm{cm^3/mol}$$

压缩因子为

$$Z = \frac{pV_m}{RT} = \frac{1.013\,25 \times 10^8 \text{ Pa} \times 44 \times 10^{-6} \text{ m}^3/\text{mol}}{8.314\,4 \text{ J}/(\text{mol} \cdot \text{K}) \times 273.15 \text{ K}} = 1.963$$

因而

$$误差 = \frac{Z_{cal} - Z_{exp}}{Z_{exp}} = \frac{1.963 - 2.068\,5}{2.068\,5} \times 100\% = -5.1\%$$

式中,Z_{cal} 为计算值,Z_{exp} 为实验值。

(2) 由 R-K-S 方程解得(求解过程从略)

$$V_m = 44.92 \text{ cm}^3/\text{mol}$$
$$Z = 2.004$$

误差为 -3.1%。

7.7 P-R 方程

R-K-S 方程在预测饱和液相摩尔容积时,除了氯、甲烷等分子小的物质外,对于较大分子的烃类化合物偏差较大。对 n-丁烷在 $T_r < 0.65$ 时相对误差约为 7%,而对比温度接近于临界温度时偏差约为 27%。为了克服这一缺陷,他们在 1976 年提出的新方程为

$$p = \frac{RT}{V_m - b} - \frac{a(T)}{V_m(V_m + b) + b(V_m - b)} \tag{7.24}$$

式(7.24)也可以称为 P-R(Peng-Robinson)方程。将式(7.24)用到临界点,得到

$$a(T_c) = 0.457\,24 \frac{R^2 T_c^2}{p_c}, \quad b = 0.077\,80 \frac{RT_c}{p_c}, \quad Z_c = 0.307 \tag{7.25}$$

对于临界点以外的其他温度

$$a(T) = a(T_c)\alpha(T_r, \omega) \tag{7.26}$$

对所有物质的 α 与 T_r 的关系的分析表明,两者关系符合以下线性方程:

$$\alpha^{0.5} = 1 + K(1 - T_r^{0.5}) \tag{7.27}$$

式中,K 为决定于物质种类的特性常数。K 的拟合步骤与 R-K-S 方程类似,所不同的是,对于各种物质要采用自正常沸点至临界点的蒸汽压数据,并与偏心因子关联,得

$$K = 0.374\,64 + 1.542\,26\omega - 0.269\,92\omega^2 \tag{7.28}$$

P-R 方程在预测液体的摩尔容积时较 R-K-S 方程有所改善,并给出了较接近实际的临界压缩因子 0.307,R-K-S 方程为 0.333。

以上讨论的 R-K、R-K-S 及 P-R 方程都可转化为摩尔容积或压缩因子的三次方程式,故常称作立方型方程。例如,式(7.24)可转化为

$$Z^3 - (1 - B)z^2 + (A - 3B^2 - 2B)z - (AB - B^2 - B^3) = 0 \tag{7.29}$$

式中

$$A = 0.457\,24\alpha(T_r, \omega)\frac{p_r}{T_r^2}, \quad B = 0.077\,80 \frac{p_r}{T_r}, \quad Z = \frac{pV_m}{RT} \tag{7.30}$$

对于立方型方程求解时一般在饱和区可获得三个实根,最大的一个对应于饱和气相摩尔容积,最小的一个对应于饱和液相摩尔容积。在临界点处,三个根重叠,在气相区则选取

最大实根。

在利用这类方程求解摩尔容积时,可直接按卡尔丹(Cardan)公式求根,避免了迭代。当需要多次求解容积时,这对节省时间很有实际意义。

7.8　B-W-R 方程

B-W-R(Benedict-Webb-Rubin)方程是能够把应用范围拓展到液相区的最好方程之一。它在 1940 年提出时的原始形式为

$$p = \rho RT + \left(B_0 RT - A_0 - \frac{C_0}{T^2} \right)\rho^2 + (bRT - a)\rho^3$$

$$+ a\alpha\rho^6 + c\frac{\rho^3}{T^2}(1 + \gamma\rho^2)\mathrm{e}^{-\gamma\rho^2} \tag{7.31}$$

式中的 8 个经验常数 A_0、B_0、C_0、b、a、c、α、γ 可由实验值确定,不同气体有不同值。由于拟合者所用的实验点数、选定精度目标等因素不同,不同文献提供的 B-W-R 方程中常数的数值可能各不相同,使用时一定要用同一文献的一组常数值计算。当使用同一文献的常数计算时,计算的结果都有相同或相近的精度。该方程对于烃类物质,在即使比临界压力高 1.8~2 倍的高压条件下,摩尔容积的平均误差也只有 0.3% 左右。

1970 年,斯塔林(K. E. Starling)等又提出一个和 B-W-R 方程相似的、包含了 11 个常数的状态方程,称为 B-W-R-S 方程,其应用范围比 B-W-R 方程有所扩大。

7.9　M-H 方程

M-H(Martin-Hou)方程是马丁(J. J. Martin)与我国的侯虞钧教授在 1955 年对不同化合物的 p-v-T 数据分析研究后共同开发的多常数经验方程,简称M-H55型方程,其形式为

$$p = \sum_{i=1}^{5} \frac{F_i(T)}{(V_m - b)^k} \tag{7.32}$$

式中

$$F_1(T) = RT$$

$$F_2(T) = A_2 + B_2 T + C_2 \exp\left(\frac{-5.474T}{T_c}\right)$$

$$F_3(T) = A_3 + B_3 T + C_3 \exp\left(\frac{-5.474T}{T_c}\right)$$

$$F_4(T) = A_4$$

$$F_5(T) = B_5 T$$

共包含了 b、A_2、B_2、C_2、A_3、B_3、C_3、A_4、B_5 等 9 个常数,不同气体有不同的值。

M-H 方程是一个精度较高、适用范围较广,既可用于烃类又可用于各种制冷剂以及极性物质的多常数状态方程。与同类方程相比,M-H 方程常数的确定只需要临界参数以及一个饱和蒸汽数据,而不需要其他的 p-v-T 实验数据,因此 M-H 方程具有预测性,这是它的一大优点。

1959 年马丁又对 M-H55 型方程作了改进,把常数扩大到 11 个,称为 M-H59 型方程,使计算精度进一步提高,目前已被国际制冷学会选定作为制冷剂热力性质计算的状态方程。1981 年侯虞钧教授也对 M-H55 型方程作了改进,增加了一项,称为 M-H81 型方程,它基本保持了 M-H55 型方程在气相区的精度,大大提高了在液相区的精度,从而把 M-H 方程的适用范围扩展到液相(表 7.1)。

表 7.1 改进 M-H 方程的常数值

常数	A_2	B_2	C_2	A_3	B_3
CO_2	− 4 519 295.4	4 676.009 0	− 79 266 871	327 671 590	− 380 994.25
n-C_4H_{10}	− 16 072 383	10 300.153	− 317 638 660	3 188 433 409	− 2 390 783.7
Ar	− 1 623 333.6	2 720.099 6	− 13 606 549	82 743 301	− 136 568.73
CH_4	− 2 557 372.5	2 826.223 0	− 28 565 946	183 601 675	− 240 624.01
N_2	− 1 534 374.3	2 698.663 0	− 21 158 347	98 724 974	− 199 300.77
常数	C_9	A_4	B_4	B_5	b
CO_2	5 855 596 400	− 12 896 697 200	15 508 608	374 367 850	20.188 074 00
n-C_4H_{10}	63 704 174 000	− 364 028 480 000	316 673 580	20 414 278 000	54.164 518
Ar	760 898 844	− 2 019 983 906	2 204 528.8	116 251 450	18.653 484
CH_4	2 127 249 700	− 6 497 391 900	7 591 701.6	367 300 175	24.361 969
N_2	143 229 500	− 3 492 450 800	8 029 134.9	246 110 971	24.401 742

以上列举的一些实际气体状态方程都各有特点。下面以 R-K、B-W-R、M-H 三个方程为例,提出选用方程的几点建议:

(1) 当计算精度要求比较高,$p_r = p/p_c$ 较高,$T_r = T/T_c$ 较低,且有较完整的实验数据,或能找到成套的 B-W-R 方程常数首选 B-W-R 方程;如果 p-v-T 数据不完整,又没有成套的 B-W-R 数据资源可利用,仅有临界参数和蒸汽压数据,则可选用 M-H 方程;如果要求的计算精度不很高,可选用 R-K 方程。

(2) 对烃类物质可选 B-W-R 方程,计算精度要求稍低时选用 R-K 方程。

(3) 对于非烃类物质,且为极性或弱极性物质,则可选 M-H 方程,特别是氟利昂制冷剂应首先选用 M-H 方程。

7.10　MBWR 方程

　　MBWR(Modified Benedict-Webb-Rubin)状态方程是 B-W-R 方程的改进式,在 1973 年由 Jacobsen 和 Stewart 提出。该方程有 32 个参数,适用于不同种类的流体,包括烃类低温流体、制冷剂,有着很高的精确度,能够在广泛的温度、压力和密度内以实验数据的精度再现工质的热力学性质,并且有较好的外推性能,其方程形式是压力的显函数,具体如下:

$$p = \sum_{n=1}^{9} a_n \rho^n + \exp(-\delta^2) \sum_{n=10}^{15} a_n \rho^{2n-17} \tag{7.33}$$

其中

$$\delta = \rho/\rho_c$$
$$a_1 = RT$$
$$a_2 = b_1 T + b_2 T^{1/2} + b_3 + b_4/T + b_5/T^2$$
$$a_3 = b_6 T + b_7 + b_8/T + b_9/T^2$$
$$a_4 = b_{10} T + b_{11} + b_{12}/T$$
$$a_5 = b_{13}$$
$$a_6 = b_{14}/T + b_{15}/T^2$$
$$a_7 = b_{16}/T$$
$$a_8 = b_{17}/T + b_{18}/T^2$$
$$a_9 = b_{19}/T^2$$
$$a_{10} = b_{20}/T^2 + b_{21}/T^3$$
$$a_{11} = b_{22}/T^2 + b_{23}/T^4$$
$$a_{12} = b_{24}/T^2 + b_{25}/T^3$$
$$a_{13} = b_{26}/T^2 + b_{27}/T^4$$
$$a_{14} = b_{28}/T^2 + b_{29}/T^3$$
$$a_{15} = b_{30}/T^2 + b_{31}/T^3 + b_{32}/T^4$$

式中,ρ_c 为临界密度;R 为理想气体常数;$b_i(i=1,2,3,\cdots,32)$ 为所要拟合的参数值。

　　为了拟合该方程,从文献中收集了某工质的 p、v、T 数据,首先用已知精度稍低的维里方程计算值作为比较,剔除一些精度明显低的不良数据点;其次,把初次拟合结果误差明显较大的数据点剔除,再用剩余组数据进行拟合。所用数据应包括气相区、液相区、饱和区、临界区以及超临界区。因为这些数据能够覆盖较大的范围,拟合的方程也能够适用于较大的温度和压力范围。

　　拟合过程中为克服最小二乘法在宽广范围内的数据拟合时不能对不同区域数据偏差进行分别控制而造成偏差比较大的不足,建议采用最小二乘法结合 DSFD(转轴直接搜寻可行方向法)优化过程进行状态方程的拟合。先用最小二乘法对数据进行拟合,然后用得到的结果作为 DSFD 优化过程的初值。该方面工作参考本章文献[4～7]。

7.11　蒸汽压方程式

气体状态方程对于两相区并不合适。根据相律理论,单一物质在两相区的状态只需要一个独立变量表示。在气液两相区,通常需要建立饱和蒸汽压方程和湿蒸汽热力函数关系。另外,在饱和液相线有液体蒸发,在饱和蒸汽线有蒸汽凝结。蒸发和凝结都是相变,与其他几种相变如熔解和凝固、升华和凝华一样,都处于一种动平衡状态,并有共同特点:在相变过程中系统的强度参数如温度和压力保持一定,而广延参数如熵、容积等则会发生有限的变化,并伴有相变潜热的释放或吸收。当系统包含几个相共存并处于平衡时,各相的参数称为饱和参数。由于相变过程中温度和压力不再是互相独立的参数,即 $p_s = f(T_s)$,因此,只要知道给定温度就能预测饱和压力,反过来也一样。

下面直接介绍温度与饱和蒸汽压的对应关系。

1. 克劳修斯-克拉贝龙方程

因为相变时的压力仅是温度的函数,所以麦克斯韦关系式(5.29)

$$\left(\frac{\partial s}{\partial v}\right)_T = \left(\frac{\partial p}{\partial T}\right)_v$$

中的 $(\partial p/\partial T)_v$ 可写成 $\mathrm{d}p_s/\mathrm{d}T_s$,下角标"s"表示饱和态。$\mathrm{d}p_s/\mathrm{d}T_s$ 即饱和线斜率,与比体积无关。由式(5.29),可得

$$s_2 - s_1 = \frac{\mathrm{d}p_s}{\mathrm{d}T_s}(v_2 - v_1) \tag{7.34}$$

式中,下角标"1"和"2"分别表示相变过程中的两个饱和状态。对于气液相变,可把式(7.34)写成

$$\frac{\mathrm{d}p_s}{\mathrm{d}T_s} = \frac{s'' - s'}{v'' - v'} = \frac{h'' - h'}{T_s(v'' - v')} = \frac{\Delta h}{T_s(v'' - v')} \tag{7.35}$$

式中,$\Delta h = h'' - h'$ 为蒸发潜热;上角标"'"表示饱和液相;"''"表示饱和气相。式(7.35)是克劳修斯-克拉贝龙(Clausius-Clapeyron)方程。

克劳修斯-克拉贝龙方程在热力学中有重要应用,它不仅给出了物质从饱和液态转变到饱和气态时体积变化与焓差值及熵差值之间的关系,还可根据它利用已知饱和蒸汽压方程(通常用实验测定值关联得出),求出蒸发潜热值 Δh 和饱和液体的焓 h'。具体步骤是:

① 从已知饱和蒸汽压方程求得 $\mathrm{d}p_s/\mathrm{d}T_s$;

② 从气相区的实际气体的状态方程(根据定容积膨胀法测得的实验数据按维里方程关联得到)和理想气体的比定压热容(计算得到),求得 v''、h''、s'';

③ 测出或算得饱和液体比体积 v';

④ 按式(7.34)算出蒸发潜热和饱和液体的焓 h'。

值得注意是,只有在低压情况下用这种方法确定的蒸发潜热才有较高的精度。克劳修斯-克拉贝龙方程是一个非常重要的热力学一般关系式,在蒸汽图表的编制、实验数据的处理等过程中,必须充分考虑这一关系式,以保证它们具有良好的热力学一致性。

2. 饱和蒸汽压方程

由克劳修斯-克拉贝龙方程还可导出饱和蒸汽压方程。在低压区时,因为 $v'' \gg v'$,所以可假设 $v' = 0 \text{ m}^3/\text{kg}$, $v'' = RT/p$,且 $\Delta h = (h'' - h') = 常数$,于是克劳修斯-克拉贝龙方程 (7.35) 变为

$$\frac{\mathrm{d}p_s}{\mathrm{d}T_s} = \frac{\Delta h p_s}{RT_s^2} \quad 或 \quad \frac{\mathrm{d}p_s}{p_s} = \frac{\Delta h \mathrm{d}T_s}{RT_s^2}$$

取基准状态 (p_0, T_0) 至任意饱和蒸汽状态间积分,就可求得近似的饱和蒸汽压方程为

$$\ln \frac{p_s}{p_0} = \frac{\Delta h}{R}\left(\frac{1}{T_0} - \frac{1}{T_s}\right) = \frac{\Delta h}{RT_0}\left(1 - \frac{T_0}{T_s}\right) \tag{7.36}$$

基准状态通常取标准大气压下的压力 p_0 和沸点 T_0。如果标准大气压下的蒸发潜热不知道,则在式 (7.36) 中可以用另一个压力点所对应的温度的数据代入而消去 Δh。从上式导出的 $p_s = f(T_s)$ 关系,一般表示为

$$\ln p_s = A - \frac{B}{T} \tag{7.37}$$

式中,A 和 B 两常数可由标准沸点和临界点参数标定。

利用式 (7.36),可以根据在较高温度下测定的 Δh 和 $\mathrm{d}p_s / \mathrm{d}T$,推算升华和低温下的蒸汽压力,因为在这种情况下测量压力是有困难的。并可用于计算高压下的 Δh,因为在高压下测量 Δv 和 $\mathrm{d}p_s/\mathrm{d}T$ 相对来说比较容易,而测量热量则非常困难。

为了提高精度,实用中饱和蒸汽压方程多采用多项式幂函数的形式进行拟合,一般取 4~5 项:

$$\ln\left(\frac{P}{\text{kPa}}\right) = A_1 + (A_2\tau + A_3\tau^{1.5} + A_4\tau^{2.5} + A_5\tau^5)\frac{T_c}{T} \tag{7.38}$$

式中,$\tau = 1 - T/T_c$;系数 A_1、A_2、A_3、A_4、A_5 由实验值确定。

顺便一提,如果已知升华过程的焓差值(潜热值),则由克劳修斯-克拉贝龙方程的一般表达式 (7.34) 还可求得升华曲线方程。

7.12　饱和性质表和湿蒸汽热力函数的关系

湿蒸汽的性质与饱和液体和饱和蒸汽的性质有关,通常用带上角标“′”表示饱和液相,“″”表示饱和气相的性质,用 x 表示干度 (Dryness Fraction)。干度的定义为单位质量湿蒸汽中干饱和蒸汽的量,即

$$x = \frac{m''}{m} = \frac{m''}{m' + m''} \tag{7.39}$$

式中,m、m' 和 m'' 分别为湿蒸汽、湿蒸汽中饱和液体和饱和蒸汽的质量。

在湿蒸汽中,由于饱和液相和饱和气相处于热力学平衡态,两相的温度和压力都相等,因此两相的强度量都相等。而与物质量相关的量 U、H、S 等,将视为二组分的混合物,对于同种物质,可按每组分质量在混合物中所占的份额相加。假设同温、同压下两组分的质量为 m' 和 m'' 的比容积分别为 v' 和 v'',混合物总体积为 V,分别对应二组分的体积为 V' 和 V'',

则有

$$V = V' + V'' = m'v' + m''v''$$

湿蒸汽混合物的比容积为

$$v = \frac{V}{m} = \frac{m'v' + m''v''}{m' + m''}$$

若引用干度来表示,则十分简捷,即有

$$v = (1 - x)v' + xv'' \quad 或 \quad v = v' + x(v'' - v') \tag{7.40a}$$
$$u = (1 - x)u' + xu'' \quad 或 \quad u = u' + x(u'' - u') \tag{7.40b}$$
$$h = (1 - x)h' + xh'' \quad 或 \quad h = h' + x\Delta h \tag{7.40c}$$
$$s = (1 - x)s' + xs'' \quad 或 \quad s = s' + x\Delta h/T \tag{7.40d}$$

如果在低压区,液相的比体积 v' 可以忽略,又有如下关系:

$$v = xv'' \tag{7.41}$$

例 7.2 试用马丁-侯方程预测二氧化碳在 288.15 K 时的饱和蒸汽压力。实验值 p_{exp} = 5.085 7 MPa。已知 CO_2 的临界温度 T_c = 304.2 K,由表 7.1 查得 M-H 方程的常数如表 7.2 所示。

表 7.2　M-H 方程的常数值

常　数	A_2	B_2	C_2	A_3	B_3
CO_2	− 4 519 295.4	4 676.009 0	− 79 266 871	327 671 890	− 380 994.25

常　数	C_3	A_4	B_4	B_5	b
CO_2	5 855 596 400	− 12 896 697 200	15 508 608	3 743 678 501	20.188 074 00

解　由于饱和蒸汽及饱和液体的比体积是未知的,因此不能由状态方程直接解出,而需要由状态方程

$$p = f(T, V_m)$$

及气液平衡条件

$$G^{(l)} = G^{(v)}$$

联立求得。解题中需要多次求解状态方程以求取比体积,并通过迭代计算饱和蒸汽压,因此虽可手算试凑,但利用计算机计算则准确而方便。式中,系数

$$f_1(T) = RT$$
$$f_n(T) = A_n + B_nT + C_n\exp(- 5.475 T_r) \quad (n = 2 \sim 5)$$
$$f_6 = - p$$

这种函数用牛顿-拉裝生法求根最为方便。

另外,注意到自由焓的定义式 $G = F + pV$,所以气液平衡条件可写作

$$F_m^{(l)} + pV_m^{(l)} = F_m^{(v)} + pV_m^{(v)} \tag{a}$$

而根据式(5.24),有

$$\left(\frac{\partial F}{\partial V}\right)_T = - p$$

故定温下麦克斯韦法则为

$$F^{(v)} - F^{(l)} = - \int_{V^{(l)}}^{V^{(v)}} p\mathrm{d}V = - p(V^{(v)} - V^{(l)}) \tag{b}$$

代入马丁-侯方程后变成

$$p(V^{(v)} - V^{(l)}) = \int_{V^{(l)}}^{V^{(v)}} p\,dV = \int_{V^{(l)}}^{V^{(v)}} \left(\frac{RT}{V-b} + \sum_{n=2}^{5} \frac{f_n(T)}{(V-b)^n} \right) dV$$

$$= \left[RT\ln(V-b) - \sum_{n=2}^{5} \frac{f_n(T)}{(n-1)(V-b)^{n-1}} \right]_{V^{(l)}}^{V^{(v)}} \tag{c}$$

$$= RT\ln(V^{(v)}-b) - \sum_{n=2}^{5} \frac{f_n(T)}{(n-1)(V^{(v)}-b)^{n-1}}$$

$$- RT\ln(V^{(l)}-b) - \sum_{n=2}^{5} \frac{f_n(T)}{(n-1)(V^{(l)}-b)^{n-1}}$$

$$F(V) = RT\ln(V-b) - \sum_{n=2}^{5} \frac{f_n(T)}{(n-1)(V-b)^{n-1}} \tag{d}$$

于是得饱和蒸汽压的迭代式为

$$p = \frac{F(V^{(v)}) - F(V^{(l)})}{V^{(v)} - V^{(l)}} \tag{e}$$

计算时可先假定一饱和压力初值 p_0，并代入马丁-侯方程求解。解得的最大及最小实根分别对应于饱和蒸汽相摩尔容积 $V_m^{(v)}$ 及饱和液相摩尔容积 $V_m^{(l)}$，然后代入式(e)求得 p。如果 p 与 p_0 的相对偏差的绝对值小于某一给定的小值(如 10^{-6})，即认为 p 就是所求的饱和蒸汽压。否则令 $p_0 = p$，重复以上步骤，直到满足要求为止。

误差按下式计算：

$$\delta = \frac{p_{cal} - p_{exp}}{p_{exp}} \times 100\%$$

式中，p_{cal} 为计算值，p_{exp} 为实验值。

计算程序从略。

计算结果如表7.3所示。

表7.3 计算结果

T/K	p_{exp}/MPa	p_{cal}/MPa	δ	$V^{(v)}/(cm^3 \cdot mol^{-1})$	$V^{(l)}/(cm^3 \cdot mol^{-1})$
288.15	5.085 70	4.947 88	-2.710%	295.03	51.486 2

需要指出的是，本例题只是对二氧化碳个别状态点应用 M-H 方程进行了预测的结果，并不代表该方程的准确度。

例7.3 已知 $\alpha_V = \frac{1}{v}\left(\frac{\partial v}{\partial T}\right)_p = \frac{a}{v}$，$k_T = -\frac{1}{v}\left(\frac{\partial v}{\partial p}\right)_T = \frac{b}{v}$，试判断下列四式中哪一个为状态方程？

(1) $v = aT + bp + c$； (2) $v = aT - bp + c$； (3) $v = bT - ap + c$； (4) $v = bT + ap + c$

解 (1) 由于 α_V 和 k_T 均是以 (T,p) 为自变量的偏导数，因而选择参数 $v(T,p)$，写出其全微分式，即

$$dv = \left(\frac{\partial v}{\partial T}\right)_p dT + \left(\frac{\partial v}{\partial p}\right)_T dp$$

(2) 代入 α_V 与 k_T，得

$$dv = \frac{v}{v}\left(\frac{\partial v}{\partial T}\right)_p dT + \frac{v}{v}\left(\frac{\partial v}{\partial p}\right)_T dp$$

$$= v\alpha_v \mathrm{d}T - vk_T \mathrm{d}p = v\frac{a}{v}\mathrm{d}T - v\frac{b}{v}\mathrm{d}p$$

$$= a\mathrm{d}T - b\mathrm{d}p$$

（3）对上述全微分式积分，得

$$v = aT - bp + c$$

可见题给的第（2）式是状态方程。

参 考 文 献

［1］ 杨思文，金六一，孔庆煦，等．高等工程热力学［M］．北京：高等教育出版社，1988.

［2］ 刘桂玉，刘志刚，阴建民，等．工程热力学［M］．北京：高等教育出版社，1998.

［3］ 西川兼康，伊藤猛宏．应用热力学．東京：コロナ社，1983.

［4］ Jacobsen R T，Stewart R B. Thermodynamic properties of nitrogen including liquid and vapor phases from 63 K to 2000 K with pressures to 10,000 bar［J］. Phys. Chem. Ref.，1973，2(4)：757-922.

［5］ 王跃武，胡芃，陈则韶．HFC-227ea 的 MBWR 状态方程［J］．西安交通大学学报，2007,41(1)：37-41.

［6］ 段远源，徐建锋．适用于整个区域的 HFC-227ea 状态方程［J］．工程热物理学报，2003,24(1)：22-24.

［7］ 李立，朱明善．一个 HFC-134a 的专用状态方程［J］．工程热物理学报，1993,14(3)：234-240.

第8章 工质热力性质的计算

当确知实际气体的 p-v-T 状态方程后,可以利用第 5 章中建立的热力学一般关系式求出热力中需要的 u、h、s、c_p、c_V 值。为此,通常要把状态方程转化为显式表示。为了计算实际气体的 u、h 等函数的方便,实用上还借用理想气体为参考对象,把实际气体的 u、h 等函数用与理想气体的对应函数之差的偏差函数表示。本章将介绍这两方面的内容。

8.1 从状态方程 $v(p,T)$ 计算 u、h、s、c_p、c_V

据式(5.43)、式(5.57)和式(5.30),在等温情况下对 p 偏微分,可以给出 c_p、h 及 s 的计算关系式为

$$\left(\frac{\partial c_p}{\partial p}\right)_T = -T\left(\frac{\partial^2 v}{\partial T^2}\right)_p$$

$$\left(\frac{\partial h}{\partial p}\right)_T = -\left[T\left(\frac{\partial v}{\partial T}\right)_p - v\right] = -T^2\left(\frac{\partial v/T}{\partial T}\right)_p$$

$$\left(\frac{\partial s}{\partial p}\right)_T = -\left(\frac{\partial v}{\partial T}\right)_p$$

据上述这些关系式分别沿着等温线对 p 变量从 $p=0$ 至 p 积分,分别得到下列计算式:

$$c_p = c_{p0}(T) - T\int_0^p \left(\frac{\partial^2 v}{\partial T^2}\right)_p \mathrm{d}p \tag{8.1}$$

$$h = h_0(T) - \int_0^p \left[T\left(\frac{\partial v}{\partial T}\right)_p - v\right]\mathrm{d}p = h_0(T) - T^2\int_0^p \left(\frac{\partial v/T}{\partial T}\right)_p \mathrm{d}p \tag{8.2}$$

$$s = s_0(T) - \int_0^p \left(\frac{\partial v}{\partial T}\right)_p \mathrm{d}p \tag{8.3}$$

在上面三个式中,$c_{p0}(T)$、$h_0(T)$ 和 $s_0(T)$ 都是与温度有关的积分函数,$c_{p0}(T)$、$h_0(T)$ 和 $s_0(T) - R_g\ln p$ 分别表示气体变成理想气体时的比定压热容、比焓和比熵。在这些参数中,$c_{p0}(T)$ 可以从理论或实验中预先得到。$h_0(T)$ 和 $s_0(T)$ 按下述做法确定。

把式(8.2)代入式 $c_p = (\partial h/\partial T)_p$ 中,得

$$c_p = \frac{\mathrm{d}h_0}{\mathrm{d}T} - T\int_0^p \left(\frac{\partial^2 v}{\partial T^2}\right)_p \mathrm{d}p$$

与关系式(8.2)比较,得

$$\frac{\mathrm{d}h_0}{\mathrm{d}T} = c_{p0}$$

于是有

$$h_0 = \int_{T_0}^{T} c_{p0}\,\mathrm{d}T + e_1 \tag{8.4}$$

再与式(8.3)比较,得

$$T\frac{\mathrm{d}s_0}{\mathrm{d}T} = c_{p0}$$

因此,又得到

$$s_0 = \int_{T_0}^{T} \frac{c_{p0}}{T}\,\mathrm{d}T + e_2 \tag{8.5}$$

上述式中,T_0 是基准温度,e_1、e_2 都是任意的积分常数。实际使用上并不需要确定绝对值,通常都把基准温度时的 h 和 s 的值选取为 0 来确定积分常数 e_1 和 e_2。

以前是以 0 ℃时饱和水的状态为基准点,选取该状态的 h 和 s 的值为 0 来确定积分常数 e_1 和 e_2,第五届 ICPS(1956 年)确定取水的三相点为基准点。再者,第一届 IFC(1965 年)决定把水的三相点的 u 和 s 的值选取为 0 来确定积分常数 e_1 和 e_2。这种约定已被国际普遍接受。

$$u_0 = 0\,\text{kJ/kg}, \quad s_0 = 0\,\text{kJ/(kg · K)}, \quad h_0 = 0.006\,11\,\text{kJ/kg}, \quad T_0 = 273.16\,\text{K}$$

此外,u 和 c_V 由下述关系式确定:

$$u = h - pv$$

$$c_V = c_p + T\frac{\left(\frac{\partial v}{\partial T}\right)_p^2}{\left(\frac{\partial v}{\partial p}\right)_T} \tag{8.6}$$

8.2   从状态方程 $p(v,T)$ 计算 u、h、s、c_p、c_V

据关系式(5.42)、式(5.54)和式(5.29),对 v 偏微分后可以给出 c_p、u 及 s 的计算关系式为

$$\left(\frac{\partial c_V}{\partial v}\right)_T = T\left(\frac{\partial^2 p}{\partial T^2}\right)_v$$

$$\left(\frac{\partial u}{\partial v}\right)_T = T\left(\frac{\partial p}{\partial T}\right)_v - p = -T^2\left(\frac{\partial p/T}{\partial T}\right)_v$$

$$\left(\frac{\partial s}{\partial v}\right)_T = \left(\frac{\partial p}{\partial T}\right)_v$$

据上述这些式子分别沿着等温线对 v 变量从 $v = \infty$(理想气体状态)至 v 积分,将分别得到下列计算式:

$$c_V = c_{V0}(T) + T\int_{\infty}^{v}\left(\frac{\partial^2 p}{\partial T^2}\right)_v\,\mathrm{d}v \tag{8.7}$$

$$u = u_0(T) - \int_\infty^v \left[p - T \left(\frac{\partial p}{\partial T} \right)_v \right] \mathrm{d}v = u_0(T) + T^2 \int_\infty^v \left(\frac{\partial p/T}{\partial T} \right)_v \mathrm{d}v \tag{8.8}$$

$$s = s_0(T) + \int_\infty^v \left(\frac{\partial p}{\partial T} \right)_v \mathrm{d}v \tag{8.9}$$

在上面三个关系式中,$c_{V0}(T)$、$u_0(T)$ 和 $s_0(T) + R_g \ln v$ 分别为理想气体的比定压热容、比焓和比熵。在这些量中,如果 c_{p0} 已知,$c_{V0}(T)$ 的值即可得到

$$c_{V0} = c_{p0} - R_g$$

把式(8.8)代入式 $c_V = (\partial u / \partial T)_v$ 中,得

$$c_V = \frac{\mathrm{d}u_0}{\mathrm{d}T} + T \int_\infty^v \left(\frac{\partial^2 p}{\partial T^2} \right)_v \mathrm{d}v$$

$$c_V = T \frac{\mathrm{d}s_0}{\mathrm{d}T} + T \int_\infty^v \left(\frac{\partial^2 p}{\partial T^2} \right)_v \mathrm{d}v$$

与关系式(8.7)比较,得

$$\frac{\mathrm{d}u_0}{\mathrm{d}T} = c_{V0}$$

$$T \frac{\mathrm{d}s_0}{\mathrm{d}T} = c_{V0}$$

于是

$$u_0 = \int_{T_0}^T c_{V0} \mathrm{d}T + e_1' \tag{8.10}$$

$$s_0 = \int_{T_0}^T \frac{c_{V0}}{T} \mathrm{d}T + e_2' \tag{8.11}$$

式中,积分常数 e_1' 和 e_2' 按上一节所述的方法确定。比焓 h、比熵 s 和比定压热容 c_p 的计算式分别表示如下:

$$h = T^2 \int_\infty^v \left(\frac{\partial p/T}{\partial T} \right)_v \mathrm{d}v + u_0(T) + pv$$

$$= T^2 \int_\infty^v \left(\frac{\partial p/T}{\partial T} \right)_v \mathrm{d}v + \int_{T_0}^T c_{p0} \mathrm{d}T - R_g(T - T_0) + e_1' + pv \tag{8.12}$$

$$s = T \int_\infty^v \left(\frac{\partial p/T}{\partial T} \right)_v \mathrm{d}v + \int_{T_0}^T \frac{c_{p0}}{T} \mathrm{d}T - R_g \ln \frac{T}{T_0} + e_2' \tag{8.13}$$

$$c_p = c_V - T \frac{(\partial p/\partial T)_v^2}{(\partial p/\partial v)_T}$$

$$= T \int \left(\frac{\partial^2 p}{\partial T^2} \right)_v \mathrm{d}v - T \left(\frac{\partial p}{\partial T} \right)_v^2 \Big/ \left(\frac{\partial p}{\partial v} \right)_T + c_{p0} - R_g \tag{8.14}$$

关于应用 R-K、R-K-S、P-R、M-H、B-W-R 方程计算实际气体的体积、比热力学能、比焓和比熵的计算程序及其编制原理,读者可阅读有关参考文献。

8.3 偏离函数计算法

为了计算实际气体的 u、h 等函数,还提出了偏离函数计算法。其意图是利用理想气体为参考对象,并借用辅助函数——亥姆霍兹函数 f 和吉布斯函数 g 在等温过程中易于获得的特点,通过 f 和 g 函数与其他函数的代数关系,方便地求取 u、h、比热容等热力函数。

1. 偏离函数

偏离函数的定义是,处于 p、V_m、T 状态的实际气体的某热力学函数(U、H、S、F、G、c_P、c_V)与同温度 T、参考压力 p^0 点的理想气体所对应的热力学函数之差。参考状态压力 p^0 可选取系统的压力 p 或选取标准大气压 1.0132×10^5 Pa,参考状态理想气体的体积 V_m^0 由下面关系式确定:

$$V_m^0 = \frac{RT}{p^0} \tag{8.15}$$

于是,偏离函数的一般表达式为

$$\varphi_B(T, V_m) = B(T, V_m) - B^0(T, V_m^0) \tag{8.16}$$

式中,$B(V_m, T)$ 表示在 p、V_m、T 状态时实际气体的某热力函数(U、H、S、F、G、c_p、c_V 热力函数中任意一个),$B^0(V_m^0, T)$ 表示在 p^0、V_m^0、T 状态时所对应的理想气体的热力函数,$\varphi_B(V_m, T)$ 为对应于 B 热力函数的偏离函数。各热力函数之间有如下一些关系:

$$\varphi_U(T, V_m) = \varphi_F(T, V_m) + T\varphi_S(T, V_m) \tag{8.17}$$

$$\varphi_H(T, V_m) = \varphi_U(T, V_m) + PV_m - RT \tag{8.18}$$

$$\varphi_G(T, V_m) = \varphi_H(T, V_m) - T\varphi_S(T, V_m) \tag{8.19}$$

根据上述关系,只要知道亥姆霍兹函数 F 和熵 S 的偏离函数 $\varphi_F(T, V_m)$ 和 $\varphi_S(T, V_m)$,就可方便地求出热力学能 U、焓 H 和吉布斯函数的偏离函数 $\varphi_U(T, V_m)$、$\varphi_G(T, V_m)$ 和 $\varphi_H(T, V_m)$,进而求出其真实函数值。

2. F 的偏离函数

由于状态方程给出的 p-V-T 的关系一般以 V 和 T 为独立变量,所以讨论可以从亥姆霍兹函数 F 开始。亥姆霍兹函数 F 的微分方程为

$$dF = -SdT - pdV \tag{8.20}$$

在定温条件下简化为

$$dF = -pdV$$

因此,在选择了基准起始点后 $F(T, V)$ 就可以求出。为了计算 F 的偏离函数,可选择与理想气体有共同的起始点,那就是状态参数为 $(T, p = 0, V = \infty)$ 的点。如果亥姆霍兹函数 F 和参考状态的理想气体自由能都以 $(T, p = 0, V = \infty)$ 状态为基准起始点,则 F 的偏离函数 $\varphi_F(T, V_m)$ 等于实际气体从 $(T, p = 0, V_m = \infty)$ 至 (T, p, V_m) 的积分值与理想气体从 $(T, p = 0, V_m = \infty)$ 至 (T, p^0, V_m^0) 的积分值之差,用数学式表示为

$$\varphi_F(T, V_m) = F_m(T, V_m) - F_m^0(T, V_m^0) = -\int_{V_m^0}^{\infty} p_{id} dV_m - \int_{\infty}^{V_m} p dV_m \tag{8.21}$$

式中,下标"id"指理想气体。因为理想气体压力关系式为 $p_{id} = RT/V_m$,把它代入上式得到

$$\varphi_F(T, V_m) = -\int_{V_m^0}^{\infty} \frac{RT}{V_m} dV_m - \int_{\infty}^{V_m} p dV_m$$

$$= \int_{\infty}^{V_m} \frac{RT}{V_m} dV_m + \int_{V_m}^{V_m^0} \frac{RT}{V_m} dV_m - \int_{\infty}^{V_m} p dV_m$$

$$= -\int_{\infty}^{V_m} \left(p - \frac{RT}{V_m}\right) dV_m + RT \ln \frac{V_m^0}{V_m} \qquad (8.22)$$

式中,温度 T 为常数;$p = p(T, V_m)$ 是显式的状态方程式。如果所提供的气体状态方程是隐式方程,则需要转化为 p 的显式方程,而后用上式求出 F 的偏离函数。

3. 熵 S 的偏离函数

另外,由关系式(8.20),可得

$$\left(\frac{\partial F}{\partial T}\right)_V = -S$$

因此,将关系式(8.22)在容积不变条件下对温度求导,便得到熵 S 的偏离函数为

$$\varphi_S(T, V_m) = \frac{\partial}{\partial T} \int_{\infty}^{V_m} \left(p - \frac{RT}{V_m}\right) dV_m - R \ln \frac{V_m^0}{V_m}$$

$$= \int_{\infty}^{V_m} \left[\left(\frac{\partial p}{\partial T}\right)_{V_m} - \frac{R}{V_m}\right] dV_m - R \ln \frac{V_m^0}{V_m} \qquad (8.23)$$

因此,即可借助自由能 F 和熵 S 的偏离函数,用关系式(8.17)、式(8.18)和式(8.19)方便地求得(T, V)状态点的 U、H 和 G 的偏离函数。

为了确定不同温度的状态 1 与状态 2 间的热力学参数的变化,可首先构成定温偏离函数,然后在理想气体状态下变化温度,即

$$B(T_2, V_{m,2}) - B(T_1, V_{m,1}) = \varphi_B(T_2, V_{m,2}) - \varphi_B(T_1, V_{m,1})$$
$$+ \left[B^0(T_2, V_{m,2}^0) - B^0(T_1, V_{m,1}^0)\right] \qquad (8.24)$$

等式右边的第一个和第二个括号项均为偏差函数,可用上述方法求出。第三个括号项表示在理想气体状态下两个状态$(T_2, V_{m,2}^0)$和$(T_1, V_{m,1}^0)$之间的函数之差。理想气体的摩尔热容 $C_{p,m}^0$ 和 $C_{V,m}^0$ 比较容易获得,所以第三个括号项的数据容易算出。

若 B 为热力能 U_m,由第一 dU 方程可写出

$$U_m^0(T_2, V_{m,2}^0) - U_m^0(T_1, V_{m,1}^0) = \int_{T_1}^{T_2} \left(\frac{\partial U_m^0}{\partial T}\right)_{V_m} dT = \int_{T_1}^{T_2} C_p^0 dT \qquad (8.25)$$

在上式的导出过程中,考虑了系统处于理想气体状态时内能与摩尔容积的变化无关这个特点,所以 U_m^0 只是温度的函数。注意到

$$B^0(T, V_m^0) = B^0(T, p^0) \quad \left(p^0 = \frac{RT}{V_m^0}\right) \qquad (8.26)$$

若 B 为 H_m,将第二 dH 方程应用于理想气体,则化为

$$H_m^0(T_2, V_{m,2}^0) - H_m^0(T_1, V_{m,1}^0) = H_m^0(T_2, p_2^0) - H_m^0(T_1, p_1^0)$$

$$= \int_{T_1}^{T_2} \left(\frac{\partial H_m^0}{\partial T}\right)_p dT = \int_{T_1}^{T_2} C_p^0 dT \qquad (8.27)$$

由于 H^0 像 U^0 一样也只是温度的函数,故上式中不出现摩尔容积(或压力)项。

若 B 为 S_m,按照第一 dS 方程,可得

$$S_m^0(T_2, V_{m,2}^0) - S_m^0(T_1, V_{m,1}^0) = \int_{T_1}^{T_2} \frac{C_V^0}{T} dT + \int_{V_{m,1}^0}^{V_{m,2}^0} \left(\frac{\partial p}{\partial T}\right)_{V_m} dV_m \qquad (8.28)$$

对于理想气体，$(\partial V/\partial T)_p = R/T$，代入上式得

$$S_m^0(T_2, V_{m,2}^0) - S_m^0(T_1, V_1^0) = \int_{T_1}^{T_2} \frac{C_{V,m}^0}{T} dT + R \ln \frac{V_{m,2}^0}{V_{m,1}^0} \tag{8.29a}$$

如果按照第二 dS 方程，可得

$$S_m^0(T_2, V_{m,2}^0) - S_m^0(T_1, V_1^0) = \int_{T_1}^{T_2} \frac{C_{p,m}^0}{T} dT + R \ln \frac{V_{m,2}^0}{V_{m,1}^0} \tag{8.29b}$$

通常，只有在定温下自由能和自由焓的变化才有物理意义。此情况对于计算两个状态点的自由能之差和自由焓之差，采用直接积分法比计算它们的偏离函数更方便，即有

$$\left(\frac{\partial G}{\partial p}\right)_T = V$$

则

$$G(T, p_2) - G(T, p_1) = \int_{p_1}^{p_2} V dp \tag{8.30}$$

与此相仿，可写出

$$F(T, V_2) - F(T, V_1) = -\int_{V_1}^{V_2} p dV \tag{8.31}$$

8.4　绝热指数 κ

理想气体在可逆绝热变化过程中有如下关系：

$$pv^{\kappa_0} = 定值 \tag{8.32a}$$

$$\kappa_0 \equiv \frac{c_p}{c_V} = 定值 \tag{8.32b}$$

实际气体并不能与关系式(8.32a)吻合得很好，但是为了方便起见，有些场合取与(8.32a)相同形式的近似关系式，即

$$pv^{\bar{\kappa}} = 定值 \tag{8.33}$$

在讨论蒸汽从喷嘴和安全阀中流出的这类热工上的重要问题时，此关系式也屡屡被采用。不用说，$\bar{\kappa}$ 值与关系式(8.32b)中的 κ_0 值是不同的。除了气体的性质有别以外，一般绝热变化从初始状态 1 至终止状态 2 的平均绝热指数 $\bar{\kappa}$ 定义为

$$\bar{\kappa} = \frac{\lg p_1 - \lg p_2}{\lg v_2 - \lg v_1}$$

对于某特定状态，考虑该状态点附近有微小绝热变化，此时可取 $\bar{\kappa}$ 的极限值，即

$$\kappa = -\frac{v}{p}\left(\frac{\partial p}{\partial v}\right)_s \tag{8.34}$$

式中，κ 即普通的某个状态的绝热指数，它与关系式(8.32a)定义的比热比 κ_0 不相同。以下导出过热蒸汽和湿蒸汽的绝热指数。

1. 过热蒸汽的 κ 值

用热力学的一般关系可以证明下面的关系式成立，即

$$\frac{c_p}{c_V} = \left(\frac{\partial v}{\partial p}\right)_T \left(\frac{\partial p}{\partial v}\right)_s$$

把式(8.34)代入上面的关系式就得到过热蒸汽的绝热指数为

$$\kappa = -\frac{c_p}{c_V} \frac{v}{p} \left(\frac{\partial p}{\partial v}\right)_T \tag{8.35}$$

2. 湿蒸汽的 κ 值

把式(8.34)改写为

$$\kappa = -\frac{v}{p}\left(\frac{\partial p}{\partial v}\right)_s = -\frac{v}{p}\frac{\mathrm{d}p}{\mathrm{d}T}\left(\frac{\partial T}{\partial v}\right)_s$$

湿蒸汽的比熵被表示为

$$s = s' + x\frac{\Delta h}{T}$$

$$\mathrm{d}s = \mathrm{d}s' + \mathrm{d}\left(x\frac{\Delta h}{T}\right) = c'\frac{\mathrm{d}T}{T} + \mathrm{d}\left(x\frac{\Delta h}{T}\right)$$

式中,s' 为饱和液体的比熵;Δh 为蒸发潜热,表达式为

$$\Delta h = T(v'' - v')\frac{\mathrm{d}p}{\mathrm{d}T}$$

x 为干度,表达式为

$$x = \frac{v - v'}{v'' - v'}$$

所以上面的关系式可改写为

$$\frac{x\Delta h}{T} = (v - v')\frac{\mathrm{d}p}{\mathrm{d}T}$$

因此也有

$$\mathrm{d}s = c'\frac{\mathrm{d}T}{T} + \mathrm{d}\left[(v - v')\frac{\mathrm{d}p}{\mathrm{d}T}\right]$$

在绝热变化过程 $\mathrm{d}s = 0$,所以有

$$\frac{c'}{T} + \left\{\frac{\partial\left[(v - v')\mathrm{d}p\right]/\partial T}{\partial T}\right\}_s = 0$$

$$\frac{c'}{T} + \frac{\mathrm{d}p}{\mathrm{d}T}\left(\frac{\partial v}{\partial T}\right)_s - \frac{\mathrm{d}p}{\mathrm{d}T}\frac{\mathrm{d}v'}{\mathrm{d}T} + (v - v')\frac{\mathrm{d}p}{\mathrm{d}T} = 0$$

所以

$$\left(\frac{\partial T}{\partial v}\right)_s = \frac{\dfrac{\mathrm{d}p}{\mathrm{d}T}}{\dfrac{c'}{T} - \dfrac{\mathrm{d}v'}{\mathrm{d}T}\dfrac{\mathrm{d}p}{\mathrm{d}T} + x(v'' - v')\dfrac{\mathrm{d}^2 p}{\mathrm{d}T^2}}$$

最后得到湿蒸汽的绝热指数 κ 的表达式为

$$\kappa = \frac{v}{p}\frac{\left(\dfrac{\mathrm{d}p}{\mathrm{d}T}\right)^2}{\dfrac{c'}{T} - \dfrac{\mathrm{d}v'}{\mathrm{d}T}\dfrac{\mathrm{d}p}{\mathrm{d}T} + x(v'' - v')\dfrac{\mathrm{d}^2 p}{\mathrm{d}T^2}} \tag{8.36}$$

例 8.1 假设流体服从 P-R 方程,试推导偏离函数。

解 把式(7.24)的 p 代入式(8.22),求得

$$F_m(T, V_m) - F_m^0(T, V_m^0)$$

$$= -\int_\infty^{V_m} \left(\frac{RT}{V_m - b} - \frac{RT}{V_m} - \frac{a}{V_m^2 + 2V_m b - b^2} \right) dV_m + RT\ln\frac{V_m^0}{V_m} \tag{a}$$

$$= RT\ln\frac{V_m^0}{V_m - b} + \frac{a}{2\sqrt{2}b}\ln\frac{V_m + (1 - \sqrt{2})b}{V_m + (1 + \sqrt{2})b}$$

因而

$$S_m(T, V_m) - S_m^0(T, V_m^0)$$

$$= -\frac{\partial}{\partial T}(F_m - F_m^0) \tag{b}$$

$$= -R\ln\frac{V_m^0}{V_m - b} - \frac{1}{2\sqrt{2}b}\ln\frac{V_m + (1 - \sqrt{2})b}{V_m + (1 + \sqrt{2})b}\left(\frac{\partial a}{\partial T}\right)_V$$

据式(7.26)、式(7.27)和式(7.28),可导得偏导数:

$$\left(\frac{\partial a}{\partial T}\right)_{V_m} = -\frac{a\kappa}{(\alpha T T_c)^{1/2}}$$

将上式代入式(b),得到

$$S_m(T, V_m) - S_m^0(T, V_m^0)$$

$$= -R\ln\frac{V_m^0}{V_m - b} + \frac{a\kappa}{2\sqrt{2}b (\alpha T T_c)^{1/2}}\ln\frac{V_m + (1 - \sqrt{2})b}{V_m + (1 + \sqrt{2})b} \tag{c}$$

经过代数运算,很容易导出其他偏离函数,例如

$$H_m(T, V_m) - H_m^0(T, V_m^0)$$

$$= (F_m - F_m^0) + T(S_m - S_m^0) + (pV_m - RT) \tag{d}$$

$$= \frac{a}{2\sqrt{2}b} \cdot \ln\frac{V_m + (1 - \sqrt{2})b}{V_m + (1 + \sqrt{2})b}\left[1 + \frac{\kappa T}{(\alpha T T_c)^{1/2}}\right] + (pV_m - RT)$$

式中最后一项中的压力 p 应由方程(7.24)给定的 V_m 和 T 计算。

例 8.2 压力为 25.33 MPa、温度为 400 K 的氮气,在透平机中可逆绝热地膨胀到出口压力 0.506 6 MPa,质量流率 $q_m = 1$ kg/s。假定 R-K 方程适用,试计算输出功率。氮气的理想摩尔定压热容为

$$C_{p,m}^0 = 28.90 - 1.570 \times 10^{-3} T + 8.081 \times 10^{-6} T^2 - 28.73 \times 10^{-9} T^3$$

式中,$C_{p,m}^0$ 的单位是 J/(mol·K);T 的单位是 K。已知氮的临界常数 $T_c = 126.2$ K,$p_c = 3.394$ MPa,相对分子质量 $M_r = 28.013$。

解 求 R-K 方程的常数:

$$a = 0.427\,48 \times \frac{8.314\,4^2 [\text{J}/(\text{mol} \cdot \text{K})]^2 \times 126.2^{2.5}\,\text{K}^2}{3.394 \times 10^6\,\text{Pa}}$$

$$= 1.558\,\text{Pa} \cdot \text{K}^{0.5} \cdot \text{m}^6/\text{mol}^2$$

$$b = 0.086\,64 \times \frac{8.314\,4 [\text{J}/(\text{mol} \cdot \text{K})]^2 \times 126.2\,\text{K}}{3.394 \times 10^6\,\text{Pa}}$$

$$= 0.026\,78 \times 10^{-3}\,\text{m}^3/\text{mol}$$

将方程(7.18)代入式(8.22),可得到自由能的偏离函数为

$$F_m(T, V_m) - F_m^0(T, V_m^0)$$

$$= -\int_{\infty}^{V_m}\left[\frac{RT}{V_m - b} - \frac{RT}{V_m} - \frac{a}{T^{0.5}V_m(V_m + b)}\right]dV_m + RT\ln\frac{V_m^0}{V_m} \tag{a}$$

$$= -RT\ln\frac{V_m - b}{V_m} - \frac{a}{T^{0.5}b}\ln\frac{V_m + b}{V_m} + RT\ln\frac{V_m^0}{V_m}$$

对于熵、焓的偏离函数，可按式(8.22)～式(8.24)导得

$$S_m(T, V_m) - S_m^0(T, V_m^0) = -\left[\frac{\partial(F_m - F_m^0)}{\partial T}\right]_V$$

$$= R\ln\frac{V_m - b}{V_m} + \frac{a}{2bT^{0.5}}\ln\frac{V_m + b}{V_m} + R\ln\frac{V_m}{V_m^0} \tag{b}$$

$$H_m - H_m^0 = (F_m - F_m^0) + T(S_m - S_m^0) + pV_m - RT$$

$$= pV_m - RT - \frac{3a}{2bT^{0.5}}\ln\frac{V_m + b}{V_m} \tag{c}$$

由 R-K 方程求得 25.33 MPa、400 K 时的初态摩尔容积为

$$V_{m,1} = 0.143\,0 \times 10^{-3} \text{ m}^3/\text{mol}$$

据式(8.15)，求得

$$V_{m,1}^0 = \frac{RT}{p_1} = \frac{8.314\,4 \text{ J/(mol · K)} \times 400 \text{ K}}{25.33 \times 10^6 \text{ Pa}} = 0.131\,3 \times 10^{-3} \text{ m}^3/\text{mol}$$

现在需要求出终态的温度 T_2 和摩尔容积 $V_{m,2}$。由于可逆绝热膨胀，因此满足

$$S_m(T_2, V_{m,2}) - S_m(T_1, V_{m,1})$$

$$= (S_{m,2} - S_{m,2}^0) - (S_{m,1} - S_{m,1}^0) - (S_{m,2}^0 - S_{m,1}^0) = 0$$

其中

$$S_{m,1} - S_{m,1}^0 = 8.314\,4 \text{ J/(mol · K)} \times \ln\frac{0.143\,0 \text{ m}^3/\text{mol} - 0.026\,78 \text{ m}^3/\text{mol}}{0.131\,3 \text{ m}^3/\text{mol}}$$

$$- \frac{1.558 \text{ Pa · K}^{0.5} \cdot \text{m}^3/\text{mol}^2}{2 \times 0.026\,78 \times 10^{-3} \text{ m}^3/\text{mol} \times 400^{1.5} \text{ K}^{1.5}}$$

$$\times \ln\frac{0.143\,0 \text{ m}^3/\text{mol} + 0.026\,78 \text{ m}^3/\text{mol}}{0.143\,0 \text{ m}^3/\text{mol}}$$

$$= -1.638\,5 \text{ J/(mol · K)}$$

$$S_{m,2} - S_{m,2}^0 = 8.314\,4 \text{ J/(mol · K)} \times \ln\frac{V_{m,2} - 0.026\,78 \times 10^{-3} \text{ m}^3/\text{mol}}{V_{m,2}^0}$$

$$- \frac{1.558 \text{ Pa · K}^{0.5} \cdot \text{m}^6/\text{mol}^2}{2 \times 0.026\,78 \times 10^{-3} \text{ m}^3/\text{mol} \times T_2^{1.5}}$$

$$\times \ln\frac{V_{m,2} + 0.026\,78 \times 10^{-3} \text{ m}^3/\text{mol}}{V_{m,2}}$$

$$= -1.638\,5 \text{ J/(mol · K)}$$

式中

$$V_{m,2}^0 = \frac{RT_2}{p_2} = \frac{8.314\,4 T_2}{0.506\,6 \times 10^6}$$

据式(8.29b)，求得

$$S_{m,2}^0 - S_{m,1}^0 = \int_{T_1}^{T_2}\frac{C_p^0}{T}dT - R\ln\frac{p_2}{p_1}$$

$$= \int_{400\,\text{K}}^{T_2}\left(\frac{28.90}{T} - 1.510 \times 10^{-3} + 8.081 \times 10^{-6}T - 28.73 \times 10^{-9}T^2\right)dT$$

$$-8.314\ 4 \times \ln \frac{0.506\ 6}{25.33}$$

$$= 28.90\,\mathrm{J/(mol \cdot K)}\ln \frac{T_2}{400\,\mathrm{K}} - 1.570 \times 10^{-3}\,\mathrm{J/(mol \cdot K^2)}(T_2 - 400\,\mathrm{K}) \qquad (\mathrm{e})$$

$$+ 4.041 \times 10^{-5}\,\mathrm{J/(mol \cdot K^3)}(T_2^2 - 400^2\,\mathrm{K}^2)$$

$$- 9.577 \times 10^{-9}\,\mathrm{J/(mol \cdot K^4)}(T_2^3 - 400^3\,\mathrm{K}^3) + 32.526\,\mathrm{J/(mol \cdot K)}$$

可以用试凑法求解。先假定一个 T_2，代入 R-K 方程，求得 $V_{\mathrm{m,2}}$。然后将 T_2、$V_{\mathrm{m,2}}$、$V_{\mathrm{m,2}}^0$ 代入以上各式，若 $(S_{\mathrm{m,2}} - S_{\mathrm{m,2}}^0) - (S_{\mathrm{m,1}} - S_{\mathrm{m,1}}^0) + (S_{\mathrm{m,2}}^0 - S_{\mathrm{m,1}}^0) = 0$，则所选定的 T_2 和 $V_{\mathrm{m,2}}$ 即为所求的终态温度和摩尔容积。通常经过几次试凑就能满足要求。开始时，可用理想气体关系式求出的 T_2 作为第一次选择值。本题求得 $T_2 = 124.5\,\mathrm{K}$。

据 R-K 方程，$T_2 = 124.5\,\mathrm{K}$，$p_2 = 0.506\ 6\,\mathrm{MPa}$ 时，求得

$$V_{\mathrm{m,2}}^0 = 2.043 \times 10^{-3}\,\mathrm{m^3/mol}$$

于是，求得

$$S_{\mathrm{m,2}} - S_{\mathrm{m,2}}^0 = -0.877\ 8\,\mathrm{J/(mol \cdot K)}$$

$$S_{\mathrm{m,2}}^0 - S_{\mathrm{m,1}}^0 = -0.761\ 7\,\mathrm{J/(mol \cdot K)}$$

$$(S_{\mathrm{m,2}} - S_{\mathrm{m,2}}^0) - (S_{\mathrm{m,1}} - S_{\mathrm{m,1}}^0) + (S_{\mathrm{m,2}}^0 - S_{\mathrm{m,1}}^0)$$

$$= -0.877\ 8\,\mathrm{J/(mol \cdot K)} + 1.688\ 5\,\mathrm{J/(mol \cdot K)} - 0.761\ 7\,\mathrm{J/(mol \cdot K)}$$

$$= -0.001\,\mathrm{J/(mol \cdot K)}$$

误差相当小，可以认为满意。

焓的偏离

$$H_{\mathrm{m,1}} - H_{\mathrm{m,1}}^0 = 25.33 \times 10^6\,\mathrm{Pa} \times 0.143 \times 10^{-3}\,\mathrm{m^3/mol}$$

$$- 8.314\ 4\,\mathrm{J/(mol \cdot K)} \times 400\,\mathrm{K}$$

$$- \frac{3 \times 1.558\,\mathrm{Pa \cdot K^{0.5} \cdot m^3/mol^2}}{2 \times 0.026\ 78 \times 10^{-3}\,\mathrm{m^3/mol} \times 400^{0.5}\,\mathrm{K^{0.5}}}$$

$$\times \ln \frac{0.143\,\mathrm{m^3} + 0.026\ 78\,\mathrm{m^3}}{0.143\,\mathrm{m^3}}$$

$$= -452.57\,\mathrm{m^3/mol}$$

$$H_{\mathrm{m,2}} - H_{\mathrm{m,2}}^0 = 0.506\ 6 \times 10^6\,\mathrm{Pa} \times 1.93 \times 10^{-3}\,\mathrm{m^3/mol}$$

$$- 8.314\ 4\,\mathrm{J/(mol \cdot K)} \times 124.5\,\mathrm{K}$$

$$- \frac{3 \times 1.558\,\mathrm{Pa \cdot K^{0.5} \cdot m^3/mol^2}}{2 \times 0.026\ 78 \times 10^{-3}\,\mathrm{m^3/mol} \times 124.5^{0.5}\,\mathrm{K^{0.5}}}$$

$$\times \ln \frac{1.93\,\mathrm{m^3} + 0.026\ 78\,\mathrm{m^3}}{1.93\,\mathrm{m^3}}$$

$$= -165.18\,\mathrm{m^3/mol}$$

$$H_{\mathrm{m,2}}^0 - H_{\mathrm{m,1}}^0 = \int_{T_1}^{T_2} C_{p,\mathrm{m}}^0 \mathrm{d}T$$

$$= 28.90\,\mathrm{J/(mol \cdot K)} \times (124.5\,\mathrm{K} - 400\,\mathrm{K})$$

$$- 0.785 \times 10^{-3}\,\mathrm{J/(mol \cdot K^2)} \times (124.5^2\,\mathrm{K^2} - 400^2\,\mathrm{K^2})$$

$$+ 2.694 \times 10^{-6}\,\mathrm{J/(mol \cdot K^3)} \times (124.5^3\,\mathrm{K^3} - 400^3\,\mathrm{K^3})$$

$$- 7.182\ 5 \times 10^{-9}\,\mathrm{J/(mol \cdot K^4)} \times (124.5^4\,\mathrm{K^4} - 400^4\,\mathrm{K^4})$$

$$= -7\ 834\,\mathrm{m^3/mol}$$

绝热膨胀的焓降

$$H_{m,1} - H_{m,2} = (H_{m,1} - H_{m,1}^0) - (H_{m,2} - H_{m,2}^0) - (H_{m,2}^0 - H_{m,1}^0) = 7\,547\ \text{J/mol}$$

忽略动能和位能变化时，求得透平中绝热稳流动过程的输出功率为

$$N_{12} = q_m(H_{m,1} - H_{m,2}) = \frac{1\ \text{kg/s}}{28.013 \times 10^3\ \text{kg/mol}} \times 7\,547\ \text{J/mol}$$

$$= 2.694 \times 10^5\ \text{J/s} = 269.4\ \text{kW}$$

例 8.3　试用 M-B-W-R 方程推导出：(1) 计算流体工质的焓、熵、比定压热容和比定容热容的偏离函数方程；(2) 焓、熵、比定压热容的计算式。

解　(1) 利用 F 的偏离函数式(8.22)、熵 S 的偏离函数式(8.23)和各热力函数之间的关系，可以得到焓和比定容热容的偏离函数方程分别为

$$\varphi_H(T, V_m) = \varphi_F(T, V_m) + T\varphi_S(T, V_m) + pV_m - RT$$

$$= \int_{\infty}^{V_m} \left[T\left(\frac{\partial p}{\partial T}\right)_{V_m} - p \right] \mathrm{d}V_m + pV_m - RT \tag{a}$$

$$\varphi_{C_v}(T, V_m) = T\left(\frac{\partial \varphi_S(T, V_m)}{\partial T}\right)_V = T\int_{\infty}^{V_m} \left(\frac{\partial^2 p}{\partial T^2}\right)_{V_m} \mathrm{d}V_m \tag{b}$$

利用 M-B-W-R 方程(7.33)的 p-V-T 关系，可以得到

$$\left(\frac{\partial p}{\partial T}\right)_V = \sum_{n=1}^{9} \left(\frac{\partial a_n}{\partial T}\right)_V \rho^n + \exp(-\delta^2) \sum_{n=10}^{15} \left(\frac{\partial a_n}{\partial T}\right)_V \rho^{2n-17} \tag{c}$$

其中

$$\left(\frac{\partial a_1}{\partial T}\right)_V = R, \quad \left(\frac{\partial a_2}{\partial T}\right)_V = b_1 + \frac{b_2}{2T^{1/2}} - \frac{b_4}{T^2} - 2\frac{b_5}{T^3}$$

$$\left(\frac{\partial a_3}{\partial T}\right)_V = b_6 - \frac{b_8}{T^2} - 2\frac{b_9}{T^3}, \quad \left(\frac{\partial a_4}{\partial T}\right)_V = b_{10} - \frac{b_{12}}{T^2}$$

$$\left(\frac{\partial a_5}{\partial T}\right)_V = 0, \quad \left(\frac{\partial a_6}{\partial T}\right)_V = -\frac{b_{14}}{T^2} - 2\frac{b_{15}}{T^3}$$

$$\left(\frac{\partial a_7}{\partial T}\right)_V = -\frac{b_{16}}{T^2}, \quad \left(\frac{\partial a_8}{\partial T}\right)_V = -\frac{b_{17}}{T^2} - 2\frac{b_{18}}{T^3}$$

$$\left(\frac{\partial a_9}{\partial T}\right)_V = -2\frac{b_{19}}{T^3}, \quad \left(\frac{\partial a_{10}}{\partial T}\right)_V = -2\frac{b_{20}}{T^3} - 3\frac{b_{21}}{T^4}$$

$$\left(\frac{\partial a_{11}}{\partial T}\right)_V = -2\frac{b_{22}}{T^3} - 4\frac{b_{23}}{T^5}, \quad \left(\frac{\partial a_{12}}{\partial T}\right)_V = -2\frac{b_{24}}{T^3} - 3\frac{b_{25}}{T^4}$$

$$\left(\frac{\partial a_{13}}{\partial T}\right)_V = -2\frac{b_{26}}{T^3} - 4\frac{b_{27}}{T^5}, \quad \left(\frac{\partial a_{14}}{\partial T}\right)_V = -2\frac{b_{28}}{T^3} - 3\frac{b_{29}}{T^4}$$

$$\left(\frac{\partial a_{15}}{\partial T}\right)_V = -2\frac{b_{30}}{T^3} - 3\frac{b_{31}}{T^4} - 4\frac{b_{32}}{T^5}$$

而由 M-B-W-R 方程，得

$$\left(\frac{\partial^2 p}{\partial T^2}\right)_V = \sum_{n=1}^{9} \left(\frac{\partial^2 a_n}{\partial T^2}\right)_V \rho^n + \exp(-\delta^2) \sum_{n=10}^{15} \left(\frac{\partial^2 a_n}{\partial T^2}\right)_V \rho^{2n-17} \tag{d}$$

其中

$$\left(\frac{\partial^2 a_1}{\partial T^2}\right)_V = 0, \quad \left(\frac{\partial^2 a_2}{\partial T^2}\right)_V = -\frac{b_2}{4T^{3/2}} + 2\frac{b_4}{T^3} + 6\frac{b_5}{T^4}, \quad \left(\frac{\partial^2 a_3}{\partial T^2}\right)_V = 2\frac{b_8}{T^3} + 6\frac{b_9}{T^4},$$

$$\left(\frac{\partial^2 a_4}{\partial T^2}\right)_V = 2\frac{b_{12}}{T^3}, \quad \left(\frac{\partial^2 a_5}{\partial T^2}\right)_V = 0, \quad \left(\frac{\partial^2 a_6}{\partial T^2}\right)_V = 2\frac{b_{14}}{T^3} + 6\frac{b_{15}}{T^4},$$

$$\left(\frac{\partial^2 a_7}{\partial T^2}\right)_V = 2\frac{b_{16}}{T^3}, \quad \left(\frac{\partial^2 a_8}{\partial T^2}\right)_V = 2\frac{b_{17}}{T^3} + 6\frac{b_{18}}{T^4}, \quad \left(\frac{\partial^2 a_9}{\partial T^2}\right)_V = 6\frac{b_{19}}{T^4},$$

$$\left(\frac{\partial^2 a_{10}}{\partial T^2}\right)_V = 6\frac{b_{20}}{T^4} + 12\frac{b_{21}}{T^5}, \quad \left(\frac{\partial^2 a_{11}}{\partial T^2}\right)_V = 6\frac{b_{22}}{T^4} + 20\frac{b_{23}}{T^6}$$

$$\left(\frac{\partial^2 a_{12}}{\partial T^2}\right)_V = 6\frac{b_{24}}{T^4} + 12\frac{b_{25}}{T^5}, \quad \left(\frac{\partial^2 a_{13}}{\partial T^2}\right)_V = 6\frac{b_{26}}{T^4} + 20\frac{b_{27}}{T^6}$$

$$\left(\frac{\partial^2 a_{14}}{\partial T^2}\right)_V = 6\frac{b_{28}}{T^4} + 12\frac{b_{29}}{T^5}, \quad \left(\frac{\partial^2 a_{15}}{\partial T^2}\right)_V = 6\frac{b_{30}}{T^4} + 12\frac{b_{31}}{T^5} + 20\frac{b_{32}}{T^6}$$

以上即为 H_m、S_m、$C_{V,m}$ 的偏离函数。

对于比热容,有

$$C_{V,m}(T,V_m) - C_{V,m}^0 = \varphi_{C_v,m}(T,V_m) \tag{e}$$

其中

$$C_{V,m}^0 = C_{p,m}^0 - R$$

$$C_{p,m}(T,p) = C_{V,m}(T,V_m) + \frac{T}{\rho^2}\left(\frac{\partial p}{\partial T}\right)_{V_m}^2 \Big/ \left(\frac{\partial p}{\partial \rho}\right)_T \tag{f}$$

(2) 实际状态点 (T,V_m) 的焓、熵值是通过与参考状态点 $(T_0,V_{m,0})$ 的焓、熵之差来确定的,求解其差值可先构成定温偏离函数,然后在理想气体状态下变化温度。根据方程 (8.24),把状态 2 改为任意点,即把 $(T_2,V_{m,2})$ 替换为 (T,V_m),而把状态 1 定为基准点,改用下角标"0"表示,即把 $(T_1,V_{m,1})$ 替换为 $(T_0,V_{m,0})$,于是方程(8.24)改写为

$$B(T,V_m) - B(T_0,V_{m,0})$$
$$= \varphi_B(T,V_m) - \varphi_B(T_0,V_{m,0}) + \left[B^0(T,V_m^0) - B^0(T_0,V_{m,0}^0)\right] \tag{g}$$

式中,B 可以代替为焓、熵和其他热力函数。选定参考状态点 (T_0,V_0) 在 $T_0 = 0\,°C$ 时,取饱和液体比焓值 $h(T_0,V_0)$ 为 $200\ kJ/kg$,饱和液体熵值 $S(T_0,V_0^0)$ 为 $1.0\ kJ/(kg \cdot K)$。

8.5 工质性质的实用线图

虽然可以根据 p、v、T 的测量数据建立起状态方程,并能用上节的方法导出 u、h、s、c_p、c_V 等重要热力函数,但由于函数方程非常复杂,难以用于一般工程计算,因而常常整理成蒸汽性质表以直接供人们查用。这类手册主要有日本机械学会编辑的《流体的热物性值集》等。列表法表示的数据不连续,往往需用内插法读数。考虑到分析计算热力过程时,在图上查找要比在表上查找更清晰方便,因此又绘制成二维参数坐标图,如 p-v 图和 T-s 图。p-v 图可逆过程曲线下的面积表示功,而 T-s 图可逆过程曲线下的面积表示热量。但作为工程计算,若能以图上的线段表示功和热量则会更简便。通常,除 T-s 图外,对水蒸气常制成以比焓为纵坐标、比熵为横坐标的 h-s 图;对氨、氟利昂等制冷工质通常绘制成以压力为纵坐标、比焓为横坐标的 p-h($\lg p$-h)图。对于使用者来说,仍然很不方便。为了实用方便,现今对这些数据处理结果分三种形式给出:① 图;② 表;③ 单项公式与软件。常用的图有压焓(p-h)图、温熵(T-s)图及焓熵(h-s)图。

1. 压焓(p-h)图

p-h 图上定压过程为水平线,其焓差可直接由横坐标读出,因而制冷工程中广泛应用制冷工质的压焓图。为了清晰地表示出 p-h 图的高压部分,纵坐标常取压力对数坐标 $\lg p$,称为 $\lg p$-h 图,如图 8.1 所示。图中示出定温、定熵等各种线条,纵坐标为 $\lg p$,所以刻度不等距,但为读数方便,仍标上 p 值。定温线在饱和区内为水平线,与定压线重合,在过热区低压力时接近定焓线,因为低压时接近理想气体性质。实用的 $\lg p$-h 图上往往裁去工程上不常用的顶部和饱和区的中间部分,再将其合并为一张可供查用的 $\lg p$-h 图。

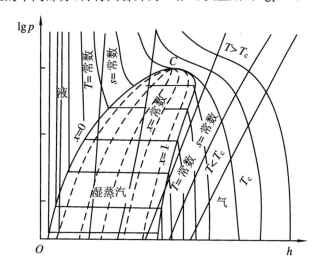

图 8.1　压焓图

2. 温熵(T-s)图

图 8.2 所示为蒸汽的 T-s 图,饱和液体与饱和蒸汽线会合于临界点 C。饱和区内的定压线也是定温线,因而是水平的。在未饱和区和过热蒸汽区,定压线是呈现稍弯曲的上升曲线。由于在液相区定压线形状很相近,几乎都和饱和液体线重合在一起,T-s 线图的使用已在第 3 章的 3.9 节中介绍过,T-s 线图中的温度与熵的乘积表示热量,分析循环时与卡诺循环比较,十分方便。

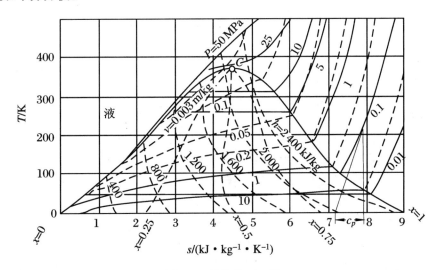

图 8.2　蒸汽的 T-s 图

3. 焓熵($h\text{-}s$)图

$h\text{-}s$ 图又称莫利尔图,这是因德国人莫利尔(Mollier)于 1904 年提出而得名,图中焓差用线段表示。工程上常遇的一些过程的功和热量均可用焓差计算,因而 $h\text{-}s$ 图有显著的实用价值,特别是对于解析喷管、扩压管、透平机和压缩机等所产生的绝热定常流十分有用。图 8.3 是水蒸气的 $h\text{-}s$ 图的示意图。图中曲线是根据蒸汽性质表所列数据绘制成的。按饱和水和饱和蒸汽参数 h'、s' 以及 h''、s'' 的数据可绘制饱和曲线。$h\text{-}s$ 图上的临界点位于饱和曲线左支上最陡处。现将图中各线群介绍如下。

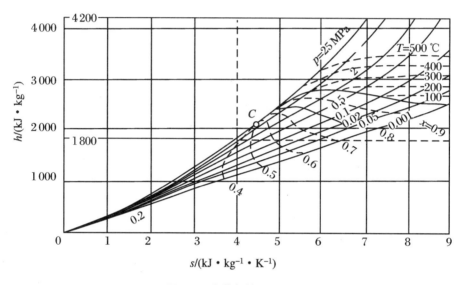

图 8.3   水蒸气的 $h\text{-}s$ 图

（1）定压线

定压线是稍有弯曲的曲线,其斜率为

$$(\partial p/\partial s)_p = T$$

上式是根据方程 $T\mathrm{d}s = \mathrm{d}h - v\mathrm{d}p$,令 $\mathrm{d}p = 0$ 推导得出的。由于定压线的斜率取决于温度 T,所以在过热区温度愈高,定压线愈陡。在湿蒸汽区,定压时温度也维持不变,因此定压线是直线,且温度及相应的饱和压力愈高,定压线愈陡。临界定压线与饱和线相切于最陡的点(临界点)。

（2）定温线

由于饱和温度与饱和压力相对应,因此在饱和区内定温线也是定压线,即饱和区的定温线是不同斜率的直线段。定温线在通过饱和线时有转折,在过热区定温线比定压线平坦,即

$$\left(\frac{\partial h}{\partial s}\right)_p > \left(\frac{\partial h}{\partial s}\right)_T$$

饱和蒸汽线右侧的定温线,愈往右愈平坦,直至趋于水平的定焓线。这说明,离饱和线越远(过热度愈大),越接近理想气体。而理想气体的焓只是温度的函数,所以定温线与定焓线趋于重合。

（3）定干度线

定干度线是 $x =$ 常数的线。所有的定干度线汇合于临界点。定干度线包括 $x = 0$ 的饱和液体线(x 最小的定干度线)和 $x = 1$ 的饱和蒸汽线(x 最大的定干度线)。工程上广泛使

用的是 $x > 0.7$ 的部分,因而一般水蒸气的 $h\text{-}s$ 图都只绘出 $x > 0.6$ 的部分。至于水的参数要从蒸汽表中查取。

（4）定容积线

$h\text{-}s$ 图上定容积线和定压线的走向相同,但定容积线比定压线斜率大,即

$$\left(\frac{\partial h}{\partial s}\right)_v > \left(\frac{\partial h}{\partial s}\right)_p$$

所以在图上定容积线比定压线陡,为醒目起见,定容积线一般以红线标出。

4. 比定压热容线图

比定压热容多由表给出,但为了使读者对于在饱和线附近实际气体比热容的剧烈变化有直观的印象以加深认识,在图 8.4 中给出了水蒸气的比定压热容线图。图 8.4 中（a）和（b）分别为过热蒸汽区和超临界区水蒸气的比定压热容线图,（c）为比焓随温度变化图。因为在气液两相区的比定压热容为无穷大,但是其焓变量却有定值。在液相区,比定压热容和比定容热容基本上没区别。

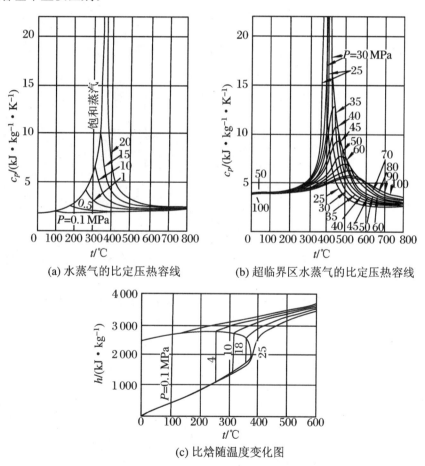

(a) 水蒸气的比定压热容线　　　　(b) 超临界区水蒸气的比定压热容线

(c) 比焓随温度变化图

图 8.4　水蒸气比定压热容（焓）与温度关系图

分析计算热力过程和热力循环时应用最广的是温熵图和焓熵图（或压焓图）。但是,当需要进一步做㶲（有效能）分析计算时,则以焓为纵坐标、㶲为横坐标的图,就可直接读出给定状态的㶲值,以及给定过程㶲的变化。需要指出的是,绘制㶲焓图时环境压力 p_0 和环境温度 T_0 是取定的,在实际的环境状态不同时需要修正。

例 8.4 已知某物质的饱和压力和饱和温度之间服从下式:

$$\ln p_s = 752.7 - \frac{8\,724}{T_s} - 6.34\ln T_s$$

式中,p_s 的单位为 Pa;T_s 的单位为 K。试计算 $p_s = 0.5 \times 10^5$ Pa 时内潜热与外潜热的比值。物质在定压下从饱和液体变化到饱和气体时所吸收的热量叫蒸发相变潜热,用 Δh 表示,有的书用 r 表示。蒸发潜热中包括了因为蒸发的气体比体积比液体的比体积大,消耗了增大体积对外界做的功能,这部分能量叫外潜热能,即消耗于外界的潜热能,用 Δh_w 表示;总潜热能扣除外潜热能所消耗的能叫内潜热能,是用于使液体蒸发为气体的挣脱液体内部分子吸力的能量,记作 Δh_v。

解 当 $p_s = 0.5 \times 10^5$ Pa 时,由

$$\ln p_s = 752.7 - \frac{8\,724}{T_s} - 6.34\ln T_s$$

求出 $T_s = 354$ K。

$$\frac{\Delta h_v}{\Delta h_w} = \frac{\Delta h - \Delta h_w}{\Delta h_w} = \frac{\Delta h}{\Delta h_w} - 1 \tag{a}$$

由于外潜热 $\Delta h_w = p_s(v'' - v')$,代入上式,并考虑到克劳修斯-克拉贝龙方程,则

$$\frac{\Delta h_v}{\Delta h_w} = \frac{T_s(v'' - v')\dfrac{\mathrm{d}p_s}{\mathrm{d}T_s}}{p_s(v'' - v')} - 1 = \frac{T_s}{p_s}\frac{\mathrm{d}p_s}{\mathrm{d}T_s} - 1 \tag{b}$$

按题设条件,$\ln p_s = 752.7 - \dfrac{8\,724}{T_s} - 6.34\ln T_s$,对此式求微分得

$$\frac{1}{p_s}\frac{\mathrm{d}p_s}{\mathrm{d}T_s} = \frac{8\,724}{T_s^2} - \frac{6.34}{T_s} \tag{c}$$

将式(c)代入式(b)中,则

$$\frac{\Delta h_v}{\Delta h_w} = \frac{8\,724}{354} - 1 = 17.3$$

例 8.5 试画出定压下由液相转变为气相时熵 s 和吉布斯自由能 g 随温度 T 的变化规律。

解 (1) 定压下 s 随 T 的变化率 $(\partial s/\partial T)_p = c_p/T > 0$,而且液相的 c_p 比气相的大,在定压下液相区的温度又低于气相区的温度(因为在定压下,$t_l < t_s(p) < t_v$),因此液相区的 $(\partial s/\partial T)_p$ 比气相区的陡。至于变化曲线的曲率,在图 8.5(a)中示出的只是一种可能情况,因为 c_p 随 T 的提高而增大,因而 $(\partial s/\partial T)_p = c_p/T$,随 T 的增大可以变大,也可以变小,两相共存区内,T_s 不变,但 s 急剧增大,$s'' - s' = \Delta h/T$。

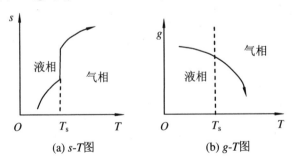

(a) s-T图 (b) g-T图

图 8.5 液相变气相过程中的 s 和 g 随 T 变化示意图

(2) g 随温度 T 的变化参如图 8.5(b) 所示, 单相区内的 $(\partial g/\partial T)_p = -s < 0$, 而且由于液相区的熵小于同压力下气相区的熵, 故液相区的斜率 $(\partial g/\partial T)_p$ 较气相区平缓。两相共存区内, 由于定压即定温, $\mathrm{d}g = v\mathrm{d}p - s\mathrm{d}T = 0$, 可见 g 并不变化。

8.6 流体工质性质的物性手册和软件

日本机械学会编制的《流体热物性值集》, 是一本数据比较完整的热物性手册。由于用查图、查表等方法获取的物性难以适应对各种热力循环动态模拟的需求, 因此目前流行把热物性值编制成软件供调用。目前较普遍使用的热物性软件为美国 NIST 编制的制冷工质流体的热力学和输运性质软件(REFPROP, NIST Standard Reference Database 23, 9.0 版本), 如果需要可以购买使用。西安交通大学的刘志刚教授也于 1992 年开始了这方面的研究, 出版了《工质热物理性质计算程序的编制及应用》, 目前也在开发网上数据库。

参 考 文 献

[1] 杨思文, 金六一, 孔庆煦, 等. 高等工程热力学[M]. 北京: 高等教育出版社, 1988.
[2] 刘桂玉, 刘志刚, 阴建民, 等. 工程热力学[M]. 北京: 高等教育出版社, 1998.
[3] 日本機械学会, 流体の熱物性値集[M]. 東京: 明善印刷株式会社, 昭和 58 年.
[4] 刘志刚, 刘咸定, 赵冠春. 工质热物理性质计算程序的编制及应用[M]. 北京: 科学出版社, 1992.

第9章 流体工质热力性质的推算

流体热力学性质是研究各种动力循环和制冷循环的基础数据。除了用实验方法测定外,人们一直在寻求建立一种通用方程,希望能用它直接推算各种流体的热力学性质,或找到一种能从已知物性的物质推算其他物质的未知物性的方法。

目前,热物性推算方法主要有三类:一类是以分子运动论为基础和考察分子结构差异,从统计热力学的角度计算物性;另一类是把分子看作各功能基团的集合体,用基团贡献的总和推算热物性的基团贡献法;还有一类是利用对应态原理找出不同物质热物性的共有规律。传统上,对应态原理也称为对比态原理。对应态原理在流体热物性的推算中取得较大的成功。本章将主要介绍对应态原理。在传统的热力学教科书上,人们把对应态原理的应用,局限在热力学参数和临界参数的互比关系的认识上,如定义压力、容积、温度的对应态参数为

$$p_r \equiv \frac{p}{p_c}, \quad V_r \equiv \frac{V_m}{V_c} \equiv \frac{v}{v_c}, \quad T_r \equiv \frac{T}{T_c} \tag{9.1}$$

这种定义的对应态参数,在简化状态方程和确立仅有三个常数的 p-V-T 的关系上起了很大的作用,也在建立通用状态方程和推算热力性质过程中起到积极的作用。但进一步研究表明,这种简单的对应态参数变换难以建立起具有足够精度的通用对应态方程。因此,有必要对对应态原理的理论和应用进行更深入的研究,以便能为建立高精度的、通用的对应态方程和推算更多种类的流体热物性提供更坚实的理论基础和更多的应用成果。为了不与以下的对应态参数变换混淆,将式(9.1)定义的对应态参数称为对临界点对应参数。

9.1 对应态原理

对应态原理可以这样描述:凡是由相同原因引起的现象的规律都具有相似性,并且对应点的规律有相同性。

对应态原理广泛存在于自然界和人类社会中,它是人们认识事物的一种十分有用的方法。"麻雀虽小,五脏俱全"就是说通过对一只麻雀的解剖就可认识其他麻雀的结构,甚至其他鸟类。中华医学针灸学就是对应态原理在医学中最成功的应用例子之一。中医认为人体的经络相同,经络各对应穴位的功能相同。但人有高矮不同,在确定人体针灸穴位时,所用度量尺寸若以国际度量衡规定的长度单位来量不同高矮的人的经络分布和穴位是不相同

的,但使用中医规定的"寸"的长度单位来度量,不同高矮的人的经络分布和穴位则是相同的。中医使用的"中指同身寸法""骨度分寸折量法"等成功地实现了不同人身上对应穴位点的定位。

世界上,"道"是相同的。与中医针灸理论相似,在热力学的热力性质推算和热力学性质的规律整理中,也可以应用对应态原理。

热力学的对应态原理认为:由流体的分子力作用所表现的热力性质具有相似性,当它与临界点的值相比后,具有相同性。这一概念首先是由范德瓦耳斯提出来的,并在他提出的方程中得到应用和证明。

利用式(9.1)对范德瓦耳斯方程式(7.7)进行变换,即可得到

$$\left(p_r p_c + \frac{a}{V_r^2 V_c^2}\right)(V_r V_c - b) = RT_r T_c$$

把式(7.9)的结果

$$a = \frac{27R^2 T_c^2}{64 p_c}, \quad b = \frac{RT_c}{8 p_c}, \quad R = \frac{8 p_c V_{m,c}}{3 T_c}$$

代入上式,最后推得无量纲的范德瓦耳斯方程的形式为

$$\left(p_r + \frac{3}{V_r^2}\right)(3V_r - 1) = 8T_r \tag{9.2}$$

式(9.2)表明,所有物质的无量纲的范德瓦耳斯方程的形式是相同的。但由于范德瓦耳斯方程与实际物质的 p-V-T 关系有一定偏差,所以关系式(9.2)作为物质的通用状态方程并没有足够的精度。

采用式(9.1)的物理意义是把各种物质的临界点的参数定为1的单位去度量其他参数点的物性。这种变换在许多场合取得成功。图9.1为采用式(9.1)定义的对应态参数来关联甲烷和氮气的 p-V-T 数据的结果,在图上看到,两种物质的饱和液体和饱和蒸汽线还是相当吻合的。事实上,这种定义的对应态参数是以临界点为坐标的原点。当采用式(9.1)定义的对应态参数后,单一物质的一般对应态状态方程可表示为

$$f(p_r, V_r, T_r) = 0 \tag{9.3}$$

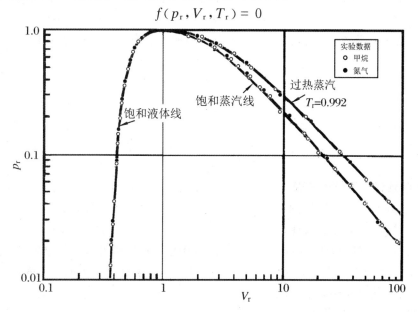

图 9.1　对比态的甲烷和氮气的 p-V-T 图

9.2　通用压缩因子

1. 通用压缩因子函数

为了利用理想气体状态作为比较基准,通常采用修正系数的方式把实际气体与理想气体的状态相联系,即

$$pV = ZRT \tag{9.4a}$$

式中,Z 称为压缩因子,表示实际气体与理想气体的偏离度。在压力趋于零和比体积趋于无穷大时,所有气体的一切状态都有与理想气体相同的状态方程形式,此时 $Z = 1$。因此,通过研究实际气体压缩因子的规律,就可以知道实际气体的 $p\text{-}V\text{-}T$ 关系了。于是把式(9.4a)改写为

$$Z = \frac{pV}{RT} \tag{9.4b}$$

在临界点时

$$Z_c = \frac{p_c V_c}{RT_c} \tag{9.5}$$

Z_c 称为临界压缩因子。根据压缩因子和对比体积的定义,有

$$V_r = \frac{V}{V_c} = \frac{ZRTp_c}{Z_c RT_c p} = \frac{ZT_r}{Z_c p_r} \tag{9.6}$$

把式(9.6)代入式(9.3),经整理后,得到

$$Z = f(p_r, T_r, Z_c) \tag{9.7}$$

方程中的临界压缩因子 Z_c 体现了不同物质的特性,是特性参数。式(9.7)的具体方程式仍然不清楚。幸好,由于大多数临界压缩因子 Z_c 都在 $0.24 \sim 0.31$ 的范围内,作为近似,可以把 Z_c 看成是一个普适常数。这样,Z 就可以近似地表示为 p_r、T_r 的函数,即

$$Z = f(p_r, T_r) \tag{9.8}$$

式(9.8)可看作近似对应态原理的状态关系式,有些书上把上式叫作修正的对应态原理关系式。考虑到关系式(9.8)不是通过提高和完善对应态理论而是通过近似简化得到的压缩因子函数式,为与以后提到的修正对应态原理区别,还是把式(9.8)叫作近似对应态原理压缩因子函数式,或两参数对应态压缩因子函数为好。式(9.8)为编制通用图表提供了理论基础。

2. 两参数通用压缩因子图

通用压缩因子图有不同版本,这是由于制作者收集的实验数据范围不同,整理的结果也不同。普遍认为,Nelson-Obert 提供的压力分别为 $p_r = 0 \sim 1$,$p_r = 1 \sim 10$,$p_r = 10 \sim 100$ 的三幅通用压缩因子图(N-O)最为精确,这三幅 N-O 图已广泛地被许多教科书转载,本书仅转引其中中压的一幅图用以说明 $Z = f(p_r, T_r)$ 的一般规律,如图 9.2 所示。工程计算在精度要求不很高时,Z 值可从图表中查取。

根据图 9.2 可以看出:

（1）当 $T_r > 2.5$ 时，所有压力下的 Z 都大于1。这说明，实际气体的体积都比同温同压下理想气体的体积大。

（2）当 $T_r < 2.5$ 时，在相当低的对比压力下，对比温度线都有一极小值。在这一区域内实际气体的体积小于理想气体的体积，而且偏离理想气体非常大。

（3）因为在 $p_r = 1.0$ 部分的临界定温线（$T_r = 1$）垂直于横轴，所以无法获得压缩因子 Z 值。这是由于在绘图时 Z_c 已取成一个常数的缘故。

（4）当 $p_r = 0.1 \sim 5.0$ 时，在 $T_r = 0.8 \sim 12.0$ 范围内实际气体与理想气体存在很大偏差。

（5）当 $p_r = 8 \sim 10$ 时，无论什么温度下，所有气体对理想气体的偏差都差不多。

（6）当 $p_r > 10$ 时，所有气体对理想气体的偏差可达几倍。

（7）当 p_r 接近于零时，在所有对比温度下气体的 Z 值都接近于1。

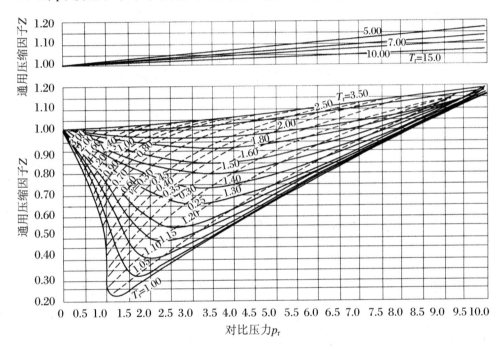

图9.2 中压区段通用压缩因子图

为了提高两参数对应态方程的准确度，莱特生-格林康-霍根（Lyderson-Greenkonn-Hougen）把82种物质的 Z_c 值分为四类：① $Z_c = 0.23$ 的水等强极性类；② $Z_c = 0.24 \sim 0.26$ 的氨、酯、醇等弱极性类；③ $Z_c = 0.26 \sim 0.28$ 的80%烃等中性类；④ $0.28 \sim 0.3$ 的 O_2、N_2、CO、CH_4 等沸点低的分子。分别取各类的平均 Z_c 值，制作出物质的压缩因子 Z 值表（简称LGH表），作分类通用压缩因子图，例如 $Z_c = 0.27$ 的通用压缩因子图。

3. 三参数通用压缩因子方程

由式（9.8）绘制的通用压缩因子图的准确度不高，人们设法在通用压缩因子关联式中引入第三参数，以改善构造复杂的大分子气体或强极性气体的通用压缩因子精度。较为有效的是 K. S. Piter 考察了分子形状与分子力场的关系后，把氩、氪、氙等重惰性气体以及 CH_4 定义为简单流体。这些气体的分子都是球形的非极性分子，分子间的力通过分子中心。它们服从式（9.8），具有相同的 $Z_c = 0.291$。其他分子构造复杂的流体分子间的力，偏离分子中心间的作用力,偏离程度的大小用偏心因子 ω 来表示。

实验表明,流体对应态饱和蒸汽压与流体分子构造有关,分子愈大或形状偏离球形愈远分子链愈长的流体对应态饱和蒸汽压愈低。标准沸点的饱和蒸汽压最容易测定,且标准沸点与临界温度之比 T_b/T_c 约等于 2/3,即在 $T_r = 0.7$ 简单流体的对比蒸汽压正好为 0.1,因此定义偏心因子

$$\omega = -\lg p_{r,(T_r=0.7)}^s - 1.000 \tag{9.9}$$

常用的增加了偏心因子 ω 的压缩因子方程为

$$Z = Z^{(0)} + \omega Z^{(1)} \tag{9.10}$$

式中,$Z^{(0)}$ 是简单流体的压缩因子,可用式(9.8)求出;$Z^{(1)}$ 是 Z 对 ω 的斜率,表示与简单流体偏差的校正函数,也是 p_r 与 T_r 的函数。ω 可在流体热物性手册中查到,例如参考文献[1]。

9.3 通用对应态方程的判别规则

上述所讨论的对应态方程都是以临界点的参数为参比基准,那么是否对应态方程就只有这种对比变换,还是有其他比这更好的变换形式呢?经研究,笔者提出了作为描述流体热力性质的对应态方程,也称通用对应态方程的判别规则:

(1) 方程是无量纲方程;

(2) 方程中的各热力参数的对应态变换的定义式对各种物质是相同的;

(3) 对于不同物质,当对应态变量参数相等时对比函数值也相等。

由上述规则可以获得如下五条推论:

(1) 如果使用相同定义的对应态参数表述任意两种流体工质的同一种热力性质,所得到的无量纲方程的函数式不相同,说明这些方程不是通用对应态方程,或者构成这个方程的参数变换不是好的对应态变换,或者构成方程的对应态变量数不完备。

(2) 用不好的定义式的参数变换,永远不能获得好的通用对应态方程。

(3) 用不完备数量的对应态变量不能获得好的通用对应态方程。

(4) 只要对应态参数变换是好的以及对应态变量参数是完备的,那么就一定存在着一个由这些对应态参数构成的真正的通用对应态方程。

(5) 当所用的对应态方程,对于同种和不同种物质在对应态变量的全域范围都有好的一致精度时,则构成的对应态方程是真正的通用对应态方程。

根据上述五条推论,可以判别一个热物性的对应态方程是否准确、对应态参数变换是否合适以及变量参数是否完备。对于已被证明不是真正的对应态参数变换,我们就应放弃使用而全力去研究其真正的对应态参数变换,包括复合的对应态参数变换,以及方程中应包含的完备的对应态参数因子。

9.4　通用对应态方程的改进

根据上述判别原则,式(9.8)的对比方程 $Z = f(p_r, T_r)$ 在低压下并不适用。众所周知,任何气体在低压下其状态方程都应简化为理想气体的状态方程。如果也以临界压缩因子为压缩因子的比参数,给出对应态压缩因子定义为

$$Z_r \equiv \frac{Z}{Z_c} \tag{9.11}$$

那么对于理想气体而言, $Z = 1$, $Z_r = p_r V_r / T_r$,则有

$$p_r V_r = \frac{T_r}{Z_c}$$

如果在低压下对应态方程(9.8)仍然能适用,那么当 p_r、V_r 相同时, T_r 也必相同,这就要求上式的 Z_c 是个普适常数。但不同气体的 Z_c 值是不同的,变动范围为 $0.23 \sim 0.33$。如果取 Z_c 为 0.27,对于 Z_c 偏离 0.27 较远的物质有较大的偏差。

为了提高对应态方程 $Z = f(p_r, T_r)$ 在低压下的精度,苏国祯引进了一个新的对应态参数 V_r',称为理想对比体积,其定义为实际气体摩尔体积 V_m 与有临界温度和临界压力的理想气体摩尔体积 $V_{id,c}$ 之比,即

$$V_{r,id} = \frac{V}{RT_c / p_c} = \frac{V_m}{V_{id,c}} \tag{9.12}$$

式(9.12)又可表示为

$$V_{r,id} = \frac{zRT / p}{RT_c / p_c} = Z \frac{T_r}{p_r} \tag{9.13}$$

所以, V_r' 也是 Z、p_r 和 T_r 的函数,因而可以取新的改进对应态状态方程为

$$f(p_r, V_{r,id}, T_r) = 0 \tag{9.14}$$

实践证明,式(9.14)比式(9.8)更接近于实验的结果,并可应用于低压区。但必须指出,式(9.14)也并非严格的关系式,因为关系式(9.8)就是一个近似关系式,且在临界点时方程(9.14)为

$$f(1, V_{r,id}, 1) = f(1, Z_c, 1) = 0$$

那么,它在临界点也不合适,除非对于不同物质的函数 f 的形式不同。正因为如此,至今采用临界点为对应态参数的变换基准的对应态状态方程,对于不同物质其方程中的系数值都将各不相同。显然,只采用式(9.1)定义的对比变换,并不完备或不一定是最好的对比变换,因此也难以获得真正的通用对应态方程。有关对应态参数的选择还值得深入研究。

9.5 选择对应态参数变换的方法

建立通用对应态方程,关键是要正确选择对应态参数变换,而其中的关键又在于选择参数合适的比较单位。何为参数合适的比较单位,不能简单地给一个定义式,它只能根据一般的指导原则,给出一个或几个不同的定义式,根据 9.3 节提出的规则和推论进行选择确定。为了消除个别工质的特殊性而寻求其共性,比较单位的一般选取原则是:取各工质所具有相同物理原因的某特征值为单位。

为了说明方便,以寻求饱和液体焓 h' 与温度 T 的关系的合适参数变换为例。按传统观念,当取临界点值为比较单位时,饱和液体焓 h' 和温度 T 的无量纲变换定义为

$$h'_r = \frac{h}{h_c} \tag{9.15a}$$

$$T_r = \frac{T}{T_c} \tag{9.15b}$$

式中下角标"c"表示临界值,上角标"′"表示饱和液体。但焓是一个相对量,因此可以考虑到用焓差来度量。饱和液体只存在于三相点与临界点之间的温度区间,所以表示饱和液体特性的温度也应当与临界温度和三相点温度之间的差值密切相关,因此原则上可选取临界点与三相点的温差值和焓差值作为温度和焓的度量单位。由于三相点数据偏少,这里选用标准沸点的值代替,并用下角标"b"表示。于是有如下对应态饱和液体焓 $h'_{r,c\text{-}b}$ 和流体对应态温度 $T_{r,c\text{-}b}$ 的定义式:

$$h'_{r,c\text{-}b} = \frac{h_c - h}{h_c - h_b} \tag{9.16a}$$

$$T_{r,c\text{-}b} = \frac{T_c - T}{T_c - T_b} \tag{9.16b}$$

式中,下角标"r,c-b"中的"r"表示对比;"c-b"表示以临界点与标准沸点的参数差值为比较基准,这便于与传统的以临界点参数为基准的对应态参数区别。由式(9.15a)、式(9.15b)、式(9.16a)和式(9.16b)组成的无量纲焓与温度的方程有以下四种组合方式:

$$h'_r = f_1(T_r) \tag{9.17a}$$

$$h'_{r,c\text{-}b} = f_2(T_r) \tag{9.17b}$$

$$h'_r = f_3(T_{r,c\text{-}b}) \tag{9.17c}$$

$$h'_{r,c\text{-}b} = f_4(T_{r,c\text{-}b}) \tag{9.17d}$$

上述各式中的 f 是函数的符号,具体函数关系尚不知道。现在的问题是,要从上述没有具体函数关系的方程中判断出对应态方程是否存在,哪种参数变换是对应态参数变换。判别的依据是:假如所要检查的方程属于通用对应态方程,它就必须满足对应态方程的充分条件,即 9.3 节的通用对应态方程的判别规则推论(4)和(5)。具体验证的步骤是:

任意取两种已知物性的流体工质,把其中一种作为标准物质,另一种作为比较物质。根据 9.3 节通用对应态方程判别规则(3),从标准物质计算被比较物质的热物性,再把计算值与被比较物质的实验值或推荐值进行比较。如果在从临界点至低于标准沸点的大温域内其

偏差都在实验值的误差范围内,就可以认定所定义的参数变换是可靠的对比变换,可以构成通用对比方程;否则,所定义的参数变换不能构成通用对比方程。这里取 CFC12(R12)为标准物质,分别利用方程(9.17a)、(9.17b)、(9.17c)和(9.17d)推算 HCFC22(R22)的热物性,并和日本机械学会所编写的《流体热物性值集》(1983 年版)中推荐的标准值相比较,结果如图 9.3 所示。比较结果显示:方程(9.17d)的偏差最小,平均偏差为0.32%,最大偏差为 0.74%,偏差在实验误差范围内,满足推论(4)和(5)的要求。这说明由方程式(9.16a)和式(9.16b)定义的对应态参数能够构成通用的饱和液体焓的方程。

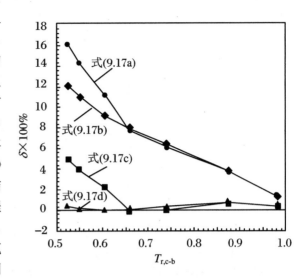

图 9.3 不同对比参数时偏差的比较

9.6 饱和液体焓的通用对应态方程

1. 饱和液体焓的通用对应态函数

利用式(9.16a)和式(9.16b)定义的对比焓 $h'_{r,c\text{-}b}$ 和对比温度 $T_{r,c\text{-}b}$ 整理若干种物质的饱和液体焓和温度的关系,如图 9.4 所示。由图 9.4 可以看出,各种物质的饱和液体焓与温度具有相同的关系,因此饱和液体焓的通用对应态方程可由对应态比焓 $h'_{r,c\text{-}b}$ 和对应态温度 $T_{r,c\text{-}b}$ 两参数构成:

$$h'_{r,c\text{-}b} = f(T_{r,c\text{-}b}) \tag{9.17e}$$

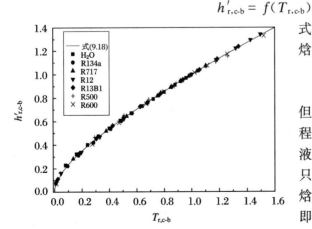

图 9.4 各工质饱和液体焓与 $T_{r,c\text{-}b}$ 的关系

式(9.17e)可以称为单一物质饱和液体焓的普遍对应态方程。

2. 无具体函数式的推算法

虽然上式的具体函数形式不知道,但可以根据9.4 节所述的通用对应态方程的判别规则,从一种已知物质的饱和液体焓推算另一种物质的饱和液体焓,只要另一种物质的临界点温度、临界点焓值、标准沸点的焓值和标准沸点知道即可。

其具体步骤是:

(1) 选择的临界压缩因子 Z_c 相近

的已知物性的标准物质用下角标"1"表示,所要求物质用下角标"2"表示;

(2) 将 T_2 根据式(9.16a)变为对比温度 $T_{r,c-b,2}$;

(3) 据 $T_{r,c-b,2} = T_{r,c-b,1}$,求出 T_1;

(4) 据 T_1,由选定的标准物质的数据库中查取对应的饱和液体焓值 h'_1;

(5) 由 h'_1 算出 $h'_{r,c-b,1}$;

(6) 据 $h'_{r,c-b,1} = h'_{r,c-b,2}$,算出 h'_2,h'_2 即对应于温度 T_2 的所要求物质的饱和液体比焓。

例 9.1 试以 CFC12(R12)为已知物性的物质,求只知道临界点和沸点热物性参数的 HCFC22(R22)在 245 K 的比焓值。

解 (1) 设 CFC12(R12)的参数用下角标 1 表示,以 HCFC22(R22)的参数用下角标 2 表示;利用式(9.17)时,需要用到可以从物性手册查到的 CFC12(R12)参数记为:$T_{c1} = 384.95$ K, $T_{b1} = 243.5$ K, $h_{c1} = 348.5$, $h_{b1} = 172.98$ kJ/kg;待求物性的物质 R22 的已知参数为:$T_{c2} = 369.3$ K, $T_{b2} = 232.33$ K, $h_{c2} = 368.14$ kJ/kg, $h_{b2} = 154.366$ kJ/kg。

(2) 将 T_2 根据式(9.16a)变为对比温度 $T_{r\Delta,2}$,有

$$T_{r,c-b,2} = \frac{T_{c2} - T_2}{T_{c2} - T_{b2}} = \frac{369.3\ \text{K} - 245\ \text{K}}{369.3\ \text{K} - 232.33\ \text{K}} = 0.907\ 5$$

(3) 据 $T_{r,c-b,2} = T_{r,c-b,1}$,求出 T_1,有

$$T_1 = T_{c1} - T_{r,c-b,1}(T_{c1} - T_{b1}) = 384.95\ \text{K} - 0.907\ 5(384.95 - 243.5)\ \text{K} = 256.58\ \text{K}$$

(4) 从《流体热物性集》(参考文献[4])查得在 256.54 K 时 R12 的饱和液体焓值 $h'_1 = 184.72$ kJ/kg。

(5) 由 h'_1 算出 $h'_{r,c-b,1}$,有

$$h'_{r,c-b,1} = \frac{h_{c1} - h'_1}{h_{c1} - h'_{b1}} = \frac{348.5\ \text{kJ/kg} - 184.72\ \text{kJ/kg}}{348.5\ \text{kJ/kg} - 172.98\ \text{kJ/kg}} = 0.933\ 11$$

(6) 据 $h'_{r,c-b,1} = h'_{r,c-b,2}$,算出 $T_2 = 245$ K 的 h'_2,有

$$h'_2 = h_{c2} - h'_{r,c-b,2}(h_{c2} - h_{b2}) = 368.14\ \text{kJ/kg} - 0.933\ 11(368.14 - 154.366)\ \text{kJ/kg}$$
$$= 168.66\ \text{kJ/kg}$$

(7) 从《流体热物性集》(参考文献[4])查得在 245 K 时 HCFC22(R22)的饱和液体焓值 $h'_2 = 168.30$ kJ/kg,比较计算值与文献值的偏差,仅为 0.21%。

例 9.1 说明只要对应态参数选取得当,以及普遍的对应态方程成立,虽然不知道普遍通用的对应态方程的具体形式,依据本节介绍的方法,也可以从一种已知物性的物质推算他种物质的未知物性。

3. 饱和液体焓的通用对应态方程

为了使用方便,通用对比方程的具体形式,可在选定函数式后由实验值或推荐值拟合确定。若选定的函数式不相同,方程的具体表达式会有所不同,但对应态参数形式不变。笔者经过几种函数式的比较之后,选定用指数函数表示图 9.4 所示的方程,拟合获得饱和液体焓的通用对比方程式为

$$h'_{r,c-b} = (T_{r,c-b})^{(0.70 + 0.07\lg T_{r,c-b})} \tag{9.18}$$

$$h' = h_c - h'_{r,c-b}(h_c - h'_b) \tag{9.19}$$

笔者曾对该方程的计算值与 25 种制冷工质的推荐值作了比较,其平均偏差在 $\pm 0.5\%$ 以内,算术平均偏差为 -0.04%。

例 9.2 试用式(9.18)和式(9.19)计算例 9.1 中 CFC12(R12)在 256.54 K 和 R22 在

256.54 K 时的饱和液体焓值 h_1' 和 h_2'。

解　由例 9.1 知两者的 $T_{r\text{-}c\text{-}b} = 0.907\,5$，代入式(9.18)，有

$$h_{r\text{-}c\text{-}b}' = 0.907\,5^{(0.70+0.07\lg 0.907\,5)} = 0.907\,5^{0.697\,05} = 0.934\,58$$

求得

$$h_1' = 384.95\,\text{kJ/kg} - 0.934\,58 \times (384.95\,\text{kJ/kg} - 172.98\,\text{kJ/kg}) = 186.84\,\text{kJ/kg}$$

$$h_2' = 369.3\,\text{kJ/kg} - 0.934\,58 \times (369.3\,\text{kJ/kg} - 154.366\,\text{kJ/kg}) = 168.43\,\text{kJ/kg}$$

文献中 $h_1' = 184.68\,\text{kJ/kg}$，计算值的偏差为 1.17%，$h_2' = 168.30\,\text{kJ/kg}$，计算值的偏差为 0.07%。可见，式(9.18)和式(9.19)有满足工程需要的精度。

9.7　蒸发潜热的通用对应态方程

利用 9.5 节的理论，当取式(9.16a)定义的对应态温度和取标准沸点蒸发潜热 Δh_b 为对比基准定义的对应态蒸发潜热 $\Delta h_{r,b}$ 时，有

$$\Delta h_{r,b} = \frac{\Delta h}{\Delta h_b} \qquad (9.20)$$

发现物质的蒸发潜热有很好的对应关系，如图 9.5 所示。由实验数据整理的蒸发潜热的通用对应态方程为

$$\Delta h_{r,b} = (T_{r\text{-}c\text{-}b})^{[0.360+0.044|1-\sqrt{T_{r\text{-}c\text{-}b}}|]} \qquad (9.21)$$

式(9.21)和文献[3]和[4]中的 24 种工质相比较，计算值与文献值的总算术平均偏差为 -0.06%，总平均绝对偏差为 0.87%，部分工质的计算值与文献值的比较如图 9.4 所示。

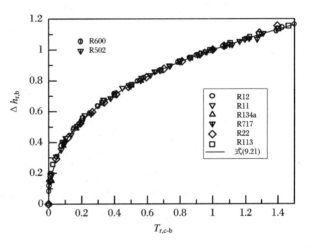

图 9.5　$\Delta h_{r,b}$ 与 $T_{r,c\text{-}b}$ 的关系

例 9.3　试用式(9.21)求 HCFC22(R22)在 245 K 时的蒸发潜热值 Δh。已知 HCFC22 在标准沸点的蒸发潜热值 $\Delta h_b = (387.685\,\text{kJ/kg} - 154.366\,\text{kJ/kg}) = 233.319\,\text{kJ/kg}$。

解　由例 9.1 算出 $T_{r\text{-}c\text{-}b} = 0.907\,5$，代入式(9.21)，得

$$\Delta h_{r,b} = 0.907\,5^{[0.360+0.044|1-\sqrt{0.907\,5}|]} = 0.965\,466$$

再由式(9.20)，求得

$$\Delta h = \Delta h_{r,b} \cdot \Delta h_b = 0.965\,466 \times 233.319 = 225.262\,\text{kJ/kg}$$

由文献[3]和[4]查得 HCFC22 在 245 K 时的蒸发潜热值 $\Delta h = 393.323\,\text{kJ/kg} - 168.298\,\text{kJ/kg} = 225.025\,\text{kJ/kg}$，计算值的偏差仅为 0.1%。

9.8　饱和蒸汽焓的通用方程

取式(9.16a)定义的对应态温度,并试用饱和蒸汽对比焓的定义式为

$$h''_{r,c\text{-}b} = \frac{h_c - h''}{h_c - h'_b} \tag{9.22}$$

经验证,无法获得如饱和液体焓相似形式的饱和蒸汽焓的普遍对比方程,即下述关系式不成立:

$$h''_{r,c\text{-}b} = f(T_{r,c\text{-}b}) \tag{9.23}$$

因此,无论如何努力,都不能根据无具体形式方程的一般关系式(9.23),采用推算方法从一种已知物性的标准物质求得所需求物质的饱和蒸汽焓值,更无法由上式拟合出具体的饱和蒸汽焓的通用对比方程。因此,式(9.22)不能作为饱和蒸汽焓的对应态参数。

但根据饱和蒸汽焓值等于饱和液体焓值与蒸汽潜热之和的关系,即

$$h'' = h' + \Delta h \tag{9.24}$$

可以把式(9.23)改写为对应态方程,即

$$\begin{aligned} h''_{r,c\text{-}b} &= h'_{r,c\text{-}b} - P\Delta h_{r,b} \\ &= (T_{r,c\text{-}b})^{(0.70+0.07\lg T_{r,c\text{-}b})} - P(T_{r,c\text{-}b})^{\left[0.360+0.044\left|1-\sqrt{T_{r,c\text{-}b}}\right|\right]} \end{aligned} \tag{9.25}$$

式中,$P = \dfrac{\Delta h_b}{h_c - h'_b}$ 是物质标准沸点下的蒸发潜热与饱和液体的临界焓和标准沸点下饱和液体焓差的比值。对于不同的物质,P 值都不相同,如表 9.1 所示,其代表了由于物质本身差异对饱和蒸汽焓带来的影响。对于饱和蒸汽焓,其对应态方程为双变量方程,即对应态温度 $T_{r,c\text{-}b}$ 和 P,如果只使用对比温度作为唯一变量,则是不完备的。之所以如此,是因为饱和蒸汽焓的变化包含了来自饱和液体分子的热振动和液体分子蒸发为气体的两种不同物理变化的因素。

表 9.1　部分工质的 P 值

工质	CFC12 (R12)	CFC11 (R11)	CFBr (R13b1)	HFC134a (R134a)
P	0.944 8	0.874 9	0.991 8	0.961 4

与 24 种物质的文献值计算比较,总平均绝对偏差为 0.35%,总平均算术偏差为 0.016%,完全可以满足工程应用的需要。值得一提的是,饱和液体焓值计算偏差与蒸发潜热计算偏差有互相抵消的作用,所以饱和蒸汽焓的偏差比二者中大的偏差要小。

例 9.4　试用式(9.25)求 HCFC22(R22)在 245 K 时的饱和蒸汽的焓值 h''。已知 HCFC22 在标准沸点的蒸发潜热值 $\Delta h_b = 387.685\ \text{kJ/kg} - 154.366\ \text{kJ/kg} = 233.319\ \text{kJ/kg}$,$h_c = 368.14\ \text{kJ/kg}$,$h'_b = 154.366\ \text{kJ/kg}$。

解　据 P 的定义,求得

$$P = \frac{\Delta h_b}{h_c - h_b'} = \frac{233.319\ \text{kJ/kg}}{368.14\ \text{kJ/kg} - 154.366\ \text{kJ/kg}} = 1.091\ 4$$

将 P 值代入式(9.25),求得

$$\begin{aligned}
h_{r,c\text{-}b}'' &= h_{r,c\text{-}b}' - P\Delta h_{r,b} \\
&= 0.907\ 5^{(0.70+0.07\lg 0.907\ 5)} - 1.091\ 4 \times 0.907\ 5^{[0.360+0.044|1-\sqrt{0.907\ 5}|]} \\
&= 0.934\ 58 - 1.091\ 4 \times 0.965\ 466 = -1.053\ 71
\end{aligned}$$

再将所求得的 h_r'' 代入式(9.22),求得 HCFC22 在 245 K 时的饱和蒸汽的焓值,有

$$\begin{aligned}
h'' &= h_c - h_{r,c\text{-}b}''(h_c - h_b') \\
&= 168.62\ \text{kJ/kg} + 1.053\ 71 \times (368.14\ \text{kJ/kg} - 154.366\ \text{kJ/kg}) \\
&= 393.88\ \text{kJ/kg}
\end{aligned}$$

由文献查得的 $h'' = 393.323\ \text{kJ/kg}$,计算值的偏差仅为 0.14%。

9.9　通用饱和液体密度的对应态方程

经研究,式(9.16a)定义的对比温度和下定义的饱和液体密度对应态变换:

$$\rho_{r,b\text{-}c}' = \frac{\rho' - \rho_c}{\rho_b' - \rho_c} \tag{9.26}$$

式中,$\rho_{r,b\text{-}c}'$ 为对应态饱和液体密度;ρ' 表示温度 T 时的饱和液体密度;ρ_b' 表示标准沸点 T_b 时的饱和液体密度。并选用了推算饱和液体密度的通用函数为

$$\rho_{r,b\text{-}c}' = f(T_{r,c\text{-}b}) \tag{9.27}$$

式(9.27)为饱和液体密度的普遍对应态方程。图 9.6 证明了其正确性。因此,即便上式未给出具体的函数形式,也可用一般推算法由一种已知物质的饱和液体密度去推算另一种所需求物质的液体密度。

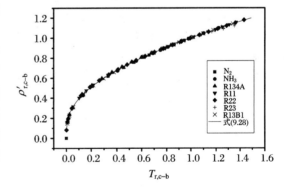

图 9.6　七种物质的 $\rho_{r,b\text{-}c}'$ 和 $T_{r,b\text{-}c}$ 关系

由实验数据拟合的饱和液体密度的通用对比方程为

$$\rho_{r,b\text{-}c}' = (T_{r,b\text{-}c})^{[0.444+0.017\ln T_{r,b\text{-}c}]} \tag{9.28}$$

$$\rho' = \rho_c + (\rho_b' - \rho_c)\rho_{r,b\text{-}c}' \tag{9.29}$$

我们利用文献的数据对 22 种物质的饱和液体密度进行了计算,总的平均绝对误差为 0.31%,最大平均绝对误差为 0.72%,精度普遍高于童景山方程。对氢和水的误差较大,约为 2%,与童景山方程的精度也相当。

水有一定的特殊性,用通用算式(9.29)计算饱和水密度时存在 2% 左右的误差。因此对于水建议采用下述专用式:

$$\rho'_{r,b\text{-}c,water} = (T_{r,c\text{-}b})^n \tag{9.30}$$

式中，$n = 0.374\,5 + 0.005\,6\,T_{r,c\text{-}b} - 0.050\,5(T_{r,c\text{-}b})^2 - 0.031\,7(T_{r,c\text{-}b})^3$。式(9.30)的计算精度平均约为 0.1%，在临界点处约为 -0.25%。

例 9.5　试求 HCFC22 在 245 K 时的饱和液体的密度 ρ'。已知 $\rho_c = 513.0\ \mathrm{kg/m^3}$，$\rho'_b = 1\,408.9\ \mathrm{kg/m^3}$。

解　由例 9.1，知 $T_{r,c\text{-}b} = 0.907\,5$，代入式(9.28)，得

$$\rho'_{r,b\text{-}c} = (T_{r,b\text{-}c})^{[0.444+0.017\ln T_{r,b\text{-}c}]} = 0.907\,5^{[0.444+0.017\ln 0.907\,5]} = 0.957\,97$$

再代入式(9.29)，求得

$$\begin{aligned}
\rho' &= \rho_c + (\rho'_b - \rho_c) \cdot \rho'_{r,b\text{-}c} \\
&= 513.0\ \mathrm{kg/m^3} + (1\,408.9\ \mathrm{kg/m^3} - 513.0\ \mathrm{kg/m^3}) \times 0.957\,59 \\
&= 1\,370.9\ \mathrm{kg/m^3}
\end{aligned}$$

查文献得 HCFC22 在 245 K 时的饱和液体的密度 $\rho' = 1\,371.4\ \mathrm{kg/m^3}$，计算值的偏差仅为 -0.04%。

9.10　通用饱和蒸汽压的对应态方程

由于在进行饱和蒸汽密度的推算时要用到蒸汽压与饱和温度的关系，所以本节首先介绍饱和蒸汽压与饱和温度的推算关系式。

1. 通用饱和蒸汽压对应态方程的评判

饱和蒸汽压与温度的关系是极重要的物质热力性质，自从 1834 年 Clapeyron 以来，每年都有大量关于蒸汽压的研究论文发表。R. C. Reid、Partington 等都对蒸汽压研究的重要成果作了介绍，但至今尚未获得令人满意的无待定系数精度高的通用饱和蒸汽压方程。传统的蒸汽压方程多以

$$p_r = f(T_r) \tag{9.31a}$$

或

$$p_r = f(\tau_r) \tag{9.31b}$$

的形式出现，式中 $\tau_r \equiv 1 - T_r$，$T_r \equiv T/T_c$。

根据上文介绍的通用对应态方程的判别规则，如果可以由 T_r 和 p_r 构成饱和蒸汽压的通用对比方程，那么对于不同物质的蒸汽压方程形式（包括系数）必然完全相等，也就是当任意两种物质的 T_r 相等时，它们的 p_r 也应相等（至少应当在实验精度内近似相等），不然就不能由 T_r 或不能仅由 T_r 构成饱和蒸汽压 p_r 的通用对比方程。

根据此规则，任意选两种已知蒸汽压与温度关系的物质，例如取水和氟利昂 CFC12，即可检验饱和蒸汽压的通用对比方程是否会有方程(9.31a)的函数存在。具体做法与 9.6 节介绍的无具体函数形式从一种已知物性物质求出另外物质的物性方法相同，例如，选择水为参考物质，记其序号为"1"，取氟利昂 12(CFC-12)为对比物质，记其序号为"2"，利用参考物质的蒸汽压-温度关系的标准值，如果关系式(9.31a)能作为通用蒸汽压对应态方程，则在 $T_{r1} = T_{r2}$ 或 $\tau_{r1} = \tau_{r2}$ 时有 $p_{r1} = p_{r2}$。最后，把计算结果和所需求物质的实验值进行比较，再

根据整个温度区域的偏差大小和一致性好坏,鉴别所选对应态方程是否能作为普遍对应态方程使用。比较结果列于表 9.2,在对比温度 T_r 较小时,$p_{r1,exp}$ 和 $p_{r2,exp}$ 偏差很大,达 1 倍多,不满足在对应态参数变量相等时与所需求对比函数值相等的通用对应态方程规则。表中的参考数据来自日本机械学会所编写的《流体热物性值集》(1983 年版)。由此可知,$p_r = f(T_r)$ 永远不可能组成无待定系数的饱和蒸汽压通用对应态方程。

表 9.2　$p_r = f(T_r)$ 的检验情况

T_1/K	647.3	600	450	300
T_r	1.00	0.926 9	0.695 2	0.463 46
T/K	384.95	356.82	267.615	178.41
$p_{r1,\,exp}$	1.00	0.597 8	0.042 10	0.000 42
$p_{r2,\,exp}$	1.00	0.557 2	0.062 14	0.000 16
δ	0.00%	7.13%	47.6%	163.9%

注:表中 T_2 由 $T_{r1} = T_{r1}$ 求得,而后根据 T_1 和 T_2 查得 $p_{1,\,exp}$ 和 $p_{2,\,exp}$,再求得 $p_{r1,\,exp}$ 和 $p_{r2,\,exp}$。

2. 通用饱和蒸汽压对应态方程形式的选择

经研究,通用饱和蒸汽压对应态方程形式的选择如下所示形式:

$$\hat{p}_r = f(\theta_r) \tag{9.32}$$

式中,$\hat{p}_r = \ln p_r / \ln p_{br}$,$\theta_r = (1/T_r - 1)/(1/T_{br} - 1)$,$p_{br} = p_b/p_c$,$p_b$ 为标准大气压,$T_{br} = T_b/T_c$,T_b 为标准沸点。用同样的方法检验结果列于表 9.3。由表 9.3 可知情况大为改善。因此,采用 $\hat{p}_r = f(\theta_r)$ 并加以修正,有可能构成蒸汽压通用对比方程。

表 9.3　$\hat{p}_r = f(\theta_r)$ 的检验情况

T_1/K	600	450	400	300
θ_r	0.107 3	0.596 8	0.841 5	1.575 1
T_2/K	362.33	285.74	258.43	201.48
$\hat{p}_{r1}$	0.110 7	0.588 0	0.835 4	1.622 7
$p_{r1,\,exp}$	0.669 1	0.113 1	0.045 2	0.002 7
$p_{r2,\,exp}$	0.663 4	0.111 0	0.044 8	0.002 4
δ	0.8%	0.2%	1.0%	8.9%

注:表中求解顺序为:$T_1 \rightarrow p_{1,exp} \rightarrow p_{r1,exp}$,$T_1 \rightarrow \theta_{r1} = \theta_{r2} \rightarrow T_2 \rightarrow p_{2,exp} \rightarrow p_{r2,exp}$。

3. 通用饱和蒸汽压对应态方程

采用形式为式(9.32)的饱和蒸汽压方程式后,得到的新饱和蒸汽压通用对应态方程为

$$\frac{\ln p_r}{\ln p_{br}} = \frac{1/T_r - 1}{1/T_{br} - 1}\big[1 + \eta(T_r, T_{br})\big] \tag{9.33}$$

式中

$$\eta(T_r, T_{br}) = 1.17 T_{br} B(T_r - T_{br})(T_r - B)$$
$$B = K(1.725 - 2.02 Z_c / T_{br})$$

其中,$z_c = p_c V_c / R T_c$,$R = 8\,314.50$ J/mol 为摩尔气体常数,修正系数 K 为接近于 1 的常

数,其中 32 种物质的 K 值已列于表 9.4。

表 9.4　蒸汽压通用对应态方程式(9.33)中的修正系数 K

物质	H_2O	R717	R11	R12	R13	R14	R131b1	R21	R22	R23	R50
K	1	1.01	1	1.025	1.0.	0.956	0.983	1.04	1.065	0.94	0.8
物质	R113	R114	R318	R500	R502	R503	R504	R1150	R123	R1270	R170
K	1.02	1	1.045	0.973	0.908	1.07	0.92	1.0	0.95	1.055	1.01
物质	R600	N_2	O_2	Ar	CO	CH_3OH	C_2H_5OH	R134a	R290		
K	1	0.85	0.88	0.86	0.99	0.90	1.02	0.99	0.941		

注:由于表格的限制,表中制冷工质的符号仍采用旧代号;附录给出的制冷工质特征参数表中有新旧代号对比。

取表 9.4 的 K 值计算时,平均绝对偏差为 0.25%,平均最大绝对偏差为0.62%。未在表中列出物质的可取 $K = 1.0$ 计算,其平均绝对偏差为 0.66%,平均最大绝对偏差为2.73%。方程式(9.33)对常用物质的计算值和推荐值的比较如图 9.7 所示。

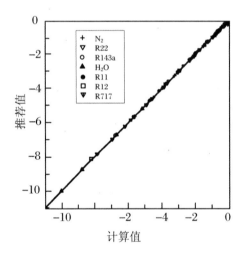

图 9.7　饱和蒸汽压推算误差比较图

例 9.6　试求 HCFC22(R22)在 320 K 时的饱和蒸汽压。已知 HCFC22 的 $p_c = 4.988 \times 10^6$ Pa,$p_b = 1.013\,25 \times 10^5$ Pa,$T_c = 369.3$ K,$T_b = 232.332$ K,$M = 86.469$ g/mol,$\rho_c = 513.0$ kg/m³。

解　(1) 求 HCFC22 的临界压缩因子 Z_c、p_{br}、T_{br}

$$Z_c = \frac{Mp_c}{RT\rho_c} = \frac{86.469 \times 10^{-3}\ \text{kg/mol} \times 4.988 \times 10^6\ \text{Pa}}{8\,314.3\ \text{J/mol} \times 369.3\ \text{K} \times 513.0\ \text{kg/m}} = 0.273\,8$$

$$p_{br} = \frac{1.013\,25 \times 10^5\ \text{Pa}}{4.988 \times 10^6\ \text{Pa}} = 0.020\,31$$

$$T_{br} = \frac{232.332\ \text{K}}{369.3\ \text{K}} = 0.629\,11$$

$$T_r = \frac{320\ \text{K}}{369.3\ \text{K}} = 0.866\,50$$

（2）求 B 值

$$B = K(1.725 - 2.02Z_c/T_{br})$$
$$= 1.065 \times (1.725 - 2.02 \times 0.273\,8/0.629\,11)$$
$$= 0.900\,84$$

（3）求修正系数 $\eta(T_r, T_{br})$

$$\eta(T_r, T_{br}) = 1.17T_{br}B(T_r - T_{br})(T_r - B)$$
$$= 1.17 \times 0.629\,11 \times 0.900\,84 \times (0.866\,50 - 0.629\,11)$$
$$\times (0.866\,50 - 0.900\,84)$$
$$= -5.405\,4 \times 10^{-3}$$

（4）求 p_r

$$\ln p_r = \ln p_{br} \frac{1/T_r - 1}{1/T_{br} - 1}[1 + \eta(T_r, T_{br})]$$
$$= \ln 0.020\,31 \times \frac{1/0.866\,5 - 1}{1/0.629\,11 - 1} \times (1 - 5.405\,4 \times 10^{-3})$$
$$= -1.012\,76$$

求得

$$p_r = e^{-1.012\,76} = 0.363\,21$$

（5）求 p

$$p = p_c p_r = 4.988 \times 10^6\ \text{Pa} \times 0.363\,21 \times 10^6 = 1.811\,7 \times 10^6\ \text{Pa}$$

（6）比较

查文献[3]和[4]，HCFC22 在 320 K 时饱和蒸汽压 $p = 1.806\,6 \times 10^6$ Pa，偏差为 0.28%。另外，如果求 B 时取 $k = 1.0$，$B = 0.845\,86$，$\eta = 0.003\,050\,58$，$p_r = 0.360\,10$，$p = 1.796\,2 \times 10^6$ Pa，偏差为 -0.58%。

9.11　通用饱和蒸汽密度的对应态方程

通用饱和蒸汽密度的对应态推算式的形式可以按式（9.9）写成如下的一般表示式：

$$(\ln Z)_r = \frac{\ln Z}{\ln Z_c} = f(\rho_r'', T_r, p_r) \tag{9.34a}$$

式中，$(\ln Z)_r$ 为对应态饱和蒸汽对数压缩因子；$\rho_r'' = \rho''/\rho_c$ 为对比饱和蒸汽密度。对于饱和态，原则上温度、压力和密度中只要有一个独立变量，即当其中一个的变量确定后，另外两个就是唯一确定的。因此，式（9.34a）可以分别表示为以下三种形式：

$$(\ln Z)_r = f_a(\rho_r'') \tag{9.34b}$$
$$(\ln Z)_r = f_b(p_r) \tag{9.34c}$$
$$(\ln Z)_r = f_c(T_r) \tag{9.34d}$$

这三种形式所对应的曲线关系如图 9.8 所示。可以看出，在选择函数关系（9.34b）时，即以对比密度 ρ_r'' 为自变量时，对比对数压缩因子的变化曲线近似为直线，应具有比式（9.34c）和

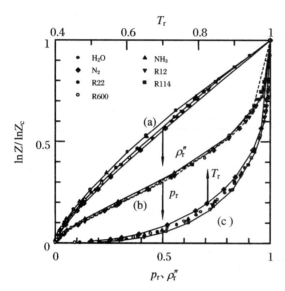

图 9.8 $(\ln Z)_r$ 的三种方程 $f_a(\rho_r'')$、$f_b(p_r)$ 和 $f_c(T_r)$ 的比较

式(9.34d)更易于表达的函数关系。因此选择以对比密度 ρ_r'' 为主要对应态参数，并采取下面的函数形式：

$$\frac{\ln z}{\ln z_c} = \rho_r''^{m} \qquad (9.35)$$

上式为饱和蒸汽密度的一般通用式。式中，指数 m 约为 0.86，但对于各种物质仍然有些差别。根据饱和蒸汽焓通用算式推导得知，对于饱和蒸汽性质的描述还应有体现不同物质性质差别的特性参数，否则通用方程的自变量将是不完备的。我们根据不同物质饱和蒸汽密度值的文献值对式(9.35)进行了分析，并把反映不同物质的特性参数用 T_r 的关系式表示，得到更精确的饱和蒸汽密度的通用对应态方程：

$$\frac{\ln Z}{\ln Z_c} = \rho_r''^{m} + 0.019\,8 - 0.11\,|\,T_r - 0.82\,| + 0.07\,(1 - T_r)^2 \qquad (9.36)$$

其中，$m = 0.256 + 1.85Z_c + 0.066(1 - p_r^{40})$，式中 p_r^{40} 仅在对比温度 T_r 大于 0.98 时才会产生影响。上式要用迭代法求解 ρ_r''。

式(9.36)表示的通用饱和蒸汽密度的对应态方程是隐式方程，与文献[4]中 34 种物质的推荐值作了比较，其中包括水、氨、氮、氧、氢、碳氢化合物、CFCs、HCFCs、HFCs 等多种类型物质。总的平均绝对偏差仅为 0.43%，可适用于计算包括水、氨、氮气及多种制冷工质在内的多种常用物质的饱和蒸汽密度。当物质的饱和蒸汽压未知时，可以使用上一节介绍的通用饱和蒸汽压对应态方程计算，也能达到相当高的精度。

例 9.7 试求 HCFC22 在 320 K 时的饱和蒸汽密度。

解 (1) 利用例 9.6 的计算结果，知 $p_r = 0.355\,7$，$z_c = 0.273\,8$，算得 m 为

$$m = 0.256 + 1.85z_c + 0.066(1 - p_r^{40})$$
$$= 0.256 + 1.85 \times 0.273\,8 + 0.066 \times (1 - 0.355\,7) = 0.858\,53$$

(2) 置初值 $\rho'' = 100\ \text{kg/m}^3$，$\rho_r'' = \dfrac{100\ \text{kg/m}^3}{513.0\ \text{kg/m}^3} = 0.194\,93$，利用式(9.36)，算得

$$\ln Z = \ln Z_c \big[\,\rho_r''^{m} + 0.019\,8 - 0.11\,|\,T_r - 0.82\,| + 0.07\,(1 - T_r)^2\,\big]$$
$$= \ln 0.273\,8 \times \big[\,0.194\,93^{0.858\,53} + 0.019\,8$$
$$- 0.11 \times |\,0.866\,5 - 0.82\,| + 0.07(1 - 0.866\,5^2)\,\big]$$
$$= -1.295\,36 \times (0.194\,93^{0.858\,53} + 0.032\,127)$$
$$= -0.359\,838$$

求得

$$Z = 0.697\,79$$

利用所求的 z 和 z 的定义式求得的 ρ'' 为

$$\rho_1 = \frac{Mp_s}{RTZ} = \frac{86.469 \times 10^{-3}\ \text{kg/mol} \times 1.774\,3 \times 10^6\ \text{Pa}}{8\,314.3\ \text{kg/mol} \times 320\ \text{K} \times 0.697\,79}$$

$$= \frac{57.665 \text{ kg/m}^3}{0.697\,79} = 82.639 \text{ kg/m}^3$$

利用迭代算得的结果列于表9.5。查文献[4]得到参考值为79.452 kg/m³,计算值偏差为2.25%。

表9.5 计算结果

序号	z	ρ''	前后次相对差
1	0.697 79	82.639	
2	0.732 14	78.762	
3	0.740 177	77.907	
4	0.741 97	77.719	
5	0.742 45	77.668	0.001 7
6	0.742 47	77.666	0.000 026

将 $\rho_1 = 82.639 \text{ kg/m}^3$ 代入式(9.36),又算得

$$Z_2 = 0.732\,14, \quad \rho_2 = 78.762 \text{ kg/m}^3$$

9.12 通用饱和液体和饱和蒸汽熵的对应态方程

根据熵一般关系式中的第二 $\text{d}s$ 方程:

$$\text{d}s = \frac{c_p}{T}\text{d}T - \left(\frac{\partial v}{\partial T}\right)_p \text{d}p \tag{9.37}$$

对于计算饱和液体熵,可首先选择其熵值的参考点,一般选参考温度 T_0 的饱和液体的熵 s_0',以该参考点为积分下限对上式积分,有

$$\Delta s' = s' - s_0' = \int_{T_0}^{T} c_p \frac{\text{d}T}{T} - \int_{p_0}^{p} \left(\frac{\partial v}{\partial T}\right)_p \text{d}p \tag{9.38}$$

而根据比定压热容定义: $c_p = \left(\frac{\partial h}{\partial T}\right)_p$,在这里取 $\overline{c_p} = \frac{h' - h_0'}{T - T_0}$ 作为 c_p 在积分区间内的近似积分平均值。同样取 $\overline{\left(\frac{\partial v}{\partial T}\right)_p} = \frac{v' - v_0'}{T - T_0}$ 作为 $\left(\frac{\partial v}{\partial T}\right)_p$ 在积分区间内的近似积分平均值,代入式(9.38)中可以得到饱和液体比熵的计算公式:

$$s' = s_0' + \Delta s' = s_0' + \frac{h' - h_0'}{T - T_0}\ln\frac{T}{T_0} - \frac{v' - v_0'}{T - T_0}(p - p_0) \tag{9.39}$$

式中,s' 为所需求的饱和液体熵;h' 为饱和液体焓;v' 为饱和液体比体积。根据式(9.39),只要知道工质的饱和液体焓、饱和液体比体积和饱和蒸汽压,就可计算出饱和液体熵。通常选 $T_0 = 273.15 \text{ K}$ 的饱和液体的比熵 $s_0' = 1.0 \text{ kJ/(kg·K)}$。

饱和蒸汽的熵,可以很容易地根据饱和液体熵和蒸发潜热 Δh_v 计算。因为液体在气液相变时,有

$$\Delta s_v = s'' - s' = \frac{\Delta h}{T} \tag{9.40}$$

因此,饱和蒸汽比熵的推算式为

$$s'' = s_0' + \frac{h' - h_0'}{T - T_0} \ln \frac{T}{T_0} - \frac{v' - v_0'}{T - T_0}(p - p_0) + \frac{\Delta h}{T} \tag{9.41a}$$

$$s'' = s' + \frac{\Delta h}{T} \tag{9.41b}$$

式(9.39)和式(9.41)的推算精度,使用 PROPATH 数据库和 NIST Refprop 数据库中的 12 种工质对其进行了验证。其中的饱和液体焓、饱和液体比体积、饱和蒸汽压和蒸发潜热,分别使用本书提供的式(9.19)、式(9.29)、式(9.33)和式(9.21)通用对应态推算式计算。得到的结果与数据库计算值相比较,饱和液体比熵的总平均绝对偏差仅为 0.65%,饱和蒸汽比熵的总平均绝对偏差仅为 0.31%,精度还是相当高的。

例9.8 试求 HCFC22 在 245 K 时的饱和液体比熵 s' 和饱和气体比熵 s''。已知在 273.15 K 时 $s_0' = 1.0$ kJ/(kg·K),$p_0 = 0.497\,92 \times 10^6$ Pa,$h_0' = 200.00$ kJ/kg,$v_0' = 1/1\,281.5$ m³/kg;在 245 K 时的 $h' = 168.298$ kJ/kg,$p = 0.177\,11 \times 10^6$ Pa,$v' = 1/1371.4$ m³/kg。

解 解题使用式(9.39)时应注意单位一致,特别是 pV 功单位,1 Pa·m³ = 1 J = 1 × 10^{-3} kJ。

(1) 根据式(9.39)求饱和液体的比熵 s'

$$s' = s_0' + \Delta s' = s_0' + \frac{h' - h_0'}{T - T_0} \ln \frac{T}{T_0} - \frac{v' - v_0'}{T - T_0}(p - p_0)$$

$$= 1.0 \text{ kJ/(kg·K)} + \frac{168.298 \text{ kJ/kg} - 200 \text{ kJ/kg}}{245 \text{ K} - 273.15 \text{ K}} \times \ln \frac{245 \text{ K}}{273.15 \text{ K}}$$

$$- \frac{1/1371.4 \text{ kg/m}^3 - 1/1281.5 \text{ kg/m}^3}{245 \text{ K} - 273.15 \text{ K}} \times (0.177\,11 - 0.497\,92)$$

$$\times 10^6 \text{ Pa}/1\,000 \text{ Pa·m}^3/\text{kJ}$$

$$= 1.0 \text{ kJ/(kg·K)} - 0.122\,486 \text{ kJ/(kg·K)} - 5.83 \times 10^{-4} \text{ kJ/(kg·K)}$$

$$= 0.876\,93 \text{ kJ/(kg·K)}$$

与文献[3]和[4]推荐值 $s' = 0.878\,5$ kJ/(kg·K)相比,偏差为 0.18%。上式推导中添加 1\,000 Pa·m³/kg = 1,是了为使推导中量纲变化更清楚。

(2) 据式求 HCFC22 在 245 K 时的饱和气体比熵 s''

$$s'' = s' + \frac{\Delta h}{T} = 0.876\,93 \text{ kJ/(kg·K)} + \frac{225.025 \text{ kJ/(kg·K)}}{245 \text{ K}} = 1.795\,4 \text{ kJ/kg}$$

与文献[3]和[4]推荐值 $s'' = 1.797$ kJ/kg 相比,计算值偏差为 0.09%。

另外,除基准点参数外,式(9.36)的其余数据都用前几例的计算值代入,则有

$$s' = s_0' + \Delta s' = s_0' + \frac{h' - h_0'}{T - T_0} \ln \frac{T}{T_0} - \frac{v' - v_0'}{T - T_0}(p - p_0)$$

$$= 1.0 \text{ kJ/(kg·K)} + \frac{168.43 \text{ kJ/kg} - 200 \text{ kJ/kg}}{245 \text{ K} - 273.15 \text{ K}} \times \ln \frac{245 \text{ K}}{273.15 \text{ K}}$$

$$- \frac{1/1\,370.9 \text{ kg/m}^3 - 1/1\,281.5 \text{ kg/m}^3}{245 \text{ K} - 273.15 \text{ K}}$$

$$\times (0.177\,43 - 0.497\,92) \times 10^6 \text{ Pa}/1\,000 \text{ Pa·m}^3/\text{kJ}$$

$$= 1.0 \text{ kJ/(kg·K)} - 0.121\,98 \text{ kJ/(kg·K)} - 5.83 \times 10^{-4} \text{ kJ/(kg·K)}$$

$$= 0.877\,44 \text{ kJ/kg}$$

$$s'' = s' + \frac{\Delta h}{T} = 0.877\,44\ \text{kJ/(kg} \cdot \text{K)} + \frac{225.267\ \text{kJ/kg}}{245\ \text{K}} = 1.796\,9\ \text{kJ/(kg} \cdot \text{K)}$$

这说明用推算值计算比熵也有很高的精度。

9.13 几个重要基准参数 Δh_b、h_b' 和 h_c 的计算

在利用本节计算饱和液体焓和蒸发潜热的通用对应态方程计算时,需用到的几个重要参数是:临界点焓 h_c、标准沸点的蒸发潜热 Δh_b、标准沸点的饱和液体的比焓 h_b'。通常,临界温度 T_c、标准沸点温度 T_b 和低压区气体的状态方程为已知条件。

1. 标准沸点 T_b 时的蒸发潜热值 Δh_b

Δh_b 可根据克拉贝龙方程求出。克拉贝龙方程式(7.35)为

$$\frac{\mathrm{d}p_s}{\mathrm{d}T_s} = \frac{h'' - h'}{T_s(v'' - v')}$$

式中,$\Delta v_s = v'' - v'$ 为同温度下的饱和气液比体积差,它可由饱和蒸汽和液体的密度方程求出。根据饱和蒸汽压通用对比方程,拟合出便于求导的具体幂级数的方程,就可求出对温度的饱和蒸汽压导数。于是可算出标准沸点 T_b 时的蒸发潜热值

$$\Delta h_b = h'' - h' = \frac{\mathrm{d}p_s}{\mathrm{d}T_s}T_s(v'' - v') \tag{9.42}$$

2. 标准沸点的饱和液体的比焓 h_b'

焓值是相对值,从某参考点 T_0 开始计算 h_b' 的过程如图 9.9 所示。

一般先选取参考状态为 $T_0 = 273.15\ \text{K}$,并定其比焓 $h_0' = 200\ \text{kJ/kg}$ 为基准。对于气体,可以通过用状态方程计算其焓的偏差函数。在低压区一般把状态方程转为维里方程表示较为方便,且在 T_b 和 $T_0(= 273.15\ \text{K})$ 时使用三项截断维里方程计算其饱和蒸汽状态已有相当高的精度。T_b 和 T_0 两点的饱和蒸汽对理想气体的焓偏差函数用下面的式(9.43)计算:

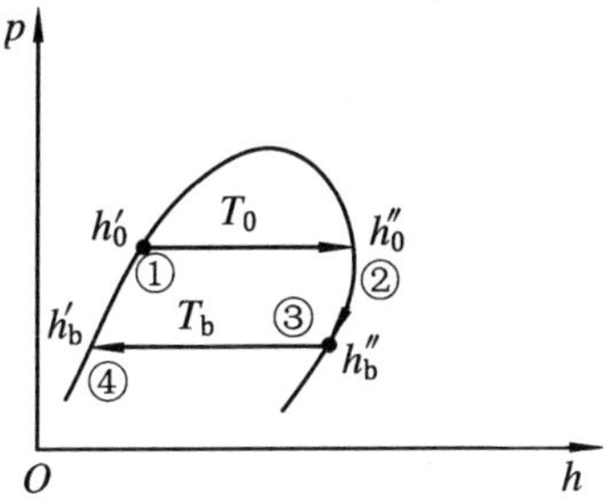

图 9.9 标准沸点饱和液体比焓 h_b' 的确定过程

$$\frac{h'' - h^{ig}}{R_g T} = \frac{B - T\frac{\mathrm{d}B}{\mathrm{d}T}}{v} + \frac{2C - T\frac{\mathrm{d}C}{\mathrm{d}T}}{2v^2} + \frac{3D - T\frac{\mathrm{d}D}{\mathrm{d}T}}{3v^3} \tag{9.43}$$

式中,h'' 为饱和蒸汽比焓;h^{ig} 为理想气体比焓;B、C、D 分别为第二、三、四维里系数;R_g 为单位质量气体常数,单位为 J/(K·kg)。可由式(9.43)计算得到:

在 T_b 时

$$h_b'' - h_b^{ig} = \varphi_{h,b} \tag{9.44a}$$

在 T_0 时

$$h_0'' - h_0^{ig} = \varphi_{h,0} \tag{9.44b}$$

并由上面两式导出

$$h_0'' - h_b'' = (\varphi_{h,0} - \varphi_{h,b}) + (h_0^{ig} - h_b^{ig}) \tag{9.45a}$$

或

$$h_b'' = h_0'' - (\varphi_{h,0} - \varphi_{h,b}) - (h_0^{ig} - h_b^{ig}) \tag{9.45b}$$

不同温度下理想气体的焓差可用理想气体的比定压热容 c_p^0 的定积分式来计算,即

$$\Delta h^{ig} = h_0^{ig} - h_b^{ig} = \int_{T_b}^{T_0} c_p^0 \, dT \tag{9.46}$$

式中,所求物质的理想气体比定压热容可以用第 5 章中所介绍的公式从状态方程中求取,也可使用文献中提出的公式计算。一般理想气体的比定压热容的关联式为

$$\frac{c_p^0}{R} = c_{p0}^0 + a_1 T_r - a_2 T_r^2 + a_3 T_r^3 \tag{9.47}$$

把式(9.45b)代入式(9.42)中积分,可计算得到 T_b 和 T_0 温度下的某种物质饱和蒸汽与理想气体焓差 Δh^{ig}。

以上计算的仅是饱和蒸汽焓的相对值。为了能计算其绝对值,应和饱和液体的焓建立联系。因此,还必须计算两个温度下的蒸发潜热。得到标准沸点的蒸发潜热后,就可以使用式(9.21)来计算蒸发潜热了。上式改写为

$$h_b' = h_b'' - \Delta h_b$$

把式(9.45)求得的 h_b'' 代入上式,就可得到 h_b'。

3. 求临界点焓值 h_c

在求出 h_b' 后即可根据式(9.18)

$$h_{r,c\text{-}b}' = (T_{r,c\text{-}b})^{(0.70 + 0.07 \lg T_{r,c\text{-}b})}$$

得出

$$h_c = h_b' + h_{r,c\text{-}b}'(h_c - h_b') \tag{9.48}$$

至此,饱和液体和饱和蒸汽的热力参数推算式和所需基本数据都已具备了。上述方法已成功地算出 HFC-227ea 的饱和性质表。用上述方法对 HFC-227ea 的计算结果和用克拉贝龙方程及 NIST Refprop 6.01 数据库的计算结果进行了比较:应指出的是,NIST Refprop 6.01所使用的临界温度和标准沸点与我们的并不相同,所以我们按对比温度 $T_{r,c\text{-}b}$ 进行的比较,在 $T_{r,c\text{-}b}$ 高于 0.2 时符合较好,尤其是和 NIST Refprop 6.01 在 $T_{r,c\text{-}b}$ 高于 0.3 时相对偏差很小。只是在接近临界点时,即 $T_{r,c\text{-}b}$ 接近于 0 时,偏差才突然增大,这也和临界点的参数取值不同有关。而且由于焓值在临界区对温度变化非常敏感,微小的温度偏差都会引起焓值的巨大偏差。

9.14 流体 p-v-T 的一般性对应关系

前述的流体热力性质成功的推算集中在饱和液体和饱和气体,因此,流体饱和气液的性质表的数据只要给出了临界点和标准沸点的数据就能算出。但是,流体在过热蒸汽和超临界区的热力性质在讨论循环时经常要用到,而在本章开头就介绍了利用 $p_r = p/p_c$、$T_r = T/T_c$ 和通用压缩因子 $Z_r = Z/Z_c$ 图推算法,即传统对应态推算法,它是假定在各种流体的

临界压缩因子的 $Z_c = 0.270$ 的基础上。这种对比变换无法使不同流体能在临界点附近和理想气体区以及液相区的计算值都能有较好的精度。

　　本节将根据前述的对应态参数选择方法和通用无量纲方程的判别原则,并结合在饱和线推算成功的基础上,提出一种让各种流体在临界点和理想气体态以及饱和线各点都能一致的全域对应态变换法则。通过这种变换,仅需一种标准物质,利用其他物质的临界点和标准沸点的少数点的性质,就可推算出其他工质的 p-v-T 关系,这对建立新物质的通用状态方程有很大帮助。

1. 新对应态参数的定义

（1）对应态压缩因子差 $\hat{Z}_r$

$$\hat{Z}_r = \frac{1 - Z}{1 - Z_c} \tag{9.49}$$

式中,Z 为压缩因子,$Z = \dfrac{pV_m}{RT} = \dfrac{Mp}{R\rho T}$;$Z_c$ 为临界压缩因子。当 $Z = Z_c$ 时,各流体的 $\hat{Z}_r = 1$;当 $Z = 1$ 为理想气体时,各流体的 $\hat{Z}_r = 0$,实现了不同流体的在临界点到理想气体之间同一化的要求。

（2）对应饱和态压缩因子差 $\hat{Z}_{sr}$

$$\hat{Z}_{sr} = \frac{1 - Z_s}{1 - Z_c} \tag{9.50}$$

式中,Z_s 为饱和态压缩因子,下角标中的"s"表示临界态和饱和态的属性。上式是不同流体的饱和态压缩因子通用对应关系式。

（3）对比压力 p_r

$$p_r = \frac{p}{p_c} \tag{9.51}$$

（4）对应态温度的变换

当 $p_r \geqslant 1$ 时,流体不可能进入二相区,定义的对比温度为

$$T_r = \frac{T}{T_c} \quad (p_r \geqslant 1) \tag{9.52}$$

T_c 是超临界区唯一可选的特征温度。

　　当 $p_r \leqslant 1$ 时,流体可能进入二相区,定义的温度对比变换关系必须满足在饱和线上对应压力的变换关系,即

$$\hat{T}_{sr} = \frac{T}{T_s} \tag{9.53}$$

式中,$\hat{T}_{sr}$ 称为对饱和温度的对应态温度。

　　对应于 p_r 的对临界点对应态饱和温度 T_{sr} 定义为

$$T_{sr}(p_r) = \frac{T_s}{T_c} \tag{9.54}$$

2. 对应态饱和温度 T_{sr} 与对应态压力 p_r 的关系

通用而精确的对比饱和温度 T_{sr} 与对比压力 p_r 的关系是十分重要的。$T_{sr} = f(p_r)$ 的显式关系为

$$T_{sr} = P_r^{(a + bP_r^{0.095})} \tag{9.55a}$$

或

$$\ln T_{sr} = (a + bP_r^{0.095})\ln p_r \tag{9.55b}$$

式中

$$a = 0.061Z_c^{0.15} \tag{9.56}$$

$$b = \frac{\dfrac{\lg 0.7}{-1-\omega} - a}{10^{-0.095(1+\omega)}} = \left(\frac{\lg 0.7}{-1-\omega} - a\right) \times 10^{-0.095(1+\omega)} \tag{9.57a}$$

式中,ω 为偏心因子。

或

$$b = \frac{\dfrac{\ln T_{br}}{\ln P_{br}} - a}{P_{br}^{0.095}} \tag{9.57b}$$

另外,T_{sr} 也可由 $p_r = f(T_r)$ 稳函数式(9.33),用数值解法据 p_r 值求解出 T_{sr}。

3. 对应态压缩因子差 $\hat{Z}_r$ 的无量纲函数关系

$$\hat{Z}_r = f(P_r, \hat{T}_{sr}) \tag{9.58}$$

式(9.58)为对比压缩因子差 $\hat{Z}_r$ 的一般通用方程。虽然它还未给出具体的函数式,但是也可以类似例 9.1 的做法,根据下述对应态关系法则,从一种标准流体的已知 p-v-T 关系求取另外流体的 p-v-T 关系。

4. 对应态关系的法则

当 $P_{r1} = P_{r2}$,$\hat{T}_{sr1} = \hat{T}_{sr2}$ 时

$$\hat{Z}_{r1} = \hat{Z}_{r2} \tag{9.59}$$

5. 对应态关系的法则的证明

利用本节介绍的变换方法和对应态法则,用一种选定的标准物质,例如水或丙烷 C_3H_8,去推算另外一种物质,例如 CFC12 的 $Z = f(p, T)$,$v = f(p, T)$ 时,计算值与实验值或文献推荐值的吻合度,应当比传统的仅以临界参数为基准的对比变换法在近饱和线和近临界区的推算精度有很大提高,如表 9.6 所示。

表 9.6 以水为已知物性标准物质去计算 CFC12 的两种对比变换方法的结果比较

T_r	P_r	$v/(\text{m}^3 \cdot \text{kg}^{-1})$	$v_{cal1}/(\text{m}^3 \cdot \text{kg}^{-1})$	$v_{cal2}/(\text{m}^3 \cdot \text{kg}^{-1})$	Err1	Err2
0.7	0.4	0.107 2	0.106 8	0.105 8	0.37%	1.34%
0.8	0.1	0.047 5	0.047 5	0.047 0	0.0%	1.24%
0.8	0.19	0.022 9	0.022 5	0.002 1	1.77%	90.71%
0.9	0.3	0.016 1	0.016 1	0.015 9	−0.0%	1.54%
0.9	0.47	0.008 7	0.008 4	0.001 4	2.78%	84.31%

注:表中 cal1 和 cal2 分别表示新方法和传统方法,参考值来自文献[4]。

新方法和传统的对应态推算法相比,两种方法在气相区的偏差差别不大,但传统对比法对比到近饱和线处会产生较大偏差,对比到液态区,会产生很大偏差。

6. 基准物质的 $\hat{Z}_r = f(P_r, T_r)$ 图

基准物质可以选有尽可能完整和多的 $p\text{-}v\text{-}T$ 实验数据的物质，例如丙烷 C_3H_8 和水。由于新定义的 $\hat{Z}_r = f(P_r, \hat{T}_{sr})$ 的 $\hat{T}_{sr}$ 基准不断变化，难以图示 $\hat{Z}_r = f(P_r, \hat{T}_{sr})$ 的关系。但是，为了帮助读者直观了解 $\hat{Z}_r$ 的变化趋势，我们采用 $\hat{T}_r = T_{sr}\hat{T}_{sr}$ 进行习惯性复原变换，把 $\hat{Z}_r = f(P_r, \hat{T}_{sr})$ 关系转化为 $\hat{Z}_r = f(P_r, T_r)$，用 $\hat{Z}_r\text{-}p_r$ 直角坐标图表示。图 9.10 和图 9.11 分别为丙烷 C_3H_8 和水的 $\hat{Z}_r = f(P_r, T_r)$ 关系图。对于单种物质而言，因为 $\hat{T}_r = T_{sr}\hat{T}_{sr} = T/T_c = T_r$，因此可用 $\hat{Z}_r = f(P_r, T_r)$ 表示。

由于传统的对比变换 $p_r \equiv p/p_c$ 和 $T_r \equiv T/T_c$ 不能获得 $\hat{Z}_r = f(P_r, T_r)$ 普遍的关系式，即当 $p_{r1} = p_{r2}$，$T_{r1} = T_{r2}$ 时，$\hat{Z}_{r1} \neq \hat{Z}_{r2}$，所以不同流体的 $\hat{Z}_r = f(P_r, \hat{T}_{sr})$ 变换为 $\hat{Z}_r = f(P_r, T_r)$ 图时是各不相同的。不同流体的 $\hat{Z}_r = f(P_r, T_r)$ 放在同一张图上时，除饱和线可以重合外，其余不同流体的不同 T_r 线簇不能重合得很好，因此不能利用基准物质的 $\hat{Z}_r = f(P_r, T_r)$ 图的 (P_r, T_r) 对应点去推算其他物质的 $\hat{Z}_r$，而应当用对应态法则去计算。

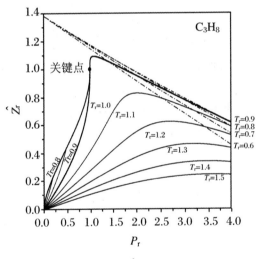 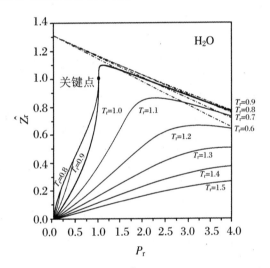

图 9.10　丙烷的 $\hat{Z}_r = f(P_r, T_r)$ 图　　　　图 9.11　水的 $\hat{Z}_r = f(P_r, T_r)$ 图

本节介绍的新变换法则的两种物质的对应温度将同时与 p_r 和 $\hat{T}_{sr}$ 有关，因此在 T_{r2} 不变时，随 p_r 的变化映射到第一种物质的对应温度 T_1 也是变化的，而传统的以临界点参数为基准的变化法则导致的是，只要 T_{r2} 不变，T_1 就不随 p_r 变化。例如，R12 在 $T_{r2} = 0.8$ 和不同 p_{r2} 时用两种法则计算的对应在第一种物质水的温度列在表 9.7 中。表中下角标 "1" 表示已知物性标准物质水，下角标 "2" 表示待求物性物质 R12。表 9.7 计算的数据表明，新的对应态变换关系完全不同于传统变换关系，虽然新方法的 $\hat{T}_r$ 和传统方法 T_r 的定义式形式相同，但是它们来源的方法是完全不同的，数值也不同。

表 9.7　两种不同对比变换方法得到的 R12 与水的若干对应温度值

T_{r2}	$p_{r1}=p_{r2}$	T_{r1}	T_1	$\hat{T}_{r1}$	$\hat{T}_1$
0.8	0.01	0.8	517.839 9	0.837 1	541.907
0.8	0.02	0.8	517.839 9	0.833 37	539.443 6
0.8	0.04	0.8	517.839 9	0.829 02	536.626
0.8	0.06	0.8	517.839 9	0.826 20	534.799 8
0.8	0.08	0.8	517.839 9	0.824 07	533.419 4
0.8	0.10	0.8	517.839 9	0.822 34	532.298 5
0.8	0.12	0.8	517.839 9	0.820 87	531.348 9
0.8	0.14	0.8	517.839 9	0.819 59	530.521 9
0.8	0.16	0.8	517.839 9	0.818 46	529.787 3
0.8	0.18	0.8	517.839 9	0.817 44	529.125 0

7. 计算方法

约定：已知标准 p-v-T 关系的物质用下角标"1"表示，标准物质有丙烷、氨、水等，未知物性而要求取物性的物质用下角标"2"表示；已知物质 2 的临界点和标准沸点的 p_{c2}、v_{c2}、T_{c2} 和 p_{b2}、T_{b2} 的条件下，求取物质 2 在压力为 p_2、温度为 T_2 时的比体积 v_2 和压缩因子 Z_2，具体步骤如下：

(1) 由 p_2，求得 p_{r2}；

(2) 据 $p_{r2}=p_{r1}$，求得 p_{r1} 和 p_1；

(3) 据 p_{r1} 用式(9.55a)～式(9.57b)求得 T_{sr1}，再据式(9.54)求得 T_{s1}，或据 p_1 由标准物质已知物性表查得 T_{s1}；

(4) 据 p_{r2} 用式(9.55a)～式(9.57b)求得 T_{sr2}，再据式(9.54)求得 T_{s2}；

(5) 据 T_{s2} 用式(9.53)求得 $\hat{T}_{sr2}$；

(6) 据 $\hat{T}_{sr2}=\hat{T}_{sr1}$ 和 T_{s1}，用式(9.53)求得 T_1；

(7) 据 T_1 和 p_1 由标准物质已知物性表查得 v_1；

(8) 据 p_1、v_1 和 T_1 算出 Z_1；

(9) 据 Z_1 用式(9.49)算出 $\hat{Z}_{r1}$，也得 $\hat{Z}_{r2}$；

(10) 据 $\hat{Z}_{r2}$ 用式(9.49)算出 Z_2；

(11) 据 Z_2 和 p_2 及 T_2 求出 v_2。

本节介绍的一般 p-v-T 对应态变换法则在过热蒸汽区和超临界区经过十几种物质的验证是有较高精度的，推算值与文献推荐值偏差为 1%～2%，满足工程需求，但在液相区的推算精度不高。液相区 p-v-T 的高精度推算法仍有待进一步研究。

参 考 文 献

[1]　Reid R C, Prausnitz J M, Sherwood T K. The Properties of Gases and Liquids[M]. 3rd ed. New

York：McGraw-Hill，1977.

［2］　左藤一雄. 飽和液体の諸物性定数の温度および密度に対する簡単な一般の関係を利用する推算法［J］. 化学工学，1954(18)：266-270.

［3］　Japanese Association of Refrigeration. JAR Handbook［M］. 5th ed. 日本：廣济堂，1993.

［4］　日本机械学会. JSME Data Book Thermophysical Properties of Fluids［M］. 东京：明善印刷株式会社，1983.

［5］　刘桂玉，刘志刚，阴建民，等. 工程热力学［M］. 北京：高等教育出版社，1998.

［6］　Chen Z S. A universal dimensionless enthalpy equation of saturated liquids of refrigerants［C］// Proceedings of 5th ATPC. Oct. 30-Sep. 4，1998. Kore：Seoul National University Press，1998：345-348.

［7］　Chen Z S，Ito T. A universal formula for calculating enthalpies of saturated gases of refrigerant ［C］//Proceedings of　5th　ATPC. Oct. 30-Sep. 4，1998. Kore：Seoul National University Press，1998：431-433.

［8］　Chen Z S，Ito T. A new equation for estimating and correlating vapor pressures of liquids［C］// Proceedings of　5th　ATPC. Oct. 30-Sep. 4，1998. Kore：Seoul National University Press，1998：519-522.

［9］　Chen Z S，Ito T. A common equation of Pressure-Volume- Temperature（TVP）of pure gases at saturation［C］//Proceedings of 5th ATPC. Oct. 30-Sep. 4，1998. Kore：Seoul National University Press，1998：321-323.

［10］　陈则韶，程文龙，胡芃. 热力参数的对比变换与流体工质热力性质的通用对比方程［J］. 工程热物理学报，2000，22(1)：19-21.

［11］　陈则韶，胡芃，程文龙. 饱和蒸汽密度、焓和蒸发潜热的通用对应态推算式［J］. 工程热物理学报，2003，24(2)：198-201.

［12］　陈则韶，程文龙，胡芃. 饱和液体密度的推算法和通用算式［J］. 工程热物理学报，2001，22(增刊)：9-12.

［13］　Chen Z S，Hu P，Chen J X，et al.，Corresponding States Relationships of PVT Properties of Working Fluids［J］. International Journal of Thermophysics，2006，27 (1)：79-84.

［14］　胡芃. 制冷工质 p-v-T 性质的实验和理论研究［D］. 合肥：中国科学技术大学，2002.

［15］　曾丹苓，敖越，朱克雄，等. 工程热力学［M］. 2 版. 北京：高等教育出版社，1986.

［16］　苏长荪，潭连城，刘桂玉. 高等工程热力学［M］. 北京：高等教育出版社，1987.

［17］　Obert E F. Concepts of Thermodynamics ［M］. New York：McGraw-Hill Book Company Press，1977.

第 3 篇　多组分系统的热力学基础

前两篇讨论了单组分简单可压缩系统的热力学关系、状态方程和热力性质,本篇将讨论无化学反应的可变成分的多组分简单系统。

多组分系统是由两种或两种以上的组分组成的系统,其中包括气体混合物、液态溶体和固体混合物。多组分混合物的热力函数如何描述,各热力函数之间的关系如何,它与纯组分的热力函数又有何关系,这些特性是本篇讨论的重点。

第 10 章　多组分单相混合物系统

10.1　多组分系统热力函数的基本方程与化学势

1. 多组分系统热力函数的基本方程

在多组分系统的热力学状态中,除简单系统中的两个独立参数外,还需要表示系统内各组分多少或浓度的变量,这些变量也是独立参数。表示各组分数量多少最方便的方法是采用摩尔数 $n_1, n_2, \cdots$。因此,根据相律式(1.8)在一个含有 γ 组分的均相系中,系统的状态应由 $\gamma + 2$ 个独立参数确定。例如,对热力学能 U,有

$$U = U(S, V, n_1, n_2, \cdots, n_\gamma) \tag{10.1}$$

其全微分是

$$dU = \left(\frac{\partial U}{\partial S}\right)_{V,n} dS + \left(\frac{\partial U}{\partial V}\right)_{S,n} dV + \sum_{i=1}^{\gamma} \left(\frac{\partial U}{\partial n_i}\right)_{V,S,n_{j(j \neq i)}} dn_i \tag{10.2}$$

式中,下角标"n"表示所有组分的摩尔数都保持不变;下角标"$n_{j(j \neq i)}$"表示除组分 i 以外,其他所有组分的摩尔数保持不变。当整个系统的成分固定时,根据式(5.23)和式(5.24)有下述关系:

$$\left(\frac{\partial U}{\partial S}\right)_{V,n} = T, \quad \left(\frac{\partial U}{\partial V}\right)_{S,n} = -p$$

而式(10.2)右边第三项的热力学能对组分 n_i 的偏导数则可以用一个新定义的化学势函数 μ_i 来表示,即

$$\mu_i = \left(\frac{\partial U}{\partial n_i}\right)_{S,V,n_{j(j\neq i)}} \tag{10.3}$$

将以上三式的 T、p 和 μ_i 关系代入式(10.2),则热力学能 U 的全微分变成

$$dU = TdS - PdV + \sum_i^{\gamma} \mu_i dn_i \tag{10.4}$$

由这方程及 $H = U + pV, F = U - TS, G = F + pV$ 的定义式,可得

$$dH = Vdp + TdS + \sum_i^{\gamma} \mu_i dn_i \tag{10.5}$$

$$dF = -pdV - SdT + \sum_i^{\gamma} \mu_i dn_i \tag{10.6}$$

$$dG = -SdT + Vdp + \sum_i^{\gamma} \mu_i dn_i \tag{10.7}$$

式(10.4)~式(10.7)是多组分单相简单可压缩系统的热力学基本微分方程,又称吉布斯方程。当然,这些方程也都建立在相邻平衡状态的基础上。由于这些方程式中表达了各组分成分变化的影响,所以它不仅适用于单相的封闭系统,也适用于单相开口系统。因为是状态参数的微分关系,故对所经历的过程可逆与否没有限制。

同理,对其他三个特征函数 H、F、G,也可以写出

$$H = H(S, p, n_1, n_2, \cdots, n_\gamma) \tag{10.8}$$

$$F = F(T, V, n_1, n_2, \cdots, n_\gamma) \tag{10.9}$$

$$G = G(T, p, n_1, n_2, \cdots, n_\gamma) \tag{10.10}$$

对上面三式做全微分,也可得

$$\begin{aligned}
dH &= \left(\frac{\partial H}{\partial S}\right)_{p,n} dS + \left(\frac{\partial H}{\partial p}\right)_{S,n} dp + \sum_{i=1}^{\gamma} \left(\frac{\partial H}{\partial n_i}\right)_{p,S,n_{j(j\neq i)}} dn_i \\
&= Vdp + TdS + \sum_{i=1}^{\gamma} \left(\frac{\partial H}{\partial n_i}\right)_{p,S,n_{j(j\neq i)}} dn_i
\end{aligned} \tag{10.11}$$

$$\begin{aligned}
dF &= \left(\frac{\partial F}{\partial T}\right)_{V,n} dT + \left(\frac{\partial F}{\partial p}\right)_{T,n} dV + \sum_{i=1}^{\gamma} \left(\frac{\partial F}{\partial n_i}\right)_{V,T,n_{j(j\neq i)}} dn_i \\
&= -pdV - SdT + \sum_{i=1}^{\gamma} \left(\frac{\partial F}{\partial n_i}\right)_{V,T,n_{j(j\neq i)}} dn_i
\end{aligned} \tag{10.12}$$

$$\begin{aligned}
dG &= \left(\frac{\partial G}{\partial T}\right)_{p,n} dT + \left(\frac{\partial G}{\partial p}\right)_{T,n} dp + \sum_{i=1}^{\gamma} \left(\frac{\partial G}{\partial n_i}\right)_{T,p,n_{j(j\neq i)}} dn_i \\
&= -SdT + Vdp + \sum_{i=1}^{\gamma} \left(\frac{\partial G}{\partial n_i}\right)_{T,p,n_{j(j\neq i)}} dn_i
\end{aligned} \tag{10.13}$$

把式(10.11)~式(10.13)逐一与式(10.5)~式(10.7)相比较,可以得到如下十分有趣的结果:

$$\mu_i = \left(\frac{\partial U}{\partial n_i}\right)_{S,V,n_{j(j\neq i)}} \tag{10.14a}$$

$$\mu_i = \left(\frac{\partial H}{\partial n_i}\right)_{p,S,n_{j(j\neq i)}} \tag{10.14b}$$

$$\mu_i = \left(\frac{\partial F}{\partial n_i}\right)_{T,V,n_{j(j\neq i)}} \tag{10.14c}$$

$$\mu_i = \left(\frac{\partial G}{\partial n_i}\right)_{p,T,n_{j(j\neq i)}} \tag{10.14d}$$

式(10.14a)~式(10.14d)四式都是化学势的定义式,这表明化学势有多种不同的表达形式,它们的共同点都是热力学能函数对组分 i 的偏导数。不同定义式的化学势的区别点在于系统的独立变量是不同的,这体现在偏导数表达式的下角标上。

现以 $\mu_i = (\partial U/\partial n_i)_{S,V,n_{j(j\neq i)}}$ 为例进一步说明化学势的意义。偏导数 $(\partial U/\partial n_i)_{S,V,n_{j(j\neq i)}}$ 是在 U 函数的自然独立变量 S 和 V 以及除 i 组分外其他各种组分的量保持恒定不变的系统中 U 随 n_i 的变化率,即增加1 mol 第 i 种物质时所对应的热力学能 U 的变化量。类似地,用其他三个特征函数 H、F、G 表示的化学势也具有同样的意义,这是化学势的广义说法。由于化学势与系统的总量无关,因而它是一个强度量。与力势 p 和热势 T 相类似,化学势是系统进行化学变化和相变化的推动力,它对研究化学平衡和相平衡来说是一个很重要的参数。

至此,可以清楚了解式(10.4)~式(10.7)中使用的化学势的具体定义。在关系式(10.4)~式(10.7)四式中,前两个用得比较少,最后一个用得最多。因为无论在实际生产中或在实验室里,所进行的各种物理的或化学的过程常常是在等温等压下进行的,所以常用 ΔG 判断过程的方向。以后讲化学势,如果没有特别注明,一般是对 $\mu_i = (\partial G/\partial n_i)_{p,T,n_{j(j\neq i)}}$ 而言的。

2. 多组分系统热力学能函数的表达式

为了更方便地研究多组分系统的热力学函数关系,仅靠二元函数的全微分和偏微分的数学基础是不够的,需要利用齐次函数的欧拉(Euler)定理。

齐次函数的欧拉定理在热力学中用处很大,以下作一些介绍。

对于多元函数 $f(x_1,x_2,\cdots,x_\gamma)$,当使每个独立变量都增大 λ 倍时,满足下述关系式:

$$f(\lambda x_1,\lambda x_2,\cdots,\lambda x_\gamma) = \lambda^m f(x_1,x_2,\cdots,x_\gamma) \tag{10.15}$$

则称函数 $f(x_1,x_2,\cdots,x_\gamma)$ 为 x 的 m 阶齐次函数。对于该函数只要它可微,就有如下关系式成立(欧拉定理):

$$x_1\frac{\partial f}{\partial x_1} + x_2\frac{\partial f}{\partial x_2} + \cdots + x_\gamma\frac{\partial f}{\partial x_\gamma} = mf$$

即

$$\sum_{i=1}^{\gamma} x_i\left(\frac{\partial f}{\partial x_i}\right) = mf \tag{10.16a}$$

根据欧拉定理,可以推导出它的一个推论:若 $f(x_1,x_2,\cdots,x_\gamma)$ 为 x 的 m 阶齐次函数,则 $\frac{\partial f}{\partial x_1},\frac{\partial f}{\partial x_2},\cdots,\frac{\partial f}{\partial x_\gamma}$ 均是 $m-1$ 阶函数。当 $m=1$ 时,则式(10.16a)为

$$\sum_{i=1}^{\gamma} x_i\left(\frac{\partial f}{\partial x_i}\right) = f \tag{10.16b}$$

例如,热力学的广延函数体积 V 在 T、p 不变的系统中与各组成的摩尔数成正比,即

$$V = f(n_1,n_2,\cdots,n_\gamma)$$

当每种成分都增加 λ 倍时,系统的成分不变,实验证明系统的总容积比原来增加 λ 倍,即

$$f(\lambda n_1,\lambda n_2,\cdots,\lambda n_\gamma) = \lambda f(n_1,n_2,\cdots,n_\gamma)$$

如果用数学语言表达上式,则称体积 V 这个广延函数体积是组成 n_i 的一阶齐次函数。实际上溶体混合物的其他广延参数,如 U、H、G、S 等都像体积 V 一样,有上式所示的性质,即广延参数在 T、p 不变的系统中是各组成的一阶齐次函数。

因为 U 是广延参数且是一阶齐次函数,当函数 U 的变量为 S、V、n_i 时,根据齐次函数欧拉定理式(10.16b),U 的原函数等于它的各个组成(即独立变量)的偏导数与该组成的乘积的总和,即如下式:

$$U = \left(\frac{\partial U}{\partial S}\right)_{V,n} S + \left(\frac{\partial U}{\partial V}\right)_{S,n} V + \sum_{i=1}^{\gamma} \left(\frac{\partial U}{\partial n_i}\right)_{V,S,n_{j(j\neq i)}} n_i \tag{10.17a}$$

利用式(5.23)和式(5.24)及 μ_i 的定义式,又可把式(10.17a)表示为

$$U = TS - Vp + \sum_i^{\gamma} \mu_i n_i \tag{10.17b}$$

利用 H、F 与 U 的定义关系,即 $H = U + pV$,$F = U - TS$,$G = H - TS$,可得

$$H = TS + \sum_i^{\gamma} \mu_i n_i \tag{10.18}$$

$$F = -pV + \sum_i^{\gamma} \mu_i n_i \tag{10.19}$$

$$G = \sum_i^{\gamma} \mu_i n_i \tag{10.20a}$$

式(10.17)～式(10.20a)称为多组分系统热力学能函数的表达式,也称为吉布斯方程的积分式。

式(10.20a)表明,系统的总自由焓 G 等于组成这个系统的各组分的化学势和各该组分的摩尔数的乘积的总和。在单组分系统中,式(10.20a)简化为

$$G = \mu n \tag{10.20b}$$

由此可知,在纯种物质或单组分系统中,化学势 $\mu = G/n$ 就是 1 mol 物质的自由焓。

10.2　混合物的广延性质与偏摩尔参数

1. 混合物的广延参数不具有可加性

我们知道,不论在什么体系中,质量总是具有可加性的,体系的质量等于构成体系的各部分的质量总和。系统的广延参数除质量外,其他广延参数如 V、U、H、S、F、G 等都是质量 m 的函数,一般都不具有可加性,除非在单一物质或理想溶液中。例如,在恒温、恒压下,18 mL 的水与 100 mL 的水相混合的总体积等于118 mL,而乙醇-水溶液 293.15 K 时 1 g 纯乙醇的体积为 1.267 mL,1 g 纯水的体积是 1.004 mL,将二者混合成 100% 的溶液可得到表 10.1 中所列的结果,它不具有线性相加性。这是由于纯水相混时,进行混合的组分相同,分子力的相互作用情况不因混合而改变;而在多组分系统中,由于混合物形成前后系统的组分发生了变化,分子力的相互作用情况也发生了变化。又如,由 1、2 两种物质所形成的混合溶液的容积 V 和焓 H 都不具有相加性,即

$$V(溶液) \neq n_1 V_{m,1}^0 + n_2 V_{m,2}^0$$

$$H(\text{溶液}) \neq n_1 H_{\mathrm{m},1}^0 + n_2 H_{\mathrm{m},2}^0$$

式中,上角标"0"代表纯组分的摩尔量性质。

表 10.1　溶液混合结果

乙醇的质量 分数	乙醇的体积 V/mL	水的体积 V/mL	溶液的体积 (相加值)V'/mL	溶液的体积 (实验值)V'/mL	$-\Delta V$ $/\mathrm{mL}$
10%	12.67	90.36	103.03	101.84	1.19
20%	25.34	80.32	105.66	103.24	2.42
30%	38.01	70.28	108.29	104.84	3.45
40%	50.68	60.24	110.92	106.93	3.99
50%	63.35	50.20	113.55	109.43	4.12
60%	76.02	40.16	116.18	112.22	3.96
70%	88.69	30.12	118.82	115.25	3.56
80%	101.36	20.08	124.44	118.56	2.88
90%	114.03	10.04	124.07	122.25	1.82

由表 10.1 可见,两种物质组成溶液后的总体积与它们分别单独存在时的体积之和不同,而且还随浓度而变化。不但体积如此,其他广延参数也都是如此。不但液相是这样的,气相和固相也是这样的。因此,每一种组分在混合物中的热力学性质已不能用这一纯组分的热力学参数来描述。刘易斯(G. N. Lewis)提出用偏摩尔参数的概念来研究多组分体系溶体理论。刘易斯选择 T、p 和各组分摩尔数 $n_1,n_2,\cdots,n_\gamma$ 为变量来表示多组分系统的热力函数,因为这样选择的系统在等温等压过程、某组分改变时系统相应的热力性质改变都只是由组分改变所引起的,它使问题简单明了化。

2. 偏摩尔参数的定义

在单一组分系统中,我们已熟悉的温度 T 和压力 p 是一种广延参数的偏导数的参数,例如,$T = (\partial U/\partial S)_V = (\partial H/\partial S)_p$。在讨论多组分混合物系统的微分关系时,在恒温恒压的特定条件下广延参数的偏导数产生的参数被定义为偏摩尔参数。

设 Y 是多组分混合物系统的任一广延参数,Y 可以是 V、U、H、S、F、G 等。显然,Y 是 T、p 和各组分摩尔数 $n_1,n_2,\cdots,n_\gamma$ 的函数,即

$$Y = Y(T,p,n_1,n_2,\cdots,n_\gamma)$$

上式的全微分式为

$$\mathrm{d}Y = \left(\frac{\partial Y}{\partial T}\right)_{p,n} \mathrm{d}T + \left(\frac{\partial Y}{\partial p}\right)_{T,n} \mathrm{d}p + \sum_{i=1}^{\gamma} \left(\frac{\partial Y}{\partial n_i}\right)_{T,p,n_{j(j \neq i)}} \mathrm{d}n_i \tag{10.21}$$

现定义

$$\overline{Y}_i = \left(\frac{\partial Y}{\partial n_i}\right)_{T,p,n_{j(j \neq i)}} \tag{10.22}$$

为组分 i 的偏摩尔参数,$\overline{Y}_i$ 上的"—"表示偏摩尔参数。将 $\overline{Y}_i$ 代入式(10.21),得

$$\mathrm{d}Y = \left(\frac{\partial Y}{\partial T}\right)_{p,n} \mathrm{d}T + \left(\frac{\partial Y}{\partial p}\right)_{T,n} \mathrm{d}p + \sum_{i=1}^{\gamma} \overline{Y}_i \mathrm{d}n_i \tag{10.23a}$$

恒温恒压时将为

$$\mathrm{d}Y = \sum_{i=1}^{\gamma} \overline{Y}_i \mathrm{d}n_i \tag{10.23b}$$

比较式(10.14d),即当 Y 为 G 时,$\overline{Y}_i$ 与 μ_i 的定义相同。因此,偏摩尔参数也是一个强度参数。

为了正确理解偏摩尔参数,请注意以下几点:

(1) 偏摩尔参数 $\overline{Y}_i$ 是在恒温恒压和其他组分固定的体系中,加入 $\mathrm{d}n_i$ mol 组分后所引起的系统广延参数 Y 的变化率,称为组分 i 的偏摩尔 Y。因此,偏摩尔参数 $\overline{Y}_i$ 是与系统总量无关的混合物的强度量。

(2) 偏摩尔参数 $\overline{Y}_i$ 是混合物的性质,而不能简单地看成是组分 i 的性质;因为 $\overline{Y}_i$ 通常除了随 T、p 改变外,还随混合物的成分而变,所以可把它看成是 1 mol 组分 i 对一定成分的混合物系统的广延参数 Y 的贡献。由于混合物中各种分子之间的相互作用力很复杂,偏摩尔参数可能是正值,也可能是负值。在这一点上与单一物质的摩尔参数 Y_m 是不同的,因为 $Y_m = Y/n$ 不可能是负值。

(3) 偏摩尔参数不可以与化学势混淆,因为乍看起来它们都是广延参数对摩尔数的偏导数,但必须分清偏摩尔参数的限制条件是恒温恒压,化学势却不受这种限制,如

$$\left(\frac{\partial U}{\partial n_i}\right)_{T,p,n_{j(j\neq i)}} = \overline{U}_i \neq \mu_i = \left(\frac{\partial U}{\partial n_i}\right)_{S,V,n_{j(j\neq i)}}$$

$$\left(\frac{\partial H}{\partial n_i}\right)_{T,p,n_{j(j\neq i)}} = \overline{H}_i \neq \mu_i = \left(\frac{\partial H}{\partial n_i}\right)_{S,p,n_{j(j\neq i)}}$$

$$\left(\frac{\partial F}{\partial n_i}\right)_{T,p,n_{j(j\neq i)}} = \overline{F}_i \neq \mu_i = \left(\frac{\partial F}{\partial n_i}\right)_{T,V,n_{j(j\neq i)}}$$

$$\left(\frac{\partial G}{\partial n_i}\right)_{T,p,n_{j(j\neq i)}} = \overline{G}_i = \mu_i = \left(\frac{\partial G}{\partial n_i}\right)_{T,p,n_{j(j\neq i)}}$$

在以上四式中只有最后一个式子表明,在一个多组分系统中,某一组分的偏摩尔自由焓就等于这个组分的化学势,因为它的限制条件都是 T、p 保持不变。

10.3　偏摩尔参数的可加定理

由 $Y = Y(T, p, n_1, n_2, \cdots, n_\gamma)$ 可知,广延参数 Y 是 n_i 的一阶齐次函数。注意到 T、p 是强度量,根据齐次函数的欧拉定理,有

$$Y = \sum_{i=1}^{\gamma} \left(\frac{\partial Y}{\partial n_i}\right)_{T,p,n_{j(j\neq i)}} \cdot n_i = \sum_{i=1}^{\gamma} \overline{Y}_i n_i \tag{10.24}$$

式(10.24)是关于溶体性质的一个重要关系式,它说明在等温等压下溶体(多组分单相混合物)中的任一广延参数 Y 等于各组分的偏摩尔参数 $\overline{Y}_i$ 与其摩尔数乘积的总和。这个关系式称为偏摩尔参数的可加定理,反映了从热力性质实验中所得到的特性。利用关系式(10.24)可以计算溶体的广延性质。但是应当注意,某组分的偏摩尔性质不等于某组分的纯组分性质,它还与混合物性质有关。但引入偏摩尔参数,其主要作用是使得我们在简单压缩系

统中导出的许多热力学关系在形式上都能用于多组分系统,这将在下一节中作进一步说明。

参照式(10.24),可以对系统的各广延参数写出对应的可加关系式:

$$V = \sum_{i=1}^{\gamma} \bar{V}_i n_i \tag{10.25a}$$

$$U = \sum_{i=1}^{\gamma} \bar{U}_i n_i \tag{10.25b}$$

$$G = \sum_{i=1}^{\gamma} \bar{G}_i n_i = \sum_{i=1}^{\gamma} \mu_i n_i \tag{10.25c}$$

$$S = \sum_{i=1}^{\gamma} \bar{S}_i n_i \tag{10.25d}$$

$$H = \sum_{i=1}^{\gamma} \bar{H}_i n_i \tag{10.25e}$$

$$F = \sum_{i=1}^{\gamma} \bar{F}_i n_i \tag{10.25f}$$

由式(10.25c)又一次看到,对于单一组分有 $\mu = G/n = G_m$,即单一组分的化学势就是这个组分的摩尔自由焓。

例 10.1 摩尔分数 50% n-丙醇、25% n-戊醇和 25% n-庚烷的三元混合物分两步配制。在第一个容器中,把等量的 n-戊醇和 n-庚烷先行混合,然后将此混合物加到盛有等量的 n-丙醇的第二个容器中。每个容器内都装有加热盘管和搅拌器,加入过程很慢,可以认为是温度为 294 K 的等温过程。问:每个容器的热负荷是多少? 已知数据如表 10.2 所列。

表 10.2 例 10.1 数据

摩 尔 分 数		偏 摩 尔 焓/(J·mol⁻¹)		
n-庚烷	n-丙醇	n-庚烷	n-丙醇	n-戊醇
0.00	0.00	—	—	0.0
0.00	0.25	—	67.1	6.5
0.80	0.50	—	46.6	16.0
0.00	0.75	—	18.2	54.9
0.00	1.00	—	0.0	—
0.25	0.00	1 153.4	—	47.5
0.25	0.25	1 155.5	167.4	53.5
0.25	0.50	1 165.5	136.2	74.5
0.25	0.75	1 200.8	106.4	—
0.50	0.00	864.8	—	237.1
0.50	0.25	884.1	335.7	229.2
0.50	0.50	919.2	280.7	—
0.75	0.00	361.3	—	1 155.8
0.75	0.25	425.6	1 203.1	—
1.00	0.00	0.0	—	—

解 先把第一个容器内的物料作为系统,并以 1 mol 产物体基准,则在等压下混合前后热量变化等于系统焓变化,即

$$\delta Q = \mathrm{d}H - H\mathrm{d}n$$

$$Q = (H_n - H_i) - (H_5 n_5 + H_7 n_7)$$

式中,H_i 为容器内的物料系统的初始焓值;H_n 为混合物焓值。下角标"5"和"7"分别表示 n-戊醇和 n-庚烷。因为开始时容器是空的,所以初始的焓 H_i 为零。由式(10.24),容器内的物料系统最终焓为

$$H_n = \bar{H}_5 n_5 + \bar{H}_7 n_7$$

因为 $n_5 = n_7 = 0.5$ mol,而把纯一组分的基准焓取为零(即 $H_5 = H_7 = 0$),所以查表10.2 中的数据,可得

$$- Q = 0.5 \text{ mol} \times 864.8 \text{ J/mol} + 0.5 \text{ mol} \times 237.1 \text{ J/mol} = 551 \text{ J}$$

对于第二个容器,同理可得

$$H_i = 0$$

$$H_n = \bar{H}_3 n_3 + \bar{H}_5 n_5 + \bar{H}_7 n_7$$

式中,下角标"3"代表 n-丙醇。

$$H = - 551 \text{ J/mol}, \quad n = 0.5 \text{ mol}$$

所以

$$- Q = 0.5 \text{ mol} \times 136.2 \text{ J/mol} + 0.25 \text{ mol} \times 74.5 \text{ J/mol}$$
$$+ 0.25 \text{ mol} \times 1165.5 \text{ J/mol} - 0.5 \text{ mol} \times 551 \text{ J/mol} = 102.6 \text{ J}$$

即两个容器中的热负荷分别为 551 J 和 102.6 J。

10.4　用偏摩尔参数表示的热力学关系式

对于多组分系统,独立变量的数目虽然由单组分时的两个增加至 $\gamma + 2$ 个,但许多参数之间的热力学关系式却具有相似的形式,只需把单组分系统各关系式中的广延参数变成相应的偏摩尔参数,就成了多组分系统各个偏摩尔参数间的关系式。也就是说,多组分系统中各个偏摩尔参数间的关系式与单组分中对应的各摩尔参数之间的关系相同。

(1) 在单组分系中有

$$\left(\frac{\partial G}{\partial T}\right)_p = - S$$

在多组分系中有

$$\left(\frac{\partial \bar{G}_i}{\partial T}\right)_{p,n} = \left(\frac{\partial \mu_i}{\partial T}\right)_{p,n} = \left[\frac{\partial}{\partial T}\left(\frac{\partial G}{\partial n_i}\right)_{T,p,n_{j(j \neq i)}}\right]_{p,n}$$

$$= \left[\frac{\partial}{\partial n_i}\left(\frac{\partial G}{\partial T}\right)_{p,n}\right]_{T,p,n_{j(j \neq i)}} = \left[\frac{\partial(-S)}{\partial n_i}\right]_{T,p,n_{j(j \neq i)}}$$

$$= - \bar{S}_i \tag{10.26}$$

式(10.26)也是溶体中某组分 i 的化学势 μ_i 对温度的关系,$\bar{S}_i$ 是组分 i 的偏摩尔熵。

(2) 在单组分系中,有

$$\left(\frac{\partial G}{\partial p}\right)_T = V$$

在多组分系中,有

$$\left(\frac{\partial \bar{G}_i}{\partial p}\right)_{T,n} = \left(\frac{\partial \mu_i}{\partial p}\right)_{T,n} = \left[\frac{\partial}{\partial p}\left(\frac{\partial G}{\partial n_i}\right)_{T,p,n_{j(j \neq i)}}\right]_{T,n}$$

$$= \left[\frac{\partial}{\partial n_i}\left(\frac{\partial G}{\partial p}\right)_{T,n}\right]_{T,p,n_{j(j \neq i)}} = \left(\frac{\partial V}{\partial n}\right)_{T,p,n_{j(j \neq i)}}$$

$$= \bar{V}_i \tag{10.27}$$

式(10.27)也是溶体中某组分 i 的化学势 μ_i 对压力的关系,为 $\bar{V}_i$,是组分 i 的偏摩尔体积。

(3) 在单组分系中,有

$$H = U + pV$$

在多组分系中,有

$$\bar{H}_i = \left(\frac{\partial H}{\partial n_i}\right)_{T,p,n_{j(j \neq i)}} = \left(\frac{\partial U}{\partial n_i}\right)_{T,p,n_{j(j \neq i)}} + p\left(\frac{\partial V}{\partial n_i}\right)_{T,p,n_{j(j \neq i)}}$$

$$= \bar{U}_i + p\bar{V}_i \tag{10.28}$$

(4) 在单组分系中,有

$$F = U - TS$$

在多组分系中,有

$$\bar{F}_i = \bar{U}_i - T\bar{S}_i \tag{10.29}$$

(5) 在单组分系中,有

$$G = H - TS$$

在多组分系中,有

$$\bar{G}_i = \bar{H}_i - T\bar{S}_i \tag{10.30}$$

(6) 在单组分系中,有基本微分关系

$$dG = -SdT + Vdp$$

在多组分系中,有

$$dG = -SdT + Vdp + \sum_{i=1}^{\gamma} \bar{G}_i dn_i$$

$$d\bar{G}_i = -\bar{S}_i dT + \bar{V}_i dp \tag{10.31}$$

(7) 在单组分系中,有

$$\left(\frac{\partial(G/T)}{\partial T}\right)_p = -\frac{H}{T^2}$$

在多组分系中,有

$$\left(\frac{\partial(\mu_i/T)}{\partial T}\right)_p = -\frac{\bar{H}_i}{T^2} \tag{10.32}$$

(8) 在单组分系中,有

$$C_p = \left(\frac{\partial H}{\partial T}\right)_p$$

在多组分系中,有

$$\overline{C}_{p,i} = \left(\frac{\partial C_{p,i}}{\partial n_i}\right)_{T,p,n_{j(j\neq i)}} = \left[\frac{\partial}{\partial n_i}\left(\frac{\partial H}{\partial T}\right)_{p,n}\right]_{T,p,n_{j(j\neq i)}}$$

$$= \left[\frac{\partial}{\partial T}\left(\frac{\partial H}{\partial n_i}\right)_{T,p,n_{j(j\neq i)}}\right]_{p,n} = \left(\frac{\partial \overline{H}_i}{\partial T}\right)_{p,n} \tag{10.33}$$

由上述各式的推导中看到,推导时是首先写出偏摩尔参数的定义式,然后根据二阶偏导数的顺序调换而结果不变的原则,调换一下偏导数的变量次序即可获得上述结果。

10.5　偏摩尔参数的性质与吉布斯-杜亥姆方程

在一个有 γ 种组分的系统中,任意广延参数 Y 应该有 γ 种偏摩尔参数 $\overline{Y}_i$。下面将看到,这 γ 种 $\overline{Y}_i$ 不是彼此独立的,它们之间由吉布斯-杜亥姆(Gibbs-Duhem)方程相互关联着。

由微分式(10.24),可得

$$\mathrm{d}Y = \sum_{i=1}^{\gamma} n_i \mathrm{d}\overline{Y}_i + \sum_{i=1}^{\gamma} \overline{Y}_i \mathrm{d}n_i \tag{10.34}$$

将上式代入式(10.21)和式(10.22),得

$$\sum_{i=1}^{\gamma} n_i \mathrm{d}\overline{Y}_i = \left(\frac{\partial Y}{\partial T}\right)_{p,n} \mathrm{d}T + \left(\frac{\partial Y}{\partial p}\right)_{T,n} \mathrm{d}p \tag{10.35a}$$

式(10.35a)即是非常著名而重要的吉布斯-杜亥姆方程。它表明,γ 种偏摩尔参数 $\overline{Y}_i$ 之间可以由式(10.35a)的微分方程联系起来。应用这个方程,原则上任一种 $\overline{Y}_i$ 的值都可以由其余 $\gamma-1$ 种偏摩尔参数 $\overline{Y}_{j(j\neq i)}$ 表示出来。在恒温恒压时,式(10.35a)将成为

$$\sum_{i=1}^{\gamma} n_i \mathrm{d}\overline{Y}_i = 0_i \tag{10.35b}$$

将式(10.35a)的两边除以总的摩尔数 $n = \sum n_i$,则可以得到以摩尔分数 x_i 为独立变量的吉布斯-杜亥姆方程:

$$\sum_{i=1}^{\gamma} x_i \mathrm{d}\overline{Y}_i = \left(\frac{\partial Y_m}{\partial T}\right)_{p,n} \mathrm{d}T + \left(\frac{\partial Y_m}{\partial p}\right)_{T,n} \mathrm{d}p \tag{10.36a}$$

式中,$Y_m = Y/n$ 为摩尔广延量。恒温恒压时,式(10.36a)变成

$$\sum_{i=1}^{\gamma} x_i \mathrm{d}\overline{Y}_i = 0 \tag{10.36b}$$

以 x_i 作为独立变量的优点是:因为 $\sum x_i = 1$,所以在 γ 个 x_i 中,只有 $\gamma-1$ 个是独立的,使独立变量减少了一个。例如,μ_i 的全微分为

$$\mathrm{d}\mu_i = \left(\frac{\partial \mu_i}{\partial T}\right)_{p,x_i} \mathrm{d}T + \left(\frac{\partial \mu_i}{\partial p}\right)_{T,x_i} \mathrm{d}p + \sum \left(\frac{\partial \mu_i}{\partial x_i}\right)_{T,p,x_{j(j\neq i)}} \mathrm{d}x_i \tag{10.37}$$

在测定二组分系统的偏摩尔参数时,以 x 为独立变量有特别方便之处。

吉布斯-杜亥姆方程表达了 γ 种偏摩尔参数间必须满足的相互依赖关系。这种关系有很重要的实际应用。前已说明,所有广延参数都有摩尔参数。它们都是温度、压力和成分的

函数。因此,吉布斯-杜亥姆方程就成为研究系统的温度、压力和各成分间相互依赖关系的基础。这种研究有两方面的意义:第一,当通过实验取得完整的 T、p 及液相摩尔分数 x 和气相摩尔分数 y 等数据时,可以根据这些数据是否满足吉布斯-杜亥姆方程来判断它的热力学一致性,也就是判断实验数据是否正确;第二,有可能只测定部分参数值,而利用吉布斯-杜亥姆方程推算出其他参数值。这样做,一方面可以从易测量求出难测量,另一方面可以减少实验工作量。

10.6 偏摩尔参数的求法

偏摩尔参数的求法有实验测定法、作图法和计算法等几种。

在保持恒温恒压的条件下,把少量组分 i 的物质加入到混合物中去,能很方便地直接测出广延参数 Y 的变化。此时根据偏摩尔参数的定义式,可直接求得 $\overline{Y}_i$,即

$$\overline{Y}_i = \left(\frac{\partial Y}{\partial n_i}\right)_{T,p,n_{j(j=1)}} = \lim_{\Delta n_i \to 0}\left(\frac{\Delta Y}{\Delta n_i}\right)_{T,p,n_{j(j\neq i)}} \tag{10.38}$$

对于最常遇到的双组分体系来说,作图法也是很方便的,现简单介绍如下。根据偏摩尔参数的可加定理,有

$$Y = \sum \overline{Y}_i n_i \tag{10.39}$$

对于双组分系统,则可写成

$$Y = \overline{Y}_1 n_1 + \overline{Y}_2 n_2 \tag{10.40}$$

以系统的总摩尔数去除上式,可得系统以 1 mol 计算时的关系式

$$Y_{\mathrm{m}} = x_1 \overline{Y}_1 + x_2 \overline{Y}_2 \tag{10.41}$$

由于上式中有两个待定的偏摩尔参数,故还需要另一个方程。这时,可对式(10.41)的任一组分的摩尔分数,例如对 x_1 求导数,得到

$$\frac{\mathrm{d}Y_{\mathrm{m}}}{\mathrm{d}x_1} = \overline{Y}_1 + \frac{\mathrm{d}x_2}{\mathrm{d}x_1}\overline{Y}_2 + x_1\frac{\mathrm{d}\overline{Y}_1}{\mathrm{d}x_1} + x_2\frac{\mathrm{d}\overline{Y}_2}{\mathrm{d}x_1} \tag{10.42}$$

由于

$$x_2 = 1 - x_1, \quad \frac{\mathrm{d}x_2}{\mathrm{d}x_1} = -1$$

又根据吉布斯-杜亥姆方程式(10.35b),可知

$$x_1\mathrm{d}\overline{Y}_1 + x_2\mathrm{d}\overline{Y}_2 = 0 \tag{10.43}$$

因而,式(10.42)中等号右边的最后两项可以消去,得

$$\frac{\mathrm{d}Y_{\mathrm{m}}}{\mathrm{d}x_1} = \overline{Y}_1 - \overline{Y}_2 \tag{10.44}$$

于是,由式(10.41)和式(10.44),可求得以 x_1 为独立变量的 $\overline{Y}_1$ 和 $\overline{Y}_2$ 为

$$\overline{Y}_1 = Y_{\mathrm{m}} + (1 - x_1)\frac{\mathrm{d}Y_{\mathrm{m}}}{\mathrm{d}x_1} \tag{10.45}$$

$$\overline{Y}_2 = Y_m - x_1 \frac{\mathrm{d}Y_m}{\mathrm{d}x_1} \tag{10.46}$$

如果温度和压力保持不变的条件写入方程,也可把上式写成

$$\overline{Y}_1 = Y_m + (1 - x_1)\left(\frac{\mathrm{d}Y_m}{\mathrm{d}x_1}\right)_{T,p} \tag{10.47}$$

$$\overline{Y}_2 = Y_m - x_1 \left(\frac{\mathrm{d}Y_m}{\mathrm{d}x_1}\right)_{T,p} \tag{10.48}$$

式(10.47)和式(10.48)所表示的关系示于图 10.1。由图可见,只要知道 1 mol 物质的广延参数 Y 随成分的变化曲线,就可由作图求得两组分在某一摩尔分数下的偏摩尔参数 $\overline{Y}_1$ 和 $\overline{Y}_2$。

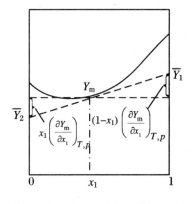

图 10.1　用作图法求偏摩尔参数

如果已知某广延参数在定温定压下随摩尔分数变化关系的数学表达式,则也可由关系式(10.47)和式(10.48)直接求得偏摩尔参数。

例 10.2　在一定温度、压力下,某二元混合物的摩尔体积可采用下式表达:

$$V_m = x_1 V_{m,1} + x_2 V_{m,2}$$
$$+ x_1 x_2 [B + C(x_2 - x_1) + D(x_2 - x_1)^2 + \cdots]$$

试导出其偏摩尔体积的表达式。

解

$$\left(\frac{\partial V_m}{\partial x_1}\right)_{T,p} = V_{m,1} - V_{m,2} + x_1 x_2 [-2C - 4D(x_2 - x_1) - \cdots]$$
$$+ (x_2 - x_1)[B + C(x_2 - x_1) + D(x_2 - x_1)^2 - \cdots]$$

于是

$$\overline{V}_1 = V_m + (1 - x_1)\left(\frac{\partial V_m}{\partial x_1}\right)_{T,p}$$
$$= V_{m,1} + x_1 x_2^2 [2C + 4D(x_2 - x_1) + \cdots] + x_2^2 [B + C(x_2 - x_1) + D(x_2 - x_1)^2 + \cdots]$$

$$\overline{V}_2 = V_m - x_1\left(\frac{\partial V_m}{\partial x_1}\right)_{T,p}$$
$$= V_{m,2} + x_1 x_2^2 [2C + 4D(x_2 - x_1) + \cdots] + x_2^2 [B + C(x_2 - x_1) + D(x_2 - x_1)^2 + \cdots]$$

例 10.3　在 344 K 和 35.53 MPa 时,正癸烷($C_{10}H_{12}$)和二氧化碳组成的二元溶液系统的偏摩尔体积 $\overline{V}_1$、$\overline{V}_2$ 是二氧化碳的摩尔分数的 x_1 函数,其值如表 10.3 所列(下角标"1"表示二氧化碳,下角标"2"表示正癸烷):

表 10.3　例 10.3 函数关系

x_1	0.2	0.3	0.4	0.5	0.6	0.7	0.8
$\overline{V}_1 \times 10^3/(\mathrm{m}^3 \cdot \mathrm{mol}^{-1})$	0.044 7	0.048 3	0.049 0	0.050 0	0.052 3	0.053 6	0.052 8
$\overline{V}_2 \times 10^3/(\mathrm{m}^3 \cdot \mathrm{mol}^{-1})$	0.196 1	0.195 9	0.195 6	0.194 7	0.194 7	0.189 0	0.188 3

试计算含有 20 kg 二氧化碳和 80 g 正癸烷溶液的总体积和摩尔体积。

解　二氧化碳的摩尔质量是 44.01 g/mol,正癸烷的摩尔质量是 142.3 g/mol。于是

$$n_1 = (20 \times 10^3) \ g/44.1 \ g/mol = 454 \ mol$$

$$n_2 = (80 \times 10^3) \ g/142.3 \ g/mol = 562 \ mol$$

$$x_1 = 454 \ mol/(454 + 562) \ mol = 0.447$$

$$x_2 = 562 \ mol/1\ 016 \ mol = 0.553$$

根据题中表 10.3 所给的数据,用线性差值法算出 $\overline{V}_1$ 和 $\overline{V}_2$ 对二氧化碳 x_1 在 $x_1 = 0.447$ 时数据分别为

$$\overline{V}_1 = 0.049\ 4 \times 10^{-3} \ m^3/mol$$

$$\overline{V}_2 = 0.195\ 3 \times 10^{-3} \ m^3/mol$$

将以上数值代入方程(10.25),得总体积为

$$\begin{aligned} V &= n_1 \overline{V}_1 + n_2 \overline{V}_2 \\ &= 454 \ mol \times 0.049\ 4 \ m^3/mol + 562 \ mol \times 0.195\ 3 \ m^3/mol \\ &= 132.2 \times 10^{-3} \ m^3 \end{aligned}$$

溶液的摩尔体积为

$$V_m = \frac{V}{n} = \frac{132.2 \times 10^{-3} \ m^3}{1\ 016 \ mol} = 0.130\ 2 \times 10^{-3} \ m^3/mol$$

10.7 气体混合物的 p-v-T-x 关系与混合法

在第 7 章已讨论过单一物质的 $p\text{-}v\text{-}T$ 关系,即纯一物质的状态方程。原则上,所有单一物质的状态方程,不论是对比态的形式还是其他的形式都能用于混合物。使用的困难在于,原有状态方程中的参数,如临界参数 p_c、v_c 和 T_c,立方型方程中的常数 a、b、c 等大多是根据纯一物质的实验求得的,不适用于混合物。而在第 10 章的 10.2 节中提到混合物的广延参数不具有可加性,因此,当我们希望将这些从研究纯种物质得到的 $p\text{-}v\text{-}T$ 关系能推广运用于混合物时,就会把混合物看作一种假想的性能均匀的物质。那么,确定适用于这种混合物的特征参数,如混合物的临界参数 $p_{c,x}$、$v_{c,x}$ 和 $T_{c,x}$ 等则是至关重要的。如果混合物的这些特征参数能够较准确地表征,那么将这些假想的特征参数代入一定形式的 $p\text{-}v\text{-}T$ 关系就能表达混合物的性质。对于这种混合物的假想参数,虽然可以从混合物的实验 $p\text{-}v\text{-}T$ 关系拟合求得,但由于这种假想参数强烈依赖于混合物的成分,因此完全由实验确定是非常困难而繁复的。现在普遍使用的方法是,利用各种混合规则而由纯物质的参数求混合物的假想参数。所谓混合规则,就是指混合物的假想参数由各个纯种物质的参数以及混合物成分的含量构成的关系。若能把这种关系如实地描写出来,就不需要对混合物本身进行大量的实验,从而大大节省实验工作量。

混合规则的建立有一定的理论基础,部分可以通过统计力学的方法推导得到。但是,从目前的理论水平来看,此项研究还尚未达到完善的程度。现在各种状态方程中所使用的混合规则是各式各样的,它们基本上是经验性的或者半经验性的。下面介绍一些较常用到的混合规则。

1. 常数混合法

由纯组分状态方程的常数求出混合物的假想常数,通常采用的方法是:

线性混合法:

$$k = \sum_i x_i k_i \tag{10.49}$$

线性平方根混合法:

$$k = \left(\sum_i x_i k_i^{1/2} \right)^2 \tag{10.50}$$

线性立方根混合法:

$$k = \left(\sum_i x_i k_i^{1/3} \right)^3 \tag{10.51}$$

洛伦茨混合法:

$$k = \frac{1}{4} \sum_i x_i k_i + \frac{3}{4} \sum_i x_i k_i^{1/3} \cdot \sum_i x_i k_i^{2/3} \tag{10.52}$$

此外,还有其他形式的混合法。在以上四式中,k 代表混合物状态方程中的某一常数,代表纯组分 k_i 状态方程中相应的常数,x_i 代表组分 i 在混合物中的摩尔分数。

实践证明,以上各种混合规则都是较好的形式。但是,对于一个具体的状态方程并不能任意选用混合规则,必须通过实验检验才能确定究竟哪一种或几种混合规则是较适用的。

例如,将雷德利克-邝(R-K)方程式(7.18a)

$$p = \frac{RT}{V_m - b} - \frac{a}{T^{1/2} V_m (V_m + b)}$$

用于混合物时,式中 a、b 为混合物的常数。雷德利克-邝建议使用的常数混合规则为

$$a = \left(\sum_i x_i a_i^{1/2} \right)^2 \tag{10.53a}$$

$$b = \sum_i x_i b_i \tag{10.53b}$$

式中,a_i、b_i 为纯组分 i 的常数,它们又是根据式(7.18b)和式(7.18c)及 i 组分的临界参数确定。

又例如,较广泛使用的 P-R 方程式(7.24)

$$p = \frac{RT}{V_m - b} - \frac{a(T)}{V_m (V_m + b) + b (V_m - b)}$$

应用于混合物时,P-R 状态方程的两参数 a、b 用添下角标"m"的符号表示,a_m、b_m 可使用如下混合法则计算:

$$a_m = \sum_{i=1}^{2} \sum_{j=1}^{2} x_i x_j a_{i,j} \tag{10.54a}$$

$$b_m = \sum_{i=1}^{2} x_i b_i \tag{10.54b}$$

$$a_{i,j} = (1 - k_{i,j}) a_i^{1/2} a_j^{1/2} \tag{10.54c}$$

其中,$k_{i,j}$ 是二元交互作用系数,一般要利用实验数据对二元混合工质的平衡压力进行计算关联得到。表 10.4 列出了 45 种 HFC 二元混合工质的 $k_{i,j}$ 值,可供参考。

表 10.4　推算的 45 种 HFC 二元交互作用系数

HFC	23	32	125	134a	143a	152a	227ea	236ea	236fa
32	0.003 2								
125	0.003 2	0.008 3							
134a	− 0.001 0	0.004 1	0.004 2						
143a	0.003 0	0.008 1	0.008 1	0.004 0					
152a	− 0.009 4	− 0.004 3	− 0.004 3	− 0.008 5	− 0.004 5				
227ea	0.011 5	0.016 6	0.016 6	0.012 5	0.016 5	0.004 0			
236ea	− 0.004 5	0.000 6	0.000 6	− 0.003 5	0.000 5	− 0.012 0	0.008 9		
236fa	− 0.001 0	0.004 2	0.004 2	0.000 0	0.004 0	− 0.008 4	0.012 5	− 0.003 5	
245fa	0.005 0	0.010 1	0.010 1	0.006 0	0.010 0	− 0.002 5	0.018 5	0.002 5	0.006 0

2. 参数混合法

对于单组分系统,当将用对比态方程描述的 p-v-T 关系或含有临界参数 p_c、v_c、T_c 和偏心因子 ω 的其他形式的状态方程式推广应用到混合物时,需要一套混合规则把混合物的假临界参数与成分联系起来。这种规则已经提出不少,其中最简单而又广泛使用的是凯氏(Kays)规则。该规则把混合物的假临界参数看成是其中各种纯组分的相应参数与摩尔分数乘积的简单相加,即

$$T_c = \sum_{i=1}^{\gamma} x_i T_{c,i} \tag{10.55}$$

$$p_c = \sum_{i=1}^{\gamma} x_i p_{c,i} \tag{10.56}$$

$$\omega = \sum_{i=1}^{\gamma} x_i \omega_i \tag{10.57}$$

$$M = \sum_{i=1}^{\gamma} x_i M_i \tag{10.58}$$

式中,T_c、p_c、ω 和 M 分别为混合物的假临界温度、假临界压力、假偏心因子和摩尔质量;$T_{c,i}$、$p_{c,i}$ 和 ω_i、M_i 为纯组分的对应数值。

凯氏规则完全不考虑不同组分分子间相互作用的影响,除混合物分子量外,不能真正反映混合物的性质。利用空气混合物进行初步的比较,如表 10.5 所示。

表 10.5　空气混合物及其组成的参数

	N_2	O_2	Ar	Ne	Air(exp.)	Air(cal.)[*]
容积比率	0.780 9	0.209 5	0.009 3	0.000 018		
M_i	28.016	32.00	39.944	20.183	28.97	28.954
T_c/K	126.2	154.58	150.69	44.4	132.52	132.34
P_c/MPa	3.40	5.043	4.865 3	2.66	3.766 3	3.756 8
ρ_c/(kg·m^{-3})	314.03	436.15	536.0	483	313.0	341.59
ω	0.04	0.021	− 0.004		0.095	0.035

[*] 按凯氏规则计算的结果。

比较发现 T_c、p_c 基本满足上述线性混合规则,而临界密度和偏心因子与实际值有一定差别。由此可以得到两点初步结果:

(1) 混合物的强度参数,可以用凯氏线性法则;

(2) 除质量外,混合物的广延参数不符合凯氏线性法则。

有关混合物的广延参数混合法则的研究仍是当前普遍关注的课题。由于混合物的广延参数不遵从线性可加规则,刘易斯提出了偏摩尔参数的概念研究溶体。但是偏摩尔参数因混合物而异,不是稳定的物性,往往要从混合物已知的参数方程中求得,因此需要直接构造混合物的广延参数混合法则。以往的混合物广延参数的混合法则都以线性混合法则为基础,本书提出一种非线性混合法则。

3. 非线性混合法则

(1) 线性修正型混合法则

$$Y = \sum_{i=1}^{\gamma} x_i Y_i - \sum_{i=1}^{\gamma-1} \sum_{j=2}^{\gamma} C_{i,j} x_i x_j (Y_j - Y_i) \quad (i \neq j, Y_j > Y_i) \quad (10.59)$$

式中,Y 为混合物的任一种广延参数;下角标“i”“j”代表组分;x_i、x_j 分别表示组分 i 和 j 的摩尔分率,$C_{i,j}$ 为组分 i 与组分 j 的双组分混合系数,与大系统混合情况无关。该线性修正型混合法则可满足以下几个特殊点:在 $x_i = 1$ 时,$x_j = 0$,修正项为零,$Y = Y_i$;在 $Y_i = Y_j$ 时,$Y = Y_i = Y_j$。如果 $Y_j - Y_i$ 的差值越大,则偏差越大。式中混合系数 $C_{i,j}$ 值可以从有限的实验值中回归获得。此混合法则在处理混合液的导热系数时取得很大的成功,推算值与实测值的平均偏差约为 $\pm 1.5\%$,在实验值的误差范围之内。

(2) 指数混合法则

$$Y = Y_1^{x_1} Y_2^{x_2} \cdots Y_i^{x_i} \cdots Y_\gamma^{x_\gamma} \quad (10.60)$$

指数混合法则在混合液的导热系数的推算中取得的精度仅次于线性修正型混合法则。

现以空气的临界密度为例,式(10.49)~式(10.52)与式(10.59)和式(10.60)的比较如表 10.6,计算时式(10.59)中的混合系数取 $C_{i,j} = 1$。

表 10.6　几种混合法则对空气的临界密度 ρ_c 的计算值比较

计算式	(10.49)	(10.50)	(10.51)	(10.52)	(10.59)	(10.60)	实验值
ρ_c	341.8	339.6	338.9	340.3	320.0	337.5	313
偏差	9.2%	8.5%	8.3%	8.7%	2.2%	7.8%	

由表 10.5 可知,在广延参数的混合法中,线性修正型混合法则式(10.59)和指数混合法则式(10.60)优于其他线性混合法则。线性修正型混合法则在一般无化学反应的混合物的热物性拟合中的确占有优势,但不同广延参数的非线性项的修正系数构成的规律是不同的,有关研究还有待于深入和丰富。

10.8　非理想混合气体的化学势——逸度

1. 逸度与逸度系数

逸度概念是刘易斯在 1901 年提出的,主要应用在多组分实际气体系统中。由于实际气体的压力与温度、比体积的变化关系有差异,为了既能表述实际气体的 $p\text{-}v\text{-}T$ 关系,又能利用理想气体的 $p\text{-}v\text{-}T$ 简单关系,刘易斯提出以逸度 f 代替理想气体自由焓(吉布斯函数 G)各式中的 p。

自由焓 G 是工质的一个重要热力参数,因为许多相变和化学变化大都是在恒温恒压条件下进行,自由焓则是这类过程进行方向和深度的判据及进行相平衡和化学平衡研究的一个有用参数。但是,自由焓不能直接测定,只能通过测量温度、压力以及(多组分系统的)浓度等与自由焓的关系式进行计算。

对于单组分简单可压缩系统,由式(5.13c)$\mathrm{d}G = -S\mathrm{d}T + V\mathrm{d}p$ 在恒温时可得到

$$\mathrm{d}G = V\mathrm{d}p \tag{10.61}$$

如果把实际气体状态方程化成 $V(p, T) = RT/p + B + Cp + \cdots$,代入上式并积分得

$$G = \int_{p^*}^{p} V\mathrm{d}p + G^* = RT\ln p + Bp + \frac{C}{2}p^2 + \cdots + C(T) \tag{10.62}$$

式中,$C(T)$ 是积分常数,与 T 有关,可以从 p^* 的边界条件求得。显然式(10.62)表示的实际气体的自由焓关系式复杂而不易运算。但是,当 p 很低时,式(10.61)为

$$\mathrm{d}G = \frac{RT}{p}\mathrm{d}p = RT\mathrm{d}(\ln p) \tag{10.63}$$

积分式为

$$G = RT\ln p + C(T)$$

当 $p \to 0$ 时实际气体就是理想气体,取 p^* 和 T 为起始边界条件,上式写为

$$G = G^*(T) + RT\ln\left(\frac{p}{p^*}\right) \tag{10.64}$$

比较以上两式,可得 $C(T) = G^*(T) - RT\ln p^*$,因此式(10.62)可写为

$$G = G^*(T) + RT\ln\left(\frac{p}{p^*}\right) + Bp + \frac{C}{2}p^2 + \cdots \tag{10.65}$$

式中,$G^*(T)$ 是气体的标准自由焓,也即标准化学势,是温度为 T、压力为 p^* 且具有理想气体性质的假想态。上式右边几项都是非理想气体才有的项,它表示与理想气体的偏差。同样,对于符合其他状态方程式的气体相应地可得到其自由焓或化学势的表达式。

用这种方式表达的实际气体自由焓(或化学势)复杂而不易运算。为了方便,刘易斯提出把实际气体压力对理想气体压力偏差的所有校正项归结为一项,并使之与理想气体表示的化学势有相同形式。例如,令式(10.65)的 $Bp + \frac{C}{2}p^2 + \cdots = RT\ln\varphi$,于是式(10.65)可写为

$$G = G^*(T) + RT\ln\left(\frac{p}{p^*}\right) + RT\ln\varphi$$

$$= G^*(T) + RT\ln\left(\frac{p\varphi}{p^*}\right) \tag{10.66a}$$

于是刘易斯令 $p\varphi = f$,并把 f 称为逸度(Fugacity)。于是上式改写为

$$G = G^*(T) + RT\ln\left(\frac{f}{p^*}\right) \tag{10.66b}$$

其中

$$RT\ln f = RT\ln p + Bp + \frac{C}{2}p^2 + \cdots$$

$$\varphi = \frac{f}{p} \tag{10.67}$$

φ 相当于压力校正因子,称为逸度系数(Fugacity Coefficient)。当 $p\to 0$ 时,$\varphi\to 1$,$f\to p$。式(10.66a)就是非理想气体的自由焓或化学势表达式。

比较式(10.64)和式(10.66b)两式可以看出,f 是校正过的压力(或有效压力),即实际气体的压力。值得注意的是,逸度 f 只是在自由焓或化学势表达式中的校正压力,而不是其他任何情况下的校正压力,只能在自由焓或化学势表达式中使用 $fV = nRT$ 的约定关系,不能在其他场合简单地用 $fV = nRT$ 来代替 $pV = nRT$。

通常取 $p^* = 1.01325\times 10^5$ Pa 的理想气体状态作为标准状态。在一般化工热力学著作中,压力以 atm 为单位,并取 $p^* = 1$ atm。这样,式(10.63)用于非理想气体时,采用下式表示

$$\mathrm{d}G = RT\mathrm{d}(\ln f)$$

或

$$\mathrm{d}\mu = RT\mathrm{d}(\ln f) \tag{10.68}$$

及

$$\lim_{p\to 0} = \frac{f}{p} = 1 \tag{10.69}$$

而式(10.66b),则改写为

$$\left.\begin{array}{l} G = G^* + RT\ln\dfrac{f}{f^*} \\[2mm] \mu = \mu^* + RT\ln\dfrac{f}{f^*} \end{array}\right\} \tag{10.70}$$

上列各式中,G、μ、f 分别为 T、p 状态下的摩尔自由焓、化学势和逸度,而 G^*、μ^*、f^* 则分别为标准状态下的相应值。在低压力时 $f^* = p^*$。

当系统在定温下由 p_1 变为 p_2 时,非理想气体的自由焓为

$$\Delta G = G_2 - G_1 = RT\ln\frac{f_2}{f_1} \tag{10.71}$$

因为逸度概念的主要应用是在多组分系统中,所以现在我们就来阐述逸度在实际气体混合物中的含义。按照与纯组分系统同样的方法,用下面两式定义混合物中组分 i 的逸度 f_i:

$$\mathrm{d}\bar{G}_i = \mathrm{d}\mu_i = RT\mathrm{d}(\ln f_i) \tag{10.72a}$$

$$\lim_{p \to 0} f_i = px_i \tag{10.72b}$$

式中，p 是混合物的总压；x_i 是组分在混合物中的摩尔分数。定义表明，当总压力趋近于零时，任何气体都变为理想气体。根据道尔顿分压定律，对于理想气体混合物，乘积 px_i 是组分 i 的分压 p_i。由此可见，如果说纯种组分的逸度实质上是一个假想的压力，那么在混合物中某一组分的逸度就可以认为是假想的分压力。应该指出，仅写出下面的方程是不够的：

$$\lim_{p_i \to 0} f_i = p_i$$

因为，如果混合物的总压不趋于零，那么尽管混合物中的一种气体与其余气体相比是很稀薄的，其性质也与理想气体混合物不同。

同样，混合物中组分 i 的逸度系数 φ_i 的定义为

$$\varphi_i = \frac{f_i}{px_i} \tag{10.73}$$

代入式(10.72a)，得到

$$\mathrm{d}\bar{G}_i = \mathrm{d}\mu_i = RT\mathrm{d}(\ln px_i) + RT\mathrm{d}(\ln \varphi_i)$$

$$\lim_{p \to 0} \varphi_i = 1 \tag{10.74}$$

2. 逸度的计算

实际气体在任意温度和压力下的逸度的计算方法有多种，现简要介绍以下三种。

(1) 利用状态方程直接积分

当已知状态方程时，利用式(10.62) 直接积分 $\int V\mathrm{d}p$ 并引用式 $\lim_{p \to 0} = \dfrac{f}{p} = 1$，即可求得。

例 10.4 在 273.15 K 时测得 N_2 的 pV 表达式如下：

$$pV = RT - 22.405 \times (0.461\,44 \times 10^{-3} p - 3.122\,5 \times 10^{-6} p^2)$$

求在 10 MPa 和 273.15 K 时的逸度(上式中量纲一致性隐含在系数中)。

解 由方程式(10.70)和式(10.62)，得

$$G - G^* = RT\ln \frac{f}{f^*} = \left(\int_{p*}^{p} V\mathrm{d}p\right)_T \tag{a}$$

所以

$$RT\ln \frac{f}{f^*} = \int_{p*}^{p} \left[\frac{RT}{p} - 22.405 \times (0.461\,44 \times 10^{-3} - 3.122\,5 \times 10^{-6} p)\right]\mathrm{d}p$$

$$RT\ln f + RT\ln \frac{p^*}{f^*} = RT\ln p - 22.405 \times \left(0.461\,44 \times 10^{-3} p - \frac{1}{2} \times 3.122\,5 \times 10^{-6} p^2\right)$$

因为 $p - p^* \approx p$，由式(10.67) $\lim_{p \to 0} = \dfrac{f}{p} = 1$，知 $\dfrac{p^*}{f^*} = 1$，故

$$RT\ln \frac{f}{p} = -22.405 \times (0.461\,44 \times 10^{-3} p - 1.561\,3 \times 10^{-6} p^2)$$

在 $p = 10$ MPa、$T = 273.15$ K 时，求得 $f = 9.97$ MPa。

例 10.5 试推导服从范德瓦耳斯状态方程的气体的逸度表达式。

解 范德瓦耳斯方程为

$$p = \frac{RT}{V - b} - \frac{a}{V^2}$$

这个方程是 p 的显式方程。遇到这种情况,可利用分部积分法将方程(a)中的独立变量从 p 变换为 V,因为

$$V \mathrm{d}p = \mathrm{d}(pV) - p\mathrm{d}V$$

于是

$$RT\ln \frac{f}{f^*} = \int_{p^*}^p V \mathrm{d}p = pV - p^* V^* - \int_{p^*}^p p\mathrm{d}V$$

式中,V^* 是在 p^* 和 T 时的摩尔体积。把范德瓦耳斯方程代入上述方程并积分,得

$$RT\ln \frac{f}{f^*} = pV - p^* V^* - RT\ln \frac{V - b}{V^* - b} - \frac{a}{V} + \frac{a}{V^*}$$

或者

$$\ln f = \ln \frac{f^*}{p^*} + \ln p^* (V^* - b) - \frac{p^* V^*}{RT}$$

$$+ \frac{a}{RTV^*} + \frac{pV}{RT} - \ln (V - b) - \frac{a}{RTV}$$

在 $p^* \to 0$ 时,$\dfrac{f^*}{p^*} \to 1$ 和 $V^* \to \infty$,因而 $p^* V^* \to RT$。

由范德瓦耳斯方程,得

$$\frac{pV}{RT} - 1 = \frac{V}{V - b} - \frac{a}{RTV} - 1 = \frac{b}{V - b} - \frac{a}{RTV}$$

因此

$$\ln f = \ln \frac{RT}{V - b} - \frac{2a}{RTV} + \frac{b}{V - b}$$

这就是所求的表达式。

(2) 图解法

这种方法在原则上与上法相同,只是状态方程用表格而不是用方程式表示。用剩余体积表示实际气体与理想气体的体积之差,即

$$\bar{V} = V^* - V = \frac{RT}{p} - V$$

由上式及式(10.61)、式(10.68),可得

$$RT\mathrm{d}(\ln f) = V \mathrm{d}p = RT\mathrm{d}(\ln p) - \bar{V}\mathrm{d}p \tag{10.75}$$

因为 $p \to 0$ 时 $f \approx p$,故

$$\ln \frac{f}{p} = -\frac{1}{RT} \int_0^p \bar{V}\mathrm{d}p \tag{10.76}$$

剩余体积 V 是 T、p 的函数,在恒温时它仅仅随 p 改变。在一般情况下,这种关系不能用方程式表示,所以只能用作图法积分式(10.76)。

例 10.6　在 273.16 K 时测得 N_2 的剩余体积与压力的关系如表 10.7 所示。求 273.15 K 时 N_2 在以上各个压力下的逸度。

表 10.7 剩余体积与压力的关系

p/MPa	5.061	10.122 5	20.245
$\overline{V}/RT/MPa$	3.04×10^{-3}	1.52×10^{-3}	-1.80×10^{-3}
p/MPa	40.49	80.98	101.225
$\overline{V}/RT/MPa$	-6.31×10^{-3}	-9.83×10^{-3}	-10.64×10^{-3}

解 用这些数据作图,并用图解积分法求出 $\int_0^p \dfrac{\overline{V}}{RT}\mathrm{d}p$。将所求得的值代入式(10.76),得逸度值如表 10.8 所示。

表 10.8 逸度值

p/MPa	5.061	10.122 5	20.245	40.49	80.98	101.225
$\int_0^p \dfrac{\overline{V}}{RT}\mathrm{d}p$	0.020 6	0.032 0	0.022 8	$-0.059\,6$	-0.398	-0.606
f/p	0.979	0.967	0.971	1.061	1.489	1.834
f/MPa	4.955	9.788	19.66	42.96	120.58	185.65

(3) 对比态法

已知

$$\overline{V} = \frac{RT}{p} - V = \frac{RT}{p}\left(1 - \frac{pV}{RT}\right) = \frac{RT}{p}(1 - z)$$

将此结果代入式(10.76),得

$$\ln \frac{f}{p} = \int_0^p \frac{z-1}{p}\mathrm{d}p$$

因为

$$\frac{\mathrm{d}p}{p} = \frac{\mathrm{d}p_r}{p_r}$$

或

$$\mathrm{d}(\ln p) = \mathrm{d}(\ln p_r)$$

所以在对比坐标图上,可得

$$\ln \varphi = \ln \left(\frac{f}{p}\right) = \int_0^{p_r} (z-1)\mathrm{d}(\ln p_r) \qquad (10.77\mathrm{a})$$

利用通用压缩因子图,如图 9.2～图 9.4 查出与 p_r 所对应的 z 值,可将方程式(10.77a) 等号右边在 T_r 不变的等温条件下积分。在以 Z-1 为纵坐标、p_r 为横坐标的图上,从曲线下面的面积就能求出上式的积分值,然后算出 f/p 的值,最后再以 f/p 对 p_r 作图。如果以 $Z_c = 0.270$ 的通用物质作 f/p-p_r 图,其结果称为通用逸度系数图,如图 10.2 所示。

例 10.7 利用通用逸度系数图,求 273.15 K 及 5 MPa、10 MPa、20 MPa、40 MPa 下氮的逸度。

解 N_2 的 $T_c = 120$ K,$T_r = \dfrac{273\ \mathrm{K}}{126\ \mathrm{K}} = 2.17$,$p_c = 8.391$ MPa。由图 10.2 查得结果如表

10.9 所示。

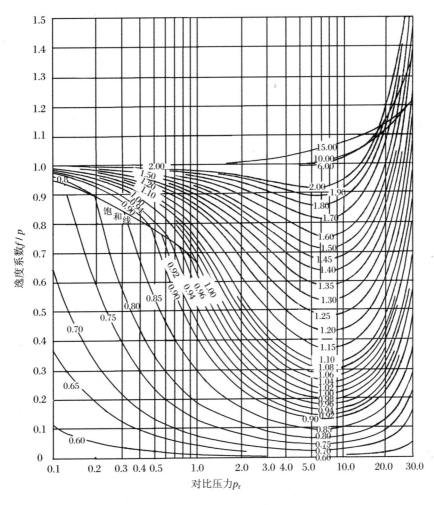

图 10.2　通用逸度系数图

表 10.9　例 10.7 查得结果

p/MPa	p	f/p	f/MPa
5	1.47	0.98	4.9
10	2.95	0.97	9.7
20	5.9	0.97	19.4
40	11.8	1.07	43.3

　　在以上三种计算实际气体逸度的方法中,前两种方法比较准确,但需要的 p、V、T 数据较多,有时无法得到。第三种方法方便,但其准确性不及前面两法,因为各种气体的对比态图线都是近似的,有时对某一种具体气体可能出现较大的误差。

　　上述三种方法适用于求纯物质和混合物总体的逸度或逸度系数。对于混合物中的各组分上述的前两种方法仍然是适用的,只是所涉及的相应参数应改成混合物中各该组分的参数。因此,与式(10.75)和式(10.76)相对应,应用于混合物中组分 i 的逸度公式变为

$$G - G_i^* = RT\ln\frac{f_i}{f_i^*} + \left(\int_{p_i^*}^{p_i} \bar{V}_i \mathrm{d}p\right)_T \tag{10.77b}$$

$$\ln\frac{f_i}{p_i} = -\frac{1}{RT}\int_0^p \tilde{V}_i \mathrm{d}p \tag{10.77c}$$

式中

$$\tilde{V} = \frac{RT}{p} - \bar{V}_i$$

是在温度为 T、压力为 p 的条件下,理想气体的摩尔容积与实际气体混合物中组分 i 的偏摩尔体积之差。

例 10.8 在摩尔分数为 70% 的甲烷和 30% 的乙烷的混合气体中,温度为 311 K 时,甲烷的剩余偏摩尔体积与压力的关系如表 10.10 所示。试求在 311 K 和 10.669 MPa 时混合物中甲烷的逸度。

表 10.10 剩余偏摩尔体积与压力的关系

p/MPa	0	1.422	2.845	5.690	7.112	8.891	10.669
$\bar{V}_{CH_4}/(\mathrm{m^3 \cdot mol^{-1}})$	0.05	0.047	0.044	0.041	0.038	0.036	0.035

解 由式(10.54a),得

$$\ln\frac{f_{CH_4}}{x_{CH_4}p} = -\frac{1}{RT}\int \bar{V}_{CH_4}\mathrm{d}p$$

从 $\bar{V}_{CH_4}$ 的已知数据和 $R = 8.3144$ J/(mol · K)、$T = 311$ K 算出 $\bar{V}_{CH_4}/(RT)$(单位取 MPa^{-1})。然后将这些数值对压力 p(单位取 MPa)作图,并对该图作图解积分,求得

$$\left(\int_0^{10.669}\frac{\bar{V}_{CH_4}}{RT}\mathrm{d}p\right)_T = 0.159$$

于是

$$\frac{f_{CH_4}}{x_{CH_4}p} = \mathrm{e}^{-0.159} = 0.853$$

$$f_{CH_4} = 0.853 x_{CH_4} p = 0.853 \times 0.7 \times 10.669 \text{ MPa} = 6.377 \text{ MPa}$$

10.9 稀溶液中的拉乌尔定律和亨利定律

1. 溶体

溶体是两种或两种以上物质均匀混合,并呈分子分散状态的系统。按聚集态的不同,溶体可分为气态、液态和固态三种。通常把溶体中较多的物质称为溶剂,用下角标"1"表示;较少的物质称为溶质,用下角标"2""3"…表示。在固体或气体溶解于液体的液态溶体中,无论液体是多少,都把液体当作溶剂。而把溶解在液体中的气体或固体物质当作溶质。溶体是混合物。

溶剂为液体的溶体通常称为溶液。溶液中的溶质可以是气体、液体或固体,但溶质必须

以分子形式分布于溶剂中。溶液的组成有多种表示方法,如组分量的摩尔分数、质量摩尔浓度、浓度、组分量的质量分数等。溶质组分 i 的摩尔分数 x_i 被定义为组分 i 的量的摩尔数 n_i 与溶液整体量的摩尔数 n 之比,即

$$x_i = \frac{n_i}{n} = \frac{n_i}{n_1 + \sum_{i=2} n_i} \quad (i \geqslant 2) \tag{10.78}$$

式中,n_1 约定为溶剂的量的摩尔数,溶质的组分数可以只有一种,也可以是多种。溶质的含量远小于溶剂含量的溶液称为稀溶液,即 $\sum x_i \ll x_1$。x_1 为溶剂的摩尔分数。溶液组成的其他表示方法因本书没用到,故不再另外描述。

稀溶液中有两个重要的经验定律,拉乌尔定律和亨利定律。

2. 拉乌尔定律

对于液态纯溶液来说,在一定温度下,汽液两相平衡时有确定的蒸汽压力。但是,溶液的蒸汽压力除与温度有关外,还视其浓度而定。实验表明,溶液中溶剂的蒸汽压力总是小于纯溶剂的蒸汽压,而且溶液中溶质的浓度愈大,溶剂的蒸汽压愈低。1888 年,法国物理学家拉乌尔(F. M. Raoult)在大量实验的基础上总结出了其中的定量关系:在一定温度下,稀溶液内溶剂的蒸汽压等于相同温度下的纯溶剂的饱和蒸汽压与其摩尔成分的乘积,即

$$p_1 = p_1^0 x_1 \tag{10.79}$$

这种关系称为拉乌尔定律。式中,p_1 是溶液中溶剂的蒸汽压;p_1^0 为相同温度下纯溶剂的饱和蒸汽压;x_1 为溶剂的摩尔分数。

拉乌尔定律可以用分子运动论来解释。当溶剂中有溶质存在时,溶剂分子的浓度将降低,使单位时间内由液相飞逸向气相的溶剂分子数目减少。结果,在较小的蒸汽压下液体就能与蒸汽达成平衡。所以溶液中溶剂的蒸汽压,总是小于纯溶剂的蒸汽压,且溶液中溶质的浓度愈大,溶剂的蒸汽压力就下降得愈多。

3. 亨利定律

阐明稀溶液性质的另一个重要定律是亨利定律。它是 1803 年英国化学家亨利(W. Henry)对气体在溶液中的溶解度进行实验研究时总结出的经验定律。

亨利发现,当气体溶解于液态溶剂而成为稀溶液时,如果气体分压力并不太大,且气体在溶液中与溶剂不起作用或虽起作用而极少电离,那么气体在液体中的溶解度和该气体的平衡分压成正比,如图 10.3 所示。或者说,在一定温度和平衡状态下,溶液内挥发性溶质 i 的蒸汽分压正比于它在溶液中的摩尔分数,即

$$p_i = k_i x_i \tag{10.80}$$

上式为亨利定律。式中,p_i 为溶质的蒸汽分压力;x_i 为溶质的摩尔分数;k_i 为亨利常数。

拉乌尔定律和亨利定律是溶液中两个最基本的定律,都表示分压与浓度存在比例关系。图 10.4 中的实线是由实验得到的二组分溶液中溶剂和溶质的蒸汽分压与其组成的关系。由图可见,当 $x \to 1$ 时,$p_i = p_i^0 x_i$,稀溶液中的溶剂符合拉乌尔定律;当 $x \to 0$ 时,$p_i = k_i x_i$,稀溶液中的溶质符合亨利定律。

实验表明:对于挥发性溶质,在稀溶液中若溶质符合亨利定律,则溶剂必然符合拉乌尔定律;反之亦然,如图 10.4 所示。

在拉乌尔定律的表达式中,比例常数 p_i^0 是纯溶剂的饱和蒸汽压,与溶质的性质无关。而亨利定律表达式中的比例常数 k_i 不是纯溶质的蒸汽压,它的数值决定于温度、压力以及溶质和溶剂的性质。在稀溶液中,除个别溶剂分子外,其他完全被同种分子包围。当溶液稀

释到极限条件时,所有的溶剂分子都处于同种分子的环境中,如同纯溶剂液体一样,所以拉乌尔定律中的比例常数只与溶剂的性质有关。然而,在极稀的溶液中,溶质的分子完全被不同种类的溶剂分子所包围。显然,它不具有纯溶质液体的性质。因此,溶液中溶质的特性与纯溶质的特性不同,它与溶剂的性质有关,且不遵守拉乌尔定律。它的分压力可能是摩尔分数的线性函数,但线性比例常数不是纯溶质的蒸汽压力 p_i^0,而是任意常数 k_i,其值的大小决定于分子间作用力的情况,是温度、压力和溶剂与溶质分子特性的函数。

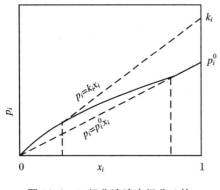

图 10.3　二组分溶液中组分 i 的
蒸汽分压与组成的关系

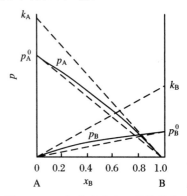

图 10.4　二组分溶液中组分的蒸汽
分压与组成的关系

当溶液中的蒸汽不服从理想气体定律时,拉乌尔定律和亨利定律仍然适用,但要应用逸度代替分压(逸度即是混合溶液中某组分的实际分压),此时式(10.79)和式(10.80)变成

$$f_1 = f_1^0 x_1 \tag{10.81}$$

$$f_i = k_i x_i \tag{10.82}$$

式中,f_1^0 为与溶液有相同温度和压力的纯溶剂的逸度。

10.10　理想溶体及其热力性质

任一种组分在所有的成分范围内都符合拉乌尔定律的溶体称为理想溶体。理想溶体的概念既适用于液态溶体和固态溶体,也适用于实际气体混合物。从微观看,当不同组分相互溶解而形成溶体时,会产生如离解、聚合和溶化等化学作用和引起分子间作用力变化的物理作用。只有各组分的物理化学性质都十分相似、相互溶解时引起的物理化学变化可以忽略不计时,才能形成理想溶体。例如,同位素化合物的混合物(如 H_2O-D_2O)、结构异构体的混合物(如邻-二甲苯和对-二甲苯、邻-二甲苯和间-二甲苯等的混合物等)都可认为是理想溶体。紧邻同系物的混合物(如苯和甲苯、甲醇和乙醇的混合物等)是近似的理想溶体。

严格地说,真正的理想溶体是很少的,大多数溶体都不能严格符合理想溶体的定义,这正如大多数气体都不是理想气体一样。但是,因为理想溶体所遵循的规律比较简单,可以作为比较的标准,而且利用活度理论(见 10.11 节)对理想溶体公式作些修正就可以用于实际溶体,所以理想溶体的概念在理论上和实际上都是有价值的。于是,在由 A 和 B 两种组分所组成的理想溶体中：

对 A 组分，有

$$f_A = f_A^0 x_A \quad (x_A \text{ 自 } 0 \text{ 至 } 1)$$

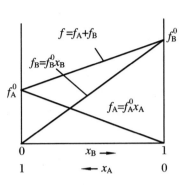

图 10.5　理想溶体逸度

对 B 组分，有

$$f_B = f_B^0 x_B \quad (x_B \text{ 自 } 0 \text{ 至 } 1)$$

对整体，有

$$f_A + f_B = f_A^0 x_A + f_B^0 x_B$$

因为

$$x_A = 1 - x_B$$

所以

$$f = f_A^0 + (f_B^0 - f_A^0) x_B \tag{10.83}$$

由此可见，在理想溶体中，各组分的逸度以及整体的逸度都与摩尔分数 x_i 呈线性关系，如图 10.5 所示。

1. 理想溶体中各组分的化学势

将逸度的定义用于理想溶体的情况，即将 $f_i = f_i^0 x_i$ 代入式（10.72a），可得

$$d\mu_i = RT d\left[\ln(f_i^0 x_i)\right] = RT d(\ln f_i^0 + \ln x_i)$$

因在给定 T、p 时 f_i^0 为定值，故有

$$\mu_i = \mu_i^0 + RT \int_{x_i=1}^{x_i} d(\ln x_i)$$

或

$$\mu_i = \mu_i^0 + RT\ln x_i \tag{10.84a}$$

式中，μ_i 是摩尔分数为 x_i 的组分的化学势；μ_i^0 是纯组分在溶体的 T、P 下的化学势，称为标准化学势。因为 f_i^0 是 T、P 的函数，所以 μ_i^0 也是 T、P 的函数。

2. 理想溶体的性质

由理想溶体化学势的表达式（10.84a），可以得出一些理想溶体特有的性质。

（1）混合过程的体积变化

在温度和成分保持不变的条件下，将式（10.84a）对 p 取导数，得

$$\left(\frac{\partial \mu_i}{\partial p}\right)_{T,x} = \left[\frac{\partial}{\partial p}(\mu_i^0 + RT\ln x_i)\right]_{T,x} = \left(\frac{\partial \mu_i^0}{\partial p}\right)_T \tag{10.84b}$$

将式（10.27）

$$\left(\frac{\partial \mu_i}{\partial p}\right)_{T,n} = \bar{V}_i$$

及单组分的相应式

$$\left(\frac{\partial G}{\partial p}\right)_T = \left(\frac{\partial \mu_i^0}{\partial p}\right)_T = V_i^0$$

代入式（10.84b），得

$$\bar{V}_i = V_i^0 \tag{10.84c}$$

式中，$V_{m,i}^0$ 为纯组分的摩尔体积（在参数符号右上角标以"0"时，即代表纯组分的量）。上式说明，理想溶体中组分 i 的偏摩尔体积等于相应纯组分的摩尔体积。

混合前系统的总体积为

$$V_b = \sum n_i V_{m,i}^0$$

混合后系统的总体积为

$$V_a = \sum n_i \bar{V}_i$$

由于混合引起的总体积变化为

$$\Delta V = V_a - V_b = \sum n_i (\bar{V}_i - V_{m,i}^0) = 0 \tag{10.84d}$$

这表明,在纯组分混合形成理想的溶体过程中,不发生体积变化。

(2) 混合过程的焓变化

式(10.84a)各项同除以 T,得

$$\frac{\mu_i}{T} = \frac{\mu_i^0}{T} + R \ln x_i$$

在压力和成分保持恒定的条件下,将上式对 T 取导数,得

$$\left[\frac{\partial (\mu_i / T)}{\partial T} \right]_{p,x} = \left[\frac{\partial}{\partial T} \left(\frac{\mu_i^0}{T} + R \ln x_i \right) \right]_{p,x} = \left[\frac{\partial (\mu_i^0 / T)}{\partial T} \right]_p \tag{10.84e}$$

将式(10.32)

$$\left[\frac{\partial (\mu_i / T)}{\partial T} \right]_{p,n} = - \frac{\bar{H}_i}{T^2}$$

及纯组分的相应式

$$\left[\frac{\partial (G / T)}{\partial T} \right]_p = - \frac{\bar{H}_i^0}{T^2}$$

代入式(10.84e),得

$$\bar{H}_i = H_{m,i}^0 \tag{10.84f}$$

这说明,理想溶体中组分 i 的偏摩尔焓等于相应纯组分的摩尔焓。

混合前系统的焓为

$$H_b = \sum n_i H_i^0$$

混合后系统的焓为

$$H_a = \sum n_i \bar{H}_i$$

由于混合引起的焓变化

$$\Delta H = H_a - H_b = \sum n_i (\bar{H}_i - H_i^0) = 0 \tag{10.84g}$$

这表明,在纯组分混合形成理想溶体的过程中既不放热,也不吸热。

从上面的讨论可以看出,当纯组分处于恒定的温度、压力和聚集态时,由它们形成理想溶体的过程中不发生体积和焓的变化,因此也不发生热力学能的变化。

(3) 混合过程的熵变化

由式(10.30)

$$\bar{G}_i = \bar{H}_i - T\bar{S}_i$$

对单组分,有

$$G_{m,i}^0 = H_{m,i}^0 - TS_{m,i}^0$$

所以

$$\bar{S}_i - S_{m,i}^0 = \frac{\bar{H}_i - H_{m,i}^0}{T} - \frac{\bar{G}_i - G_{m,i}^0}{T} \tag{10.84h}$$

因为理想溶体,有

$$\bar{H}_i - H_{m,i}^0 = 0$$

所以

$$\bar{S}_i - S_{m,i}^0 = \frac{\bar{G}_i - G_{m,i}^0}{T} = -R\ln x_i \tag{10.84i}$$

在等温等压条件下,由于混合引起的熵变化为

$$\Delta S = \sum n_i(\bar{S}_i - S_{m,i}^0) = -\sum n_i R\ln x_i \tag{10.84j}$$

由于 $x_i < 1$,故 $\Delta S > 0$。由此可知,即使是理想溶体,在混合过程中也将引起系统熵的增加。

10.11　实际溶液的化学势——活度

1. 稀溶液中溶剂和溶质的化学势

在稀溶液中溶剂服从拉乌尔定律,溶质服从亨利定律,所以稀溶液中溶剂的化学势与理想溶体中的化学势,即式(10.84a)相同,按原规定,用下角标"1"表示溶剂,即

$$\mu_1 = \mu_1^0 + RT\ln x_1 \tag{10.85}$$

式中,μ_1 为稀溶液中溶剂的化学势,μ_1^0 是 $x_1 = 1$ 时(即纯溶剂)的化学势。换言之,稀溶液中溶剂的标准状态是纯溶剂。μ_1^0 是 T、p 的函数。

对于稀溶液中的溶质来说,可用与理想溶体类似的方法导出其化学势的表达式,即由式(10.72a)

$$\mathrm{d}\mu_i = RT\mathrm{d}(\ln f_i)$$

和亨利定律表达式,即 $f_i = k_i x_i$ 代入式(10.72a),因为在稀溶液中溶质服从亨利定律,得

$$\mathrm{d}\mu_i = RT\mathrm{d}[\ln(k_i x_i)] = RT\mathrm{d}(\ln x_i) + RT\mathrm{d}(\ln k_i)$$

$$\mu_i = \mu_i^0 + RT\int_{x_i=1}^{x_i}\mathrm{d}(\ln x_i)$$

或

$$\mu_i = \mu_i^0 + RT\ln x_i \tag{10.86}$$

式中,μ_i 为稀溶液中溶质的化学势;μ_i^0 是 $x_i = 1$ 时的标准物状态化学势,它是以亨利定律为基础的标准状态。也就是说,稀溶液中溶质的标准状态不是纯溶质,而是浓度至 $x_i = 1$ 时性质仍然服从亨利定律的溶液。显然,这是个假想的状态,因为亨利定律只适用稀溶液,当 $x_i = 1$ 时亨利定律早已不适用了。这个标准状态是将 $f_i = k_i x_i$ 的直线外延到 $x_i = 1$ 处,即图 10.6 中的 H 点所表示的状态(图中只考虑一种溶质,故 $f_i = f_2$,$x_i = x_2$),而真实的纯溶质的是图中 R 点所表示的状态。μ_i^0 仍是 T、p 的函数。x_i 是以摩

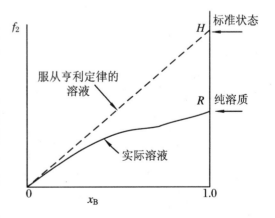

图 10.6　溶质状态图

尔分数表示的溶质的浓度。

综上所述,稀溶液中溶剂和溶质的化学势表达式(10.85)和式(10.86)的形式虽然相同,但是其标准化学势的物理意义却不同,应注意不要混淆。

2. 非理想溶体及活度

我们已根据理想溶体的化学势 $\mu_i = \mu_i^0 + RT\ln x_i$ 导得了一系列的结果。但是,大多数实际溶体都不符合理想溶体的定义,它们都对拉乌尔定律呈现或大或小的偏差,也就是溶体中各组分的逸度 f_i 随浓度 x_i 的变化关系不遵守线性规律。在图 10.7(a) 中,以实线表示的实际溶液组分 i 的逸度的实际值大于按拉乌尔定律的计算值,称为正偏差;反之,实际溶液组分 i 的逸度的实际值小于按拉乌尔定律的计算值,则称为负偏差,如图 10.7(b) 所示。产生偏差的原因,是由于溶体中分子间的作用力和分子结构发生了变化。

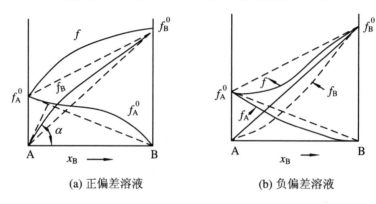

(a) 正偏差溶液　　　　　　　　　(b) 负偏差溶液

图 10.7　实际双组分溶液与拉乌尔定律的偏差

在 10.8 节中,为了描述实际气体混合物的性质引入了逸度的概念,使自由焓或化学势的公式具有与理想气体同样简单的形式。逸度的概念也可扩展到液态(或固态)溶体。但是,由式(10.75)可知,计算逸度需要状态方程,而且要从很低压力的气体状态积分至系统所处的状态,这对气体来说没有什么困难。但是,对于液态溶体来说,从气体状态积分至液体状态,要经过两相共存区,而这种能同时适用于气液两相,并能描述两相相互转变的状态方程,现在还没有或者说表现形式十分复杂。为此,对非理想的液态溶体,刘易斯采用校正浓度的方法,提出了活度的概念。将理想溶体各组分化学势表达式中的浓度用活度代替,使实际溶体的化学势公式也具有理想溶体的简单形式。理想溶体中组分 i 的化学势为

$$\mu_i = \mu_i^0 + RT\ln x_i$$

在导出上式时引用了拉乌尔定律 $f_i/f_i^0 = x_i$,但非理想溶体一般不遵守拉乌尔定律。按刘易斯的方法,对于非理想溶体,拉乌尔定律的浓度式应乘上一个修正系数 γ 加以校正,校正后的浓度称为活度,用符号 α_i 表示,即

$$\frac{f_i}{f_i^0} = x_i\gamma_i = \alpha_i \tag{10.87}$$

由式(10.87)可知,活度 α_i 就是 i 组分用摩尔分数表示时的校正浓度,是组分 i 的逸度与其在相同温度下的标准状态的逸度之比的无量纲量。上式中的修正系数 γ_i 等于活度与摩尔分数之比,即

$$\frac{\alpha_i}{x_i} = \gamma_i$$

$$\gamma_i \begin{cases} > 1 & \text{（正偏差）} \\ = 1 & \text{（理想溶体）} \\ < 1 & \text{（负偏差）} \end{cases}$$

γ_i 称为活度系数,它反映了非理想溶体与理想溶体偏差的性质和偏差的程度。

于是,非理想溶体的化学势计算式为

$$\mu_i = \mu_i^0 + RT\ln \alpha_i \tag{10.88}$$

式中,μ_i^0 是溶体中组分 i 的标准化学势,是 T 与 p 的函数。计算中,我们可以根据需要选择不同的标准状态,因此就有不同的 μ_i^0 值,并对应着不同的 α_i 值,但 μ_i 值是一致的。换言之,选择不同的标准状态只是为了计算的方便,而不会影响计算的结果。下面介绍两种标准状态的选择方法。

若在溶体的温度和压力下,所有的纯组分都是液态,而且可以无限地混合,标准状态可采用这样的规定,即

$$\mu_i = \mu_i^0 + RT\ln (\gamma_i x_i) \quad (x_i \to 1, \gamma_i \to 1) \tag{10.89}$$

按照此规定,无论是溶剂还是溶质,μ_i^0 都是在溶体的温度、压力下的纯组分 i 的摩尔自由焓。

若溶质在液态溶体中的溶解度有限,则采用上述规定不方便,这时可改用下列规定:

对于溶剂,有

$$\mu_i = \mu_i^0 + RT\ln (\gamma_i x_i) \quad (x_i \to 1, \gamma_i \to 1) \tag{10.90}$$

对于溶质,有

$$\mu_i = \mu_i^0 + RT\ln (\gamma_i x_i) \quad (x_i \to 0, \gamma_i \to 1) \tag{10.91}$$

按此规定,溶剂的标准态与第一种规定相同,而溶质的标准态则是假想遵守亨利定律的液态纯溶质,如图 10.6 所示。采用这样的规定可以保持稀溶液中浓度等于活度的简单而方便的关系。

当溶液中的蒸汽可以当作理想气体混合物时,可通过下列关系,利用蒸汽压的测定来求得活度和活度系数:

对于溶剂,有

$$\gamma_1 = \frac{p_1}{f_1^0 x_1}$$

对于溶质,有

$$\gamma_i = \frac{p_i}{k_i x_i}$$

参 考 文 献

[1]　杨思文,金六一,孔庆煦,等. 高等工程热力学[M]. 北京:高等教育出版社,1988.

［2］ 伊藤猛宏,西川兼康. 応用熱力学［M］. 東京:コロナ社,1983.

［3］ 傅献彩,沈文霞,姚天扬. 物理化学:上册［M］.4 版. 北京:高等教育出版社,1990.

［4］ 陈建新,陈则韶,胡芃. HFC 混合物二元交互作用系数的关联与推算［J］. 中国科学技术大学学报,
2006,36(6):656-659.

［5］ 陈则韶. 潜熱蓄熱材の諸熱物性値の同時測定法および有機混合液体の熱伝導率の推算に関する研
究［D］. 福岡:日本九州大学,1987.

［6］ 陈建新.混合工质热物性推算新方法及 *PVTx* 测试研究［D］.合肥:中国科学技术大学,2007.

［7］ Reid R C,Prausnitz J M,Sherwood T K. The Properties of Gases and Liquids［M］. 3rd ed. New
York:McGraw-Hill,1977.

［8］ Hsieh J S. Principles of Thermodynamics［M］. New York:McGraw-Hill Book Co. ,1975.

第 11 章　多组分多相系统

上一章我们讨论了多组分系统的性质,但只限于均相系,本章将进一步讨论多组分非均相系。

如第 1 章中已阐明的,把在系统中具有相同强度状态的一切均匀部分的总体称作相,即在一种相的系内具有相同的强度状态。例如,在纯一物质的一个相内应具有相同的压力、温度等,而在多组分系统的一个相中还应具有相同的成分。不同的相中具有不同的强度状态。把由强度状态不同的部分所组成的系统,称为非均相系或多相系统,也称复相系统。

在纯一物质的多相系统中,处于平衡时各相的温度和压力都是相同的,例如我们所熟知的处于平衡中的液态水与水蒸气就是这样。但在多组分的多相系统中,当系统内部处于平衡态时,除各相温度和压力必须相同外,还应考虑具备什么平衡条件是我们所要探究的。

和前面一样,这里所讨论的系统将不考虑表面作用以及其他外势场,如电场或磁场等的影响,固体不变形。此外,系统内也不发生化学反应。

11.1　多相系统的热力函数的基本方程

在上一章中已知,一个包含 γ 种组分的均匀相,如果它们在温度 T、压力 p 时处于热平衡和力平衡的状态,那么自由焓可表示成式(10.20a)的形式,即

$$G = \sum_{i=1}^{\gamma} \mu_i n_i$$

式中,每个化学势都是 T、p 和相应组分的摩尔分数的函数。如果在这种相内,进行无限小过程时的温度变化为 $\mathrm{d}T$,压力变化为 $\mathrm{d}p$,每种组分摩尔数的变化为 $\mathrm{d}n_i$,则相应的自由焓的变化将如式(10.7)所示,即

$$\mathrm{d}G = -S\mathrm{d}T + V\mathrm{d}p + \sum_{i=1}^{\gamma} \mu_i \mathrm{d}n_i$$

若有一个包含 φ 相的多相系统,各个相都是各自均匀的,而且都处于均匀的温度 T 和压力 p 下,则此多相系统的总自由焓 G 将是所有各相的自由焓的总和,亦即

$$G = \sum_{i=1}^{\gamma} \mu_i^{(1)} n_i^{(1)} + \sum_{i=1}^{\gamma} \mu_i^{(2)} n_i^{(2)} + \cdots + \sum_{i=1}^{\gamma} \mu_i^{(\varphi)} n_i^{(\varphi)} \tag{11.1}$$

式中,上角标代表相;下角标仍和前面一样代表组分。如果系统内发生一个无限小的过程,

过程中所有各相都有温度变化 $\mathrm{d}T$ 和压力变化 $\mathrm{d}p$,则自由焓的变化将为

$$\mathrm{d}G = -S^{(1)}\mathrm{d}T + V^{(1)}\mathrm{d}p + \sum_{i=1}^{\gamma} \mu_i^{(1)}\mathrm{d}n_i^{(1)} - S^{(2)}\mathrm{d}T + V^{(2)}\mathrm{d}p$$

$$+ \sum_{i=1}^{\gamma} \mu_i^{(2)}\mathrm{d}n_i^{(2)} + \cdots - S^{(\varphi)}\mathrm{d}T + V^{(\varphi)}\mathrm{d}p + \sum_{i=1}^{\gamma} \mu_i^{(\varphi)}\mathrm{d}n_i^{(\varphi)}$$

因为熵和容积为广延量,所以整个多相系统的熵 S 和容积 V 分别为各个相的相应值的总和,故上式简化为

$$\mathrm{d}G = -S\mathrm{d}T + V\mathrm{d}p + \sum_{i=1}^{\gamma} \mu_i^{(1)}\mathrm{d}n_i^{(1)} + \sum_{i=1}^{\gamma} \mu_i^{(2)}\mathrm{d}n_i^{(2)} + \cdots + \sum_{i=1}^{\gamma} \mu_i^{(\varphi)}\mathrm{d}n_i^{(\varphi)} \quad (11.2)$$

在一个多相系统中,平衡的问题在于找出各相处于化学平衡时,各种化学势互相之间所应存在的方程或方程组。假设系统在恒温 T 和恒压 p 下趋于平衡,根据等温等压平衡时自由焓为极小,此时

$$\mathrm{d}G_{T,p} = 0$$

因此,平衡要求方程必须满足

$$\mathrm{d}G_{T,p} = \sum_{i=1}^{\gamma} \mu_i^{(1)}\mathrm{d}n_i^{(1)} + \sum_{i=1}^{\gamma} \mu_i^{(2)}\mathrm{d}n_i^{(2)} + \cdots + \sum_{i=1}^{\gamma} \mu_i^{(\varphi)}\mathrm{d}n_i^{(\varphi)} = 0 \quad (11.3)$$

式中,各个 n 不都是独立的,要受有关制约方程的限制。

11.2　相平衡的一般平衡条件·相图

1. 相平衡的关系式

在 1.4 节我们已给出了相律的关系式(1.8)。下面,我们结合讨论式(11.3)的制约方程来进一步证明相律的正确性。本章中暂不考虑化学反应。因为没有化学反应,各个 n_i 可能变化的唯一途径,是组分由一个相转变到另一个相,即在此情况下每一组分的总摩尔数保持不变。因此,制约方程式有如下形式:

$$\left.\begin{array}{c} n_1^{(1)} + n_1^{(2)} + \cdots + n_1^{(\varphi)} = \mathrm{const} \\ n_2^{(1)} + n_2^{(2)} + \cdots + n_2^{(\varphi)} = \mathrm{const} \\ \cdots\cdots \\ n_{\gamma}^{(1)} + n_{\gamma}^{(2)} + \cdots + n_{\gamma}^{(\varphi)} = \mathrm{const} \end{array}\right\}$$

即共有 γ 个制约方程。对于有 γ 组分每组分有 φ 相的多组分体系,要取得各相平衡,据相平衡条件,每个组分可建立 $\varphi-1$ 个制约方程,即

$$\left.\begin{array}{c} \mu_1^{(1)} = \mu_1^{(2)} = \cdots = \mu_1^{(\varphi)} \\ \mu_2^{(1)} = \mu_2^{(2)} = \cdots = \mu_2^{(\varphi)} \\ \cdots\cdots \\ \mu_{\gamma}^{(1)} = \mu_{\gamma}^{(2)} = \cdots = \mu_{\gamma}^{(\varphi)} \end{array}\right\} \quad (11.4)$$

式(11.4)为相平衡方程式,它表明了这样一个重要事实:平衡时,任一种组分在任何一种相中的化学势,必定等于此组分在其他所有各相中的化学势。

2. 拉格朗日乘数法

相平衡方程式(11.4)也可以应用拉格朗日乘数法确定。拉格朗日乘数法是在多变量的函数中通过寻求极值点确定补充函数的方法(参看附录)。

拉格朗日乘数法的步骤是：

(1) 将函数微分并使之等于零；

(2) 将各制约方程微分，并分别乘以与制约方程数相等的不同拉格朗日乘数 λ；

(3) 将上述微分后的所有方程相加，并对总和提取公因子，使每个微分只出现一次；

(4) 令各系数为零。

对于 γ 组分 φ 相的多组分体系，应用拉格朗日乘数法，在恒温恒压下使 G 为极小，将函数微分并使之等于零，有

$$dG_{T,p} = \mu_1^{(1)}dn_1^{(1)} + \cdots + \mu_\gamma^{(1)}dn_\gamma^{(1)} + \cdots + \mu_1^{(\varphi)}dn_1^{(\varphi)} + \cdots + \mu_\gamma^{(\varphi)}dn_\gamma^{(\varphi)} = 0$$

将各制约方程微分乘以拉格朗日乘数 λ_i，而后将上述微分后的所有方程相加，令各系数为零，得

$$\left.\begin{array}{c} \lambda_1 dn_1^{(1)} + \lambda_1 dn_1^{(2)} + \cdots + \lambda_1 dn_1^{(\varphi)} = 0 \\ \lambda_2 dn_2^{(1)} + \lambda_2 dn_2^{(2)} + \cdots + \lambda_2 dn_2^{(\varphi)} = 0 \\ \cdots\cdots \\ \lambda_\gamma dn_\gamma^{(1)} + \lambda_\gamma dn_\gamma^{(2)} + \cdots + \lambda_\gamma dn_\gamma^{(\varphi)} = 0 \end{array}\right\}$$

式中共有 γ 个拉格朗日乘数($\lambda_1, \lambda_2, \cdots, \lambda_\gamma$)，对每一个制约方程都有一个。将相同 dn_i 项的各个系数相加并使之等于零，可得

$$\left.\begin{array}{cccc} \mu_1^{(1)} = -\lambda_1, & \mu_1^{(2)} = -\lambda_1, & \cdots, & \mu_1^{(\varphi)} = -\lambda_1 \\ \mu_2^{(1)} = -\lambda_2, & \mu_2^{(2)} = -\lambda_1, & \cdots, & \mu_2^{(\varphi)} = -\lambda_2 \\ \cdots\cdots \\ \mu_\gamma^{(1)} = -\lambda_\gamma, & \mu_\gamma^{(2)} = -\lambda_\gamma, & \cdots, & \mu_\gamma^{(\varphi)} = -\lambda_\gamma \end{array}\right\}$$

整理上式即得式(11.4)。

3. 相律关系式

在本书的 1.4 节已给出了相律关系式(1.8)，即在 γ 组分 φ 相的多组分体系在恒温恒压条件下系统的自由度 f 为

$$f = [(\gamma-1)\varphi + 2] - \gamma(\varphi-1) = \gamma - \varphi + 2$$

现在举一个最简单的例子进一步说明，假若在单组分两相系统中，自由焓微分关系式为

$$dG_{T,p} = \mu_1^{(1)}dn_1^{(1)} + \mu_1^{(2)}dn_1^{(2)}$$

而由于

$$dn_1^{(1)} = dn_1^{(2)}$$

故

$$dG_{T,p} = (\mu_1^{(1)} - \mu_1^{(2)})dn_1^{(1)}$$

倘若在平衡到达之前，有一股物流从相 1 流向相 2，于是 $dn_1^{(1)}$ 为负值。而由于流动是不可逆的，因此 $dG_{T,p} < 0$，亦即 $dG_{T,p}$ 必然是负的。这样，当这一流动发生时，必将有

$$\mu_1^{(1)} > \mu_1^{(2)}$$

显然，当两个化学势相等时，物质传送将停止。由此可见，在两个相邻相中，某一组分化学势的作用与这些相的温度、压力类似：

(1) 假如相 1 的温度大于相 2，将有热流发生，直到温度相等为止，这时建立了热平衡；

（2）假如相 1 的压力大于相 2，将有功流产生，直到压力相等为止，这时建立了力平衡；

（3）假如相 1 的化学势大于相 2，将有物流产生，有物质传输，直到它们的化学势相等为止，这时建立起了化学平衡。这再次表明了平衡时，任一组分在各相中的化学势将相等。

总结上述几点，得多组分多相体系的一般平衡条件为

$$
\left.
\begin{aligned}
T^{\alpha} &= T^{\beta} = \cdots = T^{\varphi} \\
p^{\alpha} &= p^{\beta} = \cdots = p^{\varphi} \\
&\cdots\cdots \\
\mu^{\alpha} &= \mu^{\beta} = \cdots = \mu^{\varphi}
\end{aligned}
\right\}
\tag{11.5}
$$

4. 相平衡的逸度判据

在多组分的多相系统中，相平衡的条件除由化学势相等来表达外，也可以利用逸度来表明。由式(10.72a)知道，在等温条件下，有

$$
\mathrm{d}\mu_i = RT\mathrm{d}(\ln f_i)
$$

积分后，可得

$$
\mu_i = RT\ln f_i + \theta_i
$$

式中，θ_i 为只与温度有关的常数。由于系统内所有各相处于同一温度下，因此可以用上式代替式(11.4)中的 μ_i，并可立即得到

$$
f_i^{(\alpha)} = f_i^{(\beta)} = \cdots = f_i^{(\varphi)} \qquad (i = 1,2,\cdots,\gamma)
\tag{11.6}
$$

这表示，在一个 T,p 都相同的多相平衡系统中，每个组分在所有各相中的逸度必须相等。这也可用作相平衡的判据，而且是在解决相平衡问题时所常用的关系。

5. 相图

在相平衡的体系中可以用相图表示各相的存在与压力和温度的关系。目前能用相图表示的只限于单组分、双组分和三组分系统，双组分系统已用到三维图，三组分系统只能对限定的压力和温度系统用相图表示。

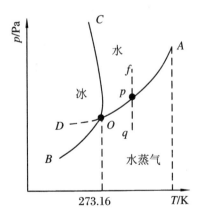

图 11.1　水的相图

图 11.1 为水的相图。据相律式(1.8)，单组分水在液态水、水蒸气和冰三相共存时没有自由度，在相图中有固定点的位置，对应图中的点 O。每种物质的三相共存点有固定的压力和温度，反映物质的特性。水三相点的温度为 273.16 K，压力为 610.62 Pa。

图中三条实线为两个相的交界线，当单一组分两相共存时只有一个自由度，因此，只要确定了平衡时的温度或压力，则另外一个变量的压力或温度就随之被确定。线 OA 为水与水蒸气平衡线，常称饱和蒸汽线，线 OA 终止点为临界点；线 OB 为冰和水蒸气的平衡线，常称升华曲线，理论上点 B 可以延长到绝对零度；线 OC 为冰和水的平衡线，线 OC 不能无限向上延长，大约从 2.03×10^8 Pa 开始，相图变得比较复杂，有不同结构的冰生成；线 OD 为 OA 延长线，是过冷水的饱和蒸汽压与温度的曲线，处于亚稳态。线 OA、OB 和 OC 的斜率可由克劳修斯-克拉贝龙方程求出，参见式(7.34)。

11.3　理想完全互溶二组分气液系统的相平衡 关系·精馏原理·杠杆原则

1. 二元系统的热力学曲面图

二元混合物,也称双组分系统,它的许多性质和单组分系不同。由于单组分的纯制冷工质种类有限,且目前所采用的单组分替代工质都有局限性,因此人们设法通过混合工质的组成和成分的调整,来配制理想的制冷工质。但由于混合工质的 pvT 性质还和组分 x 有关,因此实验测定混合工质的 $pvTx$ 性质要比测单组分工质困难、复杂,测试量更大,尤其在气液平衡态下,液态和气态的组分 x、y 往往不同,更增加了测量难度。目前关于混合工质的实验研究还不够充分。工程上较常遇到的是二元混合物,至于三元及三元以上的系统,虽然内部关系更复杂,但就基本原理来说,和二元系统并没有根本的不同。因此我们将着重研究二元混合物系统。

在二元复相系统中有气-液二相共存的,也有液-固或气-固二相共存的,此外,还有三相甚至四相共存的。在工程热物理学科领域中遇到最多的是气-液二相平衡的系统。因此,我们将主要讨论二元气液系统,而且组成系统的两种液体组分可以按任意比例互溶。

与第 6 章的图 6.1 中单一物质的 p-v-T 热力学曲面图类似,二元气液系统的性质可由一个以压力、温度与成分为坐标的三维立体相图来观察。

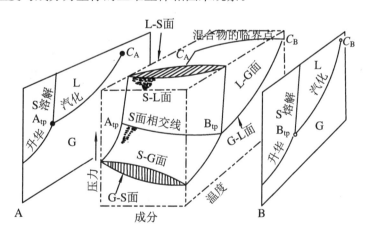

图 11.2　两种组分可任意互溶的二元系统的热力学曲面图

图 11.2 所示是一个两种组分可以任意互溶的二元系统的热力学曲面图。为了帮助理解,在曲面图的左右两侧画出了这两种纯一组分的 p-T 图。二元系统的 p-T-x 图的曲面,是以两种组分的三相点联结的曲线为起线,并分别以两种组分的气-液、气-固和液-固三条饱和线为棱形两端点滑移出气-液、液-固和固-气两相曲面,共组成三个棱子曲面。曲面由饱和点组成,如果把棱形曲面的上下面分别计算,在这个图上就有六个不同的曲面。这六个曲面分别是固-气(S-G)、固-液(S-L)、液-气(L-G)、液-固(L-S)、气-液(G-L)和气-固(G-S)。

例如,S-G 曲面代表固体与气体处于平衡状态,S-L 曲面代表固体与液体处于平衡状态等。同一个坐标为 (p,T,x) 的状态点,如果处于饱和态,就一定落在曲面上,例如,如果处于气-液饱和态,由于混合物的泡点和露点不同,就会有落在上曲面和下曲面的可能,由泡点曲面和露点曲面围成梭子,落在梭子空腔内的点处于两相点。落在梭子外的点,处于某个单相二组分的系统中。在图 11.2 中只能看到前两个曲面和第三个曲面(L-G)的一部分。曲面(S-G)与曲面(S-L)有一条相交线。曲面(L-S)与(L-G)以及曲面(G-S)与(G-L)之间也都各有一条相交线。这些相交线代表着各种不同成分的混合物的三相点状态的轨迹,都从纯组分 A 的三相点 A_{tp} 开始到纯组分 B 的三相点 B_{tp} 结束。在图中还分别标出了两种纯组分临界点 C_A 和 C_B 点。连接这两点的曲线是不同成分的各种混合物的临界点的轨迹。

如果取图 11.2 的主视、俯视和左侧视等三个视图,则可以分别从 p-T、x-T 及 p-x 等三个平面图上看到上述三相点和临界点的连线,如图 11.3 所示。

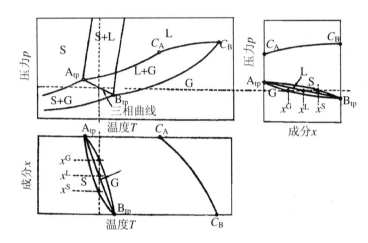

图 11.3 由三个视图来看平面图上的三相点及临界点连接线

2. 二元混合物气液二相平衡的特点

(1) 气液二相中的组成不同及泡点线和露点线

首先让我们观察二元溶液的汽化过程。如图 11.4 所示,温度为 T、摩尔分数为 x_1 的定量液体被置于气缸内,上有一定载荷的活塞,其状态由图 11.5 中 T-x 图上的点 1 表示。当

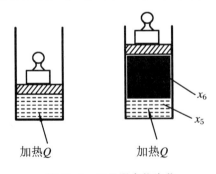

图 11.4 二元混合物汽化

液体在活塞载荷不变的情况下被加热时,压力保持不变,温度则上升到沸腾温度 T_2,并形成第一个蒸汽泡,这时的液体状态由点 2 表示。所形成蒸汽的温度等于液体温度,但其成分与液体大不相同,其中容易沸腾的低沸点组分的含量比液体中的多。该蒸汽的状态由点 $3(T_3,x_3)$ 表示,它是与成分为 2 的液体处于平衡状态的蒸汽。倘若继续在等压下加热,温度将继续上升,这时,因为液相中低沸点组分不断逸出更多,其成分将降为 x_5,状态由点 5 表示,与之相平衡的蒸汽状态为点 $6(T_6=T_5,x_6)$。

由于整个系统封闭在气缸内,工质的总量没有增减,因此就系统整体来说,成分没有变化,由图中点 4 表示。若继续加热,直到全部液体都汽化,这时蒸汽的状态由点 8 表示,其温度将

上升至点 T_8，成分将和原来的液体相同，即 $x_8 = x_1$，而与之相平衡的最后汽化的痕量液体则由点 7 表示。如果再继续加热，温度继续上升，并成为过热蒸汽（点 9），而成分不再有任何变化。可以看到，当液体加热汽化时，由于低沸点组分不断更多地被蒸出，它在液体中剩余得愈来愈少；液体状态沿 2、5、7 各点变化。将 2、5、7 各点连接起来，就得到沸腾线或沸点线，也称泡点线；而连接 3、6、8 各点则可得到凝结线或露点线。这两条曲线在 $x = 0$ 和 $x = 1$ 的两条纵轴上汇合，因为是在纯组分中，蒸汽与液体的成分和温度是完全相同的。上述 T-x 图上的曲线是在压力保持一定的情况下获得的。如果压力不同，则将获得不同的沸点线与露点线，如图 11.6 所示。

（2）确定气液含量的杠杆规则

图 11.5 的梭形区中气-液两相平衡，两相的组成可分别由等温水平线与泡点线和露点线的两端读出。组成为 x_4 的物系，当温度为 T_4 时位置处在气-液两相区的点 4，点 4 的气相组成为 x_6，液相组成为 x_5。设 x_4 的物系中液体的含量为 $n_{液}$，气体的含量为 $n_{气}$，$n_{总} = n_{液} + n_{气}$，那么有下式成立：

$$n_{液}(x_4 - x_5) = n_{气}(x_6 - x_4)$$

即

$$n_{液}\, \delta = n_{气}\, \varphi \qquad\qquad (11.7)$$

式（11.7）即为杠杆规则，把点 4 视为杠杆的支点，液相的量乘以液相线至支点的距离 δ，等于气相的量乘以气相线至支点的距离 φ。

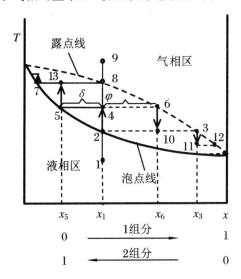

图 11.5　T-x 图上的汽化过程

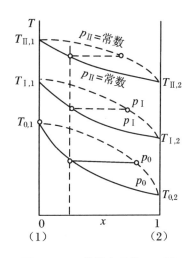

图 11.6　三种压力下的 T-x 图

由上述过程可以看出：二元溶液与单组分的纯一物质不同，在任意给定的压力下，并不是只有一个与之相应的沸点或饱和温度值，而是具有视组分而定、在一定范围内可变的沸点。此外，在一定压力下，处于平衡态的蒸汽与液体一般来说各具有不同的成分。这些成分可用实验方法测得。

蒸汽凝结的过程与汽化过程相反，仍参看图 11.5，当处于状态 9 的过热蒸汽冷却至状态 8 而开始凝结时，由于蒸汽中部分难于沸腾的组分凝成液体，使剩余蒸汽中易于沸腾低沸点组分的成分增加，当继续冷却时，即使状态沿 8→6→3 的方向变化。

（3）理想二元混合物泡点压力和露点压力

沸点线与露点线也可表示在压力-成分（p-x）图上，这时温度保持一定。为了更好地理解混合物溶液在气液平衡时的气相与液相的组分不同，我们先讨论完全互溶的理想溶液。图 11.7 为二元理想溶液的 p-x 图。

根据拉乌尔定律，即在一定的温度下，稀溶液内溶剂的蒸汽压等于同温度下纯一溶剂的饱和蒸汽压与其摩尔成分的乘积，也即式（10.79），溶液中组分 1 和 2 的分压 p_1 和 p_2 分别为

$$p_1 = p_1^0 x_1$$
$$p_2 = p_2^0 x_2 = p_2^0 (1 - x_1) \tag{11.8}$$

据道尔顿定律，两组分理想溶液的沸点压力溶液的总蒸汽压 p 为

$$p = p_1 + p_2 = p_1^0 x_1 + p_2^0 x_2$$
$$= p_1^0 x_1 + p_2^0 (1 - x_1) = p_2^0 + (p_1^0 - p_2^0) x_1 \tag{11.9}$$

式中，p_1 是溶液中溶剂的蒸汽压力；p_1^0 为同温度下的纯溶剂的饱和蒸汽压力；x_1 为溶剂的摩尔分数。溶液的总蒸汽压也即溶液的沸点压力，也称泡点压力，用 p_b^0 表示，则有

$$p_b^0 = p_2^0 + x_1(p_1^0 - p_2^0) = x_1 p_1^0 + x_2 p_2^0 \tag{11.10}$$

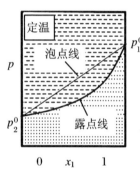

图 11.7　理想溶液的 p-x 图

式（11.10）导出理想二元混合物的泡点压力 p_b^0，等于混合物液相中两组分的摩尔分率 x_1、x_2 与该组分在相同温度的饱和蒸汽压 p_1^0 和 p_2^0 的乘积的总和，在图 11.7 定温的 p-x 图中表现为液相与湿蒸汽交界的直线的液相线。

两组分理想溶液的凝结点压力，也称露点压力，是用气体的组成来表示的。将拉乌尔定律式（10.78）应用于两种组分，可得

$$y_1 p = x_1 p_1^0$$
$$y_2 p = x_2 p_2^0$$

式中，y_1 与 y_2 分别为两种组分在气相内的摩尔分数，$y_1 + y_2 = 1$。将式（11.9）的 p 关系式代入式（a），可得

$$y_1 = \frac{x_1 p_1^0}{p_2^0 + x_1(p_1^0 - p_2^0)} \tag{11.11}$$

另外，改写式（11.9），得

$$x_1 = \frac{p - p_2^0}{p_1^0 - p_2^0} \tag{11.12}$$

把式（11.12）代入式（11.11），经整理得到

$$y_1 = \frac{p_1^0}{p} \frac{p - p_2^0}{p_1^0 - p_2^0} \tag{11.13}$$

把式（11.13）中的 p 改用露点压力 p_d^0 表示，改写为

$$p_d^0 = \frac{p_1^0 p_2^0}{p_1^0 - y_1 p_1^0 + y_1 p_2^0} = \frac{p_1^0 p_2^0}{p_1^0 (1 - y_1) + y_1 p_2^0}$$
$$= \frac{p_1^0 p_2^0}{p_1^0 y_2 + y_1 p_2^0} = \frac{1}{\dfrac{y_1}{p_1^0} + \dfrac{y_2}{p_2^0}} \tag{11.14}$$

式（11.14）是理想二元混合物的露点压力 p_d^0 与气相中各摩尔分数及组分饱和蒸汽压的关系

式,它等于混合溶液气相中二组分的分数 y_1、y_2 与该组分同一温度下的饱和蒸汽压 p_1^0 和 p_2^0 的比值的总和的倒数。在图 11.7 上表现为下方的上凹气相凝结线。

由于 1、2 两组分的蒸汽压不同,所以在气液两相平衡时,气相的组成与液相的组成也不相同。式(11.13)除以式(11.12),得

$$\frac{y_1}{x_1} = \frac{p_1^0}{p} \tag{11.15}$$

一般地,理想二元混合物在相同温度时,混合物中纯组分蒸汽压较大组分的饱和蒸汽分压比混合物饱和蒸汽压大,由式(11.15)可知,它在气相中的成分应比它在液相中的多。即易挥发组分在气相中的成分 y_1 大于它在液相中的成分 x_1(同理可得 $x_2 > y_2$,即不易挥发的组分,在液相中的成分比气相中多),这个结论符合实验事实。

3. 蒸馏和精馏的原理

蒸馏和精馏都是根据混合物在相平衡态时不同组分有不同分压产生液相和气相中组成不同的原理,通过不断对液体加热和对气体冷凝,使混合物的液相物与气相物分离来达到分离混合物中不同组分的目的。精馏是采用多级蒸馏,达到提纯分离物的纯度。蒸馏和精馏方法主要用于化工、酿酒和空气分离行业。从石油的原油中用蒸馏法,依据沸点不同可分离出航空汽油、汽油、煤油、柴油、机油和重油。空气分离可获得氧气、氮气和氩气。

图 11.8 为一级蒸馏设备原理图。蒸馏器一定要设有对液体不断加热和对蒸汽不断冷凝两部分,蒸馏是在等压下进行的。假设二组分 A、B 的混合物,用图 11.5 说明其蒸馏和精馏过程的机理。对应于图 11.5 中点 1 组分 A 的摩尔分数为 x_1 的混合物液体,被加热到沸点时到达泡点线上点 2,温度升到 T_2。此时若继续加热到沸点,产生的第一个气泡蒸发的蒸汽中组分 A 的摩尔分数,记为 y_3,对应于露点线上的点 3。如果通过循环法把混合物的液体不断补充进去而维持混合物液体的温度在 T_2,则可以把点 3 的蒸汽不断抽出冷凝,或在顶部蒸汽区用较冷的温

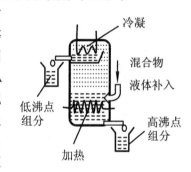

图 11.8　蒸馏原理图

度 T_{10} 凝结,可得到组分与 y_3 相等的混合物液体。这种蒸馏法可以分离沸点较高的组分。但如果只把温度停留在 T_2,虽然可在分离的蒸汽中得到低沸点组分含量较高,但是分离率很低,在大量的混合液中分离出低沸点组分的量很少。如果把温度提高到点 4,情况就不同了。对应于温度 T_4,蒸汽中组分 1 的摩尔分数为 y_6,状态对应于点 6,液体中组分 1 的摩尔分数为 x_6,并且可以根据杠杆原则确定出分离率。根据分离产品的目的,可以优化选择合理的平衡温度,该温度只存在于泡点和露点之间,泡点与露点之差越大,分离越容易;泡点与露点重合的共沸点混合物没法分离。

上述一级蒸馏方法不能获得精度很高的纯组分。为了提高分离物的纯度,必须使用多级分馏组合法,即精馏法。例如,对上例中点 6 冷却到点 10 的温度 T_{10},继续抽去分离的蒸汽,蒸汽中组分 A 摩尔分数为 x_3,得到原先在温度在 T_2 时第一汽泡组分 A 的纯度。因此,用多级逐渐降温冷凝蒸汽方法可得到高纯的低沸点组分;相反,用多级逐渐升温加热液体方法可得到高纯的高沸点液体,如图 11.5 所示的点 4→5→13→7 的过程。

4. T-x 图的绘制

通常蒸馏都是在恒定的压力下进行的,所以用 T-x 图来讨论蒸馏,能够表示双组分系的

沸点和组成更为方便。T-x 图除可以直接由实验绘制外，还可以从已有的 p-x 图求得。

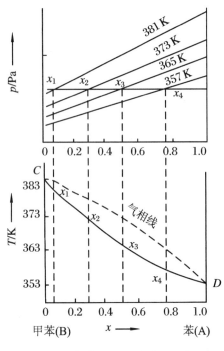

图 11.9 从 p-x 图绘制 T-x 图

理想溶液的 T-x 图可以根据 p-x 图的信息来绘制。以苯和甲苯的双组分系为例。设已知在不同温度下该体系的 p-x 图如图 11.9 中的上图，图中所示为 357 K、365 K、373 K、381 K 时混合系的总压与组成对应图。在该图纵坐标为标准压力 p_a 处作一条水平线与各线分别交在 x_1、x_2、x_3、x_4 各点，即组成为 x_1 的溶液在 381 K 开始沸腾，组成为 x_2 的溶液在 373 K 开始沸腾（其余类推）。把沸点与组成的关系相应地标在图 11.9 的下面一个图中，就得到了 T-x 图中的泡点线（液相线）。如果再根据式（11.11）求出相应温度气相中的 y_1、y_2、y_3、y_4，并连成露点线（气相线），液相线和气相线所夹的梭形区中为两相系。自确定组分的物系点作水平线与气相线和液相线的交点就分别代表两相的组成。图中 C、D 两点分别代表甲苯和纯苯的沸点 384 K 和 353.3 K。图 11.9 的下图是典型的 T-x 图。

5. 焓-成分图（h-w 图）

以上二元系统在气-液两相区的三种相图，即温度-成分图（T-x 图）、压力-成分图（p-x 图）和压力-温度图（p-T 图）都可以从类似于图 11.2 那样的热力学面在气-液两相区分别截取并投影得到。它们对分析问题很有用处。除此之外，在工程上还有一种很实用的图，叫作焓-成分图，它对汽化、冷凝、混合、精馏、吸收、制冷等过程的热计算很有用。在这种图中，习惯上应用质量分数 w 来代替上述各图中的摩尔分数 x。图 11.10 是气-液两相区的焓-成分图，焓为纵坐标，成分为横坐标。图中，下部的粗实线为某一固定压力下的沸点线或饱和液体线，上部的粗虚线为与之相应压力下的露点线或饱和蒸汽线。在这两条曲线与 $w=0$、$w=1$ 的两条纵轴所围的范围内为气、液两相共存区，其中向右上方倾斜的一些直线为这个区域内的等温线，等温线两端与沸点线及露点线相交的两点，分别为处于平衡中的液、气两状态点。在饱和液体线以下为过冷液体区，区域内的等温线是一组曲线，在露点线以上为过热蒸汽区，区域内的等温线是一组直线。在 $w=0$ 和 $w=1$ 两条纵轴上，露点线与沸点线之间的垂直距离分别为纯组分 1 和 2 的潜热 $h_{1,\text{fg}}$ 与 $h_{2,\text{fg}}$。在另一固定压力时可得到另一组沸点线与露点线。在实用的计算图上，将常用压力范围内的这些等压线绘制在同一张图上，用起来非常方便。图 11.10 中也表示出了图 11.5 中所示的加热汽化过程。

现在的设计者更喜欢使用计算混合物物性值的软件，因此开发出高精度的计算混合物物性的软件是热物性科学工作者艰巨和光荣的任务。

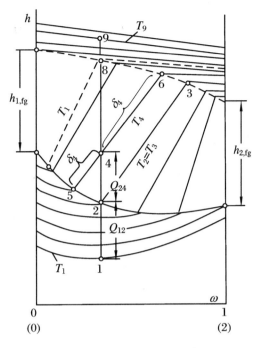

图 11.10　气-液两相区的焓-成分图

11.4　临界区二组分混合溶液的特殊性

图 11.11 的 p-x 图给出了四种温度下的泡点线（沸点线）和露点线（图中仍以实线代表泡点线，虚线为露点线），其中在图上方的两组曲线在混合物的临界区。所谓临界区，是指从混合物的压力到达最低沸点纯组分临界压力（图中压力为 $p_{c,2}$ 的点）开始，直到最高沸点纯组分临界压力（图中压力为 $p_{c,1}$ 的点）为止，由定温下的泡点线与露点线所组成的一簇封闭曲线所占有的领域。对于某固定组成的混合物，虽然其临界点只有一点，但在临界点头部区却可以观察到一些与纯物质显著不同的奇特性质。参看放大图 11.12，泡点线与露点线在点 C 汇合。在这一点，气相和液相有相同的压力、温度、密度和成分，在其他性质方面也没有差异。显然，这一点是临界点，但它与纯一物质的临界点显著不同。例如，当临界状态点 C 的温度在定压和成分不变的情况下 T 稍增至 $T+\Delta T$ 时，图中点 C 位置未变，却又重新变成了由 A、B 两相所组成的湿蒸汽状态。因此，刚过临界点温度的混合物还没达到超临界区。相反，只有当温度和压力都显著地增至图 11.12 中虚线所代表的最高压力线以上的区域时，才能达到超临界状态。考究其原因，是因为某一固定组成 x_0 的混合物在临界点 C 虽然临界点气相和液相的组成都与混合物的组成相等，但这一特征点又处在低沸点组成较少（$x_a < x_0$）的混合物的临界湿蒸汽区内，所以，在温度稍高或压力稍高时又处于混合物组分为 x_a 的湿蒸汽区内，当 x_a 逐渐减少至它的临界区饱和蒸汽线与固定组成 x_0 的垂线相切时，相切点则为组成 x_0 混合物最后液滴刚消失点，所对应的温度为组成 x_0 的混合物临界区的最高温度，

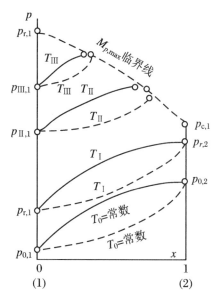

图 11.11　p-x 图与临界区

则具有最大温度值。

所对应的压力为临界区最大压力。对于给定成分的二元系统,它的临界区最大压力可由 p-x 图中不同组成混合物的最大压力 $M_{p,\max}$ 临界包络线(图 11.11)与 x_0 垂线的交点来确定(图 11.12)。而最大温度则由从 T-x 图上得到的 $M_{T,\max}$ 临界包络线与 x_0 垂线的交点来确定求得。在绘制混合物临界区 T-x 图上时,与 p-x 图区别的情况是,在 T-x 图上泡点线(实线)在下方,露点线(虚线)在上方。在 T-x 图临界区上也会得到一条 $M_{T,\max}$ 临界包络线。注意到图 11.11,在临界区随着压力升高,二相区的混合物组成中低沸点组分的比例在逐渐减少,所以 $M_{p,\max}$ 临界包络线成为与混合物组成对应的临界区最高压力。临界区最高压力大于临界压力。同样,临界区最高温度大于临界温度。这种特点可用定组成的混合物的 p-T 表示,如图 11.13 所示。图 11.13 中点 C 为临界点,但最大压力值却在点 B,而点 D

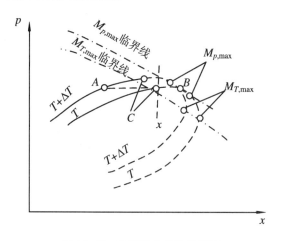

图 11.12　二元混合物的临界区

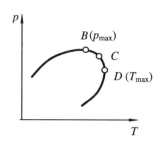

图 11.13　混合物临界区的特点

为了进一步了解混合物临界区的特性,我们从某一定温 p-x 图 11.14 重点考察混合物临界区的露点线反转与反凝现象。

如图 11.14 所示,在点 C 的 x_0 坐标以左的区域内蒸汽凝结是正常进行的,即在等温压缩下蒸汽逐渐凝结成液体,见图中状态 8 至状态 9 的过程,当压力升高时将有大量液体凝结出来,当压缩达到点 9 时,所有蒸汽都变成了压力为 p_9 的液体。这样的凝结过程是正常的。但图中点 C 以右影线区域内的情况却是另一种样子。起始状态为 10 的蒸汽在被等温压缩至点 11 时,中途也形成了液体,含液量最大的压力是对应于状态点 6 的压力 p_6,当压力大于 p_6 之后原已凝成的液相却又重新逐步消失,到达点 11 时只剩下了干蒸汽,而它的压力 p_{11} 较初始压力 p_{10} 高得多。这种已被实验所证实的现象称为反常凝结。对于图 11.14,我们应当注意,对应于点 C 的 x_0 坐标以右的区域的凝结线(露点线)在状态点 6 发生了拐弯,此后随

着压力的升高,气相中低沸点组分的比率在减少。其
原因是,气相中比率较高的低沸点组分在压力增高时
跑到液体中的量比蒸发的量增多,这种凝结使液相中
比率较高的高沸点组分在压力增高时蒸发的量要比
跑到液体中的量多,所以气、液两相的组分比率逐渐
接近,直至到达临界点时气、液两相的组分比率相等。
正由于混合物凝结线(露点线)的拐弯,不同组分比率
的混合物临界区的两相区会有重叠情况,于是又产生
过临界点再出现气、液两相的情况,以及最高临界压
力和最高临界温度。另外,还应当注意,不同的压力
限定了临界区气相中低沸点组分的最高含量。

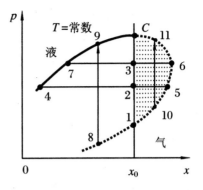

图 11.14　混合物临界区露点线反转

　　例 11.1　在低压与中等压力下,苯-甲苯的气液平衡系统较好地遵循拉乌尔定律。试对
这个系统绘出 90 ℃ 时的 p-x 图和总压为 101.3 kPa 时的 T-x 图。苯(用下角标"1"表示)与
甲苯(用下角标"2"表示)的饱和蒸汽压数据如表 11.1 所示。

表 11.1　苯与甲苯的饱和蒸汽压

$T/℃$	p_1^0/kPa	p_2^0/kPa	$T/℃$	p_1^0/kPa	p_2^0/kPa
80.1	191.3	38.9	93	170.5	69.8
84	114.1	44.5	100	180.1	74.2
88	128.5	50.8	104	200.4	83.6
90	136.1	54.2	908	222.5	94.0
94	152.6	63.6	110.6	237.8	101.3

　　解　据式(11.10)由对应温度的两个纯组分的饱和蒸汽压和 x_1,就可在 p-x 图上绘制沸
点线,有

$$p = p_2^0 + x_1(p_1^0 - p_2^0)$$

另外,式(11.11)对应于 x_1 平衡温度的 y_1 也能得到,露点线也即可绘出。

$$y_1 = \frac{x_1 p_1^0}{p_2^0 + x_1(p_1^0 - p_2^0)}$$

　　在 T-x 图上压力是固定的,这时可在两种纯组分的饱和温度之间选择几个有代表性的
温度,用式(11.12)算出沸点线上的相应成分 x_1 值,即

$$x_1 = \frac{p - p_2^0}{p_1^0 - p_2^0}$$

和式(11.13)

$$y_1 = \frac{p_1^0}{p} \frac{p - p_2^0}{p_1^0 - p_2^0}$$

算得露点线上的相应平衡组分 y_1。现在可以应用上列方程对苯-甲苯系统进行计算。对于
p-x 图,先计算 90 ℃ 与 $x = 0.2$ 时的压力 p 及平衡的 y_1 值。已知 90 ℃ 时 $p = 136.1$ kPa, p_2^0
$= 54.2$ kPa,由式(11.10)与式(11.11),可得

$$p = 54.2 \text{ kPa} + 0.2 \times (136.1 - 54.2) \text{ kPa} = 70.6 \text{ kPa}$$

$$y_1 = 0.20 \times \frac{186.1 \text{ kPa}}{70.6 \text{ kPa}} = 0.386$$

因而在 90 ℃ 与 70.6 kPa 时,含苯 20%(摩尔分数)的液体与含苯 38.6%(摩尔分数)的蒸汽处于平衡,如图 11.15 中的点 B 与点 D 所示。依此类推,在其他 x_1 值时可算得与之相应的 p 与 y_1 值,从而可绘得整个 p-x 图。

对于 T-x 图,现计算总压为 101.3 kPa 及 $T = 100$ ℃ 的 x_1 与 y_1 的平衡值。由数据表可查得 100 ℃ 时,$p_1^0 = 180.1$ kPa,$p_2^0 = 74.2$ kPa,由式(11.12)及式(11.13),得

$$x_1 = \frac{101.3 \text{ kPa} - 74.2 \text{ kPa}}{180.1 \text{ kPa} - 74.2 \text{ kPa}} = 0.256$$

$$y_1 = \frac{180.1 \text{ kPa}}{101.3 \text{ kPa}} \times 0.256 = 0.465$$

这两点由图 11.16 上的点 B' 和 D' 表示。依此类推,在 80.1～110.6 ℃ 范围内进行计算可得到整个 T-x 图。

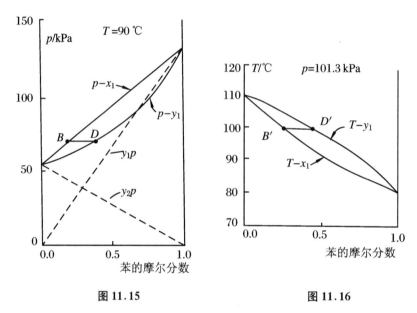

图 11.15   图 11.16

11.5 具有共沸点的混合物

在 T-x 图上,并非所有混合物的沸点线在两种纯组分沸腾温度范围内都会呈现如图 11.5 那样的特性。有许多混合物的温度并不是随成分单调地变化的,而可能大于或小于两种纯组分的沸点。图 11.17 所示是温度变化曲线具有极小值的混合物(如乙醇-水)的 T-x 图。而图 11.18 是具有温度极大值的混合物(如丙酮-三氯甲烷)的 T-x 图。

图中点 A 称为共沸点。在这一点上沸点线与露点线相汇合,即在这个温度极值点的液体与蒸汽具有相同的成分。这类混合物和纯组分一样,在沸腾过程中成分保持不变,即气体与液体内具有完全相同的成分。

由图 11.17 和图 11.18 可见,在共沸点的左右两侧,处于平衡中的气体与液体的成分差

或浓度差却有不同的符号。例如,在图 11.17 中共沸点 A 的左边区域,组分 2 在气相中的浓度大于液相,而在点 A 右侧范围内,组分 2 在液相中的浓度将大于气相。因此,共沸点 A 的左边区域液相汽化时组分 2 在液体中的成分将减少;相反,在点 A 右侧范围内蒸发时剩余液体中的组分 2 反而增加。当总压力固定时,在工程上即使采用精馏的办法也无法跨越共沸点。

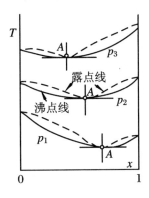

图 11.17 具有温度极小值的
混合物的 T-x 图

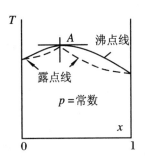

图 11.18 具有温度极大值的
混合物的 T-x 图

在 T-x 图上有温度极小值的混合物。相应将在 p-x 图上呈现压力极大值,反之亦然,如图 11.19 和图 11.20 所示。

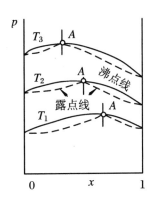

图 11.19 具有压力极大值的
混合物的 p-x 图

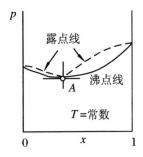

图 11.20 具有压力极小值的
混合物的 p-x 图

当总压力或温度变动时,共沸点的位置将往左右方向移动,也即共沸点将出现在其他成分处,如图 11.17～图 11.19 所示。利用这一特点,工程上也可以人为地变动混合物的共沸性质。

由于共沸混合物有着一系列不同于一般溶液的特性,在工程上愈来愈受到人们的重视,例如,近年来在制冷技术中已采用某些共沸工质作为制冷剂(如由二氟氯甲烷和五氟氯乙烷组成的 R502 制冷剂等)。

例 11.2 试将吉布斯-杜亥姆方程式(10.34)应用于二元气液系统,以证明共沸混合物在 p-x 图和 T-x 图上有极值。

解 当式(10.34)中的广延量为自由焓时,可写成

$$SdT - Vdp + \sum_{i=1}^{\gamma} x_i d\mu_i = 0 \tag{a}$$

将式(a)分别应用于二元系统的液相和气相,可得

$$S^{(\alpha)}dT - V^{(\alpha)}dp + (1 - x_2^{(\alpha)})d\mu_1 + x_2^{(\alpha)}d\mu_2 = 0 \tag{b}$$

和

$$S^{(\beta)}dT - V^{(\beta)}dp + (1 - x_2^{(\beta)})d\mu_1 + x_2^{(\beta)}d\mu_2 = 0 \tag{c}$$

式中,下角标表示组分;上角标"α"与"β"则分别代表液相与气相。由式(c)减去式(b),可得

$$(S^{(\beta)} - S^{(\alpha)})dT - (V^{(\beta)} - V^{(\alpha)})dp + (x_2^{(\alpha)} - x_2^{(\beta)})(d\mu_1 - d\mu_2) = 0 \tag{d}$$

对于共沸混合物,有 $x_2^{(\alpha)} = x_2^{(\beta)}$,则上式成为

$$(S^{(\beta)} - S^{(\alpha)})dT - (V^{(\beta)} - V^{(\alpha)})dp = 0$$

或

$$\frac{dp}{dT} = \frac{S^{(\beta)} - S^{(\alpha)}}{V^{(\beta)} - V^{(\alpha)}}$$

这表明:对于共沸混合物来说,温度与压力共同变化的关系将遵从克拉贝龙方程式。

当压力保持不变时,式(d)成为

$$(S^{(\beta)} - S^{(\alpha)})\frac{\partial T}{\partial x_2^{(\alpha)}} = -(x_2^{(\alpha)} - x_2^{(\beta)})\left(\frac{\partial \mu_1}{\partial x_2^{(\alpha)}} - \frac{\partial \mu_2}{\partial x_2^{(\alpha)}}\right)$$

对于共沸混合物,则有

$$(S^{(\beta)} - S^{(\alpha)})\frac{\partial T}{\partial x_2^{(\alpha)}} = 0$$

由于 $S^{(\beta)} \neq S^{(\alpha)}$,故必然可得

$$\left(\frac{\partial T}{\partial x_2^{(\alpha)}}\right)_P = 0$$

上式表明,压力不变时 T-x 图上的共沸点有极值。

11.6 部分可互溶的二元混合物系统的相图

一个液体二元混合物可以按任意比例互溶,则称为完全互溶体。根据"相似相溶"的原则,两种结构很相似的化合物,例如苯和甲苯、正己烷和正庚烷等,都能以任意的比例混合,并形成理想溶液。

一个液体二元混合物只在一定比例互溶,在其他比例时就会有超过互溶比例的浓组分存在。这种混合物称为部分可互溶混合物。一个部分可互溶混合物,它的互溶比例可能随温度或压力的变化而变化。例如水与苯胺($C_6H_5NH_3$)则随温度上升,苯胺在水中溶解度上升,温度升到某高点及在该高点以上温度,两组分完全互溶。这种溶体为具有最高互溶温度。此外,还有具有最低互溶温度的,如水和三乙基胺,它在最低会溶温度 291.2 K 以下可完全互溶。还有同时具有最高和最低互溶温度的,如水和烟碱。还有只能是部分互溶,如乙醚和水,它就没有互溶温度。

部分互溶体相互溶解情况可以用溶解度 T-x 图表示,如图 11.21 所示。其中液体Ⅰ和

液体 Ⅱ 分别表示含组分 1 和 2 较浓的液体。线 DA 和 DE 代表液体 Ⅱ 与蒸汽之间的平衡,用水平连接线,例如 c″c′ 连接平衡共存的两相。类似地,线 GB 与 GE 代表液体 Ⅰ 与蒸汽之间的平衡。没有蒸汽相存在的液体 Ⅱ 与液体 Ⅰ 之间的平衡由线 Aa″ 及 Ba′ 代表,并由线 a″a′ 连接。沿线 AB 有三相共存:态 A 的液体 Ⅱ、态 B 的液体 Ⅰ 以及态 E 的蒸汽。在单相区(液体 Ⅰ、液体 Ⅱ 及蒸汽混合物区),系统是三变量的;在两相区(液体 Ⅰ + 液体 Ⅱ 区、液体 Ⅰ + 蒸汽区以及液 Ⅱ + 蒸汽区),系统是双变量的;在三相区(沿线 AB),系统是单变量的。线 abcde 代表等压加热过程。应当说明,混合物不同,其溶解度 T-x 图上两相与单相分界线是不一样的,水与苯胺最高互溶型的似凸抛物线,水和三乙基胺最低会溶型的似凹抛物线,水和烟碱的同时具有最高和最低互溶型的似椭圆线,而乙醚和水只部分互溶型的似单侧抛物线。

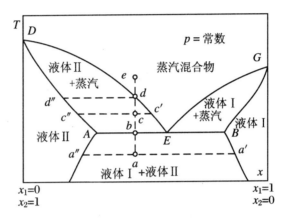

图 11.21　两种部分可互溶的液体的 T-x 图

例 11.3　试说明下列结论是否确:

(1) 一定压力下纯物质的熔点是定值;

(2) 298 K 时 1 dm^3 中含 0.2 mol NaCl 的水溶液只有一个平衡蒸汽压;

(3) 一定温度下,1 dm^3 中含 0.2 mol NaCl 及任意量 KCl 的水溶液的平衡蒸汽压并非定值。

解　(1) 因 $\gamma = 1$、$\varphi = 2$,由相律得 $f = \gamma - \varphi + 2 = 1$,即自由度为 1。现压力已确定,所以熔点是定值。

(2) 因 $\gamma = 2$、$\varphi = 2$,根据相律 $f = 2 - 2 + 2 = 2$,现温度和溶液的成分已确定,因此平衡蒸汽压是定值。

(3) 因 $\gamma = 3$、$\varphi = 2$,根据相律 $f = 3 - 2 + 2 = 3$,即独立强度变量为 3 个。现温度和 NaCl 水溶液的浓度已定,所以可独立变动的变量只有一个。因此,蒸汽压不能为定值,它将随 KCl 的浓度而变动。

例 11.4　图 11.22 为 H_2O-NH_4Cl 的温度-成分相图,试由图回答下列问题:

(1) 溶液冷却到 $-8\,^\circ C$ 时析出冰,问在 750 g 的水中 NH_4Cl 的含量。

(2) 将质量分数为 15% 的 NH_4Cl 水溶液冷却到 $-5\,^\circ C$ 时可得到多少冰?

(3) 质量分数为 25% 的 NH_4Cl 的盐水混合物加热到 $10\,^\circ C$ 时,能否完全溶解 NH_4Cl?

(4) $5\,^\circ C$ 时 NH_4Cl 在水中的溶解度为多少?

(5) 若要使 100 g 25% 的溶液冷却到 $-10\,^\circ C$ 时仍为饱和溶液,还应加入多少水?

解 (1) 从图 11.22 可知，$-3\,℃$ 时析出冰的溶液（浓度）为含 $14\%\,NH_4Cl$，故溶液含水 86%。因此，在 $750\,g$ 水中所含 NH_4Cl 的质量为

$$\frac{750\,g}{86\%} \times 14\% = 122\,g$$

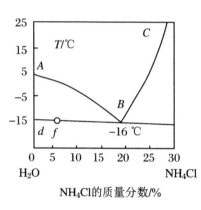

图 11.22 NH₄Cl 水溶液相图

(2) 由图 11.22 可知，$-5\,℃$ 时，15% 的 NH_4Cl 溶液的状态点在液相区，因此不能析出冰。

(3) 由图 11.22 可知，$10\,℃$ 时，25% 的盐水混合物的状态为二相共存，即一个液相与一个固相 NH_4Cl，因而不能使 NH_4Cl 完全溶解。

(4) 由图 11.22 中的线 BC 可知，$5\,℃$ 时 NH_4Cl 的溶解度为 24%。

(5) 由图 11.22 中的线 BC 可知，$-10\,℃$ 时的溶解度为 21%。NH_4Cl 的质量分数为 25% 的 $100\,g$ 溶液中含 $25\,g\,NH_4Cl$，若将它配制成 21% 的溶液，则溶液质量为

$$\frac{25\,g}{21\%} \times 100\% = 119\,g$$

故需加水量为 $119\,g - 100\,g = 19\,g$。

11.7 简单的低共熔混合物分析法

物质分子的聚合形态发生变动时，分子间的组合能就会发生改变，因此对外界要吸收或放出热量以获得热平衡，分子间距发生改变，对外界要通过体积的收缩或膨胀，来获得力平衡。物质在从固相变为液相时既要吸收热量，又要维持温度不变，而凝固时要放出热量也维持不变。物质的这种性质常用于储热蓄冷，另外在物质的分离时，也要充分考虑到这种现象。由于单组分纯一物质的这些特性不能满足工程中特定的温度需求，因此要配制混合物，调整混合物的熔点，以满足不同需求。物质掺杂后都有使熔点降低的趋势，但混合物的组分怎么搭配，成分各是多少，则值得很好地研究。本节仅就二元成分的固-液相图的绘制方法和相图分析法作些简单介绍，以便对感兴趣者有所启发。

1. 热分析法

图 11.23 给出了用逐步冷却法绘制铋-镉（Bi-Cd）体系的相图示意图。其做法是将纯 Bi、纯 Cd 及不同比例的 Bi-Cd 的混合物从熔化状态在缓慢冷却条件下，根据其冷却温度线突然变缓的折点（凝固点）温度及其对应组分的横坐标，绘出 Bi-Cd 的相图，如图 11.24 所示。图 11.24 中点 A 为 Bi 的熔点，H 为 Cd 的熔点，E 为共熔点。共熔点的混合物就像单一组分物质一样，有固定的熔点。在 B-E 区间的混合物在熔化态冷却过程碰到线 AE 时就开始有固体析出，析出固物是 Bi，较低温度的熔液中 Cd 的含量（浓度）更高，继续冷却直至熔液中 Bi、Cd 的浓度是共熔浓度为止。

在 E-M 段的混合物在熔化态冷却时碰到线 EH 时就开始有 Cd 固体析出，较低温度的

熔液中 Bi 的含量(浓度)更高,继续冷却直至熔液中 Bi、Cd 的浓度是共熔浓度为止。

2. 溶解度法

许多盐类的水合物或有机溶液可用溶解度法描述固液相图。图 11.25 是用不同温度下 $(NH_4)SO_4$ 饱和水溶液的浓度实验数据做成的相图。图中线 AN 是 $(NH_4)SO_4$ 饱和水溶液的曲线,线 LN 是水的冰点下降线。在点 A 冰、溶液和固态 $(NH_4)SO_4$ 三相共存。组成在点 A 以左的溶液冷却时,首先析出的是固态冰;在点 A 以右的溶液冷却时,首先析出的是固态 $(NH_4)SO_4$;只有在溶液组成恰好相当于点 A 时,冷却后,冰和固态 $(NH_4)SO_4$ 同时析出并形成低共熔混合物类似的水盐体系有 $NaCl-H_2O$(低共熔点为 252.1 K)、$KCl-H_2O$(低共熔点为 262.5 K)、$CaCl_2-H_2O$(低共熔点为 218.2 K)、NH_4Cl-H_2O(低共熔点为 257.8 K)。按照最低共熔点的组成来配冰和盐的量,就可以获得较低的冷冻温度。在化工生产和制冰中,经常用盐水溶液作为冷冻的循环液。乙二醇水溶液也可降低溶液的凝固点,常用于做汽车的防冻液。有关其浓度配制可参考相关书籍。

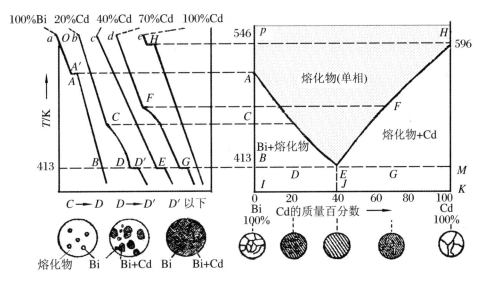

图 11.23　Bi + Cd 体系的步冷曲线　　　图 11.24　Bi-Cd 的相图

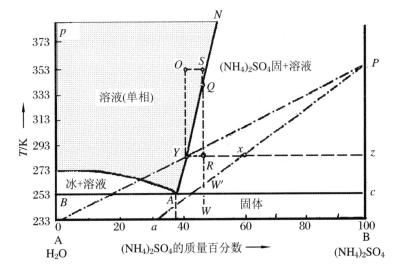

图 11.25　$(NH_4)_2SO_4-H_2O$ 的相图

11.8 沸点升高与凝固点降低

根据定义,某一液体的沸点是指其蒸汽压力与环境作用压力(通常为一个大气压)相等时的液体温度。对于含有不挥发溶质的稀溶液来说,它不产生任何蒸汽压,因而溶液的蒸汽压就完全是由溶剂所产生的。根据拉乌尔定律式(10.79)溶质溶解时,溶剂的蒸汽压将降低。因此,当一种溶质(例如食糖)溶解于溶剂(如水)中时,溶液必将在比纯溶剂的沸点更高的温度下沸腾,才能使溶液的蒸汽压与外压维持相等,即出现沸点升高现象。这种现象在许多溶液的蒸发工程中是必须考虑的。

现在来导出沸点升高的方程式。已知拉乌尔定律的数学式(10.79)为 $p_1 = p_1^0 x_1$,由于其中纯溶剂的蒸汽压 p_1^0 可看作只是温度的函数,所以拉乌尔定律在形式上可以表达为

$$p_1 = f(T, x_1)$$

因为 p_1 的全微分为

$$dp_1 = \left(\frac{\partial p_1}{\partial T}\right)_{x_1} dT + \left(\frac{\partial p_1}{\partial x_1}\right)_T dx_1$$

由拉乌尔定律,可得

$$\left(\frac{\partial p_1}{\partial x_1}\right)_T = p_1^0$$

当应用克拉贝龙方程(7.34)于上式,并把饱和液体和饱和气体的比体积 v'、v'' 改用摩尔体积 V_m 表示,用下角标"g"和"f"表示气体,把比蒸发潜热 Δh 改写为比摩尔潜热 $H_{m,fg}$,在略去液体的摩尔体积,且蒸汽的摩尔体积按理想气体定律近似计算时,由上式可得

$$\left(\frac{\partial p_1}{\partial T}\right)_{x_1} dT = \left(\frac{\partial p_1^0 x_1}{\partial T}\right)_{x_1} = x_1 \frac{dp_1^0}{dT} = x_1 \frac{H_{m,1,fg}^0}{T(V_{m,1,g}^0 - V_{m,1,f}^0)} = x_1 p_1^0 \frac{H_{m,1,fg}^0}{RT^2}$$

式中,$H_{m,1,fg}^0$ 为每摩尔纯溶剂的汽化潜热,进而可得

$$dp_1 = x_1 p_1^0 \frac{H_{m,1,fg}^0}{RT^2} dT + p_1^0 dx_1$$

因为根据定义要使蒸汽压 p_1 保持与周围环境压力值相等不变,即 $dp_1 = 0$,所以上式可以写成

$$p_1^0 dx_1 = -x_1 p_1^0 \frac{H_{m,1,fg}^0}{RT^2} dT$$

假定 $H_{m,1,fg}^0$ 为常数,对上式分离变数并积分,可得

$$\int_{x_1=1}^{x_1} \frac{dx_1}{x_1} = -\frac{H_{m,1,fg}^0}{R} \int_{T_0}^{T} \frac{dT}{T^2}$$

或

$$\ln x_1 = \frac{H_{m,1,fg}^0}{R}\left(\frac{1}{T} - \frac{1}{T_0}\right)$$

式中,T_0 为纯溶剂的沸点;T 为溶液的沸点。由于上式是对溶液而言的,此时 $x_1 \to 1$,$x_2 \to 0$,故 $T_0 \approx T$ 及 $\ln x_1 = \ln(1-x_2) \approx -x_2$,而上式可写成

$$x_2 = \frac{H^0_{\mathrm{m,1,fg}}}{R} \frac{\Delta T}{T^2_0}$$

或

$$\Delta T = \frac{RT^2_0}{H^0_{\mathrm{m,1,fg}}} x_2 \tag{11.16}$$

式中，ΔT 相应于溶质摩尔分数 x_2 的沸点而升高。式(11.16)称作沸点升高定律。这个定律除表明溶液的沸点将升高以外，还说明这样一种规律：即当溶剂一定时，对于不同的不挥发溶质来说，只要它们的摩尔分数相同，溶液的沸点将有同样的升值。由这个方程式可以计算沸点升高的数值，也可以用来求溶剂的汽化潜热或不挥发溶质的相对分子质量。

上式中，对于一定的溶剂(例如水)来说，T_0、$H^0_{\mathrm{m,1,fg}}$ 及 R 均为常数，因此，式(11.16)可改写成

$$\Delta T = Kx_2 \tag{11.17}$$

式中，$K = \dfrac{RT^2_0}{H^0_{\mathrm{m,1,fg}}}$ 称为沸点升高常数，只决定于溶剂的种类。由此可见，稀溶液的沸点升高值近似地与溶液的浓度成正比。

稀溶液的上述性质也可以由 $p\text{-}T$ 图上观察到。如图 11.26 所示，曲线 AB 代表纯溶剂(这里以纯水为例)的饱和蒸汽压与温度的关系，CD、EF 等曲线分别表示各种不同成分的溶液的饱和蒸汽压与温度的关系。显然，由于在已知温度下溶液的饱和蒸汽压较纯溶剂小，所以它们的 $p\text{-}T$ 关系曲线必定位于线 AB 之下。为了求得在标准大气压($1.013\,3\times10^5$ Pa)时的沸点，在图中画出了数值为 101.33 kPa 的等压线。它与曲线 AB、CD 和 EF 的交点就是各该溶液的沸点。可以清楚地看到，溶液的沸点较纯溶剂的高；稀溶液的浓度愈大，升高值也愈大。对于无限稀的溶液来说，曲线上的 CC' 及

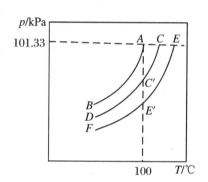

图 11.26　稀溶液的沸点升高

EE' 等无限小的线段(图 11.29 中为了容易看清起见而放大了)可看作直线。这样，由相似三角形 ACC' 与 AEE' 就可以看到沸点升高与溶液饱和蒸汽压的下降成正比，因此也与溶液的浓度成正比。

在上面的讨论中，已经研究了含有不挥发溶质的溶液将在比纯溶剂高的温度下沸腾的情况。同样，溶液也将在比纯溶剂低的温度下凝固，只要溶液开始凝固纯溶剂就立刻形成固相，而溶质被限于液相之中。凝固点降低的分析与沸点升高非常类似，因而这里不再重复。类似于式(11.24)的方程式为

$$\Delta T = \frac{RT^2_0}{H^0_{1,\mathrm{sf}}} x_2 \tag{11.18}$$

式中，$\Delta T = T_0 - T$ 为相应于溶质摩尔分数 x_2 的凝固点降低，T_0 为纯溶剂的凝固点，T 为溶液的凝固点；$H^0_{\mathrm{m,1,sf}}$ 为每摩尔纯溶剂的溶解潜热。式(11.18)称为凝固点降低定律。凝固点降低也可用于相对分子质量的确定。

与式(11.18)类似，也可参考式(11.17)，得到

$$\Delta T = K' x_2 \tag{11.19}$$

式中，$K' = \dfrac{RT_0^2}{H_{m,1,sf}^0}$ 称为凝固点降低常数。其值只决定于溶剂的种类，因而稀溶液的凝固点降低值也近似地与溶液的浓度成正比。

由以上的讨论可以看到，当将不挥发性溶质溶入某一溶剂构成稀溶液时，会发生一系列现象，即与纯溶剂相比，溶液的蒸汽压会降低，沸点将升高，凝固点也将降低。除此之外，在溶液与纯溶剂之间还会产生渗透压①。当溶液浓度比较稀时，在一定的溶剂中，气压的降低值、沸点的升高值、凝固点的降低值，以及渗透压的数值都只决定于溶质的浓度，与溶质的种类无关。这一共同现象称为稀溶液的依数性，即只依据溶质的分子数目而定的性质。

例 11.5 习惯上，在计算稀溶液的沸点升高值和凝固点降低值时，常用质量摩尔浓度 m 来代替摩尔分数 x_2，这时，沸点升高式(11.17)表示成

$$\Delta T = K_m m \tag{a}$$

凝固点降低式(11.19)表示成

$$\Delta T = k'_m m \tag{b}$$

m 的含义为在 1 000 g 溶剂中所溶解的溶质摩尔数。

现向 1 000 g 苯中加入 13.76 g 联苯(C_6H_5-C_6H_5)后，苯的正常沸点由 50.1 ℃ 升至 82.4 ℃。求：(1) 苯的沸点升高常数；(2) 苯的汽化潜热。

解 在稀溶液中因 $n_1 \gg n_2$，故

$$x_2 = \frac{n_2}{n_1 + n_2} \approx \frac{n_2}{n_1}$$

由

$$\frac{n_2}{n_1} = \frac{W_2}{M_1} \Big/ \frac{W_1}{M_2} \quad \text{及} \quad \frac{n_2}{n_1} = \frac{m}{1\,000/M_1}$$

可得

$$m = \frac{W_2 \times 1\,000}{W_1 M_2} \quad \text{以及} \quad x_2 = \frac{m M_1}{1\,000}$$

式中，n_1、n_2、W_1、W_2 分别为溶剂与溶质的摩尔数和质量。

(1) $M_2 = 154.2$ g/mol，有

$$m = \frac{W_2 \times 1\,000}{W_1 M_2} = \frac{13.76 \text{ g} \times 1\,000 \text{ g}}{100 \text{ g} \times 154.2 \text{ g/mol}} = 0.892 \text{ mol}$$

由式(11.17)可得苯的沸点升高常数

$$K_m = \frac{\Delta T}{m} = \frac{82.4 \text{ ℃} - 80.1 \text{ ℃}}{0.892 \text{ mol/kg}} = 2.58 \text{ ℃} \cdot \text{kg/mol}$$

(2) $M_1 = 78.0$ g/mol：

因

$$K_m = \frac{RT_0^2}{H_{m,1,fg}^0} \frac{M_1}{1\,000}$$

────────────────────────────────

① 渗透压是当溶液与纯溶剂被半透膜隔开后，在膜两边形成平衡所需的压力差。在这里，半透膜只允许溶剂通过，而不允许溶质通过。

计算渗透压 π 的式子为

$$\pi = \frac{RT}{V_{m,1}} x_2 = \frac{n_2 RT}{V}$$

式中，$V_{m,1}$ 为纯溶剂的摩尔体积，V 为溶液相的总体积。

故

$$H^0_{m,1,fg} = \frac{RT_0^2}{K_m}\frac{M_1}{1\,000} = \frac{8.314\,\text{J/(mol} \cdot \text{K)} \times 353.1^2\,\text{K}^2 \times 78.0\,\text{g/mol}}{2.58\,(\text{℃} \cdot \text{kg/mol}) \times 1\,000\,\text{g}} = 31.3\,\text{kJ/mol}$$

例 11.6　有 0.911 g CCl_4 溶于 50.00 g 苯中形成稀溶液,测得凝固点降低了 0.603 ℃,试计算 CCl_4 的相对分子质量。已知苯的凝固点降低常数 $K'_m = 5.12\,\text{K} \cdot \text{kg/mol}$。

解　由式(11.19),得

$$m = \frac{\Delta T}{K'_m}$$

又由上例,知

$$m = \frac{W_2 \times 1\,000\,\text{g}}{W_1 M_2 \times 1\,\text{kg}}$$

故 CCl_4 的摩尔质量为

$$M_2 = \frac{K'_m W_2 \times 1\,000\,\text{g}}{W_1 \Delta T} = \frac{5.12 \times 0.911 \times 1000}{50.00 \times 0.603} = 155$$

而按分子式算得的摩尔质量为

$$35.45 \times 4 + 12.01 = 153.81$$

故以上所得结果基本正确。

11.9　一阶相变·高阶相变

在纯物质相变中,例如汽化、熔解或升华时,温度和压力保持不变,而熵及容积有一定量的变化。因为

$$\mathrm{d}g = -s\mathrm{d}T + v\mathrm{d}p$$

显然,在这样的相变中自由焓保持不变。但由于

$$\left(\frac{\partial g}{\partial p}\right)_T = v$$

及

$$\left(\frac{\partial g}{\partial T}\right)_p = -s$$

因而得知自由焓的一阶导数必定发生有限的变化。这种自由焓对 T、p 的一阶导数为有限变化的相变称作一阶相变或一级相变。图 11.27 表明了一阶相变的主要特性,可以归纳为:

(1) 相变过程中两相的自由焓或化学势相等;

(2) $s' \neq s''$ 及 $v' \neq v''$;

(3) 根据 $h_{lg} = T(s'' - s')$ 可知,在相变过程中有相变潜热存在;

(4) 相变时饱和压力与温度变化的关系可由克拉贝龙方程求得,即

$$\frac{\mathrm{d}p}{\mathrm{d}T} = \frac{s'' - s'}{v'' - v'}$$

图中及上面各关系式中的上标"'"与"''",分别表示相变时的初相与终相,常表示液相和气相。

与一阶相变相反,在等温等压下发生的某些相变没有熵和容积的变化。因此,对于这样的相变,自由焓的一阶导数如图 11.28 所示,不呈现出间断。但是,假如在相变时自由焓的二阶导数发生有限的变化,则这样的相变就称为二阶相变或二级相变。这种相变最早由埃伦弗斯特(Ehrenfest)提出。由下面三式

$$\left(\frac{\partial^2 g}{\partial T^2}\right)_p = -\left(\frac{\partial s}{\partial T}\right)_p = -\frac{c_p}{T}$$

$$\left(\frac{\partial^2 g}{\partial p^2}\right)_T = \left(\frac{\partial v}{\partial p}\right)_T = -k_T v$$

$$\frac{\partial^2 g}{\partial T \partial p} = \left(\frac{\partial v}{\partial T}\right)_p = \alpha_V v$$

可知在真正的二阶相变中,比定压热容 c_p、定温压缩系数 k_T 及体膨胀系数 α_V 都发生有限的变化。

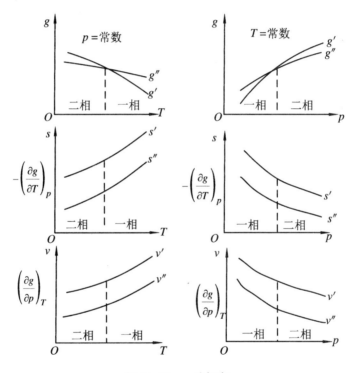

图 11.27　一阶相变

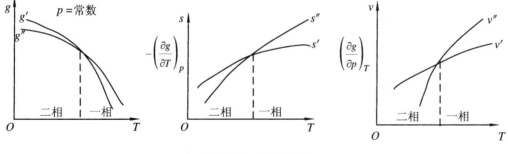

图 11.28　二阶相变

因为熵没有变化,即 $s' = s''$,所以可以由 $h_{lg} = T(s' - s'')$ 的关系得出,在二阶相变中相变潜热为零。为了求得二阶相变时的斜率 dp/dT,可根据熵与容积不变的条件,即 $s' = s''$ 或 $ds' = ds''$,应用第二 ds 方程得到

$$c'_p dT - Tv\alpha' dp = c''_p dT - Tv\alpha'' dp$$

式中已经应用了 $v = v' = v''$,因此

$$\frac{dp}{dT} = \frac{c''_p - c'_p}{Tv(\alpha'' - \alpha')} \tag{11.20}$$

另一方面,由条件 $v' = v''$ 或 $dv' = dv''$,并因

$$dv = \left(\frac{\partial v}{\partial T}\right)_p dT + \left(\frac{\partial v}{\partial p}\right)_T dp = v\alpha dT - vk_T dp$$

可得到

$$v\alpha' dT - vk'_T dp = v\alpha'' dT - vk''_T dp$$

因此

$$\frac{dp}{dT} = \frac{\alpha'' - \alpha'}{k''_T - k'_T} \tag{11.21}$$

式(11.20)及式(11.21)称为二阶相变的埃伦弗斯特方程式。

没有磁场存在时,第一类超导体由常态向超导态转变是二阶相变的一个典型例子。其他的一些相变,例如在居里点(Curie Point)处由铁磁性向顺磁性的转变(见第 14 章),以及在 λ 点处液氦向超流体液氦的正常转变,通常都认为是属于二阶的。但是,这些相变虽然满足 p、T、g、s 及 v(因而还有 u、h 及 f)保持不变的条件,而更精确的实验数据表明,c_p、k_T 及 α 发生有限变化的条件却没有得到满足。如图 11.29 所示,这类相变的 c_p-T 曲线形状像希腊字母"λ",因此称为 λ 相变更为恰当。λ 相变有许多例子,图 11.29 中的液氦 I 向液氦 II 的转变就是明显的一例。

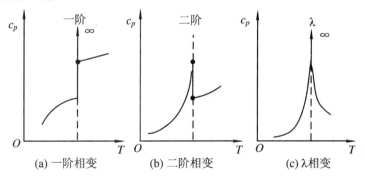

图 11.29　三类相变的不同特性

图 11.29 示出了三类相变的 c_p-T 曲线。如图 11.29(a)所示,当一种物质任何相的温度向发生一阶相变的温度趋近时,它的 c_p 值在到达相变温度前一直保持有限值。只有当少量的另一相产生时,才突变为无穷值,而在这之前,始终没有任何预兆表明即将来临的突变。但发生 λ 相变时,如图 11.29(c)所示,在相变到达前 c_p 就已开始迅速上升,虽然物质只有一相,也预示了即将到来的相变。

11.10　多元混合物气液相平衡特性探讨

1. 理想多元混合物泡点压力和露点压力

根据拉乌尔定律和道尔顿定律以及参照式(11.10),可以直接导出理想多元混合物的泡点压力与混合物中液相组成 x_i 和各组分的饱和蒸汽压 p_i^0 的关系式为

$$p_b^0 = \sum_{i}^{n} x_i p_i^0 \tag{11.22}$$

式中,p_b^0 为理想混合物的泡点压力。方程(11.22)可以看作理想混合液泡点压力的串联定律式,文字表述为:理想混合液的泡点压力,等于混合物液相中各组分的摩尔分率 x_i 与该组分在同温度时饱和蒸汽压的乘积的总和。之所以把方程(11.22)简称为泡点压力串联计算式,是因为 $x_i p_i^0$ 相当于串联电路的分电阻,p_b^0 可看作总电路的等效电阻。

混合物气液平衡时,液相与气相的组成是不相同的,当用气相的组成 y_i 来表示的气液相平衡的压力就是露点压力。推导多元混合物的蒸汽压的表达式时,可以用降元法。例如,三元混合物可以把第2、第3种组分先按二元混合物法则蜕变成一种等价物质,再与第1种组分混合。例如,设三元混合物气相组成为 y_1、y_2、y_3,当把第2、第3组分组成等效为第23组分时,参照式(11.14),理想三元混合物的蒸汽压,即露点压力 p_d 可表示为

$$p_d = \frac{1}{\dfrac{y_1}{p_1^0} + \dfrac{y_{23}}{p_{23}^0}} \tag{11.23}$$

式中

$$y_{23} = y_2 + y_3$$

$$p_{23}^0 = \frac{1}{\dfrac{y_2'}{p_2^0} + \dfrac{y_3'}{p_3^0}}$$

$$y_2' + y_3' = 1, \quad y_2' = \frac{y_2}{y_2 + y_3}, \quad y_3' = \frac{y_3}{y_2 + y_3}$$

把以上三式代入式(11.23),得

$$p = \frac{1}{\dfrac{y_1}{p_1^0} + \dfrac{y_2}{p_2^0} + \dfrac{y_3}{p_3^0}} \tag{11.24}$$

方程(11.24)是三元理想混合溶液的露点压力与气相组分的关系式。据式(11.14)和式(11.24)类推,可直接写出 n 元理想混合物的露点压力计算式为

$$p_d^0 = \frac{1}{\displaystyle\sum_1^n \frac{y_i}{p_i^0}} = \frac{1}{\displaystyle\sum_1^n \frac{y_i}{p_i^0}} \tag{11.25}$$

方程(11.25)可以看作理想混合物的露点压力并联定律计算式,文字表述为:理想混合

溶液的露点压力,等于混合溶液气相中各组分的分率 y_i 与该组分饱和蒸汽压的比值的总和的倒数。方程(11.25)简称理想溶液的露点压力并联计算式,因为 y_i/p_i^0 相当于并联电路的分电阻,$1/p_d^0$ 相当于并联电路的等效电阻。

实际的混合物并不严格遵守拉乌尔定律,而总是会表现出正偏差或负偏差。

2. 实际多元混合物泡点压力和露点压力的修正

实际混合物的泡点和露点压力 p_b 和 p_d 都必须在式(11.22)和式(11.25)上分别增加一个修正项 Δp_b 和 Δp_d,于是泡点和露点压力 p_b 和 p_d 的修正式可表示为

$$p_b = p_b^0 + \Delta p_b = p_b^0(1 + B) \tag{11.26}$$

$$p_d = p_d^0 + \Delta p_d = p_d^0(1 + D) \tag{11.27}$$

式中,B、D 分别是混合溶液的泡点和露点压力的相对偏离数。参照逸度定义,可知 $1+B$ 和 $1+D$ 相当于泡点压力与露点压力的逸度系数 φ_b 和 φ_d,即

$$\varphi_b = \frac{p_b}{p_b^0} = 1 + B \tag{11.28}$$

$$\varphi_d = \frac{p_d}{p_d^0} = 1 + D \tag{11.29}$$

与 B、D 相关的因素,有混合物中的组分类别,各组分在混合物中的摩尔分数 x_i 或 y_i 以及温度 T。通过对一些实验数据的分析,B、D 可以分别近似表示为

$$B = B_0 + B_1(1 - T_r) \tag{11.30}$$

$$D = D_0 + D_1(1 - T_r) \tag{11.31}$$

由于 B_0 和 D_0 与温度无关,只与混合物的组成和成分有关,同成分的混合物的 B_0 和 D_0 基本相同,与 1 整合后为新混合修正数 A_b 和 A_d。于是,由式(11.26)和式(11.28)、式(11.27)和式(11.29)整合后,分别得到

$$p_b = \left[A_b + B_1(1 - T_r) \right] \sum_{i=1}^{n} x_i p_i^0 \tag{11.32}$$

$$p_d = \frac{A_d + D_1(1 - T_r)}{\sum\limits_{i=1}^{n} \dfrac{y_i}{p_i^0}} \tag{11.33}$$

方程(11.32)和方程(11.33)分别为 n 元混合物的泡点和露点压力推算式。

式中的待定常数 A_b、B_1、A_d 和 D_1 都与实际的混合物有关,由少数实验点的数据确定。用 HFC 三元混合物 410A、410B 和 410C 以及空气为例,通过计算值与文献推荐值的比较,发现上式中 A_b 接近于 1 而略小,范围为 $0.97\sim1.0$,建议取 $A_b = 0.98$;A_d 略大于 1.0,范围为 $1.0\sim1.08$。在 A_b 和 A_d 选定后,方程(11.32)和方程(11.33)中与温度有关的混合系数 B_1 和 D_1,可方便地由混合物的一个温度点的实验数据定出。选用近大气压或 $T_r = 0.60\sim0.70$ 附近的实验值作为标定数据为好。目前对混合物的混合系数的研究还不充分,但至少可以肯定 B_1 和 D_1 与混合物的组分混合系数 $\tilde{x}_{ij}$ 有关,通过对实验数据的分析,建议采用如下的近似关联式:

$$B_1 = B(x_i, x_j) = b_0 + b_1 \tilde{x}_{ij} \tag{11.34}$$

$$D_1 = D(y_i, y_j) = d_0 + d_1 \tilde{x}_{ij} \tag{11.35}$$

$$\tilde{x}_{ij} = \sum_{i=1} \sum_{j=2} x_i x_j \quad (i \neq j) \tag{11.36}$$

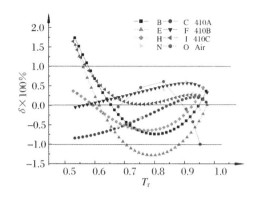

图 11.30   三元混合物算例的偏差

使用式(11.32)和式(11.33)计算了 HFCs 三元混合工质 410A、410B、410C 和空气的泡点及露点压力,计算值与推荐值比较的偏差如图 11.30 所示。计算中纯组分饱和蒸汽压 p_i^0 由 NIST Refprop 6.01 数据库计算得到,用 $T_r = 0.7$ 附近的实验值,关联得到的 410 族混合工质的混合系数 B_0、b_0、b_1 和 D_0、d_0、d_1 及绝对平均偏差,都列在表 11.2 中。由于 410A、410B、410C 都是由 R22/R152a/R124 三种物质组成的,三种混合物的组分混合系数 $\tilde{x}_{ij}$ 分别为:0.278 5、0.255 45 和 0.322 523。

表 11.2   几种三元混合工质的关联系数

工质	B_0	B_1	b_0	b_1	$\lvert \delta_b \rvert_{\times 100}$	D_0	D_1	d_0	d_1	$\lvert \delta_d \rvert_{\times 100}$
410A	0.98	0.154	−0.22	1.30	0.32	1.06	0.048	0.255	−0.72	0.56
410B	0.98	0.112	−0.22	1.30	0.32	1.06	0.071	0.255	−0.72	0.85
410C	0.98	0.203	−0.22	1.30	0.36	1.06	0.024	0.255	−0.72	0.40
空气	0.98	0.10			0.44	1.06	0.11			0.38

混合溶液泡点和露点的修正式可以有另外的形式,由于理论研究不足,一般都以实验数据为关联的基础。以少数实验点的数据标定推算式的少数常数,会提高推算式的精度。

11.11   混合物状态方程拟合及其在热物性计算中的应用

1. 混合物状态方程拟合

通常混合物借用纯物质的状态方程的形式来表述,由于 P-R 方程在气相和液相都适用,且比较简单,所以目前普遍被应用于混合物。为方便起见,将 P-R 方程重新引述如下:

$$p = \frac{RT}{V_m - b} - \frac{a(T)}{V_m(V_m + b) + b(V_m - b)}$$

$$a(T_C) = 0.457\,24\,\frac{R^2 T_C^{2.5}}{p_C}, \quad b = 0.077\,80\,\frac{RT_C}{p_C}, \quad Z_c = 0.307$$

$$a(T) = a(T_C)\alpha(T_r, \omega)$$

$$\alpha^{0.5} = 1 + K(1 - T_r^{0.5})$$

$$K = 0.374\,64 + 1.542\,26\omega - 0.269\,92\omega^2$$

P-R 方程为立方型方程,为使用方便,可转化为摩尔体积或压缩因子的三次方程式

$$Z^3 - (1 - B)z^2 + (A - 3B^2 - 2B)z - (AB - B^2 - B^3) = 0$$

式中

$$A = 0.457\,24\alpha(T_r,\omega)\frac{p_r}{T_r}, \quad B = 0.077\,80\frac{p_r}{T_r}, \quad Z = \frac{pV_m}{RT}$$

对于立方型方程求解时一般在饱和区可获得三个实根,最大的一个对应于饱和气相摩尔体积,最小的一个对应于饱和液相摩尔体积。在临界点处,三个根重叠,在气相区则选取最大实根。在利用这类方程求解摩尔体积时,可直接按卡尔丹(Cardan)公式求根,避免了迭代。当需要多次求解容积时,则对节省时间很有实际意义。

当把 P-R 方程应用于混合物时,需要确定引力项修正常数 a 和体积项修正常数 b 以适合于混合物。通常是利用混合物组成中的各个纯组分的修正常数 a_i 和 b_i 按照一定混合规则求得,或再配混合交互系数进行调整。混合规则有线性拟合、二次型拟合等,何者最为适合和科学,目前尚无定论。以下先介绍一种常用的混合规则:

$$a = \sum_i \sum_j x_i x_j a_{i,j}$$
$$a_{i,j} = (1 - k_{i,j})\sqrt{a_i a_j} \tag{11.37}$$
$$b = \sum_i x_i b_i$$

式中,x_i 和 x_j 分别为混合物液相中各组分的摩尔分率;a_i、a_j、b_i 分别为混合物中各组分在纯组分 P-R 方程中所用的常数,可根据式(7.25)～式(7.28)求取;$k_{i,j}$ 为二元交互系数,其值一般由实验值确定,部分混合物可在文献中查取,若缺乏数据可取 $k_{i,j} = 0$。目前众多的论文都在研究式(11.37)中 $k_{i,j}$ 的构成,试图找出其合成规则。

式(11.37)中常数 a 的拟合法得出的值,当取 $k_{i,j} = 0$ 时并不等于理想混合物线性拟合值。

2. 气液相平衡计算公式

气液相平衡时,各相温度相等,各相压力相等。各组分气相的逸度 f_i^v 和液相的逸度 f_i^l 相等。计算公式如下:

$$f_i^v = f_i^l \tag{11.38}$$

$$\varphi_i^v y_i = \varphi_i^l x_i, \quad k_i = \frac{y_i}{x_i} = \frac{\varphi_i^l}{\varphi_i^v} \tag{11.39}$$

$$\sum_i^n x_i = 1, \quad \sum_i^n y_i = 1 \tag{11.40}$$

$$\sum_i^n \frac{y_i}{k_i} = 1, \quad \sum_i^n k_i x_i = 1 \tag{11.41}$$

式中,φ_i^l 和 φ_i^v 分别是 i 组分在液相和气相的逸度系数;x_i 和 y_i 分别是 i 组分在液相和气相的摩尔分数;k_i 为 i 组分的气液平衡比或相平衡常数。

用于 P-R 状态方程的 i 组分逸度系数 φ_i 的计算公式为

$$\ln \varphi_i = \frac{b_i}{b}(Z-1) - \ln(Z-B) - \frac{A}{2\sqrt{2}\,B}\left(\frac{2\sum_j x_j a_{i,j}}{a} - \frac{b_i}{b}\right)\ln\frac{Z + 2.414B}{Z - 0.414B} \tag{11.42}$$

式(11.42)用于直接计算 i 组分液相逸度系数 φ_i^l,当把上式中 x_i 更改为 y_i 时即可计算 i 组分气相逸度系数 φ_i^v。

3. 偏离函数及自由焓、焓、熵的计算

在第 8 章中介绍过实际气体的热力学参数可通过计算与理想气体的差别的偏离函数求得。由 P-R 方程导出的偏离函数方程及吉布斯自由焓、焓和熵的计算式参看第 8 章中的例 8.1。

11.12 混合物的对应态关系

1. 混合工质的假临界温度 $\widetilde{T}_{c,m}$

混合工质的假临界温度可以有以下两种较为简便的算法:一种是式(10.55)的串联线性和加法,即

$$\widetilde{T}_{c,m,A} = \sum_{i=1}^{n} x_i T_{c,i} \tag{11.43a}$$

式中,x_i 为各组分的摩尔分数。另一种是并联法,即

$$\widetilde{T}_{c,m,B} = 1 \Big/ \sum_{i=1}^{n} x_i \Big/ T_{c,i} \tag{11.43b}$$

上述两式计算值相差不大,经 410A、410B 和 410C 三种三元混合物比较,前者比后者约大 0.3 K,二者的平均值为

$$\widetilde{T}_{c,m} = \frac{\widetilde{T}_{c,m,A} + \widetilde{T}_{c,m,B}}{2} \tag{11.44}$$

$\widetilde{T}_{c,m}$ 与混合物的临界温度 $T_{c,m}$ 更接近。410A、410B 和 410C 三种三元混合物的几种临界温度的计算值与文献值的比较如表 11.3 所示。可见,式(11.44)算出的假临界温度 $\widetilde{T}_{c,m}$ 作为混合工质的假临界温度是合理的,许多文献中给出的混合工质饱和区的性质也是给到这个温度值为止。

表 11.3 临界温度的计算值与文献值

	$\widetilde{T}_{c,m,A}$	$\widetilde{T}_{c,m,B}$	$\widetilde{T}_{c,m}$	$T_{c,m}$
410A	378.63	378.29	378.46	378.4
410B	376.93	376.61	376.77	376.6
410C	383.28	382.98	383.10	383.0

2. 混合物质的饱和液体对应态焓

参照纯物质饱和液体焓通用方程中使用的对应态焓和对应态温度定义式(9.16a)和(9.16b),取混合工质饱和液体的对应态焓为

$$h'_{r,c-m,m} = \frac{h_{c,m} - h'_m}{h_{c,m} - h'_{b,m}} \tag{11.45}$$

式中,$h_{c,m}$ 为混合工质的临界点比焓;h'_m 为对应于温度 T 的饱和液体比焓;$h'_{b,m}$ 为对应于标准大气压泡点温度的饱和液体比焓;$h'_{r,m}$ 为混合工质饱和液体的对应态比焓。混合工质的对应态温度定义为

$$T_{r,c-b,m} = \frac{T_{c,m} - T_m}{T_{c,m} - T_{b,m}} \tag{11.46}$$

式中,$T_{c,m}$ 为混合工质的临界点温度;$T_{b,m}$ 为混合工质的标准沸点温度,也可以用混合工质的各组分采用摩尔分数线性组成法求得。

在使用了方程(11.45)和方程(11.46)的定义后,混合工质饱和液体对应态焓和对应态温度的关系与其纯组分饱和液体对比焓和对比温度的关系十分一致,如图 11.31 所示。

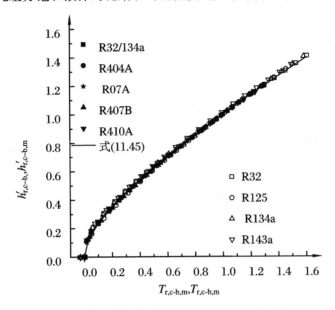

图 11.31 混合工质及其纯组分的饱和液体焓与温度的对应态关系

笔者研究还发现混合物其他物性的对应态关系与混合物焓一样,又与混合物纯组分的对应关系十分一致。于是笔者归结出一个混合物对应态关系的规律为:混合物与其组成的纯物质的热物性的对应态关系相同,纯物质归一化的对应态关系式适用于混合物。

因此,可以获得如式(9.18)相似的混合工质饱和液体焓的通用对应态方程为

$$h'_{r,c\text{-}b,m} = (T_{r,c\text{-}b,m})^{[0.70+0.07\lg(T_{r,c\text{-}b,m})]} \tag{11.47}$$

或混合工质的饱和液体焓的通用计算式为

$$h'_m = h'_{m,0} + (h_{c,m} - h'_{b,m})(h'_{r,c\text{-}b,m,0} - h'_{r,c\text{-}b,m}) \tag{11.48}$$

其中,下角标"0"表示混合工质在温度为 $T_0 = 273.15$ K 的状态,制冷混合工质的 $h'_{r,c\text{-}b,m,0}$ 和 $h'_{r,c\text{-}b,m}$ 通过方程(11.47)求解得到。

式(11.45)中混合工质的特征焓差 $h_{c,m} - h'_{b,m}$,也可由混合工质中各纯组分特征参数采用和加方法算出,即

$$h_{c,m} - h'_{b,m} = \sum x_{i,\text{mass}}(h_{c,i} - h'_{b,m}) \tag{11.49}$$

方程(11.49)中 $x_{i,\text{mass}}$ 是混合工质中各纯组分的质量分数。

3. 混合工质的对应态蒸发潜热

参照纯工质蒸发潜热通用方程中使用的对应态蒸发潜热和对应态温度定义式(9.20),取混合工质的对应态蒸发潜热为

$$\Delta h_{r,m} = \frac{\Delta h_m}{\Delta h_{b,m}} \tag{11.50}$$

式中,$\Delta h_{r,m}$ 和 Δh_m 分别是在温度为 T_m 时混合工质的对比蒸发潜热和蒸发潜热;$\Delta h_{b,m}$ 是在标准大气压下泡点温度时混合工质的蒸发潜热,也称为混合工质的标准蒸发潜热。

混合工质的对应态温度也采用式(11.46)的定义,也可以获得混合工质与其纯组分的对应态比蒸发潜热与对应态温度的一致关系,如图 11.32 所示。

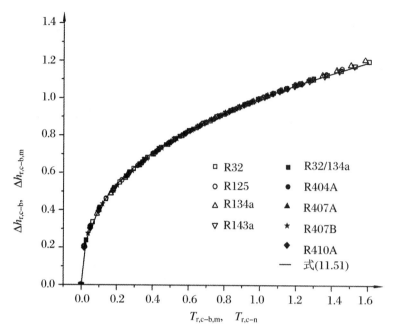

图 11.32 混合工质及其纯组分的对应态潜热关系

因此,混合工质的对比蒸发潜热也有类似其纯组分的对应态关系,参看方程(9.21)。

$$\Delta h_{r,m} = (T_{r,c-b,m})^{[0.360+0.044|1-\sqrt{T_{r,c-b,m}}|]} \tag{11.51}$$

4. 混合工质的对应态密度

定义混合工质饱和液体的对应态密度 $\rho'_{r,m}$ 为

$$\rho'_{r,m} = \frac{\rho'_m - \rho_{c,m}}{\rho'_{b,m} - \rho_{c,m}} \tag{11.52}$$

式中,$\rho_{c,m}$、ρ'_m、$\rho'_{b,m}$ 和 $\rho'_{r,m}$ 分别为混合工质的临界点密度、对应于温度 T_m 的饱和液体密度、对应于标准大气压泡点的饱和液体密度和混合工质饱和液体对比密度。

混合工质的对应态温度也采用式(11.46)的定义,也可以获得混合工质与其纯组分的饱和液体对比密度的一致关系,如图 11.33 所示。并可采用类似于其纯组分饱和液体的通用对应态密度方程(9.28),有

$$\rho'_{r,m} = (T_{r,c-b,m})^{(0.444+0.017\ln T_{r,c-b,m})} \tag{11.53}$$

第 9 章中纯工质所适用的通用对应态方程,也都适用于混合物,由于篇幅关系,不一一列举了。

5. 等对应态温度的混合溶液平均蒸汽压方程

用拉乌尔定律导出的混合液饱和蒸汽压的推算式,在混合物的临界温度区间不能使用了。这是因为在临界温度区间,即混合物温度在一个组分的临界温度以上至混合工质的临界温度的临界区间时,最低沸点的组分已进入了超临界区,它没有了饱和蒸汽压力参数。另外,在临界温度区间,混合物的压力和温度与气液相变线上的最高压力和最高温度也不相等。为了也能在临界区间对混合物溶液的饱和蒸汽压进行推算,需要探索新的理论和新假想。

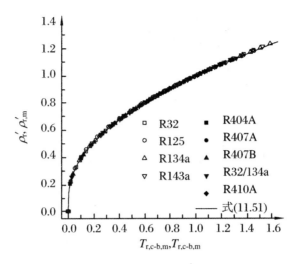

图 11.33 混合工质及其纯组分饱和液体密度对应态关系

(1) 混合物的临界压力

由于压力是示强参数,式(10.56)已给出了混合工质的临界压力计算式:

$$\tilde{p}_{c,m} = \sum_{i=1}^{n} x_i p_{c,i} \tag{11.54}$$

式中,$\tilde{p}_{c,m}$ 是混合物的推算临界压力,简称假临界压力,对应的温度是混合物的临界温度 $T_{c,m}$;而各组分的临界压力 $p_{c,i}$ 则分别对应于各组分的临界温度 $T_{c,i}$。通过空气和 410 系三元混合工质推荐值比较,式(11.54)的精度很高,与空气的文献值相比偏差仅 0.2%。

(2) 等对应态温度的混合溶液平均蒸汽压方程

受混合物假临界压力可以由不同温度纯组分的压力来拟合的启发,因此,也可以设想在其他温度 T 的混合工质的平均蒸汽压 $p_{m,T}$,也可以用与式(11.54)相似的算式计算,即

$$\tilde{p}_{m,T} = \sum_{i=1}^{n} x_i p_{T,i}^0 \tag{11.55}$$

式(11.55)中的 $\tilde{p}_{m,T}$ 相当于在温度 T_m 时混合工质的泡点和露点的平均压力,因为临界点的压力相当于临界温度时混合工质的泡点和露点的平均压力。要使式(11.55)成立的关键是确定式(11.55)中的 $p_{T,i}^0$ 是如何确定的。

为了与混合工质实际的泡点和露点的平均蒸汽压 $p_{m,T}$ 区别,记由式(11.55)计算出的混合物平均压力为 $\tilde{p}_{m,T}$。式(11.55)与式(11.23)的区别点在于 $p_{T,i}^0 \neq p_i^0$,式(11.23)中的 p_i^0 是组分 i 在与混合物的温度 T 相同温度时的饱和蒸汽压,而式(11.55)中的 $p_{T,i}^0$ 是组分 i 在温度 T_i 时的饱和蒸汽压,各组分的 T_i 各不相同,但又受一定规律约束。

在取临界点的参数为比较基准时,无量纲化混合物的对应态压力 $\tilde{p}_{r,m,T}$、对应态温度 $T_{r,m}$、纯组分的对比压力 $\tilde{p}_{r,T}$、对应态温度 $T_{r,i}$ 分别为

$$\tilde{p}_{r,m,T} = \frac{\tilde{p}_{m,T}}{\tilde{p}_{c,m}}, \quad T_{r,m} = \frac{T_m}{\tilde{T}_{c,m}}, \quad p_{r,i}^0 = \frac{p_{T,i}^0}{p_{c,i}}, \quad T_{r,i} = \frac{T_i}{T_{c,i}}$$

在式(11.43a)的两边同乘以 $T_{r,m}$,得

$$T_m = \sum_{i=1}^{n} x_i \frac{T_{c,i}}{\tilde{T}_{c,m}} T_m = \sum_{i=1}^{n} x_i T_i \tag{11.56}$$

式(11.56)中

$$T_i = T_r T_{c,i} = \frac{T_{c,i}}{\tilde{T}_{c,m}} T_m$$

即导得方程(11.56)成立的条件是

$$\frac{T_i}{T_{c,i}} = \frac{T_m}{\tilde{T}_{c,m}} \tag{11.57}$$

式(11.57)为混合物对应态温度相等变换原则,即方程(11.56)的约束方程。

比较式(11.43a)与式(11.54)、式(11.55)与式(11.56)的对应关系可知,式(11.55)中的压力 $p_{T,i}^0$ 是纯组分 i 在对比态温度 $T_{r,i}$ 与混合物对比态温度 $T_{r,m}$ 相等时,温度为 T_i 的压力 $p_{T,i}^0 = f(T_i)$。因此,式(11.55)为等对应态温度的混合溶液平均蒸汽压方程,可表述为:混合工质的平均蒸汽压 $\tilde{p}_m$,等于混合物中各组分的摩尔分率 x_i 与等对应态温度时的各组分饱和压力 p_i^0 的乘积之和。

当式(11.55)改用混合物对比平均蒸汽压和纯组分的对比饱和蒸汽压表示后,改写为

$$\tilde{p}_{r,m,T} = \sum_{i=1}^{n} x_i p_{r,i}^0, \quad T_{r,m} = T_{r,i} \tag{11.58}$$

方程(11.58)为混合溶液平均蒸汽压的对应态方程,可表述为:混合工质的对比平均蒸汽压 $\tilde{p}_{r,m}$ 等于混合物液相中各组分的摩尔分数 x_i 与等对比态温度时各纯组分对比饱和压力 $p_{r,i}^0$ 的乘积的总和。参照道尔顿分压定律,方程(11.55)和方程(11.58)也可以看作等对比态温度时混合溶液平均蒸汽压的分压定律。

(3) 泡点压力与露点压力的关系

由方程(11.55)可以把温度 T_m 时混合物的泡点压力 $p_{b,T}$ 和露点压力 $p_{d,T}$ 用权平均方程表示为

$$m p_{b,m} + (1 - m) p_{d,m} = \tilde{p}_{m,T} \tag{11.59}$$

式中,m 为泡点压力 $p_{b,T}$ 的计算权数,由混合物的一个实验点数据确定,一般取低于标准沸点下的实验值为好,m 值比较接近 0.5。有关平均蒸汽压与泡点压力和露点压力更精确的研究可参考相关文献。

参 考 文 献

[1] 苏长荪,谭连城,刘桂玉.高等工程热力学[M].北京:高等教育出版社,1987.

[2] 杨思文,金六一,孔庆煦,等.高等工程热力学[M].北京:高等教育出版社,1988.

[3] 傅献彩,沈文霞,姚天扬.物理化学:上册[M].4版.北京:高等教育出版社,1990.

[4] 伊藤猛宏,西川兼康.応用熱力学[M].東京:コロナ社,1983.

[5] 曾丹苓,敖越,朱克雄,等.工程热力学[M].2版.北京:高等教育出版社,1986.

[6] 陈则韶,胡芃,陈建新,等.可推算非共沸多元混合物临界区饱和蒸汽压的新方程[J].工程热物理学报,2006,27(3):388-390.

[7] 陈则韶,陈建新,胡芃,等.多元混合工质泡点和露点的推算研究[J].工程热物理学报,2006,27(Suppl.1):41-44.

第 4 篇　特殊系统的热力学基础

迄今为止,我们在前面各章中所讨论的主要是简单可压缩系统,这类系统只包含一种做功形式,即容积变化功 pdV,且做功的工质形态为气体。本篇将介绍一些具有不同于容积变化功的其他做功形式和非通常气体工质的系统。由于这些系统在一般工程热力学中很少涉及,所以在此将它们统称为"特殊系统"。其特殊有三点:工质特殊,作用力特殊,做功形式特殊。但与简单气体膨胀也有相同点,即系统的状态变化和对外界的热交换及做功都遵从热力学第一定律和第二定律的关系。本篇的目的就是要建立这些特殊系统的具体的热力关系。研究方法的关键点是要抓住特殊系统的做功表达式和工质状态的描述。

应该说明,包含热力学问题的系统远不止本篇所介绍的几种,由于篇幅所限,不一一罗列。

第 12 章　简单弹性力系统

力学是物理学的一个分支,有许多问题是在温度变化不大的情况下进行,研究时常常不考虑热的影响,刚体力学甚至对系统的内能和熵的变化也忽略不计。然而,当系统经历不容忽视的温度变化时,将热力学普通关系引入力学研究中,则有助于更全面地认识问题。

12.1　一维弹性力系统的功

变形对弹性系统的描述,一般说来应建立在三维坐标系统的基础上,但本节讨论的重点,是将热力学普遍关系推广到力学系统的基本方法。因此,为了便于掌握基本思路,本书将仅限于一维弹性系统的研究,但读者不难根据基本方法推广到二维及三维系统。

图 12.1 表示一根左端固定的弹性材料杆(或金属丝)在外力作用下被拉伸的情况。杆

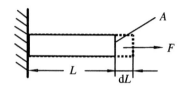

图 12.1 弹性的拉杆

的长度为 L，并具有均匀的截面积 A。在拉力 F 作用下，杆件产生的弹性变形为 $\mathrm{d}L$，于是拉伸杆件所做的功为

$$\delta W = -F\mathrm{d}L \tag{12.1}$$

式中，负号是考虑热力学的一般规定以系统对外做功为正而加上去的。在实际拉伸过程中，弹性杆的横向尺寸以及体积 V 也会发生变化，结果在环境压力下特有容积变化功 $-p\mathrm{d}V$ 产生，所以严格地讲，这是一个具有两种可逆功的非简单系统。但是，因体积变化 ΔV 一般很小，容积变化功是可以略去的，所以可近似地当作只有一维弹性拉伸功的简单系统来处理。

假设以 σ 表示应力，ε 表示应变，按定义

$$\sigma = \frac{F}{A} \tag{12.2}$$

$$\mathrm{d}\varepsilon = \frac{\mathrm{d}L}{L} \tag{12.3}$$

根据习惯，以拉应力为正，压应力为负。将式(12.1)以应力与应变表示，可得系统的弹性拉伸功为

$$\delta W = -AL\sigma\mathrm{d}\varepsilon = -V\sigma\mathrm{d}\varepsilon \tag{12.4}$$

式中，$V = AL$ 为未变形前弹性杆的体积。对于单位未变形体积来说，系统的弹性拉伸(或压缩)可逆功为

$$\mathrm{d}w = -\sigma\mathrm{d}\varepsilon \tag{12.5}$$

12.2 一维弹性力系统的热力学定律表达式

对于系统的单位未变形体积，热力学第一定律可表示成

$$\delta q = \mathrm{d}u - \sigma\mathrm{d}\varepsilon \tag{12.6}$$

按照热力学第二定律，对于可逆过程有 $\mathrm{d}q = T\mathrm{d}s$，结合上式，可得

$$T\mathrm{d}s = \mathrm{d}u - \sigma\mathrm{d}\varepsilon \tag{12.7}$$

移项后即为热力学特征函数 u 的基本微分式

$$\mathrm{d}u = T\mathrm{d}s + \sigma\mathrm{d}\varepsilon \tag{12.8}$$

方程(12.6)、方程(12.7)及方程(12.8)与简单可压缩系统的基本方程式(2.18)、式(3.11)及式(3.10)十分相似，只要把后者的压力 p 换成应力 $-\sigma$，比体积 v 换成应变 ε，仿照简单可压缩系统的普遍关系式，就可立即写出简单弹性系统的相应关系式。例如，

比焓的特征方程为

$$\mathrm{d}h = T\mathrm{d}s - \varepsilon\mathrm{d}\sigma \tag{12.9}$$

比亥姆霍兹函数为

$$\mathrm{d}f = -s\mathrm{d}T + \sigma\mathrm{d}\varepsilon \tag{12.10}$$

比吉布斯函数为

$$\mathrm{d}g = -s\mathrm{d}T - \varepsilon\mathrm{d}\sigma \tag{12.11}$$

简单弹性力系统的麦克斯韦关系依据式(12.8)~式(12.11)的二阶偏导数的关系,即得

$$\left(\frac{\partial T}{\partial \varepsilon}\right)_s = \left(\frac{\partial \sigma}{\partial s}\right)_\varepsilon \tag{12.12}$$

$$\left(\frac{\partial T}{\partial \sigma}\right)_s = -\left(\frac{\partial \varepsilon}{\partial s}\right)_\sigma \tag{12.13}$$

$$-\left(\frac{\partial s}{\partial \varepsilon}\right)_T = \left(\frac{\partial \sigma}{\partial T}\right)_\varepsilon \tag{12.14}$$

$$\left(\frac{\partial s}{\partial \sigma}\right)_T = \left(\frac{\partial \varepsilon}{\partial T}\right)_\sigma \tag{12.15}$$

12.3　一维弹性力系统的熵和其他参数的微分式

利用 $-\sigma$ 与 p、ε 与 v 的对应关系,可方便写出采用 ε、T 及 σ、T 为独立变量时的两个 $\mathrm{d}s$ 方程:

$$\mathrm{d}s = \frac{c_\varepsilon}{T}\mathrm{d}T - \left(\frac{\partial \sigma}{\partial T}\right)_\varepsilon \mathrm{d}\varepsilon \tag{12.16}$$

$$\mathrm{d}s = \frac{c_\sigma}{T}\mathrm{d}T + \left(\frac{\partial \varepsilon}{\partial T}\right)_\sigma \mathrm{d}\sigma \tag{12.17}$$

其中,单位未变形体积的比定应变热容定义为

$$c_\varepsilon = T\left(\frac{\partial s}{\partial T}\right)_\varepsilon \tag{12.18}$$

单位未变形体积的比定应力热容定义为

$$c_\sigma = T\left(\frac{\partial s}{\partial T}\right)_\sigma \tag{12.19}$$

有关内能、比热容等的普遍微分关系式,读者可作为练习进行推导。

12.4　弹性力系统的状态方程

在利用热力学普遍关系计算具体系统的热力学性质时,还必须结合状态方程。简单弹性系统状态方程的独立变量可在可测参数 T、ε、σ 中任选两个。若以温度 T 及应变 ε 为自变量,则状态方程可表示成下列函数形式:

$$\sigma = \sigma(T, \varepsilon) \tag{12.20}$$

对上式进行微分,可得

$$\mathrm{d}\sigma = \left(\frac{\partial \sigma}{\partial T}\right)_\varepsilon \mathrm{d}T + \left(\frac{\partial \sigma}{\partial \varepsilon}\right)_T \mathrm{d}\varepsilon \tag{12.21}$$

式中的两个偏导数分别为热应力系数

$$\beta = \left(\frac{\partial \sigma}{\partial T}\right)_\varepsilon \tag{12.22}$$

及杨氏弹性模量（Young Modulus）

$$Y = \left(\frac{\partial \sigma}{\partial \varepsilon}\right)_T \tag{12.23}$$

另一个经常用于弹性系统计算的系数是定应力下的线膨胀系数 α，其定义为

$$\alpha = \left(\frac{\partial \varepsilon}{\partial T}\right)_\sigma \tag{12.24}$$

定应力下的线膨胀系数 α 比热应力系数 β 容易测量。实际上，上述三个系数并不是相互独立的，按照偏导数的循环关系

$$\left(\frac{\partial \varepsilon}{\partial T}\right)_\sigma \left(\frac{\partial T}{\partial \sigma}\right)_\varepsilon \left(\frac{\partial \sigma}{\partial \varepsilon}\right)_T = -1$$

可以求得它们的相互关系为

$$\alpha = -\frac{\beta}{Y} \tag{12.25}$$

多数物质具有正的线膨胀系数 α 和负的热应力系数 β。例如金属，在定应变过程中温度升高将使拉应力降低或使压应力增加。然而，也有膨胀系数为负而热应力系数为正的物质。例如橡胶，在定应变过程中温度升高将使拉应力增加。经验指出，应力大小对线膨胀系数 α 和杨氏模量 Y 的影响甚微，它们都几乎只是随温度而变。当温度变化不大时，可作为常数处理。

利用系数 β 和 Y，式（12.21）可写成

$$\mathrm{d}\sigma = \beta\mathrm{d}T + Y\mathrm{d}\varepsilon \tag{12.26}$$

材料的强度实验表明：如果温度保持一定，则在弹性极限内（严格讲是比例极限，但对于一般金属来说，可忽略两者的差别），杨氏模量为一常数。于是，对式（12.26）积分，得到

$$\sigma = Y\varepsilon \tag{12.27}$$

这就是虎克定律（Hooke's Law），是材料力学中的一条基本定律。

按照以上导得的虎克定律方程，可以解决弹性杆或张紧的弹性丝的受力或伸长问题。例如，当将弹性杆在某一初始拉力下固定于两个刚性支座之间并对其加热时，拉力将发生变化。类似地，在受压情况下将导致压力变化。很明显，初始张力为零的弹性细丝应该除外。因为温度升高时尽管支座固定，但钢丝将因膨胀失去稳定性而弯曲，因此可以自由膨胀。在定应变下，式（12.26）简化为

$$\mathrm{d}\sigma = \beta\mathrm{d}T = -Y\alpha\mathrm{d}T$$

当温度变化不大时，上式可以积分。考虑到拉力 $F = A\sigma$，于是便可得到弹性杆或张力丝在定长度下加热时作用力的变化与温度的关系：

$$\Delta F = -AY\alpha\Delta T \tag{12.28}$$

我们注意到，式（12.28）中并不包含弹性杆（或丝）的长度，和长度没关系。

在可逆情况下，整个系统相对于单位伸长所吸收的热量为

$$\frac{\delta Q}{\mathrm{d}L} = V\frac{\delta q}{\mathrm{d}L} = \frac{VT\mathrm{d}s}{\mathrm{d}L}$$

弹性杆在定温下伸长时，式（12.16）简化为

$$\delta q = T\mathrm{d}s = -T\beta\mathrm{d}\varepsilon = TY\alpha\mathrm{d}\varepsilon \tag{12.29}$$

考虑到式(12.3)及 $V = AL$，于是可求得整个系统在定温膨胀时相对于单位伸长所吸收的热量为

$$q_L = \frac{\delta Q}{\mathrm{d}L} = \frac{V\delta q}{\mathrm{d}L} = ATY\alpha \tag{12.30}$$

式中，A、Y 及 T 均为正值。如前所述，绝大部分材料加热时是膨胀的，即 α 为正值，所以定温拉伸时通常是吸热的。但橡胶是个例外，其行为正好相反。

例 12.1　物体的绝热弹性变形一般都伴有温度变化，这种现象叫作热弹性效应。试计算，在 773 K 下一种工业纯铁试样的应力由 0 MPa 增至 103 MPa 时的定熵热弹性效应 $(\partial T/\partial\sigma)_s$ 及温度变化。已知：线膨胀系数 $\alpha = 12.8\times10^{-6}\ \mathrm{K}^{-1}$，定应力摩尔热容 $C_{\sigma,\mathrm{m}} = 38.0\ \mathrm{J/(mol\cdot K)}$。

解　为了利用本节导出的公式，首先将 C_σ 化成单位体积的热容。查得纯铁的相对原子质量为 55.847，密度为 7.86 g/cm³，于是有

$$C_{\sigma,\mathrm{m}} = \frac{38.0\ \mathrm{J/(mol\cdot K)}\times7.86\ \mathrm{g/cm^3}\times10^3}{55.847} = 5.348\times10^3\ \mathrm{kJ/(m^3\cdot K)}$$

比照麦克斯韦关系式，可得

$$\left(\frac{\partial T}{\partial\sigma}\right)_s = -\left(\frac{\partial\varepsilon}{\partial s}\right)_\sigma = -\left(\frac{\partial\varepsilon}{\partial T}\right)_\sigma \bigg/ \left(\frac{\partial s}{\partial T}\right)_\sigma = -\frac{\alpha T}{C_\sigma}$$

按已知条件 α，C_σ 均为常数，故在定熵条件下可对上式积分

$$\int_{T_1}^{T_2}\frac{\mathrm{d}T}{T} = -\int_{\sigma_1}^{\sigma_2}\frac{\alpha}{C_{\sigma,\mathrm{m}}}\mathrm{d}\sigma$$

即

$$\ln\frac{T_2}{T_1} = -\frac{\alpha}{C_\sigma}(\sigma_2 - \sigma_1)$$

$$T_2 = T_1\exp\left[-\frac{\alpha}{C_\sigma}(\sigma_2 - \sigma_1)\right]$$

$$= 773\ \mathrm{K}\times\exp\left[-\frac{16.8\times10^{-6}\ \mathrm{K}^{-1}}{5.348\times10^6\ \mathrm{J/(cm^3\cdot K)}}\times(103 - 0)\times10^6\ \mathrm{Pa}\right] = 772.75\ \mathrm{K}$$

绝热拉伸引起的温度变化为

$$\Delta T = T_2 - T_1 = 772.75\ \mathrm{K} - 773\ \mathrm{K} = -0.25\ \mathrm{K}$$

结果是负值，表明温度是降低的。

参 考 文 献

[1]　杨思文,金六一,孔庆煦,等. 高等工程热力学[M]. 北京:高等教育出版社,1988.

第 13 章　表面薄层系统

13.1　液体表面层与表面张力

1. 液体表面层

在互相接触的气液两相之间,液面下厚度大致等于分子作用半径(约 10^{-7} cm)的一薄层液体,称为液体的表面层。与液体内部不同,表面层内的分子受到液体一侧分子的吸引力要比受到气体一侧分子的吸引力大得多,从而形成了垂直于液面指向液体内部的不平衡力,因此表面层内的分子有挤向液体内部的趋势。而当液体内部的分子移向表面层时,必须克服此不平衡力而做功。从能量的观点来看,表面层势能较液体内部大,而且和表面层的面积成正比。然而,根据稳定平衡条件,当系统处于稳定状态时,其能量应具有最小值。所以,当不存在重力或其他体积力时,液滴或液体内的气泡总是呈球形,即液体具有尽可能缩小其表面的趋势。从宏观上看,液体表面层就好像是拉紧了的弹性薄膜,如同气球的弹性膜。表面层上的每个单元都处在周围单元的张紧力作用之下,这种沿着表面使表面有收缩倾向的张力称为表面张力。

2. 表面张力

表面层的作用和气球还有更进一步的相似之处。由于弹性薄膜张力的作用,气球的内外存在着一个压力差。与此类似,采用表面张力的概念,我们将能证明气泡或液体内部的压力也超过外部的压力。

某些书籍中所使用的"表面张力"一词,特指接触中的两相化学成分相同的情况,而将一般情况下表面薄膜层的张力称为界面张力。但这种称呼上的区分并没有严格的规定,不少书中都统称为表面张力。研究界面张力的变化,对于研究吸收式制冷机中溴化锂溶液的强化吸收有很重要的作用。下面我们首先研究表面薄膜层的热力学关系,然后讨论包括表面层的整体各相间的平衡关系。

13.2　表面张力功

现在来考察张紧在金属丝框上的双层液体薄膜系统,如图 13.1 所示。如果是肥皂膜,当肥皂液的数量很少时,这个系统可以看作仅由两层表面膜组成。假定重力的影响可以忽略。框一边的长度为 L,且是可以移动的。在外力 f 的作用下,框的一边向右移动了一段距离 dx,相应的两层表面薄膜的面积变化了 dA。假如过程是准静态的,并忽略摩擦的影响,则可求得对每一层膜所需外功或此膜对外界所做的表面张力功为

$$\delta W = -\frac{f}{2}dx = -\frac{f}{2}\frac{dA/2}{L} = -\frac{f}{2L}\frac{dA}{2} = -\sigma\frac{dA}{2}$$

对双层膜,则为

$$\delta W = -\sigma dA \qquad (13.1)$$

式中,负号是按照热力学的习惯,以系统对外界做功为正而加的;σ 是表面张力,如图 13.1 所示,是表面内垂直作用于单位长度线段上的力,即

$$\sigma = -\frac{f}{2L} \qquad (13.2)$$

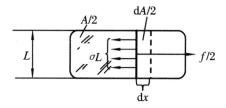

图 13.1　张在金属丝框上的表面薄膜

单位为 N/m。按式(13.2),表面张力也可写成

$$\sigma = -\frac{\delta W}{dA} \qquad (13.3)$$

由此可得出表面张力的第二种定义:增加单位表面积所做的功。

处于环境压力 p 下的液体表面薄膜系统经历可逆变化时,表面层体积增加 dV 所做的功是 pdV,面积增加 dA 所做的功是 $-\sigma dA$。总的功为

$$\delta W = pdV - \sigma dA \qquad (13.4)$$

这是具有两种可逆功模式的非简单系统,显然表面张力功是附加的功,它无论体积功是正或是负,表面功的作用方向总是一样的。

13.3　表面薄层系统的热力学基本微分方程

据式(13.4),结合热力学第一和第二定律,可导得闭口系表面薄层热力学能的基本微分方程式为

$$dU = TdS - pdV + \sigma dA \qquad (13.5)$$

按对应于式(5.13a),或对上式应用勒让德变换于自变量 V,可得表面薄层焓的微分方程式

$$dH = TdS + Vdp + \sigma dA \qquad (13.6)$$

按对应于式(5.13b),或对式(13.5)应用勒让德变换于自变量 S,可得自由能的微分方程式

$$dF = -SdT - pdV + \sigma dA \qquad (13.7)$$

由此得到

$$\sigma = \left(\frac{\partial F}{\partial A}\right)_{V,T} \qquad (13.8)$$

上式表明,σ 等于容积和温度不变时单位表面积所具有的自由能。这是对表面张力的又一种解释。

按对应于式(5.13c),或对式(13.6)的自变量 V 实施勒让德变换,维持表面功不变,可

得自由焓的微分方程式

$$dG = - SdT + Vdp + \sigma dA \tag{13.9}$$

应用全微分条件,从式(13.8)中可立即得到三个麦克斯韦关系式,即

$$\left(\frac{\partial S}{\partial p}\right)_{A,T} = - \left(\frac{\partial V}{\partial T}\right)_{p,A} \tag{13.10}$$

$$\left(\frac{\partial S}{\partial A}\right)_{T,p} = - \left(\frac{\partial \sigma}{\partial T}\right)_{p,A} \tag{13.11}$$

$$\left(\frac{\partial V}{\partial A}\right)_{T,p} = \left(\frac{\partial \sigma}{\partial p}\right)_{A,T} \tag{13.12}$$

若把式(13.5)中的自变量 S、V、A 换成 T、p 和 A,则有

$$U = U(T,p,A)$$

写出全微分式为

$$dU = \left(\frac{\partial U}{\partial T}\right)_{p,A}dT + \left(\frac{\partial U}{\partial p}\right)_{T,A}dp + \left(\frac{\partial U}{\partial A}\right)_{T,p}dA \tag{13.13}$$

当式(13.13)右方的三个偏导数利用式(13.5)表示时,式(13.13)变为

$$dU = \left[T\left(\frac{\partial S}{\partial T}\right)_{p,A} - p\left(\frac{\partial V}{\partial T}\right)_{p,A} \right]dT + \left[T\left(\frac{\partial S}{\partial p}\right)_{A,T} - p\left(\frac{\partial V}{\partial p}\right)_{A,T} \right]dp$$
$$+ \left[\sigma + T\left(\frac{\partial S}{\partial A}\right)_{T,p} - p\left(\frac{\partial V}{\partial A}\right)_{T,p} \right]dA \tag{13.14}$$

结合麦克斯韦关系式(13.10)~式(13.12),上式等号右边各个偏导数的物理意义是简单而明确的。

假定在薄膜的拉伸过程中温度和压力维持定值,并忽略容积的变化,即 $(\partial V/\partial A)_{T,p} \approx 0$,则式(13.14)简化为

$$dU = \left[\sigma + T\left(\frac{\partial S}{\partial A}\right)_{T,p} \right]dA$$

考虑到麦克斯韦关系式(13.11),上式化成

$$dU = \left[\sigma - T\left(\frac{\partial \sigma}{\partial T}\right)_{p,A} \right]dA \tag{13.15}$$

于是,单位面积表面层的热为

$$u_{T,p} = \sigma - T\left(\frac{\partial \sigma}{\partial T}\right)_{p,A} \tag{13.16}$$

一般说来,表面张力是 p 的弱函数而与面积 A 的大小无关,所以能够把上式写作

$$u_T = \sigma - T\frac{\partial \sigma}{\partial T} \tag{13.17}$$

联系表面张力的定义式(13.3)可知,式(13.17)等号右方第一项为增加单位表面积时所做的功。对照式(13.11)可以看出,第二项为表面层受到定温拉伸时从环境中吸收的热量。实验结果说明:大多数液体表面张力随温度 T 的升高而减小,在临界点,气液两相的区别消失,$\sigma = 0$,故 $d\sigma/dT$ 总是小于零的。由此可知,表面能 u_T 大于增加表面层面积时克服表面张力所做的功。

13.4　表面薄层系统的状态方程

　　表面薄层系统的热力学状态可用表面张力 σ、表面薄层面积 A 和温度 T 三者来描述。由于压力保持常数,而容积变化又可以忽略,所以在状态方程中没有这两个变量。当纯液体与其蒸汽相平衡时,其表面薄层具有特别简单的状态方程。经验表明,这样的一种薄膜的表面张力与表面面积大小无关,而只是温度的函数。对于大多数液体,状态方程可以写成

$$\sigma = \sigma_0 \left(1 - \frac{t}{t'}\right)^n \tag{13.18}$$

式中,σ_0 为 0 ℃时的表面张力;t' 为较临界温度低几摄氏度(一般为 6～8 ℃)的某一温度;n 是介于 1 与 2 之间的一个常数。例如,对于水,$\sigma_0 = 7.55 \times 10^{-4}$ N/cm,$t' = 368$ ℃(水的临界温度为 374.1 ℃),$n = 1.2$。从上式看出,当温度升高到离临界温度还差几摄氏度时,液体的表面张力已经消失。

　　在已经了解表面张力的基本性质之后,现在我们来进一步研究包括平表面的多组分系统的热力学关系。这种系统的热力学模型,可以用两个均匀的整体开口相“α”和“β”以及它们之间的表面层“Δ”代表,如图 13.2 所示。表面层的厚度为 τ,面积为 A。α 与 β 两相间的物质转移都要经过表面层 Δ。

图 13.2　包括平表面的系统

　　对于均匀整体 α 相和 β 相,其热力学能的基本方程(即吉布斯方程)分别为

$$dU^{(\alpha)} = T^{(\alpha)}dS^{(\alpha)} - p^{(\alpha)}dV^{(\alpha)} + \sum_i \mu_i^{(\alpha)}dn_i^{(\alpha)} \tag{13.19}$$

$$dU^{(\beta)} = T^{(\beta)}dS^{(\beta)} - p^{(\beta)}dV^{(\beta)} + \sum_i \mu_i^{(\beta)}dn_i^{(\beta)} \tag{13.20}$$

对于表面层 Δ,上式中的 $-pdV$ 项应以 $-pdV + \sigma dA$ 代替,因而吉布斯方程变成

$$dU^{(\Delta)} = T^{(\Delta)}dS^{(\Delta)} - p^{(\Delta)}dV^{(\Delta)} + \sigma dA + \sum_i \mu_i^{(\beta)}dn_i^{(\beta)} \tag{13.21}$$

　　若表面层为平面,则当 α、β 和表面层相 Δ 之间处于热平衡状态时,按第 3 章中已经导得力平衡、热平衡和化学平衡的条件可分别写出

$$T^{(\alpha)} = T^{(\beta)} = T^{(\Delta)} = T \tag{13.22}$$

$$p^{(\alpha)} = p^{(\beta)} = p^{(\Delta)} = p \tag{13.23}$$

$$\mu_i^{(\alpha)} = \mu_i^{(\beta)} = \mu_i^{(\Delta)} = \mu_i \tag{13.24}$$

在平表面层的情况下,考虑以上平衡条件,T、p、μ_i 的上标的区别消失。这时整个系统的能量方程式化为

$$dU = dU^{(\alpha)} + dU^{(\beta)} + dU^{(\Delta)} = TdS - pdV + \sigma dA + \sum_i \mu_i dn_i \tag{13.25}$$

式中,整个系统的广延参数热力能 U、熵 S、容积 V、组分 i 的摩尔数 n_i 分别为 α、β 和 Δ 各相的对应参数之和。式(13.25)表明,当表面层为平面时,它的存在对各相的平衡压力、温度和

化学势并无影响。

13.5 弯曲表面层系统

沸腾时液体中产生的蒸汽泡,凝结时蒸汽中形成的液滴,气泡和液滴都产生弯曲表面。为了更好地理解凝结和沸腾的机理,下面我们来研究包括弯曲表面层的系统的热力学基本问题。

1. 弯曲表面层系统的平衡条件

这种平衡系统的模型如图 13.3 所示。其中 Δ 表示一个弯曲的表面层相,β 表示表面层

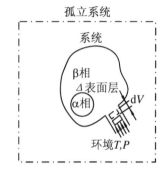

图 13.3 包括弯曲表面的系统

凸侧大面积外的整体连续相,α 表示表面层凹侧小面积内零星分散在 β 相中的不连续相。假定三个相都是开放的,但整个系统是封闭的。在环境与系统相互作用的过程中,环境与系统的温度维持为 T,而环境压力维持为 p。同时规定,在环境中发生的一切变化都是可逆的。在考虑 α 和 β 两相之间的表面层相 Δ 的能量之后,零星的小块相 α 并不一定和与之平衡的整体相 β 有相同的强度参数。

引用一般系统的平衡条件

$$dU + pdV - TdS \leqslant 0$$

对处于平衡状态的系统的无穷小变化来说,应满足

$$dU + pdV - TdS = 0 \tag{13.26}$$

式中,未加上标的符号 U、V、S 均代表系统的参数,它们和各相的相应参数之间的关系为

$$dU = dU^{(\alpha)} + dU^{(\beta)} + dU^{(\Delta)} \tag{13.27}$$

$$dV = dV^{(\alpha)} + dV^{(\beta)} + dV^{(\Delta)} \tag{13.28}$$

$$dS = dS^{(\alpha)} + dS^{(\beta)} + dS^{(\Delta)} \tag{13.29}$$

当环境压力 $p = p^{(\beta)}$ 和环境温度 $T = T^{(\beta)}$ 时,将式(13.19)~式(13.21)所表示的各相的热力学能代入式(13.27)求和得出的系统 dU 代入式(13.26),经整理获得弯曲表面层系统的平衡准则

$$(T^{(\alpha)} - T^{(\beta)})dS^{(\alpha)} + (T^{(\Delta)} - T^{(\beta)})dS^{(\Delta)} - (p^{(\alpha)} - p^{(\beta)})dV^{(\alpha)} - (p^{(\Delta)} - p^{(\beta)})dV^{(\Delta)}$$

$$+ \sum_i \mu_i^{(\alpha)} dn_i^{(\alpha)} + \sum_i \mu_i^{(\beta)} dn_i^{(\beta)} + \sum_i \mu_i^{(\Delta)} dn_i^{(\Delta)} + \sigma dA = 0 \tag{13.30}$$

式中,组分在各相中的摩尔数并不是独立的,由于系统中质量是守恒的,因此应满足约束方程

$$dn_i = dn_i^{(\alpha)} + dn_i^{(\beta)} + dn_i^{(\Delta)} = 0 \tag{13.31}$$

若式(13.31)乘以 $-\mu_i^{(\beta)}$(选作拉格朗日乘数),然后加到方程(13.30)中去,这时式中的变量 $S^{(\alpha)}$、$S^{(\beta)}$、$n_i^{(\alpha)}$、$n_i^{(\beta)}$ 便都是独立的,因此其系数必定为零,于是得

$$T^{(\alpha)} = T^{(\beta)} = T^{(\Delta)} = T \tag{13.32}$$

$$\mu_i^{(\alpha)} = \mu_i^{(\beta)} = \mu_i^{(\Delta)} \tag{13.33}$$

与此同时,还必定有

$$(p^{(\alpha)} - p^{(\beta)})dV^{(\alpha)} + (p^{(\Delta)} - p^{(\beta)})dV^{(\Delta)} - \sigma dA = 0 \tag{13.34}$$

式(13.32)、式(13.33)所表示的等式说明,系统中各相的温度和每个组分的化学势是相同的。然而式(13.34)表明,在平衡时各相的压力仍将不相等,这是由于两相间表面层的存在和表面层张力作用的结果。

2. 弯曲表面两边的压力差

首先考察式(13.34)中的 $(p^{(\Delta)} - p^{(\beta)})dV^{(\Delta)}$ 这一项。在确定表面相的参数时,根据不同的选择可得到不同值的 $p^{(\Delta)}$ 和 $dV^{(\Delta)}$。如果假定表面层的参数接近 β 相,这时 $p^{(\Delta)} \approx p^{(\beta)}$,结果 $(p^{(\Delta)} - p^{(\beta)})dV^{(\Delta)}$ 项近似等于零。但是,如果认为表面相类似 α 相,则 $(p^{(\Delta)} - p^{(\beta)})dV^{(\Delta)}$ 项可以简单地和 $(p^{(\alpha)} - p^{(\beta)})dV^{(\alpha)}$ 项合并。实际上 $(p^{(\Delta)} - p^{(\beta)})dV^{(\Delta)}$ 项所起的作用相对来说总是很小的,往往可以忽略,所以不论哪种选择,式(13.34)都可以简化成

$$p^{(\alpha)} - p^{(\beta)} = \sigma \frac{dA}{dV^{(\alpha)}} \tag{13.35}$$

式(13.35)表示在一个平衡系统中弯曲表面两边的压力差。

假如弯曲表面层为球形,半径为 r,表面相的面积 $A = 4\pi r^2$,α 相的体积 $V^{(\alpha)} = (4/3)\pi r^3$。代入式(13.35)后,得

$$p^{(\alpha)} - p^{(\beta)} = \frac{2\sigma}{r} \tag{13.36}$$

若表面层不是球形曲面,则其形状可用两个主曲率半径 r_1 和 r_2 来表示。通过简单的几何运算求得 A 和 $V^{(\alpha)}$ 后,代入式(13.35),即可导得

$$p^{(\alpha)} - p^{(\beta)} = \sigma \left(\frac{1}{r_1} + \frac{1}{r_2} \right) \tag{13.37}$$

显然,对于球面 $r_1 = r_2$,上一式即转成式(13.36)。若表面层为平面,则 $r_1 = r_2 = \infty$,于是有 $p^{(\alpha)} = p^{(\beta)}$,这就是式(13.23)所表示的力平衡条件。以上两个公式表明,弯曲表面内外 β 相与 α 相的平衡压力之差与小块相 α 的尺寸和形状有关。

3. 小块的 α 相内的压力计算

为了计算小块的 α 相内的压力,通常习惯于将 $p^{(\alpha)}$ 表示成与平衡态蒸汽压的关系。平衡态蒸汽压,是与 β 相有同样组成和温度并和 α 相的平表面层处在平衡时的压力。下面我们举两个例子来说明这种计算法。

（1）液滴内压力

首先,我们来研究纯组分液滴内的压力计算。假定 β 相表示纯组分的蒸汽相,α 相表示与之平衡的微小液滴,半径为 r。液滴内的压力是 $p^{(\alpha)}$,但按照式(13.32)其温度为 $T^{(\alpha)} = T^{(\beta)}$。液滴和蒸汽相间的化学势的等式可通过式(10.68)用逸度表示成

$$f^{(\beta)}(p^{(\beta)}) = f^{(\alpha)}(p^{(\alpha)}) \tag{13.38}$$

蒸汽 β 相的逸度可利用逸度系数 φ 写成

$$f^{(\beta)}(p^{(\beta)}) = \varphi(p^{(\beta)})p^{(\beta)} \tag{13.39}$$

液滴 α 相的逸度可写成与平表面层平衡时的蒸汽压力 p^s 的关系。由逸度与压力的关系式(10.75),对于纯组分有

$$\left(\frac{\partial \ln f}{\partial p} \right)_T = \frac{V}{RT}$$

从平衡蒸汽压力 p^s 到 $p^{(\alpha)}$ 对上式进行积分,有

$$f^{(\alpha)}(p^{(\alpha)}) = f^{(\alpha)}(p^s)\exp\left(\frac{1}{RT}\int_{p^s}^{p^{(\alpha)}} V^{(\alpha)}\mathrm{d}p\right) \tag{13.40}$$

液滴在 p^s 时的逸度等于同压力下饱和蒸汽的逸度,仿照式(13.39)可以写成

$$f^{(\alpha)}(p^{(s)}) = \varphi(p^{(s)})p^{(s)} \tag{13.41}$$

结合式(13.38)~式(13.40),得

$$\varphi(p^s)p^s\exp\left(\frac{1}{RT}\int_{p^s}^{p^{(\alpha)}} V^{(\alpha)}\mathrm{d}p\right) = \varphi(p^{(\beta)})p^{(\beta)} \tag{13.42}$$

上式是涉及 $p^{(\alpha)}$、$p^{(\beta)}$、p^s 和系统的其他参数的关系式。如果我们进一步假定 p^s 和 $p^{(\beta)}$ 下的纯蒸汽为理想气体,那么两者的逸度系数 $\varphi(p^s) = \varphi(p^{(\beta)}) = 1$。再假设液体的摩尔体积 $V_m^{(\alpha)}$ 不是压力的强函数,于是式(13.42)简化为

$$p^{(\beta)} = p^s\exp\frac{V_m^{(\alpha)}(p^{(\alpha)} - p^s)}{RT} \tag{13.43}$$

将式(13.36)代入式(13.43),得

$$p^{(\beta)} = p^s\exp\frac{V^{(\alpha)}(p^{(\beta)} - p^s + 2\sigma/r)}{RT} \tag{13.44}$$

大多数情况下 $(p^{(\beta)} - p^s) \ll 2\sigma/r$,所以式(13.44)可化为

$$p^{(\beta)} = p^s\exp\frac{2\sigma V^{(\alpha)}}{rRT} \tag{13.45}$$

为了说明式(13.45)的用法,设 β 相是在 $p^{(\beta)}$ 和 313 K 下的纯水蒸气。在此温度下,水蒸气压是 7 370 Pa,即水蒸气在和液态水的平表面相平衡时,饱和蒸汽压为 7 370 Pa。然而,当水蒸气与微小的球形水滴处于平衡时,其压力将超过 7 370 Pa。例如,当水滴半径为 10 nm (1 nm = 10^{-9} m)时,$p^{(\beta)} = 8\,070$ Pa。当水滴半径小到 1 nm 时,竟有 $p^{(\beta)} \approx 20\,000$ Pa。在应用式(13.45)进行估算时,我们假定水的表面张力与液滴的尺寸无关,但这种假定对于非常小的液滴是否符合实际,是值得考虑的。

例 13.1 设球形水滴与 1.1×10^6 Pa 和 373 K 的水蒸气处于平衡,试计算水滴半径及水滴内的压力。在 373 K 时,水的表面张力为 0.058 9 N/m,摩尔容积为 1.87×10^{-5} m³/mol。373 K 时水蒸气的压力为 1.013×10^5 Pa。

解 根据式(13.45),有

$$p^{(\beta)} = 1.1 \times 10^6 \text{ Pa} = 1.013 \times 10^5 \text{ Pa} \times \exp\frac{2 \times 0.058\,9 \text{ N/m} \times 1.87 \times 10^{-5} \text{ m}^3/\text{mol}}{8.314\,4 \text{ J}/(\text{mol} \cdot \text{K}) \times 373 \text{ K} \times r}$$

故水滴半径为

$$r = 8.6 \times 10^{-9} \text{ m} = 8.6 \text{ nm}$$

水滴内、外的压力差为

$$p^{(\alpha)} - p^{(\beta)} = \frac{2\sigma}{r} = \frac{2 \times 0.058\,9 \text{ N/m}^2}{8.6 \times 10^{-9} \text{ m}} = 1.37 \times 10^7 \text{ Pa}$$

于是液滴内的压力为

$$p^{(\alpha)} = 1.1 \times 10^5 \text{ Pa} + 1.37 \times 10^7 \text{ Pa} = 1.38 \times 10^7 \text{ Pa}$$

由以上计算可知,在这样小的液滴内压力很大。这样高的压力增加了液体水的逸度,于是造成平衡时有较高的气相逸度。

(2) 气泡内压力

下面我们来研究纯组分气泡内压力的计算。现在 β 相为 $p^{(\beta)}$ 下的液体,而 α 相为半径等

于 r 的气泡。两相的温度相等。按照前例所示的同样方法,有

$$f^{(\alpha)}(p^{(\alpha)}) = f^{(\beta)}(p^{(\beta)})$$

假设为理想气体以及 $V^{(\beta)} \neq f(p)$,于是

$$p^{(\alpha)} = p^{s} \exp \frac{V^{(\beta)}(p^{(\beta)} - p^{s})}{RT} \tag{13.46}$$

式(13.46)等同于对调上角标 α、β 后的式(13.41),但表示的意思有所不同,下面通过例题 13.2 加以说明。

例 13.2　设纯乙烷的大尺寸的整体液相压力为 10^6 Pa,温度为 270 K。液体与其中半径为 r 的微小蒸气泡处于平衡。试计算 r 和气泡内的压力。

解　在这种情况下,液体乙烷是高度过热的。若液体状态的乙烷与平的蒸汽界面相平衡,其压力为 22.1×10^5 Pa。

应用式(13.46),可得气泡内压力

$$p^{(\alpha)} = 22.1 \exp \frac{7.38 \times 10^{-5} \text{ m}^3/\text{mol} \times (10^{-5} \text{ Pa} - 22.1 \times 10^5 \text{ Pa})}{8.314\,4 \text{ J}/(\text{mol} \cdot \text{K}) \times 270 \text{ K}} = 20.6 \times 10^5 \text{ Pa}$$

由

$$p^{(\alpha)} - p^{(\beta)} = \frac{2\sigma}{r}$$

得

$$20.6 \times 10^5 \text{ Pa} - 10^5 \text{ Pa} = \frac{2 \times 3.5 \times 10^{-3}}{r} \text{ N/m}$$

故气泡的半径为

$$r = 3.6 \times 10^{-9} \text{ m} = 3.6 \text{ nm}$$

如同液滴与蒸汽相平衡的情况一样,α 相气泡内的压力显著地高于整体相 β 的压力。

参 考 文 献

[1]　杨思文,金六一,孔庆煦,等.高等工程热力学[M].北京:高等教育出版社,1988.
[2]　曾丹苓,敖越,朱克雄,等.工程热力学[M].2 版.北京:高等教育出版社,1986.
[3]　刘桂玉,刘志刚,阴建民,等.工程热力学[M].北京:高等教育出版社,1998.
[4]　曾丹苓,敖越,张新铭,等.工程热力学[M].3 版.北京:高等教育出版社,2002.
[5]　施明恒,李鹤立,王素美,等.工程热力学[M].南京:东南大学出版社,2003.

第 14 章　简单磁介质系统

14.1　磁介质系统的基本概念

1. 电磁效应

当将永久磁铁或载有电流的导线放入磁介质中时磁介质将被磁化。各种物质的磁化程度可用磁感应强度表示。从物理学可知，磁介质的磁感应强度 B 为

$$B = B_0 + B' \tag{14.1}$$

其中，B_0 为真空中的磁感应强度，是由外磁场（如载流线圈）产生的，而 B' 是因磁介质磁化而产生的磁感应强度。从感受磁力的影响来说，一切物质都可称为磁介质。从微观角度来看，物质由于电子绕轨道运行或自旋，形成分子磁矩。在没有外磁场时，分子磁矩的取向是随机的，它们的作用互相抵消，物质不呈现磁性。在外磁场作用下，一方面，电子沿轨道绕行和自旋的频率及方向将改变，以反抗外磁场的作用，表现出抗磁性；另一方面，固有的分子磁矩又倾向于沿外场方向排列，并使其强化。当材料的后一种效应大于前一种效应时，总的效应表现为顺磁性，因磁化而产生的磁感应强度 B' 与 B_0 同向，称为顺磁体，例如一般情况下的锰、铬、铂、氮、氧，以及某些盐类等。相反，有的材料本身不存在固有的分子磁矩，在外磁场的作用下，只表现出抗磁性。这时因磁化而产生的磁感应强度 B' 与 B_0 方向相反，磁感应强度被削弱。这类物质称为抗磁体，例如水银、铜、铋、硫、氯、氢、金、银、锌、铅等。一切抗磁体和大多数的顺磁体的磁化效应是相当微弱的。除此之外，还有一类铁磁体，如铁、镍、钴，以及它们的合金等。铁磁体中分成很多小的区域，每个小区域中的分子磁矩有相同的方向，这样的小区域叫磁畴，也是自发磁化小区。不同磁畴的磁矩方向不同，外磁场不存在时铁磁体的总磁矩仍等于零。但是，在较小的外场作用下，它们很容易顺着外磁场排列，形成很强的感应。铁磁体的 B' 不但与 B_0 同向，而且其数值较后者大得多。不过，当温度高于居里（Curie）温度时，磁畴遭到破坏而转变成顺磁体。铁、镍等的居里温度（Fe 为 1 042.5 K，Ni 为 631.6 K）比室温高得多（表 14.1），所以在通常的条件下均呈现铁磁性。在外磁场影响下，由于存在磁滞现象，铁磁体的磁化和退磁曲线不是重合在一起的，而是形成磁滞回路，表现出不可逆性。铁磁体的状态不仅视其现在的条件而定，而且还决定于它以往的历程，所以不能用一般的热力学方法进行分析。顺磁体和抗磁体的磁化过程是可逆的，系统的状态可以用少数几个热力学参数来描述。下面我们主要讨论由磁体构成的磁介质系统，也可简称为磁系统。

表 14.1　一些铁磁体的居里温度

物　质	T_C/K	物　质	T_C/K
Co	1 388	CrO_2	386.5
Fe	1 042.5	Gd	292.5
YfeO$_3$	643	$CrBr_3$	32.56
Ni	631.6	EuS	16.50

2. 磁热效应

顺磁体在外磁场的作用下会被磁化,同时产生热效应。1481 年 Warburg 首先发现了金属铁在外加磁场中的磁热效应;随后,德拜(Debye)和吉奥克(Giauque)分别解释了磁热效应的本质。磁热效应(MCE)是指:顺磁体或软铁磁体在外磁场的作用下,等温磁化时会放出热量,同时磁熵减少;在磁场减弱时会吸收热量,同时磁熵增大。磁热效应是所有磁性材料的固有本质。研究顺磁体在外磁场和热源的作用下顺磁体的状态变化,如磁化程度与温度的变化、与外界的热和功交换的规律,则是磁体介质热力学的任务。

14.2　磁系统的功

1. 磁系统的总功 W_s

现在来考察一个环形磁性材料试样,其截面积为 A,圆环的平均周长为 L,在试样的外表面上用绝缘导线绕有紧密的螺旋形线圈,导线的匝数为 N,如图 14.1 所示。使用一组蓄电池对线圈提供电流,并通过滑线电阻调节电流的大小。电流通过线圈时将产生磁感应强度为 B 的磁场。与圆环的尺寸相比,如果试样的截面尺寸足够小时,则可以认为 B 沿螺线管截面近乎不变。假如改变电流,使 $d\tau$ 时间内磁感应强度的变化为 dB,根据法拉第(Faraday)电磁感应定律,则将在线圈内感应产生一个反电动势,即

$$E = -NA\frac{dB}{d\tau}$$

在 $d\tau$ 时间内,设回路中传递的电量为 dZ,则磁系统所做的总功 W_s 为

$$\delta W_s = EdZ = -NA\frac{dB}{d\tau}dZ = -NA\frac{dZ}{d\tau}dB$$

$$= -NAidB$$

式中,$i = dZ/d\tau$ 为电流的瞬时值。

在螺线管中,由于电流 i 产生的磁场强度 $\hat{H}$ 为

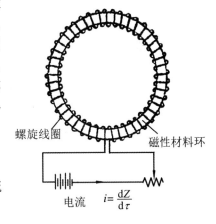

螺旋线圈　磁性材料环

电流　$i = \dfrac{dZ}{d\tau}$

图 14.1　磁性材料的磁化

$$\hat{H} = \frac{Ni}{L} = \frac{NAi}{AL} = \frac{NAi}{V}$$

式中，V 是磁性物质的体积。由上式可得

$$NAi = V\hat{H}$$

于是

$$\delta W_s = -V\hat{H}\mathrm{d}B \tag{14.2}$$

如果以 M 表示材料的磁化强度或单位容积的磁矩，则螺线管内环形磁性材料的磁感应强度 B 为

$$B = \mu_0(\hat{H} + M) \tag{14.3}$$

式中，μ_0 是真空的磁导率。由式(14.3)可知，磁感应强度 B 是包括了外部施加的磁场强度和磁性材料被外磁场感应产生的磁化强度，是总的磁场强度。在我国法定计量单位中，式(14.3)中：B 的单位是 T，即 Wb/m² 或 N/(A·m)；$\hat{H}$ 的单位是 A/m；M 的单位是 A/m；μ_0 $= 4\pi \times 10^{-7}$ H/m，即 Wb/(A·m) 或 N·A⁻²。把式(14.3)代入式(14.2)，得

$$\delta W_s = -\mu_0 V\hat{H}\mathrm{d}\hat{H} - \mu_0 V\hat{H}\mathrm{d}M \tag{14.4}$$

式(14.4)表明磁系的总功由两部分的功组成，即下述的无效磁功和可逆磁化功组成。

2. 无效磁功 W_0

当螺线管内不存在磁性材料（即为真空）时，M 等于零。式(14.4)变成

$$\delta W_0 = -\mu_0 V\hat{H}\mathrm{d}\hat{H} \tag{14.5}$$

W_0 是在体积为 V 的真空空间增加磁场强度 $\mathrm{d}\hat{H}$ 所必须做的功，称为无效磁功。由此可见，式(14.4)等式右方第二项才是材料的磁化强度增加 $\mathrm{d}M$ 所做的功。

3. 可逆磁化功 W

因为人们所关心的只是磁性材料发生的热力学效应，这种和研究目的相关的可逆磁化功 W 应为

$$\delta W = -\mu_0 V\hat{H}\mathrm{d}M \tag{14.6a}$$

式中，负号表示要增加物质的磁化强度就必须输入功。以 I 表示系统的总磁矩，即 $I = VM$，上式化为

$$\delta W = -\mu_0 \hat{H}\mathrm{d}I \tag{14.6b}$$

14.3　磁系统的热力学关系式

对于只包含一种可逆磁化功的简单磁系统，把式(14.6a)代入闭口系的热力学第一定律解析式(2.16)，就可得到简单磁系统的热力学第一定律表达式为

$$\delta Q = \mathrm{d}U - \mu_0 V\hat{H}\mathrm{d}M \tag{14.7}$$

结合热力学第二定律，得到简单磁系统的热力学第一、第二定律结合表达式为

$$T\mathrm{d}S = \mathrm{d}U - \mu_0 V\hat{H}\mathrm{d}M \tag{14.8}$$

移项后,就变成以 S、M 为独立变量的简单磁系统热力学特征函数 U 的基本微分方程,即

$$\mathrm{d}U = T\mathrm{d}S + \mu_0 V\hat{H}\mathrm{d}M \tag{14.9}$$

比较简单气体压缩系统的式(3.10),有

$$\mathrm{d}U = T\mathrm{d}S - p\mathrm{d}V$$

可把式(14.9)中的 $\hat{H}$ 看作强度参数,对应于 p;$-\mu_0 VM$ 看作广延参数,对应于简单可压缩系统的 V。由此对应关系类推,或用勒让德变换式(5.11),可分别获得简单磁系统的磁焓、磁自由能和磁自由焓的基本微分方程为

$$\mathrm{d}H = T\mathrm{d}S - \mu_0 VM\mathrm{d}\hat{H} \tag{14.10}$$

$$\mathrm{d}F = -S\mathrm{d}T + \mu_0 V\hat{H}\mathrm{d}M \tag{14.11}$$

$$\mathrm{d}G = -S\mathrm{d}T - \mu_0 VM\mathrm{d}\hat{H} \tag{14.12}$$

利用简单可压缩系统与简单磁系统的参数对应关系,读者可参照式(5.12a)、(5.12b)、(5.12c)写出简单磁系统的磁热力学函数 U、H、F 和 G 之间的关系。

根据磁介质系统与简单压缩系统的参数对应关系和式(14.8)～式(14.12)的全微分条件,可导得简单磁介质系统的麦克斯韦关系式为

$$\left(\frac{\partial T}{\partial M}\right)_S = \mu_0 V\left(\frac{\partial \hat{H}}{\partial S}\right)_M \tag{14.13}$$

$$\left(\frac{\partial T}{\partial \hat{H}}\right)_S = -\mu_0 V\left(\frac{\partial M}{\partial S}\right)_{\hat{H}} \tag{14.14}$$

$$\left(\frac{\partial S}{\partial M}\right)_T = -\mu_0 V\left(\frac{\partial \hat{H}}{\partial T}\right)_M \tag{14.15}$$

$$\left(\frac{\partial S}{\partial \hat{H}}\right)_T = \mu_0 V\left(\frac{\partial M}{\partial T}\right)_{\hat{H}} \tag{14.16}$$

利用麦克斯韦关系式及热容量的定义,可推导出简单顺磁体以 T、M 为独立变量的 $\mathrm{d}S$ 方程

$$\mathrm{d}S = \frac{C_M}{T}\mathrm{d}T - \mu_0 V\left(\frac{\partial \hat{H}}{\partial T}\right)_M\mathrm{d}M \tag{14.17}$$

和以 T、$\hat{H}$ 为独立变量的 $\mathrm{d}S$ 方程

$$\mathrm{d}S = \frac{C_{\hat{H}}}{T}\mathrm{d}T + \mu_0 V\left(\frac{\partial M}{\partial T}\right)_{\hat{H}}\mathrm{d}\hat{H} \tag{14.18}$$

以上两式中的定磁化强度热容的定义为

$$C_M = T\left(\frac{\partial S}{\partial T}\right)_M = \left(\frac{\partial U}{\partial T}\right)_M \tag{14.19}$$

而定磁场强度热容的定义为

$$C_{\hat{H}} = T\left(\frac{\partial S}{\partial T}\right)_{\hat{H}} = \left(\frac{\partial \hat{H}}{\partial T}\right)_{\hat{H}} \tag{14.20}$$

14.4 顺磁体的热力学状态方程

1. 居里方程

在对具体的磁介质系统进行计算时,还必须结合该系统的状态方程式。由于多数磁化过程发生在大气压力下并可忽略体积的变化,因此磁体的热力学状态可用磁场强度 $\hat{H}$、磁化强度 M 和温度 T 之间的关系来表示。实验表明,许多磁体的磁化强度是磁场强度与温度之比的函数。当此比值很小时,磁体的磁化强度函数化为简单的线性关系,即

$$I = VM = C_C \frac{\hat{H}}{T} \qquad (14.21a)$$

上式称为居里方程,其为顺磁体的热力学状态方程。式中,I 为总磁矩,$\hat{H}$ 为磁场强度,C_C 为居里常数。对于整个磁介质系统,它的单位是 $m^3 \cdot K$(对于 1 mol 单位磁介质系统,其单位是 $m^3 \cdot K/mol$;对于 1 kg 单位磁介质系统,其单位是 $m^3 \cdot kg$)。式(14.21a)是一个很有用的状态方程,尽管它只在温度比居里温度或称居里点 T_C 高得多的场合才是准确的。它也可以比喻为磁体中的理想状态方程。

居里方程的另一种表示形式是

$$xT = C_C \qquad (14.21b)$$

式中,$x = I/\hat{H}$ 称为顺磁磁化率,是温度的函数。当顺磁性固体的温度低到接近居里点(但仍高于居里点)时,其 $\hat{H}$-M-T 关系可用以下的居里-韦斯(Curie-Weiss)方程表示:

$$I = VM = C_{CW} \frac{\hat{H}}{T - T_C} \qquad (14.22)$$

式中,C_{CW} 为居里-韦斯常数,T_C 为居里温度,两者都是材料的特性常数。居里方程表明,顺磁性固体的磁化强度将随外磁场的增长和温度的降低而无限增大,式(14.22)在温度等于 T_C 时出现一个奇点,磁系统的 $I/\hat{H}$ 趋于无穷大,这是不符合事实的。我们知道,总磁矩 I 不可能是无限的,当材料的所有分子磁矩都按外磁场排列时,系统的磁化就达到了饱和。因此,奇点只可能相当于 $\hat{H} = 0$ 的情况。也就是说,即使在外磁场不存在时,材料仍保持着某种磁化状态。这种由于内场造成的"自生磁化"是铁磁体的特征。由此可见,居里点 T_C 是材料呈顺磁性($T > T_C$)或铁磁性($T < T_C$)的分界。表 14.1 中列出了一些铁磁体的居里温度。最后应该说明的是,方程(14.22)只不过是修正居里方程得来的一种近似,在温度低于 T_C 时不适用。

2. 布里渊方程

顺磁盐的一个更普遍的状态方程是布里渊(L. Brillouin)方程式,即

$$I = VM = Ng_L\mu_B JB_J(a) \qquad (14.23)$$

该方程是在量子力学概念上导出来的。式中,N 为顺磁离子数(当磁介质系统单位为 1 mol 时,$N = N_A$,N_A 为阿伏加德罗常数;当磁介质系统单位为 1 kg 时,$N = N_A/m$,m 为每 mol

中介质的质量克数）；g_L 为兰德（Lande）劈裂因子，是一个原子常数；J 为总角动量量子数，是另一个原子常数；μ_B 为玻尔（Bohr）磁子 $= 9.27 \times 10^{-24}$ A·m²（或 J/T）；$B_J(a)$ 为布里渊函数，有

$$B_J(a) = \frac{1}{J}\left[\left(J + \frac{1}{2}\right)\coth\left(J + \frac{1}{2}\right)a - \frac{1}{2}\coth\left(\frac{1}{2}a\right)\right]$$

$$a = \frac{g_L \mu_B \mu_0 \hat{H}}{k_B T}$$

其中，μ_0 为真空磁导率，等于 $4\pi \times 10^{-7}$ N/A²；k_B 为玻尔兹曼常数，等于 1.38×10^{-23} J/K。

布里渊方程式导出的条件为：在结晶顺磁盐内，顺磁离子非常稀少，因而它们彼此之间只有极其微弱的相互作用，这正像理想气体中的分子一样。这个条件能够很好地满足，因为通常在低温领域所应用的顺磁离子，如铬、铁、钸、钆等离子都被大量的非磁性离子所包围。例如，$Cr_2(SO_4)_3 \cdot K_2SO_4 \cdot 24H_2O$ 中每 1 个铬离子被 1 个钾原子、2 个硫原子、20 个氧原子和 24 个氢原子总共 47 个非磁性粒子所包围。

当比值 $\hat{H}/T$ 很小时，布里渊方程式简化为居里方程式，且居里常数由下式表示：

$$C_C = \frac{N g_L^2 \mu_B^2 \mu_0 J(J+1)}{3 k_B} \tag{14.24}$$

一些顺磁盐的物质的数据如表 14.2 所示。

表 14.2　一些顺磁盐的物质的数据

顺　磁　盐	m/kg	J	g_L	$C_C \times 10^{-5}$ /(m³·K·mol⁻¹)	A_C /(J·K·mol⁻¹)
$Cr_2(SO_4)_3 \cdot K_2SO_4 \cdot 24H_2O$（铁钾矾）	0.499	3/2	2	2.31	0.150
$Fe_2(SO_4)_3 \cdot (NH_4)_2SO_4 \cdot 24H_2O$（铁铵矾）	0.482	5/2	2	5.52	0.108
$Gd_2(SO_4)_3 \cdot 8H_2O$（硫酸钆）	0.373	7/2	2	9.80	2.91
$2Ce_2(SO_4)_3 \cdot 3Mg(SO_3)_2 \cdot 24H_2O$（铁铵镁钸）	0.765	5/2	1.84	0.398	5.07×10^{-5}

注：表中数据取自：Zemansky M W, Dittman R H. Heat and Thermodynamic[M]. 6th ed. New York：McGraw-Hill Company，1981：473.

14.5　顺磁体的热容及其与温度的关系

遵循居里方程的顺磁盐，下式的定磁化强度热容 C_M 与温度的关系是有用的：

$$C_M = \frac{A_C}{T^2} \tag{14.25}$$

式中，A_C 为常数。定磁场强度热容 $C_{\hat{H}}$ 与温度的关系为

$$C_{\hat{H}} = \frac{A_C}{T^2} + \mu_0 C_C \frac{\hat{H}^2}{T^2} \tag{14.26}$$

把式(14.26)代入式(14.18),并据居里方程式(14.21a)和(14.21b)的关系,得

$$dS = \frac{C_{\hat{H}}}{T}dT - \mu_0 V \left(\frac{\partial M}{\partial T}\right)_{\hat{H}} d\hat{H}$$

$$= \mu_0 C_C \frac{\hat{H}^2}{T^3}dT + \frac{A_C}{T^3}dT + \mu_0 C_C \frac{\hat{H}}{T^2}d\hat{H} \tag{14.27}$$

上式是常压下磁体的熵 $S(T,H)$ 与磁场强度 $\hat{H}$ 和绝对温度 T 的函数关系。

物理学上认为磁体的熵 $S(T,H)$ 是由磁熵 $S_M(T,H)$、晶格熵 $S_L(T)$ 和电子熵 $S_E(T)$ 三部分组成的,即

$$S(T,H) = S_M(T,H) + S_L(T) + S_E(T)$$

其中,只有 S_M 是 T 和 H 的函数,S_L 和 S_E 都仅是 T 的函数,因此只有磁熵 S_M 可以通过改变外磁场来加以控制。

一些近来发现的居里温度在室温附近的顺磁材料及其磁熵变列于表14.3。

表 14.3 部分近室温区磁性材料的磁熵变(其中 Gd 作为对比标准)

磁性材料		居里温度 T_C/K	外加磁场/T	T_C附近磁熵变 ΔS_M /(J·kg^{-1}·K^{-1})
Gd		293	5	9.5
$Gd_5 Si_{2-y} Ge_{2-y} Fe_{2y}$		300	5	14
$Gd_5 Si_{2-y} Ge_{2-y} Cu_{2y}$		300	5	11
$Gd_5 Si_{2-y} Ge_{2-y} Co_{2y}$		300	5	12
$Gd_5 Si_{2-y} Ge_{2-y} Ni_{2y}$		300	5	19
$Gd_5 (Si_x Ge_{1-x})_4$	$x = 0.43$	247	5	39
	$x = 0.5$	276	5	14.4
	$x = 0.515$	291	5	9.8
	$x = 0.5235$	303	5	6.6
$Gd_5 (Si_{1.985} Ge_{1.985} Ga_{0.03})_2$		286	5	17.6
Gd		293	1.5	4.2
$La_{1-x} Ca_x MnO_3$	$x = 0.2$	230	1.5	5.7
	$x = 0.33$	257	1.5	4.5
	$x = 0.45$	234	1.5	2.0
$La_{0.9} K_{0.1} MnO_3$		283	1.5	1.47
$La_{0.75} Ca_{0.25-x} Sr_x MnO_3$	$x = 0.125$	275	1.5	1.5
$La_{0.837} Ca_{0.098} Na_{0.038} Mn_{0.987} O_3$		255	1.5	8.4
$La_{0.822} Ca_{0.096} K_{0.043} Mn_{0.974} O_3$		265	1.5	6.8

注:此表数据由俞炳丰教授提供。

式(14.26)可由布里渊方程和居里方程所表示的 $\hat{H}$-M-T 关系导得。因为式(14.9)可写出

$$\left(\frac{\partial U}{\partial \hat{H}}\right)_T = T\left(\frac{\partial S}{\partial \hat{H}}\right)_T + \mu_0 V\hat{H}\left(\frac{\partial M}{\partial \hat{H}}\right)_T$$

应用麦克斯韦方程式(14.16),上式成为

$$\left(\frac{\partial U}{\partial \hat{H}}\right)_T = \mu_0 VT\left(\frac{\partial M}{\partial \hat{H}}\right)_{\hat{H}} + \mu_0 V\hat{H}\left(\frac{\partial M}{\partial \hat{H}}\right)_T$$

由于布元方程有 $M = f\left(\dfrac{\hat{H}}{T}\right)$ 的形式,所以可写成

$$\left(\frac{\partial M}{\partial T}\right)_{\hat{H}} = -\frac{\hat{H}}{T^2}f'\left(\frac{\hat{H}}{T}\right)$$

及

$$\left(\frac{\partial M}{\partial T}\right)_T = -\frac{1}{T}f'\left(\frac{\hat{H}}{T}\right) \tag{14.28}$$

式中,$f'\left(\dfrac{\hat{H}}{T}\right)$ 是 $f\left(\dfrac{\hat{H}}{T}\right)$ 的一阶导数。因此

$$\left(\frac{\partial U}{\partial \hat{H}}\right)_T = \mu_0 VT\left[-\frac{\hat{H}}{T^2}f'\left(\frac{\hat{H}}{T}\right)\right] + \mu_0 V\hat{H}\left[\frac{1}{T}f'\left(\frac{\hat{H}}{T}\right)\right] = 0$$

由此可以得出结论:服从布里渊方程式(当然还有居里方程式)的顺磁盐的热力能只是温度的函数。此外,根据式(14.19)

$$C_M = T\left(\frac{\partial S}{\partial T}\right)_M = \left(\frac{\partial U}{\partial T}\right)_M$$

也可以得到这样的结论:定磁化强度热容 C_M 只是温度 T 的函数。

由式(14.20)可知,定磁场强度热容与温度的关系为

$$C_{\hat{H}} = T\left(\frac{\partial S}{\partial T}\right)_{\hat{H}} = \left(\frac{\partial H}{\partial T}\right)_{\hat{H}}$$

取上二式之差

$$C_{\hat{H}} - C_M = T\left(\frac{\partial S}{\partial T}\right)_{\hat{H}} - T\left(\frac{\partial S}{\partial T}\right)_M$$

又由微分学的转换为第四参数的链式关系式(5.5),知

$$\left(\frac{\partial S}{\partial T}\right)_{\hat{H}} = \left(\frac{\partial S}{\partial T}\right)_M + \left(\frac{\partial S}{\partial M}\right)_T\left(\frac{\partial M}{\partial T}\right)_{\hat{H}}$$

故

$$C_{\hat{H}} - C_M = T\left(\frac{\partial S}{\partial M}\right)_T\left(\frac{\partial M}{\partial T}\right)_{\hat{H}}$$

将式(14.15)代入上式,得

$$C_{\hat{H}} - C_M = -T\mu_0 V\left(\frac{\partial \hat{H}}{\partial T}\right)_M\left(\frac{\partial M}{\partial T}\right)_{\hat{H}}$$

但由循环关系式(5.4),可得

$$\left(\frac{\partial \hat{H}}{\partial T}\right)_M = -\left(\frac{\partial M}{\partial T}\right)_{\hat{H}}\left(\frac{\partial \hat{H}}{\partial M}\right)_T$$

因此

$$C_{\hat{H}} - C_M = \mu_0 TV \left(\frac{\partial M}{\partial T}\right)_{\hat{H}}^2 \left(\frac{\partial \hat{H}}{\partial M}\right)_T = \frac{\mu_0 TV \left(\frac{\partial M}{\partial T}\right)_{\hat{H}}^2}{\left(\frac{\partial M}{\partial \hat{H}}\right)_T} \qquad (14.29)$$

将式(14.28)代入上式,可得

$$C_{\hat{H}} - C_M = -\mu_0 V\hat{H} \left(\frac{\partial M}{\partial T}\right)_{\hat{H}} \qquad (14.30)$$

此式对遵循布里渊方程式的顺磁固体是有效的。此外,如果也遵循居里方程,则由于

$$V\left(\frac{\partial M}{\partial T}\right)_{\hat{H}} = -C_C \frac{\hat{H}}{T^2}$$

可得

$$C_{\hat{H}} - C_M = \mu_0 C_C \frac{\hat{H}^2}{T^2} \qquad (14.31)$$

当遵循居里方程的顺磁盐有式(14.25)的关系,即 $C_M = A_C/T^2$ 时,再代入上式即得到式(14.26)的关系。

例 14.1 1 kg 铁铵矾 $Fe_2(SO_4)_3 \cdot (NH_4)_2SO_4 \cdot 24H_2O$ 在 4 K 下定温磁化。(1)试计算磁场强度由 0 变到 1×10^6 A/m 所做的功。铁铵矾是服从居里方程的顺磁盐。居里常数 $C_C = 1.140 \times 10^{-4}$ $m^3 \cdot$ K/kg。(2)设铁铵矾的定磁化强度热容可按下式计算: $C_M = A_C/T^2$,式中 $A_C = 0.108$ J $\cdot$ K/mol,摩尔质量为 0.482 kg/mol,试计算可逆绝热退磁可能达到的温度。

解 (1)根据式(14.5),有

$$\delta W = -\mu_0 V\hat{H}dM$$

将居里方程 $M = C_C\hat{H}/(VT)$ 代入上式,在定温下变成

$$\delta W = -\frac{\mu_0 C_C \hat{H}}{T}d\hat{H}$$

从 $\hat{H}_1$ 到 $\hat{H}_2$ 对上式积分,可得

$$W = \frac{\mu_0 C_C}{2T}(\hat{H}_1^2 - \hat{H}_2^2)$$

代入已知数据,得到

$$W = \frac{4\pi \times 10^{-7} \text{ N/A}^2 \times 1.140 \times 10^{-4} \text{ m}^3 \cdot \text{K/kg}}{2 \times 4 \text{ K}} \times (0 - 1 \times 10^{12}) \text{ A}^2/\text{m}^2 \times 1 \text{ kg}$$

$$= -17.9 \text{ N} \cdot \text{m} = -17.9 \text{ J}$$

(2)退磁前后的总磁矩

$$I_2 = C_C \frac{\hat{H}_2}{T_2}, \quad I_3 = C_C \frac{\hat{H}_3}{T_3}$$

对可逆绝热退磁应用式(14.17),有

$$\frac{C_M}{T}dT = \mu_0 \left(\frac{\partial \hat{H}}{\partial T}\right)_I dI$$

从居里方程求得偏导数

$$\left(\frac{\partial \hat{H}}{\partial T}\right)_I = \frac{I}{C_C}$$

合并以上两式,考虑到 $C_M = A_C/T^2$,由 $\hat{H}_2$ 积分到 $\hat{H}_3 = 0$,可得

$$\int_{T_2}^{T_3} A_C \frac{dT}{T^2} = \int_{I_2}^{I_3} \frac{\mu_0}{C_C} I dI$$

或

$$-\frac{A_C}{2}\left(\frac{1}{T_3^2} - \frac{1}{T_2^2}\right) = \frac{\mu_0}{2C_C}(I_3^2 - I_2^2)$$

稍加整理可化成

$$\begin{aligned}
\frac{1}{T_3^2} &= \frac{1}{T_3^2}\left(\frac{\mu_0 C_C}{A_C}\hat{H}_2^2 + 1\right) \\
&= \frac{1}{4^2\,\text{K}}\left(\frac{4\pi \times 10^{-7}\,\text{N} \cdot \text{A}^{-2} \times 1.14 \times 10^{-4}\,\text{m}^3 \cdot \text{K/kg}}{0.108\,\text{J} \cdot \text{K/mol}/0.482\,\text{kg/mol}} \times 1 \times 10^{12}\,\text{A}^2/\text{m}^2 + 1\right) \\
&= 40.02\,\text{K}^{-2}
\end{aligned}$$

故

$$T_3 = 0.158\,\text{K}$$

例 14.2　用布里渊方程求磁场强度为 79 500 A/m、温度为 0.05 K 时每千克硫酸钆的磁矩,若用居里方程来计算会出现多大误差?

解　查表 14.2 可知,硫酸钆的原子常数 $J = 7/2$,$g_L = 2$ 每摩尔离子的质量为 0.373 kg。

先计算布里渊方程中的参数

$$\begin{aligned}
a &= \frac{g_L \mu_B \mu_0 \hat{H}}{k_B T} \\
&= \frac{2 \times 9.27 \times 10^{-24}\,\text{A} \cdot \text{m}^2 \times 4\pi \times 10^{-7}\,\text{N} \cdot \text{A}^{-2} \times 79\,500\,\text{A/m}}{1.38 \times 10^{-23}\,\text{J/K} \times 0.05\,\text{K}} \\
&= 2.69
\end{aligned}$$

函数 $B_J(a)$ 从下式求出:

$$B_J(a) = \frac{1}{J}\left[\left(J + \frac{1}{2}\right)\coth\left(J + \frac{1}{2}\right)a - \frac{1}{2}\coth\left(\frac{1}{2}a\right)\right]$$

代入已知数据,有

$$B_J(2.69) = \frac{1}{3.5} \times \left[4\coth(4 \times 2.69) - 0.5\coth(0.5 \times 2.69)\right] = 0.978$$

每千克硫酸钆的磁离子数为

$$N = \frac{N_A}{m} = \frac{6.02 \times 10^{23}/\text{mol}}{0.373\,\text{kg/mol}} = 1.61 \times 10^{24}\,\text{kg}^{-1}$$

将有关数值代入布里渊方程,可得每千克硫酸钆的磁矩为

$$\begin{aligned}
N\mu_B g_L J B_J(a) &= 1.61 \times 10^{24}\,\text{kg}^{-1} \times 9.27 \times 10^{-24}\,\text{A} \cdot \text{m}^2 \times 2 \times 3.5 \times 0.978 \\
&= 102.2\,\text{A} \cdot \text{m}^2/\text{kg}
\end{aligned}$$

如用居里方程计算,先由式(14.24)

$$\begin{aligned}
C_C &= \frac{N g_L^2 \mu_B^2 \mu_0 J(J+1)}{3k_B} \\
&= \frac{6.02 \times 10^{23}\,\text{mol}^{-1} \times 2^2 \times 9.27^2 \times 10^{-48}\,(\text{A} \cdot \text{m}^2)^2 \times 4\pi \times 10^{-7}\,\text{N/A}^2 \times \frac{7}{2} \times \frac{9}{2}}{3 \times 1.38 \times 10^{-23}\,\text{J/K}} \\
&= 9.89 \times 10^{-5}\,\text{m}^3 \cdot \text{K/mol}
\end{aligned}$$

于是由式(14.21a)和(14.21b),可得每千克硫酸钆的磁矩为

$$I = VM = C_c \frac{\hat{H}}{T}$$

$$= \frac{9.89 \times 10^{-5} \text{ m}^3 \cdot \text{K/mol}}{0.373 \text{ kg/mol}} \times \frac{79\,500 \text{ A/m}}{0.05 \text{ K}}$$

$$= 421.61 \text{ A} \cdot \text{m}^2/\text{kg}$$

用居里方程计算的误差为

$$\frac{421.6 \text{ A} \cdot \text{m}^2/\text{kg} - 102.2 \text{ A} \cdot \text{m}^2/\text{kg}}{102.2 \text{ A} \cdot \text{m}^2/\text{kg}} = 313\%$$

14.6　退　磁　制　冷

1. 离子退磁制冷原理

　　绝热离子退磁的方法是吉奥克(Giauque)和德拜(Debye)于 1926 年分别独立地提出的,并于 1933 年最先由吉奥克和麦克杜格尔(MaG Dou[a11])完成了实验。这种方法是基于绝热的顺磁物质退磁时温度将下降的事实。这一事实可由简单顺磁系统的 dS 方程用分析方法加以证实。由式(14.14),知

$$dS = \frac{C_{\hat{H}}}{T}dT + \mu_0 V \left(\frac{\partial M}{\partial T}\right)_{\hat{H}} d\hat{H}$$

对于绝热可逆退磁过程,有

$$\frac{dT}{T} = -\frac{\mu_0 V}{C_{\hat{H}}} \left(\frac{\partial M}{\partial T}\right)_{\hat{H}} d\hat{H} \tag{14.32}$$

但是,磁场强度不变时升高顺磁固体的温度将永远使它的磁化强度降低,亦即导数 $(\partial M/\partial T)_{\hat{H}}$ 永远为负。这表示在 $d\hat{H}$ 为负值时将得到负的 dT,亦即温度将下降。这一理想过程在图 14.2 的 T-s 图上由垂直线 23 表示。该图还示出了等温磁化与绝热退磁的可逆过程。

　　顺磁物质在退磁以前必须磁化。理想等温磁化过程由图 14.2 中的水平线 12 表示。根据式(14.18),对于这个过程,可得到

$$TdS = \mu_0 VT \left(\frac{\partial M}{\partial T}\right)_{\hat{H}} d\hat{H} \tag{14.33}$$

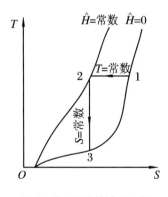

图 14.2　顺磁盐的 T-s 图

　　由于 $(\partial M/\partial T)_{\hat{H}}$ 永远为负值,因而磁场增强将放出热量,从而相应地使熵减少。因为熵在本质上是无序度的标志,所以很显然顺磁物质中的某一个未磁化状态较之同温度下的磁化状态,必定具有较多的熵或较大的无序度。在 T-s 图上磁场为零的线必然在等磁场强度 $\hat{H}$ 线的右边。这表明物料被等温磁化时必须放出热量。

　　为了进行磁冷却实验,顺磁盐晶体的试样首先要冷却到约1 K。这可以如下进行:将试

样盐装在一个完全浸没在液氦浴中的容器内,液氦在减压下沸腾,整个装置如图 14.3 所示。在液氦的周围是液氮,并且也在减压下沸腾。两种液体之间的空间抽成真空。在试样室内充有氦气作为热交换介质。当试样盐冷却到尽可能低的温度时施加一个强磁场,这个强磁场可以是常用的电磁铁磁场,也可以是超导磁体的磁场。因磁化而放出的热量,由氦交换气传给周围的液氦,使某些液氦汽化。这样,试样盐的温度在磁化时基本上保持不变。在磁化过程结束时,把试样室内的氦气抽出,因而切断了盐与其周围的热联系。随后,把磁场减为零,盐的温度将在绝热条件下降低。这样的冷却过程,使温度降至 10^{-2} K 数量级是没有很大困难的。

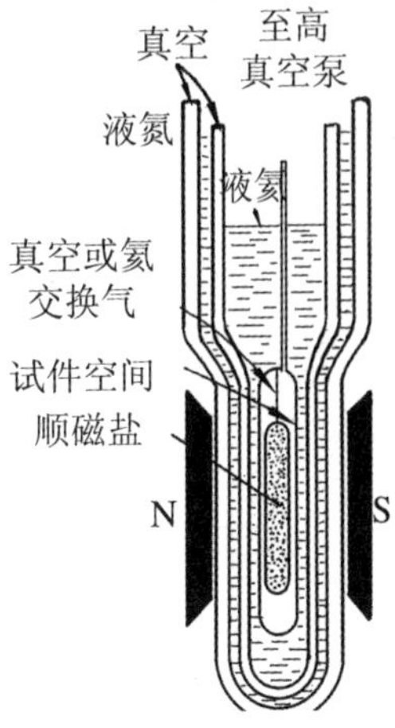

图 14.3　离子退磁制冷装置示意图

2. 低温磁制冷器

在应用磁冷却的低温实验中,退磁过程之后必须立即对顺磁盐或任何被冷却介质的情况进行观察。但是,由于不可避免地会有热量漏进盐内,所以在极低温度下能够进行观察的持续时间是非常有限的。为了改善这种情况,当特(Daunt)与希尔(Heer)提出了一种能循环运转的磁制冷器,它能保持比 1 K 低得多的温度。

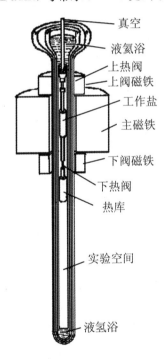

图 14.4　磁制冷器示意图

磁制冷器主要包括一种顺磁工作盐、一个热库以及两个超导热阀,如图 14.4 所示。这些部件装在一真空室内,而真空室浸没在保持约 1 K 的液氦浴中。工作盐通过上热阀与液氦浴连接,而通过下热阀与热库连接。热库及其附近的实验空间持续地保持在所需要的 1 K 以下的温度。液氦浴周围是工作盐及两个热阀的控制磁铁。

热阀由铅条制成,按超导体原理工作。在 7.22 K 以下且没有外磁场存在时,铅是一种超导体,但同时又是极不良的导热体。但当施加磁场时,铅的超导性将被破坏,它又变成一般的导电体及热的良导体。

现在来说明磁制冷器的操作顺序。以卡诺循环形式表示的磁制冷器的理想工作过程示于图 14.5。图中各过程如下:过程 12:工作盐周围的磁场在主磁铁作用下由 $\hat{H}_1$ 增至 $\hat{H}_2$。在此过程中,上热阀由于上阀磁铁施加磁场而保持通路状态。这意味着上热阀处于正常的导体状态,是一个热的良导体,能将热量由工作盐传给液氦浴。在此过程中下热阀关闭。这表明它处于超导状态,因而是传热的不良导体,不能将热量由工作盐传给热库。

过程 23:上、下热阀都保持关闭状态,表示两者都是热的不良导体。工作盐周围的磁场强度由 $\hat{H}_2$ 减至 $\hat{H}_3$,使工作盐的温度绝热下降。

过程 34:工作盐周围的磁场减至零(或接近于零),同时下热阀打开而上热阀关闭。下热阀处于正常导体状态,是导电、导热的良导体,可将热量由热库传给工作盐,因而可使热库和实验空间远远冷却至 1 K 以下(可以持续地保持在 0.2 K 的低温)。

过程 41:上、下热阀都关闭,工作盐周围的磁场强度增至起始值,使工作盐的温度在绝热下增至初值,从而完成了一个循环。

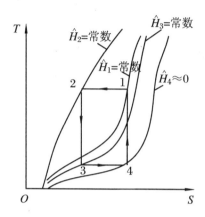

图 14.5　顺磁工作盐在磁制冷器内的理想热力循环

14.7　室温磁制冷研究[①]

磁制冷的出现起始于 120 年前磁热效应的发现。从 20 世纪 30 年代开始,磁制冷技术开始应用于低温制冷,如上节所述,目前在氢液化、氦液化等低温场合中有比较成熟的应用。1976 年,美国国家航空航天局(NASA)Lewis 研究中心的 G. V. Brown 首次将磁制冷技术应用于室温范围,采用金属钆作为磁性制冷工质,在 7 T 的磁场和无热负荷的条件下获得了47 K 的温度差。1996 年美国宇航技术中心的 C. Zimm 采用了活性蓄冷(AMR)技术,用3 kg 金属钆作为工质,建立了一台磁制冷机,在 5 T 的磁场强度下获得了 500～600 W 的制冷量。近几年我国西安交通大学、南京大学、河北工业大学等单位也开展了有关室温磁制冷的研究。

磁制冷采用磁性物质作为制冷工质,对臭氧层无破坏作用、无温室效应,而且磁性工质的磁熵密度比气体大,因此制冷装置可以变得更紧凑。磁制冷采用电磁体或超导体以及永磁体提供所需的磁场,无需压缩机,运动部件少而且转速慢,因此机械振动及相应的噪声很小、可靠性高、寿命长。在效率方面,磁制冷可以达到卡诺循环的 30%～60%,而蒸汽压缩式制冷一般仅为 5%～10%。因此,磁制冷技术具有很好的应用前景。

1. 室温磁制冷工质
磁性物质应用于室温磁制冷中必须有尽可能高的 MCE、很好的传热性能以及加工性

---

① 有关室温磁制冷的技术资料是由西安交通大学俞炳丰教授提供的,在此表示感谢。厦门大学陈金灿教授、林国星教授在室温磁制冷技术方面也有很多成果,但受篇幅限制和书稿已成文,暂未收录,有兴趣的读者,可参阅他们发表的论文。

能。具体说来,应用到室温制冷循环的磁性工质需要具备以下七个主要特性:① 有大的总角动量量子数 J 和朗德劈裂因子数 g(两者均与磁热效应有关)的铁磁性材料;② 有合适的德拜温度(在高温区,德拜温度较高可使晶格熵所占的比例相应减小);③ 居里点应该在工作温度附近,以保证在循环温区内都可获得大的磁熵变;④ 磁滞损失小;⑤ 低比热、高热导率,以保障磁工质有明显的温度变化及快速进行热交换;⑥ 高的电阻,以避免产生涡流损失;⑦ 良好的成型加工性能,以便制造出满足磁制冷要求的可快速换热的磁工质结构。

根据现有研究成果,有以下几类可望用于室温磁制冷系统的磁性材料:

(1) Gd 及其化合物

目前最典型的可作室温磁性制冷循环工质的材料是镧系稀土金属钆(Gd)。Gd 的居里温度为 293 K,接近室温,且具有较大的磁热效应,特别是 GdSiGe 系列合金中有巨磁热效应。由于 Gd 是金属,所以传热性能和成型加工性能都比较好。缺点是易氧化。该系列合金通过调整 Si、Ge 的比例和掺杂少量的 Ga 可以使居里点在 20~286 K 之间变化,而且磁熵变的峰值是迄今为止所有研究的材料中最大的。研究表明 $Gd_5(Si_xGe_{1-x})_4$ 合金在 $0 \leqslant x \leqslant 0.5$ 时其室温区的 ΔS_M 至少是 Gd 的两倍,而且其巨磁熵变是可逆的,不会在第一次加磁之后消失。这个特性对于获得高效的制冷循环有非常重大的意义。

(2) 钙钛矿及类钙钛矿类化合物

近几年来,在钙钛矿锰氧化物中也发现了大的磁熵变化。该系列化合物的主要优点在于成本低、化学性能稳定、矫顽力小以及电阻率大。该系列化合物可以通过样品的掺杂很方便地调节其居里温度到所需的范围,但是同时会导致 ΔS_M 下降太多,实用性降低。该系列化合物需要解决如何在室温附近保持大的磁热效应以及氧化物传热性能欠佳的问题。

(3) 过渡金属化合物

这类通过离子掺杂的其他稀土过渡金属化合物(GdSiGe 系列化合物以外),也具有较大的磁熵变,如 $Y_2Fe_{17-x}Co_x$、$Y_2Fe_{17-x}Ni_x$、$Ce_2Fe_{17-x}Co_x$ 和 $Er_2Fe_{17-x}Ni_x$ 及 $Ce_{2-x}Dy_xFe_{17}$ 合金等。

(4) 复合工质

铁磁性材料的磁热效应虽然在居里点附近显著,但是偏离居里点会显著下降,可利用的温区不大,因此单一工质并不能满足理想 Ericsson 循环的要求。为了解决这一问题,日本曾提出了把几种磁相变温度 T_C 各不相同的铁磁性物质复合成一种在制冷工作温区内磁熵变化 ΔS_M 比较平滑的新型材料的方法。

2. 室温磁制冷循环

磁制冷机的工作原理如下:励磁过程,磁性材料放出热量;退磁过程,磁热材料吸收热量;中间以适当的过程加以连接,这样就构成了不同的磁制冷循环,完成制冷过程。常见的磁制冷循环有 Carnot 循环(图 14.5)、Stirling 循环、Ericsson 循环以及 Brayton 循环,其中室温磁制冷一般采用 Ericsson 循环(图 14.6)和 Brayton 循环(图 14.7)。

Ericsson 循环由两个等温过程和两个等磁场过程组成。

① 等温磁化过程 Ⅰ(图 14.6 中 $A \rightarrow B$ 过程),将外加磁场从 $\hat{H}_0$ 增大到 $\hat{H}_1$,磁性工质向蓄冷流体放出 $Q_{ab} = T_1(S_a - S_b)$ 的热量,上部的蓄冷流体温度上升。

② 等磁场冷却过程 Ⅱ(图 14.6 中 $B \rightarrow C$ 过程),磁场 $\hat{H}_1$ 保持不变,磁性工质与电磁体一起向下部移动,磁性工质向蓄冷液体放出 $Q_{bc} = \int_{S_c}^{S_b} T dS$ 的热量,同时蓄冷器内产生温度

梯度。

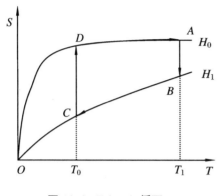

| 图 14.6 Ericsson 循环 | 图 14.7 Brayton 循环 |

③ 等温去磁过程Ⅲ(图 14.6 中 $C \to D$ 过程),磁场由 $\hat{H}_1$ 减少到 $\hat{H}_0$,磁性工质从下部的蓄冷流体吸收 $Q_{cd} = T_0(S_d - S_c)$ 的热量,蓄冷液温度降低。

④ 等磁场加热过程 Ⅳ(图 14.6 中 $D \to A$ 过程),磁场 $\hat{H}_0$ 保持不变,磁性工质与电磁体一起向上部移动,磁性工质从蓄冷液体吸收 $Q_{da} = \int_{S_d}^{S_a} T \mathrm{d}S$ 的热量。

要使磁 Ericsson 循环达到 Carnot 循环的效率,必须使两个等磁场过程的放热量和吸热量相等。但是采用单一磁性工质并不能保证两者相等,也不具备理想回热性能。

例 14.3 在卡诺磁制冷循环中以铁铵矾作为工作盐。循环在 1 K 和 0.2 K 的两个热源之间工作,磁场的最大、最小磁场强度分别为 0.6×10^6 A/m 及 0,如图 14.5 所示。试计算在四个端点状态 1、2、3、4 时的磁场强度和 1 mol 工作盐的磁矩。假定居里方程式适用。对于1 mol工作盐,试求各个过程的热量与功量交换及制冷器的性能系数。

解 如图 14.5 所示,已知条件为

$$T_1 = T_2 = 1 \text{ K}, \quad T_3 = T_4 = 0.2 \text{ K}, \quad \hat{H}_2 = 0.6 \times 10^6 \text{ A/m}, \quad \hat{H}_4 = 0$$

对于铁铵矾有(表 14.2)

$$C_C = 5.52 \times 10^{-6} \text{ m}^3 \cdot \text{K/mol}, \quad A_C = 0.108 \text{ J} \cdot \text{K/mol}, \quad \mu_0 = 4\pi \times 10^{-7} \text{ N/A}^2$$

根据居里方程式 $I = C_C \dfrac{\hat{H}}{T}$,可得

$$I_4 = C_C \frac{\hat{H}_4}{T_4} = 0$$

$$I_2 = C_C \frac{\hat{H}_2}{T_2} = \frac{5.52 \times 10^{-5} \text{ m}^3 \cdot \text{K/mol} \times 0.6 \times 10^6 \text{ A/m}}{1.0 \text{ K}} = 33.1 \text{ A} \cdot \text{m}^2/\text{mol}$$

由式(14.17),知

$$\mathrm{d}S = \frac{C_M}{T}\mathrm{d}T - \mu_0 V \left(\frac{\partial \hat{H}}{\partial T}\right)_M \mathrm{d}M$$

但根据居里方程,有

$$\left(\frac{\partial \hat{H}}{\partial T}\right) = \frac{I}{C_C}$$

故

$$dS = \frac{C_M}{T}dT - \frac{\mu_0}{C_C}IdI$$

此外,由式(14.29),知

$$C_M = \frac{A_C}{T^2}$$

代入上式,得

$$dS = \frac{A_C}{T^3}dT - \frac{\mu_0}{C_C}IdI \qquad (a)$$

将上式应用于可逆绝热过程 23,得

$$A_C \int_{T_2}^{T_3}\frac{dT}{T} = \frac{\mu_0}{C_C}\int_{I_2}^{I_3}IdI$$

或

$$\frac{A_C}{2}\left(\frac{1}{T_3^2} - \frac{1}{T_2^2}\right) = \frac{\mu_0}{2C_C}(I_3^2 - I_2^2)$$

故

$$I_3 = \left[I_2^2 - \frac{A_C C_C}{\mu_0}\left(\frac{1}{T_3^2} - \frac{1}{T_2^2}\right)\right]^{1/2}$$

$$= \left[(33.1)^2\ \mathrm{A \cdot m^2/mol}\right.$$

$$\left. - \frac{0.108\ \mathrm{J \cdot K/mol} \times 5.52 \times 10^{-5}\ \mathrm{m^3 \cdot K/mol}}{4\pi \times 10^{-7}\ \mathrm{N/A^2}} \times \left(\frac{1}{(0.2\ \mathrm{K})^2} - \frac{1}{(1.0\ \mathrm{K})^2}\right)\right]^{1/2}$$

$$= 31.3\ \mathrm{A \cdot m^2/mol}$$

同样

$$I_1 = \left[I_4^2 - \frac{A_C C_C}{\mu_0}\left(\frac{1}{T_1^2} - \frac{1}{T_4^2}\right)\right]^{1/2}$$

$$= \left[0 - \frac{0.108\ \mathrm{J \cdot K/mol} \times 5.52 \times 10^{-5}\ \mathrm{m^3 \cdot K/mol}}{4\pi \times 10^{-7}\ \mathrm{N/A^2}} \times \left(\frac{1}{(1.0\ \mathrm{K})^2} - \frac{1}{(0.2\ \mathrm{K})^2}\right)\right]^{1/2}$$

$$= 10.7\ \mathrm{A \cdot m^2/mol}$$

将 I_1 及 I_3 的值代入居里方程式,得

$$\hat{H}_1 = \frac{T_1 I_1}{C_C} = \frac{1.0\ \mathrm{K} \times 10.7\ \mathrm{A \cdot m^2/mol}}{5.52 \times 10^{-5}\ \mathrm{m^3 \cdot K/mol}} = 0.194 \times 10^6\ \mathrm{A/m}$$

$$\hat{H}_3 = \frac{T_3 I_3}{C_C} = \frac{0.2\ \mathrm{K} \times 31.3\ \mathrm{A \cdot m^2/mol}}{5.52 \times 10^{-5}\ \mathrm{m^3 \cdot K/mol}} = 0.113 \times 10^6\ \mathrm{A/m}$$

现将 4 个端点的磁场与磁矩值列于表 14.4。

表 14.4　4 个端点的磁场与磁矩值

状态点	1	2	3	4
$\hat{H}/(\mathrm{A \cdot m^{-1}})$	0.194×10^6	0.6×10^6	0.113×10^6	0
$I/(\mathrm{A \cdot m^2 \cdot mol^{-1}})$	10.7	33.1	31.3	0

现在来计算 4 个过程的传热量。由于过程 23 与 41 为可逆绝热过程,故 $Q_{23} = 0$ 及 $Q_{41} = 0$,对于可逆等温过程,由式(14.33),得

$$\delta Q = TdS = -\frac{\mu_0}{C_C}TIdI$$

因此

$$Q_{12} = -\frac{\mu_0}{C_C} T_1 \int_{I_1}^{I_2} I \mathrm{d}I = -\frac{\mu_0 T_1}{2C_C}(I_2^2 - I_1^2)$$

$$= -\frac{4\pi \times 10^{-7} \text{ N/A}^2 \times 1.0 \text{ K}}{2 \times 5.52 \times 10^{-5} \text{ m}^3 \cdot \text{K/mol}} \times (33.1^2 - 10.7^2)(\text{A} \cdot \text{m}^2/\text{mol})^2$$

$$= -11.2 \text{ J/mol}$$

及

$$Q_{34} = -\frac{\mu_0 T_3}{2C_C}(I_4^2 - I_3^2)$$

$$= -\frac{4\pi \times 10^{-7} \text{ N/A}^2 \times 0.2 \text{ K}}{2 \times 5.52 \times 10^{-5} \text{ m}^3 \cdot \text{K/mol}} \times (0 - 31.3^2)(\text{A} \cdot \text{m}^2/\text{mol}) = 2.23 \text{ J/mol}$$

对于功量,因遵循居里方程式的顺磁盐的热力能只是温度的函数,由热力学第一定律,得

$$W_{12} = Q_{12} = -11.2 \text{ J/mol} \quad \text{及} \quad W_{34} = Q_{34} = 2.23 \text{ J/mol}$$

对于绝热过程,热力学第一定律给出

$$\delta Q = \mathrm{d}U + \delta W = 0 \quad \text{或} \quad \delta W = -\mathrm{d}U$$

由式(14.19)和式(14.29),有

$$\mathrm{d}U = C_M \mathrm{d}T = \frac{A_C}{T^2}\mathrm{d}T$$

$$\mathrm{d}W = -\frac{A_C}{T^2}\mathrm{d}T$$

故

$$W_{23} = -A_C \int_{T_2}^{T_3} \frac{\mathrm{d}T}{T^2} = A_C\left(\frac{1}{T_3} - \frac{1}{T_2}\right)$$

$$= 0.108 \text{ J} \cdot \text{K/mol} \times \left(\frac{1}{0.2 \text{ K}} - \frac{1}{1.0 \text{ K}}\right) = 0.432 \text{ J/mol}$$

及

$$W_{41} = A_C\left(\frac{1}{T_1} - \frac{1}{T_4}\right) = 0.108 \text{ J} \cdot \text{K/mol} \times \left(\frac{1}{1.0 \text{ K}} - \frac{1}{0.2 \text{ K}}\right) = -0.432 \text{ J/mol}$$

制冷器的性能系数(COP)的定义为循环中制冷量 Q_C 与循环中净输入功 $-\oint W$ 之比,故

$$COP = \frac{Q_C}{-\oint W} = \frac{Q_{34}}{-(W_{12} + W_{23} + W_{34} + W_{41})}$$

$$= \frac{2.23 \text{ J/mol}}{-(-11.2 + 0.432 + 2.23 - 0.432) \text{ J/mol}} = 24.9\%$$

当然,此卡诺制冷器的 COP 也可直接由卡诺循环的温度算出,即

$$COP = \frac{T_3}{T_1 - T_3} = \frac{0.2 \text{ K}}{(1.0 - 0.2) \text{ K}} = 25\%$$

两者是很接近的。

参 考 文 献

［1］　杨思文,金六一,孔庆煦,等. 高等工程热力学［M］. 北京:高等教育出版社,1988.

［2］　Yu B F, Gao Q, et al. Review on research of room temperature magnetic refrigeration［J］. International Journal of Refrigeration, 2003,26(6):622-636.

［3］　Ling G, et al. General performance characteristics of an irreversible ferromagnetic stirling refrigeration cycle［J］. Physica. B,2004,344:147-156.

第 15 章　含有化学反应和燃烧的系统

　　本章研究含有化学反应和燃烧的系统的热力学问题,它与非反应系统的区别在于反应前后不仅有系统的压力、温度、热力学能等热力参数的变化,而且还同时有系统的组成变化,以及由系统内部反应产生的与外界交换的热量和功的变化。与一切物理过程一样,化学反应过程也服从质量守恒原理、热力学第一定律和热力学第二定律。根据质量守恒原理可建立化学反应方程式;由热力学第一定律可得到化学反应中能量的转换关系;由热力学第二定律可知道化学反应的平衡条件,它预示化学反应的方向和深度。本章以化学反应热力学为基础,更注重于研究燃烧的热力学问题,因为它是把燃料的化学能转化为热能的关键步骤,与动力装置的效率关系极大。在研究化学反应时,为了集中注意力于化学过程,因而假定系统与外界处于热、力平衡,但化学反应过程并不一定要保证可逆性,实际上,大多数的化学反应都是不可逆的。

　　有化学反应的系统最大的特点是系统在反应前后的状态发生了根本的变化,它的热力学能的改变主要是化学反应把系统燃料的化学能转化为系统的热力学能。所以化学热力学把更多精力集中在化学反应过程系统的热力学能变化、系统有效能的变化、化学反应进行的程度、化学反应的平衡条件和燃烧的热效率及有效率等问题上。

15.1　化学计量与离解

1. 化学计量方程

　　通常,燃烧是指含有碳、氢成分的燃料与氧气或空气发生反应生成二氧化碳、一氧化碳和水等生成物的快速化学反应。分析燃烧过程的首要任务,在于研究给定燃料的理论化学反应。所谓理论化学反应,是指反应物全部转变为生成物的化学反应。以甲烷的完全燃烧为例,理论化学反应可表示为

$$CH_4 + 2O_2 \longrightarrow CO_2 + 2H_2O$$

　　上式左边各组元称为反应物,右边各组元称为生成物。在化学反应中,反应物各组元的原子键破裂,原子重新组合形成新的分子,即生成物。根据质量守恒原理,反应前后各化学元素的原子数目必定相等,所以反应式中各组元必须配上系数,这些系数称为化学计量系数。配有化学计量系数,满足左右平衡而又无多余反应物的理论反应方程,也可称为化学计

量方程。热力学中有时也将化学计量方程写成以下形式,例如甲烷的燃烧反应为

$$CO_2 + 2H_2O - CH_4 - 2O_2 = 0$$

单相系统化学反应的化学计量方程的普遍形式为

$$\sum_i \nu_i A_i = 0 \tag{15.1}$$

式中,A_i 表示第 i 个化学组元;ν_i 表示 A_i 的化学计量系数。式中的生成物项取正号,反应物项取负号。

燃烧以氧气为氧化剂时,氧气比恰好等于化学计量方程的相应比例的燃料和氧气的混合物,称为恰当混合物。燃烧时氧气比大于恰当混合物的燃料和氧气的比例的混合物,称为富混合物;反之称为贫混合物。恰当混合物的氧气量,称为燃料燃烧的理论氧气量。燃料的燃烧通常以空气为氧化剂,含氧量等于理论氧气量时的空气量,称为燃料燃烧的理论空气量,用 $A_{a,\min}$ 表示。为简单起见,可认为空气由 21% 的氧和 79% 的氮(均指容积成分)组成。即 1 mol 氧和 3.76 mol 氮组成 4.76 mol 空气。空气的折合相对分子质量取近似值 29.0。通常燃烧用的空气量用 A_a 表示,一般 $A_a > A_{a,\min}$。记燃烧真实用的空气量与理论空气量之比为 λ,λ 称为空气过剩系数,即有

$$A_a = \lambda A_{a,\min} \tag{15.2}$$

当采用空气为氧化剂时,甲烷燃烧的理论反应式为

$$CH_4 + 2O_2 + 2(3.76)N_2 \longrightarrow CO_2 + 2H_2O + 7.52N_2$$

氮气未参加反应。甲烷已完全燃烧,而燃烧产物中又无氧气出现,所以上述反应的空气量恰好是甲烷燃烧所需的理论空气量。

CO 与 O_2 的恰当混合物的理论反应式或化学计量方程为

$$CO + \frac{1}{2}O_2 \longrightarrow CO_2 \tag{15.3a}$$

实际的燃烧反应不可能完全,燃烧产物除了 CO_2 外,总还有 CO 和 O_2 存在。CO 的实际反应方程为

$$CO + \frac{1}{2}O_2 \longrightarrow (1-x)CO_2 + yCO + zO_2 \tag{15.3b}$$

分析这一反应可知,相应于理论反应形成 1 mol CO_2 的同时,有 x mol 的 CO_2 离解(化合物分解为较为简单的物质或元素)为 y mol 的 CO 和 z mol 的 O_2。根据质量守恒原理,离解反应也必定要服从反应的化学计量方程,即参与反应的各种物质包括反应物和生成物,它们的质量之比等于相应的化学计量方程中各组元的质量之比。所以

$$x\,CO_2 \longrightarrow x\left(CO + \frac{1}{2}O_2\right)$$

合成与离解同时进行,也就是

$$CO + \frac{1}{2}O_2 \longrightarrow (1-x)CO_2 + \quad xCO_2$$
$$\quad\quad\quad\quad\quad\quad\quad\quad\quad\quad \searrow xCO + \frac{x}{2}O_2$$

结果是

$$CO + \frac{1}{2}O_2 \longrightarrow (1-x)CO_2 + xCO + \frac{x}{2}O_2 \tag{15.3c}$$

上式是考虑离解时 CO 的实际燃烧反应式。与式(15.3b)相比,可知 $y = x$、$z = x/2$。

2. 离解度

化学反应达到平衡时,每摩尔物质(指反应系中主要的生成物或反应物)所分解的百分数称为离解度,以 α 表示。于是,CO 燃烧达到化学平衡时,有

$$CO + \frac{1}{2}O_2 \longrightarrow (1 - \alpha)CO_2 + \alpha CO + \frac{\alpha}{2}O_2 \tag{15.4}$$

上式左方为反应前的各组元,右方为反应达平衡时的各组元。若能求得离解度 α,即可以根据式(15.4)计算平衡成分。

至此可知,前面所说的理论燃烧反应,就是指不考虑离解反应($\alpha = 0$)的燃烧反应。

15.2 化学反应的热力学第一定律分析

本节将介绍有化学反应过程的热力学第一定律的通用方程及其应用。

与原子结合成化合物的结合力密切相关的能量称为结合能或化学能。各种物质在确定的温度和压力下具有确定的结合能。在化学反应中,随着原子键的重新组合,某些结合能破坏了,而另一些结合能形成了。反应中被破坏的结合能总量与所形成的结合能总量并不相等,因而化学反应要释放或吸收能量(包括热量或功),也就是化学能与其他形式的能量有相互转换。

1. 化学反应的热力学第一定律

热力学第一定律的一般形式如下:

对于闭口系统,有

$$Q = \Delta U + W_u + W \tag{15.5a}$$

对于稳定流动系统,有

$$Q = \Delta H + W_u + \Delta E_K + \Delta E_P \tag{15.5b}$$

式中,Q、W_u、W 分别为系统与外界交换的热量、可用功(也称有效功或有用功)和膨胀功,正负号和前面各章的规定相同;ΔU 和 ΔH 分别为系统的热力学能(内能)增量和焓增量。ΔE_k 和 ΔE_p 分别为系统的动能增量和位能增量。当把热力学第一定律应用于化学反应系统时,有两点值得注意:① 多数化学过程,例如燃烧反应,可用功为零,且动能、位能增量可略去不计;② 热力学第一定律以系统从外界吸收的热量定为正号,对外界放热定为负号,而化学反应中习惯于认定释放热量为正号,吸收热量为负号,为了避免符号上的差错,本书仍遵循热力学第一定律的约定,以反应中释放热量为负号,吸收热量为正号,或者可以认为是以生成物的燃气热力状态来考虑问题的。

2. 反应热力学能

通常,化学反应是在定容或定压的条件下进行的。对于闭口系统的定容反应,当 $W_u = 0$,且反应前后的温度又相等时,此反应称为定温-定容反应,其热效应称为定容热效应,用 Q_V 表示,根据式(15.5a),则有

$$Q_V = \Delta U_r \tag{15.6}$$

式中,ΔU_r 为定温定容反应中生成物与反应物的热力学能差,称为反应热力学能(原称反应

内能)。ΔU_r 的小写形式 Δu_r 表示比反应热力学能。

3. 反应焓(燃烧焓)

对于闭口系统的定压反应,当 $W_u = 0$ 时,若反应前后的温度又相等,可称为定温-定压反应,其热效应称为定压热效应,用 Q_p 表示:

$$Q_p = \Delta H_r \tag{15.7}$$

式中,ΔH_r 为定温-定压反应中生成物与反应物的摩尔焓差,称为反应焓,单位是 J/mol。ΔH_r 的小写形式 Δh_r 表示比反应焓,单位是 J/kg。对于稳定流动系统,当 $W_u = 0$,而 ΔE_k 和 ΔE_p 又可略去不计时,根据式(15.5b)并注意到热量取正负号的差别,可得到和式(15.7)相同的第一定律表达式。

4. 生成焓及其计算

由式(15.6)、式(15.7)看到,根据 ΔU 或 ΔH 可求得定容反应热 Q_v 与定压反应热 Q_p 之间的关系。因为理想气体的热力学能可容易地根据焓的定义式得到,即

$$\Delta U = \Delta H - \Delta(pV) = \Delta H - RT\Delta(n) \tag{15.8a}$$

所以有

$$Q_p = Q_v + RT\Delta(n) \tag{15.8b}$$

而且工程上遇到的反应又以定压反应为多,因而 ΔH 的计算较为重要。式(15.8a)和(15.8b)中 n 为摩尔数,R 为摩尔气体常数。对于无化学反应的物系,组元没有变化,ΔH 的计算与零点的选取无关。有化学反应的系统中组元有变化时,计算 ΔH 时必须规定物质焓值的共同计算起点。

在热化学计算中首先确定标准参考状态(此状态下,除压力、温度外的其他热力参数都在右上角标以"0")。在规定标准参考状态下,所有的稳定形态的元素焓值为零,并把定温-定压下由元素形成化合物的反应中,可用功为零时所释放或吸收的热量定义为化合物的生成焓。于是,元素和化合物的焓值就有了共同的计算起点,也就给化学反应系统的能量转换计算奠定了基础。至今为止,热化学标准参考状态都选为压力 $p_0 = 101.325\ kPa$,温度 $25\ ^{\circ}C$($T_0 = 298\ K$)。根据生成焓 ΔH_f(也有以 Δh_f 表示的)的定义,对于每摩尔化合物,有

$$\Delta H_f = H_{m,com} - \sum v_i (H_{m,i})_{ele} \tag{15.9a}$$

$$H_{m,com} = \Delta H_f + \sum v_i (H_{m,i})_{ele} \tag{15.9b}$$

式中,下角标"com"和"ele"分别表示化合物和元素。吸热反应的生成焓 ΔH_f 为正,放热反应的生成焓为负。在标准参考状态下,上式成为

$$H_{m,com}^0 = \Delta H_f^0 + \sum v_i (H_{m,i}^0)_{ele} = \Delta H_f^0 \tag{15.10}$$

可见,化合物在标准参考状态下的焓 $H_{m,com}^0$ 就等于它的标准生成焓 ΔH_f^0,因为标准参考状态下各稳定形态元素的焓值为零。任意状态下化合物的焓等于标准生成焓加上化合物从标准参考状态到给定状态的焓的增量

$$H_m = \Delta H_f^0 + [H_m(T,p) - H_m^0] \tag{15.11a}$$

式中,下角标"com"已省略。上式右边的第一项为标准生成焓,与化合物的组成元素有关;上式右边的第二项为化合物组元不变时化合物的焓变化。

若限于研究理想气体的反应,由于焓与压力无关,所以理想气体在任意温度 T 时的摩尔焓值为

$$H_m = \Delta H_f^0 + (H_{m,T} - H_{m,298}) \tag{15.11b}$$

许多常用物质的标准生成焓 ΔH_f^0 可从表 15.1 查到。物质的焓变化 $(H_{m,T} - H_{m,298})$ 可根据比热容数据计算得到。对于理想气体,焓变化也可直接在热物性手册理想气体热力性质表中查取,表中焓的零点选在热力学温度 0 K,这对于焓增量的计算没有影响。

表 15.1　25 ℃、1 atm 时的生成焓、生成自由焓和绝对熵

物　　质	化学式	$\Delta H_f^0/(J \cdot mol^{-1})$	$\Delta G_f^0/(J \cdot mol^{-1})$	$S_m^0/(J \cdot mol^{-1} \cdot K^{-1})$
碳	$C(s)$	0	0	5.74
氢	$H_2(g)$	0	0	130.57
氮	$N_2(g)$	0	0	191.50
氧	$O_2(g)$	0	0	205.03
一氧化碳	$CO(g)$	−110 530	−137 150	157.56
二氧化碳	$CO_2(g)$	−393 520	−394 360	213.64
水	$H_2O(g)$	−241 820	−228 590	188.72
水	$H_2O(l)$	−285 830	−237 130	69.92
过氧化氢	$H_2O_2(g)$	−136 310	−105 600	232.63
氨	$NH_3(g)$	−46 190	−16 590	192.33
甲烷	$CH_4(g)$	−74 850	−50 790	186.16
乙炔	$C_2H_2(g)$	+226 730	−209 170	200.85
乙烯	$C_2H_4(g)$	+52 280	−68 120	219.33
乙烷	$C_2H_6(g)$	−84 680	−32 890	229.49
丙烯	$C_3H_6(g)$	+20 410	+62 720	266.94
丙烷	$C_3H_8(g)$	−103 850	−23 490	269.91
正丁烷	$C_4H_{10}(g)$	−126 150	+15 710	310.12
正辛烷	$C_5H_{12}(g)$	−208 450	+16 530	466.73
正辛烷	$C_5H_{12}(l)$	−249 950	+6 610	360.79
苯	$C_6H_6(g)$	+82 930	+129 660	269.20
甲醇	$CH_3OH(g)$	−200 670	−162 000	239.70
甲醇	$CH_3OH(l)$	−238 660	−166 360	126.80
乙醇	$C_2H_5OH(g)$	−235 310	−168 570	232.59
乙醇	$C_2H_5OH(l)$	−277 690	−174 890	160.70
氧	$O(g)$	+249 190	+231 770	160.95
氢	$H(g)$	+218 000	+203 290	114.63
氮	$N(g)$	+472 650	+45 551	153.19
氢氧	$OH(g)$	+39 460	+34 280	183.75

5. 反应热或反应系统焓值的计算

有了式(15.11a)、式(15.11b)就可计算化学反应系统的焓值,从而求得反应系统与外界交换的热量,即反应热;将式(15.11b)代入式(15.7)得到定温-定压的反应焓计算式为

$$Q_p = \Delta H_r = \sum_p n_j \left(\Delta H_f^0 + H_{m,T} - H_{m,298}\right)_j - \sum_R n_i \left(\Delta H_f^0 + H_{m,T} - H_{m,298}\right)_i$$

$$(15.12)$$

式中，"p"表示生成物；"R"表示反应物；n_j表示生成物第 j 组分的摩尔数；n_i 表示反应物第 i 组分的摩尔数；下角标"T"表示反应过程的温度。

反应内能和反应焓都是由于化学反应而不是温度变化所引起的。定温-定压下燃烧所释放的热量称为热值，习惯上规定热值取正号，以 $|Q_p|$ 表示；定温-定压燃烧的反应焓又称为燃烧焓，用 ΔH_r 表示，其热效应称燃烧热，用 $-\Delta H_r$ 表示。燃料与氧气燃烧的燃烧焓等于其生成物的生成焓。

6. 赫斯定律

赫斯定律表述为：化学过程的热效应与其所经历的中间状态无关，而只与物系的初始及终了状态有关。式(15.12)即表明了这种事实。如果用碳与氧气反应生成二氧化碳为例，其初始状态的物系为 1 mol 碳原子与 1 mol 氧气，设反应在某给定温度 T 和压力 p 下进行，生成 1 mol 二氧化碳，其生成焓等于在同样给定温度 T 和压力 p 下，初始状态物系为 1 mol 碳原子与 1/2 mol 氧气生成 1 mol 一氧化碳过程的生成焓与 1 mol 一氧化碳与 1/2 mol 氧气生成 1 mol 二氧化碳过程的生成焓之和。按方程(15.12)写出上述例子的几个反应过程的热效应方程分别为

$$CO_{2,(g)} - C_{(s)} - O_{2,(g)} = Q_p = 394 \text{ MJ/kmol} \tag{15.13a}$$

$$CO_{(g)} - C_{(s)} - \frac{1}{2}O_2 = Q_p' = 111 \text{ MJ/kmol} \tag{15.13b}$$

$$CO_{2,(g)} - CO_{(g)} - \frac{1}{2}O_{2,(g)} = Q_p'' = 283 \text{ MJ/kmol} \tag{15.13c}$$

式(15.13b)、式(15.13c)过程之和的初、终状态与式(15.13a)过程的初、终状态相同，所以式(15.13b)与式(15.13c)过程的热效应之和与式(15.13a)过程的热效应相同。

赫斯定律实际上是热力学第一定律在化学反应中的应用，是第一定律在不做有用功的化学反应中的表现形式。赫斯定律有重要的应用价值，它可以在控制反应的初、终状态不变的条件下，通过设计已知反应热的过程链，来计算另外反应过程的未知反应热，例如可通过上例(15.13a)和(15.13c)过程的反应热计算(15.13b)反应过程的反应热，前两者的反应热易于测定，后者的反应热难以测定。

7. 反应热效应与温度的关系——基尔霍夫定律

由于压力对反应热效应的影响较小，当把式(15.12)的温度视作变量，且把反应过程温度变化看作由许多有微小温度差别的不同定温过程组成时，就可根据式(15.12)对温度求导，获得温度对反应热效应的影响关系：

$$\frac{dQ_p}{dT} = \sum_p \frac{n_j (dH_{m,T})_j}{dT} - \sum_R \frac{n_i (dH_{m,T})_i}{dT}$$

如果把反应物和生成物的比定压热容看作定值，可以把上式改写成

$$\frac{dQ_p}{dT} = \sum_p n_j C_{p,m,j} - \sum_R n_i C_{p,m,i} \tag{15.14a}$$

式中，$C_{p,m,j}$ 和 $C_{p,m,i}$ 分别为第 j 种生成物和第 i 种反应物摩尔定压热容，式(15.14a)为定压反应热效应与温度的关系。如果把反应物和生成物的比定压热容看作定值，则可导得定容反应热效应与温度的关系为

$$\frac{\mathrm{d}Q_V}{\mathrm{d}T} = \sum_{\mathrm{p}} n_j C_{V,\mathrm{m},j} - \sum_{\mathrm{R}} n_i C_{V,\mathrm{m},i} \tag{15.14b}$$

式中,$C_{V,\mathrm{m},j}$ 和 $C_{V,\mathrm{m},i}$ 分别为第 j 种生成物和第 i 种反应物的摩尔定容热容。写成一般通用形式,则有

$$\frac{\mathrm{d}Q}{\mathrm{d}T} = \sum_{\mathrm{p}} n_j C_{\mathrm{m},j} - \sum_{\mathrm{R}} n_i C_{\mathrm{m},i} \tag{15.14c}$$

式(15.14c)表示反应热效应随温度变化的规律,也称基尔霍夫定律。式中,$C_{\mathrm{m},j}$ 和 $C_{\mathrm{m},i}$ 分别为第 j 种生成物和第 i 种反应物的摩尔热容。严格地说,基尔霍夫定律只适合于理想气体反应系统,但是因为固相和液相反应系统的比热容与压力关系也很小,可视为仅是温度的函数,所以可近似适用。应当注意到比热容也与温度有关。因为

$$\Delta H_{\mathrm{r}}^0 = \sum_{\mathrm{p}} n_j (\Delta H_{\mathrm{f}}^0)_j - \sum_{\mathrm{R}} n_i (\Delta H_{\mathrm{f}}^0)_i \tag{15.15}$$

所以,式(15.12)可写成

$$Q_p = \Delta H_{\mathrm{r}} = \sum_{\mathrm{p}} n_j (H_{\mathrm{m},T} - H_{\mathrm{m},298})_j - \sum_{\mathrm{R}} n_i (H_{\mathrm{m},T} - H_{\mathrm{m},298})_i + \Delta H_{\mathrm{r}}^0$$

$$= \sum_{\mathrm{p}} n_j \Delta H_{\mathrm{m},j} - \sum_{\mathrm{R}} n_i \Delta H_{\mathrm{m},i} + \Delta H_{\mathrm{r}}^0 \tag{15.16a}$$

式(15.16a)右边的前两项实际是反应热效应与温度的关系,把基尔霍夫关系代入式(15.16a),得

$$Q_p = \int_{298}^{T} \left(\sum_{\mathrm{p}} n_j C_{p,j} \right) \mathrm{d}T - \int_{298}^{T} \left(\sum_{\mathrm{R}} n_i C_{p,i} \right) \mathrm{d}T + \Delta H_{\mathrm{r}}^0 \tag{15.16b}$$

根据式(15.8b),可得到理想气体在闭口系统中定容反应且 $W_{\mathrm{u}} = 0$ 时的 Q_{m} 及 $Q_{V,\mathrm{m}}$ 为

$$Q_{\mathrm{m}} = \sum_{\mathrm{p}} n_j (\Delta H_{\mathrm{f}}^0 + H_{\mathrm{m},T} - H_{\mathrm{m},298})_j - \sum_{\mathrm{R}} n_i (\Delta H_{\mathrm{f}}^0 + H_{\mathrm{m},T} - H_{\mathrm{m},298})_i$$

$$- RT \left(\sum_{\mathrm{p}} n_j - \sum_{\mathrm{R}} n_i \right) \tag{15.17}$$

式(15.17)也可以用基尔霍夫定律关系表示为

$$Q_{V,\mathrm{m}} = \int_{298}^{T} \left(\sum_{\mathrm{p}} n_j C_{p,\mathrm{m},j} \right) \mathrm{d}T - \int_{298}^{T} \left(\sum_{\mathrm{R}} n_i C_{p,i} \right) \mathrm{d}T + \Delta H_{\mathrm{r}}^0 - RT \left(\sum_{\mathrm{p}} n_j - \sum_{\mathrm{R}} n_i \right)$$

$$\tag{15.18}$$

例 15.1 甲烷和氧气的恰当混合物进入燃烧室,燃烧反应的化学计量方程为

$$CH_4(g) + 2O_2(g) \longrightarrow CO_2(g) + 2H_2O(g)$$

式中,化学分子式后的符号(g)表示气相。若此反应在 101.325 kPa 和 25 ℃ 下进行,试求吸收或放出多少热量?

解 燃烧室中的定温定压燃烧反应可作为稳流过程来分析,进出口动能差和位能差都可略去不计,无轴功。反应在 25 ℃ 下进行,反应前后温度相同,所以反应物和生成物的显焓变化均为零。根据式(15.12),有

$$Q_p = \sum_{\mathrm{p}} n_j (\Delta H_{\mathrm{f}}^0)_j - \sum_{\mathrm{R}} n_i (\Delta H_{\mathrm{f}}^0)_i$$

由表 15.1 查到各组元的焓 ΔH_{f}^0 的值,并代入上式,得到

$$Q_p = 1 \times (-393\,520\ \mathrm{J/mol}) + 2 \times (-241\,810\ \mathrm{J/mol}) - (-74\,850\ \mathrm{J/mol}) - 2 \times 0$$

$$= 802\,290\ \mathrm{J/mol(CH_4)} \quad (\text{放出热量})$$

应予指出,以上答案与燃烧是在纯氧还是在空气中进行无关,与氧化剂过量多少也无关。因为进出口温度都是 25 ℃,所以不参与燃烧的一切物质(例如 N_2 或过量 O_2)的焓可以消去。

例 15.2 初始温 $T = 400\ \mathrm{K}$ 的甲烷气体,与 $T_1 = 500\ \mathrm{K}$ 的过剩 50% 的空气进入燃烧室

进行反应。反应在 101.325 kPa 下进行，直到反应完成。生成气体的温度 $T_2 = 1740$ K。试求传入燃烧室或由燃烧室传出的热量为多少 J/mol(燃料)。已知除甲烷以外气体的焓值如表 15.2 所示，表中单位均为 J/mol(燃料)。

表 15.2　几种气体的 ΔH_f^0 和 $H_{m,T}$

	二氧化碳	水蒸气	氧气	氮气
标准生成焓 ΔH_f^0	$-393\,520$	$-241\,820$	0	0
500 K 时 $H_{m,T}$	9 364	9 904	8 682	8 669
1 740 K 时 $H_{m,T}$	85 231	69 550	58 312	55 516

解　甲烷和过剩 50% 的空气的完全燃烧式为

$$CH_4(g) + 3O_2(g) + 3(3.76)N_2(g) \longrightarrow CO_2(g) + 2H_2O(g) + 11.28N_2(g) + O_2(g)$$

生成物中 H_2O 处于气态，因为终止温度远远高于露点。又因为水蒸气的分压力只有 13.2 kPa，因此水蒸气和其他生成气体一样可作为理想气体处理。本反应除甲烷外，其他气体焓的数据都可由附表查到，甲烷气体的比焓值可根据 C_p 的公式计算。甲烷气体的定摩尔热容公式为

$$C_{p,m}(CH_4) = (1.702 + 9.081 \times 10^{-3}T - 2.164 \times 10^{-6}T^2)R$$

式中，T 的单位是 K；R 的值为 8.314 J/(mol·K)。因此，从 298 K 到 400 K 时甲烷气体的显焓变化为

$$(H_{m,T_1} - H_{m,298})_{CH_4} = R \times \int_{298\,K}^{400\,K} (1.702 + 9.081 \times 10^{-3}T - 2.164 \times 10^{-6}T^2)$$

$$= 8.314\,J/(mol \cdot K) \times [1.702 \times (400\,K - 298\,K)]$$

$$+ \frac{9.081 \times 10^{-3}}{2\,K} \times (400^2 - 298^2)\,K^2 - \frac{2.164 \times 10^{-6}}{3\,K^2} \times (400^3 - 298^3)\,K^3$$

$$= 39\,081\,J/mol\,(CH_4)$$

把算得的数据和表 15.2 的数据代入式(15.12)，得

$$Q_p = \sum_p n_j (\Delta H_f^0 + H_{T_2} - H_{m,298})_j - \sum_R n_i (\Delta H_f^0 + H_{T_2} - H_{m,298})_i$$

$$= [1 \times (-393\,520 + 85\,231 - 9\,364)\,J/mol + 2 \times (-241\,820 + 69\,550 - 9\,904)\,J/mol$$

$$+ 11.28 \times (0 + 55\,516 - 8\,669)\,J/mol + 1 \times (0 + 58\,136 - 8\,682)\,J/mol$$

$$- 1 \times (-74\,850 + 3\,908)\,J/mol - 3 \times (0 + 14\,770 - 8\,682)\,J/mol$$

$$- 11.28 \times (0 + 14\,581 - 8\,669)\,J/mol]$$

$$= -118\,122\,J/mol(CH_4) \quad (燃烧室放出热量)$$

例 15.1 中已求出 25℃ 下甲烷气体理论燃烧所放出的热量为 802 290 J/mol。本例题有过剩空气，并且燃气被加热到 1 740 K。可见，25℃ 时所释放的能量中约有 85% 用于把生成气加热到 1 740 K。

15.3 化学反应方向的判据与平衡条件

以热力学第一定律来分析化学反应时,假设所研究的反应都能进行,而且能进行到底。但是,对实际反应生成物的实验测定表明,基于理论化学反应方程式的第一定律的计算结果与实际并不相符。应用热力学第二定律对实际反应能做出较为满意的理论预测。当然,所得结果仍然不能与实际过程完全符合,这是因为实际化学反应有一定的速度,而经典热力学并未考虑反应的化学动力学问题。尽管如此,在研究涉及化学反应的过程时,对反应系统进行第二定律的分析仍不失为重要的手段。

1. 热力学位的判据

热力学第二定律反映了自发过程的方向性问题。孤立系(或绝热系)的一切过程,包括化学反应在内,都自发地朝着熵增方向,或者说无效能增加的方向进行。孤立系的熵(或无效能)达最大值时,系统达到平衡。与物理过程一样,化学反应过程的方向同样可用熵来判断。不过,由于化学反应系统熵变的计算比较复杂,因而有必要根据熵增原理推导出更为实用的判据。

对于化学反应系统,热力学第二定律的表达式同样为

$$\mathrm{d}S \geqslant \frac{\delta Q}{T}$$

根据式(15.5a)和式(15.5b),对于可逆过程,有

$$\delta Q = \mathrm{d}U + p\mathrm{d}V + \delta W_{\mathrm{u}}$$

热力学第一定律和第二定律联合的方程为

$$T\mathrm{d}S \geqslant \mathrm{d}U + p\mathrm{d}V + \delta W_{\mathrm{u}} \tag{15.19}$$

上式等号用于可逆反应,不等号用于不可逆反应。根据式(15.19)可以得到:

定熵定容过程

$$- \mathrm{d}U \geqslant \delta W_{\mathrm{u}}$$

定熵定压过程

$$- \mathrm{d}H \geqslant \delta W_{\mathrm{u}}$$

定温定容过程

$$- \mathrm{d}F \geqslant \delta W_{\mathrm{u}}$$

定温定压过程

$$- \mathrm{d}G \geqslant \delta W_{\mathrm{u}}$$

以上式子说明,当系统在某两个参数不变的条件下进行可逆或不可逆过程时,做出的可用功将等于或小于某一状态参数的减少。具有这一性质的状态参数称为热力学位(或热力学势)。例如,自由焓 G 为定温定压过程的热力学位。以 φ 表示热力学位,则以上四式可写成

$$- \mathrm{d}\varphi_{A,B} \geqslant \delta W_{\mathrm{u}} \geqslant 0 \tag{15.20}$$

式中,A、B 表示与该热力学位相应的固定参数。由于自发反应的可用功不会小于零,对于可逆过程,有

$$- \mathrm{d}\varphi_{A,B} = \delta W_\mathrm{u} > 0, \quad - \mathrm{d}\varphi_{A,B} > 0$$

对于不可逆过程,有

$$- \mathrm{d}\varphi_{A,B} > \delta W_\mathrm{u} \geqslant 0, \quad - \mathrm{d}\varphi_{A,B} > 0$$

不论是可逆过程还是不可逆过程,都有 $- \mathrm{d}\varphi_{A,B} > 0$。可见,化学反应总是自发地向系统热力学位减小的方向进行,所以热力学位的变化可用作自发反应方向的判据。当系统的热力学位达最小值时,系统达到平衡。因而有

过程自发方向的判据

$$- \mathrm{d}\varphi_{A,B} > 0 \tag{15.21}$$

物系平衡的标志

$$- \mathrm{d}\varphi_{A,B} = 0 \tag{15.22}$$

使物系的热力学位增加的反应是不可能自发进行的。

2. 化学势和化学反应的推动力

(1) 组元的化学势

化学反应系统的基本特点是物系的组分有变化。组分的变化是由于化学势的不平衡。在第 3 篇第 10 章中已经给出化学势定义式为式(10.14)的(a)、(b)、(c)、(d),即

$$\mu_i = \left(\frac{\partial U}{\partial n_i}\right)_{S,V,n_{j(j \neq i)}}, \quad \mu_i = \left(\frac{\partial H}{\partial n_i}\right)_{p,S,n_{j(j \neq i)}}$$

$$\mu_i = \left(\frac{\partial F}{\partial n_i}\right)_{T,V,n_{j(j \neq i)}}, \quad \mu_i = \left(\frac{\partial G}{\partial n_i}\right)_{p,T,n_{j(j \neq i)}}$$

式(10.14)的(a)、(b)、(c)、(d)形式虽然不同,但化学势作为强度参数的性质不变。在不同的热力学能函数式中,因组分改变而引起系统对应的热力学能的改变率是不相同的。

在定温定压条件下,积分式(10.7)得式(10.20a),即

$$G = \sum_{i=1}^{r} \mu_i n_i$$

因此,对于一个纯组分系

$$\mu_1 = \frac{G}{n} = G_1 \tag{15.23}$$

式(15.23)表示在一个纯组分系组分的化学势 μ_1 与摩尔自由焓 G_1 的数值相等。

(2) 反应达平衡时的条件

反应平衡时,热力学位达最小值,参见式(15.22)。因而,根据式(10.4)~式(10.7),在四种情况下反应达平衡时,有

$$\sum_{i=1}^{r} \mu_i \mathrm{d}n_i = 0 \tag{15.24}$$

现在讨论一般的单相化学反应

$$v_\mathrm{a} A_\mathrm{a} + v_\mathrm{b} A_\mathrm{b} \longrightarrow v_\mathrm{c} A_\mathrm{c} + v_\mathrm{d} A_\mathrm{d}$$

对于平衡态下的微元反应,根据式(15.24),有

$$\mathrm{d}n_\mathrm{c} \mu_\mathrm{c} + \mathrm{d}n_\mathrm{d} \mu_\mathrm{d} - \mathrm{d}n_\mathrm{a} \mu_\mathrm{a} - \mathrm{d}n_\mathrm{b} \mu_\mathrm{b} = 0$$

式中,$\mathrm{d}n_\mathrm{a}, \mathrm{d}n_\mathrm{b}, \cdots$ 为各组元物质的量的增量;$\mu_\mathrm{a}, \mu_\mathrm{b}, \cdots$ 为各组元的化学势。前已述及,在化学反应中,参与反应的各组元的质量之比等于相应的化学计量系数之比。对于微元反应也是如此,所以

$$\frac{\mathrm{d}n_\mathrm{a}}{v_\mathrm{a}} = \frac{\mathrm{d}n_\mathrm{b}}{v_\mathrm{b}} = \frac{\mathrm{d}n_\mathrm{c}}{v_\mathrm{c}} = \frac{\mathrm{d}n_\mathrm{d}}{v_\mathrm{d}} = \mathrm{d}\varepsilon$$

代入上式,得到

$$d\varepsilon(\nu_c\mu_c + \nu_d\mu_d - \nu_a\mu_a + \nu_b\mu_b) = 0$$

有 $d\varepsilon \neq 0$,因而

$$\sum_i \nu_i \mu_i = 0 \qquad\qquad (15.25a)$$

或

$$\sum_P (\nu\mu)_i = \sum_R (\nu\mu)_i \qquad\qquad (15.25b)$$

这就是所要推导的单相化学反应的平衡条件。对于各组元来说,化学势是强度参数,决不能误认为 n mol 物质的化学势为 $n\mu$。

(3) 化学反应的推动力、生成物的化学势及反应物的化学势

作为化学反应的推动力来说,由于化学反应必定按照计量方程进行,因而考虑推动力时要根据计量系数将化学势加权,正如式(15.25a)、式(15.25b)所示。所以,我们把 $\sum_P (\nu\mu)_i$ 称为生成物的化学势,$\sum_R (\nu\mu)_i$ 称为反应物的化学势。至此,化学势的物理意义也比较清楚了。

如温差是传递热量的推动力,压差是传递容积功的推动力,化学势差则是传递质流能的推动力。当 $\sum_i \nu_i \mu_i = 0$ 时,系统的化学势差等于零。正如温差、压差等于零时系统达到热平衡、力平衡一样,化学势差等于零时系统达到化学平衡。若质量传递过程是在均相物系中进行,那么化学势这种推动力使物系建立化学平衡;若在非均相物系中进行,质量传递过程还会发生在相与相之间,则同时还形成相平衡。

化学反应进行时参与反应的各组元的物量比,严格符合相应的化学计量系数之比。因而,作为质量传递的推动力,对于给定的化学反应,只有参与反应的组元(包括反应物与生成物)的化学势才起作用。其他物质,包括多余的反应物以及惰性气体等不参与反应的物质,虽然也具有化学势,而且它们的存在要影响参与反应各组元的化学势的大小(因 $G_{m,i}$ 改变了),但在考虑给定反应的推动力时,只需计算参与反应的各组元的化学势。反应物的化学势为 $\sum_R \nu_i \mu_i$,生成物的化学势为 $\sum_P \nu_i \mu_i$。

若物系总的 $\sum_i \nu_i \mu_i = 0$ 时,物系达到化学平衡。当 $\sum_i \nu_i \mu_i \neq 0$ 时,发生反应。根据 $\sum_i \nu_i \mu_i$ 的正负可判断反应的方向:

若 $\sum_i \nu_i \mu_i < 0$,$\sum_P \nu_i \mu_i < \sum_R \nu_i \mu_i$,反应向右(生成物方向)进行;

若 $\sum_i \nu_i \mu_i > 0$,$\sum_P \nu_i \mu_i > \sum_R \nu_i \mu_i$,反应向左(反应物方向)进行。

(4) 反应度 ε 和离解度 α

下面结合实例来阐明化学反应的方向与化学平衡。一闭口系统中含有 CO 与 H_2O 各 1 mol 的混合气体,在 $T = 1\,000\,K$、$p = 1\,atm = 101.325\,kPa$ 下进行定温定压反应。反应的化学计量方程为

$$CO + H_2O \longrightarrow CO_2 + H_2$$

开始时,只有反应物,发生的反应如下:

$$CO + H_2O \longrightarrow \varepsilon CO_2 + \varepsilon H_2 + (1 - \varepsilon)CO + (1 - \varepsilon)H_2O$$

式中，ε 称为反应度，即反应中每 mol 主要反应物起反应的百分数。随着向右反应的进行，反应度增大，即反应物减少而生成物增多。当 ε = 1 − α 时（α 为离解度），达到化学平衡

$$CO + H_2O \longrightarrow (1-\alpha)CO_2 + (1-\alpha)H_2 + \alpha CO + \alpha H_2O$$

反应进行中，系统的自由焓 G_{tot}（系统中各组元的自由焓之和）减小，平衡时 G_{tot} 达极小值。系统的 G_{tot} 为

$$G_{tot} = \sum_i n_i G_{m,i} = \varepsilon G_{m,CO_2} + \varepsilon G_{m,H_2} + (1-\varepsilon)G_{m,CO} + (1-\varepsilon)G_{m,H_2O}$$

各状态下反应物与生成物的化学势为

$$\sum_R v_i \mu_{ii} = v_{CO} G_{CO} + v_{H_2O} G_{H_2O}$$

$$\sum_P v_i \mu_{ii} = v_{CO_2} G_{CO_2} + v_{H_2} G_{H_2}$$

理想气体混合物中组元 i 摩尔自由焓 $G_{m,i}$ 为

$$G_{m,i} = G_{m,i}^0 + RT\ln\left(\frac{p_i}{p_0}\right) \tag{15.26}$$

根据式(10.17b)，组元 i 的化学势 μ_i 为

$$\mu_i = \mu_i^0 + RT\ln\left(\frac{p_i}{p_0}\right) \tag{15.27}$$

式中，p_i 为组元 i 的分压力；$G_{m,i}^0$、μ_i^0 分别为组元 i 在 p_0（$p_0 = 1$ atm $= 101.325$ kPa）、T 时的摩尔自由焓与化学势。反应进行中 v_i 不变，ε 增大，$G_{m,i}$ 随分压力 p_i 而变，但 G_{tot} 总是减小。随着反应的进行，生成物与反应物的化学势差逐渐减小。当 $\sum_i v_i \mu_i = 0$ 时达到化学平衡。计算结果如表 15.3 和图 15.1 所示。由表 15.3 和图 15.1 可以看到，在 ab 段，$\sum_P v_i \mu_i < \sum_R v_i \mu_i$，反应向右进行；在 bc 段，$\sum_P v_i \mu_i > \sum_R v_i \mu_i$，反应向左进行；在 b 点，$\sum_P v_i \mu_i =$

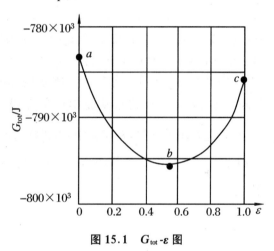

图 15.1　G_{tot}-ε 图

$\sum_R v_i \mu_i$，达到化学平衡，这时 $\dfrac{dG_{tot}}{d\varepsilon} = 0$，$G_{tot}$ 达极小值，但 $\sum_P n_i G_i \neq \sum_P n_i G_i$。在本例题中，达到化学平衡时

$$\sum_P n_i G_i = -434\,759$$

$$\sum_R n_i G_i = -361\,591$$

$$G_{tot} = \sum_P n_i G_i + \sum_R n_i G_i = -796\,350$$

在图 15.1 上，点 a 与点 c 相比，虽然 $G_{m,c} < G_{m,a}$，但反应不可能自发地由点 a 到达点 c。此例阐述了从不平衡态到达平衡态的自发反应（不可逆反应）过程中，热力学位与化学势的变化以及系统达到化学平衡的状况。所谓可逆化学反应，就是在化学势差等于零（确切说

是化学势差无限小)的平衡态下进行的化学反应。在平衡时增加反应物或减少生成物将改变各组元的化学势,以致 $\sum_P \nu_i \mu_i < \sum_R \nu_i \mu_i$,结果使反应向右进行。

表 15.3　总自由焓与反应物、生成物的化学势

序号	1	2	3	4	5	6	7	8	9
ε	0	0.20	0.40	0.54	0.545 94	0.58	0.60	0.80	1.0
G_{tot}/J	$-783\,221$	$-792\,156$	$-795\,639$	$-796\,349$	$-796\,350$	$-796\,311$	$-796\,252$	$-793\,994$	$-796\,285$
$\sum_P \nu_i \mu_i/\text{J}$	$-\infty$	$-813\,050$	$-801\,523$	$-796\,532$	$-796\,350$	$-795\,344$	$-794\,780$	$-789\,996$	$-786\,285$
$\sum_R \nu_i \mu_i/\text{J}$	$-783\,221$	$-786\,932$	$-791\,716$	$-796\,135$	$-796\,350$	$-797\,648$	$-798\,459$	$-809\,986$	$-\infty$
反应方向	$\sum_R \nu_i \mu_i < \sum_R \nu_i \mu_i$ 反应向右进行				化学平衡	$\sum_R \nu_i \mu_i > \sum_R \nu_i \mu_i$ 反应向左进行			
备注	图 15.1 上的点 a				图 15.1 上的点 b				图 15.1 上的点 c

最后,关于化学势还必须强调:化学势 μ 为强度参数,其数值与摩尔自由焓相等。n 摩尔物质组成的系统在平衡态下,自由焓 $G = n\mu$,但系统的化学势仍为 μ,不能误认为系统的化学势为 $n\mu$ 或 G。对于理想混合气体的某组元的化学势 μ_i 亦类同。在化学反应中,原子键的破坏与重新组合严格服从化学计量方程。这时,对质量传递起作用的是 $\sum_P \nu_i \mu_i$ 及 $\sum_R \nu_i \mu_i$ 之差。也就是说,在反应中,生成物与反应物的化学势差应该是按计量系数分别加权求和之差。系统化学势差的大小,说明化学反应推动力的大小,正负表明化学反应的方向。

15.4　化学反应的平衡常数及平衡成分

化学反应达到平衡时,反应物的化学势与生成物的化学势相等。此时,反应物和生成物的浓度(或分压力)之间必存在一定的比例关系,这一比例关系称为化学反应的平衡常数。工程上遇到的大多数气体反应的反应混合物通常都可作为理想气体处理。现根据平衡条件式(15.25a)来推导理想气体的化学反应

$$\nu_a A_a + \nu_b A_b \longrightarrow \nu_c A_c + \nu_d A_d$$

的平衡常数。将式(15.27)代入式(15.25a),经整理得到

$$(\nu_c \mu_c^0 + \nu_d \mu_d^0 - \nu_a \mu_a^0 - \nu_b \mu_b^0) + RT\left(\nu_c \ln\frac{p_c}{p_0} + \nu_d \ln\frac{p_d}{p_0} - \nu_a \ln\frac{p_a}{p_0} - \nu_b \ln\frac{p_b}{p_0}\right) = 0$$

$$(15.28)$$

式(15.28)等号左边的第一项为各组元在 p_0、T 时生成物的化学势对反应物的化学势之差，称为**标准化学势差**，以 ΔG_T^0 表示，即

$$\Delta G_T^0 = \nu_c \mu_c^0 + \nu_d \mu_d^0 - \nu_a \mu_a^0 - \nu_b \mu_b^0 \tag{15.29}$$

式(15.28)等号左边的第二项可整理成

$$RT\left(\nu_c \ln \frac{p_c}{p_0} + \nu_d \ln \frac{p_d}{p_0} - \nu_a \ln \frac{p_a}{p_0} - \nu_b \ln \frac{p_b}{p_0} \right)$$

$$= RT\ln \frac{\left(\dfrac{p_c}{p_0}\right)^{\nu_c} \left(\dfrac{p_d}{p_0}\right)^{\nu_d}}{\left(\dfrac{p_a}{p_0}\right)^{\nu_a} \left(\dfrac{p_b}{p_0}\right)^{\nu_b}}$$

于是式(15.28)可写成

$$\ln \frac{\left(\dfrac{p_c}{p_0}\right)^{\nu_c} \left(\dfrac{p_d}{p_0}\right)^{\nu_d}}{\left(\dfrac{p_a}{p_0}\right)^{\nu_a} \left(\dfrac{p_b}{p_0}\right)^{\nu_b}} = -\frac{\Delta G_T^0}{RT}$$

令

$$K_P = \frac{\left(\dfrac{p_c}{p_0}\right)^{\nu_c} \left(\dfrac{p_d}{p_0}\right)^{\nu_d}}{\left(\dfrac{p_a}{p_0}\right)^{\nu_a} \left(\dfrac{p_b}{p_0}\right)^{\nu_b}} \tag{15.30}$$

则式(15.28)又可简写为

$$\ln K_p = -\frac{\Delta G_T^0}{RT} \tag{15.31}$$

因为平衡反应是在定温下进行的，T 为常数；而 ΔG_T^0 是在给定温度下，当压力为 1 atm 时该反应中自由焓的变化量，对于一定的反应而言，也是一个常数。因此，K_p 是一常数，且是以分压力表示的化学反应的平衡常数，其普遍式为

$$K_P = \frac{\prod\limits_P \left(\dfrac{p_i}{p_0}\right)^{\nu_i}}{\prod\limits_R \left(\dfrac{p_i}{p_0}\right)^{\nu_i}} \tag{15.32a}$$

$\prod$ 表示累乘。压力单位采用 Pa 或 atm 时，式(15.30)相应表示成

$$K_p = \frac{\left(\dfrac{p_c}{101\,325}\right)^{\nu_c} \left(\dfrac{p_d}{101\,325}\right)^{\nu_d}}{\left(\dfrac{p_a}{101\,325}\right)^{\nu_a} \left(\dfrac{p_b}{101\,325}\right)^{\nu_b}} \tag{15.32b}$$

$$K_p = \frac{p_c^{\nu_c} p_d^{\nu_d}}{p_a^{\nu_a} p_b^{\nu_b}} \tag{15.32c}$$

由式(15.31)可知，对于给定的化学反应，因为 ΔG_T^0 仅仅是温度的函数，所以 K 也只是温度的函数，且 $\ln K_p$ 关于 $1/T$ 几乎是直线关系。通常把 $T = 298.15$ K，$p^0 = 1$ bar 的标准平衡常数做成表和图(图 15.2)供使用。

平衡常数还可用参与反应各组元的摩尔分数 x_i 或物质的量浓度 c_i 来表示。若物系的总压力为 p，以 $p_i = x_i p$ 代入式(15.30)，有

$$K_p = \frac{x_c^{\nu_c} x_d^{\nu_d}}{x_a^{\nu_a} x_b^{\nu_b}} \left(\frac{p}{p_0}\right)^{\nu_c + \nu_d - \nu_a - \nu_b} = \frac{x_c^{\nu_c} x_d^{\nu_d}}{x_a^{\nu_a} x_b^{\nu_b}} \left(\frac{p}{p_0}\right)^{\Delta \nu}$$

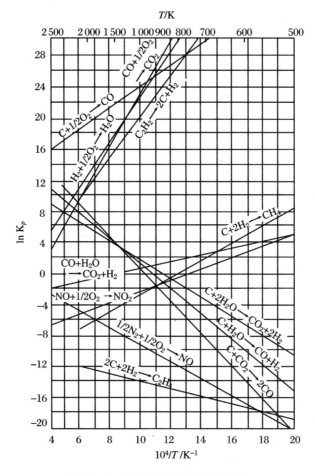

图 15.2　反应平衡常数的自然对数

令

$$K_x = \frac{x_c^{\nu_c} x_d^{\nu_d}}{x_a^{\nu_a} x_b^{\nu_b}} \tag{15.33}$$

于是

$$K_p = K_x \left(\frac{p}{p_0}\right)^{\Delta \nu} \tag{15.34a}$$

K_x 是以摩尔成分表示的平衡常数。因物质的量浓度 $c_i = \dfrac{v_i}{V}$，则 $p_i = \dfrac{v_i R T}{V} = c_i R T$。代入式

(15.30)，得到

$$K_p = \frac{c_c^{\nu_c} c_d^{\nu_d}}{c_a^{\nu_a} c_b^{\nu_b}} \left(\frac{R T}{p_0}\right)^{\Delta \nu} \tag{15.34b}$$

则

$$K_p = K_c \left(\frac{R T}{p_0}\right)^{\Delta \nu} \tag{15.34c}$$

其中，K_c 是以摩尔浓度表示的平衡常数，$K_c = \dfrac{c_c^{v_c} c_d^{v_d}}{c_a^{v_a} c_b^{v_b}}$。

上一节以

$$CO + H_2O \longrightarrow CO_2 + H_2$$

的反应为实例来阐述化学反应的方向与化学平衡时，表 15.3 中第 5 列的数据是根据 $\sum\limits_{P} v_i \mu_i$ $= \sum\limits_{R} v_i \mu_i$ 经过试凑，或按照 $\dfrac{\mathrm{d}G_{tot}}{\mathrm{d}\varepsilon} = 0$ 通过迭代法，例如牛顿迭代法求得的。本节介绍了平衡常数的概念，且附表有该反应的 K_p 值，因此可根据 K_p 值求得平衡时的 ε。上述反应达化学平衡时

$$CO + H_2O \longrightarrow (1 - \alpha)CO_2 + (1 - \alpha)H_2 + \alpha CO + \alpha H_2O$$

平衡时总物质的量 n 为

$$n = (1 - \alpha) + (1 - \alpha) + \alpha + \alpha = 2$$

因该反应在 1 atm 下进行，按 K_p 的以下表达式可方便地求取 α：

$$K_p = \frac{p_{CO_2} p_{H_2}}{p_{CO} p_{H_2O}} = \frac{\left(\dfrac{1 - \alpha}{2}\right)^2}{\left(\dfrac{\alpha}{2}\right)^2} = \frac{(1 - \alpha)^2}{\alpha^2}$$

由附录中 K_p 平衡常数表，查得 $T = 1\,000\,K$ 时，$K_p = 1.386\,28$。于是

$$1.386\,28 = \frac{(1 - \alpha)^2}{\alpha^2}$$

解得

$$\alpha = 0.459 \quad (舍去负根)$$

与上一节按 $\sum\limits_{P} v_i \mu_i = \sum\limits_{R} v_i \mu_i$ 直接计算得到的化学平衡时的反应度 $\varepsilon = 0.545\,94$ 相比，相差 0.9%。

关于平衡常数，必须指出以下几点：

(1) 由于式(15.25a)只需计算参与反应的各组元的化学势，而平衡常数定义式中的分压力 p_i、物质的量浓度 c_i 或摩尔分数 x_i 分别为参与反应的各组元的相应量，其指数为化学计量系数。

(2) K_p、K_c 和 K_x 都是理想气体化学反应的平衡常数。其中 K_p 和 K_c 仅是温度的函数，而 K_x 不仅与温度有关，还与压力有关。

(3) K_p 和 K_x 都是无量纲量。

(4) 式(15.32a)所示的 K_p 定义为标准的传统定义，即分子为生成物的分压力，分母为反应物的分压力。有些作者将其倒数定义为平衡常数。此外 K_p 值还与化学计量方程的写法有关。例如，在某温度下有下列反应：

$$CO_2 \longrightarrow CO + \frac{1}{2}O_2 \tag{a}$$

$$CO + \frac{1}{2}O_2 \longrightarrow CO_2 \tag{b}$$

后一反应也能写成

$$2CO + O_2 \longrightarrow 2CO_2 \tag{c}$$

式(a)和式(b)所示反应的 K_p 值互成倒数:$(K_p)_{(a)} = \dfrac{1}{(K_p)_{(b)}}$。式(b)和式(c)的 K_p 值的关系为:$(K_p)_{(c)} = (K_p)_{(b)}^2$。所以,在查阅 K_p 的图表时必须弄清反应的计量方程及作者对 K_p 的定义。

(5) 较为复杂反应的平衡常数往往可由简单反应的平衡常数求得。因为平衡常数仅取决于反应物与生成物,和中间过程无关。

例如

$$CO + H_2O \longrightarrow CO_2 + H_2 \tag{a}$$

是以下两个简单反应的复合:

$$CO + \frac{1}{2}O_2 \longrightarrow CO_2 \tag{b}$$

$$H_2 + \frac{1}{2}O_2 \longrightarrow H_2O \tag{c}$$

式(b)、式(c)的平衡常数分别为

$$(K_p)_{(b)} = \frac{\dfrac{p_{CO_2}}{p_0}}{\dfrac{p_{CO}}{p_0}\left(\dfrac{p_{O_2}}{p_0}\right)^{1/2}}, \quad (K_p)_{(c)} = \frac{\dfrac{p_{H_2O}}{p_0}}{\dfrac{p_{H_2}}{p_0}\left(\dfrac{p_{O_2}}{p_0}\right)^{1/2}}$$

式(a)的平衡常数则为

$$(K_p)_{(a)} = \frac{\dfrac{p_{CO_2}}{p_0}\dfrac{p_{H_2}}{p_0}}{\dfrac{p_{CO}}{p_0}\dfrac{p_{H_2O}}{p_0}} = \frac{(K_p)_{(b)}}{(K_p)_{(c)}}$$

(6) 若反应涉及液态和固态物质,仍可根据式(15.30)求反应的 K_p。因为在高温下液态或固态物质先蒸发或升华成饱和蒸汽,然后参与化学反应。在一定的温度下,饱和蒸汽压为一定值,就可与平衡常数合在一起。例如

$$C(g) + CO_2 \longrightarrow 2CO$$

平衡常数为

$$K_p' = \frac{\left(\dfrac{p_{CO}}{p_0}\right)^2}{\dfrac{p_C}{p_0}\dfrac{p_{CO_2}}{p_0}}$$

p_0、p_C 为定值,于是可把 p_C/p_0 包括到平衡常数 K_p 中,即有

$$K_p = \frac{K_p' p_C}{p_0} = \frac{\left(\dfrac{p_{CO}}{p_0}\right)^2}{\dfrac{p_{CO_2}}{p_0}}$$

因而,确定多相反应的平衡常数时,不必考虑固态和液态物质,仍可按由单相反应导得的式(15.30)求得 K_p 值。附表列出了某些常见的理想气体反应在 $500 \sim 4\,550\,\text{K}$ 温度范围内的 K_p 数值。

(7) 压力单位取为 atm 时,只要将分压力 p_i 换以逸度 f_i,即得非理想气体化学反应的平衡常数 K_f 的表达式

$$K_f = \frac{\prod_P (f_i)^{\nu_i}}{\prod_R (f_i)^{\nu_i}} \qquad (15.35)$$

K_f 是用平衡时的逸度表示的平衡常数,它也只是温度的函数。

平衡常数的大小反映了化学反应完全的程度,或者称反应的深度。根据本书的定义,平衡常数的值越大,反应生成物的浓度越大,反应越完全。平衡常数又是计算平衡成分的重要依据。若已知理想气体化学反应的计量方程及反应达到平衡时的压力和温度,K_p 就确定了,即可求得平衡成分。因为在理论上知道了反应的化学计量方程后,其标准化学势差 $-\Delta G_T^0$ 可以算得;如又知道温度,K_p 就确定了;再根据 K_p 的定义式就可计算平衡成分。通常,也可直接从热化学手册上查 K_p 值。知道了平衡成分就能得到给定条件下最多能获得的反应生成物。实际反应能获得的生成物不可能多于化学平衡所限定的数量。

下面以 CO 的燃烧为例来说明平衡成分的计算方法,以及压力和惰性气体对平衡的影响。

例 15.3　一氧化碳和氧气以等摩尔比混合成的贫混合物进行燃烧反应,试确定在 1 atm 和 3 000 K 下达到平衡时平衡混合物的成分。

解法 1　化学计量方程如下:

$$CO + \frac{1}{2}O_2 \longrightarrow CO$$

离解度以"α"表示,贫混合物自初态直到平衡的反应式为

$$CO + O_2 \longrightarrow (1 - \alpha)CO_2 + \frac{1 + \alpha}{2}O_2 + \alpha CO$$

平衡时总摩尔数 n 为

$$n = (1 - \alpha) + \frac{1 + \alpha}{2} + \alpha = \frac{3 + \alpha}{2} \qquad (a)$$

平衡时各组元的分压力为

$$p_{CO_2} = \frac{1 - \alpha}{\frac{3 + \alpha}{2}}p, \quad p_{O_2} = \frac{1 + \alpha}{3 + \alpha}p, \quad p_{CO} = \frac{\alpha}{\frac{3 + \alpha}{2}}p$$

平衡常数 K_p 为

$$K_p = \frac{p_{CO_2}}{p_{CO}\,p_{O_2}^{1/2}} = \frac{\frac{1 - \alpha}{(3 + \alpha)/2}p}{\frac{\alpha}{(3 + \alpha)/2}p\left(\frac{1 + \alpha}{3 + \alpha}p\right)^{1/2}} = \frac{1 - \alpha}{\alpha}\sqrt{\frac{3 + \alpha}{1 + \alpha}p} \qquad (b)$$

由附表查到 3 000 K 时 $K_p = 3.015$。因 $p = 1$ atm,于是

$$3.015 = \frac{1 - \alpha}{\alpha}\sqrt{\frac{3 + \alpha}{1 + \alpha}p} \qquad (b')$$

用试凑法可求得 $\alpha = 0.343\,5$。平衡时各组元的分压力为

$$p_{CO_2} = \frac{1 - \alpha}{(3 + \alpha)/2}p = \frac{1 - 0.343\,5}{3.343\,5/2} = 0.393 \text{ atm}$$

$$p_{O_2} = \frac{1 + \alpha}{3 + \alpha}p = \frac{1.343\,5}{3.343\,5} = 0.402 \text{ atm}$$

$$p_{CO} = \frac{\alpha}{(3 + \alpha)/2}p = \frac{0.343\,5}{3.343\,5/2} = 0.205 \text{ atm}$$

平衡时的摩尔成分为

$$CO_2 : 39.3\%, \quad O_2 : 40.2\%, \quad CO : 20.5\%$$

反应方程可写成

$$CO + O_2 \longrightarrow 0.655\ 6CO_2 + 0.671\ 8O_2 + 0.343\ 5CO$$

解法 2 化学计量方程为

$$CO + \frac{1}{2}O_2 \longrightarrow CO_2$$

直到平衡时的反应式为

$$CO + O_2 \longrightarrow xCO_2 + yO_2 + zCO_2$$

平衡时的总摩尔数 n 为

$$n = x + y + z \tag{c}$$

压力单位取为 atm 时 K_p 的表达式为

$$K_p = \frac{p_{CO_2}}{p_{CO}\, p_{O_2}^{1/2}} = \frac{\dfrac{z}{n}p}{\dfrac{x}{n}p\sqrt{\dfrac{y}{n}p}} = \frac{zn^{1/2}}{xy^{1/2}\, p^{1/2}} \tag{d}$$

$3\ 000\ K$ 时查到 K_p 为 3.015。将 K_p 值、$p = 1\ atm$ 及式(c)代入式(d),得

$$\frac{z\,(x + y + z)^{1/2}}{xy^{1/2}} = 3.015 \tag{e}$$

列出碳原子与氧原子的两个质量平衡式:

$$C\ 平衡式 \quad 1 = x + z \tag{f}$$
$$O\ 平衡式 \quad 3 = x + 2y + 2z \tag{g}$$

现有式(e)、式(f)、式(g)三个方程,可解 x、y、z 三个未知数。由式(f)、式(g)得到

$$z = 1 - x$$
$$y = \frac{1}{2}(3 - x - 2z) = \frac{1}{2}(1 + z)$$

代入式(e),得到

$$\frac{(1 - x)(3 + x)^{1/2}}{z\,(1 + x)^{1/2}} = 3.015$$

上式即式(b′),所得结果与第一种解法相同。与完全燃烧的理论反应

$$CO + O_2 \longrightarrow CO_2 + \frac{1}{2}O_2$$

相比较,在本例题给定的温度、压力下,所生成的 CO_2 约为理论上完全燃烧的 $2/3$。

通常,简单反应用第一种解法较为方便,复杂反应一般采用第二种解法。在以上讨论中,我们只考虑了主要的反应。实际上,往往同时发生其他反应,诸如氧分子(O_2)分解为氧原子(O),或氮分子(N_2)分解为氮原子(N),但这些微略反应可以不予考虑。可以凭经验或根据平衡常数 K_p 的大小来判断哪些反应必须加以考虑,哪些反应可以忽略。粗略地说,(按本书的定义)小于 0.001(或 $\lg K_p$ 小于 -3.0)的反应往往是无足轻重而可以忽略的,而 K_p 大于 $1\ 000$(或 $\lg K_p$ 大于 3.0)的反应可能进行到接近于完全。如 CO 的燃烧,除压力远远大于大气压力的情况以外,当温度低于 $2\ 200\ K$ 时,通常可将 CO_2 离解成 CO 和 O_2 的反应忽略不计。温度超过 $2\ 200\ K$ 时 CO 燃烧反应的 K_p 急剧降低,所以高温时必须考虑离解的

影响。

通过例题 15.3 不仅能了解平衡成分的计算方法,还可看到压力变化或加入惰性气体都将影响平衡成分。例如,若相同的反应物在不同条件下进行两次温度相同(因而 K_p 值相同)、压力不同的反应,从式(b)可知,两次反应的离解度 α 往往也不相同。若两次反应的压力、温度均相同,但一次反应加入惰性气体,那么具有惰性气体的反应达平衡时的总摩尔数增加。由式(a)和式(b)可知,此时离解度 α 将发生变化。离解度不同,平衡成分也不同。平衡成分的变化,说明平衡位置的移动。可是从以上阐述来看,平衡虽在移动,值却不变,这是因为 K_p 值不变,K_p 仅是温度的函数。因而定温下平衡的移动无法靠 K_p 值(或 K_C 值)来判断,得由 K_p 的变化来说明。这一问题将在下一节加以讨论。

15.5 最大可用功·范托夫方程·平衡转移原理

1. 定温反应的最大可用功

(1) 定温反应的最大可用功与化学平衡常数的关系

化学反应总是自发地朝着物系热力学位和化学势差减少的方向进行。当物系的热力学位达最小值,化学势差等于零时,物系达到化学平衡,宏观上不再发生化学反应。物系离开平衡态愈远,反应物与生成物的化学势差愈大,物质相互作用而进行化学反应的能力就愈强。

物质相互作用而进行化学反应的能力称为化学亲和力。通常,化学亲和力可以用化学反应中热力学位的减少,也就是反应的最大可用功来量度。

下面来推导定温反应的最大可用功方程。理想气体任意化学反应的计量方程为

$$v_a A_a + v_b A_b \longrightarrow v_c A_c + v_d A_d$$

要做出最大可用功,化学反应必须在热力学上是可逆的,因而化学反应的每一步都处于平衡态。以上述反应为例,原则上可设想反应物 A_a 和 A_b 从初态(分别为 T、p_a' 及 T、p_b')分别经可逆定温过程(T)达平衡浓度 p_a 及 p_b,然后按化学计量方程的比例缓慢输入平衡箱(箱内温度为 T,A_a、A_b、A_c 和 A_d 维持在平衡状态,其用分压力表示的浓度为 p_a、p_b、p_c 及 p_d),同时从平衡箱缓缓移走相应的生成物 A_c 和 A_d(温度为 T,浓度为 p_c 和 p_d)。这样,平衡箱就维持在平衡浓度。严格说来,其浓度与平衡浓度相差极为微小。然后再使生成物 A_c 和 A_d 分别经可逆定温(T)过程到达指定的终态 p_c' 及 p_d'。这样就在理论上完成了从初态到终态的定温可逆反应。这种完成可逆反应的理想机构是由荷兰物理化学家范托夫(van't Hoff)设想出来的,称为范托夫箱。

上述反应若在定温定压下进行,根据式(4.50),最大可用功等于自由焓的减少。对于 $v_a \text{mol} A_a$ 与 $v_b \text{mol} A_b$ 起反应,生成 $v_c \text{ mol} A_c$ 与 $v_d \text{ mol } A_d$ 的过程来说,最大可用功为

$$W_{u,\max} = G_R^0 - G_p^0 = -\Delta G^0$$

$$= v_a \mu_a^0 + v_a RT \ln \frac{p_a'}{p_0} + v_b \mu_b^0 + v_b RT \ln \frac{p_b'}{p_0}$$

$$- v_c \mu_c^0 - v_c RT\ln\frac{p_c'}{p_0} - v_d \mu_d^0 + v_d RT\ln\frac{p_d'}{p_0}$$

$$= - \Delta G_T^0 - RT\ln\frac{\left(\dfrac{p_c'}{p_0}\right)^{v_c}\left(\dfrac{p_d'}{p_0}\right)^{v_d}}{\left(\dfrac{p_a'}{p_0}\right)^{v_a}\left(\dfrac{p_b'}{p_0}\right)^{v_b}} \tag{15.36a}$$

将式(15.31)代入上式,得到

$$W_{u,max} = G_1 - G_2 = RT\left[\ln K_p - \ln\frac{\left(\dfrac{p_c'}{p_0}\right)^{v_c}\left(\dfrac{p_d'}{p_0}\right)^{v_d}}{\left(\dfrac{p_a'}{p_0}\right)^{v_a}\left(\dfrac{p_b'}{p_0}\right)^{v_b}}\right] \tag{15.36b}$$

再把 $C_i' = \dfrac{p_i'}{RT}$ 及式(15.34c)代入上式,得到

$$W_{u,max} = RT\left[\ln K_c - \ln\frac{(C_c')^{v_c}(C_d')^{v_d}}{(C_a')^{v_a}(C_b')^{v_b}}\right] \tag{15.36c}$$

式(15.36b)和式(15.36c)称为定温反应方程。由定温反应方程可知,反应的最大可用功不仅随不同的反应物而异,还随反应温度以及初、终态各组元的分压力(或浓度)而变。因而,即使在相同温度下进行同一反应,最大可用功仍然是不确定的。为了比较各种反应的化学亲和力,化学热力学中取初、终态各组元的分压力为 1 atm 或浓度为 1 时的最大可用功(称为标准最大可用功)作为量度化学亲和力的物理量。根据式(15.36b)和式(15.36c),当各组元的分压力或浓度为 1 时的标准最大可用功 $W_{u,max}^*$ 分别为

$$W_{u,max}^* = RT\ln K_p \tag{15.37a}$$

$$W_{e,max}^* = RT\ln K_c \tag{15.37b}$$

定温反应方程在化学热力学中有重要的意义和功用。它既是计算平衡常数的理论依据,又能用来判断反应的方向。如已知平衡常数及初、终态各组元的分压力(或浓度),根据式(4.44)$\Delta G \leqslant 0$,定温定压反应总是朝吉布斯自由能减少的方向自发进行。于是,据式(15.36b)或式(15.36c),有

$$K_p > \frac{\left(\dfrac{p_c'}{p_0}\right)^{v_c}\left(\dfrac{p_d'}{p_0}\right)^{v_d}}{\left(\dfrac{p_a'}{p_0}\right)^{v_a}\left(\dfrac{p_b'}{p_0}\right)^{v_b}} \quad \text{(反应向右进行)}$$

$$K_p < \frac{\left(\dfrac{p_c'}{p_0}\right)^{v_c}\left(\dfrac{p_d'}{p_0}\right)^{v_d}}{\left(\dfrac{p_a'}{p_0}\right)^{v_a}\left(\dfrac{p_b'}{p_0}\right)^{v_b}} \quad \text{(反应向左进行)}$$

$$K_p = \frac{\left(\dfrac{p_c'}{p_0}\right)^{v_c}\left(\dfrac{p_d'}{p_0}\right)^{v_d}}{\left(\dfrac{p_a'}{p_0}\right)^{v_a}\left(\dfrac{p_b'}{p_0}\right)^{v_b}} \quad \text{(化学平衡)}$$

(2) 定温反应的最大可用功与温度的关系

利用反应热效应及系统熵变化,定温-定压反应过程中最大有用功 $W_{u,p,max}$ 可表示为

$$W_{u,p,max} = - Q_p - T(S_1 - S_2) \tag{15.38}$$

吉布斯函数定义为 $G = H - TS$，而又有

$$S = -\left(\frac{\partial G}{\partial T}\right)_p$$

所以，吉布斯函数又可写作

$$G = H + T\left(\frac{\partial G}{\partial T}\right)_p$$

也可写出，吉布斯函数差的方程为

$$\Delta G = \Delta H + T\Delta S = \Delta H + T\left(\frac{\partial \Delta G}{\partial T}\right)_p \tag{15.39}$$

式中，$\Delta G = G_2 - G_1$，$\Delta H = H_2 - H_1$。用同样的推导方法得到亥姆霍兹函数差的方程为

$$\Delta F = \Delta U + T\left(\frac{\partial \Delta F}{\partial T}\right)_p \tag{15.40}$$

式中，$\Delta F = F_2 - F_1$，$\Delta U = U_2 - U_1$。式(15.39)和式(15.40)分别表示 G 函数和 F 函数与温度的关系，称作吉布斯-亥姆霍兹方程。

因为吉布斯函数和亥姆霍兹函数分别是定温-定压过程和定温-定容过程的功函数，两过程的最大有用功分别是

$$W_{u,p,\max} = G_2 - G_1 = \Delta G, \quad W_{u,v,\max} = F_2 - F_1 = \Delta F$$

于是把式(15.39)代入式(15.38)，并取最大有用功，则为

$$W_{u,p,\max} = -Q_p + T\left(\frac{\partial W_{u,p,\max}}{\partial T}\right) \tag{15.41}$$

读者也同样可导出 $W_{u,v,\max}$ 与温度的关系式。式(15.41)是反应过程中最大有用功与温度的关系式，在化学热力学中十分重要。例如，在研究燃料电池时，可用于寻找燃料电池的最大可用功。

（3）定温反应的最大可用功的一般表示式

在定温-定压稳定流动系统的化学反应过程，设反应系和生成系的各组元摩尔质量流量（单位时间的质量流量）和摩尔比焓及摩尔比熵分别为 $\dot{n}_i$ 和 $\dot{n}_j$、$H_{m,i}$ 和 $H_{m,j}$、$S_{m,i}$ 和 $S_{m,j}$，则最大可用功可表示为

$$W_{u,p,\max} = G_2 - G_1 = \sum_P n_j H_j - \sum_R n_i H_i + T\left(\sum_P n_j S_j - \sum_R n_i S_i\right) \tag{15.42}$$

2. 范托夫方程

（1）平衡常数与反应热效应

根据定温反应方程，可以导得平衡常数与反应热效应的关系。将定温反应方程在定压下对温度 T 求偏导，并考虑到 $W_{u,\max} = -\Delta G$ 和式(15.36b)，得到

$$-\left(\frac{\partial \Delta G}{\partial T}\right)_p = RT\left(\frac{\partial \ln K_p}{\partial T}\right)_p + R\ln K_p - R\ln \frac{\left(\dfrac{p_c'}{p_0}\right)^{v_c}\left(\dfrac{p_d'}{p_0}\right)^{v_d}}{\left(\dfrac{p_a'}{p_0}\right)^{v_a}\left(\dfrac{p_b'}{p_0}\right)^{v_b}}$$

$$= RT\left(\frac{\partial \ln K_p}{\partial T}\right)_p - \frac{\Delta G}{T}RT\left(\frac{\partial \ln K_p}{\partial T}\right)_p = \frac{\Delta G}{T} - \left(\frac{\partial \Delta G}{\partial T}\right)_p \tag{15.43a}$$

式中，ΔG 为定温反应中自由焓的变化。所以

$$\Delta G = \Delta H - T\Delta S, \quad \frac{\Delta G - \Delta H}{T} = -\Delta S$$

将热力学关系式 $\left(\dfrac{\partial G}{\partial T}\right)_p = -S$ 代入上式,得到

$$\left(\frac{\partial \Delta G}{\partial T}\right)_p = \frac{\Delta G - \Delta H}{T} \tag{15.43b}$$

将式(15.43b)代入式(15.43a),整理后得到

$$\left(\frac{\partial \ln K_p}{\partial T}\right)_p = \frac{\Delta H}{RT^2} = \frac{Q_p}{RT^2}$$

因为 K_p 只是温度的函数,所以上式可写成

$$\frac{\mathrm{d}\ln K_p}{\mathrm{d}T} = \frac{Q_p}{RT^2} \tag{15.44a}$$

将式(15.35)代入上式,考虑到 $Q_p = Q_V + RT\Delta v$,得到

$$\frac{\mathrm{d}\ln K_c}{\mathrm{d}T} = \frac{Q_V}{RT^2} \tag{15.44b}$$

以上两式称为范托夫方程,它反映了平衡常数与反应热效应之间的关系。

(2) 平衡常数与离解热 D 的关系

化合物在定温定压下离解时,由于离解热 D 与定压热效应 Q_p 的数值相等,符号相反,而离解反应与合成反应的平衡常数又互成倒数,因而离解反应有同样形式的范托夫方程

$$\frac{\mathrm{d}\ln K_p}{\mathrm{d}T} = \frac{D}{RT^2} \tag{15.44c}$$

无反应的气相系统必须考虑离解过程,其中尤以 O_2、N_2 和 H_2 等双原子分子离解为原子的过程较为重要。以 A_2 表示双原子分子,A 为原子,A_2 离解的计量方程为

$$A_2 \longrightarrow 2A$$

离解反应达到平衡时,反应式为

$$A_2 \longrightarrow (1 - \alpha)A_2 + 2\alpha A$$

α 为离解度。平衡常数为

$$K_p = \frac{p_A^2}{p_{A_2}} = \frac{\left(\dfrac{2\alpha}{1+\alpha}\right)^2 p^2}{\dfrac{1-\alpha}{1+\alpha}p} = \frac{4\alpha^2}{1-\alpha^2}p \tag{15.44d}$$

式中,p 为总压力。离解热 D 为

$$D = 2h_A - h_{A_2}$$

范托夫方程为

$$\frac{\mathrm{d}\ln K_p}{\mathrm{d}T} = \frac{D}{RT^2} = \frac{2h_A - h_{A_2}}{RT^2}$$

化合物会离解成两个或更多个较小部分的概念可以引申到离子化(电离)效应中去。当温度高于约 $5\,000\ \mathrm{K}$(电离温度与气性质及压力有关)时,单原子气体将放出电子而成为带正电的离子。这一电离反应式表示为

$$A \Longrightarrow A^+ + e$$

电离反应达平衡时

$$A \Longrightarrow (1 - \alpha)A + \alpha A^+ + \alpha e$$

称为原子 A 的电离度(或电离率)。由中性原子 A、带正电的离子 A^+ 和电子 e 组成的电离气体称为等离子体。在大多数情况下,电离气体的性质如同理想气体。其次,当存在电场时,

电子的温度不一定和离子及中性粒子的温度相同。但只要电场强度适度,以假定各种粒子的温度都相等。于是,在给定的压力和温度条件下,电离反应的平衡常数可沿用理想气体反应的 K_p 的表达式。例如,对于以上电离反应

$$K_p = \frac{p_A^+ p_e}{p_A} = \frac{\left(\dfrac{\alpha}{1+\alpha}\right)p\left(\dfrac{\alpha}{1+\alpha}\right)p}{\dfrac{1-\alpha}{1+\alpha}p} = \frac{\alpha^2}{1-\alpha^2}p \tag{15.44e}$$

式中,p 为总压力。电离反应的范托夫方程同样为式(15.44a),即

$$\frac{\mathrm{d}\ln K_p}{\mathrm{d}T} = \frac{Q_p}{RT^2}$$

Q_p 是温度为 T 时的电离能。对于上述电离反应

$$Q_p = h_e + h_A^+ - h_A$$

电离反应为吸热过程。一般说来,电离度随着温度的升高和压力的降低而增加。

(3) 温度对离解度的影响

根据范托夫方程可以确定温度对平衡常数的影响,进而得到温度对离解度的影响。当温度变化范围不大时,热效应 Q_p 可看作常量。积分式(15.44a),得到

$$\ln(K_p)_{T_2} - \ln(K_p)_{T_1} = \frac{Q_p}{R}\left(\frac{1}{T_1} - \frac{1}{T_2}\right) = \frac{Q_p}{R}\frac{T_2 - T_1}{T_1 T_2} \tag{15.45a}$$

对于放热反应,因 Q_p 为负,若 $T_2 > T_1$,由上式得到 $(K_p)_{T_2} < (K_p)_{T_1}$。可见放热反应的平衡常数随温度升高而减小,吸热反应则反之。

至于温度对离解度的影响,下面通过具体反应来说明。对于合成反应,例如 CO 的燃烧

$$CO + \frac{1}{2}O_2 \longrightarrow (1-\alpha)CO_2 + \alpha CO + \alpha O_2$$

反应的平衡常数为

$$K_p = \frac{p_{CO_2}}{p_{CO} p_{O_2}^{1/2}} = \frac{1-\alpha}{\alpha}\sqrt{\frac{2+\alpha}{\alpha}}\sqrt{\frac{1}{p}}$$

上式两边平方,得到

$$(K_p)^2 = \frac{(1-\alpha)^2}{\alpha^2}\frac{2+\alpha}{\alpha}\frac{1}{p}$$

通常,$\alpha \ll 1$,当 p 恒定时,有

$$(K_p)^2 \propto \frac{1}{\alpha^3}$$

即 CO 燃烧反应的离解度 α 与平衡常数成反比。因而,反应温度升高时,K_p 减小,离解度 α 增加。

双原子分子 A_2 的离解是重要的离解反应之一。其平衡常数为式(15.44d),即

$$K_p = \frac{4\alpha^2}{1-\alpha^2}p$$

因 $\alpha \ll 1$,当 p 恒定时,$K_p \propto \alpha^2$。离解为吸热反应,离解热 D 为正。当温度变化范围不大时,D 可看作常数。积分式(15.44c),得到

$$\ln(K_p)_{T_2} - \ln(K_p)_{T_1} = \frac{D}{R}\frac{T_2 - T_1}{T_1 T_2} \tag{15.45b}$$

可见,对于离解(吸热)反应,温度升高时,K_p 增大,离解度也增加。

(4) 平衡位置的变动

以上所述的 K_p 及 α 的变化都反映了平衡位置的变动。勒·夏特列(Le Chatelier)在总结了外界对平衡态影响的各种例子的基础上,于 1884 年提出了平衡移动原理:处于平衡状态的物系,当因外界的作用力改变而破坏物系的平衡时,物系的平衡状态将朝着削弱因外界作用力改变所引起的效果的方向移动。平衡移动原理也称为勒·夏特列原理。下面应用此原理来阐述化学平衡随温度、压力等变化而移动的情况。

① 温度对化学平衡的影响。分吸热反应与放热反应两种情况进行讨论。对于燃烧等放热反应,当外界使系统温度升高时,平衡向左移动,K_p 减小,α 增大,即减弱放热反应以削弱系统温度的升高。当外界使系统温度降低时,平衡右移,K_p 增大,α 减小,即增强放热反应以削弱系统温度的降低。对于吸热反应,情况相反。由勒·夏特列原理得到的结论与前面分析范托夫方程所得结果是一致的。

② 压力对化学平衡的影响。K_p、K_c 仅是温度的函数。当温度不变(K_p、K_c 值也不变),而分析压力变化对平衡的影响时,无法从 K_p、K_c 的值来判断,必须由平衡常数 K_x 的变化来说明。

压力对平衡的影响与反应摩尔数增加($\Delta v > 0$)的反应相关,提高压力,平衡将朝着体积缩小(以削弱压力的提高)的方向移动,即平衡左移,K_x 减小,α 增大。所以,提高压力,使 $\Delta v > 0$ 的反应更不完全;压力降低则反之。分析式(15.33)可得到与勒·夏特列原理一致的结论。由式(15.33),有

$$K_x = K_p \left(\frac{p}{p_0} \right)^{-\Delta v} \tag{15.46}$$

因 K_p 不变,$\Delta v > 0$,则 K_x 与 p 成反比。

对 $\Delta v < 0$ 的反应,提高压力,也使平衡朝着体积缩小(以弱压力的提高)的方向移动。不过,现在平衡是向右移动,K_x 增大,α 减小。压力降低则反之。该结论同样可由分析式(15.33)得到:$\Delta v > 0$ 时,K_x 与 p 成正比。所以高压力促使 $\Delta v < 0$,反应较为完全。

对于 $\Delta v = 0$ 的反应,压力变化不影响平衡位置。

③ 加入惰性气体对平衡的影响。区分为定温定压及定温定容两种反应讨论。定温定压下加入惰性气体,使参与反应的气体的分压力下降,所以定温定压下加入惰性气体对平衡的影响相当于压力降低对平衡的影响。定温定容下加入惰性气体使参与反应的气体的总压力升高,因而定温定容下加入惰性气体对平衡的影响相当于压力升高对平衡的影响。

15.6 热力学第三定律

1. 热力学第三定律

这是由研究低温现象得到,并由量子统计热力学理论支持的基本定律。它独立于热力学第一、第二定律,其主要内容为能斯特(Nernst)热定理或绝对零度不能达到原理。

热力学第三定律的历史从 1902 年理查德(Richards)对原电池的研究开始。他所得到的实验数据指出:原电池定温反应的 ΔH 值与 ΔG 值随着温度的降低而彼此趋近

（图 15.3），在 0 K 处相切，且公切线与 T 轴平行。能
斯特研究了低温下各种化学反应的性质，在 1906 年
发表了有名的著作《热理论》，进一步提出可逆定温化
学反应的熵变趋于以下极限：

$$\lim_{T \to 0} \Delta S_T = 0 \qquad (15.47)$$

并指出这一理论能应用于包括溶液的所有凝聚系。
这就是能斯特热定理，可叙述为："凝聚系的熵在可逆
定温过程中的改变随绝对温度趋于零而趋于零。"

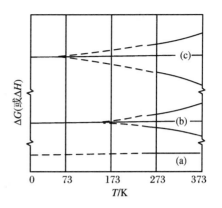

图 15.3　定温反应的 ΔH 与 ΔG

　　1912 年能斯特根据他的热定理又推出以下原
理："不可能用有限的手续使一个物体冷却到绝对温
度的零度。"要使物体温度降低必须使物体经过一个
过程。这个过程可以是多种多样的，但不外乎绝热与非绝热两类。非绝热过程可以吸热，也
可以放热，吸热过程的降温效果显然没有放热过程好。物体通过放热过程降温时，外界的温
度必须低于物体的温度。现在要使物体的温度达到 0 K，也就是说它比周围一切物体都要更
冷些，那就无法找到一个能让它放热的外界。因而，想通过放热过程来使物体达到 0 K 是办
不到的。那么绝热过程能否使物体达到 0 K 呢？由于 $\lim_{T \to 0} \Delta S_T = 0$，因而，在 0 K 附近，定温线
与定熵线趋于重合，绝热过程也就是定温过程，所以想利用绝热过程来降低物系的温度也是
不可能的。因此，没有任何过程能使物体的温度达到绝对零度。

　　能斯特热定理与绝对零度不能达到原理都可作为热力学第三定律的说法。后一种说法
与热力学第一定律和第二定律采用了同样的形式，都是说某种事情做不到。但是从意义上
看，第三定律与第一、第二定律很不同。第一、第二定律明确指出，必须绝对放弃那种企图制
造第一类和第二类永动机的梦想，但第三定律却不阻止人们尽可能地去设法接近绝对零度。
当然，温度越低，降低温度的工作就越困难。但是，只要温度不是绝对零度，理论上有可能使
它再降低。随着低温技术的发展，所能达到的最低温度可能更接近于 0 K。绝对零度不能达
到原理，不可能由实验证实，它的正确性是由它的一切推论都与实际观测相符合而得到保
证的。

2. 能斯特热定理的推论

（1）推论一

1911 年普朗克（Planck）又发展了能斯特的论断。根据能斯特热定理，凝聚系在绝对零
度时所进行的任何反应和过程，其熵变为零，也就是说，在绝对零度时各种物质的熵都相等。
那么，聪明而又简单的选择是取绝对零度下各物质的熵为零。这就是普朗克对热定理的推
论："绝对零度下纯固体或纯液体的熵为零。"

　　普朗克的推论得到了许多实验结果的支持。例如，液态氦、金属中的电子气以及许多晶
体和非晶体的实验指出，它们的熵都随着温度趋于绝对零度而趋于零。

（2）推论二

　　西蒙（Simon）从经典的比热容理论指出，当温度趋于 0 K 时，比热容趋于某一常数。根
据他的理论，对于理想气体

$$s_2 - s_1 = c_p \ln \frac{T_2}{T_1} + R \ln \frac{v_2}{v_1}$$

当 $T_1 \to 0$ 时，则 $s_1 \to \infty$，如图 15.4(a) 具有定比热容（不为零）的物质的 T-s 图所示。这显然

与热定理的推论一不符,当然也与热定理相矛盾。1907年爱因斯坦根据比热容的量子理论指出:$T \to 0$ 时 $c_V \to 0$,如图 15.4(b)所示,即 0 K 时比热容为零(但不服从第三定律)的物质的 T-s 图,即

$$\lim_{T \to 0} c_p = \lim_{T \to 0} c_V = 0 \tag{15.48}$$

若仅有这一推论,那么由图 15.4(b)可见,通过有限步骤(例如 a、b、c 过程)就可达到绝对零度。因而第三定律不仅要求绝对零度凝结物体的比热容为零(推论二),同时要求绝对零度时纯固体或纯液体的熵为零(推论一)。也就是说,定压线或定容线在 $T = 0$ 时应相聚于一点,如图 15.4(c)所示。换句话说,以有限的手续使物体冷却到绝对零度是办不到的。

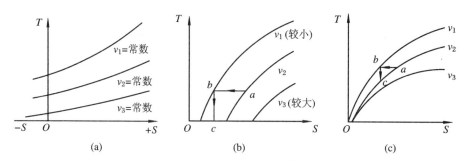

图 15.4　(a) 具有定比热容(不为零)的物质的 T-s 图;
　　　　　(b) 0 K 时比热容为零(但不服从第三定律)的物质的 T-s 图;
　　　　　(c) 服从第三定律的物质的 T-s 图

研究化学反应或成分有变化的系统时,类似于规定熵的计算起点那样,需要人为地指定不同物质的计算起点。热力学第三定律表明绝对零度时纯固体或纯液体的熵为零,绝对零度就自然成为熵的计算起点。熵是物质的状态参数,与压力和温度有关。但由热力学第三定律可知,在绝对零度时,纯固体或纯液体的熵都为零,与压力无关,即 $\left(\dfrac{\partial s}{\partial p}\right)_{T=0} = 0$。通常就根据 $p_0 = 1\,\text{atm}$ 时物质的比热容和潜热(焓)数据,求出 1 atm 下任何温度时的绝对 S_m^0,如附表所列值。再进一步计算压力为任意值时的值。对于理想气体,可按下式计算:

$$S_m(T, p) = S_m^0(T, p_0) - R \ln p \tag{15.49}$$

单一物质的绝对熵,也可由统计的或微观的方法求得,有兴趣的读者可参考有关统计热力学的书。总之,热力学第三定律为计算物质的绝对熵奠定了基础。

热力学第三定律的两个推论($T \to 0$ 时,$S \to 0$ 及 $c_V \to 0$)都得到量子理论的支持,所以说热力学第三定律是一个量子力学的定律。系统在放热冷却过程中,能量减少,无序度降低,作为无序度量度的熵也减少。随着放热冷却,气态冷凝为液态,液态晶化为固态,系统变得愈来愈有"秩序"。当系统处于最低能态即基态时,系统只有一个量子态或者只有数目不大的量子态。系统的无序度达到最小,即 $T \to 0$ 时系统微态总数 $W_{tot} \to 1$,所以 $S \to 0$。正由于极低温度下系统的"有序性",因而很多物质在极低温下表现出一般温度下所不可想象的特性,例如金属的超导性、液氦的超流动性等等。

热力学第三定律的价值在于它不仅提供了绝对熵的计算依据,在熵和自由能的计算及制表工作以及化学反应的平衡计算中发挥重大作用,而且它对低温下的实验研究,包括超低温下的物性研究也起重要的指导作用。

15.7　平衡常数的计算

鉴于高准确性的平衡常数的实验测定有相当大的困难,因而平衡常数的纯理论计算,以及借助于有关实验数据的半理论计算方法就显得很重要。本节简单介绍以热力学第三定律为基础的计算方法和统计计算法。

1. 借助比热容及热效应的实验数据计算平衡常数的方法

因式(15.44a)为

$$\mathrm{d}\ln K_p = \frac{Q_p}{RT^2}\mathrm{d}T$$

又有基尔霍夫定律(15.14a)表示为

$$\frac{\mathrm{d}Q_p}{\mathrm{d}T} = \sum_{\mathrm{P}} n_j C_{p,\mathrm{m},j} - \sum_{\mathrm{R}} n_i C_{p,\mathrm{m},i}$$

若已知物系中各组元的摩尔热容与温度的近似关系式为(为简单起见,只取三项):

$$C_{p,\mathrm{m},i} = \alpha_i + \beta_i T + \gamma_i T^2$$

把上式代入基尔霍夫定律式(15.14a),并积分得到热效应的反应热 Q_p 为

$$Q_p = Q_0 + \Delta\alpha T + \frac{\Delta\beta}{2}T^2 + \frac{\Delta\gamma}{3}T^3 \tag{15.50}$$

式中,Q_0 为 Q_p 的温度函数的积分常数,即与温度无关的定压反应焓值;$\Delta\alpha$、$\Delta\beta$ 和 $\Delta\gamma$ 取决于各组元的 α_i、β_i 和 γ_i,根据式(15.14a)和各组元的比热容与上述的温度关系式,可知

$$\Delta\alpha = \sum_{\mathrm{P}} n_j\alpha_j - \sum_{\mathrm{R}} n_i\alpha_i \tag{15.51a}$$

$$\Delta\beta = \sum_{\mathrm{P}} n_j\beta_j - \sum_{\mathrm{R}} n_i\beta_i \tag{15.51b}$$

$$\Delta\gamma = \sum_{\mathrm{P}} n_j\gamma_j - \sum_{\mathrm{R}} n_i\gamma_i \tag{15.51c}$$

若能由实验测定某任意温度时的热效应,则积分常数 Q_0 的值便可确定,Q_p 随温度的变化规律也就知道。然后,将式(15.50)代入式(15.44a)并积分,得到

$$\ln K_p = -\frac{Q_0}{RT^2} + \frac{\Delta\alpha}{R}\ln T + \frac{\Delta\beta}{2R}T + \frac{\Delta\gamma}{6R}T^2 + C \tag{15.52}$$

式中,C 为平衡常数 K_p 对数函数的积分常数,是与温度无关项。另外,由于 $\ln T$ 来自 $\int \mathrm{d}T/T$,所以 $\ln T$ 中的 T 是无量纲的温度数值。只要知道某一温度的 K_p 值,C 就能确定。可是,实验测定 K_p 值相当困难。

2. 通过计算熵和标准自由焓差 ΔG_T^0 计算 K_p

热力学第三定律给化学反应熵变的计算奠定了基础,即绝对零度时一切物质的熵都是零。据熵的定义式,并考虑到组元在零度到温度 T 区间有许多相变发生,那么在 p、T 下单一物质的绝对熵为

$$S_{\mathrm{m},T} = \int_0^T \frac{C_{p,\mathrm{m}}\mathrm{d}T}{T} + \sum \frac{\Delta H_i}{T_i} \tag{15.53}$$

式中,ΔH_i 为在温度 T_i 时 i 组分的相变热,$T_i \leqslant T$。如能求得物质的绝对熵,化学反应的熵变 $\Delta S_{m,T}^0$ 就可求得,即

$$\Delta S_{m,T}^0 = \sum_P n_j \Delta S_{m,j,T}^0 - \sum_R n_i \Delta S_{m,i,T}^0 \tag{15.54}$$

于是可按 $dG = dH - TdS$ 导得下式:

$$\Delta G_T^0 = \Delta H_{m,T}^0 - T\Delta S_{m,T}^0 \tag{15.55}$$

计算化学反应的标准自由焓差 ΔG_T^0。将 ΔG_T^0 代入式(15.31)就得到温度 T 的平衡常数 K_p 计算式为

$$K_p = \exp\left(\frac{\Delta G_T^0}{RT}\right) \tag{15.56}$$

式中,气体常数 $R = 8.314 \, J/(mol \cdot K)$。有了一个温度的 K_p 值,式(15.52)的积分常数 C 就可确定,K_p 随温度的变化关系也就知道了。化学手册或热物性手册上都列有焓及标准绝对熵的数据,通常可根据这些数据按式(15.31a)计算 K_p 值,但有一点应注意,由于出版手册的年代不同,所以所编录焓值的单位及选用的基准不同,因此同种物质的焓的绝对值在不同手册中可能不同,但在相同温差下的焓差基本相同,即使有些差别也是在允许的实验或计算误差的范围内的。

例 15.4 已知

$$CH_4 + 2O_2 \longrightarrow CO_2 + 2H_2O$$

试求:

(1) 在 298～1 500 K 温度范围内反应的 K_p 随 T 变化的关系式。已知 $T = 1\,000$ K 时,$Q_P = -8.008\,76 \times 10^6 \, J/mol(CH_4)$,$K_p = 6.892\,77 \times 10^{41}$。参与反应的各组元的摩尔热容与温度的关系式为

$$C_{p,m,i} = \alpha_i + \beta_i T + \gamma_i T^2$$

式中各组元 α_i、β_i、γ_i 的值如表 15.4 所示。

(2) 根据求得的 K_p 与 T 的关系式,求该反应在 500 K 和 1 500 K 时的 K_p 值。

(3) 按式(15.31)求反应在 500 K 和 1 500 K 时的 K_p 值,允许查阅有关热化学或热物性手册获取必要参数。

表 15.4 各组元 α_i、β_i、γ_i 的值

	$\alpha_i/(J \cdot mol^{-1} \cdot K^{-1})$	$\beta_i \times 10^3/(J \cdot mol^{-1} \cdot K^{-2})$	$\gamma_i \times 10^6/(J \cdot mol^{-1} \cdot K^{-3})$
CH_4	14.155 5	75.546 6	$-18.003\,2$
O_2	25.891 1	12.937 4	$-3.864\,4$
CO_2	26.016 7	43.525 9	$-14.842\,2$
H_2O	30.379 4	9.021 2	1.184 6

解 (1) 求 298～1 500 K 温度范围内的 K_p 与 T 的关系式

① 按表 15.4 所给的摩尔热容的关系式求反应平衡时系统总的 $\Delta\alpha$、$\Delta\beta$、$\Delta\gamma$,得

$$\Delta\alpha = \alpha_{CO_2} + 2\alpha_{H_2O} - \alpha_{CH_4} - 2\alpha_{O_2} = 20.837\,8 \, J/(mol \cdot K)$$

$$\Delta\beta = \beta_{CO_2} + 2\beta_{H_2O} - \beta_{CH_4} - 2\beta_{O_2} = -38.753\,1 \times 10^{-3} \, J/(mol \cdot K^2)$$

$$\Delta\gamma = \gamma_{CO_2} + 2\gamma_{H_2O} - \gamma_{CH_4} - 2\gamma_{O_2} = 13.259\,4 \times 10^{-4} \, J/(mol \cdot K^3)$$

② 已知 $T = 1\,000$ K 时,$Q_P = -8.008\,76 \times 10^5 \, J/mol(CH_4)$,按式(15.50)求得积 Q_0 为

$$Q_0 = Q_p - \Delta\alpha T - \frac{\Delta\beta}{2}T^2 - \frac{\Delta\gamma}{3}T^3$$

$$= -8.008\,76 \times 10^5\,\text{J/mol} - 20.837\,8\,\text{J/(mol·K)} \times 1\,000\,\text{K}$$

$$+ \frac{38.753\,1 \times 10^{-3}\,\text{J/(mol·K}^2) \times 10^6\,\text{K}^2}{2} - \frac{13.259\,4 \times 10^{-6}\,\text{J/(mol·K}^3) \times 10^9\,\text{K}^3}{3}$$

$$= -806\,757\,\text{J/mol}$$

③ 已知 $T = 1\,000\,\text{K}$ 时，$K_p = 6.892\,77 \times 10^{41}$，按式(15.52)求得积分常数 C

$$C = \ln K_p + \frac{Q_0}{RT} - \frac{\Delta\alpha}{R}\ln T - \frac{\Delta\beta}{2R}T - \frac{\Delta\gamma}{6R}T^2$$

$$= \ln 6.892\,77 \times 10^{41} - \frac{806\,757\,\text{J/mol}}{8.314\,\text{J/(mol·K)} \times 10^3\,\text{K}} - \frac{20.837\,8\,\text{J/(mol·K)}}{8.314\,\text{J/(mol·K)}} \times \ln 10^3$$

$$+ \frac{38.763\,1 \times 10^{-3}\,\text{J/(mol·K}^2) \times 10^3\,\text{K}}{2 \times 8.314\,\text{J/(mol·K)}} - \frac{13.259\,4 \times 10^{-6}\,\text{J/(mol·K}^3) \times 10^6\,\text{K}^2}{6 \times 8.314\,\text{J/(mol·K)}}$$

$$= -15.948$$

④ 298～1 500 K 温度范围内 K_p 与 T 的关系式

将 $\Delta\alpha$、$\Delta\beta$、$\Delta\gamma$ 及 Q_0、C 代入(15.52)，得到

$$\ln K_p = \frac{806\,757\,\text{J/mol}}{8.314\,\text{J/mol}T} + \frac{20.837\,8\,\text{J/(mol·K)}}{8.314\,\text{J/(mol·K)}}\ln T + \frac{-38.753\,1\,\text{J/(mol·K)} \times 10^{-3}}{2 \times 8.314\,\text{J/(mol·K)}}T$$

$$+ \frac{13.259\,4\,\text{J/(mol·K)} \times 10^{-6}}{6 \times 8.314\,\text{J/(mol·K)}}T^2 - 15.948$$

$$\ln K_p = \frac{97\,036}{T} + 2.506\,35\ln T - 2.330\,6 \times 10^{-3}T + 0.265\,8 \times 10^{-6}T^2 - 15.948$$

(2) 根据求得的 K_p 与 T 的关系式，求 500 K 和 1 500 K 时的 K_p 值(为了节省篇幅，以下计算不再在数字之后添单位)

① 500 K 时

$$\ln K_p = \frac{97\,036}{500} + 2.506\,35\ln 500 - 2.330\,6 \times 10^{-3} \times 500$$

$$+ 0.265\,8 \times 10^{-6} \times 500^2 - 15.948$$

$$K_p = 4.421\,32 \times 10^{83}$$

② 1 500 K 时

$$\ln K_p = \frac{97\,036}{1\,500} + 2.506\,35\ln 1\,500 - 2.330\,6 \times 10^{-3} \times 1\,500$$

$$+ 0.265\,8 \times 10^{-6} \times 1\,500^2 - 15.948$$

$$K_p = 7.422\,40 \times 10^{27}$$

(3) 按式(15.31)求 500 K 和 1 500 K 时的 K_p 值

① 根据查表 15.1 和比热容关系，求 ΔH^0

由表 15.1 查得：H_2O 的 $\Delta H_f^0 = -241\,820\,\text{J/mol}$，$CO_2$ 的 $\Delta H_f^0 = -393\,510\,\text{J/mol}$，$O_2$ 的 $\Delta H_f^0 = 0$；并从有关文献中查得，500 K 时有

$$(H_{m,500}^0 - H_{m,298}^0)_{H_2O} = (16\,828 - 9\,904)\,\text{J/mol}$$

$$(H_{m,500}^0 - H_{m,298}^0)_{CO_2} = (17\,678 - 9\,364)\,\text{J/mol}$$

$$(H_{m,500}^0 - H_{m,298}^0)_{O_2} = (14\,770 - 8\,682)\,\text{J/mol}$$

于是 500 K 时，有

$$H^0_{m,H_2O} = (\Delta H^0_f + H^0_{m,500} - H^0_{m,298})_{H_2O}$$
$$= (-241\,820 + 16\,828 - 9\,904)\,\text{J/mol} = -234\,902\,\text{J/mol}$$
$$H^0_{m,CO_2} = (\Delta H^0_f + H^0_{m,500} - H^0_{m,298})_{CO_2}$$
$$= (-393\,510 + 17\,678 - 9\,364)\,\text{J/mol} = -385\,206\,\text{J/mol}$$
$$H^0_{m,O_2} = (\Delta H^0_f + H^0_{m,500} - H^0_{m,298})_{O_2}$$
$$= (0 + 14\,770 - 8\,682)\,\text{J/mol} = 6\,088\,\text{J/mol}$$

因没有查到 CH_4 的焓值表,从比热容积分计算。从附表中查到 CH_4 的 $\Delta H^0_f = -74\,847\,\text{J/mol}$。$CH_4$ 的显焓可根据题给的摩尔热容公式计算得到

$$H^0_{m,T} - H^0_{m,298} = \int_{298}^{T} C_{p,m}\,\text{d}T$$
$$= \int_{298}^{T} (14.155\,5 + 75.546\,6 \times 10^{-3}\,T - 18.003\,2 \times 10^{-6}\,T^2)\,\text{d}T$$

得到

$$H^0_{m,500} - H^0_{m,298} = 8\,357\,\text{J/mol}$$
$$H^0_{m,1\,500} - H^0_{m,298} = 78\,555.6\,\text{J/mol}$$

于是,500 K 时,有

$$H^0_{m,CH_4} = (\Delta H^0_f + H^0_{m,500} - H^0_{m,298})_{CH_4} = (-74\,847 + 8\,357)\,\text{J/mol} = -66\,490\,\text{J/mol}$$

用相同方法,得知 1 500 K 时,有

$$H^0_{m,H_2O} = (-241\,826 + 57\,999 - 5\,904)\,\text{J/mol} = -193\,732\,\text{J/mol}$$
$$H^0_{m,CO_2} = (-393\,512 + 71\,078 - 9\,364)\,\text{J/mol} = -331\,798\,\text{J/mol}$$
$$H^0_{m,O_2} = (0 + 49\,292 - 8\,682)\,\text{J/mol} = 40\,610\,\text{J/mol}$$
$$H^0_{m,CH_4} = (-74\,847 + 7\,855.6)\,\text{J/mol} = 3\,703.6\,\text{J/mol}$$

求 ΔH^0_m,得

$$\Delta H^0_{m,500} = (2H^0_{m,H_2O} + H^0_{m,CO_2} - 2H^0_{m,O_2} - H^0_{m,CH_4})_{500} = -800\,673\,\text{J/mol}$$
$$\Delta H^0_{m,1\,500} = (2H^0_{m,H_2O} + H^0_{m,CO_2} - 2H^0_{m,O_2} - H^0_{m,CH_4})_{1\,500} = -804\,173\,\text{J/mol}$$

② 根据查手册得绝对熵值后求 ΔS^0

已知 500 K 时

$$S^0_{m,H_2O} = 206.413\,\text{J/(mol·K)}, \quad S^0_{m,CO_2} = 234.814\,\text{J/(mol·K)}$$
$$S^0_{m,O_2} = 220.581\,\text{J/(mol·K)}$$

1 500 K 时

$$S^0_{m,H_2O} = 250.450\,\text{J/(mol·K)}, \quad S^0_{m,CO_2} = 292.114\,\text{J/(mol·K)}$$
$$S^0_{m,O_2} = 257.965\,\text{J/(mol·K)}$$

从附表只能查到 1 atm、298 K 下 CH_4 的绝对熵值 $S^0_{m,CH_4} = 186.16\,\text{J/(mol·K)}$。从 1 atm、298 K 到 1 atm、500 K(或 1 500 K)的熵的变化,只得根据定义式通过题给的摩尔热容关系式求取,即

$$\Delta S_m = \int_{298}^{T} \frac{C_{p,m}\text{d}T}{T}$$

将 $C_{p,m}$ 关系式代入上式,积分得

$$\Delta S_m = 21.135\,1\,\text{J/(mol·K)}$$

$$\Delta S_{\mathrm{m}} = 94.229\,9\ \mathrm{J/(mol \cdot K)}$$

CH_4 的绝对熵为

500 K 时

$$S^0_{\mathrm{m,CH_4}} = 186.16\ \mathrm{J/(mol \cdot K)} + \Delta S = 186.16\ \mathrm{J/(mol \cdot K)} + 21.135\,1\ \mathrm{J/(mol \cdot K)}$$

$$= 207.295\ \mathrm{J/(mol \cdot K)}$$

1 500 K 时：

$$S^0_{\mathrm{m,CH_4}} = 186.16\ \mathrm{J/(mol \cdot K)} + \Delta S = 186.16\ \mathrm{J/(mol \cdot K)} + 94.229\,9\ \mathrm{J/(mol \cdot K)}$$

$$= 280.390\ \mathrm{J/(mol \cdot K)}$$

求反应系统总的 ΔS^0_{m}，据式(15.54)，有

500 K 时

$$\Delta S^0_{\mathrm{m,500}} = 2S^0_{\mathrm{m,H_2O}} + S^0_{\mathrm{m,CO_2}} - 2S^0_{\mathrm{m,O_2}} - S^0_{\mathrm{m,CH_4}} = -0.833\ \mathrm{J/(mol \cdot K)}$$

1 500 K 时

$$\Delta S^0_{\mathrm{m,1\,500}} = 2S^0_{\mathrm{m,H_2O}} + S^0_{\mathrm{m,CO_2}} - 2S^0_{\mathrm{m,O_2}} - S^0_{\mathrm{m,CH_4}} = -3.306\ \mathrm{J/(mol \cdot K)}$$

(3) 按式(15.31)求 K_p

500 K 时

$$\ln K_p = -\frac{\Delta G^0_T}{RT} = -\frac{\Delta H^0_{\mathrm{m,500}} - 500\Delta S^0_{\mathrm{m,500}}}{RT}$$

$$= -\frac{-800\,661\ \mathrm{J/mol} - 500\ \mathrm{K} \times (-0.833)\ \mathrm{J/(mol \cdot K)}}{8.314\ \mathrm{J/(mol \cdot K)} \times 500\ \mathrm{K}} = 192.505\,3$$

$$K_p = 4.017\,81 \times 10^{83}$$

1 500 K 时

$$\ln K_p = -\frac{\Delta G^0_T}{RT} = -\frac{-804\,173\ \mathrm{J/mol} - 1\,500\ \mathrm{K} \times (-3.306)\ \mathrm{J/(mol \cdot K)}}{8.314\ \mathrm{J/(mol \cdot K)} \times 1\,500\ \mathrm{K}} = 64.805$$

$$K_p = 6.787\,2 \times 10^{27}$$

比较两种方法求得的 K_p 值，前种方法求得的 K_p 值比后种方法约偏大 10%，这在工程上是许可的。

15.8　绝热燃烧温度与平衡火焰温度

1. 绝热燃烧温度

燃料在定容或定压下燃烧所释放的热效应，除了散给周围环境的热损失外，都用以加热燃烧产物。倘若传给环境的热量等于零，即实现绝热燃烧。如又假定是完全燃烧（$\alpha = 0$ 的理论反应），则燃烧产物的温升将达最大值，这时燃烧产物的温度称为**绝热燃烧温度**或**理论燃烧温度**。对于反应物在 T_1 温度定压绝热完全燃烧的热效应，用 $(Q_p)_{T_1}$ 表示，当热效应 $(Q_p)_{T_1}$ 全部用于使燃烧产物从 T_1 升温至 T_2 时，则热平衡式

$$(Q_p)_{T_1} + \sum_P n_i (H_{\mathrm{m},T_2} - H_{\mathrm{m},T_1})_i = 0 \tag{15.57}$$

$(Q_p)_{T_1}$ 可由式(15.12)中的 T 改为具体的 T_1 后代入上式，化简得到

$$\sum_{\mathrm{P}} n_j \left(\Delta H_\mathrm{f}^0 + H_{\mathrm{m},T_2} - H_{\mathrm{m},298}\right)_j = \sum_{\mathrm{R}} n_i \left(\Delta H_\mathrm{f}^0 + H_{\mathrm{m},T_1} - H_{\mathrm{m},298}\right)_i \qquad (15.58)$$

同理,对于定容绝热燃烧,有

$$(Q_V)_{T_1} + \sum_{\mathrm{P}} n_i \left(U_{\mathrm{m},T_2} - U_{\mathrm{m},T_1}\right)_i = 0 \qquad (15.59)$$

$(Q_p)_{T_1}$ 可由式(15.18)中的 T 改为具体的 T_1 后代入上式,化简得到

$$\sum_{\mathrm{P}} n_j \left(\Delta H_\mathrm{f}^0 + H_{\mathrm{m},T_2} - H_{\mathrm{m},298}\right)_j$$
$$= \sum_{\mathrm{R}} n_i \left(\Delta H_\mathrm{f}^0 + H_{\mathrm{m},T_1} - H_{\mathrm{m},298}\right)_i + R\left(\sum_{\mathrm{P}} n_j T_2 - \sum_{\mathrm{R}} n_i T_1\right) \qquad (15.60)$$

燃烧反应的化学计量方程及反应初温已知,上面几式中只有 H_{m,T_2} 或 U_{m,T_2} 未知。通过试凑法(假设一个温度),根据附表的数据求得 H_{m,T_2} 或 U_{m,T_2},即可计算定压或定容绝热完全燃烧的最终温度,称为绝热燃烧温度或理论火焰温度。

具有燃烧反应的装置,例如锅炉、燃气轮机装置及火箭推进器燃烧装置等,常要估算燃烧产物所能达到的最高温度。此时可按上述方法计算。不过,估算的结果往往高于测量值几百摄氏度。这是由于燃烧总不能完全,而且高温下有些燃烧产物要离解将吸收热量,以及热损失又难以避免的缘故。因此,理论燃烧温度是达不到的。考虑到化学平衡,理论上也只能达到平衡火焰温度。

2. 平衡火焰温度

燃烧反应必伴有离解过程。绝热条件下反应达平衡时燃烧产物所能达到的终温称为平衡火焰温度。下面以 CO 的恰当混合物的燃烧为例,来说明平衡火焰温度的求取方法。CO的恰当混合物的燃烧反应式为

$$\mathrm{CO} + \frac{1}{2}\mathrm{O_2} + 1.88\mathrm{N_2} \longrightarrow (1-\alpha)\mathrm{CO_2} + \alpha\mathrm{CO} + \frac{\alpha}{2}\mathrm{O_2} + 1.88\mathrm{N_2}$$

求取理论燃烧温度时只有终温 T_2 是未知数,因而只要能量方程即可求解。现在有 T_2 及 α 两个未知数,所以除了能量方程外还需要有 T_2 与 α 相关联的平衡方程才可求解。平衡时的总摩尔数 n 为

$$n = (1-\alpha) + \alpha + \frac{\alpha}{2} + 1.88 = 2.88 + \frac{\alpha}{2}$$

物系平衡时的总压力为 p,各组元的分压力为

$$p_{\mathrm{CO_2}} = \frac{1-\alpha}{n}p, \quad p_{\mathrm{CO}} = \frac{\alpha}{n}p, \quad p_{\mathrm{O_2}} = \frac{\alpha}{2n}p, \quad p_{\mathrm{N_2}} = \frac{1.88}{n}p$$

(1) 定压燃烧

① 平衡方程

$$K_p = \frac{p_{\mathrm{CO_2}}}{p_{\mathrm{CO}}\sqrt{P_{\mathrm{O_2}}}} = \frac{1-\alpha}{\alpha}\sqrt{\frac{2n}{\alpha p}} \qquad (15.61a)$$

对于定压燃烧,式(15.61a)中的 p 已知。假定一个 α,按式(15.61a)求得 K_p,再根据 K_p 从平衡常数的图表上查得相应的 T。假设若干个 α,重复上述工作,得到一组 α、T 值,就可画出 $\alpha\text{-}T$ 曲线,见图 15.5 的平衡限制曲线。

② 能量方程

$$\left[(1-\alpha)Q_p\right]_{T_1} + \left[(1-\alpha)H_{\mathrm{m},\mathrm{CO_2}} + \alpha H_{\mathrm{m},\mathrm{CO}} + \frac{\alpha}{2}H_{\mathrm{m},\mathrm{O_2}} + 1.88H_{\mathrm{m},\mathrm{N_2}}\right]_{T_2}$$

$$-\left[(1-\alpha)H_{m,CO_2} + \alpha H_{m,CO} + \frac{\alpha}{2}H_{m,O_2} + 1.88H_{m,N_2}\right]_{T_1} = 0 \qquad (15.61b)$$

T_1 已知,所以式(15.61b)中的 Q_p 以及 T_1 下各组元的值都可从手册查到,只有 α 及 T_2 未知。假定若干个 T_2,由式(15.61b)求得相应的 α 值,得到一组 α、T 值,即可画出 α-T 曲线,见图 15.5 的能量限制曲线。

由图 15.5 上两曲线交点所读得的温度即平衡火焰温度 T_e,读得 ε 后即可知燃烧反应的离解度

$$\alpha = 1 - \varepsilon$$

(2) 定容燃烧

① 平衡方程

对于理想气体的定容过程

$$p = nT\frac{p_1}{n_1 T_1}$$

式中,下角标"1"表示初态。初态参数已知。将此式代入式(15.61a)即得平衡方程

$$K_p = \frac{1-\alpha}{\alpha}\sqrt{\frac{2n_1 T_1}{p_1 \alpha T}} \qquad (15.61c)$$

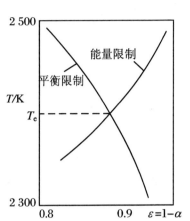

图 15.5　等压燃烧平衡火焰温度的图解

假定若干个 T,查得相应的 K_p,代入式(15.61c)求出,原则上也可得到 α-T 曲线。但是,α 有多解,且计算较困难。现对式(15.61c)取对数

$$\ln K_p + \frac{1}{2}\ln T + \frac{1}{2}\ln\frac{p_1}{2nT_1} = \ln\frac{1-\alpha}{\alpha^{3/2}} \qquad (15.61d)$$

令

$$A = \ln K_p + \frac{1}{2}\ln T + \frac{1}{2}\ln\frac{p_1}{2nT_1} \qquad (15.61e)$$

$$B = \ln\frac{1-\alpha}{\alpha^{3/2}} \qquad (15.61f)$$

假定若干个 T,由附表查得相应的 K_p,代入式(15.61e)得 A。$T\sim A$ 曲线如图 15.6 所示。再假定若干个 α,代入式(15.61f)求出 α-B 曲线,如图 15.6 所示。相同横坐标($A = B$)的 T 及 α 值(图 15.6 上箭头所示)必服从平衡方程的 T 与 α 的关系,于是就可画出类似于图 15.5 所示的平衡限制曲线。

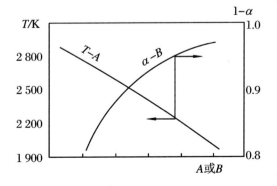

图 15.6　等容燃烧平衡火焰温度的图解

② 能量方程

$$\left[(1-\alpha)Q_v\right]_{T_1} + \left[(1-\alpha)U_{m,CO_2} + \alpha U_{m,CO} + \frac{\alpha}{2}U_{m,O_2} + 1.88U_{m,N_2}\right]_{T_2}$$

$$-\left[(1-\alpha)U_{m,CO_2} + \alpha U_{m,CO} + \frac{\alpha}{2}U_{m,O_2} + 1.88U_{m,N_2}\right]_{T_1} = 0 \qquad (15.61g)$$

用与定压燃烧相同的方法,根据上式可画出类似于图 15.5 所示的能量限制曲线。两曲线交点所示的 T 及 α 即所要求的平衡火焰温度和离解度。

例 15.5 甲烷气$[CH_4(g)]$与 150% 的理论空气量在 25 ℃下稳定流入燃烧室,在燃烧室内定压燃烧。假定是完全燃烧,试确定绝热燃烧温度。

解 $CH_4(g)$与理论空气量的反应方程为

$$CH_4(g) + 2O_2(g) + 7.52N_2(g) \longrightarrow CO_2(g) + 2H_2O(g) + 7.52N_2(g)$$

现为 150% 的理论空气量。反应式为

$$CH_4(g) + 3O_2(g) + 11.28N_2(g) \longrightarrow CO_2(g) + 2H_2O(g) + O_2(g) + 11.28N_2(g)$$

根据式(15.60),得到

$$\sum_R n_i\left(\Delta H_f^0 + H_{m,T_1} - H_{m,298}\right)_i = \sum_P n_j\left(\Delta H_f^0 + H_{m,T_2} - H_{m,298}\right)_j$$

式中,除了燃烧产物的 H_{m,T_2} 未知外,其他都已知。由表 15.1 查 H_f^0,从《热化学手册》或《热物性手册》查到 25 ℃时生成物各组元的焓值分别是:$CO_2(g)$为 9 364 J/mol;$H_2O(g)$为 9 904 J/mol;$O_2(g)$为 8 682 J/mol;$N_2(g)$为 8 669 J/mol。代入上式,得

$$1 \times (-74\,850) + 3 \times 0 + 11.28 \times 0$$

$$= 1 \times (-393\,520 + H_{m,T_2,CO_2} - 9\,364) + 2 \times (-241\,810 + H_{m,T_2,H_2O} - 9\,904)$$

$$+ 1 \times (0 + H_{m,T_2,O_2} - 8\,682) + 11.28(0 + H_{m,T_2,N_2} - 8\,669)$$

$$H_{m,T_2,CO_2} + 2H_{m,T_2,H_2O} + H_{m,T_2,O_2} + 11.28H_{m,T_2,N_2} = 937\,930 \text{ J/mol}$$

根据上式,经过试凑可求得绝热燃烧温度。因为燃烧产物中极大部分是氮气,所以可先假定燃烧产物全是氮气以求得第一试凑温度,再逐步逼近。于是

$$15.28H_{m,T,N_2} = 937\,930 \text{ J/mol}$$

$$H_{m,T,N_2} = 61\,383 \text{ J/mol}$$

由《热物性手册》可知,具有上述焓值的 N_2 大约相当于 1 500 K。实际燃烧产物还包含 CO_2、H_2O 和 O_2,其平均比热容要比 N_2 的大,所以温度不会达到 1 500 K。试凑结果如表 15.5 所示。由该表可知,绝热燃烧温度约为 1 785 K。这温度相当高,原因之一是过量空气较少。倘若改为 400% 的理论空气量,则绝热燃烧温度就只有 1 010 K 了。上述温度都是在完全燃烧、没有离解的假定下求得的。若考虑到燃烧中必伴有离解反应,那么燃烧能达到的温度还要低些。

表 15.5 试凑结果

T_2	1 800 K	1 700 K	1 780 K
$H_{m,T_2,CO_2}/(J \cdot mol^{-1})$	88 806	82 856	87 612
$2H_{m,T_2,H_2O}/(J \cdot mol^{-1})$	2×72 513	2×67 589	2×71 523
$H_{m,T_2,O_2}/(J \cdot mol^{-1})$	60 371	56 652	59 624
$11.28H_{m,T_2,N_2}/(J \cdot mol^{-1})$	11.28×57 651	11.28×54 099	11.28×56 938
$\sum$	944 506	884 923	932 543

例 15.6　H_2 和 100% 的理论空气在 $p = 1\,\text{atm}$、$T = 298\,\text{K}$ 下燃烧,求绝热火焰温度和考虑离解时的平衡火焰温度及离解度 α。

解　(1) 求绝热火焰温度

反应方程为

$$H_2 + 0.5O_2 + 1.88N_2 \longrightarrow H_2O + 1.88N_2$$

根据式(15.12),因 $Q = 0$,而且标准参考状态下反应物的焓值之和为零,所以生成物焓值之和亦为零,即

$$(\Delta H_f^0 + H_{m,T} - H_{m,298})_{H_2O} + 1.88\,(\Delta H_f^0 + H_{m,T} - H_{m,298})_{N_2} = 0$$

由表 15.1 查得 ΔH_f^0 和由《流体热物性集》查得 $H_{m,298}$,代入上式得

$$(-241\,820 + H_{m,T} - 9\,904)_{H_2O} + 1.88\,(0 + H_{m,T} - 8\,669)_{N_2} = 0$$

$$(H_{m,T})_{H_2O} + 1.88\,(H_{m,T})_{N_2} = 268\,012\,\text{J/mol}$$

经过试凑,求得绝热燃烧温度 T 为 $2\,525\,\text{K}$。

(2) 求平衡火焰温度和离解度 α

反应式为

$$H_2 + 0.5O_2 + 1.88N_2 \longrightarrow (1-\alpha)H_2O + \alpha H_2 + \frac{\alpha}{2}O_2 + 1.88N_2$$

① 平衡方程

$$K_p = \frac{p_{H_2O}}{p_{H_2}\,p_{O_2}^{1/2}}$$

$$p_{H_2O} = \frac{1-\alpha}{2.88 + 0.5\alpha}$$

$$p_{H_2} = \frac{\alpha}{2.88 + 0.5\alpha}$$

$$p_{O_2} = \frac{0.5\alpha}{2.88 + 0.5\alpha}$$

所以

$$K_p = \frac{\dfrac{1-\alpha}{2.88 + 0.5\alpha}}{\dfrac{\alpha}{2.88 + 0.5\alpha}\sqrt{\dfrac{0.5\alpha}{2.88 + 0.5\alpha}}} = \frac{(1-\alpha)(2.88 + 0.5\alpha)^{1/2}}{0.707\,1\,\alpha^{3/2}}$$

假设一个 α,由上式求得 K_p,再从附表 9 查到对应的温度 T。结果列于表 15.6。

表 15.6　结果

α	K_p	$\lg(1/K_p)$	T/K
0.10	68.896 2	−1.838 2	2 700.7
0.08	98.257 0	−1.992 4	2 615.8
0.06	154.300	−2.188 4	2 517.6
0.04	289.001	−2.460 9	2 392.5
0.02	833.008	−2.920 7	2 208.2
0.01	2378.08	−3.376 2	2 052.3

② 能量方程

$$(1-\alpha)(Q_p)_{m,298} = \left[(1-\alpha)H_{m,H_2O} + \alpha H_{m,H_2} + \frac{\alpha}{2}H_{m,O_2} + 1.88H_{m,N_2} \right]_T$$

$$- \left[(1-\alpha)H_{m,H_2O} + \alpha H_{m,H_2} + \frac{\alpha}{2}H_{m,O_2} + 1.88H_{m,N_2} \right]_{298}$$

整理得

$$(Q_p)_{298} - (H_{m,T} - H_{m,298})_{H_2O} - 1.88(H_{m,T} - H_{m,298})_{H_2}$$

$$= \alpha(Q_p)_{298} - \alpha(H_{m,T} - H_{m,298})_{H_2O} - \alpha(H_{m,T} - H_{m,298})_{H_2} + \frac{\alpha}{2}(H_{m,T} - H_{m,298})_{O_2}$$

式中，$(Q_p)_{298}$ 和 $H_{m,298}$ 都能由《热物性手册》查到。假设一个温度 T，H_T 也能查到，于是就可求得对应于 T 的 α。查得的数据与计算结果列于表 15.7。

表 15.7 查得的数据和计算结果

$(Q_p)_{298} = 242\,156.4, H_{m,298,H_2O} = 9\,904\,\text{J/mol}, H_{m,298,N_2} = 8\,669\,\text{J/mol}, H_{m,298,O_2} = 8\,682\,\text{J/mol}$

T/K	$H_{m,T,H_2O}/(\text{J} \cdot \text{mol}^{-1})$	$H_{m,T,N_2}/(\text{J} \cdot \text{mol}^{-1})$	$H_{m,T,H_2}/(\text{J} \cdot \text{mol}^{-1})$	$H_{m,T,O_2}/(\text{J} \cdot \text{mol}^{-1})$	算得的 α
2 500	108 868	82 981	78 808.1	87 057	0.013 8
2 450	106 183	81 149	77 023	85 112	0.038 1
2 400	103 508	79 320	75 245.5	83 174	0.062 3
2 350	100 846	77 496	73 475.9	81 243	0.086 4

将由平衡方程得到的 $\alpha \sim T$ 关系及由能量方程得到的 $\alpha \sim T$ 关系画在同一张图上（图 15.7），两曲线的交点即所要求的平衡火焰温度和离解度。由图解得到的平衡火焰温度 $T = 2\,433\,\text{K}$，离解度 $\alpha = 0.045$。可见，由于 4.5% 的 H_2O 离解，火焰温度降低了 92 K。

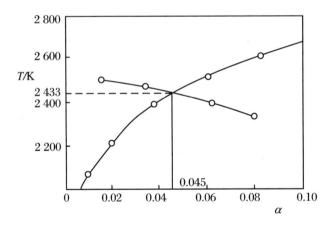

图 15.7 氢气燃烧的温度 T 与离解度 α 的关系

15.9　燃料和燃气

1. 燃料

（1）燃料的成分

燃料依它的状态分为固体、液体和气体三类。固体类的如煤、植物秸秆、沥青炭等；液体类的如汽油、煤油、燃料油、重油等；气体类的如氢气、甲烷、一氧化碳、乙烯、乙烷等。在分析各类燃料时，实际是分析其成分。燃料的主要成分包括：碳、氢、硫、氮、氧、水和灰分，各成分含量的百分率分别用 c、h、s、n、o、w 和 a 表示。其中，c、h、s 为可燃成分，醇类的燃料中含有氧的成分。

（2）燃料的燃烧反应

基本燃烧反应：

$$C + O_2 = CO_2 + 394 \tag{15.62a}$$

$$H_2 + \frac{1}{2}O_2 = (H_2O)_L + 287 \tag{15.62b}$$

$$H_2 + \frac{1}{2}O_2 = (H_2O)_g + 242 \tag{15.62c}$$

$$S + O_2 = SO_2 + 297 \tag{15.62d}$$

其他重要反应：

$$CO + \frac{1}{2}O_2 = CO_2 + 283 \tag{15.62e}$$

$$C_nH_m + \left(n + \frac{m}{4}\right)O_2 = n\,CO_2 + \frac{m}{2}H_2O \tag{15.62f}$$

（3）燃料的燃烧值

定压燃烧热 $|Q_p|$ 曾定义为

$$|Q_p| = -\Delta H = -(H_2 - H_1)$$

上列（15.62a）～（15.62d）各式右边的放热量即为各反应的每摩尔燃料的燃烧值。将生物的水以液体形式存在时的燃烧值称为高热值，将水以气体形式存在时的燃烧值称为低热值，二者相差一个摩尔水的蒸发潜热值。燃烧值是用氧弹计的量热计测量的。

在工程上固体和液体燃料多以公斤为计量单位，其热值常用以下的近似式来计算：

$$|Q_p|_{低} = 33\,900c + 120\,000\left(h - \frac{o}{8}\right) + 9\,200s - 2\,500w \tag{15.63a}$$

$$|Q_p|_{高} = 33\,900c + 142\,000\left(h - \frac{o}{8}\right) + 9\,200s \tag{15.63b}$$

式中，右边 33 900 和 9 200 分别是 c 和 s 的低燃烧热值，单位为 kJ/kg；120 000 和 142 000 分别为 h 的低燃烧热值和高燃烧热值，单位为 kJ/kg；2 500 是 0 ℃水的蒸发潜热；第二项的括号内之所以要减去 $\frac{o}{8}$，是因为分析出的燃料中的氧分率在燃烧时一定会与燃料中的氢结合生成水，所以与燃料中自带的氧结合的这部分氢则不能与空气中的氧气反应，其反应热应当扣除。利用式(15.62a)和式(15.63b)得到的计算值要比实际燃烧值偏小一些。

燃料的燃烧值在资料充分的情况下可按式(15.16a)和式(15.16b)计算。

2. 燃气的成分及各成分量

一般意义的燃烧是指燃料用空气作助燃剂的燃烧,燃烧生成的气体简称燃气,它与所用的空气量有关,设所用空气过剩系数为 λ。

固体和液体燃料燃烧生成的燃气成分主要为: CO_2、H_2O、SO_2 和多余的 O_2 及没参与反应但有温度变化的 N_2。一般 $1\,kg$ 固体和液体燃料燃烧生成的燃气各成分含量分别为

CO_2:

$$\frac{c}{12}\ \mathrm{kmol/kg} = \frac{22.4}{12}c\ \mathrm{m_N^3/kg} = 1.867c\ \mathrm{m_N^3/kg}$$

H_2O:

$$\left(\frac{h}{2} + \frac{w}{18}\right)\ \mathrm{kmol/kg} = \frac{22.4}{18}(9h + w)\ \mathrm{m_N^3/kg} = 11.2h + 1.24w\ \mathrm{m_N^3/kg}$$

SO_2:

$$\frac{s}{32}\ \mathrm{kmol/kg} = \frac{22.4}{32}s\ \mathrm{m_N^3/kg} = 0.7s\ \mathrm{m_N^3/kg}$$

O_2:

$$(\lambda - 1)O_{\min}(\mathrm{m_N^3/kg})$$

N_2:

$$\left(\frac{0.79}{0.21}\lambda O_{\min} + \frac{22.4}{28}n\right)\ \mathrm{m_N^3/kg} = 3.76\lambda O_{\min} + 0.8n\ \mathrm{m_N^3/kg}$$

式中,$O_{\min}$ 为理论最小限度用的氧气量,单位为 $\mathrm{m_N^3/kg}$。据基本燃烧方程(15.62a)~(15.62d),得

$$O_{\min} = \frac{22.4}{12}c + \frac{11.2}{2}\left(h - \frac{o}{8}\right) + \frac{22.4}{32}s = 1.867c + 5.6\left(h - \frac{o}{8}\right) + 0.7s \tag{15.64a}$$

或者

$$O_{\min} = \frac{32}{12}c + \frac{16}{2}\left(h - \frac{o}{8}\right) + \frac{32}{32}s = 2.67c + 8h - o + s \tag{15.64b}$$

$$A_{\mathrm{a,min}} = \frac{1}{0.21}O_{\min} \tag{15.64c}$$

$$A_{\mathrm{a,min}} = \frac{1}{0.232}O_{\min} \tag{15.64d}$$

气体燃料燃气的成分主要是 CO_2、H_2O、多余的 O_2,及没参与反应但有温度变化的 N_2,气体燃料中硫含量极少。$1\,\mathrm{m_N^3}$ 气体燃料燃烧生成的燃气各成分含量(单位为 $\mathrm{m_N^3/kg}$)分别为

CO_2:

$$V_{CO_2} + V_{CO} + V_{CH_4} + 2V_{C_2H_4}\quad [\mathrm{m_N^3/m_N^3}]$$

H_2O:

$$V_{H_2} + 2V_{CH_4} + 2V_{C_2H_4}\quad [\mathrm{m_N^3/m_N^3}]$$

O_2:

$$(\lambda - 1)O_{\min} = 0.21A - O_{\min}\quad [\mathrm{m_N^3/m_N^3}]$$

N_2:

$$V_{N_2} + 0.79A \, [\mathrm{m_N^3/m_N^3}]$$

根据式(15.62e)、式(15.62f),得理论最小氧气量为

$$O_{min} = 0.5V_{CO} + 0.5V_{H_2} + 2V_{CH_4} + 3V_{C_2H_4} - V_{O_2} \tag{15.64e}$$

每 $\mathrm{m_N^3}$ 氢气和一氧化碳燃料气体与氧气反应后的燃气体积减少量 ΔV 为

$$\Delta V = -0.5(V_{CO} + V_{H_2}) \, [\mathrm{m_N^3/m_N^3}] \tag{15.65}$$

所以,燃料气成分各 11 $\mathrm{m_N^3}$ 反应后的燃气体积 V_g 等于

$$V_g = A + V_R - 0.5(V_{CO} + V_{H_2}) \, [\mathrm{m_N^3/m_N^3}] \tag{15.66}$$

3. 燃料的有效能的定义

贝尔(H. D. Baehr)定义的燃料有效能,是在如下条件下的特征过程中的最大可用功。

(1) 燃料作为与温度为 T_0、大气压力为 p_0 的周围环境处于热平衡和力平衡的稳定流动系的物质流处理。

(2) 燃料在大气的氧气中被完全燃烧,燃烧物与大气进行的热交换是稳定流的可逆过程。

(3) 据(2)的规定过程的最终状态时,即一切流出物(燃烧生成物与不活性气体)与大气达到力学性、热学性和化学性的平衡。

一般燃料有效能 $E_{u,f}$ 书写为如下形式:

$$E_{u,f} = (H - H_0) - T_0(S - S_0) \tag{15.67}$$

式中,H 和 H_0 分别为流入状态和处于周围平衡态物质的焓;S 和 S_0 分别为流入状态和处于周围平衡态物质的熵;T_0 为环境大气温度。

根据前面的定义,流出物质要达到与大气化学平衡态,流出物质的各成分要扩散到大气中去,与大气混合有熵增,把与大气混合前的熵用角标"′"区别,则式(15.67)可写为

$$E_{u,f} = (H - H_0) - T_0(S - S_0') - T_0(S_0' - S_0) \tag{15.68}$$

用上式计算时可进一步规定:燃料是在理论空气量中燃烧,周围状态的湿饱和空气用体积含量比 $V_{N_2} = 0.79$、$V_{O_2} = 0.21$ 的干空气计算。

4. 燃料的有效能的计算

遵从贝尔的燃料有效能的定义,则燃料所经历的过程如图 15.8 所示,图中符号 w_M、w_D、w_S、w_{rev} 分别表示燃气的混合功、燃气往大气的扩散功、从大气中分离氧气消耗的功和流动系与外界可逆交换热量 Q_{rev} 时做的可逆反应功。于是,比有效能可表示为最大有用功的形式,即

$$e_{u,f} = w_{rev} + w_M + w_D - w_S \tag{15.69}$$

$$w_{rev} \equiv h_f^0 + O_{min}h_{O_2}^0 - \sum m_{gi}h_{gi}^0 - T_0\left(s_f^0 + O_{min}s_{O_2}^0 - \sum m_{gi}s_{gi}^0\right) \tag{15.70}$$

$$w_M \equiv T_0 \sum_i m_{gi}R_{gi}\ln(p_0/p_{gi}) \tag{15.71}$$

$$w_s \equiv T_0 O_{min}R_{O_2}\ln(p_0/p_{O_2}^0) \tag{15.72}$$

$$w_D \equiv T_0 \sum_i m_{gi}R_{gi}\ln(p_0/p_{gi}^0) \tag{15.73}$$

式中,h 为比焓;R 为单位千克质量的气体常数;下角标"gi"表示排出燃气的成分;其余符号与前面使用的意义相同。在 SO_2 项因大气的分压很小,其对数项近于 ∞,是发散的,但总体而言,扩散功 w_D 很小,可以忽略。实用的理由是取省略了分离、混合和扩散功来计算燃料的有效能为

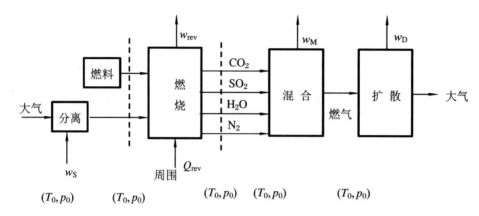

图 15.8 燃料有效能定义的过程

$$e_{u,f} \equiv H_h(T_0) + T_0 \left(\sum m_{gi}s_{gi}^0 - s_f^0 - O_{\min}s_{O_2}^0 \right) \tag{15.74}$$

式中，H_h^0 为单位质量燃料的高热值；燃料的比熵 s_f^0 可以据燃料的成分计算，单位为 kJ/(kg·K)，对于煤、油、木材之类未知比熵的燃料，可取

固体燃料：

$$s_f^0 \approx 1 \tag{15.75a}$$

液体燃料：

$$s_f^0 \approx 3 \sim 3.5 \tag{15.75b}$$

气体燃料可采用和气体燃气相同的方法计算，这时候必须包含混合熵。式(15.73)中用的是标准状态的比熵。

下式为比有效能的较精确的近似计算式，它无需各成分的比熵参数，只需燃料成分的含量率。

固体和液体燃料(这里 $e_{u,f}$ 的单位为 kJ/kg)：

$$e_{u,f} \equiv H_h(T_0) + T_0(5.23c - 19.55h + 0.92s + 6.91n + 6.78o + 3.89w - s_f^0)$$
$$\tag{15.76a}$$

气体燃料(这里 $e_{u,f}$ 的单位为 kJ/m_N^3)：

$$e_{u,f} = H_h(T_0) - T_0(3.85V_{CO} + 10.84V_{CH_4} + 11.93V_{C_2H_4} + 7.28V_{H_2}) \tag{15.76b}$$

式中，c、h、s、n、o、w 分别为固体或液体燃料中碳、氢、硫、氮、氧、水成分的质量比率，s_f^0 按式(15.75a)或式(15.75b)选取。V_{CO}、V_{CH_4}、$V_{C_2H_4}$、V_{H_2} 分别为相应下角标成分的体积占有率。

当忽略了 SO_2 的混合和扩散项，以及燃料的混合熵项，朗特(Z. Rant)提议可采用下面的近似式计算燃料的有效能

固体燃料：

$$e_{u,f} \approx H_L + 2\,500w \tag{15.76c}$$

液体燃料：

$$e_{u,f} \approx 0.975[H_L + 2\,500(9h + w)] \tag{15.76d}$$

气体燃料：

$$e_{u,f} \approx 0.950[H_L + 2\,500(9h + w)] \tag{15.76e}$$

更为方便的近似是取

固体燃料和液体燃料：

$$e_{u,f} \approx H_h \tag{15.77a}$$

气体燃料：

$$e_{u,f} \approx H_L \tag{15.77b}$$

5. 燃气的焓和熵的计算

燃烧生成的燃气是一种混合物，它的焓和熵的计算是计算燃气有效能的基本数据，燃气的焓和熵的计算式分别

$$m_g h_g = V_g H_g = \sum_i V_{gi} H_{gi} \tag{15.78}$$

$$m_g s_g = V_g S_g = \sum_i V_{gi} S_{gi} \tag{15.79}$$

式中，m_g 和 V_g 分别为单位质量燃料产生的燃气质量和体积；h_g 和 s_g 分别为单位质量燃气的比焓和比熵；H_g 和 S_g 分别为单位体积燃气的比容积焓和比容积熵；V_{gi} 为单位质量燃料产生的燃气成分的体积；H_{gi} 和 S_{gi} 分别为单位体积燃气成分的比容积焓和比容积熵。

把燃气当成理想气体和定比热计算虽然简单，但比热一般是温度的函数，因此把燃气当作半理想气体处理为妥。因此要计算燃气各成分的焓和熵值需要燃气性质表。表 15.8 给出了计算各种气体的以 0 ℃ 为基准的比容积焓 H_{gi}（单位为 kJ/m$_N^3$）和比容积熵 S_{gi}（单位为 kJ·m$_N^{-3}$·K^{-1}）的温度系数值。

表 15.8　各种气体对比焓式(15.80)和比熵式(15.81)a、b、c 系列公式中的系数

			空气	N$_2$	O$_2$	CO	蒸汽	CO$_2$	SO$_2$	H$_2$
0 ℃ 基 准 焓 kJ/m$_N^3$	$H = a_1 t + b_1 t^2$ 0~1 400 ℃	a_1	1.285	1.273	1.327	1.281	1.465	1.788	1.892	1.273
		$b_1 \times 10^4$	1.223	1.193	1.440	1.285	2.554	3.957	3.349	0.607
	$H = a_2 t + b_2 t^2$ 1 400~2 000 ℃	a_2	1.612	1.599	1.687	1.616	2.290	2.692	2.604	1.524
		b_2	−266	−230	−239	−226	−662	−528	−377	−234
	$H = a_3 t + b_3 t^2$ 2 000~3 000 ℃	a_3	1.662	1.629	1.742	1.645	2.437	2.747	2.650	1.616
		b_3	−327	−289	−348	−285	−955	−636	−469	−419
0.10325 MPa 基 准 比 熵 kJ/m$_N^3$	$S = A_1 \ln T + B_1 T + C_1$ 0~1 400 ℃	A_1	1.218	1.206	1.248	1.210	1.327	1.570	1.708	1.239
		$B_1 \times 10^4$	2.445	2.386	2.881	2.571	5.108	7.913	6.699	1.214
		C_1	1.637	1.608	1.955	1.846	0.708	0.352	1.139	1.269
	$S = A_2 \ln T + B_2 T + C_2$ 1400~2000 ℃	A_2	1.612	1.599	1.687	1.616	2.290	2.692	2.604	1.524
		B_2	−0.879	−0.917	−0.833	−0.741	−5.589	−6.665	−4.396	−3.182
	$S = A_2 \ln T + B_2 T + C_2$ 2 000~3 000 ℃	A_3	1.662	1.629	1.742	1.645	2.437	2.747	2.650	1.616
		B_3	−1.269	−1.143	−1.252	−0.967	−6.720	−7.084	−4.752	−3.894

(1) 0 ℃ ≤ t ≤ 1 400 ℃

$$H_{gi} = a_{1i} t + b_{1i} t^2 \tag{15.80a}$$

$$S_{gi} = A_{1i} \ln T + B_{1i} T + C_{1i} \tag{15.80b}$$

(2) 1 400 ℃ ≤ t ≤ 2 000 ℃

$$H_{gi} = a_{2i} t + b_{2i} \tag{15.81a}$$

$$S_{gi} = A_{2i} \ln T + B_{2i} \tag{15.81b}$$

(3) 2 000 ℃ ≤ t ≤ 3 000 ℃

$$H_{gi} = a_{3i}t + b_{3i} \tag{15.82a}$$

$$S_{gi} = A_{3i}\ln T + B_{3i} \tag{15.82b}$$

式中，t 的单位为℃，T 的单位为 K。

6. 燃气的有效能计算

燃气的有效能是指已知燃气的成分和它的温度 t 及压力 p_0 时所具有的有效能，其比有效能用符号 $e_{u,g}$ 表示：

$$e_{u,g} = \sum_i \frac{m_{gi}}{m_g}\big[h_{gi}(t) - h_{gi}(t_0)\big] - T_0\Big[\sum_i \frac{m_{gi}}{m_g}s_{gi}(t, p_{gi}) - \sum_i \frac{m_{gi}}{m_g}s_{gi}(t_0, p_{gi})\Big]$$

$$\tag{15.83}$$

式中，m_g 为燃烧 1 kg 燃料所产生的燃气量；m_{gi} 为燃烧 1 kg 燃料所产生的燃气成分量；p_{gi} 为燃气成分的分压，$\sum_i p_{gi} = p_0$；t 为燃气的温度。

15.10　燃烧的不可逆损失

普通概念的燃烧，仅仅是把燃料简单地燃烧而已，并不讲述用什么手段把化学能转变成功能。因此，燃烧只不过是把燃料所具有的化学能转成燃气的热能。燃烧一旦发生就自然进行，因此是典型的不可逆过程。工程热力学讨论燃烧不可逆损失时，应当讨论把燃料能传递给动力循环工质的整个过程不可逆损失。因此，燃烧不可逆损失是由绝热燃烧过程的不可逆损失和燃气传热给工质时的不可逆损失两部分组成的。

绝热燃烧的不可逆损失分析如下。

考察绝热燃烧场合，尽管燃烧生成的燃气与燃烧之前的燃料和燃烧用的空气有相同的能量，但是燃气的有效能远比燃料的有效能小。

假定绝热燃烧的燃气的比有效能用 $e_{u,g,ad}$ 表示，据

$$e_{u,g,ad} = \sum_i \frac{m_{gi}}{m_g}\big[h_{gi}(t_{ad}) - h_{gi}(t_0)\big] - T_0\Big[\sum_i \frac{m_{gi}}{m_g}s_{gi}(t_{ad}, p_{gi}) - \sum_i \frac{m_{gi}}{m_g}s_{gi}(t_0, p_{gi})\Big]$$

$$\tag{15.84a}$$

式中，t_{ad} 表示绝热燃烧的燃气所达到的温度。

如果把燃气视作混合气，用燃气混合气平均热物性代替，则上式简化为

$$e_{u,g,ad} = m_g\big[h_g(t_{ad}) - h_g(t_0)\big] - T_0 m_g\big[s_g(t_{ad}) - s_g(t_0)\big] \tag{15.84b}$$

如果燃气可以按定比热处理，设燃气的比定压热容为 c_p，并把温度 t 单位为℃用 T 单位为 K 表示，因为在绝热燃烧中燃烧的最高温度由燃料的燃烧热值决定，所以有下面的关系：

$$m_g c_p (T_{ad} - T_0) = m_g(h_{g,T_{ad}} - h_{g0}) = H_L$$

$$m_g\big[s_g(T_{ad}) - s_g(T_0)\big] = m_g c_p \ln\Big(\frac{T_{ad}}{T_0}\Big)$$

所以式(15.84b)又可简化为

$$e_{u,g,ad} = H_L\left(1 - \frac{T_0}{T_{ad} - T_0}\ln\frac{T_{ad}}{T_0}\right) \tag{15.84c}$$

燃烧前燃料和燃烧用的空气的比有效能用 $e_{u,f,a}$ 表示,则

$$e_{u,f,a} = e_{u,f} + e_{u,fs} + m_a e_{u,as} \tag{15.85}$$

式中, $e_{u,fs}$ 和 $e_{u,as}$ 分别为考虑燃烧起始时温度高于 t_0 时燃料和燃烧用的空气的显热比有效能, m_a 为所用的空气量。

因此,绝热燃烧的不可逆损失的有效能 $e_{ir,ad}$ 为

$$e_{ir,ad} = e_{u,f,a} - m_g e_{u,g,ad} \tag{15.86}$$

例 15.7　设燃气绝热燃烧温度到达 2 000 K,排出烟气的平均温度 $\overline{T}_{g,out}$ 为 420 K,大气温度为 300 K,燃料的热值为 H_L,燃气比热容 c_p 为定值,试计算:(1) 燃气的比有效能;(2) 绝热燃烧的不可逆损失;(3) 烟气带走的废热量;(4) 排出烟气中所含的有效能。

解　由式(15.84c)得

(1) 燃气的比有效能为

$$e_{u,g,ad} = H_L\left(1 - \frac{300\ \text{K}}{2\ 000\ \text{K} - 300\ \text{K}}\ln\frac{2\ 000\ \text{K}}{300\ \text{K}}\right) = 0.665\ 2H_L$$

(2) 绝热燃烧的不可逆损失据式(15.86)为

$$e_{ir,ad} = e_{u,f,a} - m_g e_{u,g,ad} = H_L - 0.665\ 2H_L = 0.334\ 8H_L$$

(3) 烟气带走的废热量 $q_{g,out}$ 为

$$q_{g,out} = m_g c_p(\overline{T}_{g,out} - T_0) = \frac{\overline{T}_{g,out} - T_0}{\overline{T}_{g,ad} - T_0}H_L = \frac{420 - 300}{2\ 000 - 300}H_L = 0.070\ 6H_L$$

(4) 烟气带走的有效能 $e_{u,g,out}$ 为

$$e_{u,g,out} = q_{g,out}\left(1 - \frac{T_0}{\overline{T}_{g,out}}\right) = 0.070\ 6\left(1 - \frac{300}{420}\right)H_L = 0.020\ 2H_L$$

应当注意到(1)和(4)所用的计算燃气和排出烟气的有效能算式不同,其原因是燃气中的热量是变温源的热量中所含的有效能,而烟气所含的有效能是以相当于平均温度为 $\overline{T}_{g,out}$ 的恒温源的放热量中所含的有效能来计算的,所以可以用卡诺热机效率公式计算其有效能。

15.11　燃烧的效率和有效率

传统的燃烧效率是

$$\eta_c = \frac{H_L - (L_{im} + L_{sc})}{H_L} \quad \text{(低热值基准)} \tag{15.87a}$$

或

$$\eta'_c = \frac{H_h - (L_{im} + L_{sc})}{H_h} \quad \text{(高热值基准)} \tag{15.87b}$$

式中, L_{im} 和 L_{sc} 分别表示不完全燃烧和未燃碳元素的损失的热值; η_c 和 η'_c 分别表示依据于热力学第一定律定义的燃烧热效率。现在大型锅炉可以做到烟气中含有极少的 CO,炉灰中

残炭量也极少，η_c 和 η_c' 可以十分接近于 100%。

若依热力学第二定律从有效能的保留份额来定义燃烧有效率(燃烧完善度)，用符号 $\eta_{u,c}$ 表示，则

$$\eta_{u,c} = \frac{e_{u,f} - e_{u,ir}}{e_{u,f}} = \frac{e_{u,g,ad} - e_{u,fs} - m_a e_{u,as}}{e_{u,f}} \tag{15.88}$$

例 15.7 中的燃烧有效率 $\eta_{u,c}$ 仅为 66.52%，而 η_c 和 η_c' 却为 100%。

以上的分析表明，利用燃烧的方法把燃料的化学能转为热能再转为功能存在着很大的可做功能的损失，绝热燃烧的有效能损失约达 30%，燃烧成的燃气传热给工质，因传热温差有效能也有很大的损失。为了提高燃料的有效能转化为电能和机械功能的有效率，除了使燃料充分完全燃烧的前提下尽可能提高燃气温度外，更重要的是研究和开发燃料能量转换的新的高效途径，例如通过燃料电池使化学能直接转换为电能。

参 考 文 献

[1] 苏长荪,谭连城,刘桂玉.高等工程热力学[M].北京:高等教育出版社,1987.
[2] 杨思文,金六一,孔庆煦,等.高等工程热力学[M].北京:高等教育出版社,1988.
[3] 伊藤猛宏,西川兼康.応用熱力学[M].東京:コロナ社,1983.
[4] 伊藤猛宏.工業熱の力学[M].東京:コロナ社,1586.

第 16 章　燃料电池的热力学基础

16.1　燃料电池的原理

燃料电池始于 1839 年由英国的哥伦布(Grove)发明,其最初的实验如图 16.1 所示。图中下部四个盛有稀硫酸的烧杯内倒插有充注了氧气和氢气的试管,试管内插入铂金片,把铂金片按图示方式连接后组成了以氢气为燃料的燃料电池;图中上部是电解水装置,两试管内分别得到氧气和氢气。实验表明,燃料电池反应是水电解的逆过程。

电池是通过化学反应产生电能的装置。燃料电池也是个电化学装置。它与一般干电池、充电电池的区别在于:它的反应物是燃料,通过氧化反应,生成物是水或水和二氧化碳。几种类型的电池区别如图 16.2 所示。

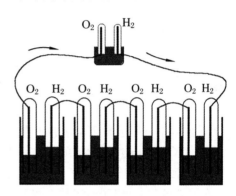

图 16.1　燃料电池的原理性实验

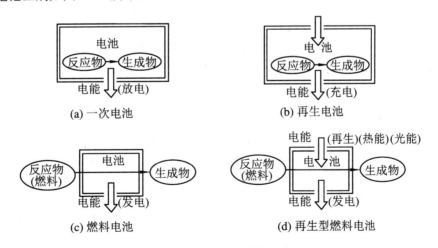

图 16.2　电池的分类与构成

燃料电池直接把化学能转换为电能,不经过热能这一中间环节,因而其效率不受卡诺效率的限制。以氢气为燃料、氧气为氧化剂的燃料电池为例说明燃料电池的工作原理。图 16.3

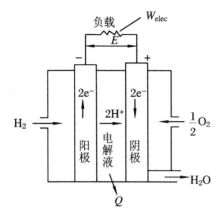

图 16.3 氢氧燃料电池示意图

为氢燃料电池结构及物料变化和能量移动示意图。由于气体不能形成电极,通常用镀铂金的镍网等作电极,使氧和氢气分别吸附在正、负电极表面,以进行电池反应,正、负电极由电解液(或离子交换薄膜)彼此分开,接通外电路便构成了以氢为燃料的电池。

氢燃料的燃烧反应的能量平衡方程为

$$H_2 + \frac{1}{2}O_2 = H_2O + Q$$

在标准状态下产生 $-\Delta H^0 = 286.0 \text{ kJ/mol}$ 的反应热。热机将利用这部分热量来发电,其最高输出功效率为卡诺热机效率。

采用酸性电解液时,氢燃料电池中所进行的化学反应为

燃料极(阳极):

$$H_2 \longrightarrow 2H^+ + 2e^-$$

（经电解质）↓ ↓（经外电路）

氧化极(阴极):

$$\frac{1}{2}O_2 + 2H^+ + 2e^- \longrightarrow H_2O$$

上述反应中氢原子与氧原子并不直接反应,而是通过介入的电解质的作用,分别在阳极和阴极进行反应。电解质中存在有氢离子 H^+。氢气穿过阳极时在电池的阳极-电解液分界面,氢分子离解为氢离子和电子,电子富集于阳极,H^+ 进入电解质中,因为在阴极有氧气渗入,氧分子遇到 H^+ 和电子时很快会以原子形式与 H^+ 和电子自发反应结合生成水。由于水分子中外围电子与水分子的结合能小于原来氢分子中外围电子与氢分子的结合能,反应中要放出能量。所产生的热量 Q 要通过生成的水和电解质的冷却流体导出。在电解质中,H^+ 源源不断地移到阴极,氢气不断地补充到阳极,富集在阳极的电子则通过外围电路传到阴极,当外电路有负载时,燃料电池就对外界做功。燃料电池使得反应中电子规则地运动,反应释放的结合能除了一部分转换为热能外,大部分直接转换为电能。

考虑到能量平衡,可以得到燃料电池的完整表达式:

$$H_2 + \frac{1}{2}O_2 \longrightarrow H_2O + 2eE^0 + Q - \frac{3}{2}RT \tag{16.1}$$

式中,$2eE^0$ 为一个氢分子参与反应时燃料电池输出的电功,也可记作 w_{elec};Q 为释放的热能;$3/2RT$ 为从水蒸气变为水的过程中因水蒸气体积缩小产生的环境压力对体系做的功,R 为气体常数,T 为绝对温度。

16.2　燃料电池输出的电功

输出电能和所产生的端电压都是燃料电池的重要性能,须加以讨论。每摩尔氢气燃料电池输出电功的一般式为

$$W_{elec} = nN_A eE^0 = nFE^0 \qquad (16.2)$$

式中,n 为反应的电子数,在这个反应中每个氢分子有两个电子通过外电路,$n = 2$;N_A 是阿伏伽德罗常数($N_A = 6.0221 \times 10^{23}/mol$);e 是电子电荷(e $= 1.60218 \times 10^{-19}$ C);E^0 是所产生的端电压;F 为法拉第常数($F = 96\,485$ C/mol)。

燃料电池工作时不消耗电极材料(这正是燃料电池与一般电池的不同之处),而是靠不断输入燃料和氧化剂,同时要不断排出反应物,因而燃料电池工作于开口系统。如图 16.3 所示的系统,假定其流体的流动是稳定的,动能、位能变化可略去不计,且反应在等温等压下进行。对于氢-氧燃料电池反应,有

$$W_{elec} \leqslant G_1 - G_2 = (\nu G_m)_{H_2} + (\nu G_m)_{O_2} - (\nu G_m)_{H_2O} \qquad (16.3)$$

式中,化学计量系数 ν 应根据式(15.1)确定。当反应温度已知时,即可根据上式求得每摩尔氢所输出的电能。反应可逆时得到最大输出电能

$$W_{elec,max} = -\Delta G \qquad (16.4)$$

式中,ΔG 为相应的自由焓变化。

$$\Delta G = \Delta H_0 - T/T_0 (\Delta H_0 - \Delta G_0) - \Delta c_p [\ln(T/T_0) + (T_0/T - 1)] \qquad (16.5)$$

式中,ΔH^0 和 ΔG^0 分别是在标准温度 $T_0 = 298$ K 和 1 atm 下的焓和吉布斯自由能的变化量;T 为燃料电池的温度;Δc_p 为反应式(16.5)中的摩尔比热的变化量,单位为 J/(mol·K),可以从 H_2O、H_2 和 O_2 的摩尔比热中计算得到,即

$$\Delta c_p = c_p(H_2O) - c_p(H_2) - \frac{1}{2} c_p(O_2)$$

将式(16.2)代入式(16.4),得到电池所能产生的最大电压为

$$E = \frac{-\Delta G}{nN_A e} \qquad (16.6)$$

氢燃料电池在标准状态下,$-\Delta G^0 = 237.3$ kJ/mol。燃料电池采用的燃料种类很多,除氢气外尚有碳、一氧化碳以及矿物燃料、天然气等。对于不同燃料的电池,每个分子所释放的电子数将不同,可依据化学计量方程确定。

燃料电池的最大效率或者说理想的效率(可逆反应时)为

$$\eta_{max} = \frac{W_{elec,max}}{H_1 - H_2} = \frac{nN_A eE}{H_1 - H_2} = \frac{G_1 - G_2}{H_1 - H_2} = 1 - \frac{T(S_1 - S_2)}{H_1 - H_2} \qquad (16.7)$$

对于可逆反应中要放热的燃料电池,$\eta_{max} < 1$;对于可逆反应为吸热的燃料电池,$\eta_{max} > 1$。式中,$T\Delta S = T(S_1 - S_2) = \Delta H - \Delta G$,它表示反应所产生的热量。

表 16.1 列出了部分燃料根据其在标准工况下化学反应的 ΔH^0、ΔG^0 计算的电动势(端电压)E^0 和理论效率 η_{max} 的燃料电池特性。$\Delta H^0 = H_1^0 - H_2^0$,$\Delta G^0 = G_1^0 - G_2^0$,$\Delta S^0 = S_1^0 - S_2^0$。

表 16.1 燃料电池特性(工作温度为 298 K)①

序号	燃料	反应方程	$-\Delta G^0$ /(J·mol^{-1})	$-\Delta H^0$ /(J·mol^{-1})	E^0/V	η_{max}
1	氢	$H_2(g) + \frac{1}{2}O_2(g) \longrightarrow H_2O(l)$	237 350	286 042	1.229	83.0%
2	甲烷	$CH_4(g) + 2O_2(g) \longrightarrow CO_2(g) + 2H_2O(l)$	818 519	890 951	1.060	91.9%
3	丙烷	$C_3H_8(g) + 5O_2(g) \longrightarrow 3CO_2(g) + 4H_2O(l)$	2 109 728	2 221 557	1.093	95.0
4	甲醇	$CH_3OH(l) + \frac{3}{2}O_2(g) \longrightarrow CO_2(g) + 2H_2O(g)$	702 922	727 037	1.213	96.7%
5	碳	$C(s) + O_2(g) \longrightarrow CO_2(g)$	394 648	393 768	1.022	100.2%
6	碳	$C(s) + \frac{1}{2}O_2(g) \longrightarrow CO(g)$	137 369	110 615	0.711	124.2%

① 上表数据摘引自:水素システム[J].火力原子力发电,昭和 53 年,29(10).

    燃料电池也是个电化学装置。它直接把化学能转换为电能,不经过热能这一中间环节,因而其效率不受卡诺效率限制。其高发电效率的原理可由图 16.4 说明。理论计算指出,可逆工作的碳-氧电池($C + O_2 \longrightarrow CO_2$)可以使 99.75% 的燃烧热转变为可用功。表 16.1 中有的理论效率还大于 1,这主要是因为在等温吸热反应中吸收环境热的缘故。燃料电池理论效率受 $T\Delta S$ 项的影响,吸热反应时 $T\Delta S$ 为负值,效率提高;温度升高时,$T\Delta S$ 值增大,效率降低。温度是影响燃料电池理论效率的重要因素,影响的大小取决于 ΔG 和 ΔH 随温度的变化。氢-氧电池的 ΔG、ΔH 随温度的变化较为显著,但是碳-氧电池不显著。表 16.2 和图 16.5 给出了氢-氧电池理论效率随温度的变化。

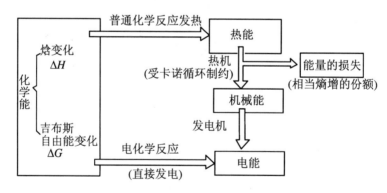

图 16.4 化学能转化为其他能的经过

    由表 16.2 看到,当温度升高时,$|\Delta G|$ 减少,$|\Delta H|$ 增加,因此理论效率随温度上升而降低。工作温度高达 1 000 K 以上时,因效率过小而没有实用意义。实际工作的电池都是不可逆的,但电池使化学能转换为电功的效率与其他发电装置相比要高得多,因而燃料电池的研究备受关注。下面以氢-氧燃料电池(已在宇宙飞船中用作电源)为例作简单介绍。

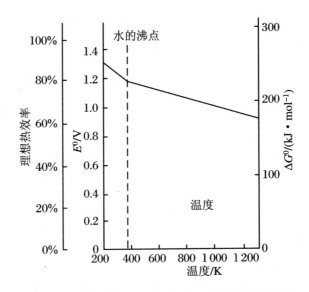

图 16.5　氢燃料电池理想热效率与电动势的温度关系

表 16.2　氢氧燃料电池的理论热效率[①]

T/K	$\Delta H/(J \cdot mol^{-1})$	$\Delta G/(J \cdot mol^{-1})$	$\eta_{max} = \dfrac{\Delta G}{\Delta H}$
400	−243 002	−224 077	0.92
500	−243 965	−219 221	0.90
1 000	−247 900	−192 718	0.78
2 000	−252 296	−135 275	0.54

① 上表数据摘自:石九公生.燃料电池[J].燃料协会,昭和 53 年,57(613).

16.3　燃料电池的端电压和输出特性

　　燃料电池的理论效率不受卡诺效率的限制,可以比热机循环的热效率高得多。不过,实际工作的燃料电池,由于内部存在不可逆因素而使效率降低。例如:

　　① 由于副反应的存在,电池端电压与理想的端电压有别;

　　② 阳极和阴极反应物的状态与标准状态不一致;

　　③ 电池内电阻引起的损失;

　　④ 电极表面的化学变化及表面吸附效应等引起的损失;

　　⑤ 电解质和气流的浓度梯度所引起的损失,等等。

　　上述不可逆因素都将使电池输出的端电压减小。所以燃料电池的实际效率要比理论效率低得多,不过仍比热机循环的热效率高得多。

　　上述①以氧气极(阴极)为例进行说明。在阴极一般的反应是

$$O_2 + 4H^+ + 4e^- \longrightarrow 2H_2O$$

但是实际上在反应过程是先生成过氧化氢(H_2O_2)中间体,即

$$O_2 + 2H^+ + 2e^- \longrightarrow H_2O_2$$

$$H_2O_2 + 2H^+ + 2e^- \longrightarrow 2H_2O$$

过氧化氢的还原电位比氧原子的电位低 $0.5\,V$,所以在阴极因两种电位的彼此混合使电池端压(电动势)降低。为此,在空气极(阴极)使用了能使过氧化氢迅速分解加速电极反应的电极触媒。

上述②当反应物的状态与标准状态不一致时,可以用能斯特(Nernst)方程计算:

$$E = E^0 + \frac{RT}{2F}\ln\frac{p_{H_2}\,p_{O_2}^{1/2}}{p_{H_2O}} \tag{16.8}$$

因此,对燃料气加压可提高燃料电池的端电压。

上述③讨论电池的内阻影响时,电池的端电压可以用下面的近似式表示:

$$E = E' - iR' \tag{16.9}$$

式中,E' 为开路电压;R' 为电池内部电阻的近似值。输出电功率的变化如图 16.6 所示,在端电压 $E = E'/2$,即电流 $I = E'/2R'$ 时的输出功率最大,$P_{max} = E'^2/4R'$。由此可知,为提高输出的电功,应尽可能增大电池开路电压和降低内阻。燃料电池的内阻一般为 $0.1\sim1\ \Omega/cm$。图 16.7 为氢-氧燃料电池的一个单元体的电流、电压输出特性。

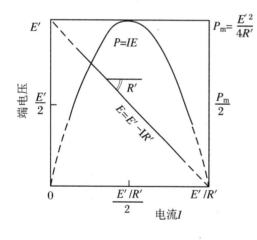

图 16.6　电池的电流与输出功率的近似关系

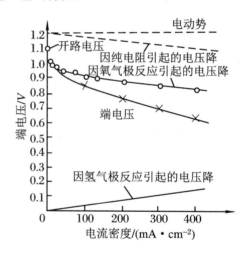

图 16.7　氢-氧燃料电池的电流密度与端电压的关系

16.4　几种类型的燃料电池

燃料电池有许多种类,不同类型的燃料电池主要依据电解质和所用的燃料来区分。目前在研究和开发的有以下几类燃料电池:① 磷酸型(PAFC 型:Phosphoric Acid Fuel Cell);② 熔融碳酸盐型(MCFC 型:Molten Carbonate Fuel Cell);③ 固体氧化物型(SOFC 型:Solid Oxide Fuel Cell);④ 碱基型(AFC 型:Alkaline Fuel Cell);⑤ 质子交换膜型(PEMFC 型:Proton Exchange Membrane Fuel Cell);⑥ 其他(甲醇燃料型)等。

　　为了对燃料电池有直观的形象,图 16.8、图 16.9 分别给出了磷酸盐型燃料电池的原理和单体结构示意图;图 16.10、图 16.11 分别给出了碳酸盐型燃料电池的原理和单体结构示意图。

1. 磷酸盐型燃料电池

　　磷酸盐型燃料电池用磷酸作电解质,在 160 ℃左右工作。燃料极和空气极是在碳粉上黏结有铂金类贵金属的微细颗粒的触媒和聚四氟乙烯(PTFE)制成的多孔质的触媒层。

　　图 16.9 所示的磷酸盐型燃料电池的单元体为叠层结构,每层厚数毫米,四角形边宽为 600～1 000 mm。电解质层是由 SiC 粒子等组成的一种电解质保持剂,是浸泡在多孔体中浸泡着磷酸电解质层。电解质层应尽量的薄,以利于离子传导。

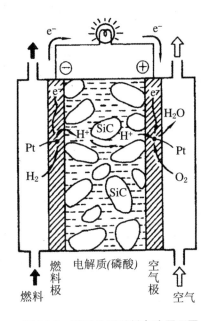

图 16.8　磷酸盐型燃料电池原理图

　　磷酸盐型燃料电池单体特性:

　　① 压力的影响:运行压力从 p_1 升高到 p_2,时输出电压变化为

$$\Delta E_p = 146 \lg (p_2 / p_1)$$

　　② 氧分压的影响:氧分压从 $P_{O_2,1}$ 升高到 $P_{O_2,2}$ 时,输出电压变化为

$$\Delta E_{O_2} = 103 \lg (p_{O_2,2} / p_{O_2,1})$$

　　③ 氢分压的影响:氢分压从 $P_{H_2,1}$ 升高到 $P_{H_2,2}$ 时,输出电压变化为

$$\Delta E_{H_2} = 77 \lg (p_{H_2,2} / p_{H_2,1})$$

　　④ 温度的影响:温度从 T_1 升高到 T_2 时,输出电压变化为

$$\Delta E_T = 1.152 (T_2 - T_1)$$

　　⑤ 一氧化碳的影响:燃料气中含有 CO 会使输出电压降低。

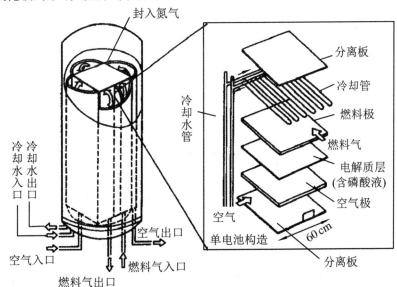

图 16.9　磷酸盐型燃料电池单体构造示例

2. 熔融碳酸盐型燃料电池

熔融碳酸盐型燃料电池是用熔融碳酸盐作电解质,电解质中利用碳酸根(CO_3^{2-})的移动进行电池反应,其工作原理及单体构造示意图如图 16.10、图 16.11 所示。通常用的碳酸盐是 Li_2CO_3 和 K_2CO_3 二成分的混合物或再添加 Na_2CO_3 的三成分混合物。运行温度为 $600\sim700\ ^\circ\text{C}$。

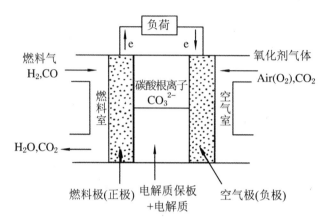

图 16.10 熔融碳酸盐型燃料电池的工作原理

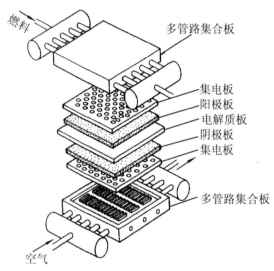

图 16.11 熔融碳酸盐型燃料电池单体构造示意图

由于这种燃料电池在较高温度下运行,无需高价的白金触媒,可使用燃料种类广泛,即使输入 CO 也能工作,发电效率高,可以回收燃料极(阳极)的 CO_2 供空气极(阴极)循环使用等优点,故已作为大型燃料开发的主要对象。

阳极反应方程:
$$2H_2 + 2CO_3^{2-} \longrightarrow 2CO_2 + 4e^-$$

阴极反应方程:
$$O_2 + 2CO_2 + 4e^- \longrightarrow 2CO_3^{2-}$$

全部的反应方程:
$$2H_2 + O_2 \longrightarrow 2H_2O$$

实际上在阳极板上还存在着氢气被极板吸附成为原子氢,原子氢与 CO_3^{2-} 作用生成 OH^- 和原子氢与 OH^- 生成水的中间过程。

用方程表示该过程为

$$H_2 + 2M \longrightarrow 2MH$$
$$MH + CO_3^{2-} \longrightarrow OH^- + CO_2 + M + e^-$$
$$MH + OH^- \longrightarrow H_2O + M + e^-$$

式中,M 表示阳极材料吸附着的原子氢的原子数。

3. 固体氧化物型燃料电池

固体氧化物型燃料电池是以三氧化钇稳定化氧化锆(YSZ)等氧化物作为离子导体场固体电解质,两壁的电极为多孔性。该电池可用于 $1\ 000\ ^\circ\text{C}$ 高温,目前开发低、中温固体氧化物型燃料电池更为热门。温度低会使离子在电解质中传导迁移能力降低。

燃料电池是 21 世纪能量转换领域的一场革命,它不仅能将化学能高效地转为电能,而且非常环保,其 NO_x 和 SO_x 的排放度仅为石油火力发电厂的 2‰ 和 0.15‰,且具有功率易调节、无噪声、小型化后仍能有高效率等优点。其难点和关键在于开发高性能、价格较便宜和性能稳定的材料。

4. 几种燃料电池特征比较

表 16.3 简单地列出几种燃料电池特征的比较。

表 16.3　燃料电池的种类和特征比较

		碱性水溶液 AFC	磷酸水溶液 PAFC	熔融碳酸盐型 MCFC	固体氧化物 SOFC	质子交换膜型 PEMFC
电解质	电解质	KOH 水溶液	H_3PO_4 水溶液	Li_2CO_3,K_2CO_3	固化 $ZrO_2 + Y_2O_3$	离子交换膜
	导电离子	OH^-	H^+	CO_3^{2-}	O^{2-}	H^+
	比抵抗阻	~1 Ωcm	~1 Ωcm	~1 Ωcm	~1 Ωcm	≤16 Ωcm
	工作温度	50~150 ℃	190~216 ℃	600~700 ℃	~1 000 ℃	116 ℃
	腐蚀性	中等	强	强	—	中等
电极	触媒	镍银	铂金丝	—	—	铂金丝
	燃料极（一极）	$H_2 + 2OH^- \rightarrow 2H_2O + 2e^-$	$H_2 \rightarrow 2H^+ + 2e^-$	$H_2 + CO_3^{2-} \rightarrow CO_2 + 2e^-$	$H_2 + O^{2-} \rightarrow H_2O + 2e^-$	$H_2 \rightarrow 2H^+ + 2e^-$
	氧化剂极（＋极）	$1/2O_2 + H_2O + 2e^- \rightarrow 2OH^-$	$1/2O_2 + 2H^+ + 2e^- \rightarrow 2H_2O$	$1/2O_2 + CO_2 + 2e^- \rightarrow CO_3^{2-}$	$1/2O_2 + 2e^- \rightarrow O^{2-}$	$1/2O_2 + 2H^+ + 2e^- \rightarrow H_2O$
燃料		纯氢(不可有 CO)	氢气（可含 CO）	氢气,CO	氢气,CO	氢气（可含 CO）
燃料源		电解水的氢	天然气、甲醇、轻油	天然气、甲醇、石油、煤	天然气、甲醇、石油、煤	天然气、甲醇
系统热效率		（60%）（本体的）	40%~45%	45%~60%	50%~60%	40%~45%
问题点和待解决的问题		燃料,因氧化剂中的 CO_2 会使电解液恶化；水,热收支的控制；利用纯氢气燃料的技术的实现化	开发低价触媒或减少铂金使用量；整体发电系统的长寿命化,降低造价	构成材料的耐腐蚀性、耐热性；CO_2 循环系统的技术开发,热平衡	单元件的构造耐热材料；电解质的薄膜化；循环的耐久性	构成材料的高性化,长寿命；单元件构成技术大型化；温度、水分管理；减少铂金用量

16.5 燃料电池系统

1. 燃料电池的系统

燃料电池的系统优化中有很多热物理研究的内容。图 16.12 为燃料电池发电系统内各个功能部块的示意图。其中,当采用压缩空气时,空气处理系统的压缩机要冷却;燃料处理系统配有脱硫装置和使 CO 转化为氢气的装置,后者需要换热器供热以维持反应温度;直流发电系统需要散热;为维持电池本体温度设有用水或空气来冷却的电池冷却装置;热处理系统要使上述几个子系统实现热平衡的管理。排放热系统是要利用大气或江河湖水把系统的废热释放到环境中去的装置。图 16.13 为加压型磷酸盐燃料电池发电系统的原理。图 16.14 为熔融碳酸盐型燃料电池发电系统的原理。

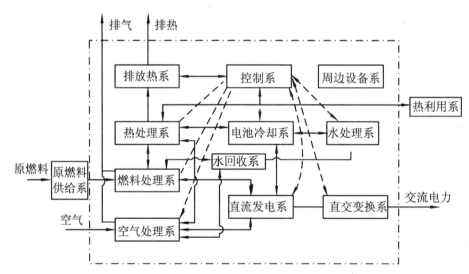

图 16.12 燃料电池发电系统内的功能部块图(磷酸型主体)

2. 性能指标的定义术语

考核燃料电池性能指标时会用到下述一些定义术语。

(1) 交流端净效率

记为 $\eta_{AC,Net}$

$$\eta_{AC,Net} = \frac{P_{AC}}{q_m \Delta H_C}$$

式中,P_{AC} 为交流端的输出功率;q_m 为燃料的质量流量;ΔH_C 为燃料的发热量。

(2) 交流端总效率

记为 $\eta_{AC,Gross}$

$$\eta_{AC,Gross} = \frac{P_{AC} + P_B}{q_m \Delta H_C}$$

式中,P_B 为辅助机消耗的功率。

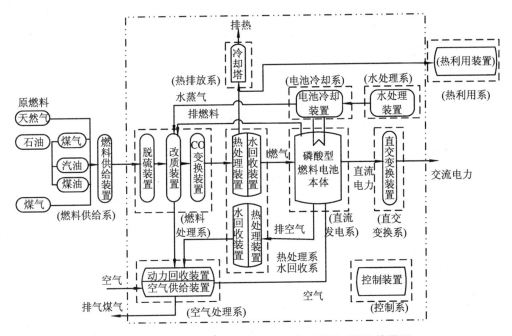

图 16.13 加压型磷酸盐燃料电池发电系统(加压型)的原理

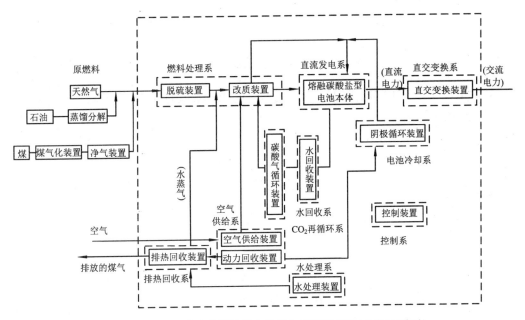

图 16.14 熔融碳酸盐型燃料电池发电系统的原理(外部改质型)

（3）直流发电端总效率

记为 $\eta_{DC,Gross}$

$$\eta_{DC,Gross} = \frac{P_{DC}}{q_m \Delta H_C}$$

式中，P_{DC} 为直流发电端的输出功率。

（4）直流输电效率

记为 $\eta_{DC,Cable}$

$$\eta_{DC,Cable} = \frac{P_{DC,Sent}}{P_{DC}}$$

式中,$P_{DC,Sent}$ 为直流送电端功率。

（5）电池本体效率

记为 η_{FCS}

$$\eta_{FCS} = \frac{P_{DC}}{q_{m,H_2} \Delta H_{H_2}}$$

式中,q_{m,H_2} 为氢气的消耗流量;ΔH_{H_2} 为氢的发热量。

（6）电池理论效率

记为 $\eta_{FC,The}$

$$\eta_{FC,The} = \frac{\Delta G}{\Delta H_C}$$

$\eta_{FC,The}$ 值为 $80\% \sim 95\%$。

（7）电池电流效率

记为 η_I

$$\eta_I = \frac{I}{I_{The}}$$

式中,I 为电池产生的电流;I_{The} 为对应于电池本体所消耗氢的理论电流。

（8）电池电压效率

记为 η_V

$$\eta_V = \frac{V}{V_{The}}$$

式中,V 为电池实际产生的电压;V_{The} 为理论开路电压;η_V 值为 $55\% \sim 80\%$。

（9）过程效率

记为 η_{Pss}

$$\eta_{Pss} = \frac{q_{m,H_2} \Delta H_{H_2}}{q_m \Delta H_C}$$

η_{Pss} 为 $80\% \sim 90\%$。

（10）全效率

记为 η_{Rss}

$$\eta_{Rss} = \frac{q_{m,RH_2} \Delta H_{H_2}}{Q_m \Delta H_C}$$

式中,q_{m,RH_2} 为燃料氢的全流量;η_{Rss} 值为 $95\% \sim 116\%$。

（11）燃料的利用率

记为 UF

$$UF = \frac{Q_{m,H_2}}{Q_{m,RH_2}}$$

UF 值为 $75\% \sim 85\%$。

更详细的燃料电池系统的热问题研究可参考有关文献。

参 考 文 献

［1］　日本電気学会燃料電池運転性調査専門委員会.燃料電池発電［M］. 東京:コロナ社,1994.

［2］　施明恒,李鹤立,王素美. 工程热力学［M］. 南京:东南大学出版社,2003.

［3］　傅献彩,沈文霞,姚天扬,等.物理化学:上册［M］.4 版. 北京:高等教育出版社,1990.

［3］　苏长荪,谭连城,刘桂玉. 高等工程热力学［M］.北京:高等教育出版社,1987.

第 17 章　辐射热力学基础

　　辐射能是一种重要形式的能量,尤其是太阳辐射能,是人类取之不竭的洁净能量。辐射能与其他能量的转换遵循能量守恒定律,这是共识。热辐射是三个重要传热方式之一,与热传导和热对流相比,它不依赖物质的分子运动,而是依靠辐射粒子的运动。人们对热辐射的传热规律已作深入的研究,现有的辐射传热的理论能够相当精确地描述各种辐射传热的能量交换问题。但是,现有的辐射热力学理论相比于辐射传热学和其他分子运动的热力系的热力学理论,不够贴近实际问题。因为现有的一些辐射热力学知识,是在热平衡状态下依据统计热力学的观点建立的,它不适于开放系。实际的太阳能利用过程中的接收器表面的温度,包括植物光合作用的温度都与太阳辐射源的表面差别极大。辐射能与物质的作用有热作用,例如太阳能热水器就是利用辐射能的热作用特性,热作用是辐射系的全体辐射粒子以其能量参与作用,表现出辐射粒子的平均能量特性;太阳能光电池和光合作用,是利用太阳能与物质的量子作用特性,表现出光谱选择特性。在地球上利用太阳能,无论是太阳能光热利用,还是光伏或光化作用,太阳能接收-能量转换器与太阳组成的辐射系是非平衡的辐射系,是非封闭的开放辐射系,因为太阳能接收-能量转换器表面温度远低于太阳表面温度。因此,辐射热力学不仅要研究辐射粒子系的平均热力性质,也需要研究辐射粒子系的光谱热力性质;不仅要传承经典的热平衡态的研究方法和成果,还需要开拓适合表征非热平衡态辐射态的方法。为此,本章从表征全光谱辐射粒子系的状态和光谱辐射粒子系的状态入手,表征其辐射能量的大小、辐射有效能、辐射特征温度等。其中,有关光谱辐射热力学的论点是笔者在国家基金资助下的新研究成果,这些新观点还有争议,但真理在辩论中发展,正确理论应当受实践检验,微观假设应能符合宏观结果。

17.1　热辐射系的热力学基础

　　热力学理论是最普遍的理论,它所阐明的普遍关系与系统的具体结构无关,因此也能应用于辐射场的研究。应用热力学理论研究辐射场的关键是,选择描述辐射场的合适参数并建立状态方程。

1. 辐射粒子气
　　热辐射传递能量和占有能量的载体是辐射粒子,因此,大量辐射粒子组成的辐射粒子气是热辐射系。辐射粒子有波粒二重性,与理想气体和可压缩气体的分子在平衡态时有基本相同的热力能 u 等属性不同,即使在热平衡态情况下,辐射粒子气内的辐射粒子也不具有相同的能量。辐射粒子气内的辐射粒子的能量依据其频率或运动的波长而定,与辐射粒子气的平均能量差值很大,因此辐射粒子的能量具有很强的频率特性。辐射粒子气的波长分布很广,小至 0,大至 ∞。

波长在 $0.38\sim0.76\,\mu m$ 的辐射为可见光。对可见光,人们可以做很多科学实验和观察,得到许多有用的结论,例如反射和折射的粒子性、干涉和衍射的波动性、光电效应和康普顿效应的光的量子性,即辐射粒子与物质作用能被吸收的能量属性,现代光学更是揭示了光子的能级与物质的原子核外电子跃迁的原因,对辐射粒子吸收、自发辐射和受激辐射等能级转化规律进行了研究。虽然热辐射粒子气的粒子波长分布范围很广,但光学研究的成果还是可以应用于热辐射学中的。根据光学的研究结果,光子间彼此不发生相互作用,在这一点上光子气可看作理想气体。

2. 辐射系的边界

辐射系的约束边界远比可压缩气体系的边界复杂,但也可以归结为与热源进行热交换的边界面和与功源进行功交换的边界面,前者简称热边界面,后者简称功边界面。

热边界担负着辐射粒子气与外界的热交换,外界可以通过对流、传导、化学反应或电加热的方式把热量通过热边界转化为辐射粒子气的能量,这是通过改变单位体积内辐射粒子气的密度和频率实现的。不发射不吸收不能透过辐射粒子的边界面,为辐射系的绝热边界或全反射边界。对平衡态辐射热力学而言,热边界只存在两种极端情况,一种是热边界无热阻,这就是黑体边界;另一种是热边界的热阻无穷大,这就是全反射边界,也即辐射绝热边界,抛光镀金表面接近于这种情况。黑体边界能够吸收投射于其上的全部光谱辐射能,它的发射率等于吸热率,等于 1。黑体边界可以是固体黑体表面,近似的有熏黑的金属面,也可以是体积很大的气体,例如太阳。绝对的黑体在自然界中是不存在的,但是一个密闭的空腔可以成为很好的黑体模型。如果在空腔上开一个小孔,则射进空腔的辐射能最后反射出小孔的机会很少,可见空腔上的小孔确实相当于黑体表面。

功边界是指光子气在该界面上被吸收时可以转化为功,例如太阳能电池板吸收光子把光能转为电功,也可以是光子气的压能,推动固体边界的移动。

功边界和热边界有时是混合在一起的。

3. 辐射系的平衡态

统计热力学和经典热力学中有关辐射热力学的一些结论都是在平衡态下给出的。辐射系的平衡态是黑体热平衡空腔模型,其密闭空腔内壁由一块黑体壁面和全反射壁组成,黑体壁面发射的辐射将无数次地被壁面反射,达到热平衡时空腔内充满各向同性辐射,黑体壁面与辐射场具有均匀一致的平衡温度。

4. 辐射系的热力学参数

(1) 温度 T

辐射系的温度是指辐射平衡腔内辐射粒子的平均等效温度,它只有用置于辐射平衡腔内的黑体或辐射平衡腔壁黑体的温度 T 来代替。

(2) 体积 V

为辐射平衡腔的体积。

(3) 压力 p'

辐射系是有压力的,因为辐射粒子的运动速度很快,其动量不可忽视。后文将证明辐射系的压力与辐射场的辐射密度有关,辐射密度又与温度有关。只要辐射表面有辐射,辐射表面就受到辐射压力。

(4) 辐射能密度 u'

理想气体有重量,所以采用单位公斤的气体所含的热力学能表示。光子质量只在运动时存在,实际上称不出,但它的能量密度可以依据单位体积内的辐射粒子数及其能量算出,或根据辐射腔壁的平衡温度算出。为与前文使用的比热力学能 u 区别,记辐射能密度为 u',单位为 J/m³。

(5) 辐射系的熵 S'

在黑体腔辐射粒子平衡态下,黑体腔内辐射粒子的总熵 S' 与温度 T 的乘积等于外界传给辐射平衡腔的总热量 Q,即

$$TS' = Q \tag{17.1a}$$

或黑体腔内辐射粒子的熵变量 dS' 与温度 T 的乘积等于外界传给辐射平衡腔的热量 δQ,即

$$TdS' = \delta Q \tag{17.1b}$$

其他热力参数,如 h' 等与上述参数的关系,可以借用可压缩气体系所导出的关系。

本书在描述辐射粒子系的热力学参数时,用上角标"′"表示与传统气体工质系统的区别。

17.2　辐射能密度 u' 与黑体辐射力 E 的关系

1. 宏观平均态

首先采用宏观平均态推导法进行讨论。已知单位时间内黑体单位面积所辐射的能量称为辐射力 E(单位为 W/m²),当黑体温度为 T 时,据著名的斯特藩-玻尔兹曼(Stefan-Boltzmann)定律,有

$$E = \sigma T^4 \tag{17.2}$$

式(17.2)是宏观平衡态观察的结果,它表明黑体的辐射力与其温度的四次方成正比,σ 是斯蒂芬-玻尔兹曼常数,实验测得 $\sigma = 5.6703 \times 10^{-8}$ W/(m²·K⁴)。

假设把一黑体放进封闭空腔内,到达热平衡时,辐射场单位时间内投射到黑体单位表面的能量必定等于黑体的辐射力 E 发射的能量。由此可见,空腔内的辐射与黑体的辐射是完全一样的。用 u' 表示辐射场内单位体积所具有的辐射能,叫作辐射能量密度。下面来建立辐射能量密度 u' 与辐射力 E 之间的关系。

如图 17.1 所示,设 dA 为辐射场内点 O 处的微元面积,法线为 ON,以点 O 为中心,以 r 为半径作一个球面。取 dB 为球面上点 P 处的微元面积,dB 的法线与 ON 间的夹角为 θ。微元面积 dB 对 O 点所张的立体角为 $d\Omega$。电磁辐射以光速 c 传播。在 $d\tau$ 时间内电磁波所达到的球形空间中,以 OP 为轴线、dA 为底、斜高等于 $cd\tau$ 的一个圆柱体空间的体积为 $cd\tau dA\cos\theta$,其中的辐射能等于 $u'c\cos\theta \, d\tau \, dA$。设辐射场是各向同性的。因此,在这部分

辐射能中,只有相当于立体角 $\mathrm{d}\Omega$ 所占的份额 $(\mathrm{d}\Omega/4\pi)\,u'c\mathrm{d}\tau\,\mathrm{d}A\cos\theta$ 部分(球对于中心的立体角为 4π)才是沿 OP 射到 $\mathrm{d}B$ 上的辐射能。微元面积 $\mathrm{d}A$ 在 $\mathrm{d}\tau$ 时间内发射的能量,应对上半球空间所有方向积分,并按辐射力的定义,有

$$E\mathrm{d}A\mathrm{d}\tau = \int_{\Omega} \frac{u'c\,\mathrm{d}\tau\,\mathrm{d}A\cos\theta}{4\pi}\mathrm{d}\Omega$$

由图 17.1,可得

$$\mathrm{d}\Omega = \frac{\mathrm{d}B}{r^2} = \frac{r\mathrm{d}\theta \cdot r\sin\theta\,\mathrm{d}\varphi}{r^2} = \sin\theta\,\mathrm{d}\theta\,\mathrm{d}\varphi$$

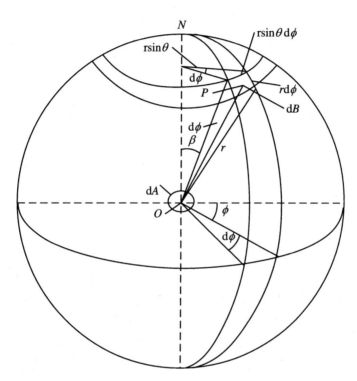

图 17.1　微元面积 dA 对 dB 的辐射

代入前式变成

$$
\begin{aligned}
E\mathrm{d}A\mathrm{d}\tau &= \frac{1}{4\pi}u'c\mathrm{d}\tau\mathrm{d}A\int_0^{2\pi}\int_0^{\frac{\pi}{2}}\cos\theta\sin\theta\mathrm{d}\theta\mathrm{d}\varphi \\
&= \frac{1}{4\pi}u'c\mathrm{d}\tau\mathrm{d}A\int_0^{2\pi}\mathrm{d}\varphi \cdot \int_0^{\frac{\pi}{2}}\cos\theta\sin\theta\mathrm{d}\theta \\
&= \frac{1}{4}u'c\mathrm{d}\tau\mathrm{d}A
\end{aligned}
$$

最后导得

$$E = \frac{1}{4}u'c \tag{17.3}$$

2. 辐射系的平衡压力

　　热辐射或光有压力,这是已知的事实。热辐射投射到物体表面时会对物体表面施加压力。黑体空腔中辐射能密度 u' 与热辐射压力 p' 早在 1914 年由普朗克(Planck)导出,普朗

克在热辐射理论书中[7],用电磁学理论,通过对分析电磁场中某表面垂直受到磁和电的作用力,并与受力表面微元的热辐射比较后得到如下关系:

$$p' = \frac{1}{3}u' \tag{17.4a}$$

由于若从电磁学理论证明需要补充较多电磁学知识,超出本书范围,故从略。但是为了帮助读者理解上式关系,笔者试从经典热力学作些辅证。

平行辐射的压力如下。

为了便于理解辐射能量密度 u' 与压力 p' 的关系,先讨论辐射能量密度为 u' 的平行辐射垂直地投射到黑体表面 $\mathrm{d}A$ 上的情况。证明思路是要把 u' 和 p' 都转化到能量上,从能量守恒定律上找出它们之间的关系。从压力方面出发,$\mathrm{d}A$ 面积受垂直压力 p' 作用并以速度 v 移动 $\mathrm{d}\tau$ 时间,则其受到的功为

$$\delta W = p'\mathrm{d}A \cdot v \cdot \mathrm{d}\tau \tag{17.4b}$$

$\mathrm{d}A$ 面积所受到的辐射能,来自辐射能量密度 u' 相对于 $\mathrm{d}A$ 面积所移动的体积 V,该体积由 $\mathrm{d}A$ 面积与速度 v 和移动 $\mathrm{d}\tau$ 时间的乘积决定,即有

$$\delta W = u'\mathrm{d}A \cdot v \cdot \mathrm{d}\tau \tag{17.4c}$$

比较(17.4b)、(17.4c)两式,导得平行辐射垂直照射黑体表面产生的压力为

$$p = u' \tag{17.5a}$$

黑体辐射是半球向的,以来自四面八方的漫射辐射时的情形来讨论辐射压力与辐射能密度的关系。与平行辐射垂直照射情况不同,要考虑辐射能密度对 $\mathrm{d}A$ 面积垂直向的分量。以下是具体讨论。设想投向物体表面微元面积 $\mathrm{d}A$ 的辐射与表面法线成 θ 角,接受这一辐射的有效面积为 $\mathrm{d}A\cos\theta$。辐射的能量密度 u' 是各个方向辐射的总和,其中在微元面积 $\mathrm{d}B$ 对点 O 所张的立体角 $\mathrm{d}\Omega$ 内的能量密度平均为 $u'\mathrm{d}\Omega/(4\pi)$,因而立体角 $\mathrm{d}\Omega$ 内的辐射对 $\mathrm{d}A$ 的作用力为 $u'\mathrm{d}\Omega/(4\pi) \cdot \cos\theta\mathrm{d}A$。此力在法线方向的分量应为 $u'\mathrm{d}\Omega/(4\pi) \cdot \cos^2\theta\mathrm{d}A$。这仅是微元立体角 $\mathrm{d}\Omega$ 内的辐射对垂直作用力所产生的作用,微元面积 $\mathrm{d}A$ 上所受到的总的作用力 $p\mathrm{d}A$ 应等于各个方向辐射作用之和,故可对各个方向求积分,即得

$$
\begin{aligned}
p'\mathrm{d}A &= \frac{u'\mathrm{d}A}{4\pi}\int_{\Omega}\cos^2\theta\mathrm{d}\Omega \\
&= \frac{u'\mathrm{d}A}{4\pi}\int_0^{2\pi}\mathrm{d}\varphi\int_0^{\pi}\cos^2\theta\sin\theta\mathrm{d}\theta \\
&= \frac{1}{3}u'\mathrm{d}A
\end{aligned} \tag{17.5b}
$$

所以有式(17.4a)的结果。

3. 辐射能密度 u' 与辐射温度 T 的关系

空腔内的辐射场可由辐射压力 p'、辐射场的体积 V 以及平衡辐射场的壁温度 T 完全确定。为了方便,壁温度就叫作辐射温度。严格地讲,这并不是辐射场的温度,而是与辐射场热平衡物体的温度。

由于辐射场可以用参数 p、V、T 来描述,因此可以像可压缩气体系统一样处理,这里引用第5章中 $\mathrm{d}u$ 的能量方程式(5.53),在定温 T 条件下,得

$$\left(\frac{\partial U}{\partial V}\right)_T = T\left(\frac{\partial p}{\partial T}\right)_V - p$$

注意:$U = u'V$ 和 $p = u'/3$,并且 u' 与体积 V 无关而只是温度的函数。这样一来,上述

能量方程就变成

$$u' = \frac{T}{3}\frac{\mathrm{d}u'}{\mathrm{d}T} - \frac{u'}{3} \tag{17.6a}$$

并可简化为

$$\frac{\mathrm{d}u'}{u'} = 4\frac{\mathrm{d}T}{T} \tag{17.6b}$$

积分上式,得

$$\ln u' = \ln T^4 + \ln b \tag{17.7a}$$

或

$$u' = bT^4 \tag{17.7b}$$

式中,b 为积分常数,可称辐射密度常数。

4. 辐射密度常数 b 与斯蒂芬-玻尔兹曼常数 σ 的关系

把式(17.7b)代入斯特藩-玻尔兹曼定律式(17.3),得

$$E = \frac{1}{4}bcT^4 = \sigma T^4 \tag{17.8}$$

所以辐射密度常数 b 与斯蒂芬-玻尔兹曼常数 σ 的关系为

$$b = \frac{4\sigma}{c} \tag{17.9a}$$

式中,c 为光速,$c = 2.997\,925 \times 10^8$ m/s;$\sigma = 5.670\,3 \times 10^{-8}$ W/(m^2·K^4)。算得

$$b = 7.565\,6 \times 10^{-16}\ \mathrm{J/(m^3 \cdot K^4)} \tag{17.9b}$$

5. 平衡态空腔辐射场光子气的状态方程

因式(17.4a)导得 $p = u'/3$,与式(17.7b)相结合得到平衡态空腔辐射场光子气的状态方程为

$$p' = \frac{b}{3}T^4 \tag{17.10}$$

17.3　辐射粒子气的频率分布规律

　　前述提到,辐射粒子气与理想气体的不同点在于辐射粒子气内的辐射粒子不具有相同的能量,那么单位空间内辐射粒子气的能量该如何描述呢? 显然,回答这问题需要弄清楚不同频率的辐射粒子各占有多少,在此基础上才能计算出单位空间内辐射粒子气的总辐射能。我们知道光子只有在运动中存在,也即辐射粒子存在于运动中,辐射粒子气在空间的分布规律受限于它的发射源和吸收源。最为简单的问题是讨论平衡态黑体辐射腔内辐射粒子气的分布规律。

　　能够吸收投射于其上的全部辐射能的物体称为黑体。绝对的黑体在自然界中是不存在的,但是一个密闭的空腔可以成为很好的黑体模型。黑体辐射腔的模型是在空腔上开一个小孔,空腔壁内表面的温度均匀一致,空腔上的小孔确实相当于黑体表面。黑体的定义是能够吸收投射于其上的全部辐射能的物体。空腔上开一个小孔,则射进空腔的辐射能最后反

射出小孔的机会很少,所以空腔上的小孔确实相当于黑体表面。由空腔内壁发射的辐射将无数次地被壁面吸收和反射,达到热平衡时空腔内充满各向同性辐射,腔壁与辐射场具有均匀一致的平衡温度。对于辐射腔内的辐射粒子气,黑体壁既是辐射源,又是吸收源,在平衡态下,辐射腔内辐射粒子气的光谱分布受黑体壁温度控制。

测试从平衡态黑体辐射腔辐射出辐射粒子的光谱分布规律,就可以弄清楚黑体辐射腔内光子气的光谱分布规律。该规律用普朗克定律描述,也称黑体光谱辐射力函数。

$$E_{b,\lambda,T} = \frac{c_1 \lambda^{-5}}{\exp\left(\dfrac{c_2}{\lambda T}\right) - 1} \tag{17.11}$$

式中,$c_1 = 2\pi h c^2 = 3.741\,771\,07 \times 10^{-16}$ W·m^2,$c_2 = hc/k = 1.438\,775\,2 \times 10^{-2}$ m·K 分别为第一和第二辐射常数。黑体光谱辐射力 $E_{b,\lambda,T}$ 是单位表面积黑体在单位时间内向半球空间所有方向发射出去的包含 λ 的单位波长范围内的辐射能,单位为 W/(m^2·m),其中"m"代表单位波长。光谱辐射力是辐射波长 λ 和黑体温度 T 的函数,在下角标中用斜体字母表示与函数相关的变量,用正体字母表示属性,字母"b"表示黑体。

17.4　辐射热力学的量子理论基础

19 世纪末,许多物理学家企图以经典物理学为基础,从理论上寻找绝对黑体单色发射本领与绝对温度及辐射波长的函数式,但都遭到了失败。维恩(Wien)根据经典力学推导出的维恩公式,在短波部分与实验结果相符合,但在长波部分则显著不符。瑞利(Rayleigh)与金斯(Jeans)根据经典电动力学推导出的公式,在长波部分与实验结果较符合,而在短波部分又完全不符。用经典物理学理论无法求出一个统一的公式来描述黑体辐射实验结果。1900 年,德国物理学家普朗克提出了一个辐射的经验公式,即式(17.11),式(17.11)分母项中减去 1 的修改是对维恩公式的重要修正。经过修正,普朗克的辐射经验公式不论在短波部分还是在长波部分都与实验数据符合得很好,但在当时没有任何理论根据。

1. 量子假说

普朗克在获得辐射经验公式两个月后提出了量子假设,即假设物体辐射出的能量不是连续的,而是一份一份地发射出去。发射的最小单位称为能量子,即 $h\nu$。h 为普朗克常数,ν 为波动频率。物体发射或吸收的能量必定是能量子的整倍数,而且是一份一份地按不连续的方式进行的。基于这个假定,普朗克得到了在全波长范围内与实验结果符合得很好的黑体辐射公式。

上述能量的量子化是通过普朗克常数 h($h = 6.625\,59 \times 10^{-34}$ J·s)反映出来的。在宏观现象中,h 比其他物理量小得多,所以量子化效果小到可以忽略,因而能量可看作连续变化的。但是,对于 h 起重要作用的现象,需考虑能量的量子化,或称量子现象。

在量子理论中把粒子所处的能量状态称为能态。粒子处于不同的能态有不同的或近似相同的能量值(简称能值)。粒子可能具有的能值并不是连续的,这一系列不连续的能值组成能级,一个能值称为一个级。许可的能级由最小能值(称为基态或零级)开始,通过明显的步幅,逐步发展到愈来愈大的能值。各种能量模式都存在这样的能级。例如低压下的双原子气体,需要考虑的至少有平动、转动和振动能量模式的能级。能级中相邻两级的能差值称为能级间距,能级间距可以是相等的(等间距),也可以是不相等的(非等间距),完全取决于能量的模式。

能量如何确定呢? 在量子力学中,不能说一个给定的粒子有一个确定的位置,只能说该粒子在该位置出现具有一定的概率。换句话说,在该位置发现该粒子的概率有一确定值。这一概率就靠波函数来确定。波函数是用来描述微观粒子在某一时刻 τ 的状态的。波函数在空间中某一点的强度(振幅绝对值的平方)与粒子在该点出现的概率(即该点发现某个粒子的概率)成正比,这就是波函数的统计解释。粒子状态随时间的变化取决于薛定谔(Schrödinger)方程。薛定谔方程也就是描写波函数随时间变化的方程,因而解薛定谔方程就可得到粒子的许可能值及波函数,或相应于各种能量模式的能级。有关薛定谔方程的求解及其在讨论分子平动、转动和振动时的过程和结果可参看量子力学或量子统计力学。据薛定谔方程解得振动能级间距都等于 $h\nu$,其中 ν 为振动频率。

2. 微态·宏态·热力学概率和简并度

内部处于平衡的任何系统都有一个微观结构,其宏观参数压力、温度、比容和比热力能(内能)等是由系统中微观粒子的状态总和确定的。例如,宏观的能量系统是由系统中许多微观态粒子所具有的能量总和构成的。例如,总能量为 U、粒子数为 N 的孤立系统,并认为粒子相互之间是无关的,在给定瞬间,系统的总内能 U 为

$$U = \sum_i N_i \varepsilon_i \qquad (17.12)$$

由于在给定的时间间隔内,系统中的粒子将存在许多不同的微态。因此,上式中用 ε_i 表示第 i 能级上每一粒子的能量,N_i 表示能量为 ε_i 的粒子数,也就是第 i 能级的粒子数。

现在要解决的问题是,在总能量保持恒定的前提下,粒子在各能级之间可以怎样分配? 即 N_i 该如何确定。为此要用到微观统计热力学的知识。以下是讨论该问题时统计热力学中用到的主要术语、概念和结论。

(1) 微态

微态是指系统中各粒子具有确定能态(或称量子态)的状态。粒子的能态改变时,微态也就改变。粒子能态的改变是指粒子从某一能级跳到另一能级上去了。系统的微态数由能级数和在各能级中分配的粒子数的排列组合来确定。

(2) 宏态

宏态是指系统中各能级具有确定粒子数的状态。因为计算系统的能量,不必考虑各能级中是 A 粒子还是 B 粒子,只要知道每一能级上的粒子数的分配即可。各能级的粒子数目确定时,系统的宏态也就确定了。当各能级的粒子数目改变时,系统就呈另一宏态。所以宏态取决于粒子在能级上的分布。可分辨粒子的微态数 W 的值可根据下列排列公式求得:

$$W = \frac{N!}{N_1! N_2! \cdots N_k!} = \frac{N!}{\prod\limits_{i=1}^{k} N!} \qquad (17.13)$$

式中,N 为粒子总数;$N_1, N_2, \cdots, N_k$ 为占据各能级的粒子数(注意:$0! = 1$)。对于 N 个粒子而总能量为 U 的系统,每一给定的热力状态的微态总数以 W_{tot} 表示,它是每个可能的宏态的微态数 W 的总和。

(3) **热力学概率 W**

统计力学假设,相应于给定值 N、U 及 ε_i 的体系的所有可能的微态具有相同的概率。

也就是说，对于孤立体系，它将在时间过程中绝无偏向地历经所有可能的与给定值 N、U 和 ε_i 相符合的一切微态。根据这一假设可得到，各个宏态出现的概率是该宏态的微态数 W 与微态总数 W_{tot} 的比值 P（数学概率），即

$$P = \frac{W}{W_{tot}}$$

由于各宏态有相同的微态总数 W_{tot}，故去掉分母而把每一宏态的微态数定义为该宏态的热力学概率，即热力学概率等于 W。所以，热力学概率不同于数学概率，后者只能在 $0 \sim 1$ 之间变动，而热力学概率永远不会小于 1。

（4）简并度 g

量子理论指出能态是不同的，但又认为有些能态的能量值是相等的或近似相等的。当若干个能态具有相等的或近似相等的能量 ε_i 时，将这些能量值相等的或近似相等的能态都归于同一能级。这种一个能级不止一个能态的系统称为简并系统。一个能级具有的能态数称为简并度，以 g 表示。各能级可以有不同的简并度，g_i 就是第 i 级的简并度。各能级的简并度都为 1 的系统称为非简并系统。

各能量模式的简并度可根据量子力学求得。以讨论立方体积 V 内在 $\varepsilon_i \sim \varepsilon_i + \mathrm{d}\varepsilon_i$ 分子平动能的简并度为例，有

$$\begin{aligned}
\mathrm{d}g_i &= \frac{1}{8}\pi\,(2n_i)^2\mathrm{d}n_i \\
&= \frac{\pi}{8}\,\frac{4 \times 8mV^{2/3}\varepsilon_i}{h^2}\,\frac{(8m)^{1/2}V^{1/3}}{h}\,\frac{1}{2}\,\varepsilon_i^{\,-1/2}\mathrm{d}\varepsilon_i \\
&= \frac{2\pi V\,(2m)^{3/2}\varepsilon_i^{1/2}\mathrm{d}\varepsilon_i}{h^3}
\end{aligned} \tag{17.14a}$$

式中，m 为分子的质量；ε_i 为第 i 级平动能，考虑到

$$\varepsilon_i = \frac{p_i^2}{2m}, \quad \mathrm{d}\varepsilon_i = \frac{p_i}{m}\mathrm{d}p_i$$

式中，p 为粒子动量。于是，式（17.14a）可表示成

$$\mathrm{d}g_i = \frac{4\pi V p_i^2 \mathrm{d}p_i}{h^3} \tag{17.14b}$$

将式（17.14a）或式（17.14b）从 0 到 ε（或 p）积分，就得到平动能量小于或等于 ε（或动量小于或等于 p）的全部能态数。

例如对于理想气体氮气，分子质量 $m = 4.65 \times 10^{-23}$ g。只考虑平动动能时，粒子能量为 $\varepsilon = 2kT/3$。在标准状态下，1 cm³ 体积中氮气分子数目（称洛喜密脱数）约为 2.7×10^{19}，具有的能态数 Γ 可按式（17.14b）积分得到 $g = 1.7 \times 10^{26}$。因此分子在能态上的分布是非常稀疏的，以致绝大多数的能态空着，大约在 10^7 个能态中才有一个粒子。所以，可能的能态数远远超过粒子数。

对于转动模式的能量，量子力学证实有 $2j+1$ 个量子态近似地具有大小相同的转动能量，即转动能级的简并度 $g_i = 2j+1$。至于振动能量模式，量子力学指出一维谐振子的简并度为 1，即 $g_v = 1$。

3. 宏态的微态数 W

简并系统中因粒子可能占据同一能级的不同能态时有不同的微态，与非简并系统相比，各级的微态数增加到 g_i^N 倍，N_i 为第 i 能级的粒子数。但宏态数并不改变。由于微态数增

加了,所以呈现该宏态的热力学概率亦增加。对于粒子可分辨的简并系统,给定 N_i 和 g_i 时,各宏态的微态数为

$$W = N! \Pi \frac{g_i^N}{N_i!} \tag{17.15}$$

上式不适于粒子不可分辨系统。但作了粒子可分辨的假设阐述微态和宏态的概念,对于建立在粒子不可分辨的基础上的现代的量子统计学仍然适用。

4. 统计力学与平衡态热力学的联系式——玻尔兹曼关系式

某一由确定的 N 个粒子组成的热力系统,总能量为 U 而处于平衡时,其微态总数 W_{tot} 不变,因此,W_{tot} 部分地、至少在一个方面满足状态参数的性质。基于这种思考,玻尔兹曼导出了系统宏观热力学定义的熵 S 与统计力学的系统平衡时微态总数 W_{tot} 之间的关系为

$$S = k \ln W_{tot} \tag{17.16a}$$

式中,k 为常数,有 $S = k \ln W_{tot}$。

推导上式的基本思路是:假定粒子数不变的系统的微态数与系统的熵之间存在着函数关系

$$S = \varPhi(W_{tot}) \tag{17.16b}$$

现考虑粒子数分别为 N_1 和 N_2,熵分别为 S_1 和 S_2,微态总数分别为 $W_{tot,1}$ 和 $W_{tot,2}$ 的两个系统放在一起(不是混合)时形成的联合体系。因熵是可加的,故联合体系的熵为

$$S = S_1 + S_2 \tag{17.16c}$$

联合体系的粒子数为

$$N = N_1 + N_2 \tag{17.16d}$$

联合体系的 W_{tot} 为

$$W_{tot} = W_{tot,1} W_{tot,2} \tag{17.16e}$$

将式(17.16b)代入式(17.16c),并考虑到式(17.16d),得到

$$\varPhi(W_{tot,1} W_{tot,2}) = \varPhi(W_{tot,1}) + \varPhi(W_{tot,2}) \tag{17.16f}$$

将式(17.16f)顺次对 $W_{tot,1}$ 和 $W_{tot,2}$ 进行二次微分,并利用式(17.16e)的关系,得到 W_{tot} 的二阶微分方程为

$$W_{tot} \varPhi''(W_{tot}) + \varPhi'(W_{tot}) = 0 \tag{17.16g}$$

这个二阶微分方程的一般解为

$$\varPhi(W_{tot}) = A(N) \ln W_{tot} + B(N) \tag{17.16h}$$

式中,$A(N)$ 和 $B(N)$ 对 N 值一定的给定物系来说是常数,把式(17.16d)代入上式,经比较,得知 A 必须是一个常数,这个常数被命名为玻尔兹曼常数 k;而 B 必须具有线性形式,$B(N) = bN$。这里 b 是第二个常数。至此,解出了函数 $\varPhi$。

利用方程(17.16h)及上述 A 和 B 的结果,方程(17.16b)变成

$$S = k \ln W_{tot} + S_0 \tag{17.16i}$$

当把 S_0 取为 0 时,即得到式(17.16a)。以上仅是简略说明式(17.16a)的来由,不是严格的推导过程。

5. 最可几宏态

微态数最多(即热力学概率最大)的宏态称为最可几宏态。显然,一个系统呈现最可几宏态的可能性最大。

数学分析证明,系统各宏态的微态数 W 与最可几宏态的微态数 W_{mp} 的比值关系为

$$\frac{W}{W_{mp}} \approx \exp\left[-\frac{1}{2}\sum_i \frac{(\delta N_i)^2}{N_i}\right] \tag{17.17}$$

通过对上式的分析,发现粒子数极多的足够大的系统,在能量 U 固定不变时,虽然存在大量的宏态,但其中最可几宏态及偏离最可几宏态很近的那些宏态的一小部分宏态就占了微态总数的极大部分。或者说,最可几宏态发生的概率最大,其他宏态发生的概率随着粒子分布偏离最可几宏态的粒子分布的细微变化而迅速衰减。因此,可以用最可几宏态的微态数 W_{mp} 代替式(17.16a)中的总微态数 W_{tot},于是得到

$$S = k\ln W_{mp} \tag{17.18}$$

6. 三种物系的最可几宏态的微态数的计算式

W_{mp} 的计算法与物系所处的物理状况有关,统计学上依据粒子是否可分辨和一个能态上的粒子数是否受限制分为三种:

(1) BE 统计学

玻色-爱因斯坦(Bose-Einstein)统计学,物系特征是粒子不可分辨,一个能态上的粒子数不受限制。光子气系统符合该统计学约定。

(2) FD 统计学

费米-狄拉克(Fermi-Dirac)统计学,物系特征是粒子不可分辨,受泡利(Pauli)不相容原理的限制,一个能态上最多有一个粒子。

(3) MB 统计学

麦克斯韦-玻尔兹曼(Maxwell-Boltzmann)统计学,物系特征是粒子可分辨,一个能态上的粒子数不受限制。

三种统计学的微态数的计算式分别是

$$W_{BE} = \prod \frac{(g_i + N_i - 1)!}{N_i!(g_i - 1)!}$$
$$= \prod \frac{g_i(g_i + 1)(g_i + 2)\cdots(g_i + N_i - 1)}{N_i!} \tag{17.19}$$

$$W_{FD} = \prod \frac{g_i!}{N_i!(g_i - N_i)!}$$
$$= \prod \frac{g_i(g_i - 1)(g_i - 2)\cdots(g_i - N_i + 1)}{N_i!} \tag{17.20}$$

当 $g_i \gg N_i$,当然 $N_i \gg 1$,则上面两式合并为

$$W_{BE} = W_{FD} = \prod \frac{g_i^{N_i}}{N_i!} \tag{17.21}$$

$$W_{MB} = N!\prod \frac{g_i^{N_i}}{N_i!} \tag{17.22}$$

对式(17.21)和式(17.22),求 N_i 为变量的极大值,可获得最可几宏态的微态数。求导时可以先对上面两式取对数,并利用斯特林(Stirling)近似公式,即用 $x!$ 的近似公式取代 $\ln N_i$。

7. 最可几宏态的分布律

通过对最可几宏态微态数函数对 N_i 的求导,以及利用系统的能量守恒和粒子数总和不变这两个约束条件,导出最可几宏态的微态数 W_{mp} 时 N_i 与 g_i、ε_i 的关系式。

（1）BE 分布律

$$N_i = \frac{g_i - 1}{\alpha e^{\beta \varepsilon_i} - 1} \tag{17.23a}$$

一般情况都有 $g_i \gg 1$，上式简化为

$$N_i = \frac{g_i}{\alpha e^{\beta \varepsilon_i} - 1} \tag{17.23a}$$

（2）FD 分布律

$$N_i = \frac{g_i}{\alpha e^{\beta \varepsilon_i} + 1} \tag{17.24}$$

（3）MB 分布律

$$N_i = \frac{g_i}{\alpha e^{\beta \varepsilon_i}} \tag{17.25}$$

在 $g_i \gg N_i$ 条件下，三种物系统计学的最可几宏态的分布律都可使用式（17.25）的表达式。式中两个待定常数 α 和 β，是在求解包含能量守恒和粒子数总和不变这两个约束方程的极值问题时，引用拉格朗日乘数法补充得到的常数。

8. 拉格朗日乘数 α 和 β

最可几宏态的分布律式（17.25）中包含两个待定常数 α 和 β，据式（17.25）对 N_i 求和，有

$$\alpha = \frac{1}{N} \sum g_i e^{-\beta \varepsilon_i} \tag{17.26}$$

可知 α 表示各级的 $g_i e^{-\beta \varepsilon_i}$ 之和与总粒子数 N 之比。

讨论 β 可以从分析粒子的平均能量方程入手，即

$$\sum_i N_i \varepsilon_i = U = N \bar{\varepsilon} \tag{17.27}$$

以 MB 分布律和讨论平均平动能得到

$$\bar{\varepsilon} = \frac{3}{2\beta} = \frac{3}{2} kT$$

得知

$$\beta = \frac{1}{kT} \tag{17.28a}$$

式中，k 为玻尔兹曼常数，可知 β 的量纲为 J^{-1}，有与能量相关的属性，其值与 kT 成反比，或者说 β 与粒子的平均能量的乘积等于 kT。粒子的平均能量不同或 T 不同，β 值也不同。β 是对应于宏观参数温度的统计量，因为温度只有当系统的粒子数足够大时才有意义，β 也是如此，粒子数太少时 β 也没有意义。

17.5　光子气的分布律

黑体辐射可以看作由光子所组成的气体。光子间彼此不发生相互作用，因此光子可看作理想气体，它又不受泡利不相容原理所限，所以光子气体遵守 BE 统计学。那么它的分布

律是否就是 BE 分布律呢？在推导 BE 分布律式(17.23a)

$$N_i = \frac{g_i}{\alpha e^{\beta \varepsilon_i} - 1}$$

或

$$\frac{g_i}{N_i} + 1 = \alpha e^{\beta \varepsilon_i}$$

时,有两个约束条件,即粒子总数不变

$$\sum_i N_i = N \quad 或 \quad \sum_i dN_i = 0$$

和总能量不变

$$\sum_i N_i \varepsilon_i = U \quad 或 \quad \sum_i \varepsilon_i dN_i = 0$$

当用于光子时,总能量不变的条件仍然保留,但光子总数不变的条件并不存在。这是因为,气体分子在相互碰撞或与四壁碰撞时,气体分子不能消灭,也不能产生,因而 N 不变。但对光子来说,光子与容器壁碰撞时,可以被吸收,容器壁辐射时也可以产生光子。同时,要注意到,光子的能量为 $h\nu$,其值随 ν 而变,可大可小,所以,总能量不变,并不意味着光子总数一定不变。例如,一个频率为 2ν、能量为 $2h\nu$ 的光子,可能为四壁所吸收而放出两个频率为 ν、能量为 $h\nu$ 的光子,因此总能量维持不变,但光子数却可以变化。因而在求光子的分布律时,只有一个约束条件

$$\sum_i \varepsilon_i dN_i = \sum_i h\nu dN_i = 0 \tag{17.28b}$$

根据 BE 统计学

$$W_{BE} = \Pi \frac{(g_i + N_i - 1)!}{N_i!(g_i - 1)!}$$

令 $d \ln W_{BE} = 0$,得到

$$\sum \ln \left(\frac{N_i + g_i}{N_i} \right) dN_i = 0 \tag{17.28c}$$

式(17.28b)、式(17.28c)联立,应用拉格朗日未定乘数法,解得

$$N_i = \frac{g_i}{e^{h\nu/(kT)} - 1} \tag{17.29}$$

可见光子气体遵守 $\alpha = 1$ 的 BE 分布律。

上式中 g_i 可按式(17.14b)计算,即

$$dg_i = \frac{4\pi V p_i^2 dp_i}{h^3}$$

但要考虑两点:

(1) 对于光子,因为 $h\nu = mc^2$(引用爱因斯坦公式,c 为光速,m 为光子质量),所以

$$h\nu = mc \cdot c = p \cdot c$$

式中,$p = mc$ 是光子动量。于是

$$p = \frac{h\nu}{c}, \quad dp = \frac{h d\nu}{c}$$

将 p 和 dp 代入式(17.14b),得到

$$dg_i = \frac{4\pi V \dfrac{h^2 \nu^2}{c^2} \dfrac{h}{c} d\nu_i}{h^3} = \frac{4\pi V}{c^3} \nu^2 d\nu \qquad (17.30)$$

（2）光是电磁波，是横波，因而有两种偏振方式，表示两个不同的量子态，即对应每一能量范围内的量子态数应加倍，所以上式还应乘以 2。

将式（17.30）乘 2 后代入式（17.29），得到

$$dN_i = \frac{8\pi V \nu^2}{c^3} \frac{1}{e^{h\nu/(kT)} - 1} d\nu \qquad (17.31)$$

这就是在频率范围 $\nu \sim \nu + d\nu$ 之间的光子数。

平衡辐射腔单位体积的光子数记作 n_i，它表示光子数密度，表达式为

$$n_i = \frac{N_i}{V} \qquad (17.32)$$

所以把式（17.31）除以 V 即获得在辐射平衡空间的单位体积中频率范围在 $\nu \sim \nu + d\nu$ 之间的光子数为

$$dn_i = \frac{8\pi \nu^2}{c^3} \frac{1}{e^{h\nu/(kT)} - 1} d\nu \qquad (17.33)$$

17.6　黑体光谱辐射密度 $u'_{b\lambda}$ 和光谱辐射力 $E_{b\lambda}$

1. 平衡态辐射腔内光谱辐射密度 $u'_{b\nu}$

确定单位体积中频率范围在 $\nu \sim \nu + d\nu$ 之间的辐射能量应在式（17.33）两边再乘以 $h\nu$。这里，我们把 $d\nu$ 取得足够小，那么在频率范围 $\nu \sim \nu + d\nu$ 内的光子可以近似地看成具有同一能量 ν，所以乘以 $h\nu$。如果以 $u'_{b\nu} d\nu$ 表示黑体平衡辐射腔体单位体积中频率在范围 $\nu \sim \nu + d\nu$ 内的辐射能量，简称光谱辐射能量密度，则应有

$$u'_{b\nu} d\nu = \frac{8\pi \nu^2}{c^3} \frac{1}{e^{h\nu/(kT)} - 1} d\nu \cdot h\nu$$

$$= \frac{8\pi h\nu^3}{c^3} \frac{1}{e^{h\nu/(kT)} - 1} d\nu \qquad (17.34a)$$

$$u'_{b\nu} = \frac{8\pi h\nu^3}{c^3} \frac{1}{e^{h\nu/(kT)} - 1} \qquad (17.34b)$$

若用波长来表示，因 $\nu\lambda = c$，$|d\nu| = \dfrac{c}{\lambda^2} d\lambda$，于是

$$u'_{b\lambda} d\lambda = \frac{8\pi hc}{\lambda^5} \frac{1}{e^{hc/(k\lambda T)} - 1} d\lambda \qquad (17.35a)$$

$$u'_{b\lambda} = \frac{8\pi hc}{\lambda^5} \frac{1}{e^{hc/(k\lambda T)} - 1} \qquad (17.35b)$$

式（17.34b）和式（17.35b）即普朗克黑体辐射的能量密度公式。根据式（17.35b）绘出的黑体辐射的能量密度与温度和波长的关系曲线如图 17.2 所示。

2. 黑体的光谱辐射力 $E_{b\lambda}$

式（17.35b）与普通物理和传热学中介绍的黑体单色辐射力 E_λ 的公式不同，黑体单色辐

射力 E_λ 表示黑体在单位时间从单位面积上发射的波长为 λ 的辐射能量,量纲为 $W/(m^2 \cdot m)$,量纲分母中的 m 是辐射波长的单位。$E_\lambda d\lambda$ 表示黑体 $\lambda \sim \lambda + d\lambda$ 之间的辐射的能量,辐射功率密度的大小表征黑体单色发射本领的大小。在本章的第 2 节中已导出了黑体辐射力与辐射密度之间有式 $u_b' = 4E_b/c$ 的关系,见式(17.9b)中常数 b 与 σ 的关系。单色辐射能密度 $u_{b\lambda}'$ 与单色发射本领 $E_{b\lambda}$ 之间也应有 $u_{b\lambda}' = 4E_{b\lambda}/c$ 的关系,单色辐射也有相同规律,所以

$$E_{b\lambda} = \frac{u_{b\lambda}'c}{4} = \frac{8\pi hc}{\lambda^5} \frac{1}{e^{h\nu/(kT)} - 1} \frac{c}{4}$$
$$= \frac{2\pi hc^2}{\lambda^5} \frac{1}{e^{h\nu/(kT)} - 1} \tag{17.36}$$

令 $c_1 = 2\pi hc^2 = 3.741\,771\,07 \times 10^{-16}\ W \cdot m^2$,$c_2 = hc/k = 1.438\,775\,2 \times 10^{-2}\ m \cdot K$,于是得到普朗克黑体辐射公式,即式(17.11)

$$E_{b,\lambda,T} = \frac{c_1 \lambda^{-5}}{e^{c_2/(\lambda T)} - 1}$$

省去下角标的"b"和"T",即为

$$E_\lambda = \frac{c_1 \lambda^{-5}}{e^{c_2/\lambda T} - 1} \tag{17.37}$$

这就是一般传热学书上所列的适于工程应用的普朗克黑体辐射公式。根据式(17.35b)绘出的黑体辐射力与温度和波长的关系曲线如图 17.3 所示。

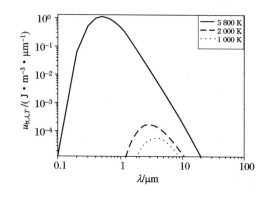

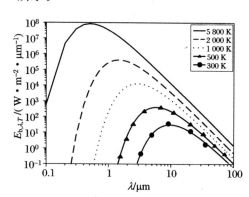

图 17.2 黑体辐射的能量密度与温度和波长的关系   图 17.3 黑体辐射力与温度和波长的关系

如果波长甚长,式(17.34b)与瑞利-金斯(Rayleigh-Jeans)公式相同,即

$$u_\nu' d\nu = \frac{8\pi h\nu^3}{c^3} \frac{kT}{h\nu} d\nu = \frac{8\pi \nu^2}{c^3} kT d\nu \tag{17.38a}$$

$$u_\lambda' d\lambda = \frac{8\pi}{\lambda^4} kT d\lambda \tag{17.38b}$$

如果波长甚短,式(17.37)维恩(Wien)公式相同,即

$$u_\nu' d\nu = \frac{8\pi h\nu^3}{c^3} \frac{1}{e^{h\nu/(kT)}} d\nu = \frac{8\pi h\nu^3}{c^3} \left(-\frac{h\nu}{kT}\right) d\nu \tag{17.39a}$$

$$u_{b\lambda}' = \frac{8\pi hc}{\lambda^5} \frac{1}{e^{h\nu/(kT)}} \tag{17.39b}$$

3. 维恩位移定律

观察图 17.2 和图 17.3 都会发现随着黑体温度的升高,辐射密度和辐射力的最高峰是向短波长方向移动的。将式(17.35b)中的 $u_{b\lambda}'$ 对 λ 微分,或将式(17.36)中的 $E_{b\lambda}$ 对 λ 微分,

并令其等于 0,即能推出维恩位移定律

$$\lambda_m T = 2.897\,6 \times 10^{-3} \text{ m} \cdot \text{K} \approx 2.9 \times 10^{-3} \text{ m} \cdot \text{K} \tag{17.40}$$

其中,λ_m 为对应于具有最大单色发射本领的波长,T 为黑体的温度。

4. 黑体全波长的辐射密度 u_b' 和黑体全波辐射力 E_b

从普朗克公式可以推出斯蒂芬定律。这只需将式(17.34b)对全部频率积分或将式(17.35b)对全部波长积分,即

$$u_b' = \int_0^\infty u_\lambda' \,\mathrm{d}\lambda = 8\pi hc \int_0^\infty \frac{1}{\mathrm{e}^{h\nu/(kT)} - 1} \frac{\mathrm{d}\lambda}{\lambda^5} \tag{17.41a}$$

令 $x = hc/(\lambda kT) = K/(\lambda T)$,则上式简化为

$$u_b' = 8\pi hc \frac{T^4}{K^4} \int_0^\infty \frac{x^3}{\mathrm{e}^x - 1} \,\mathrm{d}x \tag{17.41b}$$

积分项的值是 $\pi^4/15$,因此

$$u_b' = \frac{8\pi^5 (kT)^4}{15 h^3 c^3} = bT^4 \tag{17.41c}$$

上式即斯特藩公式。常数 b 为

$$b = \frac{8\pi^5 hc}{k^3} = 7.565\,6 \times 10^{-16} \text{ J}/(\text{m}^3 \cdot \text{K}^4)$$

上式的常数 b 值即为式(17.9a)的数据。

如果用黑体的辐射力来计算,可采用对式(17.37)的全波长直接积分,或利用 $E_{b\lambda} = \frac{c}{4} u_{b\lambda}'$ 的关系,对下式积分

$$E_b = \int_0^\infty \frac{c u_{b\lambda}'}{4} \mathrm{d}\lambda \tag{17.42a}$$

积分结果只与式(17.40c)、式(19.41c)相差一个常数因子 $c/4$,即

$$E_b = \frac{2\pi^5 (kT)^4}{15 h^3 c^2} = \sigma T^4 \tag{17.42b}$$

式中,σ 称为斯特藩-玻尔兹曼常数,也称黑体辐射常数。

上述分析证明微观的分析从统计概率上也得到了与宏观观察相一致的结论。

17.7 热辐射能的光谱有效能与光谱等效温度

1. 黑体辐射的有效能

在传热学上不区分不同温度黑体的辐射能的品质,全部当作热量处理。但是高温黑体要对低温黑体通过辐射方式传输热量,这是事实。这也证明高温黑体辐射的能量具有更高品质,只有如此,辐射传热的自发过程才能发生。

在平衡态时黑体空腔辐射场的辐射粒子的辐射密度与黑体表面辐射力也有一定关系,并可以用腔体壁温度来描述。讨论宏观态黑体辐射力的平均有效能,记为 $E_{b,u,T}$,可以用黑体辐射力的能量与在温度为 T 和 T_0 两个热源之间安装的卡诺热机所获得的功能来计算,即

$$E_{b,u,T} = \sigma T^4 \left(1 - \frac{T_0}{T}\right) \tag{17.43}$$

其中,σ 是斯特藩-玻耳兹曼常数;T_0 是环境温度。黑体辐射力有效能函数 $E_{b,u,T}$ 是单位表面积黑体在单位时间内,向半球空间所有方向发射出去的全部波长范围内的辐射能所具有的有效能,单位为 $W \cdot m^{-2}$。下角标中"u"表示有效能,下文中下角标中"u"也都表示有效能。$(1 - T_0/T)$ 为在温度为 T 和 T_0 两个热源之间工作的卡诺热机的效率。在环境基准温度 T_0 选定后,有效能函数可作为描述工质状态的一种参数。根据式(17.43),与环境温度相同的黑体辐射能的有效能为零。

2. 光谱有效能

(1) 研究光谱有效能问题的提出

黑体辐射平均有效能的计算式(17.43)不能区分不同频率光谱辐射对有效能的贡献,在讨论光伏发电和解析光合作用时遇到了困难。在研究光伏发电时,观察到只有一定频率范围的光量子才能激发光电池的电子,并非所有波长的辐射都能转化为电能,这说明不同频率的光谱辐射能做功的本领不同,即它们所具有的有效能也不同。叶绿素光合作用时,在光照射下使水与二氧化碳结合,生成碳氢化合物。碳氢化合物是化学能,其有效能含量很高,这说明太阳光辐射能含有的有效能高。普朗克提出光量子能量等于 $h\nu$,那么光量子的能量品质是否有区别呢? 如果有,该如何描述呢?

Duysens首次提出在光子数大于一定数量后,计算光子的能量 $h\nu$ 变为叶绿素激发态的自由能 μ_r 可以用下式表示,即

$$\mu_r = h\nu \left(1 - \frac{T_0}{T_r}\right) \tag{17.44}$$

其中,T_0 和 T_r 分别是叶绿素系统温度(大约 300 K)和辐射温度。辐射温度 T_r 如何确定,现今的文献中看法不一。最初,取 T_r 为太阳表面温度 5 780 K,受到质疑后又认为,T_r 是度量与温度相关的光子状态的一个参数,是辐射等效温度,与辐射源的温度、光的亮度、光的吸收率等因素有关。显然,这些说法都无法确定 T_r 值。在使用 670 nm 激光脉冲照射在室温下光合体系 I 的内核联合体产生葡萄糖(估计 $T_r = 2\,600$ K)的实验中,被证明具有最大热力学效率 $\xi > 0.98$,而 PSII 的实验结果是 $0.93 > \xi > 0.92$。而按卡诺热机效率计算的卡诺热机效率在 $T_r = 2\,600$ K 时只有 0.88。Robert C. Jennings 以此实验证明光合作用是熵减过程的薛定锷论点。应当说,光合作用的实验是事实,但是,利用 $T_r = 2\,600$ K 作为670 nm激光脉冲辐射能的等效温度来评价激光辐射能的有效能的份额,是存在疑问的。另外,光合作用是自发过程,根据热力学第二定律,自发过程是不可逆过程,不可逆过程一定有熵增或有效能减少。上述实验和计算说明,670 nm 激光脉冲辐射能的等效温度只可能高于 $T_r = 2\,600$ K,也可能高于太阳表面温度 5 800 K,其有效能率一定高于 0.88,也高于 0.93。这些问题要求人们要对辐射能的有效能进行更深入的研究,要对辐射粒子从量子拥有的能量和有效能角度去研究。

(2) 辐射粒子的有效能函数

单个光量子既然有独立能量 $h\nu$ 或 hc/λ,且其宏观的集合体的辐射能可以当作热能(是与导热和对流传热的分子无规律运动的热能有别的特别热能),具有辐射粒子集合体的有效能,因此构成它的辐射粒子也应当有对应的有效能表达式。第 4 章提到,有效能是相对于环境基准平衡态时所论系的最大做功能,而光量子能量 $h\nu$ 是对绝对零度的绝对量子辐射能,

因此,表征辐射粒子有效能的表达式中应当包含反映环境温度的参数,也应当包含正确表征辐射粒子能量特征的特征温度;辐射粒子的特征温度不能取辐射热源的温度,因为无论辐射粒子从什么温度的辐射体发射出来,只要频率或波长相同,其辐射能的有效能表达式也应当相同。因此,参照式(17.43)并对式(17.44)中的 T_r 进行更正,给出的辐射热能光量子的有效能函数定义为

$$e_{u,\lambda} = h\nu\left(1 - \frac{T_0}{T_\lambda}\right) = \frac{hc}{\lambda}\left(1 - \frac{T_0}{T_\lambda}\right) \tag{17.45}$$

式中,T_λ 称为光谱等效温度或特征温度,T_λ 有温度的量纲,应当能表征 $h\nu$ 光量子的品质,并能用于计算 $h\nu$ 的有效能。

(3) 辐射粒子的等效温度 T_λ 只与 λ 相关的理由

根据普朗克定律可知,如式(17.11)所示,黑体的温度越高,黑体辐射力的有效能也越高。又从式(17.42b)可知,黑体辐射力有效能有两个因素:一个是辐射力 σT^4,另一个是有效能占有率 $(1 - T_0/T)$。两个因素的提高都与黑体的温度 T 这一个参数有关,T 越高,σT^4 和 $(1 - T_0/T)$ 也都提高。根据相似原理,辐射粒子有效能也有两个因素:一个是辐射粒子能 hc/λ(或 $h\nu$),另一个是有效能的占有率 $(1 - T_0/T_\lambda)$。这两个因素的提高也都应当只与辐射粒子的波长 λ(或 ν)这个参数有关,λ 越短(或 ν 越大),hc/λ(或 $h\nu$)和 $(1 - T_0/T_\lambda)$ 就都提高,因此,T_λ 是与 λ(或 ν)有关的。

另外,由维恩位移定律式(17.40)可知:黑体温度升高辐射力增大,在微观上是由于黑体温度升高时短波辐射能量的贡献率增大了。受维恩位移定律的启发,笔者认为:黑体的温度升高使有效能的占有率提高,在微观上是由于黑体的温度升高短波辐射的有效能占有率的贡献也提高了。所以,辐射粒子的等效温度 T_λ 应当是与辐射波长有关的函数,波长越短,T_λ 越大。

再者,由于可以从不同温度的辐射源发射出相同频率的辐射粒子,而相同频率的光量子有相同的能量,也就有相同的有效能。因此,特定频率的辐射粒子的有效能与辐射源温度无关,表征其有效能的等效温度 T_λ 也就与辐射源温度无关,而只与辐射频率(或波长)有关。

3. 光谱等效温度 T_λ 方程

(1) T_λ 方程的假定式

虽然暂时还不知道 $T_\lambda = f(\lambda)$ 的具体形式,但观察普朗克给出的黑体光谱辐射力的方程(17.37)及维恩位移定律(17.40),都出现了 λT 相结合,并且都与常数相关。在式(17.37)中出现了 $c_2/\lambda T$ 的无量纲因子,而维恩位移定律的常数约为 2.9×10^{-3} m·K,因此,初步假定

$$\lambda T_\lambda = c_3 \tag{17.46}$$

式中,c_3 为某一常数,其单位应当与 c_2 和维恩位移定律的常数具有相同的量纲,即为 m·K。结合式(17.45)、式(17.37),给出以 T_λ 表示的黑体光谱辐射力有效能函数定义为

$$E_{u,b,\lambda,T} = E_{b,\lambda,T}\left(1 - \frac{T_0}{T_\lambda}\right) = \frac{c_1\lambda^{-5}}{\exp\left(\frac{c_2}{\lambda T}\right) - 1}\left(1 - \frac{\lambda T_0}{c_3}\right) \tag{17.47}$$

(2) T_λ 方程假定式的证明

黑体光谱辐射力有效能函数对全波长积分必须与黑体辐射总的有效能相等,因此必须满足如下的关系:

$$E_{u,b,T} = \int_0^\infty E_{u,b,\lambda,T}\,\mathrm{d}\lambda = \sigma T^4 \left(1 - \frac{T_0}{T}\right) \tag{17.48}$$

其证明如下：

$$\int_0^\infty E_{u,b,\lambda,T}\,\mathrm{d}\lambda = \int_0^\infty E_{b,\lambda}\left(1 - \frac{T_0}{T_\lambda}\right)\mathrm{d}\lambda$$

$$= \int_0^\infty \frac{c_1 \lambda^{-5}}{\exp\left(\frac{c_2}{\lambda T}\right) - 1}\left(1 - \frac{\lambda T_0}{c_3}\right)\mathrm{d}\lambda = \sigma T^4 - \frac{c_1 T_{\lambda 0}}{c_3}\int_0^\infty \frac{\lambda^{-4}}{\exp\left(\frac{c_2}{\lambda T}\right) - 1}\mathrm{d}\lambda$$

$$\tag{17.49a}$$

令

$$\beta = \frac{c_2}{\lambda T}, \quad \mathrm{d}\beta = -\frac{c_2}{\lambda^2 T}\mathrm{d}\lambda = -\frac{c_2}{(\lambda T)^2}\mathrm{d}(\lambda T)$$

则

$$\int_0^\infty \frac{\lambda^{-4}}{\exp\left(\frac{c_2}{\lambda T}\right) - 1}\mathrm{d}\lambda = -\frac{T^3}{c_2^3}\int_\infty^0 \frac{\beta^2}{e^\beta - 1}\mathrm{d}\beta = \frac{T^3}{c_2^3}\int_0^\infty \frac{\beta^2}{e^\beta - 1}\mathrm{d}\beta \tag{17.49b}$$

把式(17.49b)代入式(17.49a)，得

$$\int_0^\infty E_{u,b,\lambda,T}\,\mathrm{d}\lambda = \sigma T^4 - \frac{c_1 T_0}{c_3}\frac{T^3}{c_2^3}\int_0^\infty \frac{\beta^2}{e^\beta - 1}\mathrm{d}\beta \tag{17.49c}$$

而式(17.49c)中，有

$$\int_0^\infty \frac{\beta^2}{e^\beta - 1}\mathrm{d}\beta = \int_0^\infty \frac{\beta^2 e^{-\beta}}{1 - e^{-\beta}}\mathrm{d}\beta = \int_0^\infty \beta^2 (e^{-\beta} + e^{-2\beta} + e^{-3\beta} + e^{-4\beta} + e^{-5\beta} + \cdots + e^{-n\beta})\mathrm{d}\beta$$

对上式中每一项进行分部积分，得到

$$\int_0^\infty \beta^2 e^{-n\beta}\mathrm{d}\beta = \frac{2}{n^3}$$

所以，有

$$\int_0^\infty \frac{\beta^2}{e^\beta - 1}\mathrm{d}\beta = \int_0^\infty \beta^2 (e^{-\beta} + e^{-2\beta} + e^{-3\beta} + e^{-4\beta} + e^{-5\beta} + \cdots + e^{-n\beta})\mathrm{d}\beta$$

$$= \frac{2}{1^3} + \frac{2}{2^3} + \frac{2}{3^3} + \frac{2}{4^3} + \frac{2}{5^3} + \frac{2}{6^3} + \cdots + \frac{2}{n^3} = 2\sum_{n=1}^\infty \frac{1}{n^3} = 2\zeta(3)$$

$$\approx 2 \times 1.202\,057 = 2.404\,114 \tag{17.49d}$$

其中，$\zeta(3)$ 为指数 $m = 3$ 的黎曼函数（Riemann zeta function）

$$\zeta(m) = \sum_{n=1}^\infty \frac{1}{n^m}$$

$$\zeta(3) = \sum_{n=1}^\infty \frac{1}{n^3} = \frac{1}{1^3} + \frac{1}{2^3} + \frac{1}{3^3} + \frac{1}{4^3} + \cdots + \frac{1}{n^3} \approx 1.202\,057 \tag{17.49e}$$

将式(17.49c)和式(17.49d)代入式(17.47)，得到

$$\sigma T^4 - \frac{2c_1 \zeta(3)}{c_2^3 c_3}T_0 T^3 = \sigma T^4 - \sigma T_0 T^3 \tag{17.49f}$$

整理上式并将式(17.49e)代入，得到

$$c_3 = \frac{2c_1 \zeta(3)}{c_2^3 \sigma} = \frac{2 \times 3.741\,8 \times 10^{-16}\ \mathrm{W \cdot m^2} \times 1.202\,057}{(1.438\,78 \times 10^{-2}\ \mathrm{m \cdot K})^3 \times 5.670\,4 \times 10^{-8}\ \mathrm{W/(m^2 \cdot K^4)}}$$

$$= 5.330\,16 \times 10^{-3}\ \mathrm{m \cdot K} \tag{17.49g}$$

另外,讨论由 n 个不同温度 T_i 的黑体组成的系统的辐射有效能,也能证明式(17.49g)正确。因为在证明满足如下关系式(17.50)时也可以得到式(17.49g)的结果。

$$
\begin{aligned}
\sum_{i=1}^{n} E_{u,b,T_i} &= \sum_{i=1}^{n} \int_0^\infty E_{u,b,\lambda,T_i} \mathrm{d}\lambda \\
&= \sum_{i=1}^{n} \int_0^\infty \frac{c_1 \lambda^{-5}}{\exp\left(\dfrac{c_2}{\lambda T}\right) - 1} \left(1 - \frac{\lambda T_0}{c_3}\right) \mathrm{d}\lambda \\
&= \sum_{i=1}^{n} E_{b,T_i} - \sum_{i=1}^{n} \frac{c_1 T_0}{c_3} \int_0^\infty \frac{\lambda^{-4}}{\exp\left(\dfrac{c_2}{\lambda T}\right) - 1} \mathrm{d}\lambda \\
&= \sum_{i=1}^{n} \sigma T_i^4 \left(1 - \frac{T_0}{T_i}\right)
\end{aligned}
\tag{17.50}
$$

(3) T_λ 方程和光谱等效温度方程常数

将 c_3 值代入式(17.46),得到

$$
\lambda T_\lambda = c_3 = 5.330\,16 \times 10^{-3}\ \mathrm{m \cdot K} \tag{17.51}
$$

式(17.51)即为光谱等效温度方程,c_3 称为光谱等效温度方程常数,与辐射体温度 T 和接收体温度 T_0 都无关。c_3 大约为维恩位移定律常数的 1.839 4 倍。

T_λ 是描述光子能量大小和品质的特征参数,量纲与温度一致;在热辐射中,T 是从宏观上表示所有辐射光子平均的能量大小和品质的特征参数,用于计算宏观的热辐射能的交换,表征辐射源的辐射强度。光子与光子之间不能直接进行能量交换,就如太阳辐射在太空或真空环境中传播时不会改变光谱辐射能的分布一样,所以 T_λ 不能直接用于描述辐射能的传输。光子的能量要转化为电能、热能或其他频率的光子能量必须首先被介质吸收,在介质中重新进行能量的整合;介质重新整合产生的新形式能量的总和等于吸收的光子能量的总和,产生的新形式有效能的总和不能大于吸收光子有效能的总和;吸收光子有效能的总和与吸收的光子数及其 T_λ 有关。

T_λ 是十分重要的光谱量子新参数。利用 T_λ 和方程式(17.50)得到的光谱等效温度常数 c_3,可以方便地计算各种光谱辐射光量子的有效能,以及各种黑体辐射体的辐射有效能。

4. 光谱有效能率 ξ

图 17.4 给出了由方程式(17.46)算出的在波长 $0.3 \sim 0.8\ \mu\mathrm{m}$ 范围的 T_λ 值。定义光谱有效能在其光谱辐射能 $h\nu$ 中的占有率为 ξ,简称为光谱有效能率,表达式为

$$
\xi = 1 - \frac{T_0}{T_\lambda} = 1 - \frac{\lambda T_0}{c_3} \tag{17.52}
$$

图 17.5 给出了光谱波长 λ 与有效能占有率 ξ(简称有效率)的关系。据上式,波长为 670 nm 的辐射的有效率为 $\xi = 0.962$,该数值大于 PSII 的实验结果的有效率 $0.93 > \xi > 0.92$,接近于 I(PSI)实验结果 $\xi > 0.98$。值得说明的一点是,激光的方向性非常好,而热辐射会向半球向扩散,所以激光的品质应当高于同频率的热辐射品质,激光的有效率接近于 1。因此,以光谱有效率讨论光合作用,就不会得出光合作用产生熵减的错误了。

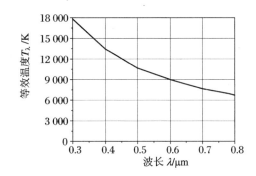

图 17.4　等效温度与波长的关系

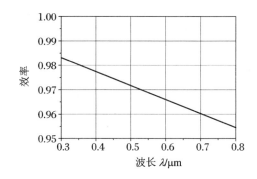

图 17.5　光谱有效率与波长的关系

5. 光谱辐射力有效能函数 $E_{u,b,\lambda,T}$

$$E_{u,b,\lambda,T} = E_{b,\lambda,T}\xi = E_{b,\lambda,T}\left(1 - \frac{T_0}{T_\lambda}\right) = \frac{c_1\lambda^{-5}}{\exp\left(\dfrac{c_2}{\lambda T}\right) - 1}\left(1 - \frac{T_0}{T_\lambda}\right) \tag{17.53}$$

6. 黑体的光谱积分有效能率 $F_{u,b,(0-\lambda),T}$

定义波长 $0\sim\lambda$ 范围内黑体辐射的有效能在全波段总辐射能 σT^4 中占的份额为黑体的光谱积分有效能率 $F_{u,b,(0-\lambda),T}$，定义式如下：

$$
\begin{aligned}
F_{u,b(0-\lambda),T} &= \frac{\displaystyle\int_0^\lambda E_{u,b,\lambda,T}\mathrm{d}\lambda}{\sigma T^4} = \frac{\displaystyle\int_0^\lambda E_{b,\lambda,T}\left(1 - \frac{T_0\lambda}{c_3}\right)\mathrm{d}\lambda}{\sigma T^4}\\[2mm]
&= \frac{1}{\sigma T^4}\int_0^\lambda E_{b,\lambda,T}\mathrm{d}\lambda - \frac{T_0}{c_3\sigma T^4}\int_0^\lambda \lambda E_{b,\lambda,T}\mathrm{d}\lambda\\[2mm]
&= \int_0^{\lambda T}\frac{c_1}{\sigma(\lambda T)^5\left[\exp\left(\dfrac{c_2}{\lambda T}\right) - 1\right]}\mathrm{d}(\lambda T) - \frac{1}{c_3\sigma}\left(\frac{T_0}{T}\right)\int_0^{\lambda T}\frac{c_1}{(\lambda T)^4\left[\exp\left(\dfrac{c_2}{\lambda T}\right) - 1\right]}\mathrm{d}(\lambda T)\\[2mm]
&= F_{b(0-\lambda),T} - \Delta F_{u,b(0-\lambda),T} = f\left(\lambda T, \frac{T_0}{T}\right) = f\left(\frac{T}{T_\lambda}, \frac{T}{T_0}\right)
\end{aligned}\tag{17.54}
$$

式中，$F_{b,(0-\lambda),T}$ 为波长 $0\sim\lambda$ 范围内黑体辐射的能量在全波段总辐射能 σT^4 中占的份额，反映能量主要集中区的波段范围，简称为黑体辐射光谱积分份率，这在一般的传热手册上可以查到。$\Delta F_{u,b,(0-\lambda),T}$ 项为波长 $0\sim\lambda$ 范围内黑体的光谱积分有效能率与黑体辐射光谱积分份率的差值。

图 17.6 是太最表面温度为 $T = 5\,800\ \mathrm{K}$，相对于环境温度为 $T_0 = 298\ \mathrm{K}$ 时，太阳辐射波长 $0\sim\lambda$ 范围的辐射能和有效能在全波段总辐射能中的比率图。

图 17.7 为单晶硅光电池的光谱响应曲线。此图由无锡尚德太阳能电力有限公司提供。实验时分别以单色光在 $1\,000\ \mathrm{W/m^2}$ 的辐照强度下测试结果。图中 QE 曲线为单晶硅光电池对单色光的吸收率曲线。SR 曲线为单晶硅光电池在实验光照条件下输出的电流值，输出电压为 $0.62\ \mathrm{V}$。由图 17.7 可知，晶硅光电池只对 $0.38\sim1.12\ \mu\mathrm{m}$ 波段的太阳光起作用，短于 $0.38\ \mu\mathrm{m}$ 波长的紫外光会穿透晶硅，破坏 PN 结，长于 $1.12\ \mu\mathrm{m}$ 波段的太阳红外辐射只会使光电池发热，不产生电功。

根据辐射能的有效能理论，应当注意太阳辐射能中不同频率辐射能的品质的区别，尽量采用频率对口、分频分级利用的原则，提高太阳能有效能的利用率。

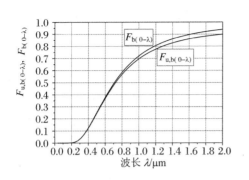

图 17.6　太阳辐射的 $F_{b,(0-\lambda),T}$ 和 $F_{u,b,(0-\lambda),T}$

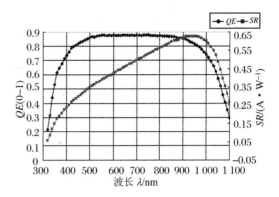

图 17.7　单晶硅光电池的光谱响应曲线

17.8　辐射系的熵 S

1. 光量子熵常数

在上一节已经证明辐射粒子的等效温度 T_λ 是正确的,并获得光谱等效温度方程(17.51)。由于辐射粒子的能量 $h\nu$ 也可以用辐射粒子等效温度 T_λ 与辐射粒子熵 s_λ 的乘积形式表示,所以给出辐射粒子熵 s_λ 的定义式为

$$s_\lambda = \frac{h\nu}{T_\lambda} = \frac{hc}{c_3} = 3.726\,80 \times 10^{-23}\ \text{J/K} \tag{17.55}$$

上式称为光量子熵常数方程。

严格地说,熵的概念是在大量粒子存在的情况下的最可几态中引出的,讨论单个光子的行为是不存在光量子熵的。本书导出光量子熵是以有大量光子存在为前提的。光子气的总熵是由光子气中所有光子数的熵集合而成的。光量子熵是常数,从物理意义来理解,可以认为它是光子气中光量子的平均熵,或者说不同频率的光量子都有相同的最大无序度,平均的无序态也是最稳的无序态,或最大的无序度。光量子熵常数与玻尔兹曼常数($k = 1.380\,54 \times 10^{-23}$ J/K)有相同的量纲,且数量级相同,$s_\lambda/k = 2.699\,5 \approx 2.70$。

光谱熵 s_λ 参数的给出,对讨论辐射能与热能、电能等能量交换过程和光合作用等的方向性和不可逆损失都有重要作用。根据光量子熵常数与辐射波长无关的特性,可以方便地计算出 1 个短波高能辐射粒子在能量守恒条件下转化为 2 个或多个长波辐射粒子时的熵增和不可逆过程的有效能损失。例如,在能量守恒的条件下,1 个辐射波长为 0.5 μm 的辐射粒子转化为 2 个辐射波长为 1 μm 的辐射粒子时,熵为 $\Delta s_g = 2s_\lambda - s_\lambda = s_\lambda$。$T_\lambda$ 和 s_λ 的给出对推动非平衡辐射热力学的研究将起重要作用。

2. 黑体光谱辐射力的熵函数 $s'_{b,\lambda,T}$

$$s'_{b,\lambda,T} = s_\lambda \left[\frac{\lambda}{hc}\ \frac{c_1 \lambda^{-5}}{\exp\left(\dfrac{c_2}{\lambda T}\right) - 1} \right] = \frac{c_1}{c_3} \cdot \frac{\lambda^{-4}}{\exp\left(\dfrac{c_2}{\lambda T}\right) - 1} \tag{17.56}$$

式中,方括号项为光谱辐射粒子数,$c_1 = 3.741\,8 \times 10^{-16}\ \mathrm{W \cdot m^2}$,$c_2 = 1.438\,78 \times 10^{-2}\ \mathrm{m \cdot K}$,$c_3 = 5.330\,16 \times 10^{-3}\ \mathrm{m \cdot K}$,$T$ 为黑体温度。

3. 黑体辐射力的熵函数全波长的积分

$$S'_B = \int_0^\infty s'_{b,\lambda,T}\,\mathrm{d}\lambda = \frac{c_1}{c_3}\int_0^\infty \frac{\lambda^{-4}}{\mathrm{e}^{c_2/\lambda T} - 1}\,\mathrm{d}\lambda = \sigma T^3 \tag{17.57}$$

总体辐射粒子等效温度和黑体表面温度 T 相等,辐射力 $E = TS_B = \sigma T^4$。

4. 平衡态空腔辐射场的熵密度 s'_b

空腔黑体辐射能密度为 u' 的熵密度 s'_b 由光谱熵密度 $s'_{b\lambda}$ 在全波长范围内积分得到,由式(17.35a),得

$$\begin{aligned}
s'_b &= \int_0^\infty \mathrm{d}s'_{b\lambda} = \int_0^\infty s_\lambda n_\lambda \,\mathrm{d}\lambda = \int_0^\infty s_\lambda \cdot \frac{u'_{b\lambda}}{h\nu} \cdot \mathrm{d}\lambda \\
&= \int_0^\infty \frac{hc}{c_3} \frac{8\pi hc}{\lambda^5} \frac{\lambda}{hc} \frac{1}{\mathrm{e}^{hc/(k\lambda T)} - 1}\,\mathrm{d}\lambda \\
&= \frac{8\pi hc}{c_3} \int_0^\infty \frac{1}{\lambda^4} \cdot \frac{1}{\mathrm{e}^{hc/(k\lambda T)} - 1}\,\mathrm{d}\lambda \\
&= \frac{8\pi hc}{c_3} \frac{2\zeta(3)\,T^3}{c_2^3} \tag{17.58}
\end{aligned}$$

式中,$\zeta(3)$ 为指数 $m = 3$ 的黎曼函数,$\zeta(m) = \sum\limits_{n=1}^\infty \frac{1}{n^m}$。将式(17.49g) 的 $c_3 = \frac{2c_1\zeta(3)}{c_2^3\sigma}$,$c_1 = 2\pi hc^2$ 代入上式,得

$$s'_b = \frac{4}{c}\sigma T^3 = bT^3 \tag{17.59}$$

本章曾用经典热力学方法导出的式(17.7b)辐射腔内光子气的能量密度为 $u' = bT^4$,现在利用量子熵求和法,获得对应于辐射密度 u' 的熵密度为式(17.58),根据温度的概念,可知空腔内辐射粒子的平均等效温度为

$$\bar{T} = \frac{u'}{s_{b\nu}} = \frac{bT^4}{s_\nu} = \frac{bT^4}{bT^3} = T \tag{17.60}$$

式(17.60)再次证明书中提出的光谱等效温度 T_λ 和导出量子熵常数的正确性。

17.9 平衡态空腔内辐射系的热力学函数

空腔内辐射系即闭口系,在平衡态下其热力学第一定律方程为

$$\delta Q = \mathrm{d}U' + \delta W \tag{17.61}$$

在可逆条件下,$\delta Q = T\mathrm{d}s$,$\delta W = p\mathrm{d}V$,代入上式,得到热力学的第一定律与第一定律结合的微分式为

$$\mathrm{d}U' = T\mathrm{d}S' - p'\mathrm{d}V \tag{17.62}$$

由于 $U' = Vu'$、$S' = Vs'$,并根据平衡态空腔黑体辐射系中前述导出的 $u' = bT^4$、$p' = u'/3$,代入上式,得

$$\mathrm{d}S = \frac{4}{3} b \mathrm{d}(T^3 V) \tag{17.63}$$

方程(17.62)为闭口系光子气的热力学基本微分方程。空腔中辐射系的熵 S 是温度 T 与空腔体积 V 的函数。根据式(17.62),有

(1) 等容过程

有

$$\mathrm{d}S = 4bVT^2\mathrm{d}T \tag{17.64}$$

$$\mathrm{d}Q = T\mathrm{d}S = 4bVT^3\mathrm{d}T \tag{17.65}$$

(2) 等温过程

有

$$\mathrm{d}S = \frac{4}{3} bT^3 \mathrm{d}V \tag{17.66}$$

$$\mathrm{d}Q = T\mathrm{d}S = \frac{4}{3} bT^4 \mathrm{d}V \tag{17.67}$$

(3) 等熵过程

有

$$\mathrm{d}(T^3 V) = 0 \quad 或 \quad T^3 V = 常数 \tag{17.68}$$

熵是状态参数,当系统的温度 T 和容积 V 确定后熵值就确定了,通常熵的基准点是在 $T = 0$ 时取 $S = 0$,熵状态参数与过程无关,所以熵值可通过任意的可逆过程算得,以等温或等容过程为例,都可求得对应于温度 T 和容积 V 的光子气系统的熵变,即熵值为

$$S = \frac{4}{3} bVT^3 \tag{17.69}$$

式(17.69)称为辐射系熵方程。单位体积的辐射场的比容积熵变为

$$s = \frac{4}{3} bT^3 \tag{17.70}$$

式(17.70)也可称为平衡态空腔辐射场比体积熵方程。比较式(17.70)与式(17.59),看出式(17.70)中多了 $bT^3/3$ 份额,这部分增加的熵实际是由辐射压力能增加所产生的。式(17.59)计算得到辐射能密度 u' 的熵中不包含辐射压力能密度增加的熵值。辐射系在等容过程吸收的热量为 $Q = bT^4$,这与式(17.59)的 s_b 乘以 T 的值相符,说明辐射能密度中不包含压力能增加的份额。而在定温 T 的过程,辐射空腔体积从 $0 \to V$,外界对系统供给的热量增加到 $Q = 4bT^4/3$,比等容过程多了 $Q = bT^4/3$,这是光子气体积扩张压力能增加消耗的热能。而当以绝对零度为基准时,热能品质与压力能品质相同。

17.10　稳态开口辐射系的热力学函数

稳态开口辐射系的热力学第一定律与第二定律结合的微分式为

$$\mathrm{d}H' = T\mathrm{d}S + V\mathrm{d}p \tag{17.71}$$

因为辐射系的焓值 $H' = U' + pV$、$\mathrm{d}H' = \mathrm{d}U' + p\mathrm{d}V + V\mathrm{d}p$、$U' = Vu'$、$u' = bT^4$、$p = u'/3$

在开口系中控制容积 V 不变,所以由式(17.71),得到

$$dS = 4bVT^2dT \tag{17.72}$$

这与闭口系等容过程的熵变方程(17.66)相同。由式(17.72)也能获得与式(17.69)相同的稳态开口辐射系熵方程

$$S = \frac{4}{3}bVT^3$$

有和式(17.70)相同的辐射系比体积熵方程。

将式(17.72)代入式(17.71),并同除以 V,可以得到单位容积光子气的比焓在发生 dT 的比焓差表达式为

$$dh' = \frac{16}{3}bT^3dT \tag{17.73}$$

对式(17.73)自 $0 \to T$ 积分,或根据焓的定义式,得到比焓 h' 为

$$h' = u' + p = \frac{4u'}{3} = \frac{4}{3}bT^4 \tag{17.74}$$

当用比焓 h' 除以比熵 s_b' 时,得到空腔辐射平均温度为 T。

应当注意到光子气闭口系与理想气体闭口系的区别。在体系温度改变时,理想气体的体系中的气体分子数是不变的;而在光子气的体系中,光粒子数会改变,光子会被容器壁吸收,容器壁也会发射新的光子。光子只存在运动中,辐射场的能量密度 u' 通常指流动在单位体积中光子能量的总和,光压能来自于碰撞容器壁的光子的能量,光子的能量转化后,光子就消失了,因此,u' 不包括光压能。

17.11 开放系辐射换热中吸收器的辐射熵流

实际的辐射传热都是不可逆过程,利用本书提出的量子熵常数和光谱熵函数,可以方便地考察辐射传热中的熵流和熵增,计算辐射能转换为其他形式能,或其他频率辐射能时的不可逆损失。

吸收器净吸收的辐射能为正熵流,发射出去的辐射为负熵流。

$$S^+ = \int_0^\infty \left(\frac{E_{\lambda,in}\lambda}{hc}\right)\alpha_\lambda s_\lambda d\lambda \tag{17.75}$$

式中,$E_{\lambda,in}$ 为入射光谱辐射力;α_λ 为吸收器光谱吸收率;式右边括号项为光谱辐射粒子数。

发射出去的辐射熵流为负,表示为

$$S^- = \int_0^\infty \left(\frac{E_{\lambda,out}\lambda}{hc}\right)\varepsilon_\lambda s_\lambda d\lambda \tag{17.76}$$

式中,$E_{\lambda,out}$ 为发射光谱辐射力;ε_λ 为吸收器光谱发射率;式右边括号项为光谱辐射粒子数。

吸收器净辐射熵流差为

$$\Delta S_f = S^+ - S^- \tag{17.77}$$

辐射吸收器的总熵变还要结合另外的能量平衡方程来讨论,补充必要的热能、化学能等熵流的计算方程。吸收器可以是光伏电池、热接收器、光合作用叶绿素等。研究这些吸收器

的熵变,对改进其设计、提高其性能有极大作用。

参 考 文 献

[1]　杨思文,金六一,孔庆煦,等.高等工程热力学[M].北京:高等教育出版社,1988.

[2]　苏长荪,谭连城,刘桂玉.高等工程热力学[M].北京:高等教育出版社,1987.

[3]　陈则韶,莫松平.光量子等效温度和黑体辐射光谱有效能[J].自然科学进展,2007,17(5):687-691.

[4]　陈则韶,莫松平.辐射热力学中光量子的熵和光子气的熵[J].工程热物理学报,2007,28(2):193-195.

[5]　王存诚.辐射能热力学特性的研究[C]//中国工程热物理学会.工程热力学与能源利用学术会议论文集,94-101.

[6]　Jennings R C, Engelmann E, Garlaschi F, et al. Photosynthesis and negative entropy production [J]. Biochimica et Biophysica Acta (BBA)-Bioenergetics. 2005,1709(3):251-255.

[7]　Planck M. Theory of Heat: being Volume V of "Introduction to Theoretical Physics"[M]. London: Macmillan, 1932.

[8]　Géza M(Meszena G), Hans V W(Westerhoff H V), Oscar S. Reply to Comment on "Non-equilibrium thermodynamics of light absorption"[J]. J. Phys. A: Math. Gen., 2000, 33: 1301-1303.

第 5 篇　热　力　循　环

第 18 章　热力循环组织及其性能评价方法

工程热力学的重要目的之一就是要设计出不同形式的高效率的热力设备,或制冷供热设备,以满足人们对电力和冷、热环境的需求。热力循环的性能评价标准,直接指导着热力循环的改进和发展,不同的评价体系导致热力循环设计朝着不同的方向发展。

18.1　组织热力循环的基本原则

热力循环是由不同过程组成的,基本的过程包括吸热过程、放热过程、做功过程(或耗功过程)和复位过程。吸热过程和放热过程通常在等压过程下实现,特别设计时可在等容积过程中实现。做功过程伴有工质的体积膨胀和压力降低,耗功过程通常使工质的体积缩小和压力提高。上述各种过程可重复使用。为了提高工质与外界热源热交换的做功能力,减少熵增,采用再热过程;为了回收工质排放的废热,采用工质自身不同状态的热交换的回热过程。

热力循环的组织是以能源的类型、循环的产出目的为出发点,根据能量平衡原则和投资性能比最优化原则进行设计。所谓设备投资性能比最优化原则是指在追求设备的做功最多(或耗功最省),即尽可能接近于理论最高效率的同时,要使设备相对简单,投资增加的部件有高的收益率。在进行热力循环能量平衡时,要绘制热力循环的流程图,编算流程中各点工质的压力、温度、比焓、比熵等状态参数和物流比,状态参数常在压焓图上查得;在进行效率分析时,应把循环各点状态在 $T\text{-}s$ 图上表示,或用 $T\text{-}q$ 图分析。

热力循环中常有的设备是换热器和工质输运设备、功热转换设备,例如:锅炉、汽轮机、燃气轮机、压缩机或泵、电热器、换热器。

18.2 热力循环的分类

热力循环是指进行热功转换的循环。以生产功为目的的各类动力机的循环,常称正向热力循环,简称热力循环;以制冷或制热为目的的需要消耗功的热力循环,称反向热力循环,简称反向循环。联合循环可以做到生产功、制冷、制热两两兼得或三者兼得,甚至还可生产出化工产品。

热力循环分类还可以工质循环方式区分为闭式循环和开放式循环,或是以工质获取热源的方式区分为外热源式和内热源式。热力循环粗略的分类如图 18.1 所示。

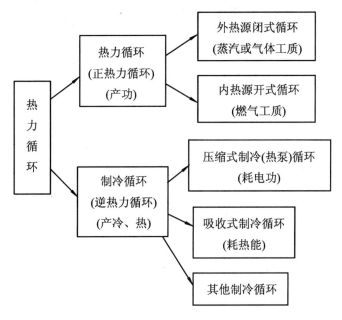

图 18.1 热力循环分类

外热源闭式循环有蒸汽工质的卡诺循环、朗肯循环、蒸汽过热朗肯循环、蒸汽回热循环、斯特林循环等。基本代表循环为朗肯循环。

内热源开式循环有燃气轮机(透平)开放式循环、活塞式内燃四冲程循环。后者又有迪塞(R. Diesel)等压燃烧循环,及其回热、低压再燃烧循环、奥托(Otto)等容积燃烧循环,以及混合燃烧循环等。

压缩式制冷(热泵)循环中的封闭式循环,使用专用制冷剂为工质,如氟利昂、氨等;其开放式的循环则以空气为工质,如空气液化和分离用到的林肯循环及各种新型的低压低温空气分离循环等。

吸收式制冷循环均以热能为驱动力,工质多用溴化锂-水溶液、氨-水溶液。

其他制冷循环有固体吸附式制冷、半导体制冷等。

为了更好地理解本章提出的热力循环组织及其性能评价原则,将在第 19 章、第 20 章、第 21 章特别列举一些重要热力设备及热力循环进行分析说明,着重应了解基本循环怎么组织、怎么分析和改进。虽然有些内容与工程热力学重复,但本书与实际的结合更紧密,更多地介绍最新热力循环,特别结合了有效能和不可逆损失来分析热力循环的特点。随着科学技术的发展,以及能源来源形式的变化、工质的变化,新的热力循环和制冷循环也不断地产生,因此,有必要从创新的角度,重新审视一下组织热力循环和制冷循环的基本思路,总结出一些必要的指导原则。

18.3　能量利用的效率与热力经济分析

1. 能量利用效率 η_e 的第一定律评价法则

基于能量在数量上守恒的观点,通常用能量利用效率来评价热工设备的热力性能和经济指标。能量利用效率,也称热效率,定义为

$$能量利用效率 = \frac{收益的能量}{付出消耗的能量} \tag{18.1}$$

用数学式表示为

$$\eta = \frac{Q_{output}}{Q_{input}} \tag{18.2}$$

或

$$COP = \frac{收益的热量或冷量}{输入的电功或热量} \tag{18.3}$$

式中,η 为热力设备的热效率,仅是从能量数量上考察的能量利用效率;Q_{output} 和 Q_{input} 分别表示所获得的能量和所付出的能量,它不区分收益和消耗的热量的品种,不论是电功,还是热量,也不区分热量的温度高低,只论其收益能量的量与消耗能量的量的比值,其评价标准是以热力学第一定律为依据的;COP 为装置的性能系数(Coefficient of Performance),也常用来度量能量的利用效率,多数用在制冷和热泵装置上,制冷设备的能量利用效率用 COP_c 表示,也常用制冷系数 ε_c 表示,热泵设备的能量利用效率用 COP_h 表示,也常用热泵供热系数 ε_h 表示。

传统的式(18.1)的热力经济评价标准,虽然能对同类热力设备投入的能量的利用程度进行比较,可以一目了然地反映出热工设备的收益能量与消耗能量之比,但它有以下几点不足:

(1) 未能评价不同种类热力设备的性能的差别。例如,① 燃油供暖系统的热效率 $\eta =$ 70%;② 电热供暖装置的热效率 $\eta = 95\%$;③ 热力发电厂的热效率 $\eta = 48\%$;④ 制冷机的制冷系数 $\varepsilon_c = 2.8$;⑤ 热泵的供热系数 $\varepsilon_h = 3.2$ 等。依据式(18.1)定义的热效率标准,表面上看,电热供暖装置的热效率 $\eta = 95\%$ 高于燃油供暖系统的热效率 $\eta = 70\%$,就会得出电热供暖装置的热力性能好的错误结论,或误认为热泵的实际热效率最好。

(2) 没有学过热力学第二定律的人容易产生误解,似乎制冷与热泵收益的热量大于投入的功能是违背能量守恒定律的,或一看到 COP 达到 3 就很满足了。

（3）最重要的是不能反映同类设备实际效率与理想效率之比，因而不能清晰地揭示这种设备的不足和改进的潜力。这些不足之处归根于其能量利用的评价标准只反映了能量在"数量"方面被利用的比例，而不能直接反映出能量在"品位"方面所利用的程度。

2. 能量利用效率 η_u 的第二定律评价法则

为了弥补式(18.1)定义的能量热效率评价标准的不足，人们逐步认识到应当注意能量在"质量"上的被利用程度。所谓能量在质量上被利用的程度，实际上是指能量中的有效能有多少份额被利用变成有用功。由于一切实际过程中不可避免地或多或少都存在着不可逆性，因此输入能量中的有效能就不可能全部被利用都变成有用功，其中必定产生一定量的有用功损失。对于有效能利用程度的评价，通常用热力完善度和㶲效率作为判断指标。这两个指标虽然名称不一，但都是从热力学第二定律出发的，所以实质是一致的，也可称是能量利用效率 η_u 的第二定律评价法则。其表述式为

$$产功装置的热力完善度 = \frac{实际过程输出的有用功}{可逆过程输出的有用功} \tag{18.4}$$

$$耗功装置的热力完善度 = \frac{可逆过程输入的有用功}{实际过程输入的有用功} \tag{18.5}$$

热力完善度，也称有效能效率或㶲效率，用 η_u 表示。

对于产功装置的 η_u 可表示为

$$\eta_u = \frac{W_{I,output}}{W_{R,output}} = \frac{W_u}{W_{u,max}} = \frac{E_{u1} - E_{u2} - T_0 \Delta S_g}{E_{u1} - E_{u2}} \tag{18.6}$$

即

$$\eta_u = 1 - \frac{T_0 \Delta S_g}{E_{u1} - E_{u2}} \tag{18.7}$$

式中，ΔS_g 为系统与环境共同组成的孤立系的不可逆过程引起的熵增；W_u 为系统从平衡状态 1 变化至平衡状态 2 时实际利用的有用功；$W_{u,max}$ 则为可逆过程的最大有用功。

对于获取热量、冷量为目的的耗功装置，可以表示为在相同收益冷量或热量时理想的输入功与实际的输入功之比，即

$$\eta_u = \frac{W_{R,in}}{W_{I,in}} = \frac{W_{u,max}}{W_{I,in}} \tag{18.8}$$

式中，$W_{I,in}$ 为实际输入功，可以直接测得；$W_{R,in}$ 为可逆过程输入功，$W_{R,in} < W_{I,in}$。耗功装置在许多场合下是产生热量或冷量，因此 $W_{R,in}$ 需用逆卡诺热机循环的方法把得到的热量或冷量折算为当量功来表示，$W_{R,in} = W_{u,max}$。

18.4　热力完善度和有效能分析法

1. 有效能分析法

由上节可知，用热力完善度可以更好地表现热力装置或系统对能量品质的利用效率。热力完善度也可以通过有效能的分析方法，即㶲分析方法计算。用有效能(㶲)分析方法时定义有效能效率 η_u 为

$$\eta_{\text{u}} = \frac{E_{\text{u,利用}}}{E_{\text{u,投入}}} = \frac{e_{\text{u,利用}}}{e_{\text{u,投入}}} \tag{18.9}$$

式中，$E_{\text{u,利用}}$ 和 $E_{\text{u,投入}}$、$e_{\text{u,利用}}$ 和 $e_{\text{u,投入}}$ 分别表示一个热力系统或装置在所进行的过程中，被利用（或收益）和投入（或消耗）的有效能及比有效能。被利用的有效能可由投入的有效能减去损失的有效能算出，即

$$E_{\text{u,利用}} = E_{\text{u,投入}} - E_{\text{u,损失}} \tag{18.10}$$

所以，式(18.9)又可表示为

$$\eta_{\text{u}} = 1 - \frac{E_{\text{u,损失}}}{E_{\text{u,投入}}} \tag{18.11}$$

式中，有效能损失（㶲损失）项 $E_{\text{u,损失}}$ 包括系统排放到环境中的热量和由物质带走而没有被利用的有效能 $E_{\text{u,损失,q}}$ 和 $E_{\text{u,损失,m}}$，以及系统不可逆过程所损失的有效能 $E_{\text{u,ir}}$，即

$$E_{\text{u,损失}} = E_{\text{u,损失,q}} + E_{\text{u,损失,m}} + E_{\text{u,ir}} \tag{18.12}$$

锅炉的排烟、燃气轮机的排气、蒸汽轮机冷凝器排放的冷却水等是常见系统外部的有效能损失。当这些排烟、排气、排水离开系统时，虽然都具有一定的有效能值，但往往难以利用而被排放到环境中损失掉了。此外，在系统向外界输出的有用功中，由于耗损而未加利用的那部分功量也属于系统外部的有效能损失。在从全局上考虑能量的合理利用时，不仅要努力减少系统的内部有效能损失，而且要设法避免系统外部的有效能损失。

因此，有效能效率可以通过有效能平衡方程找出上述各项。任何热力系统在实际过程中总有不可逆损失，因此，有效能是不守恒的，总是在减少。所以通常要在有效能平衡方程中加上一项系统不可逆过程损失的有效能项 $E_{\text{u,ir}}$。$E_{\text{u,ir}}$ 也可用不可逆损失比功 w_{ir} 表示为

$$E_{\text{u,ir}} = m e_{\text{u,ir}} = m w_{\text{ir}} \tag{18.13}$$

2. 有效能平衡方程

有效能平衡方程定义为：进入系统的各种有效能量的总和，应该等于系统内部有效能量的变化、离开系统的各种有效能量以及系统内各种不可逆因素产生的有效能损失的总和，即

$$\sum (E_{\text{u,in}})_i = \Delta E_{\text{u}} + \sum (E_{\text{u,out}})_j + \sum E_{\text{u,ir},k} \tag{18.14}$$

式中，$(E_{\text{u,in}})_i$ 为进入系统的第 i 种能量的有效能量；$(E_{\text{u,out}})_j$ 为离开系统的第 j 种能量带出的有效能量；ΔE_{u} 为系统的有效能变化量；$E_{\text{u,ir},k}$ 为第 k 种不可逆因素产生的有效能损失，$\sum$ 为求和号。

比有效能平衡方程为

$$\sum (e_{\text{u,in}})_i = \Delta e_{\text{u}} + \sum (e_{\text{u,out}})_j + \sum T_0 \Delta s_{\text{g},k} \tag{18.15}$$

孤立系的有效能平衡方程为

$$\left. \begin{array}{l} \Delta E_{\text{u,iso}} + \sum T_0 \Delta S_i = 0 \\ \Delta E_{\text{u,iso}} \leqslant 0 \end{array} \right\} \tag{18.16}$$

在不可逆过程中系统的有效能是不守恒的，有效能平衡方程只是在实际补充了不可逆过程的有效能损失量时才可平衡。由于随热量、物流进出系统的有效能量都可以根据能量平衡方程计算得到，因此，过程的不可逆有效能损失量就能从有效能平衡方程求出。

从式(18.9)可以看出，在确定有效能效率，简称有效率时必须准确地确定系统或过程中的收益有效能 $E_{\text{u,收益}}$ 和耗费的有效能 $E_{\text{u,净付出}}$。一个系统的输入有效能不一定就是净付出（消耗了）的有效能，输出的有效能不一定就是收益有效能。例如，锅炉给水的有效能并没被

消耗,它不能进行转化,只是在计算产出水蒸气所收益的有效能时,应记住要扣除注入水的有效能;又例如,从烟囱排出的烟气中所含的有效能不是收益有效能。哪些有效能组成耗费有效能,哪些有效能组成收益有效能,要视各类热工设备或装置而定,即使对于一个具体的热工设备,也要视所研究的目标和当时的工作条件而作具体分析。只有把收益有效能和净付出(耗费了)的有效能准确地计算出来了,才能进而得出该系统或过程的有效能效率(烟效率)。对于不同的研究对象,烟效率可以有不同的表达式。

对于实际的热力系统来说,由于热力过程中总是存在着不可逆性,从而内部有效能损失无法避免,所以其有效率总是小于 1。若再考虑热力系统存在的系统外部的有效能损失,则有效能效率更低。有效能效率偏离 1 越远,说明有效能损失越大。因此,有效能利用效率的大小指示着改善能量利用的可能性,可以指导人们通过用恰当的过程或改进设备等措施来减少有效能损失,提高有效能的利用程度。但是也应当看到减少有效能的损失需要付出一定的代价,如增加设备投资等。

例 18.1　在闭口系内 0.05 kg 的空气进行如下四个可逆过程组成的循环。过程 1-2,由 0.1 MPa、4.4 ℃等熵压缩至原容积的 1/6;过程 2-3,等体积加热至 833 K;过程 3-4,等熵膨胀至初始体积;过程 4-1,等容冷却至初始状态。环境温度 4.4 ℃,空气的定体积比热容 c_V = 0.715 7 kJ/(kg·K),且为定值。计算该循环的热效率和热力完善度。

解　做例 18.1 的 p-V 图和 T-s 图,如图 18.2(a) 和 18.2(b) 所示。把空气视为理想气体,在等熵过程中据体积变化算出点 2 和点 4 的温度 T_2 和 T_4,有

$$T_2 = T_1 (V_1/V_2)^{\gamma-1} = (4.4 + 273.15) \text{ K} \times (6)^{0.4} = 568.3 \text{ K}$$

$$T_4 = T_3 (V_3/V_4)^{\gamma-1} = T_3 (V_2/V_1)^{\gamma-1} = 833 \text{ K} \times (1/6)^{0.4} = 406.8 \text{ K}$$

在封闭系的过程 2-3 和过程 4-1 中第一定律适用,可确定的吸热量和放热量为

$$Q_{23} = U_3 - U_2 + W = mc_V(T_3 - T_2) + 0$$
$$= 0.05 \text{ kg} \times 0.715 \text{ 7 kJ/(kg·K)} \times (833 \text{ K} - 568.3 \text{ K}) = 9.472 \text{ kJ}$$

$$Q_{41} = U_1 - U_4 + W = mc_V(T_1 - T_4) + 0$$
$$= 0.05 \text{ kg} \times 0.715 \text{ 7 kJ/(kg·K)} \times (277.55 \text{ K} - 406.8 \text{ K}) = -4.625 \text{ kJ}$$

循环所做的功据第一定律为

$$W = \oint \mathrm{d}W = \oint \mathrm{d}Q = Q_{23} + Q_{41} = 9.472 \text{ kJ} - 4.625 \text{ kJ} = 4.847 \text{ kJ}$$

过程 2-3 的吸热量中无效能和有效能分别为

$$Q_{\text{n},23} = T_0(S_3 - S_2) = T_0 \int_{2\text{rec}}^3 \frac{\mathrm{d}Q}{T} = T_0 \int_{2\text{rec}}^3 \frac{mc_V \mathrm{d}T}{T} = T_0 mc_V \ln \frac{T_3}{T_2}$$

$$= (273.15 + 4.4) \text{ K} \times 0.05 \text{ kg} \times 0.715 \text{ 7 kJ/(kg·K)} \ln \frac{833 \text{ K}}{568.3 \text{ K}} = 3.799 \text{ kJ}$$

$$Q_{\text{u},23} = Q_{23} - Q_{\text{n},23} = 9.472 \text{ kJ} - 3.799 \text{ kJ} = 5.673 \text{ kJ}$$

注意到 $S_4 - S_1 = S_3 - S_2$,过程 2-3 与过程 4-1 的无效能相等,即 $E_{\text{n},23} = E_{\text{n},41}$。

$$Q_{\text{u},41} = Q_{41} - Q_{\text{n},41} = -4.625 \text{ kJ} - (-3.799 \text{ kJ}) = -0.826 \text{ kJ}$$

循环的热效率为

$$\eta_\text{t} = \frac{W}{Q_{23}} = \frac{4.847 \text{ kJ}}{9.472 \text{ kJ}} = 0.512$$

输入能 Q_{23} = 9.472 kJ,输出功 W = 4.847 kJ,排到环境的热量为 Q_{41} = 4.625 kJ,占吸入热量的 48.8%。热力完善度为

$$\eta_u = \frac{W}{E_{u,23}} = \frac{4.847 \text{ kJ}}{5.673 \text{ kJ}} = 0.854$$

输入有效能 $E_{u,23} = 5.673 \text{ kJ}$,得到有效能 $W = 4.847 \text{ kJ}$,排出热量中含有效能 $E_{u,损失,q} = 0.826 \text{ kJ}$,占总吸入有效能的 14.6%。这说明排出的能量中也有没起作用的有效能。图 18.2(c) 为循环各过程的能流分析图。

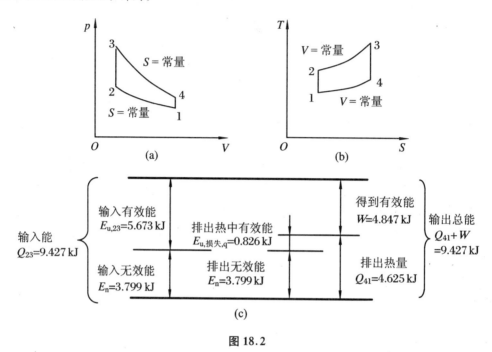

图 18.2

18.5 电热冷联供与最大经济利益分析法

为了追求能量的最有效利用,提出了对热力设备的热利用率和热力完善度两个评判标准,但是在热电冷联供或多联产的系统中,究竟热电的比例应如何分配,该用哪种评判原则呢?追求热利用率最大或追求热力完善度最大都不是最佳的选择,根据市场经济规则只能是以最大经济收益率作为评价标准。最大经济收益率分析是十分复杂的系统工程,需要有专门的经济学和管理知识,此处只讨论投入能量用了多少钱,经能量转换后产出的能量能获得多少的收益,所以定义能量的经济收益率为

$$能量的经济收益率 = \frac{所获得能量的经济收益}{所付出的能量的金额} \tag{18.17a}$$

或

$$\eta_e = \frac{B}{A} = \frac{\sum x_i(b_i - c_i)}{a} \tag{18.17b}$$

式中,η_e 为能量的经济收益率;A 为所付出能量的金额,$A = Ma$,a 为原始投入的单位热量

或电能的价格,如 1 t 煤,1 t 汽油,1 度电或 1 kJ 的热量的价格,通常可折算为 1 kJ 的能量的价格,单位为元/kJ;M 为投入能量的总额,单位为 kJ;B 为经转化后生产的能量的收益,b_i 为经转化后的某个品种能量的单价,单位为元/kJ;c_i 为生产该品种能量所需设备的折旧费和人工费等除原料以外的成本,单位为元/kJ;x_i 为单位投入的能量所能生产的第 i 品种能量的份额。$x_i = M_i/M$,M_i 为生产第 i 品种能量数量,单位为 kJ。如果是在热电联供中,投入是由煤或油燃烧生成的热量,设燃烧后最高温度达到 $T_1 = 2\,000$ K。从高温炽热气体吸热,必然伴随有高温气体的温度下降,因此,该热力设备的热源是变温源。其次要注意到,高温的热量可以产生更多的电能,因此应尽可能利用高温热量发电。此外,还要注意到电价要高于热能价格,一般来说会认为越多地生产电能越好。但要注意到换热设备的费用将与传热的温差成反比,某种意义上也可认为与有效能的损失 $E_{u,损失}$ 成反比,因此过分追求有效能的充分利用和发电率的提高将造成设备成本急剧增加。最后还有一点,当发电所用热量使高温气体降低到 T_2,且 $T_2 < T_a$(T_a 为所需用热的温度低限)时,热量供应将为零,因为温度低于 T_a 的热量是没有使用价值的。所以,T_2 的选择也是很重要的,即 η_c 的选择也是很重要的。

图 18.3 为能量经济收益定性分析图,左纵轴为经济收益,右纵轴为经济收益率,横轴表示有效能利用的程度,即热力完善度 η_u。随着电收益的增加,热收益减小;总效益 η_c 以全供热为起点,随发电量增加而增大,但到一定程度后反而会下降,这是因设备费急剧增加,以及热量温度过低而没有使用价值所导致的。热力完善度的最大值 $\eta_{u,max}$ 用下式确定:

$$\eta_{u,max} = 1 - \frac{T_0(S_0 - S_1)}{h_1 - h_2} \tag{18.18}$$

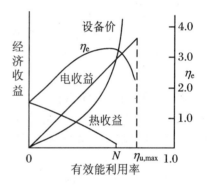

图 18.3　热电联供经济效益分析示意图

上式的参数可以用热源烟气的状态参数确定。当烟气传热给锅炉内的水蒸气时,热力完善度 η_u 按式(18.9)或式(18.11)计算。

图中横轴上点 N 为对应于用热量所需温度 T_2 时的有效能利用率,忽略热量损失时它等于燃气自温度 T 降至 T_2 时所释放的有效能率,即 $1 - T_2/T$,也是供热可能附加经济收益的系统有效能利用率的极限值,因为横轴上大于点 N 时,产出的热量都没有利用价值,只是废热,还得消耗代价排放到空气中。热量的利用量总是小于总投入热量与电功量的差值,因为系统总有热损。热电冷联供的最佳经济效益点不在有效能利用最大值点。

18.6　环境和谐综合平衡分析法

人类的一切活动应当保证在可持续发展的前提下开展,热力设备在能源转化过程中不可避免地会改变状况。例如燃煤发电,会排放热量给大气或河水,会使大气中二氧化碳增加,产生温室效应,从而使地球气候变坏,干旱洪水灾害频繁发生,排放的二氧化硫等有害气体危害人的身体健康,因此,热力设备的性能优劣应当增加一条环保性能的指标,以保护生态环境免受污染或破坏。

环保性能的指标目前尚未有很恰当的定义方法,但最终会归纳到新增的环保设备费或应当支付的恢复环境所应承受的费用上。假定这笔费用折算为每产出有用的单位焦耳能量所应当消耗的环保费为 d_i 元/J,则考虑了环保的综合平衡效率 η_m 为

$$\eta_m = \frac{B}{A} = \frac{\sum x_i (b_i - c_i - d_i)}{a}$$ (18.19)

对于恢复环境的费用计算值得研究。从热力学的角度看,环境的污染会使环境的熵增大,热量的混合、有害气体进入空气的混合,都会使大气的熵增大。要恢复环境把混合物分离出来需要付出极大的代价,如果去计算分离功,那么可能产出的功都不够用,因此一定要避免掺混,一定要在高浓度时对有害物进行处理和回收,这时付出的代价是有限的。科学工作者一定要记住这一点! 环境保护要在未污染之前进行。

18.7　主要热力设备的热力性能评价

热力循环中包括有吸热、放热、做功、耗功、能量形式转换和能量、工质输运的各热力设备,例如锅炉、汽轮机、燃气轮机、压缩机或泵、电热器、换热器,它们的热力性能是构成热力循环性能的基础。本节介绍若干主要热力设备的热力性能分析与评价方法。

1. 锅炉

(1) 锅炉的能量平衡分析

锅炉是把矿物燃料的化学能通过燃烧的方式转为工质热能的设备,图 18.4 为锅炉的工作示意图。锅炉是热电厂中如同人体心脏一样重要的设备,其工作过程包含了燃料的燃烧放热过程,牵涉到燃料化学能转化为以空气为主的燃气热能,再转化为水蒸气的热力学能。锅炉的能量平衡方程为

$$\dot{m}_f H_{fL} + \dot{m} h_0 + \dot{m}_a h_a = \dot{m} h_1 + \dot{m}_g h_g + \dot{m}_s h_s + \dot{m} q_L$$ (18.20)

式中,$\dot{m}_f$ 为燃料的消耗率,单位为 kg/h;H_{fL} 为燃料的低发热量,单位为 kJ/kg;$\dot{m}$ 为单位时间产生的蒸汽量,单位为 kg/h;h_0 为锅炉给水的比焓,单位为 kJ/kg;h_1 为离开锅炉的蒸汽比焓,单位为 kJ/kg;$\dot{m}_a$ 为对应于 $\dot{m}_f$ 燃料所需的单位时间空气流量,单位为 kg/h,它由第19章的化学计量方程确定;h_a 为空气的比焓;$\dot{m}_g$ 为烟气流量,单位为 kg/h;h_g 为烟气的比焓,由进烟囱口的温度 T_g 确定;$\dot{m}_s$ 为单位时间的炉渣量,单位为 kg/h;h_s 为炉渣的比焓,由炉渣的温度 T_s 确定;q_L 为产生每 kg 蒸汽时锅炉的漏热损失,单位为 kg/h。锅炉的能量流程图如图 18.5 所示。

锅炉效率 η_B 定义为锅炉产生的蒸汽所接受的热量与供给锅炉的燃料的燃烧热之比:

$$\eta_B = \frac{\dot{m}(h_1 - h_0)}{\dot{m}_f H_{fL}}$$ (18.21)

燃料、空气、烟气、炉渣的质量有守恒关系为

$$\dot{m}_f + \dot{m}_a = \dot{m}_g + \dot{m}_s$$ (18.22)

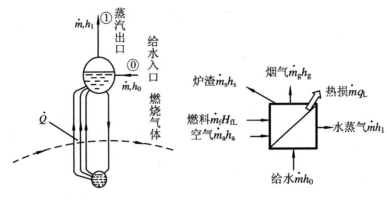

图 18.4　锅炉　　　　　图 18.5　锅炉的能量流程图

给水和产生的蒸汽量在稳定态时应相等。那么,从热平衡方程也可以导出反算法的锅炉热效率计算式为

$$\eta_B = 1 - \frac{\dot{m}_g h_g + \dot{m}_s h_s}{\dot{m}_f H_{fL}} \tag{18.23}$$

根据式(18.23)可知,锅炉热效率一定小于 1,如果炉膛的烟气温度是 1 630 ℃,排出烟气温度为 130 ℃,空气温度为 30 ℃,至少排出烟气就损失 6.7% 的热量。普通锅炉的热效率很低,有的仅为 50%~60%,而在卡诺循环和内燃机循环中工质吸收的热量与燃料的燃烧热之比的效率为 100%,因此普通锅炉热效率还有很大的改善余地。改善锅炉的热效率的方法可以从能量平衡方程式(18.23)看出,首先是减少排出的烟气和热炉渣带走的热量,其次是减少锅炉装置对环境的散热损失。因此,大型锅炉通过安装给水预热装置和省煤器等,回收部分排出烟气的热量,可使 η_B 达到 90%。

(2) 锅炉的有效能分析

锅炉的热效率达到了 90% 是否就意味着锅炉的设计就很好了呢? 我们通过对锅炉的有效能分析就可以解开这个谜。锅炉的有效能流程图如图 18.6 所示。

锅炉的有效能方程为

$$\dot{m}_f e_{u,fL} + \dot{m} e_{u,0} + \dot{m}_a e_{u,a} = \dot{m} e_{u,1} + \dot{m}_g e_{u,g} + \dot{m}_s e_{u,s} + \dot{m} e_{u,qL} + \dot{m} e_{u,ir}$$

$$\tag{18.24}$$

式中,$e_{u,fL}$、$e_{u,0}$、$e_{u,a}$、$e_{u,g}$ 和 $e_{u,s}$ 分别为燃料(低热值)、进水、空气、烟气和炉渣的比有效能;$e_{u,1}$ 为出口蒸汽的比有效能;$e_{u,qL}$ 为对 1 kg 蒸汽而言锅炉除烟气和炉渣以外热损所带走的比有效能;$e_{u,ir}$ 为对 1 kg 蒸汽而言锅炉内部不可逆性造成损失的比有效能;以上各项单位都是 kJ/h。当取环境温度等于进口空气温度时,进口空气有效能为 0,于是由式(18.24)导出的正算法的锅炉有效率计算式为

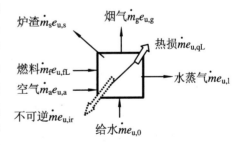

图 18.6　锅炉的有效能的流程图

$$\eta_{u,B} = \frac{\dot{m}(e_{u,1} - e_{u,0})}{\dot{m}_f e_{u,fL}} \tag{18.25}$$

反算法的锅炉有效率计算式为

$$\eta_{u,B} = 1 - \frac{\dot{m}_g e_{u,g} + \dot{m}_s e_{u,s} + \dot{m} e_{u,qL} + \dot{m} e_{u,ir}}{\dot{m}_f e_{u,fL}} \tag{18.26}$$

利用反算法的算式的分项计算可以弄清各个渠道损失的有效能比例数,以便于改进设计。因此,反算法的有效率计算式在分析中使用更方便。

燃料的能量是化学能,其蕴藏能量可用氧弹量热计测定,氧弹量热计测得的燃料热值包含燃料氧化反应生成的水蒸气凝结热,是燃料高热值,用 H_{fH} 表示。在锅炉中,为了防止结露损坏设备,一般不能把烟气温度降低到 100 ℃ 以下,所以燃料氧化反应生成的水蒸气凝结热不能利用,而采用不含燃料氧化反应生成的水蒸气凝结热的燃料的低发热量用 H_{fL} 表示,单位为 kJ/kg。但是燃料的有效能需要确定。

燃料的有效能 $e_{u,fL}$ 可根据第 15 章的式(15.75a)～式(15.77b)计算。燃气是燃烧生成的一种混合物,它的焓、熵及其有效能可根据第 15 章的式(15.78)～式(15.82b)计算。当计算出燃料和燃气的有效能值,即可利用式(18.25)或式(18.26)计算锅炉的有效能效率。

(3) 锅炉的不可逆损失分析

锅炉有效能分析中的锅炉内部不可逆性 $e_{u,ir}$ 项,包括了燃料燃烧不可逆损失和燃气传热给工质时的不可逆损失两部分。第 15 章已讨论了燃烧不可逆损失,见式(15.85)。燃气传热给工质过程的不可逆损失,其原则上可以由燃烧平衡温度的燃气变为烟气的有效能值与锅炉工质得到的有效能值之差,再减去锅炉的热量损失带走的有效能而得到。但是,燃烧和传热是同时进行的,严格区分燃烧和传热的不可逆损失是很困难的。

例 18.2 已知某锅炉给水为饱和水,$T_0' = 300$ K,$h_0' = 112.6$ kJ/kg、$s_0' = 0.393\,0$ kJ/(kg·K);出口蒸汽 $p_1 = 17.5$ MPa、$T_1 = 850$ K,$h_1'' = 3\,495.1$ kJ/kg、$s_2'' = 6.513\,0$ kJ/(kg·K);$\dot{m} = 1$ kg/s、$H_{fL} = 30\,000$ kJ/kg、$\dot{m}_f = 0.125$ kg/s、$\dot{m}_a = 1.5$ kg/s、$\dot{m}_g = 1.615$ kg/s、$\dot{m}_s = 0.01$ kg/s,烟气比热取 $c_{p,g} = 1.2$ kJ/(kg·K)、$c_{p,s} = 2$ kJ/(kg·K),烟气温度 $T_g = 420$ K,热损的等效温度取近似于饱和水的温度 $T_s = 478$ K,炉渣温度取 400 K,环境温度 $T_0 = 280$ K。

求:(1) 锅炉的热效率;(2) 锅炉的热损量;(3) 锅炉的烟气的最高温度;(4) 锅炉的热效率;(5) 烟气的有效能损失;(6) 热损的有效能损失;(7) 锅炉的烟气的有效能;(8) 分析锅炉的不可逆性损失的因素,并给出主要因素损失的有效能。

解 (1) 锅炉的热效率,据式(18.21)

$$\eta_B = \frac{\dot{m}(h_1 - h_0)}{\dot{m}_f H_{fL}} = \frac{1\,\text{kg/s} \times (3\,495.1\,\text{kJ/kg} - 112.53\,\text{kJ/kg})}{0.125\,\text{kg/s} \times 300\,000\,\text{kJ/kg}} = 0.902 \tag{a}$$

(2) 锅炉的热损量,据式(18.20)和取 300 K 为烟气和炉渣焓为起算值 0,焓用比热容和温差的乘积计算,得

$$\begin{aligned}
\dot{m}q_L &= \dot{m}_f H_{fL} + \dot{m}_a h_a - \dot{m}(h_1 - h_0) - \dot{m}_g h_g - \dot{m}_s h_s \\
&= \dot{m}_f H_{fL} + \dot{m}_a h_a - \dot{m}(h_1 - h_0) - \dot{m}_g c_{p,g}(T_g - T_0) - \dot{m}_s c_{p,s}(T_s - T_0) \\
&= 0.125\,\text{kg/s} \times 30\,000\,\text{kJ/kg} + 1.5\,\text{kg/s} \times c_p \times 0 \\
&\quad - 1\,\text{kg/s} \times (3\,495.1\,\text{kJ/kg} - 112.53\,\text{kJ/kg}) \\
&\quad - 1.615\,\text{kg/s} \times 1.2\,\text{kJ/(kg·K)} \times (420\,\text{K} - 280\,\text{K}) \\
&\quad - 0.010\,\text{kg/s} \times 2\,\text{kJ/(kg·K)} \times (500\,\text{K} - 280\,\text{K}) \\
&= 3\,750\,\text{kJ/s} + 0 - 3\,382.6\,\text{kJ/s} - 271.3\,\text{kJ/s} - 4.4\,\text{kJ/s} = 91.7\,\text{kJ/s} \tag{b}
\end{aligned}$$

（3）锅炉的烟气的最高温度

烟气提供的热量应等于水蒸气的焓增量，故有

$$T_{g,max} = T_g + \frac{\dot{m}(h_1 - h_0)}{\dot{m}_g c_p}$$

$$= 420\ K + \frac{1\ kg/s \times (3\ 495.1\ kJ/kg - 112.53\ kJ/kg)}{1.615\ kg/s \times 1.2\ kJ/(kg \cdot K)} = 2\ 165.4\ K \quad\quad (c)$$

（4）锅炉的有效率

据有效能定义式（4.30）和有效率式（18.22），考虑到给水和过热蒸汽在环境态的焓和熵相同，有

$$\eta_{u,B} = \frac{\dot{m}[e_{u,1} - e_{u,0}]}{\dot{m}_f e_{u,fL}} = \frac{\dot{m}[h_1'' - h_0' - T_0(s_1'' - s_0')]}{\dot{m}_f e_{u,fL}}$$

$$= \frac{1\ kg/s \times [3\ 495.1\ kJ/kg - 112.53\ kJ/kg - 280\ K \times (6.513 - 0.393\ 0)\ kJ/(kg \cdot K)]}{0.125\ kg/s \times 30\ 000\ kJ/kg}$$

$$= \frac{1\ 668.97\ kJ/kg}{3\ 750\ kJ/kg} = 0.445 \quad\quad (d)$$

（5）烟气的有效能损失率

$$\eta_{u,ir,g} = \frac{\dot{m}_g e_{u,g}}{\dot{m}_f e_{u,fL}} = \frac{\dot{m}_g c_p[(T_g - T_0) - T_0 \ln(T_g/T_0)]}{\dot{m}_f e_{u,fL}}$$

$$= \frac{1.615\ kg/s \times 1.2\ kJ/(kg \cdot K) \times [(420\ K - 280\ K) - 280\ K \times \ln(420\ K/280\ K)]}{0.125\ kg/s \times 30\ 000\ kJ/kg}$$

$$= \frac{51.3\ kJ/s}{3\ 750\ kJ/s}$$

$$= 0.013\ 7 \quad\quad (e)$$

（6）热损项的有效能损失率

$$\eta_{u,ir,L} = \frac{\dot{m}q_L[1 - \ln(T_s/T_0)]}{\dot{m}_f e_{u,fL}}$$

$$= \frac{1\ kJ/s\ 91.7\ kJ/s \times [1 - 280\ K \times \ln(487\ K/280\ K)]}{0.125\ kJ/s \times 30\ 000\ kJ/kg} = \frac{40.950\ kJ/s}{3\ 750\ kJ/s}$$

$$= 0.011 \quad\quad (f)$$

（7）锅炉的烟气的有效能的比率

$$\eta_{u,g,max} = \frac{\dot{m}_g e_{u,g}}{\dot{m}_f e_{u,fL}} = \frac{\dot{m}_g c_p[(T_{g,max} - T_0) - T_0 c_p \ln(T_{g,max}/T_0)]}{\dot{m}_f e_{u,fL}}$$

$$= \frac{1.615\ kg/s \times 1.2\ kJ/(kg \cdot K) \times [(2\ 165.4 - 280)\ K - 280\ K \times \ln(2\ 165.4\ K/280\ K)]}{0.125\ kg/s \times 30\ 000\ kJ/kg}$$

$$= \frac{2\ 543.9\ kJ/s}{3\ 750\ kJ/s} = 0.678\ 4 \quad\quad (g)$$

（8）锅炉的不可逆性因素

锅炉的不可逆性因素有燃烧自发过程，烟气对水加热存在温差的传热过程，锅炉烟气和高温水及水蒸气通过保温层的热损失等，排出烟气和炉渣带走的有效能不是不可逆损失的有效能。本例的锅炉总的有效能损失率为

$$\eta_{u,ir,B} = 1 - \eta_{u,B} = 1 - 0.445 = 0.555 \quad\quad (h)$$

其中，燃料燃烧过程的不可逆损失为

$$\eta_{u,ir,burn} = 1 - \eta_{u,g,max} = 1 - 0.678\,4 = 0.321\,6 \tag{i}$$

锅炉内烟气对水加热时因传热温差产生的不可逆造成的有效能损失为

$$\eta_{u,ir,Q} = \eta_{u,g,max} - \eta_{u,B} - \eta_{u,ir,g} - \eta_{u,ir,L} = 0.678\,4 - 0.445 - 0.013\,7 - 0.011 = 0.208\,7 \tag{j}$$

上式计算时忽略了炉渣排放的有效能损失。

通过本例分析,看清楚了锅炉内的有效能损失主要来自燃烧过程和烟气对水加热时的不可逆过程,设法提高锅炉水蒸气的压力是提高锅炉有效能利用率的最根本措施。

2. 蒸汽轮机

蒸汽轮机能把流动工质的焓转化为轴功输出,其工作示意图如图 18.7 所示。蒸汽轮机在定熵绝热膨胀过程中理论轴功率 N_T 为

$$N_T = \dot{m}(h_1 - h_2) \tag{18.27a}$$

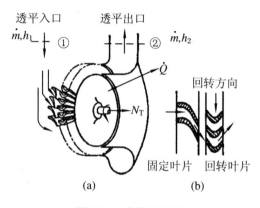

图 18.7 汽轮机(透平)

式中,h_1 为入口蒸汽比焓;h_2 为在定熵膨胀过程出口蒸汽的比焓。理论定熵膨胀比轴功 w_T 为

$$w_T = h_1 - h_2 \tag{18.27b}$$

汽轮机在热功转换过程的功能损失包括内部损失和外部损失。

内部损失包括:① 喷嘴损失;② 涡轮叶片根部涡流损失;③ 流出速度损失;④ 湿度损失;⑤ 内部漏(渗混)损失;⑥ 叶轮回转摩擦损失。

外部损失包括:① 轴承摩擦损失;② 油泵及调速器消耗的动力;③ 放热损失等。

当考虑高速气流对蒸汽轮机叶片的冲击摩擦和气流分子之间的摩擦的内部不可逆损失后,蒸汽轮机的能量平衡为

$$N_T' = \dot{m}(h_1 - h_{2'}) \tag{18.28a}$$

有内部摩擦不可逆损失时比轴功 w_T' 为

$$w_T' = h_1 - h_{2'} \tag{18.28b}$$

因为工质流动能摩擦转为热能,使得 $h_{2'} > h_2$。通常用等熵效率 η_T 描述蒸汽轮机的性能,表达式为

$$\eta_T = \frac{w_T'}{w_T} \tag{18.29}$$

w_T、w_T'、$h_1 h_2$ 和 $h_{2'}$ 的关系示意如图 18.8。

如果考虑汽轮机的外壳有热量损失,记 $\dot{Q}$ 和 q_L 分别表示单位时间蒸汽轮机的热损和比蒸汽质量的热损失量,则汽轮机的能量平衡方程为

$$\dot{m}h_1 - \dot{Q} = N_T'' + \dot{m}h_{2''}$$

或

$$w_T'' = h_1 - q_L - h_{2''}$$

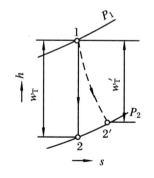

图 18.8 汽轮机(透平)的等熵效率

式中，N_T''、w_T'' 和 $h_{2''}$ 是考虑了热损失和摩擦不可逆损失两种情况影响后的汽轮机实际的轴功率、比轴功和出口蒸汽焓。显然，$N_T'' < N_T'$，$w_T'' < w_T'$。而 $h_{2''} < h_{2'}$ 是因为热量损失会使熵减少。考虑两种损失的汽轮机等熵效率为

$$\eta_T = \frac{w_T''}{w_T} = 1 - \frac{q}{h_1 - h_2} - \frac{h_{2''} - h_2}{h_1 - h_2} \tag{18.30}$$

由式(18.30)可知，汽轮机热量损失对汽轮机的效率影响也很大。

电厂中，从锅炉出口至汽轮机进口连接管路上的热量损失，使 h_1 减小，严重影响汽轮机输出轴功，其损失热量是以可做功焓值为代价的。所以，减少锅炉出口至汽轮机进口连接管路上的高品质热量损失极为重要。

3. 压缩机

压缩机为功能转为工质的压能和热力学能的设备，其等熵效率定义为

$$\eta_C = \frac{w_P}{w_P'} \tag{18.31}$$

式中，w_P 和 w_P' 分别为压缩机的理论比功和实际比功。对于压缩机等耗功装置，其不可逆损失在达到同样压缩比的情况下使耗功增大。图 18.9 为压缩机的过程(等熵)效率示意图。

4. 喷嘴和扩压管

喷嘴和扩压管在流动的变速和变压中的不可逆损失也可以用绝热过程效率表示。图 18.10(a)和图 18.10(b)分别为喷嘴和扩压管的工作示意图。喷嘴是通过以消耗工质压力能提高工质速度为目的的装置；扩压管则是把工质的速度能转为压能的装置。在绝热条件下，其能量平衡方程为

$$\frac{1}{2}(w_2^2 - w_1^2) = h_1 - h_2 \tag{18.32}$$

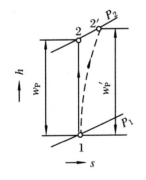

图18.9 压缩机的等熵效率

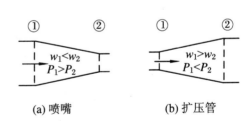

(a) 喷嘴   (b) 扩压管

图 18.10 喷嘴和扩压管

喷嘴的绝热效率(简称喷嘴效率)定义为

$$\eta_N = \frac{w_2'^2/2}{w_2^2/2} = \frac{h_1 - h_2'}{h_1 - h_2} \tag{18.33}$$

扩压管的绝热效率(简称扩压管效率)定义为

$$\eta_D = \frac{p_2' - p_1}{p_2 - p_1} \tag{18.34}$$

以上 η_T、η_C、η_N、η_D 都是各个相应设备的有效率的表达式。喷嘴和扩压管的效率如图 18.11所示。

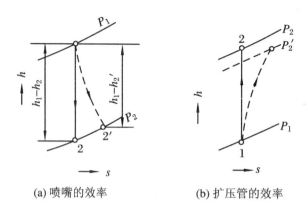

(a) 喷嘴的效率   (b) 扩压管的效率

图 18.11 喷嘴和扩压管的效率

5. 冷凝器和水预热器

在蒸汽动力循环中,冷凝器、给水预热器等热交换器是重要的设备。图 18.12 为冷凝器工作示意图。冷凝器通常假定在等压下工作,工质对环境(冷却水)放出的热流率 $\dot{Q}$ 为

$$\dot{Q} = \dot{m}(h_2 - h_1) \tag{18.35}$$

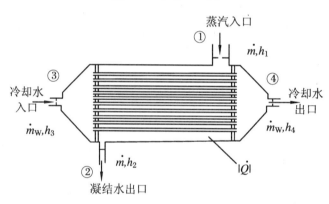

图 18.12 冷凝器

式中,$\dot{m}$ 为蒸汽的流率;h_1 和 h_2 分别为蒸汽进、出口的比焓。由于在冷凝器中蒸汽流动速度很慢,摩擦损失可以忽略,等压冷凝过程可近似看作可逆的。但是蒸汽与冷却水存在的温差传热是不可逆过程,对整个系统的性能有影响。很明显,如果冷凝器的换热性能好,且冷却水也可以有很大的流量,则蒸汽的凝结温度就会接近冷凝水入口的温度 T_3。T_3 一定低于 T_2,这就会使蒸汽的冷凝压力降低,使汽轮机因背压的降低而获得更大的膨胀功。这种汽轮机增大的功,在冷凝器中则表现为蒸汽凝结损失的有效能。因此,通过冷凝器的蒸汽的有效能损失分析法可以了解冷凝器对系统输出功的影响。

在蒸汽凝结以对应于 T_2 的饱和蒸汽压 $p_{s,2}$ 的等压进行时,冷凝器中水蒸气流量失去的有效能流量和失去的比有效能分别为

$$\dot{E}_{u,cond,L} = \dot{m}\left[(h_1 - h_2) - T_0(s_1 - s_2)\right] \tag{18.36a}$$

$$e_{u,cond,L} = (h_1 - h_2) - T_0(s_1 - s_2) \tag{18.36b}$$

假定冷凝器有很高的换热效率,蒸汽的理想冷凝温度可降低到接近于冷却水入口的温度 T_3,对对应于 T_3 的饱和蒸汽压 $p_{s,3}$,冷凝器中水蒸气失去的有效能流量和失去的比有效

能为

$$\dot{E}'_{u,cond,L} = \dot{m}\left[(h'_1 - h'_2) - T_0(s'_1 - s'_2)\right] \tag{18.37a}$$

$$e'_{u,cond,L} = (h'_1 - h'_2) - T_0(s'_1 - s'_2) \tag{18.37b}$$

式中，h'_1 和 h'_2 分别为冷凝器入口水蒸气和出口凝结水在温度 T_3 时的比焓值；s'_1 和 s'_2 分别为冷凝器入口水蒸气和出口凝结水在温度 T_3 时的比熵值。冷凝器的㶲效率则可定义为

$$\eta_{u,cond} = \frac{\dot{E}'_{u,cond,L}}{\dot{E}_{u,cond,L}} \tag{18.38a}$$

$$\eta_{u,cond} = \frac{\dot{e}'_{u,cond,L}}{\dot{e}_{u,cond,L}} \tag{18.38b}$$

例 18.3 假设通过凝结器的蒸汽流量为 $\dot{m} = 1$ kg/s，因为温差的存在，蒸汽的冷凝温度为 $T_3 = 300$ K，冷凝饱和压力为 $p_{s,2} = 3.534\,1$ kPa，对应的 $h_1 = 2\,550.7$ kJ/kg，$h_2 = 118.53$ kJ/kg，$s_1 = 8.519\,7$ kJ/(kg·K)，$s_2 = 0.393\,0$ kJ/(kg·K)；而当凝结器的换热性能很好，蒸汽的冷凝温度降至冷却水进口温度 $T_3 = 290$ K 时，冷凝饱和压力为 $p_{s,3} = 1.918\,6$ kPa，对应的 $h'_1 = 2\,532.4$ kJ/kg，$h'_2 = 70.71$ kJ/kg，$s'_1 = 8.739\,6$ kJ/(kg·K)，$s'_2 = 0.251\,2$ kJ/(kg·K)；环境温度为 280 K。

求：(1) 冷凝器的㶲效率；(2) 因把冷凝器的换热性能提高到理想状态，相对于例 18.2 的装置的㶲效率(有效能效率)提高多少？

解 (1) 据式(18.36a)～式(18.38a)计算

$$
\begin{aligned}
\dot{E}_{u,cond,L} &= \dot{m}\left[(h_1 - h_2) - T_0(s_1 - s_2)\right] \\
&= 1\ \text{kg/s} \times \left[(2\,550.7 - 112.53)\ \text{kJ/kg} - 280\ \text{K} \times (8.519\,7 - 0.393\,0)\ \text{kJ/(kg·K)}\right] \\
&= 162.694\ \text{kJ/s}
\end{aligned} \tag{a}
$$

$$
\begin{aligned}
\dot{E}'_{u,cond,L} &= \dot{m}\left[(h'_1 - h'_2) - T_0(s'_1 - s'_2)\right] \\
&= 1\ \text{kg/s} \times \left[(2\,532.4 - 70.71)\ \text{kJ/kg} - 280\ \text{K} \times (8.739\,6 - 0.251\,2)\ \text{kJ/(kg·K)}\right] \\
&= 64.938\ \text{kJ/s}
\end{aligned} \tag{b}
$$

得冷凝器的㶲效率为

$$\eta_{u,cond} = \frac{\dot{E}'_u}{\dot{E}_u} = \frac{64.938\ \text{kJ/s}}{162.694\ \text{kJ/s}} = 0.399 \tag{c}$$

(2) 装置增加的有效能转为有用功率为

$$
\begin{aligned}
\Delta\dot{E}_{u,cond,L} &= \dot{E}_{u,cond} - \dot{E}'_{u,cond,L} = 162.694\ \text{kJ/s} - 64.938\ \text{kJ/s} \\
&= 97.756\ \text{kJ/s}
\end{aligned}
$$

经计算分析可知，尽管冷凝器效率做得很高，实际系统增加的有效能在整个锅炉装置中占据的收益是很少的，按例 18.2 的条件计算，装置增加的有效能转为有用功的比率仅为

$$\Delta\eta_u = \frac{\dot{m}\Delta e_{u,cond,L}}{\dot{m}_f e_{u,fL} - \dot{m}_a e_{u,a}} = \frac{97.756\ \text{kJ/s}}{3\,750\ \text{kJ/s}} = 0.026$$

水预热器与冷凝器有所不同，它是蒸汽直接加热水，是工质在内部进行的热交换，冷水与蒸汽在水预热器的热交换中可以看作没有热损失，但一定存在有效能的损失，即存在从高温蒸汽热能转为低温水热能时的有效能损失。其损失可据热量混合时的熵增来计算。水预热器实质是一种回热器，它把某过程排放的热量用于加热另外吸热过程的热量。如果是用尾段温度略高于 100 ℃ 烟气的热量来加热给水的省煤器，由于它是用低温热量替换了等额

燃料产生的高温热量,提高了燃料有效能的利用率,使热电厂发电效率提高,所以具有省煤功能。但是使用烟气加热给水,容易在换热器表面结露,使烟气中的 SO_2 气体溶于露水中,使换热器腐蚀损坏。因此,利用尾段烟气时一定要注意避免换热器表面结露情况的发生。

参 考 文 献

[1] 杨思文,金六一,孔庆煦,等. 高等工程热力学[M]. 北京:高等教育出版社,1988.

[2] 伊藤猛宏,西川兼康. 応用熱力学[M]. 東京:コロナ社,1983.

[3] 伊藤猛宏,山下宏幸. 工業熱力学[M]. 東京:コロナ社,1988.

第 19 章　蒸汽动力循环

为了更好地理解第 18 章提出的热力循环的组织原则,在第 19 章、第 20 章、第 21 章等特别列举了一些热力循环进行分析说明,应该着重了解基本循环怎么组织、怎么分析和改进。虽然有些内容与工程热力学略有重复,但本书与实际的结合更紧密,更多地介绍最新热力循环,特别结合了有效能和不可逆损失来分析热力循环的特点。这 3 章的内容是融会贯通的内容,是理论与实际联系的桥梁。对于学生最基本的要求是能把热力循环设备流程图转化为 T-s 图进行分析,并把 T-s 循环图还原为设备流程图;进一步则应能结合各自专业,进行较复杂热力循环的热平衡计算和有效率分析,当然这些工作有待在实际工作中逐步提高。

本章讨论蒸汽动力循环。蒸汽动力循环是最早出现且也是热电厂最基本的循环。

19.1　现代蒸汽发电厂的主系统流程

图 19.1 为蒸汽发电厂的物理模型图,燃料燃烧后给系统热量 Q_1,向大气排热 Q_2,做功 W。所用的设备有锅炉、蒸汽轮机、冷凝器、水泵及其他辅助设备等。

图 19.2 为现代蒸汽发电厂的主系统流程图。给水通过省煤器 E,被烟气废热加热后进入锅炉 B。而后水被燃料的燃烧热烟气加热沸腾成饱和蒸汽,再经过热器 S 进一步加热成过热蒸汽。在此,可以有一部分蒸汽用于辅助装置,大部分进入汽轮机 T_1。在汽轮机内蒸汽膨胀做功,这途中一度全部的蒸汽取出返回锅炉再过热。这个加热器称再热器。从再热器出来的蒸汽进入汽轮机 T_2,膨胀做功。汽轮机 T_2 和汽轮机 T_1 的转轴与发电机 G 的转轴连在一起,膨胀功变为电功。

另外从汽轮机的几处抽出蒸汽导入给水预热器 F_1、F_2、F_3。这部分蒸汽量一般占全蒸汽量的

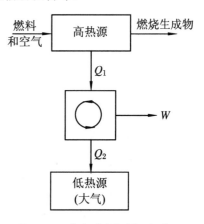

图 19.1　蒸汽动力机循环概念图

20%~30%。剩下的 70%~75% 的蒸汽若直接排放入大气,不仅浪费了贵重的净水,而

且能量利用也不经济。因此把排汽(也称乏汽)引入密闭的冷凝器 C 的管外,管内通过冷却水,低压湿蒸汽把热量给冷却水,凝结成水。这种冷凝器也称复水器。乏汽的压力取决于冷却水的温度,冷凝器的温差约为 9 ℃,冷却水温约为 25 ℃ 时,冷凝器内蒸汽压力为 0.005 3 MPa。冷凝器的真空度从能量利用点来说至关重要,但是难免有不凝性气体流入(质量比通常在0.03%~0.05%的量级),若不连续抽去这种不凝性气体,真空度会变坏。为此,附有蒸汽喷射器。从凝结器下部取出的凝结水积聚在热水箱 H 内,由回送水泵 CP 吸出,再经给水泵 FP 升压,可以送回锅炉 B,完成循环。但是为提高能量利用率,在送回锅炉 B 前还要经过几个给水预热器。首先,凝结水在预热器 F_3 的管内流过,管外的导入低压抽气,热交换后抽气的凝结水送到冷凝器的下部。D 为脱气器(脱氧器),在此为防止腐蚀要除去溶解在水中的氧气并使水温上升(氧气在水中的溶存量常温时为 6~10 cm^3/L,100 ℃ 时为 0.5 cm^3/L,高压锅炉的给水要求是 0.02 cm^3/L 以下)。脱氧器的构造是在密闭容器上部把给水以微粒化的形式喷入,在容器底部导入汽轮机的抽气。容器底部积留水,在激烈沸腾蒸发的同时把水中的气体分离了,上升的蒸汽还会使微粒给水蒸发。如此,被分离的气体在顶部被抽除。

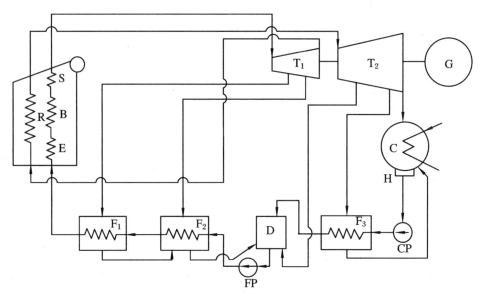

图 19.2　蒸汽发电厂主系统图

E.省煤器;B.锅炉;S.过热器;R.再热器;T_1.高压透平机;T_2.低压透平机;G.发电机;C.冷凝复水器;
H.热水箱;CP.回水泵;F_1、F_2 及 F_3 为高压、中压及低压给水预热器;D.脱氧器;FP.给水泵

给水在脱气器下部被水泵 FP 增压,分别经过中压和高压给水预热器 F_2、F_1 及省煤器后回到锅炉内。此时,给水温度已达 150~230 ℃。

省煤器可调节排放烟气的温度并回收烟气的热量,但省煤器中流过的给水温度已相当高,经省煤器热交换后烟气的温度仍相当高,有时还可用于预热空气,其热交换器称空气预热器。而后从烟囱排出烟气的温度为 150~170 ℃。回收烟气的温度应控制在 SO_2 和水蒸气作用生成亚硫酸蒸汽不能结露为限度,因此烟气排放的温度下限还与燃料的品质有关。

组织上述热力循环需要对循环的各节点和各换热器、汽轮机等进行能量平衡和物流平衡计算。在有限时间内要完成平衡,换热器必须有足够的传热温差和传热面积,以保证流程设计的能量交换的实现;泵要保证工质运输所需的量和压力。而后要对上述设计的参数进行系统性能分析,通过调整参数,完成最佳设计。

　　发电厂中使用的能源通常用固体、液体、气体的化石燃料,原子能反应堆产生的热量用液态金属作传热媒体。

　　蒸汽发电厂整体的效率:

$$\eta = \frac{3\,600\,N_{\mathrm{net}}}{\dot{m}_{\mathrm{f}} H_{\mathrm{fL}}} \tag{19.1}$$

式中,N_{net} 为净功率,单位为 kW;$\dot{m}_{\mathrm{f}}$ 为消耗的燃料量,单位为 kg/h;H_{fL} 为燃料的低发热量,单位为 kJ/kg;η 为蒸汽发电厂的热效率。N_{net} 有时被看作发电厂向发电机的输出功率,但通常是看作蒸汽动力装置与发电机联合的输出功率。若如此,发电厂的总效率应当是 $\eta_{\mathrm{p}}\eta_{\mathrm{d}}$,$\eta_{\mathrm{p}}$ 和 η_{d} 为蒸汽动力装置效率和发电机效率。

　　实际发电厂的效率 η 仅为 40% 左右,现代高压大锅炉大型热电厂的效率可以接近50%。为何发电厂的效率如此低,有没有提高的余地,可提高多少?为此,有必要首先对 η 的构成,主要应针对 η_{p} 蒸汽动力装置效率进行分析,而后讨论其理论上理想的效率值。

　　如果把发电厂的效率 η 看作产生蒸汽的锅炉效率 η_{B} 和蒸汽动力循环实际净热效率 η_{the} 两部分构成,即

$$\eta = \eta_{\mathrm{B}}\eta_{\mathrm{the}} \tag{19.2}$$

式中,锅炉效率 η_{B} 已在式(18.24)中定义了;蒸汽动力循环实际净热效率 η_{the} 为

$$\eta_{\mathrm{the}} = \frac{3\,600\,N_{\mathrm{net}}}{\dot{m}(h_1 - h_0)} \tag{19.3}$$

式中,$\dot{m}(h_1 - h_0)$ 为锅炉输出功率。应当注意到,净输出功是汽轮机输出的轴功扣除给水泵功等的动力循环的实际功。因此,η_{the} 要比理想的理论循环热效率 η_{th0} 低。

　　理论循环热效率 η_{th0} 定义为

$$\eta_{\mathrm{th0}} = \frac{W_{\mathrm{T,0}} - W_{\mathrm{P,0}}}{\Delta H_{\mathrm{B,0}} - W_{\mathrm{P,0}}} \tag{19.4}$$

式中,$\Delta H_{\mathrm{B,0}}$ 为锅炉蒸汽与进水的焓差;$W_{\mathrm{T,0}}$ 为汽轮机定熵过程理论输出功;$W_{\mathrm{P,0}}$ 为给水泵定熵过程理论消耗功。

　　(1) 功比 r_{w}

　　功比是用于考察蒸汽循环经济性的另一指标,定义为循环的净输出功 W_{net} 与汽轮机的输出功 W_{T} 之比,即

$$r_{\mathrm{w}} = \frac{W_{\mathrm{net}}}{W_{\mathrm{T}}} \tag{19.5}$$

循环中消耗的泵功将影响 r_{w} 值的大小。

　　(2) 蒸汽消耗率

　　蒸汽消耗率是一个比较直观的评价动力装置性能的指标,它定义为装置每输出 1 kW·h(等于 3 600 kJ)的功量所消耗的蒸汽量,用 d 表示:

$$d = \frac{\dot{m}}{N} = \frac{3\,600}{w_{\mathrm{net}}} \tag{19.6}$$

　　(3) 有效率

　　对应于上述各种用热力学第一定律定义的热效率,据热力学第二定律和有效能概念,对应的有热功转热装置的有效能利用效率,简称有效率,表达式如下所示。

蒸汽动力厂的有效率：

$$\eta_u = \frac{3\,600 N_{net}}{\dot{m}_f e_{ub,f}} = \eta_{uB}\,\eta_{u,the} \tag{19.7}$$

锅炉的有效率：

$$\eta_{uB} = \frac{\dot{m}(e_{ub1} - e_{ub0})}{\dot{m}_f e_{ub,f}}$$

循环的有效率：

$$\eta_{u,the} = \frac{3\,600 N_{net}}{\dot{m}(e_{ub1} - e_{ub0})} \tag{19.8}$$

式中，$e_{ub,f}$、e_{ub1} 和 e_{ub0} 分别为燃料、蒸汽和给水的比有效能。

为了对图 19.2 所示现代热电厂有更好的了解，以下介绍蒸汽动力循环发展过程的一些典型。虽然这些循环在工程热力学中也有介绍，但作为研究生，学习这些内容时应当注意以下三点：① 如何应用热力学分析方法以减少热量损失和提高燃料有效能的效率为目的，不断改进蒸汽动力循环；② 学会用 T-s 图表示循环和根据 T-s 图组织相应循环；③ 能对循环进行热分析，独立推导出效率和有效率的表达式。

19.2 朗 肯 循 环

1. 朗肯循环

卡诺循环是理想的循环，如图 19.3 所示，但对实际工质的卡诺循环不适用。原因有二：一是功比小，二是湿蒸汽压缩设备庞大，技术困难，汽水分离会产生水锤危险。因此，朗肯提出的把汽轮机排汽先冷凝成水，而后用给水泵把水打到高压注入锅炉的改进卡诺循环，如图 19.4 所示，称为朗肯循环（Rankine Cycle）。

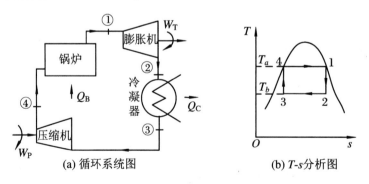

(a) 循环系统图　　(b) T-s分析图

图 19.3　饱和蒸汽卡诺循环

朗肯循环与卡诺循环相比，在相同的高温、低温热源间，虽然循环热效率较小些，但功比 r、实际热效率与理论热效率之比的净效率比却增大了，且蒸汽消耗率 d 降低了。

锅炉压力对朗肯循环的理论热效率及蒸汽消耗率的影响如图 19.5 所示。

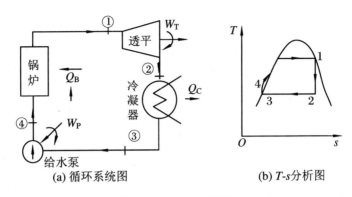

图 19.4　蒸汽朗肯循环

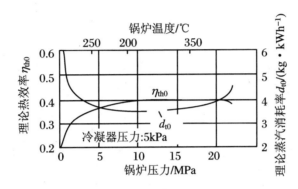

图 19.5　锅炉压力对饱和蒸汽朗肯循环的影响

2. 过热蒸汽朗肯循环

　　锅炉的燃烧气体和炉膛可以达到相当的温度,但饱和蒸汽的温度受到材料强度的限制不能太高,从炽热燃气到饱和蒸汽温度有很大落差,即燃料的有效能有很大损失。采用使饱和蒸汽取得一定过热度的方法,可以在不增加锅炉压力的条件下提高蒸汽的温度,使燃烧气体的有效能得到更好的利用,可明显地提高朗肯循环的效率。图 19.6 为过热蒸汽朗肯循环图。

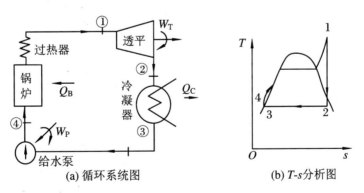

图 19.6　过热蒸汽朗肯循环

　　过热蒸汽朗肯循环的理论热效率计算方法如下:

　　锅炉吸热等压过程 4-1,吸热量为

$$Q_{B,0} = h_1 - h_4 \tag{19.9}$$

汽轮机做功绝热膨胀过程 1-2，做功量为

$$w_{T,0} = h_1 - h_2 \tag{19.10}$$

冷凝器放热等压过程 2-3，放热量为

$$Q_{C,0} = h_2 - h_3 \tag{19.11}$$

给水泵绝热压缩过程 3-4，水泵耗功量为

$$w_{P,0} = h_4 - h_3 \approx v_3'(p_1 - p_2) \tag{19.12}$$

净功为

$$w_{net,0} = w_{T0} - w_{P0} \tag{19.13}$$

理论热效率为

$$\eta_{th0} = \frac{w_{net,0}}{Q_0} = \frac{(h_1 - h_2) - (h_4 - h_3)}{h_1 - h_4} \approx \frac{h_1 - h_2}{h_1 - h_4} \tag{19.14}$$

图 19.7(a)表示过热度到 800 ℃ 时朗肯循环的理论热效率和蒸汽消耗率。由于高温材料的应用，效益越来越显著。与非过热循环不同，过热循环的热效率随着压力的增加而连续增加直至临界压力为止。图 19.7(b)表示冷凝器压力为 5 kPa、过热温度为 540 ℃ 的循环在锅炉压力不断提高时效率不断提高的情况。

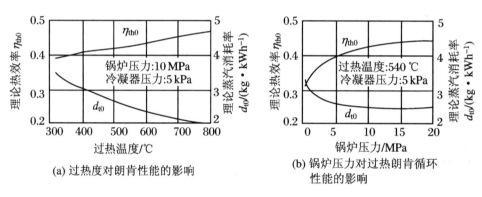

(a) 过热度对朗肯性能的影响   (b) 锅炉压力对过热朗肯循环
性能的影响

图 19.7　过热度对循环效率的影响

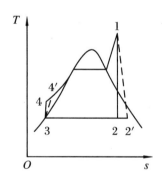

图 19.8　实际过热朗肯循环 *T-s* 图

过热循环得到实用还有一个重要原因，是它在提高锅炉压力同时不至于汽轮机膨胀终了乏汽有过大湿度，为了防止涡轮叶片根部的液蚀，乏汽干度必须在 0.9 以上。但以现在金属材料 620 ℃ 为限的汽轮机，使用一次过热，膨胀末了理论干度还有 0.781。为了解决干度问题需要采用再热循环。

3. 不可逆朗肯循环的热效率

汽轮机和给水泵的过程是不可逆的，实际的朗肯循环如图 19.8 的(1-2′-3-4′)所示，现使用汽轮机和给水泵的绝热效率把循环的各个过程交换的热量、功及热效率表示如下：

$$Q_B = h_1 - h_{4'} \tag{19.15}$$

$$w_T = h_1 - h_{2'} = \eta_T(h_1 - h_2) \tag{19.16}$$

$$Q_C = h_{2'} - h_3 \tag{19.17}$$

$$w_P = h_{4'} - h_3 = \frac{h_4 - h_3}{\eta_P} \approx v'_3 (p_1 - p_2) \tag{19.18}$$

$$w_{net} = w_T - w_P = (h_1 - h_{2'}) - (h_{4'} - h_3) \tag{19.19}$$

$$\eta_{th} = \frac{w_{net}}{Q_B} = \frac{(h_1 - h_{2'}) - (h_{4'} - h_3)}{h_1 - h_{4'}} = \frac{\eta_T (h_1 - h_2) - (h_4 - h_3)/\eta_P}{h_1 - h_{4'}} \tag{19.20}$$

上面的式中 η_T 和 η_P 分别为汽轮机和给水泵的效率。

4. 有效能表示的朗肯循环效率

据第 4 章有效能定义的概念,在稳定流动系的比有效能(比㶲),由式(4.26)表示为

$$e_{u,H} = h - h_0 - T_0 (s - s_0)$$

在表示锅炉产生的蒸汽比有效能时,为书写方便省去下角标"H",用下角标中的序号"i"表示与循环对应点的相对比有效能函数 $e_{u,i}$ 和绝对比有效能函数 $\psi_{u,i}$,即

$$e_{u,i} = h_i - h_0 - T_0 (s_i - s_0) \tag{19.21}$$

$$\psi_{u,i} = h_i - T_0 s_i \tag{19.22}$$

所以稳定流动系朗肯循环锅炉吸收的有效能、循环净功及有效能效率,可分别表示如下:

锅炉吸收的比有效能 $e_{u,B}$ 为

$$e_{u,B} = e_{u,1} - e_{u,4'} = \psi_{u,1} - \psi_{u,4'} = h_1 - h_{4'} - T_0 (s_1 - s_{4'}) \tag{19.23}$$

循环的比净功用有效能表示为

$$w_{net} = (e_{u,1} - e_{u,2'}) - (e_{u,4'} - e_{u,3}) + T_0 \big[(s_1 - s_{2'}) - (s_{4'} - s_3) \big]$$

$$= (e_{u,1} - e_{u,4'}) - (e_{u,2'} - e_{u,3}) - T_0 \big[(s_{2'} - s_1) + (s_{4'} - s_3) \big] \tag{19.24a}$$

$$= (\psi_{u,1} - \psi_{u,4'}) - (\psi_{u,2'} - \psi_{u,3}) - w_{ir,T} - w_{ir,P} \tag{19.24b}$$

其中

$$\psi_{u,1} - \psi_{u,4'} = h_1 - h_{4'} - T_0 (s_1 - s_{4'}), \quad \psi_{u,2'} - \psi_{u,3} = h_{2'} - h_3 - T_0 (s_{2'} - s_3)$$

$$w_{ir,T} = T_0 \Delta s_{g,T} = T_0 (s_{2'} - s_1), \quad w_{ir,P} = T_0 \Delta s_{g,P} = T_0 (s_{4'} - s_3)$$

循环的有效率为

$$\eta_{u,th} = \frac{w_{net}}{e_{u,B}} = 1 - \frac{\psi_{u,2'} - \psi_{u,3}}{\psi_{u,1} - \psi_{u,4'}} - \frac{w_{ir,T} + w_{ir,P}}{\psi_{u,1} - \psi_{u,4'}} \tag{19.25}$$

冷凝器放出的比有效能 $e_{u,C}$ 为

$$e_{u,C} = e_{u,2'} - e_{u,3} = \psi_{u,2'} - \psi_{u,3}$$

$$= (T_2 - T_0)(s_{2'} - s_3) = \left(1 - \frac{T_0}{T_2}\right) q_C \tag{19.26}$$

单位质量冷凝蒸汽放出的热量 q_C 由四部分热量组成:无效能的进出差、有效能的出进差及汽轮机和给水泵不可逆过程产生的热量,即下式

$$q_C = (e_{n,1} - e_{n,4'}) + (e_{u,2'} - e_{u,3}) + w_{ir,T} + w_{ir,P} \tag{19.27}$$

把式(19.27)代入式(19.26)再代入式(19.25)得到下式

$$\eta_{u,th} = 1 - \frac{T_2 - T_0}{T_2} \frac{q_C}{\psi_{u,1} - \psi_{u,4'}} - \frac{w_{ir,T} + w_{ir,P}}{\psi_{u,1} - \psi_{u,4'}} \tag{19.28}$$

锅炉吸热的有效平均温度,或称热力学的平均温度定义为

$$T_m \equiv \frac{h_1 - h_{4'}}{s_1 - s_{4'}} \tag{19.29}$$

采用 T_m 表示时,可以据式(18.25)和式(18.21)得到锅炉有效率的另一表达式

$$\eta_{uB} = \eta_B \frac{H_{fL}}{e_{u,f}} \left(\frac{e_{u,1} - e_{u,4'}}{h_1 - h_{4'}} \right) = \eta_B \frac{H_{fL}}{e_{u,f}} \left(1 - \frac{T_0}{T_m} \right) \tag{19.30a}$$

由于燃料的比有效能十分接近于它的低燃烧热值,所以锅炉的有效率还可以近似表示为

$$\eta_{uB} \approx \eta_B \left(1 - \frac{T_0}{T_m} \right) \tag{19.30b}$$

例 19.1 计算初压 $p_a = 10$ MPa,初温 $T_1 = 540\,^\circ\text{C}$ 与背压为 $p_b = 5$ kPa 的可逆过热朗肯循环的热效率,如图 19.8 所示。

解 据初压 $p_a = 10$ MPa、初温 $T_1 = 540\,^\circ\text{C}$,查水蒸气性质表,可得

$$h_1 = 3\,475.1 \text{ kJ/kg}, \quad s_1 = 6.726\,1 \text{ kJ/(kg} \cdot \text{K)}$$

据背压 $p_b = 5$ kPa,查得饱和水的 $h_1 s$ 值如下:

$$h_b' = h_3 = 137.772 \text{ kJ/kg}, \quad s_b' = s_3 = 0.476\,26 \text{ kJ/(kg} \cdot \text{K)}$$

据背压 $p_b = 5$ kPa,查得饱和水蒸气的 h、s 值如下:

$$h_b'' = 2\,561.6 \text{ kJ/kg}, \quad s_b'' = 8.395\,96 \text{ kJ/(kg} \cdot \text{K)}$$

求得点 2 的蒸汽干度:

$$x_2 = \frac{s_1 - s_3}{s_b'' - s_3} = \frac{6.726\,1 - 0.476\,26}{8.395\,96 - 0.476\,26} = 0.789\,2$$

求得点 2 的焓:

$$h_2 = h_b' + x_2 (h_b'' - h_b') = 137.772 \text{ kJ/kg} + 0.789\,2 \times (2\,561.6 - 137.772) \text{ kJ/kg}$$
$$= 2\,050.7 \text{ kJ/kg}$$

求得点 4 的焓:

$$h_4 = h_3 + \int_3^4 v \mathrm{d}p \approx h_3 + v_3 (p_4 - p_3)$$
$$= 137.8 \text{ kJ/kg} + 1.005 \times 10^{-3} \text{ m}^3/\text{kg} \times (10^7 - 5 \times 10^3) \text{ Pa} = 147.8 \text{ kJ/kg}$$

等熵膨胀过程汽轮机做功:

$$w_{T,0} = h_1 - h_2 = 3\,475.1 \text{ kJ/kg} - 2\,050.7 \text{ kJ/kg} = 1\,424.4 \text{ kJ/kg}$$

可逆压缩过程消耗的给水泵功:

$$w_{P,0} = h_4 - h_3 = 10.0 \text{ kJ/kg}$$

循环产生的净功:

$$w_{net,0} = w_{T,0} - w_{P,0} = 1\,424.4 \text{ kJ/kg} - 10.0 \text{ kJ/kg} = 1\,414.4 \text{ kJ/kg}$$

锅炉吸热量:

$$q_{B,0} = h_1 - h_4 = 3\,475.1 \text{ kJ/kg} - 147.8 \text{ kJ/kg} = 3\,327.3 \text{ kJ/kg}$$

循环的理论热效率:

$$\eta_{the,0} = \frac{w_{net,0}}{q_{B0}} = \frac{1\,414.4 \text{ kJ/kg}}{3\,327.3 \text{ kJ/kg}} = 0.425\,1$$

功比:

$$r_w = \frac{w_{net,0}}{w_{T,0}} = \frac{1\,414.4 \text{ kJ/kg}}{1\,424.4 \text{ kJ/kg}} = 0.993$$

汽耗率:

$$d = \frac{3\,600}{w_{net,0}} = \frac{3\,600 \text{ kJ/(kW} \cdot \text{h)}}{1\,414.3 \text{ kJ/kg}} = 2.545 \text{ kJ/(kW} \cdot \text{h)}$$

点 1 的比有效能函数:

$$\psi_{u,1} = h_1 - T_0 s_1 = 3\,475.1 \text{ kJ/kg} - 298.15 \text{ K} \times 6.726\,1 \text{ kJ/(kg} \cdot \text{K)} = 1\,469.7 \text{ kJ/kg}$$

点 4 的比有效能函数:

$$\psi_{u,4} = h_4 - T_0 s_4 = 147.8 \text{ kJ/kg} - 298.15 \text{ K} \times 0.476\,26 \text{ kJ/(kg·K)} = 5.8 \text{ kJ/kg}$$

循环装置的有效率：

$$\eta_{u,th} = \frac{w_{net,0}}{\psi_{u,1} - \psi_{u,4}} = \frac{1\,414.4 \text{ kJ/kg}}{1\,469.7 \text{ kJ/kg} - 5.8 \text{ kJ/kg}} = 0.966\,2$$

19.3　蒸汽再热循环

为了在材料耐高温的条件下充分利用高温燃烧气体的有效能,提高乏汽的干度,采用如图 19.9 所示的再热循环。其循环特点是当高压蒸汽在第一级透平膨胀机中膨胀至饱和蒸汽(图中点 5)附近后再送到锅炉内的再热换热器,蒸汽过热到初始的过热度后被送到第二级膨胀机,膨胀至冷凝器的压力。循环的其他部分与过热朗肯循环一样。因再热,汽轮机做功量从 $h_1 - h_{20}$ 增至 $(h_1 - h_5) + (h_6 - h_2)$。

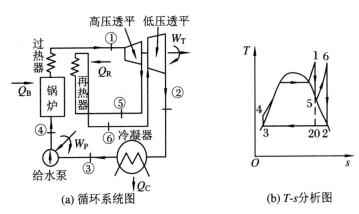

(a) 循环系统图　　　　　　(b) T-s 分析图

图 19.9　蒸汽再热循环

1. 可逆再热循环的热效率

$$\eta_{th0} = \frac{w_{th0}}{q_{B0} + q_{R0}} = \frac{(h_1 - h_5) + (h_6 - h_2) - (h_4 - h_3)}{(h_1 - h_4) + (h_6 - h_5)} \tag{19.31}$$

式中,下角标"0"表示可逆的理论循环。上式关系如图 19.10 所示。

再热循环的热效率并不比朗肯循环提高多少,采用它的理由主要是避免在汽轮机膨胀时产生湿蒸汽。再热循环的热效率与再热点的温度选取有关,过低的再热点温度将使蒸汽热力学平均温度降低,对再热循环的热效率提高不利,如图 19.10 中的 $a'b'$ 再过热线。一般再热温度点可选在锅炉饱和蒸汽温度上方。理论上取多段再热循环可使平均温度提高,但会使装置复杂,得不偿失,实际只取一级再热,最多取二级再热。实际蒸汽再热循环如图 19.11 所示。

2. 实际再热循环的热效率

$$\eta_{th} = \frac{w_{TH} + w_{TL} - w_P}{q_B + q_R} = \frac{(h_1 - h_{5'}) + (h_6 - h_{2'}) - (h_{4'} - h_3)}{(h_1 - h_{4'}) + (h_6 - h_{5'})} \tag{19.32}$$

式中

$$h_{5'} = h_1 - \eta_{TH}(h_1 - h_5) \tag{19.33}$$

$$h_{2'} = h_6 - \eta_{TL}(h_6 - h_2) \tag{19.34}$$

$$h_{4'} = \frac{h_3 + (h_4 - h_3)}{\eta_P} \tag{19.35}$$

下角标"B""R""TH""TL""P"分别表示锅炉、再热器、第一级高温透平机、第二级低温透平机、给水泵的条件。

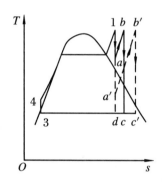

图 19.10 再热点与再热循环效率的关系   **图 19.11** 实际蒸汽再热循环

3. 实际再热循环的有效率

锅炉吸收的比有效能为

$$e_{u,B} = e_{u,1} - e_{u,4'} = \psi_{u,1} - \psi_{u,4'} \tag{19.36}$$

再热器吸收的比有效能为

$$e_{u,R} = e_{u,6} - e_{u,5'} = \psi_{u,6} - \psi_{u,5'} \tag{19.37}$$

循环的净比功为

$$w_{net} = (\psi_{u,1} - \psi_{u,4'}) + (\psi_{u,6} - \psi_{u,5'}) - (\psi_{u,2'} - \psi_{u,3}) - w_{ir,TH} - w_{ir,TL} - w_{ir,P} \tag{19.38}$$

循环的有效率为

$$\eta_{u,th} = \frac{w_{th}}{e_{u,B} + e_{u,R}} = 1 - \frac{\psi_{u,2'} - \psi_{u,3}}{(\psi_{u,1} - \psi_{u,4'}) + (\psi_{u,6} - \psi_{u,5'})} - \frac{w_{ir,TH} + w_{ir,TL} + w_{ir,R}}{(\psi_{u,1} - \psi_{u,4'}) + (\psi_{u,6} - \psi_{u,5'})} \tag{19.39}$$

锅炉吸热的热力学平均温度为

$$T_{m,B} = \frac{h_1 - h_{4'}}{s_1 - s_{4'}}$$

再热器的热力学平均温度为

$$T_{m,R} = \frac{h_6 - h_{5'}}{s_6 - s_{5'}}$$

装置吸热的热力学平均温度 T_m^* 为

$$T_m^* = \frac{(h_1 - h_{4'}) + (h_6 - h_{5'})}{(s_1 - s_{4'}) + (s_6 - s_{5'})} \tag{19.40}$$

再热循环的热力分析计算与前一节的过热循环的区别主要在于要确定过热点的状态。如图 19.11 中的点 5,一般是先设定 p_5,再结合 $s_5 = s_1$ 的条件,通过水蒸气性质表用内插法求出其温度和焓值。

例 19.2 计算初压 $p_a = 10$ MPa，初温 $T_1 = 540\,℃$，背压 $p_b = 5$ kPa，过热起点 5 的 $p_5 = 3$ MPa，再过热终点 6 的温度 $T_6 = 540\,℃$ 的可逆再过热朗肯循环的热效率，如图 19.11 所示。

解　配合利用例 19.1 的计算参数和图 19.9，增加参数：
$$p_5 = 3 \text{ MPa}, \quad s_5 = s_1 = 6.726\,1 \text{ kJ/(kg·K)}$$

算得
$$h_5 = 3\,104.6 \text{ kJ/kg}, \quad T_5 = 344.5\,℃$$

据 $p_6 = 3$ MPa，$T_6 = 540$，查得
$$h_6 = 3\,545.7 \text{ kJ/kg}, \quad s_6 = s_2 = 7.347\,4 \text{ kJ/(kg·K)}$$

算得

$$x_2 = \frac{7.347\,4 \text{ kJ/kg} - 0.476\,3 \text{ kJ/kg}}{7.919\,7 \text{ kJ/kg}} = 0.867\,6$$

$$h_2 = 137.8 \text{ kJ/kg} + 0.867\,6 \times 2\,423.8 \text{ kJ/kg} = 2\,240.7 \text{ kJ/kg}$$

$$q_{B,0} = h_1 - h_4 = 3\,475.1 \text{ kJ/kg} - 147.8 \text{ kJ/kg} = 3\,327.3 \text{ kJ/kg}$$

$$q_{R,0} = h_6 - h_5 = 3\,545.7 \text{ kJ/kg} - 3\,104.6 \text{ kJ/kg} = 441.1 \text{ kJ/kg}$$

$$q_0 = q_{B,0} + q_{R,0} = 3\,768.4 \text{ kJ/kg}$$

$$w_{TH,0} = h_1 - h_5 = 3\,475.1 \text{ kJ/kg} - 3\,104.6 \text{ kJ/kg} = 370.5 \text{ kJ/kg}$$

$$w_{TL,0} = h_6 - h_2 = 3\,545.7 \text{ kJ/kg} - 2\,240.7 \text{ kJ/kg} = 1\,305.0 \text{ kJ/kg}$$

$$w_{T,0} = w_{TH0} + w_{TL0} = 370.5 \text{ kJ/kg} + 1\,305.0 \text{ kJ/kg}$$

$$w_0 = w_{T0} + w_{P0} = 1\,675.5 \text{ kJ/kg} - 10.0 \text{ kJ/kg} = 1\,665.5 \text{ kJ/kg}$$

$$\eta_{th0} = \frac{1\,665.5 \text{ kJ/kg}}{3\,768.4 \text{ kJ/kg}} = 0.442\,0$$

19.4　回热循环

1. 开放型与密闭形简单回热循环

从图 19.4 朗肯循环的 $T\text{-}s$ 图可知，朗肯循环中锅炉的高温燃烧气体对起始温度为 T_4 的给水加热有很大的温差，带来了极大的不可逆损失，它在循环上表现为吸热平均温度不高。为了解决这个问题，最好的方案是：把本用于给水加热的高温热源的热量，先用高温热源的热量加热高温工质，让高温工质先去做功；而后在温度略高于给水温度的条件下放出热量来加热给水。这就是回热循环（Regenerative Cycle）的指导思想。实际设计时是在汽轮机膨胀中抽取部分蒸汽用于加热给水。抽取气的压力依据蒸汽对给水加热的温差而定，抽气量依据加热水的温升而定。理论上采用无穷多的抽气段可使回热过程的传热不可逆损失降到最小，但将使设备过分复杂，实际上使用有限段的抽气加热方式。图 19.12 为使用混合式给水器的开放式系统。图 19.13 为使用表面给水加热器的密闭式系统，该系统较为常用。

在图 19.12 的开放系统中，1 kg 的蒸汽膨胀到中间状态点 5 抽出 y kg 的蒸汽导入给水加热器。剩余的 $1 - y$ kg 蒸汽继续膨胀到冷凝器的压力，以点 2 的状态离开汽轮机。在冷

凝器内凝结的 $1-y$ kg 从点 3 状态经第一给水泵加压到抽气压力（$p_4 = p_5$）。接着在给水加热器与 y kg 的抽气混合，成为 1 kg 点 6 状态的混合水。第二给水泵把混合水加压到点 7 状态的锅炉压力，送入锅炉。开放系统中需要的给水泵数量总比抽气段数多 1 个。

这种回热循环实际是一种不同流量的组合循环，要在 T-s 图上表示是有困难的。图 19.13(b)中应当按 11 kg 蒸汽走(7-1-5-6-7)回路，而 $1-y$ kg 蒸汽走(3-4-6-5-2-3)回路的循环来解析。

在图 19.13 的密闭形式系统中，在给水加热器被凝结的抽汽水要流回到冷凝器与乏汽的凝结水混合，前者压力高，会在冷凝器内出现闪蒸。闪蒸至冷凝器的低压与节流过程等价，它是不做功的绝热过程，因此，$h_6 = h_8$，它在膨胀中的初能在冷凝器中以涡流耗散了。密闭式系统，即使设计多段抽气加热也仅需要一台给水泵。

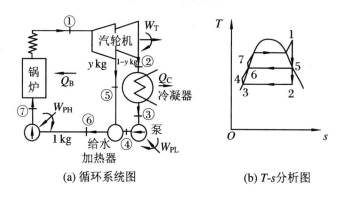

(a) 循环系统图   (b) T-s分析图

图 19.12　开放形回热循环(混合式给水加热器)

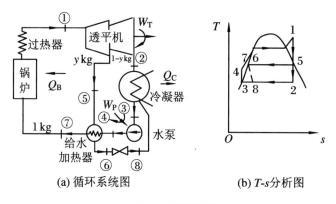

(a) 循环系统图   (b) T-s分析图

图 19.13　密闭形再循环

2. 抽气量

抽气量是由给水加热器的热平衡确定的。

开放式系统如图 19.12(b)所示。设 y 为开放式系统的抽气量，给水加热器的能量方程为

$$y(h_5 - h_6) = (1-y)(h_6 - h_4)$$

得

$$y = \frac{h_6 - h_4}{h_5 - h_4}$$

又因为 $h_4 \approx h_3$，故有

$$y \approx \frac{h_6 - h_3}{h_5 - h_3} \tag{19.41}$$

设密闭式的平衡抽气量用 y' 表示，则有

$$y'(h_5 - h_6) = (h_7 - h_4)$$

得

$$y' = \frac{h_7 - h_4}{h_5 - h_6}$$

又因为 $h_4 \approx h_3$，故有

$$y' = \frac{h_7 - h_3}{h_5 - h_6} > y \tag{19.42}$$

密闭式的抽气量要大于开放式的抽气量。

3. 归一流量变换表示法

在图 19.12(b)和图 19.13(b)，中由于各回路流量不一样，不能使用面积的割补法表示热交换及做功的关系。图 19.14 为回热循环的归一流量变换表示法。图 19.14 中的 h_3、h_6 与图 19.12(b)和图 19.13(b)中的 h_4、h_7 的对应关系为 $h_3 \approx h_4$、$h_6 \approx h_7$。在图 19.14(a)中取面积($f36e$)＝ 面积($da5c$)来确定点 a 和点 b，图中阴影面积表示 1 kg 蒸汽在循环中做的功。

这种等效循环可以理解为：在汽轮机中 1 kg 蒸汽进行状态 1-5 膨胀做功。点 5 状态抽出的蒸汽经热交换器在等压条件下从点 5 状态到点 a 状态冷凝出一部分凝结水，剩下的湿蒸汽再进入汽轮机进行状态从 a 到 b 的膨胀。状态 b 的湿蒸汽在冷凝器中凝结变成点 3 状态的饱和水。这部分的饱和水再在热交换器中与由点 5 到点 a 的冷凝变化中凝结水的凝结热进行热交换，加热到点 6 状态。图 19.14(b)为假想的对应于图 19.14(a)的装置流程示意图。

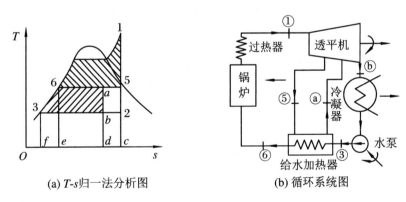

(a) T-s归一法分析图　　　　(b) 循环系统图

图 19.14　再生循环的另外表示法

图 19.12(b)和图 19.13(b)中的实际回热抽气量可由图 19.14(a)按如下面积法确定：

$$y \times (面积 e65c) = (1 - y) \times (面积 f36e)$$

得

$$y = \frac{面积\ f36e}{面积\ f365c}$$

4. 理论热效率

回热循环含有混合或有限温差的热交换，不能称作真正理想的可逆循环，但是除给水加

热器以外的过程都可作为可逆过程考虑。在这种场合下,一段回热循环的热量和功及理论效率如下列式子。

(1) 开放式

$$q_{B,0} = h_1 - h_7$$
$$w_{T,0} = (h_1 - h_5) + (1 - y)(h_5 - h_2)$$
$$w_{P,0} = (h_7 - h_6) + (1 - y)(h_4 - h_3)$$
$$q_{C,0} = (1 - y)(h_2 - h_3)$$
$$\eta_{th0} = \frac{(h_1 - h_2) - y(h_5 - h_2) - (h_7 - h_6) - (1 - y)(h_4 - h_3)}{h_1 - h_7} \tag{19.43a}$$

如果泵功忽略,η_{th0} 简化为

$$\eta_{th0} = \frac{(h_1 - h_2) - y(h_5 - h_2)}{h_1 - h_6} \tag{19.43b}$$

(2) 密闭式

$$q_{B,0} = h_1 - h_7$$
$$w_{T,0} = (h_1 - h_5) + (1 - y')(h_5 - h_2)$$
$$w_{P,0} = (h_4 - h_3)$$
$$q_{C,0} = (1 - y')(h_2 - h_3) + y'(h_6 - h_3)$$
$$\eta_{th0} = \frac{(h_1 - h_2) - y'(h_5 - h_2) - (h_4 - h_3)}{h_1 - h_7} \tag{19.44a}$$

$$\eta_{th0} = \frac{(h_1 - h_2) - y'(h_5 - h_2)}{h_1 - h_6} \tag{19.44b}$$

(3) 抽气压力

图 19.15 为其他条件均与例 19.1 相同而抽气压力变化的回热循环的效率曲线。循环的热效率在抽气温度等于锅炉温度和冷凝温度的平均温度时效率最高,或者说仅有少许差值。

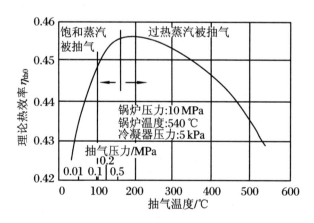

图 19.15 抽气温度和再循环的热效率关系

比较例 19.3 的结果和例 19.1 朗肯循环的结果,由于 1 段抽气回热使循环的热效率从 0.425 提高到 0.457,蒸汽消耗率却从 2.55 kg/kW·h 增加到 2.80 kg/kW·h,实际中因设备费增加的变化,需要选择最佳的抽气段数。另外,正确的最佳抽气段数又因蒸汽条件不同而不一样。大蒸汽动力厂有用到 8 抽气段的循环。拉乌彼西勒(F. Laupichler)建议在需要

n 段抽气的场合,各抽气段按绝热落差的 n 等分确定各段抽气温度。

5. 净热效率

当汽轮机膨胀而有不可逆损失时,理论热效率要作修正。式(19.32)到式(19.34)中下角标"2""4""5""7"分别用图 19.16 和图 19.17 中的"2′""4′""5′""7′"代替。凡有绝热效率的场合采用同样的处理方法。

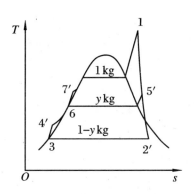

图 19.16 不可逆开放型回热循环　　　　**图 19.17 不可逆密闭型回热循环**

6. 有效率

回热循环吸热的热力学平均温度 T^* 依据下式计算:

$$T_{\text{m}}^* \equiv \frac{h_1 - h_{7'}}{s_1 - s_{7'}} > \frac{h_1 - h_{4'}}{s_1 - s_{4'}} \tag{19.45}$$

式中,最右边项为朗肯循环的热力学平均温度,参看图 19.8 和式(19.35)。

一方面,锅炉吸收的比有效能为

$$e_{\text{ub,B}} = e_{\text{ub1}} - e_{\text{ub7'}} = \psi_{\text{ub1}} - \psi_{\text{ub7'}} \tag{19.46}$$

循环净功为

$$w_{\text{net}} = (h_1 - h_{5'}) + (1 - y)(h_{5'} - h_{2'}) - (h_{4'} - h_3) \tag{19.47}$$

因此,循环的有效率为

$$\eta_{\text{u,th}} = \frac{w_{\text{net}}}{e_{\text{ub,B}}} \tag{19.48}$$

循环的有效率随预热温度 $T_{7'}$ 的上升而减少。这是因为给水加热器的不可逆损失增大。

另一方面,锅炉的有效率表示为

$$\eta_{\text{u,B}} = \eta_{\text{B}} \frac{H_L}{e_{\text{ub,f}}} \frac{e_{\text{ub1}} - e_{\text{ub7'}}}{h_1 - h_{7'}} = \eta_{\text{B}} \frac{H_L}{e_{\text{ub,f}}} \left(1 - \frac{T_0}{T_{\text{m}}^*}\right) \tag{19.49}$$

即 $\eta_{\text{u,B}}$ 是随 $T_{7'}$ 的升高而增大。但是蒸汽动力厂的有效率 $\eta_{\text{u}} = \eta_{\text{u,B}} \eta_{\text{u,th}}$ 在某一预热温度为最大值,因此存在一个最佳的预热温度。

例 19.3　计算初压 $p_{\text{a}} = 10 \text{ MPa}$,初温 $T_1 = 540 \text{ ℃}$,背压为 $p_{\text{b}} = 5 \text{ kPa}$ 的蒸汽动力机,抽气压力为 0.5 MPa 的回热循环的理论热效率。

解　(1) 使用图 19.13 的记号,并令初压、背压、抽气压力的条件用下角标"a""b""c"表示。

利用例 19.1 和例 19.2 的参数:

$$h_1 = 3\,475.1 \text{ kJ/kg}, \quad s_1 = 6.726\,1 \text{ kJ/(kg · K)}, \quad x_2 = 0.789\,2$$
$$h_2 = 2\,050.7 \text{ kJ/kg}, \quad h_3 = 137.8 \text{ kJ/kg}$$

因为 $s''_c > s_1$，点 5 在湿蒸汽区,有

$$h'_c = h_6 = 640.1 \text{ kJ/kg}$$

抽气的蒸发潜热 $\gamma_c = 2\,107.4 \text{ kJ/kg}$，

$$s'_c = 1.860\,36 \text{ kJ/(kg} \cdot \text{K)}, \quad (s'' - s')_c = 4.958\,83 \text{ kJ/(kg} \cdot \text{K)}$$

$$x_5 = \frac{6.726\,1 - 1.860\,36}{4.958\,83} = 0.981\,2$$

$$h_5 = 640.1 + 0.981\,2 \times 2\,107.4 = 2\,707.9 \text{ kJ/kg}$$

$$h_4 - h_3 = v'(p_c - p_b) = 1.005 \times 10^{-3} \text{ m}^3/\text{kg} \times (500 - 5) \times 10^3 \text{ Pa} = 497 \text{ J/kg} \approx 0.5 \text{ kJ/kg}$$

求得

$$h_4 = 138.3 \text{ kJ/kg}$$

$$h_7 - h_6 \approx v'(p_a - p_c) = 1.093 \times 10^{-3} \text{ m}^3/\text{kg} \times (10 - 0.5) \times 10^6 \times 10^{-3} \text{ Pa} = 10.4 \text{ kJ/kg}$$

$$h_7 = h_6 + 10.4 \text{ kJ/kg} = 650.5 \text{ kJ/kg}$$

$$y = \frac{h_6 - h_4}{h_5 - h_4} = \frac{640.1 \text{ kJ/kg} - 138.3 \text{ kJ/kg}}{2\,707.9 \text{ kJ/kg} - 138.3 \text{ kJ/kg}} = 0.195\,3$$

$$q_{B,0} = h_1 - h_7 = 3\,475.1 \text{ kJ/kg} - 650.5 \text{ kJ/kg} = 2\,824.6 \text{ kJ/kg}$$

$$\begin{aligned} w_{T,0} &= (h_1 - h_5) + (1 - y)(h_5 - h_2) \\ &= (3\,475.1 - 2\,707.9) \text{ kJ/kg} + (1 - 0.195\,3) \times (2\,707.9 - 2\,050.7) \text{ kJ/kg} \\ &= 1\,296.0 \text{ kJ/kg} \end{aligned}$$

$$w_{P,0} = (h_7 - h_6) + (1 - y)(h_4 - h_3) = 0.804\,7 \times 0.5 \text{ kJ/kg} + 10.4 \text{ kJ/kg} = 10.8 \text{ kJ/kg}$$

$$w_{net,0} = w_{T,0} - w_{P,0} = 1\,285.2 \text{ kJ/kg}$$

$$\eta_{th0} = \frac{w_{net,0}}{q_{B,0}} = \frac{1\,285.2 \text{ kJ/kg}}{2\,824.6 \text{ kJ/kg}} = 0.455\,0$$

$$d_0 = \frac{3\,600}{w_0} = \frac{3\,600}{1\,285.2} = 2.801 \text{ kg/kW} \cdot \text{h}$$

忽略泵功,有

$$y = \frac{h_6 - h_3}{h_5 - h_3} = \frac{640.1 \text{ kJ/kg} - 137.83 \text{ kJ/kg}}{2\,707.9 \text{ kJ/kg} - 137.8 \text{ kJ/kg}} = 0.195\,4$$

$$\eta_{th0} = \frac{(h_1 - h_2) - y(h_5 - h_2)}{h_1 - h_6} = 0.457\,1$$

（2）密闭式

假定 $h_3 = h_4$、$h_6 = h_7$,得

$$y' = \frac{h_6 - h_3}{h_5 - h_6} = \frac{640.1 \text{ kJ/kg} - 137.83 \text{ kJ/kg}}{2\,707.9 \text{ kJ/kg} - 640.1 \text{ kJ/kg}} = 0.242\,9$$

$$\eta_{th0} = \frac{(h_1 - h_2) - y'(h_5 - h_2)}{h_1 - h_6} = 0.446\,1$$

19.5 再热回热循环

回热循环使热效率提高,再过热循环使蒸汽湿度降低,为了利用二者的长处,可以把这

两种循环组合在一起,称为再热回热循环(Reheat-Regenerative Cycle)。图 19.18 为一段再热一段抽气回热循环,其理论热效率为

$$\eta_{th0} = \frac{(h_1 - h_5) + (h_6 - h_2) - y(h_7 - h_2)}{(h_1 - h_8) + (h_6 - h_5)} \tag{19.50}$$

$$y = \frac{h_8 - h_3}{h_7 - h_3} \tag{19.51}$$

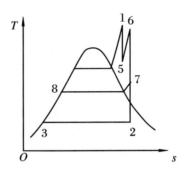

图 19.18　再热回热循环

19.6　二流体循环

由于朗肯循环使用的工质为水蒸气,即使采用了过热回热循环,提高工质高温的温度也有限。水蒸气的临界温度(374 ℃)时临界压力(22.12 MPa)已很高,但离汽轮机金属学上限温度 620 ℃ 还有相当的距离。因此希望能找到有更高临界温度而又不很高临界压力的工质。金属汞(水银)的临界压力为 98 MPa,临界温度为 1 450 ℃,在温度为 550 ℃ 时的饱和压力仅为 1.4 MPa。但汞在常温时的饱和蒸汽压(30 ℃,3.6×10^{-7} MPa)非常低,且比容非常大,约为水的 1 000 倍。因此,单用水银做工质也不合适。为了能从金属学上限温度至常温组织动力循环,比较好的选择是让水银工质在高温段工作,而把水银的冷凝器用于加热锅炉水产生水蒸气。图 19.19 为水银与水蒸气组合的二流体循环(Binary Cycle)。水银锅炉的蒸发压力为 7～14 MPa,水蒸气的过热和给水的预热由水银锅炉的燃烧气体担负。这种循环的理论效率使用下式计算:

$$\eta_{th0} = \frac{z(h_a - h_b) + (h_1 - h_2)}{z(h_a - h_c) + (h_a - h_5)} \tag{19.52}$$

式中,z 为水银与水蒸气的质量比。

图 19.19 中,利用水银的凝结热作为水锅炉的一部分加热量,水蒸气的过热使用另外热源,设另外热源的供热量为水银循环加热量的 k 倍,则水银循环和水蒸气循环的热效率分别用 η_M 和 η_W 表示,有下式:

$$\eta_{th0} = \frac{\eta_M + (1 - \eta_M)\eta_W + k\eta_W}{1 + k} \tag{19.53}$$

若没有其他热源时,$k = 0$,则

$$\eta_{th0} = \eta_M + (1 - \eta_M)\eta_W \tag{19.54}$$

这种水银和水蒸气的二流体循环,美国在 1928 年、德国在 1950 年都已实际使用,当时分别得到 33% 和 36% 这样令人吃惊的热效率。只是由于水银的毒性和腐蚀性,后来没继续发展。

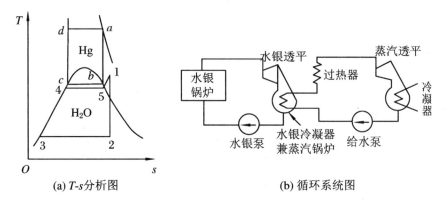

(a) T-s 分析图   (b) 循环系统图

图 19.19   二流体循环

但是为了能量的有效利用,出现了新的二流体复合循环(Combined Cycle),它在水蒸气循环的上段高温运行的循环(称为德拜循环)有:磁流体(MHD)发电循环、高温燃气循环、钾蒸汽循环等;在水蒸气的下段低温运行的循环(称为波特玛循环),采用有机流体工质,辅助利用地热能、排放的废热等。当上段高温循环的排热 j 倍用作下段低温循环加热,另外下循环还从其他热源获得上循环加热量 k 倍附加热量时,复合循环的理论效率为

$$\eta_{th0} = \frac{\eta_{上} + (1 - \eta_{上})j\eta_{下} + k\eta_{下}}{1 + k} \tag{19.55}$$

式中,$\eta_{上}$ 和 $\eta_{下}$ 分别为上段高温德拜循环和下段低温波特玛循环的理论热效率。

煤气联合的二流体循环比较容易实现。气体燃料最好用天然气甲烷,也可利用人工煤气、经除尘后的高炉气、焦炉气等含一氧化碳和氢气的气体。

19.7   超临界和超超临界压力锅炉的动力循环新技术

根据热力学第二定律,提高蒸汽动力循环的蒸汽温度,将会提高热电转化效率。水蒸气的临界压力为 22.12 MPa,临界温度为 374.15 ℃(647 K)。过去的朗肯循环是在临界压力以下运行,称为亚临界压力循环。随着技术的发展,目前世界上已大量采用超临界锅炉的热电装置,并已开始逐渐向超超临界热电装置发展。

锅炉出口蒸汽压力高于临界压力的蒸汽发电机组,称超临界机组。世界上第一台实验性的超临界锅炉是西门子公司根据捷克人马克·本生 1919 年的专利方案制造的。目前常规的超临界机组采用一级再热循环,蒸汽压力为 24.1 MPa,锅炉出口蒸汽和一级再热蒸汽温度为 538 ℃/566 ℃;也有的超临界锅炉出口蒸汽压力为 25 MPa,蒸汽温度最初为565 ℃/570 ℃,后因材料原因降至 545 ℃/545 ℃。超临界机组的功率多为 500~800 MW,发电净效率约为 42%。

　　蒸汽温度不低于 593 ℃或蒸汽压力不低于 31 MPa 被称为超超临界。美、俄、日、德、法等国早已着手研制开发可实际运行的超超临界机组，并制定了超超临界机组的两步发展计划，其中第一步目标是主蒸汽参数为 30 MPa、593 ℃/593 ℃/593 ℃（锅炉出口蒸汽温度/一级再热蒸汽温度/二级再热蒸汽温度）；第二步目标是主蒸汽参数为 34.5 MPa、649 ℃/649 ℃/649 ℃。我国目前也在积极跟踪开发这一技术，我国的东方锅炉（集团）股份有限公司设计制造的国产首台 600 MW 超临界示范机组，于 2004 年 11 月在华能沁北电厂成功投运后，已投入小批量生产。哈尔滨锅炉厂有限责任公司也开发出超超临界机组。

　　机组的蒸汽参数是决定机组热经济性的重要因素。一般地，压力为 16.6～31.0 MPa、温度在 535～600 ℃的范围内，压力每提高 1 MPa，机组的热效率上升 0.18%～0.29%；新蒸汽温度或再热蒸汽温度每提高 10 ℃，机组的热效率提高 0.25%～0.30%；如果采用二次再热，机组的热效率比一次再热机组提高 1.5%～2.0%。目前超超临界机组的参数及性能如表 19.1 所示。

表 19.1　超超临界机组的参数及性能

蒸汽参数		供电端效率	供电煤耗/$(g \cdot kW^{-1} \cdot h^{-1})$
压力/MPa	温度/℃		
24.1	538 / 566	40.94%	300
31.0	566 / 566 / 566	42.8%	287
31.0	593 / 593 / 593	43.1%～43.3%	284～285
34.5	649 / 593 / 593	43.7%～44.0%	279～281

　　显然，大容量、高参数超超临界电站锅炉具有高效和环保等突出特点，与同等容量的亚临界或超临界机组相比，燃煤量降低，可以实现较低的排放，减少了对大气的污染，值得大力发展。制约超超临界机组温度继续提高的是材料，目前使用于超临界机组的材料有新型铁素体-马氏体 9%～12%Gr 钢，耐热达 610 ℃，耐压达 30 MPa。此外，热设计、热控制和高效燃烧技术都有很多挑战性的问题，值得不断努力奋斗。

<h1 align="center">参 考 文 献</h1>

[1]　伊藤猛宏，西川兼康. 応用熱力学[M]. 東京：コロナ社，1983.
[2]　伊藤猛宏，山下宏幸. 工業熱力学[M]. 東京：コロナ社，1988.

第 20 章 气体动力循环

当使用的能源是液体或气体燃料,且在整个循环工作过程工作介质都是气体状态,不涉及蒸发和凝结相变对外界交换热量的循环,称为气体动力循环。气体动力循环的工质,主要是空气或者说是空气与燃料燃烧后的混合物气体,称为燃气。

20.1 燃气轮机循环

气体工质的基本动力循环如图 20.1 所示,它由两个等压吸热和放热过程,以及两个绝热膨胀和压缩过程组成,显然它的热效率不如以蒸汽为工质的再热朗肯循环高,但因为它有许多其他优点,因此也被广泛使用。图 20.2 为开放式的气体涡轮机循环,空气经压缩机压缩送入燃烧室,与喷射入燃烧室的燃料燃烧,生成的高温高压的混合物气体在气体涡轮机内膨胀做功后排入大气。气体膨胀使涡轮机旋转做功,同时由涡轮机的同轴带动压缩机旋转,压缩气体消耗掉一部分功,剩余功输出,为循环的净功。这种气体动力循环由燃烧器取代了加热器,省去了冷凝器。由于不要锅炉和冷凝器,所以设备的体积和重量大大减小,故非常适合做飞机、汽车、船舶等运输工具的动力设备。另外,密闭式的气体动力循环可以使用廉价燃料,机械内部清洁,可以选空气或其他热性质合适的气体做工质,采用高压设计也可做到小型化,但是内部工质与外部燃料燃烧热的交换需要大的传热面积,使得密闭式的气体动力循环也只能作陆上固定的动力装置用。

密闭式气体循环大多取空气为工质。开放式以燃烧生成的混合物气体为工质,但是因为在空气中约占 80% 的氮气不参与燃烧反应,所以作为一级近似也可把燃气工质看成是空气,把燃烧生成热视为从外界吸收的热量,把排气放走的热量视为工质传给外界的热量。这种理想循环,称为空气标准循环(Air Standard Cycle)。这种循环的热效率显著比实际的高,压力和温度也与实际的有差别。这种标准循环的热效率值,不能代表实际气体动力循环的热效率值,但可以讨论循环的定性性质和比较不同气体循环的优劣。因此,以空气为工质,讨论以下循环的性能。

1. 勃莱敦循环

气体涡轮机循环有多种提案。图 20.1(b)、图 20.1(c)所示的由绝热压缩 1-2、等压加热 2-3、绝热膨胀 3-4 及等压放热 4-1 组成的循环,称为勃莱敦(Brayton Cycle)循环。这种循环因是焦耳(J.P.Joule)想到的,也称焦耳循环。值得注意的是,气体涡轮机工厂的各构成设备都是开口系的。

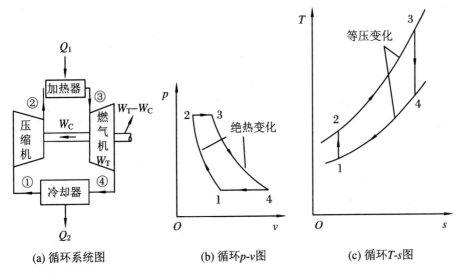

(a) 循环系统图　　　　　(b) 循环p-v图　　　　　(c) 循环T-s图

图 20.1　密闭燃气轮机循环

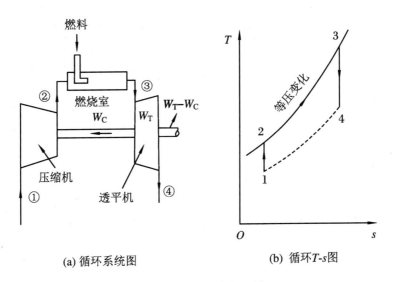

(a) 循环系统图　　　　　　　(b) 循环T-s图

图 20.2　开放式燃气轮机循环

以理想气体为工质,考察一个循环中每单位质量工质的工作情况。设供热量为 q_1,放热量为 q_2,有

$$q_1 = h_3 - h_2 = c_p(T_3 - T_2)$$
$$q_2 = h_4 - h_1 = c_p(T_4 - T_1)$$

因此,理论热效率表示为

$$\eta_{\text{th0}} = 1 - \frac{q_2}{q_1} = 1 - \frac{T_4 - T_1}{T_3 - T_2}$$

因为过程 1-2 和过程 3-4 为绝热变化过程,有如下式的关系成立:

$$\frac{T_1}{T_2} = \left(\frac{p_1}{p_2}\right)^{(\gamma-1)/\gamma} = \left(\frac{p_4}{p_3}\right)^{(\gamma-1)/\gamma} = \frac{T_4}{T_3} = \frac{T_4 - T_1}{T_3 - T_2}$$

所以，η_{th0} 改写为

$$\eta_{th0} = 1 - \frac{T_1}{T_2} = 1 - \frac{T_4}{T_3} \tag{20.1}$$

令压力比 $p_2/p_1 = \pi$，η_{th0} 又可改写为

$$\eta_{th0} = 1 - \left(\frac{1}{\pi}\right)^{(\gamma-1)/\gamma} \tag{20.2}$$

式中，c_p、γ、h、T、p 分别为比定压热容、比热容比 $\gamma = c_p/c_V$、比焓、温度和压力，下角标表示状态点。

由式(20.1)和式(20.2)可知，气体涡轮机透平的基准循环的热效率只决定于压缩或膨胀前后的温度比或压力比，而与绝对值无关。

若令 $m = (\gamma-1)/\gamma$，净功即比功 $w_{net} = w_T - w_C$ 如下式表示：

$$w_{net} = c_p T_1 (\pi^m - 1) \left[\left(\frac{\tau}{\pi^m}\right) - 1\right] \tag{20.3}$$

式中，$\tau \equiv T_3/T_1$，τ 称为最高温度比或称循环增温比。T_3 受金属材料的耐热性限制，一般采用 $770 \sim 800\ ℃$，最高采用 $900 \sim 1\,000\ ℃$。

2. 回热循环

如图 20.1 所示的勃莱敦循环的燃气轮机的排气温度 T_4 比压缩机的出口温度还高很多，排气损失的热量 q_2 很大，热效率低。为了提高热效率，一种方法是采用如图 20.3(a)、图 20.3(b)、图 20.3(c)所示的利用排气的废热加热压缩空气的回热措施。

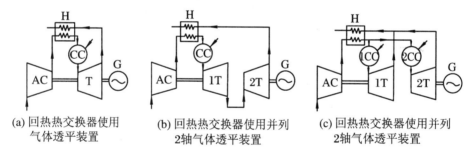

(a) 回热热交换器使用 (b) 回热热交换器使用并列 (c) 回热热交换器使用并列
 气体透平装置   2轴气体透平装置   2轴气体透平装置

图 20.3 回热气体透平装置

AC. 空气压缩机；CC.燃烧室；G. 发电机；H. 回热器；T. 透平机

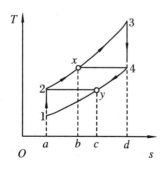

图 20.4 回热气体透平循环

回热的极限是热交换器出口的空气温度 T_x 等于 T_4，如图 20.4 的 T-s 线图所示。在该循环中，排气所携出的热量中，$c_p(T_4 - T_2) = c_p(T_4 - T_y)$ 的热量传给了压缩机排出的气体，即相当于加热了 $c_p(T_x - T_2)$ 的热量。也就是说，面积 $cy4d$ 与面积 $a2xb$ 相等。这种场合的理论热效率 η_{th0} 如下式：

$$\eta_{th0} = \frac{(T_3 - T_x) - (T_y - T_1)}{T_3 - T_x}$$

又因为，$T_4 = T_x$，$T_2 = T_y$，$T_1/T_2 = T_4/T_3$，可导得

$$\eta_{th0} = 1 - \frac{T_2 - T_1}{T_3 - T_4} = 1 - \frac{T_2}{T_3}$$

$$= 1 - \frac{T_1}{T_3} \pi^{(\gamma-1)/\gamma} = 1 - \frac{\pi^{(\gamma-1)/\gamma}}{\tau} \tag{20.4}$$

上式为燃气回热循环的理论热效率。它随最高温度比 τ 的增大,即 T_3 的提高而增大,随压力比的增大而减小。随压力比的增大而热效率减小的原因,是因为压力比增大,压缩机排气温度 T_2 变高了,回热量 $c_p(T_4 - T_2)$ 就减小了。由式(20.3)和式(20.1)得到回热循环热效率与不回热循环热效率之比为

$$\zeta = \left(1 - \frac{T_2}{T_3}\right) \Big/ \left(1 - \frac{T_4}{T_3}\right) = \frac{T_3 - T_2}{T_3 - T_4} \tag{20.5}$$

当 $T_4 > T_2$ 时,回热循环热效率比不回热循环热效率高。当 T_1 一定的场合压力比 π 增加时 T_2 也升高,到达某个压力比时,会出现 $T_2 = T_4$。这时,回热热交换器的可利用度已达到界限,对应的回热循环的限界压力由式(20.1)和式(20.3),得

$$\pi = \left(\frac{T_3}{T_1}\right)^{\gamma/2(\gamma-1)} \tag{20.6}$$

3. 再热循环

勃莱敦循环的输出功随最高温度比的增大而增大。但工质流体的最高温度受到使用材料的耐热温度的限制。在最高温度条件不变的条件下提高燃气轮机效率可以用一种再热的方法。即受材料耐热性 τ 的上限限制,必须使用过量空气燃烧给定供应量的燃料,以避免燃烧后气体温度过高。这种情况随着压缩比 π 的增大而越加厉害。为了有效利用这部分温度较高的过量的空气,采用再热方法。其具体方法是向燃气轮机排气中喷射燃料,并用保炎板加热喷射进来的冷燃料使燃烧稳定,把次级燃烧的气体引至下一级燃气轮机膨胀做功。图 20.5(a)、图 20.5(b)分别为一段再热和二段再热循环。由于采取了再热措施,排气温度升高,所以采用回热交换器效果也更明显。

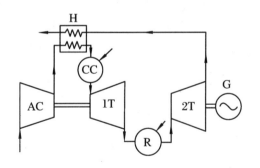

(a) 直列2轴2室燃气轮机装置

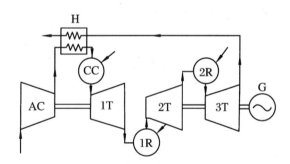

(b) 直列2轴3室燃气轮机装置

图 20.5　再热燃气轮机装置

R. 再热器(低压燃烧器)

图 20.6 中在 4-y 和 2-x 之间的回热交换措施是十分必要的。如果回热交换情况变差,循环效率会下降,这一点要注意。如果再热温度等于初级燃烧后的温度且再热段数无限多,则膨胀线 3-4 变成等温线。

4. 中间冷却后的再热回热循环

与蒸汽动力循环不同,燃气轮机循环的压缩机消耗较大的动力。为减少压缩机的动力消耗,对压缩中间气体进行冷却。图 20.7 的装置在压缩机低压室与高压室之间设置了一回中间冷却。这种循环的 T-s 图如图 20.8 所示。若中间冷却到初温 T_1,且中间冷却有无限

多级数,压缩线 1-2 就变成等温线了。虽然这种循环的效率比勃莱敦循环效率低,但中间冷却目的是通过减少压缩机消耗功而使功比增大,有效效率增加。

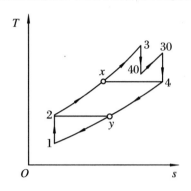

图 20.6 再热回热燃气轮机循环

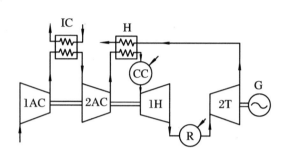

图 20.7 带中间冷却器再热回热燃气轮机装置

IC. 中间冷却器

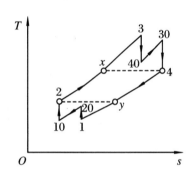

图 20.8 带中间冷却器再热回热
燃气轮机循环

5. 埃尔逊循环

当勃莱敦循环的再热段数和压缩机中间冷却级数都取无限多时就成了如图 20.9 所示的两个等温过程和两个等压过程组成的循环,称为埃尔逊(Ericsson)循环。理想气体等压过程的熵变为 $c_p \ln T$,因此,图 20.9(b)的 2-3 和 4-1 的曲线是左右平行移动的。所以,2-3 的受热和 4-1 的放热量相等,埃尔逊循环的理论效率与同温度范围工作的卡诺热机的理论效率相同。但是,与同温度范围的卡诺循环的 12AB 比较,最低压力二者都共同是点 1 的压力,埃尔逊循环的最高压力是点 3 的压力,因为卡诺循环的最高压力是点 A 的压力,埃尔逊循环的最高压力明显地比卡诺循环低,循环的压力范围比较小。

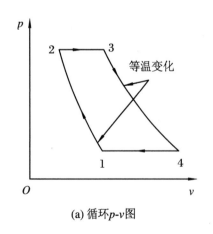

(a) 循环p-v图

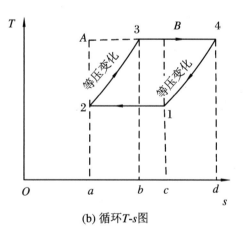

(b) 循环T-s图

图 20.9 双等温等压循环(埃尔逊循环)

埃尔逊循环实现也是有困难的,因为再热段数和压缩机中间冷却级数实际都不能取无限多;另外要使图 20.9 中面积 $a23b$ 等于 $c20d$,意味换热量要 100%,要用无限大的换热面积和无限小的流量,这也是做不到的。尽管如此,但因为埃尔逊循环的最高压力较低,设计轻型化的燃气轮机装置也有可取之处。

6. 实际燃气轮机循环

上面讨论的燃气循环都是以可逆过程为前提的,实际上压缩机、燃气轮机、换热器都是不可逆的。以勃莱敦循环为例考察其不可逆性的影响。图 20.10 的虚线 $1 2' 3 4'$ 表示这种不可逆循环,实线表示可逆循环。

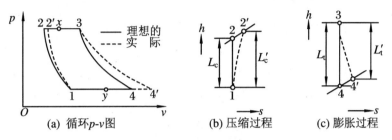

图 20.10　实际燃气轮机循环

单位质量空气由 1-2 的理想压缩比功 w_C 为

$$w_C = h_2 - h_1 = c_p(T_2 - T_1)$$

设实际的压缩绝热效率为 η_C,则不可逆压缩过程的比功 w'_C 为

$$w'_C = \frac{c_p(T_2 - T_1)}{\eta_C} \tag{20.7}$$

式中

$$\eta_C = \frac{w_C}{w'_C} = \frac{h_2 - h_1}{h_{2'} - h_1} = \frac{T_2 - T_1}{T_{2'} - T_1}$$

另外,w'_C 又可表示为

$$h_{2'} - h_1 = c_p(T_{2'} - T_1)$$

压缩后的温度 $T_{2'}$ 表示为

$$T_{2'} = \frac{T_2 - T_1}{\eta_C} + T_1 \tag{20.8}$$

又因为 $T_2 = T_1 \pi^{(\gamma-1)/\gamma}$、$\pi = p_2/p_1$,所以 $T_{2'}$ 是 T_1、π、γ 和 η_C 的函数。

另外,单位质量空气在理想的涡轮膨胀机中从点 3 绝热膨胀到点 4 的膨胀比功 w_T 为

$$w_T = h_3 - h_4 = c_p(T_3 - T_4)$$

因摩擦损失等实际的膨胀比功 w'_T 为

$$w'_T = h_3 - h_{4'} = c_p(T_3 - T_4) \cdot \eta_T \tag{20.9}$$

式中,η_T 为涡轮膨胀机的绝热效率,表达式为

$$\eta_T = \frac{w_T}{w'_T} = \frac{h_3 - h_{4'}}{h_3 - h_4} = \frac{T_3 - T_{4'}}{T_3 - T_4}$$

还因为

$$h_3 - h_{4'} = c_p(T_3 - T_{4'})$$

膨胀后的温度 $T_{4'}$ 由下式得出:

$$T_{4'} = T_3 - (T_3 - T_4)\eta_T \tag{20.10}$$

因为 $T_3 = \tau T_1$,τ 是最高温度比,$T_4 = T_3/\pi^{(\gamma-1)/\gamma}$,$T_{4'}$ 也就是 T_1、π、γ、τ 和 η_T 的函数。

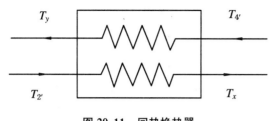

图 20.11　回热换热器

最后,设回热热交换器的温度效率为 η_h,以此考虑热交换器的不可逆性。图 20.11 为循环中热交换器的换热过程示意图,状态点 2 温度为 $T_{2'}$ 的压缩机排气通过热交换器后温度升到 T_x,从燃烧、燃气涡轮机来的温度为 $T_{4'}$ 的气体,进入热交换器后温度升到 T_y 而离去。若冷热流体的质量流量相等,并忽略比热容跟随温度的变化,则有

$$T_x - T_{2'} = T_{4'} - T_y$$

如果回热器是理想的热交换器,则会得到 $T_x = T_{4'}$、$T_y = T_{2'}$ 的结果,也就是说,传热温差为零。但实际上有温差存在,$T_x < T_{4'}$、$T_y > T_{2'}$,这种情况温度效率 η_h 可表示为

$$\eta_\mathrm{h} = \frac{T_{4'} - T_y}{T_{4'} - T_{2'}} = \frac{T_x - T_{2'}}{T_{4'} - T_{2'}}$$

因此,T_x 和 T_y 可分别表示为

$$T_x = T_{2'} + (T_{4'} - T_{2'})\eta_\mathrm{h} \tag{20.11}$$
$$T_y = T_{4'} + (T_{4'} - T_{2'})\eta_\mathrm{h} \tag{20.12}$$

也就是说,T_x 和 T_y 是 T_1、π、γ、τ、η_T、η_C 和 η_h 的函数。

若循环中加热器从外界的吸热量为 $q_1 = c_p(T_3 - T_x)$,冷却器排放出的热量 $q_2 = c_p(T_y - T_1)$,则循环的热效率 η_th 用下式计算:

$$\eta_\mathrm{th} = \frac{\dfrac{\tau}{\pi^{(\gamma-1)/\gamma}}\eta_\mathrm{T}\eta_\mathrm{C} - 1}{\left[\dfrac{\tau-1}{\pi^{(\gamma-1)/\gamma} - 1}\eta_\mathrm{C} - 1\right](1 - \eta_\mathrm{h}) + \dfrac{\tau}{\pi^{(\gamma-1)/\gamma}}\eta_\mathrm{T}\eta_\mathrm{C}\eta_\mathrm{h}} \tag{20.13}$$

若 $\eta_\mathrm{T} = \eta_\mathrm{C} = 1$、$\eta_\mathrm{h} = 0$,则上式简化为

$$\eta_\mathrm{th} = 1 - \left(\frac{1}{\pi}\right)^{(\gamma-1)/\gamma}$$

即为勃莱敦循环的理论热效率,见式(20.2)。另外,若 $\eta_\mathrm{T} = \eta_\mathrm{C} = \eta_\mathrm{h} = 1$,则式(20.13)简化为

$$\eta_\mathrm{th} = 1 - \frac{\pi^{(\gamma-1)/\gamma}}{\tau}$$

即为回热循环的理论热效率。

表 20.1 为一例考虑了 η_T、η_C、η_h 效果计算的热效率值。由表中数值可知 η_T、η_C 对 η_h 的影响很大。初期燃气轮机不成功的原因是 η_T 和 η_C 太低,且 τ 值不大。现在,绝热效率 85% 已不难达到,且通过叶片冷却技术能使 τ 值增大。

表 20.1　回热式勃莱敦循环的热效率

$\eta_\mathrm{T} = \eta_\mathrm{C}$	η_h		
	0	0.5	1.0
0.7	− 0.015	− 0.017	− 0.022
0.8	0.155	0.181	0.218
0.9	0.289	0.329	0.382

注:取 $\gamma = 1.4$,$\pi = 6$,$\tau = T_3/T_1 = 1\,000/300$。

开放式勃莱敦循环受流体工质性质的影响较大。例如,压缩比 $\pi = 8$ 的无回热的空气标准循环($\eta_T = \eta_C = 1$)时与 τ 无关的热效率 $\eta_{th} = 0.448$,如果考虑燃气的量和质的变化,$\eta_T = \eta_C < 1$,η_{th} 则与 T_3 有关,T_3 下降,则 η_{th} 降低。设 $\eta_T = \eta_C = 0.85$、$\tau = 1\,000/300$ 时,循环热效率降低到 $\eta_{th} = 0.228$。对于不同的 T_3 有最佳的压缩比 π 值,T_3 的常用值为 $550 \sim 950\,℃$,最佳的压缩比 π 值为 $5 \sim 9$。T_3 的最高值,陆上发电厂的为 $970\,℃$,飞机的可达到 $1\,320\,℃$。

下面推导这种循环的有效率 $\eta_{u,th}$ 的计算式。求 $\eta_{u,th}$ 需要了解周围的压力 p_0 和温度 T_0。假定对单位质量工质供给的有效能为 e_{u1},放出的有效能为 e_{u2},燃气轮机的膨胀功为 w_T,压缩机的消耗功为 w_C,则有

$$e_{u,1} = e_{u,3} - e_{u,x} = \psi_{u,3} - \psi_{u,x} = c_p(T_3 - T_x) - T_0 c_p \ln \frac{T_3}{T_x} \tag{20.14}$$

$$e_{u,2} = e_{u,y} - e_{u,1} = \psi_{u,y} - \psi_{u,1} = c_p(T_y - T_1) - T_0 c_p \ln \frac{T_y}{T_1} \tag{20.15}$$

$$w_T = e_{u,3} - e_{u,4'} + T_0(s_3 - s_{4'}) = \psi_{u,3} - \psi_{u,4'} = c_p(T_3 - T_x) + T_0(s_3 - s_{4'}) \tag{20.16}$$

$$w_C = e_{u,2'} - e_{u,1} + T_0(s_{2'} - s_1) = \psi_{u,2'} - \psi_{u,1} = c_p(T_3 - T_x) + T_0(s_{2'} - s_1) \tag{20.17}$$

式中,e_u、ψ_u、s 分别为流体工质的相对和绝对比有效能函数、比熵。因此,实际的净功 w_{net} 为

$$\begin{aligned}
w_{net} &= w_T - w_C \\
&= (\psi_{u,3} - \psi_{u,4'}) + T_0(s_3 - s_{4'}) - [(\psi'_{u,2} - \psi_{u,1}) + T_0(s_{2'} - s_1)] \\
&= (\psi_{u,3} - \psi_{u,2'}) + (\psi_{u,1} - \psi_{u,4'}) - [T_0(s_{4'} - s_3) + T_0(s_{2'} - s_1)] \\
&= (\psi_{u,3} - \psi_{u,x}) - (\psi_{u,y} - \psi_{u,1}) - [(\psi_{u,4'} - \psi_{u,y}) - (\psi_{u,x} - \psi_{u,2'})] \\
&\quad - T_0(s_{4'} - s_3) - T_0(s_{2'} - s_1)
\end{aligned} \tag{20.18a}$$

式(20.18a)中第 3 项为回热器的有效能损失,第 4、第 5 项分别为压缩机和燃气轮机的不可逆损失。现在用 w_{ir} 表示不可逆损失,则式(20.18a)可表示为

$$w_{net} = (\psi_{u,3} - \psi_{u,x}) - (\psi_{u,y} - \psi_{u,1}) - w_{ir,H} - w_{ir,C} - w_{ir,T} \tag{20.18b}$$

式中,下角标"H""C""T"分别表示回热换热器、压缩机、透平膨胀机。因此,循环的有效率 $\eta_{u,th}$ 用下式表示:

$$\eta_{u,th} = \frac{w}{e_{ub1}} = 1 - \frac{\psi_{u,y} - \psi_{u,1}}{\psi_{u,3} - \psi_{u,x}} - \frac{w_{ir,H} + w_{ir,C} + w_{ir,T}}{\psi_{u,3} - \psi_{u,x}} \tag{20.19}$$

如果工质流体是理想气体,有

$$\psi_{u,y} - \psi_{u,1} = c_p(T_y - T_1) - T_0 \ln \frac{T_y}{T_1} \tag{20.20}$$

$$w_{ir,H} = c_p(T_{4'} - T_y) - c_p(T_x - T_{2'}) - T_0\left(\ln \frac{T_{4'}}{T_y} - \ln \frac{T_x}{T_{2'}}\right) \tag{20.21}$$

$$w_{ir,T} = T_0\left(c_p \ln \frac{T_{4'}}{T_2} - R_g \ln \frac{p_{4'}}{p_3}\right) \tag{20.22}$$

$$w_{ir,C} = T_0\left(c_p \ln \frac{T_{2'}}{T_1} - R_g \ln \frac{p_{2'}}{T_1}\right) \tag{20.23}$$

式中,R_g 为工质流体的气体常数。

例 20.1 有燃气轮机的理论循环,吸入空气温度 20 ℃,压力为 0.101 MPa,燃气轮机入口温度为 540 ℃,压力比为 4,空气流量为 $1\,000\,m^3/min$ 时。求:压缩机出口温度、压力、燃气轮机出口温度、给热量、放热量、燃气轮机做的功、压缩机耗功、循环净功、理论热效率,以

及输出功率。已知空气的绝热指数 $\gamma = 1.4$，燃气轮机和压缩机绝热效率 $\eta_T = \eta_C = 0.85$，求在这种场合的热效率和有效率。

解 已知

$$T_1 = (273.15 + 20)\,\text{K} = 293.15\,\text{K}, \quad p_1 = 0.101\,\text{MPa}$$

$$\pi = 4, \quad T_3 = (273.15 + 540)\,\text{K} = 813.15\,\text{K}$$

压缩机出口温度：

$$T_2 = 293.15\,\text{K} \times 4^{0.4/1.4} = 435.6\,\text{K}$$

压缩机出口压力：

$$p_2 = \pi p_1 = 4 \times 0.101\,\text{MPa} = 0.404\,\text{MPa}$$

燃气轮机出口温度：

$$T_4 = \frac{T_3}{T_2} T_1 = \frac{813.15\,\text{K} \times 293.15\,\text{K}}{435.6\,\text{K}} = 547.2\,\text{K}$$

给热量：

$$q_1 = 1.005\,\text{kJ/(kg·K)} \times (813.15 - 435.6)\,\text{K} = 379.4\,\text{kJ/kg}$$

放热量：

$$q_2 = 1.005\,\text{kJ/(kg·K)} \times (547.2 - 293.15)\,\text{K} = 255.3\,\text{kJ/kg}$$

循环的净功：

$$w_{\text{net}} = q_1 - q_2 = 379.4\,\text{kJ/kg} - 255.3\,\text{kJ/kg} = 124.1\,\text{kJ/kg}$$

燃气轮机做功：

$$w_T = c_p(T_3 - T_4) = 1.005\,\text{kJ/(kg·K)} \times (813.15 - 547.2)\,\text{K} = 267.2\,\text{kJ/kg}$$

压缩机耗功：

$$w_C = c_p(T_2 - T_1) = 1.005\,\text{kJ/(kg·K)} \times (435.6 - 293.15)\,\text{K} = 143.2\,\text{kJ/kg}$$

工作的空气流量：

$$\dot{m} = \frac{p_1 V_1}{RT_1} = \frac{0.101 \times 10^6\,\text{Pa} \times 1\,000\,\text{m}^3/\text{min}}{287.06\,\text{J/(kg·K)} \times 293.15\,\text{K}} = 1\,200\,\text{kg/min} = 20.0\,\text{kg/s}$$

输出功率：

$$N = \dot{m}w = 20.0\,\text{kg/s} \times 124.1\,\text{kJ/kg} = 2\,482\,\text{kW}$$

循环的热效率：

$$\eta_{\text{th}} = 1 - \frac{q_2}{q_1} = \frac{255.3}{379.4} = 0.327$$

以下若考虑了燃气轮机和压缩机的绝热效率，T_1、T_3 和前面的相同，燃气轮机出口温度 $T_{4'}$ 为

$$T_{4'} = T_3 - \eta_T(T_3 - T_4) = 813.15\,\text{K} - 0.85 \times (813.15 - 547.2)\,\text{K} = 587.1\,\text{K}$$

压缩机出口温度 $T_{2'}$ 为

$$T_{2'} = T_1 + \frac{(T_2 - T_1)}{\eta_C} = 293.15\,\text{K} - \frac{1}{0.85} \times (435.6 - 293.15)\,\text{K} = 460.7\,\text{K}$$

由燃烧的给热量：

$$q_{1'} = c_p(T_3 - T_{2'}) = 1.005\,\text{kJ/(kg·K)} \times (813.15 - 406.7)\,\text{K} = 354.2\,\text{kJ/kg}$$

燃气轮机做功：

$$w_T' = c_p(T_3 - T_{4'}) = \eta_T w_T = 0.85 \times 267.2\,\text{kJ/kg} = 227.1\,\text{kJ/kg}$$

压缩机耗功：

$$w'_C = c_p(T_{2'} - T_1) = \frac{w_C}{\eta_C} = 0.85 \times 267.2 \text{ kJ/kg} = 227.1 \text{ kJ/kg}$$

实际循环的净功：

$$w' = w'_T - w'_C = 227.1 \text{ kJ/kg} - 168.5 \text{ kJ/kg} = 58.6 \text{ kJ/kg}$$

实际输出功率：

$$N' = \dot{m} w' = 20.0 \text{ kg/s} \times 58.6 \text{ kJ/kg} = 1\,172 \text{ kW}$$

实际循环的热效率：

$$\eta'_{th} = \frac{58.6 \text{ kJ/kg}}{354.2 \text{ kJ/kg}} = 0.165$$

因为没采用回热，式(20.20)中的输入的比有效能 e_{ubl} 的计算式中用到下角标点 x 的状态也可以用点 $2'$ 状态代替，且 $T_0 = 293.15$ K。那么，由燃烧供给的有效能为

$$e_{u,1} = c_p(T_3 - T_{2'}) - T_0 c_p \ln\left(\frac{T_3}{T_{2'}}\right)$$

$$= 1.005 \text{ kJ/(kg} \cdot \text{K)} \times (813.15 - 460.7) \text{ K}$$

$$- 293.15 \text{ K} \times 1.005 \text{ kJ/(kg} \cdot \text{K)} \times \ln\left(\frac{813.15 \text{ K}}{460.7 \text{ K}}\right)$$

$$= 354.2 \text{ kJ/kg} - 167.4 \text{ kJ/kg} = 186.8 \text{ kJ/kg}$$

实际循环的有效率：

$$\eta_{u,th} = \frac{w}{e_{u,1}} = \frac{58.6 \text{ kJ/kg}}{186.8 \text{ kJ/kg}} = 0.314$$

20.2　内燃机循环

至此讨论的气体动力循环都是连续流动过程的循环。因此，通常要在循环中配置涡轮机。涡轮膨胀机在小功率场合变得很小，黏性摩擦加剧，小功率的燃气轮机动力装置的效率很低。因此，至少要在数千千瓦以上功率的场合才考虑采用燃气轮机动力装置。

小动力的利用燃料气体的动力装置，可以采用内燃机(Internal Combustion Engine)形式的断续流动的循环。这种循环的优点是气体流动摩擦损失小，工质的最高许可温度比燃气轮机的高。其不足点是不适合做大功率动力机。

1. 四冲程内燃机工作过程

内燃机分为用电火花给燃料点火的火花点火内燃机(Spark Ignition Engine)和用压缩加热给燃料点火的压缩点火内燃机(Compression Ignition Engine)两大类。这些都是在气缸内由活塞的四冲程或二冲程来完成的，两者又分别称为四冲程内燃机(Four Stroke Cycle Engine)和二冲程内燃机(Two Stroke Cycle Engine)。二冲程内燃机效率较低，已逐渐被淘汰。

(1) 火花点火的四冲程内燃机工作过程(图 20.12)

吸气行程 1-2　活塞向下运动，吸入空气与燃料的混合物。该行程终了时入气阀关闭。

压缩行程 2-3　入气阀和排气阀都关闭，活塞向上运动，空气燃料混合物被压缩。活塞到上死点前点火。燃烧几乎在一定容积内进行。

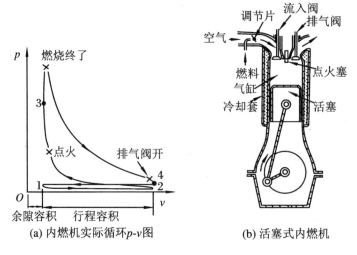

图 20.12　四冲程火花点火内燃机

膨胀行程 3-4　燃烧在膨胀行程开始就完成了，燃烧生成物膨胀推动活塞向下运动，当活塞到达下死点前，排气阀打开，气缸内气体流入排气管，气缸内气体压力约降到大气压。

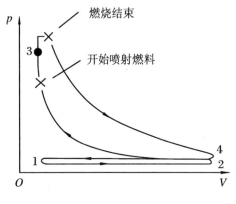

图 20.13　四行程压缩点火内燃机

排气行程 4-1　活塞向上运动，膨胀行程终了未从气缸流出的废气被挤出，仅留余隙容积的残留气。末了，排气阀关闭。

（2）压缩点火的四冲程内燃机工作过程（图20.13）

吸气行程 1-2　活塞向下运动，只吸入空气。

压缩行程 2-3　入气阀和排气阀都关闭，活塞向上运动，空气被压缩，活塞到上死点前空气温度高过燃点时喷射燃料，点火。

膨胀行程 3-4　燃料以一定比例喷射到气缸内，燃烧时的压力几乎保持一定。膨胀行程的途中燃烧完毕。排气阀打开前，压力降低了。

排气行程 4-1　与火花点火内燃机相同。

内燃机循环的理论标准循环也是取空气为工质的循环进行分析。约定如下：

① 空气的比热为定值；

② 压缩和膨胀过程为绝热；

③ 燃烧期间系统的吸热量等于燃料的燃烧热；

④ 排气在等容条件下瞬间完成，冷却排到外部的热量等于排气带走的热量，返回到压缩前的状态。

2. 奥托循环

奥托循环（Otto Cycle）是作为火花点火汽油内燃机的空气标准循环实用上最重要的循环。因燃烧在定容下进行，所以也叫定容循环。图 20.14 为定容循环的 p-V 线图。

设这种循环的受热量 q_1、放热量 q_2、净功 w（以下约定净功不再加下角标"net"表示）分别表示如下：

$$q_1 = c_V(T_3 - T_2)$$
$$q_2 = c_V(T_4 - T_1)$$
$$w = q_1 - q_2$$

式中，c_V 为工质流体的比定容热容；T 为温度，下角标表示状态点。因此，理论热效率 η_{th0} 表示为

$$\eta_{th0} = \frac{w}{q_1} = 1 - \frac{T_4 - T_1}{T_3 - T_2} \qquad (20.24a)$$

又因为从状态 1 到状态 2 的变化为绝热压缩，有下面关系成立：

$$\frac{T_2}{T_1} = \left(\frac{V_1}{V_2}\right)^{\gamma-1} \equiv \pi^{\gamma-1}$$

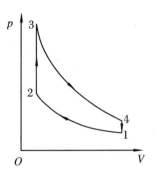

图 20.14　定容燃烧循环(Otto 循环)

式中，γ 为工质流体的绝热指数；V 为容积；π 为压缩比。再者

$$\frac{T_2}{T_1} = \frac{T_3}{T_4} = \frac{T_3 - T_2}{T_4 - T_1} = \pi^{\gamma-1}$$

所以

$$\eta_{th0} = 1 - \frac{1}{\pi^{\gamma-1}} \qquad (20.24b)$$

这说明 η_{th0} 只是与 π 和 γ 两个数有关的函数，与 q_1 和负荷无关，随着压缩比增大热效率提高。但是压缩比的提高是有限度的，压缩温度不得到达混合气的点火温度，也不能到达产生爆击声(Knocking)的程度。爆击声是由于内燃机燃烧室的燃烧条件变坏，高压下冲击波撞击气缸壁，发出打击气缸壁的金属声。爆击声发生时，内燃机性能变坏，热效率下降。为防止这种现象，常用的压缩比 $\pi = 4\sim8$，再高也只到 $\pi = 8\sim12$ 为止。

3. 狄塞尔循环

为摆脱奥托循环的压缩比受吸入燃气混合物自点火的限制而不能进一步提高的不足，狄塞尔循环(Diesel Cycle)采用先把空气压缩到更高压缩比状态，而后在温度和压力都不过分高的情况下徐徐喷入燃料燃烧。狄塞尔循环实际是一种定压燃烧循环。图 20.15 为狄塞尔空气标准循环的 p-V 图。

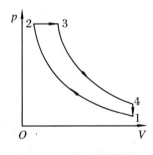

图 20.15　定压燃烧循环
　　　　　(Diesel 循环)

设这种循环的受热量 q_1、放热量 q_2、净功 w 分别表示如下：

$$q_1 = c_p(T_3 - T_2)$$
$$q_2 = c_V(T_4 - T_1)$$
$$w = q_1 - q_2$$

式中，c_p 为工质流体的比定压热容；T 为温度，下角标表示状态点。因此，理论热效率 η_{th0} 表示为

$$\eta_{th0} = \frac{w}{q_1} = 1 - \frac{q_2}{q_1} = 1 - \frac{T_4 - T_1}{\gamma(T_3 - T_2)} \qquad (20.25)$$

又因为从状态 1 到状态 2 的变化为绝热压缩，温度 T 和容积 V 有下面关系成立：

$$T_3 = T_4\left(\frac{V_4}{V_3}\right)^{\gamma-1}, \quad T_2 = T_1\left(\frac{V_1}{V_2}\right)^{\gamma-1}$$

因过程 2-3 是定压变化,令

$$\sigma \equiv \frac{T_3}{T_2} = \frac{V_3}{V_2} \tag{20.26}$$

式中,σ 称切断比,又知压缩比 $\pi = V_1/V_2 = V_4/V_2$,用了 σ、π 表示,状态点 2、3 和 4 的温度又可表示为

$$T_2 = T_1 \pi^{\gamma-1}, \quad T_3 = T_2 \sigma = T_1 \sigma \pi^{\gamma-1}, \quad T_4 = T_1 \sigma^{\gamma}$$

因此,有

$$\eta_{th0} = 1 - \left(\frac{1}{\pi}\right)^{\gamma-1}\left[\frac{\sigma^{\gamma}-1}{\gamma(\sigma-1)}\right] \tag{20.27}$$

这说明 η_{th0} 只是与 π 和 γ 以及 σ 这三个数有关的函数,σ 增大、热效率 η_{th0} 降低。另外,σ 会随负荷的增大而增大。

狄塞尔循环不仅没有爆击声问题,而且压缩比越高越好,采用的压缩比一般达到 $\pi >$ 15,这种情况的汽油内燃机可以获得相当高的效率。

4. 沙巴得循环

沙巴得循环(Sabathe Cycle)实际是采用定容燃烧和定压燃烧相结合的一种混合循环,如图 20.16 所示。沙巴得混合循环可以用高速狄塞尔空气标准循环来讨论,特别场合包含了奥托循环和狄塞尔循环。

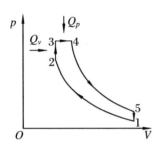

图 20.16　合成循环(Sabathe 循环)

设该循环的受热量 q_1、放热量 q_2、净功 w 分别表示如下:

$$q_1 = q_v + q_p = c_v(T_3 - T_2) + c_p(T_4 - T_3)$$
$$q_2 = c_v(T_5 - T_1)$$
$$w = q_1 - q_2$$

理论热效率 η_{th0} 表示为

$$\eta_{th0} = \frac{w}{q_1} = 1 - \frac{q_2}{q_1} = 1 - \frac{T_5 - T_2}{(T_3 - T_2) + \gamma(T_4 - T_3)} \tag{20.28a}$$

因为过程 1-2、2-3、4-5 以及 5-1 分别为绝热、定容、定压、绝热以及定容变化,该场合的切断比 $\sigma = T_4/T_3 = V_4/V_3$,压缩比 $\pi = V_1/V_2$,所以状态点 2、3、4 和 5 的温度如下列式表示:

$$T_2 = T_1 \pi^{\gamma-1}, \quad T_3 = T_1 \alpha \pi^{\gamma-1}, \quad T_4 = T_1 \alpha \sigma \pi^{\gamma-1}, \quad T_5 = T_1 \alpha \sigma^{\gamma}$$

上式中,α 为最高压力比或称压力上升比(Pressure Rise Ratio),定义为

$$\alpha \equiv \frac{p_3}{p_2} = \frac{T_3}{T_2}$$

因此,理论热效率 η_{th0} 又可表示为

$$\eta_{th0} = 1 - \left(\frac{1}{\pi}\right)^{\gamma-1}\left[\frac{\alpha\sigma^{\gamma}-1}{(\alpha-1) + \gamma\alpha(\sigma-1)}\right] \tag{20.28b}$$

若 $\sigma = 1$ 或 $\alpha = 1$,式(20.28b)就转化成奥托循环或狄塞尔循环的理论热效率。即沙巴得循环的理论热效率在二者之间。图 20.17(a)、图 20.17(b)分别为奥托循环、狄塞尔循环及沙巴得循环三种循环的比较。现在用上角标"O""D""S"分别表示上述三种循环,由图可直接得到三种循环的关系如下:

(1) 初温 T_1、压缩比 π 和受热量 q_1 都一定的场合(图 20.17(a))

$$\eta_{th0}^{O} > \eta_{th0}^{S} > \eta_{th0}^{D}$$

（2）初温 T_1、受热量 q_1 和最高压力 p_{max} 都一定的场合（图 20.17(b)）

$$\eta_{th0}^D > \eta_{th0}^S > \eta_{th0}^O$$

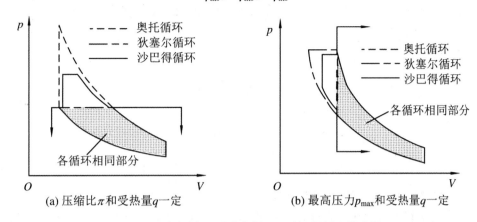

(a) 压缩比 π 和受热量 q 一定　　　　　　(b) 最高压力 p_{max} 和受热量 q 一定

图 20.17　奥托循环、狄塞尔循环和沙巴得循环的比较

5. 斯特林循环

斯特林循环（Stirling Cycle）是把奥托循环的绝热变化过程改为两个等温过程和把埃尔逊循环（图 20.9）的两个等压变化过程改为两个等容过程构成的循环，如图 20.18 所示。斯特林机是一种在实验中外燃的往复运动的发动机，非内燃机，但它有许多优点。

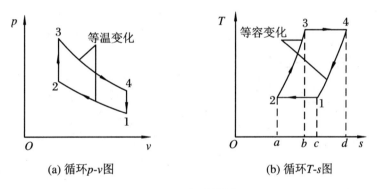

(a) 循环 p-v 图　　　　　　　　(b) 循环 T-s 图

图 20.18　斯特林循环

理想气体等容变化时熵变为 $c_V \ln T$，因此，图 20.18(b) 中的 2-3 过程和 4-1 过程的曲线为左右方向平行移动的关系。也因此，2-3 过程的受热量 $a23b$ 与 4-1 过程的放热量 $c20d$ 相等，斯特林循环的理论热效率与在同温度区间工作的卡诺循环的相等。这与埃尔逊循环相同。把同温度区间工作的卡诺循环、埃尔逊循环和斯特林循环的 T-s 图放在一起，如图 20.19 所示。图中，等压线 1-4E 和 2-3E 平行，等压线 1-4S 和 2-3S 平行，因为压力线左移压力增高，所以斯特林循环的最高压力 p_{3S} 比卡诺循环的最高压力 p_{3C} 低，而比埃尔逊循环的最高压力 p_{3E} 高。

斯特林机的两个等温变化在加热器和冷却器中进行，两个等容变化是在回热器的热交换器中进行。这些热交换器的效率低，在热交换器中的流动阻力也较大，很难接近卡诺循环的效率，作为实用化的真正的斯特林发动机还没有，仅有小型实验室样机。只是由于近年燃料供给事情的激烈变化，随着能源的多样化，斯特林机可以利用诸如生物质能、太阳能、焚烧垃圾能的外燃式能源，可能有潜在的高效率的优点，再次受到关注。

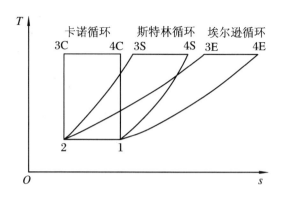

图 20.19　同温度区间三种同效率的循环

6. 平均有效压力、功率和燃料消耗率

运行中内燃机气缸的压力可用示功图表示。示功图的纵轴为压力,横轴代表活塞的位置,如图 20.20 所示。

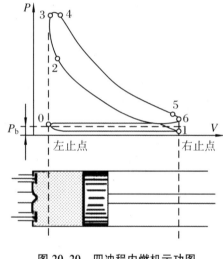

图 20.20　四冲程内燃机示功图

（1）图示平均压力

示功图的面积表示 1 个循环的做功 W_i（单位为 N·m）除以行程容积 FL（F 为活塞面积;L 为行程,单位为 m）得到图示平均有效压力 p_i（单位为 Pa）为

$$p_i = \frac{W_i}{FL} \tag{20.29}$$

（2）图示功率

据 p_i 的定义,p_iFL 表示 1 个循环中做的功。1 min 内做了 n 循环,一个气缸 1 min 内做功为 p_iFLn。因此,有 j 气缸的内燃机,输出功率 N_i（单位为 kW）为

$$N_i = \frac{jp_iFLn}{60\,000} \tag{20.30}$$

式中,N_i 为示功功率（Indicated Power）。

内燃机每分钟转速为 n rpm,四行程和二行程内燃机的示功功率分别为

四行程:

$$N_i = \frac{jp_iFLn}{2 \times 60\,000} \tag{20.31}$$

二行程:

$$N_i = \frac{jp_iFLn}{60\,000} \tag{20.32}$$

（3）图示热效率

燃料的供热量等于燃料消费量 $\dot{m}_f$（单位为 kg/h）和燃料的低发热量 H_{fL}（单位为 kJ/kg）的积,图示热效率 η_i 为

$$\eta_i = \frac{3\,600N_i}{\dot{m}_f H_{fL}} \tag{20.33}$$

等于理论热效率 η_{th0} 和内燃机效率 η_g 的乘积。

（4）图示燃料消耗率

定义每单位图示功率的燃料消耗量为图示燃料消耗率，用 g_{fi} 表示，有

$$g_{fi} = \frac{\dot{m}_f \times 10^3}{N_i} = \frac{3.6 \times 10^6}{\eta_i H_{fL}} \tag{20.34}$$

以上是从示功图得到的基本的功，用图示功值乘以机械效率 η_m 就得到净输出功。按上述方法基于净输出功，就能得到净平均有效压力、净功率、净热效率和净燃料消耗率。

7. 实际内燃机的循环过程与理论循环的差异

实际内燃机的热效率比理论热效率小，理由如下：

（1）燃烧过程

奥托内燃机在上死点不能瞬间燃烧完毕，燃烧要持续一段时间，因此，p-v 图上的上尖点就没有了，而有圆弧状，做功减小。狄塞尔内燃机燃烧开始和终止曲线，不像理论循环变化那么急，也仍然是圆弧状，更有滞后的燃烧产生。因此，做功也减小。

（2）吸气、排气过程

吸入气体要消耗功，四冲程内燃机吸气过程消耗的功，约等于图 20.13 下方 1-2 为底线上方的扁平面积，它是在低于大气压下工作，做负功。二冲程内燃机，这面积相当于排气泵所消耗的功。

（3）排气开始

排气阀在到达下死点前打开，循环又产生圆形损失。

（4）气缸壁的传热

为了维持材料的强度，气缸壁需要冷却，这就产生了热损失。

粗略计算，设燃料热为1，则图示功约为 1/3，排气热约为 1/3，冷却水带走的热量约为 1/3。

8. 燃料空气循环

从本节 2～4 导出了以空气为工质的几种循环的理论热效率，并用绝热效率对理论热效率的修正来推算实际循环的热效率，但仍然与实际情况有偏差。其原因是燃烧生成的气体的物性与空气不同。具体有如下几点：

① 膨胀过程是燃烧生成物的气体，其性质因空气过剩系数不同而不同；

② 气体的比热随温度升高而显著增大；

③ 在高温（特别是 1500 ℃以上）条件下，H_2O、CO_2 会发生离解，气体成分不变却要吸收离解热；

④ 气体与气缸壁进行热交换。

考虑以上四点的计算理论热效率的基准是有必要的。一种方法是把压缩和膨胀过程接近于实际的多变指数 γ 用下面的多变指数 n 代替。

奥托循环：

$$n = 1.557 - \frac{0.287}{\lambda} \quad (\lambda \geqslant 1)$$

$$n = 1.380 - \frac{0.110}{\lambda} \quad (\lambda \leqslant 1)$$

狄塞尔循环：

$$n = 1.434 - \frac{0.195}{\lambda - 0.01\pi} - 0.7\pi$$

式中，λ 为空气过剩系数；π 为压缩比。

这种场合下，热效率显著减小。例如，奥托循环在 $\pi = 6$ 时的理论热效率 $\eta_{th0} = 0.512$，实际的热效率 $\eta_{th} \approx 0.416$（$n = 1.3$）或者 $\eta_{th} \approx 0.394$（$n = 1.28$）。

例 20.2 压缩比为 12、切断比为 2.5 工作的狄塞尔内燃机，吸入气体的压力、温度受气缸壁和残留气的加热为 0.1 MPa、70 ℃。对 1 kg 气体在理想循环条件下，求图 20.16 中各点的压力、容积和温度。另外，求：(1) 供给热量；(2) 废弃热量；(3) 热效率；(4) 净功；(5) 平均有效压力。工质流体的性质可取同空气的性质。

解 各点的压力、容积和温度如下：

点 1：

$$m = 1 \text{ kg}, \quad p_1 = 0.1 \text{ MPa}, \quad t_1 = 70 \text{ ℃} = 343.15 \text{ K}$$

$$\pi = \frac{V_1}{V_2} = 12, \quad \sigma = \frac{V_3}{V_2} = 2.5$$

$$V_1 = \frac{mRT_1}{p_1} = \frac{1 \text{ kg} \times 287.06 \text{ J/(kg·K)} \times 343.15 \text{ K}}{10^5 \text{ Pa}} = 0.985 \, 0 \text{ m}^3$$

点 2：

$$V_2 = \frac{V_1}{12} = \frac{0.985 \text{ m}^3}{12} = 0.082 \, 09 \text{ m}^3$$

$$\frac{p_2}{p_1} = \left(\frac{V_1}{V_2}\right)^\gamma = 12^{1.4} = 32.42, \quad p_2 = 0.1 \times 32.42 = 3.242 \text{ MPa}$$

$$T_2 = \frac{p_2 V_2}{mR} = \frac{3.242 \times 10^6 \text{ Pa} \times 0.082 \, 09 \text{ m}^3}{1 \text{ kg} \times 287.06 \text{ J/(kg·K)}} = 927.1 \text{ K} = 654.0 \text{ ℃}$$

点 3：

$$V_3 = \sigma V_2 = 2.5 \times 0.082 \, 09 \text{ m}^3 = 0.205 \, 2 \text{ m}^3$$

$$\frac{T_3}{T_2} = \frac{V_3}{V_2} = 2.5, \quad T_3 = 927.1 \text{ K} \times 2.5 = 2 \, 317.8 \text{ K}$$

$$p_3 = p_2 = 3.242 \text{ MPa}$$

点 4：

$$V_4 = V_1 = 0.985 \, 0 \text{ m}^3$$

$$\frac{p_3}{p_4} = \left(\frac{V_1}{V_3}\right)^\gamma = \left(\frac{0.985 \text{ m}^3}{0.205 \, 2 \text{ m}^3}\right)^{1.4} = 8.99, \quad p_4 = \frac{3.242 \text{ MPa}}{8.990} = 0.360 \, 6 \text{ MPa}$$

$$T_4 = \frac{p_4 V_4}{mR} = \frac{0.360 \, 6 \times 10^6 \text{ Pa} \times 0.985 \, 0 \text{ m}^3}{1 \text{ kg} \times 287.06 \text{ J/(kg·K)}} = 1 \, 237.3 \text{ K}$$

给热量：

$$q_1 = c_p(T_3 - T_2) = 1.005 \text{ kJ/(kg·K)} \times (2 \, 317.8 - 927.1) \text{ K} = 1 \, 397.7 \text{ kJ/kg}$$

放热量：

$$q_2 = c_p(T_4 - T_1) = 0.715 \, 7 \text{ kJ/(kg·K)} \times (1 \, 237.3 - 343.15) \text{ K} = 640.1 \text{ kJ/kg}$$

图示功：

$$w_i = q_1 - q_2 = 1 \, 397.7 \text{ kJ/kg} - 640.1 \text{ kJ/kg} = 757.6 \text{ kJ/kg}$$

热效率：

$$\eta_{th} = \frac{q_1 - q_2}{q_1} = \frac{757.6 \text{ kJ/kg}}{1\,397.7 \text{ kJ/kg}} = 0.542$$

平均有效压力：

$$p_i = \frac{w_i}{V_1 - V_2} = \frac{757.6 \text{ kJ/kg}}{0.985\,0 - 0.082\,09} \text{ m}^3 = 839.1 \text{ kPa} = 0.839\,1 \text{ MPa}$$

20.3　气体流推进式发动机循环

1. 气体流推进式发动机的种类

气体流推进式发动机可分为两大类，一类是以空气为主作业流体，称为喷气式发动机（Jet），另一类是依靠自身携带的燃料和助燃剂的作业流体推进的发动机，称为火箭（Rocket）。

所有气体流推进式发动机如图 20.21 所示，都由吸气扩压段、能源区和推力喷嘴三部分组成。上述三部分全都使用的涡轮喷气发动机（Turbojet Engine）的能源区包含压缩机、燃烧室及涡轮机。涡轮机并不产生有效功，而是把涡轮机排气中的能量都用于在推力喷嘴中转化为高速喷流。超高速飞行时，经过扩压管可以获得十分高的压力上升而无需压缩机，这种发

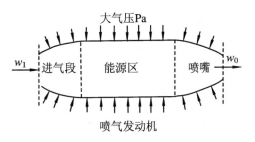

图 20.21　喷气发动机

动机称为冲压式涡轮喷气发动机（Ramjet Engine），它由扩压段、能源区和推力喷嘴三部分组成。

除此之外，还有间歇燃烧的脉动式喷气发动机（Pulsejet），以及由螺旋桨获得大部分推力的涡轮螺旋桨发动机（Turboprop）。

火箭不用大气而利用自身携带的燃料和助燃剂的燃烧气体为作业流体，因此适合于在高空空气稀薄区使用。火箭的动力装置由燃烧室和推力喷嘴组成。短期间使用的火箭，用固体燃料最为经济；长期间使用的用液体燃料较好。燃料由泵或容器内的压缩氮气送入燃烧室，如图 20.22 所示。火箭的燃烧室在相当高的压力下工作，可以喷出高速气流和得到很大的推力。

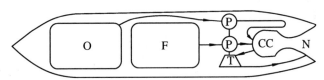

图 20.22　火箭发动机

CC. 燃烧室；O. 液氧；F. 液体燃料；P. 泵；T. 透平机；N. 推进喷嘴

2. 运动量、推力、功率和效率

速度为 c 的飞行体从前面吸入空气流量 $\dot{m}_c$，从面积为 F_0 后尾喷嘴喷射出流量为 $\dot{m}$、相

对速度为 ω_0 的燃烧气体,喷气发动机的推力(Thrust)J 为

$$J = \dot{m}\omega_0 - \dot{m}_c c + (p_0 - p_a)F_0 \tag{20.35}$$

式中,p_0 为喷嘴出口断面积的压力;p_a 为外压。除了火箭,其他喷气发动机近有 $p_0 \approx p_a$,在火箭用末尾扩喷嘴时,因为 p_0 相当于喷嘴扩展率的压力,所以上空为 $p_0 > p_a$。

推力为 J 时的推进功率 N 为

$$N = Jc$$

喷气式发动机的全效率(Overall Efficiency)η 定义为

$$\eta = \frac{用于推进飞行体的能量}{消费的燃料能量} \tag{20.36}$$

把这还可区分为内部效率(热效率,Thermal Efficiency)η_i 和外部效率(推进效率,Propulsion Efficiency)η_e,表达式为

$$\eta_i = \frac{喷流运动的能量}{消费的燃料能量} \tag{20.37}$$

$$\eta_e = \frac{用于推进飞行体的能量}{消费于发生喷流运动的能量} \tag{20.38}$$

3. 火箭推进

(1)喷嘴

喷嘴喉部的断面积 A_c 为

$$A_c = \frac{\dot{m}}{\sqrt{k\left(\dfrac{2}{k+1}\right)^{(k+1)/k-1}\dfrac{p_1}{v_1}}} \tag{20.39}$$

出口的面积 A_0 和速度 ω_0 分别为

$$A_0 = \frac{\dot{m}}{\sqrt{2\dfrac{k}{k-1}\dfrac{p_1}{v_1}\left[\left(\dfrac{p_0}{p_1}\right)^{2/k} - \left(\dfrac{p_0}{p_1}\right)^{(k+1)/k}\right]}} \tag{20.40}$$

$$\omega_0 = \sqrt{2\frac{k}{k-1}p_1 v_1\left[1 - \left(\frac{p_0}{p_1}\right)^{(k+1)/k}\right]} \tag{20.41}$$

式中,p_1 和 v_1 分别为喷嘴入口断面积的压力和燃气的比体积;p_0 为喷嘴出口断面积的压力;$\dot{m}$ 为燃烧气体的流量;k 为绝热指数。

(2)推力、内部效率、燃料消费率

高空中的推力为

$$J = \dot{m}\omega_0 + (p_0 - p_a)F_0 \equiv \dot{m}\omega_0' \tag{20.42}$$

上式中定义的 ω_0' 为有效火箭速度(Effective Jet Velocity)。其次,流出速度 ω_{th} 和推力的理论值分别表示为

$$\omega_{th} = \sqrt{2H_{fL}'}$$

$$J_{th} = \dot{m}\omega_{th}$$

因此,内部效率为

$$\eta_i = \frac{\omega_0^2/2}{H_{fL}'} \tag{20.43}$$

最大的功率 N_{max} 为

$$N_{max} = Jc_{max} \tag{20.44}$$

到达最大速度为止的平均燃料消费率 g_f 为

$$g_f = \frac{\dot{m}}{(Jc_{max})/2} \tag{20.45}$$

上列式中用到的 H'_{fL} 为单位质量燃料低值燃烧热；c_{max} 为最大的流速。

（3）外部效率

据式(20.37)的定义，外部效率 η_e 表示为

$$\eta_e = \frac{Jc}{\dot{m}\frac{c^2}{2} + \dot{m}\frac{c_0^2}{2}} = \frac{\dot{m}\omega_0 c}{\dot{m}\frac{c^2}{2} + \dot{m}\frac{c_0^2}{2}} = \frac{2\dfrac{c}{\omega_0}}{1 + \left(\dfrac{c}{\omega_0}\right)^2} \tag{20.46a}$$

式(20.45)中，严密地说 J 应当用 $\dot{m}\omega'_0$。η_e 随 c/ω_0 的变化如表 20.2 所示。

表 20.2　η_e 随 c/ω_0 的变化

c/ω_0	0	0.5	0.7	1.0	2.0
η_e	0	0.8	0.94	1.0	0.8

实际上由 $c = 0$ 的状态出发很多的燃料都消耗于很低的外部效率的加速，因此平均外部效率 $\bar{\eta}_e$ 相当低。

$$\bar{\eta}_e = \frac{\text{加速期最后火箭的动能}}{\text{喷流发生消耗的全部能量}} = \frac{m_0(c_{max}^2/2)}{m_{f0}(\omega_0^2/2)} = \frac{m_0}{m_{f0}}\left(\frac{c_{max}}{\omega_0}\right)^2 \tag{20.46b}$$

式中，m_0 为燃料以外的火箭重量；m_{f0} 为火箭出发前燃料的质量。

（4）全效率

全效率 η 为

$$\eta = \eta_i \eta_e \tag{20.47}$$

因此，平均全效率 $\bar{\eta}$ 为

$$\bar{\eta} = \frac{m_0(c_{max}^2/2)}{m_{f0}(\omega_{th}^2/2)} = \eta_i \bar{\eta}_e \tag{20.48}$$

例 20.3　有压力为 2.03 MPa、温度为 2 990 K 的燃烧气体流入火箭的喷管，而后膨胀至 101.3 kPa。燃烧气体看作绝热指数为 1.25、气体常数为 343 J/(kg·K) 的理想气体。求：(1) 喷管喉部的面积；(2) 喷管出口的面积；(3) 喷流的流出速度。已知：燃烧气体的流量为 125 kg/s。

该火箭总质量为 13 000 kg，出发时搭载了 8 750 kg 的燃料。燃料为酒精＋水＋液氧的混合体，各成分的质量比为 0.292，0.098，0.610。火箭起飞赴离地后 70 s 达到最大飞行速度 1 500 m/s，此时刻的推力为 0.3 MN，推进功率为 0.45 MW。求：(4) 内部效率；(5) 外部效率；(6) 全效率；(7) 燃料消费率。已知酒精的高发热量为 29.9 MJ/kg。

解　（1）喷管喉部的面积 A_c

喷管入口燃气的比容积

$$v_1 = \frac{RT_1}{p_1} = \frac{343\,\text{J}/(\text{kg}\cdot\text{K}) \times 2\,990\,\text{K}}{2.03 \times 10^6\,\text{Pa}} = 0.505\,2\,\text{m}^3/\text{kg}$$

据式(20.39)，喷管喉部的面积 A_c 为

$$A_c = 0.095\,\text{m}^2$$

（2）喷管出口的面积 F_0

据式(20.40)，$F_0 = 0.323\ \text{m}^2$；喷管的扩展率为 $d = F_0/F_c = 3.40$。

(3) 喷流的流出速度 ω_0

据式(20.41)，$\omega_0 = 2\ 150\ \text{m/s}$。

(4) 火箭内部效率 η_i

火箭的燃烧反应方程式

$$C_2H_5OH + (O_2)_g + x\ (H_2O)_f = 2\ CO_2 + (3+x)(H_2O)_g$$

因为酒精和水的质量比分别为 0.292 和 0.098，$x = 0.85$。酒精的相对分子质量为 46,1 mol 酒精生成燃气量为 $2 \times 44\ \text{kg/kmol} + 3.85 \times 18\ \text{kg/kmol} = 157.3\ \text{kg/kmol}$，水的蒸发潜热为 2 501 kJ/kg。

酒精的低发热量：

$$H_{fL} = H_h - \frac{69.3\ \text{kg/kmol}}{45\ \text{kg/kmol}} \times 2\ 501\ \text{kJ/kg} = 26\ 132\ \text{kJ/kg}$$

单位质量燃气的发热量：

$$H'_{fL} = 26\ 132\ \text{kJ/kg} \times \frac{46\ \text{kg/kmol}}{157.3\ \text{kg/kmol}} = 7\ 642\ \text{kJ/kg}$$

因此，理论流出速度 ω_{th} 和理论推力 J_{th} 分别由下面两式算出：

$$\omega_{th} = \sqrt{2H'_{fL}} = 3\ 909\ \text{m/s}$$

$$J_{th} = \dot{m}\omega_{th} = 125\ \text{kg/s} \times 3\ 909\ \text{m/s} = 488\ 683\ \text{N}$$

根据式(20.43)，有

$$\eta_i = \frac{\omega_0^2/2}{H'_{fL}} = 0.302$$

(5) 外部效率

$$\frac{c}{\omega_0} = \frac{c_{max}}{\omega_0} = \frac{1\ 500\ \text{m/s}}{2\ 150\ \text{m/s}} = 0.70$$

根据式(20.46a)，有

$$\eta_e = 0.94$$

根据式(20.46b)，有

$$\bar{\eta}_e = \frac{13\ 000\ \text{kg} - 8\ 750\ \text{kg}}{8\ 750\ \text{kg}} \times \left(\frac{1\ 500\ \text{m/s}}{2\ 150\ \text{m/s}}\right)^2 = 0.236$$

(6) 全效率

根据式(20.47)，有

$$\eta = 0.302 \times 0.940 = 0.286$$

根据式(20.48)，有

$$\bar{\eta} = 0.302 \times 0.236 = 0.071$$

(7) 燃料消费率

离地后达到最大飞行速度的 70 s 内平均燃料消费率 $\bar{g}_f$ 为

$$\bar{g}_f = \frac{125\ \text{kg/s} \times 3\ 600}{1/2 \times 0.45 \times 10^6\ \text{W}} = 2\ \text{kg/(kW·h)}$$

4. 涡轮喷气推进器各部的动作

图 20.23 为涡轮喷气推进器结构示意图，各部分工作如下。

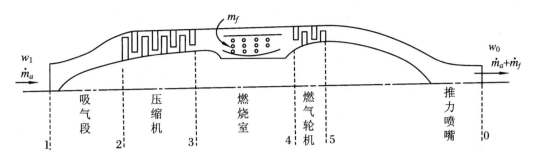

图 20.23　涡轮喷气发动机

（1）冲压压缩（1-2）

假定空气为理想气体，在 1-2 区段与外界无热交换，其间不考虑是否有摩擦等其他损失，那么有如下关系式成立：

$$\frac{\omega_1^2}{2} + c_p T_1 = \frac{\omega_2^2}{2} + c_p T_2$$

因为 $\omega_1 = c$，所以又可改写上式为

$$\frac{T_2}{T_1} = 1 + \frac{c^2 - \omega_2^2}{2 c_p T_1} \tag{20.49}$$

式中，c 为飞行体的速度；c_p 为作业流体的比定压热容；ω 和 T 为分别表示气流速度和温度；下角标的数字表示状态点。

压力随着温度上升而上升，压力比 p_2/p_1 理论性地取作 p_{th2}/p_1 进行讨论，则可表示为

$$\frac{p_{th2}}{p_1} = \left(\frac{T_2}{T_1}\right)^{k/(k-1)} \tag{20.50}$$

实际有

$$p_2 = p_1 + \eta_T (p_{th2} - p_1) \tag{20.51}$$

式中，η_T 为拉姆效率（Ram Efficiency），也可称为冲压效率。飞行体的速度和扩压管的设计有关，如果设计得好，可接近音速的 85%，或者更高些。

当 T_2、p_2、$\dot{m}_a$ 已知，R_a 作为燃气的气体常数，断面 2 的面积 A_2 可以用下式计算：

$$A_2 = \frac{\dot{m}_a v_2}{\omega_2} = \frac{\dot{m}_a R_a T_2}{\omega_2 p_2} \tag{20.52}$$

例 20.4　装备有涡轮喷气发动机的飞机在压力为 101.3 kPa、温度为 290 K 的大气中以 250 m/s 的速度飞行，若吸入 50 kg/s 的空气，求压缩机前的温度和压力分别为多少？已知：压缩机前空气相对的速度为 100 m/s，冲压效率为 0.95。

解　设空气为理想气体。

根据式（20.50），有

$$\frac{T_2}{T_1} = 1 + \frac{250^2 - 100^2}{2 \times 1\,005 \times 290} = 1.090$$

故

$$T_2 = 316 \text{ K}$$

根据式（20.51），有

$$\frac{p_{th2}}{p_1} = (1.090)^{1.4/0.4} = 1.35$$

故
$$p_{th1} - p_1 = 1.35 \times 101.3 \text{ kPa} - 101.3 \text{ kPa} = 35.46 \text{ kPa}$$

根据式(20.52),有
$$p_2 = 101.3 \text{ kPa} + 0.85 \times 35.46 \text{ kPa} = 131.4 \text{ kPa}$$

(2) 压缩机(2-3)

把空气流量 $\dot{m}_a$ 以 p_2 绝热压缩到 p_3 必要的功率 N_C 为

$$N_C = \frac{\dot{m}_a w_C}{\eta_c} \tag{20.53}$$

式中,w_C 为绝热压缩消耗功,用下式计算:

$$\begin{aligned} w_C &= c_p T_2 \left[\left(\frac{p_3}{p_2} \right)^{(k-1)/k} - 1 \right] + \frac{\omega_3^2 - \omega_2^2}{2} \\ &\approx c_p T_2 \left[\left(\frac{p_3}{p_2} \right)^{(k-1)/k} - 1 \right] \end{aligned} \tag{20.54}$$

另外,引用绝热压缩效率 η_C,断面 3 的温度 T_3 如下式:

$$T_3 = T_2 + \frac{T_2}{\eta_C} \left[\left(\frac{p_3}{p_2} \right)^{(k-1)/k} - 1 \right] \tag{20.55}$$

例 20.5 有和例 20.4 相同的涡轮喷气发动机的压缩机,工作中压力比为 4,压缩机的效率为 0.80,吸入空气量 50 kg/s,压缩机的进、出口的空气速度相等,均为 100 m/s。求压缩机出口的压力和温度,以及压缩机所需的动力。

解 出口压力
$$p_3 = 4 p_2 = 4 \times 131.4 \text{ kPa} = 525.6 \text{ kPa}$$

根据式(20.55),有

$$T_3 = 316 \text{ K} + \frac{316 \text{ K}}{0.80} \times (4^{0.4/1.4} - 1) = 508 \text{ K}$$

据式(20.54)和式(20.53),有

$$N_C = \frac{50 \text{ kg/s}}{0.8} \times 1.005 \text{ kJ/(kg} \cdot \text{K)} \times 316 \text{ K} \times (4^{0.4/1.4} - 1) = 9\,646 \text{ kW}$$

(3) 燃烧室(3-4)

理论燃烧温度 T_{th4} 由初温、燃料的性质、空气对燃料的比确定。实际 T_4 在理论值以下有如下关系:

$$\eta_b = \frac{T_4 - T_3}{T_{th4} - T_3} \tag{20.56}$$

η_b 称为温度系数,与燃烧室的构造、负荷、高度等有关,$\eta_b = 60\% \sim 97\%$。

同时压力也下降,原因是表面摩擦、涡流及燃气的加速,出口压力如下式表示:

$$p_4 = (1 - c_b) p_3 \tag{20.57}$$

式中,c_b 为压力系数,通常 $c_b = 0.03 \sim 0.05$。

(4) 燃气轮机(4-5)

燃气轮机的功率 N_T 用下式计算:

$$N_T = \eta_T \dot{m} (h_4 - h_{th5}) \tag{20.58}$$

式中,$\dot{m}$ 为燃气的流量,是空气流量 $\dot{m}_a$ 和燃料流量 $\dot{m}_f$ 的相加值;$h_4 - h_{th5}$ 为燃气轮机的绝热过程的焓落差;η_T 为燃气轮机的热效率,$\eta_T = 70\% \sim 80\%$。

该 N_T 等于辅机所需的动力(约占 N_T 的 2%)与压缩机所需动力 N_C 之和。

普通喷气发动机,p_5 降落到 p_4 的 1/2 就能产生 N_C 所需的动力,所以用一级或充其量用二级的冲动涡轮机就能满足。

例 20.6 与例 20.4 相同的涡轮喷气发动机,燃烧室中燃烧的燃料是 $0.85C + 0.15H_2$ 组成的物质,燃料低发热值为 42 000 kJ/kg,空气与燃料比为 57。燃烧室的最高温度为 1 100 K,燃烧室的温度系数为 0.95,压力系数为 0.05,求:理论燃烧温度、燃烧室出口压力和燃料的消费量。

解 假定有充分的燃料可以使流入空气从 $T_3 = 508$ K 加热到题中所说的最高温度,那么根据式(20.56),有

$$T_{th,4} = 508 \text{ K} + \frac{1\,100 \text{ K} - 508 \text{ K}}{0.95} = 1\,130 \text{ K}$$

燃料的消费量:

$$\dot{m}_f = \frac{\dot{m}_a}{57} = \frac{50 \text{ kg/s}}{57} = 0.88 \text{ kg/s}$$

根据式(20.57),有

$$p_4 = 0.95 \times 525.6 \text{ kPa} = 499.8 \text{ kPa}$$

根据式(20.58),有

$$h_4 - h_{th5} = \frac{N_T}{\eta_T \dot{m}} = \frac{N_C}{\eta_T(\dot{m}_a + \dot{m}_f)} = \frac{9\,637 \text{ kW}}{0.75 \times 50.88 \text{ kg/s}} = 252.5 \text{ kJ/kg}$$

(5) 喷气、喷管(5-6)

喷出燃气的速度 ω_0 用下式计算:

$$\omega_0 = \varphi \sqrt{2(h_5 - h_0) + \omega_5^2} \tag{20.59}$$

式中,φ 为速度系数,$\varphi \approx 0.95$。

(6) 推力、功率和全效率

有效推力 J 为

$$J = (\dot{m}_a + \dot{m}_f)\omega_0 - \dot{m}_a c \tag{20.60}$$

因此,有效输出功率 N_u 为

$$N_u = Jc \tag{20.61}$$

全效率 η 为

$$\eta = \frac{N_u}{\dot{m}_f H_{fL}} \tag{20.62}$$

燃料消费率 g_f 为

$$g_f = \frac{\dot{m}_f}{N_u} \tag{20.63}$$

式中,$\dot{m}_f$ 和 H_{fL} 分别为燃料的消费量和低发热量。

例 20.7 与例 20.4 相同的涡轮喷气发动机的喷气喷管入口流入的燃气压力、比焓和速度分别为 201 kPa、870 kJ/kg 和 280 m/s,且喷嘴的速度系数为 0.95,喷出燃气的比焓为 716 kJ/kg,求从喷嘴喷出气流的速度、有效推力和有效输出功率为多少?

解 根据式(20.59),有

$$\omega_0 = 0.95 \sqrt{2 \times (870 - 716) \times 10^3 \text{ J/kg} + 280^2 \text{(m/s)}^2} = 590 \text{ m/s}$$

根据式(20.60),有

$$J = 50.88 \text{ kg/s} \times 590 \text{ m/s} - 50 \text{ kg/s} \times 250 \text{ m/s} = 17\,520 \text{ N}$$

根据式(20.61),有

$$N_u = 17\,520 \text{ N} \times 250 \text{ m/s} = 4\,380 \text{ kW}$$

根据式(20.62),有

$$\eta = \frac{4\,380 \text{ kW}}{(0.88 \text{ kg/s} \times 42\,000 \text{ kJ/kg})} = 0.119$$

根据式(20.63),有

$$g_f = \frac{3\,600 \times 0.88}{4\,380} = 0.723 \text{ kg/kWh}$$

5. 涡轮喷气发动机的性能

虽然涡轮喷气发动机的全效率已经能由式(20.62)算出,但还是不能很好地区分内部和外部的损失,因此,分为内部效率 η_i 和外部效率 η_e 表示更便于了解发动机的性能。

首先,为产生式(20.61)的有效输出功率 N_u 所消耗的机械动力功率 N_a 为

$$N_a = (\dot{m}_a + \dot{m}_f)\frac{\omega_0^2}{2} - \dot{m}_a\frac{c^2}{2} \tag{20.64}$$

因此,外部效率 η_e 可表示为

$$\eta_e = \frac{N_u}{N_a} = \frac{2}{1 + \frac{\omega_0}{c}}\left[1 + \frac{\frac{\omega_0}{c}(1-\alpha)}{\left(\frac{\omega_0}{c}\right)^2 - \alpha}\right] \tag{20.65}$$

上式中

$$\alpha = \frac{\dot{m}_a}{\dot{m}_a + \dot{m}_f} = \frac{1}{1+\beta}, \quad \beta = \frac{\dot{m}_f}{\dot{m}_a} = \frac{1}{空燃比} < 0.04$$

所以

$$\eta_e = 2\frac{c/\omega_0}{1 + (c/\omega_0)}\left[1 + \beta\frac{c/\omega_0}{1 - (c/\omega_0)^2}\right] = \frac{2(c/\omega_0)}{1 + (c/\omega_0)} \tag{20.66}$$

η_e 随 c/ω_0 的变化关系示于表20.3。

表 20.3　η_e 随 c/ω_0 的变化

c/ω_0	0	0.25	0.50	0.75	1.00
η_e	0	0.40	0.67	0.86	1.00

其次,内部效率 η_i 可表示为

$$\eta_i = \frac{\eta}{\eta_e} = \frac{N_a}{\dot{m}_f H_{fL}} \tag{20.67}$$

因此,式(20.64)又可表示为

$$N_a = \left[(\dot{m}_a + \dot{m}_f)\frac{\omega_0^2}{2} - \dot{m}_a\frac{c^2}{2}\right]$$
$$= \dot{m}_a h_1 - (\dot{m}_a + \dot{m}_f)h_0 + \dot{m}_f H_{fL} \tag{20.68}$$

最后的式(20.68)是适用于全体涡轮喷气发动机的能量一般方程。从最后两式又能得到

$$\eta_i = 1 - \frac{h_0 - \alpha h_1}{H'_{fL}} \tag{20.69}$$

式中

$$H'_{fL} = \frac{\dot{m}_f}{\dot{m}_a + \dot{m}_f} H_{fL}$$

H_{fL} 为燃料气体单位质量的低发热量。

下面探讨主要的扩压段和压缩段压力比的关系,假定:$\dot{m}_a + \dot{m}_f = \dot{m}_a = 1, \alpha = 1$,无损失,理想气体,$\omega_2 = 0$。为便于讨论,用如图 20.24 所示理想循环置换实际循环,图中 $1, 2, \cdots$ 各点对应于图 20.24 的各断面。

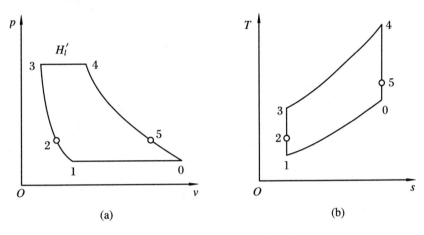

图 20.24 理想性的喷气发动机循环

由式(20.69),得

$$\eta_i = 1 - \frac{T_0 - T_1}{T_4 - T_3} \tag{20.70}$$

因为

$$\left(\frac{p_3}{p_1}\right)^{(k-1)/k} = \left(\frac{p_4}{p_0}\right)^{(k-1)/k} = \frac{T_4}{T_0} = \frac{T_3}{T_1} = \frac{T_4 - T_3}{T_0 - T_1}$$

所以得到下式:

$$\eta_i = 1 - \frac{T_1}{T_3} = 1 - \frac{(p_2/p_3)^{(k-1)/k}}{T_2/T_1} \tag{20.71}$$

又因为

$$\frac{c^2}{2} = (h_2 - h_1) = c_p(T_3 - T_1) = \frac{k}{k-1} R_g T_1 \left(\frac{T_2}{T_1} - 1\right)$$

$$= \frac{k}{k-1} R_g T_1 \left[\left(\frac{p_2}{p_1}\right)^{(k-1)/k} - 1\right]$$

因此,有下式成立:

$$\frac{T_2}{T_1} = 1 + \frac{k-1}{k} \frac{c^2}{2RT_1} = 1 + \frac{1}{2}(k-1)M_a^2$$

式中,M_a 为马赫数,有

$$M_a = \frac{c}{\sqrt{kRT_1}} \tag{20.72}$$

$$\eta_i = 1 - \frac{(p_2/p_3)^{(k-1)/k}}{1 + \frac{1}{2}(k-1)M_a^2} \tag{20.73}$$

最后对涡轮喷气发动机的一般性能作些概述：

涡轮喷气发动机重量轻且高速性能好的优点已很明了，但它也存在如下一些重要缺点：① 离地或上升的性能差；② 燃料消耗率高。

涡轮喷气发动机离地或上升的性能差的原因是它的推力几乎不随速度变化，因此在低速时产生的举升力偏小，而螺旋桨发动机有效功率基本恒定，因此在低速时推进力大。据文献资料介绍，以螺旋桨发动机起飞时的推进力为 1 作单位，因螺旋桨发动机的推力随速度增大而下降，到飞行速度 640 km/h 的时候和涡轮喷气发动机有相同的推进力，约 0.2，速度达 800 km/h 时推力降至约 0.12；涡轮喷气发动机推进力基本不变，起飞时仅约为 0.25，速度达 800 km/h 时仍约为 0.25。

另外，还应考虑到涡轮喷气发动机是以在功率最大时最经济的原则设计的，起飞时也应该约具有巡航时的推进力，而相反活塞发动机的巡航时推进力仅约为起飞时的 60%，对于起飞和上升有较大的富余量。

为了弥补涡轮喷气发动机起飞上升时动力不足，采用一时增加功率的方法有：① 往燃烧室里喷过量的酒精和水混合的燃料；② 往燃气透平的直后部喷射燃料。但这两种方法都会使热效率不良化。

为了使燃料的消耗率下降，各种改善的方法都在于要提高各种发动机内的压力和温度。

再简单考察一下飞行高度的影响。在高空中飞行，推进力减小，温度降低引起的推进力的减小率比密度降低引起的减小率要缓和些。在高的高度飞行阻力会与密度成比例关系减小。为了维持举升力一定，飞机的仰角要逐渐增大，但是总体来说阻力或多或少还是有所下降。因此，最大速度通常是在高空中产生。涡轮喷气机最好的巡航速度是接近于最大速度（一般为螺旋桨飞机速度 400～500 km/h 的 2 倍）。达到巡航速度时飞机的飞行高度已经很高了，在 7 000～12 000 米高度。

参 考 文 献

[1] 伊藤猛宏,西川兼康. 応用熱力学 [M]. 東京:コロナ社,1983.

第 21 章　制冷和热泵循环

人类的生活、生产活动不仅需要动力,许多时候也需要低温的环境或热量。因此人类创造出能把热量从低温的环境或物体转移到周围大气中去的制冷设备,常温的制冷设备有冰箱、冷库、空调机等,低温的制冷设备有空气液化装置或深冷装置等。另外,以制冷原理设计的以供热为目的的设备,称为热泵,热泵吸取环境大气或土壤、河水的热量,用来制取生活热水和房间供暖。研究这两类设备的工作原理、热力性能分析、有效能消耗情况,设计高效满足需求的各类制冷/热泵的意义重大。本章将对这些问题进行简单介绍和探讨。

21.1　制冷循环的工作原理

1. 制冷的热力学原理

制冷机是一种消耗高品质能量而获取低温冷量的设备。消耗电能通过压缩制冷工质的制冷设备通常称为压缩式制冷机;消耗热能通过再生吸收工质,例如溴化锂溶液-水的工质对的制冷设备通常称为吸收式制冷机;消耗热能通过再生吸附工质,例如分子筛-水工质对的制冷设备称为吸附式制冷设备;消耗热能通过气体声波振动的制冷装置称为热-声制冷机等。无论何种制冷机,热力学的设计思路是:消耗高品位的能量,组织一系列自发过程,补偿把冷量输送到环境温度的势能差,实现热量逆温差的输送。制冷/热泵的热力学原理必须遵从热力学第一、第二定律,即

$$Q_h = Q_c + E_{u,in} \tag{21.1}$$

$$E_{u,in} = E_{u,h} - E_{u,e} + \sum E_{u,ir,i} \tag{21.2}$$

方程(21.1)是各类制冷/热泵的能量方程,其中,Q_h、Q_c 和 $E_{u,in}$ 分别是制冷/热泵的制热量、制冷量和输入的有效能或功量,单位均为 kJ;$E_{u,in}$ 可以是功量或高温热量中的有效能量。方程(21.1)是有效能平衡方程,其中,$E_{u,h}$、$E_{u,e}$ 和 $\sum E_{u,ir,i}$ 分别是 Q_h 带走的、Q_c 带进的有效能量和制冷 / 热泵系统各环节的有效能损失的总和。

蒸汽压缩式制冷机的应用面最广,为本书重点介绍的内容。

2. 蒸汽压缩式制冷机/热泵的性能分析

(1) 基本结构

压缩式制冷/热泵的基本结构如图 21.1 所示,系统的基本结构由压缩机、冷凝器、节流

阀和蒸发器用管路依序连成制冷回路,回路内充注制冷剂。制冷机/热泵循环的工质原理是:压缩机消耗电能压缩制冷剂蒸汽,使工质气体压力和温度升高;高压高温制冷剂气体通过冷凝器温差换热,把热量放给温度低的冷却介质后变为高压制冷剂液体;高压制冷剂液体通过节流阀降低压力,变为低压液体制冷剂;由于压缩机的抽吸作用,低压液体制冷剂在蒸发器中蒸发,创造出低温环境吸收外部环境的热量;压缩机再压缩输送制冷剂气体,继续循环,实现制冷/热泵的任务。热泵和制冷机的区别在于:热泵是吸取环境的热量由冷凝器换热,排放高于环境温度的有用热量;制冷机是蒸发器吸收低于环境温度的热量为使用的冷量,由冷凝器向环境排放无用的热量。

(2)理论循环和实际循环

图 21.2 为工质循环的 T-s 示意图,理论的蒸汽压缩制冷循环由绝热压缩、等压冷凝、等焓节流和等压蒸发四个过程组成,见 T-s 图中的点 12341 的连线组成的循环。与逆卡诺循环相比,工质等压冷凝过程为非定温过程,工质的过热蒸汽温度比冷凝器的凝结温度高许多,除此以外,还有节流不可逆损失等。实际循环的工质状态由图 21.2 中的 1″2″341″的虚线组成循环。

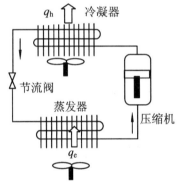

图 21.1　压缩式制冷/热泵结构示意图

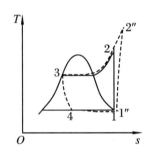

图 21.2　热泵工质循环 T-s 图

(3)第一定律分析法及性能系数定义

平衡态热力学对制冷/热泵循环的性能分析不考虑工质循环与热源的传热温差,不考虑平衡的时间,因此,可以只以工质循环各个过程节点的状态参数为依据,然后进行热力性能分析。单位质量工质的理论循环的能量方程有

$$q_h = h_2 - h_3 \tag{21.3}$$

$$w = h_2 - h_1 \tag{21.4}$$

$$q_e = h_1 - h_4 \tag{21.5}$$

其中,h_1、h_2、h_3 和 h_4 分别表示图 21.2 中理论循环对应状态点的工质比焓;q_h、q_e 和 w 分别为 1 kg 工质理论循环产生的制热量、制冷量和消耗的压缩功,单位为 kJ/kg。

制冷系数 ε 定义为

$$\varepsilon = \frac{q_e}{w} \tag{21.6}$$

热泵性能系数 COP 定义为

$$COP = \frac{q_h}{w} \tag{21.7}$$

实际的制冷系数 ε'' 和热泵性能系数 COP'' 由实际循环 $1''2''341''$ 的对应状态参数计算。

21.2　制冷系统的能量方程和有效能平衡方程

第一定律分析法使用制冷系数、热泵系数或性能系数来比较制冷装置和热泵的性能,适合于同类装置之间的比较,但是它还有不足之处,即它必须同时指明装置工作的温度和环境温度,才能根据性能系数的大小评判设备性能的好坏。这种评价方法的最大缺点是,不能指出制冷/热泵系统的各环节的有效能具体消耗,不能与热源的传热过程一起进行分析和系统优化。因此,本节以热泵系统为例,分析各环节的有效能消耗,并介绍一种等价热力变换分析法。

1. 热泵热水器系统的能量方程和传热方程

空气源热泵热水器系统有三个物系:制冷工质、热水、冷风。制冷工质的循环仍然参考图 21.2 的 T-s 图;冷凝器和蒸发器的热量交换参见图 21.3 的 T-q 图。

(1) 蒸发器能量方程和传热方程

在系统定态运行时,单位时间的制冷量 $\dot{Q}_e$(单位为 kW)为

$$\dot{Q}_e = \dot{m}_f q_e = \dot{m}_a c_a (T_{a,0} - T_{a,1}) = k_1 A_1 \Delta T_{m,e}$$

(21.8)

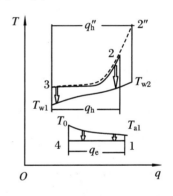

图 21.3　热泵工质循环 T-q 图

其中,$\dot{m}_f$ 和 $\dot{m}_a$ 分别为制冷率和蒸发器载冷剂的流量率,单位为 kg/s,载冷剂是空气或水;c_a 为载冷剂的比热容,单位为 kJ/(kg·K);k_1 为蒸发器的传热系数,单位为 kW/(m²·K);A_1 为蒸发器的传热面积,单位为 m²;$T_{a,0}$ 为蒸发器的载冷剂进口温度,即周围环境气温,$T_{a,0} = T_0$;$T_{a,1}$ 为蒸发器的载冷剂出口平均温度,它与风流量 $\dot{m}_a$ 的大小有关;$\Delta T_{m,e}$ 为蒸发器的平均传热温差,单位为 K,通常 $\Delta T_{m,e}$ 采用对数温差,由换热器优化设计确定。在理论循环中,$T_{e,in} = T_4$、$T_{e,out} = T_1$;在实际循环中,$T_{e,in} = T_{4''}$、$T_{e,out} = T_{1''}$。

(2) 冷凝器能量方程和传热方程

$$\dot{Q}_h = \dot{m}_f q_h = \dot{m}_w c_w (T_{w2} - T_{w1}) = k_2 A_2 \Delta T_{m,h}$$

(21.9)

其中,$\dot{m}_w$ 和 c_w 分别为冷凝器载热流体,例如水的流量和比热容;T_{w2} 和 T_{w1} 分别是载热流体流出和流进的温度;k_2 和 A_2 分别是冷凝器的传热系数和传热面积;$\Delta T_{m,h}$ 为冷凝器的平均传热温差。由于冷凝器的制冷工质经历过热气体冷却和蒸汽凝结以及液体过冷三个阶段的换热,随着被加热的水温上升,在制冷剂饱和蒸汽点会出现温差极小点,也称为夹点,因此,需要采用分段平均温度与分段换热量权重乘积累加的积分平均法求取。式(21.9)中各参数的单位与前述同类参数相同。

(3) 节流等焓方程

$$h_3 = h_4$$

(21.10)

（4）单位工质循环的总输入功 $\widehat{w}$

制冷机和热泵的单位工质循环的总输入功 $\widehat{w}$ 包括工质循环的压缩功 w、蒸发器风机和冷凝器水泵消耗的功量 w_1 和 w_2，表达式为

$$\widehat{w} = w + w_1 + w_2 \tag{21.11}$$

2. 热泵的输入功与有效能平衡方程

理论循环的输入功 w 和实际热泵循环输入功 w'' 的有效能平衡方程分别为

$$w = \Delta E_a + \Delta E_e + \Delta E_J + \Delta E_w + \Delta E_{23,w} \tag{21.12a}$$

$$w'' = \Delta E_a + \Delta E_{e,a} + \Delta E_J + \Delta E_w'' + \Delta E_{23,w}'' + \Delta E_p'' \tag{21.12b}$$

式中，ΔE_a、ΔE_e、ΔE_J、ΔE_w 和 $\Delta E_{23,w}$ 分别是理论循环时的蒸发器冷风带走的、蒸发器传热消耗的、工质等焓节流过程损失的、热水带走的和冷凝器传热过程的有效能消耗量；$\Delta E_w''$、$\Delta E_{23,w}''$ 和 $\Delta E_p''$ 分别是实际循环过程的热水带走的、冷凝器传热过程和压缩过程消耗的有效能。为了方便计算式(21.12a)和式(21.12b)中的各项有效能消耗量，推荐使用简便的等价热力变换分析法。

21.3　等价热力变换分析法

等价热力变换分析法，是根据有效能消耗总伴随着热量输运过程的物理事实，在保证过程的能量变化量和变化的能量中的有效能量不失真的约束条件下，通过定义各子过程和循环的等效热力温度，把实际不可逆循环的热力/制冷/热泵循环系统等价变换为简单的正/逆卡诺循环系统，把有限热源传热问题等价变换为两个恒定温度热源的传热问题进行分析的热力分析方法。

1. 等效热力温度

等价热力变换分析法的关键是把每个过程的等效热力温度或循环的高、低热源的等效热力温度表示出来。

（1）可逆过程的等效热力温度

根据热力学熵的定义式 $\delta q = T\mathrm{d}s$ 的热量、熵变和温度的关系，对一个从初始状态 a 可逆变化到终止状态 b 的热力系，在系统对外界交换热量为 q_{ab} 系统的焓变 Δh_{ab} 和熵变 Δs_{ab} 已知时，过程的等效热力温度 $T_{R,ab}$ 定义为

$$T_{R,ab} = \frac{\Delta h_{ab}}{\Delta s_{ab}} = \frac{h_a - h_b}{s_a - s_b} = \frac{q_{ab}}{\Delta s_{ab}} \tag{21.13}$$

其中，h、s 分别表示工质的比焓、比熵；下角标"ab"为热力系所论状态变化的起止点。

由式(21.13)，图 21.2 所示的热泵理论循环中工质冷凝过程的等效热力温度 $T_{R,23}$ 为

$$T_{R,23} = \frac{h_2 - h_3}{s_2 - s_3} \tag{21.14}$$

等压蒸发过程的等效热力温度 $T_{R,14}$，也是等价逆卡诺循环的低温热源温度 $T_{R,e}$，表达式为

$$T_{R,e} = T_{R,14} = \frac{h_1 - h_4}{s_1 - s_4} \tag{21.15}$$

（2）等价逆卡诺循环的等效热源温度 $T_{\mathrm{R,h}}$

一方面，实际不可逆循环的等价逆卡诺循环的等效热源温度 $T_{\mathrm{R,h}}$ 不能从单一的过程获取；另一方面，等焓（$\Delta h_{\mathrm{ab}} = 0$）过程和等熵（$\Delta s_{\mathrm{ab}} = 0$）过程的等效热力温度都不能直接由式（23.13）计算获得。因此，需要取循环中包含功交换和热交换的两个连续过程构成的组合过程进行分析。例如，把等压冷凝过程（23）与等焓节流过程（34）构成组合过程（24）。组合过程（24）的等效热力温度，可以证明即是理论循环的等效热源温度 $T_{\mathrm{R,h}}$，表达式为

$$T_{\mathrm{R,24}} = \frac{h_2 - h_4}{s_2 - s_4} = \frac{s_2 - s_3}{s_2 - s_4} T_{\mathrm{R,23}} = T_{\mathrm{R,h}} \tag{21.16}$$

由于 $s_4 > s_3$，所以 $T_{\mathrm{R,24}} > T_{\mathrm{R,23}}$。用类似方法，取等熵压缩（12）和等压蒸发（41）这两个过程的组合过程（24），求出组合过程（24）的等效热力温度 $T_{\mathrm{R,24}}$，也可得到与式（21.16）相同的结果。

根据式（21.3）和式（21.5），$h_2 - h_4 = q_{\mathrm{h}}$、$h_1 - h_4 = q_{\mathrm{e}}$，等熵压缩过程 $s_1 = s_2$、$s_2 - s_4 = s_1 - s_4$，由式（21.16）与式（21.15）之比，得到下式关系：

$$\frac{q_{\mathrm{h}}}{q_{\mathrm{e}}} = \frac{T_{\mathrm{R,24}}}{T_{\mathrm{R,14}}} = \frac{T_{\mathrm{R,h}}}{T_{\mathrm{R,e}}} \tag{21.17}$$

（3）实际热泵循环的等价热源温度 $T''_{\mathrm{R,h}}$

在实际制冷或热泵循环中，有效能除有节流过程的不可逆损失外，压缩过程和工质流动过程都有不可逆损失。通常用等熵效率 η_{s} 表示实际压缩功 w'' 与理论循环压缩功 w 之间的关系，$\eta_{\mathrm{s}} = w / w''$。在吸热量 q_{e} 相同时，实际压缩功 w'' 的增加将引起热泵实际输出热量 q''_{h} 和实际等价热源温度 $T''_{\mathrm{R,h}}$ 的增加。

$$q''_{\mathrm{h}} = w'' + q_{\mathrm{e}} = \Delta w + q_{\mathrm{h}} = (1/\eta_{\mathrm{s}} - 1)w + q_{\mathrm{h}} \tag{21.18}$$

实际循环等价热源温度 $T''_{\mathrm{R,h}}$ 为

$$T''_{\mathrm{R,h}} = \frac{q''_{\mathrm{h}}}{s_{14}} = \frac{q''_{\mathrm{h}}}{q_{\mathrm{h}}} T_{\mathrm{R,h}} = \frac{(1/\eta_{\mathrm{s}} - 1)w + q_{\mathrm{h}}}{q_{\mathrm{h}}} T_{\mathrm{R,h}} = \left[\frac{(1/\eta_{\mathrm{s}} - 1)w}{q_{\mathrm{h}}} + 1 \right] T_{\mathrm{R,h}} \tag{21.19}$$

实际等效冷凝平均温度 $T''_{\mathrm{R,23}}$ 为

$$T''_{\mathrm{R,23}} = T_{\mathrm{Rw}} + \frac{q''_{\mathrm{h}}}{q_{\mathrm{h}}}(T_{\mathrm{R,23}} - T_{\mathrm{R,w}}) \tag{21.20}$$

（4）热水的 $T_{\mathrm{R,w}}$

热水输出热量 $q_{\mathrm{w}} = m_{\mathrm{w}} c_{\mathrm{w}}(T_{\mathrm{w2}} - T_{\mathrm{w1}}) = q_{\mathrm{h}}$，热水在加热过程中温度是变化的，当进、出水温 T_{w1} 和 T_{w2} 已知时，热水的熵变为 $\Delta s_{\mathrm{w,21}} = m_{\mathrm{w}} c_{\mathrm{w}} \ln(T_{\mathrm{w2}} / T_{\mathrm{w1}})$，故热水的等效热力温度 $T_{\mathrm{R,w}}$ 为

$$T_{\mathrm{R,w}} = \frac{q_{\mathrm{w}}}{\Delta s_{\mathrm{w,21}}} = \frac{T_{\mathrm{w2}} - T_{\mathrm{w1}}}{\ln(T_{\mathrm{w2}} / T_{\mathrm{w1}})} \tag{21.21}$$

（5）冷风的 $T_{\mathrm{R,a}}$

假定通过蒸发器进风口和出风口的冷风平均温度分别为 T_0 和 $T_{\mathrm{a,1}}$，此过程冷风放出的热量（吸收的冷量）$q_{\mathrm{a}} = m_{\mathrm{a}} c_{\mathrm{a}}(T_0 - T_{\mathrm{a1}}) = m_{\mathrm{a}} c_{\mathrm{a}} \Delta T_{\mathrm{a}} = q_{\mathrm{e}}$，于是冷风的等效热力温度 $T_{\mathrm{R,a}}$ 为

$$T_{\mathrm{R,a}} = \frac{q_{\mathrm{a}}}{\Delta s_{\mathrm{a,10}}} = \frac{T_0 - T_{\mathrm{a,1}}}{\ln(T_0 / T_{\mathrm{a,1}})} \tag{21.22}$$

其中，熵变为 $\Delta s_{\mathrm{a,1}} = m_{\mathrm{a}} c_{\mathrm{a}} \ln(T_0 / T_{\mathrm{a1}})$。$T_0 - T_{\mathrm{a,1}} = q_{\mathrm{e}} / m_{\mathrm{a}} c_{\mathrm{a}}$，与冷风流量 m_{a} 和蒸发器工质的吸热量有关，可通过换热器优化得到，推荐参考值 $\Delta T_{\mathrm{a,0}} = (T_0 - T_{\mathrm{a,1}})_0 = 7.5 \sim 10\,℃$，

当风机转速为定值，$T_{a,1}$ 随 T_0 变化的关系为

$$T_0 - T_{a,1} = \Delta T_{a,0} \cdot \frac{q_e}{q_{e,0}} \tag{21.23}$$

式中，$q_{e,0}$ 为蒸发温度 273 K 参考工况的蒸发器的单位制冷剂吸热量。

由以上各环节的等效热力温度定义式看出，等效热力温度是对某热力子系统的过程进行可逆变换，变换前、后的过程状态变化的能量和能量品质都不发生变化。等效热力温度不涉及时间变量。

2. 等价热力分析法与 T_R-s、T_R-$h(q)$ 分析图

根据 q_h、q_h''、$T_{R,h}$、$T_{R,h}''$、$T_{R,e}$ 和 T_0，可以得到等价逆卡诺循环 T_R-s 图，如图 21.4 所示，其中 $\Delta s = s_2 - s_4 = q_h/T_{R,h} = q_h''/T_{R,h}'' = q_e/T_{R,e}$。用图 21.4 代替图 21.3，容易获得系统理论循环的 COP 和实际循环的 COP'' 分别为

$$COP = \frac{1}{1 - T_{R,e}/T_{R,h}} \tag{21.24a}$$

$$COP'' = \frac{1}{1 - T_{R,e}/T_{R,h}''} \tag{21.24b}$$

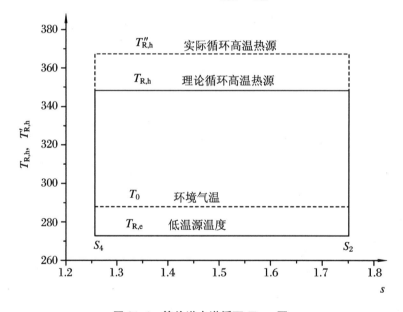

图 21.4　等价逆卡诺循环 T_R-s 图

图 21.5 的 T_R-q 图，是用于热泵系统各环节有效能消耗分析的工具图，纵坐标为 T_R 轴，横坐标为过程的能流量 q 轴（或为流体的焓差 Δh）。热泵理论循环和实际循环的输出热流量 q_h 和 q_h''，吸热流量 q_e，循环输入功 w 和 w''，系统涉及的工质、热水、冷风的各等效热力温度 $T_{R,h}$、$T_{R,h}''$、$T_{R,23}$、$T_{R,23}''$、$T_{R,e}$、$T_{R,w}$、$T_{R,w}''$、$T_{R,a}$ 均可在图 21.5 的 T_R-q 图中直接表示。利用图 21.5 中的热流量和各等效热力温度，可以方便地计算理论循环和实际循环的有效能（㶲）平衡方程式（21.12a）和（21.12b）中各环节的有效能消耗量：

$$\Delta E_a = q_e \left(\frac{T_0}{T_{R,a}} - 1 \right) = q_e T_0 \left(\frac{1}{T_{R,a}} - \frac{1}{T_0} \right) = q_h T_0 \left(\frac{1}{T_{R,a}} - \frac{1}{T_0} \right) \frac{T_{R,e}}{T_{R,h}} \tag{21.25}$$

$$\Delta E_{e,a} = q_e T_0 \left(\frac{1}{T_{R,e}} - \frac{1}{T_{R,a}} \right) = q_h T_0 \left(\frac{1}{T_{R,e}} - \frac{1}{T_{R,a}} \right) \frac{T_{R,e}}{T_{R,h}} \tag{21.26}$$

$$\Delta E_{J} = q_{h} T_{0} \left(\frac{1}{T_{R,23}} - \frac{1}{T_{R,h}} \right) = q_{h} \left(1 - \frac{T_{R,23}}{T_{R,h}} \right) \frac{T_{0}}{T_{R,23}} \tag{21.27}$$

$$\Delta E_{w} = q_{h} \left(1 - \frac{T_{0}}{T_{R,w}} \right) = q_{h} T_{0} \left(\frac{1}{T_{0}} - \frac{1}{T_{R,w}} \right) \tag{21.28}$$

$$\Delta E_{23,w} = q_{h} T_{0} \left(\frac{1}{T_{R,w}} - \frac{1}{T_{R,23}} \right) \tag{21.29}$$

$$\Delta E_{w}'' = q_{h}'' \left(1 - \frac{T_{0}}{T_{R,w}} \right) = q_{h}'' T_{0} \left(\frac{1}{T_{0}} - \frac{1}{T_{R,w}} \right) \tag{21.30}$$

$$\Delta E_{23,w}'' = q_{h}'' T_{0} \left(\frac{1}{T_{R,w}} - \frac{1}{T_{R,23}''} \right) \tag{21.31}$$

$$\Delta E_{p}'' = \Delta E_{ir,c}'' - \Delta E_{J} = q_{h}'' T_{0} \left(\frac{1}{T_{R,23}''} - \frac{1}{T_{R,h}''} \right) - \Delta E_{J} \tag{21.32}$$

其中,$\Delta E_{ir,c}''$ 为循环的全部内不可逆损失消耗的有效能率。上述各项有效能消耗率的大小,除 ΔE_{J}、$\Delta E_{p}''$ 外,都在图 21.5 的对应等效热力温度线上的左边,用粗线段的长短进行了表示。利用图 21.5 的参数,理论循环 $COP = q_{h}/w$,实际循环 $COP'' = q_{h}''/w''$ 也容易求得。

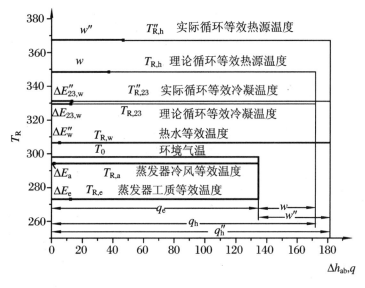

图 21.5　等价热力变换分析法热泵性能分析 T_{R}-$q(\Delta h)$ 图

3. 热泵子系统环节的有效能消耗比率

另外,为了比较各子系统环节的有效能消耗所占的份额,定义各环节的有效能消耗比率 ξ_{i} 为系统每环节的有效能消耗量 ΔE_{i} 与系统实际输入功量 w' 之比,定义式为 $\xi_{i} = \Delta E_{i}/w'$,下角标"i"用前文约定的各环节的下角标符号表示,$w' = w'' + w_{1} + w_{2}$,w'' 参见方程 (21.12b),于是得到有效能消耗比率方程为

$$\xi_{a} + \xi_{e,a} + \xi_{w}'' + \xi_{23,w}'' + \xi_{J} + \xi_{p}'' + \xi_{1} + \xi_{2} = 1 \tag{21.33}$$

4. q_{h}、$T_{R,h}$ 和 $T_{R,23}$ 的拟合式和变工况性能分析

由于上述的等价热力变换,使用了三个关键参数 q_{h}、$T_{R,h}$ 和 $T_{R,23}$ 需要利用工质的物性,可由物性数据手册或软件查取;但是,对用于系统性能的变工况分析和性能预测,使用现有物性软件不是很方便,最好给出 q_{h}、$T_{R,h}$ 和 $T_{R,23}$ 直接与容易获得的环境温度,进、出水温度等参数的关联式。笔者通过选择参考循环参数和利用对比态原理,可以拟合得到简单的高

精度近似计算式,三个关键参数拟合式通式分别为

$$T_{R,h} = \left[T_3 + a_1(T_3 - 273)\right]\left(\frac{T_3}{328}\right)^{a_2}\left(\frac{273}{T_1}\right)^{a_3} \tag{21.34}$$

$$q_h = b_1\left(\frac{328}{T_3}\right)^{b_2}\left(\frac{273}{T_1}\right)^{b_3} \tag{21.35}$$

$$T_{R,23} = (328 + c_1)\left(\frac{T_3}{328}\right)^{c_2}\left(\frac{273}{T_1}\right)^{c_3} \tag{21.36}$$

五种工质的拟合式的系数和指数分别如表 21.1 所示。

表 21.1　五种工质的 $T_{R,h}$、q_h 和 $T_{R,23}$ 拟合式的系数和指数

	a_1	a_2	a_3	b_1	b_2	b_3	c_1	c_2	c_3
R134a	0.4	0.8	12.2	153.19	1.9	0.4	0.21	1	0.01
R22	0.372	0.3	$0.62 - 4.3(1 - T_3/328)$	172.18	1.35	0.8	1.53	1	0.06
R12	0.353	0.36	$0.63(T_3/328)^{9.4}$	124.85	1.54	0.3	0.115	1	0.01
R32	0.46	0.47	$0.66(T_3/328)^{8.1}$	268	1.31	1.3	3.38	1	0.13
CO_2	1.464	1.4	$1.1(T_3/328)^8$	156.51	0.68	$3.8(T_1/273)^{2.8}$			

以上拟合式选取的参考基准点为:冷凝温度 328 K,蒸发温度 273 K。适用温度范围:蒸发温度 263～308 K,进水温度 278～308 K,出水温度 313～328 K。拟合式与 NIST 的 REFPROP 软件的 R22 物性数据比对,平均偏差分别为 -0.25%、0.16%、0.12%。

需要说明一点,在制冷/热泵循环的热力学分析中,导出的计算式是对于单位工质而言的,没有时间坐标,所以制冷量、制热量和输入功的单位都为 kJ/kg;如果取 1 s 1 kg 工质流量时,计算结果的名称变为单位制冷率、单位制热率和单位输入功率,单位变为 kW/kg;如果只取 1 s 为考察单位,工质的流量称为流率,计算结果称为制冷率、制热率和输入功率,单位为 kW。

例 21.1　如图 21.2 所示的热泵热水器,工质为 R22,进、出水温度 $T_{w_1} = 286$ K、$T_{w_2} = 328$ K,环境温度 $T_0 = 298$ K。循环参数如表 21.2 所示,物性由 NIST 的 REFPROP 软件查得。求:(1)分别用等效温度定义式物性数据表和拟合式,计算单位制冷剂流量理论循环的 q_h、w、COP、热泵等效逆卡诺循环的高温热源、冷凝温度、热水等效温度、各环节的有效能消耗:$\Delta E_{e,a}$、ΔE_a、ΔE_a、$\Delta E_{23,w}$、ΔE_J,并比较输入功与各环节的有效能消耗之和是否相等;(2)当压缩过程等熵效率 $\eta_s = 0.8$,风机单位输入功 $w_1 = 0.05$ W,忽略水泵功率 $\dot{w}_2 = 0$,求与(1)问题相同的各项量;(3)当蒸发温度 $T_1 = 288$ K 时,求与(2)问题相同的各项量。

表 21.2　循环节点的 R22 物性参数

	1	2	2′	3	4	2″
T/K	273	351.58	328	328	279.15	361.48
$h/(\text{kJ} \cdot \text{kg}^{-1})$	404.99	442.28	417.64	270.1	270.1	451.6
$s/(\text{kJ} \cdot \text{kg}^{-1} \cdot \text{K}^{-1})$	1.7509	1.7509	1.6783	1.2284	1.2568	1.7770
p/MPa	0.49556	2.1678	2.1678	2.1678	0.49556	2.1678

解　(求解过程从略)由方程(21.1)～方程(21.3)和表 21.2 物性数据计算得:单位制冷

剂流量理论循环的 $q_h = 172.18\ \text{kJ/kg}, w = 37.29\ \text{kJ/kg}, \text{COP} = 4.617$。用等价热力变换分析法的计算数据如表 21.3 所示,序号 1 至 2 为理论循环的分析结果,序号 1 为根据等效温度定义式计算的结果;序号 2 为使用拟合式(21.34)～式(21.36)计算的结果。序号 3、4 是压缩过程等熵效率 $\eta_s = 0.8$,风机功率 $w_1 = 0.05w$ 的结果,由于序号 3 的蒸发温度 273 K 偏低于序号 4 的 288 K,所以序号 4 的蒸发器传热消耗有效能的比率较大。图 21.6 是表 21.3 第 3、4 栏中各项有效能消耗率的表示图,可以直观地获得不同工况下各个不可逆过程有效能损失情况。

表 21.3　等价热力变换分析法使用的参数和系统性能分析结果

序	$T_{R,e}$	$T_{R,a}$	$T_{R,23}$	$T_{R,w}$	$T_{R,h}$	T_0	$\Delta E_{e,a}$	ΔE_a	ΔE_a	$\Delta E_{23,w}$	ΔE_J	w	q_h	T_1	COP
1	273	294.23	329.53	306.52	348.47	298	10.624	1.729	4.786	11.689	8.463	37.29	172.18	273	4.617
2	273	294.23	329.53	306.52	348.46	298	10.624	1.729	4.592	11.883	8.462	37.29	172.18	273	4.617

序	$T_{R,e}$	$T_{R,a}$	$T''_{R,23}$	$T''_{R,w}$	$T''_{R,h}$	T_0	$\Delta E_{e,a}$	ΔE_a	$\Delta E''_w$	$\Delta E''_{23,w}$	$\Delta E''_{ir,c}$	w''	w'	q''_h	COP'
3	273	294.23	330.78	306.52	367.34	298	10.624	1.729	5.045	12.94	16.275	46.613	48.48	181.5	3.744
4	288	294.23	329.63	306.52	352.34	298	3.067	1.794	4.762	11.676	9.982	31.282	32.52	171.1	5.262

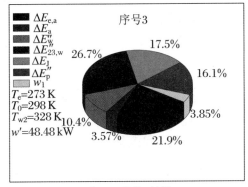
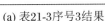
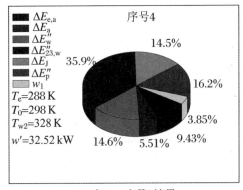

(a) 表21-3序号3结果　　　　　　(b) 表21-3序号4结果

图 21.6　有效能消耗比率图

21.4　空气能在节能中的应用价值

环境 T_0 的空气能为零品位能量,其有效能含量为 0,无发电做功的能力。但是空气能热泵热水器,吸收空气能却能输出 3～4 倍输入电能的热量,比直接用电或燃气加热制热水,节省高品位电能或燃气能 70%～80%。因此,零品位的空气能和高品位的电能结合,是空气能热泵热水器两个要素,缺一不可。因此,零品位的空气能在节能中有应用价值。

空气能热泵热水器服从热力学第一定律的式(21.1),有

$$Q_h = W + Q_0$$

式中,Q_0 为热泵从环境吸收的热量,显然 $Q_h > W$。Q_h 最大值的制约条件是 Q_h 和 Q_0 的有效能之和小于或等于 W,式(21.2)具体化为

$$E_{u,h} + E_{u,0} = \left(1 - \frac{T_0}{T_h}\right)Q_h + 0 \leqslant W \tag{21.37a}$$

如果进水温度 $T_{w1} = T_0$，则

$$COP = \frac{Q_h}{W} \leqslant \frac{T_h}{T_h - T_0} \tag{21.37b}$$

如果热泵循环有内不可逆损失和外传热温差损失，工质的蒸发温度 $T_c < T_0$，热泵吸收的热量为 Q_c，则 Q_h 最大值受到限制的条件是

$$E_{u,h} + E_{u,c} = \left(1 - \frac{T_0}{T_h}\right)Q_h + \left(\frac{T_0}{T_c} - 1\right)Q_c \leqslant W - W_{ir} \tag{21.38a}$$

也即

$$Q_h \leqslant \left(\frac{T_h}{T_h - T_0}\right)\left[(W - W_{ir}) - \left(\frac{T_0 - T_c}{T_c}\right)Q_c\right] \tag{21.38b}$$

式中，W_{ir} 为热泵系统各环节不可逆损失的总和。

21.5 压缩制冷设备的节能途径

根据对压缩制冷设备的性能系数 COP 和热力完善度，即制冷系数 ε 和有效能利用率 η_u 的分析，提高压缩制冷设备热效率和节能的途径归结起来有：

① 冷热两利用。这是提高制冷设备热效率的最有效方法，可成倍地提高热力完善度。

② 强化冷凝器和蒸发器的传热能力，减少两换热器的传热不可逆损失。

③ 提高冷凝液过冷度，尤其节流前不能有干度出现。

④ 提高压缩机和电机性能，避免低电压过电流运行，减少频繁启动，或采用变频压缩机。

⑤ 设计适当工质流速，蒸发器风速，减小流阻损失。

各节能措施的有效性也与上述排序相同。如①所述，提高制冷设备的热力完善度莫过于冷热结合利用的方法了，理论上它可以使热力完善度接近于1。冷热两用方案的组织关键要寻找利用冷量和热量的场合。在日常生活中，很容易找到这种结合，例如，人们一年四季都要使用热水，在夏天就可以把空调器与热水器结合使用。另外，市场上通常用电热水器来制取热水，在能量品质上是极度浪费。以人们直接使用热水的温度 45 ℃ 来计算，在室温25 ℃，电热水器的热力完善度只有 0.063。用电热水器制取生活热水是最不经济的方式。而用空调器的热泵功能制热水，将比使用电热水器节能70%。有关根据不同需求、不同热源情况发明的各类多功能冷暖空调热水三用机和双源热泵热水机的结构，工作原理可参考有关专利。

例 21.2 热泵用于建筑物供暖，其动力采用由燃料的化学能得到的电能。为了确保使用热泵不会比用相同燃料直接加热消费更多的燃料，请计算热泵所应当具有的最低效率。设发电厂的热效率 $\eta = 0.35$，直接燃烧的效率 $\eta_F = 0.75$，加热空间的温度 $T = 293$ K，周围温度 $T_0 = 258$ K。

解 设燃料的消费量为 $\dot{m}_f$，燃料的发热量为 H_L。当用炉子直接加热取暖时，因从烟囱

损失一部分热量,所以直接供暖的加热量 $\dot{Q}$ 为

$$\dot{Q} = \eta_F \dot{m}_f H_L$$

式中,η_F 为燃烧效率,$\eta_F < 1$。因此直接加热消费的燃料为

$$(m)_{FH} = \frac{\dot{Q}}{\eta_F H_L}$$

在火力发电厂燃烧热的一部分转换为电能,对于火力发电厂燃烧热转电能有如下关系:

$$\dot{w} = \eta \dot{m}_f H_L$$

式中,η 为发电厂的热效率,$\eta < 1$,因为供暖所需只是温度为 T 的加热热流 $\dot{Q}$,因此由热泵供给时,所需功为

$$\dot{W} = \frac{\dot{E}_{uQ}}{\eta_u} = \frac{\dot{Q}}{\eta_u}\Big(1 - \frac{T_0}{T}\Big)$$

式中,$\dot{E}_{uQ}$ 为热流量 $\dot{Q}$ 的有效能,η_u 为热泵的有效率(热力完善度)。从电厂得到该功与消费的燃料关系为

$$\frac{\dot{Q}}{\eta_u}\Big(1 - \frac{T_0}{T}\Big) = \eta \dot{m}_f H_L$$

因此,热泵所需的燃料为

$$(\dot{m}_f)_{hp} = \frac{\dot{Q}}{\eta_u \eta H_L}\Big(1 - \frac{T_0}{T}\Big)$$

那么要满足 $(\dot{m}_f)_{hp} \leqslant (\dot{m}_f)_{FH}$ 的条件必须满足

$$\frac{\dot{Q}}{\eta_u \eta H_L}\Big(1 - \frac{T_0}{T}\Big) \leqslant \frac{\dot{Q}}{\eta_u H_L}$$

因为热泵的有效率 η_u 为

$$\eta_u \geqslant \Big(1 - \frac{T_0}{T}\Big)\frac{\eta_F}{\eta}$$

只有满足这个条件时热泵供热才与直接加热有竞争。加热温度与周围温度的差越小,η 越大,另外,η_F 越小条件也越容易满足。那么,要满足题中的条件,则

$$\eta_u \geqslant \Big(1 - \frac{258}{293}\Big)\frac{0.75}{0.35} = 0.26$$

这个界限相当低,实际热泵的有效率能达到 $\eta_u \approx 0.45$。因此,这种情况直接加热供热比用热泵供热多费 1 倍的燃料。但是热泵的设备要比简单炉子贵,在燃料费贵和对环保有要求的情况下,采用热泵供暖还是有利的。

21.6　吸收式制冷机的工作原理

吸收式制冷装置以热水、燃气、蒸汽的 $90 \sim 200\ ^\circ\mathrm{C}$ 热源为驱动力来制冷,换热器为装置主要部件,运转部件只是有溶液泵和水泵,制冷量范围大($3 \sim 2\,000$ 冷吨),所以在空调中获

得广泛应用。吸收式制冷循环包含两个物系的工质对循环:一个是吸收剂循环,另一个是制冷剂循环;高浓度的吸收剂溶液具有强烈吸收制冷剂气体的特性,使制冷液体能在低温低压蒸发制冷;吸收剂循环是变溶液浓度的循环,担负类似蒸汽压缩循环中的压缩机作用,在吸收器把制冷剂从蒸发器的低压低温区搬运到较高压力温度区,并通过外界输入功增压和加热,使制冷剂在发生器中从吸收剂溶液中分离,而后恢复为高浓度的吸收剂溶液,并流回到吸收器;制冷剂循环,从蒸发器蒸发的制冷剂气体被吸收剂吸收后到在发生器再从吸收剂中分离出来的一段过程是随同吸收剂进行的,而在冷凝器冷凝、节流和回到蒸发器蒸发的过程是独立进行的。空调用的吸收式制冷机普遍使用溴化锂水溶液(吸收剂)-水(制冷剂)工质对;需要较低温度场合,如冷库常使用水(吸收剂)-氨(制冷剂)工质对。以下以溴化锂水溶液-水工质对的吸收式制冷装置为例,简单介绍装置的基本结构、工质对的循环和性能计算方法。

1. 装置基本构造

图 21.7 为单效吸收式制冷装置基本结构原理说明图,包括有吸收器 A、发生器 G、冷凝器 C、蒸发器 E 和浓/稀溶液换热器、节流阀(实际使用喷嘴代替节流阀)、吸收器溶液循环泵 P_A 和吸收剂溶液输送泵 P_E、蒸发器制冷剂液体循环泵 P_E。吸收器 A 配有冷却水管路,发生器 G 配有蒸汽(或热水或燃气)加热管路,冷凝器 C 配有冷却水管路,蒸发器 E 配有冷冻水管路,提供空调用 5~7 ℃冷冻水;溶液换热器的位置高度在发生器 G 与吸收器 A 之间,吸收器底部-溶液输送泵 P_E-溶液换热器稀溶液侧-发生器 G 顶部用管路连接,为稀溶液去发生器进行再生的通路;发生器底部-溶液换热器浓溶液侧-蒸发器顶部用管路连接,为浓溶液回吸收器的通路;发生器 G 与冷凝器 C 顶部连通,为热的水蒸气连通路;冷凝器 C 底部与蒸发器 E 的顶部连通,为制冷剂节流通路,连接管路上安装有节流阀;蒸发器 E 的顶部与吸收器 A 的顶部有低压水蒸气连通管路;装置中灌装有溴化锂水溶液,由此构成了四筒式单效吸收式制冷装置。为了节省材料,简化结构,可以把发生器与冷凝器做在一个筒内,把蒸发器与吸收器做在一个筒内,构成双筒式的吸收式制冷装置。

吸收式制冷装置的工作原理,结合单效吸收式制冷循环 Dühring 线图图 21.8 进行说明。制冷循环的数据和参数选择是在 Dühring 线图(蒸汽压-溶液温度图)上进行的,Dühring 线图的横轴为溶液温度等间距坐标,右纵轴为蒸汽压对数坐标,左纵轴为冷媒水饱和温度等间距坐标,斜线自左到右分别是水、稀溶液、浓溶液的蒸汽压-溶液温度线。

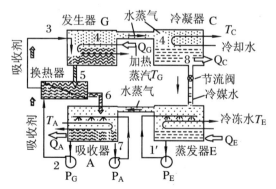

图 21.7 吸收式制冷循环工作原理图

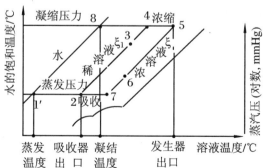

图 21.8 Dühring 线图中的吸收式循环

2. 单效吸收式制冷机循环

吸收式制冷装置有两个物系的循环,参看吸收式制冷装置的系统原理图 21.7 和溶液温度(浓度)-压力图 21.8,一个是吸收剂溴化锂溶液浓度变化的循环 2-3-4-5-6-7-2;一个是制冷工质水的低压蒸发吸热和高压凝结放热的循环 $1'$-2-3-4-8-$1'$。7-2 段(浓度 63.3%-59.5%,溶液 46℃-38℃)为吸收剂溶液在吸收器 A 中吸收冷媒的水蒸气;$1'$-2 段(蒸汽压 6.35 mmHg,水约 4.5℃)为制冷剂蒸发制冷和水蒸气被吸收段,制冷量为 Q_E;2-3段(浓度 59.5%,74℃,42 mmHg,饱和蒸汽 35℃)为稀溶液在溶液换热器与返流的浓溶液进行热交换,换热量为 Q_H;3-4 段(浓度 59.5%,89℃,80 mmHg,饱和蒸汽 46℃)为在发生器 G 中溶液被 118℃低压蒸汽或 132℃高温水加热,溶液中水分蒸发,加热蒸汽的出口温度降低到 114℃,高温水出口温度降到 110℃,溶液浓度上升;4-5 段(浓度 64%,溶液 101℃,80 mmHg,饱和蒸汽 46℃)为溶液在发生器中继续浓缩,浓度到 64%,3-4-5 段的总加热量为 Q_G;5-6 段(浓度 64%,溶液 57℃,11.4 mmHg,饱和蒸汽 12.8℃)为浓溶液在溶液换热器中与来自吸收器的稀溶液换热,换热量为 Q_H,浓溶液温度从 101℃下降到 57℃;6-7 段(浓度 63%,溶液 48℃,7.6 mmHg,饱和蒸汽 7.2℃)为溶液在吸收器通过外部冷却水盘管冷却流回的浓溶液,外部冷却水温度为 31～36℃,从换热器流出的高温浓溶液直接喷淋在外部冷却水盘管簇上,温度从 57℃降至 47～48℃,浓度为 63%,再喷淋流回吸收器,吸收水蒸气;7-2 段为低温吸收剂浓溶液吸收来自蒸发器的水蒸气,浓度重新降到59.5%。制冷剂循环回路:6-7-2 段由吸收器 A 冷却水管路带出热量 Q_A,其中包含了刚从换热器流出的浓溶液的显热和溴化锂溶液吸收水蒸气时产生的吸收热两部分;4-8 段(80 mmHg,46℃)为冷媒水蒸气在冷凝器 C 被外部冷却水冷却凝缩,外部冷却水温度 35℃流进,40℃流出,凝结水约 44℃;8-$1'$段为制冷剂经冷媒回流管从管喷嘴喷出,在蒸发器中形成闪蒸,压力降低,成为 4～4.5℃的低温水;$1'$-8 段在蒸发器中制冷剂低温水蒸发,制冷量为 Q_E,冷却载冷剂冷冻水,即空调回水温度从 12℃降低到 7℃,低温载冷剂冷冻水再送给用户。上述原理介绍中的各节点参数仅供参考,不同设计的吸收式制冷循环会有微小差别。

21.7　吸收式制冷工质物性

吸收式制冷机的工质一般是一种二元溶液,由沸点不同的两种物质组成。其中低沸点的组分为制冷剂,高沸点的组分为吸收剂。所谓二元溶液,即两种互不起化学作用的物质组成的均匀混合物。这种均匀混合物内部各物量的性质(如压力、温度、浓度、密度等)在整个混合物中一致,不能利用纯机械的沉淀法或离心法将它们进行分离。根据相律关系式(1.8),二元溶液有 2 个自由度,在气液平衡条件下工质状态方程表示为

$$f(p, T, \xi) = 0 \tag{21.39}$$

式中,ξ 为溶质质量分数表示的质量浓度,表达式为

$$\xi = \frac{m}{m + m_{H_2O}} \tag{21.40}$$

式中,m_{H_2O} 为溶液中的水质量,当 ξ 为溴化锂-水溶液质量浓度时,m 为溶液中溴化锂的质

量;当 ξ 为水-氨水溶液质量浓度时,m 为溶液中氨的质量。另外,也可以用摩尔浓度(参看式(10.78))表示。因此,在进行吸收式制冷机热力性能分析时的热物性比热、比焓、密度等都需要由三个参数 p、T、ξ 中的两个独立变量来确定。

1. 作为良好冷媒期望的性质

① 凝结压力不太高;② 蒸发潜热大;③ 比体积小;④ 导热系数大;⑤ 液相/气相黏性小;⑥ 稳定,不与金属反应;⑦ 安全性好、无毒或毒性、刺激性小;⑧ 不可燃,不爆炸;⑨ 泄露易检测;⑩ 廉价,容易获得;⑪ 蒸发压力不宜太低;⑫ 最重要的是制冷性能系数要高。目前的研究成果,水为吸收式空调机用的冷媒,氨为低温场合使用。酒精醇类和氟利昂类作为吸收式制冷机冷媒也在研究中。

2. 作为良好吸收剂期望的性质

① 与冷媒的沸点相差大;② 对冷媒的溶解度高;③ 在发生器与吸收器的溶解度差大;④ 导热系数大;⑤ 黏性小;⑥ 不容易发生结晶;⑦ 冷媒的潜热/溶液的比热大;⑧ 稳定,不与金属反应;⑨ 安全性好、无毒或毒性、刺激性小,不可燃,不爆炸;⑩ 廉价,容易获得。目前研究成果,主要的吸收剂有水、LiBr、LiBr + ZnBr$_2$、E-181 等,与冷媒的配对是水-氨、LiBr-水、LiBr + ZnBr$_2$-甲醇、E-181-R22。后两种正在研究中。

3. 溴化锂水溶液-水工质的热物理性质

溴化锂水溶液是由固体溴化锂溶解在水中形成的,由于在常压下水的沸点为 100 ℃,而溴化锂的沸点为 1 265 ℃,两者相差 1 165 ℃。因此,溴化锂水溶液只要加热到 100 ℃ 在沸腾时产生蒸汽几乎都是水的成分,而不会带有溴化锂的成分,这不用进行蒸馏就可得到纯的制冷剂的蒸汽。以水作为制冷剂具有许多优点,价格低廉,取之方便,汽化潜热大、无毒、无味、不燃不爆等。其缺点是在常压下蒸发温度高,如果蒸发温度降低,则蒸发压力也很低,蒸汽的比容又很大。此外,水在 0 ℃ 就会结冰,所以只能用于制取温度在 0 ℃ 以上的空调工程。溴化锂水溶液为无色透明、无毒、黏度和表面张力较大的液体,对黑色金属和紫铜管等普通材料有强烈的腐蚀性,有空气时更为严重,腐蚀会产生不凝性气体,降低机组内部的真空度,从而影响制冷效果。

（1）溶解度

溴化锂溶液的溶解度与温度有密切的关系,随温度的升高而增大,随温度的降低而减小,当温度低于溶液饱和温度时会有溶质从溶液中分离出来而形成结晶,通常溴化锂质量浓度不宜超过 66%,否则在溶液温度降到 4 ℃ 附近会有结晶析出,破坏循环正常运行。LiBr 溶解度曲线如图 21.9 所示。

（2）吸收能力与蒸汽压

LiBr 水溶液的吸收能力好,表现在热平衡时溶液的水蒸气分压小,图 21.10 为 LiBr 溶液的以水的摩尔浓度表示的实际水蒸气分压(曲线)与 LiBr

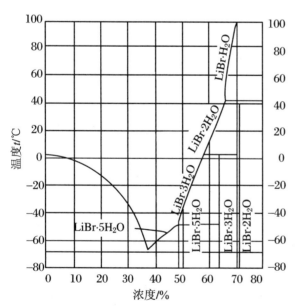

图 21.9　LiBr 溶解度曲线

溶液质量浓度和溶液温度的关系,它比拉乌尔定律的理想溶液分压(斜直线)偏小很多。这种性质使 LiBr 水溶液有极强的吸湿性。如图 21.8 的 1'-2-7 段的蒸汽压力都为 6.35 mmHg,7-2 段溶液吸收水蒸气后浓度从 63.3% 变为 59.5%,温度从 46 ℃ 变为 38 ℃,1'-2 段冷媒水蒸发,水温降到 4.5 ℃,可以从蒸发器的空调回水换热管吸热,使空调回水从 12 ℃ 变为 38 ℃。

(3) 比重

如图 21.11 所示,LiBr 盐的比重比水溶液的比重大,常用的溶液浓度 60% 时比重约每升 1.7 kg,左侧斜线为结晶线。

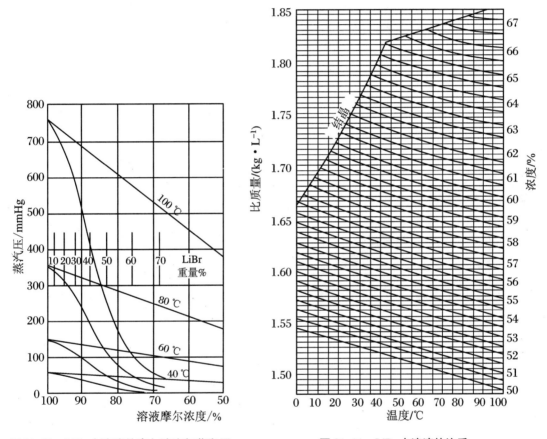

图 21.10　LiBr 水溶液的摩尔浓度与蒸汽压　　　　　图 21.11　LiBr 水溶液的比重

(4) 比热

LiBr 水溶液的比热较小,如图 21.12 所示。溶液的比热是计算溶液比焓的基础参数。根据混合溶液理论,溶液的比热可以由水和 LiBr 的比热,以及溶解热三部分组成,其中溶解热是两种成分份额乘积与两种比热差值乘积的函数,只有如此的函数才能使 $\xi = 0$ 时 $c_{p,(\xi,t)} = c_{water,(t)}$ 和 $\xi = 1$ 时,$c_p = c_{LiBr,(t)}$,所以在定温时溶液的比热的数学计算式为

$$c_{p,(\xi,t)} = c_{LiBr,(t)}\xi + c_{water,(t)}(1 - \xi) - a\xi(1 - \xi)(c_{water,(t)} - c_{LiBi,(t)}) \quad (21.41)$$

式中,取 $\xi = 0$ 时 $c_{p,(\xi,t)} = c_{water,(t)} = 4.18$ kJ/kg,参考 Björn 提供的室温溴化锂盐的比热为 0.554 J/(kg·K),同文献给出 Paukov 的数据为 0.574 J/(kg·K),再根据图 21.12 的数据,并整理式(21.41)调整系数,给出 LiBr 水溶液的比热随浓度和温度变化的拟合计算式为

$$c_{p,(\xi,t)} = [4.186(1 - \xi) + 0.554\xi - 1.1\xi(1 - \xi)](1 + 0.000\,1t) \quad (21.42)$$

式(21.42)的计算值与查图 21.12 值的平均偏差为 0.02%,最大偏差为 3%,t 为溶液温度,单位为℃,但是,对高田秋一文献的表 2.2 的实验数据,当浓度大于 0.63 溶液比热的实测值比图 21.12 和计算值偏小达 3%～15%。这说明 LiBr 盐的比热比水的比热小。在吸收器和发生器的能量方程中,溶液浓度变化的水蒸气潜热是主要因素,溶液比热是次要参数。正由于 LiBr 水溶液的中的水蒸气潜热很大,所以循环性能效果很好。

（5）动力黏度

图 21.13 为 LiBr 水溶液的浓度与动力黏度关系图。由图中可以看出,其黏度随浓度的增加而急剧增加,随温度的降低而增加。吸收器内溶液流动,和从发生器经溶液换热器、喷嘴的浓溶液流动都受黏度影响很大,应当充分注意。

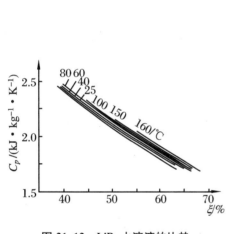

图 21.12　LiBr 水溶液的比热

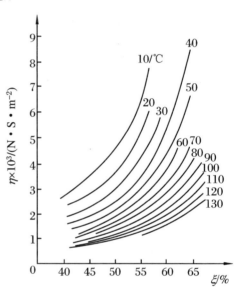

图 21.13　LiBr 水溶液的动力黏度

（6）导热系数

图 21.14 为 40 ℃时的 LiBr 水溶液的浓度与导热系数的关系,浓度高,导热系数低。

（7）表面张力

吸收式冷冻机,为了增加 LiBr 溶液对冷媒水蒸气的吸收,采用把溶液从喷嘴的小孔喷雾形式喷淋在吸收器管束上,并形成薄膜流下,这种情况与溶液的表面张力有关系。图 21.15 为 LiBr 水溶液的浓度、温度与表面张力的关系。在常用浓度 60%附近,LiBr 水溶液的表面张力与水的表面张力差别不大,对喷雾和润湿表面的扩大没有太大影响。

（8）溶液的压力-温度-浓度关系 p-t-ξ 图

在吸收式制冷循环设计时,用到两个重要的吸收剂溶液热力学物性图:溶液的压力-温度 p-t 图和溶液的焓-浓度 h-ξ 图。p-t 图是在平衡态的条件下测定溶液浓度、温度和溶液饱和蒸汽压的数据。图 21.16 为 LiBr 水溶液的 p-t 图,是取浓度 ξ 为一组定值做溶液温度 t 与蒸汽压 p 的斜直线组图,该直线也称 Dühring 线,通常横轴为溶液温度 t,纵轴标注饱和蒸汽压和对应的冷媒冷凝温度。在 p-t 图上可以根据 p、t、ξ 中的任意两个参数求出溶液平衡点和另一参数。

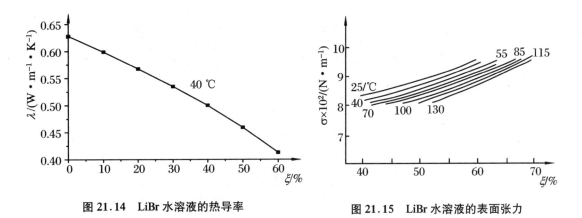

图 21.14　LiBr 水溶液的热导率　　　　　　图 21.15　LiBr 水溶液的表面张力

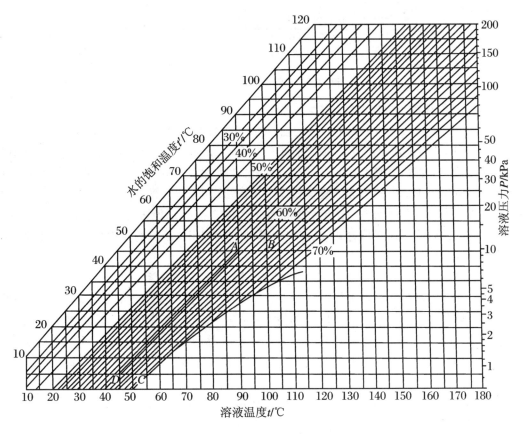

图 21.16　LiBr 水溶液的 p-t-ξ(Dühring)线图

图 21.17 为氨水溶液压力-浓度 p-t 图。图中,氨水溶液温度 t 为横坐标,溶液的饱和蒸汽压力 p 为纵坐标。图中标出等质量浓度线簇,左侧的 $\xi=1$ 线代表氨的特性,右侧的 $\xi=0$ 代表水的特性,并在右侧标出了氨的饱和温度 t'。

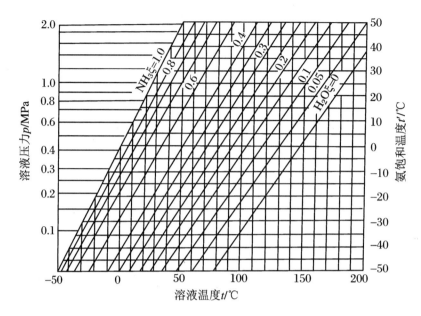

图 21.17　氨水溶液的 $p\text{-}t$ 线图

（9）溶液的比焓-浓度-温度 $h\text{-}t\text{-}\xi$ 关系

通常用包含 p、t、ξ 和 h 四个参数的焓-浓度 $h\text{-}\xi$ 图作为吸收式制冷循环热力计算的参数来源，$h\text{-}\xi$ 图中溶液质量浓度 ξ 和比焓（单位为 kcal/kg）分别表示在横轴和纵轴上，图中有等温线簇和等压线簇，原则上在 p、t、ξ、h 中的已知任意两个参数即可求出溶液的平衡点和其他参数，但是由于 $h\text{-}\xi$ 图的等温线簇和等压线簇的线度过密，且不同文献提供的 $h\text{-}\xi$ 图不尽相同，要从 $h\text{-}\xi$ 上读取精确的比焓数据很难。经过笔者对 LiBr 溶液比焓构成的理论研究和比较许多文献，并以比热拟合式（21.42）为基础，推荐 LiBr 溶液的比焓与浓度 ξ 和溶液温度 t 的关系式为

$$h_{(\xi,t)} = h_{w,t}(1 - \xi) + h_{L,t}\xi - a\xi(1 - \xi) \tag{21.43}$$

式中，$h_{w,t}$ 为温度为 t 时水的比焓，$h_{w,t} = c_w t = 4.186t$；由于 LiBr 溶液在 $0 \sim 100\ ℃$ 区间 $\xi > 50\%$ 多以晶体存在，不能出现 $\xi = 1$ 的情况，所以，式（21.43）中的 $h_{L,t}$ 应考虑为溴化锂晶体的比焓，当取 $h_{L,t} = c_L t$ 计算溴化锂成分的比焓贡献时，c_L 采用 $0\ ℃$ 时（$\mathrm{LiBr}-3\mathrm{H_2O}+\mathrm{LiBr}-2\mathrm{H_2O}$）/2 的晶体比热，按 LiBr 和水的比热质量份额计算，$c_{L,0} = 1.78\ \mathrm{kJ/(kg \cdot K)}$；式（21.43）中的 a 为溶解热项的比例系数。式（21.43）拟合时，根据文献数据调整 $c_{L,0} = 1.70\ \mathrm{kJ/(kg \cdot K)}$，$a = 3.20$ 后得到 LiBr 溶液比焓的拟合计算式为

$$h_{(\xi,t)} = [4.186(1 - \xi) + 1.70\xi - 3.20\xi(1 - \xi)]\,t \tag{21.44}$$

LiBr 温度-焓拟合式（21.44）与文献数据的比对如表 21.4 所示。表 21.4 是转引文献[10]来自文献[8]和[9]的部分 LiBr 溶液的比焓数据。文献[8]的数据认定在温度为 $0\ ℃$，溴化锂质量分数 ξ 为 0% 时的比焓值为 418.60 kJ/kg，文献[9]中的数据认定在温度为 $0\ ℃$ 时的纯水（$\xi = 0\%$）和 ξ 为 50% 的溶液的比焓值均为 0 kJ/kg。

表 21.4　文献[8]、[9]的数据和式(21.44)的计算值的比较

浓度 ξ	溶液温度/℃	比焓 h[9] /(kJ·kg⁻¹)	比焓 h[8] /(kJ·kg⁻¹)	比焓 h[21.44] /(kJ·kg⁻¹)	比焓 h[21.45] /(kJ·kg⁻¹)
0%	0	0	418.6	0	418.6
	20	84.01	502.44	83.72	502.44
	40	167.62	585.94	167.44	586.04
	60	251.12	669.45	251.16	669.76
	80	334.91	753.19	334.88	753.48
40%	40	82.50	344.94	96.944	348.10
	20	33.49	296.12	48.472	299.63
	Δh_{40-20}	49.01	48.82	48.472	48.47
50%	60	125.78	337.52	128.58	337.88
	20	38.91	251.82	42.86	252.16
	Δh_{60-20}	86.87	85.7	85.72	85.64
60%	80	192.6	351.25	154.112	321.55
	40	115.41	275.73	77.056	244.50
	Δh_{80-40}	77.19	75.52	77.056	77.05
65%	100	253.47	390.11	184.21	330.72
	64		325.9	117.89	264.4
	Δh_{100-60}		64.21	66.31	66.31

温度/℃	浓度/ξ	h[12] /(kJ·kg⁻¹)	h[13] /(kJ·kg⁻¹)	h[21.44] /(kJ·kg⁻¹)
20	0%	84.01	502.44	83.72
	40%	33.49	296.12	48.472
	50%	38.91	251.82	42.86
	$\Delta h_{\xi,0-40}$	50.52	206.3	35.24
	$\Delta h_{\xi,40-50}$	−5.42	44.3	5.61
40	0	167.62	585.94	167.44
	40	82.50	344.94	96.944
	60	115.41	275.73	77.056
	$\Delta h_{\xi,0-40}$	85.12	241	70.496
	$\Delta h_{\xi,40-60}$	−32.91	69.21	19.89
60	0	251.12	669.45	251.16
	50	125.78	337.52	128.58
	$\Delta h_{\xi,0-50}$	125.78	331.93	122.58

1. 等浓度过程相同温差的比焓差值,三种方法的计算值都高度一致,都可以使用;
2. 等温条件而浓度不同时,三种方法计算的绝对值和相对差值都相差较大。

　　LiBr 溶液是一种混合物,由于混合时的溶解热使混合溶液的比焓低于混合之前两种物质的比焓之和,而且 $\xi = 50\%$ 的溶液的比焓为最低值,因此,相同温度不同浓度的溶液的比焓在 h-ξ 上表现为下凹锅截面形线。这两种文献显然是考虑这种情况取了上述的基准定义。出现了在基准温度 0 ℃时不同浓度溶液的基准值不同的问题,这在溶液换热器的计算中,因为稀溶液和浓溶液都取比焓差值计算,其结果与基准的取法无关,只要不同算法的比焓差值相同即可;但是,在计算发生器热负荷时,由于在不同文献的蒸汽、浓溶液和稀溶液的基准不同,如果不把不同浓度溶液的基准换算为统一基准,则计算的热负荷值会因为基准的不同产生误差。如果式(21.44)取 0 ℃($\xi = 0$ %)纯水的比焓 418.60 kJ/kg 为基准比焓,则计算式变为

$$h_{(\xi,t)} = (418.6 + 4.186t)(1 - \xi) + 1.70t\xi - 3.20\xi(1 - \xi)t \qquad (21.45)$$

式(21.45)的计算值在 $\xi < 50\%$ 范围与文献[8]值是相当一致的,虽然在 $\xi > 50\%$ 后的比焓值比文献[8]值偏小,但是,同浓度、不同温度的比焓差值是相一致的。根据式(21.45)计算,文献[8]在 0 ℃时不同浓度的基准焓为

$$h_{(\xi,t=0)} = 418.6(1 - \xi) \qquad (21.46)$$

文献[9]虽然给出了 0 ℃的 $\xi = 0$ 和 $\xi = 0.5$ 时两个浓度的比焓基准,但是不同 ξ 的基准仍然没有提供,所以计算的不同文献比焓值还是不一样。因此,比较不同文献的 LiBr 溶液的比焓值可靠性时,主要比较在相同浓度、不同温度而相同温差时的比焓差值是否相同或偏差是否满足工程需求为标尺。

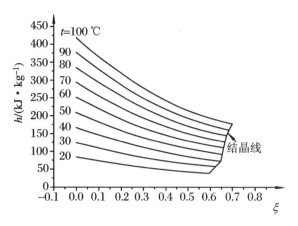

图 21.18 LiBr 溶液的 $h = f(\xi, t)$ 图

通过表 21.4 的比较,认识到虽然不同文献由于选定的基准点和计算方法不同,但是在计算等浓度过程相同温差的比焓差值时,三种方法的计算值都高度一致,而 LiBr 溶液在溶液换热器中的稀溶液和浓溶液在热交换过程的浓度是不变的,因此,采用上述三种方法的任意一种都可以。式(21.45)是拟合式,简便而适合教学和一般精度计算使用,当精度要求更高时请用物性数据库。

图 21.18 为由式(21.44)的计算值绘制的 LiBr 溶液的比焓 h 与溶液浓度 ξ 和溶液温度 t 的关系图,即 $h = f(\xi, t)$ 图。

图 21.19 为氨-水溶液的 h-ξ 图。比焓和溶液浓度分别在纵轴和横轴上表示,压力和温度由等压和等温线簇表示。

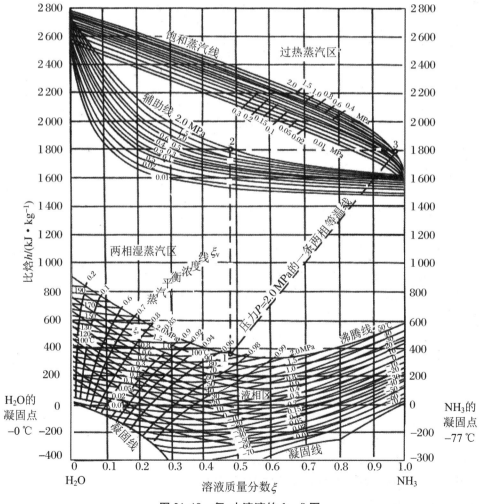

图 21.19 氨-水溶液的 h - ξ 图

图 21.19 的下半部为液态区,给出了不同压力下的等压饱和液线簇和不同温度下的等温线簇。在液态区中还有一群坡度较陡的平衡蒸汽浓度线 ξ_v,氨溶液蒸汽中的氨气浓度比溶液的氨浓度高。图的上半部为气态区,下凹曲线为等压饱和气线,没有画出等温气线,采用一组上凹平衡辅助曲线,辅助求出等压饱和蒸汽线上各点的温度。当已知溶液的温度和压力点,例如图中的 1 点,通过等溶液浓度线与点 1 相同压力的辅助线交点 2,在点 2 画等焓的横线交相同压力的饱和蒸汽线于点 3,点 3 即对应点 1 的气相平衡点,点 1、3 的连线为与点 1 相同压力的两相区的等温线。过冷状态点在对应压力的饱和液体线之下,过热状态点在饱和蒸汽线之上。

氨溶液的更多物性请参考文献[5]、[8]。

21.8　吸收式制冷循环热力计算

吸收式制冷机的设计计算包括热力计算、传热计算、结构设计计算、强度校核等,热力计算是最基本的环节。本书以 LiBr 吸收式制冷循环的热力计算为例,介绍循环的各主要参数计算式、相互关系和效率,并由例 21.3 伴随分析过程给出具体计算数据和结果。

1. 循环的热力参数

以下以一种单效 LiBr 吸收式理想制冷循环为例说明其热力分析的方法和步骤,首先在 LiBr 水溶液的 p-t-ξ(Dühring)线图上做如图 21.8 所示的制冷循环图,循环的工作原理已在前面介绍了。

例 21.3　循环各状态点参数列在表 21.5 中。

表 21.5　计算例吸收制冷循环的参数

点号	状态点说明	溶液浓度	溶液温度/℃	饱和压力/(mmHg·Pa⁻¹)	饱和蒸汽温度/℃	焓值/(kJ·kg⁻¹)
1	蒸发器水	0%	5	6.54/873.18	5	20.93
2	吸收器出口液	59.5%	40	5.3/706.5	2	77.42
3	换热器稀液出口	59.5%	77.93			150.85
4	发生器溶液入口	59.5%	89	72.0/9 600	45	172.3
5	发生器溶液出口	63.5%	100	72.0/9 600	46	186.57
6	换热器浓液出口	63.5%	58	8.62/1 149.1	9	108.2
7	吸收器入口浓液	63.5%	48.5	5.3/706.5	2	90.47
8′	冷凝器入口蒸汽	0%		72.0/9 600	100 过热蒸汽	2 687.5
1′	蒸发器出口蒸汽	0%	5	6.54/873.18	5	2 508.2
8	冷凝器出口水	0%	45	72.0/9 600		188.37

表 21.5 中数据获得的方法:① 根据空调回水温度和蒸发器传热温差确定冷媒蒸发温

度 t_e；继而根据水蒸气物性表或软件，确定蒸发器和吸收器的饱和蒸汽压力，$p_E = p_A$；再根据选择的稀溶液浓度 ξ_A，在 LiBr 水溶液的 p-t-ξ(Dühring)线图上，查得吸收器的溶液平衡温度 t_2；② 换热器的稀溶液出口压力由发生器的饱和蒸汽压力确定；③ 根据冷却水出口温度 $t_{w,3}$ 和冷凝器传热温差，选定冷凝器饱和蒸汽的温度 $t_{8'}$；继而根据水蒸气物性表或软件，确定冷凝器和发生器的饱和蒸汽压力，$p_C = p_G$；再根据选择的浓溶液浓度 ξ_G，在 LiBr 水溶液的 p-t-ξ(Dühring)线图上，查得吸收器的溶液平衡温度 t_5；④ 根据 t_5 选择热源的温度；⑤ 考虑发生器加热蒸汽(温度在 118℃)对发生器溶液沸腾产生的蒸汽再加热，点 $8'$ 的蒸汽取作 100℃ 的过热蒸汽；表中的饱和蒸汽压力和蒸汽比焓是根据 NIST 的 REFPROP 软件查得的；⑥ 液比焓是根据式(21.44)计算得到的。

2. 循环的能量关系 T_R-q 示意图

单效吸收式制冷循环的能量关系如图 21.20 的等效热力温度-热量 T_R-q 图所示,图中横轴为比热流量轴,纵轴为等效热力温度轴,等效热力温度是某能量交换过程段的热力学平均温度,单位为 K,其定义参考 21.3 节。各过程/等效热力温度分别是:热源/$T_{R,h}$、发生器溶液/$T_{R,G}$、吸收器溶液/$T_{R,A}$、溶液换热器稀溶液/$T_{R,X,1}$、溶液换热器浓溶液/$T_{R,X,2}$、吸收器的冷却水/$T_{R,w,1}$、冷凝器的冷却水/$T_{R,w,2}$、冷凝器的冷媒水/$T_{R,C}$、空调回水/$T_{R,w,L}$ 和蒸发器冷媒水/$T_{R,E}$；1 kg 冷媒水的循环的各过程交换热量分别是:热源/q_h、发生器溶液/q_G、吸收器溶液/q_A、溶液换热器稀溶液/$q_{X,1}$、溶液换热器浓溶液/$q_{X,2}$、吸收器的冷却水/$q_{w,1}$、冷凝器的冷却水/$q_{w,2}$、冷凝器的冷媒水/$q_{w,C}$、空调回水/$q_L = q_0$ 和蒸发器冷媒水/$q_{w,E}$。

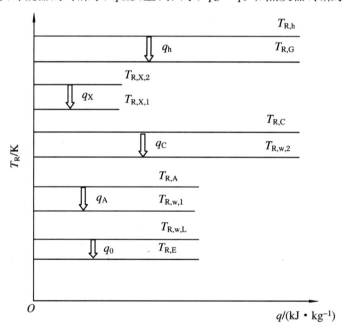

图 21.20　吸收式制冷循环热力分析 T_R-q 示意图

3. 吸收式制冷循环的热力计算

(1) 单位制冷量 q_0 和冷媒流量 $\dot{D}$

蒸发器中被溴化锂溶液吸收 1 kg/s 流量的冷媒蒸汽所得到的制冷量称为单位制冷量,记为 q_0,单位为 kJ/kg,表达式为

$$q_0 = h_{1'}' - h_8 \tag{21.47}$$

其中，$h_{1'}'$ 为蒸发器中蒸发的水蒸气的比焓；h_8 为流入蒸发器的冷媒水的比焓。

例 21.3　(1) 据表 21.5 的数据，有

$$q_0 = h_{1'}' - h_8 = 2\,508.2\,\text{kJ/kg} - 188.37\,\text{kJ/kg} = 2\,319.8\,\text{kJ/kg}$$

制冷量 $\dot{Q}_0$ 需要的冷媒流量 $\dot{D}$（单位为 kg/s）为

$$\dot{D} = \frac{\dot{Q}_0}{q_0} \tag{21.48}$$

以下约定与"1 kg/s 流量冷媒"所对应的各参数简称为"单位"参数，不再添加定语说明。

(2) 空调单位回水量倍率 $m_{e,w}$

$$m_{e,w} = \frac{q_0}{c_{p,w}(t_{E,w,1} - t_{E,w,2})} \tag{21.49}$$

式中，$c_{p,w}$ 为水的比热；$t_{E,w,1}$ 和 $t_{E,w,2}$ 分别为空调回水的进、出水温度，通常为 12 ℃ 和 7 ℃。

例 21.3　(2) $m_{e,w} = \dfrac{2\,313.8\,\text{kJ/kg}}{4.186\,\text{kJ/(kg·℃)}(12\,℃ - 7\,℃)} = 110.8$。

解得空调回水流率应当为溴化锂溶液吸收冷媒水流率的 110.8 倍，如果吸收冷媒水流率为 1 kJ/s，则空调回水率为 110.8 kJ/s。

(3) 吸收溶液循环泵流量 $\dot{F}$ 和溶液循环倍率 a

冷媒的流量确定后就需要确定吸收溶液循环量 $\dot{F}$，在发生器产生 1 kg 水蒸气所需要的送到发生器的稀溶液量为 a kg，a 称为溶液循环倍率，从发生器返回吸收器的浓溶液量为 $a-1$ kg。设吸收器的溶液浓度 $\xi_A = \xi_2$，发生器流出的溶液浓度 $\xi_G = \xi_5$，根据循环的 LiBr 质量守恒定律，有

$$a\xi_2 = (a-1)\xi_5$$

$$a = \frac{\xi_5}{\xi_5 - \xi_2} = \frac{\xi_G}{\xi_G - \xi_A} = \frac{\xi_5}{\Delta\xi} \tag{21.50}$$

式中，通常 $\Delta\xi = 0.03 \sim 0.06$。

例 21.3　(3) $a = \dfrac{0.635}{0.635 - 0.595} = 15.875$。

吸收溶液循环泵流量 $\dot{F}$（单位为 kg/s）为

$$\dot{F} = a\dot{D} \tag{21.51}$$

(4) 换热器单位热负荷 q_x

浓溶液和稀溶液的单位换热量分别为

$$q_x = (a-1)(h_5 - h_6) \tag{21.52a}$$

$$q_x = a(h_3 - h_2) + P_g \tag{21.52b}$$

式中，P_g 为发生器稀溶液输送泵的单位泵功，单位为 W/kg，表达式为

$$P_g = \frac{a(p_G - p_A)}{\rho_2} \tag{21.53}$$

式中，ρ_2 为点 2 的溶液密度，单位为 kg/m³，压力单位为 Pa。

例 21.3　(4) $P_g = 15.875(9\,600\,\text{Pa} - 814.1\,\text{Pa})/1\,690\,\text{m}^3/\text{kg} = 82.5\,\text{Pa·m}^3/\text{kg} = 82.5\,\text{J/kg}$；由于 P_g 相比换热量为小量，以下计算均忽略。

根据换热器能量平衡方程，有

$$h_3 = \frac{(a-1)(h_5 - h_6)}{a} + h_2 \tag{21.54}$$

例 21.3 (5) $q_x = (15.875 - 1)(186.57 \text{ kJ/kg} - 108.2 \text{ kJ/kg}) = 1\,165.75 \text{ kJ/kg}$。

(6) $h_3 = \frac{165.75}{15.875} \text{ kJ/kg} + 77.42 \text{ kJ/kg} = 150.85 \text{ kJ/kg}$。

(7) 根据式(21.54)的计算，求出 $t_3 = 77.93 \, ^\circ\text{C}$。

(5) 稀溶液再循环倍率 f 和中间溶液参数

为强化吸收器的传质传热，采用从吸收器底部抽流量为 $\dot{m}_A$ 的稀溶液添加到流量为 $\dot{F} - \dot{D}$ 的浓溶液中，形成点 $9'$ 的中间溶液，喷淋在吸收器换热管表面。据能量方程，有

$$(\dot{F} - \dot{D} + \dot{m}_A)h'_{9'} = (\dot{F} - \dot{D})h_7 + \dot{m}_A h_2$$

令 $f = \dot{m}_A / \dot{D}$，f 称为稀溶液再循环倍率，一般 $f = 20 \sim 50$。整理上式，得

$$h'_{9'} = \frac{(a-1)h_7 + f h_2}{a + f - 1} \tag{21.55}$$

由混合液 LiBr 质量平衡方程，可求出中间溶液浓度 ξ_m 为

$$\xi_m = \frac{(a-1)\xi_7 + f\xi_2}{a + f - 1} \tag{21.56}$$

例 21.3 (8) $h'_{9'} = \frac{(15.875 - 1)90.47 \text{ kJ/kg} + 30 \times 77.42 \text{ kJ/kg}}{15.875 + 30 - 1} = 81.75 \text{ kJ/kg}$。

(9) $\xi_m = \frac{(15.875 - 1)0.635 + 30 \times 0.595}{15.875 + 30 - 1} = 0.608$。

(6) 发生器的单位热负荷 q_h 和单位蒸汽流量 $\dot{m}_{w,g}$

在定常态，根据能量方程发生器需要输入热源的单位热负荷 Q_h 为

$$q_h = (a-1)h_5 + h'_5 - a h_3 \tag{21.57}$$

其中，$h'_5(= h'_{8'})$ 为点 $5'$ 或点 $8'$ 的水蒸气比焓，是发生器出口或冷凝器入口蒸汽的比焓，虽然在点 $4'$ 就有水蒸气产生，其比焓也与 $5'$ 的水蒸气的比焓不同，但是经过热蒸汽管的加热，最后离开发生器的蒸汽按点 $5'$ 的水蒸气的比焓计算是合理的。

例 21.3 (10) $q_h = (15.875 - 1)186.57 + 2\,687.5 - 15.875 \times 150.85 = 3\,068.0 \text{ (kJ/kg)}$。

(7) 冷凝器的单位热负荷 q_C

$$q_C = h'_5 - h_8 \tag{21.58}$$

例 21.3 (11) $q_C = 2\,687.5 \text{ kJ/kg} - 188.37 \text{ kJ/kg} = 2\,499.1 \text{ kJ/kg}$。

(8) 吸收器的单位热负荷 q_A

$$q_A = (a-1)h_6 + h'_{1'} - a h_2 \tag{21.59}$$

例 21.3 (12) $q_A = (15.875 - 1)108.2 \text{ kJ/kg} + 2\,508.2 \text{ kJ/kg} - 15.875 \times 77.42 \text{ kJ/kg} = 2\,888.6 \text{ kJ/kg}$。

其中，忽略 P_a 为吸收器混合溶液泵消耗的单位功率

$$P_a = \frac{P_A}{\dot{D}} = \frac{f \Delta p_m}{\rho_2} \tag{21.60}$$

式中，Δp_m 为吸收器混合溶液泵为克服喷嘴阻力需要的出口与进口的压力差，单位为 Pa。

设 $\Delta p_m = 2\,000 \text{ Pa}$，$P_g = 15.875 \times 2\,000 \text{ Pa}/1\,690 \text{ kg/m}^3 = 18.78 \text{ J/kg}$，$\Delta p_m$ 为小量，可忽略。

(9) 单位冷却水量 m_w

当采用吸收器和冷凝器串联冷却水时,单位冷媒水需要的冷却水量为

$$m_w = \frac{q_A + q_C}{c_p \Delta t_w} \tag{21.61}$$

式中,Δt_w 为冷却水的出水与进水的温度差,通常取 $8\sim 9\ ℃$。

例 21.3　(13) $m_w = \dfrac{2\ 888.6\ \text{kJ/kg} + 2\ 499.1\ \text{kJ/kg}}{4.186\ \text{kJ/(kg}\cdot℃) \times (40\ ℃ - 32\ ℃)} = 160.9\ \text{kg/kg}$。

解得冷却水流率应当为 LiBr 溶液吸收冷媒水流率的 160.9 倍,如果吸收冷媒水流率为 1 kg/s,则冷却水流率为 160.9 kg/s。

(10) 蒸发器的单位热负荷 q_E

$$q_E = q_0 + h_8 \tag{21.62}$$

例 21.3　(14) $q_E = 2\ 319.8\ \text{kJ/kg} + 188.37\ \text{kJ/kg} = 2\ 508.2\ \text{kJ/kg}$。

(11) 装置的能量平衡方程

忽略装置对与环境的热损失,单位冷媒定态单效吸收式循环能流量平衡方程为

$$q_h + q_0 = q_C + q_A \tag{21.63}$$

例 21.3　(15) 根据上述计算结果,有

$$q_h + q_0 = 3\ 068.0\ \text{kJ/kg} + 2\ 319.8\ \text{kJ/kg} = 5\ 387.8\ \text{kJ/kg}$$

$$q_C + q_A = 2\ 499.1\ \text{kJ/kg} + 2\ 888.6\ \text{kJ/kg} = 5\ 387.7\ \text{kJ/kg}$$

两者计算结果一致。

(12) 热力性能系数 ζ

热力性能系数用 ζ 表示,定义为装置获得的单位制冷量 $\dot{q}_0$ 与单位输入热流量 $\dot{q}_h$ 之比,即

$$\zeta = \frac{q_0}{q_h} \tag{21.64}$$

例 21.3　(16) $\zeta = 2\ 319.8/3\ 068.0 = 0.756$。

注意　采用文献[8]的 LiBr 溶液比焓数据时,因为取 $0\ ℃$ 水的比焓为 100 kcal/kg 作基准,为避免出现计算错误,建议在进行热力计算之前对不同浓度溶液和水的比焓统一基准为 0,即把从文献[8]中查得的比焓值减去按式(21.56)的计算值即可。

(13) 当量制冷系数 ε

当量制冷系数 ε 定义为单位制冷量与消耗的单位输入有效能量之比,忽略发生器溶液泵和循环泵功率后为

$$\varepsilon = \frac{q_0}{q_h(1 - T_0/T_{R,h})} = \frac{\zeta}{1 - T_0/T_{R,h}} \tag{21.65}$$

式(21.71)中的 $T_{R,h}$ 为热源的等效热力温度,蒸汽热源的等效热力温度可以取其加热蒸汽的温度,热水热源的等效热力温度近似值为热水的进、出热力学温度 $T_{h,in}$、$T_{h,out}$ 的算术平均值,或

$$T_{R,h} = \frac{T_{h,in} - T_{h,out}}{\ln(T_{h,in}/T_{h,out})} \tag{21.66}$$

式(21.65)定义的当量制冷系数 ε 相当于蒸汽压缩式制冷机的制冷系数。

例 21.3　(17) 蒸汽热源温度 $118\ ℃$,$T_{R,h} = 39.16\ \text{K}$。

(18) 当 $T_0 = 303\text{ K}$, $\varepsilon = \dfrac{2\,319.8\text{ kJ/kg}}{3\,068.0\text{ kJ/kg}(1 - 303\text{ K}/391.1\text{ K})} = 3.35$, 与蒸汽压缩式的制冷系数相近。

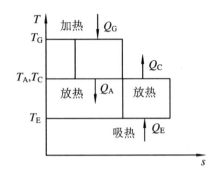

图 21.21 理论吸收式制冷循环

(14) 热力完善度 η_u

热力完善度定义为实际的制冷性能系数与理想的吸收式制冷循环的性能系数之比, 表达式为

$$\eta_u = \frac{\zeta}{\zeta_{id}} \tag{21.67}$$

假定理想的吸收式制冷循环不存在不可逆损失, 所有过程为可逆过程, $T_{R,A} \approx T_{R,C} = T_0$, $T_{R,G} = T_{R,h}$, $T_{R,E} = T_{R,w,L}$, 吸收式制冷循环相当于一个热源温度为 $T_{R,h}$ 的卡诺热机循环和一个冷源温度为 $T_{R,w,L}$ 的逆向卡诺制冷循环构成的组合循环, 如图 21.21 所示, 理想循环时卡诺热机循环吸收的热量 Q_G 在 $T_{R,G} = T_{R,h}$ 热源和 $T_{R,A} = T_0$ 热源之间产生的功能 W_{G-A}, 正好用于补充逆向卡诺制冷循环把冷量 Q_E 从 $T_{R,E} = T_{R,w,L}$ 输运到 $T_{R,C} = T_0$ 所消耗的有效能 W_{E-C}, 即

$$W_{G-A} = \left(1 - \frac{T_{R,A}}{T_{R,G}}\right)Q_G = W_{E-C} = \left(\frac{T_{R,C}}{T_{R,E}} - 1\right)Q_E \tag{21.68}$$

所以, 理想吸收式制冷循环的性能系数为

$$\zeta_{id} = \frac{Q_E}{Q_G} = \left(1 - \frac{T_{R,A}}{T_{R,G}}\right)\left(\frac{T_{R,E}}{T_{R,C} - T_{R,E}}\right) = \left(1 - \frac{T_0}{T_{R,G}}\right)\left(\frac{T_{R,E}}{T_0 - T_{R,E}}\right) \tag{21.69}$$

式(21.69)等号右边的括号第一项相当于卡诺热机效率, 括号第二项相当于理想热泵的效率。

例 21.3 (19) 当 $T_0 = 303\text{ K}$, 理想状态, 热源的等效热力温度取发生器的浓溶液温度 $T_{R,G} = 367.7\text{ K}$, 低温热源温度取空调回水的等效热力温度, $T_{R,w,L} = (T_{c1} - T_{c2})/\ln(T_{c1}/T_{c2})$, 当 $T_{c1} = 285\text{ K}$, $T_{c2} = 280$ 时, $T_{R,w,L} = 282.65\text{ K}$。

(20) $\zeta_{id} = \left(1 - \dfrac{303\text{ K}}{367.7\text{ K}}\right)\left(\dfrac{282.65\text{ K}}{303\text{ K} - 282.65\text{ K}}\right) = 2.444$。

(21) 本例的热力完善度为 $\eta_u = 0.756/2.444 = 0.309$。

上述热力分析结果汇总在表 21.6 中。

表 21.6 单效 LiBr 吸收式制冷循环热力分析例结果

点号	计算项目	符号	结果数值	单位	性能参数	符号	数值
1	单位制冷量	q_0	2 319.8	kJ/kg	热力系数	ζ	0.756
2	单位加热量	q_h	3 068.0	kJ/kg	热力完善度	η_u	0.309
3	吸收器热负荷	q_A	2 888.6	kJ/kg	当量制冷系数	ε	3.35
4	冷凝器冷却热负荷	q_C	2 499.1	kJ/kg	溶液循环倍率	a	15.875
5	蒸发器冷却热负荷	q_E	2 508.2	kJ/kg	冷却水量	m	
6	换热器热负荷	q_X	1 165.75	kJ/kg			
7	有效能消耗量	$E_{u,h}$	691.5	kJ/kg			
8	单位冷却水量	m	160.9	kg/kg			

21.9　吸收式制冷循环的有效能分析

1. 有效能平衡方程

根据能量方程式(21.63),吸收式制冷循环的有效能平衡方程为从热源输入的有效能等于各项输出能量的有效能和循环各环节有效能损失的总和值,即

$$e_{u,h} = e_{u,0} + e_{u,C} + e_A + \Delta e_{u,ir} \tag{21.70}$$

式中,$e_{u,h}$ 为热源输入有效能流量;$e_{u,0}$ 为冷源输入有效能流量;$e_{u,A}$ 和 $e_{u,C}$ 分别为吸收器和冷凝器的冷却水输出的有效能流量;$\Delta e_{u,ir}$ 为吸收式制冷循环各环节不可逆过程损失的有效能流量的总和;$\Delta e_{u,ir}$ 包括各传热过程和冷媒水以及溶液节流的不可逆损失,用数学式表示为

$$\Delta e_{u,ir} = \Delta e_{u,ir,G} + \Delta e_{u,ir,A} + \Delta e_{u,ir,C} + \Delta e_{u,ir,E} + \Delta e_{u,ir,X} + \Delta e_{u,ir,J} + \Delta e_{u,ir,k} \tag{21.71}$$

式中,$\Delta e_{u,ir,G}$、$\Delta e_{u,ir,A}$、$\Delta e_{u,ir,C}$、$\Delta e_{u,ir,E}$ 和 $\Delta e_{u,ir,X}$ 分别为在 1 kg 冷媒循环时发生器、吸收器、冷凝器、蒸发器和溶液换热器的传热过程损失的有效能量;$\Delta e_{u,ir,J}$ 为冷媒水节流损失的有效能量,溶液的节流损失与发生器泵的消耗功相抵消;$\Delta e_{u,ir,k}$ 为其他流动摩擦等不可逆损失。

2. 单位进、出热量的有效能量及其等效温度

热源输入有效能流量

$$e_{u,h} = q_h \left(1 - \frac{T_0}{T_{R,h}} \right) \tag{21.72}$$

例 21.3　(22) $e_{u,h} = 3\,068.0 \text{ kJ/kg} \left(1 - \frac{303 \text{ K}}{391.16 \text{ K}} \right) = 691.5 \text{ kJ/kg}$。

冷源输入有效能流量,由于冷源温度低于

$$e_{u,0} = q_0 \left(\frac{T_0}{T_{R,w,L}} - 1 \right) \tag{21.73}$$

例 21.3　(23) $T_{R,w,L} = 282.65 \text{ K}, e_{u,0} = 2\,319.8 \text{ kJ/kg} \left(\frac{303 \text{ K}}{282.65 \text{ K}} - 1 \right) = 167.02 \text{ kW/kg}$。

吸收器的冷却水输出的有效能流量

$$e_{u,A} = q_A \left(1 - \frac{T_0}{T_{R,w,1}} \right) \tag{21.74}$$

冷凝器的冷却水输出的有效能流量

$$e_{u,C} = q_C \left(1 - \frac{T_0}{T_{R,w,2}} \right) \tag{21.75}$$

式中,$T_{R,w,1}$ 和 $T_{R,w,2}$ 分别为吸收器和冷凝器的冷却水等效热力温度。当冷却水串联使用时,假定冷却水进、出水温 $t_{w,1} = 32\text{ ℃}$、42 ℃,根据吸收器和冷凝器的换热量比例确定吸收器和冷凝器的温差 $\Delta T_{w,A}$ 和 $\Delta T_{w,C}$ 为

$$\frac{\Delta T_{w,A}}{\Delta T_{w,C}} = \frac{\dot{q}_A}{\dot{q}_C}$$

$$\Delta T_{w,A} = \frac{(\Delta T_{w,A} + \Delta T_{w,C})\dot{q}_A}{\dot{q}_A + \dot{q}_C} \tag{21.76}$$

例 21.3 (24) $\Delta T_{\mathrm{w,A}} = 10 \times \dfrac{2\,888.6\ \mathrm{kJ/kg}}{5\,387.7\ \mathrm{kJ/(kg \cdot ℃)}} = 5.36\ ℃$，$\Delta T_{\mathrm{w,C}} = 10\ ℃ - 5.36\ ℃ = 4.64\ ℃$。

(25) $T_{\mathrm{R,w,1}} = \dfrac{273.16\ \mathrm{K} + (32\ \mathrm{K} + 37.36\ \mathrm{K})}{2} = 307.84\ \mathrm{K}$。

(26) $T_{\mathrm{R,w,2}} = \dfrac{273.16\ \mathrm{K} + (37.36\ \mathrm{K} + 42\ \mathrm{K})}{2} = 312.84\ \mathrm{K}$。

(27) $e_{\mathrm{u,A}} = 2\,888.6\ \mathrm{kJ/kg}\left(1 - \dfrac{303\ \mathrm{K}}{307.84\ \mathrm{K}}\right) = 45.42\ \mathrm{kJ/kg}$。

(28) $e_{\mathrm{u,C}} = 2\,499.1\ \mathrm{kJ/kg}\left(1 - \dfrac{303\ \mathrm{K}}{312.84\ \mathrm{K}}\right) = 78.60\ \mathrm{kJ/kg}$。

3. 单位冷媒流量的传热量消耗的有效能量

发生器传热消耗有效能量

$$\Delta e_{\mathrm{u,ir,G}} = q_{\mathrm{h}} T_0 \left(\frac{1}{T_{\mathrm{R,G}}} - \frac{1}{T_{\mathrm{R,h}}}\right) \tag{21.77}$$

例 21.3 (29) 发生器溶液的等效热力温度 $T_{\mathrm{R,G}} \approx 273.16\ \mathrm{K} + (t_4\,℃ + t_5\,℃)/2 = 273.16 + (89\,℃ + 100\,℃)/2 = 367.66\ \mathrm{K}$。

(30) $\Delta e_{\mathrm{u,ir,G}} = 3\,068.0\ \mathrm{kJ/kg} \times 303\ \mathrm{K}\left(\dfrac{1}{367.66\ \mathrm{K}} - \dfrac{1}{391.16\ \mathrm{K}}\right) = 151.9\ \mathrm{kJ/kg}$。

吸收器传热消耗有效能量

$$\Delta e_{\mathrm{u,ir,A}} = q_{\mathrm{A}} T_0 \left(\frac{1}{T_{\mathrm{R,w,1}}} - \frac{1}{T_{\mathrm{R,A}}}\right) \tag{21.78}$$

例 21.3 (31) 吸收器溶液的等效热力温度 $T_{\mathrm{R,A}} = 273.16 + t_2 = 273.16\ \mathrm{K} + 40\,℃ = 313.16\ \mathrm{K}$。

(32) $\Delta e_{\mathrm{u,ir,A}} = 2\,888.6\ \mathrm{kJ/kg} \times 303\ \mathrm{K}\left(\dfrac{1}{307.84\ \mathrm{K}} - \dfrac{1}{313.16\ \mathrm{K}}\right) = 48.30\ \mathrm{kJ/kg}$。

冷凝器传热消耗有效能量

$$\Delta e_{\mathrm{u,ir,C}} = q_{\mathrm{C}} T_0 \left(\frac{1}{T_{\mathrm{R,w,2}}} - \frac{1}{T_{\mathrm{R,C}}}\right) \tag{21.79}$$

例 21.3 (33) 冷凝器进口冷媒状态，根据进口蒸汽脱离的发生器溶液平均温度为 $(89 + 100)/2 = 94.5\,℃$，热源的加热管内蒸汽温度为 $118 \sim 121\,℃$，取作 $100\,℃$ 的过热蒸汽，蒸汽压力为 $9\,600\ \mathrm{Pa}$，考虑蒸汽流动阻力的压力降，进口蒸汽压力取为 $10\,100\ \mathrm{Pa}$（相当于 $46\,℃$ 水的饱和蒸汽压）；冷凝器出口水为温度 $45\,℃$ 的饱和水。由物性手册或软件查得冷凝器进、出口冷媒状态的物性，采用式(21.13)，计算得

$$T_{\mathrm{R,C}} = \frac{h_{8'} - h_8}{s_{8'} - s_8} = \frac{2\,687.5\ \mathrm{kJ/kg} - 188.48\ \mathrm{kJ/kg}}{8.442\ \mathrm{kJ/(kg \cdot K)} - 0.638\,75\ \mathrm{kJ/(kg \cdot K)}} = 320.25\ \mathrm{K} \tag{21.80}$$

(34) $\Delta e_{\mathrm{u,ir,C}} = 2\,499.1\ \mathrm{kJ/kg} \times 303\ \mathrm{K}\left(\dfrac{1}{312.84\ \mathrm{K}} - \dfrac{1}{320.25\ \mathrm{K}}\right) = 56.01\ \mathrm{kJ/kg}$。

蒸发器传热消耗有效能量

$$\Delta e_{\mathrm{u,ir,E}} = q_{\mathrm{E}} T_0 \left(\frac{1}{T_{\mathrm{R,E}}} - \frac{1}{T_{\mathrm{R,w,L}}}\right) \tag{21.81}$$

例 21.3 (35) $\Delta e_{\mathrm{u,ir,E}} = 2\,508.2\ \mathrm{kJ/kg} \times 303\ \mathrm{K}\left(\dfrac{1}{278.16\ \mathrm{K}} - \dfrac{1}{282.65\ \mathrm{K}}\right) = 43.40\ \mathrm{kJ/kg}$。

溶液换热器传热消耗有效能量

$$\Delta e_{u,ir,X} \Delta e_{u,ir,X} = q_X T_0 \left(\frac{1}{T_{R,X,1}} - \frac{1}{T_{R,X,2}} \right) \tag{21.82}$$

例 21.3 （36）溶液换热器稀溶液的等效热力温度

$$T_{R,X,1} = 273.16\,\text{K} + \frac{t_2 + t_3}{2} = 273.16\,\text{K} + \frac{40\,℃ + 77.93\,℃}{2} = 332.1\,\text{K}$$

（37）溶液换热器浓溶液的等效热力温度

$$T_{R,X,2} = 273.216\,\text{K} \frac{t_5 + t_6}{2} = 273.16\,\text{K} + \frac{100\,℃ + 58\,℃}{2} = 352.16\,\text{K}$$

（38）$\Delta e_{u,ir,X} = 1\,165.75\,\text{kJ/kg} \times 303\,\text{K} \left(\frac{1}{332.1\,\text{K}} - \frac{1}{352.16\,\text{K}} \right) = 60.59\,\text{kJ/kg}$。

4. 节流消耗的有效能量

冷媒节流消耗的有效能量

$$\Delta e_{u,ir,J1} = T_0 \Delta s_{J1} \tag{21.83}$$

式中，Δs_{J1} 为冷媒从冷凝器出口点 8 为过冷液体状态（温度 46 ℃ 对应饱和蒸汽压力 $p = 10\,105\,\text{Pa}$，$T_8 = 273.16 + 45 = 318.16\,\text{K}$，$s_8 = 0.637\,81\,\text{kJ/(kg·K)}$，$h_8 = 188.37\,\text{kJ/kg}$ 与等焓节流到蒸发器压力 $P_E = 873.1\,\text{Pa}$，比焓值仍然为 $188.37\,\text{kJ/kg}$ 的湿蒸汽的比熵差），据第 7 章的 7.12 节，计算湿度

$$x = \frac{h - h'}{h'' - h'} = \frac{188.47\,\text{kJ/kg} - 21.062\,\text{kJ/kg}}{2\,510.1\,\text{kJ/kg} - 21.062\,\text{kJ/kg}} = 0.067\,29$$

$$s = (1 - x)s' + xs'' = (1 - 0.067\,29)0.076\,405\,\text{kJ/(kg·K)} + 0.067\,29 \times 9.024\,6\,\text{kJ/(kg·K)}$$
$$= 0.678\,53\,\text{kJ/(kg·K)}$$

例 21.3 （39）$\Delta e_{u,ir,J1} = 303\,\text{K} \times [0.678\,53\,\text{kJ/(kg·K)} - 0.637\,81\,\text{kJ/(kg·K)}] = 12.34\,\text{kJ/kg}$。

其他不可逆损失 $\Delta e_{u,ir,k}$，如蒸发器与吸收器之间、发生器与冷凝器之间的蒸汽流动摩擦损失，水蒸气被 LiBr 溶液吸收和分离的不可逆损失等。由于缺乏更具体的参数，且量值不大，就由有效能平衡方程求出。

上述分析的各项有效能消耗结果汇总在表 21.7 中。

表 21.7　单效 LiBr 吸收式制冷循环例的有效能分析结果

序号	类别	消耗子项	有效能消耗量/(kJ·kg⁻¹)	序号	类别	消耗子项	有效能消耗量/(kJ·kg⁻¹)
2	输出	冷源 $e_{u,0}$	167.02	7	传热	冷凝器 $\Delta e_{u,ir,C}$	56.01
3	输出	吸收器冷却水 $e_{u,A}$	45.42	8	传热	蒸发器 $\Delta e_{u,ir,E}$	43.40
4	输出	冷凝器 $e_{u,C}$	78.60	9	传统	换热器 $\Delta e_{u,ir,X}$	60.59
5	传热	发生器 $\Delta e_{u,ir,G}$	151.9	10	节流	冷媒 $\Delta e_{u,ir,J1}$	12.34
6	传热	吸收器 $\Delta e_{u,ir,A}$	48.30	11	其他	流动摩擦 $\Delta e_{u,ir,k}$	27.92
消耗 合 计							691.5
1	进入	热源 $e_{u,h}$					691.5

以上只介绍了 LiBr 溶液单效吸收式制冷循环，此类装置也可以改变设计成为制热供暖

设备或制冷/制热两用设备,随着热源温度的提高,也可设计成双效制冷/制热设备。有关内容可参考相关文献。

21.10　低温技术基础

在工业和科研中,非常需要创造深度低温环境,目的是获得低温状态下的物质,如液氧、液氮和液氢等和开展对在低温下的物质特性研究。在通往低温的征途中,以空气液化和分离技术为标志的深冷低温技术进步,对社会经济发展,例如对钢产量的飞速提高和航天事业贡献巨大。沸点低于 $-160\ ℃$ 气体的液化都属于深冷技术。气体液化循环的工质往往就取用原料气体,例如制取氧气和液氮就使用空气为制冷工质,所以系统基本采用开放式循环,与普冷的封闭循环有所差别,难度也大。本节将简要介绍低温技术中的热力学基本问题及一些空气液化和分离装置的基本流程和热力分析计算法。

1. 气体液化的途径

气体液化的必要条件是要使气体的温度降低到它的临界温度以下,其充分条件是必须有低于气体的饱和温度的低温环境,使气体能对低温环境散热而凝结。气体液化的温度范围在三相点和临界温度之间。表 21.8 中列出了几种代表性气体的临界温度、标准沸点和三相点温度。因此要使如表 21.8 中所示的气体液化的难点在于要创造低于气体沸点的低温环境。

表 21.8　几种代表性气体的沸点、临界点、三相点

	沸点		临界点	三相点
	℃	K	K	K
氨气	−33.35	239.8	405.5	195.4
甲烷(LNG)	−161.5	111.7	190.7	90.68
氧气	−183.0	90.2	154.6	54.36
氩气	−185.9	87.3	161.0	83.78
氮气	−195.8	77.4	126.2	63.15
氢气	−252.8	20.4	33.2	13.97
氦气(He-4)	−268.9	4.21	5.2	2.177

获取低温的方法主要有如下几种:① 让液体减压蒸发;② 让高压气体绝热膨胀;③ 让低温气体做焦耳-汤姆逊节流膨胀;④ 顺磁性物质绝热退磁。

(1) 液体减压蒸发降温法

液体减压蒸发降温法在常温制冷中是常用的方法,减压的方法有用压缩机抽气、用多孔介质吸附蒸汽、用浓溶液吸收蒸汽,当原处于热平衡的液体的蒸汽压力降低时,液体表面就要蒸发并使液体降温。如果处于绝热环境中的液体表面的蒸汽压力不断降低,液体自身的温度就会不断降低,其降温程度与蒸发量的关系为

$$\mathrm{d}T = \frac{\Delta h}{mc_p}\mathrm{d}m = -\frac{\Delta h}{mc_p}\dot{m}\mathrm{d}t \tag{21.84}$$

式中，$\dot{m}$ 为蒸发速率，单位为 kg/s，m 为液体蒸发前时刻的质量；Δh 为液体的蒸发潜热；dt 为计量的蒸发时间。如果液体与周围环境不是绝热而是可进行热交换时，液体的蒸发温度降到低于周围环境温度，并因适当温差使从周围环境吸收的热量等于蒸发吸热量时，液体温度就不再降低了。

处于绝热环境中的液体降温的极限是其三相点。因此，利用液体降温法，创造的温度区间只能在所用工质的临界点和三相点之间。高临界点和三相点的液体减压蒸发可以为低临界点和三相点的气体提供冷凝的环境，选用一系列临界点和三相点自高温至低温交叉的工质，通过不同气体液化-蒸发的组合可以使低临界点的气体液化。

(2) 气体等熵膨胀降温法

气体等熵膨胀过程的温度与压力变化的关系，应用循环关系式(5.4)和麦克斯韦关系式(5.30)及 c_p 定义式导出为

$$\left(\frac{\partial p}{\partial T}\right)_s = -\frac{(\partial s/\partial T)_v}{(\partial s/\partial p)_T} = \frac{c_p}{T}\left(\frac{\partial T}{\partial v}\right)_p$$

上式分子和分母对调，可写作

$$\left(\frac{\partial T}{\partial p}\right)_s = \frac{T}{c_p}\left(\frac{\partial v}{\partial T}\right)_p = \mu_s \tag{21.85}$$

式中，μ_s 为等熵膨胀温度变化系数。式(21.85)右边的 μ_s 永远为正，所以左边的值也为正，即在等熵膨胀压力下降过程气体的温度必定会下降，同时对外做功。式(21.85)就是气体绝热膨胀降温的热力学依据。绝热膨胀降温能力(或产生冷量的能力)与对外输出功成正比。因此，采用绝热膨胀制冷在高温段比较有利。在低温情况下绝热膨胀做功能力减小，绝热情况又较差，弄不好还会使气体上升。因此，不采用绝热膨胀法直接产生自身气体工质的液体。

(3) 焦耳-汤姆逊效应降温法

焦耳-汤姆逊效应的热力学关系参见式(5.61a)，即

$$\mu_J = \left(\frac{\partial T}{\partial p}\right)_h = \frac{T}{c_p}\left(\frac{\partial v}{\partial T}\right)_p - \frac{v}{c_p}$$

μ_J 称为焦耳-汤姆逊系数。实际气体的焦-汤效应，即实际气体温度随压力变化的关系，如图 21.22 所示，显然在温度较高时，μ_J 为负值，采用等焓节流降压方法不仅不能降温，还会升温，但在温度低的时候，特别是在接近或低于临界温度的场合，在某压力降区域，μ_J 有较大的正值，可以产生较大的温降。比较式(5.61a)和式(21.85)，式(5.61)右边的第一项与式(21.85)右边项相同，都为正值，但由于式(5.61a)有第二项的存在情况就不同了。如果工质是理想气体，则等焓节流过程的气体温度不变。对于实际气体的等焓节流，如果式(5.61a)右边第二项的值超过右边第一项的值，则气体的温度会上升；如果右边的第二项值小于右边第一项的值，则会产生降温，且随气体温度降低效果愈明显，节流后产生液体时效果更好。显然实际气体在气温高时比体积 v 大而 c_p 小，第二项 v/c_p 则大，而在低温，特别是接近于临界和低于临界温度的场合，比体积 v 小而 c_p 大，第二项 v/c_p 则小，降压降温效果则明显。

状态图上焦耳-汤姆逊效应为零的点的轨迹称逆转曲线(Inversion Curve)，线上点对应温度称逆转温度(Inversion Temperature)。逆转温度是压力的函数，且与实际气体的种类有关。氢和氦的焦耳-汤姆逊效应的逆转曲线示意图如图 21.23 所示。图中，半岛状的曲线的内部 $\mu>0$，外部 $\mu<0$，曲线上 $\mu=0$。利用焦耳-汤姆逊效应的降温区域必须选择在半岛

状的曲线的内部 $\mu>0$ 的区域。

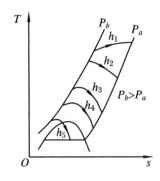

图 21.22　焦耳-汤姆逊效果

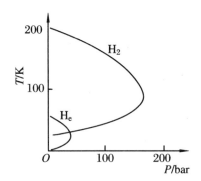

图 21.23　焦耳-汤姆逊效果逆转曲线

上述分析得到重要结论:在高温区采用等熵膨胀法降温效果好,在低温区临界温度附近或低于临界温度时采用等焓节流降温效果好。等熵膨胀在低温区的单位压力降的膨胀功减小,在降压后出现液化时,降温效果还不及等焓节流。

另外应当注意到,等焓节流过程总是熵增过程。利用式(5.4)的链式关系,有

$$\left(\frac{\partial s}{\partial p}\right)_h \left(\frac{\partial p}{\partial h}\right)_s \left(\frac{\partial h}{\partial s}\right)_p = -1$$

和一阶偏导参数间的 T 和 v 的关系式(5.23)和式(5.25),可导得

$$\left(\frac{\partial s}{\partial p}\right)_h = -\frac{v}{T} \tag{21.86}$$

由式(21.86)恒为负值,所以在等焓节流降压过程熵总是增加的,并且比容积 v 大时,不可逆熵增加,因此节流降温方法用在液体场合好于气体场合。另外,采用过冷液体等焓节流,或及时去除节流中产生的气体都会提高制冷效率。

2. 实际气体液化的最小功

气体的液化是在连续流动的开口系循环中完成的。单位质量气体液化的最小比功 w_{min} 等于在没有任何不可逆损失条件下要使气体变为低温液体时比有效能的增加值。若气体的初始状态等于大气环境状态,气体初始的比有效能为零,气体液化的最小比功 w_{min} 就等于其在液体态时的比有效能 e_{ub} 的计算式可由式(4.30)和式(4.33)导得,即

$$w_{min} = h_1 - h_0 - T_0(s_1 - s_0) \tag{21.87}$$

式中,h 和 s 为工质的比焓和比熵;下角标数字"0"和"1"分别表示环境大气状态和液体状态。几种常用气体从大气压、300 K 状态到大气压饱和液体状态的最小液化功的概略值如表 21.9 所示。从表中可知沸点越低的物质的最小液化功越大。

表 21.9　几种气体最小液化功　（单位:kJ·kg⁻¹）

N_2	O_2	空气	H_2	He
770	635	624	12 000	6 800

值得注意的是,空气是以氧气和氮气为主的混合物,它的最小液化功都比其成分的纯组分的氧气和氮气的小。其原因是,与混合物相比,纯组分的比有效能中增加了分离功。

考虑不可逆损失气体液化理论上所消耗的比功为

$$w = h_1 - h_0 - T_0(s_1 - s_0) + T_0\Delta s_g = w_{min} + T_0\Delta s_g \tag{21.88}$$

式中，Δs_g 是系统与周围环境组成的孤立系的熵增。

3. 林德液化循环

林德(Carl von Linde)在 1895 年就提出了节流液化空气的循环，图 21.24(a)为其一种液化装置示意图，(b)为 T-s 分析图，值得指出的是，T-s 图应用于这一系统是有一定出入的，因为这一系统从压缩机入口气体可以定为 1 kg，但在抽取了 y kg 液体后返回的气体仅为 $1-y$ kg 了。林德液化系统为开口系，其循环流程为：大气压为 p_1、温度为 T_1 的气体(点1，①)经压缩机压缩到压力 p_2，再经后冷却器冷却到 T_1(点 2，②)，再经热交换器(也称回热热交换器)取走热量冷却到 T_3(点 3，③)，经节流阀 JT 等焓节流后压力降到略高于大气压，部分气体变成液体，以湿气混合物状态(点 4，④)进入液体储罐进行气液分离出 y 单位质量的液体(点 $4'$，$④'$)，供使用。储罐内剩余的 $1-y$ 单位质量的冷蒸汽(点 $4''$，$④''$)返回经热交换器把冷量交给来流的压缩空气，温度返回到接近 T_1。而后再补充 y 单位质量(点 1)状态的气体与返流的气体再进行前述的压缩-换热-节流膨胀的循环过程。y 称为液体收率(Yield)。如果把林德液化循环简单看作从点 2 状态进，从点 1 和点 $4''$ 出的开口系，假设系统在一进二出的途中没有与外界产生热量和功量的交换，则据热力学第一定律系统的量守恒，有

$$h_2 = yh_f + (1-y)h_1 \tag{21.89}$$

则理想的液体收率 y_{id} 为

$$y_{id} = \frac{h_1 - h_2}{h_1 - h_f} = \frac{h_1 - h_2}{h_1 - h_{4'}} \tag{21.90}$$

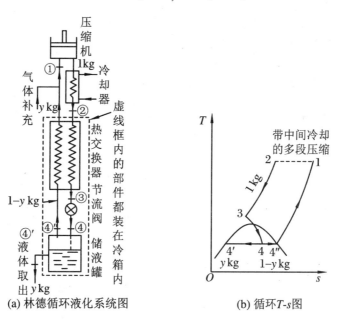

(a) 林德循环液化系统图　　(b) 循环 T-s 图

图 21.24　林德液化循环

由式(21.90)可知，液体收率与点 1 和点 2 的比焓值有关，林德循环液化有收率的条件是：$h_1 - h_2 > 0$。如果系统对于 1 kg 进口气体有冷量损失量为 q_L，则实际液体收率为

$$y = \frac{h_1 - h_2 - q_L}{h_1 - h_{4'}} \tag{21.91}$$

林德液化循环的液化功在不考虑系统热入侵(冷量损失)时只取决于压缩机的排气压力，压

力越高,每单位液化量的消耗功减小。以液化空气为例,当排气压力为 50 bar 时,$w =$
2.5 kWh/kg = 9 100 kJ/kg;100 bar 时,$w = 1.56$ kWh/kg = 5 600 kJ/kg;200 bar 时,$w =$
1.2 kWh/kg = 4 200 kJ/kg。排气压力高达 200 bar 的压缩机要采用 4 段压缩。

等温压缩时林德液化循环消耗的压缩比功 w_{12} 为

$$w_{12} = (h_1 - h_2) - T_1(s_1 - s_2) \tag{21.92}$$

林德液化循环实际为高压节流液化循环,曾用于小型空气分离装置,如每小时产 30 m³
氧气和少量液氮的装置,由于能耗高、产量小,目前多已不使用了。

4. 克罗德液化循环

图 21.25 为克罗德(G.Claude)的液化装置示意图。它与林德循环的区别在于在较高温
度区采用膨胀机制取部分的冷量补充到返流气中,并利用低温高压气体节流产生液体。这
种循环在经过第 1 段热交换器初步冷却到温度 T_a 后(点 a),抽取 m 单位质量的气体进行
绝热膨胀到温度 T_b(点 b),而后与 $1-y$ 单位质量从状态点 $4''$ 返流经第 3 段热交换器温度
升到 T_b 的蒸汽混合,经第 2 段热交换器把冷量转移给进入第 2 段热交换器的 $1-m$ 单位质
量压力为 p_2、温度为 T_2 的气体。这种循环对于指定了排气压力 p_2 时存在最大收率的抽气
温度。以空气为例,$p_2 = 40$ bar,$m = 0.8$ 时,$T_a \approx -80\ ℃$;$p_2 = 200$ bar 时,$m = 0.55$ 时,T_a
$\approx$室温。

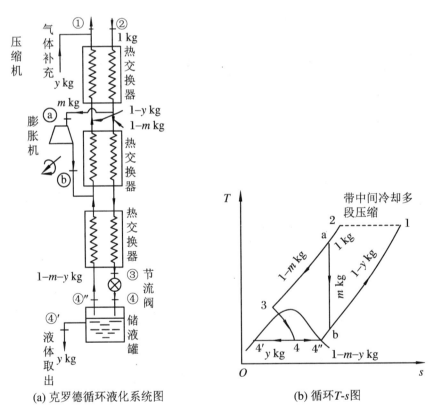

(a) 克罗德循环液化系统图　　　　　(b) 循环 T-s 图

图 21.25　克罗德(G.Claude)循环

克罗德液化循环抽气的膨胀功是回收的,所以循环消耗的净压缩比功为

$$w = (h_1 - h_2) - T_1(s_1 - s_2) - m(h_a - h_b) \tag{21.93}$$

理想液体收率 y_{id} 为

$$y_{id} = \frac{h_1 - h_2}{h_1 - h_{4'}} + m\frac{h_a - h_b}{h_1 - h_{4'}} \tag{21.94}$$

实际液体收率为

$$y_{id} = \frac{h_1 - h_2 - q_L}{h_1 - h_{4'}} + m\frac{h_a - h_b}{h_1 - h_{4'}} \tag{21.95}$$

克罗德在每小时生产 50～210 标准立方米的低温空气分离制氧设备上成功被采用。

例 21.4 求图 21.26(a)所示的氦液化机的下述问题:(1) 收率;(2) 膨胀机的不可逆损失,有效率和绝热效率;(3) 热交换器 HEX3、HEX4 和 HEX5 的有效率;(4) 液化最小功和实际消费的功。已知:点 9 是从点 4 的绝热膨胀点,氦 $1 \ m_N^3$ 相当于 0.178 6 kg(4.002 6 kg/kmol/22.41 m_N^3/kmol),点 7 的密度为 122.5 kg/m³,另外基准温度为 0 ℃,各点对应的状态如表 21.10 的。

表 21.10　各点对应的状态

	压　力 p/(MPa 或 atm)	温　度 T/K	比　焓 h/(kJ·kg⁻¹)	比　熵 s/(kJ·kg⁻¹·K⁻¹)	比有效能函数 ψ_u/(kJ·kg⁻¹)
1	1.52(15.0)	302	1 573	25.93	−5 510
2	1.52(15.0)	89.5	466.7	19.59	−4.884
3	1.50(14.8)	80.0	418.5	19.05	−4 785
4	1.49(14.7)	22.0	107.7	12.08	−3 192
5	1.49(14.7)	13.5	55.74	9.076	−2 432
6	1.49(14.7)	7.11	12.37	4.736	−1 281
7	0.127(1.25)	4.42	−4.221	3.709	−1 017
8	0.127(1.25)	4.42	15.25	8.171	−2 217
9	0.125(1.23)	8.03	38.85	12.08	−3 261
9′	0.125(1.23)	13.0	65.97	14.71	−3 952
10	0.125(1.23)	16.5	84.59	15.98	−4 280
11	0.124(1.22)	78.9	409.9	24.17	−6 192
12	0.124(1.20)	290	1 506	30.97	−6 953

解　(1) 通过压缩机的氦流量为 440 m_N^3/h,即 440×0.178 6 = 78.58 kg/h。液化量为 30 L/h,相当于 30×10⁻³×122.5 = 3.672 kg/h。因此,收率 y = 3.675/78.58 = 0.046 8,即 4.7%。

(2) ① 不可逆损失:$T_0\Delta s$ 即用 $T_0(s_{9'} - s_4)$ 或 $\psi_{b,4} - \psi_{u,9'} - \Delta w_{49'} = \psi_{u,4} - \psi_{u,9'} - (h_4 - h_{9'})$ 计算。

后者为透平膨胀损失的有效能和产生功的差。

$$\psi_{u,4} - \psi_{u,9'} = -3\ 192 - (-3\ 952) = 760 \ \text{kJ/kg}$$
$$\Delta w_{49'} = h_4 - h_{9'} = 107.7 - 65.97 = 41.73 \ \text{kJ/kg}$$
$$w_{ir} = 760 - 41.73 = 718.3 \ \text{kJ/kg}$$

② 有效率

$$\eta_u = \frac{\Delta w_{49'}}{\psi_{u,4} - \psi_{u,9'}} = \frac{41.73}{760} = 0.054\ 9 \approx 5.5\%$$

③ 绝热效率

$$\eta = \frac{\Delta w_{49'}}{h_4 - h_{9'}} = \frac{41.73}{107.7 - 38.85} = 0.606 \approx 61\%$$

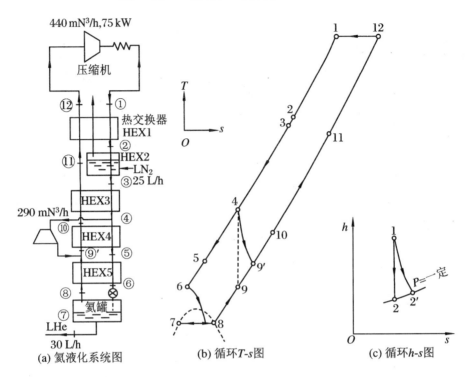

图 21.26   氦液化克罗德循环

(3) 换热器的有效率 $\eta_{u,HEX}$ 定义为

$$\eta_{u,HEX} = \frac{\text{高温侧流体增加的有效能}}{\text{低温侧流体减少的有效能}} \quad (\text{低于基准温度时使用})$$

这种有效率定义的方法在比基准温度高的场合是逆倒的,应当引起注意。另外,必须考虑因为收率 y 而使低温侧流量减少,还有因往膨胀机旁通 $m = 290/440 = 0.6591$ 份额的高温侧流量的变动。

故

$$
\begin{aligned}
\eta_{u,HEX3} &= \frac{\psi_{u,4} - \psi_{u,3}}{(1-y)(\psi_{u,10} - \psi_{u,11})} \\
&= \frac{-3192 - (-4785)}{(1-0.0468)[-4280 - (-6192)]} = \frac{1593}{0.9532 \times 1912} = 0.874
\end{aligned}
$$

$$
\eta_{u,HEX4} = \frac{(1-m)\psi_{u,5} - \psi_{u,4}}{(1-y)(\psi_{u,9'} - \psi_{u,10})} = \frac{(1-0.6591)[-2423 - (-3192)]}{(1-0.0468)[-3952 - (-4280)]} = 0.838
$$

$$
\eta_{u,HEX5} = \frac{(1-m)\psi_{u,6} - \psi_{ub,5}}{(1-y-m)(\psi_{u,8'} - \psi_{ub,8'})} = \frac{(1-0.6591)[-1281 - (-2423)]}{(1-0.0468-0.6591)[-2217 - (-3952)]}
$$
$$
= 0.763
$$

(4) 考虑以液化的出发点温度为基准点的比有效能函数上的差值来确定最小液化功为

$$w_{\min} = \psi_{u,7} - \psi_{u,12} - (T_{12} - T_0)(s_7 - s_{12})$$
$$= -1017 - (-6953) - (290 - 273.15) \times (3.709 - 30.97) = 6395 \text{ kJ/kg}$$

一方面实际 1 h 消费的功是 75×3600 kJ,使 3.675 kg 的氦液化。因此,单位质量耗功 $w = 73470$ kJ/kg,$w/w_{\min} = 11.5$。

另外,透平膨胀的有效率比绝热效率小,似乎令人感到奇怪。以下说明其理由。首先,考察在等压线上比有效能函数 $\psi_u = h - T_0 s$ 的变化。等压线上的比熵的微分如下:

$$\left(\frac{\partial \psi_u}{\partial s}\right)_p = \left(\frac{\partial h}{\partial s}\right)_p - T_0 = T - T_0$$

上式中的变化到最右边项时用到热力学的关系式 $T = (\partial h/\partial s)_p$。当 $T > T_0$,即温度高于基准温度时,有效能函数是随熵的增加而增大的;当 $T < T_0$,即温度低于基准温度时,相反有效能函数是随熵的增加而减小的。

其次,为了考察有效率与绝热效率的差,对它们的定义式的分母项 $\psi_{ub,1} - \psi_{ub,2'}$ 和 $h_1 - h_2$ 进行检讨,参照图 21.26(c)。如下计算:

$$(\psi_{u,1} - \psi_{u,2'}) - (h_1 - h_2) = h_1 - T_0 s_1 - \psi_{u,2'} - (h_1 - h_2)$$
$$= h_2 - T_0 s_1 - \psi_{u,2'} = \psi_{u,2} - \psi_{u,2'}$$

因此,上式的符号由 $\psi_{u,2}$ 与 $\psi_{u,2'}$ 的符号决定。依据上述关于对等压线比有效能函数的检讨得到如下结论:

$T > T_0$:

$$(\psi_{u,1} - \psi_{u,2'}) - (h_1 - h_2) < 0$$

$T < T_0$:

$$(\psi_{u,1} - \psi_{u,2'}) - (h_1 - h_2) > 0$$

也即在比基准温度高温的领域,因为 $(h_1 - h_2)$ 比 $(\psi_{u,1} - \psi_{u,2'})$ 大,有效率就比绝热效率大;在比基准温度低温的领域,相反地,有效率就比绝热效率小。

5. 现代空气分离装置

图 21.27 为一种每小时能生产 $10\,000$ m³/h(标准态)氧气兼一部分液氮的现代大型空气装置流程图示意图。该空气分离装置空气流程包括三级压缩,二级透平膨胀,二级节流,二段回热换热,二次增压后冷却,上、下分馏塔分馏,下塔顶部氮气冷凝与上塔底部的液氧蒸发换热。

空气流程为:空气经过滤除尘后(点 1)被吸入主压缩机 C1 压缩到 6.4 bar(点 2),经冷却器 1♯ 冷却约至 21 ℃(点 3),再经一级增压透平压缩机 C1 压缩到 14 bar(点 4),经冷却器 2♯ 冷却约至 21 ℃(点 5),经干燥器去除水分后(点 6),分三路分别进二级增压透平压缩机 C2、C3、C4。C2 路压缩到 52 bar(点 7),分两路,一路经回热换热器(1)冷却到 -100 ℃以下(点 8),经高压空气节流阀 J1 等焓节流降压至下分馏塔工作压力 5 bar(点 9),产生部分液体空气,进入下分馏塔底部;另一路气体进入热端膨胀机 1(B1),膨胀到 6 bar(点 10),从回热换热器(1)的冷端进入,回热至接近点 3 状态(点 3)。C3、C4 路增压到 24 bar(点 11),经过回热换热器(1)冷却后(点 12),进冷端膨胀机 2 膨胀到 5 bar(点 13),进入下塔。下塔的富氧液体空气(点 14),经回热换热器(2)冷却(点 21),再经节流阀 J2 节流从上塔中下部进入(点 21′)。下塔中上部抽取部分纯度不高的液氮(点 16),经回热换热器(2)冷却(点 17),再经节流阀 J3 节流后,从上塔中上部进入(点 17′),作为液氮的回流液。从下塔顶部冷凝蒸发器流下的纯液氮(点 18),被送到回热换热器(2)冷却后变为点 19 状态,部分经节流阀 J4 节流后,从上塔中顶部进入(点 19′),除作为纯液氮的回流液用作下塔液氮回流液外,其余大部分被送到液氮储罐(点 19)。上塔中上部的浓度较低的粗氮气体(点 20),经回热换热器(2)加热

(点 21),再经换热器(1)回热至接近大气的温度(点 22),放空或用作分子筛吸附器的再生气体。上塔顶部的纯氮气体(点 23),经回热换热器(2)加热(点 24),再经换热器(1)回热至接近大气的温度(点 25),送给用户。下塔底部的液氧(点 26),经液氧泵加压后(点 27),送到液氧储罐,或送入回热换热器(1)回热至接近大气的温度(点 28),供用户使用。上下分馏塔和回热换热器(2)及氩塔都装在隔热保冷箱内。

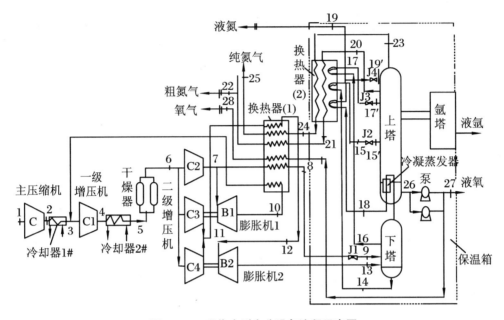

图 21.27　现代大型空分设备流程示意图

图 21.27 空分设备主要参数:空气透平压缩机 C 设计流量 48 500 Nm³/h,出口压力 6.4 bar。一级增压 C2 设计流量:56 000 Nm³/h,入口/出口压力:6.4 bar/14 bar。二级增压的设计流量:23 000 Nm³/h,入口/出口压力:14 bar/52 bar。二级膨胀,热端透平膨胀机 B1 转速为 54 000 rpm,流量为 7 000 Nm³/h,增压端进出口压力为 14 bar/24 bar,膨胀端进出口压力为 52 bar/6 bar。冷端膨胀机 B1:转速为 22 000 rpm,流量为 32 000 Nm³/h,增压端进出口压力为 14 bar/24 bar;膨胀端进出口压力为 24 bar/5 bar。辅助设备,螺杆式冷水机组设计负荷:300 冷吨,进出口水温:16 ℃/10 ℃。分子筛纯化器,立式双层床结构;下层为活性 Al_2O_3,上层为分子筛。吸附周期为 4 h。吸附后达到:H_2O<1 PPM,CO_2<1 PPM。

复杂的低温空分系统设计时,要做到全系统和各部件的物料平衡和热量平衡,要保证传热过程能顺利进行,使耗功尽可能小,同时设备尺寸要小。要注意到系统因外界热入侵造成的跑冷损失。冷量平衡要从最低温级开始,温度较高的冷量损失用膨胀机的冷量补充较好。压缩空气入口温度越低越省功。图 21.27 的设计充分注意到了上述的设计原则,是成功的实际使用系统。

6. 液化天然气冷能的回收利用

液化天然气(LNG)是一种洁净燃料,主要成分为甲烷,为便于输运,通常以低温液体状态用船运送给用户,日本和中国都是液化天然气输入大国,年输入数百万吨到千万吨。LNG 温度约为 -161 ℃,通常利用海水或空气为热源,对其加热汽化到常温供用户使用。这种方法虽然简单直接,但把 LNG 的宝贵冷能白白浪费了。

LNG 蕴藏巨大的高品质冷能,在 1 atm 下从 −161 ℃ 转成 27 ℃ 天然气时所释放的冷能约为 950 kJ/kg;转为 80 atm 的天然气时约为 833 kJ/kg。更重要的是,LNG 冷能的品质很高。其可用能的计算式为

$$E_{u,L} = (h_L - h_0) - T_0(s_L - s_0) \tag{21.96}$$

式中,下角标"L""0"分别表示 LNG 在 −161 ℃ 状态和上升到温境温度的状态。在 80 atm 下 LNG 从 −161 ℃ 升到 27 ℃ 气体的可用能为 472 kJ/kg,占全部冷能的 56%。

LNG 冷能回收是节能减排的重要课题。LNG 冷能可用于制冰、冷库供冷、低温发电和空气分离等。效益最高的是利用 LNG 冷能补充空气分离的冷量,使空气分离消耗功大量节省。图 21.28 是一种利用 LNG 冷能的空气分离装置提案。

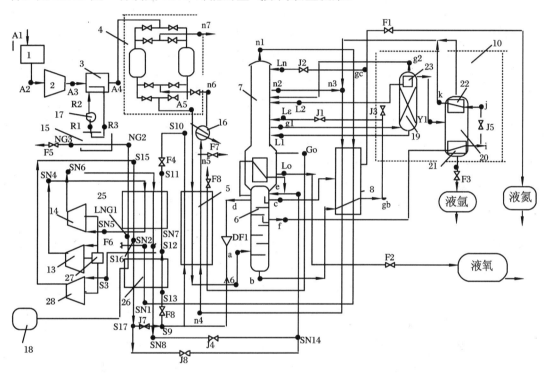

图 21.28　利用 LNG 冷能的空气分离装置流程图

装置的主要部件有:空气过滤器(1)、空气压缩机(2)、空气冷却器(3)、分子筛吸附系统(4)、主热交换器(5)、高压分馏塔(6)、低压分馏塔(7)、过冷器(8)、氩气分馏系统(10)、液氩储罐(9)、液氮储罐(11)、液氧储罐(12)、液体空气节流阀(J1)、液体氮节流阀(J2)、制氩用液体污氮小节流阀(J5)、液体氮开关阀(F1)、液体氧开关阀(F2)、液体氩开关阀(F3)以及连接管路和必要的吹除阀、液空乙炔吸附器、辅助系统的废氮气加热器(16)等。增设了以 LNG 冷能冷却的氮内循环和氮外循环制冷系统,以及采用 LNG 冷却的氟利昂为载冷剂的冷却高压空气循环系统。

该流程是这样运行的:空气经空气过滤器(1)过滤掉灰尘杂质后进入空气压缩机(2),压缩到 0.64 MPa,经空气冷却器(3)被氟利昂载冷剂降温至 1～5 ℃,进入分子筛吸附系统(4),除去水分和二氧化碳后进入主热交换器(5)的高压空气通道(A5-A6);主热交换器(5)为板式热交换器,设有下进上出的中压循环氮气回热通道(SN9-SN10)和低纯度废氮气通道(n4-n5),压缩空气被返流的 −180 ℃ 左右的中压循环氮气和低纯度废氮气冷却,成为饱和态

湿空气,然后进入高压分馏塔(6)的入口(a)。

在高压分馏塔(6)内空气与从塔顶流下的液氮在多层的塔板上反复冷凝和蒸发,含有较多液氧成分的富氧液空集于高压分馏塔(6)的底部,氮气集于高压分馏塔(6)的顶部,并与低压分馏塔(7)底部液氧交换热量后被冷凝成液体;高压分馏塔(6)顶部液氮收集器收集的液氮由出口(c)引出,经过冷器(8)进一步降温,再经液体氮节流阀(J2)降压至 0.14 MPa 左右,进入低压分馏塔(7)顶部的(Ln)接口,作为低压分馏塔(7)顶部的回流液,另一部分经调节阀(F1)后流放到液氮储罐(11)储存。

高压分馏塔(6)底部的富氧液空从出口(b)流出后经液空乙炔吸附器吸附掉乙炔,并经过冷器(8)冷却,再经液体空气节流阀(J1)降压后,进入氩气分馏系统(10)的粗氩塔(19),富氧液空在氩气分馏系统(10)中被初步提取氩气后又经低压分馏塔(7)连接的液体空气的管路从低压分馏塔(7)中部的接口(L1、L2)流到低压分馏塔(7)内;经低压分馏塔(7)分馏后高纯度液氧集于低压分馏塔(7)底部,并从接口(Lo)经调节阀(F2)放至液氧储罐(12)储存。

低压分馏塔(7)顶部(n1)流出的高纯氮气,经过冷器(8)回收部分冷量后,进入低-高压循环氮气热交换器(26)的低压内循环氮气回热通道(SN1-SN2),把冷量传给上进下出的高压内循环氮气放热管(SN7-SN8)的高压循环氮气,升温至 110~120 K,而后进入中压氮气压缩机(13)进行压缩,压缩到 1.0 MPa 以上,出口温度超过 220 K 以后,进入 LNG 热交换器(25)的次高压内循环氮气放热管(SN4-SN5),放出热量给 LNG,温度降回到 110~120 K,再进入高压氮气压缩机(14)压缩至 5.0~5.5 MPa,而后进入 LNG 热交换器(25)的高压内循环氮气放热管(SN6-SN7)放出热量给 LNG,温度降至 110~120 K 后,再进入低-高压循环氮气热交换器(26)的高压内循环氮气放热管(SN7-SN8),进一步降温至约 100 K,而后经内循环氮节流阀(J4)节流降压到高压分馏塔(6)操作压力约 0.5 MPa,产生大量液氮和部分饱和氮气,而后经交汇口(SN14)进入高压分馏塔(6)的液氮入口(e)。

自高压分馏塔(6)中上部的氮气出口(d)引出的中压循环氮气,只是在装置开动初期,经单向阀(DF1),进主热交换器(5)的中压循环氮气回热通道(S9-S10);在装置正常运行时外循环的氮气不再从高压分馏塔(6)中上部的氮气出口(d)引出,而引自氮节流阀(J7)节流后的低温氮气;温度为 90~100 K 的低温外循环氮气在主热交换器(5)的中压循环氮气回热通道(S9-S10)中把冷量传给压缩空气,同时自身回热到接近压缩空气进入主热交换器入口的温度,经调节阀(F4)调节到适合的流量,而后进入 LNG 热交换器(25)的中压外循环氮气放热通道(S11-S12),重新被 LNG 冷却至 120 K(-213 ℃)左右,再进入外循环中压氮气压缩机(28);压缩机(28)把氮气压缩到 3~5 MPa,出口(SN4)的循环氮气的温度为 190~200 K(-83~-73 ℃),而后进入 LNG 热交换器(25)的高压外循环氮气放热管(S21-S16),吸收 LNG 冷量降温至 120 K 左右,再进入低-高压循环氮气热交换器(26)的高压外循环氮气放热管(S16-S17),再进一步降温至大约 100 K;当装置启动之初,关节流阀(J7),开节流阀(J8),让循环气进入分离塔,参与分馏;当循环管内已充满高纯氮气之后,关闭节流阀(J8),开通外循环氮节流阀(J7)和调节阀(F8),节流后压力也约为 0.5 MPa,上述回路外循环氮制冷系统正常运行;该系统外循环的氮气起制冷和传输 LNG 冷能给压缩空气、内循环压缩氮气和外循环压缩氮气的作用,而不进入分馏塔,因而可避免因天然气泄漏而进入分馏塔与氧化合引起的危险。

低压分馏塔(7)上部(n2)流出的低纯度氮气,与从高压分馏塔(6)中部(f)出口引出的、经氩气分馏系统(10)的属于精氩提纯塔(20)的换热器(21)和制氩用液体污氮小节流阀(J5)

及换热器(22)的氮气在(n3)处汇合,而后经过冷器(8)换热后温度约为 90 K(−183 ℃)时进入主热交换器(5)的废氮气通道(n4-n5),在主热交换器吸收压缩空气的热量并被回热,最终在出口(n5)处被回热至略低于(A5)入口处压缩空气几摄氏度的温度;回热至室温的低纯氮气在废氮气加热器(16)被电热器加热后,送到分子筛吸附系统(4),去脱附已饱和水蒸气的分子筛罐内分子筛中的水分和二氧化碳,使之再生,或由(F7)阀放空。

液氩在氩气分馏系统(10)经粗氩塔(19)初步分馏后,再在粗氩脱氧塔(23)经加氢钯催化脱氧,回热后送到精氩提纯塔(20)提纯,液氩经液体氩开关阀(F3)存于液氩储罐(9)中;液氮储罐(11)、液氩储罐(9)和液氧储罐(12)都留有液氮、液氩和液氧的出口。

流过 LNG 换热管(LNG1-NG2)的 LNG 在 LNG 热交换器(25)中吸收循环氮气的热量后温度仍较低,为 180~220 K,于是被引到天然气回温换热器(21),使氟利昂载冷剂冷凝,氟利昂载冷剂选用 R22,载冷剂液体被冷却循环泵(17)送至空气冷却器(3)的载冷剂通道,被压缩空气加热蒸发,同时压缩空气被冷却,可冷至 1~5 ℃。

装置流程计算的依据:① 物料各组分质量、能量守恒;② 系统补充的冷量必须依温区平衡,特别要满足在 80~112 K 之间生产液氧、液氮、液氩所需的冷量,跑冷损失假定为 5 kJ/kg;③ 考虑到传热温差所造成的物料进口与成品出口的焓差;④ 计算用的物性取自文献[15];⑤ LNG 只能对 120 K 以上的流体进行有效换热,并随出口工况变动而异。

在设计利用 LNG 冷能的空气分离装置流程时充分考虑了以下几点:① 液氧和液氮消耗大量的冷量低于 LNG 温度(−161 ℃),必须由主动制冷法补充;② 单纯压缩空气制冷不能平衡液氧和液氮所需的冷量,能耗很大;③ 不同压力的 LNG 物性不一样,压力高的 LNG 冷量温度上移、可用冷量减小、品质降低;④ 系统要在不同温区下实现冷量的补充与平衡。⑤ 充分注意安全性、可靠性和工程的现实性。

在系统中设置了由 LNG 冷能冷却的氮外循环和氮内循环制冷系统,以及由 LNG 冷能冷却的氟利昂为载冷剂的空气冷却系统;氮循环系统均用氮气低温压缩,节能效果明显;在主热交换器(5)中增加了循环氮换热通道;LNG 与氮气的热交换器分为上、下两段,即 LNG 热交换器(25)和低-高压循环氮气热交换器(26);设计了内循环氮节流阀(J4)、外循环氮节流阀(J7)和(J8),取消了循环氮气膨胀机,使设备简化,并增设了单向阀,能自积累高纯内循环和外循环氮气。

对该系统进行工艺参数优选。计算中的原料空气组成如表 21.11,设计参数:进口空气 0.1 MPa,275 K;上分馏塔压力 0.14 MPa,下分馏塔压力 0.50 MPa。产品参数如表 21.12 所示。

表 21.11 空气组成比例

组分名称	N_2	O_2	Ar	其他
容积比	78.09%	20.95%	0.93%	0.03%
重量比	75.51%	23.14%	1.28%	0.07%

表 21.12 空气和产品组成比例

空气	液氧	液氮	液氩	废氮
	0.996	1.000	1.000	0.980
1/kg	0.22	0.20	0.011 3	0.568 7
2 100/(吨·日$^{-1}$)	330	300	17	853.05
62 500 /(kg·h^{-1})	13 750	12 500	708	35 542

假定压缩机效率为 0.85,电机效率为 0.90。表 21.13 列出在原料空气流量为 62 500 kg/h、压缩到 0.6 MPa、氮压缩至 5.0 MPa 的条件下,LNG 出口的压力和温度以及氮气压缩起始温度不同的四种工况下算出的结果。由表 21.12 可以看出,当 LNG 出气压力要求在 8 MPa 时,装置低温冷量匹配困难,使用 LNG 量增大,且不能回温到环境温度,尚有余冷,设计复杂。LNG 气化后保留 3~4 MPa 时,与 LNG 的空分装置匹配合适,其压力已足够几百公里内管道的压力损耗,建议采用气化后 LNG 压力回复在 3~4 MPa 为好。

计算表明,新流程生产每公斤液氧的耗电量,可从传统的 1.05~1.25 KWh/kg 降至 0.321~0.45 KWh/kg(0.413~0.56 kWh/Nm³_O₂),日本的同类装置为 0.5~0.6 kWh/Nm³_O₂。[6] 对于氧气产量为 10 000 Nm³/h(标准立方米/时)的空气分离装置日生产330 t 液氧、300 t 液氮、17 t 液氩来说,年节电量约 10 000 万 kW·h,价值为 5 000 万~6 000 万元,日消耗 700 t LNG 的冷能。

表 21.13　流程(A)的若干不同工况的对比

工　况		1	2	3	4	5
LNG 出气	P/MPa	3.0	3.0	8.0	8.0	无 LNG
	T/K	242	275	232	232	
氮压缩初温/K		120	160	120	240	
总循环氮气比空气流量		0.895	0.895	0.895	0.895	
LNG 用量/(吨·日⁻¹)		750	750	1 210	1 210	
压缩空气功/kW		4 228	4 228	4 228	4 228	4 228
氮气总输入压缩功/kW		3 768	5 637	5 637	7 536	24 000~28 773
辅助能耗/kW		500	500	500	500	500

该节内容已超出教学内容,仅作为学生拓展视野的参考。但从中可以领略到如何应用热力学第一、第二定律的知识,去组织新型节能的各种热力系统的方法。

参 考 文 献

[1]　Chen Z S, Xie W H, Hu P, et al. An Effective Thermodynamic Transformation Analysis Method for Actual Irreversible Cycle[J]. Technological Sciences, 2013,56(9): 2188-2193.

[2]　陈则韶,谢文海,胡芃,等.一个基于等价热力变换分析法研发的热泵性能分析软件[J].流体机械, 2013(11):71-75.

[3]　谢文海.空气源热泵热水器变工况性能的分析、推算和优化研究[D].合肥:中国科学技术大学,2013.

[4]　陈则韶,胡芃,程文龙,等.压缩制冷设备节能途径分析[J].通用机械,2002,1(1):1-5.

[5]　高田秋一.吸収冷凍機とヒ-トポンプ[M].2 版.日本冷凍協会,平成元年9月.

［6］　吴业正,韩宝琦.制冷原理及设备[M].西安:西安交通大学出版社,1992.

［7］　王如竹,丁国良,吴静怡,等.制冷原理与技术[M].2 版.北京:科学出版社,2005.

［8］　戴永庆.溴化锂吸收式制冷技术及应用[M].北京:机械工业出版社,1996.

［9］　McNeely L A. Thermodynamic Properties of Aqueous, Solutions of Lithium Bromide[J]. ASHRAE Trans, 1979,85(1):413-434.

［10］　王磊,陆震.溴化锂溶液 h-ξ 图的扩展[J].流体机械,2001,29(7):58-60.

［11］　Håkansson B, Ross R G. Thermal conductivity and heat capacity of solid LiBr and RbF under pressure[J]. J. Phys., 1989(1):3977-3985.

［12］　伊藤猛宏,西川兼康. 応用熱力学[M]. 東京:コロナ社,1983.

［13］　陈则韶.一种利用液化天然气冷能的空气分离装置[P].中国,01127133.7.

［14］　陈则韶,程文龙,胡芄.一种利用 LNG 冷能的空气分离装置新流程[J]. 工程热物理学报,2004, 25(6):913-916.

［15］　日本机械学会. JSME Data Book Thermophysical Properties of Fluids[M]. 东京:明善印刷株式会社,1983.

［16］　新エネルルギ-,产业技术总合开发机构. 熱エネルギ-(冷熱と温熱)のカスケート利用に関する調查研究[C]. 日本,1997.

第 22 章　气体压缩循环

　　气体压缩是制冷和热泵循环、气体动力循环中的重要环节。气体压缩消耗功能获得高于吸气压力的气体。压缩气体的压力范围,可分为表压小于 0.01 MPa 的风机、0.01～0.3 MPa的鼓风机和大于 0.3 MPa 的压气机三类。风机可用在风冷换热器产生强迫对流空气,压缩机在蒸汽压缩制冷循环中把制冷工质气体从低压提高到高压,为外功能量输入环节;在气体动力循环中吸入空气并压缩到高压与燃料混合,燃烧产生高温燃气。因此,压缩机是动力循环和制冷循环极其重要的关键设备。了解其工作原理和进行必要的热力分析,探讨提高压缩机性能,设计满足各种需求的高效压缩机也是热力学的重要任务之一。

22.1　压缩机的分类

　　依据工作原理把压缩机分为容积式压缩机和离心式压缩机两大类。容积式压缩机是用机械的方法把有限容积内的气体进行压缩,常见的有往复活塞式、回转转子式、回转滑片式、涡旋式和回转螺杆式等。离心式压缩机是通过涡轮高速旋转,把气体加速到很高的速度后送进涡壳内扩压,把气流速度的动能转为气体压力能的装置。各类压缩机的基本形态如图 22.1所示。

1. 往复活塞式压缩机

　　上述几种类型的压缩机中,往复活塞式(曲柄连杆活塞式)是最基本的和广泛使用的压缩机,也是压缩循环热力学分析的基础,为各类压缩机的参照。

2. 斜盘式压缩机

　　斜盘式或摇板活塞压缩机用旋转的斜盘转动带动在圆盘槽内活塞杆的往复运动,比曲柄连杆结构更紧凑,且技术成熟,可靠性好,主要应用于工况恶劣的汽车空调机。

3. 涡旋式压缩机

　　涡旋式压缩机是近年刚发展起来的一种压缩机,它有一个涡旋定子和一个涡旋转子及上下涡旋端板间所组成的月牙形气缸容积。涡旋呈渐开线,涡转子与定子中心相距等于曲轴的旋转半径,曲轴的转动通过十字连接环转化为涡转子在线旋转半径画的圆圈上作平动,由于涡转子与定子的涡线基本相同,两涡线始终有两个啮合线。随曲轴转动啮合线位置的改变,月牙容积也不断从大变小,气体不断地被吸入、压缩和排出。涡旋压缩机由两个啮合线把端扳间的容积分作三室,每一旋转中都进行着吸气、压缩和排气过程。其工作原理如图 22.2 所示。因为这种压缩机无进排气阀,体积紧凑,效率高,市场看好。只是由于加工难度大,主要用在制冷量 7～35 kW 的空调上。

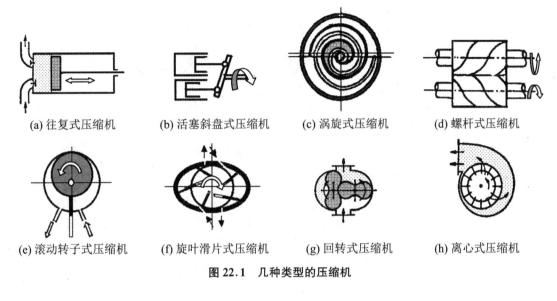

(a) 往复式压缩机　　(b) 活塞斜盘式压缩机　　(c) 涡旋式压缩机　　(d) 螺杆式压缩机

(e) 滚动转子式压缩机　　(f) 旋叶滑片式压缩机　　(g) 回转式压缩机　　(h) 离心式压缩机

图 22.1　几种类型的压缩机

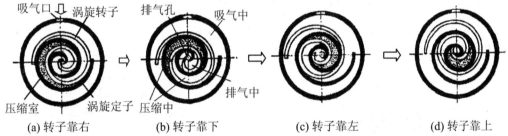

(a) 转子靠右　　(b) 转子靠下　　(c) 转子靠左　　(d) 转子靠上

图 22.2　涡旋式制冷压缩机的工作原理

4. 螺杆式压缩机

螺杆式压缩机主要由一对啮合螺杆(有凸半圆断面齿形叫阳转子,有凹半圆断面齿形叫阴转子)和壳体组成。图 22.3 表示了其工作原理。螺杆压缩机由于工作平稳,噪声低,效率高,调节性好,已在中、大型空调中获得广泛应用。螺杆压缩机主要采用水冷冷凝器。

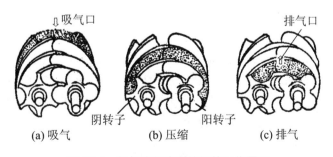

(a) 吸气　　(b) 压缩　　(c) 排气

图 22.3　螺杆式制冷压缩机的工作原理

5. 滚动转子式压缩机

滚动转子式压缩机是由圆筒形气缸与偏心的转子的接触线和可滑动叶片组成的气室的容积改变来工作的。其工作原理如图 22.4 所示。

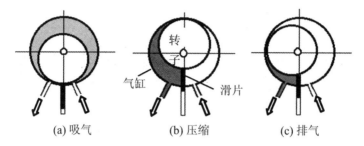

图 22.4　滚动转子式制冷压缩机的工作原理

6. 旋叶滑动叶片式压缩机

其叶片有单叶和多片,有装在气缸壁上,由弹簧类装置使叶片一端能始终弹性地压接触在转子圆面上;叶片装在转子上,则依靠离心力使滑片一端能始终弹性地压接触在气缸内圆壁上。后者又称旋叶式,这时气缸可以是椭圆形,而转子的直径与椭圆气缸短轴相等,其工作原理如图 22.5 所示。滑动叶片式压缩机多用在家用空调器上。

7. 回转转子式压缩机

罗茨鼓风机是由一对哑铃形转子啮合运动完成吸气、压缩和排气过程的,如图 22.6 所示。

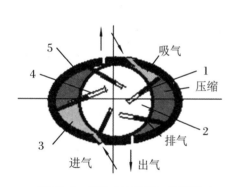

图 22.5　旋叶式压缩机工作原理
1. 滑片;2. 转子;3. 基元容积;4. 滑片背压腔;5. 气缸

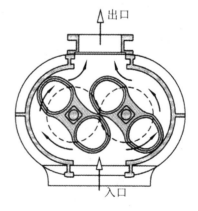

图 22.6　罗茨鼓风机示意图

8. 离心式压缩机

图 22.7(a)为多级离心式压缩机轴剖面的示意图,图 22.7(b)、图 22.7(c)分别为单级离心式压缩机的轴断面和轴剖面示意图。该类压缩机转速高,流量大,在制冷系统中主要用于制冷量在 800 kW 以上的场合。多级离心式压缩机是燃气轮机的重要组成配套设备部分,在航空发动机上,压缩机的性能直接影响推重比。

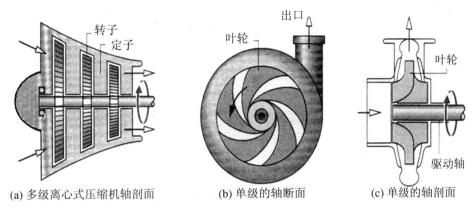

(a) 多级离心式压缩机轴剖面   (b) 单级的轴断面   (c) 单级的轴剖面

图 22.7 离心式压缩机示意图

22.2 压 缩 功

虽然压缩机的种类不同,但从热力学上看,它们没有根本的不同,只是回转式的没有气缸的余隙容积。因此,压缩循环热力性质仍可以活塞式压缩机进行分析。

压缩过程分为等温压缩、绝热压缩和多变压缩。以等温压缩最省功。

1. 等温压缩功

在不考虑余隙容积时,压缩机把系统气体从 1 状态压缩到 2 状态过程所做的功 W 等于系统增加的总功能 W_{12} 和进出流动所需的挤压功 W_f 之和,即

$$W = W_{12} + W_f = W_{12} + p_2 V_2 - p_1 V_1 \tag{22.1}$$

把工质当作理想气体且在等温过程中有 $p_2 V_2 = p_1 V_1 = RT$,在不考虑压缩机进出口高度差和气体流速的差别时,压缩机对气体的等温压缩功用 W_{is} 表示,并把系统与外界的功和热量交换的符号作与热力学第一定律使用的符号相反的约定,把气体从压缩机获取的功和对外界放出的热量都取为正号,W_{is} 表示为

$$W_{is} = p_1 V_1 \ln \frac{p_2}{p_1} \tag{22.2}$$

式中,W、p 和 V 分别表示功、压力和体积;下角标"is"表示等温过程;下角标"1""2"分别表示气体压缩前、后的状态。因为定温,系统气体的热力能没有变化,即 $\Delta U_{12} = 0$。由热力学第一定律,有

$$Q = \Delta U + W$$

可知气体在等温压缩过程的吸热量 Q_{is} 为

$$Q_{is} = W_{is} \tag{22.3}$$

如果用吸入状态空气体积流量 $\dot{V}$ 表示压缩气量,则压缩机所需输入功率 N_{is} 为

$$N_{is} = p_1 \dot{V}_1 \ln \frac{p_2}{p_1} \tag{22.4}$$

N_{is} 称为无余隙容积时的等温图示功率。

2. 绝热压缩功

设绝热指数为 γ，也不考虑余隙容积，压缩机的绝热压缩功 W_{ad} 表示为

$$W_{ad} = \frac{1}{\gamma - 1}(p_2 V_2 - p_1 V_1) + p_2 V_2 - p_1 V_1$$

$$= \frac{\gamma}{\gamma - 1}(p_2 V_2 - p_1 V_1) = \gamma W_{12} \tag{22.5a}$$

故

$$W_{ad} = \frac{1}{\gamma - 1}p_1 V_1\left[\left(\frac{p_2}{p_1}\right)^{(\gamma-1)/r} - 1\right]$$

$$= \frac{\gamma}{\gamma - 1}mR_g(T_2 - T_1) = mc_p(T_2 - T_1) \tag{22.5b}$$

式中，m、R_g 和 c_p 分别为工质的质量、气体常数和比定压热容。下角标数字表示状态点。

如果用吸入状态空气体积流量 $\dot{V}$ 表示压缩气量，再使用质量流量 $\dot{m}$ 表示时，则压缩机所需输入功率 W_{ad} 为

$$W_{ad} = \frac{1}{\gamma - 1}p_1 \dot{V}_1\left[\left(\frac{p_2}{p_1}\right)^{(\gamma-1)/r} - 1\right] = \dot{m}R_g T_1 \frac{1}{\gamma - 1}\left[\left(\frac{p_2}{p_1}\right)^{(\gamma-1)/r} - 1\right] \tag{22.5c}$$

3. 多变过程压缩功

多变指数在压缩过程中通常是变化的，取其平均值为 n。$n = 1.25$（冷却良好的小型单级压缩）~ 1.35（大型复级压缩）。这种场合，多变压缩功 W_n 为

$$W_n = \frac{1}{n - 1}p_1 V_1\left[\left(\frac{p_2}{p_1}\right)^{(n-1)/n} - 1\right] \tag{22.6a}$$

$$= \frac{n}{n - 1}mR_g(T_2 - T_1) \tag{22.6b}$$

流体对外界的放热量 Q_n 为

$$Q_n = \frac{\gamma - n}{n(\gamma - 1)}W_n$$

因此，压缩机所需的功率 N_n 用吸入状态空气的体积流量 $\dot{V}$ 和质量流量 $\dot{m}$ 表示时，则为

$$N_n = \frac{1}{n - 1}p_1 \dot{V}_1\left[\left(\frac{p_2}{p_1}\right)^{(n-1)/n} - 1\right] = \dot{m}R_g T_1 \frac{1}{n - 1}\left[\left(\frac{p_2}{p_1}\right)^{(n-1)/n} - 1\right] \tag{22.7}$$

4. 多级压缩功

当压缩比 p_2/p_1 大时，多变压缩功 W_n 比等温压功 W_{is} 大很多，在这场合应采用多级压缩。

大压缩比 p_2/p_1 使容积效率 η_v 减小，润滑恶化，热应力上升，一般出口温度限在 200 ℃ 以内。压力比控制在 $p_2/p_1 = 6 \sim 21$（小型）、$5 \sim 8$（中型）、$2 \sim 4$（大型）左右。

当初压 p_1 和终压 p_2 确定时，多级压缩的设计首先要确定最佳的中间压力 p_m。假定为多变过程，两段的压缩功之和 W 为

$$W = mR_g T_1 \frac{1}{n - 1}\left[\left(\frac{p_m}{p_1}\right)^{(n-1)/n} - 1\right] + mR_g T_1 \frac{1}{n - 1}\left[\left(\frac{p_2}{p_m}\right)^{(n-1)/n} - 1\right]$$

$$= mR_g T_1 \frac{1}{n - 1}\left[\left(\frac{p_m}{p_1}\right)^{(n-1)/n} + \left(\frac{p_2}{p_m}\right)^{(n-1)/n} - 2\right]$$

求 W 最小值的中间压力为 p_m^{opt}，得到

$$p_m^{opt} = \sqrt{p_1 p_2} \tag{22.8a}$$

或

$$\frac{p_m^{opt}}{p_1} = \frac{p_2}{p_m^{opt}} = \left(\frac{p_2}{p_1}\right)^{1/2} \tag{22.8b}$$

也就是说,取二段的压力比相等最省功,这时二段的压缩功相等。三段或三段以上的压缩,也就取各段的压力比相等为原则,总压缩功最小。

以后会提到,当各段作绝热压缩并且按上述最佳原则分配压力时,压缩机的压缩功作标准,记作 W_{mad} ,则

$$W_{mad} = \frac{j\gamma}{\gamma - 1} p_1 V_1 \left[\left(\frac{p_2}{p_1}\right)^{(\gamma-1)/\gamma} - 1\right] \tag{22.9}$$

式中,j 为分割的段数。出气量为 $\dot{V}$ 时所需的功率 N_{mad} 为

$$N_{mad} = \frac{j\gamma}{\gamma - 1} p_1 \dot{V}_1 \left[\left(\frac{p_2}{p_1}\right)^{(\gamma-1)/\gamma} - 1\right] \tag{22.10}$$

把通过中间冷却使压缩后出气温度与初温相等的多段压缩功作为参照标准的情况也不少,其总压缩功也不难写出。

值得一提的是,采用多段压缩场合的压力比分配,不一定只取压力相等原则分割,有时要考虑在高压情况比热的变化及在运转状态压力平衡减少振动等因素,加以适当调整。

22.3　压缩性能的影响因素

1. 余隙影响

活塞式压缩机为了防止因气缸和活塞的线热膨胀量不相等的原因引起活塞与气缸顶的撞击而留有一定的间隙。这种间隙称余隙,余隙比(Clearance Ratio)用 ε_0 表示,并定义为

$$\varepsilon_0 = \frac{间隙容积}{行程容积} = \frac{V_c}{V_h} \tag{22.11}$$

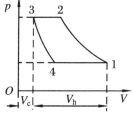

图 22.8　有余隙的 1 段压缩循环

如图 22.8 所示的 p-V 图表示有余隙 V_c 时的 1 段压缩循环。因余隙容积使排气不尽,在排气阀关闭后残存的高压余气又膨胀,使吸气容积减小,同时有膨胀功输出,抵消部分压缩过程消耗的功。据图 22.8,有余隙容积 $V_c = V_3$,排气量为 $V_2 - V_3$,吸气量降到 $V_1 - V_4$ 。设压缩和膨胀过程均为多变过程,多变指数为 n ,压缩循环所得的压缩功 W 为

$$W = \frac{n}{n - 1} p_1 (V_1 - V_4) \left[\left(\frac{p_2}{p_1}\right)^{(n-1)/n} - 1\right] \tag{22.12}$$

在这种情况下,受余隙影响的压缩机耗功与容积只有 $V_1 - V_4$ 而不受余隙影响的压缩机耗功相同。

但是存在余隙的压缩机理论上所需要的压缩功 W_n 和压缩功率 N_n 仍分别为

$$W_n = \frac{n}{n-1} p_1 V_1 \left[\left(\frac{p_2}{p_1} \right)^{(n-1)/n} - 1 \right] \tag{22.13}$$

$$N_n = \frac{n}{n-1} p_1 \dot{V}_1 \left[\left(\frac{p_2}{p_1} \right)^{(n-1)/n} - 1 \right] \tag{22.14}$$

式中，V_1、$\dot{V}_1$ 分别为吸气状态的吸气量和吸气流量。式(22.13)和式(22.14)为设计动力装置，如电动机功率等需要的。

理论上对输出一定量气体而言，有无余隙，对所需的理论压缩功没影响，但是存在余隙时设备尺寸增大，摩擦损失也增大。因此，余隙比有一定限制，一般取 $\varepsilon_0 = 4\% \sim 8\%$（小型）、$\varepsilon_0 = 2\% \sim 5\%$。行程容积 V_h 与 V_4 的关系为

$$V_4 = V_3 \left(\frac{p_2}{p_1} \right)^{1/n} = \varepsilon_0 V_h \left(\frac{p_2}{p_1} \right)^{1/n} \tag{22.15}$$

在压力比极限情况，余隙膨胀体积正好等于气缸容积，将使压缩机输出气量为零。

2. 容积效率

压缩机的容积效率（Volumetric Efficiency）η_v 定义为

$$\eta_v = \frac{每一行程实际排出的空气容积（换算为吸入状态）}{行程容积}$$

$$= \frac{实际排出的空气质量（每一行程）}{（行程容积）\times（吸入外气的行程密度）} \tag{22.16}$$

设压缩和膨胀的多变指数都为 n，考虑了余隙容积的影响的理想压缩机的容积效率 η_v^0 如下：

$$\eta_v^0 = \frac{V_1 - V_4}{V_h} \tag{22.17}$$

把上式代入式(22.15)，得到

$$\eta_v^0 = 1 - \varepsilon_0 \left[\left(\frac{p_2}{p_1} \right)^{1/n} - 1 \right] \tag{22.18}$$

随着余隙比 ε_0 和压力比 p_2/p_1 的增大，η_v^0 减小。当 $\eta_v^0 = 0$ 时，气缸内的空气只是往返压缩和膨胀而无输出气体。此时的 p_2/p_1 由下式确定：

$$\frac{p_2}{p_1} = \left(\frac{1}{\varepsilon_0} + 1 \right)^n \tag{22.19}$$

3. 进、排气阀节流影响

因进、排气阀的节流使进到气缸内的压力 $p_{1'}$ 低于外气压力 p_1，排气压力 $p_{2'}$ 高于外管道压力 p_2，如图 22.9 所示。图 22.10 为假想的考虑了进排气阻力影响的计算用的表示图。考虑这两种情况的容积效率 η_v 为

$$\eta_v = \frac{p_{1'}}{p_1} \frac{T_1}{T_{1'}} \left\{ 1 - \varepsilon_0 \left[\left(\frac{p_2}{p_1} \right)^{1/n} - 1 \right] \right\} \tag{22.20}$$

实际的容积效率还要比式(22.20)计算的结果低，其原因是进排气阀关闭不紧的泄漏和从活塞环缝隙的泄漏造成。其结果实际的容积效率 $\eta_v = 60\% \sim 80\%$（1 段压缩）、$\eta_v = 80\% \sim 95\%$（2 段压缩）。一般地说，容积效率是随压缩机运转速度的提高以及余隙比和压力比的增大而减小。

另外，考虑吸排气节流的影响，式(22.14)和式(22.15)中的 p_2/p_1 可以用 $p_{2'}/p_{1'}$ 代替，式(22.8)中间压力 p_m 决定时也应当能用 $p_{1'}$ 和 $p_{2'}$。

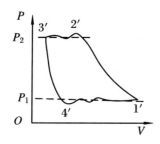

图 22.9 实际压缩机的示功图

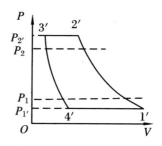

图 22.10 讨论实际压缩机性能用的
假定 p-V 线图

22.4 压缩机的效率

作为比较基准的理想压缩机有两种:一种是等温压缩式,另一种是绝热压缩式。

现约定:N_{is} 为等温图示压缩功率;N_{ad} 为绝热图示压缩功率;N_i 为示功图图示压缩功率;N_1 为供给压缩机轴功率。以上述两种基准表示压缩机的效率。

1. 以等温压缩为基准

等温图示效率或等温压缩效率(Isothermal Efficiency)η_i 为

$$\eta_i = \frac{N_{is}}{N_i} \tag{22.21}$$

机械效率(Mechanical Efficiency)η_m 为

$$\eta_m = \frac{N_i}{N_1} \tag{22.22}$$

全等温效率(Overall Isothermal Efficiency)η_{is} 为

$$\eta_{is} = \eta_i \eta_m = \frac{N_{is}}{N_1} \tag{22.23}$$

2. 以绝热压缩为基准

绝热图示效率或绝热压缩效率(Adiabatic Efficiency)η_i' 为

$$\eta_i' = \frac{N_{ad}}{N_i} \tag{22.24}$$

全绝热效率(Overall Adiabatic Efficiency)η_{ad} 为

$$\eta_{ad} = \eta_i' \eta_m = \frac{N_{ad}}{N_1} \tag{22.25}$$

理论上应当用机械效率的评判基准较好,因为 N_{is} 是最完全的最省的压缩功率了。如果用全绝热效率作评判标准,若压缩机中间冷却很好,η_{ad} 可能大于 1。尽管如此,实际上更多地采用全绝热效率作为评判基准。在这种情况下,实际压缩机的效率大体只在下列数值范围:$\eta_i' = 0.6 \sim 0.95$,$\eta_m = 0.8 \sim 0.95$,$\eta_{ad} = 0.3 \sim 0.6$(小型)、$0.7 \sim 0.85$(中型)、$0.7 \sim 0.9$(大型)。

另外,也有用绝热温度效率 η_i'' 表示,其定义为

$$\eta_i'' = \frac{T_2 - T_1}{T_d - T_1} \tag{22.26}$$

式中,T_1、T_2 和 T_d 分别为吸气温度、绝热压缩温度和实际的出气温度。η_i'' 几乎与式(22.24) 的 η_i' 值相等。其原因是图示功率与工业功率成比例,而工业功率在受热量较小时有 $\Delta h = c_p \Delta T$ 的关系,因此,ΔT 的比与 Δh 的比相等,也就等于 η_i'。

参 考 文 献

[1]　伊藤猛宏,西川兼康.応用熱力学[M].東京:コロナ社,1983.

[2]　童钧耕.工程热力学[M].4 版.北京:高等教育出版社,2007.

[3]　李连生.涡旋压缩机[M].北京:机械工业出版社,1998.

[4]　刘桂玉,刘志刚,阴建民,等.工程热力学[M].北京:高等教育出版社,1998.

第6篇　非平衡态热力学基础

至此,前22章的热力学,是以公认的能量守恒定律和人类长期对热现象的研究实践总结的热力学第一、第二定律为基础,采用假定的平衡态和可逆过程(或准静态过程)理想条件,保留本质性的影响因素,暂时忽略次要的因素,把热力学定律表述成公理化的形式和可用数学演算,并使用宏观唯象方法,引用物性学可测量的物性,构建了经典热力学理论体系。经典热力学理论受到实践的检验,是基本正确的,至今,它对热现象的解释、分析热过程、指导各类热力设备设计和热能工程实践,仍然是最基本、最重要、最有力的工具。正如著名科学家爱因斯坦对热力学成果的评价:"没有一门学科能像热力学这样,从两个看起来似乎简单的定律出发导出如此丰富多彩的结果。"

但是,由于经典热力学在研究中采用平衡态和可逆过程的两个假定,缺少了时间和空间坐标,与实际的热力现象和过程存在一定差别,它缺失了实际热力循环的性能分析中输入和输出的热流率、功率的重要概念和参数,更不能回答功率变化与效率的关系;不能对不可逆过程提供更具体的描述,也不能对循环内部和边界的不可逆损失影响程度进行分析和优化。因此,其理论需要修正和补充完善,这种需要已被愈来愈多的人认识和承认,并有许多科学家投入创新的热力学理论研究中,已在非平衡态热力学和不可逆过程热力学中取得许多重要成果。本篇参考文献[1~6]就非平衡态热力学和不可逆过程热力学中的基本概念和应用思路作简单介绍。

第23章　不可逆过程的热力学基础

非平衡态热力学的研究对象、研究目的和研究方法都与经典平衡态热力学有明显不同,本章仅对非平衡态热力学作概略介绍。

23.1　非平衡态热力学简介

1. 非平衡态热力系

非平衡态热力系一般是指体系的强度参数在空间上不均匀而且随时间推移而变化的体系。例如,非平衡态单纯物质热力系的压力和温度在空间上不均匀,压力和温度对空间坐标的导数不为零,也即具有压力梯度和温度梯度;非平衡态混合物系还存在化学势或浓度在空间上的不均匀而且随时间推移而变化。

非平衡态热力系随时间推移的是朝平衡态方向变化。孤立系的平衡态为体系势强度参数的平均态;有边界作用的非平衡热力系,在只有一种边界作用时,稳定边界的状态是非平衡态热力系终极平衡态;在有数种稳定边界作用时,非平衡态系终极态是一种非平衡定态,即体系空间状态不是均匀的,但是不随时间而变化。例如,两端恒定温差的导热棒,经过一段时间后到达非平衡定态时,导热棒的温度分布不再随时间变化。非平衡定态是非常重要的热力系,工程中的热力系统,制冷/热泵系统,热量、电量、水量的输运工程,都设计在非平衡定态下运行;通过系统边界条件的调控和系统内部构造的优化设计,可以使输运系统和热能转化为机械能系统的效率提高。因此,非平衡定态是热力学研究的重要对象,以下简称定态。

非平衡态热力学以热力系非平衡态的程度区分为近平衡态非平衡热力系和远离平衡态非平衡热力系两个分支。由于非平衡态系内部的势强度参数(也简称为"力")在空间位置的分布不均,会产生"流",热力学认为,各种热力学"流"都是各种"力"的函数,而近平衡态非平衡热力系的"流"与"力"满足线性关系,可以采用线性唯象理论描述;对于远离平衡态系有强烈非线性的热现象,"流"与"力"不满足线性关系,要用耗散结构理论解决。

2. 近平衡态非平衡态热力系

无论是近平衡态或远离平衡态的非平衡态系,内部都存在由热力学"力"产生的热力学"流",伴随这些"流"的过程是不可逆过程。因此研究非平衡态系的热力学也可称为不可逆过程热力学。工程中的热力设备/制冷设备/热泵设备,各类换热器的工质工作过程,都是近平衡态的非平衡态系的热力过程,所以更一般意义来说,不可逆过程热力学是指近平衡态的非平衡态热力学。

近平衡态的非平衡态系的特点:各点状态在空间分布不均匀和随时间变动,热力系存在向平衡态变化的自发过程,体系内存在因为温差引起的导热流,或浓度差引起的扩散质量流,或压力差引起的体积流等,热流和物质流都是势能流;在流动过程中需要克服流动阻力而消耗热势能、浓度差势能或压力差势能,这些势能潜藏着做功的能力,消耗的势能变为品质较低的势能或无效能,同时系统中表现出熵增量产生;系内部的各种热力学"流"与对应的热力学"力"具有线性关系;逆自发的不可逆过程要消耗外界的功能量。

不可逆过程热力学以描述不可逆过程的不可逆程度为主线,揭示"流"与"力"的关系,对非平衡定态不可逆过程中的流与力的关系,即流率与驱动力的消耗率关系感兴趣,对定态系的热力状态分布、流率与边界条件的关系感兴趣;对定态不可逆过程中的不可逆程度与系统的出力和驱动力的消耗感兴趣。不可逆过程热力学的研究目的,是在建立满足速率要求和一定材料成本的前提下,通过最大限度减小过程的不可逆度,对系统进行优化;或是在限定的过程不可逆和一定材料成本的前提下,根据输运能量或输出功率最大化、制冷/热泵类耗功率最小化的原则,对系统进行优化;或是在满足速率要求和限定过程消耗有效能比率(过程不可逆度)的前提下,对系统进行材料最省的优化。

不可逆过程热力学的研究方法和经典的理论体系是:

(1) 采用局部平衡态假设,描述近平衡态的非平衡态系;

(2) 在系统能量守恒方程的基础上,并根据热力学第二定律,推导出带时间变量的熵产率和熵源强度的函数;

(3) 借助线性唯象方程,研究熵产率和熵源强度函数的"流"与"力"的关系;

(4) 利用昂萨格(Onsager)倒易定律,解决唯象系数问题;

(5) 以普利高津提出的最小熵产率原理[8],确定不可逆过程的(稳)定态;

(6) 研究定态系不可逆过程的热力学特性。

此外,过增元提出了㶲耗散和㶲耗散极值理论,该理论在热输运不可逆过程的描述和优化中取得成功。

陈则韶提出了有效能消耗和最小有效能消耗率理论,成功地用不可逆过程的有效能消耗率与输运的热流率比值准确地表征了传热过程的效率,建立了传热学和热力学的共性理论基础。

此外,还有有限时间热力分析法,也是不可逆过程热力学的一个分支,它引入了时间变量,着重研究流率与效率的关系。

以上所提及的内容,即是本章要逐步介绍的内容。

3. 耗散结构的非平衡态热力系

普利高津认为,只有在非平衡系统中,在与外界有着物质与能量交换的情况下,系统内各要素存在复杂的非线性相干时才可能发生自组织现象,并且把该条件生产的自组织有序态称为耗散结构。从热力学的观点看,耗散结构是在远离平衡态的非平衡态下,热力学系统可能出现的一种稳定化的有序结构。所谓耗散,指系统与外界有物质和能量的交换;而结构是能够描述的,在时间与空间上相对有序,而非混沌一片。事实上,耗散结构理论就是研究系统怎样从混沌无序的初始状态向有序的组织结构进行演化的过程规律,并且试图描述系统在变化的临界点附近的相变条件和行为。

耗散结构是在远离平衡区的非线性系统中所产生的一种稳定化的自组织结构。在一个非平衡系统内有许多变化着的因素,它们相互联系、相互制约,并决定着系统的可能状态和可能的演变方向。一个典型的耗散结构的形成与维持至少需要具备三个条件:一是系统必须是开放系统,孤立系统和封闭系统都不能产生耗散结构;二是系统必须处于远离平衡的非线性区,在平衡区或接近平衡区都不可能从一种有序走向另一种更高级的有序;三是系统中必须有某些非线性动力学过程,如正负反馈机制,正是这种非线性相互作用使得系统内各要素之间产生协同动作和相干效应,从而使得系统从杂乱无章变为有序。大气气象系统属于耗散结构系统。最简单的例子如贝纳德对流,将液体层从下方加热而上方冷却,使液体层产生温度梯度∇T,当∇T较小时液体内部没有可见流动,这时热量靠液体的导热传递。但当∇T逐渐增高达一定程度时,这种导热机制失去稳定性,失稳后的系统内开始出现液体的对流运动,而且对流流动呈现出优美、规则的流行图案系统。这种由于远离平衡区因失稳而形成的新的有序化结构,以普里高津为首的布鲁塞尔学派称为"耗散结构"。"耗散结构"是一种必须有外界能量和动力支持的新动态平衡系统。在加热量和边界情况不变时,这种"耗散结构"也会达到一种稳定态,也称为定态平衡系统。但是,"耗散结构"达到的定态平衡系统只要受到一点扰动,其空间的耗散结构就被破坏,即使弃去扰动后重新组织的"耗散结构"也难以恢复原样。远离平衡态有强烈非线性的热现象,例如燃烧火焰、对流换热等。

由于本书研究对象主要针对热工设备的工程热物理问题,所以不对"耗散结构"的非平衡态的热力系展开讨论,有兴趣的读者可参考文献[4~6]。

23.2 近平衡态热力系的局部平衡假设

由于非平衡态热力系各点状态的空间不均匀和随时间的变动性,怎样才能将通常描述平衡态的热力参数用来描述非平衡态系统呢?非平衡态热力学认为,只要偏离平衡态不远就可以采用局部平衡假设的方法处理。

局部平衡假设的方法是将整个系统分成若干子系统或局部系统,而这些子系统应该满足以下条件:

(1) 不能太大,以保证子系统内的物性可看作均匀的,内部不存在各种梯度,如温度梯度、压力梯度等,从而可以用参数来描述它的状态,并避免其界面上因相互作用引起不均匀性;

(2) 不能太小,以免无法用宏观方法处理;

(3) 弛豫时间,即由非平衡态变到平衡态所需的时间要短,或者说,距离平衡态要近。

当满足这些条件时,这些子系统内部就可认为处于平衡状态。这时,对全系统来说虽然是不平衡的,但对局部来说却是平衡的,从而可以将平衡热力学中描述整个系统的方法用于这些子系统。例如,可以用宏观的各种热力参数,如压力、温度、比体积、比热力学能、比焓、比熵以及化学势等来描述它们的状态。此外,平衡态热力学中的许多结论也都能应用于各个子系统,其中包括极为重要的多组分热力学能 U 的全微分方程,又称吉布斯方程(式10.4)。由于局部平衡子系统的热力学强度参数都是三维空间(x,y,z)和时间(t)的函数,为了标记方便,把子系统在空间上的位置用下角标序号"i"表示,在时间坐标上用下角标序号"j"表示,例如 $T_{i,j},p_{i,j}$;混合物的物系用下角标序号 k 表示,例如 $\mu_{i,j,k}$。子系统(i,j)的吉布斯方程可表示为

$$\mathrm{d}U_{i,j} = T_{i,j}\mathrm{d}S - P_{i,j}\mathrm{d}V + \sum_{k}^{\gamma}\mu_k\mathrm{d}n_k \tag{23.1}$$

$$T_{i,j}\mathrm{d}S = \mathrm{d}U_{i,j} + P_{i,j}\mathrm{d}V - \sum_{k}^{\gamma}\mu_k\mathrm{d}m_k \tag{23.2}$$

式中,n_k 和 m_k 分别是组分 k 的摩尔数和质量,其余符号物理意义与式(10.4)中的一样。对于单位质量,有

$$T_{i,j}\mathrm{d}s = \mathrm{d}u_{i,j} + P_{i,j}\mathrm{d}v - \sum_{k}^{\gamma}\mu_k\mathrm{d}w_k \tag{23.3}$$

式中, w_k 为组分 k 的质量分率。

　　根据经验,上述假设在非平衡定态下可以适用。定态平衡只有在限制条件下,亦即在规定的边界条件下才能维持。一旦边界条件除去,定态平衡就将转变成为静态平衡。例如,当物体置于两个不同温度的热源之间时,只要这两个热源的温度保持不变,那么由于存在着温度梯度,就将有热流从物体内连续稳定地通过。物体内各点的温度将接近不随时间而变的数值,这就是定态平衡。一将热源除去,温度梯度就会消失,物体内的温度将趋于一致,结果变成了静态平衡。由于工程上许多设备中进行的过程,系统都处于定态平衡之中,所以上述局部平衡的假设都适用,除了某些瞬时速度非常快的过程,如气体向真空膨胀、燃烧气体的火焰前锋和冲击波现象等。

23.3　熵源强度和熵产率

1. 熵产

　　熵参数是一种与热能有关的广延参数,热力学定义系统与温度为 T 的热源在可逆过程中交换的热量 δQ 与热源温度 T 的比值为熵变的定义式(3.6)

$$dS = \left(\frac{\delta Q}{T}\right)_R$$

因此,熵参数就有了双重性,状态参数和过程量的属性。由式(3.6)提供了系统在温度 T 时因为获得或失去热能 dE_h 而引起系统的熵变化量 dS,因此,熵变实际上反映过程变化。如果弃去可逆过程的限定条件,通过摩擦方式由功源向系统提供 $\delta W = \delta Q_g$ 的热量,系统也会出现熵变化 dS_g, dS_g 为消耗功能产生的熵变,称为熵产。至此,尽管熵参数是状态参数,与系统存在的其他状态参数,例如温度、压力相关,而熵产则是明确的过程量,并且只与过程中的不可逆性发生关系。因此,熵产 dS_g 也被作为过程不可逆程度的度量参数。熵产 dS_g、熵流 dS_f 和系统总熵变 dS 三者之间的关系参见熵方程(3.11),也即

$$dS = \left(\frac{\delta Q}{T}\right)_R + \left(\frac{\delta Q}{T}\right)_g = dS_f + dS_g$$

　　式(3.11)称为熵方程,其中 dS_f 为非功的能量带来的熵变量,包括进出热量带来的"热熵流" $dS_{f,Q}$ 和工质进出带来的"质熵流" $dS_{f,m}$ 所引起的熵变化,可正可负,也可为零。对于孤立体系, $dS_f = 0$。过程可逆时, $dS_g = 0$,过程不可逆时, $dS_g > 0$,故孤立体系有

$$dS_{iso} \geqslant 0$$

　　由于熵产 dS_g 只在孤立系中能够独立表征孤立系统的不可逆程度,在非孤立系统的分析时,需要伴随分析其他的熵流,由此带来了许多麻烦。但是,它是最初被认可的分析不可逆过程的理论,因此,仍然需要耐心学习。

2. 熵源强度和熵产率

　　为描述非平衡态热力系的各个空间位置在不同时刻的不可逆程度,定义了熵源强度为局部平衡子系统单位时间单位体积内的熵产生量,用符号 σ 表示,单位为 W/(m³ · K) 或 kJ/(m³ · K · s),数学定义式为

$$\sigma = \frac{dS_g}{dt\,dV} = \frac{d\dot{S}_g}{dV} \geqslant 0 \qquad (23.4)$$

其中，$d\dot{S}_g/dV$ 为熵产率强度，$\dot{S}_g$ 表示 t 时刻和某微元体积 dV 处的熵产率，$\dot{S}_g$ 为熵产率函数 $\dot{S}_g(t,x,y,z)$，$d\dot{S}_g$ 称为微元体熵产率；整个非平衡态热力系在单位时间内的熵产生量称为熵产率，用符号 $\Delta\dot{S}_g$ 表示，单位为 W/K 或 kJ/(K·s)，表达式为

$$\Delta\dot{S}_g = \iiint_V \sigma\,dV = \iiint_V \frac{d\dot{S}_g}{dV}\,dV = \frac{dS_g}{dt} \geqslant 0 \qquad (23.5)$$

在以后分析中提到熵产率都指整体熵产率 $\Delta\dot{S}_g$，它可以从系统边界的熵方程求得，也可以通过同一时刻热力系各子系统的熵源强度的体积积分获得。许多时候从系统边界的熵方程求取总熵产率更为方便。下面以两个系统为例来说明熵产率。

例 23.1 一维导热引起的熵产率。

设有一截面为 A 的铜棒，如图 23.1 所示。棒的两端分别与温度为 T_1 和 T_2 的热源接触。外表面包有绝热层。求熵产率 $\Delta\dot{S}_g$。

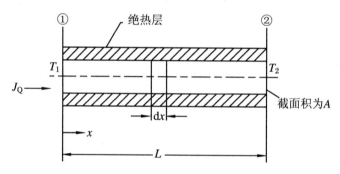

图 23.1 一维热流和熵流

这个问题可有两种不同的分析方法。

解法 1 着眼于包括铜棒和两个热源在内的整个系统，以边界接触的熵流率的变化计算整个铜棒系统的熵产率。假定高温热源 T_1 传递给铜棒的热流率为 Φ_1，单位是 W 或 kJ/s，高温热源减少的熵流率为 $\dot{S}_1 = \Phi_1/T_1$；低温热源 T_2 接受铜棒的热流率为 Φ_2，而增加的熵流率为 $\dot{S}_2 = \Phi_2/T_2$。在 T_1、T_2 不变的条件下，当铜棒达到了稳定工况时，$\Phi_1 = \Phi_2 = \Phi$，但是各处热流量的温度不同，熵流量也不同，整个系统在单位时间内的熵产率等于铜棒两端热源热流量的熵流量差值，即熵产率 $\Delta\dot{S}_g$ 为

$$\Delta\dot{S}_g = \dot{S}_2 - \dot{S}_1 = \Phi\left(\frac{1}{T_2} - \frac{1}{T_1}\right) \qquad (23.6)$$

显然，因为 $T_1 > T_2$，上述结果是正的，即整个系统的熵增加。式(23.6)为定态传热过程系统熵产率方程，$1/T_2 - 1/T_1$ 是对应于热流驱动力 $T_1 - T_2$ 的熵增强度势，下式可以帮助理解：

$$J_Q \propto (T_1 - T_2) \propto \frac{T_1 - T_2}{T_2 T_1} \propto \left(\frac{1}{T_2} - \frac{1}{T_1}\right)$$

解法 2 以铜棒为分析对象，而不是整个系统。这时，因高温热源输给铜棒热量而减少了熵量，可以说高温热源对铜棒输出了熵流；低温热源则因接受铜棒传来的热量而增加了熵量，也可以说它从铜棒体接受了熵流。由于低温热源所接受的熵流量大于高温热源所输出

的熵流量,因此必然设想为在铜棒中产生了熵增量(这个熵增量在物理学是是难以解释的,因为一个热量移动中产生了另一个量纲不一致的物理量;它不同于能量守恒定律,能量的形式可以变换,但是总量守恒;用熵产量表示不可逆过程的程度普遍被接受,也是成功的,但是熵产的"无中生有",仍然是熵产理论的缺陷和遗憾)。这时,单位时间内通过棒内长度任意截面处的单位面积热流量,即热流密度 J_q(单位为 W/m^2),可由傅里叶定律得出

$$J_q = \frac{\Phi}{A} = -\lambda_t \frac{dT}{dx}$$

式中,A 为截面积,单位为 m^2;λ_t 为导热系数,单位为 W/(K·m),当 λ_t 为常数时,有

$$J_q = \frac{\lambda_t(T_1 - T_2)}{L}$$

同时,通过相同截面的熵流强度 J_s,单位为 W/(K·m^2),表达式为

$$J_s = \frac{J_q}{T} = -\lambda_t \frac{1}{T}\frac{dT}{dx} \tag{23.7}$$

因熵流是不守恒的,故在 x 截面处微元长度 dx 的微元体中的熵产率为

$$\frac{dS_g}{dt} = A(J_{s,x+dx} - J_{s,x}) = AJ_q\left[\left(\frac{1}{T}\right)_{x+dx} - \left(\frac{1}{T}\right)_x\right]$$

$$= AJ_q \frac{d(1/T)}{dx}dx = J_q\frac{d(1/T)}{dx}dV \tag{23.8}$$

单位体积熵产率或熵源强度 σ,单位为 W/(K·m^3),表达式为

$$\sigma = \frac{dS_g}{dt\,dV} = -J_q\frac{1}{T^2}\frac{dT}{dx} \quad (dT > 0) \tag{23.9}$$

整个铜棒的总熵产率用符号 $\Delta\dot{S}_g$ 表示,单位为 W/(K·s),表达式为

$$\Delta\dot{S}_g = A\int_0^L \sigma dx = -A\int_{T_1}^{T_2} J_q\frac{dT}{T^2} = A(J_{s,2} - J_{s,1})$$

$$= AJ_Q\left(\frac{1}{T_2} - \frac{1}{T_1}\right) = \Phi\left(\frac{1}{T_2} - \frac{1}{T_1}\right) = \Phi\frac{T_1 - T_2}{T_1 T_2} \tag{23.10}$$

因 $T_1 > T_2$,所以上式中的熵产率为正值,即在棒内的导热为一个不可逆过程。可以看到,对整个热力系统的铜棒而言,当导热棒两端温度固定时已是定解问题,也即是定态问题,两种分析方法的结果是一致的;相比较而言,体系边界熵方程分析法,对于定态系统更为简单。

由式(23.8)~式(23.10)可看出,熵源强度表达式的等号右边都为两项的乘积,例如式(23.9)中,一项为 J_q,另一项为 $-\frac{1}{T^2}\frac{dT}{dx}$,根据温差为热流的推动力,可以由下面的关系帮助理解:

$$J_q \propto -\frac{dT}{dx} \propto \frac{d(1/T)}{dx} \propto -\frac{1}{T^2}\frac{dT}{dx}$$

负号表示热流的方向与温度升高的梯度方向相反。

例 23.2 一维导电过程中的熵产率。

现假设有电流通过如图 23.2 所示的截面积为 A、长度为 L 的铜棒,铜棒的周长为 Γ,铜棒裸露于温度为 T_0 的环境中,对流换热系数为 h,棒两端的电势差为 $\Delta E = E_1 - E_2$。当电流通过时将消耗部分电能,并转变成热通量 Φ 散入环境。根据欧姆定律,棒内单位面积所通过的电流为

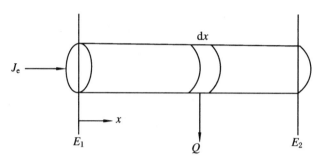

$$J_\mathrm{e} = \frac{I}{A} = -k_\mathrm{e}\frac{\mathrm{d}E}{\mathrm{d}x}$$

图 23.2　电流的一维流动

式中, J_e 为电流密度, 单位为 $\mathrm{A/m^2}$; I 为电流强度; k_e 为电导率, 单位为 $(\Omega \cdot \mathrm{m})^{-1}$; $\mathrm{d}E/\mathrm{d}x$ 为电压梯度, 单位为 $\mathrm{V/m}$。在单位时间棒内的任意处微元段所耗散的电能称为电能消耗率, 单位为 W, 记作 $\delta\Phi$

$$\delta\Phi = -I\frac{\mathrm{d}E}{\mathrm{d}x}\mathrm{d}x = -J_\mathrm{e}A\mathrm{d}E$$

故在微元容积 $A\mathrm{d}x$ 内的熵源强度为单位体积微元消耗的电能率与微元体平均温度之比, 即

$$\sigma = \frac{\mathrm{d}S_\mathrm{g}}{\mathrm{d}tA\mathrm{d}x} = \frac{\delta\Phi}{TA\mathrm{d}x} = -\frac{J_\mathrm{e}}{T}\frac{\mathrm{d}E}{\mathrm{d}x} \tag{23.11}$$

从上式可以看到, 导电过程中导体内的熵源强度是一种电流密度 J_e 与电势梯度 $\dfrac{\mathrm{d}E}{\mathrm{d}x}$ 的乘积再除以局部平衡子系统的温度 T 的熵值, 电势梯度 $\mathrm{d}E/\mathrm{d}x$ 理解为电流的驱动力。导电系统的熵源强度是电流克服电阻而消耗电能的熵产, 从这里可以看出, 熵产是来源于消耗的可做功能, 即有效能。

则整个导电铜棒的熵产率 $\Delta\dot{S}_\mathrm{g}$ 为熵源强度的体积积分, 即

$$\Delta\dot{S}_\mathrm{g} = A\int_0^L \sigma\mathrm{d}x = -A\int_{E_1}^{E_2} J_\mathrm{e}\frac{\mathrm{d}E}{T} = AJ_\mathrm{e}\left(\frac{E_1}{T} - \frac{E_2}{T}\right) \tag{23.12}$$

在定态下, 并假定铜棒内部温度均匀, 则铜棒的温度 T 由整个通电铜棒的消耗电能与表面对流换热的能量方程

$$Ak_\mathrm{e}(E_1 - E_2)^2/L = \Gamma L h(T - T_0)$$

解得

$$T = T_0 + \frac{Ak_\mathrm{e}(E_1 - E_2)^2}{\Gamma L^2 h}$$

23.4　熵源强度的普遍式、热力学的"流"与"力"

以上是两个一维传输过程不可逆性分析的特例, 对其进行归纳, 并用一个有一般意义的一维不可逆过程发生的模型来代表, 如图 23.3 所示。图中, Ⅰ 与 Ⅱ 部分被分别隔离时都各

自处于平衡状态,但它们相互之间并不处于平衡,若使之接触就将发生相互作用。这时,如有 M 区段插入它们之间,并与二者分别相连,则在 M 区段就将发生不可逆过程。

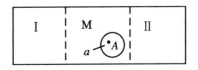

图 23.3　一维不可逆过程发生模型图

在这样的过程中,M 将处于非平衡态,而 Ⅰ 与 Ⅱ 在突然被 M 区段隔离时仍能分别处于平衡态。为保证这种短暂的平衡态成立,Ⅰ 和 Ⅱ 各部分的传导性必须很好,例如在 Ⅰ 中必能均匀地感受到 M 与 Ⅱ 作用时对它产生的影响,反过来在 Ⅱ 内也是如此。倘若 Ⅰ、Ⅱ 区域为液体,则可用搅拌器做到这一点。这时 Ⅰ、Ⅱ 区的热力学参数就可以确定了。如把局部平衡法应用于 M 区,并分别进行局部隔离,就可以确定其中的各种强度参数值。设 M 区内的一点 A 位于其中某一小区 a 内,其大小可由参数测量。将 a 区隔离,达到平衡后就可测得 a 区的一个强度参数为 R。A 点处的强度参数 R_A 定义为

$$R_A \equiv \lim_{a \to 0} R_a$$

现在来讨论 M 内的熵产率。在上述系统中,如果 M 内的过程不可逆,则将有 Ⅰ 区和 Ⅱ 区内的熵变化,可像本节第一例中的 T_1 与 T_2 两个热源中那样按准静态求得。对于 M 区,则可先找出所有 A 态的每单位质量或容积中熵密度的值,并对全部质量或容积进行积分而得到。在所有均匀部分内,包括 Ⅰ、Ⅱ 区和 M 区内任何小到可以适用局部平衡的部分,所有局部子系统的熵的变化可由简单系统平衡态的吉布斯方程(10.4)除以 T 得到,即

$$dS = \frac{1}{T}dU + \frac{p}{T}dV - \sum_i^\gamma \frac{\mu_i}{T}dn_i \tag{23.13}$$

式中,等号右方的各个系数 $1/T$、p/T 和 μ_i/T 分别是体系热力学能、体积能和化学能的强度参数,可以理解为对应能量的"熵产强度势"。此前曾知道,要使一个简单系统内的两个部分处于平衡,必须使它们的强度参数值相等。因此,在 Ⅰ 区与 Ⅱ 区之间,只要 $1/T$、p/T 和 μ_i/T 值不同就将产生自发的变化。每一个"势"和与它相配对的广延参数称作共轭的,如 $1/T$、p/T 和 μ_i/T 相对应的广延参数分别是 U、V 和 n_i。

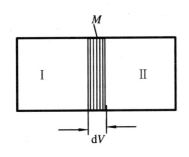

图 23.4　M 区薄层熵产率说明图

我们将 M 区沿竖直方向分成若干薄层,设这些薄层表面上的所有强度参数都是均匀的,如图 23.4 所示。这时,如果将平衡区 Ⅰ 与 Ⅱ 放到其中任一层的两侧,那么只要平衡区的强度参数和薄层表面上的数值相同,就不会改变薄层内的过程。只要 M 的参数不随时间而变,也即处于定态,那么用 Ⅰ、Ⅱ 区来置换 M 中薄层的相邻部分是易于理解的。如果 Ⅰ、Ⅱ 区强度参数不相同,将产生自发的不可逆过程,就 M 区薄层的流进、流出的能量流、质量流都有差别,有熵产生。

通过比温度的吉布斯方程式(23.13),用 Ⅰ、Ⅱ 平衡区流率的数值来表示 M 区薄层的熵产率为

$$\frac{dS_{g(M)}}{dt} = \frac{1}{T}\dot{U}_I + \frac{p}{T}\dot{V}_I - \sum_i^\gamma \frac{\mu_i}{T}\dot{n}_{iI} + \left[\frac{1}{T} + d\left(\frac{1}{T}\right)\right]\dot{U}_{II} + \left[\frac{p}{T} + d\left(\frac{p}{T}\right)\right]\dot{V}_{II}$$

$$- \sum_i^\gamma \left[\frac{\mu_i}{T} + d\left(\frac{\mu_i}{T}\right)\right]\dot{n}_{iII} \tag{23.14}$$

式中，$\dot{U}$、$\dot{V}$ 和 $\dot{n}$ 分别表示热力学能流率、体积流率和质量流率，并用在Ⅰ、Ⅱ平衡区。符号上方加的"·"表示随时间的变化率。这样，单位面积上这些广延参数随时间的变化率就是前面所说的"流"或"通量"，用 J 表示。若Ⅰ、Ⅱ区的容积固定不变，没有体积流，而有

$$J_{u,\text{Ⅰ}} = -\frac{\dot{U}_{\text{Ⅰ}}}{A}, \quad J_{u,\text{Ⅱ}} = \frac{\dot{U}_{\text{Ⅱ}}}{A} \tag{23.15}$$

$$J_{ni,\text{Ⅰ}} = -\frac{\dot{n}_{i,\text{Ⅰ}}}{A}, \quad J_{ni,\text{Ⅱ}} = \frac{\dot{n}_{i,\text{Ⅱ}}}{A} \tag{23.16}$$

为了简单起见，假设系统内没有化学反应，即在稳定条件下化学组分不变，则由质量守恒，得

$$J_{ni,\text{Ⅰ}} = J_{ni,\text{Ⅱ}}$$

根据热力学第一定律，有

$$J_{u,\text{Ⅰ}} = J_{u,\text{Ⅱ}}$$

这样，式(23.14)就成为

$$\frac{\mathrm{d}\dot{S}_g}{A} = \frac{\mathrm{d}S_g}{A\mathrm{d}t} = J_u\mathrm{d}\left(\frac{1}{T}\right) + \sum_i^{\gamma} J_{n_i}\mathrm{d}\left(-\frac{\mu_i}{T}\right) \tag{23.17}$$

式(23.14)与式(23.17)对"流"的定义可写成更普遍的形式

$$J_K = \frac{\dot{K}}{A} \tag{23.18}$$

式中，$\dot{K}$ 代表在单位时间内位于薄层表面的准静态区内任意一个所论流量的变化率；A 为 J_K 流入的面，或者说，J_K 为所论面法向的任意广延参数流率密度。

如果 K 表示组分的质量，那么 J_K 就是由准静态区流进不平衡区的物料流。同样地，如果 K 代表能量，那么 J_K 就是能流。对于那些孤立系统中在稳定条件下保持守恒的广延量，例如质量与能量等，在不平衡区 M(图23.4)的两个外表面上的流就必须相等。但对于不守恒的参数，则在这两个面上相应的流就可能不相等，例如熵流就是这样。如果过程不可逆，则离开 M 的外表面的熵流数值将大于进入表面处的值，因此 M 就将成为一个熵流的源。

我们可以把表示单位面积的熵产流率式(23.17)写成

$$\frac{\mathrm{d}\dot{S}_g}{A} = \frac{\mathrm{d}S_g}{A\mathrm{d}t} = \sum J_K\mathrm{d}R_K \tag{23.19}$$

式中，R_K 为势或强度参数对温度的商，可以理解为"熵产势"。由此可以得到在微元长度 $\mathrm{d}x$ 内的熵源强度为

$$\sigma = \frac{\mathrm{d}S_g}{A\mathrm{d}t\mathrm{d}x} = \sum J_K\frac{\mathrm{d}R_K}{\mathrm{d}x} \tag{23.20}$$

式中，$\mathrm{d}x$ 为图23.4中Ⅰ、Ⅱ两区之间的距离，势或强度参数的梯度称为"广义力"，而 $\frac{\mathrm{d}R_K}{\mathrm{d}x}$ 为势或强度参数梯度对温度的商，称为"熵产力"。J_K 与 $\frac{\mathrm{d}R_K}{\mathrm{d}x}$ 为一对共轭的流与力。由此可见，熵源强度为过程中所有产生不可逆性的各对共轭流与力的标积的总和。如令式(23.20)中的力 $\frac{\mathrm{d}R_K}{\mathrm{d}x} = X_K$，则有

$$\sigma = \sum J_K X_K \tag{23.21}$$

值得重视的是,不论熵源强度定义式的共轭的流与力的形式如何,它们的标积的量纲是一致的,一定要满足 W/(m³·K) 的关系,否则就是错误。其实,不论是热流与温差势,还是电流与电压、质量流与动量的标积,归根到底都是能量流。以上只考虑了一维过程。至于三维过程,也可用类似的方法证明,单位体积内的熵产率仍为流与力的乘积。体系内存在势差,相应的广延参数就会流动,趋向于势差减小直至消失为零。

23.5　线性唯象方程

现在来研究各种流与力之间存在的关系。我们已经知道,各种传输过程中的流是由某种力推动的,即由某种强度参数的梯度推动的,它们之间的关系已由许多经验定律确定。

1. 单一流与力的唯象方程

如果仍只考虑 x 方向,则在导热过程中有傅里叶定律(Fourier's Law),即

$$J_q = -\lambda_t \frac{\partial T}{\partial x} \tag{23.22}$$

式中,λ_t 为导热系数;J_q 为单位时间内单位面积上传导的热量,单位为 kJ/(m²·s)。

在质量扩散过程中有斐克定律(Fourier's Law),只有浓度梯度时,组分 j 向组分 K 的质量扩散流 $J_{m,j}$ 和摩尔扩散流 $J_{M,j}$ 方程分别为

$$J_{m,j} = -D_j \frac{\partial m_j}{\partial x} = -D_j \frac{\partial \rho_j}{\partial x} - D_j \rho \frac{\partial m_j^*}{\partial x} \tag{23.23a}$$

或

$$J_{C,j} = -D_j \frac{\partial C_j}{\partial x} = -D_j C \frac{\partial C_j^*}{\partial x} \tag{23.23b}$$

式中,J_m 为单位时间内单位面积上的质量扩散率,或称为质量扩散流密度,单位为 kg/(m²·s);$J_{C,j}$ 为单位时间内单位面积上的摩尔扩散率,或称为摩尔扩散流密度,单位为 kmol/(m²·s);$D_{j,K}$ 为物质 j 对物质 K 的扩散系数,单位为 m²/s;$\rho = \rho_1 + \rho_2 + \cdots + \rho_j + \cdots + \rho_K$ 为混合物的密度,单位为 kg/m³;$C = C_1 + C_2 + \cdots + C_j + \cdots + C_K$ 为混合物的摩尔密度,单位为 kmol/m³;$m_j^* = \rho_j/\rho$ 为组分 j 的质量比数;$C_j^* = C_j/C$ 为组分 j 的摩尔比数;$\frac{\partial m_j}{\partial x} = \rho \frac{\partial m_j^*}{\partial x}$ 为组分 j 的质量浓度梯度,单位为 kg/(m³·m);$\frac{\partial C_j}{\partial x} = C \frac{\partial C_j^*}{\partial x}$ 为组分 j 的摩尔浓度梯度,单位为 kmol/(m³·m)。

在导电过程中,欧姆(Ohm's Law)定律为

$$J_e = -k_e \frac{\partial E}{\partial x} \tag{23.24}$$

式中,k_e 为导电率,为电阻的倒数,单位为 1/(Ω·m);$\partial E/\partial x E$ 为电势梯度,单位为 V/m;J_e 为单位时间内通过单位面积的电流强度,即电流密度,单位为 A/m²。

以上三式中的 λ_t、D 和 k_e 都是常数,它们主要是物料的函数。由此可见,流与它的共轭力之间可写成下列线性关系:

$$J = LX \tag{23.25}$$

式(23.25)称为线性唯象关系式。其中,系数 L 为常数,叫作唯象系数。唯象系数 $L>0$,因为实际的热导系数、扩散系数和电导系数都总是正值。式(23.25)是当系统内只有一种推动力时的表达式。

2. 多个流和力共同作用的唯象方程

由上节已知,一个系统内的推动力常常不止一个,流也不止一种。经验证明,自然界中有许多现象是有相互联系的,产生某种流的不一定只有它的共轭力,有时还可能有其他的力。例如,导线或金属棒内同时存在着电势梯度和温度梯度,并有电流和热流,则导线的熵源强度就由两部分组成:电势梯度与电流的乘积再对温度的熵和热流引起的熵产。而此时,导线的热流将与相同温度梯度单纯热传导时的热流不同,电流也与相同电势梯度的单纯导电时的电流不同。此现象为多个力影响同一个流的现象,称为干涉或耦合。当不可逆过程中的某一种流受多种力支配时,它们之间的一般关系可以写成

$$J_j = \sum_k L_{j,k} X_k \qquad (23.26)$$

式(23.26)称为线性唯象方程式,适用于距离平衡态不远的系统。式(23.26)中,J_j 表示序号为 j 的某一种流;X_k 代表产生 J_j 的所有各种力,又称广义力;$L_{j,k}$ 表示由第 k 种力所产生的第 j 种流的唯象系数(或称干涉系数),如为 L_{jj} 或 L_{kk},表明是在共轭流与力之间的系数,称自唯象系数,也称本征系数,而 $L_{j,k}(j \neq k)$ 是联系耦合关系的,称为互唯象系数。

线性唯象方程的应用,首先需要了解体系中存在的那些力与流会相互干涉,有些现象之间并没有联系,因此它们的流与力之间不能耦合,如传热、传质都不能与化学反应耦合,即它们之间的互唯象系数为零。那么,哪些现象可以耦合呢?居里(Curie)定理对这个问题作了回答。居里定理为物理学上的对称性原理:在各向同性的介质中,宏观原因总比它所产生的效应具有较小的对称元素。把居里定理延伸到热力学体系,则理解为:体系中的热力学力是过程的宏观原因,热力学流是宏观原因所产生的效应,热力学力不能比与之耦合的热力学流具有更强的对称性。居里定理具体说法还有多种。一种说法这样表达:张量特性不同的流和力不能耦合。另一种说法为:在一个各向同性的系统里,张量不同阶的流和力不能进行耦合。还有一种说法为:在一个各向同性的系统里,如果两个张量阶数之差为奇数,则不能耦合。最后这种说法较前两种严密。普里高津认为,在非平衡体系各向同性的介质中,不同对称性的流和力之间不存在耦合。

23.6　唯象系数的获得与昂萨格倒易定律

描述不可逆过程的关键函数是熵源强度 σ,它是一对或多对流与力的乘积之和,参见式(23.21),而流与一个共轭的力或几个力以及体系物料的唯象系数有关,参见式(23.26),其中的自唯象系数较易得到,一般可以通过实验方法来测定,例如在导热过程中的导热系数 λ_t 和导电过程中的导电率 k_e 等就是这样。但要测定互唯象系数 L_{ij} 却是非常困难的,因为实验中严格地把其他各种因素的影响隔离开来是十分不易的。挪威物理化学家昂萨格(Onsager,1903~1976)对此作出了卓越的贡献。为了简单起见,现假设在某一不可逆过程

中有两种力存在,因此特有两种与之相应的共轭流,并可能相互产生干涉,于是由唯象方程
(23.26)可写出:

$$J_1 = L_{1,1}X_1 + L_{1,2}X_2 \tag{23.27a}$$

$$J_2 = L_{2,2}X_2 + L_{2,1}X_1 \tag{23.27b}$$

式中,$L_{1,1}$ 与 $L_{2,2}$ 为自唯象系数,$L_{1,2}$ 与 $L_{2,1}$ 为互唯象系数或干涉系数。$L_{1,1}$ 与 $L_{2,2}$ 两个自唯象系数可以根据共轭力与流的特定关系式求出,即在其他为定值的条件下求出,最为简便的状况是保持其他的势而其他流为零的状况,例如,导热系数 λ_t 根据傅里叶导热方程式(23.22)求出,扩散系数 D 根据斐克方程式(23.23a)和(23.23b)求出,电导率 k_e 根据欧姆定律式(23.24)求出。有几个力对一个流作用时,其自唯象系数与单独势单独流时的唯象系数值是不同的,例如有热电耦合时热流的自唯象系数 $L_{q,q}$ 是与导热系数 λ_t 值不同的。互唯象系数 $L_{i,j}$ 更因为力 X_i 与 X_j 的量纲都不相同而又要使 $L_{i,i}X_i$ 和 $L_{i,j}X_j$ 的量纲与流 J_i 的量纲相同,因此 $L_{i,j}$ 量纲是不同于 $L_{j,j}$ 量纲的。

互唯象系数之间的关系可以从昂萨格倒易定律得出:

$$L_{1,2} = L_{2,1} \tag{23.28}$$

1931 年昂萨格提出的这一著名定律,即昂萨格倒易定律表述为:只要对共轭的流和力作适当的选择整理,使之满足熵源强度方程

$$\sigma = \sum_{k=1}^{n} J_k X_k \tag{23.29}$$

则根据此式写出的流与力的线性关系式中的唯象系数的矩阵是对称的,即

$$L_{j,k} = L_{k,j} \tag{23.30}$$

这表明,如第一种流受第二种力的影响,则第二种流也会受第一种力的影响,而且这两个干涉现象的干涉系数是相等的。

如果有多种不可逆现象同时发生,可依此类推。从这个定律可以看到,耦合的流是由相互干涉的推动力以互易的方式引起的。有了这个定律,就使需要确定的互唯象系数大大减少,从而节省了大量工作与时间,所以它的意义是十分重大的。昂萨格倒易定律适用于没有磁场影响和偏离平衡状态不远的系统。

23.7　用熵产率理论解题的思路和应用举例

1. 求解不可逆过程问题的思路

根据前面各节的介绍,分析不可逆过程的内容与步骤可大致归纳如下:

(1) 应用吉布斯方程和各种广延参数的守恒或平衡关系,整理出熵源强度或熵产率为

$$\sigma = \frac{\mathrm{d}S_g}{\mathrm{d}t\,\mathrm{d}V} = \sum_k^n J_k X_k \quad 或 \quad \Delta \dot{S}_g = \sum_k^n J_k X_k$$

(2) 从上式中选取流和力,注意所取的流的单位,使之与力的乘积一定,与熵源强度或熵产率量纲一致;例如:热流强度 $J_q = -\lambda_t \dfrac{\mathrm{d}T}{\mathrm{d}x}$,单位为 $kJ/(m^2 \cdot s)$,其推动力 $X_q = \nabla\left(\dfrac{1}{T}\right)$

$$= \frac{\mathrm{d}(1/T)}{x} = - \frac{\mathrm{d}T}{T^2 \mathrm{d}x}, \text{单位为}(\mathrm{m} \cdot \mathrm{K})^{-1}, J_q X_q \text{的单位为} \mathrm{kJ}/(\mathrm{m}^3 \cdot \mathrm{s} \cdot \mathrm{K}) \text{或} \mathrm{W}/(\mathrm{m}^3 \cdot \mathrm{K})。$$

（3）确定可以耦合的流和力，并得出线性唯象方程式。

（4）利用昂萨格倒易定律和其他关系，推导出自唯象系数和互唯象系数，并作进一步分析研究。

2. 熵产率理论在热电现象（热电耦合问题）中的应用例子

若在导线或金属棒内同时存在着电流和温度梯度，那么单位容积中的熵产率根据式（23.20），由式（23.9）与式（23.11）相加获得，即

$$\sigma = \frac{\mathrm{d}S_g}{\mathrm{d}t \mathrm{d}V} = - J_q \frac{1}{T^2} \frac{\mathrm{d}T}{\mathrm{d}x} - \frac{J_e}{T} \frac{\mathrm{d}E}{\mathrm{d}x} \tag{23.31}$$

上式为熵源强度的普遍关系式（23.20）在本例中的具体形式。在这种情况下，流与力的选择为

$$J_q = \frac{\Phi}{A}, \quad X_q = - \frac{1}{T^2} \frac{\mathrm{d}T}{\mathrm{d}x} \tag{23.32}$$

$$J_e = \frac{I}{A}, \quad X_e = - \frac{1}{T} \frac{\mathrm{d}E}{\mathrm{d}x} \tag{23.33}$$

也可以选用熵流 $J_s = \frac{1}{T} \cdot \frac{J_q}{A}$。这样，熵流及其共轭力将为

$$J_s = \frac{1}{T} \cdot \frac{J_q}{A}, \quad X_s = - \frac{1}{T} \frac{\mathrm{d}T}{\mathrm{d}x} \tag{23.34}$$

而电流项及其共轭力仍为式（23.33），显然式（23.34）和式（23.33）的力具有相同的形式，即同为 $-\nabla(\mathrm{d}R/T)$。但是，习惯上仍多沿用前者，即选用热流而不用熵流，其原因是热流的唯象系数，即导热系数容易确定。下面我们也按这样的选择方法，继续分析导热与导电共存的情况。根据（23.27a）和（23.27b）可写出热流与电流的唯象方程，有

$$J_q = - L_{q,q} \frac{1}{T^2} \frac{\mathrm{d}T}{\mathrm{d}x} - L_{q,e} \frac{1}{T} \frac{\mathrm{d}E}{\mathrm{d}x} \tag{23.35}$$

及

$$J_e = - L_{e,q} \frac{1}{T^2} \frac{\mathrm{d}T}{\mathrm{d}x} - L_{e,e} \frac{1}{T} \frac{\mathrm{d}E}{\mathrm{d}x} \tag{23.36}$$

式中，$L_{q,q}$ 和 $L_{e,e}$ 分别为热流和电流的自唯象系；$L_{q,e}$ 和 $L_{e,q}$ 为热流与电流和电流与热流的互唯象系数。如为纯导热或纯导电，则上二式将简化为

$$J_q = - L_{q,q} \frac{1}{T^2} \frac{\mathrm{d}T}{\mathrm{d}x} = - \lambda_t \frac{\mathrm{d}T}{\mathrm{d}x} \tag{23.37}$$

及

$$J_e = - L_{e,e} \frac{1}{T^2} \frac{\mathrm{d}T}{\mathrm{d}x} = - k_e \frac{\mathrm{d}E}{\mathrm{d}x} \tag{23.38}$$

式中，λ_t 和 k_e 分别是材料在温度 T 时的导热系数和导电系数。因此在纯导热或纯导电场合下的自唯象系数与导热系数 λ_t 和导电系数 k_e 有如下关系：

$$\lambda_t = \frac{L_{q,q}}{T^2} = \frac{L_q}{T^2} \tag{23.39}$$

及

$$k_e = \frac{L_{e,e}}{T} = \frac{L_e}{T} \tag{23.40}$$

式中,L_q 和 L_e 分别表示材料在纯导热或纯导电场合下的热流方程的唯象系数和电流方程的唯象系数,以便与以下有热电耦合时的自唯象系数区别开来。

(1) 第一种热电现象

现在来研究第一种热电现象,倘若上述导体中有电势存在而没有电流通过,即 $J_e = 0$,则由式(23.36),可得

$$\left(\frac{\mathrm{d}E/\mathrm{d}x}{\mathrm{d}T/\mathrm{d}x}\right)_{J_e=0} = \left(\frac{\mathrm{d}E}{\mathrm{d}T}\right)_{J_e=0} = \frac{-L_{e,q}}{TL_{e,e}} \tag{23.41}$$

式(23.41)表明的现象是客观存在的,有些材料当有温度梯度时,即使电流为零,导体中仍然有电势存在,这种现象被称为即塞贝克(Seebeck)效应。如果因温差存在而引起的电势称为材料的热电势,用符号 ε 表示,即有 ε 的定义式为

$$\varepsilon = -\left(\frac{\mathrm{d}E}{\mathrm{d}T}\right)_{J_e=0} = \frac{L_{e,q}}{TL_{e,e}} \tag{23.42}$$

式中,热电势 ε 也称塞贝克系数。热电势 ε 是容易用实验测定的物理量,实验室里最常应用的热电偶就是利用这个效应。式(23.41)与式(23.42)合并,可得

$$L_{e,q} = \varepsilon TL_{e,e} = \varepsilon k_e T^2 \tag{23.43}$$

通过式(23.41)导出的

$$\left(\frac{\mathrm{d}E}{\mathrm{d}x}\right)_{J_e=0} = \frac{-L_{eq}}{TL_{ee}}\left(\frac{\mathrm{d}T}{\mathrm{d}x}\right)_{J_e=0} \tag{23.44}$$

关系式代入式(23.35),并应用昂萨格倒易定律 $L_{e,q} = L_{q,e}$,可以得到第一种情况,即在 $J_e = 0$ 场合下导线或棒内的热流为

$$J_q = \frac{-L_{e,e}L_{q,q} + L_{e,q}^2}{L_{e,e}T^2} \cdot \frac{\mathrm{d}T}{\mathrm{d}x} = -\lambda_{q,e}\frac{\mathrm{d}T}{\mathrm{d}x} \tag{23.45}$$

由于式(23.45)是在电流 $J_e = 0$ 的条件下导出的,符合傅里叶导热定律要求,所以对于这个热电耦合系统的等效导热系数 $\lambda_{q,e}$ 应为

$$\lambda_{q,e} = \frac{L_{e,e}L_{q,q} - L_{e,q}^2}{L_{e,e}T^2} = \frac{L_{q,q} - \varepsilon^2 T^2 L_{e,e}}{T^2} \tag{23.46}$$

式中,$\lambda_{q,e}$ 是在热电材料无电流或开路情况下测到的导热系数值。

现在讨论如何利用材料的导热系数 λ_t、塞贝克系数 ε 和电阻率 ρ_e 确定 $\lambda_{q,e}$。

在等温情况下,由式(23.38)与欧姆定律式(23.24)的等价关系,通过以下变换可得出 $L_{e,e}$,有

$$(J_e)_{\Delta T=0} = -L_{e,e}\frac{1}{T}\frac{\mathrm{d}E}{\mathrm{d}x} = \frac{1}{\rho_e}\left(-\frac{\mathrm{d}E}{\mathrm{d}x}\right) = k_e\left(-\frac{\mathrm{d}E}{\mathrm{d}x}\right)$$

$$L_{e,e} = \frac{T}{\rho_e} = Tk_e \tag{23.47}$$

将式(23.43)和式(23.47)代入式(23.46),解出 $L_{q,q}$ 为

$$L_{q,q} = T^2\lambda_{q,e} + \varepsilon^2 T^3 k_e \tag{23.48}$$

$$\lambda_t = L_{q,q}/T^2 = \lambda_{q,e} + \varepsilon^2 T k_e \tag{23.49}$$

由式看出,有干涉流存在时,即使其他流为零的等效导热系数 $\lambda_{q,e}$ 也与由自唯象系数 $L_{q,q}$ 定义的纯导热系数 λ_t 不同。热电材料的纯导热情况很难建立,所以热电偶合时热流项自唯象系数 $L_{q,q}$ 反而是难定的值。有了 $L_{e,e}$、$L_{e,q}$ 和 $L_{q,q}$ 以及昂萨格倒易定律,$L_{e,q} = L_{q,e}$,则式(23.35)和式(23.37)就好用了。

对于第二种情况,即 $J_e \neq 0$ 的情况,可把式(23.48)的 $L_{q,q}$ 和式(23.40)的 $L_{q,e}$($L_{q,e} = L_{e,q}$)关系代入式(23.35)中,即可写出

$$J_q = -(\lambda_{q,e} + \varepsilon^2 k_e T) \cdot \frac{dT}{dx} - \varepsilon T k_e \frac{dE}{dx} \tag{23.50}$$

及

$$J_e = -\varepsilon k_e \cdot \frac{dT}{dx} - k_e \frac{dE}{dx} \tag{23.51}$$

从以上二式中消去 $\dfrac{dE}{dx}$,可得

$$J_q = -\lambda_{q,e} \cdot \frac{dT}{dx} + \varepsilon T J_e \tag{23.52}$$

(2) 第二种热电现象

现在来讨论第二种热电现象,即在两种不同导体 a 与 b 的连接处或称接点处的情况。

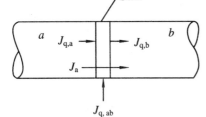

接点

图 23.5 帕尔帖效应

如图 23.5 所示,当电流 J_e 通过接点时,有电能耗散,所生成的热放入环境。下面在等温条件下建立平衡:

$$J_e = -k_e \frac{dE}{dx} \tag{23.53}$$

对于等温条件,通过两个导体的热流分别为

$$J_{q,a} = T\varepsilon_a J_e \tag{23.54}$$

$$J_{q,b} = T\varepsilon_b J_e \tag{23.55}$$

接点与环境的热交换量为

$$J_{q,ab} = J_{q,b} - J_{q,a} = T(\varepsilon_b - \varepsilon_a)J_e = \pi_{ab}J_e \tag{23.56}$$

这种现象称为帕尔帖(Peltier)效应,π 称为帕尔帖系数。值得注意的是,热流 $J_{q,ab}$ 完全是由不同金属的接点引起的,并不是通常电流在电路内通过时所产生的焦耳热 $I^2 R$。热电制冷原理所利用的就是帕尔帖效应。

(3) 第三种热电现象

现在再来研究第三种热电现象。如图 23.6 所示,热流和电流同时通过一个导电体,并有热耗散入环境。这时通过导体的总能流 J_E 为

$$J_E = J_q + E J_e = -k_t \frac{dT}{dx} + (\varepsilon T + E)J_e \tag{23.57}$$

总能流的梯度引起的与环境的热交换量 $J_{q,R}$ 为

$$J_{q,R} = J_{E,x} - J_{E,x+dx} = -\frac{dJ_{E,x}}{dx}dx \tag{23.58}$$

将式(23.57)与式(23.58)合并,可得

$$J_{q,R} = -\frac{d}{dx}\left[-\lambda_{q,e}\frac{dT}{dx} + (\varepsilon T + E)J_e\right]dx \tag{23.59}$$

现在来看一下温度线性分布时的特殊情况,既没有电流通过,也没有热量散向环境的图 23.6 中的情况。这时

$$\frac{d}{dx}\left(\lambda_{q,e}\frac{dT}{dx}\right) = 0 \tag{23.60}$$

将此式及式(23.53)代入式(23.60),可得

$$\frac{J_{q,R}}{dx} = -TJ_e\frac{d\varepsilon}{dx} + \frac{J_e^2}{k_e} \qquad (23.61)$$

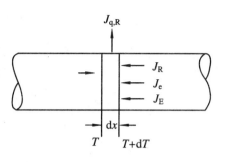

图 23.6　汤姆逊效应

由上式可以看到,在此特殊情况下,散入环境的热量并不等于焦耳热 J_e^2/k_e。所超出的部分叫作汤姆逊热。这种效应称为汤姆逊效应。这时有

$$(J_q)_{Thom} = -TJ_e\frac{d\varepsilon}{dx} = -TJ_e\frac{d\varepsilon}{dT}\frac{dT}{dx} = -\omega J_e\frac{dT}{dx}$$

其中

$$\omega = T\frac{d\varepsilon}{dT} \qquad (23.62)$$

称为汤姆逊系数。

在不同的金属接点处,利用式(23.62)与式(23.56)可以得到上述三种热电系数 ε、π 和 ω 之间的关系为

$$\frac{d\pi_{ab}}{dT} = (\varepsilon_b - \varepsilon_a) + (\omega_b - \omega_a) \qquad (23.63)$$

3. 熵产率理论在热电回路的应用

(1) 电偶回路

现在来考虑简单热电偶回路的情况。如图 23.7 所示,两种不同金属 a、b 连接在一起,两个接点分别处于不同的温度 T_1 与 T_2。由于存在温差,两个导体中的联合塞贝克效应将产生一个开路电势 E_{ab}。两种材料的联合塞贝克系数 α_{ab} 定义为

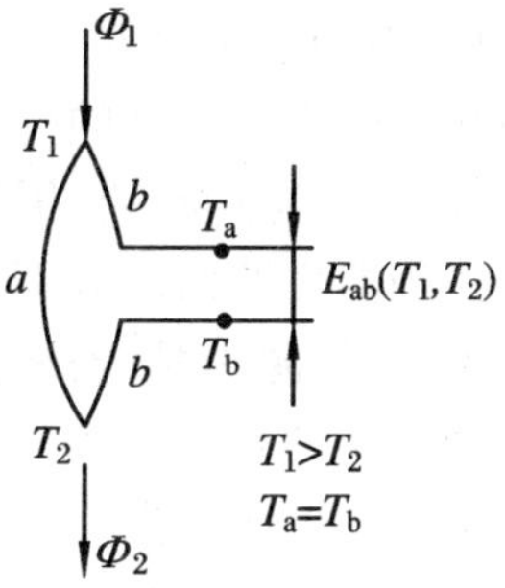

$$\alpha_{ab}(T) = \lim_{\Delta T \to 0}\frac{\Delta E_{ab}}{\Delta x} = \frac{dE_{ab}}{dT} \qquad (23.64)$$

即联合塞贝克系数可以用两种材料的热电势来表示。首先,按式(23.42)沿两个导体的全长进行积分以求得总电势,即

$$-E_{ab} = \int_{T_a}^{T_1}\varepsilon_b(T)dT + \int_{T_1}^{T_2}\varepsilon_a(T)dT + \int_{T_2}^{T_b}\varepsilon_b(T)dT$$

图 23.7　热电回路

如果输出端温度相同,即 $T_a = T_b$,则上式简化为

$$-E_{ab} = \int_{T_1}^{T_2}[\varepsilon_a(T) - \varepsilon_b(T)]dT \qquad (23.65)$$

对于小温差的极限情况,可有

$$\frac{dE_{ab}}{dT} = \varepsilon_b(T) - \varepsilon_a(T) = \alpha_{ab}(T) \qquad (23.66)$$

由式(23.56),知帕尔帖系数为

$$\pi_{ab} = T(\varepsilon_b - \varepsilon_a)$$

故两材料的联合塞贝克系数可以表示成

$$\alpha_{ab} = \frac{\pi_{ab}}{T} \qquad (23.67)$$

将式(23.64)改写成用 α_{ab} 表达,可得

$$\frac{d(T\alpha_{ab})}{dT} = \alpha_{ab} + \omega_b - \omega_a$$

微分后,得

$$\frac{\mathrm{d}\alpha_{ab}}{\mathrm{d}T} = \frac{\omega_b - \omega_a}{T} \tag{23.68}$$

图 23.7 所示热电就是我们最常遇到的热电偶,如果两种材料的 α_{ab} 数据已知,则测温非常方便。这时,只要参考点温度 T_2 已知,则输出电势就是 T_1 和联合塞贝克系数的单值函数,因而只要测得电压,就可得出所测温度。

这又表明在所加的限制条件下非平衡定态的熵产生具有极小值。最小熵产生原理反映了非平衡定态的一种"惰性"行为:当边界条件阻止体系达平衡态时,体系将选择一个最小耗散的态,而平衡态仅仅是它的一个特例,即熵产生为零或零耗散的态。

从最小熵产生原理可以得到一个重要结论:在非平衡态热力学的线性区,非平衡定态是稳定的。在非平衡态热力学的线性区,或者说在平衡态附近,不会自发形成时空有序的结构。

(2) 半导体温差发电器

此外,上述热电偶回路也可作为由热能生产功量的装置。当在高温 T_1 下输入热量 Φ_1 时,在低温 T_2 下放出热量 Φ_2 时,就形成了一个发动机。这时,若将外接负载与电路相连,就能从电路获得电功。反过来,这个电路又能用作制冷器。若将电流输入到回路中,则在两个接点处就能产生温差。

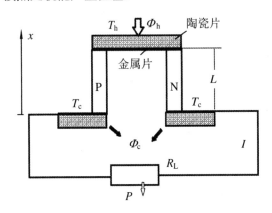

图 23.8 半导体温差发电模型图

图 23.8 是半导体温差发电器单元体示意图,它由 P(空穴型)、N(电子型)两种类型不同的半导体温差电材料为两个电偶臂,一端为内连接端,用贴在导热系数较好的陶瓷片上的导电带串联,另一端为开放端,用导线连接负载电阻 R_L。当器件的两端分别与两个高、低温度 T_h、T_c 的热源接触,据塞贝克效应,开放端与负载连接的两个接头产生电势,回路内有电流通过,并且有热流从高温端流向低温端,热端流入的热流为 Φ_h,冷端流出的热流为 Φ_c。

设 N、P 型电臂的电阻分别为 R_1、R_2,汤姆逊系数和导热系数分别为 ω_1、ω_2 和 λ_1、λ_2,两电臂的截面积和长度都为 A 和 L,T_1 和 T_2 分别为电臂 N、P 型电臂内部的温度函数。假定电臂侧面无热损失,系统达到稳定态时,系统的能量方程和 N、P 电臂的导热方程分别为

$$P = \Phi_h - \Phi_c = I^2 R_L \tag{23.69}$$

$$\lambda_1 A \frac{\mathrm{d}^2 T_1}{\mathrm{d}x^2} - \omega_1 I \frac{\mathrm{d}T_1}{\mathrm{d}x} + \frac{R_1 I^2}{L} = 0, \quad 0 \leqslant x \leqslant L \tag{23.70}$$

$$\lambda_2 A \frac{\mathrm{d}^2 T_2}{\mathrm{d}x^2} - \omega_2 I \frac{\mathrm{d}T_2}{\mathrm{d}x} + \frac{R_2 I^2}{L} = 0, \quad 0 \leqslant x \leqslant L \tag{23.71}$$

边界条件:

$$T_1(0) = T_2(0) = T_c, \quad T_1(L) = T_2(L) = T_h$$

令 α_h 和 α_c 分别表示热端和冷端的 N、P 两电臂联合塞贝克系数;器件汤姆逊系数 $\omega = \omega_2 - \omega_1$;总传热系数 $K = K_1 + K_2 = (\lambda_1 + \lambda_2)A/L$;$\Delta T = T_h - T_c$;$\dot{q}_1 = R_2 I^2/L$,$\dot{q}_2 = $

$R_1 I^2/L$。尽管通过电臂的电流焦耳热是内热源,求解得到电臂内温度分布为非线性,但是均匀内热源产生的焦耳热仍然是均分到冷热两端,于是解得

$$\Phi_h = \alpha_h T_h I + \lambda \Delta T - \frac{1}{2} I^2 R - \frac{1}{2} \omega I \Delta T \tag{23.72}$$

$$P = (\alpha_h T_h - \alpha_c T_c) I - \omega I \Delta T - I^2 R = I^2 R_L \tag{23.73}$$

显然,R_L 的配置对输出功率的大小影响很大,$R_L = 0$,$P = 0$;$R_L = \infty$,$P = 0$。所以必定有一个合适的 R_L 值,使 P 值最大。回路的电流

$$I = \frac{\alpha_h T_h - \alpha_c T_c}{R + R_L} \tag{23.74}$$

令 $k = R_L/R$,把式(23.74)的 I 代入计算 P 的式(23.73),得

$$P = \frac{(\alpha_h T_h - \alpha_c T_c)^2 k}{R (1+k)^2} \tag{23.75}$$

对式(23.74)的 P 函数的变量 k 求导并求极值,$dP/dk = 0$,得 $k = 1$,即 $R = R_L$ 时输出功率最大,有

$$P_{max} = \frac{(\alpha_h T_h - \alpha_c T_c)^2}{4R} \tag{23.76}$$

如果忽略联合塞贝克系数对温度的变化,令 $|\alpha_h| = |\alpha_c| = \alpha$,并令 $Z = \alpha^2/KR$,Z 称为器件的优质系数;令 $T = (T_h + T_c)/2$,则温差发电器的最大效率为

$$\eta_{max} = \frac{T_h - T_c}{T_h} \cdot \frac{\sqrt{1 + ZT} - 1}{\sqrt{1 + ZT} + T_c/T_h} \tag{23.77}$$

当 $R = R_L$ 时,最大输出功率对应的效率为

$$\eta'_{max} = \frac{\Delta T}{2T_h - \Delta T/2 + 4/Z} = \frac{\Delta T}{2T_c + 3\Delta T/2 + 4/Z} \tag{23.78}$$

半导体温差发电器的熵产率表达式的推导超出本书的要求,本书不再继续推导,有兴趣的读者可尝试自它推导,可以补充环境温度 T_0、负载与环境的散热系数或其他需要的条件。

23.8　最小熵产率原理和定态的稳定性

1945 年普里高津(Prigogine)确定了最小熵产率原理:在接近平衡的条件下,和外界强加的限制(控制条件)相适应的非平衡定态的熵产率具有极小值。最小熵产率原理实质是某种外界强加的限制条件下体系达到非平衡定态的判据。非平衡态熵产率 $\Delta \dot{S}_g$ 有下列特性:

① 一般非平衡态,$\Delta \dot{S}_g > 0$,体系的强度参数空间分布随时间变化,熵产率大于零;

② 非平衡定态,$\dfrac{d\dot{S}_g}{dt} = 0$,体系的强度参数空间分布不随时间变化,熵产率变化等于零;

③ 偏离定态,$\dfrac{d\dot{S}_g}{dt} < 0$,体系需要得到功的能量,强度参数空间分布才能变化。

非平衡定态具有最小熵产率的变分法证明:

由熵强度方程(23.21)和流函数(23.26),得

$$\sigma = \sum_k J_k X_k = \sum_{k,l} L_{k,l} X_l X_k \tag{23.79}$$

又得熵产率方程为

$$\frac{\mathrm{d}P_s}{\mathrm{d}t} = \int_V \frac{\partial \sigma}{\partial t} \mathrm{d}V = \int_V \sum_{k,l} L_{k,l} \left(X_l \frac{\partial X_k}{\partial t} + X_k \frac{\partial X_l}{\partial t} \right) \mathrm{d}V$$

$$= \int_V \left(\sum_k J_k \frac{\partial X_k}{\partial t} + \sum_l J_l \frac{\partial X_l}{\partial t} \right) \mathrm{d}V \quad \left(J_k = \sum_l L_{k,l} X_l \right)$$

$$= 2 \int_V \sum_k J_k \frac{\partial X_k}{\partial t} \mathrm{d}V \tag{23.80}$$

因为 l, k 均遍布所有的热力学力和流,定态时,体系中各处的热力学力和流均为定值,不再随时间变化,故有

$$\frac{\partial X_k}{\partial t} = 0 \quad (k = 1, 2, 3, \cdots), \quad \frac{\mathrm{d}\dot{S}_g}{\mathrm{d}t} = 0 \tag{23.81}$$

为增进对非平衡定态具有最小熵产率原理的理解,进一步举例说明:一个两组分体系,在体系的两端维持一恒定的温差,由于热扩散现象,这种温差也会引起浓度差,故体系中同时存在热流 J_q 及其推动力 X_q 和质量扩散流 J_m 及其推动力 X_m。在恒定温差的条件下,X_q 是不随时间变化的,而存在的热流 J_q 也是不随时间变化的,但是 X_m 没有受到约束,X_m 和 J_m 是可以变化的。随着时间的推移,体系总会达到定态,此时,X_q 和 J_q 还存在,但是质量扩散流则为零,$J_m = 0$。用数学关系描述上述例子,即

$$\sigma = J_q X_q + J_m X_m \tag{23.82a}$$

$$J_q = L_{q,q} X_q + L_{q,m} X_m \tag{23.82b}$$

$$J_m = L_{m,q} X_q + L_{m,m} X_m \tag{23.82c}$$

其中,唯象系数 $L_{q,m}$ 表示浓度梯度对热流的影响;$L_{m,q}$ 表示温度梯度对物质流的影响。

将流的式(23.82b)和式(23.82c)代入式(23.82a),有

$$\sigma = L_{q,q} X_q^2 + (L_{q,m} + L_{m,q}) X_q X_m + L_{m,m} X_m^2 \geqslant 0 \tag{23.82d}$$

上式为二元二次的齐次方程,其系数的矩阵式为

$$\begin{vmatrix} L_{q,q} & L_{q,m} \\ L_{m,q} & L_{m,m} \end{vmatrix} = L_{q,q} L_{m,m} - L_{q,m} L_{m,q} > 0 \tag{23.82e}$$

使熵源强度方程(23.82d)正定的充要条件是

$$L_{q,q} > 0, \quad L_{m,m} > 0 \tag{23.82f}$$

$$L_{m,q}^2 = L_{q,m}^2 = L_{q,m} L_{m,q} < L_{m,m} L_{q,q} \tag{23.82g}$$

实际的实验数据证明上述的唯象系数判据是正确的,即自唯象系数总是正的,如导热系数、扩散系数和电导系数;而耦合效应的互唯象系数,如热扩散互唯象系数 $L_{m,q}$ 和 $L_{q,m}$ 则可能有正有负,由倒易关系有 $L_{q,m} = L_{m,q}$,满足式(23.82g)的关系。

由于环境给定的条件,在满足(23.81)的关系 $\partial\sigma/\partial t = 0$ 时,温度梯度 X_q 恒定,而 X_m 仍然可自由变化,故在固定 X_q 的条件下,将式(23.82d)的 σ 对 X_m 求偏微商,注意式(23.82b)的扩散流表达式,并注意到 $L_{q,m} = L_{m,q}$,得

$$\frac{\partial \sigma}{\partial X_m} = 2L_{m,q} X_q + 2L_{m,m} X_m = 2(L_{m,q} X_q + L_{m,m} X_m) = 2J_m \tag{23.82h}$$

在温度梯度 X_q 恒定的条件下,达到定态时,热扩散流 $J_m = 0$,有

$$\left(\frac{\partial \sigma}{\partial X_{\mathrm{m}}}\right)_{J_{\mathrm{m}}} = 0 \tag{23.82i}$$

熵源强度函数的一阶导数为零,说明体系的熵产率在定态时有极值。取二阶微商,有

$$\frac{\partial^2 \sigma}{\partial X_{\mathrm{m}}^2} = \frac{\partial}{\partial X_{\mathrm{m}}}(2L_{21}X_{\mathrm{h}} + 2L_{22}X_{\mathrm{m}}) = 2L_{22} > 0 \tag{23.82j}$$

根据熵源强度函数的一阶导数为零,二阶微商大于零,因此,此种非平衡定态的熵源强度为最小值,即体系的熵产率为最小。或把最小熵产率原理表述为:线性非平衡态的发展随着时间的发展,总是朝着熵产生减少的方向发展,直到稳定态,此时体系的熵产率不再随时间变化,非平衡定态的熵产率在所论条件的非平衡态中具有最小值。

最小熵产率原理的物理理解:非平衡定态是一种稳定态,只存在与边界强加的势所对应的流;非平衡定态具有最小熵产率,只是与所论的体系在边界恒定势作用下未到达定态过程的熵产率相比;外界强加的限制条件或体系构造不同,体系定态的最小熵产率都不相同。

最小熵产生原理反映了非平衡定态的一种"惰性"行为:当边界条件阻止体系达平衡态时,体系将选择一个最小耗散的态,而平衡态是定态的一个特例,即熵产生为零或零耗散的态。熵产率最小原理在热传导器件的构形设计、换热器优化及热力和制冷系统优化领域有广泛的应用。熵产率最小原理的应用,在介绍㶲耗散极值原理和最小有效能率消耗率原理后,一同举例比较说明。

23.9　㶲耗散极值原理

1. 㶲的概念

2003 年过增元提出了讨论热量传递过程描述不可逆程度的㶲概念和㶲耗散极值原理,经过近 10 年的研究,已在导热的构形和对流换热器优化方面取得显著成果。

㶲 E_{h} 的定义式为

$$E_{\mathrm{h}} = \frac{1}{2}Q_{\mathrm{vh}}T = \frac{1}{2}Mc_{\mathrm{v}}T^2 \tag{23.83}$$

上式㶲的概念可以从集总热量所具有的平均势能来理解,Q_{vh} 为系统的存储热容,$T/2$ 为系统的平均温度势。如果对系统逐渐以准静态增加

$$\mathrm{d}E_{\mathrm{h}} = Q_{\mathrm{vh}}\mathrm{d}T \tag{23.84}$$

若以绝对零度为基准,则物体的㶲为

$$E_{\mathrm{h}} = \int_0^T Q_{\mathrm{vh}}\mathrm{d}T \tag{23.85}$$

按照式(23.85)的定义,㶲被作为一种状态量的新参数。

2. 㶲的耗散

㶲耗散理论认为,热量传递耗散了"热量的势能",即耗散了㶲。以无内热源的导热问题为例,能量方程为

$$\rho c_{\mathrm{v}}\frac{\partial T}{\partial t} = -\nabla \cdot \Phi \tag{23.86}$$

将式(23.83)的两边同乘以 T 并作少许变化,有

$$\rho c_v T \frac{\partial T}{\partial t} = -\nabla \cdot (\Phi T) + \Phi \cdot \nabla T \tag{23.87}$$

式(23.84)中等号的左边是微元体中㶲的随时间的变化,等号右边的第一项表示进入微元体的㶲流,而右边的第二项是微元体的㶲耗散,称为㶲耗散函数,记为

$$E_\varphi = -\Phi \cdot \nabla T = \lambda (\nabla T)^2 \tag{23.88}$$

式中,λ 为材料的导热系数;∇T 为温度梯度。

以一维稳态导热棒为例,棒长度为 L,两端温度分别为 $T_1(x=0)$、$T_2(x=L)$,且 $T_1 > T_2$,㶲方程为

$$\Phi T_1 = \Phi T_2 + \int_0^L E_\varphi dx \tag{23.89}$$

令 $P_\varphi = \int_0^L E_\varphi dx$ 为导热棒的㶲耗散量,有

$$P_\varphi = \int_0^L E_\varphi dx = -\int_0^L \Phi \frac{dT}{dx} dx = \Phi(T_1 - T_2) \tag{23.90}$$

式(23.87)说明,在恒定导热流的导热过程中的㶲耗散量,等于热流量与导热温差的乘积。

3. 㶲耗散极值原理与最小热阻原理

㶲耗散极值原理是指热量传输体系在外界给定的热势条件下,达到稳定态时的㶲耗散值为极值,具体是在给定热流的条件下,体系达到稳定态时的㶲耗散值最小,体系的导热温差最小;在给定温差的条件下,体系达到稳定态时的㶲耗散值最大,体系通过热流量最大。

㶲耗散极值原理的本质是最小热阻原理,过增元定义了㶲耗散与等效热阻的关系为

$$R_e = \frac{(\Delta T)^2}{E_{h\varphi}} \tag{23.91a}$$

$$R_e = \frac{E_{h\varphi}}{\Phi^2} \tag{23.91b}$$

式(23.91a)为定温差条件,当㶲耗散最大时,意味等效热阻最小;式(23.91b)为定热流条件,当㶲耗散最小时,意味等效热阻最小;所以耗散极值原理的物理意义是最小热阻原理。

这样,导热过程的优化就可归结为在一定的约束条件下,使其热阻最小,而热阻的数值是否最小,则由㶲耗散是否为极值来确定。因此,可以利用㶲耗散极值原理对导热和传热问题进行优化设计。

23.10 有效能消耗率最小原理和过程不可逆度

1. 有效能消耗率

熵产率和㶲耗散都是用来描述不可逆过程的不可逆程度的一种参数,但是两种参数的量纲都与能量流率的单位不同,前者是能量流率与温度的商,后者是能量流率与温度的积,因此都不可避免地受到系统温度和环境温度因素的影响,在表征某些场合的不可逆过程中出现偏差、失真,或者不能使用。

　　实际上,热量在介质中传递、流体流过管道、电流通过介质,都是不可逆过程。一切不可逆过程都要消耗能量,这个为不可逆过程提供驱动力并在过程进行中被消耗的能量,是一种寓之于热流、质量流为载体的能量流之中的潜在的可转换为功或驱使能量流动的能量,为有效能,而不是别的物理量。有效能消耗量是过程量,有时间坐标。不可逆过程单位时间所消耗的有效能量称作有效能消耗率,用符号 $\dot{E}_{u,ir}$ 表示,单位为 W。有效能消耗率总伴随着能量传递和交换的全过程,只要所论系发生了不可逆的状态变化,与外界有不可逆的能量交换,就有了有效能消耗率的量。因此,可以用不可逆过程的有效能消耗率描述不可逆过程的性能。有效能消耗率方程可以从能量守恒方程导出,即从所论系的不可逆过程的有效能流平衡方程中分解确定。

　　(1) 能流率守恒方程

　　热力系单位时间过程段的能量守恒方程称为能流率守恒方程,数学表达式为

$$\dot{E}_{in} + \dot{E}_{q} - \dot{E}_{out} - \dot{E}_{st} = 0 \tag{23.92a}$$

其中,$\dot{E}_{in}$、$\dot{E}_{q}$、$\dot{E}_{out}$ 和 $\dot{E}_{st}$ 分别表示进入、内热源、流出、储存于系统的能流率。进入系统的能量 $\dot{E}_{in}$,如果是闭口系,有热传导、对流换热和热辐射热流;如果是开口系,有流进的流体带的焓值。内热源 $\dot{E}_{q}$,是在系内部发生能量转换项,转换前的能量为化学能(例如燃烧)、电能、压力能或核能,转换后的能量变为当地温度的热能。输出能量 $\dot{E}_{out}$,有热传导、对流换热,或流出的流体带走的能量。储存 $\dot{E}_{st}$,可以是系的物质相变储热、显热储热或化学储能。在定态时,$\dot{E}_{st} = 0$;在无内热源时,$\dot{E}_{q} = 0$。式(23.92a)的能流率方程,对可逆和不可逆方程都适用。

　　根据式(4.11),势能 $e_{p(0)} = e_{u} + e_{n}$,能量可分为两部分:可做功的有效能量和不能做功的无效能量,所以可把能流率方程(23.92a)改为由有效能流率和无效能流率表示,下角标添"u"的表示有效能流,添"n"的表示无效能流,则有

$$\dot{E}_{u,in} + \dot{E}_{u,q} - \dot{E}_{u,out} - \dot{E}_{u,st} + \dot{E}_{n,in} + \dot{E}_{n,q} - \dot{E}_{n,out} - \dot{E}_{n,st} = 0 \tag{23.92b}$$

　　(2) 有效能消耗率 $\dot{E}_{u,ir}$

$$\dot{E}_{u,ir} = \dot{E}_{u,in} + \dot{E}_{u,q} - \dot{E}_{u,out} - \dot{E}_{u,st} \tag{23.93}$$

式(23.93)称为不可逆过程有效能消耗率方程。其中,$\dot{E}_{u,in}$ 为传热或流体带入的有效能流率;$\dot{E}_{u,q}$ 为内热源未转换为热能前能量的有效能流率;$\dot{E}_{u,out}$ 为传热或流体带出的有效能流率;$\dot{E}_{u,st}$ 为储存于系统的能量的有效能流率。有效能消耗率方程的物理描述为:所论热力系有效能消耗率 $\dot{E}_{u,ir}$ 等于流入系统的与流出系统的有效能流率的差值。特别需要指出的是,$\dot{E}_{u,q}$ 转换为热能后,其热量最后都转移到输出或储存的热量中了,所以不再单独计算 $\dot{E}_{u,q}$ 转换为热能的有效能流率了。

　　(3) 无效能增加率 $\dot{E}_{n,ir}$

$$\dot{E}_{n,ir} = \dot{E}_{n,in} + \dot{E}_{n,q} - \dot{E}_{n,out} - \dot{E}_{n,st} \tag{23.94}$$

其中,$\dot{E}_{n,ir}$ 为不可逆过程的无效能增加率;$\dot{E}_{u,in}$、$\dot{E}_{u,q}$、$\dot{E}_{u,out}$ 和 $\dot{E}_{u,st}$ 分别为进入能量的、内热源功率未转换为热能前的、输出能量的和储存能量的无效能流率。

　　(4) 有效能消耗率与无效能增加率的零和原理

　　根据式(23.92b),得不可逆过程中的有效能消耗率与无效能增加率之和为零的方程

$$\dot{E}_{\mathrm{u,ir}} + \dot{E}_{\mathrm{n,ir}} = 0 \tag{23.95}$$

方程(23.95)说明,不可逆过程消耗的有效能变成无效能,揭示了不可逆过程消耗的有效能归宿,它符合能量守恒定律,在不可逆过程仅出现能量品质的损失,没有产生新的物理量,既没有出现熵产的"无中生有",也没有出现㶲耗散的"有变无"的物理难以解释的现象。

2. 有效能消耗源强度 $\sigma_{\mathrm{u,ir}}$

(1) 有效能消耗源强度

单位体积的有效能消耗率定义为有效能消耗源强度,用符号 $\sigma_{\mathrm{u,ir}}$ 表示,单位为 $\mathrm{W/m^3}$,其定义式为

$$\sigma_{\mathrm{u,ir}} = \frac{\mathrm{d}E_{\mathrm{u,ir}}}{\mathrm{d}t\,\mathrm{d}V} = \frac{\mathrm{d}\dot{E}_{\mathrm{u,ir}}}{\mathrm{d}V} = -\frac{\mathrm{d}\dot{E}_{\mathrm{n,ir}}}{\mathrm{d}V} \tag{23.96}$$

其中,$\mathrm{d}E_{\mathrm{u,ir}}$ 为 $\mathrm{d}V$ 微元体在 $\mathrm{d}t$ 时间的不可逆过程的有效能消耗量。

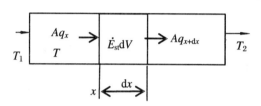

图 23.9　有效能消耗源强度分析模型图

下面以图 23.9 所示的无内热源一维导热为例,取微元体 $\mathrm{d}V = A\mathrm{d}x$ 来分析导热过程,进一步说明有效能消耗率的原理和有效能消耗源强度的具体表达式。

图 23.9 所示的 $A\mathrm{d}x$ 微元体的能流率 $\mathrm{d}\dot{E}$ 为

$$\mathrm{d}\dot{E} = -A\lambda\frac{\partial^2 T}{\partial x^2}\mathrm{d}x + \rho c_{\mathrm{p}}A\frac{\partial T}{\partial t}\mathrm{d}x$$

微元体有效能消耗率 $\mathrm{d}\dot{E}_{\mathrm{u,ir}}$,据式(23.93)~式(23.95),得

$$\mathrm{d}\dot{E}_{\mathrm{u,ir}} = T_0 A\frac{\partial(q/T)}{\partial x}\mathrm{d}x - T_0\rho c_{\mathrm{p}}\frac{\partial\bar{T}}{\bar{T}\partial t}\mathrm{d}V$$

$$= \frac{T_0\lambda}{T^2}\left(\frac{\partial T}{\partial x}\right)^2 A\mathrm{d}x - \frac{T_0\lambda}{T}\frac{\partial^2 T}{\partial x^2}A\mathrm{d}x + \rho c_{\mathrm{p}}\frac{T_0\partial\bar{T}}{\bar{T}\partial t}\mathrm{d}V \geqslant 0 \tag{23.97}$$

所以,图 23.9 例的有效能消耗源强度 $\sigma_{\mathrm{u,ir}}$ 表达式为

$$\sigma_{\mathrm{u,ir}} = \frac{\mathrm{d}E_{\mathrm{u,ir}}}{\mathrm{d}t\,\mathrm{d}V} = \frac{\mathrm{d}\dot{E}_{\mathrm{u,ir}}}{\mathrm{d}V} = \frac{T_0\lambda}{T^2}\left(\frac{\partial T}{\partial x}\right)^2 - \frac{T_0\lambda}{T}\frac{\partial^2 T}{\partial x^2} + \rho c_{\mathrm{p}}\frac{T_0\partial\bar{T}}{\bar{T}\partial t}\mathrm{d}V \geqslant 0 \tag{23.98}$$

因为

$$\lambda\frac{\partial^2 T}{\partial x^2}A\mathrm{d}x - \rho c_{\mathrm{p}}\frac{\partial\bar{T}}{\partial t}\mathrm{d}V = 0 \tag{23.99}$$

所以,式(23.98)等号右边的后两项简化为

$$-\frac{T_0\lambda}{T}\frac{\partial^2 T}{\partial x^2}A\mathrm{d}x + T_0\rho c_{\mathrm{p}}\frac{T_0\partial\bar{T}}{\bar{T}\partial t}\mathrm{d}V = \lambda T_0\frac{\partial^2 T}{\partial x^2}A\mathrm{d}x\left(\frac{1}{T} - \frac{1}{\bar{T}}\right)\geqslant 0 \tag{23.100}$$

因为当 $\partial T/\partial x < 0$ 时,表示传热进微元体的热量多,则储存热量使微元体温度上升,$\bar{T} > T$;反之,当 $\partial T/\partial x > 0$ 时,$\bar{T} < T$。所以,式(23.100)的值总是正值,也即有效能消耗源强度 $\sigma_{\mathrm{u,ir}} \geqslant 0$。

当定态时,$\partial T/\partial t = 0$,式(23.100)的值为零,则式(23.98)简化为

$$\sigma_{\mathrm{u,ir}} = \frac{\mathrm{d}E_{\mathrm{u,ir}}}{\mathrm{d}t\,\mathrm{d}V} = \frac{\mathrm{d}\dot{E}_{\mathrm{u,ir}}}{\mathrm{d}V} = \lambda\frac{T_0}{T^2}\left(\frac{\mathrm{d}T}{\mathrm{d}x}\right)^2 \tag{23.101}$$

3. 有效能消耗源强度与熵源强度的关系

图 23.9 例与图 23.1 例有相同的熵源强度 σ，由式(23.9)，把 $J_q = A\lambda \dfrac{\mathrm{d}T}{\mathrm{d}x}$ 代入其中，得

$$\sigma = -q \frac{\mathrm{d}T}{T^2 \mathrm{d}x} = \frac{\lambda}{T^2}\left(\frac{\mathrm{d}T}{\mathrm{d}x}\right)^2 \tag{23.102}$$

比较式(23.101)与式(23.102)，得有效能消耗源强度 $\sigma_{u,ir}$ 与熵源强度 σ 的关系式为

$$\sigma_{u,ir} = T_0 \sigma \tag{23.103}$$

根据式(23.103)的关系，在对有效能消耗源强度 $\sigma_{u,ir}$ 作流和力的分解时，其流取熵源强度 σ 的流 J，而力取熵源强度 σ 的力 X 与环境温度 T_0 的乘积，即 $T_0 X$ 即可。

4. 有效能消耗源强度 $\sigma_{u,ir}$ 与炽耗散函数 E_φ 的关系

图 23.9 例定态时的炽耗散函数 E_φ 为

$$E_\varphi = -q \frac{\mathrm{d}T}{\mathrm{d}x} = \lambda \left(\frac{\mathrm{d}T}{\mathrm{d}x}\right)^2 \tag{23.104}$$

比较式(23.98)与式(23.100)，得有效能消耗源强度 $\sigma_{u,ir}$ 与炽耗散函数 E_φ 的关系式为

$$\sigma_{u,ir} = \frac{T_0}{T^2} E_\varphi \tag{23.105}$$

5. 有效能消耗率最小值原理

参照熵产率最小原理，有效能消耗率最小原理表述为：线性非平衡态的发展随着时间的发展，总是朝着有效能消耗率减少的方向发展，直到稳定态，此时有效能消耗率不再随时间变化，在接近平衡的条件下，和外界强加的限制（控制条件）相适应的体系非平衡定态的有效能消耗率具有极小值。

有效能消耗率最小是某种外界强加的限制条件下体系达到非平衡定态的判据。非平衡态体系有效能消耗率 $\dot{E}_{u,ir}$ 有下列特性：

① 一般非平衡态，有效能消耗率 $\dot{E}_{u,ir} > 0$，体系的力强度参数空间分布随时间变化，$T_0 \partial X/\partial t \neq 0$，$X$ 为对应熵源强度中的力强度参数，$T_0 X$ 为有效能消耗源的力强度参数。

② 非平衡定态，有效能消耗率 $\mathrm{d}\dot{E}_{u,ir}/\mathrm{d}t = 0$，$\dot{E}_{u,ir} \neq 0$ 为定边界条件的系统经历充分时间后，体系的力强度参数空间分布不随时间变化，$T_0 \partial X/\partial t = 0$。

③ 偏离定态，有效能消耗率 $\mathrm{d}\dot{E}_{u,ir}/\mathrm{d}t < 0$，意味体系偏离稳定态时需要得到正功的能量，体系的强度参数空间分布才能变化。

有效能消耗率最小原理的物理理解：非平衡定态是一种稳定态，只存在与边界强加的势（力强度参数）所对应的流；非平衡定态具有最小有效能消耗率，只是与所论的体系在边界恒定势作用下未到达定态过程的有效能消耗率相比；外界强加的限制条件或体系构造不同，体系定态的最小有效能消耗率都不相同。

在图 23.9 例中，如果所论系为一维导热棒，导热系数为 λ，两端分别与温度为 T_1 和 T_2 的热源接触，$T_1 > T_2$，初始的导热棒温度为 T_2，因此，导热棒与热源接触后的一段时间内，导热棒有部分吸热的热量储存于棒内，其有效能消耗率为式(23.97)中等号右边的第二、三项之和总大于零，只有导热棒内温度分布不随时间改变，即 $\partial \overline{T}/\partial t = 0$ 时，导热棒在定态导热过程的有效能消耗率 $E_{u,ir}$ 才为最小值，见式(23.101)。

所论系定态时的有效能消耗率 $E_{u,ir}$ 可以从系统的有效能率方程(23.93)或对有效能消耗源强度方程(23.96)的体积积分获得。

图 23.9 例的导热棒,如果进、出系统的能量是温度为 T_1、T_2 时,热流通量为 Φ,由式 (23.93),或式(23.95)与式(23.94),得导热棒的有效能消耗率为

$$\dot{E}_{u,ir} = \dot{E}_{u,in} - \dot{E}_{u,out} = \dot{E}_{n,out} - \dot{E}_{n,in} = \Phi\left(\frac{1}{T_2} - \frac{1}{T_1}\right)T_0 \tag{23.106}$$

图 23.9 例的导热棒的熵产率 $\Delta\dot{S}_g$ 为

$$\Delta\dot{S}_g = \Phi\left(\frac{1}{T_2} - \frac{1}{T_1}\right) \tag{23.107}$$

比较式(23.106)和式(23.107)得出,有效能消耗率 $\dot{E}_{u,ir}$ 与熵产率 $\Delta\dot{S}_g$ 的关系为

$$\dot{E}_{u,ir} = T_0\Delta\dot{S}_g \tag{23.108}$$

图 23.9 例的炽耗散率 $\dot{E}_{h\varphi}$ 为

$$\dot{E}_{h\varphi} = \int_0^L E_\varphi \mathrm{d}x = \int_{T_1}^{T_2} \Phi\mathrm{d}T = \Phi(T_1 - T_2) \tag{23.109}$$

比较式(23.106)和式(23.109)得出,有效能消耗率 $\dot{E}_{u,ir}$ 与炽耗散率 $\dot{E}_{h\varphi}$ 的关系为

$$\dot{E}_{u,ir} = \frac{T_0}{T_1 T_2}\dot{E}_{h\varphi} \tag{23.110}$$

6. 不可逆度

为了表示过程的不可逆度,有效能消耗率的理论使用有效能消耗系数;熵产率的理论使用"熵产数";炽耗散率的理论使用"炽耗散数"。无论采用何种方式,表征过程不可逆度的参数的共性必须是与描述过程不可逆性参数有关的无量纲数。

(1) 有效能消耗系数

有效能消耗率的理论对不可逆过程的不可逆度定义为:过程的总有效能消耗率 $\dot{E}_{u,ir}$ 与过程输运的总能流率 $\dot{E}$ 的比值,即系统在不可逆过程的单位输运能流率所消耗的有效能流率,也可称为不可逆过程有效能消耗系数,或不可逆过程功耗系数,用符号 $\eta_{u,ir}$ 表示,数学定义式为

$$\eta_{u,ir} = \frac{\dot{E}_{u,ir}}{\dot{E}} \tag{23.111a}$$

式中,$\dot{E}$ 在一般的热力系统,例如,一台热机通过两个换热器分别与高温 T_H 热源和低温 T_L 热源接触的系统,输入、输出的热流率和输出功率分别为 Φ_H、Φ_L 和 P_{out} 时,$\dot{E} = \Phi_H = \Phi_L + P_{out}$;在一般的制冷或热泵系统,输入功率记为 P_{in}。

据式(23.93),系统有效能消耗率 $\dot{E}_{ir}$ 在一般的热力系统为

$$\dot{E}_{u,ir} = \Phi_H\left(1 - \frac{T_0}{T_H}\right) - \Phi_L\left(1 - \frac{T_0}{T_L}\right) - P_{out} = \Phi_H T_0\left(\frac{1}{T_L} - \frac{1}{T_H}\right) - P_{out}\frac{T_0}{T_L} \tag{23.112a}$$

$\dot{E}_{ir}$ 在制冷或热泵系统为

$$\dot{E}_{u,ir} = P_{in} - \Phi_H\left(1 - \frac{T_0}{T_H}\right) + \Phi_L\left(1 - \frac{T_0}{T_L}\right) = P_{in}\frac{T_0}{T_L} - \Phi_H\left(\frac{T_0}{T_L} - \frac{T_0}{T_H}\right) \tag{23.112b}$$

在一般的热力系统有效能消耗系数,即不可逆度,由式(23.111a)和式(23.112a),得

$$\eta_{u,ir} = \frac{\dot{E}_{u,ir}}{\varPhi_H} = T_0 \left(\frac{1}{T_L} - \frac{1}{T_H} \right) - \eta \frac{T_0}{T_L} = \eta_{C,H} - \eta_{C,L} - \eta \frac{T_0}{T_L} \qquad (23.111b)$$

式中，$\eta_{C,H}$、$\eta_{C,L}$、η 分别为

$$\eta_{C,H} = 1 - \frac{T_0}{T_H}, \qquad \eta_{C,L} = 1 - \frac{T_0}{T_L}, \qquad \eta = 1 - \frac{T_L}{T_H}$$

式中，η 为热力系统的效率。当 $\eta = 0$ 时，$\eta_{u,ir}$ 为纯传热过程的有效能消耗系数，即上式等号右边的第一项，与式(23.106)一致；当 $\eta_{u,ir} = 0$ 或 $T_L = T_0$ 时，由上式得 $\eta = (1 - T_L/T_H)$，为卡诺热机的效率。

在制冷或热泵系统的有效能消耗系数，即不可逆度，由式(23.111a)和式(23.112d)得

$$\eta_{u,ir} = \frac{\dot{E}_{u,ir}}{\varPhi_H} = \frac{T_0}{T_L} \cdot \frac{1}{COP} - T_0 \left(\frac{1}{T_L} - \frac{1}{T_H} \right) = \frac{T_0}{T_L} \cdot \frac{1}{COP} + \eta_{C,L} - \eta_{C,H}$$

$$(23.111c)$$

式中，COP 为热泵性能系数，当热泵系统 $\eta_{u,ir} = 0$ 或 $T_L = T_0$ 时，$COP = 1/(1 - T_L/T_H) = COP_C$，$COP_C$ 为逆卡诺循环热泵性能系数；等号右边的第二项为反自发过程系统的有效能增加系数，即外界输入的功率转化为系统的有效能增加。

由式(23.112c)，得热力系统的效率的一般表达式为

$$\eta = \frac{T_L (\eta_{C,H} - \eta_{C,L} - \eta_{u,ir})}{T_0} \qquad (23.112c)$$

由式(23.112d)，得热泵系统性能系数的一般表达式为

$$COP = \frac{T_0}{(\eta_{C,H} - \eta_{C,L} - \eta_{u,ir}) T_L} \qquad (23.112d)$$

结论和讨论：以上导出的有效能消耗系数 $\eta_{u,ir}$ 表达式，在热力系统，与效率 η 共同描述系统的热力特性；在自发热能输运系统，表征传热过程的效率或不可逆度；在反自发热输运的热泵系统，与 COP 共同描述热泵系统的热力性能。$\eta_{u,ir}$ 构建了热量传输和热/功转换的不可逆过程的共通基准和变换标尺，是传热学和热力学的共性理论基准，在热物理学科具有普遍适用性。

(2) 熵产数

数十年来，热力学是以熵产率作为描述不可逆过程特性的重要参数，然而，由于传统的熵产率与系统的输入能流率的比值 $\Delta \dot{S}_g / \dot{E}_{in}$ 的量纲为 T^{-1}，不能获得表征过程不可逆度的无量纲数；为了能给不可逆过程的程度找到一个评价的标尺，Began(1982)提出采用对流换热器流体中较小热容流率 $(\dot{m} c_p)_{min}$ 作为熵产率的比较基准以获得一个无量纲的"熵产数"N_s，其定义式为

$$N_s = \frac{\dot{S}_{gen}}{(\dot{m} c_p)_{min}} \qquad (23.113a)$$

Xu Z M(1996)对 N_s 进行物理意义解释时给式(23.113a)的分子和分母同乘以换热器较小热容流率流体的温度变化值 ΔT_c，于是，式(23.113a)变形为

$$N_s = \frac{\dot{S}_{gen} \Delta T_c}{\dot{Q}} \qquad (23.113b)$$

式(23.113b)中，$\dot{Q} = \dot{m} c_p \Delta T_c$ 为换热器的换热流率，含义与本书中的 $\varPhi$ 相同。显然，式(23.113b)表明 N_s 为无量纲的整体熵产率或单位换热率的熵产率与 ΔT_c 的乘积。**Xu Z M**

认为:乘数 ΔT_c 是变数,会导致 N_s 随换热器面积增大而增大。于是,Xu Z M 提议用换热器热、冷流体的固定初始温差 $\Delta T_0 = T_{h,in} - T_{c,in}$ 代替 ΔT_c,定义的修正熵产数 N'_s 为

$$N'_s = \frac{\dot{S}_{gen}\Delta T_0}{(\dot{m}c_p)_{min}\Delta T_0} = \frac{\dot{S}_{gen}\Delta T_0}{\dot{Q}_{max}} \tag{23.114}$$

式中,$\dot{Q}_{max}$ 为对流换热器理论最大的换热流量率。上述两个定义的熵产数都不能正确描述对流换热器随传热性能 ε 的增加不可逆损失减小的现象,文献称为"熵产悖论"。

(3) 烌耗散数

也因为烌耗散的量纲与能量量纲的不一致,无法通过与输运的热流量的比值获得表征热输运过程的效率和过程的不可逆程度,所以文献[22]提出把传热热流量 Φ 的烌 $\dot{E}_{h\varphi}$,与 Φ 和最大温差 $(T_{h,1} - T_{c,1})$ 的乘积 $\Phi(T_{h,1} - T_{c,1})$ 所定义的最大烌耗散率 $\Delta\dot{E}_{h\varphi,max}$ 的比值,定义为"烌耗散数",用符号 ΔE^* 表示,其数学表达式为

$$\Delta E^* = \frac{\Delta\dot{E}_{h\varphi,max}}{\Phi(T_{h,1} - T_{c,1})} \tag{23.115}$$

23.11 逆流换热器的传热性能分析与优化例

为进一步阐述效能消耗率最小原理和对熵产率、烌耗散理论的比较,以壳管式逆流换热器进行性能分析和优化为例进行说明。

1. 逆流换热器能流模型

图 23.10 为一台壳管式逆流换热器能流模型,图中 $\dot{m}$、c、ρ 和 Δp 分别表示流体质量流率、比定压热容、密度和流动阻力产生的压力降;下角标"h""c""1""2"分别表示热流体、冷流体、进口、出口的参数。换热器热流体侧和冷流体侧的压力能消耗率分别为 $\dot{E}_{p,h} = \dot{m}_h\Delta p_h/\rho_h$ 和 $\dot{E}_{p,c} = \dot{m}_c\Delta p_c/\rho_c$;热、冷流体的焓变化率,也即换热流率分别为 $\Phi_h = \dot{m}_hc_h(T_{h,1} - T_{h,2})$ 和 $\Phi_c = \dot{m}_cc_c(T_{c,2} - T_{c,1})$。

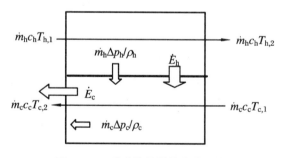

图 23.10 逆流换热器换热能流模型

2. 逆流换热器能流量方程和传热方程

在陈则韶的换热器优化工作的基础上,增加考虑流动压力能消耗后,图 23.10 所示的逆流换热器达到定态后的能流率和高、低温流体的传热流率方程组分别为

$$\Phi_h + \dot{E}_{p,h} + \dot{E}_{p,c} - \Phi_c = 0 \tag{23.116}$$

$$\Phi_h + \dot{E}_{p,h} = kA\Delta T_{ln} \tag{23.117}$$

$$\Phi_c = \dot{E}_{p,c} + kA\Delta T_{ln} \tag{23.118}$$

式中,$K = kA$ 为总的传热系数,单位为 W/K;$\Delta T_{ln,m}$ 为对数平均温差。

换热器传热过程的有效能消耗率为

$$\dot{E}_{\mathrm{u,ir}} = \Phi_{\mathrm{h}} T_0 \left(\frac{1}{T_{\mathrm{R,c}}} - \frac{1}{T_{\mathrm{R,h}}} \right) + \frac{T_0}{T_{\mathrm{R,c}}} (\dot{E}_{\mathrm{p,h}} + \dot{E}_{\mathrm{p,c}}) \tag{23.119}$$

式中,等号右边的第二项为消耗了的压力能输出时所带走的无效能流率; $T_{\mathrm{R,h}}$ 和 $T_{\mathrm{R,c}}$ 表示热、冷流体的等效热力平均温度,表达式为

$$T_{\mathrm{R,h}} = \frac{T_{\mathrm{h,1}} - T_{\mathrm{h,2}}}{\ln(T_{\mathrm{h,1}}/T_{\mathrm{h,2}})}$$

$$T_{\mathrm{R,c}} = \frac{T_{\mathrm{c,2}} - T_{\mathrm{c,1}}}{\ln(T_{\mathrm{c,2}}/T_{\mathrm{c,1}})}$$

3. 换热器传热过程的有效能消耗系数 $\eta_{\mathrm{u,ir}}$

$$\eta_{\mathrm{u,ir}} = \frac{\dot{E}_{\mathrm{u,ir}}}{\Phi_{\mathrm{c}}} = T_0 \left(\frac{1}{T_{\mathrm{R,c}}} - \frac{1}{T_{\mathrm{R,h}}} \right) \frac{\Phi_{\mathrm{h}}}{\Phi_{\mathrm{c}}} + \frac{T_0}{T_{\mathrm{R,c}}} \left(\frac{\dot{E}_{\mathrm{p,h}}}{\Phi_{\mathrm{h}}} \frac{\Phi_{\mathrm{h}}}{\Phi_{\mathrm{c}}} + \frac{\dot{E}_{\mathrm{p,c}}}{\Phi_{\mathrm{c}}} \right) \tag{23.120a}$$

由于 $\dot{E}_{\mathrm{P}} = \dot{E}_{\mathrm{p,h}} + \dot{E}_{\mathrm{p,c}} \ll \Phi_{\mathrm{h}}$,压力能消耗率只占传热率的 $2\% \sim 5\%$,所以上式可以简化为

$$\eta_{\mathrm{u,ir}} = T_0 \left(\frac{1}{T_{\mathrm{R,c}}} - \frac{1}{T_{\mathrm{R,h}}} \right) + \frac{T_0}{T_{\mathrm{R,c}}} \left(\frac{\dot{E}_{\mathrm{p,h}}}{\Phi_{\mathrm{h}}} + \frac{\dot{E}_{\mathrm{p,c}}}{\Phi_{\mathrm{c}}} \right) = \eta_{\mathrm{u,ir,H}} + \eta_{\mathrm{u,ir,P}} \tag{23.120b}$$

式中, $\eta_{\mathrm{u,ir,H}}$ 和 $\eta_{\mathrm{u,ir,P}}$ 分别为有限温差传热有效能消耗系数和流体流动压力能消耗系数,表达式为

$$\eta_{\mathrm{u,ir,H}} = T_0 \left(\frac{1}{T_{\mathrm{R,c}}} - \frac{1}{T_{\mathrm{R,H}}} \right) \tag{23.121}$$

$$\eta_{\mathrm{u,ir,p}} = \frac{T_0(\dot{E}_{\mathrm{p,h}}/\Phi_{\mathrm{h}} + \dot{E}_{\mathrm{p,c}}/\Phi_{\mathrm{c}})}{T_{\mathrm{R,c}}} \tag{23.122}$$

虽然, $\dot{E}_{\mathrm{P}} \ll \Phi_{\mathrm{h}}$,但是, $\eta_{\mathrm{u,ir,P}}$ 与 $\eta_{\mathrm{u,ir,H}}$ 相比是不可忽略的。以下就 $\eta_{\mathrm{u,ir,H}}$ 和 $\eta_{\mathrm{u,ir,P}}$ 进行分析,并与文献的熵产数和㶲耗散数进行对比。

4. 有限温差传热有效能消耗系数 $\eta_{\mathrm{u,ir,H}}$

为了表示方便和使推导式能普遍适用,首先对温度和能量流率进行无量纲处理。无量纲温度记为 τ_i,定义为所论温度 T_i 与换热器热、冷流体进口温差 $T_{\mathrm{h,1}} - T_{\mathrm{c,1}}$ 为比较基准,定义式为 $\tau_i = T_i/(T_{\mathrm{h,1}} - T_{\mathrm{c,1}})$,下标 i 与对应温度的下标相同,例如, $\tau_{\mathrm{h,1}}$ 为 $T_{\mathrm{h,1}}$ 的无量纲温度;无量纲热、冷流体的等效热力平均温度 $\tau_{\mathrm{R,h}}$、 $\tau_{\mathrm{R,c}}$ 分别为

$$\tau_{\mathrm{R,h}} = \frac{\tau_{\mathrm{h,1}} - \tau_{\mathrm{h,2}}}{\ln(\tau_{\mathrm{h,1}}/\tau_{\mathrm{h,2}})} = \frac{\varepsilon}{\ln[1/(1 - \varepsilon/\tau_{\mathrm{h,1}})]} \tag{23.123}$$

$$\tau_{\mathrm{R,c}} = \frac{\tau_{\mathrm{c,2}} - \tau_{\mathrm{c,1}}}{\ln(\tau_{\mathrm{c,2}}/\tau_{\mathrm{c,1}})} = \frac{C_* \varepsilon}{\ln(C_* \varepsilon/\tau_{\mathrm{c,1}} + 1)} \tag{23.124}$$

传热有效度 ε 为较小热容流体的换热流率与假定最大能流率 $\Phi_{\max} = \dot{m}_{\min} c_{\min} (T_{\mathrm{h,1}} - T_{\mathrm{c,1}})$ 的比值,数学式为

$$\varepsilon = \frac{\dot{m}_{\mathrm{h}} c_{\mathrm{h}} (T_{\mathrm{h,1}} - T_{\mathrm{h,2}})}{\Phi_{\max}} = \tau_{\mathrm{h,1}} - \tau_{\mathrm{h,2}} \tag{23.125}$$

令 C_* 为热容比数,是两种流体中较小热容流率与较大容之比,本书假定热流体的 $\dot{m}_{\mathrm{h}} c_{\mathrm{h}}$ 为较小热容流率,即 $C_* = \dot{m}_{\mathrm{h}} c_{\mathrm{h}}/\dot{m}_{\mathrm{c}} c_{\mathrm{c}}$。

有限温差传热有效能消耗系数 $\eta_{\mathrm{u,ir,H}}$

$$\eta_{\mathrm{u,ir,H}} = \tau_0 \left(\frac{1}{\tau_{\mathrm{R,c}}} - \frac{1}{\tau_{\mathrm{R,h}}} \right) = \frac{\tau_0 [\ln(C_* \varepsilon/\tau_{\mathrm{c,1}} + 1)/C_* + \ln(1 - \varepsilon/\tau_{\mathrm{h,1}})]}{\varepsilon}$$

$$\tag{23.126}$$

在逆流换热器中㶲耗散数 ΔE^* 为

$$\Delta E^* = \frac{1 - \varepsilon(1 + C_*)}{2} \tag{23.127}$$

熵产数 N_s 参见文献[21,22]给的计算式 N_s 为

$$N_s = C_* \ln\left[1 - \varepsilon\left(1 - \frac{T_{c,1}}{T_{h,1}}\right)\right] + \ln\left[1 + C_*\varepsilon\left(\frac{T_{h,1}}{T_{c,1}} - 1\right)\right] \tag{23.128}$$

5. 流体流动的压力能消耗系数 $\eta_{u,ir,p}$

式(23.122)中的 $\eta_{u,ir,p}$ 与流体的速度 u，流体物性(密度 ρ、动力黏度 μ、比热 c_p)、换热器的结构形式(传热面积 A、流道长度 L、流道管径 D 或流道截面积 A_c、流道的摩擦系数 f)、换热器换热流率 Φ、传热温差 ΔT_{ln}、传热有效度 ε 等因素有关；顺序利用以下关系式对式(23.122)进行变换：$\dot{E}_{p,h} = \dot{m}_h \Delta p_h / \rho_h$；$\Delta p = f\dfrac{L}{D}\dfrac{\rho u^2}{2}$，管内流动压力降，Pa；$u = u_* u_0$，$u_0 = \dfrac{\dot{m}_0}{\rho_h A_c}$ 为 $C_* = 1$ 时流体的流速，m/s；$u_* = \dfrac{u}{u_0} = \dfrac{\dot{m}_{min}}{\dot{m}_0} = C_* \dfrac{c_{max}}{c_{min}} = \dfrac{C_*}{c_*}$，为质量流率数，是质量流率与 $C_* = 1$ 时基准质量流率 $\dot{m}_0$ 的比值；$c_* = c_{min}/c_{max}$，为比热容数，是两种流体的小比热容与大比热容之比；$Ntu = \dfrac{UA}{\dot{m}_{min} c_{min}} = \dfrac{UA}{\dot{m}_h c_h}$，为传热单元数；$U$ 为换热器总传热系数，单位为 W/(m²·K)，在忽略换热壁的热阻时，$U = U_h\left(\dfrac{1}{1 + U_h/U_c}\right)$，$U_h$、$U_c$ 分别为热、冷流体的对流换热系数；$A = \dfrac{4L}{D}A_c$ 为换热器传热面积，单位为 m²；A_c 为流道截面积，单位为 m²；$u = \dfrac{\dot{m}}{\rho A_c}$；$St_h = \dfrac{U_h}{u\rho_h c_h} = \dfrac{Nu_h}{Re_h \cdot Pr_h}$ 为热流体的斯坦顿数，是无量纲换热系数；$Nu_h = \dfrac{U_h D}{\lambda_h}$，为热流体的努塞尔数；$\lambda$ 为热流体导热系数，单位为 W/(m·K)；$Re_h = \dfrac{u_h D}{\nu_h} = \dfrac{\rho_h u_h D}{\mu_h}$ 为雷诺数；ν_h 为热流体的运动黏度，单位为 m²/s；μ_h 为热流体的动力黏度，单位为 kg/(s·m)；$Pr_h = \dfrac{c_h \mu_h}{\lambda_h}$ 为热流体的普朗特数；$\omega_0 = \dfrac{u_0^2}{2(T_{h,1} - T_{c,1})c_h}$ 为基准流动能数，是 $C_* = 1$ 时流体流动动能与极限传热焓差的比值；于是，可把式(23.120b)中的 $\dot{E}_{p,h}/\Phi_h$ 变换为

$$\frac{\dot{E}_{p,h}}{\Phi_h} = M_*^2 \cdot \left(1 + \frac{U_h}{U_c}\right)\frac{f}{4}\frac{Ntu}{St_h} \cdot \frac{\omega_0}{\varepsilon} \tag{23.129}$$

冷流体通道的流速为基本流速，无需变换，$M_* = 1$，所以，冷流体侧有

$$\frac{\dot{E}_{p,c}}{\Phi_c} = \frac{f}{4}\left(1 + \frac{U_h}{U_c}\right)\frac{Ntu}{St_c} \cdot \frac{\omega_0}{\varepsilon} \tag{23.130}$$

为了对式(23.129)和式(23.130)进一步简化，利用流速与基准流速的关系 $u = u_* u_0$，并参考管内对流换热的 $Nu = 0.023 Re^{0.8} Pr^{0.4}$ 关系，变换 $U_h/U_c \approx (u_h/u_0)^{0.8} = u_*^{0.8} = C_*^{0.8}/c_*^{0.8}$；$St_h = u_*^{-0.2} St_0 = C_*^{-0.2} St_0/c_*^{-0.2}$；$St_0 = \dfrac{U_0}{u_0 \rho_h c_h} = \dfrac{Nu_{h,0}}{Re_{h,0} \cdot Pr_h}$；而冷流体的流速就是基准流速 u_0，所以，$St_c = St_0$。

另外，传热单元数不是独立变量，虽然传热学给出了 $\varepsilon = f(Ntu, C_*)$ 关系，但不是显函数，不方便直接代入式(23.129)和式(23.130)中使用。

6. 传热单元数 *Ntu*

根据传热方程 $UA\Delta T_{\mathrm{ln}} = \dot{m}_{\mathrm{h}} c_{\mathrm{h}} (T_{\mathrm{h},1} - T_{\mathrm{h},2})$ 和传热单元数的定义式

$$Ntu = \frac{UA}{\dot{m}_{\min} c_{\min}} = \frac{T_{\mathrm{h},1} - T_{\mathrm{h},2}}{\Delta T_{\mathrm{ln}}} = \frac{\varepsilon}{\Delta \tau_{\mathrm{ln}}} = \frac{\ln\left[(1 - C_* \varepsilon)\right]/(1 - \varepsilon)}{1 - C_*} \quad (23.131)$$

式中,无量纲对数平均温度 $\Delta \tau_{\mathrm{ln}}$ 为

$$\Delta \tau_{\mathrm{ln}} = \frac{(\tau_{\mathrm{h},1} - \tau_{\mathrm{c},2}) - (\tau_{\mathrm{h},2} - \tau_{\mathrm{c},1})}{\ln(\tau_{\mathrm{h},1} - \tau_{\mathrm{c},2}) - \ln(\tau_{\mathrm{h},2} - \tau_{\mathrm{c},1})} = \frac{\varepsilon(1 - C_*)}{\ln(1 - C_* \varepsilon) - \ln(1 - \varepsilon)} \quad (23.132)$$

再把式(23.131)的 *Ntu* 和上述的 $U_{\mathrm{h}}/U_{\mathrm{c}}$、$St_{\mathrm{h}}$、$St_{\mathrm{c}}$ 的变换关系代入式(23.129)、式(23.130)后代入式(23.122),并进行温度无量纲处理,$\tau_{\mathrm{R,c}}$ 用式(23.124)的关系替代,导得逆流换热器流体流动压力能消耗系数 $\eta_{\mathrm{u,ir,p}}$ 为

$$\eta_{\mathrm{u,ir,p}} = \left(1 + \frac{C_*^{0.8}}{c_*^{0.8}}\right)\left(\frac{C_*^{2.2}}{c_*^{2.2}} + 1\right)\frac{f \omega_0}{4 St_0} \cdot \frac{\tau_0 \ln\left[(1 - C_* \varepsilon)/(1 - \varepsilon)\right]}{1 - C_*}$$

$$\cdot \frac{\ln(C_* \varepsilon / \tau_{\mathrm{c},1} + 1)}{C_* \varepsilon^2} \quad (23.133)$$

由于 $C_* = 1$ 时,$\varepsilon = \dfrac{Ntu}{1 + Ntu}$,其反解为

$$Ntu = \frac{\varepsilon}{1 - \varepsilon}$$

代入式(23.131),得

$$\eta_{\mathrm{u,ir,p}(C,1)} = \frac{f \omega_0}{St_0} \cdot \frac{\tau_0 \ln(\varepsilon / \tau_{\mathrm{c},1} + 1)}{(1 - \varepsilon)\varepsilon} \quad (C_* = 1) \quad (23.134)$$

逆流换热器的总有效能消耗系数 $\eta_{\mathrm{u,ir}}$ 据式(23.120b),由式(23.126)和式(23.133)的结果相加得到。

7. 三种极值理论的算例比较

计算例,假设逆流换热器的热、冷流体都为水,$u_0 = 1\,\mathrm{m/s}$;$T_{\mathrm{h},1} = 328\,\mathrm{K}$,$T_{\mathrm{c},1} = 288\,\mathrm{K}$,$T_0 = 298\,\mathrm{K}$,$T_{\mathrm{h},1} - T_{\mathrm{c},1} = 40\,\mathrm{K}$,$\tau_0 = 298/40 = 7.45$,$\tau_{\mathrm{h},1} = 8.2$,$\tau_{\mathrm{c},1} = 7.2$,$f = 0.032$,取 30 ℃时水的物性,$\nu = 1.00\,\mathrm{m^2/s}$,$Pr = 7.02$,$D = 0.01\,\mathrm{m}$,$Re = 10\,000$,$Nu = 0.023\,Re^{0.8} Pr^{0.4} = 79.48$(管内对流换热),$St = 0.023\,Re^{-0.2} Pr^{-0.4} = 1.132 \times 10^{-3}$,$\omega_0 = 1/(2 \times 40 \times 4.18) = 2.990 \times 10^{-3}$,$c_* = 1$。计算结果的 $f\omega_0/St_0 = 0.084\,52$,$\eta_{\mathrm{u,ir,H}}$、$\eta_{\mathrm{u,ir,p}}$ 和 $\eta_{\mathrm{u,ir}}$ 与 ε 和 C_* 的关系示于图 23.11;作为对比,只有传热温差的不可逆损失时的 ΔE^* 和 N_{s} 与 ε 的关系分别示于图 23.12、图 23.13。

图 23.11 中有三组每组各三条曲线,相同热容比数为一组,分别用实线 $C_* = 1$,破线 $C_* = 0.5$ 和短破线 $C_* = 0.02$ 表示,每组包括三条 $\eta_{\mathrm{u,ir,H}}$、$\eta_{\mathrm{u,ir,p}}$ 和 $\eta_{\mathrm{u,ir}}$ 的曲线。由图可以看出,温差传热的有效能消耗系数 $\eta_{\mathrm{u,ir,H}}$ 随 ε 增大而斜线下降,与根据式(23.124)做出的图23.12所示的㶲耗散数 ΔE^* 斜线趋势一致,只是斜率不同,其比值为 $\eta_{\mathrm{u,ir}}/\Delta E^* = \tau_0/(\tau_{\mathrm{R,h}} \tau_{\mathrm{R,c}})$,二者都能准确反映温差传热过程的不可逆度;而由式(23.125)做出的图23.13所示的熵产数 N_{s} 在 $0 < \varepsilon < 0.5$ 范围随 ε 增大而增大,其趋势与物理规律违背,Beian 称为"熵产悖论"。图 23.11 中的流体流动的压力能消耗系数 $\eta_{\mathrm{u,ir,p}}$ 是随 ε 的增大而以抛物线形式增大的,说明虽然压力能消耗率与传热流率的量值相比是小量,但是在总体的有效能消耗率中占有的份额不是小量,特别在 ε 较大时上升为主要制约换热效能的因素。正因如此,逆流换热器的总有效能消耗系数 $\eta_{\mathrm{u,ir}}$ 在 ε 较大时仍然随 ε 的增大快速上升。所以,换热

器优化设计,必须考虑流体流动的压力能消耗率的影响。

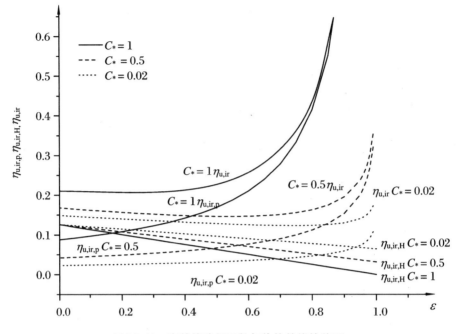

图 23.11   有效能消耗系数与传热效能的关系

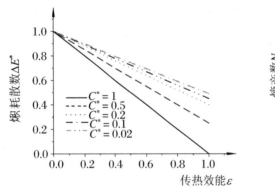

图 23.12   逆流换热器㶲耗散数与传热效能的关系

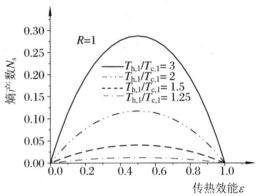

图 23.13   逆流换热器的 N_s 与 ε 的关系

在讨论有限温差传热和流体流动压力能消耗耦合时,应当注意二者无量纲数的基准必须一致,热能量和功能量必须换算到相同品位的能量才有可比性。"热容㶲 $Q_{vh}T$"或"过程热量㶲 QT"与流体动能与温度相乘的"功量㶲"的品质水平不同;温差传热的"熵产数"使用最大温差产生的熵产率 $\dot{S}_{gen,max}$ 为比较基准;因为基准 p_{in} 与 $\dot{S}_{gen,max}$ 不同,温差传热的"熵产数"与流体流动的 $\Delta p/p_{in}$ 的无量纲数直接相加显然不妥。

流体流动压力能消耗系数随 ε 的增加是由于 Ntu 也随着增加,如图 23.14 所示。当 $\varepsilon >$ 0.5以后,换热器有效能损失主要由流体流动的压力能消耗为主。所以,换热器的优化,首先取 $C_* =1$ 或接近于1,在此基础上,应当根据 Ntu 和 $\eta_{u,ir}$ 或 $\eta_{u,ir,p}$ 不急剧增大和 ε 较大的兼顾原则选取,从本例分析,优化的区域 ε 一般为 $0.6\sim0.7$。

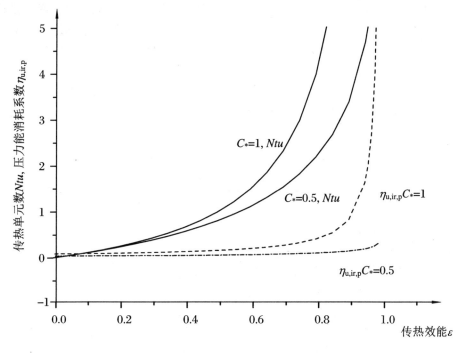

图 23.14　压力能消耗系数 $\eta_{u,ir,p}$ 和 Ntu 与 ε 的关系

23.12　有限时间热力分析法简介

1. 问题的提出和发展脉络

有限时间热力分析法是不可逆过程热力学的一个分支。有限时间是相对于经典热力学的无限平衡时间而命名的,经典热力学在系统内部和边界外部无势差以及允许无限长时间的平衡假设下,热机系统与热源的传热无温差,因此导出了在两个热源间工作的热机最高效率为卡诺循环效率 $\eta_C = 1 - T_L/T_H$, T_H 和 T_L 分别为高温和低温热源的温度。但是,实际热机不允许平衡时间无限长,其吸热和放热以及循环都必须在有限时间内完成,那么,在有限时间 τ 内热机的最大输出功率和效率界限又是什么? 这就是有限时间热力分析法要研究和解决的问题。

EI-Wakil(1965)、Curzon 和 Ahlborn(1975)先后考虑了这个问题,并导出了具有有限速率和有限循环周期的热机效率界限,即著名的 η_{CA} 效率,在输出最大功率时的卡诺热机效率为 $\eta_{CA} = 1 - \sqrt{T_L/T_H}$。此后,我国的陈林根、严子浚、陈金灿等一大批学者,对有限热力分析法进行了大量研究,并取得了丰硕成果。

2. 研究的目的和基本模型

有限时间热力分析法要回答热力系统输出功率与效率的关系,为实际热力系统提供兼顾高效率和大输出功率的理论指导。研究输出功率必然需要时间变量,热机工质与热源的热量交换就存在热阻和温差,吸热速率和放热速率就对热机工质循环的高、低温度,输出功率和效率发生影响。因此,有限时间热力分析法的基本模型是由吸热、放热的两个换热器与一个工质循环热机组成的。最基本应用最广的是内可逆卡诺循环热机模型,参见图 23.15 的 T-Q 图。内可逆卡诺循环热机模型假定高、低温热源温度 T_H 和 T_L 为定值,工质吸热、放热过程的温度 T_1 和 T_2 恒定,但是随换热器热阻不同、传热温差不同可以变动,热源与工质间的传热服从牛顿(线性)定律时,热机称为无限热容热源牛顿定律系统内可逆卡诺循环热机。以后的模型都是在此基础上对限定条件进行修正的。

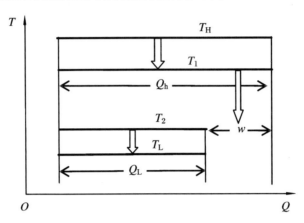

图 23.15　热机热力分析模型 T-Q 图

3. 解题的基本方法

有限时间热力分析法解题的关键是:① 引入时间参数,建立含有限时间参数的不可逆过程能量方程组;② 转换为能流方程组,建立输出功率、制冷率、供热率、热流率、熵产率、有效能损失率等与传热温差、传热系数有关的关系式;③ 构建目标函数,确定约束函数,用极值理论导出极值点的优化变量参数;④ 对结果进行分析与讨论。

4. 存在问题与发展方向

由于有限时间热力分析法是求解传热过程和热力循环耦合的问题,简单的内可逆卡诺循环模型与实际热机工作情况偏差较大,而较为复杂的模型又难以获得较简单实用的结果,因此,目前有限时间热力分析法的结果并没有被工程界接受,对工程设计和运行只有定性指导作用,尚不能作为定量设计参数。

但是,有限时间热力分析法构建起传热学与经典热力学的联系基础,无疑是不可逆热力学最有活力的理论分支。经过科技工作者的不断努力,探索与实际工程条件更接近的模型和寻找简化的方法,有限时间热力学理论一定会在实际工程的优化设计中发挥重要作用。

作为教科书,不能对该领域的成果进行全面介绍,只能以应用最早和最多的内可逆卡诺循环模型为例对有限时间热力分析法的研究思路作简单入门介绍。希望借此学习,可以基本了解有限时间热力学理论的特征及最大功率输出时 η_{CA} 效率的来由,建立含有时间和速率有关的输出功率函数,可引进诸如输出功率、制冷率、泵热率、输入功率、熵产生率、有效能损失率、经济性能等许多更为重要的参量进行讨论和优化。

23.13　交替吸放热型有限时间热力分析法

本节介绍的有限时间热力分析法,是经典的 Curzon 和我国许多学者常采用的方法,是一种吸热和放热交替进行的有限时间热力分析法,以下简称交替式有限时间热力分析法。以图 23.14 所示的内可逆卡诺循环模型为例,说明其解题步骤。

1. 建立有限时间循环的能量方程组

一般有限时间热力学分析法的能量方程组中包括热力学第一定律的能量方程和系统与高、低温热源的传热能量方程,即

$$W = Q_H - Q_L \tag{23.135}$$

$$Q_H = k_1(T_H - T_1)t_1 \tag{23.136}$$

$$Q_L = k_2(T_2 - T_L)t_2 \tag{23.137}$$

其中,Q_H,Q_L 和 W 分别为内可逆卡诺循环热机的吸热量、放热量和输出功,单位为 kJ,不含时间量纲;k_1 和 k_2 为吸热和放热换热器的总传热系数(传热系数与传热面积的乘积),注意此传热系数是以假定的热源与工质的平均温差为定义的总传热系数;t_1 和 t_2 分别表示循环中吸热和和放热过程中所消耗的时间,在忽略了压缩和膨胀过程需要的时间后,工质循环的周期时间 t 近似为 $t = t_1 + t_2$。

输出功率 P 定义式为

$$P = \frac{W}{t_1 + t_2} = \frac{Q_H - Q_L}{t_1 + t_2} \tag{23.138}$$

效率方程为

$$\eta = 1 - \frac{Q_L}{Q_H} = 1 - \frac{T_2}{T_1} \tag{23.139}$$

由于假定的卡诺循环条件,高温吸热量与低温吸热量满足如下关系:

$$\frac{Q_H}{Q_L} = \frac{T_1}{T_2} \tag{23.140}$$

在 T_H、T_L、k_1 和 k_2 都已知时,Q_H、Q_L、W、P、η、T_1、T_2、t_1 和 t_2 为未知数,只有 6 个方程,理论上必须补充方程才能获得定解。数学手册上介绍了采用对变量求极值补充方程的两种方法:一种是直接代入法,另一种是拉格朗日乘数法。

2. 直接代入法求解

由式(23.136)、式(23.137)和式(23.140)三个方程,得 t_1 和 t_2 的约束方程为

$$\frac{t_2}{t_1} = \frac{k_1(T_H - T_1)Q_L}{k_2(T_2 - T_L)Q_H} = \gamma \frac{T_2}{T_1} \frac{(T_H - T_1)}{(T_2 - T_L)} \tag{23.141}$$

其中,$\gamma = k_1/k_2$。

由式(23.136)~式(23.139)给出输出功率 P 的函数关系式

$$P = \frac{W}{t} = \frac{Q_H}{t_1 + t_2}\left(1 - \frac{Q_L}{Q_h}\right) = \frac{Q_H}{\dfrac{Q_H}{k_1(T_H - T_1)} + \dfrac{Q_L}{k_2(T_2 - T_L)}} \eta$$

$$= \eta k_1 \left[(T_H - T_1)^{-1} + \gamma \left(T_1 - \frac{T_L}{1-\eta} \right)^{-1} \right]^{-1} \tag{23.142}$$

在 k_1、k_2、T_H 和 T_L 已知时,式(23.141)中仍然有 P、T_1 和 η 三个变量,而且 T_1 与 η 的关系也未知。因此,需要补充两个方程才能获得定解,以下结合目标数补充极值方程。

3. 热力系统的目标函数与补充的极值方程

热机的任务是把热能转换为功输出,因此输出功率是任务,但是又要求输出一定功率时系统有高的效率。因此,构建的目标函数中一定包含 P 和 η,由于 P 和 η 是多变量函数并互有联系,所以可以将其中一个目标函数先固定而求一个目标函数对选定变量的偏微分极值方程,获得一个补充约束方程。

第一个补充极值方程为

$$\left(\frac{\partial \eta}{\partial T_1} \right)_P = 0 \quad 或 \quad \left(\frac{\partial \eta}{\partial T_2} \right)_P = 0 \tag{23.143}$$

由于 P 的表达式(23.142)中 $\eta(\eta, T_1)$ 为隐函数,通过势力学变量循环关系式(5.4),进行如下函数偏导数的置换:

$$\left(\frac{\partial \eta}{\partial T_1} \right)_P = - \left(\frac{\partial P}{\partial T_1} \right)_\eta \Big/ \left(\frac{\partial P}{\partial \eta} \right)_{T_1}$$

由于 $\left(\frac{\partial P}{\partial \eta} \right)_{T_1}$ 的 T_1 不变化,相当于定值,故在确定极值时使用条件 $\left(\frac{\partial \eta}{\partial T_1} \right)_P$ 与条件 $\left(\frac{\partial P}{\partial T_1} \right)_\eta$ 相当。通过一些变换,导出其结果为

$$\left(\frac{\partial P}{\partial T_1} \right)_\eta = k_1 \eta \left[\gamma \Big/ \left(T_1 - \frac{T_L}{1-\eta} \right)^2 - \frac{1}{(T_H - T_1)^2} \right] \cdot \left[\frac{1}{T_H - T_1} + \gamma \Big/ \left(T_1 - \frac{T_L}{1-\eta} \right) \right]^2$$

当 $(\partial P/\partial T_1)_\eta = 0$ 时,解得

$$T_1 = \frac{\sqrt{\gamma} T_H + T_L/(1-\eta)}{1 + \sqrt{\gamma}} \tag{23.144}$$

把式(23.144)的 T_1 关系式经过形式变换后,代入式(23.142),得到在给定的功率 P 下得到的两个效率中较大的效率 η_o 所应满足的方程

$$P = \frac{k_1 k_2}{(\sqrt{k_1} + \sqrt{k_2})^2} \eta_o \left(T_H - \frac{T_L}{1-\eta_o} \right) = \frac{k_2}{(1 + \sqrt{K})^2} \eta_o \left(T_H - \frac{T_L}{1-\eta_o} \right) \tag{23.145}$$

其中,$K = k_2/k_1 = 1/\gamma$。

第二个补充极值方程为

$$\frac{\mathrm{d}P}{\mathrm{d}\eta_o} = \frac{K_1 K_2}{(\sqrt{K_1} + \sqrt{K_2})^2} \left[T_H - \frac{T_L}{(1-\eta_o)^2} \right] = 0 \tag{23.146}$$

通过上式 P 函数对 η_o 求极值得输出最大功率 P_{max} 时所对应的效率 $\eta_{o,m}$,即

$$\eta_{o,m} = \eta_{CA} = 1 - \sqrt{\frac{T_L}{T_H}} \tag{23.147}$$

$\eta_{o,m}$ 即著名的 η_{CA} 效率。

23.14 定态等价有限时间热力分析法

为了使实际的内不可逆和有限热容热源的热力系统优化设计,能够借助内可逆卡诺循

环模型有限时间热力分析法得到的成果,本书介绍一种定态等价有限时间分析法,与读者共勉。

1. 定态等价有限时间分析法的基本要素

定态等价有限时间热力分析法(以下简称为定态有限时间热力分析法),是以大多数实际使用的热力/热泵系统是连续定态运行的事实为依据,利用笔者提出的等价热力变换热力分析法,把实际吸热、放热过程的有限热容热源变化的温度和工质吸热、放热过程的温度等价变换为等效热源温度 $T_{R,H}$、$T_{R,L}$ 及工质流体等效吸热、放热温度 $T_{R,1}$、$T_{R,2}$,并把内不可逆循环等价变换为修正的内可逆卡诺循环模型;其次,建立定态的能流率方程组,求解定态等价的内可逆卡诺循环热机模型,导出输出功率、效率、总传热系数、工质循环的等效高温、低温的关系式;而后,开展优化参数的研究。

2. 热力系统的等价热力变换

根据热力学熵的定义式 $dq = Tds$ 热量、熵变和温度的关系,对一个从初始 a 状态可逆变化到终止状态 b 的热力系,在系统单位工质对外界交换热量为 q_{ab} 时系统的焓变 Δh_{ab} 和熵变 Δs_{ab} 已知时,可定义一个系统过程的等效热力温度 $T_{R,ab}$ 为

$$T_{R,ab} = \frac{\Delta h_{ab}}{\Delta s_{ab}} = \frac{h_a - h_b}{s_a - s_b} = \frac{q_{ab}}{\Delta s_{ab}} \tag{23.148}$$

其中,h、s 分别表示工质的比焓、比熵;脚注 ab 为热力系所论状态变化的起止点。

在热力系统,换热器换热过程热、冷流体的换热量是相同的,只要热、冷流体的比热 c_p 已知,初始温度已知,则借换热量确定换热器热、冷流体的等效热力温度。记等效高、低温热源温度分别为 $T_{R,H}$、$T_{R,L}$,工质循环等效吸热、放热温度分别为 $T_{R,1}$、$T_{R,2}$,定态系统单位时间的吸热流率为 Φ_H,放热流率为 Φ_L,假定高、低温热源流体的比热不随温度改变,则 $T_{R,H}$ 和 $T_{R,L}$ 分别为

$$T_{R,H} = \frac{\Phi_H}{\dot{m}_H \Delta s_H} = \frac{T_{H,in} - T_{H,out}}{\ln(T_{H,in}/T_{H,out})} \tag{23.149a}$$

$$T_{R,L} = \frac{\Phi_L}{\dot{m}_L \Delta s_L} = \frac{T_{L,out} - T_{L,in}}{\ln(T_{L,out}/T_{H,in})} \tag{23.149b}$$

式中,$\dot{m}_H$ 和 $\dot{m}_L$ 分别为高、低温热源流体的质量流率,在系统换热器优化时是重要参数。在有限热容换热过程,载热流体流量的改变不仅会改变等效温度,还会改变传热速率和功耗,其影响可参考 23.11 节的逆流换热器的传热性能分析和优化。

假定所论的热力系统为朗肯循环,a、b 和 c、d 四点分别表示循环中吸热过程的起、止和放热过程的起、止点,工质质量流率为 $\dot{m}$,则工质等效吸热、放热温度分别为

$$T_{R,1} = \frac{\Phi_H}{\dot{m}(s_a - s_b)} \tag{23.150a}$$

$$T_{R,2} = \frac{\Phi_L}{\dot{m}(s_d - s_c)} \tag{23.150b}$$

式中,s_a、s_b,s_c 和 s_d 为工质对应点的熵参数。在采用定态等效有限时间分析法时,$T_{R,1}$ 与 $T_{R,2}$ 之一是选定的变量参数,另一个是由 $T_{R,1}$ 与 $T_{R,2}$ 的关系函数确定的。$T_{R,1}$ 与 $T_{R,2}$ 已知后,根据选定的吸热流率 Φ_H 或输出功率,则可进行工质流率和比熵差值的校核验算。

3. 内可逆卡诺循环模型的定态有限时间热力分析法

定态有限时间热力分析法所论的系统做定态运行,能量随工质的流动而迁移,在系统循

环中不发生聚集和空缺现象。这种假定符合大多数实际热力系统的运行状态。当采用了上节所述的等价热力变换之后,实际热力系统可以简化为等价的内可逆卡诺循环模型进行研究。

(1) 定态有限时间热力分析法的 T-Φ 能流模型图

定态有限时间热力分析法采用如图 21.16 所示的温度-能流 T-Φ 图作为等价内可逆卡诺循环模型说明图。图中,Φ_H 为吸热流率,Φ_L 为放热流率,P 为净输出功率;为了表示方便,约定等效温度 $T_{R,H}$、$T_{R,L}$、$T_{R,1}$、$T_{R,2}$ 都仍然使用符号 T_H、T_L、T_1、T_2 表示。

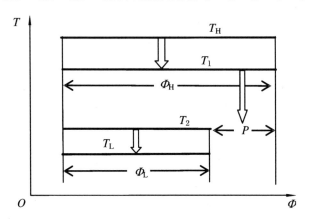

图 23.16　定态等价内可逆卡诺循环模型图

(2) 定态有限时间热力分析法的能流率方程组

基于热机定态运行的物理特点,定态有限时间热力分析法直接采用定态的能流率方程组进行分析,即

$$P = \Phi_H - \Phi_L \qquad (23.151)$$
$$\Phi_H = K_1(T_H - T_1) \qquad (23.152)$$
$$\Phi_L = K_2(T_2 - T_L) \qquad (23.153)$$

其中,K_1 和 K_2 为以等效热力温度定义的传热温差所对应的吸热、放热换热器的总传热系数(等效传热系数与传热面积的乘积),在进行换热器优化设计时,需要进行等效传热温差与对数传热温差和等效传热系数与实际传热系数的转换。

因为是等价的卡诺热机,所以有

$$\frac{\Phi_L}{\Phi_H} = \frac{T_2}{T_1} \qquad (23.154)$$

循环的效率为

$$\eta = 1 - \frac{T_2}{T_1} \qquad (23.155)$$

定态有限时间热力分析法中,在 T_H、T_L、K_1 都已知时,Φ_H、Φ_L、P、η、T_1、T_2 只有 6 个未知数,且有 5 个方程,在选定一个参数为变量的前提下,就能获得其他参数与指定变量的函数关系,如果补充一个极值条件,即可获得极值点的定解。此方法比交替有限时间热力分析法减少一个补充方程。

(3) 定态有限时间热力分析法的解题步骤

由式(23.152)~式(23.154)解出 T_1 与 T_2 等参数之间的关系,并引入无量纲参数:τ_H

$$= \frac{T_H}{T_H} = 1, \tau_L = \frac{T_L}{T_H}, \tau_1 = \frac{T_1}{T_H}, \tau_2 = \frac{T_2}{T_H}, \kappa = \frac{K_2}{K_1}, 解得$$

$$\frac{\Phi_L}{\Phi_H} = \frac{K_2(T_2 - T_L)}{K_1(T_H - T_1)} = \frac{T_2}{T_1} \tag{23.156a}$$

$$T_1 = \frac{T_H T_2}{(T_2 - T_L)\kappa + T_2} \tag{23.156b}$$

$$\tau_1 = \frac{\tau_2}{(\tau_2 - \tau_L)\kappa + \tau_2} \tag{23.156c}$$

当 $T_1 = T_2$ 时,解得 T_2 的上限值为 $T_{2,\max}$,即 T_1 的下限值为 $T_{1,\min}$,以及无量纲温度 $\tau_{1,\min}$、$\tau_{2,\max}$ 分别为

$$T_{1,\min} = T_{2,\max} = \frac{T_H + T_L\kappa}{1 + \kappa} \tag{23.157a}$$

$$\tau_{1,\min} = \tau_{2,\max} = \frac{1 + \tau_L\kappa}{1 + \kappa} \tag{23.157b}$$

解得输出功率 P 和无量纲输出功率 $\pi = \dfrac{P}{K_1 T_H}$ 分别为

$$P = \Phi_H - \Phi_L = K_1(T_H - T_1) - K_2(T_2 - T_L)$$
$$= K_1\left[T_H - \frac{T_H T_2}{(T_2 - T_L)\kappa + T_2} - \kappa(T_2 - T_L)\right] \tag{23.158a}$$

$$\pi = 1 - \frac{\tau_2}{(\tau_2 - \tau_L)\kappa + \tau_2} - \kappa(\tau_2 - \tau_L) = \frac{\eta(\tau_2 - \tau_L)\kappa}{1 - \eta} = \eta - \frac{\eta\tau_2}{1 - \eta} \tag{23.158b}$$

由式(23.155)和式(23.156a),解得效率 η 的表达式为

$$\eta = \frac{1 - \left[(T_2 - T_L)\kappa + T_2\right]}{T_H} \tag{23.159a}$$

$$\eta = 1 - \frac{\tau_2}{\tau_1} = 1 - \left[(\tau_2 - \tau_L)\kappa + \tau_2\right] \tag{23.159b}$$

根据输出功率 P 方程(23.158a),对变量 T_2 求极值方程 $\mathrm{d}P/\mathrm{d}T_2 = 0$,得

$$(1 + \kappa)^2 T_2^2 - 2T_L\kappa(1 + \kappa)T_2 + (T_L\kappa)^2 - T_H T_L = 0 \tag{23.160}$$

再解得最大输出功率 $P_{\max}$ 所对应的放热等效温度 $T_{2,m}$ 和其无量纲温度 $\tau_{2,m}$ 分别为

$$T_{2,m} = \frac{T_L\kappa + \sqrt{T_H T_L}}{1 + \kappa} \tag{23.161a}$$

$$\tau_{2,m} = \frac{\tau_L\kappa + \sqrt{\tau_L}}{1 + \kappa} \tag{23.161b}$$

把式(23.161a)的 $T_{2,m}$ 替换式(23.158a)的 T_2,则得到最大输出功率 $P_{\max}$ 和无量纲最大输出功率 π_m 的计算式分别为

$$P_{\max} = \frac{T_H K_2 \left(1 - \sqrt{T_L/T_H}\right)^2}{1 + \kappa} \tag{23.162a}$$

$$\pi_m = \frac{\kappa \left(1 - \sqrt{\tau_L}\right)^2}{1 + \kappa} \tag{23.162b}$$

当 $\kappa = 1$ 时,最大输出功率 $P_{\max,\kappa=1}$ 和无量纲最大输出功率 $\pi_{m,\kappa=1}$ 分别为

$$P_{\max,\kappa=1} = \frac{T_H K_2(1 - \sqrt{T_L/T_H})^2}{2} \qquad \pi_{m,\kappa=1} = \frac{(1 - \sqrt{\tau_L})^2}{2} \tag{23.162c}$$

式(23.162c)的结果与姚广寿曾导出的结果相同。

把式(23.161a)的 $T_{2,m}$替换式(23.159a)中的 T_2,则得到最大输出功率 P_{max}所对应的效率 η_m 及其无量纲参数关系式分别为

$$\eta_m = \eta_{CA} = 1 - \sqrt{\frac{T_L}{T_H}} \tag{23.163a}$$

$$\eta_{CA} = 1 - \sqrt{\tau_L} \tag{23.163b}$$

以上式(23.156c)、式(23.157b)、式(23.158b)、式(23.159b)、式(23.161b)、式(23.162b)、式(23.163b)均为无量纲参数关系式,更简洁和便于用图表示。

(4)算例对比输出功率-效率 $\pi_r - \eta$ 图

算例,$T_H = 1\,000$ K,$T_L = 300$ K,三种 $\kappa = 1.5$、1、0.5。为比较不同 κ 值的输出功率,定义对比输出功率 π_r 为

$$\pi_r = \frac{P}{P_{max,\kappa=1}} = \frac{P}{P_{max}} \frac{P_{max}}{P_{max,\kappa=1}} = \frac{2\kappa}{1+\kappa} P_r \tag{23.164}$$

其中,$P_r = P/P_{max}$,为相同 κ 值不同 τ_2 热机输出功率 P 与其最大输出功率的比值,经过作图法验证,不同 κ 值的 P_r 都与 $\kappa = 1$ 的 P_r 关系相同。式中 $\kappa/(1+\kappa)$ 为不同 κ 值的最大输出功率的比值。算例中三种 κ 的 π_γ、τ_1、τ_2 与 η 的计算结果示于图 23.17,图中的三组抛物线自上而下分别表示 $\kappa = 1.5$、1 和 0.5 的对比输出功率 π_γ 曲线,π_γ 随 κ 的增大而增大,三组不同 κ 值的输出功率极值所对应的效率 $\eta_{CA} = 1 - \sqrt{0.3} = 0.452\,28$;图中三组喇叭形曲线上、中、下分别为 $\kappa = 0.5$、1、1.5 的无量纲等效温度 τ_1、τ_2 曲线,每组曲线的 τ_1 曲线在上,τ_2 曲线在下,τ_1、τ_2 都随 κ 的增大而降低,而且 τ_1 降低的更多。也因此,在 K_1 不变的前提下,高温吸热换热器有更大的传热温差,吸收更多的热量,在效率不变的前提下,可输出更多的功率,κ 的增大付出的代价是,低温放热换热器传热面积需要增大。

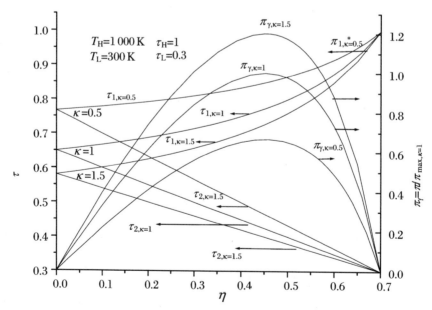

图 23.17 内可逆卡诺循环的比基准输出功率 π_γ、τ_1、τ_2 与效率 η 的关系图

4．内不可逆卡诺循环的定态有限时间热力分析法

（1）内不可逆卡诺循环热机模型

如果热机循环内部存在工质流动的摩擦损失、非绝热膨胀损失等，讨论其输出功率与效率和循环温度的关系更有实际意义，也是有限时间热力分析法与实际工程的结合走向实际应用的重要一步。在采用定态等价有限时间热力分析法分析之前，首先采用第 21.14 节的"等价热力变换分析法"，把有内循环不可逆损失的热机变换为两个等效热力温度分别为 T_1' 和 T_2' 的新等价卡诺循环。内不可逆循环热机热力分析模型如图 23.18 所示。

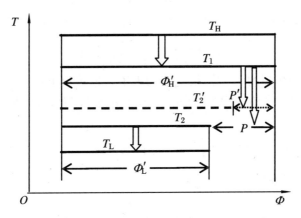

图 23.18　内不可逆等价卡诺循环能流模型图

内不可逆损失循环的能流率方程组如下：

$$P' = \Phi_H' - \Phi_L' \tag{23.165}$$

$$\Phi_H' = K_1'(T_H - T_1') \tag{23.166}$$

$$\Phi_L' = K_2'(T_2' - T_L) \tag{23.167}$$

其中，各参数的物理意义与内可逆卡诺循环相同，上角标"'"表示内不可逆等价逆卡诺循环模型的参数。内不可逆模型的有效能流率方程为进入热机的有效能流率等于高、低温传热消耗的有效能流率和输出功率之和，数学式为

$$\Phi_H'\left(1 - \frac{T_0}{T_H}\right) = \Phi_H' T_0\left(\frac{1}{T_1'} - \frac{1}{T_H}\right) + P' + \Phi_L' T_0\left(\frac{1}{T_L} - \frac{1}{T_2'}\right) \tag{23.168}$$

假定，内不可逆损失等价卡诺循环与内可逆卡诺循环的输出功率比为 ζ，则

$$P' = \zeta P \tag{23.169}$$

由于已经变换为等价卡诺循环，所以内不可逆循环效率 η' 为

$$\eta' = \frac{P'}{\Phi_H'} = 1 - \frac{T_2'}{T_1'} \tag{23.170}$$

为了利用内可逆卡诺循环模型的结果和便于比较，约定两种模型的 T_H、T_L 不变和 $\Phi_H = \Phi_H'$，如果两种模型的换热器也有 $K_1' = K_1$ 和 $K_2' = K_2$ 的约束，就有 $T_1 = T_1'$，由式（23.169）、式（23.170）和 T_1 的式（23.156b），解得

$$T_2' = T_1 - \zeta(T_1 - T_2) = T_2 + (1 - \zeta)(T_1 - T_2) \tag{23.171}$$

另外，根据循环内部不可逆损失的有效能率导致低温放热流率的增大，低温放热流率为

$$\Phi_H' = \Phi_L + (1 - \zeta)P \tag{23.172}$$

低温换热器传热消耗的有效能流率比内可逆卡诺循环增加了内不可逆消耗的有效能流率 $(1 - \zeta)P$，数学方程为

$$\Phi_{L}' = 1 - \frac{T_{L}}{T_{2}'} = \Phi_{L}\left(1 - \frac{T_{L}}{T_{2}}\right) + P(1 - \zeta) \tag{23.173}$$

联立方程(23.172)和方程(23.173),解得式(23.171)相同的结果,即

$$T_{2}' = T_{2}\left[1 + (1 - \zeta)\left(\frac{T_{1}}{T_{2}} - 1\right)\right] = T_{2} + (1 - \zeta)(T_{1} - T_{2})$$

式(23.171)的 T_{2}' 为在 κ 不发生变化时内不可逆等价卡诺循环的低温等效热力温度,$T_{2}' > T_{2}$,$\Delta T_{2}' = T_{2}' - T_{2} = (1 - \zeta)(T_{1} - T_{2})$,因此内不可逆等价卡诺循环热机的效率低于内可逆卡诺循环的热机效率。

另外,根据式(23.169)的 $P' = \zeta P$ 和式(23.170)的 $\eta' = 1 - T_{2}'/T_{1}' = \zeta(1 - T_{2}/T_{1})$,导出

$$T_{1}' = \frac{T_{2}'}{1 - \zeta(1 - T_{2}/T_{1})} \tag{23.174}$$

至此,在与内可逆循环的 κ 相同情况下的内不可逆等价卡诺循环的性能已可以求出。在制冷或热泵系统,等焓节流过程为典型的内不可逆循环问题,可以利用本节介绍的方法进行热力分析。

为使计算式通用化和更简洁,进行无量纲化,令 $\tau_{2}' = \frac{T_{2}'}{T_{H}}$,$\tau_{1}' = \frac{T_{1}'}{T_{H}}$,$\tau_{L} = \frac{T_{L}}{T_{H}}$,$\pi' = \frac{P'}{K_{1}T_{H}}$,则内不可逆循环的无量纲输出功率 π' 为

$$\pi' = (1 - \tau_{1}') - \kappa(\tau_{2}' - \tau_{L}) \tag{23.175}$$

算例,$\pi_{H} = 1$、$\tau_{L} = 0.3$、$\kappa = 1$ 的内可逆循环 π、τ_{1}、τ_{2}、η 和 $\zeta = 0.8$ 不可逆等价卡诺循环的 π'、τ_{1}'、τ_{2}'、η' 的计算结果表示在图 23.19 中。

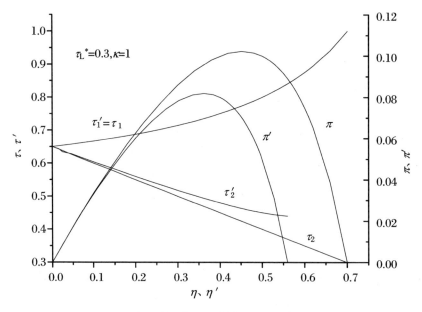

图 23.19 内可逆和内不可逆循环的性能参数对比图

由图可以看出,相同效率时内不可逆循环热机的输出功率小于内可逆循环热机的输出功率,即 $\pi' < \pi$、$\pi_{max}' = \zeta\pi_{max}$;内不可逆循环热机的最大效能 $\eta_{max}' = \zeta\eta_{max} = 0.56$、$\Delta\tau_{2}' = \tau_{2}' - \tau_{2}$ 是随 η' 的增大而增大的。

另外,本节介绍的方法还可以讨论换热器因为污垢使换热器 K_{1}' 和 K_{2}' 减小的情况,或给出具体内不可逆的因素进行讨论,类似的拓展本书限于篇幅不作介绍了。

23.15 定态有限时间热力分析法与交替式的比较

(1) 交替式有限时间热力分析法的吸、放热采用交替方式,输出功率是用全周期时间的平均值;定态式有限时间热力分析法的吸、放热和输出功率全部为对时间的平均值。为了便于说明两种方法的差异,特别用 $\vec{\Phi}_H$ 和 $\vec{\Phi}_L$ 分别表示交替式的吸热期和放热期的平均热流率,$\vec{\Phi}_H = Q_H/t_1$,$\vec{\Phi}_L = Q_L/t_2$;而定态式的吸、放热流率分别是 $\Phi_H = Q_H/(t_1 + t_2)$ 和 $\Phi_L = Q_L/(t_1 + t_2)$;用一个循环周期的图 23.20 的能流率-时间图进行说明。两种方法的吸热、放热速率关系为

$$\vec{\Phi}_H = \left(1 + \frac{t_2}{t_1}\right)\Phi_H \tag{23.176a}$$

$$\vec{\Phi}_L = \left(1 + \frac{t_1}{t_2}\right)\Phi_L \tag{23.176b}$$

(2) 两种方法得出的最大输出功率时的效率表达式相同,$\eta_m = \eta_{CA}$,与换热器总传热系数无关;定态式方法在导出 η_{CA} 时只使用一次极值条件,推导步骤简单;传统型需要通过对两个变量求极值的方程,求解过程复杂。

(3) 两种方法得出的最大输出功率的表达式形式不同,当约定相同周期吸、放热量相同的条件下,即

$$\Phi_H = k_1(T_H - T_1)t_1 = K_1(T_H - T_1)(t_1 + t_2)$$

和

$$\Phi_L = k_2(T_2 - T_L)t_2 = K_2(T_2 - T_L)(t_1 + t_2)$$

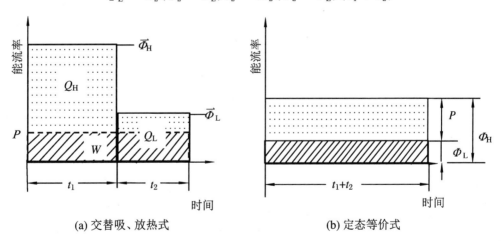

(a) 交替吸、放热式   (b) 定态等价式

图 23.20 两种有限时间热力分析法的比较

得到交替式与定态式的总传热系数关系为

$$k_1 = \left(1 + \frac{t_2}{t_1}\right)K_1 \tag{23.177a}$$

$$k_2 = \left(1 + \frac{t_1}{t_2}\right)K_2 \tag{23.177b}$$

当把式(23.177a)、式(23.177b)和式(23.141)代入式(23.145)时,也会得到与定态的式(23.158a)相同的输出功率的表达式。

(4) 如果实际设备的总传热系数已经固定,则两种方法总传热系数也被限定相等,即,$k_1 = K_1, k_2 = K_2$,在此情况下,定态式与交替式的最大输出功率比值 μ 为

$$\mu = \frac{P_{\max}}{\overleftrightarrow{P}_{\max}} = \frac{(1 + \sqrt{\kappa})^2}{1 + \kappa} \quad (k_1 = K_1, k_2 = K_2) \tag{23.178}$$

原因是:交替吸放热式的吸热器工作时间比率为 $t_1/(t_1 + t_2)$,放热器工作时间比率为 $t_2/(t_1 + t_2)$,而输出功率却为整个周期 $t = t_1 + t_2$ 的平均输出功率,所以,当 $\kappa = 1$ 时,$\mu = 2$,说明交替式有限时间分析法的输出功率仅仅相当于实际循环半个工作周期的功率。

(5) 定态式等价有限时间热力分析法可通过等价热力变换方法,把有限热容热源和内不可逆循环的实际热力系统等价变换为修正的内可逆卡诺循环模型进行研究。

结论:如果研究一般热力系统,采用定态有限时间热力分析法,所导出的输出功率计算式和总传热系数更接近实际;如果研究斯特林热机、热/声制冷机和吸附式热泵,使用交替式或许更好。

23.16 定态等价有限时间热力分析法的参数优化

以上的分析得到了热机的输出功率、效率与热机工质循环的等效高、低温度的关系,如何利用上述分析结果,选择热机的优化设计参数是值得研究探讨的。热机的优化目标参数应当是:效率高和单位输出功率成本小。前者可以节约经常性运行成本,后者可以节约一次性投资,二者应当兼顾,二者的权重由市场的燃料成本、设备成本、输出电、热产品的价格等因素决定。由于许多市场因素决定的数据不确切,本书不能以详细的经济效益分析讨论热力系统参数的优化,但是可以从热力学角度和传热学的方法,给出提高效率和降低单位输出功率成本的指导性理论。笔者提议采用两步优选法:第一步,初步选择最佳效率;第二步,在调整 κ 值,寻求单位输出功率成本最小化原则下尽可能提高输出功率。

1. 最佳效率点的选择

(1) 优化效率 η_{opt} 的范围

经典热力学提供了一个最高效率为卡诺热机效率 η_{C},$\eta_{\mathrm{C}} = 1 - \tau_{\mathrm{L}}$,但是要求两个换热器传热面积无限大,否则,输出功率 $P = 0$;有限时间热力分析法提供了一个最大输出功率对应的效率 η_{CA},$\eta_{\mathrm{CA}} = 1 - \sqrt{\tau_{\mathrm{L}}}$,显然 $\eta_{\mathrm{CA}} < \eta_{\mathrm{C}}$,当 $\tau_{\mathrm{L}} = 0.3$ 时,$\eta_{\mathrm{CA}} = 0.646\eta_{\mathrm{C}}$。因此,$\eta_{\mathrm{CA}}$ 能作为最佳效率。但是,η_{CA} 是输出功率和效率同步增长的终点效率,可以作为最佳效率的下限。因此,选择优化效率 η_{opt} 的范围为

$$\eta_{\mathrm{CA}} < \eta_{\mathrm{opt}} < \eta_{\mathrm{C}} \quad \text{或} \quad 1 - \sqrt{\tau_{\mathrm{L}}} < \eta_{\mathrm{opt}} < 1 - \tau_{\mathrm{L}} \tag{23.179}$$

(2) 最佳效率 η_{opt} 选择的 $\eta\pi$ 的极值原则

严子浚等提出的以乘积 $\psi = \eta\pi$ 的极值为内可逆循环热机的优化目标参数

$$\psi = \eta_\pi = \left[1 - \frac{\tau_2}{(\tau_2 - \tau_L)\kappa + \tau_2} - \kappa(\tau_2 - \tau_L) \right] \left[1 - (1 + \kappa)\tau_2 + \tau_L\kappa \right]$$

$$(23.180)$$

寻求 η_π 的极值点的解析表达式比较麻烦,笔者利用图解法,得到 η_π 的极值点的效率可以用由 η_{CA} 和 η_C 的权重方程拟合,拟合式为

$$\eta_{opt} = 0.7\eta_{CA} + 0.3\eta_C \tag{23.181}$$

拟合式计算结果与图解法的偏差小于 1%。

(3) 最佳效率 η_{opt} 选择的等权重原则

在缺乏设备成本和输出电能具体成本的情况下,不能准确计算出 η_{CA} 和 η_C 的权重拟合方程的权重因子,通常可以采用等权重优化原则选择最佳工作点的效率 η_{opt},等权重最佳效率拟合式为

$$\eta_{opt} = 0.5\eta_{CA} + 0.5\eta_C \tag{23.182}$$

经过归一化处理的两种最佳效率选择法的计算结果表示在图 23.21 中。其中,$P_r = P/P_{max}$、$\eta_r = \eta/\eta_C$、$\psi_r = \psi/\psi_{max}$。

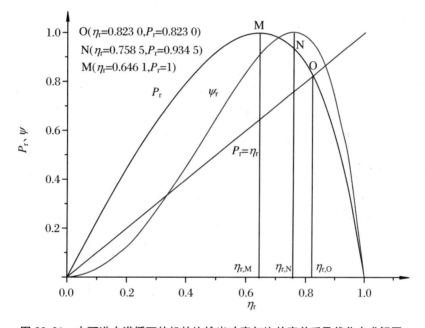

图 23.21 内可逆卡诺循环热机的比输出功率与比效率关系及优化点求解图

(4) 换热器总传热系数 K_1 和 K_2 的变化

在效率 η 确定后,根据式(23.158a)输出功率 P 仍然可以通过调整 K_1 和 K_2 提高输出功率。式(23.16a)表示的最大输出功率只是对既定换热设备的系统而言,调整 K_1 和 K_2 后新系统可以在不是最高输出功率点找到高于原有系统最大输出功率的输出功率,理论上,通过增加 K_1 和 κ 值可以获得较高的效率和输出功率,但是,设备成本也增大,因此,K_1 和 K_2 调整约束的条件是:提高输出功率的效益必须大于成本增加费用。

热力系统的设备成本由高温换热器、低温换热器、膨胀机、液体循环泵和其他辅助设备的成本构成;以 $\kappa = 1$ 和最佳效率 η_{opt} 时高温换热器的成本 σ_H 为比较基准的成本单位,记 $\kappa = 1$ 时高温换热器、低温换热器、膨胀机、液体循环泵和其他辅助设备的成本系数分别为 1、

a、b、c 和 d,在 $\kappa \neq 1$ 时,高温换热器的 K_1 不变,其成本也不变,高温换热器的系数仍为 1,并忽略液体循环泵和其他辅助设备的成本系数随 κ 的变化;热力系统的无量纲设备成本记为 $\sigma_{r,opt,\kappa}$,$\sigma_{r,opt,\kappa} = \sigma_{opt,\kappa}/\sigma_H = 1 + a\kappa + bP_{r,opt} + c + d$;所述的热力系统的单位输出功率设备成本,记为 ω,定义为无量纲设备成本 $\sigma_{r,opt,\kappa}$ 与最佳效率的对比输出效率 $P_{r,opt}$ 的比值,其计算式为

$$\omega = \frac{\sigma_{r,opt,\kappa}}{P_{r,opt}} = b + \frac{(1 + a\kappa + c + d)(1 + \kappa)}{2\kappa} \tag{23.183}$$

由上式两个算例的单位输出功率设备成本与换热器总传热系数比值,参见图 23.22 的 ω-κ 图。

图中的 ω 极小值,根据单位输出功率设备成本 ω 方程(23.183)对总传热系数比值 κ 求极值,令极值方程等于 0,即

$$\frac{d\omega}{d\kappa} = \frac{a\kappa^2 - 1 - c - d}{2\kappa^2} = 0 \tag{23.184}$$

求得最佳总传热系数比值,记为 κ_{optt}

$$\kappa_{opt} = \sqrt{\frac{1 + c + d}{a}} \tag{23.185}$$

当 $a = 0.8$、$b = 1$、$c + d = 1$ 时,由式(23.185)与式(23.182)确定的最佳总传热系数比值吻合,都为 $\kappa_{optt} = 1.547$。

上述关于热力系统热力参数的优化,仅仅是一个优化思路,所得算例结果也仅作为参考。实际热力系统的优化涉及更多更具体的内容,特别是技术的进步和市场因素的变化,最佳效率的权重因子会发生变化,单位输出功率成本也会变化,所以热力系统热力参数的优化是需要长期不断努力的课题,请读者关注相关的研究报告。

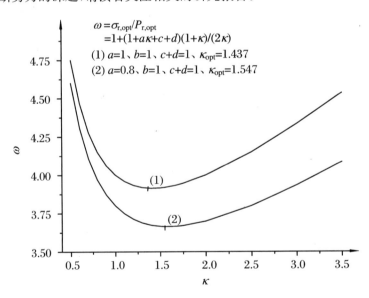

图 23.22 单位输出功率设备成本与 κ 的关系图

23.17　不可逆过程热力学小结

不可逆过程热力学,是研究系统的能量流率、热/功转换率、能量流动和转换的阻力与驱动力有效能消耗率之间的关系;本书介绍的不可逆过程热力学的研究的范围,从一般的非平衡态热力学缩小到工程中常见的接近平衡态的非平衡态系统,又利用熵产率最小原理或有效能消耗率最小原理或㶲耗散极值原理,把问题进一步缩小到定态不可逆系统;在非定态的传热不可逆过程的分析和优化时,使用㶲耗散极值原理和有效能消耗率最小原理的效果相同,但是,㶲耗散理论分析附加驱动流体流动的功率消耗时遇到困难;在非定态的热/功转换系统的不可逆性分析和优化中,熵产率最小原理或有效能消耗率最小原理效果相同;㶲参数和熵产参数的量纲与能量量纲不一致,用它们表示不可逆过程性能和不可逆程度遇到物理量纲不一致的矛盾;用有效能消耗率与输入能量流率的比值表示不可逆过程性能系数,用有效能消耗率与输入的有效能流率的比值表示不可逆程度,与经典热力学效率和有效度相对应,使传热学的热输运和热力学热/功转换问题得到统一理论处理;对于工程中常见的热力系统/制冷系统/热泵系统/单纯的热输运系统或其他系统,只要是定态不可逆过程或循环的性能分析和优化,都可以先通过等价热力变换,再用定态等价有限时间分析法进行。定态等价有限时间分析法使换热器性能与循环性能分析有机统一,并便于工程应用。

不可逆过程热力学的涉及范围广泛,学术研究在处在蓬勃发展期,研究的成果相当丰富,有兴趣的读者可以参考有关文献。本书作为教科书,不能变成文献综述,只能根据笔者自身的学习、理解,摘录一些文献有代表性的重要理论,结合笔者的研究,写成本章,为了使理论能够在实际中获得应用,本章的有效能消耗率最小理论、评价过程的不可逆性的不可逆度概念、等价热力变换分析法、定态等价有限时间分析法等内容都是首次发表的,不完善甚至错误之处在所难免,敬请同行批评指正。

参 考 文 献

［1］ 曾丹苓.工程非平衡热动力学[M].北京:科学出版社,1991.

［2］ 杨思文,金六一,孔庆煦,等.高等工程热力学[M].北京:高等教育出版社,1988.

［3］ 陈林根.不可逆过程和循环的有限时间热力学分析[M].北京:高等教育出版社,2005.

［4］ 李如生.非平衡态热力学和耗散结构[M].北京:清华大学出版社,1986.

［5］ 钱维宏.大气中的耗散结构与对流运动[J].大气科学,1992,16(1):84-91.

［6］ 胡隐樵.非平衡态大气热力学的研究[J].高原气象,1999,18(3):306-320.

［7］ Onsager L. Reciprocal Relations in Irreversible Processes. Ⅱ. [J]. Physical Review, 1931, 37:405.

［8］ Prigogine I. Acad. Roy. Belg. Bull [J]. Class Sci. ,1945 , 31: 600.

［9］ 过增元,梁新刚,朱宏晔.㶲描述物体传递热量能力的物理量[J].自然科学进展,2006,16(10)：1288-1296.

［10］ 李志信,过增元.对流传热优化的场协同理论[M].北京:科学出版社,2010.

［11］ 陈则韶,李川,胡汉平,等.不可逆过程的有效能消耗率及不可逆度[J].工程热物理学报,2014,35(3):411-415.

［12］ 陈则韶,李川,胡汉平,等.有效能消耗率与熵产率、㶲耗散率的比较[C].中国工程热物理学会学术会议论文,工程热力学与能源利用,包头,2013.

［13］ EI-Wakil M M. Nuclear Power Engineering[M]. New York：McGraw Hill, 1962.

［14］ Curzon F L, Ahlborn B. Efficiency of a Carnot engine at maximum power output [J]. Am. J. Phys. ,1975,43(1):22-24.

［15］ Bejan A. Entropy Generation Through Heat and Fluid Flow[M]. New York：Wiley, 1982.

［16］ 严子浚.卡诺热机的最佳效率与功率间的关系[J].工程热物理学报,1985,6(1):1-5.

［17］ 陈林根,孙丰瑞,陈文振.有限时间热力学研究新进展[J].自然杂志,1992,15(4):249-253.

［18］ 陈金灿,严子浚.有限时间热力学理论的特征及发展中几个重要标志[J].厦门大学学报(自然科学版),2001,40(2):232-240.

［19］ Prigogine I, Structure, Dissipation, et al. Communication Presented of the First International Conference / Theoretical physics and Biology[M]. Amsterdam：North-Holland pub, 1969.

［20］ 贾磊.LNG冷能利用与低温半导体温差发电研究[D].合肥:中国科学技术大学,2006.

［21］ Xu Z M, Yang S R, Chen Z Q. A modified entropy generation number for heat exchanger[J]. J Therm. Sci. ,1996,5(4):257-263.

［22］ 郭江峰,程林,许明田.㶲耗散数及其应用[J].科学通报,2009,54(19):2998-3002.

［23］ 陈则韶,程文龙,胡芃.一种换热器优化设计的新方法[J].工程热物理学报,2013(10)：1894-1898.

［24］ Hesselgreaves J E. Rationalisation of second law analysis of heat exchangers[J]. Inter. J. Heat Mass Trans. , 2000, 43(22): 4189-4204.

［25］ 杨世铭,陶文铨.传热学[M].4版.北京:高等教育出版社,2006.

［26］ 《数学手册》编写组.数学手册[M].北京:人民教育出版社,1979.

［27］ 赵东旭,余敏,陈丽超,等.有限时间实际蒸汽动力循环热力性能优化[J].上海理工大学学报,2010,32(4):329-333.

［28］ 陈则韶,谢文海,胡芃.一种实际不可逆循环系统的等价热力变换分析法[J].中国科学(技术科学E),2013,43(11)：1230-1235.

［29］ CHEN Z S, XIE W H, HU P L, et, al. An effective thermodynamic transformation analysis method for actual irreversible cycle[J]. Science China Technological Sciences, 2013, 56(9)：2188-2193.

［30］ 陈则韶,谢文海,胡芃,等.一个基于等价热力变换分析法研发的热泵性能分析软件[J].流体机械,2013(11).

［31］ 姚广寿.有限热源定常态热机在两类约束条件下的有限时间热力学优化[J].应用科学学报,1995,13(2):209-213.

第 24 章　非平衡态辐射热力学基础

辐射能的传输和光热、光伏的转换都在非平衡态中进行,植物光合作用时叶面的温度、太阳能热水器接收面的温度、太阳能电池接收面的温度,都与太阳表面的温度差别很大,地球表面受到照射的太阳辐射强度与太阳表面的辐射强度差别也极大,锅炉炉膛内炽热的气体与锅炉壁水管的辐射换热也在非平衡态的过程中进行,非平衡态辐射热力学和传热学的问题是普遍存在的,而用黑体空腔模型建立的平衡态辐射热力学理论难以准确描述和分析这类问题。因此必须对非平衡态辐射热力学单独开展研究。本章研究的辐射热力学并非定向性很强的激光类辐射,而是辐射源发射的辐射,它遵从黑体辐射定律的热辐射,以下不再说明。

24.1　非平衡态辐射热力学系统

1. 非平衡态辐射热力学系统的构成

非平衡态辐射热力学系统的构成包括辐射源、辐射能接收转换器和存在于两者之间广阔空间中的辐射粒子场,并聚焦于辐射能接收转换器。其中,辐射源包括辐射能接收转换器受照的所有投射辐射源。例如,图 24.1(a)所示的太阳与地球就组成非平衡态辐射热力学系统的基本要素,通常取地球为讨论对象;图 24.1(b)所示为取光伏接收器为讨论对象的能量平衡示意图,当讨论入射的太阳辐射能的属性时,就得把入射辐射的来源即太阳、云层散射等也包括在非平衡态辐射热力系统内;图 24.1(c)为太阳能热接收器的能量平衡示意图。

2. 非平衡态辐射热力学的研究内容

与热平衡态辐射热力学系统不同,非平衡辐射热力学系统内各辐射源面温度不相等,系统内各辐射源面之间要发生辐射能交换,辐射能接收转换器要接收多源的辐射能,并通过不同形式转换为其他形式的能量。图 24.1 所示的系统,因为不能给出封闭腔壁的温度,于是就不能表征辐射流的特征温度,也就无法利用平衡态光子气的理论来描述和分析非平衡辐射热力学系统。因此,非平衡态辐射热力学需要补充研究以下问题:

① 非平衡态辐射热力学系统的描述及其状态的表征;

② 非平衡态辐射热力学系统内发生的辐射能传输过程的传输效率、不可逆损失;

③ 辐射能的热作用和量子作用的能量转换热力学分析;

④ 非平衡态辐射热力学与平衡态辐射热力学的关系等。

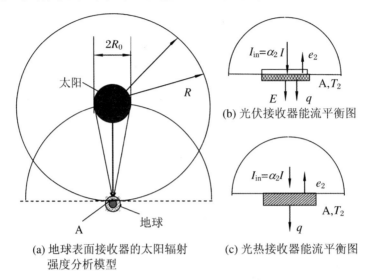

(a) 地球表面接收器的太阳辐射
强度分析模型

(b) 光伏接收器能流平衡图

(c) 光热接收器能流平衡图

图 24.1　太阳辐射传热示意图

3. 非平衡态辐射热力学系统的特点

非平衡态辐射热力学系统的辐射能流具有频率性、方向性和发散性的特点;辐射能与物质作用有双重性:热作用和量子作用。

（1）频率性

总的辐射流是由许多频率不同的光谱粒子辐射流所组成的,各种频率的光谱粒子辐射流不仅有能量大小区别,还有品质区别。

（2）方向性

辐射发射面向不同方向发射的辐射能流强度是不相同的;或辐射能接收面接收来自不同方向的辐射能流强度是不相同的;或空间同一位置朝向不同单位面积的穿过辐射能流强度是不相同的。

（3）发散性

辐射发射面所发射的辐射能在空间半球向是发散传播,随辐射能流离发射面的距离增加,单位面积的能流密度降低。发散性的原因是辐射能量从能量强度大的区域向能量强度小的区域转移,并伴有熵产。激光类辐射不同于热辐射,激光源发射的辐射流基本没有发散性。

（4）热作用

辐射能以能量平均态与物质分子热运动发生能量交换,只体现辐射能量强度的特点,其有效能的大小只取决于辐射能量强度。

（5）量子作用

辐射能以辐射量子的能量形式与物质原子内的电子或化学键电子的运动发生能量交换,具有明显的频率特性,辐射量子的有效能与光谱辐射频率直接相关。

4. 研究方法

鉴于上述特点,非平衡态辐射热力学系统的热力学描述需要确立参考坐标系,采用光谱辐射流跟踪法,并区分辐射能转换的不同作用方式。

① 辐射系统坐标系以讨论对象的辐射面为基准面,并以其法线为轴线。

② 辐射流跟踪法跟踪辐射能流在传输过程到达空间某位置和某方向时辐射能状态变化,分析到达辐射能接收器的辐射能流的光谱组成、能流密度;辐射能转换器的作用方式有光热、光电和光化作用。分析光热作用,只需要考虑辐射能的平均属性;分析光电和光化作用,需要考察光谱辐射的频率特性。

24.2　非平衡态辐射场状态的描述

在非平衡态辐射热力学系统中,分析辐射源的光谱辐射和黑体辐射的能量表征和热力学关系可以用经典辐射热力学和笔者已导出的上述结果,本章需要补充辐射场中的辐射能流的热力学描述。

1. 辐射场的辐射窗口

是指辐射发射面与辐射接收面之间存在辐射流的空间。在非平衡态辐射热力学系统中,辐射场内不同位置、不同方向的单位面积上受到的照射辐射力是不同的。因此,描述辐射场的辐射能参数需要在辐射场中的指定位置和指定方向确定一个窗口。最典型的辐射窗口是辐射能接收转换器的接收面前的辐射窗口,它与接收面平行,贴近而不接触,面积相等。描述辐射场窗口辐射能能量状态,需要引入辐射通量 φ、照射辐射强度 G、照射辐射特征温度 $\bar{T}$、当量太阳照射辐射温度 $\hat{T}$ 等参数。

2. 描述辐射场窗口辐射能能量状态的参数

(1) 辐射通量 φ

定义为单位时间内通过面积为 A 的窗口来自半球向的全部辐射能量流,单位为 W。

(2) 照射辐射强度 G

定义为单位时间内投射到所指定窗口单位面积上的辐射能,单位为 W/m^2。辐射窗口远离辐射源,可能有多个热源的辐射能到达辐射窗口。例如,太阳光伏电池的玻璃盖板窗口的辐射流,就包括太阳直射辐射、来自大气层的漫射日射、大气云层吸收太阳辐射后形成的天空辐射和地面建筑物的反射辐射等。因此,照射辐射强度 G 可由多个辐射源的照射辐射强度合成,即

$$G = \sum_{i=1}^{n} G_i = \sum_{i=1}^{n} E_i \cos\theta_i \qquad (24.1a)$$

其中,E_i 为第 i 个热源的辐射力;θ_i 为接收面法线与第 i 个热源面法线的夹角。各辐射源对窗口的有效辐射 G_i 可以根据传热学方法求出,需要的参数包括辐射源的温度 T_i 和辐射源对窗口的视角系数。另外,照射辐射强度 G 也可以由光谱照射强度合成,即由下式计算:

$$G = \sum_{\nu=0}^{\infty} h\nu N_\nu = \sum_{\lambda=0}^{\infty} \frac{hc}{\lambda} N_\lambda = \sum_{\lambda=0}^{\infty} G_\lambda \qquad (24.1b)$$

其中,G_λ 为波长 λ 单色光谱的照射强度,可以用全频谱分光光度计测定;N_ν 或 N_λ 为照射辐射强度 G 所包含的频率为 ν 或波长为 λ 的光子数,在测得 G_λ 后算出。照射辐射强度 G 中所包含的光子总数为

$$N_G = \sum_{\lambda=0}^{\infty} \frac{G_i \lambda}{hc} = \sum_{\lambda=0}^{\infty} N_\lambda \tag{24.2}$$

在已知辐射能的大小和光谱分布的情况下,利用式(24.2)可以求出 N_G。如果各辐射源的 G_i 和 T_i 已知,那么 $G_{i,\lambda}$ 也要借助普朗克黑体辐射定律求出,而后可求出 G_λ 和 N_λ。

(3) 照射衰减系数 ω

因为每个辐射源到达辐射窗口的辐射能强度都比辐射源的辐射强度有所减弱,所以也可以引入照射衰减系数 ω,把 G_i 表示为辐射源的辐射强度 E_i 与照射衰减系数 ω_i 的乘积,即

$$G_i = \omega_i \cos\theta_i \int_0^{\infty} E_{i,\lambda} \mathrm{d}\lambda = \omega_i \cos\theta_i \int_0^{\infty} \frac{c_1 \lambda^{-5}}{\exp\left(\dfrac{c_2}{\lambda T_i}\right)} \mathrm{d}\lambda = \omega_i \cos\theta_i E_i = \omega_i \cos\theta_i \sigma T_i^4$$

$$\tag{24.3}$$

(4) 太阳辐射常数 G_0

在大气层外缘与太阳光线垂直的单位面积窗口单位时间受到的太阳直射照射强度,称为太阳辐射常数,记作 G_0,表达式为

$$G_0 = \omega_0 \int_0^{\infty} E_\lambda \mathrm{d}\lambda = \omega_0 \int_0^{\infty} \frac{c_1 \lambda^{-5}}{\exp\left(\dfrac{c_2}{\lambda T_s}\right)} \mathrm{d}\lambda = \omega_0 \sigma T_s^4 = \omega_0 E_s \tag{24.4}$$

其中,太阳表面温度 $T_s = 5\,800\ \mathrm{K}$;E_λ 为太阳的光谱辐射力;E_s 为太阳的辐射力;ω_0 为太阳辐射力的照射衰减系数,它可以根据太阳球面热源辐射能与以太阳中心到地球表面的距离 L 为半径外围同心球面的辐射通量相等的原则求出,即

$$4\pi R_s^2 E_s = 4\pi R^2 G_0$$

$$\omega_0 = \left(\frac{R_s}{R}\right)^2 = 2.144\,27 \times 10^{-5} \tag{24.5}$$

其中,太阳半径 $R_s = 1\,391\,000/2\ \mathrm{km}$;太阳表面到地球表面的距离 $L = 149\,500\,000\ \mathrm{km}$;太阳中心距离 $R = R_s + L = 150\,195\,500\ \mathrm{km}$;又由式(24.4)计算得 $G_0 = \omega_0 E_s = 1\,376\ \mathrm{W/m^2}$。1957 年国际物理年决定将太阳常数采用 $1\,380\ \mathrm{W/m^2}$,1981 年世界气象组织(WMO)把太阳常数定为 $G_0 = 1\,363\ \mathrm{W/m^2}$。实际上地球与太阳的距离在一年中会有稍许变化,所以太阳常数也会随之有稍许变化。太阳辐射力照射衰减系数 ω 很小。陶文铨编著的《传热学》推荐 $G_0 = 1\,376 \pm 6\ \mathrm{W/m^2}$。

太阳辐射常数 G_0 中所含的光子数 $N_{G,0}$ 为

$$N_{G,0} = \omega_0 \int_0^{\infty} \frac{\lambda}{hc} E_s \mathrm{d}\lambda = \omega_0 \int_0^{\infty} \frac{\lambda}{hc} \frac{c_1 \lambda^{-5}}{\exp\left(\dfrac{c_2}{\lambda T_s}\right)} \mathrm{d}\lambda$$

$$= \omega_0 \frac{c_1}{s_\lambda c_3} \int_0^{\infty} \frac{\lambda^{-4}}{\exp\left(\dfrac{c_2}{\lambda T_s}\right)} \mathrm{d}\lambda$$

$$= \frac{\omega_0 \sigma T_s^3}{s_\lambda} \tag{24.6}$$

(5) 照射辐射能的特征温度 T_G

照射辐射能集合体的特征温度 T_G,单位为 K,由各光子的特征温度 T_λ 与光谱粒子数的乘积除以照射辐射能集合体的粒子总数 N_G 得到,其表达式为

$$T_G = \frac{\sum_{\lambda=0}^{\infty} T_\lambda N_\lambda}{N_G} \qquad (24.7a)$$

T_G 也可以据热力学关系 $TS = U$，由照射辐射强度 G 的能量除以其集合体的熵 S_G 得到

$$T_G = \frac{G}{S_G} = \frac{G}{N_G s_\lambda} \qquad (24.7b)$$

大气层外缘太阳辐射常数 G_0 的特征温度 $T_{G,0}$ 为

$$T_{G,0} = \frac{G_0}{N_{G,0} s_\lambda} = T_s \qquad (24.8)$$

式(24.8)说明，大气层外缘太阳辐射的特征温度 $T_{G,0}$ 仍然与太阳表面温度相等，这意味着太阳辐射经过太空的传播，在与物质作用之前，辐射能品位并没有降低，并没有发生熵的增加。

(6) 当量照射辐射温度 $\hat{T}$

定义辐射强度 E_b 与照射辐射强度 G 相等的窗口假想黑体辐射温度为当量照射辐射温度，用符号 $\hat{T}$ 表示，则有方程式：

$$\sigma \hat{T}^4 = E_b = G \qquad (24.9a)$$

$$\hat{T} = \left(\frac{G}{\sigma}\right)^{\frac{1}{4}} \qquad (24.9b)$$

在有多个热源辐射时，有

$$\hat{T} = \left(\sum_{i=1}^{n} \omega_i T_i^4\right)^{1/4} \qquad (24.10)$$

在仅有一个温度为 T 热源辐射时，有

$$\hat{T} = \omega^{1/4} T \qquad (24.11)$$

当量照射辐射温度是照射辐射能与物质发生热作用的辐射强度标志，即照射辐射强度可以用温度为 $\hat{T}$ 的黑体所发射的辐射强度计算。当量照射辐射温度 $\hat{T}$ 的概念，对于计算非平衡态辐射热力系统中的辐射传热辐射能转换为热能的不可逆过程的有效能损失和熵产有重要意义。

(7) 当量太阳照射辐射温度 $\hat{T}_s$

在地球大气层上空，太阳当量照射辐射温度用 $\hat{T}_{G,0}$ 表示，表达式为

$$\hat{T}_{G,0} = \omega^{1/4} \bar{T}_{G,0} = \omega^{1/4} T_s = 394.7\ \text{K} \qquad (24.12)$$

在地面上太阳辐射穿过大气层时，有部分辐射能被大气吸收、散射，同时云层也有漫反射和长波辐射给太阳能接收器的窗口，窗口的照射辐射强度 G_s 可以用全辐射计测量。地面太阳能接收器窗口的当量太阳照射辐射温度用符号 $\hat{T}_s$ 表示，表达式为

$$\hat{T}_s = \left(\frac{G_s}{\sigma}\right)^{\frac{1}{4}} \qquad (24.13)$$

(8) 照射辐射熵流强度 S_G

定义单位时间内投射到窗口单位面积上的辐射熵流强度为照射辐射熵流强度，用符号 S_G 表示，单位为 $\text{W}/(\text{K} \cdot \text{m}^2)$，表达式为

$$S_G = s_\lambda N_G \qquad (24.14a)$$

$$S_G = \frac{G}{T_G} \tag{24.14b}$$

大气层外缘太阳辐射常数 G_0 的熵流确定 $S_{G,0}$ 为

$$S_{G,0} = s_\lambda N_{G,0} = \omega \sigma T_{G,0}^3 = \omega \sigma T_s^3 \tag{24.15}$$

（9）照射辐射有效能强度 G_u

定义单位时间内投射到窗口单位面积上的辐射有效能，即照射辐射强度所具有的有效能为照射辐射有效能强度，用符号 G_u 表示，单位为 W/m^2，表达式为

$$G_u = G\left(1 - \frac{T_0}{T_G}\right) = G\left(1 - \frac{\lambda_G}{\lambda_0}\right) \tag{24.16}$$

其中，$\lambda_G = c_3/T_G$，$\lambda_0 = c_3/T_0$。大气层外缘的照射辐射有效能强度记为 $G_{u,0}$，表达式为

$$G_{u,0} = \omega_0 \sigma T_{G,0}^4\left(1 - \frac{T_0}{T_{G,0}}\right) = \omega_0 \sigma T_s^4\left(1 - \frac{T_0}{T_s}\right) = \omega \sigma T_s^4\left(1 - \frac{\lambda_{G,0}}{\lambda_0}\right) \tag{24.17a}$$

其中，$T_0 = 300 \text{ K}$，$\lambda_0 = 17.762\ \mu m$；$T_{G,0} = T_s = 5\,800 \text{ K}$，$\lambda_{G,0} = \lambda_s = 0.918\,99\ \mu m$，得

$$G_{u,0} = G_0\left(1 - \frac{T_0}{T_G}\right) = 1\,376 \times \left(1 - \frac{300}{5\,800}\right) = 1\,304.8 \text{ W/m}^2 \tag{24.17b}$$

24.3　辐射能与物质光热作用的热力学问题

辐射能与物质作用时发生两类热力学能量交换问题：① 辐射能被物质接收转化为物质分子运动的热能；② 辐射能被物质接收并以量子形式与物质的电子、分子的化学键作用，直接转化为电能或化学能，并伴随有热交换。两类作用的热力学处理方法也有所不同：对于辐射能的光热作用，可以采用光谱能量集合和平均波长、平均特征温度的平均态的处理方法，不必区分光谱的特征温度等特性；对于辐射能的光电和光化作用，则应按光谱特性处理。辐射能与物质的作用，选择辐射能接收器为研究对象。虽然辐射源和辐射能接收器没有处在热平衡态的辐射系统中，但是到达辐射能接收器的辐射能是辐射源对辐射能接收器窗口的照射辐射能。因此，利用在非平衡辐射系统中建立的辐射窗口的辐射能状态，可以进行辐射能接收器的能量交换的热力分析。本节讨论光热作用的热力学问题。

光热转换器的接收面接收辐射能，变成热能。以图 24.2 所示的单位面积光热转换器为例，设入射的太阳辐射强度为 G，接收器的吸收率为 α，发射率为 ε，接收器的表面温度和输出热流量 q 的温度都为 T。

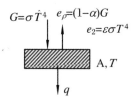

图 24.2　光热接收器模型图

1. 热接收器的能量方程

当忽略空气对流传热损失的热力 q_L 时,单位面积光热接收转换器的输出热流量 q 由光热转换器的能量方程给出:

$$q = G - e_\rho - e_2 = G_{in} - e_2 = \alpha G - \varepsilon\sigma T^4 = \alpha\sigma\hat{T}^4 - \varepsilon\sigma T^4$$

$$= \alpha\sigma\hat{T}^4\left(1 - \frac{\varepsilon T^4}{\alpha\hat{T}^4}\right) \tag{24.18a}$$

式中,e_2 是热接收器表面的辐射力。当 $\alpha = \varepsilon$ 时,有

$$q = \alpha\sigma\hat{T}^4\left(1 - \frac{T^4}{\hat{T}^4}\right) \tag{24.18b}$$

如果 $q = 0$,则 $T = \hat{T}$,即意味着 $\hat{T}$ 为照射辐射能转化为热能的最高温度,辐射能转化为热能的驱动温差势为 $\Delta T_G = T_G - \hat{T}$。

2. 辐射能的热转换效率 η_q

定义辐射能热接收器输出的热能与输入的辐射能之比为辐射能热效率,用符号 η_q 表示,表达式为

$$\eta_q = \frac{q}{G} = \alpha\left(1 - \frac{\varepsilon T^4}{\alpha\hat{T}^4}\right) = \alpha\eta_r \tag{24.19}$$

$$\eta_r = 1 - \frac{\varepsilon T^4}{\alpha\hat{T}^4} \tag{24.20a}$$

$$\eta_r = 1 - \frac{T^4}{\hat{T}^4} \quad (\alpha = \varepsilon) \tag{24.20b}$$

其中,η_r 为辐射能热转换效率因子,是热接收转换器的性能。由式(24.19)可以看出,辐射能热转换效率与接收面窗口的等效照射辐射温度 $\hat{T}$ 关系很大。

3. 热接收器的有效能流量方程

辐射能热接收器输出的有效能流量 q_u,可以由热接收器的能流量方程中各项能流的有效能流方程导出,或直接由输出热量 q 与热源为接收器温度 T 的卡诺热机效率 $\eta_C = 1 - T_0/T$ 的乘积获得,在忽略接收器与空气的对流传热的损失的有效能 $q_{u,L}$ 时,有

$$q_u = G_u - e_{\rho,u} - e_{2,u} = G_{in,u} - e_{2,u}$$

$$= \alpha G\left(1 - \frac{T_0}{T_G}\right) - \varepsilon\sigma T^4\left(1 - \frac{T_0}{T}\right) = q\left(1 - \frac{T_0}{T}\right) \tag{24.21}$$

如果 $q = 0$,则 $T = \hat{T}$,得接收器发射辐射能的有效能即为当量照射辐射能热转换的最大有效能 $G_{u,\hat{T}}$ 为

$$G_{u,\hat{T}} = e_{2,u} = \varepsilon G\left(1 - \frac{T_0}{\hat{T}}\right) \tag{24.22}$$

$G_{u,\hat{T}}$ 是发射辐射损失的有效能,难以利用。

4. 辐射热接收器的输出有效能效率 η_u

$$\eta_u = \frac{q_u}{G_u} = \frac{\dfrac{q}{G}\left(1 - \dfrac{T_0}{T}\right)}{1 - \dfrac{T_0}{T_G}} \tag{24.23a}$$

520

当 $\alpha = \varepsilon$ 时,得

$$\eta_{\mathrm{u}} = \frac{q_{\mathrm{u}}}{G_{\mathrm{u}}} = \frac{\alpha\left(1 - \dfrac{T^4}{\hat{T}^4}\right)\left(1 - \dfrac{T_0}{T}\right)}{1 - \dfrac{T_0}{T_{\mathrm{G}}}} \tag{24.23b}$$

5. 最佳接收温度 T_{opt}

在 $\hat{T}$ 和 T_0 已知的情况下,据式(24.21)或式(24.23b)对 T 求极值,可获得 T 的最佳值 T_{opt},T_{opt} 为输出有效能最大值时接收器的温度。令

$$\frac{\mathrm{d}q_{\mathrm{u}}}{\mathrm{d}T} = \frac{\mathrm{d}\eta_{\mathrm{u}}}{\mathrm{d}T} = 0 \tag{24.24}$$

即得

$$4T_{\mathrm{opt}}^5 - 3T_0 T_{\mathrm{opt}}^4 - T_0 \hat{T}^4 = 0 \tag{24.25}$$

对大气层外的光热接收转换器而言,窗口当量照射辐射温度为 394.7 K,接收器的最佳接收温度为 $T_{\mathrm{opt}} = 348.459$ K,取 $T_{\mathrm{opt}} = 348.46$ K。

6. 辐射能热转换过程的有效能损失

辐射能热转换的不可逆过程的有效能损失为

$$\begin{aligned}
G_{\mathrm{u,L}} &= \alpha G\left(1 - \frac{T_0}{T_{\mathrm{G}}}\right) - \varepsilon\sigma T^4\left(1 - \frac{T_0}{T}\right) - q_{\mathrm{u}} \\
&= \alpha G\left(1 - \frac{T_0}{T_{\mathrm{G}}}\right) - \varepsilon\sigma T^4\left(1 - \frac{T_0}{T}\right) - q\left(1 - \frac{T_0}{T}\right) \\
&= \alpha G T_0\left(\frac{1}{T} - \frac{1}{T_{\mathrm{G}}}\right) \tag{24.26a}
\end{aligned}$$

如果 $q = 0, T = \hat{T}$,则辐射能热转换的有效能损失量记为 $G_{\mathrm{u,L,min}}$

$$G_{\mathrm{u,L,min}} = \alpha G T_0\left(\frac{1}{\hat{T}} - \frac{1}{T_{\mathrm{G}}}\right) \tag{24.26b}$$

这里,$G_{\mathrm{u,L,min}}$ 为辐射热转化过程的最小有效能损失。

7. 辐射能热转换过程的不可逆度 $\eta_{\mathrm{u,ir}}$

定义辐射能热转换过程的有效能损失量 $G_{\mathrm{u,L}}$ 与窗口照射辐射量 G 的比值为辐射能热转换过程的不可逆度,记为 $\eta_{\mathrm{u,ir}}$,表达式为

$$\eta_{\mathrm{u,ir}} = \frac{G_{\mathrm{u,L}}}{G} = \alpha T_0\left(\frac{1}{T} - \frac{1}{T_{\mathrm{G}}}\right) \tag{24.27}$$

8. 辐射能热转换过程的熵产率

辐射能从辐射源到接收器途中,由于辐射扩散辐射强度减弱时,在与物质热作用时会出现熵产,该熵产率是辐射能自发扩散传输过程的不可逆损失的体现。根据熵流方程可以求得熵产率。

熵方程是对一个孤立系内能量平衡方程中的各个能量所伴随的熵变量求和的方程,约定进入能量所伴随的熵流量为正,放出能量所伴随的熵流量为负。系统的能量方程是平衡的,遵从能量守恒定律,孤立系内能量平衡的结果为零;系统的熵方程是不平衡的,遵从能量熵增定律,孤立系内部有不可逆过程,就有熵增量。熵方程的计算结果得到熵产。如果是从单位时间的能流量方程出发的熵流量方程,则计算得到熵产率。如图 24.2 所示的辐射能热

接收器,其熵流方程为

$$\Delta \dot{s}_g = \dot{s}_e + \dot{s}_q - \dot{s}_{in} = \frac{e_2}{T} + \frac{q}{T} - \frac{G_{in}}{T_G} = \alpha \sigma T^3 + \frac{q}{T} - \frac{\alpha \sigma \hat{T}^4}{T_G} \quad (24.28a)$$

其中,$\Delta \dot{s}_g$ 为辐射热接收器的熵产强度,单位为 $W/(m^2 \cdot K)$;$\dot{s}_{in}$ 为吸收进入的熵流,应当注意,它是吸收的辐射能与照射辐射温度 T_G 之比。把 q 用式(24.18a)代入上式,得

$$\Delta \dot{s}_g = \alpha G \left(\frac{1}{T} - \frac{1}{T_G} \right) = \alpha_2 G \dot{s}_g \quad (24.28b)$$

其中,$\dot{s}_g$ 为辐射热接收器的熵产(熵增)因子。熵产强度是由照射辐射强度和熵产因子的乘积决定的。

$$\dot{s}_g = \frac{1}{T} - \frac{1}{T_G} \quad (24.29a)$$

式(24.29a)表明辐射热接收器的熵产因子只与照射辐射的特征温度 T_G 和辐射接收器表面的温度 T 有关,与照射辐射强度无关。

当 $T = \hat{T}$,即无有效热量输出仅有辐射损失时的熵产因子,称为辐射换热熵产(熵增)因子,记作 $\dot{s}_{g,G}$,表达式为

$$\dot{s}_{g,G} = \frac{1}{\hat{T}} - \frac{1}{T_G} \quad (24.29b)$$

$\dot{s}_g$ 辐射热接收器的内部传热熵产因子 $\dot{s}_{g,q}$ 为

$$\dot{s}_{g,q} = \dot{s}_g - \dot{s}_{g,G} = \frac{1}{T} - \frac{1}{\hat{T}} \quad (24.29c)$$

在大气层外的黑体光热接收转换器的熵产率为

$$\Delta \dot{s}_g = G_0 \left(\frac{1}{T} - \frac{1}{T_G} \right) = \omega \sigma T_s^4 \left(\frac{1}{T} - \frac{1}{T_s} \right) \quad (24.30)$$

其中,$G_0 = 1\,376\ W/m^2$,当 $T = T_{opt} = 348.46\ K$,$s_g = 3.711\,6\ W/(m^2 \cdot K)$;当 $T = \hat{T} = 394.7\ K$ 时,$s_{g,G} = 3.248\,9\ W/(m^2 \cdot K)$,$s_g - s_{g,G} = s_{g,q} = 0.462\,7\ W/(m^2 \cdot K)$ 为辐射接收器为输出最佳热流时内部产生的熵增量。

比较式(24.26a)的 $G_{u,L}$ 和式(24.28b)的 $\Delta \dot{s}_g$,得

$$G_{u,L} = T_0 \Delta \dot{s}_g \quad (24.31)$$

式(24.31)的结果与第 23 章导出的不可逆过程的有效能损失率与熵产率的关系式(23.105)的形式相同,说明一切不可逆过程的有效能损失率都等于熵产率与环境温度 T_0 的乘积,即一切自发过程的共性都是要消耗有效能。高品位的能量拥有较多的有效能量,高品位能量与低品位能量的有效能差值作为不可逆过程的动力能,直接用有效能消耗率去分析不可逆过程的热力性质,比用熵产率分析物理意义更清楚,更有普遍意义。

9. 太阳能热转换过程的有效能损失分析

以图 24.2 的太阳能热接收转换器为例,假定接收器表面为黑体并置于大气层外,太阳能从离开太阳表面到得到输出热量的过程,辐射能流强度经历了如下的变化:第一阶段,辐射能从太阳表面到接收器表面窗口,为辐射能扩散传递阶段;第二阶段,辐射能以热作用形式,进入接收器表面,为辐射能热能转换阶段;第三阶段,接收器对热辐射建立能量平衡的过程,到达平衡时完成输出热量 q 的任务。请读者根据上述提供的各参数计算式,试分析三个阶段的特征温度、能流量、有效能流量、有效能在热能中的占有率、不可逆损失、最优接收温

度的性能,部分答案参见表 24.1。

表 24.1   无大气层影响的太阳辐射能/热能转换参数和计算结果表

	太阳表面	大气层外接收器之前窗口			辐射热接收器				
		光谱态	热平均	转换损失	热吸收	反射	辐射损失	输出热	不可逆损失
温度/K	T_s	T_G	$\hat{T}$	$T_G - \hat{T}$	$\hat{T}$	T_G	T_G	T_{opt}	$\hat{T} - T_{opt}$
	5 800	5 800	394.7	5 405.3	394.7	5 800	5 800	348.46	46.24
能流量 /(W·m⁻²)	E_s	G_0	G_0	$G_{0,L}$	G_{in}	e_ρ	$e_{\varepsilon,L}$	q	q_L
	6 416 000	1 376	1 376	6 414 624	1 376	0	836.0	540.0	0
有效能流量 /(W·m⁻²)	$E_{u,s}$	$G_{u,0,\lambda}$	$G_{u,0,h}$	$G_{u,0,L}$	$G_{u,in}$	$e_{u,\rho}$	$e_{u,\varepsilon,L}$	q_u	$q_{u,L}$
	6 084 000	1 304.8	330.14	6 083 695	330.14	0	116.3	75.10	138.74
有效能的占有率	$\eta_{u,s}$	$\eta_{u,0,\lambda}$	$\eta_{u,0,h}$	$\eta_{u,0,L}$	$\eta_{u,in}$	0	$\eta_{u,\varepsilon,L}$	$\eta_{u,q}$	$\eta_{u,L}$
	0.948 3	0.948 3	0.239 9	0.708 4	0.239 9		0.089 2	0.057 6	0.093 1

表 24.1 中的几组数据具体计算如下:

$$e_{u,\varepsilon,L} = \sigma T_{opt_2}^4 \left(1 - \frac{T_0}{T_{opt}}\right) = 836.4 \left(1 - \frac{300}{348.46}\right) = 116.3 \text{ W/m}^2$$

$$\eta_{u,\varepsilon,L} = \frac{e_{u,\varepsilon,L}}{G_{u,0,\lambda}} = \frac{116.4}{1\,304.8} = 8.92\%$$

$$q_u = q\left(1 - \frac{T_0}{T_{opt}}\right) = 540\left(1 - \frac{300}{348.46}\right) = 75.10 \text{ W/m}^2$$

$$\eta_{u,q} = \frac{q_u}{G_{u,0,\lambda}} = \frac{75.1}{1\,304.8} = 5.76\%$$

从表 24.1 中可以看出,太阳能扩散辐射传输的能量强度和有效能强度损失很大,到达地球大气层外的窗口太阳照射强度只有太阳表面辐射能量强度的 0.214%(= 1 376/641 600);而一旦把太阳辐射能转换为热利用,在没有聚光、没有有效输出热量时,再辐射的能流量所含的有效能已从 1 304.8 W/m² 降到 330.14 W/m²;在存在有效的热量输出时,必须降低太阳能接收器的辐射损失,所以接收器温度必须降低,接收器最佳的温度降低到 348.46 K,此时,输出的有效能量只有 75.1 KW,只有到达窗口的太阳能量中的有效能量的 5.755%。因此,要提高辐射能通过转化为热能再输出功能,需要尽可能提高输出热能的温度,减少接收器自身辐射损失,例如采用聚光的方法和光谱选择性涂层,聚光方法可以提高 $\hat{T}$。

10. 聚光效果分析

根据式(24.11)可知接收器的当量照射温度 $\hat{T}$、辐射源温度 T 和照射衰减系数 ω 的关系为 $\hat{T} = \omega^{1/4} T$,反向,把照射衰减系数 ω 变为聚光倍数 n,则接收器的聚光当量照射温度 $\breve{T}$ 与聚光前太阳的当量照射温度 $\hat{T}$ 的理论关系(未考虑聚光器的光学效率)为

$$\breve{T} = n^{1/4}\hat{T} \tag{24.32}$$

把式(24.25)中的接收器当量照射温度 $\hat{T}$ 改为聚光当量温度 $\breve{T}$,并用上式代入,则聚光倍率为 n 的黑体太阳能接收器的理论最佳工作温度由下式确定:

$$4 \breve{T}_{\text{opt}}^5 - 3 T_0 \breve{T}_{\text{opt}}^4 - T_0 \breve{T}^4 = 0 \tag{24.33a}$$

$$4 \breve{T}_{\text{opt}}^5 - 3 T_0 \breve{T}_{\text{opt}}^4 - n T_0 \hat{T}^4 = 0 \tag{24.33b}$$

其中，$\breve{T}_{\text{opt}}$ 为聚光接收器最佳温度。聚光接收器输出的热流量 q、有效能量 q_{u}、无效能量 q_{n} 分别为

$$q = \varepsilon_2 \sigma \breve{T}^4 \left(1 - \frac{T^4}{\breve{T}^4} \right) = n \varepsilon_2 \sigma \hat{T}^4 \left(1 - \frac{T^4}{n \hat{T}^4} \right) \tag{24.34}$$

$$q_{\text{u}} = q \left(1 - \frac{T_0}{\breve{T}_{\text{opt}}} \right) \tag{24.35}$$

$$q_{\text{n}} = q - q_{\text{u}} \tag{24.36}$$

聚光接收器有效能利用率 η_{u} 为

$$\eta_{\text{u}} = \frac{q_{\text{u}}}{q} = \left(1 - \frac{T_0}{\breve{T}_{\text{opt}}} \right) \tag{24.37}$$

聚光接收器的不可逆度 $\eta_{\text{u,ir}}$ 为损失的无效能与输入的有效能的比值，据式(24.27)，得

$$\eta_{\text{u,ir}} = \frac{q_{\text{n}}}{q} = \alpha T_0 \left(\frac{1}{T} - \frac{1}{T_{\text{G}}} \right) \tag{24.38}$$

值得指出的是，受聚光器效率和太阳圆盘夹角的限制，$\breve{T}$ 和接收器最佳工作温度 $\breve{T}_{\text{opt}}$ 不可能无限提高，聚光度 $n < 10$ 时增加聚光度有明显作用，在 $n > 30$ 以后有效能利用效率提高不明显，如图 24.3、图 24.4 所示。图 24.3 为聚光太阳能黑体热接收器无空气对流热损失时的当量照射温度 $\breve{T}$ 和最佳工作温度 $\breve{T}_{\text{opt}}$ 与聚光倍率 n 的关系。图 24.4 为聚光太阳能黑体热接收器的输出有效能流率 q_{u}、辐射损失无效能量流率 q_{n}、效能利用率 η_{u} 和不可逆度 $\eta_{\text{u,ir}}$ 与聚光倍率 n 的关系。

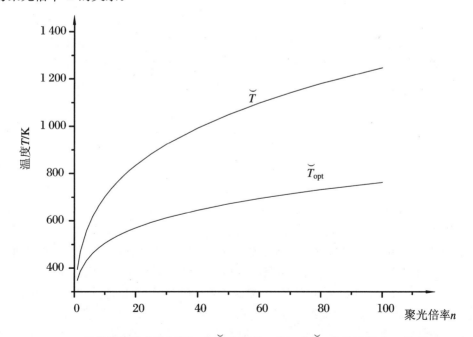

图 24.3　黑体接收器当量照射温度 $\breve{T}$ 和最佳工作温度 $\breve{T}_{\text{opt}}$ 与聚光倍率 n 的关系

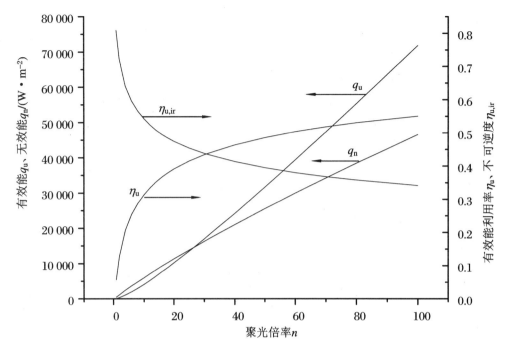

图 24.4　黑体接收器的 q_u、q_n、η_u 和 $\eta_{u,ir}$ 与聚光倍率 n 的关系

24.4　辐射能对物质的量子作用

辐射能对物质的量子作用体现在光电、光化/光合等方面。辐射能对物质的量子作用能量特性研究,必须根据辐射能的频率特性理论,不能用辐射能热作用的平均理论。本书仅以光伏电池为例,讨论光与物质的量子作用。光伏电池接收辐射能直接转换为电能,但伴随有部分辐射能变成热能而损失。光伏转换是辐射能对太阳能电池的量子作用,必须以光谱辐射热力学理论讨论和分析光伏电池的有效能输入流量、有效利用效率和损失的无效能。

1. 光电转换的光谱区段

根据爱因斯坦的光电效应理论,只有光子能量 $h\nu \geqslant e_g$ 的光子才能激发光伏电池价带电子向导带跃迁,在光电池内产生电势能,其中 e_g 为价带与导带的能隙,也称禁带宽,不同的光伏电池的半导体 P-N 结的材料成分不同,e_g 也不同,对应 $h\nu = hc/\lambda_g = e_g$ 的波长 λ_g 叫截止波长;因此,输入的辐射能就区分为 $G_{in,\lambda \leqslant \lambda_g}$ 和 $G_{in,\lambda \geqslant \lambda_g}$ 两部分,$G_{in,\lambda \leqslant \lambda_g}$ 的辐射能只能转换为热能,必须散热出去,否则会使光伏电池温度升高而效率降低;$G_{in,\lambda \leqslant \lambda_g}$ 部分的辐射能也不是都能转换为电能,因为有的光子的能量超过电子跃迁能量而浪费,因此,采用量子作用效率 η_{P-e} 表示光子激发电子跃迁的概率,一般认为量子效率小于 1,即并非每个 $h\nu \geqslant e_g$ 的光子都能激发一个电子;但是,$h\nu \geqslant 2e_g$,也可能量子效率大于 1,即也可能有一个光子激发出两个电子。虽然精确的光子激发电子跃迁的概率 η_{P-e} 难以确定,但是采用如下量子效率的假定还是相对合理的,即

$$\eta_{P-e} = 0 \quad (h\nu < e_g), \quad \eta_{P-e} = 1 \quad (h\nu \geqslant e_g) \tag{24.39}$$

另外，$h\nu \geqslant e_g$ 的光谱辐射能，也不是都能转化为电能，根据量子作用，$h\nu \geqslant e_g$ 的光子激发电子跃迁时只有 e_g 的能量转换为电能，多余的能量仍然要转化为热能，因此定义光子激发电子跃迁的能量效率 η_e 为

$$\eta_e = e_g/(h\nu) \quad (h\nu \geqslant e_g) \tag{24.40}$$

由于 $h\nu < e_g$ 时，$\eta_{tr} = 0$，而对应 $hc/\lambda_g = e_g$ 的波长 λ_g 定义为截止波长，所以有

$$\eta_e = \lambda/\lambda_g \quad (\lambda \leqslant \lambda_g) \tag{24.41}$$

光伏转换器的能量方程为

$$G_{in,\lambda \leqslant \lambda_g} - E_e = (1 - \overline{\rho}_{\lambda(0-\lambda_g)})G_{\lambda \leqslant \lambda_g} - E_g = q_{L1} \quad (\lambda \leqslant \lambda_g)$$

$$\alpha_{2,\lambda(\lambda_g - \infty)}G_{\lambda > \lambda_g} + q_{L1} - \varepsilon_2 \sigma T_2^4 - q_2 = 0 \quad (\lambda > \lambda_g) \tag{24.42}$$

照射辐射强度 $G = \omega E_b$ 中进入光电池的波长在 $0 \sim \lambda_g$ 范围内的光子数 $N_{\lambda \leqslant \lambda_g}$ 为

$$N_{\lambda \leqslant \lambda_g} = \int_0^{\lambda_g} (1 - \rho_\lambda)\frac{\lambda G_\lambda}{hc}d\lambda = \int_0^{\lambda_g} (1 - \rho_\lambda)\frac{\lambda \omega E_{b,\lambda,T}}{hc}d\lambda \tag{24.43}$$

其中，$G_\lambda = \omega E_{b,\lambda,T}$，$E_{b,\lambda,T} = c_1 \lambda^{-5}/\exp[c_2/(\lambda T) - 1]$。

2. 理论光电转换效率 η_{e_g}

有效照射辐射强度 G_{in} 转换成的电能为 E_e，根据 $\eta_{P-e} = 1$ 和 $h\nu \geqslant e_g$ 的假定，用下式计算：

$$E_e = N_{\lambda \leqslant \lambda_g} e_g \tag{24.44}$$

理论光电转换效率用符号 η_{e_g} 表示，定义为 $h\nu \geqslant e_g$ 的照射辐射的每一个光子都激发一个电子跃迁，电子跃迁增加的能量等于能带宽的能量 e_g，而且不考虑照射辐射的损失

$$\eta_{e_g} = \frac{E_e}{G_{in}} \tag{24.45}$$

式中，$G_{in} = (1 - \rho)G$，当光电池置于大气层外边在面对太阳时，并假定其反射率 $\rho_\lambda = 0$，$\varepsilon_2 = 1$，$\alpha_{2,\lambda(\lambda_g - \infty)} = 1$，莫松平导出的理论光电转换效率 η_{e_g} 为

$$\eta_{e_g} = \frac{\int_0^\infty e_g N_{\lambda \leqslant \lambda_g} d\lambda}{G} = \frac{\int_0^\infty e_g N_{\lambda \leqslant \lambda_g} d\lambda}{\omega \sigma T_G^4} = \frac{1}{\lambda_g \sigma T_s^4}\int_0^{\lambda_g} \frac{c_1 \lambda^{-4}}{\exp(c_2/\lambda T_s) - 1}d\lambda \tag{24.46}$$

其中，窗口照射光谱温度 $T_G = T_s$，T_s 为太阳表面平均温度。式(24.46)与 Shockley W 导出的黑体全波长辐射入射的光电跃迁的平均能量效率结果相一致。如果采用分频器，只把 $0 \sim \lambda_g$ 谱段的辐射能照射到光电池上，则由式(24.46)转化为以 $0 \sim \lambda_g$ 为界限的光谱分频光电转换效率为

$$\eta_{e_g,\lambda_g} = \frac{\int_0^\infty e_g N_{\lambda \leqslant \lambda_g} d\lambda}{G_{(0-\lambda_g)}} = \frac{1}{\lambda_g E_{b,(0-\lambda_g),T}}\int_0^{\lambda_g} \frac{c_1 \lambda^{-4}}{\exp(c_2/\lambda T_s) - 1}d\lambda \tag{24.47}$$

根据式(24.46)和式(24.47)做出的全波和取 $0 \sim \lambda_g$ 波段投射的分频电转换效率与截止波长 λ_g 或禁带宽(eV)的关系分别如图 24.5(a)和图 24.5(b)所示。

硅电池(Si)、硼化铟(InP)、砷化镓(GaAs)、碲化镉(CdTe)的 λ_g 分别为 1.107 μm、0.976 μm、0.834 μm、0.826 μm，禁带宽 eV 分别为 1.12 eV、1.27 eV、1.47 eV、1.50 eV。

根据图 24.5，在取全波长入射效率的极值点的波长 $\lambda_m = 1.15$ μm 或极值禁带宽 $e_{g,m} = 1.08$ eV 为分频的界限，则在 $\lambda \leqslant 1.15$ μm 或禁带宽度 $e_g \geqslant 1.08$ eV 的谱段的太阳辐射能有较高的光电转换效率，对应极值点 $\eta_{e_g,max} = 0.4388$；$\lambda \geqslant 1.15$ μm 光谱段的辐射能可以另外

做热利用,不要施加在光电池板上,这样还可以降低光电池板的温度,提高太阳辐射能的总体利用效率。这就是太阳能分频利用的原理。

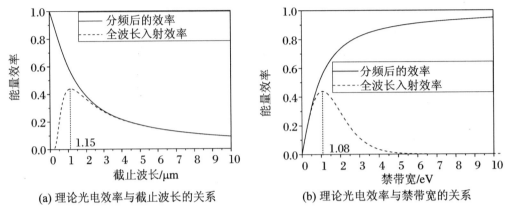

(a) 理论光电效率与截止波长的关系   (b) 理论光电效率与禁带宽的关系

图 24.5 $\rho_{\lambda(0-\lambda_g)} = 0$ 太阳能光伏电池的入射光电转换效率

但是,对于实际的光电池来说,太阳能分频利用在技术上还有许多问题需要解决,例如多层干涉膜的分频器成本太高;为减小分频器表面积降低分频器成本,使用一次聚光器二次分频系统的设计,又遇到一次聚光反射表面非理想镜面,使聚光后到达分频器的光线偏离光学反射面的理想光线,出现散乱现象,反射和透射型的分频器难以对散乱光线分频和导向;但是采用对 $\lambda > \lambda_g$ 辐射吸收的流体分频器,可能是一种好方案。

虽然从图 24.5 看到 $\lambda > \lambda_g$ 的分频辐射有较高的分频光电转化效率,但是分频与全波照射的有效光子数是相同的,如果不考虑分频与全波照射的光电池板温度的变化,则光电池实际产生理论电功率是相同的,即分频的光电转换效率折算到全波光电转换效率是相同的,有

$$F_{b,(0-\lambda),T}\eta_{e_g,\lambda_g} = \eta_{e_g} \tag{24.48}$$

因此,如果不做分频利用,按照全波光电转换效率曲线计算更方便。$0 \sim \lambda_g$ 波段内辐射能在黑体全波辐射能量中的份额 $F_{b,(0-\lambda),T} < 1$。

$$F_{b,(0-\lambda),T} = \frac{\int_0^\lambda E_{b,\lambda,T}\mathrm{d}\lambda}{\sigma T^4} \tag{24.49}$$

根据式(24.49)计算的太阳辐射的波长 $0 \sim \lambda$ 范围黑体辐射能和有效能在全波段总辐射能 σT^4 中占的份额 $F_{b,(0-\lambda),T}$ 和 $F_{u,b,(0-\lambda),T}$ 表示在图 24.6 中,取太阳表面黑体温度 $T = 5800$ K 计算。

3. 断路电压 V_{oc}、短路电流 I_{sc} 和光电池有效光电转换效率 $\eta_{u,e}$

前一节讨论了辐射能在光电池中完成第一步的电能转换的问题,是从能量守恒定律出发考察光电转换的电量和效率,但是,跃迁电子的能量不代表可对外输出做功的有效能 $E_{u,e}$。一切自发过程都是不可能过程,都存在有效能的损失,光电转换过程也必然产生有效能的损失,本小节将讨论此问题。

电能光照射在光电池中发生光电转换的标志是光电池两端电极之间产生电势差,在无外接电路或外电路电阻无穷大时,受光照的光电池两端电极之间产生电势差的最大值称为断路电压 V_{oc},输出电流为 0,向外输出的电功为零;这意味着光子激发的电子跃迁后又跳回低势位,辐射能虽然转换成电能,但是电能又在电池内部电子的来回运动中变成了热能;这

个情况如同太阳能热作用时,黑体接收器表面温度在当量照射温度 $\hat{T}$ 一样,没有热能输出;如果外电路短路时,电流达最大值,叫作短路电流 I_{sc},输出电压为零,输出电功也为零;但是光电池内部电子跃迁产生的化学势仍然没有变,这意味着辐射能激发的电子跃迁产生的电能又通过外电路循环,全部变成热能消耗在光电池内部。

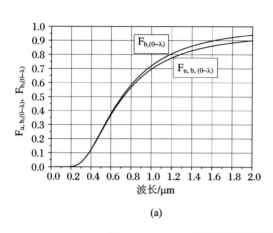

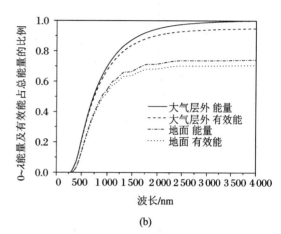

图 24.6　0~λ 谱段辐射能及其有效能占大气层外总辐射能的比例

据半导体物理的相关理论,激发电子和空穴在太阳电池 P-N 结内电场的作用下反向运动分离,产生光生电动势 V_{oc},即太阳电池的开路电压,V_{oc} 与电子与空穴的准费米能级 E_{fn} 和 E_{fp} 的关系为

$$V_{oc} = \frac{E_{fn} - E_{fp}}{q} \tag{24.50}$$

其中,q 为电子电荷。因此,V_{oc} 可以看作光电池能电子的化学势差 $\Delta\mu_e$。一个电子被光子激发跃迁的电能 e_w 为

$$e_w = qV_{oc} = E_{fn} - E_{fp} \tag{24.51}$$

导带电子浓度 n 和价带空穴浓度 p 可表示为

$$n = N_c \exp\left[-\frac{E_c - E_{fn}}{kT_0}\right] \tag{24.52}$$

$$p = N_v \exp\left[\frac{-(E_{fp} - E_v)}{kT_0}\right] \tag{24.53}$$

$$np = N_c N_v \exp\left(-\frac{E_c - E_{fn} + E_{fp} - E_v}{kT_0}\right) = N_c N_v \exp\left[-\frac{E_g - (E_{fn} - E_{fp})}{kT_0}\right] \tag{24.54}$$

式中,$N_c = 2(2\pi m_{dn} kT_0)^{3/2}/h^3$ 和 $N_v = 2(2\pi m_{pn} kT_0)^{3/2}/h^3$ 分别为导带和价带有效状态密度;m_{dn} 和 m_{pn} 分别为导带电子和价带空穴的有效质量;在光电池中,$T_0 = T$,T 为电池板的绝对温度,k 为波耳兹曼常数。联立式(24.51)~式(24.54),得

$$e_w = E_{fn} - E_{fp} = E_g - kT_0 \ln\left(\frac{N_c N_v}{np}\right) \tag{24.55}$$

根据泡利不相容原理,导带电子和价带空穴的浓度不能大于其有效状态密度,即 $np \leqslant N_c N_v$,故 $e_w \leqslant E_g$,说明光电转换的电子有效能 e_w 小于能隙 E_g。

光电池中被激发电子的有效能为有效照射光子数 $N_{G,g}$ 与被激发电子跃迁功 e_w 的乘积,即为

$$E_{u,e} = e_w N_{G,g} \tag{24.56}$$

有效照射光子数 $N_{G,g}$ 为进入光电池中光子能量 $h\nu > E_g$ 的光子数,也就是理想情况下产生的电子-空穴对数量。根据黑体辐射定律光谱分布和光谱能量与光子能量的商为光子数的常识,在光电池的反射率为 ρ 时的有效光子数为

$$N_{G,g} = (1-\rho)\frac{c_1}{hc}\int_0^{\lambda_g} \frac{\lambda^{-4}}{\exp\left(\frac{c_2}{\lambda T} - 1\right)}\mathrm{d}\lambda \tag{24.57}$$

式中,$T = T_s = 5\,800\ \mathrm{K}$。由于光电池的表面反射等因素,实际照射有效光子数 $N_{s,g} = (1-\rho)N_{s,g,0}$。

理想情况下($\rho = 0$)产生的光电池的短路电流为

$$I_{sc} = N_{b,T} q \tag{24.58}$$

因此,由式(24.55)、式(24.59)和式(24.61)得到光电池中的激发电子的有效能的表示式为

$$E_{u,e} = V_{oc} I_{sc} \tag{24.59}$$

$$E_{u,e} = e_w N_{b,T} = \left[E_g - kT_0\ln\left(\frac{N_c N_v}{np}\right)\right]N_{b,T} = \left[\frac{E_g}{q} - \frac{kT_0}{q}\ln\left(\frac{N_c N_v}{np}\right)\right]I_{sc}$$

所以,有

$$V_{o,c} = \frac{E_g}{q} - \frac{kT_0}{q}\ln\left(\frac{N_c N_v}{np}\right) \tag{24.60}$$

光电池有效光电转换效率 $\eta_{u,e}$

$$\eta_{u,e} = \frac{V_{oc} I_{sc}}{G_{in}} \tag{24.61}$$

4. 光电池的电能输出效率 η_P

至此,所讨论的 η_{e_g} 和 $\eta_{u,e}$ 都不是光电池的实际输出电能效率,只是光电转换第一阶段的理论效率和有效效率。为了从光电池取出电能,需要在光电池两端电极连接负载,由施加在负载上的电能计算的效率,才是光电池的电能输出效率。

图 24.7 为太阳能电池接线及等效电路图,图中 I_{Pc} 为光生电流,没有光照时,$I_{Pc} = 0$,I_{Pc} 随光照强度的增加而增加。从光电池 P 极产生的光生电流 I_{Pc} 分为两部分:一部分为流过负载的电流 I,另一部分并联流过光电池内部二极体的电流为 $I_D = I_0(e^{qV/kT} - 1)$,其中 I_0 为二极体的饱和电流(或称暗电流,Dark Current),而后到光电池的 N 极汇合;施加在负载 R_L 两端的电势差为 V。则光电池的实际输出有效能功率为 $P = IV$。因此,光电池电能输出效率 η_P 为

$$\eta_P = \frac{IV}{G_{in}} \tag{24.62}$$

$$I = I_{Ph} - I_0(e^{qV/kT} - 1) \tag{24.63}$$

其中,q 为电子电荷;k 为波耳兹曼常数;T 为光电池绝对温度。

讨论断路电压 V_{oc} 和短路电流 I_{sc}。

当断路 $I = 0$ 时,由式(24.63),得

$$V_{oc} = \frac{kT}{q}\ln\left(\frac{I_{Ph}}{I_0} + 1\right) \tag{24.64}$$

当短路时,$V = 0$,大部分电流流过负载,所以短路电流 $I_{sc} \approx I_{Ph}$。

在极微弱光照强度下,$I_{Ph} \ll I_0$,所以

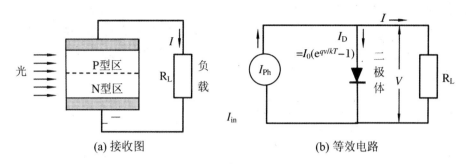

(a) 接收图   (b) 等效电路

图 24.7 太阳能电池接线及等效电路图

$$V_{oc} = \frac{kT}{q}\frac{I_{Ph}}{I_0} = R_0 I_{Ph}, \quad R_0 = \frac{kT}{qT_0}$$

在很强的光照下，$I_{Ph} \gg I_0$，所以

$$V_{oc} = \frac{kT}{q}\ln\frac{I_{Ph}}{I_0}$$

可见弱光下，开路电压 V_{oc} 随照射光的强度做近似直线变化，强光下则随光强度成对数变化。以上的分析可以通过实验测量 V_{oc}、电池板温度 T、光电池饱和电流 I_0 和光照强度 G，求出光生电流 I_{Ph}，并寻找它们之间的规律。

5. 光电池最大输出效率 η_{Pm}

如同太阳能热接收器对应最大输出有效能效率时有最佳接收器的温度一样，光电池对应最大输出效率（即有效能输出效率）时有对应的最佳输出电压和最佳输出电流，分别记作 V_m 和 I_m，最大输出功率记为 P_m，最大输出效率记为 $\eta_{e,m}$。根据外电路的负载与光电池内阻或反电动势的比值关系，存在某电流值 I_m 和电压值 V_m，使电池输出的电功为最大值 P_m，把 I_m 和电压值 V_m 分别表示为 $I_m = f_I I_{sc}$，$V_m = f_v V_{oc}$，则 P_m 可表示为

$$P_m = I_m V_m = f_I f_v I_{sc} V_{oc} = ff I_{sc} V_{oc} \tag{24.65}$$

式中，$ff = f_I f_v$ 称为填充因子，即是最大输出功率与断路电压 V_{oc} 和短路电流 I_{sc} 的乘积的比值。如图 24.8 所示为太阳能电池在无光和有光照射下的电流-电压特性曲线，图中的阴影面积表示 P_m，虚线和两轴围成的矩形面积为 V_{oc} 与 I_{sc} 的乘积，是 $ff = 1$ 时的极限输出功率，或看作光电池光伏转换产生的最大有效能。虽然 $V_{oc} I_{sc}$ 在实际中是达不到的，但是 V_{oc} 和 I_{sc} 在理论上便于研究，在实际中又可以测定，因此用 $V_{oc} I_{sc}$ 乘以填充因子来表示 P_m 是合适的。

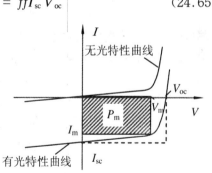

图 24.8 光电池的电流-电压特性曲线

光电池最大输出效率 η_{Pm} 为

$$\eta_{Pm} = ff\frac{I_{sc}V_{oc}}{G_{in}} = ff\eta_{e,u} \tag{24.66}$$

其中，ff 称光电池充填因子，物理意义是负载匹配优化系数。

通常太阳能电池的优化填充因子 ff 在 0.7 附近，图 24.9 为由无锡尚德太阳能电力有限公司的封装的 615 mm×215 mm 的非聚光平板太阳电池的电压-电流/效率曲线，电池正南

方向与水平面夹角为 30° 固定安装,太阳总辐射强度一般为 405.6~415.4 W/m²,太阳直射辐射强度一般为 474.6~177.4 W/m²。由图 24.9 可以看出,$V\text{-}I$ 曲线的膝形状较明显,短路电流和开路电压的乘积为 16.0 W,外接负载时最大输出功率为 11.1 W,填充因子为 0.69,最大输出效率为 12.33%。

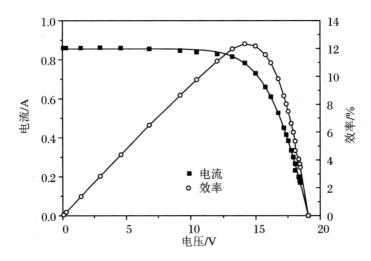

图 24.9 非聚光平板电池的电压-电流/效率曲线

6. 光电池实际输出效率 η_m

以上讨论的光电池效率都是对于单电池和百分百地进入到光电池的照射辐射而言的,实际的光电池是由多个单元电池串联和并联的组合体,并存在反射损失,因此光电池的实际输出效率 η_m 要大大低于图 24.5 所示全波光电转换效率 η_{e_g}。光电池实际输出效率 η_m 定义为光电池组件的输出电能 $P = IV$ 与照射辐射强度 G 的比值,有

$$\eta_m = \frac{IV}{G} = (1 - \rho)\zeta_n ff \eta_{e,u} \tag{24.67}$$

其中,ρ 为光电池板的反射率,例如光电池,折射率 $n = 3.4$,$\rho = (3.4-1)^2/(3.4+1)^2 = 3.0$;$\zeta_n$ 为组件系数,与串并联光电池单元数 n、光照的均匀度等有关系;ff 称为光电池充填因子。

假定取 $\rho = 0.3$、$\zeta_n = 0.9$、$ff = 0.7$、$\eta_{e,u} = 0.95\eta_{e_g,m} = 0.95 \times 0.438\,8 = 0.417$,计算得 $\eta_m = 0.184$,此值与我国生产的高效光伏电池的效率基本相同。

参 考 文 献

[1] 陈则韶,胡芃,莫松平,等.非平衡态辐射场能量状态参数的表征[J].工程热物理学报,2012,33(6): 917-920.

[2] 陈则韶,莫松平,胡芃,等.辐射传热中的熵流、熵产和有效能流[J].工程热物理学报,2010,31(10): 1622-1626.

[3] 莫松平,陈则韶,江守利,等.太阳电池中光电转换的有效能[J].工程热物理学报,2008,29(11):

1821-1825.

［4］　莫松平.辐射热力学的基础理论及其应用研究［D］.合肥:中国科学技术大学,2009.

［5］　傅竹西.固体光电子学［M］.合肥:中国科学技术大学出版社,1999.

［6］　安其霖,曹国琛,李国欣,等.太阳电池原理与工艺［M］.上海:上海科学技术出版社,1984.

［7］　王忠和,张光寅.光子学物理基础［M］.北京:国防工业出版社,1998.

［8］　钱佑华,徐至中.半导体物理［M］.北京:高等教育出版社,1999.

［9］　季振国.半导体物理［M］.杭州:浙江大学出版社,2005.

［10］　黄文雄.太阳能之应用及理论［M］.台北:协志工业丛书出版社,1979.

习　　题

习题 1　热力学基础篇习题

1-1　一个新的线性温度标尺的单位为牛顿度，"°N"这样来定义，水的冰点和汽点分别取为 100 °N 和 200 °N。

(1) 导出用牛顿度表示的温度 T_N 与相应的热力学绝对温标上读出的温度 T_k 之间的关系式；

(2) 热力学绝对温标上的绝对零度在新的标尺上为多少°N?

1-2　下表中，上面一行数字表示定容气体温度计感温泡浸在三相点水中的气体压力（已对封闭空间泡的热膨胀等进行了修正）；下面一行表示感温泡置于待测物质中的相对压力。试计算该物质的理想气体温度 θ（精确到 5 位有效数字）。

p_{tp}/kPa	133.32	99.99	66.66	33.33
p/kPa	204.69	153.53	102.37	51.19

1-3　对于以下各例，说明所规定的系统做的功是正、负或零，并说明理由：

(1) 一质量（系统）在真空重力场中下落。

(2) 一个人（系统）匀速登上刚性楼梯。

(3) 一个人（系统）在向上运动的自动电梯上往上走：① 相对于地面坐标；② 相对于自动电梯。

(4) 一金属雪橇（系统）从无摩擦的水平冰层滑到粗糙地面上而停止（地面为刚性绝热水平面，并取作参考坐标）。

(5) 一木质雪橇（系统）从无摩擦的水平冰层滑到粗糙金属板上而停止（雪橇为刚性绝热材料制成，取地面为参考坐标）。

1-4　试对习题 1-3 中的各种情况，分别指出能量 E 及内能 U 的变化是正、负或零，并说明过程中能量传递的性质。

1-5　室温下的张力丝在拉力由 0 增至 1 000 N 时伸长 1 m。丝的伸长与作用力成正比。保持张力丝的长度不变，使其吸热 10 kJ 后张力降为零。最后放松张力丝，在零拉力下放热 11 kJ 后回至初始状态。试确定以上三个过程 W、Q 及 ΔU 的大小。

1-6　一个初始容积可忽略的气球,从压缩空气总管通过节流阀进行充气。总管内空气的压力和温度不因对气球充气而受影响,管内空气温度为 15 ℃。气球内空气的表压与容积的膨大成正比。当气球容积膨大到 0.03 m^2 时,压力为 7 kPa。设气球膨胀缓慢。试计算此时气球中空气的温度。大气压力为 100 kPa,气球与空气之间的传热不计。

1-7　一台锅炉由蒸发器及过热器组成,有 15 MPa 及 50 ℃ 的 5 kg 水进入锅炉及一定量的 15 MPa、425 ℃ 的过热蒸汽离开锅炉。在此期间,蒸发器中饱和水的质量增加了 3 kg,锅炉内的压力保持 15 MPa 不变,总容积及过热蒸汽在过热器中所占容积也没有改变。试计算锅炉中减少的饱和蒸汽量及产生的过热蒸汽量,并求此期间锅炉的吸热量。

1-8　请总结出膨胀功、轴功、净功、流动功、技术功、有用功的定义及它们之间的关系。

1-9　开始时 1 kg 水蒸气处于 0.5 MPa 和 250 ℃,试求进行下列过程时吸收或排出的热量:

(1) 水蒸气封闭于活塞-气缸中并被压缩到 1 MPa 和 300 ℃,活塞对蒸汽做功 200 kJ。

(2) 水蒸气稳定地流经某一装置,离开时达到 1 MPa 和 300 ℃,且每流过 1 kg 蒸汽输出轴功 200 kJ,动能及势能变化可以忽略。

(3) 水蒸气从一个保持参数恒定的巨大气源流入一个抽空的刚性容器,传递给蒸汽的轴功为 200 kJ,蒸汽终态为 1 MPa 和 300 ℃。

1-10　1 kg 空气封闭于活塞－气缸中,如图Ⅰ-1、图Ⅰ-2 所示。活塞一侧是温度为 T_0、压力为 p_0 的环境。空气缓慢地从状态 1 变到状态 2。设过程是可逆的,即不论系统内部或外界的热交换都是可逆进行的。已知:$T_1 = 550$ K,$p_1 = 2 \times 10^5$ Pa,$T_2 = T_0 = 300$ K,$p_2 = p_0 = 1 \times 10^5$ Pa。设空气可视为理想气体,$c_p = 1.005$ kJ/(kg·K),$c_v = 0.718$ kJ/(kg·K)。

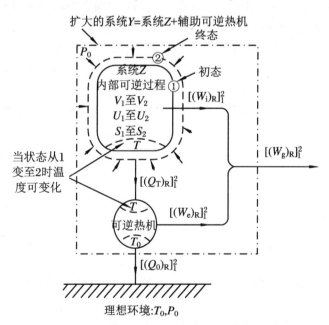

图Ⅰ-1　理想环境中系统在初终状态间的可逆不流动过程

(1) 空气的状态变化按图Ⅰ-3 中的 1A2 过程进行,其中 1A 为可逆等压放热过程,A2 为可逆绝热膨胀过程。在确定了温度 T_A 后,试分别计算 1A 和 A2 两过程的下列输出功量:

① 气缸里的空气作用在活塞上的内功(等于闭口系膨胀功 w_c)w_i;

② 反抗环境压力 p_0 的挤压功 w_d;

③ 沿活塞杆所传递的系统轴功 w_{net}(即 $w_i - w_d$);

④ 辅助可逆热机所产生的外功 w_e;

然后计算 1A2 过程的下列输出功量:

⑤ 总功 w_g[即 $\sum (w_i + w_e)$];

⑥ 总的有用轴功 w_X[即 $\sum (w_{net} + w_e)$];

⑦ $p_0 (v_2 - v_1)$。

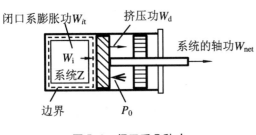

图Ⅰ-2 闭口系几种功

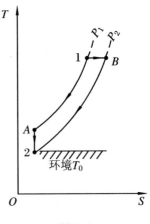

图Ⅰ-3

(2) 如空气的状态变化按 1B2 过程进行,其中 1B 是可逆等温膨胀过程,B2 是可逆等压放热过程,试计算 1B 和 B2 两个过程中的上述各种输出功量。

1-11 证明上题中的第⑥项等于 $\psi_{ua1} - \psi_{ua2}$,其中 $\psi_{ua} \equiv u + p_0 v - T_0 s$ 是比不流动可用能函数(注意:由于 $T_2 = T_0$,$p_2 = p_0$,所以状态 2 是基准状态,因此,上题的第⑥项等于1 kg 空气在状态 1 时的不流动)。环境状态为 $T_0 = 300$ K,$p_0 = 1.013\,25 \times 10^5$ Pa。

1-12 如图Ⅰ-4 所示,设空气缓慢地通过边界固定的控制体 C 时的稳定流动过程是可逆的,且状态 1、2 以及环境的温度 T_0、压力 p_0 的数值与习题 1-10 相同。

(1) 当空气像习题 1-10 中的(1)一样流经过程 1A2 时,计算过程 1A、A2 的下列输出功量:

① 空气通过控制体 C 时对外所做的直接轴功 w_{net};

② 辅助可逆热机所做的外功 w_e;

③ 总功 w_b;

④ 总的有用轴功 w_{ub}。

(2) 当空气与习题 1-10 中的(2)一样流过 1B2 时,试计算过程 1B 和 B2 的上列各输出功量。

1-13 证明上题中第④项的 w_{net} 等于 $\psi_{ub1} - \psi_{ub2}$,其中 $\psi_{ub1} = h - T_0 s$,是比稳定流动可用能函数(注意:由于 $T_2 = T_0$,$p_2 = p_0$,状态 2 是基准状态,因此在此情况下,第 4 项等于1 kg 空气在状态 1 的稳定流动)。环境条件是 $T_0 = 300$ K,$p_0 = 1.013\,25 \times 10^5$ Pa。

1-14 一个水平放置的具有固定容积的圆筒形容器,两端面用透明绝热材料制成。容

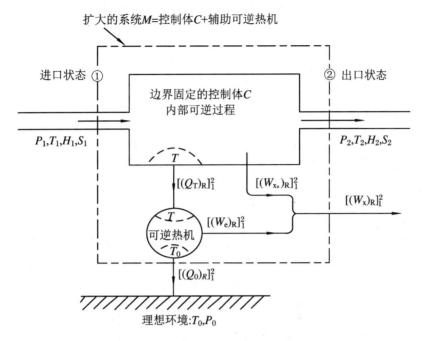

扩大的系统M=控制体C+辅助可逆热机

进口状态 ① ② 出口状态

边界固定的控制体C
内部可逆过程

P_1,T_1,H_1,S_1 ⋯ P_2,T_2,H_2,S_2

T

$[(Q_T)_R]_1^2$　$[(W_{xe})_R]_1^2$

$[(W_x)_R]_1^2$

T

$[(W_e)_R]_1^2$

可逆热机

$\bar{T}_0$

$[(Q_0)_R]_1^2$

理想环境:T_0,P_0

图 I -4　理想环境中的可逆稳定流动过程

器完全抽空后,在 $1.013\,25\times10^5$ Pa 压力下充入部分水,然后在密封绝热条件下用一个热容量可以忽略的电热元件从内部对水缓慢加热。

　　试说明液面位置的移动方向。不断加热,当液面正好移动到圆筒的中间位置时液面自行消失。问初始时圆筒中水的容积是多少? 计算液面消失时每千克水所吸收的热量,此时容器中的压力是多少?

　　1-15　试判断下列各种情况是否违反热力学第二定律,并说明理由:

　　(1) 一密封、刚性、绝热气缸中有一可自由移动的活塞。在某一时刻,活塞两边的压力分别为 p_0 及 p_1,且 $p_1>p_0$。活塞的移动提升了气缸外面的一个重物。

　　(2) 其他条件同(1),开始时活塞被一止销保持在某一固定位置。抽去止销后活塞的运动提升了气缸外的重物。

　　(3) 其他条件同(2),气缸的一端敞开,使活塞背面暴露于压力为 p_0 的大气中。假定 $p_1>p_0$,抽去止销并在外力作用下活塞向气缸内运动。

　　(4) 一刚性、绝热容器,内装有强烈涡流的流体。通过安装在流体中的叶轮的作用使涡流减小,同时造成外部重物的提升。

　　(5) 一刚性、绝热容器被一同样材料的隔板分成两部分,隔板中心有一圆形通道,其中装有一微小的汽轮机转子,转子的轴通过密封伸出容器。开始时有一刚性薄膜将通道封住,因此隔板两边压力分别为 p_1 及 p_0,并且 $p_1>p_0$,整个系统处于稳定状态。薄膜被刺破后,转子的旋转造成容器外重物的提升。

　　(6) 起始时,装在刚性、绝热容器内的流体处于稳定状态。流体中有一叶轮,并通过绳子与容器外的重物相连。流体温度和压力的变化是因为:① 重物的提升,或② 重物的下落。

　　(7) 刚性的密闭气缸内有一可自由移动的绝热活塞,除一端面外气缸、壁都是绝热的。由活塞及其两侧的流体构成的系统开始时处于稳定状态,一个具有初始稳定状态的约束系统通过气缸的非绝热端向流体供热,结果造成活塞运动,并使气缸外的重物提升。

1-16　气体以同样的流量和初、终状态流经两台稳流压缩机,其中 R 为可逆压缩机,A 为绝热压缩机。证明 A 所需的轴功不能少于 R。如果 A 需要比 R 更多的轴功来驱动,证明 A 是不可逆的。

1-17　一个和单一热源换热的系统,在给定的初、终状态间进行一耗功过程。如过程为不可逆。试证明输入的总功将大于完全可逆过程的输入总功。

1-18　一台热泵在 300 K 时吸热 600 J,并排热给每得到 1 J 热量就升温 1 K 的系统。该系统开始时也处于 300 K。试说明系统的终温有一极限,并求其数值。试问:这是高限还是低限,以及在什么条件下达到?

1-19　在低温、低压及有限的温度范围内,水的比内能的变化可表示为:$du = 4.19dT$,式中 u 的单位是 $kJ \cdot kg^{-1}$,T 的单位为 K。假定水是不可压缩的。试写出比熵与温度的关系式,计算 127 ℃与 27 ℃的水各 1 kg 绝热混合时的熵变化,并说明此变化有什么意义?

1-20　1 kg 空气从 $5×10^5$ Pa、900 K 变化到 10^5 Pa、600 K 时,从温度为 300 K 的环境吸热 Q_0,并输出总功 W_g。试应用克劳修斯不等式确定 Q_0 及 W_g 的上限,并指出达到 W_g 上限的条件,若实际过程中 $Q_0 = 10$ kJ(排给环境)。试计算 W_g 值,然后求出因不可逆性造成的总输出功的损失。

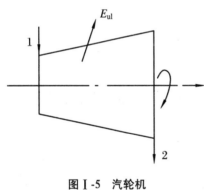

图 I-5　汽轮机

1-21　将汽轮机(图 I-5)视为一开口绝热系。已知进出口状态 1、2 下的各参数。求此绝热系在 1-2 的过程中所能完成的最大功量。

1-22　在上题中,若汽轮机在工作工程中由于气流摩擦而产生熵增 ΔS,此时做功量减少多少?

1-23　一稳定流动的可逆燃料电池在大气压力和 25 ℃(环境温度)的等温条件下工作。进入燃料电池的是氢和氧,出来的是水。已知在此温度和压力下,反应物和生成物间的吉布斯函数之差 $-\Delta G_0 = G_{R0} - G_{P0} = 236$ kJ $\cdot$ mol^{-1}(供应的氢气)。试计算输出功率为 100 W 的可逆燃料电池所需的氢气供应量(单位为 $L \cdot min^{-1}$),及与环境的换热量(单位为 W)。

1-24　大气温度为 20 ℃,把 100 kg 的冰从 −5 ℃熔化并升温为 20 ℃的水。

问:(1) 此时熵增为多少(包括环境在内)?

(2) 把此水制成 −5 ℃的冰,至少需要花多少功?

已知:冰熔解热为 335 KJ/kg,比热为 2.03 KJ/kg · K,水的比热为 4.168 kJ/(kg · K)

1-25　300 K 时的铜具有以下性质:平均摩尔容积 $\overline{V}$ 为 $70.062×10^{-6}$ $m^3 \cdot mol^{-1}$,定温压缩系数 κ_T 为 $7.76×10^{-12}$ Pa^{-1},相对分子质量 M 为 63.54。试计算把一块边长为 2 cm 的立方体铜由 10^5 Pa 定温压缩到 100 MPa 时所做的功。

1-26　比较卡诺热机的以下三种供热方式:

(1) 有限热容量热源,即在 $V = 10$ m^3 容器内装有压力 $p = 10$ kPa、温度 $T_1 = 600$ K 的空气为高温热源,卡诺热机向温度 $T_0 = 300$ K 的环境排热,热机工作后容器内热空气降到 $T_2 = 400$ K 为止,并且热空气温度与卡诺热机真实获得的热量存在一传热温度差 ΔT。

(2) 与(a)的有限热容量热源相同,但热源与卡诺热机间无传热温差,即 $\Delta T = 0$。

（3）高温热源的热容量无限大或有持续不断的热量补入，热源温度维持不变，卡诺热机从热源中取与（1）相同的热量。气体常数、空气比定压热容不变，$c_p = 1.005 \, \text{kJ}/(\text{kg} \cdot \text{K})$。

问：三种情况的卡诺热机的① 受热量；② 输出功；③ 放热量；④ 热效率各为多少？

1-27   比较以下两种情况的不可逆损失，即计算系统的熵增，并说明比较得到的启示。

在刚体容器内装有压力 $p = 100 \, \text{kPa}$、温度 $T_1 = 300 \, \text{K}$ 的空气 $M = 700 \, \text{kg}$，（1）用温度为 $T_0 = 420 \, \text{K}$ 的热源加热，使空气升到 $T_2 = 320 \, \text{K}$；（2）用功源加热到同样温度，例如用风扇把空气搅热，或用电功加热。不计容器壁吸热量。

1-28   试计算大气压下 80 ℃ 水的比有效能（开口系），另外用电热水器用电把 20 ℃ 水加热到 80 ℃ 过程的有效能效率是多少。已知周围环境温度为 20 ℃，水的比定压热容为 $4.2 \, \text{kJ}/(\text{kg} \cdot \text{K})$。

1-29   有效能是热力系的一种能函数吗？它与热力学能 U、焓 h、吉布斯自由焓功函数 g、亥姆霍兹自由能功函数有何异同点？

1-30   已知有一个容积为 $2 \, \text{m}^3$ 的压缩空气罐，压缩终了时，罐内气体温度为 80 ℃，压力为 $6 \, \text{kg/cm}^2$，当放置一段时间后，罐内气体温度降低到与环境相同的温度 20 ℃。试计算压缩终了时和与环境气温平衡后罐内气体的有效能各是多少？

1-31   能量有品位区分吗？环境空气的能量依照热力学第二定律的观点，其品位为零，那么市场商业广告中说到的空气能制热水、节能 4 倍的提法科学吗，你是怎么理解的？

习题 2   流体工质的热力性质篇习题

2-1   试导出

$$\left(\frac{\partial^2 U}{\partial S^2}\right)_V \left(\frac{\partial^2 U}{\partial V^2}\right)_S - \left(\frac{\partial^2 U}{\partial S \partial V}\right)^2 = -\frac{T}{C_V}\left(\frac{\partial p}{\partial V}\right)_T$$

然后证明下列两式所表示的稳定性条件是等同的：

$$\left(\frac{\partial^2 U}{\partial S^2}\right)_V \left(\frac{\partial^2 U}{\partial V^2}\right)_S - \left(\frac{\partial^2 U}{\partial S \partial V}\right)^2 > 0 \quad \text{与} \quad \frac{C_V}{T} > 0$$

2-2   （1）试以局部可逆绝热变化的压力与比容积的关系 $p v^{\tilde{k}} = $ 常数，证明下式成立：

$$\tilde{k} = -\frac{v}{p}\left(\frac{\partial p}{\partial v}\right)_s = -\frac{c_p}{c_v} \cdot \frac{v}{p}\left(\frac{\partial p}{\partial v}\right)_T$$

式中，$\tilde{k}$ 为实际气体的局部温度区间气体绝热指数；$\tilde{k}$ 与气体的种类有关。

（2）证明一般理想气体 $\tilde{k}$ 与气体绝热指数 $k = c_p/c_v$ 相等。

2-3   试证明雅可比变换中共有变量变换式成立：

$$\frac{\partial(A, y)}{\partial(x, y)} = \left(\frac{\partial(A)}{\partial(x)}\right)_y$$

2-4   试证明雅可比变换中下式微分的顺序变更成立：

$$\left(\frac{\partial A}{\partial x}\right)_y = \left(\frac{\partial x}{\partial A}\right)_y$$

2-5　试证明雅可比变换中下式微分变数的变换成立：

$$\left(\frac{\partial B}{\partial C}\right)_A = -\frac{(\partial A/\partial C)_B}{(\partial A/\partial B)_{Cy}} = -\frac{(\partial B/\partial A)_C}{(\partial C/\partial A)_B}$$

2-6　(1) 证明一般理想气体的焦耳汤姆逊系数 $\mu_J = 0$；(2) 音速 a 是物质中小扰动压力在物质中的传播速度，有如下关系成立：

$$a^2 = \left(\frac{\partial p}{\partial \rho}\right)_s \quad \text{或} \quad a^2 = -v^2\left(\frac{\partial p}{\partial v}\right)_s = \varepsilon_s v = \frac{v}{k_s}$$

其中，ε_s 为气体等熵弹性系数，与等熵(绝热)压缩系数 k_s 互为倒数关系，试证明理想气体的音速为

$$a^2 = kRT_s$$

式中，k 为气体绝热指数，$k = c_p/c_v$。

2-7　比较工质 p-v-T 试验的两种方法——定容法和定温膨胀法的异同。

2-8　请描述 p-v-T 试验中的压力测定的程序和注意事项。

2-9　根据状态方程 $p = p(v, T)$，导出 u、h、s、c_p、c_v 的计算式。

2-10　利用克拉修斯-克拉贝龙方程导出水在三相点的融点温度随压力的变化式。

已知：在水的三相点 $T = 273.16$ K，水和冰的密度分别为 $v_水 = 0.001\ 000\ 22$ m³/kg，$v_冰 = 0.001\ 091$ m³/kg，冰融解热为 $\Delta h = 333.5$ kJ/kg。答：($\frac{\mathrm{d}T}{\mathrm{d}p} = -0.007\ 45$ K/bar)滑冰时冰刀对冰面压力很大，使受压点的冰融点降低。

2-11　从范德瓦耳斯方程导出气体的 s、u 的计算式，并证明

$$\left(\frac{\partial c_v}{\partial v}\right)_T = 0$$

2-12　设某种气体服从范德瓦耳斯方程式：

$$\left(p + \frac{a}{v^2}\right)(v - b) = RT$$

且 c_v 只是温度 T 的函数，试证明绝热过程方程式为

$$T(v - b)^{R/C_v} = 常数$$

2-13　(1) 马修函数定义为

$$F_M = -\frac{U}{T} + S$$

试证明

$$\mathrm{d}F_M = \frac{U}{T^2}\mathrm{d}T + \frac{p}{T}\mathrm{d}V$$

(2) 普朗克函数的定义为

$$F_P = -\frac{H}{T} + S$$

试证明

$$\mathrm{d}F_P = \frac{H}{T^2}\mathrm{d}T - \frac{V}{T}\mathrm{d}p$$

2-14　以比自由能 $f(v, T)$ 函数及其自变量，导出 p、s、u、h、c_v、c_p、κ_T、κ_s、α 及音速 a 的计算式。

2-15　设气体在中等压力下的 p-v-T 关系可用下式表示：

$$\frac{pV}{RT} = 1 + B'p + C'p^2$$

式中，p 是压力；V 是摩尔容积；T 是温度；R 是摩尔气体常数；而 B' 和 C' 仅为温度的函数。

（1）证明当压力趋于零时

$$\mu_J C_p \rightarrow RT^2 \frac{\mathrm{d}B'}{\mathrm{d}T}$$

（2）证明转回曲线方程为

$$p = -\frac{\mathrm{d}B'/\mathrm{d}T}{\mathrm{d}C'/\mathrm{d}T}$$

2-16　试证明：服从范德瓦耳斯方程，且定容摩尔热容 C_v 仅为温度函数的气体的绝热方程为

$$T(V-b)^{R/C_v} = 常数$$

2-17　试完成以下计算：

（1）采用维里展开式：$pV = RT\left(1 + \dfrac{B}{V} + \dfrac{C}{V^2} + \cdots\right)$，推导 $\left(\dfrac{\partial U}{\partial V}\right)_T$，并计算当 V 趋于无穷大时的极限。

（2）对于以上维里展开式，导出 $(\partial p/\partial V)_T$，并求 V 趋于无穷大时的极限。

（3）利用（1）及（2）计算 $(\partial U/\partial p)_T$，并求 V 趋于无穷大时的极限。

（4）采用维里方程 $pV = RT + B'p + C'p^2 + \cdots$，直接计算 $(\partial U/\partial p)_T$。

2-18　试将 R-K、R-K-S 及 P-R 方程展开成密度的维里形式。

2-19　试导出 R-K、R-K-S 及 P-R 方程的第二维里系数 B 的表达式，并计算氩在 100 K、200 K、400 K、800 K 时的第二维里系数值。相应的实验值为

T/K	100	200	400	800
$B/(\mathrm{cm}^3 \cdot \mathrm{mol}^{-1})$	-183.5	-47.4	-1.0	17.7

2-20　把进口温度为 200 ℃的氦可逆绝热地从 10^6 N·m^{-2} 压缩到 3.5×10^6 N·m^{-2}。试计算压缩 1 kg 氦所需做的功。假设氦服从 P-R 方程。

2-21　在机器内稳定流动的一氧化碳从 20 MPa、150 ℃绝热膨胀到 1 MPa、0 ℃，一氧化碳在 0.101 325 MPa 下的定压摩尔热容可表示为

$$C_p = 28.16 + 1.675 \times 10^{-3} T + 5.372 \times 10^{-6} T^2 - 2.222 \times 10^{-9} T^3$$

式中，C_p 的单位是 J·mol^{-1}·K^{-1}；T 的单位是 K。试采用 P-R 方程计算 1 kg 气体所做的功和熵的变化。

2-22　3 MPa 和 95 ℃的丙烷以 20 m·s^{-1} 的速度流进管道。管道是等截面的，并完全绝热。气体离开管道的压力是 0.8 MPa。试利用通用热力学参数图求气体离开管道时的温度和速度。

2-23　设计一个计算气体在给定温度和压力时的焓偏离函数和熵偏离函数值的计算机程序。设计时可采用展开至三阶的维里方程。

2-24　试针对本尼迪克特－韦布－鲁滨逊方程，给出计算焓和熵偏离函数值的计算机程序。

2-25　二氧化碳在喷管内由 5.5 MPa、38 ℃定熵膨胀到 3.4 MPa，试计算出口速度。假设进口速度可以忽略，二氧化碳作为理想气体的定压摩尔热容为

$$C_p^0 = 26.016\ 7 + 43.525\ 9 \times 10^{-3}\ T - 14.842\ 2 \times 10^{-6}\ T^2$$

式中，C_p^0 的单位是 J·mol^{-1}·K^{-1}；T 的单位是 K。试按本尼迪克特-韦布-鲁滨逊方程给出计算机程序并完成计算。

2-26　试利用雷德利克-邝-索弗方程预测二氧化碳在 268.15 K 时的饱和蒸汽压力（实验值为 3.046 34 MPa），给出计算机程序，并由计算机完成有关的计算。

2-27　对应态的原理是什么？简述通用对比态方程（对应态方程）的判别原则和选择通用对比参数的方法。

2-28　对比参数的变换是否只有以临界参数为基准参数的变换法则，例如 $p_r = p/p_C$、$T_r = T/T_C$、$V_r = V/V_C$，以临界参数为基准参数的对比变换在什么场合合适？在什么场合下不合适？

2-29　写出 P-R 方程的以临界参数为基准参数的对比变换的对比态形式。

2-30　以 HCFC-22 为已知物性工质，求 CFC-134a 工质在 $T = 278.15$ K、323.15 K 时的饱和液体比焓值。

（1）利用对应态的一般无具体函数方程（9.17e）；

（2）已知
$$\Delta h_r' = f(\Delta T_r)$$
式中
$$\Delta h_r' = (h_c - h')/(h_c - h_b')$$
$$\Delta T_r = (T_c - T)/(T_c - T_b)$$

（3）利用饱和液体焓的通用对比方程（9.18）
$$\Delta h_r' = (\Delta T_r)^{[0.70 + 0.07\lg(\Delta T_r)]}$$

比较两种计算结果。

习题 3　多组分系统的热力学基础篇习题

3-1　在 298 K 和 1.013 25×10^5 Pa 时，包含组分 1、2 的某二组分液体混合物的焓由下式表示：
$$H = 100x_1 + 150x_2 + x_1 x_2(10x_1 + 5x_2)$$
在上述 T、p 状态下，试确定：

（1）用 x_1 表示 $\bar{H}_1$ 和 $\bar{H}_2$ 的公式；

（2）纯组分焓 H_1 和 H_2 的数值；

（3）无限稀释溶液的偏摩尔焓 $\bar{H}_1^\infty$ 和 $\bar{H}_2^\infty$ 的数值。

3-2　在 298 K 和 2 MPa 的条件下，某二组分液体混合物中组分 1 的逸度 f_1 由下式给出：
$$f_1 = 50x_1 - 80x_1^2 + 40x_1^3$$
式中，x_1 是组分 1 的摩尔分数。在上述 T、p 下，试计算：

（1）纯组分 1 的逸度 f_1；

（2）纯组分 1 的逸度系数 φ_1；

（3）组分 1 的亨利常数 k_1；

（4）作为 x_1 函数的活度系数 r_1 的表达式；

（5）说明如何从 f_1 的表达式计算给定 T、p 条件下的 f_2。

3-3 如果混合物的焓可用下式表达：

$$H = x_1 H_1 + x_2 H_2 + \alpha x_1 x_2 \qquad (\text{Ⅲ-1})$$

试导出偏摩尔焓的表达式。

3-4 在一定的温度和压力下，某二元溶液中组分 1 的偏摩尔焓用下式表示：

$$\bar{H}_1 = H_1 + \alpha x_2$$

试导出 $\bar{H}_2$ 以及 H 的表达式。

3-5 一种二元溶液由甲烷和正戊烷组成。在 311 K 和 28.44 MPa 时其压缩因子 Z 与甲烷摩尔分数的函数关系列于下表：

x_{CH_4}	0.2	0.3	0.4	0.5	0.6	0.7	0.8	0.9
Z	1.0775	1.0182	0.9623	0.9097	0.8651	0.8358	0.8291	0.8491

对于摩尔分数为 60% 的甲烷和 40% 的正戊烷的溶液，试计算各组分在 311 K 和 288.44 MPa 时的偏摩尔体积。

3-6 如果 $\mu = G_1 + RT\ln x_1$ 是在 T、p 不变的条件下二组分溶液系统中组分 1 的化学势表示式，试证明 $\mu = G_2 + RT\ln x_2$ 是组分 2 的化学势表示式。G_1 和 G_2 是在 T 和 p 时组分 1、2 的纯液体自由焓，x_1 和 x_2 是摩尔分数。

3-7 研究混合物时组分 i 的化学势 μ_i 是极重要的数据，通常采用下述装有混合物"A"长方体的容器与容器上方的多组气缸－活塞装置来测定，如图Ⅲ-1 所示。容器与气缸之间由半渗透膜隔离，各气缸内装有混合物组成的各纯组分，半渗透膜允许各纯组分往容器内的气体混合物扩散，调整各气缸活塞上方的压力，直到温度、压力、组分平衡，平衡时气体混合物"A"的参数为 T、p、V、μ、N、Y。各组分的分压由气缸活塞上方的压力测出，记为 p_i。在等温条件 $T_i = T$ 时，式（10.14d）为

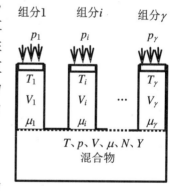

图Ⅲ-1 化学势测定

$$\mu_i = \left(\frac{\partial G}{\partial n_i}\right)_{p, T, n_{j(j \ne i)}} = (g_i)_{T, p_i, n_{j(j \ne i)}}$$

式中，$p_i = p_i(T, p, Y)$ 称为 i 组分的一般分压，与混合物的温度 T；压力 p、混合物的组成 $Y(Y_1, Y_2, \cdots)$ 等有关。因此，据式（10.27）对于纯组分 i 有下式关系

$$(\partial g_i / \partial p)_{T, p_i, n_{j(j \ne i)}} = v_{i, T, p_i} \qquad (\text{Ⅲ-2})$$

于是，当选取另一个基准压力为 p^* 的混合物"B"，即可建立 μ_i 的测试计算式为

$$\mu_i = (g_i)_{T, p_i^*, n_{j(j \ne i)}} + \int_{p^*}^{p_{i, T, p, Y}} v_{i, T, p'} \, \mathrm{d}p' \qquad (\text{Ⅲ-3})$$

如果混合物的气体可作理想气体，请导出 μ_i 的测试计算式。

3-8 试根据上式的结果和道尔顿分压定律 $p_i = y_i p$，证明下式：

$$-RT\ln y_i = v_i \cdot (p - p_i) > 0 \qquad (\text{Ⅲ-4})$$

成立。并证明当 $y_i \to 1$ 时,有 Vant Hoff 渗透压关系式成立

$$p - p_i = \frac{RT}{v_i} \cdot \sum_j y_j \qquad (j \neq i) \qquad (\text{III-5})$$

3-9 利用式(III-2)计算含有 NaCl 质量比 3.5% 的海水对大气压 10 ℃ 淡水的渗透压。

答(14.44 bar)

3-10 证明式(10.31)

$$\mathrm{d}\bar{G} = -\bar{S}\mathrm{d}T + \bar{V}\mathrm{d}p + \sum_{i=1}^{\gamma} \left(\frac{\partial \bar{G}_i}{\partial n_i}\right)_{T,p,n_{j(j \neq i)}}$$

3-11 试导出二元系统中组分逸度与摩尔分数之间的下列关系(通常称为吉布斯-杜亥姆方程):

$$\left[\frac{\partial(\ln f_1)}{\partial(\ln x_1)}\right]_{T,p} = \left[\frac{\partial(\ln f_2)}{\partial(\ln x_2)}\right]_{T,p}$$

3-12 在容积为 0.02 m^3 的刚性绝热容器内装有摩尔分数为 80% 甲烷和 20% 乙烷的天然气混合物,压力为 3 MPa,温度为 313 K。由于阀门漏气,在阀门修好之前压力降为 2 MPa。试利用凯氏规则和通用热力学图计算从容器中漏出去的混合物质量。计算时假设留在容器内的气体作可逆绝热膨胀。

3-13 一种气体混合物含有摩尔分数为 70% 的甲烷和 30% 的氮。利用(1)理想气体方程、(2)假临界概念,计算混合物在 255 K 和 10 MPa 时的比容。这种混合物的压缩因子在 255 K 和 10 MPa 时的实验值是 0.82,试问比容积的真实值是多少?

3-14 对于稀溶液,把拉乌尔定律当作经验规律,试推导亨利定律。

3-15 设 1、2 两相彼此处于平衡中,设证明:由 1 相至 2 相的相变热 h_{12} 随温度的变化可由下式表示:

$$\frac{\mathrm{d}H_{12}}{\mathrm{d}T} = C_{p2} - C_{p1} + \frac{H_{12}}{T} - H_{12}\frac{V_2\alpha_2 - V_1\alpha_1}{V_2 - V_1}$$

式中,C_{p2} 与 C_{p1} 分别为两相的定压摩尔热容;α_1 与 α_2 分别为两相的体积膨胀系数。

如果 1 相为固相或液相,另一相为理想气体,试证明上式可近似表示成

$$\frac{\mathrm{d}H_{12}}{\mathrm{d}T} \approx C_{p2} - C_{p1}$$

3-16 试举例说明混合物与其纯组分的对比态关系的相同点与区别点,对于提高混合物的热物性精度,你有何建议?并请提供验证结果。

3-17 试证明:在进行一阶相变时,

(1)整个系统的熵为总容积的线性函数;

(2)内能变化可由下式表示:

$$\Delta U = H_{12}\left[1 - \frac{\mathrm{d}(\ln T)}{\mathrm{d}(\ln p)}\right]$$

3-18 氯苯(1)与溴苯(2)所组成的溶液可认为是理想溶液。136.7 ℃ 时纯氯苯的饱和蒸汽压为 1.15×10^5 Pa,而纯溴苯的为 0.604×10^5 Pa。设蒸汽可视为理想气体。

(1)一溶液的成分为 $x_1 = 0.600$,试计算 136.7 ℃ 时此溶液的蒸汽总压及气相成分;

(2)在 136.7 ℃ 时,如果气相中两种物质的蒸汽压相等,求蒸汽总压及溶液的成分;

(3)一溶液的正常沸点为 136.7 ℃,试计算此时液相和气相的成分。

3-19 19.45 ℃ 时,异丙醇(1)与苯(2)的混合物的气液平衡数据如下:

x_1	y_1	P/kPa	x_1	y_1	P/kPa
0.000 0	0.000 0	29.829	0.550 4	0.369 2	35.319
0.047 2	0.146 7	33.633	0.619 3	0.395 1	34.577
0.098 0	0.206 6	35.214	0.709 6	0.437 8	33.023
0.204 7	0.266 3	36.271	0.807 3	0.510 7	30.282
0.296 0	0.295 3	36.450	0.912 0	0.665 8	25.235
0.386 2	0.321 1	36.292	0.965 5	0.825 2	21.305
0.475 3	0.346 3	35.928	1.000 0	1.000 0	18.138

试以异丙醇的摩尔分数为横坐标画出系统的露点线与沸点线;计算并在同一图上画出气相分压 p_1 和 p_2 对 x_1 的曲线。将这些曲线与沸点线及由拉乌尔定律算出的分压曲线进行比较。

3-20　1 atm 氨气与 20 ℃ 的 1 m³ 水接触,经测定溶解于水中的氨的体积折算为标准状态 702 m³。

(1) 请计算氨的质量浓度(氨与溶液的质量比)和摩尔浓度(氨与溶液的摩尔比);

(2) 计算亨利常数。

已知:理想气体摩尔比体积 $v_{\text{mol}} = 22.41$ m³/kmol,氨的分子量 $M_a = 17.030\ 6$ kg/kmol,20 ℃ 的水的质量比体积 $v_{\text{wat}} = 0.001\ 002$ m³/kmol,水的分子量 $M_{\text{wat}} = 18.015\ 3$ kg/kmol。答:(1) 质量浓度为 0.348 4,摩尔浓度为 0.361 2;(2) $k = 2.769$ atm。

3-21　试确定下列系统的组分数、相数及自由度:

(1) 乙醇与水的溶液;

(2) $CHCl_3$ 溶于水中,水溶于 $CHCl_3$ 中的部分互溶溶液达到相平衡;

(3) 液态水与蒸汽和氮气的混合物平衡。

3-22　试导出稀溶液凝固点降低的关系式(11.27):

$$\Delta T = \frac{RT_o^2}{H_{1,if}^o} x_2$$

3-23　在 50.00 g CCl_4 中溶入 0.512 6 g 萘(M=128.16),测得沸点升高值 ΔT 为 0.402 K。若在同量溶剂中溶入 0.621 6 g 未知物,测得沸点升高 0.647 K,求此未知物的相对分子质量。

3-24　某水溶液中含有非挥发性溶质,在 −15 ℃ 时凝固。求:

(1) 该溶液的正常沸点;

(2) 25 ℃ 时的蒸汽压(该温度时水的饱和蒸汽压为 $0.031\ 7 \times 10^5$ Pa)。已知冰的熔解热为 335 J/g,100 ℃ 水的汽化潜热为 2 257 J/g,且二者都不随温度变化。

3-25　在相对分子质量为 94.10、凝固点为 45.0 ℃ 的 100 g 溶剂中,溶入相对分子质量为 110.1 的溶质 0.555 0 g 后,凝固点下降 0.382 0 ℃。若再溶入相对分子质量未知的溶质 0.437 2 g,测得凝固点又下降 0.467 0 ℃。试计算:

(1) 溶剂的摩尔凝固点下降常数;

(2) 未知溶质的相对分子质量;

(3) 溶剂的摩尔熔解热。

3-26　冬天,当将 5 dm³ 乙醇倒入 20 dm³ 的汽车水箱时,问水箱中溶液凝固点温度将降低多少? 乙醇的密度为 0.789 g/cm³。

3-27 (1) 在大气压下向 1 kg 水内加入 0.15 g 的氯化钠,问沸点提高多少摄氏度?

答:1.26 ℃。

(2) 与(1)相同的溶液,融点降低多少摄氏度?

答:-4.56 ℃。

(3) 1 kg 海水中含 0.15 g。

3-28 最小分离功 W_{min} 是在进行混合物分离时必须计算的参数。它等于所进行分离时混合温度 T 与混合时熵增的 Δs_g 的乘积,即

$$W_{min} = T\Delta s_g \tag{Ⅲ-6}$$

试利用第 10 章第 10 节的式(10.84j)

$$\Delta S = \sum n_i (\bar{S}_i - S_i^0) = -\sum n_i R \ln x_i$$

(1) 计算物质 A 的摩比 x_A 和物质 B 的摩比 x_B 构成的混合物 1 mol 的最小分离功 W_{min};

(2) 物质 A 的摩比 x_A 是多少时,混合物的最小分离功 W_{min} 为最大值,这最大值为多少?已知 $R = 8.314\,5$ kJ/(kmol·K)。

答:$x_A = 1/2$,$(W_{min})_{max} = 5.763$ kJ/(kmol·K)。

3-29 试不看课本独立推导理想二元和三元混合物的泡点和露点压力与组成的关系式。

3-30 在热物性推算预测中,如何借助纯物质的物性对应态推算关系式推算混合物的物性,举例说明。

习题 4   特殊系统的热力学基础篇习题

4-1 试总结简单弹性力学系、顺磁盐系与可压缩气体系 p、v、u、c_p、c_V 的对应参数和对应函数表达式。

4-2 一横截面积为 0.008 5 cm² 的金属丝在拉力为 20 N、温度为 20 ℃下张紧于相隔 1.2 m 的两固定支承之间。问:假如温度降为 8 ℃ 时张力多大?已知:$\alpha = 1.5 \times 10^{-5}$/K,$Y = 2.0 \times 10^9$ N/m²。

4-3 已知弹性棒的状态方程为

$$F = kT\left(\frac{L}{L_0} - \frac{L_0^2}{L^2}\right) \tag{Ⅳ-1}$$

式中,F 为拉力;k 为常数;L_0 为零拉力时的长度,并仅为温度的函数。若该棒在可逆定温下由长度 $L = L_0$ 拉伸到 $L = 2L_0$,试证明:

(1) 传递热量为

$$Q = -kTL_0\left(1 - \frac{5}{2}\alpha_0 T\right) \tag{Ⅳ-2}$$

式中,α_0 为零拉力时的线膨胀系数,其表示式为

$$\alpha_0 = \frac{1}{L} \cdot \frac{dL_0}{dT}$$

（2）热力能（内能）变化为

$$\Delta U = \frac{5}{2}kT^2 L_0 \alpha_0 \qquad (\text{IV-3})$$

（3）定熵变化时热弹性效应的表达式为

$$\left(\frac{\partial T}{\partial L}\right)_s = \frac{kT}{C_L}\left(\frac{L}{L_0} - \frac{L_0^2}{L^2}\right) - \alpha_0 T\left(\frac{L}{L_0} + \frac{2L_0^2}{L^2}\right) \qquad (\text{IV-4})$$

式中，C_L 为弹性棒的定长度热容。

4-4　长度为 1 m、直径为 1 mm 的钢丝，在 300 K 下被可逆定温拉伸，拉力由 0 增到10^3 N。已知：$\rho = 7.88 \times 10^3 \, \text{kg/m}^3$，$\alpha = 1.2 \times 10^{-6}/\text{K}$，$Y = 2.00 \times 10\,011 \, \text{N/m}^2$，$c_\sigma = 0.482 \, \text{kJ/(kg} \cdot \text{K)}$。试计算传递的热量、所做的功以及热力能的变化。

4-5　液态水在 100 ℃ 下定温可逆地雾化成平均半径为10^{-4} cm 的水滴，并与其蒸汽平衡。试计算 1 kg 水所需为功和传递的热量。温度与表面张力的关系由式(13.17)给出。

4-6　试导出微水液滴内平衡压力的对数值 $\ln p = f(1/T)$ 函数的近似斜率表示式。设在 293 K 时水的 $\sigma = 0.072\,75 \, \text{N/m}$，蒸发潜热 $\Delta H = 4.19 \times 10^4 \, \text{J/mol}$，液体的摩尔容积 $V^l = 18 \, \text{cm}^3/\text{mol}$。试问：液滴半径 $r = 10^{-7}$ cm 时斜率等于多少？液化潜热随液滴尺寸如何变化？

4-7　对于简单磁系统，试证明：

$$C_{\hat{H}} - C_M = -T\mu_0 V \left(\frac{\partial \hat{H}}{\partial T}\right)_M \left(\frac{\partial M}{\partial T}\right)_{\hat{H}} \qquad (\text{IV-5})$$

4-8　对于顺磁性气体，

（1）写出可逆功的形式；

（2）证明下式：

$$T\text{d}S = C_{V,I}\text{d}T + T\left(\frac{\partial p}{\partial T}\right)_{V,I}\text{d}V - T\mu_0 \left(\frac{\partial \hat{H}}{\partial T}\right)_{V,I}\text{d}I \qquad (\text{IV-6})$$

式中，$C_{V,I} = \left(\dfrac{\partial U}{\partial T}\right)_{V,I}$ 为定容积定磁矩热容；I 为系统总磁矩；μ_0 为真空中的磁导率；$\hat{H}$ 为磁场强度；

（3）如果气体为理想气体，且服从居里方程，则 dS 方程应如何？

4-9　在温度分别为 1.5 K 和 0.5 K 的两个热源之间运行的卡诺磁制冷循环，用硫酸钆作为工质，最大和最小磁场强度分别为 2×10^6 A/m 和零，如图 14.5 所示。请计算在四个终点处 1 mol 硫酸钆的磁场强度和磁矩（假定居里方程仍然有效）；对于 1 mol 的硫酸钆，求四个每一过程所传递的热量及相互作用功，并求制冷系数。

4-10　硝酸镁铈的初温为 1.5 K，由零磁场强度等温地磁化到 4×10^5 A/m，试问：

（1）1 mol 硝酸镁铈的磁化热为多少？

（2）当磁场强度绝热地减到 8×10^4 A/m 时，最终温度为多少？

4-11　已知燃料的质量组成为 c:0.82，h:0.12，o:0.02，s:0.01，n:0.03。求理论空气量。

答：10.46m_N^3/kg。

4-12　求燃料辛烷（$C_8 H_{18}$）与空气过剩系数 $\lambda = 2$ 的燃烧生成物，（1）通常称为燃气的体积组成；（2）并求这种燃气的露点。燃气的总压为 0.1 MPa。

答:(1) CO_2:0.064 8,H_2O:0.072 9,O_2:0.101 2,N_2:0.761 1;(2) 38.82 ℃。

4-13 计算某锅炉用 3 000 m_N^3/h 焦炉气与 600 kg/h 重油为混合燃料完全燃烧时的必要空气量。焦炉气的容积成分 CO_2:0.021,C_2H_4:0.034,CO:0.066,O_2:0.10,CH_4:0.315,H_2:0.53,N_2:0.033;重油的质量成分 c:0.881,h:0.107,o:0.01,n:0.02。

答:21 100 m_N^3/h。

4-14 试用图 Ⅳ-1 的 U-T 图和 H-T 图,把实际燃烧的反应分解为若干理想过程,并讨论从初态 1 到终态 2 的分解的各理想过程的热力参数 T、p、V、U、H 和 S 的变化情况。

4-15 求 25 ℃液体燃料正辛烷(C_8H_{18})在 1 bar 等压条件下与干空气按下述两种情况下完全燃烧后的绝热温度:(1)与理论空气量燃烧;(2)与过剩系数 $\lambda = 4$ 燃烧。已知:正辛烷的标准燃烧焓 $\Delta H = -5\ 081.658$ MJ/kmol。

答:(1) 2 393.0 K;(2) 961.2 K。

4-16 求 25 ℃甲烷(CH_4)天然气在 1 bar 等压条件下与干空气按下述两种情况下完全燃烧后的绝热温度、熵增、燃烧的不可逆损失(基准温度 25 ℃)和燃烧的有效率。(1)与理论空气量燃烧;(2)与过剩系数 $\lambda = 4$ 燃烧。已知:甲烷气的标准燃烧焓 $\Delta H = -802.301$ MJ/kmol(g)。

答:(1) 2 323.40 K、$\Delta S_g = 832.27$ kJ/K、$E_{u,ir,h} = 248.14$ MJ/kmol、$\eta_u = 0.690\ 1$;(2) 1 298.8 K、$\Delta S_g = 1\ 341.00$ kJ/K、$E_{u,ir,h} = 399.82$ MJ/kmol、$\eta_u = 0.500\ 7$。

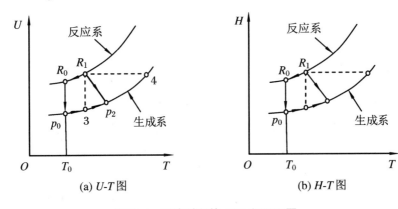

(a) U-T 图   (b) H-T 图

图 Ⅳ-1 反应过程的 U-T 和 H-T 图

4-17 系统初始时 H_2S 与 H_2O 的摩尔数之比为 1:3,进行如下气相反应:

$$H_2S + 2H_2O \Leftrightarrow 3H_2O + SO_2$$

试导出用气相反应度 ε 表示各组分摩尔分数的表达式。ε 称为反应度,即反应中每 mol 主要反应物起反应的百分数,$\varepsilon = 1 - \alpha$,α 为离解度。

4-18 在合成天然气的生产中涉及以下反应:

$$\alpha = \frac{\kappa_T \gamma C_v}{V}$$

初始时 H_2 与 CO 的摩尔数之比为 4:1,试导出以反应度 ε 表示的平衡常数 K_P。

4-19 在 308 K 和 $0.103\ 25 \times 10^5$ Pa 下,N_2O_4 分解为 NO_2 的平衡离解度为 0.27。

(1)计算此气相反应的平衡常数 K_P;

(2)当压力为 $0.103\ 25 \times 10^5$ Pa 时,计算相同温度下的平衡离解度 ε_1;

(3)在温度为 318 K 和 298 K 时,该离解反应的平衡常数分别为 0.664 和 0.141。试计算在此温度范围内的标准反应焓。

4-20　按下式将气相 CO 加氢制取甲醇：

$$CO(g) + H_2(g) \longrightarrow CH_3OH(g)$$

反应在 400 K 和 $0.103\,25 \times 10^5$ Pa 下进行。分析表明,反应器中的平衡蒸汽产物的组成中含有摩尔分数 $\chi_{H2} = 40\%$ 的 H_2。

(1) 设为理想气体,试求平衡产物中 CO 与 CH_3OH 的组成。

(2) 如果反应在 500 K 和 $0.103\,25 \times 10^5$ Pa 下进行,初始物料与(1)中相同,试问平衡产物中 H_2 的含量是比 $\chi_{H_2} = 40\%$ 多还是少? 为什么? 假设为理想气体。

已知 400 K 时上述反应的 $K_P = 1.52$,$\Delta H^* = -187\,730$ J。

4-21　已知 1 000 K 时生成水煤气的反应：

$$C(s) + H_2O(g) \longrightarrow CO(g) + H_2(g)$$

在 $0.103\,25 \times 10^5$ Pa 时的平衡转化率 $\alpha = 0.844$。求：

(1) 平衡常数 K_P;

(2) 在 $0.103\,25 \times 10^5$ Pa 下的平衡转化率 α。

4-22　已知 298 K 时有关物质的热力学数据如下：

	$\Delta H_f^0/(\text{kJ} \cdot \text{mol}^{-1})$	$S_f^0/(\text{J} \cdot \text{mol}^{-1} \cdot \text{K}^{-1})$
$CH_4(g)$	-74.81	187.9
$H_2O(g)$	-241.82	188.72
$CO_2(g)$	-393.51	213.6
$H_2(g)$	0	130.57

求 298.15 K 时的反应

$$CH_4(g) + 2H_2O \Leftrightarrow CO_2(g) + 4H_2(g)$$

的 ΔG^* 及 K_P。

4-23　已知 298.15 K 时 $CaCO_3$、CaO、CO_2 的有关热力学数据如下：

	$\Delta H_f^0/(\text{kJ} \cdot \text{mol}^{-1})$	$S_f^0/(\text{J} \cdot \text{mol}^{-1} \cdot \text{K}^{-1})$	$\overline{C}_p/(\text{J} \cdot \text{mol}^{-1} \cdot \text{K}^{-1})$
$CaCO_3(s)$	$-1\,206.9$	92.88	81.88
$CaO(s)$	-635.5	39.70	42.80
$CO_2(s)$	-393.5	213.64	37.13

计算 1 073 K 时碳酸钙分解的分解压力是多少?

4-24　简述燃料电池的工作原理。

4-25　计算甲烷-氧燃料电池的理论效率,并与甲烷-纯氧燃烧的卡诺热机系统效率比较。假如燃料电池也使用空气为助燃剂,可行吗? 若可行,燃料电池效率为多少?

4-26　定性分析燃料电池的不可逆损失来源。

4-27　试分析燃料电池的反应驱动力与反应阻力及反应速率的关系。可自选一种类型燃料电池进行分析。

4-28　列举燃料电池中的热物理问题,并抽象出一些有待研究的科学问题,特别是一些与热力学相关的问题。

4-29　辐射热力学中,光子气与理想气体有何区别? 光子气遵从哪一种统计学分布规律?

4-30 总结已有辐射热力学和辐射传热学的规律,并简单说明其应用场合。

4-31 指出黑体温度 T_b、辐射等效温度 T、光子或光谱等效温度 T_λ 之间的异同点及其关系,并计算一个温度为 1 000 K 的物体在下面四种情况下的辐射等效温度 T。

(1) 表面为黑体;

(2) 表面为灰体,其发射率为 $\varepsilon = 0.5$;

(3) 表面为选择性涂层,波长小于 1 μm 的表面发射率为 $\varepsilon_{\lambda < 1} = 0.2$,大于 1 μm 的表面发射率为 $\varepsilon_{\lambda > 1} = 1.0$;

(4) 表面为选择性涂层,波长小于 1 μm 的表面发射率为 $\varepsilon_{\lambda < 1} = 1.0$,大于 1 μm 的表面发射率为 $\varepsilon_{\lambda > 1} = 0.2$。

4-32 计算下述几种情况在热平衡时太阳能吸热器的吸热表面温度、单位平方米净吸热量、热效率、太阳能有效能的损失量、受热过程的熵增和吸收器的有效率。太阳辐照强度为 $E_s = 800$ W/m^2,太阳表面当作黑体,温度为 5 800 K,暂且不区分直射与漫射的光谱辐射的区别。

(1) 吸热器表面为黑体,背面绝热,表面对流损失与辐射损失相等;

(2) 吸热器表面为选择性涂层,对太阳辐射的吸收率为 $\alpha_s = 0.96$,波长大于 2.5 μm 发射率为 $\varepsilon_{\lambda > 2.5} = 0.2$,输出有用热量 $Q = kA\Delta T$,环境温度为 25 ℃,$kA = 80$ W/K,表面对流损失与辐射损失相等;

(3) 吸热器为光伏电池板,对太阳辐射的吸收率为 $\alpha_s = 0.96$,波长大于 2.5 μm 发射率为 $\varepsilon_{\lambda > 2.5} = 0.8$,输出电功率为 $N = 0.18E_s - k_e\Delta T$,$k_e = 0.000\ 6$ W/K,表面对流损失与辐射损失相等。

习题 5 热力循环篇习题

5-1 简述热力循环性能评价的四种方法,请举例说明其差异性。

5-2 几种热力循环中常用设备的热力计算:

(1) 泵功计算:水泵扬程 80 m,流量 $\dot{m} = 17\ 000$ kg/h,水泵的进出口压力分别为 $p_1 = 0.15$ MPa,$p_2 = 0.3$ MPa,水的比容积为 $v = 10^{-3}$ m^3/kg,求泵的耗功。忽略与周围的热交换和内部热力能变化的 $U_2 - U_1$ 项。

答:2.996 kW。

(2) 喷嘴:喷嘴的进、出口速度分别为 120 m/s 和 1 220 m/s,求可逆绝热变化过程的焓差 Δh。如果进口条件和出口压力保持不变,喷嘴效率为 0.95,求出口流速。

答:$\Delta h = 737$ kJ/kg;$c_2' = 1\ 189$ m/s。

(3) 空气透平膨胀机:高压空气透平输出功为 740 W,进口条件 $p_1 = 0.5$ MPa,30 ℃,出口条件 $p_2 = 0.1$ MPa,-45 ℃。求:需要多少空气流量? 忽略空气动能和势能差。

答:$\dot{m} = 9.8 \times 10^{-3}$ kg/s。

(4) 蒸汽透平:输出功率 500 MW,进口蒸汽状态条件 $p_1 = 4$ MPa,400 ℃,出口条件 $p_2 =$

10 kPa,干度 $x=0.9$,求蒸汽需要流量。查水蒸气性质表,得 10 kPa 时饱和水蒸气的比焓为 2 584.8 kJ/kg,饱和水的比焓为 191.83 kJ/kg。

答:$\dot{m}=575$ kg/s。

(5) 蒸汽透平的等熵效率:求进口压力为 $p_1=1.8$ MPa,干度为 $x_1=11$,出口压力为 0.1 MPa,干度为 $x_2=0.9$。请自查蒸汽性质表。

答:等熵效率 $\eta_T=0.708\,2$。

(6) 空气多变压缩:把 0.1 MPa、25 ℃ 的空气压缩到 0.8 MPa,压缩过程 $pv^{1.25}=$ 常数,求压缩功和熵的变化。

答:$W_{12}=-221$ kJ/kg,$\Delta s=-0.178\,1$ kJ/(kg·K)。

5-3　发电厂是由许多流动系组成的,通常按流动系环环相连锁形式分析。但也可以用一个包含所有流动系大的复合系为对象进行研究,考察该系统与环境的热量、功甚至物料的交换。请绘制包含四大要素(设备)的发电厂大系统图,并分解各设备的功热交换,给出计算式。

5-4　如图 19.9 的过热朗肯循环,透平进口的蒸汽为 15 MPa、500 ℃ 的过热蒸汽,凝结器的蒸汽压力为 5 kPa,透平和泵的等熵效率分别为 0.80 和 0.85,求循环的净效率。

答:$\eta=0.343\,2$。

5-5　考察再热朗肯循环。设进入高压透平的蒸汽为 3 MPa、400 ℃,在高压透平中膨胀到 0.8 MPa,而后再送去加热到 400 ℃,进入低压透平,膨胀到 10 kPa。问:循环热效率为多少?

答:$\eta=0.353$。

5-6　考察回热朗肯循环。在初压为 3 MPa、背压为 10 kPa 的透平机的 0.2 MPa 一段处抽气进行回热,求以下两种情况下的循环热效率:(1) 给水加热器是开放式的;(2) 密封式的。如图 19.13 和图 19.14 所示。

答:(1) $\eta=0.353\,3$;(2) $\eta=0.349\,9$。

5-7　某朗肯循环的蒸汽参数为:$t_1=500$ ℃,$p_2=0.004$ MPa,$p_1=3$ MPa、6 MPa、12 MPa。试计算:

(1) 水泵所消耗的功量及进出口水温差;

(2) 汽轮机做功量及循环功比;

(3) 循环热效率;

5-8　具有一次再热的动力循环的蒸汽参数为:$p_1=9.0$ MPa,再热温度 $t_A=t_1=535$ ℃,$p_2=0.004$ MPa,再热压力为 2 MPa,试比较再热和无再热的朗肯循环的热效率。

5-9　三级抽气回热循环系统如图 Ⅴ-1 所示,已知其参数为:$t_1=450$ ℃,$p_1=4$ MPa,$p_2=0.004$ MPa,汽轮机的相对内效率 $\eta_{ri}=0.80$,给水温度为 150 ℃。试计算:

(1) 理想情况下的抽气压力;

(2) 循环功量;

(3) 循环热效率 η_t。

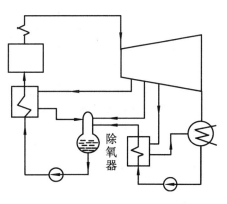

图 Ⅴ-1

5-10 如图Ⅴ-2所示的回热蒸汽循环,透平内为绝热流动但不是等熵。假设锅炉内为等熵。各点状态的压力、温度、焓和熵见表(习题表Ⅴ-1)。环境温度取21℃。计算这种循环的热效率、有效率以及透平机、密闭型给水预热器(含疏水器)和开放型给水预热器的不可逆损失。

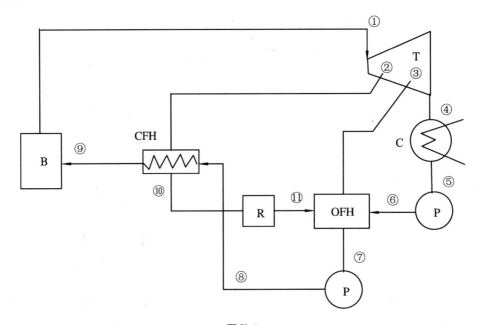

图Ⅴ-2

B.锅炉;T.透平机;C.凝水器;P.泵;CFH 和 OFH 为密闭型和开放型给水预热器;R.疏水器;

习题表 Ⅴ-1

序号	①	②	③	④	⑤	⑥	⑦	⑧	⑨	⑩	⑪
p	70			0.07	0.07					17.5	2.1
t	427	714.5									
h	717.7	282	641.7	558.4	38.7	38.8	121.6	122	205.6	208.9	208.9
s	1.567	1.618	1.686	1.798	0.132 6	0.132 6	0.368	0.368	0.578	0.568	

P.压力,单位为 atm;t.温度,单位为℃;h.焓,单位为 $kcal/kg$;s.熵,单位为 $kcal(kg \cdot K)$

答:热效率为 0.317,有效率为 0.652,以及透平机不可逆损失为 56.2 kcal/kg,密闭型给水预热器(含疏水器)不可逆损失为 11.8 kcal/kg,开放型给水预热器的不可逆损失为 5.6 kcal/kg。

5-11 燃气轮机装置的定压加热理想循环中,工质视为空气,进入压气机的温度 $t_1 = 27℃$、压力 $p_1 = 0.1 \text{MPa}$,循环增压比 $\pi = p_2/p_1 = 4$。在燃烧室中加入热量 $q_1 = 333 \text{kJ/kg}$,设比热容为定值,试求:

(1) 循环的最高温度;

(2) 循环的净功量;

(3) 循环热效率。

5-12 一内燃机混合加热循环,工质视为空气。已知 $t_1 = 50℃$,$p_1 = 0.1 \text{MPa}$,$\varepsilon = \upsilon_1/\upsilon_2$

$=15, \lambda = p_3/p_2 = 1.8, \rho = v_4/v_3 = 1.3$，比热容为定值。求此循环的吸热量及循环热效率。

5-13　动力厂中有一以空气为工质的透平。空气经透平后由 3×10^5 Pa 绝热膨胀到 1×10^5 Pa，而温度由 500 K 降到 400 K。进出口的动能可忽略不计。环境条件为 1×10^5 Pa 和 300 K。对于通过透平的每千克空气，试求：

（1）熵增；

（2）由透平中的不可逆性引起的整个装置的总输出功的损失；

（3）空气从同样的初态膨胀到同样的排气压力时，实际膨胀过程比可逆膨胀过程所减少的输出功，为什么（2）的结果小于（3）？

（4）该透平的等熵效率。

5-14　狄塞尔循环。压缩比为 16 的狄塞尔循环，每一循环受热量为 1 800 kJ/kg，压缩过程的初压力为 0.1 MPa，15 ℃。求：

（1）以空气为工质计算的循环各点的压力和温度；

（2）热效率。

答：（1）$T_2 = 878.36$ K、$p_2 = 4.878$ MPa；$T_4 = 1 368.9$ K、$p_4 = 0.475 1$ MPa；

（2）$\eta = 0.570 4$。

5-15　每小时 900 km/h 起飞中的飞机的螺旋桨风扇-燃气透平的送风机消耗 25 MW 的动力。风机进气 300 K，1 bar，风机出口的风速与进口的相同，压力为 1.36 bar，风机的效率为 0.85。请计算：

（1）空气流量；

（2）空气进口的截面积；

（3）风机出口的空气温度；

（4）熵产（出口比进口单位时间的熵变量）。

答：（1）764.7 kg/s；（2）2.644 m²；（3）332.5 K；（4）11.36 kJ/(K·s)。

5-16　火箭消耗燃料和氧化剂共计的流量为 $\dot{m} = 120$ kg/s，产生推力 $J_{th} = 190$ kN。问：（1）喷嘴出口燃气的速度是多少？（2）产生的推力折合为多少吨重力？

答：（1）1 583 m/s；（2）19.37 t_f（吨重力）。

5-17　喷气式飞机以 1 125 km/h 的速度飞行，喷气式推进器吸入空气的流量为 $\dot{m}_{air} = 75$ kg/s，消耗燃料 $\dot{m}_{fuel} = 1.4$ kg/s，产生推力 $J_{th} = 35.6$ kN。问：（1）喷嘴出口燃气的速度是多少？（2）如果忽略燃料流量，会产生多大误差？

答：（1）784.4 m/s；（2）偏大 2%。

5-18　制冷机（或热泵）循环，假定高温源 $T_h = 300$ K，低温源 $T_c = 250$ K，实际 $COP = 3$，平均消耗电功率 100 W。设循环的不可逆性用熵增 S_g 表示，向高温源排热量用 Q_h 表示，从低温源吸热量用 Q_c 表示，分别用 S_h 和 S_c 表示流出和流进的热熵流，用 W 表示输入的功，用 $\eta_{u,c}$ 表示制冷循环的有效能的效率。

（1）试证明

$$W = \left(\frac{T_h}{T_c} - 1 \right) Q_c + T_h S_g = \left(1 - \frac{T_c}{T_h} \right) Q_h + T_c S_g \qquad （\text{V-1}）$$

$$Q_h = \left(\frac{T_h}{T_c} \right) Q_c + T_h S_g \qquad （\text{V-2}）$$

$$S_h = \frac{Q_c}{T_c} + S_g \qquad （\text{V-3}）$$

$$\eta_{\mathrm{u,c}}\frac{T_{\mathrm{h}}-T_{\mathrm{c}}}{T_{\mathrm{c}}}COP \qquad\qquad (\mathrm{V}\text{-}4)$$

（2）请计算本题所给条件的制冷循环的熵增 S_{g}、排热量 Q_{h}、从低温源吸热量 Q_{c}、排往高温热源的熵流 S_{h} 和吸入熵流 S_{c}、制冷循环的有效能的效率 $\eta_{\mathrm{u,c}}$。

答：$S_{\mathrm{g}}=564.7\,\mathrm{J/K}$、$Q_{\mathrm{h}}=1\,440\,\mathrm{kJ}$、$Q_{\mathrm{c}}=1\,080\,\mathrm{kJ}$、$S_{\mathrm{h}}=4.800\,\mathrm{kJ/K}$、$S_{\mathrm{c}}=4.235\,\mathrm{kJ/K}$、$\eta_{\mathrm{u,c}}=0.529\,4$。

5-19 一台活塞式压气机，分三级压缩，中间冷却，每小时吸入 $90\,\mathrm{m^3}$ 的空气。初态参数为 $t_1=20\,℃$，$p_1=0.1\,\mathrm{MPa}$，压缩到终压为 $34.3\,\mathrm{MPa}$。设三缸中的可逆多变过程的多变指数 $n=1.25$，并要求每缸压缩后的温度小于 $160\,℃$，以保证润滑，求：

（1）按压气机耗功量为最小值，决定最有利的中间压力；

（2）各气缸的出口温度；

（3）压气机的总耗功量；

（4）压缩工程中空气的总放热量；

（5）中间冷却器中空气的总放热量。

5-20 在一个制冷装置的某一部分，$30\,℃$ 的饱和液体 CFC-12 经节流进入温度为 $5\,℃$ 的闪蒸室。闪蒸产生的蒸汽被抽到装置的其他部分，余下的液体再经节流后进入温度为 $-20\,℃$ 的第二个闪蒸室。试计算通过第二次节流及第一次节流的质量流量之比；对于进入第一次节流的一定质量的饱和液体 CFC-12，试计算下列两种情况下需额外输入到制冷装置中的总功之比：

（1）经过两次节流过程；

（2）从同样的初态开始，经过同样的温度范围进行的单级节流过程（计算中可分两种情况考虑：① 忽略进入第二级时所减少的工质量；② 考虑进入第二级时所减少的工质量）。

5-21 空气制冷循环中（图 V-3），已知冷藏室温度为 $-10\,℃$，冷却水温度为 $20\,℃$，空气进入冷却器的温度 $t_4=143.5\,℃$。设比热容 $c_p=1.004\,\mathrm{kJ/(kg \cdot K)}$，$k=1.4$。试求：

（1）空气进入冷藏室的温度；

（2）每千克空气由冷藏室吸取的热量；

（3）循环消耗的净功；

（4）循环的制冷系数，并与同温度范围内逆卡诺循环的制冷系数比较；

（5）冷藏室的温度分别为 $-5\,℃$ 和 $0\,℃$ 时制冷系数如何变化？

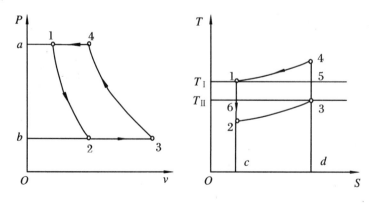

图 V-3

5-22　在简单林德液化空气装置中(图Ⅴ-4),空气从 1×10^5 Pa、300 K 的环境条件经带有水冷却的压缩机压缩到 200×10^5 Pa、300 K。压缩机的等温效率为 70%。逆流换热器 X 的入口温差为 0。饱和液态空气排出液化装置时的压力为 1×10^5 Pa。换热器与环境的换热量和管道的压降忽略不计。试计算加工单位质量的压缩空气所得到的液态空气量、液化 1 kg 空气所需的输入功以及液化过程的热力完善度。

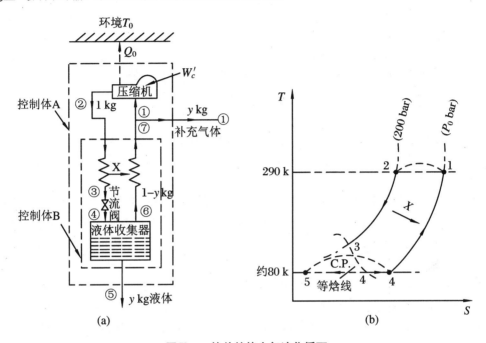

图Ⅴ-4　简单林德空气液化循环

5-23　在上题的林德空气液化装置中,请对每千克压缩空气给出比有效能平衡方程,分析各环节的有效能损失和不可逆性所引起的额外输入功,尝试用等价热力变换分析法进行分析,设不可逆性发生在(a)热交换器 X 和(b)节流中,并将这些额外的输入功表示为实际输入功的百分数。考虑压缩机的效率,校核已获得的热力完善度的数值。

5-24　在林德空气液化装置的基础上设计一新装置,使控制体 B 内的各个部件用完全可逆的设备来代替,而进出控制体 B 的各种流体的状态保持不变。该装置与 300 K 的环境交换热量,所产生的压力为 1×10^5 Pa 的饱和液态空气的量与原装置相同(该压力下液态空气的饱和温度可取为 80 K)。画出该装置的流程图,在 $T\text{-}s$ 图上标明装置各个部件进出口流体的状态,计算控制体 B 内各产功部件或耗功部件的输出功和输入功。

5-25　以 1×10^5 Pa、17 ℃的空气做原料,在一个稳定流动的液化装置中生产液态空气。该装置处于 17 ℃的环境中,试计算为了生产 1 kg 压力为 1×10^5 Pa 的饱和液态空气所需的最小输入轴功。如该装置热力完善度是 10%,试计算生产 1 L 液态空气所需的实际输入功。

5-26　冬天房间取暖利用热泵。将氨蒸汽压缩制冷装置改为热泵,此时蒸发器放在室外,冷凝器放在室内。制冷机工作时可从室外环境吸取热量 q_2,氨蒸汽经压缩后在冷凝器中凝结为氨液放出热量 q_1,供室内取暖。设蒸发器中氨的温度为 -10 ℃,冷凝器中氨蒸汽的凝结温度为 30 ℃,试计算:

(1) 热泵的供暖系数;

(2) 室内要求每小时供热 100 000 kJ 时,用以带动热泵所需的理论功率;

（3）若用电炉之间供热，当每小时供热 100 000 kJ 时电炉的功率应为多少？

5-27 试用等价热力变换分析法分析习题 5-21 的制冷机的热力性能，给出等价循环的等效高温、低温。如果节流过程是等焓节流，增加的有效能损失为多少？

5-28 溴化锂-水溶液吸收式制冷机的制冷原理是什么？简单介绍吸收器、发生器、冷凝器和蒸发器的作用。

习题 6 不可逆热力学篇习题

6-1 说明熵源强度、熵产率的物理意义，并简述不可逆热力学求解问题的路线。

6-2 热电耦合时材料的导热系数发生变化吗？给予物理解释。若有变化，给出计算式。

6-3 能量守恒定律给出了各种能量转换时量的守恒关系，意义巨大。热力学第二定律指出了能量转换和运动的方向性，指出了第二永动机是不可能成功的和从热能获取功能的最大值。是否可以把热力学第二定律应用范围扩大一些：一切自发的能量的传输（包括转换）都是熵增过程？请讨论。

6-4 请计算蓄热过程的熵产率随时间的变化关系及平均熵产率。设：冷水池储存 20 ℃ 水 1 000 kg，加热到 55 ℃，加热功率为 5 000 W。（1）用电加热；（2）用高于水温 10 ℃ 的热源，例如热泵加热；（3）用恒定温度为 60 ℃ 的热源加热，加热功率为 $2\Delta T$ kW。由此可引申讨论交变蓄热中的熵产率。

6-5 试推导半导体温差发电的热平衡方程，并给出热效率表达式。请读者自找参考书。

6-6 请说明熵产率最小原理、㶲耗散极值原理、有效能消耗率最小原理的物理意义和三者的异同点；讨论过程不可逆度表征的方法和物理意义。

6-7 参考 23.11 节，试对顺流换热的进行传热性能器分析与优化，给出逆流换热器的过程不可逆度 $\eta_{u,ir}$、传热单元数 NTU 与传热有效度 ε 的关系图。

6-8 试用简化型有限时间热力分析法，对 21.3 节中的等价热力变换分析法的计算例进行分析，讨论蒸发器和冷凝器的传热性能优化比例数，给出你认为合理的设计参数。

6-10 试对定态有限时间热力分析法中使用的总传热系数 K_1、K_2，热力学等效传热温差 $T_{R,H} - T_{R,1}$、$T_{R,2} - T_{R,L}$ 与实际系统换热器的以对数温差为定义的传热系数、传热面积进行转换，导出它们之间的关系。

6-11 太阳能与物质有哪两种作用？各有何特点？植物光合作用的主要波段是什么？天气质量与农作物的产量有关系吗？请作一些具体分析。

6-12 热辐射和激光有何不同？热辐射源能做到定向辐射吗？热辐射传输中热辐射能流密度降低，辐射能品质是否降低？说明其理由。

附　表

附表 1　各种常用单位制换算表

序号	量 名称	符号	法定单位 名称	符号	工程使用和暂时使用的单位 名称	符号	单位换算
1	长度	L	米	m	厘米 纳米 英寸 英尺 英里	cm nm in ft mile	$1\,cm = 10^{-2}\,m$ $1\,nm = 10^{-9}\,m$ $1\,in = 2.54\,cm$ $1\,ft = 0.304\,8\,m$ $1\,mile = 1.609\,3 \times 10^3\,m$
2	质量	m	千克	kg	克 吨 英磅 盎司	g t Ib oz	$1\,g = 10^{-3}\,kg$ $1\,t = 1\,000\,kg$ $1\,lb = 0.453\,59\,kg$ $1\,OZ = 1/16\,Ib = 28.35\,g$
3	时间	t	秒	s	分 时	min h	$1\,min = 60\,s$ $1\,h = 3\,600\,s$
4	电流	I	安[培]	A			
5	热力学温度	T	开[尔文]	K	摄氏温度 华氏温度	℃ ℉	$T(℃) = T - 273.15\,K$ $t = 5(t_F - 32)/9$
6	物质的量	n	摩[尔]	mol	摩尔质量 摩尔体积 摩尔分子数	mol-weight mol-volume N_A	摩尔的质量 $= M(分子量)kg/kmol$ $= M(分子量)g/mol$ 摩尔的体积 $= 22.4\,m_N^3/kmol$ $= 22.4\,L/mol$ $1N_A = 6.022\,136\,7(36)$ $\times 10^{23}\,mol^{-1}$
7	力 重力	F G	牛[顿]	N	千克力 达因力 磅力	kgf dyn 1bf	$1\,N = kg \cdot m/s^2 = J/m$ $1\,kgf = 9.806\,65\,N$ $1\,dyn = 10^{-5}\,N$ $11\,bf = 4.448\,N$

序号	量		法定单位		工程使用和暂时使用的单位		单位换算
	名称	符号	名称	符号	名称	符号	
8	压力、压强	P	帕[斯卡]	Pa	千克力每平方厘米 标准大气压 巴 兆帕 毫米汞柱 毫米水柱 工程大气压	kgf/cm^2 atm bar MPa mmHg mmH_2O at	$1\ Pa = 1\ N/m^2$ $\quad\quad = 1\ kg/(m \cdot s^2)$ $1\ kgf/cm^2 = 9.806\ 65$ $\quad\quad\quad\quad \times 10^4\ Pa$ $1\ atm = 1.013\ 25 \times 10^5\ Pa$ $1\ bar = 10^5\ Pa$ $1\ MPa = 10^6\ Pa$ $1\ mmHg = 133.322\ Pa$ $1\ mmH_2O = 9.806\ 375\ Pa$ $1\ at = 1\ kgf/cm^2$
9	能量 功 热[量]	E W Q	焦[耳]	J	千焦[耳] 卡[路里] 千卡 千瓦时(度) 千克力米 米制马力小时 英制马力小时 英热单位	kJ cal kcal $kW \cdot h$ $kgf \cdot m$ 马力小时 $hp \cdot h$ BTU	$1\ J = 1\ Pa \cdot m^3 = 1\ N \cdot m$ $\quad\quad = 1\ kg \cdot m^2/s^2$ $\quad\quad = 1\ W \cdot s = 1\ CV$ $1\ kJ = 1\ 000\ J$ $1\ cal = 4.186\ 8\ J$ $1\ kcal = 4.186\ 8\ kJ$ $1\ kW \cdot h = 3\ 600\ kJ = 860\ kcal$ $1\ kgf \cdot m = 9.806\ 65\ J$ $1\ 马力小时 = 2\ 647.79\ kJ$ $1\ hp \cdot h(英) = 2\ 684.52\ kJ$ $1\ BTU = 1.055\ kJ$
10	功率	P	瓦[特]	W	千瓦 [米制]马力 英制马力 美冷吨 日冷吨 英热单位每小时 千卡每小时	kW 马力·PS hp·(Hp) USRt JRt BTU/h kcal/h	$1\ W = 1\ J/s = 1\ A \cdot V$ $\quad\quad = 1\ Pa \cdot m^3/s$ $\quad\quad = 1\ N \cdot m/s$ $1\ kW = 1\ 000\ W$ $1\ PS = 735.498\ W$ $1\ hp(英) = 745.7\ W$ $1\ USRt = 3.516\ 9\ kW$ $1\ JRt = 3.861\ 16\ kW$ $1\ BTU/h = 0.293\ 0\ W$ $1\ kcal/h = 1.163\ W$
11	密度	ρ	千克每立方米	kg/m^3	千克每千摩尔 千克每升 克每立方厘米	kg/kmol kg/L g/cm^3	$1\ kg/lmol = 1/22.4\ kg/m^3$ $1\ kg/L = 10^{-3}\ kg/m^3$ $1\ g/cm^3 = 1\ 000\ kg/m^3$

序号	量		法定单位		工程使用和暂时使用的单位		单位换算
	名称	符号	名称	符号	名称	符号	
12	比体积	v	立方米每千克 m^3/kg		千摩尔每千克　　kmol/kg 立方厘米每克摩尔 cm^3/g-mol 立方英尺每磅　　$1ft^3$/1b		$1\ kmol/kg = 22.4\ m_N^3/kg$ $1\ cm^3/mol = 10^{-3}\ M \cdot m^3/kg$ $1\ ft^3/1b = 0.062\ 428\ m^3/kg$
13	比热容	c	焦每千克开[尔文] 　　　　$J/(kg \cdot K)$ 或　　$kJ/(kg \cdot K)$		千卡每千克摄氏度 　　　　$kcal/(m^2 \cdot h \cdot ℃)$ 焦每摩尔开　　$J/(mol \cdot K)$		$1\ kcal/(kg \cdot ℃)$ $= 4.186\ 8\ kJ/(kg \cdot K)$ $1\ J/mol = 1\ M \cdot J/(kg \cdot K)$
14	传热系数	K	瓦每平方米开 　　　　$W/(m^2 \cdot K)$ 或　　$W/(m^2 \cdot ℃)$		千卡每平方米时摄氏度 　　　　$kcal/(m^2 \cdot h \cdot ℃)$		$1\ W/(m^2 \cdot K) = J/(m^2 \cdot K \cdot s)$ $1\ kcal/(m^2 \cdot h \cdot ℃)$ 　$= 1.163\ W/(m^2 \cdot K)$ （可用℃代替K）
15	换热系数	α	瓦每平方米开 　　　　$W/(m^2 \cdot K)$		千卡每平方米时摄氏度 　　　　$kcal/(m^2 \cdot h \cdot ℃)$		（注：在 GB 标准中单位与 传热 系数相同）
16	热导率 （导热系数）	λ	瓦每米开 　　　　$W/(m \cdot K)$		千卡每米时摄氏度 　　　　$kcal/(m \cdot h \cdot ℃)$		$1\ kcal/(m \cdot h \cdot ℃)$ $= 1.163\ W/(m \cdot K)$
17	运动黏度	v	二次方米每秒 m^2/s		斯[托克斯]泡　　St 厘泡　　　　cSt		$1^{St} = 10^{-4}\ m^2/s = 1\ cm^2/s$ $= 100\ 厘泡$ $1\ cSt = 10^{-6}\ m^2/s = 1\ mm^2/s$
18	[动力] 黏度	$\eta(\mu)$	帕[斯卡]秒 $Pa \cdot s$		泊　　　　P 厘泊　　　cP		$1\ P = 0.1Pa \cdot s$ $1\ cP = 10^{-3}\ Pa \cdot s$
19	比焓	$h(i)$	千焦每千克 kJ/kg		千卡/千克　　kcal/kg		$1\ kcal/kg = 4.186\ 8\ kJ/kg$
20	摩尔焓	H_m	焦每摩尔 J/mol				$1\ kJ/kg = M\ J/mol$
21	比熵	s	千焦每千克开 　　　　$kJ/(kg \cdot K)$				$1\ kcal/kg \cdot ℃ = 4.186\ 8$ 　$kJ/(kg \cdot K)$
22	摩尔熵		焦每摩尔开 　　　　$J/(mol \cdot K)$				$1\ kJ/(kg \cdot K) = M$ 　$J/(mol \cdot K)$
23	电位,电压, 电动势	U	伏[特]　　V				$1\ V = kg \cdot m^2/(s^3 \cdot A)$ 　$= J/(s \cdot A)$
24	电荷量	Q	库[仑]　　C				$1\ C = A \cdot s$

序号	量		法定单位		工程使用和暂时使用的单位		单位换算
	名称	符号	名称	符号	名称	符号	
25	电阻	R	欧[姆]	Ω			$1\,\Omega = V/A$ $= kg \cdot m^2/(s^2 \cdot A^2)$
26	电导	G	西[门子]	S			$1\,S = \Omega^{-1}$
27	电容	C	法[拉]	F			$1\,F = A \cdot s/V$
28	磁通量	Φ	韦[伯]	Wb			$1\,Wb = V \cdot s$ $= kg \cdot m^2/(s^2 \cdot A)$
29	电感	L	享[利]	H			$1\,H = s \cdot V/A$ $= kg \cdot m^2/(s^2 \cdot A^2)$
30	磁通量密度,磁感应强度 B		特[斯拉]	T			$1\,T = V \cdot s/m^2 = kg/(s^2 \cdot A)$

注:1. 方括号[ ]内的字可以省略;2. 圆括号( )内的字与圆括号前的字同义,且圆括号内的符号为备用符号。

附表 2　常用物理常数表

常数名称(英文)	符号	量值与单位
气体常数	R	$R = 8.3143\,\mathrm{J/(mol \cdot K)}$
阿伏伽德罗常数	N_A	$N_\mathrm{A} = 6.0221 \times 10^{23}\,\mathrm{/mol}$
法拉第常数	F	$F = 96\,485\,\mathrm{C/mol}$
普朗克常数	h	$h = 6.62559 \times 10^{-34}\,\mathrm{J \cdot s}$
斯特藩-玻尔兹曼常数	σ	$\sigma = 5.6703 \times 10^{-8}\,\mathrm{W/(m^2 \cdot K^4)}$
真空光速	c	$c = 2.997925 \times 10^{8}\,\mathrm{m/s}$
玻尔兹曼常数	k	$k = 1.38054 \times 10^{-23}\,\mathrm{J/K}$
黑体空腔辐射密度常数	b	$b = 7.5656 \times 10^{-16}\,\mathrm{J/(m^3 \cdot K^4)}$
第一辐射常数	c_1	$c_1 = 3.74177107 \times 10^{-16}\,\mathrm{W \cdot m^2}$
第二辐射常数	c_2	$c_2 = hc/k = 1.4387752 \times 10^{-2}\,\mathrm{m \cdot K}$
维恩(Wien)位移常数	b	$b = \lambda_\mathrm{m} T = 2.8977686 \times 10^{-3}\,\mathrm{m \cdot K}$
光谱特征温度方程常数	c_3	$c_3 = \lambda T_\lambda = 5.33016 \times 10^{-3}\,\mathrm{m \cdot K}$
光子熵常数	s_λ	$s_\lambda = 3.72680 \times 10^{-23}\,\mathrm{J/K}$
电子电荷	e	$e = 1.60218 \times 10^{-19}\,\mathrm{C}$
重力加速度	g	$g = 9.80665\,\mathrm{m/s^2}$

附表 3 制冷工质的基本参数表

制冷工质	化学式	惯用符号	分子量 M	标准沸点 T_b/K	临界温度 T_c/K	临界压力 P_c /MPa	临界密度 ρ_c /(kg·m^{-3})	临界点与沸点焓差 h'_{c-b} /(kJ·kg^{-1})	沸点蒸发潜热 Δh_b /(kJ·kg^{-1})	临界压缩因子 Z_c
无机化合物										
水	H_2O	R718	18.016	273.15	647.3	22.12	315.5	1 668.1	2 257.4	0.234 7
氨	NH_3	R717	17.032	239.8	405.6	11.28	235.0	1 030.16	1 369.6	0.242 5
二氧化碳	CO_2	R744	44.011	216.58 三相	304.2	7.376	466	250 三相	368.0	0.274
饱 和 碳 氢 化 合 物 的 衍 生 物										
四氯化碳	CCl_4	CC10	153.8	349.65	556.4	4.559	557.3			
一氟三氯甲烷	$CFCl_3$	CFC11	137.39	296.97	471.15	4.409 2	553.8	206.21	180.29	0.279 2
二氟二氯甲烷	CF_2Cl_2	CFC12	120.92	243.36	384.95	4.125 0	558.0	175.80	166.09	0.279 2
三氟一氯甲烷	CF_3Cl	CFC13	104.47	191.70	302.00	3.768 7	577.8	142.60	149.68	0.278 6
三氟一溴甲烷	CF_3Br	CF13B1	148.9	215.367	340.08	3.962 8	764.0	118.28	117.31	0.272 4
四氟甲烷	CF_4	FC14	88.01	145.155	227.50	3.742 0	625.70	111.30	132.66	0.278 2
一氟二氯甲烷	$CHFCl_2$	HCFC21	102.92	282.07	451.58	5.183 8	523.89	239.27	239.54	0.271 2
二氟一氯甲烷	CHF_2Cl	HCFC22	86.48	232.33	369.30	4.988 0	513.0	213.95	233.50	0.273 2
三氟甲烷	CHF_3	HFC23	70.01	191.114	299.06	4.835 7	525.0	180.89	238.82	0.259 3
二氯甲烷	CH_2Cl_2	HCC30	84.94	254.0	408.00	6.586	——	——	329.8	0.253
氯甲烷	CH_3Cl	HCC40	50.49	248.9	416.30	6.677	363.22	418.87	510.43	
三氟三氯乙烷	$C_2F_3Cl_3$	CFC113	187.39	320.7	487.51	3.415	616.38	176.80	143.85	0.276 6
四氟二氯乙烷	$(CF_2Cl)_2$	CFC114	170.91	276.75	418.78	3.248 0	576.0	179.53	135.15	0.276 8
五氟一氯乙烷	C_2F_5Cl	CFC115	154.48	234.1	353.15	3.161	595.0	——	126.03	0.271
异六氯乙烷	C_2F_6	FC116	138.012	194.9	292.8	3.042	621.9		117.10	
二氟二氯乙烷	$C_2HF_3Cl_2$	HCFC123	152.93	300.85	456.86	3.666	555.0	208.38	168.50	0.265 9
四氟一氯乙烷	C_2HF_4Cl	HCFC124	136.477	263	395.65	3.660	560.0	——	——	
异一四氟乙烷	$1-C_2H_2F_4$	HFC134a	102.031	246.97	374.30	4.064	508.0	225.24	216.54	0.262 3
异二氟一氯乙烷	$i-C_2H_3F_2Cl$	HCFC142b	100.50	263.4	410.2	4.124	435.0		285.37	
三氟乙烷	$C_2H_3F_3$	HFC143	84.04	225.5	346.2	3.748	380.0		228.14	
异一二氟乙烷	$1-C_2H_4FF_2$	HFC152a	66.50	248.4	386.6	4.500	364.9		323.28	
一氯乙烷	C_2H_5Cl	R160	64.52	285.35	460.35	5.246	324.2		382.86	
八氯丙烷	C_3F_8	R218	188.03	236.45	345.05	2.679	628.9			
正氟丁烷	C_4F_{10}	R3110	238.04	271.43	386.45	2.332	629.7			
共 沸 工 质										
R12:73.8%/R152a:26.2% Wt		R500	99.31	239.65	378.65	4.377	496.57	180.23	201.09	0.278 1
R22:48.8%/R115:51.2%Wt		R502	111.6	227.84	355.37	4.065	567.0	172.08	172.24	0.270 8
R13:59.9%/R23:40.1%Wt		R503	87.5	185.288	292.65	4.343	564	153.22	179.38	0.276 9
R32:48.2%/R115:51.8%Wt		R504	79.2	215.919	339.25	4.841 6	517.70	208.51	236.32	0.262 6

续表

制冷工质	化学式	惯用符号	分子量 M	标准沸点 T_b/K	临界温度 T_c/K	临界压力 P_c /MPa	临界密度 ρ_c /(kg·m^{-3})	临界点与沸点焓差 h'_{c-b} /(kJ·kg^{-1})	沸点蒸发潜热 Δh_b /(kJ·kg^{-1})	临界压缩因子 Z_c
新 混 合 工 质										
R125/R143a/R134a,44/52/4,Wt		R404A		227.0	344.8			206.5	200.92	
R32/R125/R134a,20/40/40,Wt		R407A		228.2	355.7			227.3	235.6	
R32/R125/R134a,10/70/20,Wt		R407B		226.6	347.6			202.3	200.89	
R32/R134a (25/75)		R410A		221.7	345.1			241.7	272.83	
环 状 有 机 化 合 物										
八氟环丁烷	C_4F_8	Rc318	200.04	267.30	388.47	2.6813	619.91	165.08	116.47	0.278 0
烷 烃										
甲烷	CH_4	HC50	16.04	111.7	190.55	4.585 0	162.0	418.87	510.30	0.286 9
乙烷	C_2H_6	R170	30.06	184.56	305.37	4.778 7	202.7	444.26	486.92	0.285 1
丙烷	C_3H_8	R290	44.1	231.07	369.80	4.242 0	218.7	460.42	425.75	0.278 2
正丁烷	C_4H_{10}	R600	58.12	272.53	425.16	3.793 0	228.0	494.92	383.76	0.274
异丁烷	i-C_4H_{10}	R600a	58.12	261.22	408.13	3.649 0	221.0	458.20	360.06	0.283
不 饱 和 碳 氢 化 合 物 及 其 衍 生 物										
乙烯	C_2H_4	R1150	28.05	169.38	282.65	5.076 0	218.0	400.43	480.39	0.278 0
丙烯	C_3H_6	R1270	42.08	225.46	365.57	4.664 0	233.6	450.25	439.15	0.289 1
二氯乙烯	$C_2H_2Cl_2$	R1130	96.90	323.15	516.15	5.492	——	——	——	
二氟乙烯	$C_2H_2F_2$	R1132a	64.04	187.45	303.25	4.428	416.6	——	——	
二氟一氯乙烯	C_2HClF_2	R1122	98.49	254.55	400.55	4.462	500.0	——	——	
脂 肪 族 胺										
甲胺	CH_3NH_2	R630	31.06	266.45	430.05	7.45	——			
乙胺	$C_2H_6NH_2$	R631	45.08	280.15	437.75	5.47	——			
有 机 氧 物										
二甲醚	C_2H_0O	——	46.07	248.35	400.05	5.390	271.4			
乙醚	$C_4H_{10}O$	R610	74.12	326.49	467.15	3.650	265.25			
甲酸甲脂	$HCOOCH_3$	R611	60.03	304.35	487.15	6.002	349.0			

注：此表数据收录于 Japanese Association of Refrigeration. JAR Handbook Fundament［M］. 5th ed. Tokyo: Japanese Association of Refrigeration，1993 和 Robert C R，John M P，Thomas K S. The Properties of Gases and Liquids［M］.3rd ed. New York:McGraw - Hill,1977。

附表 4 若干流体物质的特征参数与安托万常数

T_C——临界温度,K M——相对分子质量   推算饱和蒸汽压的 Antoine 方程

P_C——临界压力,MPa Z_C——临界压缩因子 $\ln p = A - \dfrac{B}{T+C}$,Pa

V_C——临界摩尔容积,cm³/mol ω——偏心因子 A、B、C——安托万常数

序号	名称	分子式	M	T_C	P_C	V_C	Z_C	ω	A	B	C
						标准烷烃					
1	甲烷	CH_4	16.043	190.6	4.610 3	99.0	0.288	0.008	20.117 0	597.84	−7.16
2	乙烷	C_2H_6	30.070	305.4	4.883 9	148	0.285	0.098	20.556 5	1511.42	−17.16
3	丙烷	C_3H_8	44.097	369.8	4.245 5	203	0.281	0.152	20.618 8	1 872.46	−25.15
4	正丁烷	C_4H_{10}	58.124	425.2	3.799 7	255	0.274	0.193	20.571 0	2 154.90	−34.42
5	正戊烷	C_5H_{12}	72.151	469.6	3.374 1	304	0.262	0.251	20.716 1	2 477.07	−39.94
6	正己烷	C_6H_{14}	86.178	507.4	2.968 8	370	0.260	0.296	20.729 4	2 697.55	−48.78
7	正庚烷	C_7H_{16}	100.205	540.2	2.735 8	432	0.263	0.351	20.766 5	2911.32	−56.51
8	正辛烷	C_8H_{18}	114.232	568.8	2.482 5	492	0.259	0.394	20.835 4	3 120.29	−63.63
9	正癸烷	$C_{10}H_{22}$	142.286	617.6	2.1076	603	0.247	0.490	20.904 2	3 456.80	−78.67
						异烷烃					
10	异丁烷	C_4H_{10}	58.124	408.1	3.647 7	263	0.283	0.176	20.430 9	2 032.73	−33.15
11	2-甲基丁烷	C_5H_{12}	72.151	460.4	3.384 3	306	0.271	0.227	20.526 6	2348.67	−40.05
12	2,2-甲基丙烷	C_5H_{12}	72.151	433.8	3.201 9	303	0.269	0.197	20.099 7	2 034.15	−45.37
13	2-甲基戊烷	C_6H_{14}	86.178	497.5	3.009 4	367	0.267	0.279	20.640 4	2 614.38	−46.58
14	3-甲基戊烷	C_6H_{14}	86.178	504.4	3.120 8	367	0.273	0.275	20.662 9	2 653.43	−46.02
15	2,2-二甲基丁烷	C_6H_{14}	86.178	488.7	3.080 3	359	0.272	0.231	20.446 4	2 489.50	−43.81
16	2,3-二甲基丁烷	C_6H_{14}	86.178	499.9	3.130 9	358	0.270	0.247	20.573 0	2 595.44	−44.25
17	2,3,4-三甲基戊烷	C_8H_{18}	114.232	543.9	2.563 5	467	0.266	0.303	20.577 8	2 896.28	−52.41
						烯烃					
18	乙烯	C_2H_4	28.054	282.4	5.035 9	129	0.276	0.085	20.429 6	1 347.01	−18.15
19	丙烯	C_3H_6	42.081	365.0	4.62.4	181	0.275	0.148	20.595 5	1 807.53	−26.15
20	1,3-丁二烯	C_4H_6	54.092	425	4.326 6	221	0.270	0.195	20.665 5	2 142.66	−34.30
21	1-丁烯	C_4H_8	56.108	419.6	4.022 6	240	0.277	0.187	20.649 2	2 132.42	−34.15
						醚					
22	甲醚	C_2H_6O	46.069	400.0	5.370 2	178	0.287	0.192	21.739 5	2 361.44	−17.10
23	甲乙醚	C_3H_8O	60.096	437.8	4.397 5	221	0.267	0.236	18.436 5	1 161.63	−112.4
24	乙醚	$C_4H_{10}O$	74.123	466.7	3.637 5	280	0.262	0.281	20.975 6	2 511.29	−41.95
25	乙丙醚	$C_5H_{12}O$	88.150	500.6	3.252 5			0.331	20.346 7	2 423.41	−62.28

序号	名称	分子式	M	T_C	P_C	V_C	Z_C	ω	A	B	C
						酯					
26	甲酸甲酯	$C_2H_4O_2$	60.052	487.2	5.9984	172	0.255	0.252	21.4032	2590.87	−42.60
27	甲酸乙酯	$C_3H_6O_2$	74.080	508.4	4.7420	229	0.257	0.283	21.5039	3603.30	−54.15
28	乙酸甲酯	$C_3H_6O_2$	74.080	506.8	4.6913	228	0.254	0.324	21.0223	2601.92	−56.15
29	丙酸甲酯	$C_4H_8O_2$	88.107	530.6	4.0023	282	0.256	0.352	21.0621	2804.06	−58.92
30	甲酸正丙酯	$C_4H_8O_2$	88.107	538.0	4.0631	285	0.259	0.315	20.6599	2593.95	−69.69
31	乙酸乙酯	$C_4H_8O_2$	88.107	523.2	3.8300	286	0.252	0.363	21.0444	2790.50	−57.15
32	丙酸乙酯	$C_5H_{12}O_2$	102.34	546.0	3.3640	345	0.256	0.395	21.0548	2935.11	−64.16
33	异丁酸甲酯	$C_5H_{12}O_2$	102.34	540.8	3.4349	339	0.259	0.367			
34	乙酸正丙酯	$C_5H_{12}O_2$	102.34	549.4	3.3336	345	0.252	0.392	21.1219	2980.47	−64.15
						醇					
35	甲醇	CH_4O	32.042	512.6	8.0959	118	0.224	0.559	23.4803	3626.55	−34.29
36	乙醇	C_2H_6O	46.069	516.2	6.3835	167	0.248	0.635	23.8047	3803.98	−41.68
37	正丙醇	C_3H_8O	60.096	536.7	5.1676	218.5	0.253	0.624	22.4367	3166.38	−80.15
						有机卤化物					
38	氰化氢	CHN	27.026	456.8	5.3905	139	0.197	0.407	21.4066	2585.80	−37.15
39	甲硫醇	CH_4S	48.107	470.0	7.2346	145	0.268	0.155	21.0837	2338.38	−34.44
40	乙硫醇	C_2H_6S	62.134	499.0	5.4918	207	0.274	0.190	20.9005	2497.23	−41.77
41	乙硫醚	$C_4H_{10}S$	90.184	557.0	3.9618	318	0.272	0.300	20.8459	2896.27	−54.49
42	二乙胺	$C_4H_{11}N$	73.139	496.6	3.7085	301	0.270	0.299	20.9473	2595.01	−53.15
43	氯甲烷	CH_3Cl	50.488	416.3	6.6773	139	0.268	0.156	20.9980	2077.97	−29.55
44	氯乙烷	C_2H_5Cl	64.515	460.4	5.2689	199	0.274	0.190	20.8728	2332.01	−36.48
45	氟苯	C_6H_5F	96.104	560.1	4.5495	271	0.265	0.245	21.4415	3181.78	−37.59
46	1,1-二氯乙烷	$C_2H_4Cl_2$	96.960	523.0	5.0663	240	0.280	0.248	20.9770	2697.29	−45.03
47	三氟氯甲烷	$CClF_3$	104.459	302.0	3.9213	180	0.282	0.180			
48	二氟氯甲烷	$CHClF_2$	86.469	369.2	4.9751	165	0.267	0.215	20.4530	1704.80	−41.3
49	三氯氟甲烷	CCl_3F	137.368	471.2	4.4076	248	0.279	0.188	20.7444	2401.61	−36.3
50	二氟二氯甲烷	CCl_2F_2	120.914	385.0	4.1239	180	0.282	0.215			
51	四氟化碳	CCl_4	153.823	556.4	4.559	276	0.272	0.194	20.7670	2808.19	−45.99
52	溴苯	C_6H_5Br	157.010	670	4.5195	324	0.263	0.249	20.6900	3313.00	−67.71
53	碘苯	C_6H_5I	204.011	721	4.5191	351	0.265	0.246	21.0382	3776.53	−64.38
						其他有机化合物					
54	乙炔	C_2H_2	26.038	308.34	6.1403	113	0.271	0.184	21.2409	1637.14	−19.77
55	环氧乙炔	C_2H_4O	44.054	69	7.1941	140	0.258	0.200	21.6328	2567.61	−29.01

序号	名称	分子式	M	T_c	P_c	V_c	Z_c	ω	A	B	C
56	丙酮	C_3H_6O	58.080	508.1	4.7015	209	0.232	0.309	21.5441	2940.46	−35.93
57	乙酸	$C_2H_4O_2$	60.052	594.4	5.7857	171	0.200	0.454	21.7008	3405.57	−56.34
58	苯	C_6H_6	78.114	562.1	4.8940	259	0.271	0.212	20.7936	2788.51	−52.36
59	甲苯	C_7H_8	92.141	591.7	4.1138	316	0.264	0.257	20.9065	3096.52	−53.67
60	乙苯	C_8H_{10}	106.168	617.1	3.6072	374	0.263	0.301	20.9123	3279.47	−59.95
无机物											
61	氢	H_2	2.016	33.2	1.2970	65.0	0.305	−0.22	18.5261	164.90	−3.19
62	氦	He	4.003	5.19	0.2270	57.3	0.301	−0.387	17.1442	33.7329	−1.79
63	氨	NH_3	17.031	405.6	11.2775	72.5	0.242	0.250	21.8409	2132.50	−32.98
64	水	H_2O	18.015	647.3	22.0483	56.0	0.229	0.344	23.1964	3816.44	−46.13
65	氖	Ne	20.183	44.4	2.7560	41.7	0.311	0.00	18.9027	180.47	−2.61
66	一氧化碳	CO	28.010	132.9	3.4957	93.1	0.295	0.049	19.2614	530.22	−13.15
67	氮	N_2	28.013	126.2	3.3944	89.5	0.290	0.040	19.8470	588.72	−6.60
68	氧化氮	NO	30.006	180	6.4848	58	0.250	0.607	25.0242	1572.52	−4.88
69	氧	O_2	31.999	154.6	5.0460	73.4	0.288	0.021	20.3003	734.55	−6.45
70	六氟化硫	SF_6	146.050	318.7	3.759	198	0.281	0.286	24.2713	2524.78	−11.16
71	硫化氢	H_2S	34.080	373.2	8.9369	98.5	0.284	0.100	20.9968	1768.69	−26.06
72	氯化氢	HCl	36.461	324.6	8.3087	81.0	0.249	0.12	21.3968	1714.25	−14.45
73	氩	Ar	39.948	150.8	4.8737	74.9	0.291	−0.004	20.1258	700.51	−5.84
74	二氧化碳	CO_2	44.010	304.2	7.3765	94.0	0.274	0.225	27.4826	3103.39	−0.16
75	二氧化氮	NO_2	46.006	431.4	10.1325	170	0.480	0.86	25.4252	4141.29	−3.65
76	二氧化硫	SO_2	64.063	430.8	7.8831	122	0.268	0.251	21.6608	2302.35	−35.97
77	三氧化硫	SO_3	80.058	491.0	8.2073	130	0.26	0.41	25.7331	3995.70	−36.66
78	氯	Cl_2	70.906	417	7.7007	124	0.275	0.073	20.8538	1978.32	−27.01
79	氟	F_2	37.997	144.3	5.2182	66.2	0.288	0.048	20.5628	714.10	−6.00
80	氪	Kr	83.800	209.4	5.5019	91.2	0.288	−0.002	20.1605	958.75	−8.71
81	氙	Xe	131.300	289.7	5.8363	118	0.286	0.002	20.1886	1303.92	−14.50
82	光气	CCl_2O	98.916	455	5.6742	190	0.280	0.204	20.6493	2167.31	−43.15
83	二硫化碳	CS_2	76.131	552	7.9034	170	0.293	0.115	20.8772	2690.85	−31.62

注:资料取自 Reid R C, et al. The Properties of Gases and Liquids[M]. New York:McGraw-Hill Book Co.,1977。

附表 5　一些物质标准生成焓等的热化学数据

表中所列各热力学量均为标准状态(温度为 298.15 K 和压力为 1.013 25×10⁵ Pa)下 1 mol 物质的数值。物质的焓和生成自由焓是指由标准状态下的有关元素生成标准状态下此物质时这些热力学参数的变化。元素的标准状态是指在 1.013 25×10⁵ Pa 压力下它的正常物理状态。

表中所列的熵为"绝对熵",即在假定纯物质处于绝对零度时的熵为零的基础上所得到的数值。

物　　质	ΔH^0	ΔG^0	S^0	C_p^0
	kJ·mol⁻¹	kJ·mol⁻¹	J·mol⁻¹·K⁻¹	J·mol⁻¹·K⁻¹
Ag(s)	0.00	0.00	42.701	25.48
AgBr(s)	−99.49	−95.939	107.1	52.38
AgCl(s)	−127.03	−109.72	96.10	50.79
AgI(s)	−62.38	−66.31	114	54.43
Al(s)	0.00	0.00	28.32	24.33
Al₂O₃(s)	−1 669.7	−1 576.4	50.986	78.99
Ar(g)	0.00	0.00	154.7	20.786
Br(g)	111.7	82.38	174.912	20.786
Br₂(g)	30.7	3.142 1	248.48	35.9
Br₂(l)	0.00	0.00	152	
C(g)	718.384	672.975	157.992	20.837
C(金刚石)	1.889 61	2.866 0	2.438 8	60.62
C(石磨)	0.00	0.00	5.694 0	86.14
CCl₄(g)	−106	−64.0	309.4	392.9
CH₄(g)	−74.847	−50.793	186.1	35.71
CO(g)	−110.523	−137.268	197.90	29.14
CO₂(g)	−393.512	−394.383	213.63	37.12
C₂H₂(g)	226.747	209.20	200.81	43.927
C₂H₄(g)	52.283	68.123	219.4	43.55
C₂H₆(g)	−84.667	−32.88	229.4	52.655
C₃H₈(g)	−103.8			
n-C₄H₁₀(g)	−126.16	−17.15	309.9	97.45
i-C₄H₁₀(g)	−134.53	−20.92	294.6	96.82
CH₃OH(l)	−283.6	−166.3	126.7	81.6
CCl₄(l)	−139.5	−68.74	214.4	131.8
CS₂(l)	87.9	63.6	151.0	75.5

续表

物　　质	ΔH^0	ΔG^0	S^0	C_p^0
	$kJ \cdot mol^{-1}$	$kJ \cdot mol^{-1}$	$J \cdot mol^{-1} \cdot K^{-1}$	$J \cdot mol^{-1} \cdot K^{-1}$
$C_2H_5OH(l)$	-227.63	-174.8	161.0	111.5
$CH_3CO_2H(l)$	-487.0	-392.5	159.8	123.4
$C_6H_6(l)$	49.028	172.8	124.50	
$Ca(s)$	0.00	0.00	41.6	26.2
$CaCO_3$（方解石）	$-1\,206.8$	$-1\,128.3$	92.8	81.88
$CaCO_3$（霰石）	$-1\,207.0$	$-1\,127.7$	88.7	81.25
$CaC_2(s)$	-62.7	-67.7	70.2	62.34
$CaCl_2(s)$	-794.6	-750.1	113	72.63
$CaO(s)$	-635.5	-604.1	39	42.80
$Ca(OH)_2(s)$	-986.58	-896.75	76.1	84.5
$Cl(g)$	121.38	105.40	165.087	21.841
$Cl_2(g)$	0.00	0.00	222.94	33.9
$Cu(s)$	0.00	0.00	33.3	24.46
$CuCl(s)$	-134	-118	91.6	
$CuCl_2(s)$	-205			
$CuO(s)$	-155	-127	43.5	44.3
$Cu_2O(s)$	-166.6	-146.3	100	69.8
$Fe(s)$	0.00	0.00	27.1	25.2
$Fe_2O_3(s)$	-822.1	-740.9	89.9	104
$Fe_3O_4(s)$	$-1\,117$	$-1\,014$	146	
$H(g)$	217.94	203.23	114.611	20.786
$HBr(g)$	-36.2	53.22	198.47	29.1
$HCl(g)$	-92.311	-95.265	186.67	29.1
$HI(g)$	25.9	1.29	206.32	29.1
$H_2(g)$	0.00	0.00	130.58	28.83
$H_2O(g)$	-241.826	-228.595	188.72	33.57
$H_2O(l)$	-285.840	-237.191	69.939	75.295
$H_2S(g)$	-20.14	-33.02	205.6	33.9
$Hg(g)$	60.83	31.7	174.8	20.78
$Hg(l)$	0.00	0.00	77.4	27.8

物　　　质	ΔH^0	ΔG^0	S^0	C_p^0
	$\text{kJ} \cdot \text{mol}^{-1}$	$\text{kJ} \cdot \text{mol}^{-1}$	$\text{J} \cdot \text{mol}^{-1} \cdot \text{K}^{-1}$	$\text{J} \cdot \text{mol}^{-1} \cdot \text{K}^{-1}$
$HgCl_2(s)$	-230			76.5
$HgO(s,红)$	-90.70	-58.534	71.9	45.73
$HgO(s,黄)$	-90.20	-58.404	73.2	
$Hg_2Cl_2(s)$	-264.9	-210.66	195	101
$I(g)$	106.61	70.148	180.682	20.786
$I_2(g)$	62.24	19.37	260.57	36.8
$I_2(s)$	0.00	0.00	116	54.97
$K(s)$	0.00	0.00	63.5	29.1
$KBr(s)$	392.1	-379.1	96.44	53.63
$KCl(s)$	-435.868	-408.32	82.67	51.50
$KI(s)$	-327.6	-322.2	104.3	55.06
$Mg(s)$	0.00	0.00	32.5	23.8
$MgCl_2(s)$	-641.82	-592.32	89.5	71.29
$MgO(s)$	-601.82	-596.56	26	37.4
$Mg(OH)_2(s)$	-924.66	-833.74	63.13	77.02
$N(g)$	358.00	340.87	153.195	20.786
$NH_3(g)$	-46.19	-16.83	192.5	35.66
$NO(g)$	90.374	86.688	210.61	29.86
$NO_2(g)$	33.85	51.839	240.4	37.9
$N_2(g)$	0.00	0.00	191.48	29.12
$N_2O(g)$	81.54	103.5	219.9	38.70
$N_2O_4(g)$	9.660	98.286	304.3	79.07
$Na(s)$	0.00	0.00	51.0	28.4
$NaBr(s)$	-359.94			52.3
$NaCl(s)$	-411.00	-384.02	72.38	49.70
$NaHCO_3(s)$	-947.6	-851.8	102.0	87.61
$NaOH(s)$	-426.72			80.3
$Na_2CO_3(s)$	$-1\,130$	$1\,047$	135	110.4
$O(g)$	247.52	230.09	160.953	21.909
$O_2(g)$	0.00	0.00	205.02	29.35

物　　　质	ΔH^0	ΔG^0	S^0	C_p^0
	kJ·mol^{-1}	kJ·mol^{-1}	J·mol^{-1}·K^{-1}	J·mol^{-1}·K^{-1}
Pb(s)	0.00	0.00	64.89	26.8
PbCl$_2$(s)	−359.1	−313.9	136	76.9
PbO(s,黄)	−217.8	−188.4	69.4	48.53
PbO$_2$(s)	−276.6	−218.9	76.5	64.4
Pb$_3$O$_4$(s)	−734.7	−617.5	211	147.0
S(s,斜方晶的)	0.00	0.00	31.8	22.5
S(s,单斜晶的)	0.029	0.096	32.5	23.6
SO$_2$(g)	−296.8	−300.3	248.5	39.78
SO$_3$(g)	−395.1	−370.3	256.2	50.62
S(g)	100			
Si(s)	0.00	0.00	18.7	19.8
SiO$_2$(s,石英)	−859.3	−805.0	41.84	44.43
Zn(s)	0.00	0.00	41.6	25.0
ZnCl$_2$(s)	−415.8	−369.25	108	76.5
ZnO(s)	−347.9	−318.1	43.9	40.2

注:录自 Smith E B. Basic Chemical Thermodynamics[M]. 3rd ed. Oxford：Clarendon Press，1982。

附表6　饱和水与饱和蒸汽表(按压力排列)

p	t	v'	v''	h'	h''	r	s'	s''
10^5 Pa	℃	m³·kg⁻¹	m³·kg⁻¹	kJ·kg⁻¹	kJ·kg⁻¹		kJ·kg⁻¹·K⁻¹	kJ·kg⁻¹·K⁻¹
0.010	6.949	0.001 000 1	129.185	29.21	2 513.3	2 484.1	0.105 6	8.973 5
0.020	17.540	0.001 001 4	67.008	73.58	2 532.7	2 459.1	0.261 1	8.722 0
0.030	24.114	0.001 002 8	45.666	101.07	2 544.7	2 443.6	0.354 6	8.575 8
0.040	28.953	0.001 004 1	34.796	121.30	2 553.5	2 432.2	0.422 1	8.472 5
0.050	32.879	0.001 005 3	28.191	137.72	2 560.6	2 422.8	0.476 1	8.393 0
0.060	36.166	0.001 006 5	23.738	151.47	2 566.5	2 415.0	0.520 8	8.328 3
0.080	41.508	0.001 008 5	18.102	173.81	2 576.1	2 402.3	0.592 4	8.226 6
0.100	45.799	0.001 010 3	14.673	191.76	2 583.7	2 392.0	0.649 0	8.148 1
0.15	53.971	0.001 014 0	10.022	225.93	2 598.2	2 372.3	0.754 8	8.006 5
0.20	60.065	0.001 017 2	7.649 7	251.43	2 608.9	2 357.5	0.832 0	7.906 8
0.25	64.972	0.001 019 8	6.204 7	271.96	2 617.4	2 345.5	0.893 2	7.829 8
0.30	69.104	0.001 022 2	5.229 6	289.26	2 624.6	2 335.3	0.944 0	7.767 1
0.50	81.339	0.001 029 9	3.240 9	340.55	2 645.3	2 304.8	1.091 2	7.592 8
1.00	99.634	0.001 043 2	1.694 3	417.52	2 675.1	2 257.6	1.302 8	7.358 9
1.2	104.810	0.001 047 3	1.428 7	439.37	2 683.3	2 243.9	1.360 9	7.297 8
1.4	109.318	0.001 051 0	1.236 8	458.44	2 690.22	2 231.8	1.411 0	7.246 2
1.6	113.326	0.001 054 4	1.091 59	475.42	2 696.3	2 220.9	1.455 2	7.201 6
1.8	116.941	0.001 057 6	0.977 67	490.76	2 701.7	2 210.9	1.494 6	7.162 3
2.0	120.240	0.001 060 5	0.885 85	504.78	2 706.5	2 201.7	1.530 3	7.127 2
3.0	133.556	0.001 073 2	0.605 87	561.58	2 725.3	2 163.7	1.672 1	6.992 1
5.0	151.867	0.001 092 5	0.374 86	640.35	2 748.6	2 108.2	1.861 0	6.821 4
7.0	164.983	0.001 107 9	0.272 81	697.32	2 763.3	2 066.0	1.992 5	6.707 9
10.0	179.916	0.001 127 2	0.194 38	762.84	2 777.7	2 014.8	2.138 8	6.585 9
15.0	198.327	0.001 153 8	0.131 72	844.82	2 791.5	1 946.6	2.314 9	6.443 7
20.0	212.417	0.001 176 7	0.099 59	908.64	2 798.7	1 890.0	2.447 1	6.339 5
30.0	233.893	0.001 216 6	0.066 66	1 008.2	2 803.2	1 794.9	2.645 4	6.185 4
40.0	250.394	0.001 252 4	0.049 77	1 087.2	2 800.5	1 713.4	2.796 2	6.068 8
50.0	263.980	0.001 286 2	0.039 44	1 154.2	2 792.6	1 639.5	2.920 1	5.972 4
60.0	275.325	0.001 319 0	0.032 44	1 213.3	2 783.8	1 570.5	3.026 6	5.888 5
80.00	295.048	0.001 384 3	0.023 52	1 316.5	2 757.7	1 441.2	3.206 6	5.743 0
100	311.037	0.001 452 2	0.018 026	1 407.2	2 724.5	1 317.2	3.359 1	5.613 9
120	324.715	0.001 526 0	0.014 263	1 490.7	2 684.5	1 193.8	3.495	5.492 0
150	342.196	0.001 657 1	0.010 340	1 609.8	2 610.0	1 000.2	3.683 6	5.309 1
200	365.789	0.002 037 9	0.005 870	1 827.2	2 413.1	585.9	4.015 3	4.932 2
220	373.752	0.002 704 0	0.003 684	2 013.0	2 084.02	71.0	4.296 9	4.406 6
220.64	373.99	0.003 106	0.003 106	2 085.9	2 085.9	0	4.409 2	4.409 2

注:此表引自严家, 余晓福. 水和水蒸气热力性质图表[M]. 北京:高等教育出版社, 1995。

附表 7　未饱和水与过热蒸汽表

单位：v/(m³·kg⁻¹)；　h/(kJ·kg⁻¹)；　s/(kJ·kg⁻¹·K⁻¹)

P/MPa	t/℃	0	20	40	60	140
0.1	v	0.001 000 2	0.001 001 7	0.001 007 8	0.001 017 1	1.889
	h	0.1	84.0	167.5	251.1	2 756.6
	s	−0.000 1	0.296 3	0.572 1	0.830 9	7.566 9
0.5	v	0.001 000 0	0.001 001 5	0.001 007 6	0.001 016 9	0.001 080 0
	h	0.5	84.3	167.9	251.5	589.2
	s	−0.000 1	0.296 2	0.571 9	0.830 7	1.738 8
1	v	0.000 999 7	0.001 001 3	0.001 007 4	0.001 016 7	0.001 079 6
	h	1.0	84.8	168.3	251.9	589.5
	s	−0.000 1	0.296 1	0.571 7	0.830 5	1.738 3
2	v	0.000 999 2	0.001 000 8	0.001 006 9	0.001 016 2	0.001 079 0
	h	2.0	85.7	169.2	252.7	590.2
	s	0.000 0	0.295 9	0.571 3	0.829 9	1.737 3
3	v	0.000 998 7	0.001 000 4	0.001 006 5	0.001 015 8	0.001 078 3
	h	3.0	86.7	170.1	253.6	590.8
	s	0.000 1	0.295 7	0.570 9	0.829 4	1.736 2
4	v	0.000 998 2	0.000 999 9	0.001 006 0	0.001 015 3	0.001 077 7
	h	4.0	87.6	171.0	254.4	591.5
	s	0.000 2	0.295 5	0.570 6	0.828 8	1.735 2
5	v	0.000 997 7	0.000 995	0.001 005 6	0.001 014 9	0.001 077 1
	h	5.1	88.6	171.9	255.3	592.1
	s	0.000 2	0.295 2	0.570 2	0.828 3	1.734 2
6	v	0.000 997 2	0.000 999 0	0.001 005 1	0.001 014 4	0.001 076 4
	h	6.1	89.5	172.7	256.1	592.8
	s	0.000 3	0.295 1	0.569 8	0.827 8	1.733 2
9	v	0.000 995 8	0.000 997 7	0.001 003 8	0.001 013 1	0.001 074 5
	h	9.1	92.3	175.4	258.6	594.7
	s	0.000 5	0.294 4	0.568 6	0.826 2	1.730 1
12	v	0.000 994 3	0.000 996 4	0.001 002 6	0.001 011 8	0.001 072 7
	h	12.1	95.1	178.1	261.1	596.7
	s	0.000 6	0.293 7	0.567 4	0.824 6	1.727 1
15	v	0.000 992 8	0.000 995 0	0.001 001 3	0.001 010 5	0.001 070 9
	h	15.1	97.9	180.7	263.6	598.7
	s	0.000 7	0.293 0	0.566 2	0.823 0	1.724 1
17	v	0.000 991 9	0.000 992 4	0.001 000 4	0.001 009 6	0.001 069 7
	h	17.1	99.7	182.4	265.3	600.0
	s	0.000 8	0.292 6	0.565 5	0.822 0	1.722 2

P/MPa	t/℃	160	180	200	300	350
0.1	υ	1.984	2.078	2.172	2.639	2.871
	h	2 796.2	2 835.7	2 875.2	3 074.1	3 175.3
	s	7.660 5	7.749 6	7.834 8	8.216 2	8.385 4
0.5	υ	0.383 6	0.404 6	0.424 9	0.522 6	0.570 1
	h	2 767.4	2 812.1	2 855.4	3 064.2	3 167.5
	s	6.865 3	6.966 4	7.060 3	7.460 5	7.633 4
1	υ	0.001 101 9	0.194 4	0.205 9	0.258 0	0.282 5
	h	675.7	2 777.3	2 827.5	3 051.3	3 157.7
	s	1.942 0	6.585 4	6.694 0	7.123 9	7.301 8
2	υ	0.001 101 2	0.001 126 6	0.001 156 0	0.125 5	0.138 6
	h	676.3	763.6	852.6	3 024.0	3.137 2
	s	1.940 8	2.137 9	2.330 0	6.767 9	6.957 4
3	υ	0.001 100 5	0.001 125 8	0.001 155 0	0.081 16	0.090 53
	h	676.9	764.1	853.0	2 994.2	3 115.7
	s	1.939 6	2.136 6	2.328 4	6.540 8	6.744 3
4	υ	0.001 099 7	0.001 124 9	0.001 154 0	0.058 85	0.066 45
	h	677.5	764.6	853.4	2 961.5	3 093.1
	s	1.938 5	2.135 2	2.326 3	6.363 4	6.583 8
5	υ	0.001 099 0	0.001 124 1	0.001 153 0	0.004 532	0.051 94
	h	678.0	765.2	853.8	2 925.4	3 069.2
	s	1.937 3	2.133 9	2.325 3	6.210 4	6.451 3
6	υ	0.001 098 3	0.001 123 2	0.001 151 9	0.036 16	0.042 23
	h	678.6	765.7	854.2	2 885.0	3 043.9
	s	1.936 1	2.132 5	2.323 7	6.069 3	6.335 6
9	υ	0.001 096 1	0.001 120 7	0.001 149 0	0.001 402 2	0.025 79
	h	680.4	767.2	855.5	1 344.9	2 957.5
	s	1.932 6	2.128 6	2.319 1	3.253 9	6.038 3
12	υ	0.001 094 0	0.001 118 3	0.001 146 1	0.001 389 5	0.017 21
	h	682.2	768.8	856.8	1 344.9	2 848.4
	s	1.929 2	2.124 6	2.314 6	3.240 7	5.761 5

P/MPa	t/℃	160	180	200	300	350
15	υ	0.001 010 9	0.001 115 9	0.001 143 2	0.001 377 9	0.011 48
	h	684.0	770.4	858.1	1 338.6	2 693.8
	s	1.925 8	2.120 8	2.310 2	3.228 4	5.445 0
17	υ	0.001 090 6	0.001 111 4	0.001 141 4	0.001 370 7	0.001 728 6
	h	685.2	771.5	859.0	1 336.9	1 668.7
	s	1.923 6	2.118 2	2.307 3	3.220 6	3.773 6

注:此表转引自曾丹苓,敖越,朱克雄,等.工程热力学[M].3 版.北京:高等教育出版社,1988。

附表 8　几种制冷工质和液、气的物性表

物质	T /K	P_s /MPa	ρ' /(kg·m^{-3})	ρ'' /(kg·m^{-3})	c_p' /(kJ·kg^{-1}·K^{-1})	c_p'' /(kJ·kg^{-1}·K^{-1})	η' /(μPa·s)	η'' /(μPa·s)	ν' /(mm^2·s^{-1})	ν'' /(mm^2·s^{-1})	$\lambda\ (\times10^{-3})$ /(W·m^{-1}·K^{-1})	$\lambda''\ (\times10^{-3})$	α' /(mm^2·s^{-1})	α'' /(mm^2·s^{-1})	Pr'	Pr''	σ /(mN·m^{-1})
CFC11 (R11)	250	0.013 4	1 568	0.894 0	0.848	0.530 4	716		0.451		101		0.076 0				24.13
	273.15	0.040 2	1 534	2.480 6	0.866	0.558 2	536.1		0.349 5		93.3		0.070 2		0.01		21.02
	300	0.112 6	1 472	6.473 0	0.887	0.593 5	400.3	10.95	0.271 9	1.892	87.0	7.82	0.066	2.04	4.98	0.831	17.53
	400	1.399 2	1 187	74.65		0.812 8	157.6	14.64	0.132 6	0.196 1	58.9	12.59		0.207	4.08	0.945	5.86
	471.15	4.409 2	553.8	553.8	00	00											0.0
CFC12 (R12)	200	0.009 948	1 607.2	0.729 28	0.852 1	0.492 8					107		0.078 1				22.38
	250	0.133 34	1 466.8	8.144 7	0.904 1	0.588 0	332	10.8	0.226	1.53	88.1	7.65	0.066 4	1.60	3.40	0.831	15.00
	273.15	0.308 85	1 395.7	17.951	0.928 7	0.640 6	260	12.0	0.186	0.668	79.5	8.98	0.061 3	0.781	3.03	0.855	11.31
	300	0.684 91	1 304.2	38.792	0.970 3	0.715 4	197	13.5	0.151	0.348	69.6	10.7	0.055 0	0.386	2.75	0.902	8.34
	350	2.157 2	1 076.5	133.46	1.249	1.041	119	17.8	0.111	0.133	50.2	15.7	0.036 0	0.113	3.08	1.18	2.70
	384.85	4.125 0	558.0	558.0	00												
R13B1	200	0.045 666	2 058	4.183 2	0.643	0.386 0	511		0.248		86		0.065 0		3.82		17.07
	250	0.410 03	1 827	32.979	0.730	0.474 6	251	14.1	0.137 4	0.428	63	6.8	0.047 2	0.434	2.91	0.99	9.75
	273.15	0.341 24	1 699	67.232	0.783	0.537 0	197.3	14.9	0.116 1	0.222		7.8		0.216		1.03	6.69
	300	1.682 5	1 520	41.81	0.891	0.667 5	156.3	16.5	0.102 8	0.116		9.3		0.098		1.18	3.40
	340.05	3.957 4	717.3	717.3	00												
HFC23 R21	250	0.024 329	1 478	1.219 4		0.555 4	509		0.344		121						24.66
	273.15	0.070 819	1 425	3.295 8		0.589 8	405		0.284		112						21.41
	300	0.193 42	1 362	3.430 6		0.635 9	308	11.56	0.226	1.371	102	7.74		3.98			17.51
	350	0.782 55	1 230	32.628		0.752 1	193.6	13.81	0.157 4	0.423	81.4	9.2		1.73		0.792	17.51
	400	2.226 2	1 058	96.847		1.001	119.9	16.59	0.113 3	0.171 3	66.3	12.5		0.509		0.831	10.62
	450	5.061 8	674.9	360.22		8.475		22.64		0.062 9		17.1		0.176		0.973	4.63
	451.58	5.183 8	523.9	523.9													0.06

续表

物质	T/K	P_s/MPa	ρ'/(kg·m^{-3})	ρ''/(kg·m^{-3})	c_p'/(kJ·kg^{-1}·K^{-1})	c_p''/(kJ·kg^{-1}·K^{-1})	η'/(μPa·s)	η''/(μPa·s)	ν'/(mm^2·s^{-1})	ν''/(mm^2·s^{-1})	λ'/(×10^{-9} W·m^{-1}·K^{-1})	λ''/(×10^{-9})	α'/(mm^2·s^{-1})	α''/(mm^2·s^{-1})	Pr'	Pr''	σ/(mN·m^{-1})
HCFC 22	200	0.016 613	1 498.7	0.873 07	1.074	0.536 8											23.66
	250	0.216 90	1 356.1	9.625 3	1.121	0.658 3	273.7	10.71	0.201 8	1.113	100	5.0	0.072 4	1.26	2.79	0.86	15.42
	273.15	0.497 92	1 281.5	21.276	1.169	0.743 5	208.1	11.62	0.162 4	0.546	99.3	9.4	0.066 3	0.594	2.45	0.92	11.81
	300	1.097 2	1 183.5	46.668		0.889 0	153.2	12.85	0.129 4	0.275 3	85.8	11.0		0.265		1.04	7.85
	350	3.442 4	920.12	178.51		1.954	87.1	17.08	0.094 7	0.095 7	49.5	16.1		0.046 2		2.07	1.55
	369.30	4.988 0	513.0	513.0													
R502	170	0.002 46	1 653.6	0.195 01	1.034	0.495 4					115						14.90
	200	0.022 74	1 567.0	1.547 4	1.072	0.548 9	570		0.364		103		0.063 6		5.72		11.97
	250	0.258 87	1 407.4	15.031	1.183	0.664 6	275	10.9	0.195	0.725	83.3	8.91	0.057 6	0.892	3.69	0.813	8.77
	273.15	0.573 13	1 322.5	32.426	1.264	0.742 5	206	12.0	0.156	0.370	74.2	10.2	0.047 4	0.424	3.29	0.873	5.34
	300	1.218 6	1 207.8	70.007		0.879 6	148	13.5	0.123	0.193	63.7	11.7	0.041 7	0.190	2.95	1.016	
	350	3.661 5	819.84	306.57		3.412	68.5	19.2	0.083 6	0.062 6		17.9		0.017 1			0.23
	355.31	4.074 8	567	567													0.0
R113	250	0.004 351	1 670.7	0.394 12	0.87	0.625	14 80		0.874		83.8		0.058		15.2		22.72
	273.15	0.015 048	1 619.0	1.256 9	0.92	0.656	932		0.576		78.4		0.053		10.9		20.00
	300	0.048 173	1 557.1	3.721 9	0.96	0.692	635		0.408		72.3		0.048		8.4		15.95
	350	0.244 06	1 433.0	17.139	1.01	0.769	357.1	11.78	0.249 2	0.687	61.3		0.042		5.0		11.54
	400	0.784 90	1 287.6	53.976	1.11	1.87	218.6	13.04	0.169 8	0.242							6.58
	450	1.926 0	1 086.9	147.00	1.32	1.106	137.2	15.91	0.126 2	0.108 2							2.29
	487.51	3.410 9	570.0	570.0													0.0

续表

物质	T	P_s	ρ'	ρ''	c_p'	c_p''	η'	η''	ν'	ν''	λ (×10⁻³)	λ'' (×10⁻³)	α'	α''	Pr'	Pr''	σ
	K	MPa	kg·m⁻³	kg·m⁻³	kJ·kg⁻¹·K⁻¹	kJ·kg⁻¹·K⁻¹	μPa·s	μPa·s	(mm)²·s⁻¹	(mm)²·s⁻¹	W·m⁻¹·K⁻¹		(mm)²·s⁻¹	(mm)²·s⁻¹			mN·m⁻¹
R114	200	0.001 369	1 727.8	0.141 09	0.846 3	0.538 9					89.31		0.061 1				12.75
	250	0.031 996	1 595.4	2.689 3	0.901 3	0.636 3	653		0.409		76.19		0.053 0		7.72		16.47
	273.15	0.088 126	1 530.5	6.926 7	0.928 6	0.682 5	475		0.031 0		70.11	7.48	0.049 3	1.58	8.20		13.72
	300	0.227 58	1 450.3	16.944		0.739 9	347	11.31	0.239	0.667	63.07	10.02		0.799			10.66
	350	0.865 29	1 275.0	63.318		0.876 3	196	13.32	0.154	0.210	49.95	15.20		0.274		0.835	5.44
	400	2.351 7	1 001.4	214.51		1.453 5		18.42		0.085 9						0.768	1.00
	418.78	3.248 0	576.0														0.0
R502	170	0.002 46	1 653.6	0.195 01	1.034	0.495 4					115		0.063 6				
	200	0.022 74	1 567.0	1.547 4	1.072	0.548 9	570		0.364		103		0.057 6		5.72		
	230	0.112 51	1 474.2	6.858 2	1.120	0.612 2	390	9.9	0.244	1.44	91		0.052 8		4.24		14.90
	250	0.258 87	1 407.4	15.031	1.183	0.664 6	275	10.9	0.195	0.725	83.3	8.91	0.047 4	0.892	3.69	0.813	11.97
	273.15	0.573 13	1 322.5	32.426	1.264	0.742 5	206	12.0	0.156	0.370	74.2	10.2	0.041 7	0.424	3.29	0.873	8.77
	300	1.218 6	1 207.8	70.007		0.879 6	148	13.5	0.123	0.193	63.7	11.7		0.190	2.95	1.016	5.34
	350	3.661 5	819.84	306.57		3.412	68.5	19.2	0.083 6	0.062 6		17.9		0.017 1			0.23
	355.31	4.074 8	560.35														0.0
HFC-134a	250.15	0.116 9	1 364.7	6.012 7													
	273.15	0.293 32	1 293.5	14.414													
	300.15	0.706 24	1 194.5	34.236													
	350.15	2.467	949.76	141.44													
	374.3	4.063	508.0	508.0													0.0

注：此表数据摘录自 The Japan Society of Mechanical Engineers. JSME Data Book: Thermophysical Properties of Fluids[M]. Tokyo: The Japan Society of Mechanical Engineers, 1983。

附表 9　平衡常数 K_p

T/K	$\dfrac{\left(\frac{p}{p_0}\right)_{CO_2}}{\left(\frac{p}{p_0}\right)_{CO}\left(\frac{p}{p_0}\right)_{O_2}^{1/2}}$	$\dfrac{\left(\frac{p}{p_0}\right)_{H_2O}}{\left(\frac{p}{p_0}\right)_{H_2}\left(\frac{p}{p_0}\right)_{O_2}^{1/2}}$	$\dfrac{\left(\frac{p}{p_0}\right)_{CO_2}\left(\frac{p}{p_0}\right)_{H_2}}{\left(\frac{p}{p_0}\right)_{CO}\left(\frac{p}{p_0}\right)_{H_2O}}$	$\dfrac{\left(\frac{p}{p_0}\right)_{CO_2}\left(\frac{p}{p_0}\right)_{H_2O}}{\left(\frac{p}{p_0}\right)_{CH_4}\left(\frac{p}{p_0}\right)_{O_2}}$	$\dfrac{\left(\frac{p}{p_0}\right)_N^2}{\left(\frac{p}{p_0}\right)_{N_2}}$	$\dfrac{\left(\frac{p}{p_0}\right)_O^2}{\left(\frac{p}{p_0}\right)_{O_2}}$	$\dfrac{\left(\frac{p}{p_0}\right)_H^2}{\left(\frac{p}{p_0}\right)_{H_2}}$
500	1.071 69E25	7.921 27E22	1.352 93E2	4.231 25E83	1.564 79E−93	1.223 39E−46	4.574 27E−41
550	2.165 53E22	3.795 05E20	5.706 20E1	1.070 56E76	1.622 96E−84	7.091 01E−42	6.750 98E−37
600	1.228 96E20	4.393 91E18	2.796 97E1	5.005 91E69	5.344 66E−77	6.672 06E−38	2.034 73E−33
650	1.544 64E18	1.003 69E17	1.538 96E1	2.204 87E64	1.237 71E−70	1.548 55E−34	1.805 22E−30
700	3.628 06E16	3.912 81E15	9.272 28E0	5.653 42E59	3.557 39E−65	1.195 58E−31	0.122 40E−28
750	1.405 88E15	2.340 46E14	6.006 86E0	5.929 98E55	1.925 00E−60	3.823 98E−29	9.614 32E−26
800	8.184 90E13	1.983 12E13	4.127 28E0	1.953 17E52	2.680 91E−56	5.973 89E−27	8.073 58E−24
850	6.664 53E12	2.239 16E12	2.976 36E0	1.650 28E49	1.220 48E−52	5.170 43E−25	4.046 68E−22
900	7.178 08E11	3.212 51E11	2.234 42E0	3.056 54E46	2.187 60E−49	2.734 72E−23	1.318 97E−20
950	9.785 92E10	5.640 29E10	1.735 00E0	1.096 16E44	1.788 07E−46	9.551 25E−22	2.991 30E−19
1 000	1.630 18E10	1.175 94E10	1.386 28E0	6.892 77E41	7.496 11E−44	2.343 68E−20	4.982 97E−18
1 050	3.224 81E9	2.841 23E9	1.135 01E0	7.013 18E39	1.772 78E−41	4.248 58E−19	6.370 43E−17
1 100	7.400 29E8	7.798 19E8	9.489 76E−1	1.081 22E38	2.556 64E−39	5.928 61E−18	6.478 78E−16
1 150	1.932 28E8	2.391 55E8	8.079 63E−1	2.392 37E36	2.397 91E−37	6.588 50E−17	5.399 45E−15
1 200	5.648 94E7	8.083 20E7	6.988 50E−1	7.261 64E34	1.543 28E−35	5.998 65E−16	3.779 92E−14
1 250	1.824 11E7	2.976 33E7	6.128 73E−1	2.911 06E33	7.129 89E−34	4.582 45E−15	2.269 47E−13
1 300	6.431 91E6	1.182 27E7	5.440 32E−1	1.492 57E32	2.456 43E−32	2.996 93E−14	1.189 37E−12
1 350	2.452 36E6	5.024 11E6	4.881 19E−1	9.523 76E30	6.520 12E−31	1.707 09E−13	5.523 10E−12
1 400	1.002 63E6	2.267 77E6	4.421 23E−1	7.387 55E29	1.370 92E−29	8.594 78E−13	2.301 99E−11
1 450	4.363 86E5	1.080 56E6	4.038 51E−1	6.827 13E28	2.338 96E−28	3.873 79E−12	8.707 70E−11
1 500	2.009 30E5	5.406 08E5	3.716 74E−1	7.386 23E27	3.306 23E−27	1.580 33E−11	3.018 29E−10
1 550	9.733 99E4	2.826 61E5	3.443 70E−1	9.213 74E26	3.942 98E−26	5.891 66E−11	9.667 58E−10
1 600	4.937 77E4	1.538 23E5	3.210 03E−1	1.307 64E20	4.030 86E−25	2.024 24E−10	2.882 46E−9
1 650	2.611 78E4	8.681 34E4	3.008 50E−1	2.086 85E25	3.581 92E−24	6.457 00E−10	8.051 97E−9
1 700	1.435 15E4	5.065 00E4	2.833 47E−1	3.706 44E24	2.801 12E−23	1.924 76E−9	2.119 38E−8
1 750	8.165 57E3	3.046 33E4	2.680 46E−1	7.259 56E23	1.948 89E−22	5.392 77E−9	5.282 97E−8
1 800	4.796 58E3	1.884 03E4	2.545 91E−1	1.555 32E23	1.218 14E−21	1.427 48E−8	1.252 74E−7
1 850	2.901 35E3	1.195 48E4	2.426 94E−1	3.618 52E22	6.899 58E−21	3.586 26E−8	2.837 25E−7
1 900	1.802 94E3	7.767 22E3	2.321 21E−1	9.082 99E21	3.568 87E−20	8.586 45E−8	6.159 53E−7
1 950	1.148 58E3	5.157 98E3	2.226 81E−1	2.445 57E21	1.697 63E−19	1.966 46E−7	1.285 91E−6
2 000	7.487 34E2	3.495 25E3	2.142 15E−1	7.026 02E20	7.472 74E−19	4.321 10E−7	2.589 10E−6
2 050	4.985 84E2	2.413 37E3	2.065 92E−1	2.143 68E20	3.061 23E−18	9.144 26E−7	5.040 80E−6
2 100	3.386 31E2	1.695 68E3	1.997 03E−1	6.916 32E19	1.173 05E−17	1.867 33E−6	9.512 45E−6
2 150	2.342 54E2	1.210 91E3	1.934 54E−1	2.350 53E19	4.224 27E−17	3.689 61E−6	1.743 67E−5
2 200	1.648 43E2	8.779 10E2	1.887 68E−1	8.384 93E18	1.435 62E−16	7.069 67E−6	3.110 75E−5
2 250	1.178 63E2	6.455 47E2	1.825 78E−1	3.129 53E18	4.622 23E−16	1.316 32E−5	5.410 93E−5

续表

K_p $\diagdown$ T/K	$\dfrac{\left(\frac{p}{p_0}\right)_{CO_2}}{\left(\frac{p}{p_0}\right)_{CO}\left(\frac{p}{p_0}\right)_{O_2}^{1/2}}$	$\dfrac{\left(\frac{p}{p_0}\right)_{H_2O}}{\left(\frac{p}{p_0}\right)_{H_2}\left(\frac{p}{p_0}\right)_{O_2}^{1/2}}$	$\dfrac{\left(\frac{p}{p_0}\right)_{CO_2}\left(\frac{p}{p_0}\right)_{H_2}}{\left(\frac{p}{p_0}\right)_{CO}\left(\frac{p}{p_0}\right)_{H_2O}}$	$\dfrac{\left(\frac{p}{p_0}\right)_{CO_2}\left(\frac{p}{p_0}\right)_{H_2O}}{\left(\frac{p}{p_0}\right)_{CH_4}\left(\frac{p}{p_0}\right)_{O_2}}$	$\dfrac{\left(\frac{p}{p_0}\right)_N^2}{\left(\frac{p}{p_0}\right)_{N_2}}$	$\dfrac{\left(\frac{p}{p_0}\right)_O^2}{\left(\frac{p}{p_0}\right)_{O_2}}$	$\dfrac{\left(\frac{p}{p_0}\right)_H^2}{\left(\frac{p}{p_0}\right)_{H_2}}$
2 300	3.553 57E1	4.810 03E2	1.778 28E−1	1.218 51E18	1.414 85E−15	2.386 03E−5	9.191 61E−5
2 350	6.294 56E1	3.628 64E2	1.734 69E−1	4.936 03E17	4.130 63E−15	4.217 75E−5	1.527 13E−4
2 400	4.692 98E1	2.769 40E2	1.694 58E−1	2.075 20E17	1.153 58E−14	7.282 07E−5	2.484 94E−4
2 450	3.541 98E1	2.136 81E2	1.657 61E−1	9.034 20E16	3.090 16E−14	1.229 76E−4	3.965 17E−4
2 500	2.704 19E1	1.665 71E2	1.623 44E−1	4.064 08E16	7.959 73E−14	2.034 00E−4	6.211 80E−4
2 550	2.087 00E1	1.311 08E2	1.591 82E−1	1.885 57E16	1.976 05E−13	3.298 94E−4	9.564 14E−4
2 600	1.627 16E1	1.041 38E2	1.562 49E−1	9.006 63E15	4.738 10E−13	5.252 63E−4	1.448 70E−3
2 650	1.280 88E1	8.343 06E1	1.535 26E−1	4.421 89E15	1.099 42E−12	8.218 81E−4	2.160 77E−3
2 700	1.017 47E1	6.738 51E1	1.599 93E−1	2.228 02E15	2.473 28E−12	1.264 99E−3	3.176 19E−3
2 750	8.151 87	5.484 47E1	1.486 36E−1	1.150 49E15	5.403 29E−12	1.916 90E−3	4.604 83E−3
2 800	6.584 37	4.496 35E1	1.464 38E−1	6.080 45E14	1.148 16E−11	2.862 21E−3	6.589 43E−3
2 850	5.359 28	3.711 71E1	1.443 89E−1	3.285 05E14	2.376 49E−11	4.214 33E−3	9.313 29E−3
2 900	4.394 04	3.531 02E1	1.244 41E−1	2.375 56E14	4.794 98E−11	6.123 77E−3	1.300 93E−2
2 950	3.627 68	2.966 11E1	1.223 04E−1	1.349 46E14	9.454 45E−11	8.786 21E−3	1.797 03E−2
3 000	3.014 71	2.506 45E1	1.202 78E−1	7.812 30E13	1.322 75E−10	1.245 62E−2	2.456 15E−2
3 050	2.521 00	2.130 05E1	1.183 54E−1	4.604 95E13	3.439 32E−10	1.745 91E−2	3.323 32E−2
3 100	2.120 72	1.819 96E1	1.165 25E−1	2.761 37E13	6.367 38E−10	2.420 74E−2	4.453 69E−2
3 159	1.794 05	1.833 65E1	9.784 00E−2	2.316 35E13	1.159 02E−9	3.322 48E−2	5.914 19E−2
3 200	1.525 89	1.590 62E1	9.593 09E−2	1.448 72E13	2.052 98E−9	4.514 99E−2	7.785 45E−2
3 250	1.304 50	1.386 38E1	9.409 38E−2	9.198 06E12	3.591 57E−9	6.078 21E−2	1.010 38E−1
3 300	1.120 70	1.213 89E1	9.232 36E−2	5.924 57E12	6.173 49E−9	8.109 69E−2	1.316 37E−1
3 350	9.673 17E−1	1.067 50E1	9.061 55E−2	3.868 96E12	1.045 94E−8	1.072 79E−1	1.691 98E−1
3 400	8.386 67E−1	9.426 90	8.896 53E−2	2.560 09E12	1.743 66E−8	1.407 58E−1	2.159 02E−1
3 450	7.302 43E−1	8.358 14	8.736 90E−2	1.715 53E12	2.864 44E−8	1.832 43E−1	2.735 38E−1
3 500	6.384 43E−1	7.439 07	8.582 30E−2	1.163 59E12	4.639 94E−8	2.367 70E−1	3.443 85E−1
3 550	5.603 76E−1	6.645 51	8.432 39E−2	7.984 50E11	7.415 48E−8	3.637 44E−1	4.307 42E−1
3 600	4.937 05E−1	5.957 66	8.285 88E−2	5.540 35E11	1.169 94E−7	3.359 88E−1	5.354 66E−1
3 650	4.365 34E−1	5.359 21	8.145 49E−2	3.885 78E11	1.823 12E−7	4.898 02E−1	6.617 53E−1
3 700	3.873 19E−1	4.836 68	8.007 95E−2	2.753 53E11	2.807 44E−7	6.160 15E−1	8.132 26E−1
3 750	3.447 94E−1	4.378 86	7.874 04E−2	1.970 62E11	4.274 24E−7	7.700 52E−1	9.939 72E−1
3 800	3.079 16E−1	3.976 42	7.743 54E−2	1.423 82E11	6.436 57E−7	9.569 95E−1	1.208 58
3 850	2.758 24E−1	3.621 52	7.616 25E−2	1.03S22E11	9.591 41E−7	1.182 66	1.462 20
3 900	2.478 05E−1	3.307 60	7.491 98E−2	7.637 74E10	1.414 88E−6	1.453 66	1.760 53
3 950	2.232 62E−1	3.029 11	7.370 56E−2	5.666 82E10	2.066 95E−6	1.777 49	2.109 94
4 000	2.016 99E−1	2.781 34	7.251 84E−2	4.239 18E10	2.991 42E−6	2.162 61	2.517 42
4 050	1.826 95E−1	2.560 31	7.135 67E−2	3.196 44E10	4.290 50E−6	2.618 51	2.990 73

K_p $\backslash$ T/K	$\dfrac{\left(\frac{p}{p_0}\right)_{CO_2}}{\left(\frac{p}{p_0}\right)_{CO}\left(\frac{p}{p_0}\right)_{O_2}^{1/2}}$	$\dfrac{\left(\frac{p}{p_0}\right)_{H_2O}}{\left(\frac{p}{p_0}\right)_{H_2}\left(\frac{p}{p_0}\right)_{O_2}^{1/2}}$	$\dfrac{\left(\frac{p}{p_0}\right)_{CO_2}\left(\frac{p}{p_0}\right)_{H_2}}{\left(\frac{p}{p_0}\right)_{CO}\left(\frac{p}{p_0}\right)_{H_2O}^{1/2}}$	$\dfrac{\left(\frac{p}{p_0}\right)_{CO_2}\left(\frac{p}{p_0}\right)_{H_2O}}{\left(\frac{p}{p_0}\right)_{CH_4}\left(\frac{p}{p_0}\right)_{O_2}^{1/2}}$	$\dfrac{\left(\frac{p}{p_0}\right)_N^2}{\left(\frac{p}{p_0}\right)_{N_2}}$	$\dfrac{\left(\frac{p}{p_0}\right)_O^2}{\left(\frac{p}{p_0}\right)_{O_2}}$	$\dfrac{\left(\frac{p}{p_0}\right)_H^2}{\left(\frac{p}{p_0}\right)_{H_2}}$
4 100	1.659 01E−1	2.362 61	7.021 92E−2	2.428 70E10	6.100 53E−6	3.155 84	3.538 32
4 150	1.510 17E−1	2.185 33	6.910 46E−2	1.859 05E10	8.601 87E−6	3.786 43	4.169 48
4 200	1.377 90E−1	2.025 98	6.801 17E−2	1.433 21E10	1.203 13E−5	4.52B 46	4.894 31
4 250	1.260 07E−1	1.882 40	6.693 96E−2	1.112 56E10	1.669 76E−5	5.381 47	5.723 82
4 300	1.154 83E−1	1.752 74	6.583 71E−2	8.694 41E9	2.300 01E−5	6.376 58	6.669 91
4 350	1.060 61E−1	1.635 39	6.485 34E−2	6.838 50E9	3.145 27E−5	7.526 31	7.745 44
4 400	9.760 56E−2	1.528 97	6.383 77E−2	5.412 48E9	4.271 15E−5	8.850 14	8.964 30
4 450	9.000 10E−2	1.432 25	6.283 90E−2	4.309 85E9	5.760 92E−5	1.036 92E1	1.034 14E1
4 500	8.314 65E−2	1.344 18	6.185 68E−2	3.452 03E9	7.719 67E−5	1.210 64E1	1.189 26E1
4 550	7.695 50E−2	1.263 83	6.089 02E−2	2.780 72E9	1.027 92E−4	1.408 69E1	1.363 52E1

注:此表转引自苏长荪. 高等工程热力学[M]. 北京:高等教育出版社,1987。原出处为 Benson R S. Advanced Engineering Thermodynamics[M]. 2nd ed. New York:Pergamon Press,1977。其中"E"代表科学计数中 10 的幂。

附录　拉格朗日待定乘数法

拉格朗日待定乘数法可在多变量连续函数受到某些制约的情况下用来寻求极值点（极大或极小）。

为了便于说明，这里假定连续函数 f 只有四个变量 x_1、x_2、x_3 与 x_4。现在要求在如下两个制约条件下寻求其极值：

$$F_1(x_1, x_2, x_3, x_4) = 0 \tag{a}$$

$$F_2(x_1, x_2, x_3, x_4) = 0 \tag{b}$$

由于有两个制约方程，因而在四个变量中只有两个是独立的。现在对函数 f 进行微分并令其等于 0，可得

$$\frac{\partial f}{\partial x_1}\mathrm{d}x_1 + \frac{\partial f}{\partial x_2}\mathrm{d}x_2 + \frac{\partial f}{\partial x_3}\mathrm{d}x_3 + \frac{\partial f}{\partial x_4}\mathrm{d}x_4 = 0 \tag{1}$$

再对两个制约方程微分，可得

$$\frac{\partial F_1}{\partial x_1}\mathrm{d}x_1 + \frac{\partial F_1}{\partial x_2}\mathrm{d}x_2 + \frac{\partial F_1}{\partial x_3}\mathrm{d}x_3 + \frac{\partial F_1}{\partial x_4}\mathrm{d}x_4 = 0 \tag{2}$$

$$\frac{\partial F_2}{\partial x_1}\mathrm{d}x_1 + \frac{\partial F_2}{\partial x_2}\mathrm{d}x_2 + \frac{\partial F_2}{\partial x_3}\mathrm{d}x_3 + \frac{\partial F_2}{\partial x_4}\mathrm{d}x_4 = 0 \tag{3}$$

以乘数 λ_1 和 λ_2 分别乘式(2)、(3)，得

$$\lambda_1\frac{\partial F_1}{\partial x_1}\mathrm{d}x_1 + \lambda_1\frac{\partial F_1}{\partial x_2}\mathrm{d}x_2 + \lambda_1\frac{\partial F_1}{\partial x_3}\mathrm{d}x_3 + \lambda_1\frac{\partial F_1}{\partial x_4}\mathrm{d}x_4 = 0 \tag{4}$$

$$\lambda_2\frac{\partial F_2}{\partial x_1}\mathrm{d}x_1 + \lambda_2\frac{\partial F_2}{\partial x_2}\mathrm{d}x_2 + \lambda_2\frac{\partial F_2}{\partial x_3}\mathrm{d}x_3 + \lambda_2\frac{\partial F_2}{\partial x_4}\mathrm{d}x_4 = 0 \tag{5}$$

其中的 λ_1 和 λ_2 为 x_1、x_2、x_3 及 x_4 的待定函数，称为拉格朗日乘数。将式(1)、(4)、(5)相加，可得

$$\left(\frac{\partial f}{\partial x_1} + \lambda_1\frac{\partial F_1}{\partial x_1} + \lambda_2\frac{\partial F_2}{\partial x_1}\right)\mathrm{d}x_1 + \left(\frac{\partial f}{\partial x_2} + \lambda_1\frac{\partial F_1}{\partial x_2} + \lambda_2\frac{\partial F_2}{\partial x_2}\right)\mathrm{d}x_2$$

$$+ \left(\frac{\partial f}{\partial x_3} + \lambda_1\frac{\partial F_1}{\partial x_3} + \lambda_2\frac{\partial F_2}{\partial x_3}\right)\mathrm{d}x_3 + \left(\frac{\partial f}{\partial x_4} + \lambda_1\frac{\partial F_1}{\partial x_4} + \lambda_2\frac{\partial F_2}{\partial x_4}\right)\mathrm{d}x_4 = 0 \tag{6}$$

乘数 λ_1 和 λ_2 可以任意选择，现选择使式(6)中前两个括号内值为 0，即

$$\frac{\partial f}{\partial x_1} + \lambda_1\frac{\partial F_1}{\partial x_1} + \lambda_2\frac{\partial F_2}{\partial x_1} = 0 \tag{7}$$

$$\frac{\partial f}{\partial x_2} + \lambda_1\frac{\partial F_1}{\partial x_2} + \lambda_2\frac{\partial F_2}{\partial x_2} = 0 \tag{8}$$

这样，式(6)剩余部分为

$$\left(\frac{\partial f}{\partial x_3} + \lambda_1 \frac{\partial F_1}{\partial x_3} + \lambda_2 \frac{\partial F_2}{\partial x_3}\right)\mathrm{d}x_3 + \left(\frac{\partial f}{\partial x_4} + \lambda_1 \frac{\partial F_1}{\partial x_4} + \lambda_2 \frac{\partial F_2}{\partial x_4}\right)\mathrm{d}x_4 = 0 \tag{9}$$

因为在四个变量中只有两个是独立的,现选 x_3 和 x_4 为独立变量,于是可得

$$\frac{\partial f}{\partial x_3} + \lambda_1 \frac{\partial F_1}{\partial x_3} + \lambda_2 \frac{\partial F_2}{\partial x_3} = 0 \tag{10}$$

$$\frac{\partial f}{\partial x_4} + \lambda_1 \frac{\partial F_1}{\partial x_4} + \lambda_2 \frac{\partial F_2}{\partial x_4} = 0 \tag{11}$$

式(10)、(11)和两个制约方程(a)、(b)就为 x_1、x_2、x_3 与 x_4 的极值提供了四个方程。

现将拉格朗日乘数法的步骤归结如下:

(1) 将函数微分并使之等于 0;

(2) 将各制约方程微分,并分别乘以与制约方程数相等的不同拉格朗日乘数 λ;

(3) 将上述微分后的所有方程相加,并对总和提取公因子,使每个微分只出现一次;

(4) 令各系数为 0。

显然,这个方法适用于具有任意个变量的连续函数并受任意个方程制约的情况。